FACHWÖRTERBUCH
Kunststofftechnik
Englisch-Deutsch-Französisch-Russisch

DICTIONARY
Plastics Engineering
English-German-French-Russian

DICTIONARY

Plastics Engineering

English
German
French
Russian

With about 16,000 entries

Edited by
Doz. Dr.-Ing. habil. Gisbert Kaliske

2nd revised and enlarged edition

VERLAG ALEXANDRE HATIER   BERLIN-PARIS

FACHWÖRTERBUCH

Kunststofftechnik

Englisch
Deutsch
Französisch
Russisch

Mit etwa 16 000 Wortstellen

Herausgegeben von
Doz. Dr.-Ing. habil. Gisbert Kaliske

2., bearbeitete und erweiterte Auflage

VERLAG ALEXANDRE HATIER   BERLIN-PARIS

Autoren:

Doz. Dr.-Ing. habil. *Gisbert Kaliske*
Dr.-Ing. *Günter Blohm*
Dr. phil. *Jürgen Storost*
Doz. Dr.-Ing. *Rolf Walde*

Die Deutsche Bibliothek – CIP-Einheitsaufnahme

Fachwörterbuch Kunststofftechnik : Englisch, Deutsch,
Französisch, Russisch ; mit etwa 16 000 Wortstellen / hrsg. von
Gisbert Kaliske. [Autoren : Gisbert Kaliske . . .]. – 2., bearb. und
erw. Aufl. – Berlin ; Paris : Hatier, 1992
  ISBN 3-86117-038-8
NE: Kaliske, Gisbert [Hrsg.]

ISBN 3-86117-038-8

2., bearbeitete und erweiterte Auflage
© Verlag Alexandre Hatier GmbH, Berlin-Paris, 1992
Printed in Germany
Satz: Graphischer Großbetrieb Pößneck GmbH
Ein Mohndruck-Betrieb
Druck und Binden: Dresdner Druck- und Verlagshaus GmbH & Co KG
Lektor: Dipl.-Russ. *Ursula Scherler*

Vorwort

Das jetzt in der 2. Auflage vorliegende viersprachige Wörterbuch „Kunststofftechnik", Englisch, Deutsch, Französisch, Russisch (vormals „Plasttechnik"), enthält nach gründlicher Überarbeitung und umfassenden Ergänzungen, vor allem auf den Gebieten Kunststofftypen, Verarbeitungsverfahren und -maschinen, nunmehr etwa 16 000 Termini und spiegelt den neuesten internationalen Stand der Fachdisziplin wider. Auch die Anzahl der Begleitinformationen zu einzelnen Begriffen zwecks Eingrenzung und Einordnung in die zugehörigen Teilgebiete der Kunststofftechnik wurden in der 2. Auflage noch vergrößert, so daß sich weitere Handhabungserleichterungen beim Gebrauch des Buchs ergeben.
Im Gegensatz zu tangierenden Wörterbüchern erfaßt dieses Werk alle zur Kunststofftechnik gehörenden Teilgebiete in wesentlicher Breite. Neben Begriffen der Verarbeitung durch Urformen, Umformen, Fügen, Beschichten, Trennen und Veredeln mit jeweils zugeordneten Anlagen, Maschinen und Geräten, werden auch zahlreiche Termini der Werkstoffkunde, Verarbeitungshilfsstoffe, der Werkstoff- und Erzeugnisprüfung sowie des Konstruktions- und Anwendungsgebiets berücksichtigt. Von Vorteil für die Begriffsbildung ist dabei, daß als Quellen hierfür in erster Linie – wie auch bei der Erarbeitung der 1. Auflage – wiederum neueste Normen, Standards, Monographien, Fachzeitschriften und Prospektmaterial des In- und Auslands dienten. Außerdem wurden zusätzlich in der Praxis gängige, den Normen jedoch nicht widersprechende, Begriffe zur Erweiterung des Synonymreichtums aufgenommen. Bei der Terminibildung aufgetretene Diskrepanzen wurden in jedem Fall mit Fachexperten des betreffenden Sprachgebiets, vor allem im Hinblick auf die russischen Begriffe, geklärt.
In der 2. Auflage des Wörterbuchs „Kunststofftechnik" wurden auch die IUPAC-Regeln für die Bezeichnung chemischer Stoffe sowie die ISO-Normen für Begriffe der Kunststoffverarbeitung beachtet.
Das Wörterbuch „Kunststofftechnik" enthält als einziges Fremdsprachenfachwörterbuch neben den kunststofftechnischen Fachbegriffen in englischer, deutscher und französischer Sprache auch die zugeordneten Begriffe in russischer Sprache. Dieses wird für zahlreiche Nutzer, wie z. B. für Hochschullehrer, Technikwissenschaftler, Fachingenieure in Entwicklungs- und Forschungsabteilungen von Betrieben und Akademien sowie für Patentingenieure und -anwälte, bei Auswertungen von in russischer Sprache vorliegenden Dokumentationen hilfreich sein. Bedeutung dürfte der Teil des Wörterbuchs in russischer Sprache auch für Fachleute haben, die im Export- bzw. Importwesen mit Institutionen von Ostländern zusammenarbeiten oder im Rahmen von Messen und Ausstellungen tätig sind. Gleiches gilt auch für Fachübersetzer, Bibliothekare, Dokumentaristen und Technische Redakteure.
Auf Aktualität des Fachwortgutes wurde besonderer Wert gelegt. Es ist aber bei der sich ständig verändernden und sich weiterentwickelnden Terminologie nicht möglich, eine absolute Vollständigkeit zu erreichen. Für kritische Anmerkungen und Hinweise sind Herausgeber und Verlag daher jederzeit dankbar. Diese sind an den Verlag Alexandre Hatier, Detmolder Straße 4, 1000 Berlin 31, zu richten.
Den Mitautoren danke ich für die gute Zusammenarbeit, ebenso dem Lektorat Wörterbücher für die verständnisvolle Unterstützung.

Gisbert Kaliske

Preface

The four-language (English, German, French, Russian) Dictionary of Plastics Engineering, now appearing in its second edition, has been thoroughly revised and supplemented — particularly with regard to types of plastics, processing techniques and machines — to cover some 16,000 terms reflecting the international state of the art. The second edition also contains additional explanations of various terms in order to allow them to be more easily allotted to the various areas of plastics engineering and thus facilitate use of the volume.

In contrast to dictionaries which merely touch on the field, the present volume gives broad coverage to all areas of plastics engineering. It includes terms referring to processing, shaping, welding, coating, separating and finishing together with the relevant plant, machinery and devices as well as setting aside considerable space for materials science, additives, material and product testing, design and applications. Like the first edition, the new volume has been compiled mainly on the basis of the latest standards, monographs, specialist journals and brochures from Germany and abroad. The range of synonyms has been extended through the inclusion of alternative terms commonly used in practice with the proviso that they are not at odds with the relevant standards. Terminological discrepancies, particularly in Russian, were clarified in all cases with experts having a knowledge both of the relevant language and the field concerned.

The second edition of the Dictionary of Plastics Engineering also conforms with the IUPAC rules of the names of chemical substances and the ISO standards for terms in plastics processing.

The Dictionary of Plastics Engineering is the only one in its field to contain the Russian specialist terms alongside those in English, German and French. This will be useful for numerous users like university lecturers, scientists, engineers in R & D departments as well as patent engineers and agents dealing with documents in Russian. The Russian section of the dictionary is also likely to be useful to those working in export and import business with Eastern Europe and at trade fairs and exhibitions. The same goes for translators, librarians, compilers of documentation, and technical editors.

Great pains were taken to be as up to date as possible, though it is impossible to achieve exhaustive coverage given the constantly changing and developing terminology. The publishers would therefore be grateful for criticisms and suggestions at any time. Please send them to Verlag Alexandre Hatier, Detmolder Straße 4, D-1000 Berlin 31.

I would like to thank my fellow compilers for their cooperation and the dictionary editorial office for valuable support.

Gisbert Kaliske

Benutzungshinweise · Directions for Use

1. Beispiele für die alphabetische Ordnung · Examples of Alphabetization

acid anhydride
acid-etching pretreatment
acidify/to
acidimeter
acid value

Alterung durch Lichteinwirkung
alterungsbeständig
Alterungsprüfung
Alterungszeit
Alterung unter Wassereinfluß

charge conductrice
chargé de noir de fumée
chargement par rouleau
chargeur rapide
charge variable

агрегат для крашения
агрегатирование
агрегат каландров
агрегатная конструкция
агрегат с каландром

crack branching
cracker roll
cracking of a film
crackled lacquer
crack propagation

Extruder/mit Schmelze gespeister
Extruderanschluß
Extruder in Sonderbauweise
Extruder mit Bandwendel
Extruderspritzkopf

fil à base de mousse
filament artificiel
filière à fente
film perforé
fil retordu

лак горячей сушки
лакирование
лакировочная машина
лакмус
лак печной сушки

2. Zeichen und Abkürzungen · Signs and Abbreviations

( )   drawing rate (speed) = drawing rate *oder* drawing speed
[ ]   cascade control [system] = cascade control *oder* cascade control system
/   immerse/to = to immerse
( )   Diese Klammern enthalten Erklärungen
s.   = siehe
s. a.   = siehe auch
(US)   = American English

Englisch-Deutsch-Französisch-Russisch

A

	English	German	French	Russian
	AAS	s. A 104		
A 1	**ABA-polystyrene-b-iso-prene copolymer**	ABA-Polystyren-Polyiso-pren-Copolymer[es] n, ABA-Polystyren-Polyiso-pren-Mischpolymerisat n	copolymère m ABA au po-lystyrène-polyisoprène	сополимер из АБА, стирола и изопрена, сополимер из АБА, стирена и изопрена
A 2	**ablative plastic**	ablativer Kunststoff m	plastique m ablatif	абляционный пластик
A 3	**ablative resin**	Schmelzkunstharz n, Ab-schmelzkunstharz n	résine f [artificielle] consom-mable, résine synthétique consommable	литьевая (плавкая) синтети-ческая смола
	ABR	s. A 89		
	abradant	s. A 15		
A 4	**abrader, abrading device**	Schleifgerät n, Schleifvor-richtung f	dispositif m de rectification, appareil m d'abrasion, meuleuse f	шлифовальный прибор (аппарат)
A 5	**abrasion**, abrasive wear (US)	Abrieb m, Verschleiß m; Scheuern n (Gewebe)	abrasion f	износ, истирание
A 6	**abrasion chamber**	Schleifkammer f	atelier m de meulage, cham-bre f d'abrasion	камера для шлифования
A 7	**abrasion index**	Abriebkennzahl f, Ver-schleißzahl f	indice m d'abrasion, indice d'usure	индекс истирания, коэффи-циент износа
A 8	**abrasion pattern**	Abriebbild n	figure f d'abrasion	образчик износа
A 9	**abrasion resistance**, abra-sion strength	Abriebfestigkeit f, Abriebwi-derstand m; Scheuerfe-stigkeit f (Gewebe)	résistance f à l'abrasion, ré-sistance au frottement	прочность на истирание, износостойкость, стойкость к истиранию
A 10	**abrasion-resistance index**	Verschleißfestigkeitskenn-zahl f	indice m de résistance à l'usure (l'abrasion)	индекс (показатель) износо-стойкости
A 11	**abrasion-resistant surface**	abriebfeste Oberfläche f	surface f résistant à l'abra-sion	износостойкая поверхность
A 12	**abrasion service test**	Praxisabriebprüfung f	essai (test) m d'abrasion de service	эксплуатационное испыта-ние [прочности] на исти-рание
	abrasion strength	s. A 9		
A 13	**abrasion test**, abrasive test	Abriebprüfung f, Ver-schleißprüfung f (an Poly-meren)	essai (test) m d'abrasion	испытание на истирание (абразивное истирание)
A 14	**abrasion tester, abrasion-testing machine**	Abriebprüfmaschine f, Ab-riebprüfgerät n, Abnut-zungsprüfmaschine f	abrasimètre m	машина (прибор) для ис-пытания на истирание, прибор для определения износа
A 15	**abrasive**, abradant, grind-ing material	Schleifmittel n, Mahlmittel n	abrasif m, agent m abrasif	абразив, шлифовальный (абразивный) материал
	abrasive-belt machine	s. B 135		
A 16	**abrasive blast cleaning**	Strahlen n (von Oberflächen)	grenaillage f (surface)	пескоструйная обработка
A 17	**abrasive cloth**	Schleifleinen n, Schmirgel-leinen n	toile-émeri f, toile f abrasive	[абразивная] шкурка (на тканевой основе)
A 18	**abrasive dust**	Schleifstaub m	poussière f de polissage (meulage), poussières fpl [dues aux traitements] de finition (finissage, finish)	шлифовальная пыль
A 19	**abrasive finishing**	Feinschliff m, abrasive End-bearbeitung f, Endbear-beitung mit Schleifmitteln	finissage m, finissage abra-sif	отделочная обработка абра-зивом
A 20	**abrasive grain belt**	Schleifband n, Schleifkorn-band n	bande f abrasive (à grains abrasifs), bande de pon-ceuse	лента с абразивом
A 21	**abrasive paper**, sand paper	Schleifpapier n, Schmirgel-papier n, Sandpapier n	papier-émeri m, papier m abrasif	наждачная (абразивная, шлифовальная) бумага
	abrasive test	s. A 13		
A 22	**abrasive tool**	Schleifkörper m, Schleif-werkzeug n	meule f (disque), outil m de rectification	абразивный (шлифовальный) инструмент
	abrasive wear	s. A 5		
	ABS	s. 1. A 105; 2. A 106		
A 23	**absence of physiological hazards**	physiologische Unbedenk-lichkeit f	absence f d'inconvénients physiologiques	физиологическая благона-дежность (инертность, безвредность)
A 24	**absolute peel strength**	absoluter Schälwiderstand m (von Klebverbindun-gen)	résistance f absolue au pe-lage (collage)	абсолютное сопротивление отслаиванию
	absolute viscosity	s. D 682		
	absorbability	s. A 28		
	absorbency	s. A 28		
A 25	**absorbent, absorbing me-dium**	Absorptionsmittel n, Absor-bens n	absorbant m, produit (agent) m absorbant	абсорбент
	absorptiometer	s. A 30		

A 26	absorption	Absorption f, Aufsaugung f, Aufnahme f	absorption f	абсорбция
A 27	absorption behaviour	Absorptionsverhalten n	comportement m d'absorption	абсорбционное поведение
A 28	absorption capacity, absorbency, absorbability, degree of absorption	Absorptionsfähigkeit f	pouvoir m absorbant, absorbabilité f, absorptivité f	абсорбционная способность (емкость)
	absorption of sound	s. S 812		
A 29	absorptive agent	absorbierender Stoff m (Verarbeitungshilfsmittel), Absorbens n	absorbant m, moyen m absorbant, matière f absorbante (agents de traitement absorptifs)	абсорбент
A 30	absorptometer, absorptiometer	Absorptiometer n, Gerät n zur Bestimmung der Ölzahl, Absorptionsmeßgerät n	absorptomètre m, mesureur m de l'absorption	измеритель маслоемкости
	abstraction of hydrogen atoms	s. S 302		
	ABT	s. A 605		
A 31	acaroid resin	Acaroidharz n	résine f acaroïde	акароид, акароидная (ксанторейная) смола
	accelerant	s. A 44		
A 32	accelerated aging, artificial aging	beschleunigte (künstliche) Alterung f	vieillissement m artificiel	ускоренное (искусственное) старение
A 33	accelerated-aging test	Schnellalterungsprüfung f	essai m de vieillissement accéléré (rapide)	испытание на ускоренное старение
A 34	accelerated creep, accelerating creep	beschleunigtes Kriechen n, Beschleunigungskriechen n	fluage m accéléré	ускоренная ползучесть, ускоренный крип, третья стадия ползучести
A 35	accelerated curing	beschleunigte Härtung f, beschleunigtes Härten n	durcissement m accéléré	ускоренное отверждение
A 36	accelerated light-aging test	beschleunigte Lichtalterungsprüfung f (Alterungsprüfung f mittels Lichteinwirkung)	essai m de vieillissement accéléré (rapide) à la lumière	испытание на ускоренное светостарение
A 37	accelerated photoaging	Photoschnellalterung f	photovieillissement m rapide	ускоренное светостарение
A 38	accelerated resin, preaccelerated resin	Harz n mit Beschleunigerzusatz, vorbeschleunigtes Harz	résine f pré-accélérée	смола с ускорителем, смола ускоренной реакции
	accelerated test	s. A 43		
A 39	accelerated weathering test	Schnellbewitterungsversuch m, Kurzbewitterungsversuch m	essai m de vieillissement accéléré (rapide) à l'atmosphère	ускоренное испытание на погодостойкость, экспресс-метод испытания на погодостойкость
A 40	accelerated weathering unit	Schnellbewitterungsgerät n	vieillisseur m rapide, appareil m de vieillissement accéléré	установка для ускоренных испытаний на погодостойкость (атмосферную коррозию)
	accelerating creep	s. A 34		
A 41	accelerating rate calorimetry, ARC	Schnellkalorimetrie f (zur Ermittlung der thermischen Stabilität)	calorimétrie f rapide (pour vérifier la thermostabilité)	экспресс-калориметрия
A 42	acceleration of the polymerization	Reaktionsbeschleunigung f	accélération f de la polymérisation	ускорение полимеризации
A 43	acceleration test, accelerated test	Kurzversuch m, beschleunigte Prüfung f, Kurzprüfung f	essai m accéléré (rapide)	ускоренное испытание
A 44	accelerator, accelerant, promoter	Beschleuniger m	accélérateur m, promoteur m	ускоритель, промотор, ускоряющее вещество
	accelerator for adhesive	s. A 157		
A 45	acceptable daily intake [number], ADI number	zulässige Tagesdosis f (Schadstoffe bei Nahrungsaufnahme)	dose f journalière admissible (toxiques)	допустимая ежедневная доза
A 46	acceptance test	Abnahmeprüfung f	essai m de réception	приемный (приемочное) испытание
A 47	accepted stock	Feinstoff m, Gutstoff m	pâte f fine	отсортированный материал
	accommodationing	s. P 367		
A 48	accumulator cylinder, storage cylinder	Speicherzylinder m (an Blasformmaschinen)	cylindre m accumulateur	цилиндр копильника (выдувного агрегата)
A 49	accumulator head, storage head	Speicherkopf m, Staukopf m (an Blasformmaschinen)	tête f accumulatrice	копильник (выдувного агрегата)

	English	German	French	Russian
A 50	accumulator tank, storage accumulator	Sammelbehälter *m*	collecteur *m (tuyauterie)*, réservoir *m* de stockage, réservoir *(bac, bassin, caisson, vase, conteneur, récipient)*, caisse *f* collectrice *(manutention)*	сборник, сокинг, коллектор
	accuracy in size	*s.* D 286		
A 51	accuracy of positioning, positioning accuracy	Positioniergenauigkeit *f (Schweißmaschine)*	précision *f* de positionnement *(soudeuse)*	точность позиционирования
A 52	acetal copolymer	Acetalmischpolymerisat *n*, Acetalmischpolymer[es] *n*	copolymère *m* acétal	ацеталевый сополимер
A 53	acetaldehyde, acetic aldehyde	Acetaldehyd *m*	acétaldéhyde *m*, aldéhyde *m* acétique	ацетальдегид, уксусный альдегид
A 54	acetal plastic	Acetalkunststoff *m*, Acetalplast *m*	plastique *m* acétalique	ацетальный пластик
A 55	acetal resin	Acetalharz *n*	résine *f* acétal	ацеталевая смола
A 56	acetate fibre	Acetatfaser *f*; Acetatfaserstoff *m*	fibre *f* d'acétate	ацетатное волокно
A 57	acetate film	Acetatfolie *f*	film *m* d'acétate *(fabrication)*, feuille *f* d'acétate *(produits en feuilles)*, pellicule *f (cinéma, photographie)* d'acétate	ацетатная пленка, ацетилцеллюлозная [кино]пленка
	acetate silk	*s.* R 73		
A 58	acetate staple fibre	Acetatstapelfaser *f*	fibre *f* coupée (discontinue) d'acétate	ацетатное штапельное волокно
A 59	acetic acid, ethanoic acid	Essigsäure *f*, Ethansäure *f*	acide *m* acétique	уксусная кислота
	acetic aldehyde	*s.* A 53		
A 60	acetone	Aceton *n*, Propanon *n*	acétone *f*	ацетон
A 61	acetone extraction	Acetonextraktion *f*	extraction *f* à l'acétone	экстракция (извлечение) ацетоном
A 62	acetone formaldehyde resin	Acetonformaldehydharz *n*	résine *f* acétone-formaldéhyde	ацетонформальдегидная смола
A 63	acetone furfural resin	Acetonfurfurolharz *n*	résine *f* acétone-furfural	ацетонфурфурольная смола
A 64	acetone resin	Acetonharz *n*	résine *f* acétonique	ацетоновая смола
A 65	acetone-soluble matter	acetonlöslicher Bestandteil *m*	constituant *m* soluble dans l'acétone	растворимый в ацетоне компонент
A 66	acetylcellulose, cellulose acetate, CA	Acetylcellulose *f*, Celluloseacetat *n*, CA	acétocellulose *f*, acétate *m* de cellulose, CA	ацетилцеллюлоза, ацетат целлюлозы
A 67	acetylchloride	Acetylchlorid *n*, Chloracetyl *n*	chlorure *m* d'acétyle	ацетилхлорид
A 68	acetylene-black	Acetylenruß *m (Füllstoff)*	noir *m* d'acétylène	ацетиленовая сажа
A 69	acetylene derivative	Acetylenderivat *n*	dérivé *m* d'acétylène	производное ацетилена
A 70	acid acceptor	Säureakzeptor *m*, säureaufnehmender Stoff *m*	accepteur *m* d'acides	акцептор кислот
A 71	acid anhydride	Säureanhydrid *n (als Härter für Epoxidharze)*	anhydride *m* d'acide	кислотный ангидрид, ангидрид кислоты *(отвердитель для эпоксидных смол)*
A 72	acid catalysis	Säurekatalyse *f*	catalyse *m* d'acide	кислотный катализ
A 73	acid catalyst	Säurehärter *m*	catalyseur (durcisseur) *m* acide	кислотный отвердитель
	acid egg	*s.* B 258		
A 74	acid-etching pretreatment	Vorbehandlung *f* mit Säuren *(Klebtechnik)*	traitement *m* préalable aux acides *(technique de collage)*	кислотная обработка поверхности
	acid fastness	*s.* A 80		
A 75	acidify/to	[an]säuern	acidifier, aciduler	подкислять
A 76	acidimeter, acidometer	Acidimeter *n*, Säuregehaltsprüfer *m*, Säuremesser *m*	acidimètre *m*	ацидиметр
	acid number	*s.* A 82		
	acidometer	*s.* A 76		
A 77	acid-proof	säurebeständig, säurefest	résistant aux acides	кислотостойкий, кислотоупорный
A 78	acid-proof adhesive	säurefester Klebstoff *m*	adhésif *m* (colle *f*) résistant aux acides	кислотостойкий клей
A 79	acid-proof cement	säurebeständiger Klebkitt *m*, säurefester Klebspachtel *m*	ciment *m* résistant aux acides, colle *f* pour joints épais résistant aux acides	кислотостойкая (кислотоупорная) клеезамазка
A 80	acid resistance, acid fastness	Säurebeständigkeit *f*	résistance *f* aux acides	кислотостойкость
A 81	acid-resisting paint	säurebeständiger Anstrich *m*, Säureschutzanstrich *m*	peinture *f* antiacide	кислотостойкая краска, кислотостойкое покрытие
A 82	acid value, acid number	Säurezahl *f*, SZ, Neutralisationszahl *f*	indice *m* d'acide, indice d'acidité	кислотное число
A 83	acme thread	Trapezgewinde *n*	filet *m* trapézoïdal	трапецеидальная резьба
	acoustical insulation	*s.* S 815		

	acoustical insulation board	s. S 816		
	acoustic emission analysis	s. S 813		
A 84	acoustic emission system	Schallemissionsanalysenanlage f	système m d'émission acoustique	установка для анализа методом акустической эмиссии
A 85	acoustic spectrometry	Schallspektroskopie f, Schallprüfung f (von Klebverbindungen)	spectroscopie f acoustique	акустическое испытание, звуковое испытание (клеевых соединений)
A 86	acoustic wave	Schallwelle f (US-Schweißen)	onde f ultrasonore	звуковая волна
A 87	acridine dye	Acridinfarbstoff m	couleur f d'acridine	акридиновый краситель
A 88	acrylate-acrylonitrile copolymer	Acrylat-Acrylnitril-Mischpolymerisat n	copolymère m acrylate-acrylonitrile	сополимер акрилата с акрилонитрилом
A 89	acrylate-butadiene rubber, ABR, acrylic rubber	Acrylat-Butadien-Kautschuk m, Acrylat-Butadien-Gummi m	caoutchouc m acrylate-butadiène, caoutchouc acrylique	бутадиен-акрилатный каучук
A 90	acrylic acid	Acrylsäure f	acide m acrylique	акриловая кислота
A 91	acrylic-acid ester copolymer	Acrylsäureester-Mischpolymerisat n, Acrylsäure-ester-Copolymerisat n	copolymère m acrylate	сополимер эфира акриловой кислоты
A 92	acrylic-acid styrene acrylonitrile copolymer, ASA	Acrylsäure-Styrol-Acrylnitril-Mischpolymerisat n, ASA	copolymère m d'acide acrylique-styrène-acrylonitrile, ASA	сополимер из акриловой кислоты, стирола и акрилонитрила
A 93	acrylic adhesive	Acrylatklebstoff m, Klebstoff m auf Acrylatbasis	adhésif m acrylique, colle f acrylique	акриловый клей
A 94	acrylic ester	Acrylsäureester m, Acrylat n	ester m acrylique, acrylate m	акрилат, сложный эфир акриловой кислоты
A 95	acrylic fibre, polyacrylonitrile fibre	Acrylfaser f, Polyacrylnitrilfaser f	fibre f acrylique (polyacrylonitrile)	полиакрилонитрильное волокно
A 96	acrylic glass	Acrylglas n	verre m acrylique	органическое стекло
A 97	acrylic latex caulk	Acryl-Latex-Dichtstoff m	produit m d'étanchéité sur base de latex acrylique	заливочный акриловый латекс
A 98	acrylic plastic	Acrylkunststoff m, Acrylplast m	plastique m acrylique	акриловый пластик
A 99	acrylic pressure-sensitive adhesive	Haftklebstoff (Kontaktklebstoff) m auf Acrylatbasis	colle f de contact acrylique	акриловый контактный клей
A 100	acrylic resin	Acrylharz n	résine f acrylique	акриловая смола
	acrylic rubber	s. A 89		
A 101	acrylics	Acrylharzderivate npl	dérivés mpl acryliques	полимеры на основе акриловых смол
A 102	acrylic structural adhesive	Konstruktionsklebstoff m auf Akrylatbasis	colle f acrylique pour constructions	акриловый клей конструкционного назначения, конструкционный акриловый клей
A 103	acrylonitrile	Acrylonitril n	acrylonitrile m, nitrile m acrylique	акрилонитрил
A 104	acrylonitrile-acryloid-styrene copolymer, AAS	Acrylnitril-Acryl-Styrol-Mischpolymerisat n, AAS	copolymère m acrylonitrile-acryle-styrène	акрилонитрил-акрил-стироловый сополимер
A 105	acrylonitrile-butadiene styrene, ABS	Acrylnitril-Butadien-Styrol n, ABS	acrylonitrile-butadiène-styrène m, ABS	акрилонитрилбутадиенстирол, АБС
A 106	acrylonitrile-butadiene-styrene copolymer, ABS	Acrylnitril-Butadien-Styrol-Mischpolymerisat n, ABS	copolymère m acrylonitrile-butadiène-styrène, ABS	сополимер акрилонитрила, бутадиена и стирола, АБС-сополимер
A 107	acrylonitrile chlorinate ethylene styrene copolymer, ACS	Acrylnitril-Chlorethylen-Styrol-Mischpolymerisat n, ACS	copolymère m acrylonitrile-chlorure d'éthylène-styrène, ACS	сополимер акрилонитрила со стиреном (стиролом) и хлорированным этиленом
A 108	acrylonitrile methyl methacrylate, AMMA	Acrylnitrilmethylmethacrylat n, AMMA	acrylonitrile-méthacrylate m de méthyle	акрилонитрилметилметакрилат
A 109	acrylonitrile methyl methacrylate copolymer	Acrylnitrilmethylmethacrylat-Mischpolymerisat n	copolymère m acrylonitrile-méthacrylate de méthyle	сополимер из акрилонитрила и метилметакрилата
A 110	acrylonitrile rubber	Acrylnitrilgummi m, Acrylnitrilkautschuk m	caoutchouc m d'acrylonitrile	акрилонитрильный каучук, СКН
A 111	acrylonitrile-vinyl-carbazole-styrene copolymer, AVCS	Acrylnitril-Vinylcarbazol-Styrol-Mischpolymerisat n, AVCS	copolymère m acrylonitrile-vinylcarbazol-styrène	сополимер из акрилонитрила, винилкарбазола и стирола
A 112	acrylsulfonamide resin	Acrylsulfonamid-Harz n	résine f acrylosulfonamide	акрилсульфонамидная смола
	ACS	s. A 107		
A 113	activated anionic polymerization, catalyzed anionic polymerization	aktivierte anionische Polymerisation f	polymérisation f anionique activée (catalysée)	активированная (каталитическая) анионная полимеризация
	activated lacquer	s. C 126		
	activated resin	s. C 127		
A 114	activated surface	aktivierte Oberfläche f (Klebflächen)	surface f activée	активированная поверхность
A 115	activation energy, energy of activation	Aktivierungsenergie f	énergie f d'activation	энергия активации
A 116	activation temperature	Aktivierungstemperatur f	température f d'activation	температура активации

A 117	activation time	Aktivierungszeit f	temps m d'activation	время активации
A 118	activation zone	Aktivierungsbereich m, Aktivierungszone f, Aktivierungsstrecke f	zone f d'activation	зона активации
A 119	activator	Aktivator m	activateur m	активатор, промотор
A 120	active anvil	aktiver Schweißamboß m (beim Ultraschallschweißen), Schallwellen reflektierender Schweißamboß	embosse f active (soudage par ultrasons)	активная (отражающая) опора (ультразвуковая сварка)
A 121	active filler	aktiver Füllstoff m, Verstärkerfüllstoff m	charge f active, filler m actif	активный наполнитель
	actual cavity fill time	s. M 492		
	actual fill time of the mould	s. M 492		
A 122	actual joint	Verbindungsfuge f	joint m	шов соединения
A 123	actuator	Einrichtung f zur Belastungsaufbringung	dispositif m à appliquer une charge	устройство нагружения
	actuator	s. a. A 586		
A 124	actuator rod	Belastungsstab m, Belastungsstange f (an Prüfeinrichtungen)	barre (tige) f de charge	нагруженный стержень
A 125	acylphosphine oxide	Acylphosphinoxid n (Fotoinitiator)	oxyde m acylphosphine	окись ацилфосфина
A 126	Adams' chromatic value diagram	Farbwertdiagramm n nach Adams	diagramme m chromatique (en couleurs) d'après Adams, triangle m des couleurs d'après Adams	диаграмма цветности по Адамсу
A 127	adapter	Einlaufstück n (in Extruderwerkzeugen)	élément m (lunette f) de centrage	канал, соединяющий головку с экструдером, переходник
A 128	adapter	Paßstück n, Einsatzstück n (für Preß- oder Spritzpreßwerkzeuge)	pièce f d'ajustage, pièce de centrage (moule à transfert ou à compression)	вкладыш, вставка, литниковая втулка
	adapter	s. a. S 997		
A 129	adapter bearing	Spannhülsenlager n	coussinet m du manchon de serrage	подшипник (опора) зажимной втулки
	adapter plate	s. M 461		
A 130	adapter plate area, mould area	Werkzeugaufspannfläche f	plateau m (plaque f) de fixation	площадь крепежной плиты, площадь крепления формы
A 131	adapter ring	Haltering m, Paßring m (Extruderwerkzeug)	bague f pour douille, bague d'adaptation, bague de centrage	фиксирующее кольцо
A 132	adapter sleeve	Spannhülse f	douille f de serrage, manchon m de raccordement	зажимная (закрепительная) втулка
	adaption	s. M 83		
A 133	adaptive control	adaptive Regelung f	régulation f adaptive	адаптивное управление процессом
	additional attachment	s. A 634		
A 134	additional heating system	Zusatzheizung f (bei Heißkanalwerkzeugen)	chauffage m d'appoint	дополнительный обогрев (формы с горячим литниковым каналом)
	additional surface treatment	s. S 1364		
A 135	additional thermal treatment	thermische Nachbehandlung f	traitement m complémentaire (postérieur) thermique	термическая последующая обработка
	additional treatment	s. A 256		
A 136	addition energy, energy of attachment	Anlagerungsenergie f	énergie f d'addition (d'attachement)	энергия присоединения
A 137	addition polymer	Additionspolymer[es] n	polymère m d'addition	присоединительный полимер
	addition polymerization	s. P 554		
A 138	addition power	Anlagerungsfähigkeit f, Anlagerungsvermögen n	pouvoir m de fixation	способность к присоединению
A 139	additive	Additiv[es] n, Verarbeitungshilfsstoff m, Zusatzstoff m	additif m, adjuvant m	добавка, присадка, вспомогательное вещество
A 140	additive content	Additivgehalt m, Zusatzstoffgehalt m	teneur f en additif	содержание добавок
	additives migrating	s. M 306		
A 141	add-on process automation	Prozeßautomatisierung f durch Nachrüstung	automation f des processus industriels par rattrapage	дополнительная автоматизация процесса
A 142	adhere/to, to stick	[an]haften, [an]kleben	adhérer, coller	прилипать, приклеиваться
	adherence	s. A 187		
A 143	adherence friction testing equipment	Haftreibungsprüfgerät n, Haftreibungsprüfeinrichtung f	appareil m d'essai de l'adhérence	измеритель трения покоя (сцепления)
A 144	adherence property	Klebeigenschaft f	propriété f d'adhérence	поведение при склеивании

	English	German	French	Russian
A 145	adherend	Klebfügeteil n, zu klebendes Teil (Fügeteil) n	pièce f à coller	склеиваемая деталь
A 146	adherend failure (fracture)	Klebfügeteilbruch m	rupture f du joint collé	разрушение склеенной детали
	adherend preparation	s. S 1405		
A 147	adherend surface	Klebfügeteiloberfläche f	surface f de l'assemblage collé	поверхность.склеиваемой детали
	adherent surface	s. B 333		
A 148	adhering joint, joint, glue joint, glue line	Klebfuge f, Leimfuge f	joint m [collé]	клеевой шов
	adhering-joint width	s. A 185		
A 149	adherometer	Haftfestigkeitsmeßgerät n, Haftfestigkeitsmesser m, Adhäsiometer n	instrument (dispositif) m de mesure de la force d'adhérence, adhésiomètre m	измеритель адгезии, адгерометр, адгезиометр
A 150	adhesion	Adhäsion f, Haftung f	adhésion f, adhérence f	адгезия
	adhesion activator	s. A 153		
A 151	adhesion failure, adhesive failure	Adhäsionsbruch m, Grenzschichtbruch m (einer Klebverbindung)	rupture f du joint collé	разрушение в адгезионном слое (клеевое соединение)
A 152	adhesion loss, loss of adhesion	Haftfestigkeitsverlust m, Adhäsionsverlust m, Verlust m des Adhäsionsvermögens	perte f d'adhésion	потеря адгезионной прочности, потеря адгезии
	adhesion power	s. A 187		
A 153	adhesion promoter (promotor additive), adhesion activator	Adhäsionsverbesserer m, Haftaktivator m (Klebstoffe)	accélérateur (promoteur) m d'adhésion	промотор (ускоритель) адгезии, ускоряющая адгезию добавка
	adhesion strength	s. A 207		
A 154	adhesion test	Klebfestigkeitsprüfung f	essai m d'adhérence	испытание адгезионной прочности, испытание ирочности склеивания
A 155	adhesion tester, adhesive-strength testing equipment	Klebkraftprüfgerät n, Haftfestigkeitsprüfgerät n	appareil m de contrôle de l'adhérence, appareil m d'essai pour force d'adhérence	испытатель прочности прилипания, измеритель прочности склеивания
A 156	adhesive, adhesive agent, cement, adhesive material, glue, bonding agent, bonding medium (US), bonding compound (US)	Klebstoff m	adhésif m, colle f	клей, клеящее вещество, клеящий компаунд
A 157	adhesive accelerator, accelerator for adhesive	Klebstoffbeschleuniger m	accélérateur m de collage	ускоритель для клеев, промотор клея
A 158	adhesive agglutination, agglutination by adhesion	Haftklebung f, Adhäsionsklebung f, adhäsive Klebung f	adhésion f de contact, agglutination f par adhérence	прилипание, склеивание прилипанием (адгезионного типа)
A 159	adhesive analysis kit	Klebstoffanalysengerät n	analyseur m d'adhésif, analyseur de colle	анализатор клеев
	adhesive application	s. A 506		
A 160	adhesive applicator	Klebstoffauftragsgerät n	appareil m d'application pour adhésifs	прибор для нанесения клея
A 161	adhesive-backing film	klebstoffbeschichtete Folie f	feuille f enduite d'une couche de colle	покрытая клеем пленка
A 162	adhesive base, resin for the adhesive	Klebstoffgrundstoff m	matière f essentielle [de base] d'adhésif, résine f pour adhésif	основа клея
A 163	adhesive bonded joint, glue joint, bond	Klebverbindung f	joint m collé	клеевое соединение
A 164	adhesive-bonded part	geklebtes Teil n	pièce f collée	склеенная деталь, склеенное изделие
A 165	adhesive-bonded structure	Klebkonstruktion f	construction f collée	клеевая конструкция
A 166	adhesive bonding, adhesive laminating, film bonding	Klebbondieren n, Klebkaschieren n (von Textilien mit Polymerschaumstoff)	doublage m par adhésif (colle)	клеевое соединение текстильного и пенистого материалов, дублирование клеем
	adhesive bonding of metals	s. M 209		
A 167	adhesive capacity	Klebkraft f	puissance f de collage	прочность адгезии
	adhesive capacity	s. a. A 187		
A 168	adhesive cartouche	Klebstoffkartusche f, Kartuschenvorratsbehälter m für Klebstoff	cartouche f d'adhésif, cartouche pour adhésifs	хранительная емкость для клея
A 169	adhesive coating	Klebstoffbeschichtung f, Beschichten n mit Klebstoff	enduction f d'adhérents	нанесение клея
	adhesive coating	s. a. A 183		
A 170	adhesive coating slot die	Breitschlitzdüse f für Klebstoffauftrag	filière f plate pour application d'adhésif	плоскощелевое сопло для нанесения клея

A 171	**adhesive component,** component of adhesive	Klebstoffbestandteil *m*	constituant (composant) *m* d'adhésif, constituant (composant) de colle	компонент клея, составная часть клея
A 172	**adhesive container**	Klebstoffgebinde *n*, Lagerbehälter *m* für Klebstoffe	récipient *m* à adhésif (colle)	емкость (бак) для клея
	adhesive dispersion	*s.* D 385		
A 173	**adhesive fabric**	selbstklebendes Gewebe *n*	tissu *m* collant (adhésif, autocollant)	клеящая (клейкая) ткань
	adhesive failure	*s.* A 151		
A 174	**adhesive fillet**	Klebstoffmenge *f* zur Ausfüllung von Fügeteilrundungen (Ecken)	quantité *f* de colle servant à remplir les arrondis de pièces assemblées	количество клея для заполнения углов
A 175	**adhesive film,** glue film	Klebfolie *f*, Klebstoffolie *f*	feuille *f* adhésive, film *m* adhésif (de colle)	клеящая пленка, пленочный клей, липкая пленка
A 176	**adhesive film thickness,** thickness of the adhesive film	Klebfilmdicke *f*, Dicke *f* des verfestigten Klebstoffs	épaisseur *f* de la couche de colle	толщина слоя клея
A 177	**adhesive for microelectronics**	Klebstoff *m* für die Mikroelektronik, Mikroelektronikklebstoff *m*	adhésif *m* pour la microélectronique	клей для микроэлектроники
A 178	**adhesive formula[tion],** adhesive mixture ready for use, mixed glue (adhesive)	Klebstoffansatz *m*, verarbeitungsfertige Klebstoffmischung *f*	formulation *f* adhésive, colle *f* préparée (prête à l'emploi), mélange *m* adhésif (de colle)	клеевая композиция (смесь), смесь составных частей клея, состав (композиция) клея
A 179	**adhesive identification plate**	aufklebbares Kennzeichnungsschild *n*	plaque *f* adhésive d'identification	клейкая маркировка
A 180	**adhesive interlayer,** bond (glue) line, glue (dry adhesive) layer, layer of adhesive in a joint	Klebfilm *m*, verfestigte Klebschicht *f*	film *m* de colle	слой отвержденного клея, отвержденный слой клея, отвержденный клеящий слой
	adhesive laminating	*s.* A 166		
A 181	**adhesive lamination**	Klebstoffkaschieren *n*, Klebstoffkaschierung *f*	doublage *m* et collage *m*	ламинирование склеиванием
A 182	**adhesive lamination of foam**	Schaumstoffkleblaminieren *n*	laminage (doublage) *m* adhésif de mousses	соединение пенистых материалов склеиванием
A 183	**adhesive layer,** adhesive coating, glue line, tack coat	Klebstoffschicht *f*, klebbereite Schicht *f*, Leimschicht *f* (auf der Klebfläche des Fügeteils)	couche *f* adhésive	адгезионный слой
A 184	**adhesive layer**	adhäsive Oberflächenschicht *f* (auf Fügeteilen)	surface *f* adhésive	адгезионный слой (на поверхности)
A 185	**adhesive-line thickness,** glue-line thickness, adhering-joint width	Klebfugendicke *f*	épaisseur *f* du joint (adhésif)	толщина клеевого шва
A 186	**adhesive locking system in micro-encapsulated form**	mikroverkapselte Klebsicherung *f*	blocage *m* par collage en microencapsulation	предохранение клеевых соединений микрокапсулами
	adhesive material	*s.* A 156		
	adhesive mixture ready for use	*s.* A 178		
A 187	**adhesiveness,** adhesion (adhesive) capacity, adhesion (adhesive) power, adherence	Adhäsionsfähigkeit *f*, Adhäsionsvermögen *n*, Haftfähigkeit *f*, Haftvermögen *n*	adhésivité *f*	адгезионная способность
	adhesiveness	*s. a.* A 192		
A 188	**adhesive oven dryer**	Klebstoffofentrockner *m*	four-séchoir *m* d'adhésif	печь для сушки клеев
A 189	**adhesive paste**	Kleb[stoff]paste *f*	pâte *f* adhésive (collante)	клеевая паста
A 190	**adhesive pellets,** pelleted adhesives, epoxy resin adhesive pellets, E-Pack system	E-Pack-System *n* (aus Epoxidharzpulver hergestellte warm- oder heißhärtende Vorformlinge mit inkorportiertem Härter)	pastille *f* de colle, colle *f* pastillée	эпоксидный клей в виде таблеток
A 191	**adhesive plaster**	Klebpflaster *n*	sparadrap *m*, taffetas *m* gommé, emplâtre *m*	липкий пластырь
A 192	**adhesive power,** adhesiveness, adhesivity	Klebvermögen *n*, Klebfähigkeit *f*	adhésivité *f*, adhérence *f*	клеящая способность, клейкость, прилипаемость
	adhesive power	*s. a.* A 187		
A 193	**adhesive preservation**	Klebstoffkonservierung *f*, Konservierung *f* durch Klebstoffe (Oberflächennachbehandlung)	conservation *f* par adhésifs	консервирование клеем
A 194	**adhesive pressure tank,** glue pressure tank	Klebstoffdruckbehälter *m*	réservoir *m* sous pression pour adhésif	напорная емкость для клеев
A 195	**adhesive raw material**	Klebstoffrohstoff *m*	produit *m* de départ pour adhésif, matière *f* brute pour adhésif	исходный материал для клеев, сырье для клея

A 196	adhesive resin, bonding resin, resin for glue and adhesive	Klebharz n	résine f adhésive	склеивающая смола, клей на основе смолы, клеящая смола
	adhesive resistant to high temperatures	s. H 252		
A 197	adhesive resistant to low temperatures	tieftemperaturbeständiger Klebstoff m	colle f résistant aux basses températures	морозостойкий клей
A 198	adhesive robot, robot for adhesive	Klebstoffauftragsroboter m, Klebstoffauftragsautomat m	robot m de l'application d'adhésif	робот для нанесения клея
A 199	adhesive roll cleaner, glue roll cleaner	Klebstoffauftragsrollen-Reinigungsmittel n	détergent m pour rouleau d'application d'adhésif	детергент для ролика (нанесение клея)
A 200	adhesive roller, glue roller	Klebstoffwalze f, Leimwalze f	rouleau m d'adhésif, cylindre m encolleur	ролик для нанесения клея
A 201	adhesive sealant	klebender Dichtstoff m, klebendes Dichtmittel n, Klebdichtstoff m	matériel m d'étanchéité collant	клеящий герметик
A 202	adhesive sealing materials	klebende Dichtstoffe mpl	matériaux mpl d'étanchéité collants	клеящие уплотнительные материалы
	adhesive soluble in organic solvent	s. S 771		
	adhesive solution	s. S 771		
A 203	adhesive spread consumption	spezifischer Klebstoffverbrauch m	consommation f spécifique de colle	удельный расход клея
A 204	adhesive spreader (spreading machine)	Klebstoffauftragsmaschine f	machine f à encoller (appliquer la colle), encolleuse f	машина для нанесения клея, шпрединг-машина
	adhesive spread on adherend	s. S 973		
A 205	adhesive stick	Kleb[stoff]stift m	clou m adhésif (de colle)	липкий (клеящий) карандаш
A 206	adhesive stick, stick	stangenförmiger (kerzenförmiger) Schmelzklebstoff m	colle f thermoplastique (fusible), adhésif m fusible en barres	клей-расплав в форме прутка
A 207	adhesive strength, adhesion strength	Adhäsionsfestigkeit f, Haftfestigkeit f	force f d'adhérence	адгезионная прочность
	adhesive-strength testing equipment	s. A 155		
A 208	adhesive system, binding system	Klebstoffsystem n	système m d'adhésifs	система клеев
	adhesive tape	s. S 244		
A 209	adhesive technique (technology), cementing technique (technology), gluing practice	Klebtechnik f	technique f de collage	технология склеивания
A 210	adhesive testing, testing of adhesives	Klebstoffprüfung f	essai m de colles	проверка клея
A 211	adhesive thickness, glue layer (line) thickness, thickness of glue layer (line)	Klebschichtdicke f	épaisseur f de colle, épaisseur de la couche de collage	толщина слоя клея
A 212	adhesive transfer	Klebstoff-Fördern n	transvasement m de l'adhésif, transvasement m de colle	транспорт клея
A 213	adhesive usage	Klebstoffverbrauch m	consommation f d'adhésif	расход клея
	adhesive varnish	s. S 771		
	adhesivity	s. A 192		
A 214	adiabatic	adiabatisch (ohne Wärmeaustausch mit der Umgebung verlaufend)	adiabatique	адиабатический, адиабатный
A 215	adiabatic change [of state]	adiabatische Zustandsänderung f	transformation f adiabatique, changement m adiabatique d'état	адиабатическое изменение [состояния]
A 216	adiabatic extrusion, autothermal extrusion	adiabatische Extrusion f, Extrusion f im adiabatischen Zustandsbereich	extrusion f adiabatique	адиабатическая экструзия
A 217	adiabatic process	adiabatischer Vorgang m (im Extruder)	processus m adiabatique (boudineuse)	адиабатический процесс (в экструдере)
	ADI number	s. A 45		
A 218	adipamide	Adipinsäurediamid n, Adipamid n	adipamide m, amide m adipique	адипинамид, диамид адипиновой кислоты
A 219	adipate, adipic ester	Adipat n, Adipinsäureester m	adipate m, ester m adipique	эфир адипиновой кислоты
A 220	adipic acid	Adipinsäure f, Hexandisäure f	acide m adipique	адипиновая кислота, гександикарбоновая кислота
	adipic ester	s. A 219		
A 221	adipic hexamethylenediamine	Adipinsäurehexamethylendiamin n, AH-Salz n	adipate m d'hexaméthylène-diamine, sel m AH	гексаметилендиаминадипинат
A 222	adjustable angle sound head	verstellbarer Winkelschallkopf m	émetteur m acoustique angulaire réglable	регулируемая угловая звукоголовка

	adjustable barrier	s. A 225		
	adjustable blade	s. A 224		
A 223	adjustable gib	einstellbares Führungs-lineal n	règle f parallèle réglable	регулируемая линейка
	adjustable lip	s. C 765		
A 224	adjustable paddle, adjust-able blade	verstellbarer Mischflügel m	palette (pale) f adjustable	регулируемая лопасть (сме-ситель)
A 225	adjustable restrictor bar, adjustable barrier	einstellbare Zurückhaltung f für den Massestrom (Extruderwerkzeug)	barre f de retenue réglable	регулируемый дроссели-рующий элемент
A 226	adjustable stop	verstellbarer Anschlag m	butée f réglable	регулируемый упор
A 227	adjusting device	Stelleinrichtung f	dispositif m de réglage	исполнительное устройство, исполни-тельный механизм
	adjusting screw	s. S 327		
A 228	adjuvant	Zusatzstoff m, Zuschlag-stoff m	adjuvant m	добавка, заполнитель, на-полнитель
	admixtion	s. A 229		
A 229	admixture, admixtion	Beimischung f, Beimengung f, Fremdbestandteil m	admixtion f, mélange m ad-ditionnel	примесь, присадка
	adsorbability	s. A 238		
A 230	adsorbate, adsorbed mate-rial (substance)	aufgenommener (adsorbier-ter) Stoff m, Adsorbat n, Adsorptiv n	substance f adsorbée, ad-·sorbat m	адсорбат, адсорбированное вещество
A 231	adsorbent	aufnehmender (adsorbie-render) Stoff m, Adsor-bens n	adsorbant m, agent m de sorption	адсорбент
A 232	adsorbent resin	Adsorberharz n, Adsorbens-harz n	résine f adsorbante	адсорбирующая смола, смола-адсорбент
A 233	adsorbing polymer	Adsorberpolymer[es] n	polymère m adsorbant	полимер-адсорбер
A 234	adsorption chromatog-raphy	Adsorptionschromatogra-phie f (zur Ermittlung der Molekularmasse und Funk-tionalitätsverteilung)	chromatographie f par ad-sorption	адсорбционная хромато-графия (для определения молекулярного веса)
A 235	adsorption heat, heat of adsorption	Adsorptionswärme f	chaleur f d'adsorption	теплота адсорбции
A 236	adsorption layer	Adsorptionsschicht f	couche f d'adsorption	слой адсорбции, адсорб-ционный слой
A 237	adsorption plant	Adsorptionsanlage f	système m de récupération de solvants par adsorp-tion	адсорбционная установка
A 238	adsorptive capacity, ad-sorbability, degree of ad-sorption	Adsorptionsfähigkeit f	capacité f d'adsorption, ad-sorbabilité f, adsorbance f, adsorptivité f	адсорбционная емкость (способность)
A 239	adulterant, adulterating agent, blending agent, diluent, diluting agent, thinner	Verschnittmittel n, Verdün-nungsmittel n	diluant m	разбавитель, наполнитель, разжижитель
A 240	advanced plastics	Konstruktionskunststoffe mpl, Konstruktionsplast-werkstoffe mpl, moderne Kunststoffe (Plastwerk-stoffe) mpl	matériaux mpl plastiques de construction traditionels, plastiques mpl techniques	обыкновенные конструк-ционные пластики, плас-тики для изготовления конструкционных деталей
	aerating agent	s. B 263		
A 241	aeration	Belüftung f	aération f, aérage m	аэрация, вентиляция
A 242	aerobic acrylic adhesive	aerober Acrylatklebstoff m, Acrylatklebstoff m mit verringerter Sensitivität gegenüber Luftinhibie-rung	adhésif m aérobie sur base d'acrylate	аэробный акриловый клей
A 243	aero-shaft	pneumatisch expandie-rende Wickelwelle f	arbre m d'enroulement à ex-pansion pneumatique	пневматически расширяю-щийся сердечник
A 244	aerosil	Aerosil n (hochdisperse Kie-selsäure)	aérosil m (silice très disper-sée)	аэросил (высокодисперсный кремнекислотный напол-нитель)
A 245	aerosol adhesive	Aerosolklebstoff m	adhésif m aérosol, colle f aérosol	клей-аэрозоль
A 246	aerosol caulk	Aerosoldichtstoff m, aus Aerosolflaschen sprüh-barer Dichtstoff m	matériel m d'étanchéité en bombe aérosol	аэрозольная герметизи-рующая (уплотняющая) масса
A 247	afterannealing	Tempern n (Wärmebehand-lung f) nach der Entfor-mung	recuit m après démoulage, étuvage m après cuisson	отжиг (термообработка) пресс-изделия
A 248	afterbake, postcure, second cure	Nachhärten n, Nachhär-tung f	période f additionnelle de durcissement, post-cuis-son f (adhésif), cuisson f ultérieure	последующее (дополни-тельное) отверждение, доотверждение
	afterbodying	s. A 255		

A 249	**aftercrystallization**, secondary crystallization, postcrystallization	Nachkristallisation f	cristallisation f secondaire, postcristallisation f	дополнительная (вторичная, последующая) кристаллизация
A 250	**aftereffect**	Nachwirkung f	effet m ultérieur, post-effet m	последействие
A 251	**after-halogenated polymer**, posthalogenated polymer	nachhalogeniertes Polymer[es] n	polymère m posthalogéné	догалогенированный полимер, дополнительно галогенированный полимер
A 252	**after-moulding insert**	nachträglich in ein Formteil einzubettende Einlage f	pièce f insérée après moulage	деталь, вставляемая после формования
	afterpressure	s. H 277		
A 253	**afterpressure phase**, post-compression stage	Nachdruckphase f (beim Spritzgießen)	durée f de maintien en pression, durée de la pression secondaire	стадия выдержки под давлением (расплава в форме)
	afterpressure time	s. H 281		
A 254	**aftershrinkage**, post-shrinkage	Nachschwinden n, Nachschwindung f (Formteile)	retrait m postérieur au moulage	дополнительная (последующая) усадка
A 255	**afterthickening**, after-bodying	Nachdicken n	épaississement m postérieur	последующее загустевание
A 256	**aftertreatment**, additional (secondary) treatment	Nachbehandlung f	post-traitement m, traitement m complémentaire (ultérieur, postérieur), second traitement	последующая обработка (отделка)
	AGE	s. A 371		
A 257	**age-hardening time**	Nachhärtezeitraum m, Nachverfestigungszeitraum m	période f de durcissement naturel après cuisson (adhésif)	время дооотверждения
A 258	**agent**	Agens n, Mittel n	agent m	агент
	age-protecting agent	s. A 452		
A 259	**age-resistant plastic**	alterungsbeständiger Kunststoff (Plast) m	matière f plastique inaltérable (non-vieillissante)	устойчивый к старению пластик
	age-resisting	s. R 307		
A 260	**agglomerate**	Agglomerat n	aggloméré m	агломерат
A 261	**agglomeration**	Agglomerieren n, Agglomeration f, Zusammenbakken n, Zusammenballen n (von Formmassen)	agglomération f (matières à mouler)	агломерация, спекание
A 262	**agglutinant**	Klebmittel n, Leim m (auf vegetabiler Basis)	agglutinant m	клей растительного происхождения, агглютинант
A 263	**agglutination**	Zusammenkleben n, Zusammenleimen n, Agglutination f	agglutination f	агглютинация, слипание
	agglutination by adhesion	s. A 158		
A 264	**agglutination by diffusion**	Anlöseklebung f, Diffusionsklebung f	agglutination f par diffusion	диффузионное склеивание, склеивание под влиянием диффузии растворителя
	aggregative fluidized bed	s. I 131		
A 265	**aggressive tack**, dry tack, green tacky state, setting to touch (US)	Trockenklebrigkeit f	état m collant sec	сухая клейкость, клейкость в сухом состоянии, липкость сухого клея
A 266	**aging**	Alterung f, Altern n	vieillissement m	старение
A 267	**aging behaviour**	Alterungsverhalten n	comportement m au vieillissement	поведение при старении
A 268	**aging resistance**, resistance of aging	Alterungsbeständigkeit f	résistance f au vieillissement	устойчивость к старению, сопротивление старению
A 269	**aging test**	Alterungsprüfung f	essai m de vieillissement	испытание на старение
A 270	**agitate/to**, to stir	[um]rühren	remuer, agiter	мешать, перемешивать
A 271	**agitated autoclave**, stirred autoclave	Autoklav m mit Rührwerk, Rührautoklav m	autoclave m à agitateur	автоклав с мешалкой
A 272	**agitating arm**	Rührarm m	bras m d'agitateur, bras de mélangeur (remueur)	лопасть мешалки
A 273	**agitating pan**	Rührkessel m, Rührpfanne f	bac m à agitation, cuve f à agitation (agitateur)	чаша (котел) для размешивания
A 274	**agitation**, stirring	Rühren n, Umrühren n	agitation f	перемешивание
A 275	**agitator**	Rührwerk n, Rührapparat m	agitateur m	мешалка
A 276	**agitator ball mill**	Rührwerkskugelmühle f	agitateur-broyeur m à boulets	шаровая мельница
A 277	**agitator mixer**	Mischrührwerk n	mélangeur-agitateur m	ворошитель
A 278	**agitator with scrappers**	Rührwerk n mit Schaber, schabendes Rührwerk n	remueur m avec racloir, melangeur m avec raclette, agitateur m mécanique aux racloirs	смеситель с шабером
	aid	s. A 632		
A 279	**air accumulator**, air-hydraulic accumulator	Druckluftspeicher m	accumulateur m à air (charge d'air) comprimé, accumulateur aérohydraulique	ресивер воздушного аккумулятора

A 280	air agitator, air-lift agitator	Mischluftrührwerk n, Mischluftrührer m	mélangeur m à barbotage	воздухоструйная мешалка
A 281	air-assist vacuum forming	Vakuumformen (Vakuumformverfahren) n mit pneumatischer Vorstreckung	thermoformage m sous vide avec assistance pneumatique, formage m sous vide avec préétirage pneumatique	вакуумное формование с предварительным раздувом, вакуумное формование с предварительной пневматической вытяжкой
	air bag under pressure	s. P 935		
A 282	air-bearing torsional pendulum	luftgelagertes Torsionspendel n, Torsionspendel n mit Luftlager	pendule f à torsion à paliers à air	крутильный маятник с воздушным подшипником
A 283	air blast	Blasluft n, Gebläsewind m (Blasformmaschinen)	air m de soufflage (gonflage) (formage par soufflage)	воздух для раздува (выдувания)
A 284	air-blast mixing machine	Blasluftmischmaschine f	mélangeur (agitateur) m à barbotage	воздушный смеситель
A 285	air bleeding valve	Entlüftungsventil n	soupape f de dégagement d'air, soupape de désaération	клапан для отвода воздуха
A 286	air blowing	Blasen n mit Luft (Blasformmaschine)	soufflage m d'air	выдувание (продувка) воздухом
	airborne dust	s. F 481		
A 287	air bottle	Druckluftflasche f, Druckluftbehälter m	bouteille f (réservoir m) à air comprimé, accumulateur m aérohydraulique	баллон со сжатым воздухом
A 288	air brush, air knife, micro (air) jet	Luftbürste f, Luftpinsel m, Schlitzluftdüse f (an Beschichtungsanlagen)	lame f d'air, racle f à air comprimé (enduction)	пневматическая щетка
	air-brush coating	s. A 312		
A 289	air cap	Trockenhaube f (für Flächengebilde)	hotte f de séchoir (à surfaces planes)	сушильный колпак
A 290	air circulating oven	Ofen m mit Luftumwälzung (Granulattrocknung)	four m à circulation d'air (séchage de granulat)	печь с циркуляцией воздуха
A 291	air circulation	Luftumwälzung f, Luftzirkulation f	circulation f d'air	циркуляция воздуха
	air classifier	s. A 327		
	air-conditioning cabinet	s. C 657		
A 292	air-conditioning plant (system)	Klimaanlage f	installation f de conditionnement d'air	кондиционер, установка для кондиционирования воздуха
A 293	air consumption	Luftverbrauch m	consommation f d'air	расход воздуха
A 294	air cooling	Luftkühlung f	refroidissement m à air	воздушное охлаждение, охлаждение воздухом
A 295	air cooling ring	Kühlluftring m (an Folienblasanlagen)	bague f (anneau m) d'air de refroidissement (réfrigération)	охлаждающее воздухом кольцо
	air-cushion dryer	s. F 414		
A 296	air-cushion forming	Vakuumstreckformen n mit kombinierter pneumatisch-mechanischer Vorstreckung	formage m par emboutissage sur coussin d'air, formage sous vide avec préétirage mécanique et pneumatique	вакуум-формование с предварительной механопневматической вытяжкой
A 297	air dehumidifier	Luftentfeuchter m	déshumidificateur m d'air	сушитель воздуха
	air doctor	s. F 415		
A 298	air-dried, ambient-dried	luftgetrocknet	séché à l'air	воздушно-сухой
A 299	air drying	Lufttrocknung f (von Anstrichmittelschichten)	séchage m à l'air	воздушная сушка, выдержка покрытия на воздухе
A 300	air-drying coating	lufttrocknender Anstrich m	revêtement m (peinture f, enduction f) séchant à 'air	окраска воздушной сушки
A 301	air-drying primer	lufttrocknendes Grundiermittel n, lufttrocknender Grundlack m	couche f de fond séchant à l'air	грунтовочный лак воздушной сушки, грунтовка воздушной сушки
A 302	air duct	Luftleitung f	conduite f d'air	воздухопровод, вентиляционная труба
A 303	air gap	Luftspalt m	fente f d'aération	воздушный зазор
A 304	air heater	Lufterhitzer m; Winderhitzer m	réchauffeur m d'air	воздушный обогреватель
A 305	air humidifier	Luftbefeuchter m	humidificateur m d'air	увлажнитель воздуха
	air humidity	s. A 581		
	air-hydraulic accumulator	s. A 279		
A 306	air hydraulic press	Druckluftpresse f, lufthydraulische Presse f	presse f à commande pneumatique, presse actionnée par air comprimé	воздушно-гидравлический пресс, гидравлический пресс с воздушным аккумулятором
A 307	air-inflated double-skin (double-walled) tent	doppelschalige Traglufthalle f	structure f gonflable à doubles parois	двухслойная пневмопалатка

A 308	airing plant	Be- und Entlüftungsanlage f	installation f d'aération et d'évacuation d'air	аэрационная установка (аэротенк)
A 309	air inlet	Luftzuführung f	admission (amenée) f d'air	подвод (доступ) воздуха
A 310	air jet	Luftstrahl m	jet m d'air	воздушная струя
	air jet	s. a. A 288		
	air-jet mill	s. J 16		
	air knife	s. A 288		
A 311	air-knife coater, micro-jet roll coater	Luftbürstenauftrags-maschine f, Walzen-beschichter m mit Luft-bürste, Luftbürsten-streichmaschine f, Walzenauftragsmaschine f mit Luftbürste (Luftpinsel)	machine f à enduire (cou-cher) à lame d'air, cou-cheuse f à lame d'air, cou-cheuse f à racle à air com-primé	шпрединг-машина с ле-тучей раклей, шпрединг-машина с пневматичес-кой щеткой, [вальцовая] машина для нанесения покрытия с применением воздушного шабера
A 312	air-knife coating, air-brush coating, micro-jet roll coating	Luftbürsten[streich]verfah-ren n, Beschichten n mit-tels Walzenauftrags-maschine mit Luftbürste	enduction f à lame d'air, en-duction à racle à air com-primé, couchage m à lame d'air, couchage à racle à air comprimé	метод нанесения с приме-нением пневматической щетки, шпрединг с ле-тучей раклей
A 313	airless spray gun	druckluftlose Auftrags-pistole f, Airless-Auftrags-pistole f (Anstrichstoff)	pistolet m à pulvérisation sans air (peinture)	безвоздушный пистолет-распылитель
A 314	airless spraying, hydraulic atomization	Sprühen n ohne Druckluft, Sprühen mittels hydrauli-schen Druckes durch Dü-sen, luftloses Spritzen n	atomisation f (pistolage m, pulvérisation f) sans air [comprimé]	гидравлическое (безвоз-душное) распыление
	air-lift agitator	s. A 280		
A 315	air lock	pneumatische Schleuse f	sas m pneumatique	воздушный затвор
A 316	air lubrication	Luftschmierung f	lubrification f pneumatique	воздушная смазка
	air occlusion	s. E 231		
A 317	air-operated ejector	mittels Druckluft betätigter Auswerfer (Ausdrücker) m (Werkzeuge)	éjecteur m à air	пневмовыталкиватель
A 318	air outlet	Luftaustritt m (Extrusions-werkzeug)	sortie f de l'air, échappe-ment m	воздухоход, выход воздуха
A 319	air oven	Heißluftofen m	étuve f à air chaud	камера обогрева горячим воздухом
A 320	air permeability, permeabil-ity to air, air porosity	Luftdurchlässigkeit f	perméabilité f à l'air	воздухопроницаемость
A 321	air piston	Luftkolben m	piston m pneumatique (à air)	пневматический поршень, поршень пневмоцилиндра
	air pocket	s. E 231		
A 322	air pocket film	Noppenfolie f, Luftnoppen-folie f	feuille f avec noppe	дублированная пленка с внутренними пузырями
	air porosity	s. A 320		
A 323	air-pressure injection moulding, injection proc-ess with air pressure, Hauny process	Druckinjektionsverfahren n, Einspritzverfahren n, Hauny-Verfahren n	stratification f par imprégna-tion sous pression d'injec-tion	инжекционное прессование под пневматическим дав-лением
	air-proof	s. A 333		
A 324	air receiver, air vessel	Luftkessel m, Windkessel m	accumulateur m aéro-hydraulique	воздушный колпак, ресивер
A 325	air-release agent	Entlüftungsmittel n, entlüf-tungsfördernder Stoff m	agent m de dégazage	средство для удаления воз-духа
A 326	air-separation mill, mill with air separation	Mühle f mit Windsichtung	broyeur m avec blutoir à air	мельница с воздушным классификатором
A 327	air separator, air classifier, wind separator	Windsichter m, Streuwind-sichter m	séparateur m pneumatique, séparateur (sélecteur m) à air bluteur-cyclone, séparateur m à vent	воздушный сепаратор (клас-сификатор)
A 328	air-slip forming (vacuum thermoforming)	Streckformen n mit pneuma-tischer Vorstreckung, Air-slip-Verfahren n	formage m «air-slip», ther-moformage m sous vide sur coussin d'air	формование с предвари-тельной пневматической вытяжкой
A 329	air spray gun	luftzerstäubende Auftrags-pistole f (Anstrichstoff)	pistolet m à pulvérisation pneumatique (peinture)	распылитель-пульверизатор
A 330	air spraying	Druckspritzen n (von An-strichstoffen)	pulvérisation f pneumatique (à air comprimé)	пневматическое распыле-ние (лаков)
A 331	air-stream floatation	Windschütten n (von Ma-terialschichten)	classification f pneumatique	воздушная классификация, просеивание
A 332	air-supported dome (hall)	Traglufthalle f (aus kunst-stoffbeschichtetem Ge-webe)	hall (dôme) m gonflable	воздухоопорная конструк-ция
A 333	air-tight, air-proof	luftdicht, luftundurchlässig	étanche à l'air, hermétique	воздухонепроницаемый, герметический
A 334	air vent	Luftkanal m, Luftauslaß m	évent m	канал для отвода воздуха
	air vessel	s. A 324		
	ajusta bow	s. S 1221		

A 335	albumin glue	Albuminleim *m*, Eiweißleim *m*, eiweißhaltiger Leim *m*	colle *f* d'albumine	альбуминовый (белковый) клей
A 336	alcohol-diluted lacquer	alkoholverdünnbarer Lack *m*, Spritlack *m*	vernis *m* à l'alcool	спиртовой лак
A 337/8	aldehyde	Aldehyd *m*	aldéhyde *m*	альдегид
A 339	aldehyde resin	Aldehydharz *n*	résine *f* aldéhyde (aldéhydique)	альдегидная смола
A 340	alginate (alginic) fibre	Alginatfaser *f*	fibre *f* alginique	альгинатное волокно
A 341	align/to	ausrichten, regelmäßig anordnen	aligner, mettre à l'alignement	выверять, рихтовать
A 342	aligned-fibre composite	Kunststoffverbundstoff (Plastverbundstoff) *m* mit gerichteten Fasern	matériau *m* sandwich (composite) aux fibres orientées, sandwich *m* aux fibres orientées	волокнит со специально расположенными волокнами
A 343	aligner	Regulierstation *f*, Einrichtung *f* zum Zentrieren von Werkzeugen *(in Verarbeitungsmaschinen)*	dispositif *m* d'ajustage, dispositif de réglage	регулятор
A 344	aligner roll	selbstzentrierende Walze *f*	rouleau *m* autocentreur	самоустанавливающийся валок
A 345	alignment *(tool)*	Ausrichtung *f*, regelmäßige Anordnung *f*, Zentrierung *f (Werkzeuge)*	alignement *m*, mise *f* à l'alignement *(moules)*, centrage *m*	выверка, рихтовка *(формы)*
A 346	aliphatic amine	aliphatisches Amin *n*	amine *f* aliphatique	алифатический амин
A 347	aliphatic hydrocarbon	aliphatischer Kohlenwasserstoff *m*	hydrocarbure *m* aliphatique	алифатический углеводород
A 348	aliphatic polyamine	aliphatisches Polyamin *n*	polyamine *f* aliphatique	алифатический полиамин
A 349	aliphatic polyester	aliphatischer Polyester *m*	polyester *m* aliphatique	алифатический полиэфир
A 350	aliphatic polyimide	aliphatisches Polyimid *n*	polyimide *m* aliphatique, polymère *m* SP aliphatique	алифатический полиимид
A 351	alkali cleaner	[flüssiges] alkalisches Reinigungsmittel *n*	détergent *m* alcalin	щелочное средство для очистки, щелочной детергент
A 352	alkali glass, soda lime glass	Alkaliglas *n*, A-Glas *n* (für Verstärkungsmaterialien)	verre *m* sodique	щелочное (щелочесодержащее) стекло, стекло А
A 353	alkali hydrometer, alkalimeter	Alkalimeter *n*, Laugenmesser *m*	alcalimètre *m*	алкалиметр, аппарат для измерения степени щелочности
A 354	alkaline	alkalisch, basisch	alcalin, basique	щелочной
A 355	alkaline cleaning	alkalisches Reinigen *n*	épuration *f* alcaline	очистка щелочным средством
A 356	alkaline cleaning bath	alkalisches Reinigungsbad *n* (zum Entfetten von Klebteilen)	bain *m* de dégraissage alcalin	щелочная ванна для очистки *(поверхностей)*
A 357	alkaline degreasing	Entfetten *n* in alkalischen Reinigungsbädern *(metallischer Klebfügeteile)*	dégraissage *m* alcalin	обезжиривание щелочным детергентом
A 358	alkalinity	Alkalität *f*, Basizität *f*	alcalinité *f*, basicité *f*	щелочность
A 359	alkali-proof	alkalibeständig, alkalifest	résistant aux alcalis	щелочестойкий, щелочеупорный
A 360	alkali resistance	Alkalibeständigkeit *f*	résistance *f* aux alcalis	щелочестойкость, щелочеупорность
	alkine	*s.* A 364		
	alkyd plastic	*s.* P 604		
A 361	alkyd resin	Alkydharz *n*	résine *f* alkyde, alkyde *m*	алкидная смола
A 362	alkyl cyanoacrylate adhesive	Alkylcyanoacrylat-Klebstoff *m*	adhésif *m* de cyanoacrylate alkylique	алкилцианоакрилатный клей
A 363	alkyl hydroxide	Alkylhydroxid *n (Verarbeitungshilfsstoff)*	hydroxyde *m* alkylique	алкильная перекись
A 364	alkyne, alkine	Alkin *n*	alcyne *m*	алкин
A 365	alleviate stresses/to	Spannungen reduzieren	réduire les contraintes	уменьшать (снижать) напряжения
A 366	all-hydraulic injection machine *(US)*	vollhydraulische Spritzgießmaschine *f*	machine *f* à injection entièrement hydraulique	гидравлическая литьевая машина
	Allied [Chemical Corporation] foam moulding	*s.* T 190		
A 367	alloy	Legierung *f*	alliage *m*	сплав
A 368	all-plastics design	Vollkunststoffbauweise *f*, Vollplastbauweise *f*	construction *f* entièrement (toute) plastique	конструкция из пластиков
A 369	all-purpose adhesive, universal adhesive	Universalklebstoff *m*, Allesklebstoff *m*	colle *f* universelle	универсальный клей, клей широкого употребления
A 370	allyl ether polymer	Allyletherpolymer[es] *n*	polymère *m* éther-allylique	простой полиаллилэфир
A 371	allyl glycidyl ether, AGE	Allylglycidether *m (reaktiver Verdünner für Epoxidharze)*	éther *m* allylglycidique	аллилглицидный эфир
A 372	allyl glycidyl ether polymer	Allylglycidether-Polymer[es] *n*	polymère *m* glycid-éther allylique	аллилглицидный полиэфир, аллилглицилэфирный полимер

A 373	allyl plastic	Allylharzpolymer[es] n, Polymer[es] n auf Allylharzbasis	plastique m allylique	пластик на основе аллиловых соединений
A 374	alternate crosslayers, crosslayers	kreuzweise übereinandergelegte Lagen (Schichten) fpl	stratifié m à plis croisés, stratifié à couches croisées	перекрестное положение слоев
A 375	alternating bending strength	Wechselbiegefestigkeit f	résistance f à la flexion alternée	предел выносливости на изгиб при знакопеременном цикле
A 376	alternating bending test	Wechselbiegeprüfung f	essai m de flexion alternée	испытание на знакопеременный (переменный) изгиб
A 377	alternating climate	Wechselklima n	climat m alterné (alternant)	переменный климат
A 378	alternating copolymer	alternierendes Copolymer[es] n	copolymère m alterné	переменный сополимер
A 379	alternating copolymerization	alternierende Copolymerisation (Mischpolymerisation) f	copolymérisation f alternée	сополимеризация с правильным чередованием мономеров, чередующаяся сополимеризация
	alternating electromagnetic field welding	s. E 164		
A 380	alternating flexural load	wechselnde Biegebeanspruchung f	sollicitation f de flexion alternante	переменное нагружение при изгибе
A 381	alternating stress	Wechselbeanspruchung f	contrainte f alternée	знакопеременное напряжение, динамическое нагружение
A 382	alumina	Aluminiumoxid n, Tonerde f (Füllstoff)	alumine f (charge)	окись алюминия, глинозем
A 383	alumina for polishing	Poliertonerde f (Schliffherstellung)	pâte f de polissage à base d'alumine	полировальный глинозем
	alumina trihydrate	s. A 386		
	aluminium hydrate (hydroxide)	s. A 386		
A 384	aluminium shot	Aluminiumgrieß m	poudre f d'aluminium	зерненый алюминий, алюминиевая крупка
A 385	aluminium silicate	Aluminiumsilicat n (Füllstoff)	silicate m d'aluminium	силикат алюминия
A 386	aluminium trihydroxide, aluminium hydrate (hydroxide), alumina trihydrate	Aluminium[tri]hydroxid n (Füllstoff)	hydroxyde m d'aluminium, trihydrate m d'alumine	гидроокись алюминия
	aluminosilicate fibre	s. C 206		
A 387	amber	bernsteinfarben, bernsteingelb	ambré	янтарный
A 388	ambient conditions	Umgebungsbedingungen fpl	conditions fpl ambiantes	условия окружающей среды
	ambient-dried	s. A 298		
A 389	ambient temperature	Umgebungstemperatur f, gewöhnliche Temperatur f	température f ambiante (ordinaire)	температура окружающей среды
A 390	amide-cured epoxide (epoxy, epoxy resin)	amidisch gehärtetes Epoxidharz n	époxy-résine f durcie para-mide	амидоотвержденная эпоксидная смола
A 391	amide hardener	amidischer Härter m	durcissant (durcisseur) m amidique, agent m de durcissement amidique	амидный отвердитель
	amine-cured epoxide resin	s. A 392		
A 392	amine-cured epoxy resin, amine-cured epoxide resin	aminisch gehärtetes Epoxidharz n	époxy-résine f durcie par amine, époxyde m (résine f époxy) à durcissement aminique	аминоотвержденная эпоксидная смола
A 393	amine-curing agent, amine hardener	aminischer Härter m	durcissant (durcisseur) m aminique, agent m de durcissement aminique, agent durcissant aminique	аминный отвердитель, аминоотвердитель, отвердитель аминового типа
	aminofunctional silane coupling agent	s. A 398		
A 394	aminoplastic	Aminokunststoff m, Aminoplast m	aminoplaste m, aminoplastique m	аминопласт, карбамидный пластик
	aminoplastic molding composition	s. A 395		
A 395	aminoplastic moulding compound (material), aminoplastic molding composition (US)	Aminokunststoffformmasse f, Aminoplastformmasse f	matière f à mouler aminoplastique	аминопластная прессмасса, аминопластный прессовочный материал
A 396	aminoplastic resin, amino resin	Aminokunststoffharz n, Aminoplastharz n	résine f aminoplaste, résine amino, aminorésine f	аминосмола
A 397	aminosilane	Aminosilan n	amino-silane m	аминосилан

A 398	aminosilane coupling agent, aminofunctional silane coupling agent	Aminosilan-Haftvermittler *m*	agent *m* adhésif sur base d'amino-silane	аминосилановое усиливаю- щее адгезию вещество
	AMMA	*s.* A 108		
A 399	amorphism	Amorphität *f*	amorphie *f*, amorphisme *m*	аморфность
A 400	amorphous region	amorpher Bereich *m*	région *f* amorphe	аморфная область
A 401	amorphous semiconductor	amorpher Halbleiter *m*	semiconducteur *m* amorphe	аморфный полупроводник
A 402	amorphous state	amorpher Zustand *m (von Polymeren)*	état *m* amorphe	аморфное состояние
A 403	amorphous structure	amorphes Gefüge *n (von Polymeren)*	structure *f* amorphe	аморфная структура
A 404	amorphous thermoplastic	amorpher Thermoplast *m*	thermoplastique *m* amorphe	аморфный термопласт
A 405	amount of forming	Umformgrad *m*	taux *m* de déformation	степень вытяжки
A 406	amphoteric ion-exchange resin	amphoteres Ionenaus- tauscherharz *n*	résine *f* échangeuse d'ions amphotère	амфотерная ионообменная смола, полиамфолит
A 407	amplitude measurement module	Amplitudenmeßeinheit *f (an Ultraschallschweiß- maschinen)*	étalonneur *m* d'amplitudes	устройство для измерения амплитуд
A 408	anaerobic adhesive	anaerob (unter Luftabschluß) härtender Klebstoff *m*	adhésif *m* anaérobie	анаэробный клей
A 409	anaerobic resin flange sealant	anaerobes Flanschdicht- mittel *n*, anaerob sich ver- festigendes Flanschdicht- mittel *n*	produit *m* d'étanchéité anaérobie pour brides	анаэробная замазка для фланцев
A 410	analyzer	Analysator *m*	analyseur *m*	анализатор
	anchor	*s.* S 1012		
A 411	anchor agitator, horseshoe agitator (mixer), anchor mixer	Ankerrührwerk *n*, U-Rühr- werk *n*, Ankermischer *m*, U-Mischer *m*	agitateur *m* à ancre (palette en U), agitateur raclant à cuve hémisphérique	якорный смеситель
	anchoring agent	*s.* C 904		
	anchor mixer	*s.* A 411		
	anchor pin	*s.* S 1002		
A 412	anchor-type stirrer with baffles	Ankerrührwerk *n* mit Leit- blechen	agitateur *m* à palette avec déflecteurs	якорный смеситель с от- водным приспособле- нием
A 413	angle, pipe elbow, knee	Rohrkniestück *n*, Rohrkrüm- mer *m*, Winkelrohrstück *n*	coude *m*, genouillère *f*	колено, отвод
A 414	angle bar, turning bar	Wendestange *f*	barre *f* de retournement, tige *f* de renversement	поворотный стержень
A 415	angle dowel	Schrägbolzen *m (an Werk- zeugen)*	goujon *m* oblique	болт, поставленный под углом
A 416	angle grinder	Winkelschleifgerät *n*, Win- kelschleifer *m*	meuleuse *f* d'angle	шлифовальная машина
A 417	angle head, angular extru- sion head, oblique [ex- truder] head	Schrägspritzkopf *m*	tête *f* d'équerre (d'angle)	поперечная экструзионная головка
A 418	angle mould	Winkelwerkzeug *n*	moule *m* d'angle	угловая головка
	angle of contact	*s.* C 703		
	angle of preparation	*s.* B 167		
	angle of refraction	*s.* R 163		
A 419	angle of twist of the grooves on the cylinder surface	Verdrehungswinkel *m* der Zylinderflächennuten *(Extruder)*	angle *m* de torsion des rai- nures à la surface cylin- drique *(extrudeuse)*	угол скручивания пазов в цилиндре
A 420	angle of vee	Öffnungswinkel *m* einer V- oder X-Schweißnaht	angle *m* d'ouverture en V, angle de dégagement *(soudure)*	угол V-образной разделки *(сварного шва)*
A 421	angle peeling strength, T-peel resistance (strength)	Winkelschälwiderstand *m (von Klebverbindungen)*	résistance *f* au pelage angu- laire	угловое сопротивление рас- слаиванию, угловая проч- ность при расслаивании (отслаивании)
A 422	angle peeling test, T-peel test	Winkelschälversuch *m (an Klebverbindungen)*	essai *m* de pelage angulaire	испытание на расслаивание под углом
A 423	angle press	Winkelpresse *f*	presse *f* d'angle	угловой пресс
A 424	angle section	Winkelprofil *n*	profil *m* angulaire	угловая сталь
A 425	angle tee, tee-piece, tee, T-piece	Rohrabzweigung *f* in T-Form, T-förmige Rohr- abzweigung, T-Rohrstück *n*, T-Rohrabzweigung *f*	pièce *f* en T, raccordement *m* en T, T	Т-образная развилка, трой- ник
	angular extrusion head	*s.* A 417		
A 426	angular velocity	Winkelgeschwindigkeit *f*	vitesse *f* angulaire	угловая скорость
A 427	anhydride	Anhydrid *n*	anhydride *m*	ангидрид
A 428	anhydride hardener	anhydridischer Härter *m*	durcissant (durcisseur) *m* anhydrique	ангидридоотвердитель
A 429	aniline-formaldehyde resin	Anilinformaldehydharz *n*	résine *f* aniline-formaldé- hyde	анилиноформальдегидная смола
A 430	aniline resin	Anilinharz *n*	résine *f* d'aniline	анилиновая (анилиноформ- альдегидная) смола

A 431	anilox roll	mechanisch gravierte Auftrag[e]walze f	rouleau m enducteur mécaniquement gravé	механически гравированный наносящий валок
	anilox roller	s. I 260		
	animal base adhesive	s. A 432		
A 432	animal gelatine [adhesive], animal glue (size), animal base adhesive	Leim m auf Basis tierischer Gelatine, Hautleim m, tierischer Leim m, Tierleim m	colle f animale (de peau)	желатиновый клей, клей на основе животной желатины, животный клей
A 433	anion exchanger	Anionenaustauscher m	échangeur m anionique (d'anions)	анионит, анионообменная смола
A 434	anionic polymerization	anionische Polymerisation f	polymérisation f anionique	анионная полимеризация
A 435	anisotropic	anisotrop	anisotropique	анизотропный
A 436	anisotropy	Anisotropie f	anisotropie f	анизотропия
A 437	anisotropy of laminates	Laminatanisotropie f	anisotropie f des stratifiés	анизотропия слоистых пластиков
A 438	anisotropy ratio	Anisotropieverhältnis n	rapport m d'anisotropie	соотношение анизотропии
	annealing	s. T 110		
A 439	annealing chamber	Temperkammer f	chambre f de recuit	камера для термообработки
A 440	annealing godet	Galettenfixierwerk n (an Folienreckanlagen)	dispositif m de fixation du cylindre d'étirage	галетное фиксирующее устройство
A 441	annular blank	ringförmiger Nutzen m (Rohling m), Rondelle f	flan m (ébauche f) annulaire, pièce f en forme de rondelle	кольцевая заготовка
	annular die	s. R 404		
A 442	annular electrode	Ringelektrode f (Hochfrequenzschweißen)	électrode f annulaire	кольцевой электрод
A 443	annular extrusion	Extrudieren n mit Ringdüsen	extrusion f (boudinage m) à filière annulaire	экструзия через кольцевое сопло, экструзия с кольцевым мундштуком
A 444	annular gate, ring gate	ringförmiger Anguß m	carotte (entrée) f annulaire	кольцевидный (кольцевой) литник
A 445	annular parison	ringförmiger Vorformling m (für Blasformen)	préforme f annulaire (soufflage)	кольцевидная заготовка (для выдувного формования)
A 446	annular plunger	Ringkolben m	piston m annulaire	кольцевой поршень
A 447	annular slot	Ringspalt m (Extruderdüsen)	fente f annulaire	кольцевой канал, кольцевой [щелевой] зазор
A 448	anodic electrocoating	anodisches Beschichten n, anodische Beschichtung f	métallisation f (couchage m) anodique	анодное нанесение покрытий
	anodic oxidation (treatment)	s. A 449		
	anodization	s. A 449		
A 449	anodizing, anodization, anodic treatment (oxidation)	Anodisieren n, anodische Behandlung (Oxydation) f	anodisation f	анодирование, анодная обработка
A 450	antechamber injection mould	Vorkammerspritzgießwerkzeug n	moule m à injection avec préchambre	литьевая форма с форкамерой
A 451	antiadhesive lining	Antiadhäsivauskleidung f, Auskleidung f mit antiadhäsivem Kunststoff (Plastwerkstoff)	revêtement m anti-adhésif	облицовка из антиадгезионного пластика
	antiager	s. A 452		
A 452	antiaging agent, age-protecting agent, antiager (US)	Alterungsschutzmittel n	agent m antivieillissement, antivieillisseur m	противостаритель, ингибитор старения
A 453	antibacterial agent	Antibakterien-Additiv n, antibakterieller Zuschlagstoff m	additif m antibactérien, agent m bactéricide	антибактерийная добавка
A 454	antibacterial finish[ing]	antibakterielle Ausrüstung f, Bakterizidausrüstung f (Formmassen)	formulation f bactéricide	антибактериальная обработка
A 455	antiblocking agent	Antihaftmittel n, Antiblock[ing]mittel n (Stoff zur Vermeidung unerwünschten Zusammenklebens von flächigen Halbzeugen)	agent m anti-blocking (antiblocant); agent anti-adhésif, agent antiadhérent, additif m d'anti-blocage, agent anti-collant (antiblocking)	предохранительное средство от слипания листов
A 456	antibubble [agent]	Entlüftungszusatzstoff m (für Lösungsmittel)	agent m de désaération (dégazage)	средство для удаления воздуха (из растворителя), средство для деаэрации
A 457	anticaking agent	Antizusammenbackmittel n, Zusammenbackverhinderer m, Antiagglomeriermittel n	agent m anti-agglomérant	средство для затруднения спекания
A 458	antichecking agent	Zuschlagstoff m zur Verhinderung von Haarrissen, Haarrißverhinderungsmittel n	additif m empêchant la formation de microcriques	добавка, предотвращающая образование волосяных трещин

A 459	anticoagulant	Koagulierverhinderer m, koagulierverhindernder Stoff m	additif (agent) m anticoagulant	антикоагулятор
A 460	anticorrosion pigment	korrosionshemmendes Pigment n, korrosionshemmender Farbkörper m	pigment m inhibiteur de corrosion	защищающий от коррозии пигмент
A 461	anticorrosive	korrosionsverhütend	anticorrosif	защищающий от коррозии
A 462	anticorrosive agent, preventive against corrosion, corrosion inhibitor	Korrosionsschutzmittel n	anticorrosif m	антикоррозионное средство
A 463	anticorrosive coating, corrosion-inhibition paint	Korrosionsschutzanstrich m	revêtement m anticorrosif, peinture f anticorrosion	антикоррозионная окраска, антикоррозионное покрытие
A 464	anticorrosive paint	Korrosionsschutzfarbe f	peinture f anticorrosive	антикоррозионная краска
A 465	anticorrosive priming system	Grundiersystem n für Korrosionsschutzbeschichtungen, Vorstreichsystem n für Korrosionsschutzschichten, Korrosionsschutzgrundiersystem n	primaire m anticorrosif, système m primaire anticorrosif	антикоррозионная грунтовка, антикоррозионный грунтовочный лак
A 466	anticrackle agent	Stoff m zur Verhinderung von Eisblumenstrukturen (in Anstrichschichten)	inhibiteur m de givrage, antigivreur m	агент для предотвращения образования узора типа «мороз» (в лакокрасочном материале)
	anticreaming agent	s. A 491		
A 467	antidegradant	abbauverhindernder Stoff m	additif m antidégradant, agent m empêchant la dégradation	антидеградант, стабилизирующее от деструкции вещество
A 468	antidrip nozzle	nicht nachtropfende Düse f	buse f étanche aux gouttes, tuyère f sans post-égouttage	плотно закрывающее сопло
A 469	antiflooding agent	Stoff m zur Verhinderung des Ausschwimmens (von Anstrichmittelbestandteilen)	produit m antiségrégation (peinture)	агент для предотвращения миграции компонентов (лакокрасочного материала)
	antifoam[er]	s. A 470		
A 470	antifoaming agent, antifoam[er], defoamer, antifroth (defoaming) agent	Schaumverhütungsmittel n, Antischaummittel n, Schaumverhinderungsmittel n	produit (agent) m antimousse, antimousse m	антивспениватель, пеногасящее средство
A 471	antifoaming emulsion	Schaumverhütungsemulsion f	émulsion f antimousse	пеногасящая эмульсия
A 472	antifog[ging] agent	Schleierverhütungsmittel n, Schleierbildungsverhütungsmittel n, Antibeschlagmittel n	produit m antivoile, agent m anti-burée	ингибитор помутнения
A 473	antifouling coating	Antifoulingbeschichtung f, bewuchsverhindernder Anstrich m	couche f antifouling, peinture f antisalissure	противообрастающее покрытие
A 474	antifouling finish[ing], rotproof finish[ing]	fäulnisbeständige (bewuchsverhindernde) Ausrüstung f (Formmassen)	formulation f imputrescible (antifouling)	противообрастающая отделка
A 475	antifouling paint	Antifoulingfarbe f, Anstrichmittel n für Schwimmkörper, anwuchsverhinderndes Anstrichmittel n	peinture f antifouling (peinture sous-marine)	противообрастающая краска (для подводных деталей)
	antifreezing property	s. C 495		
A 476	antifrictional property, antiseizure property	Notlaufeigenschaft f (Polymerlager)	propriété f d'antifriction	аварийное свойство (подшипник)
A 477	antifrosting agent	Frostschutzmittel n	produit m antigel, antigel m, solution f antiréfrigérante	антифриз
	antifroth agent	s. A 470		
A 478	antilivering agent	Eindickungsverhinderungsstoff m, Eindick[ungs]verhinderungsmittel n	inhibiteur m de gélification (prise)	средство для предотвращения сгущения
A 479	antimicrobial adhesive for skin	antimikrobieller Klebstoff m für die Haut, antimikrobieller Hautklebstoff m	adhésif m microbicide pour la peau humaine	бактерицидный клей для кожи человека
A 480	antimist agent	Antibeschlagstoff m (in Formmassen)	agent m d'anti-exsudation (matière à mouler)	средство для предотвращения запотевания
A 481	antioxidant [agent]	Oxydationsschutzmittel n, Antioxydationsmittel n	antioxydant m, antioxygène m	антиокислитель, антиокислительная присадка
A 482	antiplasticizer	Antiweichmacher m	antiplastifiant m, agent m antiplastifiant	антипластификатор
A 483	antipollution legislation	Umweltschutzgesetzgebung n	législation f anti-pollution	законодательство по охране природы
A 484	antirad	Antirad n, Strahlungsschutzzusatz m	antirad m	антирад

A 485	antirivelling agent	Runzelverhinderungsmittel n, Stoff m zur Verhinderung von Runzeln (auf Formteiloberflächen)	agent m empêchant la formation des rides (à la surface des objets moulés)	средство, препятствующее сморщиванию
A 486	antirust agent	Rostschutzmittel n	antirouille m, moyen m de protection contre la rouille	антикоррозионное средство
	antirust paint	s. R 610		
A 487	antisag agent	Lackläuferverhinderungsmittel n	agent m anti-coulures	агент для предотвращения образования наплыва
A 488	"antiscorch" safety system	Sicherheitseinrichtung f zur Vermeidung von Überhitzungen, Sicherheitseinrichtung f zur Überhitzungsverhinderung	système m de sécurité «anti-scorch»	предохраняющая от перегрева система
A 489	antiseizing property	Antihafteigenschaft f, Trenneigenschaft f (von Trennmitteln)	propriété f anti-adhésive	антиадгезионное свойство
	antiseizure property	s. A 476		
A 490	antisettling agent	Sedimentationsverhinderungsstoff m, Absetzverhinderungsmittel n, Antiabsetzmittel n	inhibiteur m de sédimentation, agent m anti-sédimentation	средство для предотвращения седиментации (осаждения), антиосаждающий агент
A 491	antiskinning agent, anticreaming agent	Hautverhütungsmittel n, Hautverhinderungsmittel n, Hautverhinderer m	agent m anti-peau, antipeau m	средство для предупреждения образования пленки
A 492	antislip additive (agent)	Antislipmittel n, Abgleitverhinderer m	additif (agent) m antiglissant	препятствующее скользкости вещество, средство для предупреждения скольжения
A 493	antisoiling [agent]	Anschmutzverhinderungsmittel n, schmutzabweisendes Mittel n	agent m anti-salissant, antisalissant m	средство против загрязнения
	antistatic	s. A 494		
A 494	antistatic additive (agent), antistatic, destaticizer, static eliminator	Antistatikum n, Aufladungsverhinderer m	agent m antistatique, antistatique m	антистатик, антистатическое средство (вещество)
A 495	antistatic finish[ing]	antistatische Ausrüstung f	finissage m antistatique	антистатическая отделка, антистатический финиш
A 496	antiwear additive	verschleißreduzierender Zuschlagstoff m	additif m anti-usure, agent m réduisant l'usure	износостойкий наполнитель
A 497	antiwrinkle slat expander	Folienbreithalter m mit beweglichen Leisten zur Vermeidung von Faltenbildung	rouleau m antiplis, rouleau m déplisseur	расширительное приспособление с подвижными рейками
A 498	anvil (for ultrasonic welding)	Amboß m	embosse f	опора
A 499	apparatus for the determination of molecular weight, tester for the determination of molecular weight	Molmassebestimmungsapparat m, Molmassebestimmungsgerät n	appareil m de détermination du poids moléculaire	измеритель молекулярной массы
A 500	apparent density, bulk (powder) density, bulk weight (specific gravity)	Schüttdichte f, scheinbare Dichte f, Schüttmasse f	densité f apparente, masse f volumique apparente, densité en vrac	насыпной вес, насыпная (кажущаяся) плотность
A 501	apparent powder density	Pulverschüttdichte f	masse f volumique apparente d'une poudre	насыпная плотность порошка
A 502	apparent shear rate	scheinbare Schergeschwindigkeit f	vitesse f apparente de cisaillement	кажущаяся скорость сдвига
A 503	apparent viscosity	scheinbare Viskosität f, Scheinviskosität f	viscosité f apparente	кажущаяся вязкость
A 504	apparent volume, bulk volume	Schüttvolumen n, scheinbares Volumen n	volume m apparent	насыпной объем
A 505	applicational property	Gebrauchswerteigenschaft f	propriété f d'emploi	эксплуатационное свойство
A 506	application of adhesive, application of glue, adhesive (glue) application	Klebstoffauftragen n	application f de l'adhésif, application de colle	нанесение клея
A 507	application of force	Kraftangriff m, Angriff m der Kraft	application f de la force	приложение (действие) силы
	application of glue	s. A 506		
A 508	application roll, applicator (coating) roll, coating roller, furnishing roll	Beschichtungswalze f, Auftrag[e]walze f	rouleau m applicateur (enducteur); rouleau délivreur; rouleau lécheur	валок для нанесения
A 509	applicator	plattenförmige Elektrode f (von Hochfrequenzvorwärmgeräten)	électrode f à plaque (préchauffage HF)	панельный электрод (высокочастотного подогревателя)
A 510	applicator and dip roll	Auftrag[e]- und Tauchwalze f (an Beschichtungsmaschinen)	rouleau m lécheur et applicateur	пропиточный валик

	applicator roll	s. A 508		
A 511	applied quantity	Auftragsmenge f (von Kleb-stoffen, Anstrichstoffen)	quantité f d'application (colle, peinture)	количество нанесенного слоя (клея или лака)
A 512	apply/to	auftragen (Anstrichstoffe)	appliquer (peintures)	наносить (краску)
A 513	approach direction, direction of approach	Anströmrichtung f	direction f d'écoulement	подвод расплава
A 514	approaching passage	Zuführungskanal m (an Ex-truderwerkzeugen)	canal m d'amenée, canal convergent, cône m (fi-lière)	подводящий канал (головки)
A 515	Aquaglass preform method	Aquaglasmethode f, Tauch-badvorformverfahren n für Laminate, Vorform-methode f für Laminate mittels Tauchbades und Vorformsiebes	procédé m de préformage Aquaglas (en milieu aqueux)	формование стекловолок-нистых заготовок в водной среде
A 516	aqua regia	Aqua regia, Königswasser n	eau f royale	царская водка
A 517	aqueous dispersing agent solution	wäßrige Dispergator-lösung f	solution f aqueuse d'agent de dispersion	водный диспергатор
A 518	aqueous dispersion	wäßrige Dispersion f	dispersion f aqueuse	водная дисперсия
A 519	aqueous-liquids resistance, resistance to aqueous liquids	Beständigkeit f gegen was-serhaltige Medien, Be-ständigkeit f gegen wäß-rige Flüssigkeiten	résistance f aux liquides aqueux	устойчивость к действию водных жидкостей
A 520	aqueous phase	wäßrige Phase f	phase f aqueuse	водная фаза
A 521	aqueous powder coating	Pulverbeschichten n in wäß-riger Phase	revêtement m par poudre en phase aqueuse	нанесение порошка в вод-ной фазе
A 522	aqueous urethan[e] disper-sion	wäßrige Urethandisper-sion f	dispersion f uréthanique aqueuse	водная дисперсия уретана
	aramide	s. A 540		
A 523	aramide fibre	Aramidfaser f	fibre f polyamide aromati-que, fibre f d'aramide	волокно из ароматических полиамидов
A 524	aramide-fibre-reinforced thermoplastic	aramidfaserverstärkter ther-moplastischer Kunststoff m, aramidfaserverstärkter Thermoplast m	thermoplastique m renforcé aux fibres d'aramide	армированный волокнами из арамида термопласт
A 525	arbor press	Dornpresse f	presse f à mandrin	пресс для механоформо-вания
	ARC	s. A 41		
	arching of a roll	s. R 476		
	arcing between electrodes	s. E 94		
A 526	arc resistance	Lichtbogenfestigkeit f, Licht-bogenbeständigkeit f	résistance f à l'arc	дугостойкость
A 527	arc spray method	Lichtbogenspritzverfahren n (Metallisieren)	métallisation f à l'arc électri-que	электродуговое напыление (нанесение металлов)
A 528	arc suppressor	Funkenlöscheinrichtung f	extincteur m d'étincelles, étouffoir m	искрогаситель
A 529	arc tracking	Lichtbogenweg m	cheminement m d'arc	проводящий мостик
A 530	arc welding	Lichtbogenschweißen n	soudage m à l'arc [électri-que]	электродуговая (дуговая) сварка
A 531	area of injection plunger	Spritzkolbenquerschnitt m	section f du piston d'injec-tion	сечение инжекционного поршня
A 532	arenaceous quartz, quartz[ose] sand	Quarzsand m	sable m quartzeux	кварцевый песок
A 533	armoured barrel, barrel with internal armouring	innengepanzerter Zylinder m (Spritzgießmaschine oder Extruder)	cylindre m armé (machine à injection, extrudeuse)	азотированная гильза (экструдера или литьевой машины)
A 534	armoured hose	Panzerschlauch m, armier-ter Schlauch m	tube m flexible armé	армированный шланг
A 535	armoured screw, screw with armoured flight lands	steggepanzerte Schnecke f (an Spritzgießmaschinen oder Extrudern)	vis f à filet armé	червяк с закаленными вит-ками
A 536	armouring, reinforcement	Armierung f, Verstärkung f	renforcement m, armature f, renfort m	армирование
A 537	aromatic amine	aromatisches Amin n (Här-tertyp)	amine f aromatique	ароматический амин (от-вердитель)
A 538	aromatic hydrocarbon	aromatischer Kohlenwas-serstoff m	hydrocarbure m aromatique	ароматический углеводо-род
A 539	aromatic ladder polymer	aromatisches Leiterpoly-mer[es] n	polymère m en échelle aro-matique	ароматический лестничный полимер
A 540	aromatic polyamide, ara-mide	aromatisches Polyamid n	polyamide m aromatique	ароматический полиамид
A 541	aromatic polyamine	aromatisches Polyamin n	polyamine f aromatique	ароматический полиамин
A 542	aromatic polyether	aromatischer Polyether m	polyéther m aromatique	ароматический простой по-лиэфир
A 543	aromatic polyheterocyclics	aromatische Polyhetero-cyclen mpl	polyhétérocycliques mpl aromatiques	ароматические гетеро-циклические полимеры
A 544	aromatic polyurethane	aromatisches Polyurethan n	polyuréthanne m aromati-que	ароматический полиуретан

A 545	aromatic side chain	aromatische Seitenkette f	chaînon m (chaîne f latérale) aromatique	ароматическая боковая цепь
A 546	arrangement of fibres, array of fibres, fibres array	Faseranordnung f	arrangement m des fibres	расположение волокон
A 547	arrangement of the rolls, cylinder arrangement	Walzenanordnung f	arrangement m (disposition f) des cylindres (rouleaux)	расположение валков
	array of fibres	s. A 546		
A 548	arrested crushing	Vorbrechen n	préconcassage m	крупное дробление, дробление первого приема
A 549	arresting spring	Arretierfeder f	ressort m d'arrêt	фиксатор
A 550	arrest point	Haltepunkt m	point m critique (d'arrêt)	точка остановки
	artificial aging	s. A 32		
	artificial fibre	s. S 1449		
A 551	artificial filament	Kunstfaden m	filament m artificiel (synthétique)	нить из искусственного волокна
A 552	artificial heat aging	künstliche Alterung f durch Wärme	vieillissement m artificiel thermique	исскуственное термическое старение
A 553	artificial horn, casein plastic	Kunsthorn n	caséine f durcie	галалит, искусственный рог (белковый пластик)
A 554	artificial leather, imitation (synthetic) leather, leatherette, leathercloth	Kunstleder n	simili-cuir m, cuir m synthétique (artificiel)	искусственная кожа, кожезаменитель, синтетическая кожа
A 555	artificial resin, synthetic resin	Kunstharz n, synthetisches Harz n	résine f artificielle (synthétique)	синтетическая (искусственная) смола
	artificial silk	s. R 73		
A 556	artificial weathering	künstliche Bewitterung f	essai m climatique, exposition f accélérée aux agents atmosphériques, vieillissement m accéléré, essai m accéléré de vieillissement	воздействие искусственной атмосферы
	ASA	s. A 92		
A 557	asbestos	Asbest m	amiante m	асбест
A 558	asbestos board	Asbestpappe f	carton m d'amiante	асбестовый картон
A 559	asbestos cord moulding compound	Asbestschnurpreßmasse f	matière f à mouler chargée de cordonnets d'amiante	пресс-материал с асбестовыми волокнами, асбомасса
A 560	asbestos fibre	Asbestfaser f	fibre f d'amiante	асбестовое волокно
A 561	asbestos fibre sheet	Asbestfaserplatte f	plaque f de fibres d'amiante	плита из асбестового волокна
A 562	asbestos joint	Asbestdichtung f	joint m (garniture f) d'amiante	асбестовое уплотнение
A 563	asbestos-reinforced thermoplastic	asbestverstärkter thermoplastischer Kunststoff m, asbestverstärkter Thermoplast m	thermoplastique m renforcé à l'amiante	асбестонаполненный термопласт, асботермопласт
A 564	asbestos reinforcement	Asbestverstärkung f	renforcement m amiante	армирование асбестом, асбестовый наполнитель
A 565	as-delivered condition	Anliefer[ungs]zustand m	état m de livraison	состояние при поставке
A 566	ash content, percentage of ashes	Aschegehalt m (von Polymeren)	teneur f en cendres	зольность (полимеров)
A 567	ashing	Naßpolieren n (Oberflächen)	polissage m humide	мокрое полирование
A 568	ashing	Veraschen n, Veraschung f	incinération f	прокаливание до золы, озоляние
A 569	ashing sample	Veraschungsprobe f	échantillon m incinéré	прокаливание до золы
	aspect ratio	s. L 110		
A 570	assembling robot, automatic assembling apparatus	Montageroboter m, Montageautomat m	machine f automatique de montage, robot m d'assemblage	сборочный (промышленный) робот, робот для сборки
A 571	assembly adhesive, assembly glue, structural adhesive, joint glue	Montageklebstoff m, Montageleim m	colle f d'assemblage, colle de construction	монтажный клей
A 572	assembly dimension	Anschlußmaß n	dimension f d'assemblage	присоединительный размер
	assembly fixture	s. B 324		
	assembly glue	s. A 571		
	assembly gluing	s. S 214		
	assembly line production	s. F 457		
A 573	assembly-oriented product design	montagegerechte Produktgestaltung f	conception f de produit orientée aux exigences de montage	пригодная для монтажа форма детали
A 574	assembly time	Wartezeit f bei Klebstoffen	temps m d'assemblage (adhésifs)	выдержка при склеивании
A 575	A stage	A-Zustand m (von Phenoplasten)	état m A	стадия А
A 576	A-stage resin, single-stage resin, one-stage resin (US), one-step resin, resol resin, resol	Harz n im A-Zustand, Harz im Resolzustand, Resol n	résine f à l'état A, résol m	смола на стадии А, резольная смола, резол

A 577	atactic	ataktisch	atactique	атактический
A 578	atactic polymer	ataktisches Polymer[es] n	polymère m atactique	атактический (нетактичес-кий) полимер
A 579	atmosphere for condition-ing and testing	Konditionier- und Prüf-klima n	climat m de conditionne-ment et d'essai	климат для кондициониро-вания и испытания
A 580	atmospheric aging, weathering aging	Bewitterungsalterung f, Al-terung f bei Bewitterung	vieillissement m atmosphé-rique (par les intempéries)	старение в результате ат-мосферного воздействия
	atmospheric cracking	s. E 373		
	atmospheric exposure test	s. W 81		
A 581	atmospheric humidity, air humidity	Luftfeuchte f, Luftfeuchtig-keit f	humidité f de l'air, humidité atmosphérique	влажность [воздуха]
A 582	atomic arrangement, atomic configuration	Atomanordnung f, Atom-bau m	configuration f (édifice m) atomique	расположение атомов
A 583	atomic bond, covalent bond, non-polar bond (linkage), homopolar bond (linkage)	Atombindung f, kovalente (unpolare, homöopolare) Bindung f, Elektronenbin-dung f	liaison f atomique (cova-lente, homéopolaire, élec-tronique, de covalence)	ковалентная (гомео-полярная, электронная) связь
	atomic configuration	s. A 582		
A 584	atomic density distribution	Atomdichteverteilung f	distribution f de densité ato-mique	распределение атомной плотности
A 585	atomic weight	relative Atommasse f	poids m atomique	атомный вес
A 586	atomizer, sprayer, actuator	Zerstäuber m	pulvérisateur m, atomi-seur m	распылитель, пульверизатор
A 587	atomizing nozzle, spray nozzle	Zerstäuberdüse f, Feinzer-stäuberdüse f	buse f d'atomisation (d'ato-miseur), buse pulvérisa-teur (de pulvérisation)	сопло мелкого распыления, распылительное сопло
A 588	attack	Angriff m	attaque f	коррозия, воздействие
A 589	attrition test	Abriebdauerversuch m	essai m d'endurance à l'abrasion	длительное испытание на истирание (износ)
	A-type calender	s. T 562		
	autoadhesion	s. S 241		
A 590/1	autoclave, pot heater	Autoklav m, Druckkessel m	autoclave m	автоклав
A 592	autoclave blanket, auto-clave membrane	flexible, luft- und dampf-undurchlässige Membran f (zur Übertragung des Autoklavendrucks auf das in der Vakuumzone des Autoklaven befindliche Klebteil)	membrane f d'autoclave	мембрана для передачи давления в автоклаве (на клей, находящийся в ваку-уме)
A 593	autoclave bonding (adhe-sives)	Klebstoffhärtung f im Auto-klaven, Autoklavenhär-tung f von Klebstoffen	durcissement m à l'auto-clave (adhésifs)	автоклавное отверждение (клея)
	autoclave membrane	s. A 592		
A 594	autoclave method	Autoklavenverfahren n, Re-aktionsharzhärten n im Autoklaven	méthode f d'autoclave	автоклавный метод, отверж-дение в автоклаве
A 595	autoclave moulding	Vakuumdruckverfahren n (Laminatherstellung)	moulage m au sac de caout-chouc en autoclave	вакуумный способ прессо-вания с использованием дополнительного верх-него прижима
A 596	autoclave press	Autoklavenpresse f	presse-autoclave f	автоклав-пресс
A 597	autoclave vacuum bag method	Autoklavenverfahren n zur Herstellung von Lamina-ten	moulage m au sac sous vide à l'autoclave	изготовление слоистых ма-териалов в автоклаве, ав-токлавный метод изготов-ления слоистых материа-лов
A 598	autoclave with quick-clos-ing doors, quick-closing autoclave	Schnellverschluß-Autoklav m, Autoklav m mit Schnellverschlüssen	autoclave m avec portes à fermeture rapide	автоклав с быстродействую-щим затвором
	autoejection	s. A 607		
	autoelectronic emission	s. E 347		
A 599	autofixed nozzle	feststehende Düse f (bei einem Werkzeug mit war-mem Vorkammeranguß)	buse f stationnaire (injection avec antichambre)	стационарное сопло (литьевой формы с обо-греваемым литниковым каналом)
A 600	autogenous control	autogene Regelung f (Extru-der)	contrôle m autogène	автогенное управление
A 601	autohesion	Adhäsion (Haftung) f zwi-schen gleichartigen Werkstoffen	autohésion f	адгезия между одноро-дными материалами
A 602	automated RP-moulding	automatisches Verarbeiten n verstärkter Kunststoffe (Plaste)	transformation f automati-que de matières plasti-ques armées	автоматическая перера-ботка армированных пла-стиков
A 603	automated spray coating (lay-up)	automatisches Aufspritzen (Aufsprühen, Sprüh-beschichten) n	pistolage m automatique; pulvérisation f automati-que	автоматическое нанесение пульверизацией

A 604	automatic adhesive binder	Klebbindeautomat *m*	machine *f* automatique de reliage à la colle	клеящий переплетный автомат
	automatic assembling apparatus	*s.* A 570		
A 605	automatic boil test, ABT	automatischer Kochversuch *m*, ABT	essai *m* de décoction automatique	автоматическое испытание кипячением
A 606	automatic circuit breaker	Selbstausschalter *m*	interrupteur *m* automatique	автоматический выключатель
	automatic cut-off nozzle	*s.* S 492		
	automatic downstream equipment	*s.* D 499		
A 607	automatic ejection, auto-ejection	automatisches Ausdrükken *n*, automatischer Ausstoß *m*	éjection *f* automatique	автоматическое выталкивание
A 608	automatic feed	automatische Beschickung *f*	alimentation *f* automatique	автоматическое загружение (питание), автоматическая подача
A 609	automatic foil welder	Folienschweißautomat *m*	soudeuse *f* automatique de feuilles plastiques	пленкосварочный автомат
A 610	automatic frequency control	automatische Frequenzregelung *f*	réglage *m* automatique de fréquence	автоматическая подстройка частоты
	automatic handling apparatus	*s.* H 21		
A 611	automatic injection moulding	automatisches (automatisiertes) Spritzgießen *n*	moulage *m* par injection automatique	автоматическое литье под давлением
A 612	automatic injection-moulding machine	Spritzgießautomat *m*	machine *f* à injection automatique, presse *f* automatique d'injection	автомат для литья под давлением, литьевой автомат
A 613	automatic laser inspection	automatische Laserprüfung *f* *(von Folien auf Dickenmaßhaltigkeit)*	essai (examen, test) *m* automatique par laser	автоматическое измерение толщины [пленок] лазером
A 614	automatic lubrication	Selbstschmierung *f*	autolubrification *f*, autograissage *m*	автоматическая смазка
A 615	automatic machine set-up	automatisches Maschineneinrichten *n*	réglage *m* automatique de machine	автоматическая наладка машины
A 616	automatic material loader	automatische Beschickungseinrichtung *f* (für Spritzgießmaschinen)	dispositif *m* d'alimentation automatique *(machine à injection)*	устройство для автоматической загрузки *(бункера литьевой машины)*
A 617	automatic mould change	automatischer Werkzeugwechsel *m*	changement *m* de moule automatique	автоматическая замена формы
A 618	automatic mould changer	automatische Werkzeugwechselanlage *f* (an Spritzgießmaschinen)	installation *f* automatique pour le changement des moules	приспособление для автоматической замены форм
A 619	automatic mould-changing carrier	Träger *m* für automatischen Werkzeugwechsel	support *m* pour le changement de moule automatique	рама для автоматической замены форм
A 620	automatic mould-changing system	automatisches Werkzeugwechselsystem *n*	système *m* automatique pour le changement de moule	система для автоматической замены форм
A 621	automatic mould clamping	automatisches Werkzeugaufspannen *n*	serrage *m* automatique de moule	автоматическое фиксирование формы
	automatic moulding machine	*s.* A 622		
A 622	automatic press, automatic moulding machine	Preßautomat *m* (für Duroplastverarbeitung)	presse *f* automatique	автоматический пресс
A 623	automatic reel change	automatischer Rollenwechsel *m* (beim Beschichten)	changement *m* automatique de rouleaux (bobines), changement automatique de cylindres *(enduction)*	автоматическая замена валиков
A 624	automatic seam welder	Zuschweißautomatik *f*	dispositif *m* de soudage automatique	упаковочный сварочный автомат
A 625	automatic spray equipment	Spritzlackierautomat *m*	machine *f* automatique de peinture par projection	автомат для лакирования распылением
A 626	automatic transfer press	Spritzpreßautomat *m*	presse *f* de transfert automatique	автоматический трансферный пресс
A 627	automatic weight feeder	selbsttätige (automatisierte) Massedosiervorrichtung *f*	dispositif *m* de dosage automatique	автоматический дозатор (дозирующий прибор)
A 628	automatic welding	automatisches (automatisiertes) Schweißen *n*	soudage *m* automatique	автоматическая сварка
	autooxidation	*s.* A 631		
A 629	autophoresis	Autophorese *f*, Chemiphorese *f* (Schichtbildung durch Tauchen)	autophorèse *f*	автофореза
A 630	auto-shut nozzle	bewegliche Düse *f* (bei einem Werkzeug mit warmem Vorkammeranguß)	buse *f* mobile *(injection avec antichambre)*	передвижное сопло *(литьевой формы с обогреваемым литниковым каналом)*
	autothermal extrusion	*s.* A 216		

A 631	autoxidation, autooxidation	Autoxydation f, Selbstoxydation f (unerwünschte Oxydation von organischen Verbindungen)	autoxydation f	самоокисление, автоокисление
A 632	auxiliary agent, auxiliary material, aid	Hilfsstoff m	agent m auxiliaire, auxiliaire m	вспомогательный материал
	auxiliary attachment	s. A 634		
A 633	auxiliary electrode	Hilfselektrode f (HF-Schweißen), Zusatzelektrode f, Nebenelektrode f	électrode f auxiliaire	вспомогательный электрод (высокочастотная сварка)
A 634	auxiliary equipment, auxiliary attachment, additional attachment	Zusatzausrüstung f, Zusatzeinrichtung f, Zusatzgerät n	appareils mpl auxiliaires, équipement m accessoire	приспособление, дополнительный прибор
	auxiliary material	s. A 632		
A 635	auxiliary operation	Nebenarbeitsgang m, Hilfsarbeitsgang m	opération f auxiliaire (complémentaire)	вспомогательная технологическая операция
A 636	auxiliary ram	Hilfskolben m	piston (vérin) m auxiliaire	вспомогательный плунжер
	auxiliary valence bond	s. S 219		
	AVCS	s. A 111		
	average molecular weight	s. W 99		
A 637	average particle diameter	mittlerer (durchschnittlicher) Teilchendurchmesser m	diamètre m moyen de particules	средний диаметр частиц
A 638	average particle size	mittlere (durchschnittliche) Teilchengröße f	taille f moyenne de particules	средний размер частиц
A 639	awl for pricking	Einstechahle f, Pricknadel f (für Blasformen)	alêne de perçage (moule de soufflage)	игольчатый ниппель, полая игла (для формования полых изделий)
A 640	axial compression	Axialdruck m	compression f axiale	осевое усилие
A 641	axial expansion	Axialdehnung f	expansion f axiale, allongement m axial	осевое удлинение
	axial [extruder] head	s. S 1158		
A 642	axially symmetric injection moulding	achsensymmetrisches (rotationssymmetrisches) Spritzgußteil n	pièce f moulée [par injection] de symétrie de révolution	осесимметрическое литое изделие
	axial strain extensometer	s. A 643		
A 643	axial strain sensor, axial tensiometer, axial strain extensometer (US)	Längsdehnungsaufnehmer m	extensomètre m axial	тензодатчик для продольного удлинения
A 644	axial strength, crushing strength	axiale Festigkeit f (von Rohren)	résistance f axiale (tube)	осевая прочность (труб)
	axial tensiometer	s. A 643		
	axial-type agitator (impeller)	s. A 645		
A 645	axial-type mixer, axial-type agitator, axial-type impeller	Axialmischer m, Axialrührwerk n	mélangeur m axial	осевая мешалка
	axis crossing	s. R 455		
A 646	axle bearing	Achslager n	coussinet m [d'essieu]	осевой подшипник
A 647	axle box guide	Achslagerführung f	guide m de boîte d'essieu, chevalet m	осевая золотниковая коробка
A 648	axle box liner, axle guard sliding block	Achslagergleitplatte f	fourrure f de boîte d'essieu	ползун осевой опоры, щека для скольжения изделия
A 649	azeotrope, azeotropic mixture	Azeotrop n, azeotropes Gemisch n, azeotrope Mischung f	azéotrope m, mélange m azéotropique	азеотропная смесь
A 650	azeotropic graft polymerization	azeotrope Pfropfpolymerisation f	polymérisation f azéotropique par greffage	азеотропная прививочная сополимеризация
	azeotropic mixture	s. A 649		
A 651	azo initiator	Azoinitiator m	initiateur m azoïque	азоинициатор, инициатор, содержащий азогруппу
A 652	azoisobutyronitrile	Azoisobutyronitril n	azoisobutyronitrile m	азоизобутиронитрил

B

B 1	back/to	kaschieren	coucher, doubler	дублировать
B 2	back	unteres Deckfurnier n, Gegenfurnier n (bei Sperrholz)	contreface f, contrepli m, pli m opposé, contreplacage m (bois contreplaqué)	нижний слой (клееной фанеры)
B 3	back coating, wash coating	Rück[seit]enbeschichtung f	enduction f du verso (dos), enduction de l'envers, revêtement m au dos	нанесение покрытия на обратную сторону
B 4	back diffusion method	Rückdiffusionsmessung f	procédé m de la diffusion en retour	измерение обратной диффузии
	back draft	s. U 64		

B 5	backed fabric	kaschiertes Gewebe n	tissu m couché (enduit)	промазанная ткань
B 6	back flow	Rückfluß m, Rücklauf m, Rückstrom m	reflux m	обратный поток
	back flow barrier	s. B 8		
B 7	back flow condenser	Rückflußkühler m	condenseur (réfrigérant) m à reflux	дефлегматор, обратный холодильник
	back flow cutoff	s. B 8		
B 8	back flow stop (valve), back flow barrier (cutoff), return current, non-return valve [stop], return flow blocking device, return movement stop, back-pressure valve	Rückstromsperre f, Rückschlagventil n	blocage m du reflux (courant de retour), clapet m de retenue (non-retour), frein m (soupape f) de retenue	блокировка (стопор) обратного тока, обратный клапан
	background material	s. S 1319		
	backhand welding	s. R 389		
B 9	backing	Rückseite f (von Polymerprodukten)	envers m, renvers m, verso m, dos m	оборотная сторона
B 10/1	backing	Kaschieren n (Folie mit Gewebeunterlage)	couchage m	каширование
	backing bead	s. B 13		
	backing layer	s. S 1357		
	backing machine	s. L 43		
	backing material	s. S 1355		
B 12	backing plate, support plate	Zwischenplatte f	plaque f de fixation, plateau m intermédiaire, plaque f intercalée (intermédiaire)	промежуточная (подкладочная, опорная) плита
	backing plate on ejection side	s. R 100		
	backing plate on the feed side	s. F 709		
	backing roll	s. C 897		
B 13	backing run, sealing run, backing bead	Kappnaht f (Schweißen), Kapplage f (an Schweißverbindungen)	cordon m support [à l'envers], soudure f de fond (soudage)	сварочный шов треугольной формы, подварочный (уплотняющий) шов
B 14	backing strip	Abdecklage f (bei Kappschweißnähten)	bande f de recouvrement (de soudure)	покровный слой (сварного шва)
B 15	back offset roll	nachgelagerte Walze f (bei L-Kalandern)	cylindre m compensateur (calandre en L)	задний (холостой) валок
B 16	back pressure	Staudruck m, Rück[stau]druck m	pression f dynamique (de retenue)	реактивное давление
B 17	back-pressure control	Staudrucksteuerung f, Rückdrucksteuerung f (an Spritzgießmaschinen)	commande f de la contrepression (injection)	регулирование противодавления (в литьевых машинах)
B 18	back-pressure plate	Gegendruckplatte f	plaque f de réaction (contrepression)	опорная плита
B 19	back-pressure relief port	Rückdruckentlastungsventil n, Rückdruckentlastungsöffnung f	soupape f de contre-pression	клапан для разгрузки противодавления
B 20	back-pressure spindle	Gegendruckspindel f	vis f de contre-pression	винт с противодавлением
	back-pressure valve	s. B 8		
	back taper	s. U 64		
	back-up and mould mounting plate	s. R 100		
B 21	back-up roll[er], support[ing] roll	Stützwalze f (an Kalandern)	rouleau m de support, rouleau-support m (calandre)	опорный валок
	back-up unit	s. F 587		
	backward welding	s. R 389		
B 22	bactericide	Bakterizid n, bakterientötender Stoff m (Verarbeitungshilfsstoff)	bactéricide m, agent m bactéricide	бактерицид
B 23	baffle, flight	Rieseleinbau m (in Spritzgießmaschinentrichtern)	chicane f, déflecteur m	дефлектор, перегородка (в бункере)
	baffle	s. a. B 25		
B 24	baffle member	Staublech n (Harzherstellung)	tôle f d'arrêt	лист для задержки материала
B 25	baffle plate, baffle	Stauplatte f, Trennblech n, Staublech n, Prallblech n, Leitblech n	plaque f (plateau m) de retenue, chicane f, déflecteur m	отражательная плита, пробка
B 26	baffle position	Drossel[scheiben]stellung f, Stauventilstellung f	position f du papillon, position de la chicane	позиция дросселя
B 27	baffle wall	Prallwand f (Mischer)	tôle f de chicane, chicane f (mélangeur)	отбойная перегородка (смеситель)

B 28	bag-in-box [packaging]	Verpackung *f* aus innenliegender Folienschicht und außenliegendem Kunststoffcontainer (Hartplastcontainer)	emballage *m* en feuille plastique intérieure et boîte plastique rigide extérieure	жесткая пластмассовая упаковка с внутренней пленкой
	bag making machine	*s.* B 35		
B 29	bag mould	Werkzeug *n* mit Gummisack, Gummisackform *f*	moule *m* au sac de caoutchouc	форма с резиновым (эластичным) мешком
B 30	bag moulding, rubber-bag moulding, flexible bag moulding	Gummisackverfahren *n*, Pressen *n* mit Gummisack, Gummisackformverfahren *n*	moulage *m* au sac [de caoutchouc]	прессование эластичным (резиновым) мешком, метод мешка, формование мешком
B 31	bag of the bottom-fold type	Bodenfaltenbeutel *m*	sachet *m* à fond plié	мешок со складчатым дном *(из пластика)*
B 32	bag of the flat type	Flachbeutel *m*	sachet *m* plat	бездонный мешок *(из пластика)*
B 33	bag of the side-fold type	Seitenfaltenbeutel *m*	sachet *m* aux côtés pliés	мешок со складчатой боковиной *(из пластика)*
	bag sealer	*s.* B 35		
B 34	bag sealing	Beutelschweißen *n*	soudage *m* de sachets (sacs)	изготовление мешков сваркой
B 35	bag-sealing machine, bag welding (making) machine, bag sealer (welder)	Beutelschweißmaschine *f*, Beutel[ver]schließmaschine *f*	ensacheuse *f*, soudeuse *f* de sachets, machine *f* à souder (fermer) les sachets	машина для заделки мешков [сваркой], машина для сварки мешков
B 36	bag template	Beutelaufnahmeschablone *f* *(an Beutelschweißmaschinen)*	patron *m* porte-sachet	шаблон для закладки мешков *(сварочная машина)*
B 37	bag tightening device	Beutelspannvorrichtung *f*	dispositif *m* tendeur de sachet	устройство для зажима мешочка
	bag welder (welding machine)	*s.* B 35		
B 38	bake/to, to stove	einbrennen *(Lack)*	cuire (sécher) au four, étuver *(vernis)*	сушить горячей сушкой *(лак)*
	bake/to	*s. a.* C 1075		
	bakelite	*s.* P 183		
B 39	bakelite copolymer, BCM	Phenolharzcopolymer[es] *n*, Phenolharz-Styren-Acrylnitril-Copolymer[es] *n*	copolymère *m* de résine phénolique[-styrène-acrylonitrile]	сополимер на основе фенольной смолы, фенольно-стирольно-акрилонитрильный сополимер
B 40	bakelite handwheel	Preßstoffhandrad *n*	volant *m* en plastique moulé	маховик из пресс-материала
	Baker-Perkins kneader	*s.* S 505		
B 41	baking, stoving	Einbrennen *n* *(Lack)*	étuvage *m*, cuisson *m* au four *(vernis)*	горячая сушка *(лака)*
B 42	baking coating	ofentrocknender Anstrich *m*	peinture *f* séchant au four	окраска горячей сушки
	baking enamel (finish)	*s.* B 45		
B 43	baking oven, burning-in stove	Einbrennofen *m*	étuve *f* à émailler	печь для горячей сушки
B 44	baking temperature, stoving temperature	Einbrenntemperatur *f*	température *f* de cuisson	температура обжига (выпечки)
B 45	baking varnish, stoving lacquer (varnish), baking enamel (finish)	Einbrennlack *m*, Einbrennfarbe *f*, Einbrennfarbstoff *m*, ofentrocknender Lack *m*	vernis *m* au four, peinture *f* durcissant par cuisson	лак (краска) горячей сушки, лак печной сушки, печной лак
	balance	*s.* C 903		
B 46	balanced orientation	ausgeglichene Strukturorientierung *f*	orientation *f* balancée *(structure)*	равномерная структурная ориентация
B 47	balanced plywood construction	symmetrisch aufgebautes Sperrholz *n*	contreplaqué *m* symétrique	симметричная фанера
B 48	baler twine plant	Folienbindegarnanlage *f*	installation *f* à ficelle-lieuse	установка для получения филаментной нити из пленочных лент
	ball-and-socket joint	*s.* B 55		
B 49	ball-check nozzle	Kugelverschlußdüse *f*	tuyère (buse) *f* à fermeture à sphère	сопло с шаровидным клапаном
B 50	ball cock	Kugelschieber *m*, Kugelhahn *m* *(Spritzgießmaschine)*	vanne *f* sphérique, robinet *m* à boisseau sphérique	шаровой клапан
B 51	ball impact test	Kugelschlagprüfung *f*	billage *m*, essai *m* à la bille	испытание на удар шаром
B 52	ball indentation hardness	Kugeldruckhärte *f*	dureté *f* à la bille	твердость при вдавливании шарика
B 53	ball indentation test	Kugeleindruckprüfung *f*	essai *m* de dureté à la bille	испытание твердости вдавливанием шарика
B 54	balling	Klumpenbildung *f*	formation *f* des matons (patons)	образование комков
B 55	ball joint, ball-and-socket joint	Kugelgelenk *n*	rotule *f*, articulation *f* (joint *m*) à rotule	шаровой шарнир
B 56	ball mill	Kugelmühle *f*	broyeur *m* à boules (boulets)	шаровая мельница

B 57	ball molecule	Kugelmolekül n	molécule f sphérique (en pelote, pelotonnée)	шаровидная молекула
B 58	ball-shaped preform	kugelförmiger Vorformling m	paraison (ebauche, préforme) f sphérique	шарообразная заготовка
B 59	ball tester	Kugeldruckhärteprüfgerät n	appareil m d'essai de dureté à la bille	твердомер метода вдавливания шарика
B 60	ball valve	Kugelventil n	soupape f (clapet m) à bille	шариковый клапан
B 61	balsa[wood]	Balsaholz n, Leichtholz n (Kernwerkstoff für Stützstoffkonstruktionen)	bois m de balsa, balsa m, bois léger	бальзовая (легкая) древесина
B 62	Banbury [internal] mixer	Banbury-Innenmischer m, Banbury-Mischer m, Banbury-Kneter m	mélangeur m [interne] Banbury, Banbury m, mélangeur interne à piston	смеситель Бенбери, закрытый смеситель Бенбери
B 63	bandage	ringförmige Behälterversteifung f, Behälterbandage f	bandage m	бандаж (из реактопласта или металла)
B 64	band conveyor	Bandförderer m	transporteur (convoyeur) m à courroie, bande f transporteuse	ленточный конвейер
	band feed	s. B 134		
B 65	band guide, belt guide	Bandführung f, Riemenführung f	guide-courroie m, guide-ruban m	направляющий ремень
	band heater	s. S 1245		
B 66	band leveller	Glättwalzensatz m	rouleaux mpl à glisser (glacer)	гладящее устройство с вальцами, система валков для полирования
B 67	band sealing	kontinuierliches Wärmekontaktschweißen n (Schweißen n mit erwärmten endlosen Metallbändern)	soudage m par bande sans fin	ленточная контактно-тепловая сварка
B 68	bar agitator	Stangenrührwerk n	agitateur m à barres	стержневой смеситель, брусковая мешалка
B 69	bar applicator	Auftragsbalken m, Auftragsschiene f (Anstrichstoffe)	raclette f, racloir m, racle f	ракля для нанесения
B 70	bar coater	Vorstreichmaschine (Vorbeschichtungsmaschine) f mit Auftragsschiene	enduiseuse f (métier m à enduire) avec barre d'application	машина для нанесения грунтовых покрытий
B 71	bar electrode, frame (skeleton) electrode	Stegelektrode f	électrode f à poinçon, poinçon-électrode m	брусковый (скелетный) электрод
B 72	bar folding and creasing	Falzen n und Abkanten n (von Tafeln)	pliage m et chanfreinage m (plaques plastiques)	фальцевание и отгибание
	barite	s. B 90		
B 73	barium sulphate	Bariumsulfat n (Füllstoff)	sulfate m de baryum	сульфат бария, сернокислый барий
	bar mould	s. S 636		
	barrel coloring	s. D 570		
B 74	barrel heater	Zylinderheizeinrichtung f	réchauffeur m de cylindre	обогрев цилиндра
B 75	barrel mill, roll[er] mill	Walzenmühle f	broyeur m à cylindres	валковая мельница
	barrel mixer	s. D 576		
	barrel polishing	s. T 619		
B 76	barrel residence time	Zylinderverweilzeit f (von Spritzgießschmelzen)	temps m de séjour au cylindre	пребывание в цилиндре
B 77	barrel-shaped conical roller bearing	Tonnenkegelrollenlager n	roulement m à rouleaux coniques en forme de tonneau	сферический самоустанавливающийся роликоподшипник
B 78	barrel support, cylinder support	Zylinderaufnahme f	support m du cylindre	зажим (закрепление) цилиндра
B 79	barrel temperature, cylinder temperature	Zylindertemperatur f	température f du cylindre	температура цилиндра
	barrel tumbling	s. T 619		
B 80	barrel venting	Zylinderentlüftung f	désaération f (dégazage m) du cylindre	деаэрация (дегазация) цилиндра
B 81	barrel wear	Zylinderverschleiß m	abrasion (usure) f du cylindre	изнашивание гильзы
	barrel with internal armouring	s. A 533		
	barrier coat	s. B 86		
B 82	barrier material	Sperrschichtmittel n, Stoff m mit Sperrschichteigenschaft	produit m de barrage	запирающий материал
B 83	barrier plastic	Barrierekunststoff m, Barriereplast m, Sperrschichtkunststoff m, Sperrschichtplast m, Kunststoff (Plast) m mit Sperreigenschaften	plastique m pour couches d'arrêt, plastique m de barrière, plastique m pour colmatage, plastique m à étanchéification	затворный пластик
B 84	barrier resin	Sperrschichtharz n	résine f de barrage	смола для запирающего слоя

B 85	barrier screw	Barriereschnecke f, Misch-schnecke f mit Sperrteil	vis f de barrière	винтовой (шнековый) смеситель с заградителем
B 86	barrier sheet, barrier coat, interlining	Sperrschicht f, Abschirm-schicht f, Laminat-zwischenschicht f, Schichtstoffzwischen-schicht f	couche f intermédiaire (d'arrêt, de protection, de barrage), feuille f intermédiaire, entre-couche f, feuille barrière	защитный лист, промежуточный слой (лист), запирающий слой
B 87	barrier sheet extrusion	Extrudieren n von Kunst-stoffsperrschichten (Plast-sperrschichten) auf Trägermaterial	extrusion f de couches de barrage aux supports	экструзионное нанесение запирающих слоев
B 88	barrier wrap (US)	Verbundwachsfolie f	feuille f cirée composite	многослойная пленка
	bar sealing	s. H 81		
B 89	bar sprue	Stangenanguß m	entrée f conique	брусковый литник
B 90	baryte, barite, heavy spar	Baryt m, Schwerspat m (Füll-stoff)	barytine f, barytite f, spath m pesant, sulfate m de baryum naturel (charge)	барит, тяжелый шпат
B 91	basalt fibre	Basaltfaser f (Verstärkungs-material)	fibre f de basalte	базальтовое волокно
	base level	s. G 236		
B 92	base lip	Basisflansch m	bride f (collerette f, collet m) de base	основной фланец
B 93	base material, basic material, matrix	Grundwerkstoff m, Grund-material n	matière f de base	основной материал
	base material	s. a. B 95		
B 94	base part, joined part	Fügeteil n (Kleben, Schweißen)	pièce f à assembler (collage, soudage)	соединяемое изделие
B 95	base-part material, base material	Fügeteilwerkstoff m	matière f (matériau m) de base (pièce à assembler)	материал соединяемого изделия
B 96	base resin	Grundharz n	résine f de base	основная смола
B 97	base surface, paint base	Haftgrund m, Grund-anstrich m	couche f de fond, couche passivante	реактивный грунт, грунтовое покрытие
	basic compound	s. P 402		
	basic die blank	s. D 206		
B 98	basic dye	basischer Farbstoff m	couleur f basique	основной краситель
B 99	basic machine	Basismaschine f (für Bau-kastenbauweise)	machine f de base	основная (главная) машина
	basic material	s. B 93		
B 100	basic mix	Grundmischung f	mélange m (composition f) de base	основная смесь
B 101	basis weight	flächenbezogene Masse f, Masse f je Flächeneinheit	grammage f	вес единицы поверхности
B 102	basket weave	Panamabindung f (Gewebe), Panamagewebe n (Textil-glas)	tissage m (armure f) panama	переплетение «рогожка», переплетение «панама»
B 103	batch, charge	Charge f, Partie f, Füllmenge f, Beschickungsmenge f	charge f	партия
B 104	batch emulsion polymeriza-tion reactor	Chargen-Emulsionspolyme-risationsreaktor m, Reaktor m für Chargen-Emul-sionspolymerisation	réacteur m discontinu de polymérisation d'une émulsion	реактор периодического действия для эмульсионной полимеризации
B 105	batch impregnating plant	diskontinuierliche (chargen-weise) Imprägnieranlage f	installation f à imprégnation discontinue (par charges)	установка прерывной пропитки
B 106	batch kneader, divided trough kneader	Chargenkneter m, Doppel-muldenkneter m	malaxeur m à charges (dou-bles fonds de cuve)	пластикатор периодического действия, порционный пластикатор
B 107	batch mixer, batch mixing machine	Chargenmischer m	mélangeur m à charges, mé-langeur discontinu	смеситель периодического действия
B 108	batch mixing, discontinu-ous mixing	diskontinuierliches (char-genweises, partieweises) Mischen n	mélangeage m discontinu	прерывное (периодическое) смешение
	batch mixing machine	s. B 107		
B 109	batch production	diskontinuierliches (char-genweises) Herstellen n	production (fabrication) f discontinue	прерывное изготовление, периодическое производство
B 110	batch regenerating (electro-phoresis)	Wiederaufbereiten n von elektrophoretischen Be-schichtungsbädern	régénération f du bain (électrophorèse)	регенерация смеси для электрофореза
	bath of fluidized powder	s. S 594		
	Bayer method	s. D 151		
B 111	bayonet catch, bayonet joint (lock)	Bajonettverschluß m	fermeture f à baïonnette	штыковой затвор
B 112	bayonet catch lid, bayonet cover	Verschlußdeckel m mit Bajo-nettverschluß	couvercle m à baïonnette	крышка со штыковым затвором
	bayonet joint (lock)	s. B 111		
	BCM	s. B 39		
	BCT	s. B 371		
	BDMA	s. B 163		
B 113	bead	Perle f (Form)	perle f	перл, шарик

B 114	bead	Wulst *m*, Bördelrand *m*, wulstförmige Randversteifung *f (an Formteilen)*	bord *m* roulé	утолщение ранта, выступ
B 115	beading	Bördeln *n*	bordage *m*	отбортовка
	beading	*s. a.* W 198		
B 116	beading machine, flanging machine	Bördelmaschine *f*, Sickenmaschine *f*	machine *f* à border (sertir, moulurer)	кромкозагибочный станок, кромкозагибочная машина, зигмашина
	beading mandrel	*s.* F 329		
	beading press	*s.* B 147		
B 117	beading profile	Bördelprofil *n*	bord (profil) *m* roulé	закатанный профиль
	beading ring	*s.* F 329		
B 118	beading roll, edge-forming roll, swaging roll	Bördelrolle *f*, Bördelwalze *f*, Biegerolle *f*	roulette *f* de roulage	гибочный валик, кромкогибочный ролик, отбортовочный валик
B 119	bead polymerization, pearl polymerization	Perlpolymerisation *f*	polymérisation *f* en perles (popcorn)	бисерная полимеризация, эмульсионная полимеризация для получения гранул
B 120	beam agitator	Balkenrührwerk *n*	agitateur *m* à poutres droite	балочный ворошитель
B 121	beam curing, radiation curing	Strahlenhärten *n*, Strahlenhärtung *f*	cuisson *m* par radiation, durcissement *m* par rayonnement	радиационное отверждение
B 122	beam unit	Prüfvorrichtung *f* mit Druckstempel und Auflager	dispositif *m* d'essai avec estampille et support	испытатель с поршнем и опорой, станок-качалка
B 123	beam with undulating web	Wellenstegträger *m*	poutre *f* renforcée au tissu ondulé	балка с волнообразным ребром
	bearing capacity	*s.* B 124		
B 124	bearing strength, bearing capacity	Lagerbelastbarkeit *f*	résistance *f* de portée, charge *f* limite sur le palier	допускаемая нагрузка для подшипника
	bearing strength	*s. a.* L 229		
B 125	bearing with plastics lining	Kunststoff-Metall-Verbundgleitlager *n*, Plast-Metall-Verbundgleitlager *n*	coussinet *m* lisse métallo-plastique	металлический подшиник скольжения с пластмассовым покрытием
B 126	beat/to	mahlen	broyer	размалывать
	beater	*s.* H 286		
B 127	beater mill	Schlagmühle *f*	broyeur *m* à batteur	ударная мельница
	beating engine	*s.* H 286		
	bed knife	*s.* S 1087		
	bed plate	*s.* B 360		
	behaved wood	*s.* I 46		
	behaviour in fires	*s.* F 257		
B 128	behaviour tendency	Verhaltenstendenz *f*, Verhaltensweise *f*	comportement *m*	тенденция поведения
B 129	Beilstein's test	Beilsteinprobe *f*	essai *m* Beilstein	проба Бейльштейна
	Beken duplex kneader	*s.* B 130		
B 130	Beken mixer, Bramley-Beken kneader mixer, Beken duplex kneader	Beken-Kneter *m* mit ineinandergreifenden Knetschaufeln, Beken-Duplexkneter *m*	malaxeur *m* Beken [avec pales engrenantes]	смеситель-пластикатор по Бекену
	bell	*s.* S 727		
	bell and spigot joint	*s.* S 730		
B 131	belling machine	Aufweitungsanlage *f*, Muffenformanlage *f*	tulipeuse *f*, machine *f* à former des manchons	установка для изготовления втулок
B 132	bellows	Faltenbalg *m (Dehnungsausgleicher für Rohrleitungen)*	raccord *m* à soufflet	сильфон *(гармониковая мембрана)*
B 133	belt [conveyor] dryer, belt-type dryer	Bandtrockner *m*	séchoir *m* à bande transporteuse, séchoir à toile sans fin, séchoir à tablier (tunnel)	ленточная сушилка
B 134	belt feed, band feed	Bandzuführer *m*, Speiseband *n*	bande *f* d'alimentation	ленточный питатель
B 135	belt grinding machine, abrasive-belt machine	Bandschleifmaschine *f*	meuleuse *f* à bande abrasive, meuleuse à ruban abrasif	ленточно-шлифовальный станок
	belt guide	*s.* B 65		
B 136	belt polishing attachment	Bandpolierzusatzgerät *n*, Bandschleifzusatzgerät *n*	appareil *m* auxiliaire pour la ponceuse-polisseuse	ленточное полирующее приспособление
B 137	belt press	Bandpresse *f*	presse *f* à bande	ленточный пресс
	belt-type dryer	*s.* B 133		
B 138	belt weigher	Dosierbandwaage *f*	balance (peseuse) *f* de dosage sur courroie	дозирующие конвейерные весы, ленточный весовой дозатор
B 139	belt weigher with feeder meter	Dosierbandwaage (Beschikkungsbandwaage) *f* mit Einrichtung zur Zudosierung *(von Hilfsstoffen)*	balance *f* doseuse à bande (ruban)	ленточный дозатор с приспособлением для подачи добавок

B 140	bench grinding machine	Bankschleifmaschine f	meuleuse f d'établi	шлифовальная (полировальная) машина
	bench mark	s. G 35		
	bend bar	s. F 582		
B 141	bend brittle point, low-temperature brittleness	Kältebiegeschlagwert m	résistance f au choc à basse température	ударная вязкость при низких температурах
B 142	bending angle	Biegewinkel m	angle m de pliage (cintrage); angle de fléchissement	угол изгиба
	bending experiment	s. B 154		
	bending jig	s. R 485		
	bending modulus	s. F 402		
B 143/4	bending moment	Biegemoment n	moment m fléchissant (de flexion)	изгибающий момент
B 145	bending-moment factor	Biegefaktor (K-Faktor) m bei beanspruchten Klebverbindungen	facteur m du moment fléchissant (de flexion)	коэффициент прочности при изгибе (склеенных деталей)
B 146	bending peel test, bend peel test	Biegeschälversuch m	essai (test) m de pelage en flexion	испытание на отклеивание изгибом
B 147	bending press, beading press (US)	Biegepresse f	presse f à cintrer (plier)	гибочный пресс
B 148	bending shear test	Biegescherversuch m, Biegescherprüfung f	essai m de cisaillement en flexion	испытание на неравномерный отрыв при изгибе
B 149	bending specimen	Biegeprobekörper m, Biegeprobe f	spécimen m de pliage, éprouvette f à fléchir	образец для испытания на изгиб
	bending stiffness	s. S 1124		
B 150	bending strain	Biegedehnung f	déformation f de flexion	деформация изгиба
B 151	bending strength, flexural (transverse) strength	Biegefestigkeit f	résistance f à la flexion (rupture transversale), résistance au pliage	прочность на изгиб, предел прочности при изгибе
B 152	bending stress, flexural (transverse) stress	Biegespannung f, Biegebeanspruchung f	contrainte f (sollicitation f, effort m) de flexion	напряжение при изгибе
B 153	bending stress fatigue limit, repeated flexural strength, flex[ing] life (US)	Dauerbiegefestigkeit f	résistance f à la flexion répétée, résistance à la fatigue en flexion alternée	предел усталости при [длительном] изгибе, выносливость при изгибе
	bending support	s. F 583		
	bend peel test	s. B 146		
B 154	bend test, bending experiment	Biegeversuch m	essai m de flexion	испытание на изгиб
B 155	bend test apparatus, bend tester	Biegeprüfgerät n, Biegeprüfer m	dispositif m (machine f) d'essai à la flexion	испытатель на изгиб
B 156	bentonite	Bentonit n, Bleichton m (Füllstoff)	smectite f, argile f colloïdale, bentonite f (matière de charge)	бентонит
B 157	benzene	Benzen n, Benzol n	benzène m	бензол
B 158	benzene ring	Benzenring m, Benzolring m	cycle m benzénique	бензольное кольцо
	benzine	s. P 176		
B 159	benzoate	Benzoat n, Benzoesalz n	benzoate m	бензоат
B 160	benzoyl peroxide	Benzoylperoxid n	peroxyde m de benzoyle	перекись бензоила, дибензоилперекись
B 161	benzoyl peroxide paste	Benzoylperoxidpaste f	pâte f de peroxyde de benzoyle	пастообразная дибензоилперекись, паста перекиси бензоила
B 162	benzyl cellulose	Benzylcellulose f	benzylcellulose f	бензилцеллюлоза
B 163	benzyldimethylamine, BDMA	Benzyldimethylamin n	benzyldiméthylamine f	бензилдиметиламин
B 164	BET method, Brunauer-Emmett and Teller method	BET-Verfahren n (Verfahren zur Bestimmung der wirklichen Oberfläche von Fügeteilen mittels Adsorption inerter Gase)	méthode f BET	метод БЭТ, метод Брунауера, Эммета и Теллера (определение настоящей поверхности адсорбцией неактивных газов)
B 165	bevel, slope	Fase f, Gehrung f, schräger Anschnitt m, Schräge f	coupe f en biais, coupe oblique, biais m, coin m, onglet m, biseau m, chanfrein m, obliquité f	фаска, скос, наклон
B 166	bevel	schrägwinklig	oblique, en biais, biseauté	конический
	bevel/to	s. C 232		
B 167	bevel angle, angle of preparation	Abschrägungswinkel m, Flankenwinkel m, Kantenabschrägwinkel m	angle m de chanfrein	угол кромки (разделки)
B 168	bevel-gear teeth	Kegelradverzahnung f	engrenage m (denture f) conique	зацепление конических колес
B 169	bevelled edge	abgeschrägte Kante f	bord m biseauté (chanfreiné)	скошенный край
B 170	bevelled lap joint, tapered single lap joint, tapering lap joint (US)	einschnittige Überlapptverbindung f (mit abgeschrägten Fügeteilenden)	joint m en biseau (sifflet, onglet)	соединение внахлестку (с косым срезом концов деталей)

B 171	bevelling	Abschrägung f	chanfreinage m, biseautage m	скашивание
B 172	**Bewoid size**	Bewoid-Leim m, teilverseifter Harzleim m	colle f Bewoid	частично омыленная клеящая смола
B 173	**bezel**	scharfe Kante f, Schneide f (Ultraschall-Trennsonotrode)	bord m coupant, coupant m (sonotrode)	режущая кромка, острый кант (инструмент для ультразвуковой сварки)
	BF₃-amine	s. B 344		
B 174	**bias cutter**	Schrägschneidmaschine f	chanfreineuse f	наклонная резальная машина
	biased roll	s. C 781		
	bias mop	s. C 1092		
B 175	**biaxially oriented**	biaxial orientiert	biorienté	двухосно-ориентированный
B 176	**biaxially oriented film (sheet)**	biaxial orientierte Folie f	feuille f biaxialement orientée	двухосно-ориентированная пленка
B 177	**biaxially stretched**	biaxial gereckt	étiré (orienté) bi-axialement, biorienté, à double orientation	растянутый по двум осям
B 178	**biaxially stretched blow moulding technique**	Blasformverfahren n zur Herstellung biaxial gereckter Produkte	soufflage m de produits biaxialement étirés	метод раздува двухосно вытянутых изделий
B 179	**biaxially stretched film**	biaxial gereckte Folie f	feuille f biaxialement étirée	двухосно вытянутая пленка
B 180	**biaxial normal force stress**	zweiachsige Normalkraftbeanspruchung f	contrainte (sollicitation) f normale biaxiale	двухосное нагружение нормальной силой
B 181	**biaxial simultaneously stretched film (sheet)**	biaxial-simultan gereckte Folie f	feuille f biaxialement et simultanément étirée	одновременно двухосно вытянутая пленка
B 182	**biaxial static load**	zweiachsige statische Last f	contrainte f bi-axiale et statique	двухосная статическая нагрузка
B 183	**biaxial stress, plane stress**	zweiachsiger (ebener) Spannungszustand m	état m de tension plane, champ m de contrainte biaxial, tension f plane	плоское (двухосное, двухмерное) напряженное состояние
	biaxial winding	s. H 165		
B 184	**bicomponent film, double-coated film, two-layer film**	Bikomponentenfolie f, Zweischichtfolie f, Zweischichtenfilm m	feuille f doublée, feuille à deux composants (couches)	двухслойная (дублированная) пленка
B 185	**bicomponent tape**	Bikomponentenfolienfaden m, Zweischichtenfolienfaden m	fil m de feuille à deux couches	нить, полученная стыковкой дублированной пленки
B 186	**bidirectional reinforcement**	bidirektionale Verstärkung f, Verstärkung f in zwei Richtungen	renforcement m bidirectionnel	двухосное армирование
	Bigelow mat	s. N 21		
B 187	**big injection**	Spritzgießen n großer Formteile, Großteilspritzgießen n	injection f de grandes pièces	литье под давлением крупногабаритных изделий
B 188	**bilateral drive**	doppelseitiger Antrieb m	commande f des deux côtés	двусторонний привод
	bi-level adhesive applicator (dispenser)	s. T 682		
B 189	**billet**, puppet	Walzpuppe f, aufgerolltes Walzfell n	feuille f brute enroulée, peau f enroulée	вальцованная заготовка [в виде рулона]
B 190	**bimetallic thermostat**	Bimetallregler m (Verarbeitungsmaschinen)	thermostat m bimétallique	биметаллический терморегулятор
B 191	**binary accelerator system**	binäres Beschleunigersystem n	système m accélérateur binaire	двухкомпонентная ускоряющая система
B 192	**binary mixture**	Zweistoffgemisch n	mélange m binaire	двойная смесь, двухкомпонентная смесь, бинарная смесь
B 193	**binder**, binding agent	Bindemittel n, Binder m, Klebgrundstoff m	liant m, résine f de liaison (pour fibres de verre)	связующее, связка
B 194	**binder resin**	Harzbinder m	résine f de liaison	связующая смола
B 195	**binder twine**, twine	Bindegarn n (aus Folienfäden)	ficelle-lieuse f	пряжа (из пленочных нитей)
	binding agent	s. B 193		
	binding system	s. A 208		
B 196	**biocide**	Biozid n, antibakteriell wirkender Verarbeitungshilfsstoff m	biocide m	биоцид, антибактериальное средство
B 197	**biocompatible plastic**	bioverträglicher Kunststoff (Plast) m, Implantatkunststoff m, Implantatplast m, körperverträglicher Kunststoff (Plast) m, Kunststoff (Plast) m für medizinische Zwecke, Medizinkunststoff m, Medizinplast m	matière f plastique biocompatible	пластик медицинского назначения, санитарно-гигиенический пластик
B 198	**biocyclic thermoplastic**	biozyklischer Thermoplast m, biozyklisches Thermomer n	thermoplaste m biocyclique	биоциклический термопласт

B 199	biodegradable plastic	biologisch abbaubarer Kunststoff (Plast) m	matière f plastique biodé-gradable	биологически разрушаемый пластик
B 200	biodegradation, biological degradation	biologischer Abbau m	biodégradation f	деструкция под действием биологических факторов
B 201	biological agent	mikroorganismenbeständig machender Stoff m (Hilfs-stoff)	agent m antimicrobien (auxi-liaire plastique)	ингибитор биодеструкции
	biological degradation	s. B 200		
B 202	biological fouling	Angriff m durch Mikro-organismen, Mikro-organismenangriff m	encrassement m, encrasse-ment biologique	биологическое воздействие, воздействие микроорга-низмов
B 203	biological hazard group	Gefährdungsgruppe f (toxi-sche Stoffe)	catégorie f de danger, groupe m de toxicité	степень токсичности
B 204	biostabilizer	Biostabilisator m, Stoff m zur Angriffsverhinderung durch Mikroorganismen, Stoff zur Wachstums-vermeidung von Mikro-organismen	biostabilisateur m, biostabili-sant m, stabilisant m contre l'attaque biologi-que	биостабилизатор
B 205	biostable plastic	biostabiler Kunststoff (Plast) m	matière f plastique biostable	биостабильный пластик
B 206	bird's eye	Aststelle f	nœud m	след сука в клеенной древе-сине
	birefringence	s. D 469		
B 207	biscuit	Thermoplastkloß m, extru-dierter kloßförmiger Vor-formling m, Tablette f, Preßkuchen m (zum Pres-sen von Schallplatten)	biscuit m	таблетка для прессования граммпластинки
B 208	bisphenol	Bisphenol n	bisphénol m	бисфенол
B 209	bisphenol-dicarboxylic acid diester	Bisphenoldicarbonsäure-Diester m	diester m de l'acide dicar-boxylique bisphénolique	диэфир бисфенол-дикарбо-новой кислоты
B 210	bitumen-bonded asbestos felt face	bitumengebundene Asbest-Filz-Deckschicht f	couche f de revêtement en feutre et amiante liés par du bitume	покрытие из битумного ма-териала с асбестовым и фетровым наполни-телями
B 211	bituminous adhesive	Bitumenklebstoff m, Kleb-stoff m auf Bitumenbasis	adhésif m bitumineux, colle f bitumineuse	битумный клей
B 212	bituminous varnish	Bitumenlack m	laque f à l'asphalte, enduit m d'enrobage (pour tuyaux)	битумный лак
B 213	black, soot	Ruß m	noir m	сажа
B 214	blackboard core (of sand-wich elements)	Leichtholzkern m (von Sand-wichbauelementen)	cœur m de bois léger (élé-ments de construction sand-wich)	ядро из легкой древесины (сэндвичевой конструк-ции)
B 215	blackening	Schwärzung f	noircissement m	почернение
B 216	blackness	Schwärze f	noir m, noirceur f	чернь
B 217	black shot	Farbstich m (in Metallisier-schichten)	voile m dichroïque (métalli-sation)	оттенок цвета
	blade	s. P 15		
	blade agitator	s. F 366		
	blade coater	s. S 983		
	blade stirrer	s. F 366		
	blank	s. P 857		
B 218	blanket	Preßkissen n	coussin m, blanchet m	бланкет
	blanket coater	s. R 578		
B 219	blanking, outline blanking	Ausstanzen n	poinçonnage m, décou-page m	штамповка
B 220	blanking and piercing, blanking of two outlines	Rondellenstanzen n mit Loch, Stanzen n von ge-lochten Rondellen	découpage m d'une ron-delle	штамповка круглых вырубок с дыркой
B 221	blanking die	Ausstanzwerkzeug n	matrice f, outil m (matrice f) à découper	форма для штамповки
B 222	blank moulding part	Schaumstoff-Formteil-rohling m, Formteil-rohling m aus Schaum-stoff	pièce f moulée brute en mousse	заготовка из пенопласта
	blanking of two outlines	s. B 220		
	blanking press	s. P 1127		
B 223	blast drawing	Düsenblasverfahren n (für Stapelfaser)	procédé m d'étirage par fluide (air comprimé)	дутьевой способ (произ-водства штапельного во-локна)
B 224	blasting apparatus (machine)	Strahlgerät n, Strahl-maschine f (Oberflächen-vorbehandlung von Kleb-flächen)	appareil m à jet	струйный прибор
B 225	bleaching of colour	Verbleichen n der Farbe	blanchiment m de couleur	беление краски
B 226	bleed/to	ausbluten, auslaufen, durch-schlagen (Farben)	se fondre (couleurs)	пробивать

	English	German	French	Russian
B 227	bleeding	Ausbluten n, Durchschlagen n, Migration f (Farbe), Auslaufen n	migration f (colorant)	пробивание, миграция красителя, проступание
B 228	blend/to	mischen, vermischen (mechanisch)	mélanger (mécaniquement)	смешивать
B 229	blend	Mischung f, Gemisch n (mechanisch hergestellt)	mélange m (produit par voie mécanique)	смесь
B 230	blender, stock blender	Mischvorrichtung f, Mischer m	mélangeur m	смеситель
B 231	blend feeder	Mischbeschicker m; Compoundiergerät n (an Spritzgießmaschinen zum Zumischen von Füllstoffen in die Formmasse)	trémie f d'alimentation munie de mélangeur interne	смесительный питатель (литьевая машина)
B 232	blending, mixing	Mischen n	mélangeage m, mélange m	смешивание, смешение
	blending agent	s. A 239		
	blend of thermoplastics	s. T 277		
B 233	blend tank	Mischbehälter m	réservoir m de mélange, cuve-mélangeur f	емкость для перемешивания
B 234	blind blocking	Blindprägung f (Folien)	gaufrage m à sec	слепое тиснение
B 235	blind hole	Sackloch n (in Formteilen)	trou m borgne	глухое отверстие
B 236	blister/to	Blasen bilden	former des bulles (souflures, blisters)	образовывать пузыри (вздутия)
B 237	blister	Blase f (Formteile, Überzüge)	cloque f, blister m, bulle m, soufflure f	пузырь
	blister	s. a. B 241		
B 238	blister forming machine	Tiefziehverpackungsmaschine f	thermoformeuse f	автомат для термоформования и укупорки упаковок
B 239	blistering, bubble formation, formation of bubbles	Blasenbildung f	formation f de blisters, formation des bulles (souflures)	образование пузырей
	blistering of paints	s. P 22		
B 240	blistering resistance, resistance to blistering, blister resistance	Beständigkeit f gegen Blasenbildung	résistance f contre la formation de bulles, résistance contre le cloquage	сопротивление образованию пузырей, устойчивость к образованию пузырей
B 241	blister package, blister, bubble pack	Blasenverpackung f, Glockenverpackung f, Blister m, Blisterverpackung f	emballage m en blister, emballage cloqué (à bulles)	упаковка воздухонаполненным мешком, блистер-упаковка, тара типа «блистер»
	blister resistance	s. B 240		
B 242/3	blister sealing press	Blisterpackungssiegelgerät n, Blasenverpackungssiegelgerät n	dispositif m de soudage pour blisterpacks	прибор для укупорки блистер-упаковки
B 244	blocked curing agent	blockierter Härter m	durcisseur m (durcissant m, agent m de durcissement) bloqué	блокированный отвердитель
B 245	blocking	Blocken n, Blocking n, Aneinanderhaften n (unerwünschtes Haften der Oberflächen zweier lose aufeinanderliegender Folien oder Schichten)	adhérence f de contact, blocage m, blocking m	слипание (листового материала), слеживание листов
B 246	blocking point	Blocktemperatur f (Temperatur des unerwünschten Zusammenhaftens von Folien)	température f de blocage	температура слипания (листов)
B 247	blocking resistance	Gleitfähigkeit f (einer Papierbeschichtung)	pouvoir m anti-blocking (anti-blocage)	устойчивость по слипанию (листов)
B 248	block moulding	Blockschaumstoffherstellung f, Blockschäumen n	moulage m de bloc	изготовление пеноблоков
A 249	block polyamide	Blockpolyamid n	polyamide m en bloc	полиамид, полученный полимеризацией в массе, блокполиамид
B 250	block polymer	Blockpolymer[es] n	polymère m séquencé	блок-полимер
B 251	block polymerization	Block[misch]polymerisation f, Blockcopolymerisation f	copolymérisation f en bloc, copolymérisation f séquencée	блоксополимеризация, блок-полимеризация
B 252	block press	Blockpresse f	presse f à blocs	блочный пресс, блок-пресс
	block program	s. S 1103		
B 253	block shear test	Blockscherversuch m	essai m de cisaillement de blocs	испытание на сдвиг толстостенных соединений
B 254	block slicing machine	Blockschneidemaschine f	découpeuse f, tronçonneuse f	машина для резки (строжки) блоков
B 255	blooming	Wolkigwerden n, Milchigwerden n (von Oberflächen)	formation f de trouble superficiel	заиндевание (поверхности пластизделия), образование налета

B 256	blooming, efflorescence	Ausblühen n (z. B. von Paraffinen aus Schmelzklebstoffen)	efflorescence f, ressuage m de paraffines	выцветание
B 257	blow air	Blasluft f (Folienblasen)	air m de soufflage	сжатый воздух (рукавные пленки)
B 258	blow case, acid egg (US)	Druckfaß n, Druckbirne f	monte-jus m	монтежю
B 259	blower	Gebläse n	soufflante f	воздуходувка
	blow forming	s. B 280		
B 260	blow gun	Druckluftpistole f	pistolet m à air comprimé	воздушный пистолет, пульверизатор
B 261	blow head	Blaskopf m	tête f de soufflage	выдувная головка
B 262	blow indentor	Schlageindruckprüfer m	machine f d'essai de dureté à la pénétration au choc	прибор для испытания на вдавливание при ударе
	blowing	s. B 280		
B 263	blowing agent, aerating (foaming, expanding, sponging) agent, propellant, gas-developing agent	Treibmittel n, Porenbildner m	gonflant m, agent m d'expansion, agent m porogène (de gonflage, moussant), porogène m, porophore m, agent m soufflant	порообразователь, порофор, вспенивающий агент, газообразующее средство, вспениватель, пенообразователь
B 264	blowing agent bubble	Treibmittelblase f	bulle f de porophore, bulle d'agent moussant	пузырь порофора, пузырь пенообразователя
B 265	blowing in a mould, blowing in a solid mould	Blasformen n im Werkzeug	formage m par soufflage (gonflage) en moule	раздувание заготовки в выдувной форме
B 266	blowing in a single-piece mould	Blasformen n im einteiligen Werkzeug	formage m par soufflage (gonflage) en moule à empreinte unique	выдувное формование в неразъемной форме
	blowing in a solid mould	s. B 265		
B 267	blowing in a split mould	Blasformen n im zweiteiligen Werkzeug	formage m par soufflage (gonflage) en moule en deux parties	выдувное формование в разъемной форме
	blowing in free space	s. F 654		
	blowing into the open	s. F 654		
B 268	blowing mandrel, blow (inflation) mandrel, blow stick, core plug, blow pin (US), core pin (US)	Blasdorn m	poinçon (mandrin) m de soufflage	дорн для выдувания, выдувной ниппель
	blowing mould	s. B 276		
B 269	blowing of a hot-injected preform, expanding of a hot-injected preform (blank)	Blasformen n eines gespritzten Vorformlings	formage m par soufflage d'une préforme injectée	выдувание отлитой заготовки, инжекционно-раздувное формование
B 270	blowing of an extruded preform, expanding of an extruded preform, extruded preform method	Blasformen n eines extrudierten Vorformlings	soufflage m d'une préforme extrudée	выдувание экструдированной заготовки, экструзионно-выдувное формование
B 271	blowing of an extruded tube	Schlauchfolienblasen n, Schlauchfolienblasverfahren n	soufflage m de feuilles	раздув цилиндрического рукава
B 272	blowing pipe	Anblasschacht m, Blasschacht m, Blasrohr n	tube m d'amenée d'air, tube d'injection d'air	обдувочная шахта
B 273	blowing pressure	Blasluftdruck m, Preßluftdruck m	pression f de soufflage, pression d'air	давление раздува
B 274	blowing-up zone	Aufblaszone f	zone f de soufflage	зона раздува
B 275	blowing with a rubber blanket	Blasformen n mit Gummituch	soufflage m sur diaphragme de caoutchouc	выдувное формование с эластичной диафрагмой
	blow mandrel	s. B 268		
B 276	blow mould, blowing mould, blow moulding tool	Blasformwerkzeug n, Blasform f	moule m de soufflage	выдувная форма, форма для раздува (выдавливания)
B 277	blow-moulded container	blasgeformter Behälter m	conteneur m soufflé sur matrice, récipient m formé par soufflage	объемное изделие, полученное раздуванием
B 278	blow moulder, blow moulding machine	Blasformmaschine f	machine f de moulage par soufflage	машина для экструзионно-выдувного формования
B 279	blow moulding	Blasformteil n	pièce f soufflée	полое изделие, полученное выдавливанием
B 280	blow moulding, blow forming, blowing	Blasformen n, Hohlkörperblas[form]en n	moulage m par soufflage, soufflage m d'objets creux	дутьевое формование, формование выдуванием, выдувное формование полых изделий, формование раздувом
	blow moulding machine	s. B 278		
	blow moulding tool	s. B 276		
B 281	blow-mould parting line	Blasformwerkzeugtrennfuge f	ligne f de joint du moule de soufflage	линия разъема формы для выдувания

B 282	blown-extrusion method	kombiniertes Extrusions-Blasformverfahren n, kombiniertes Strangpreß-Blasformverfahren n	extrusion-soufflage f, extrudo-gonflage m, moulage m par extrusion-soufflage, procédé m d'extrusion-soufflage, boudinage-soufflage m, procédé m de boudinage-soufflage	экструзионно-выдувное формование
B 283	blown film, blown tubing	Blasfolie f	feuille f soufflée	выдувная (рукавная) пленка
B 284	blown-film die head	Blasfolienwerkzeug n	tête f de soufflage pour feuilles extrudées en gaine	головка для изготовления рукавных пленок
B 285	blown-film extrusion [process]	Schlauchfolienextrusion f, Schlauchfolienblasen n	extrusion-soufflage m de feuilles	экструзия рукавной пленки, производство рукавной пленки экструзией с раздувом
	blown-film line	s. F 194		
B 286	blow nozzle	Blasdüse f	buse f de soufflage	сопло для выдувания
	blown tubing	s. B 283		
B 287	blow-off valve	Abblasventil n	soupape f d'évacuation	продувной клапан
	blow pin	s. B 268		
B 288	blow pressure	Blasdruck m (Folienblasen)	pression f de soufflage	давление воздуха в рукаве (рукавная пленка)
	blow stick	s. B 268		
B 289	blow-up ratio	Aufblasverhältnis n	taux (rapport) m de soufflage	степень вытяжки (раздува), коэффициент раздува
B 290	blueing	Blauanlaufen n	bleuissement n	появление матового налета
B 291	blunt-edge knife heater bar	stumpfkantige Langschweiß-elektrode f, Langschweiß-elektrode mit abgerundeten Kanten	barrette f chauffante et coupante	сварочный электрод для длинных швов с закругленными кантами
B 292	blunt nose rasp, rocket rasp (US)	Rauhkegel m	cône m à râper	рашпиль (конусный инструмент) для шерохования
B 293	blush/to	[weiß] anlaufen (bei Beschichtungsfilmen)	se ternir, pendre un voile, se voiler	образовывать вуаль, покрываться налетом
B 294	blushing	Anlaufen n, Weißanlaufen n (bei Beschichtungsfilmen)	ternissement m	помутнение покрытия
	BMC	s. D 493		
B 295	boat varnish, [marine] spar varnish	Bootslack m	vernis m pour bateaux (yachts)	лак для судов
B 296	bob, bob unit	Viskosimeterdruck-element n	élément m de pression (viscosimètre)	поршень с определенным весом (вискозиметр)
B 297	bobbin, spool	Spule f	bobine f	катушка, шпуля
B 298	bobbin spinning	Spinnspulverfahren n, Spulenspinnen n	filage-bobinage m	приемомоточное прядение
B 299	bobbin spinning machine	Spulenspinnmaschine f	machine f à filer sur bobines	бобинная прядильная машина
	bob unit	s. B 296		
B 300	body/to, to body up, to thicken	eindicken (von Lacken)	épaissir	сгущать, концентрировать
	body	s. D 587		
B 301	body colour, mass colour, overtone	deckende Farbe f, deckender Anstrichstoff m	peinture f couvrante	покрывная (непрозрачная) краска
	body of the roll	s. R 463		
	body up/to	s. B 300		
B 302	boiled oil	Firnis m	vernis m	олифа, вареное масло
B 303	boiling range	Siedebereich m	intervalle m d'ébullition	пределы кипения (выкипания)
B 304	boiling resistance (strength), resistance to boiling	Kochbeständigkeit f, Kochfestigkeit f	résistance f à l'ébullition	прочность (стойкость) к бучению, устойчивость при кипении
B 305	boiling test, water boil test	Kochversuch m, Kochprobe f (Härtegradermittlung)	essai m d'ébullition	испытание кипячением
B 306	boil-off agent	Entschlichtungsmittel n	agent (moyen) m de désencollage	средство для расшлихтовки
	bolster	s. C 256		
B 307	bolted joint	Rohrüberschieber m	manchon m double, raccord m à manchon double	надвижная муфта
B 308	bolted union	Bolzenverbindung f	boulonnage m, assemblage m par goujons	болтовое соединение
	bond	s. A 163		
B 309	bondability, bonding power	Bindevermögen n, Bindefähigkeit f, Bindekraft f	pouvoir m adhésif	сцепляемость, клейкость, прилипаемость, сила сцепления
	bond area	s. 1. B 333; 2. J 34		
B 310	bond-coat weight	Auftragsmenge f	quantité f de revêtement déposé	количество нанесенного материала
	bonded area	s. B 333		

B 311	bonded composite-to-metal joint	Verbundwerkstoff-Metall-klebverbindung f	joint m collé métal-matériau composite	клеевое соединение из слоистого материала и металла
B 312	bonded fabric	Textil-Schaumstoff-Verbundstoff m, gebondeter Textilstoff m	tissu m doublé (enduit) de mousse plastique	клеевое соединение из текстильного и пенистого материалов
B 313	bonded honey comb sandwich panel	Stützstoffelement n mit eingeklebtem Wabenkern	élément m de construction sandwich à noyau collé en nid d'abeille	элемент сотовой конструкции
	bonded joint between shaft and hub	s. S 335		
B 314	bond energy, bond strength	Bindungsenergie f, Bindungsstärke f	force (énergie) f de liaison	энергия связи
B 315	bonderizing	Bondern n (Oberflächenbehandlung)	bondérissage m	бондеризация, фосфатирование
B 316	bond failure, gluing fault	Fehlklebung f	collage m défectueux (incomplet), mauvais collage, collage insuffisant (imparfait)	дефектное клеевое соединение
	bond fracture	s. C 462		
B 317/8	bond improvement	Haftverbesserung f	amélioration f de collage	улучшение связи
B 319	bonding	Verbinden n	jonction f, assemblage m	соединение
	bonding	s. a. S 1118		
B 320	bonding agent	Haftmittel n	agglutinant m	вещество, усиливающее адгезию
	bonding agent	s. a. A 156		
	bonding area	s. B 333		
B 321	bonding autoclave	Autoklav m für die Klebstoffhärtung	autoclave m de collage	автоклав для отверждения клея
	bonding cement	s. G 3		
	bonding compound	s. A 156		
B 322	bonding condition	Klebbedingung f	condition f de collage	условие при склеивании
B 323	bonding explosive forming	kombiniertes Kleben-Explosionsumformen n (Metallverbindungen)	formage m par combinaison d'explosion et de collage	высокоскоростная обработка давлением склеенных листов
B 324	bonding fixture (jig), assembly fixture	Klebvorrichtung f, Fixiervorrichtung f für Klebverbindungen	dispositif m de fixation pour collages, encolleuse f, dispositif à assembler	приспособление (зажимное устройство) для склеивания
	bonding medium	s. A 156		
B 325	bonding method	Klebverfahren n	méthode f de collage	метод склеивания
B 326	bonding of broken bones	Kleben n von Knochenbrüchen	collage m de fractures	склеивание переломов костей
	bonding of concrete	s. C 649		
	bonding of metals	s. M 209		
	bonding of plastics	s. P 358		
	bonding of rubber	s. R 579		
B 327	bonding of sheets	Folienklebung f	collage f de feuilles	склеивание пленок
	bonding of wood	s. W 281		
	bonding of wood to metal	s. W 287		
B 328	bonding permanency	Beständigkeit f einer Klebverbindung	permanence (stabilité) f du collage	устойчивость клеевого соединения
B 329	bonding pit	Klebfilmeinfallstelle f, Einfallstelle f in der Klebfuge	flache f, dépression f en surface	впадина клея
	bonding polymer	s. C 904		
	bonding power	s. B 309		
B 330	bonding process	Klebtechnologie f	technologie f de collage	технология склеивания
B 331	bonding property	Klebverhalten n	propriété f de collage	клейкость, клеящие свойства
	bonding resin	s. A 196		
B 332	bonding strength, bond (joint) strength	Klebfestigkeit f	résistance f d'adhésion, résistance f de collage	прочность склейки (клеевого соединения), прочность склеивания
B 333	bonding surface, bonding area, bond[ed] area, adherent surface, joint surface [area]	Klebfläche f	surface f à coller, surface adhésive	плоскость клеевого соединения, площадь склеивания
B 334	bonding tool	Klebvorrichtung f mit Mehrfachfunktion	dispositif m de collage	приспособление для склеивания
	bond line	s. A 180		
B 335	bond line corrosion	durch den Klebstoff verursachte Metallkorrosion f (Metallkleben)	corrosion f métallique par l'adhésif	коррозия под влиянием клея
B 336	bond shear strength	Scherfestigkeit f von Klebverbindungen	résistance f de collages au cisaillement	прочность при сдвиге
	bond strength	s. 1. B 314; 2. B 332		
	bone binder	s. B 337		

	English	German	French	Russian
B 337	bone glue, bone binder (US)	Knochenleim *m*	colle *f* d'os	костяной клей
B 338	bookbinding hot melt adhesive	Schmelzklebstoff *m* zum Buchbinden, Buchbindereischmelzklebstoff *m*	colle *f* à fusion pour la reliure	клей-расплав для переплета
B 339	booster, transformation piece	Transformator *m* für Ultraschallamplituden (US-Schweißmaschinen)	transformateur *m* d'amplitudes ultrasonores	бустер
	booster	*s. a.* H 433		
B 340	booster ram	Zusatzstempel *m*, zusätzlicher Stempel *m*	booster *m*	дополнительный пуансон
B 341	bore core	Bohrungskern *m*	carotte *f*	буровой керн
	bored roll	*s.* D 556		
B 342	boron fibre	Borfaser *f*	fibre *f* de bore	бороволокно, борное волокно
B 343	boron-fibre reinforced plastic	borfaserverstärkter Kunststoff (Plast) *m*, BFK	plastique *m* renforcé aux fibres de bore	наполненный борными волокнами пластик
B 344	boron trifluoride-amine, BF₃-amine	Bortrifluoridamin *n* (Härtertyp)	fluorure *m* de bore-amine	трехфтористый бор-амин
B 345	boss	Wulst *m*, Nocke *f*, Knauf *m*	bossage *m*, bosse *f*	утолщение, выступ, кулачок
B 346	boss	höheres zylinderförmiges Formteilauge *n*	bossage *m* cylindrique	борышка
B 347	bottle blowing	Flaschenblasformen *n*, Flaschenblasformung *f*	soufflage *m* des bouteilles	экструзия с раздуванием бутылок
B 348	bottle-box tool, tool for bottle box	Flaschenkastenwerkzeug *n*	moule *m* pour boîtes à bouteilles	литьевая форма для изготовления ящиков для бутылок
B 349	bottom backing plate, punching pad	Stanzunterlage *f*	plaquette *f* d'appui inférieure, appui *m* inférieur (en dessous)	подкладка для штамповки
B 350	bottom blowing	Bodenblasen *n*, Blasen *n* mit Bodenwind, Hohlkörperblasformen *n* mit Zuführung der Blasluft von unten	soufflage (gonflage) *m* par la base, soufflage par le bas	выдувание полых изделий с нижним дорном для провода сжатого воздуха, изготовление полых изделий раздувом снизу
	bottom clamp plate	*s.* R 100		
B 351	bottom discharge	Bodenentleerung *f*, Entleerung *f* von unten	évacuation *f* (vidage *m*) par le fond	разгрузка вниз
B 352	bottom ejection	Ausdrücken *n* von unten, Auswerfen *n* von unten (aus dem Werkzeug)	éjection *f* par le fond (bas)	выталкивание из нижней полуформы, нижнее выталкивание
B 353	bottom electrode	Bodenelektrode *f*, untere Elektrode *f*	électrode *f* de fond	нижний электрод
B 354	bottom entering agitator	von unten eingebautes Rührwerk *n*	agitateur *m* vertical de type fond de cuve	нижний ворошитель
B 355	bottom feed	Bodenbeschickung *f*, Beschickung *f* von unten	alimentation *f* par le fond	питание вверх
B 356	bottom force, lower part of a mould	Werkzeugunterteil *n*, Matrize *f*	matrice *f* inférieure	матрица формы
	bottom force	*s. a.* B 361/2		
	bottom force press	*s.* B 363		
B 357	bottoming, grounding	Vorfärbung *f*, Vorfärben *n*	préteinture *f*	грунтовое крашение
B 358	bottoming bath	Vorfärbband *n*	bain *m* de préteinture	ванна для грунтового крашения
B 359	bottom knife	Untermesser *n* (Folienschneiden)	couteau *m* inférieur	нижний нож
B 360	bottom plate, bed plate	Grundplatte *f*, Bodenplatte *f*, Unterplatte *f*, Basisplatte *f*	plateau *m* inférieur, plaque *f* inférieure	нижняя (опорная, фундаментная) плита
	bottom plate	*s. a.* M 461		
	bottom plug	*s.* M 525		
B 361/2	bottom ram, bottom force	Unterstempel *m*	poinçon (piston) *m* inférieur	нижний плунжер
B 363	bottom ram press, upstroke press, bottom force press	Unterkolbenpresse *f*, Unterdruckpresse *f*, Aufwärtshubpresse *f*	presse *f* [à course] ascendante, presse de compression ascendante	пресс с нижним давлением (плунжером, цилиндром), пресс нижнего давления
B 364	bottom ram transfer moulding	Unterkolbenspritzpreßverfahren *n*, Unterkolbenspritzpressen *n*	transfert *m* ascendant	трансферное прессование
B 365	bottom roll	Unterwalze *f*	rouleau *m* de support, rouleau-support *m*	нижний валок
B 366	bottom seam weld	Bodenschweißnaht *f*	soudure *f* de fond (sachet plastique)	донный сварной шов (мешок из пластика)
B 367	bounce-back	Rückfall *m* (von Massen beim Auftreffen auf Oberflächen)	rebondissement *m*	отскок
B 368	boundary layer	Grenzschicht *f*	couche-limite *f*, couche *f* limite	граничный слой
B 369	boundary roll	Begrenzungsrolle *f*, Begrenzungswalze *f*	rouleau *m* limiteur	ограничивающий ролик

B 370	boundary surface, interface, surface of separation, interfacial region	Grenzfläche f, Begrenzungsfläche f	interface f, surface f de contact	поверхность (граница) раздела, граничная поверхность
	bowl calender	s. R 450		
B 371	box compression test, BCT	Stapelstauchwiderstandsprüfung f	essai m de compression de caisse gerbable	испытание на осадку штабеля
	box mould	s. F 90		
B 372	box-shaped injection-moulded part	kastenförmiges Spritzgußteil n	pièce f injectée en forme de boîte	коробчатое изделие, полученное литьем под давлением
B 373	Brabender plastograph	Brabender-Plastograph m	plastigraphe m de Brabender	пластограф Брабендера
B 374	bracket	Konsole f, Träger m	console f, support m	консоль, опора
B 375	bracket (tubes)	Schelle f mit Justierung (Rohre)	collier m (bride f) de serrage avec ajustement, collier d'attache avec ajustement (tubes)	хомут с юстировкой (трубы)
B 376	brackish water	Brackwasser n	eau f saumâtre	солоноватая вода
B 377	Bragg equation	Braggsche Gleichung f	loi (condition, relation) f de Bragg	уравнение Брэгга
B 378	brake lining	Bremsbelag m	garniture (fourrure) f de frein	тормозная накладка (лента)
	Bramley-Beken kneader mixer	s. B 130		
B 379	branched	strukturverzweigt, verzweigt	ramifié	разветвленный
B 380	branched molecule	verzweigtes Molekül n	molécule f ramifiée	разветвленная молекула
B 381	branched polyethylene	verzweigtes Polyethylen n	polyéthylène m ramifié	разветвленный полиэтилен
B 382	branched polymer	verzweigtes Polymer[es] n	polymère m ramifié	разветвленный полимер
B 383/4	branching	Verzweigung f	ramification f	разветвление
	branching degree	s. D 89		
B 385	branch pipe	Abzweigrohr n	tube m branché	отводная труба, отвод
B 386	brand/to	einbrennen (Leder)	cuire, sécher, étuver	вжигать
B 387	brazing	Hartlöten n	brasage m, soudo-brasage m	твердая пайка
	break	s. F 640		
B 388	break-away (e. g. of a press)	Unterbrechung f des Schließvorgangs (einer Spritzgießmaschine oder Presse)	arrêt m de la vitesse du piston (p. ex. d'une presse)	прерывание запирания
B 389	breakdown, electrical breakdown	[elektrischer] Durchschlag m, Spannungsdurchschlag m	décharge f disruptive, claquage m [électrique]	[электрический] пробой
B 390	breakdown voltage, disruptive voltage	Durchschlagspannung f (Hochfrequenzschweißen)	tension f disruptive	напряжение пробоя
B 391	breaker baffle	Prallblech n	plaque f de butée, plaque d'arrêt	отбойный щиток
B 392	breaker plate	Lochscheibe f, Stauscheibe f	grille f, filtre m	решетка
	breaker plate	s. a. S 1170		
B 393	breaking behaviour	Bruchverhalten n	comportement m de rupture	поведение при разрушении
B 394	breaking force	Reißkraft f	charge f de rupture	разрывное усилие, разрушающая нагрузка
B 395	breaking load, fracture load, load at failure, failure load	Bruchlast f	charge f de rupture	разрушающая (разрывная) нагрузка
B 396	breaking rolling-mill, cracker [mill], crushing mill, crushing rolls	Walzenbrecher m, Brechwalzwerk n, Grobmühle f	broyeur m à cylindres	валковая дробилка
	breaking strain	s. E 162		
B 397	break-off method	Abreißmethode f	méthode f d'arrachement	метод отрыва поперек покрытой поверхности
	break-resistant	s. U 58		
B 398	break-up (of polymer chains)	Aufbrechen n (von Polymerketten)	rupture f (de chaînes polymériques)	взламывание (полимерных цепей)
B 399	breast roll (with air brush)	Brustwalze f (an Walzenbeschichtern mit Luftbürste)	rouleau-contrepression m, rouleau-support m (machine à enduire à lame d'air)	грудной валок (с воздушной раклей)
	breathe/to	s. D 21		
B 400	breathing film	atmungsaktive Folie f (infolge hoher Eigendurchlässigkeit)	feuille f perméable (poreuse)	проницаемая (паропроницаемая) пленка
B 401	bridge pavement	Brückenbelag m	tapis m de pont	мостовое покрытие
B 402	bridging	Brückenbildung f (zwischen Molekülen oder Atomen)	pontage m (molécules, atomes)	образование мостиков
B 403	bridging (feed hopper)	Materialbrückenbildung f, Materialzusammenbacken n (im Einfülltrichter)	pontage m (trémie d'alimentation)	мостикование в воронке

B 404	bridle	Spannrollensatz *m*	groupe *m* des galets tendeurs, groupe des cylindres de tension	натяжной механизм с роликами
B 405	bright colour	Intensivfarbe *f*	couleur *f* luminescente	интенсивная краска
B 406	brightening, lightening	Aufhellen *n*	éclairement *m*	отбеливание, отбелка
B 407	brightening agent, optical brightening agent, optical bleach[ing agent], optical brightener	optischer Aufheller *m*, optisch aufhellender Stoff *m*	agent *m* d'azurage optique, agent *m* de blanchiment optique, azurant *m* optique	отбеливатель, осветлитель
B 408	brilliance *(of colour)*	Brillanz *f*, Leuchtkraft *f (von Farben)*	brillance *f*, luminosité *f*, luminance *f (de couleur)*	сочность *(красок)*
B 409	Brinell hardness	Brinellhärte *f*	dureté *f* [de] Brinell	твердость по Бринеллю
B 410	brittle	spröde, brüchig	fragile, cassant	хрупкий
B 411	brittle failure (fracture)	Sprödbruch *m*	rupture *f* fragile	хрупкий излом
B 412	brittle lacquer, brittle varnish, crackled lacquer, stress coat	Reißlack *m*	vernis *m* craquelant (givré)	трескающийся лак
B 413	brittleness	Sprödigkeit *f*, Brüchigkeit *f*	fragilité *f*	хрупкость
B 414	brittleness temperature, brittle point (temperature)	Versprödungstemperatur *f*, Sprödigkeitstemperatur *f*, Kältebruchtemperatur *f*, Kältebiegeschlagwerttemperatur *f*	température *f* (point *m*) de fragilité	температура хрупкости (хладноломкости)
	brittle varnish	*s.* B 412		
B 415	broach	Reibahle *f*	alésoir *m*, équarrissoir *m*	развертка
B 416	broaching	Aufreiben *n*, Räumen *n*	alésage *m*; chambrage *m*, brochage *m*	протягивание, прошивание
B 417	broaching cutter	Räumnadel *f*	broche *f* à chambrer	протяжка, прошивка
B 418	broaching machine	Räummaschine *f*	machine *f* à brocher	протяжной станок
B 419	broad-line NMR (nuclear magnetic resonance spectroscopy)	Breitlinien-NMR *f*, magnetische Breitlinien-Kernresonanzspektroskopie *f*	spectroscopie *f* par RMN (résonance magnétique nucléaire) basée sur la largeur des raies	спектроскопия широколенточного ядерного магнитного резонанса
B 420	brominated epoxy resin	bromiertes Epoxidharz *n*	résine *f* époxyde bromée	бромированная эпоксидная смола
B 421	bromination	Bromierung *f*	opération *f* de bromer	бромирование
B 422	bromine-containing flame retardant	bromhaltiges Flammschutzmittel *n*	retardateur *m* de flamme bromé	бромсодержащий огнезащитный агент; бромсодержащее огнезащитное средство
B 423	bronze pigment	Bronzepigment *n*	pigment *m* de bronze moulu	бронзовая пудра
B 424	bronze varnish	Bronzelack *m*	vernis *m* bronzant	бронзовый лак
B 425	Brownian motion, Brownian movement	Brownsche Bewegung (Molekularbewegung) *f*	mouvement *m* brownien (de Brown), agitation *f* brownienne (de Brown)	броуновское движение
	Brownian motion of chain segments	*s.* M 272		
	Brownian movement	*s.* B 425		
	Brunauer-Emmett and Teller method	*s.* B 164		
	brush application	*s.* B 428		
B 426	brush cleaning device	Bürstenreinigungsvorrichtung *f*	dispositif *m* à nettoyer les brosses	щеточный очиститель
B 427	brush coater, brush spreader (spreading machine, spread coater)	Bürstenstreichmaschine *f*, Bürstenauftragmaschine *f*	machine *f* d'enduction à pinceau, machine (métier *m*) à enduire à la brosse	щеточная машина для крашения, шпрединг-машина с щеточной раклей
B 428	brush coating, brushing, brush spreading, brush application *(US)*	Streichen *n* mit Bürste, Bürstenauftrag *m*, Streichen mit Bürstenwalzen, Streichauftrag *m* mittels Bürstenwalzen	enduction *f* à pinceau, enduction à la brosse, enduction à pinceaux (brosses) cylindriques	промазка щеткой, нанесение покрытия щеткой, нанесение чесальными валками
	brushing	*s.* B 428		
B 429	brushing lacquer	Streichlack *m*	laque *f* (vernis *m*) à enduire	лак для нанесения кистью, лак, наносимый кистью
	brushing machine	*s.* C 433		
B 430/1	brushing property	Streichfähigkeit *f*	brossabilité *f*	способность наноситься кистью
B 432	brushing test[ing]	Streichfähigkeitsprüfung *f* *(Anstrichstoffe)*	test *m* de brossabilité d'une peinture	испытание на наносимость
B 433	brush roller	Bürstenwalze *f*	brosse *f* à enduire cylindrique	щеточный валик
B 434	brush scraper	Bürstenabstreicher *m*	racleur *m* de brosses	щеточный скребок, щеточный шабер
	brush spread coater	*s.* B 427		
	brush spreader	*s.* B 427		
	brush spreading	*s.* B 428		
	brush spreading machine	*s.* B 427		
B 435	B stage	B-Zustand *m*	état *m* B	стадия B

B 436	**B-stage resin,** resitol resin, resitol	Resitol *n*, Harz *n* im Resitol-zustand, Harz im B-Stadium (B-Zustand)	résitol *m*, résine *f* à l'état B	резитол, смола в (на) стадии B
	bubble	*s.* V 168		
B 437	**bubble collapser**	Folienblase-Flachlege-einrichtung *f*, Flachlege-einrichtung *f* für aufgeblasenen Folienschlauch	dispositif *m* de poser à plat pour feuille en gaine	ограничительные щеки *(рукавная пленка)*
B 438	**bubble collapsing board (guide)**	Foliengleit- und -abquetsch-bahn *f* *(zum Flachlegen extrudierter Schlauchfolie)*	panneau *m* de pinçage du bulbe, panneau de pinçage de la gaine	сплющивающие щеки, приемные щеки *(для производства рукавной пленки)*
B 439	**bubble cooling tower**	Folienblasekühlturm *m*, Kühlturm *m* für aufgeblasenen Folienschlauch *(Blasfolienanlage)*	tour *f* de refroidissement pour feuille en gaine	канал охлаждения *(рукавная пленка)*
B 440	**bubble expansion zone,** bubble forming zone	Schlauchbildungszone *f* *(Schlauchfolienblasen)*	zone *f* de formation de la gaine *(soufflage de feuilles)*	зона раздува рукавной пленки, зона образования рукава
	bubble formation	*s.* B 239		
	bubble forming zone	*s.* B 440		
B 441	**bubble guide**	Folienblaseführung *f*, Führung *f* für aufgeblasenen Folienschlauch *(Blasfolienanlage)*	guidage *m* pour feuille en gaine	управление пленкой
	bubble pack	*s.* B 241		
B 442	**bubble stabilizing cage**	Folienblasestabilisierungs-käfig *m*, Stabilisierungs-käfig *m* für aufgeblasenen Folienschlauch *(Blasfolienanlage)*	cage *f* de stabilisation pour feuille en gaine	ограничительные щеки
B 443	**bubbling fluidized bed**	brodelnde Wirbelschicht *f* *(Wirbelsinterbad)*	couche *f* fluidisée bouillonnante	сильно кипящий слой
B 444	**buckle/to**	knicken, beulen	flamber	перегибать, подвергать продольному изгибу
B 445	**buckling**	Knicken *n*, Beulen *n*	flambage *m*	перегибание, подвергание продольному изгибу
B 446	**buckling load**	Knicklast *f*, Knickbeanspru-chung *f*, Beullast *f*, Beulbeanspruchung *f*	charge *f* (sollicitation *f*, effort *m*) de flambage	нагрузка, вызывающая изгиб; критическая нагрузка при продольном изгибе
B 447	**buckling strength**	Beulfestigkeit *f*	résistance *f* au cloquage	прочность на образование морщин
B 448	**buckling strength,** cross-breaking strength	Knickfestigkeit *f*	résistance *f* au flambage	сопротивление продольному изгибу, прочность при продольном изгибе
	buff	*s.* P 546		
B 449	**buffer,** bumper	Puffer *m*, Dämpfungsglied *n*, Dämpfer *m*	affaiblisseur *m*, atténua-teur *m*	буфер, амортизатор, катаракт
B 450	**buffer jig**	Schweißpositionierelek-trode *f* *(HF-Schweißen)*	électrode *f* de position-nement	электрод для позиционирования и сварки
B 451	**buffing,** polishing	Schwabbeln *n*, Polieren *n*	polissage *m* à la meule flexible	полирование кругом
	buffing aggregate	*s.* B 452		
B 452	**buffing machine,** buffing aggregate, polishing machine	Schwabbelmaschine *f*, Poliermaschine *f*	machine *f* à polir à meule flexible	полировальный станок, полировальная машина
	buffing ring	*s.* R 403		
	buffing wheel	*s.* P 546		
	build-up height	*s.* D 17		
	build-up of pressure	*s.* P 939		
	build-up of stresses	*s.* S 1195		
B 453	**built-in-ejector**	werkzeugeigener Auswer-fer *m*	éjecteur *m* incorporé	вмонтированный выталкиватель
B 454	**built-in-heating,** built-in thermal balance plant	Einbauheizung *f*	chauffage *m* incorporé	встроенный обогрев
	built-in stress	*s.* F 3		
	built-in thermal balance plant	*s.* B 454		
B 455	**built-up construction mould**	mehrteiliges Werkzeug *n* mit eingesetzten Matri-zenteilen	moule *m* démontable (à dé-montage) en plusieurs parties	составная (сложная) форма с вмонтированными деталями матрицы
B 456	**built-up foam slab**	geschichteter Schaumstoff *m*	mousse *f* à couches	слоистый пенопласт
B 457	**bulk**	Masse *f*, Volumen *n*, Menge *f*	masse *f*, volume *m*	масса, объем
	bulk article	*s.* B 460		
B 458	**bulk articles**	Massenartikel *mpl*, Massen-güter *npl*	article *m* fabriqué en grande série, marchandise *f* fabri-quée en grande série	ширпотреб, товары массового потребления

	bulk density	s. A 500		
B 459	bulk factor, compression ratio	Verdichtungsgrad m	facteur m de contraction (compression)	степень (коэффициент) уплотнения
B 460	bulk good, bulk article (material)	Schüttgut n	article m (marchandise f, matière f) en vrac	сыпучий материал
B 461	bulking value	Stampfvolumen n	densité f apparente	объем после трамбования
	bulk material	s. B 460		
B 462	bulkmelter	Faßschmelzanlage f	vide-fût f	малогабаритная емкость-установка для получения расплава клея
B 463	bulk modules [of elasticity]	Volumenelastizitätsmodul m	module m d'élasticité volumique (cubique), élasticité f volumique (de volume), élasticité cubique, module m de compression (compressibilité cubique)	объемный модуль упругости, модуль всестороннего сжатия
	bulk moulding compound	s. D 493		
B 464	bulk plastic materials	Kunststoffschüttgüter npl, Plastschüttgüter npl	matières fpl plastiques en vrac	сыпучие пластмассы
B 465	bulk polymerization, mass polymerization	Massepolymerisation f, Polymerisation f in Masse	polymérisation f séquencée (en masse)	полимеризация в массе
B 466	bulk process	Masse-Verfahren n, Polymerisation f in flüssigem Propylen (Polypropylenherstellung)	procédé m en masse	полимеризация пропилена в массе
	bulk resin	s. C 559		
B 467	bulk sintering	Schüttsintern n	frittage m de poudre non comprimée	насыпочное спекание
	bulk specific gravity	s. A 500		
B 468	bulk temperature	Formmassetemperatur f	température f de la matière à mouler	температура пресс-материала, температура формовочной массы
	bulk volume	s. A 504		
	bulk weight	s. A 500		
B 469	bulky	voluminös	volumineux	объемный
	bumper	s. B 449		
B 470	bun foam	unbeschnittener Polyurethanblockschaumstoff m	bloc m en mousse [de polyuréthanne] non coupé	необрезанный блок из пенополиуретана
B 471	bung	Spund m	bonde f, bondon m	шпунт, затычка
B 472	buoyancy	Strömungsauftrieb m, Schwimmvermögen n, Schwimmfähigkeit f	poussée f verticale hydrostatique	плавучесть
B 473	buoyant	schwimmfähig	flottant	плавучий
B 474	buoyant force	Auftriebskraft f (bei Dichtebestimmungen)	poussée f verticale hydrostatique, poussée f archimédéenne (d'Archimède)	подъемная сила
B 475	buried pipeline, country pipeline	erdverlegte Rohrleitung f	pipe-line m souterrain	подземная прокладка труб, подземная разводка трубопроводов
B 476	burl	Noppe f (in Glasseidengeweben)	noppe f	мушка
B 477	burned spot	Brandmarkierung f, Brandstelle f, Verbrennungsmarkierung f (an Formteilen)	brûlure f (pièce moulée)	след перегрева, убыток от пожара (на изделии)
B 478	burning gas	Brandgas n, Verbrennungsgas n	gaz m de la combustion	продукты горения, горючий газ
	burning-in stove	s. B 43		
B 479	burning-off	Abbrennen n (Beschichtung)	élimination f au chalumeau (d'un revêtement)	удаление выжиганием (покрытия)
B 480	burning rate	Verbrennungsgeschwindigkeit f	vitesse f de combustion	скорость сгорания
B 481	burning test	Brennbarkeitsprüfung f, Brennbarkeitsprobe f	essai m de combustibilité, essai d'inflammabilité	испытание на горючесть
B 482	burnish/to	glätten, schwach polieren	lisser, adoucir	выглаживать, дорновать
B 483	burr	Preßbart m, Preßnaht f	couture f à la presse	шов при прессовании
B 484	bursting	Bersten n	éclatement m	растрескивание
B 485	bursting pressure, burst pressure (US)	Berstdruck m	pression f d'éclatement	продавливающее усилие
	bursting strain tester	s. B 488		
B 486	bursting strength, burst strength (US)	Berstfestigkeit f	résistance f à l'éclatement	сопротивление продавливанию, предел прочности при продавливании
B 487	bursting test	Berstprüfung f	essai m d'éclatement	испытание на прочность при продавливании
	burst pressure	s. B 485		
	burst strength	s. B 486		

B 488	burst strength tester, bursting strain tester	Berstdruckprüfer m	éclatomètre m, contrôleur m de la pression d'éclatement	измеритель сопротивления продавливанию
	Buss kneader	s. K 41		
B 489	butadiene	Butadien n	butadiène m	бутадиен
B 490	butane	Butan n	butane m	бутан
	butene plastic	s. B 497		
B 491	butterfly valve	Drosselklappe f, Regelklappe f (Spritzgießmaschine)	papillon m de commande, clapet m de réglage	дроссельный клапан
	butt fusion	s. B 496		
B 492	butt joint (welding)	Stumpfverbindung f, Stumpfstoß m (Schweißen)	assemblage m par soudure en bout, joint m abouté (bout à bout)	стыковое соединение, соединение встык
B 493	butt-joint tensile test	Zugversuch m an Klebstumpfverbindungen	essai m de traction aux joints bout à bout	испытание на прочность при равномерном отрыве цилиндрических образцов, склеенных по торцевым поверхностям; испытание на прочность при отрыве образцов типа «грибок»
B 494	buttress thread	Sägengewinde n, Sägezahngewinde n	filet m à (en) dents de scie	упорная резьба
B 495	butt weld	Schweißstumpfnaht f, Schweißstumpfstoß m	joint m abouté (bout à bout)	стыковой сварной шов
B 496	butt welding, butt fusion	Stumpfschweißen n	soudage m bout à bout, soudage en bout, soudage par rapprochement	стыковая сварка, сварка встык
B 497	butylene plastic, butene plastic	Butylen-Kunststoff m, Butylen-Plast m	plastique m but[yl]énique	бут[ил]еновый пластик
B 498	butyl glycide ether	Butylglycidether m	éther m de butylglycide	простой эфир бутилглицида
B 499	butyl rubber	Butylkautschuk m, Butylgummi m (Klebfügeteilwerkstoff)	butylcaoutchouc m, caoutchouc m butylique	бутилкаучук
B 500	butyl rubber solution	Butylkautschuklösung f	solution f de butyl (caoutchouc de butyl)	раствор бутилкаучука
B 501	butyl sealing	Butyldichtmasse f	massse f d'étoupage en butyl	заливочная масса из бутилкаучука
B 502	butyric acid	Buttersäure f, Butansäure f	acide m butyrique	масляная кислота
B 503	bypass	Seitenkanal m (Spritzgießwerkzeug)	dérivation f, canal m latéral	обходный канал
B 504	bypass extruder	Extruder m mit Entgasungsschnecke	extrudeuse (boudineuse) f avec vis dégazeuse	экструдер с дегазирующим червяком

C

	CA	s. A 66		
	CAB	s. C 160/1		
	cable coating	s. C 6		
C 1	cable compound	Kabelmasse f	masse f de câbles isolante	материал для кабельных покрытий, смесь для изоляции кабелей
	cabled yarn	s. T 666		
C 2	cable extrusion head	Kabelummantelungsspritzkopf m	tête f d'extrudeuse pour enrobage de câbles	головка для изготовления покрытий кабеля
C 3	cable insulation tape	Isolierband n für Kabel, Kabelisolierband n	ruban m isolant pour câbles	изоляционная лента для кабелей
C 4	cable jacket, cable sheath	Kabelmantel m	revêtement m (enduit m) de câbles	оболочка (обкладка) кабеля
C 5	cable sealing compound	Kabelvergußmasse f	mélange m pour câbles, matière f à mouler pour gainage de câble	кабельная заливочная масса
	cable sheath	s. C 4		
C 6	cable sheathing, cable coating	Kabelummantelung f	enrobage m de câbles	изготовление покрытий кабеля
C 7	cabling	Verseilen n	câblage m, toronnage m	скручивание
C 8	cadmium yellow	Cadmiumgelb n (Farbstoff)	sulfure (jaune) m de cadmium	кадмиевая желтая, сернистый кадмий
C 9	cage blade	Käfigrührer m (für pastöse Klebstoffe)	agitateur m à corbeille	клеточная мешалка
	CAIMD	s. C 628		
C 10	cake glue, sheet glue	Tafelleim m	colle f tabulaire (en plaques)	плиточный клей
	calcimine	s. D 409		
C 11	calcite	Calcit m, Kalkspat m (Füllstoff)	calcite f, spath m calcaire, androdamas m	кальцит, известковый шпат

C 12	calcium carbonate	Calciumcarbonat n (Füllstoff)	carbonate m de calcium	карбонат кальция, угле-кислый кальций
C 13	calcium oxide	Calciumoxid n (Füllstoff)	oxyde m de calcium	окись кальция
C 14	calcium silicate	Calciumsilicat n (Füllstoff)	silicate m de calcium	силикат кальция, кремне-кислый кальций
C 15	calcium stearate	Calciumstearat n	stéarate m de calcium	стеарат кальция
C 16	calender/to	kalandrieren, aufkalandrieren	calandrer, appliquer par calandrage, enduire à la calandre	каландрировать, дублиро-вать
C 17	calender	Kalander m, Walzenma-schine f	calandre f	каландр
	calender bowl	s. C 27		
C 18	calender coater	Auftragskalander m, Be-schichtungskalander m	calandre f d'enduction	каландр для нанесения по-крытия
C 19	calender coating	Aufkalandrieren n, Aufka-schieren n mittels Kalan-ders	enduction f à la calandre	дублирование (обкладка, нанесение слоя) калан-дром
	calendered film (sheet)	s. C 20		
C 20	calendered sheeting, calen-dered sheet (film)	kalandrierte Folie f, Kalan-derfolie f	feuille f calandrée	каландрированная пленка
C 21	calender equipment, calen-der plant	Kalanderanlage f	installation f de calandrage	агрегат (установка) с калан-дром
C 22	calender feeding	Kalanderbeschickung f	alimentation f de la calandre	подача (питание) каландра
C 23	calender follow-up unit, cal-ender train	Kalandernachfolgeeinrich-tung f	train m de calandre	приемное устройство ка-ландра
C 24	calendering	Kalandrieren n, Kalandrier-verfahren n, Kalanderver-arbeitung f	calandrage m	каландрование
C 25	calendering	Auswalzen n	laminage m	прокатка
C 26	calender line	Kalanderstraße f, Kalander-reihe f, Kalanderlinie f, Kalanderstrecke f	ligne f de calandrage	агрегат каландров, калан-дровый агрегат, спа-ренные каландры
	calender plant	s. C 21		
C 27	calender roll, calender bowl	Kalanderwalze f, Kalander-rolle f	cylindre m de calandre	валок каландра
C 28	calender stack, glazing rolls	Glättkalander m, Glättwerk n	calandre f finisseuse (à glacer, de glaçage, à satiner)	лощильный (листовальный) каландр
C 29	calender strip feed	Kalanderbeschickung f mit band- oder streifen-förmigem Material	alimentation f par bandes (calandre)	питание каландра лентами
	calender train	s. C 23		
C 30	calender with several rollers	Mehrwalzenkalander m	calandre f à plusieurs cylindres	каландр с дополнительными валиками
C 31	calendrette	Calandrette f, Kleinkalander m mit Mehrdüsen-schmelzeeinspeisung in den ersten Walzenspalt	calandrette f, petite calandre f à plusieurs alimentations au premier espacement entre cylindres	маленький каландр с подачей соплами
	calibrate/to	s. S 597		
	calibrating	s. C 35		
C 32	calibrating air	Stützluft f (Blasformwerkzeug)	air m stabilisant (moule de soufflage)	сжатый воздух (раздувание рукавной пленки)
C 33	calibrating die	Kalibrierwerkzeug n	outil m de calibrage	калибровочная форма
C 34	calibrating section	Kalibrieransatz m	manchon m réducteur	калибровочная насадка
C 35	calibration, calibrating	Kalibrieren n	calibration f, calibrage m	калибровка
C 36	calibration basket	Kalibrierkorb m (Blasfolie)	panier m de calibrage	корзинка калибровки (разду-вание пленок)
	caloric receptivity	s. H 60		
C 37	calorimeter	Kalorimeter n, Wärmemen-genmeßgerät n	calorimètre m	калориметр
C 38	calorimetry	Kalorimetrie f	calorimétrie f	калориметрия
C 39	camber/to	bombieren	bomber	вспучивать
C 40	camber	Überhöhung f (Schweißnaht)	renforcement m, cordon m en saillie (de la soudure)	выступ (сварного шва)
C 41	camber [curving] of cylin-der	Walzenbombierung f, Wal-zenbombage f	bombage m de cylindre	бомбировка (бочкообраз-ность) валков
C 42	cam blade	Nockenschaufel f (Mischer)	pale f à cames (mélangeur)	кулачная лопасть (смеси-тель)
C 43	cam control	Nockensteuerung f	commande f par cames	кулачковое управление
C 44	cam element	Nockenmischteil n	élément m à cames (vis)	смешивающие выступаю-щие кулачки червяка
C 45	cam mixer	Nockenmischer m	mélangeur (malaxeur) m à cames	кулачковая мешалка
	CAMPUS	s. C 629		
C 46	cam shaft	Nockenwelle f	arbre m à cames	кулачковый вал
	can dryer	s. C 1153		
	can stability	s. S 1149		

	CAP	s. C 163		
C 47	capacitance of a capacitor	Kondensatorkapazität f (Hochfrequenzschweißen)	capacité f d'un condensateur	емкость конденсатора
C 48	capacity factor (material)	Ausnutzungsfaktor m	facteur m d'utilisation	коэффициент затраты
	capacity for deformation	s. D 70		
	CAPD	s. C 630		
	CAPE	s. C 631		
C 49	capillary action	Kapillarwirkung f (von Oberflächen auf Klebstoffe)	action f capillaire	капиллярное действие
	capillary crack	s. H 2		
C 50	capillary filter	Kapillarfilter n	filtre m capillaire	капиллярный фильтр
C 51	capillary nozzle	Kapillardüse f	buse f capillaire	капиллярная форсунка
C 52	capillary rheometer	Kapillarrheometer n	rhéomètre m capillaire	капиллярный реометр
C 53	capillary surface area	Kapillaroberfläche f	surface f capillaire	поверхность капилляра
C 54	capillary tube	Kapillare f, Haarröhrchen n, Kapillargefäß n	tube (vaisseau) m capillaire, capillaire m	капилляр, капиллярная трубка
C 55	capillary [tube] viscometer	Kapillarviskosimeter n	viscosimètre m [à tube] capillaire, viscosimètre de Poiseuil	капиллярный вискозиметр
	cap joint	s. S 1057		
	CAPM	s. C 632		
	CAPP	s. C 633		
C 56	capping cement	Sockelklebstoff m	ciment m pour culots (socles)	цокольный клей
	CAPS	s. C 634		
C 57	capstan	Scheibenabzug m für Extrudat	cabestan m de tirage	тянущее дисковое устройство
	capsular adhesive	s. E 205		
C 58	capsulating machine	Verschlußmaschine f, Verschließmaschine f	capsuleuse f	автомат для укупорки
	CAPT	s. C 635		
	caramelization	s. H 77		
C 59	caramelize/to	thermisch entschlichten (Textilgas)	caraméliser (verre textile)	терморасшлихтовать
	carbamic resin	s. C 60		
C 60	carbamide resin, carbamic resin	Carbamidharz n	résine f [de] carbamide, résine d'urée	карбамидная смола
C 61	carbazole-based polyacrylate	Polyacrylat n auf Basis von Carbazolen	polyacrylate m sur base de carbazol	полиакрилат на основе карбазолов, карбазольный полиакрилат
C 62	carbon	Kohlenstoff (Füllstoff)	carbone m	углерод
C 63	carbon-arc apparatus	Lichtbogenstrahler m, Kohlebogenlampe f (Lichtechtheitsprüfung)	lampe f à arc de charbon	дуговая лампа
C 64	carbonate hardness	Karbonathärte f (von Spülwasser bei der Klebflächenvorbehandlung)	dureté f de l'eau partielle au carbonate	карбонатная жесткость воды
C 65	carbon black, gas black	Gasruß m	carbon black m, noir m de carbone	газовая сажа
C 66	carbon black-filled, carbon black-loaded	rußgefüllt	chargé de noir de fumée	содержащий сажу
C 67	carbon black-filled thermoplastic	rußgefüllter Thermoplast m, rußgefülltes Thermomer n	thermoplastique m chargé de noir de fumée	наполненный сажой термопласт
	carbon black-loaded	s. C 66		
C 68	carbon black masterbatch	Rußbatch m	mélange-maître m de noir de fumée	сажевая матка
C 69	carbon dioxide laser [beam]	Kohlendioxidlaser m, CO_2-Laser m	laser m à gaz carbonique, laser à dioxyde de carbon, laser CO_2	CO_2-лазер
C 70	carbon fibre, C-fibre	Kohlenstoffaser f	fibre f de carbone	углеродное волокно
C 71	carbon-fibre prepreg material	Kohlenstoffaser-Prepreg m, vorimprägnierte Kohlenstoffaser f	fibre f de carbone préimprégnée	препрег с углеродными волокнами
C 72	carbon-fibre-reinforced plastic, CFRP	kohlenstoffaserverstärkter Kunststoff (Plast, P-CF) m, CFK	plastique m renforcé au carbone	углепластик
	carbonization	s. C 254		
C 73	carbon microsphere	Kohlenstoffmikrokugel f (Füllstoff)	microbille (microsphère) f de carbone (charge)	углеродный микрошарик (наполнитель)
C 74	carbon short-fibre reinforced thermoplastic	mit Kurzkohlenstoffasern verstärkter Thermoplast m, mit Kurzkohlenstoffasern verstärktes Thermomer n	thermoplastique m armé aux fibres courtes de carbon	наполненный короткими углеродными волокнами термопласт
C 75	carbon tetrafluoride	Tetrafluorkohlenstoff m	tétrafluorure m de carbone	тетрафторметан, четыреххлористый углерод
C 76	carbonyl group	Carbonylgruppe f	groupe[ment] m carbonyle	карбонильная группа
C 77	carboxylated neoprene latex	carboxylhaltiger Neoprenlatex m	latex m de néoprène qui contient de carboxyle	латекс из неопрена с карбоксильными группами

C 78	carboxylated polymer	carboxyliertes Polymer[es] n, carboxylgruppenhaltiges Polymer[es] n	polymère m aux groupes carboxylés	карбоксилированный полимер, полимер, содержащий карбоксильные группы
C 79	carboxylated styrene-butadiene	carboxylgruppenhaltiges Styren-Butadien n	styrène-butadiène m carboxylé, copolymère m styrène-butadiène carboxylé	сополимер стирола с бутадиеном, содержащим карбоксильные группы
C 80	carboxylic acid anhydride	Carbonsäureanhydrid n	anhydride m carboxylique	ангидрид карбоновой кислоты
C 81	carboxymethylcellulose, CMC	Carboxymethylcellulose f, CMC	carboxyméthylcellulose f, C. M. C., cellulose f carboxyméthylique	карбоксиметилцеллюлоза, КМЦ, карбоксиметиловая целлюлоза
C 82	carking	Farbstoffsedimentierung f, Farbstoffabsetzen n (in Anstrichstoffansätzen)	sédimentation f de pigments	образование осадка пигмента (в краске)
C 83	carpet backing adhesive	Teppichbeschichtungsklebstoff m	colle f de couchage pour tapis	клей для ковров
C 84	carrier	Färbebeschleuniger m	agent m véhiculeur	ускоритель окрашивания
	carrier	s. a. S 1355		
C 85	carrier film	Trägerfolie f, Trägerfilm m	plaque f (film m) support	пленка-подложка, пленковидная подложка
	carrier gas	s. F 492		
	carrier material	s. S 1319		
	carrier pin	s. I 228		
C 86	carrier plate	Trägerplatte f	support m	плита-подложка
C 87	carrousel line	Schäumformenumlaufsystem n, Werkzeugumlaufsystem n (für Polyurethanschaumstoffherstellung)	carrousel (fabrication des mousses de polyuréthanne)	карусельный конвейер для форм (получение пенополиуретана)
	carton folder/gluer	s. F 577		
C 88	cartridge heater, heating cartridge	Heizpatrone f	cartouche f chauffante (de chauffage)	нагревательный патрон
C 89	cascade agitator	Kaskadenrührwerk n, stufenförmig hintereinandergeschaltetes Rührwerk n	agitateur m en cascade	двухстадийный смеситель (с механическим псевдоожижением)
C 90	cascade connection	Reihenschaltung f, Hintereinanderschaltung f (von bestimmten Verarbeitungsaggregaten)	montage m en série (cascade)	последовательное соединение (включение)
C 91	cascade control [system]	Kaskadenregelung f (für Spritzgießmaschinen und Extruder)	commande f (système m de commande) en cascade	каскадная схема управления (для литьевой машины и экструдера)
C 92	cascade winder	Kaskadenwickler m, Kaskadenwickelmaschine f	bobineuse f en cascade	каскадная накатная машина
	case dispenser	s. C 724		
C 93	cased plastic	mittels Casing-Verfahrens polarisierter Kunststoff (Plast) m	plastique m polarisé d'après le procédé Casing	поляризованный по методу «Кэсинг» пластик
C 94	casein, CS	Kasein n, CS	caséine f, CS	казеин, КЗ
C 95	casein adhesive (glue)	Klebstoff (Leim) m auf Kaseinbasis, Kaseinleim m	adhésif m à base de caséine, colle f de caséine	казеиновый клей
C 96	casein paint	Kaseinfarbe f	couleur f à caséine	казеиновая краска
	casein plastic	s. A 553		
C 97	Casing, Casing process (method, technique)	Casing-Verfahren n	procédé m (méthode f, technique f) Casing (polarisation)	метод «Кэсинг», метод поляризации для фторопласта и полиэтилена
	Casing hardening	s. T 110		
	Casing method (process, technique)	s. C 97		
C 98	cast/to	gießen	couler	лить, отлить
C 99	cast	Abguß m	moulage m	отливка
C 100	castability	Gießfähigkeit f	coulabilité f	способность к литью
	cast adhesive	s. H 354		
C 101	caster, castor, roller	Laufrolle f, Möbelrolle f	galet m (poulie f) de roulement	каток
C 102	cast film, cast sheet (foil)	Gießfolie f, gegossene Folie f, Gießfilm m	feuille f mince coulée, feuille f coulée; film m coulé	отлитая (литая, поливная) пленка
C 103	cast-film die head	Flachfolienwerkzeug n, Gießfolienwerkzeug n	filière f plate (en forme de fente), filière pour feuilles coulées	головка для полива пленок
C 104	cast-film plant	Gießfolienanlage f	unité f de feuilles coulées	установка для литья пленок
	cast foil	s. C 102		
C 105	casting	Gießling m, Gußteil n	pièce f coulée	литое изделие
C 106	casting, casting process	Gießen n, Gießverfahren n	coulée f, procédé m de coulée, moulage m par coulée	налив, литье

	casting adhesive	s. H 354		
C 107	casting box, moulding box	Formkasten m	châssis m	опока
C 108	casting chamber	Gießkammer f	chambre f de coulée	камера для литья
C 109	casting compound	Gießmischung f	mélange m de coulée	литьевая смесь (композиция)
C 110	casting compound	Gießmasse f, Vergießmasse f	compound m (masse f) de remplissage	заливочная масса
C 111	casting die	Foliendüse f (an Blasanlagen)	filière f de soufflage	головка для экструзии рукавных пленок
C 112	casting drum, casting wheel	Gießtrommel f	cylindre (tambour) m de coulée	литейный барабан
C 113	casting line	Gußnaht f	ligne f de coulée	след от литья
C 114	casting machine	Gießmaschine f	appareil m (machine f) de coulée	литьевая (наливочная) машина
C 115	casting of film	Filmgießen n	coulée f de films	отливка (наливка) пленок
C 116	casting of resin	Harzgießen n	coulée f de résine	литье смолы
	casting process	s. C 106		
	casting resin	s. C 119		
C 117	casting roll	Auftragwalze f, Tränkwalze f (an Umkehrwalzenbeschichtern)	rouleau m enducteur (répartiteur, délivreur, barboteur, demi-immergé, trempeur-lécheur)	валок для нанесения покрытия
	casting wheel	s. C 112		
C 118	cast moulding	Gießformverfahren n, Gießformen n	moulage m par coulée	отливка
	castor	s. C 101		
C 119	cast resin, casting resin	Gießharz n, Vergießharz n, Edelkunstharz n	résine f [de] coulée, résine à couler	смола для литья, литьевая (заливочная, литая) смола
C 120	cast-resin embedment	Gießharzeinbettung f	enrobage m dans la resine de coulée	заливка из смолы
C 121	cast-resin moulded material	Gießharzformstoff m	résine f à couler	отлитая смола
	cast sheet	s. C 102		
C 122	catalyst	Katalysator m	catalyseur m	катализатор
C 123	catalytic activity	katalytische Aktivität f	activité f catalytique	каталитическая активность
C 124	catalytically hardening paint system	katalytisch härtendes Anstrichsystem n	système m de peinture à catalyse, peinture f à catalyse	отверждающийся катализатором лакокрасочный материал
C 125	catalytic polymerization	katalytische Polymerisation f	polymérisation f catalytique	каталитическая полимеризация
	catalyzed anionic polymerization	s. A 113		
C 126	catalyzed lacquer, activated lacquer	säurehärtender Lack m (Kunstharzlack m)	vernis m durci (catalysé) à l'acide	катализированный лак, лак кислотного отверждения
C 127	catalyzed resin, activated resin	Kunstharzansatz m, Kunstharz n mit Härterzusatz	résine f catalysée (activée, précatalysée)	смесь из смолы и отвердителя, смола кислотного отверждения
	catch pan	s. D 558		
C 128	caterpillar [haul-off], chain crawler	Raupenabzug m, Bandabzug m, Abzugsraupe f	tirage m à chenille, cylindre m récepteur	тянущее гусеничное устройство
C 129	caterpillar haul-off with connected cutting saw	Raupenabzug m mit integrierter Sägeeinrichtung (Extrudat)	tirage m à chenille avec scie mécanique	приемный гусеничный агрегат с устройством для поперечной резки
C 130	cathode sputtering	Katodenzerstäubung f (zum Beschichten mit Metallen)	pulvérisation f cathodique (métallisation)	катодное распыление
C 131	cation exchanger	Kationenaustauscher m	échangeur m de cations	катионит
C 132	cationic copolymerization	kationische Mischpolymerisation f	copolymérisation f cationique	катионная сополимеризация
C 133	cationic polymerization	kationische Polymerisation f	polymérisation f cationique	катионная полимеризация
	caul	s. P 947		
C 134	caulk/to	[ab]dichten	étancher, rendre étanche	уплотнять
	caulk	s. S 183		
C 135	caulking	Dichten n, Abdichten n	étanchement m, étanchéisation f	уплотнение
C 136	caulking seam	Dichtungsnaht f	joint m d'étanchéité	уплотняющий шов
C 137	caulk welding	Dichtschweißung f, Dichtschweißen n	soudure f d'étanchéité	герметизирующая сварка
C 138	cavitation damage	Kavitationsschaden m	défaut m par cavitation	кавитационный износ
	cavity	s. M 453		
	cavity block	s. F 90		
	cavity cluster	s. M 453		
	cavity depth	s. M 453		
C 139	cavity flashing	Formmasseausfließen n (aus dem Werkzeughohlraum)	sortie f de la matière à mouler (de la cavité de moule)	вытекание пресс-массы (из формы)
	cavity plug	s. M 527		
C 140	cavity pressure control	Steuerung f des inneren Spritzdrucks, Werkzeugdrucksteuerung f	régulation f de pression de la cavité	управление давлением в форме

C 141	**cavity retainer plate**, retainer plate	Gesenk[halte]platte f, Matrizen[halte]platte f (an Preßwerkzeugen oder Spritzpreßwerkzeugen)	plaque f porte-empreinte, plaque f de matrice	плита [для крепления] матрицы (формы для литьевого прессования)
	cavity side	s. S 1085		
C 142	**cavity transfer mixer**	Eintragsmischer m (Schmelzeeinfärben)	mélangeur m d'alimentation	заправочный смеситель
C 143	**cell formation**, nucleation 6Zellbildung f (bei der Schaumstoffherstellung)		formation f de cellules, formation f d'alvéoles, nucléation f	порообразование, образование ячеек, пенообразование
C 144	**cell gas**, gas propellant	Treibgas n, gasförmiges Treibmittel n	agent m porogène (de gonflage), porogène m, gaz m propulseur	вспенивающий (порообразующий) газ, газовый пенообразователь (вспениватель)
C 145	**cellophane**	Zellglas n, Zellophan n	cellophane m	целлофан
C 146	**cell partition**	Facheinteilung f (an Werkzeugen)	sectionnement m en cellules (alvéoles) (moule)	распределение гнезд
C 147	**cellular**	zellig, porig	cellulaire, alvéolaire	ячеистый, пористый
C 148	**cellular convection**	Zellularkonvektion f	convection f cellulaire	целлулярная конвекция
C 149	**cellular core**	zelliger Kern m	noyau (cœur) m cellulaire	ячеистое ядро
C 150	**cellular core layer**	zelliger Kern m (von Integralschaumstoffen, Strukturschaumstoffen)	couche f de cœur cellulaire (mousse structurée)	внутренний ячеистый слой (интегральной пены)
	cellular plastic	s. F 528		
C 151/2	**cellular plastic with open and closed cells**	gemischtzelliger Schaumstoff m	plastique m cellulaire à cellules fermées et ouvertes	пенопласт с открытыми и закрытыми ячейками
	cellular polyethylene	s. P 621		
C 153	**cellular profile**	Schaumstoffprofil n	profilé m cellulaire	профиль из пенопласта
C 154	**cellular rubber**	Kautschukschaumstoff m	caoutchouc m cellulaire (alvéolaire)	ячеистая резина
	cellular rubber	s. a. F 554		
C 155	**cellular striation**	Schaumstoffschliere f, Schaumstoffschicht f mit abnormer Zellstruktur	striation f alvéolaire	слоистость ячеистой структуры, полосатость от неравномерности вспенивания
C 156	**cellular structure**	zellige Struktur f, Zellenstruktur f (Schaumstoff)	structure f cellulaire (alvéolaire)	структура ячеек (пенопласта)
C 157	**cellule**	Zelle f (Schaumstoff)	cellule f, alvéole m	ячейка (пенопласта)
C 158	**celluloid**	Zelluloid n	celluloïd m	целлулоид
	celluloric fiber	s. C 168		
C 159	**cellulose**, chemical pulp	Cellulose f, Zellstoff m	cellulose f, pâte f chimique	целлюлоза, клетчатка
	cellulose acetate	s. A 66		
C 160/1	**cellulose acetate butyrate**, cellulose acetobutyrate, CAB	Celluloseacetobutyrat n, CAB, Celluloseacetatbutyrat n, Acetylbutyrylcellulose f	acétate butyrate m de cellulose, acétobutyrate m de cellulose, CAB	ацетобутират целлюлозы, смешанный уксусномасляный эфир целлюлозы
	cellulose acetate molding composition	s. C 162		
C 162	**cellulose acetate moulding compound (material)**, cellulose acetate molding composition (US)	Celluloseacetatpreßmasse f	matière f à mouler à base d'acétate de cellulose	ацетилцеллюлозная прессмасса
C 163	**cellulose acetate propionate**, CAP	Celluloseacetatpropionat n, Celluloseacetopropionat n, CAP	acétopropionate m de cellulose, CAP	ацетопропионат целлюлозы, смешанный уксусно-пропионовый эфир целлюлозы, ЦАП
	cellulose acetobutyrate	s. C 160/1		
C 164	**cellulose adhesive**	Klebstoff m auf Cellulosebasis	adhésif m (colle f) cellulosique	целлюлозный клей
C 165	**cellulose derivative**, cellulosic	Celluloseabkömmling m, Cellulosederivat n	dérivé m de cellulose	производное целлюлозы
C 166	**cellulose ester**	Celluloseester m	ester m de cellulose	сложный эфир целлюлозы
C 167	**cellulose ether**	Celluloseether m	éther m de cellulose	простой эфир целлюлозы
C 168	**cellulose fibre**, celluloric fiber (US)	Cellulosefaser f	fibre f de cellulose	целлюлозное волокно
C 169	**cellulose filler best general**, CFG	Cellulosefüllstoff m zur Verbesserung allgemeiner Eigenschaften	charge f cellulosique additionnée pour améliorer les propriétés générales	целлюлозный наполнитель для улучшения свойств
C 170	**cellulose filler best impact**, CFI	Cellulosefüllstoff m zur Verbesserung der Schlagzähigkeit	charge f cellulosique additionnée pour améliorer la résistance au choc	целлюлозный наполнитель для повышения ударной вязкости
C 171	**cellulose filler high electric**, CFE	Cellulosefüllstoff m zur Verbesserung elektrischer Eigenschaften	charge f cellulosique additionnée pour améliorer les propriétés électriques	целлюлозный наполнитель для улучшения диэлектрических свойств
C 172	**cellulose lacquer**	Celluloselack m	vernis m (laque f) cellulosique	целлюлозный лак
C 173	**cellulose nitrate**, CN	Cellulosenitrat n, CN, Nitratcellulose f	nitrate m de cellulose, CN	нитрат целлюлозы, нитроцеллюлоза, ЦН

centrifugal

C 174	cellulose propionate, CP	Cellulosepropionat n, CP	propionate m de cellulose, CP	пропионат целлюлозы, ЦП
C 175	cellulose triacetate cellulosic	Cellulosetriacetat n s. C 165	triacétate m de cellulose	триацетат целлюлозы
C 176	cellulosic plastic	Cellulosekunststoff m, Celluloseplast m	plastique m cellulosique	целлюлозный пластик
C 177	cement	Schuhklebstoff m, Schuhklebkitt m	ciment m à souliers (chaussures)	обувной клей
	cement cementation cemented bell and spigot joint	s. a. 1. A 156; 2. R 577 s. S 1118 s. C 180		
C 178	cemented carbide tool	Hartmetallwerkzeug n (Laminatbearbeitung)	outil m en carbure	инструмент из твердого сплава
C 179	cemented collar	aufgeklebter Rohrbund m	collier m de tube (tuyau) collé	клеевой буртик трубы
C 180	cemented sleeve (socket) joint, cemented spigot and socket joint, glued insert socket, cemented bell and spigot joint (US)	Klebmuffe f, geklebte Steckmuffe f (an Rohrleitungen)	raccord m manchonné collé, raccord par mandrinage collé	клеевая муфта, клеевое муфтовое соединение, склеенная штыковая муфта
C 181	cementing, puttying-up	Kitten n, Einkitten n	cimentation f, masticage m	склеивание, прикрепление замазкой
	cementing technique (technology)	s. A 209		
C 182	cement-lasting	Klebzwicken n (bei der Schuhherstellung)	collage m de la semelle dernière	соединение склеиванием и скобками
C 183	central film gate	zentraler Filmanschnitt m	entrée (carotte) f centrale en voile	центральный литник умеренного сечения
	central gate	s. C 187		
C 184	centralized gas supply and control system	zentrale Gasversorgung f	distribution f de gaz centrale	центральное снабжение газом
	centralized lubrication	s. C 185		
C 185	central lubrication, centralized lubrication	Zentralschmierung f	lubrification f centralisée (centrale), graissage m centralisé (central)	централизованная смазка
C 186	central plate	Einzelplatte f, Mittelplatte f (einer Etagenpresse)	plaque f, plaque f centrale (presse à plateaux multiples)	плита (этажного пресса)
C 187	central sprue, central gate	Zentralanguß m	entrée f médiane (centrale), carotte f centrale	центральный литник (литниковый канал)
	centre	s. C 835		
C 188	centre bore centre cutout	Zentrierbohrung f s. C 193	alésage m de centrage	центрирующее отверстие
C 189	centre-fed head	mittig gespeistes Extruderwerkzeug n	tête f d'alimentation centrale	экструзионная головка с центральным загрузочным отверстием
	centre flow	s. F 330		
C 190	centre-gated mould	Spritzgießwerkzeug n mit Zentralanguß	moule m à entrée (injection) centrale	литьевая форма с центральным литником
	centre section	s. F 419		
C 191	centre-stepped scarfed joint	geschäftete Klebverbindung f mit Stufe in Verbindungsmitte	joint m collé en biseau (sifflet) avec saillie au centre	скошенное клеевое соединение со ступенью в середине шва
C 192	centre stretch	Bandwölbung f (beim Beschichten)	bombage m du ruban (enduction)	кривизна ленты
C 193	centre waste, centre cutout	Innenabfall m (beim Stanzen)	chute f centrale	внутренние отходы (при штамповке)
C 194	centrifugal casting	Schleudergußteil n	pièce f coulée par centrifugation	центробежно отлитое изделие
C 195	centrifugal casting, centrifugal casting process (technique), centrifugal moulding	Schleudergieß[verfahr]en n, Zentrifugalgießen n	coulée f (coulage m) centrifuge	центробежное литье
C 196	centrifugal casting machine	Schleudergießmaschine f	machine f de moulage par centrifugation	машина для центробежного литья
	centrifugal casting process (technique)	s. C 195		
C 197	centrifugal cast pipe	Schleudergußrohr n	tuyau (tube) m coulé par centrifugation	трубка, изготовленная центробежным литьем
C 198	centrifugal dryer, whizzer, centrifugal particle dryer	Trockenzentrifuge f, Zentrifugaltrockner m	séchoir m centrifuge	сушильная центрифуга, центробежная сушилка
	centrifugal impact mill centrifugal impeller	s. I 25 s. T 633		
C 199	centrifugally cast laminate	Schleudergußlaminat n	stratifié m moulé par centrifugation	ламинат, полученный центробежным литьем
	centrifugal mixer	s. T 633		

	English	German	French	Russian
C 200	centrifugal mixing	Zentrifugalmischen n	mélangeage (mélange) m centrifuge	центробежное смешение (формование)
	centrifugal moulding	s. C 195		
	centrifugal particle dryer	s. C 198		
C 201	centrifugal polymerization	Schleuderpolymerisation f	polymérisation f centrifuge	полимеризация при центробежном литье
C 202	centrifugal pressure casting	Druckschleudergießen n, Druckschleudergießverfahren n	coulée f (coulage m) centrifuge sous pression	центробежное литье под давлением
C 203	centrifugal spinning	Zentrifugalspinnen n, Zentrifugalspinnverfahren n	filature f centrifuge	центробежное прядение
C 204	centrifuge	Schleuder f, Zentrifuge f	centrifuge f, centrifugeuse f	центрифуга
C 205	ceramic adhesive	Klebstoff m auf keramischer Basis	adhésif m (colle f) céramique	керамический клей
C 206	ceramic fibre, aluminosilicate fibre	Keramikfaser f (Verstärkungsmaterial)	fibre f de céramique	керамическое волокно
C 207	ceramic floor tile adhesive	Klebstoff m für keramische Fußbodenfliesen	adhésif m pour carreaux de céramique	клей для изразцов, клей для облицовочных керамических плиток
C 208	ceramic plastic	Keramikkunststoff m, Keramikplast m, kunststoffgebundener (plastgebundener) Keramikwerkstoff m	plastique m céramique	композиция из керамики и полимерного связующего
C 209	certification mark, hallmark	Überwachungszeichen n, Typisierungszeichen n (auf Formteilen)	marque f de qualité	отметка, маркировка, специальный знак
	ceruse	s. W 232		
	CEtPr	s. E 309		
	CFE	s. C 171		
	CFG	s. C 169		
	CFI	s. C 170		
	C-fibre	s. C 70		
	CFRP	s. C 72		
C 210	chain branching	Kettenverzweigung f	branchement m de chaîne	разветвление цепи
C 211	chain cleavage	Kettenspaltung f	rupture f de chaîne	разрыв цепи, распад цепи
C 212	chain cleavage additive	Kettenabbrecher m (Polymerisation)	coupeur m de chaîne	агент обрыва цепи
	chain crawler	s. C 128		
C 213	chain extender	Kettenverlängerer m (für Polyurethane) (Hilfsstoff zur Verlängerung der sich bei der Polyaddition bildenden Molekülketten)	extendeur m de chaîne	удлинитель цепей (добавка для полиуретанов)
C 214	chain flexibility	Kettenflexibilität f (Moleküle)	flexibilité f des chaînes moléculaires	подвижность цепей (молекулы)
C 215	chain-folding structure	Kettenfaltungsstruktur f (Thermoplast)	structure f à chaîne pliée (thermoplastique)	параллельная укладка цепей (структура термопластов)
C 216	chain growth	Kettenwachstum n (Moleküle)	croissance f de la chaîne moléculaire	рост цепей
C 217	chain-growth period	Kettenwachstumszeit f	temps m de la croissance de la chaîne	продолжительность (время) роста цепи
C 218	chain-growth regulator	Kettenlängenregler m (Polymerisation)	régulateur m de la longueur de chaîne (polymérisation)	регулятор длины цепей (полимеризация)
C 219	chain length	Kettenlänge f	longueur f de chaîne	длина цепи
C 220	chain molecule	Kettenmolekül n	molécule f en chaîne	цепная молекула
C 221	chain movement	Kettenbeweglichkeit f	mobilité f des chaînes fondamentales	подвижность цепей
C 222	chain orientation	Kettenorientierung f (Moleküle)	orientation f des chaînes moléculaires	ориентация цепей
C 223	chain reducing gear	Zahnkettenreduziergetriebe n (Extrudern)	réducteur m à chaîne à dents	цепная понижающая передача
C 224	chain regularity	Kettenstrukturgleichmäßigkeit f (bei Thermoplast)	régularité f de la structure en chaîne	регулярность цепной структуры, равномерность цепи
C 225	chain structure	Kettenstruktur f	structure f en chaîne	цепная структура
C 226	chain termination	Kettenabbruch m	terminaison f de chaîne	обрыв цепи
C 227	chain transfer agent concentration	Kettenüberträgerkonzentration f	concentration f d'agent de transfert de chaîne	концентрация переносчика цепей
	chain unit	s. M 410		
C 228	chalk	Kreide f	craie f	мел
C 229	chalking	Ausschwitzen n (eines kreideähnlichen Belages)	farinage m	меление
C 230	chamber-bored roll, roll with heating chamber	Walze f mit Heizkammer	cylindre m [creux] avec chambre chauffante (de chauffage)	валок с подогревательной камерой
C 231	chamber dryer	Kammertrockner m	séchoir m à compartiment (chambres)	сушилка, сушильная камера

C 232	chamfer/to, to bevel	abschrägen, abfasen, abkanten	chanfreiner, biseauter	скашивать [кромку], снимать фаску
C 233	chamfering machine	Abschrägmaschine f, Abfasmaschine f (für Halbzeuge)	machine f à chanfreiner (biseauter)	скашивающая машина
C 234	change-can	Wechselbehälter m (bei Planetenmischern oder Wandkonsolrührern)	cuve f mobile	сменная емкость (смесителя)
C 235	change of state	Zustandsänderung f	changement m d'état	измение состояния (строения)
C 236	changeover point from injection to holding pressure	Umschaltpunkt m von Spritz- auf Nachdruck, Spritzdruck-Nachdruck-Umschaltpunkt m	point m d'inversion de la pression d'injection à la pression de maintien	точка переключения с давления литья на выдержку под давлением
C 237	changeover time (welding)	Umstellzeit f (Schweißen)	durée f de préparation (soudage)	переходное время (при сварке)
C 238	change rate, transmission (transformation) rate	Umwandlungsgeschwindigkeit f (von Gefügestrukturen)	vitesse f de transformation (structure)	скорость превращения (трансформации, конверсии)
C 239	changing of temperature	Temperaturwechsel m	changement m de température	изменение температуры
C 240	channel	U-förmige Randversteifung f (an Formteilen)	congé m	швеллер
	channel depth	s. D 154		
C 241	channelling fluidized bed	durchbrochene Wirbelschicht f (Wirbelsintern)	lit m fluidisé (fluidifié, tourbillonnaire) cannelé	кипящий слой с проскоками
C 242	channel mould	Werkzeug n für die Herstellung von U-Profilen (aus glasfaserverstärkten Duroplasten)	moule m en U	головка для выдавливания U-профилей (из реактопластов)
C 243	channel-shaped	kanalförmig	en forme de canal	каналообразный
C 244	channel-type agitator	Kanalrührwerk n	agitateur m type canal	туннельная мешалка
C 245	characteristic group	funktionelle Gruppe f, charakteristische Gruppe f	groupe m fonctionnel, fonction f	функциональная группа
C 246	characteristic value	Kennwert m, Eigenwert m	caractéristique f, grandeur f caractéristique	показатель, характеристическое свойство
C 247/8	charge/to	beschicken	charger, alimenter	загружать
	charge	s. B 103		
	charge of an electron	s. E 126		
	charging	s. L 238		
	charging device	s. F 62		
C 249	charging door (hole), feed door (orifice)	Beschickungsöffnung f, Einfüllöffnung f	porte f de chargement, ouverture f (orifice m) d'alimentation	затвор загрузочного устройства, загрузочное окно, загрузочное отверстие
C 250	charging tray, loading tray	Fülltablett n, Füllvorrichtung f (für die Beschickung von Preßwerkzeugen)	chargeur m à trous	загрузочный лоток
C 251	Charpy impact test	Schlagbiegeprüfung f nach Charpy, Schlagzähigkeitsprüfung f nach Charpy, Charpy-Schlagversuch m	essai m [de choc] Charpy, essai de flexion dynamique Charpy	испытание на ударную вязкость по Шарпи
C 252	Charpy impact tester	Schlagzähigkeitsprüfgerät n nach Charpy	appareil m Charpy	испытатель ударной вязкости по Шарпи
C 253	charred seam area	verkohlte Nahtzone f (Schweißnaht)	ligne f de joint carbonisé	обуглианная зона сварки
C 254	charring, carbonization	Verkohlen n, Verkohlung f (Brennprobe)	carbonisation f	обугливание
C 255	chart magnification range	Vergrößerungsbereich m einer aufzeichnenden Registrierung	gamme f de grandissement de l'enregistrement	диапазон увеличений самописца
C 256	chase, bolster, frame	Rahmen m, Formrahmen m, Mantel m, Werkzeugrahmen m, Matrizenrahmen m	châsse f (cage f, châssis m, frette f, manteau m) de moule, châssis m de matrice	рама, опорная плита [формы], обойма формы
C 257	chaser [mill]	Mischmühle f	moulin-mélangeur m	смесительная мельница
C 258	chatter mark	Rattermarke f (an Halbzeugen)	marque f de vibrations	след от грохота
C 259	check	Kontrollprobe f	essai m de contrôle (vérification)	высеченная (контрольная) проба
C 260	check analysis	Kontrollanalyse f	analyse f de contrôle (vérification)	контрольный анализ
	checking	s. C 943		
C 261	checking stackability	Stapelfestigkeit f (von Formteilen)	résistance f à l'empilement	штабелируемость
C 262	chemical attack	chemischer Angriff m	attaque f chimique	химическое воздействие
C 263	chemical balance	Analysenwaage f	balance f pour analyses, balance f de précision, balance chimique	аналитические весы

C 264	chemical bond	chemische Bindung f	liaison f chimique	химическая связь, химическое соединение
C 265	chemical composition	chemische Zusammenset-zung f	composition f chimique	химический состав
C 266	chemical constitution	chemischer Aufbau f, chemische Konstitution f	constitution f chimique	химическое строение
C 267	chemical degradation	chemischer Abbau m (von Polymerwerkstoffen)	décomposition (dégradation) f chimique	химическое разложение, химическая деградация
C 268	chemical desizing	chemisches Entschlichten n	désensimage m chimique	химическая расшлихтовка
C 269	chemical engineering	chemische Verfahrenstechnik f	génie m chimique	химическая технология
C 270	chemical etching	chemisches Ätzen n (Oberflächen)	mordançage m chimique	химическое травление
	chemical fibre	s. S 1449		
C 271	chemical inertness	chemische Trägheit f	inertie f chimique	химическая инертность
C 272	chemical ingredient	chemischer Bestandteil m	constituant m chimique, composant m	химическая составная часть
C 273	chemical milling (US)	Formätzen n, partielles Oberflächenätzen n	mordançage m chimique	частичное травление поверхности
C 274	chemical nickel-plating	chemisches Vernickeln n (Werkzeug)	nickelage m chimique	химическое никелирование
C 275	chemical pretreatment	chemische Oberflächen-vorbehandlung f (von Klebfügeteilen)	prétraitement m chimique	химическая предварительная обработка (склеиваемых поверхностей)
C 276	chemical properties	chemische Eigenschaften fpl	propriétés fpl chimiques (matériau)	химические свойства
	chemical pulp	s. C 159		
	chemical red	s. I 362		
C 277	chemical resistance	chemische Beständigkeit f	résistance f chimique	химическая стойкость
C 278	chemical-resistant adhesive tape	chemisch beständiges Klebband n	bande f adhésive chimique-ment résistante	химически устойчивая клеящая лента
C 279	chemical screw locking	Schraubensicherung f durch chemisch blokkierte Einkomponentenklebstoffe, Schraubensicherung durch anaerob härtende Klebstoffe	frein m à vis chimique	предохранение винтов от саморазвинчивания специальным клеем
C 280	chemical stitch process	Textilverbinden n mittels Polyurethanschaumstoffs oder Klebstoffs	couture f chimique	соединение текстильных материалов клеем или полиуретановой пеной
C 281	chemical stress	Spannung f durch chemische Einflüsse	contrainte f chimique	химическое напряжение
C 282	chemical testing	Prüfung f der chemischen Eigenschaften	essai m chimique	испытание химических свойств
C 283	chemical-treating plant	Anlage f zur chemischen Vorbehandlung	installation f pour préparation chimique	установка для химической обработки
	chemorheology	s. C 1078		
C 284	chilled iron roll (calender)	Schalenhartgußwalze f (Kalander)	cylindre (rouleau) m fabriqué par moulage trempé en coquille	валок из отбеленного чугуна (каландр)
C 285/6	chiller	Kühler m, Kühleinrichtung f	refroidisseur m, réfrigérant m	холодильник
	chilling	s. C 798, G 119		
	chilling system	s. C 821		
C 287	chill roll	Walze f mit Innenkühlung	cylindre m refroidisseur	валок с внутренним охлаждением
C 288	chill-roll extrusion	Extrusion f mit Kühlwalzenabzug	extrusion f à l'extraction par rouleaux refroidisseurs	экструзия с приемом на охлаждаемый барабан
C 289	chill-roll flat-film extrusion line	Kühlwalzen-Flachfolienanlage f, Chill-roll-Flachfolienanlage f	installation f pour la production de films à plat sur cylindre refroidisseur	установка для производства плоских пленок с рольган-ном охлаждения
C 290	chill-roll take-off machine, chill-roll unit	Kühlwalzenabzuganlage f, Chill-roll-Anlage f (für extrudierte Folien)	dispositif m de tirage aux cylindres refroidisseurs (feuilles extrudées)	приемное устройство с охлаждаемыми барабанами
C 291	chimney-type instrument	Schachtgerät n (zur Bestimmung des Brandverhaltens von Polymerwerkstoffen)	instrument m à cuve (évaluation du comportement au feu des plastiques)	шахтный прибор (для определения горючести)
	china clay	s. K 3		
C 292	chipboard, splint board	Holzspanplatte f	bois m aggloméré, planche f de bois aggloméré, panneau m de particules	древесно-стружечная плита
	chip off/to	s. F 287		
	chipping	s. 1. F 288; 2. S 829		
C 293	chipping machine, slicing machine	Schnitzelmaschine f	machine f à découper, trancheuse f	машина для нарезки тонкой стружкой
	chipping resistance	s. F 289		
C 294	chip-proof	nicht abblätternd	ne s'écaillant pas	нечешуйчатый

C 295	chips	Schnitzel *npl*, Späne *mpl*, Flocken *fpl*	copeaux *mpl*, flocon *m*, floc *m*	очесы, щепа, стружки
C 296	chlorinated derivative	chloriertes Derivat *n*	dérivé *m* chloré	хлорированное производное
C 297	chlorinated polyether	chlorierter Polyether *m*	polyéther *m* chloré	хлорированный простой полиэфир
C 298	chlorinated polyethylene (polythene), CPE	chloriertes Polyethylen *n*, PE-C	polyéthylène *m* chloré, PEC	хлорированный полиэтилен
C 299	chlorinated polyvinyl chloride, CPVC	chloriertes Polyvinylchlorid *n*, PVC-C	chlourure *m* de polyvinyle chloré, poly (chlorure de vinyle) chloré *m*, PVCC	перхлорвиниловая смола, перхлорвинил
C 300	chlorinated rubber	Chlorkautschuk *m*	caoutchouc *m* chloré	хлорированный каучук
C 301	chlorination	Chlorierung *f*	chlorage *m*	хлорирование
	chlorine content	*s.* C 302		
C 302	chlorinity, chlorine content	Chlorgehalt *m*	teneur *m* en chlore	содержание хлора
C 303	chlorofluorocarbon plastic	Fluorchlorcarbonkunststoff *m*, Fluorchlorcarbonplast *m*	plastique *m* chlorofluorocarboné	хлорфторуглеродный пластик
C 304	chlorofluorohydrocarbon plastic	Fluorchlorhydrocarbonkunststoff *m*, Fluorchlorhydrocarbonplast *m*	plastique *m* chlorofluorohydrocarboné	хлорфторуглеводородный пластик
C 305	chloromethylation	Chlormethylierung *f*	chlorométhylation *f*	хлорметилирование
C 306	chloroprene	Chloropren *n*	chloroprène *m*	хлоропрен
C 307	chloroprene rubber, CR	Chloroprengummi *m*, Chloroprenkautschuk *m*, CR *(Fügeteilwerkstoff)*	caoutchouc *m* chloroprène, CR	хлоропреновый каучук, хлоркаучук
C 308	chlorotrifluoroethylene	Chlortrifluorethen *n*	chlorotrifluoroéthylène *m*	трифторхлорэтилен
C 309	choking	nichtaufgeschmolzenes Granulat *n* (*im Spritzgußteil*)	granulé *m* non plastifié (*pièce moulée par injection*)	непластифицированный гранулят (*в литом изделии*)
C 310	chopped cotton cloth, chopped cotton fabric	Baumwollschnitzel *npl* (*Füllstoff*)	fragments *mpl* de coton (*charge*)	рубленая (хлопчатобумажная) ткань
C 311	chopped cotton cloth filled plastic	Textilschnitzelpreßmasse *f*, Baumwollschnitzelpreßmasse *f*	matière *f* à mouler à charge de fragments de cotton, matière à mouler à charge de débris (fragments) textiles	пресс-материал, наполненный рубленой тканью
	chopped cotton fabric	*s.* C 310		
	chopped fibre reinforced thermoplastic	*s.* S 449		
C 312	chopped-filled plastic	Kunststoffschnitzel[form]masse *f*, Plastschnitzel[form]masse *f*	matière *f* plastique à rognures, matière a mouler chargée de coupures plastiques	размельченный в виде лапши пластик, крошконаполненный пластик
C 313	chopped [glass] strands	geschnittenes Textilglas *n*, geschnittene Glasseide *f*, Stapelglasseide *f*, gehackte Glasseidenstränge *mpl* (*Verstärkungsmaterial*)	silionne *f* coupée, fils *mpl* silionne coupés, fils HS coupés, stratifil (roving) *m* coupé, fils *mpl* de base coupés	порезанная стеклянная филаментная нить, рубленая стеклопряжа
	chopped strands mat	*s.* G 73		
	chopper	*s.* C 1114		
C 314	chopper bar controller, hoop drop relay	Fallbügelregler *m*	contrôleur (régulateur) *m* par points, régulateur *m* à étrier mobile	регулятор с падающей дужкой, терморегулятор по схеме «включено-выключено»
C 315	chopping	Schneiden *n* (*Faser*)	coupage *m* (*fibre*)	резка (*волокон*)
C 316	chord modulus	Sekantenmodul *m*	module *m* entre deux points	модуль упругости, графически полученный по секущей
C 317	chromaticity diagram	Farbtondiagramm *n* (*zur Pigmentauswahl*)	diagramme *m* chromatique (en couleurs), triangle *m* des couleurs	карта эталонных оттенков
C 318	chromaticity index	Farbkennziffer *f*	indice *m* de couleur	индекс цветности
C 319	chromatic treatment	Chromatieren *n*, Chromatisieren *n*	chromatage *m*	хроматирование, обработка в растворе хромата
C 320	chromatographic analysis	chromatographische Analyse *f*	analyse *f* chromatographique	хроматографический анализ
C 321	chrome dye	Chromfarbstoff *m*	couleur *f* de chrome, colorant *m* au chrome	хромирующийся краситель
C 322	chrome-plated	verchromt	chromé	хромированный
C 323	chromic-sulphuric acid	Chromschwefelsäure *f* (*Oberflächenvorbehandlung*)	acide *m* chromosulfurique	хромовая смесь
	chromic-sulphuric acid pickling [process]	*s.* P 241		
C 324	chuck[ing device]	Spannfutter *n*	bride *f*	зажимный патрон

ID	English	German	French	Russian
C 325	chute	Rutsche f, Gleitzuführung f, Gleitrinne f	chemin m de glissement, toboggan m, goulotte f	спускной лоток, желоб, спуск
C 326	chute calibration	Rutschkalibrierung f	calibrage m de goulotte	лоточная калибровка
C 327	chute lining	Gleitbahnbelag m	garniture f de goulotte	покрытие направляющей
C 328	cigarette-proof sheet	zigarettenfeste Schichtstofftafel (Schichtstoffplatte) f	stratifié m insensible aux cigarettes allumées	не прожигаемая огнем сигареты многослойная плита
	CIIM	s. C 639		
C 329	CIL-viscosimeter	Kapillarviskosimeter n mit Auspressen der Schmelze durch Gasdruck	viscosimètre m CIL	капиллярный вискозиметр постоянных давлений, КВПД
	CIM	s. C 640		
C 330	Cinpres	Hohlspritzgießverfahren n, Hohlspritzgießen n	extrusion f de tubes, moulage m creux par injection	литье под давлением полых изделий
C 331	Cinpres process	Cinpres-Verfahren n (Injizieren eines inerten Hochdruckgases in die Schmelze beim Spritzgießen zur Herstellung von Strukturschaumstoff-Formteilen)	procédé m Cinpres	насыщение расплава газом во время литья под давлением
	CIPM	s. C 641		
	CIPS	s. C 642		
	circuit board	s. P 1012		
C 332	circuit board adhesive	Klebstoff m für Schaltkreise	colle f pour circuits [de commutation]	клей для микроэлектроники
C 333	circular bending apparatus	Rundbiegevorrichtung f (Rohre und Tafeln)	dispositif m à cintrer	устройство для круговой гибки, устройство для гибки по кругу
C 334	circular blade, circular (rotor) knife	Kreismesser n, Rundmesser n	couteau m rotatif	дисковый нож
C 335	circular Couette flow	nichtebene Couette-Strömung f	écoulement (mouvement) m circulaire de Couette	циркулирующее течение типа Куэтт
	circular disk	s. R 530		
	circular knife	s. C 334		
	circular shelf	s. R 530		
C 336	circular weld	Rundschweißnaht f	joint m soudé circulaire, soudure f circulaire (circonférentielle)	кольцевой сварной шов
C 337	circulating[-air] oven	Umluftwärmeschrank m, Umluftofen m	étuve f à circulation d'air	конвекционная обогревательная камера, печь с вентилированием
C 338	circulating-water cooling unit	Wasserumlaufkühlgerät n (für Werkzeugtemperierung)	unité f de refroidissement par circulation d'eau (moules)	термостат с циркулирующей водой (для пресс-форм)
C 339	circulation cell	Strömungsbehälter m, Flutbehälter m	cellule f à circulation	емкость для обливания
C 340	circulation flow	Zirkulationsströmung f	mouvement m cyclique	циркулирующее течение
C 341	circulation thermostat	Umlaufthermostat m	thermostat m à circulation	циркуляционный термостат
C 342	circumferential joint	Rundverbindung f	joint m circonférentiel	соединение деталей с круглым сечением
C 343	circumferential winding, hoop winding	Umfangsrichtungswickeln n	enroulage m tangentiel	намотка оболочек с поперечным армированием
	clad/to	s. P 464		
C 344	cladding, fairing (US)	Verkleidung f	plaqué m, revêtement m	облицовка, обкладка, обшивка
	cladding	s. P 476		
C 345	clamp bolt	Spannbolzen m (an Verarbeitungsmaschinen)	boulon m de serrage	стяжная шпилька
C 346	clamp coupling	Klemmkupplung f	couplage m à serrage, couplage par compression	клеммовая муфта
C 347	clamped joint	Klemmverbindung f (an Rohren)	assemblage m par serrage	зажимное соединение (пластмассовых труб)
C 348	clamping device, gripping device	Spanneinrichtung f, Spannvorrichtung f	dispositif m de serrage	зажимное устройство, зажимный механизм, зажим
	clamping flange	s. S 1352		
C 349	clamping force, locking force (load), [die] closing force	Schließkraft f, Zuhaltekraft f (Spritzgießmaschine)	force f de fermeture (verrouillage, serrage)	усилие замыкания (закрытия) формы, усилие запирания
C 350	clamping frame	Einspannrahmen m, Spannrahmen m, Halbzeugeinspannrahmen m	serre-flan m	зажимная рама
C 351	clamping hole	Aufspannöffnung f (Werkzeug)	ouverture f de bridage, trou m de blocage	максимальное размыкание
C 352	clamping jaw	Einspannbacke f, Spannbacke f	mâchoire f (mors m) de serrage	плашка
	clamping plate	s. M 461		

C 353	clamping plunger	Schließkolben m, Druckkolben m	piston m de fermeture (serrage)	плунжер замыкающей системы, замыкающий плунжер
C 354	clamping pressure, locking (clamp) pressure	Schließdruck m, Spanndruck m (Spritzgießmaschine)	pression f de verrouillage (injection)	замыкающее давление, давление замыкания [формы], давление закрытия [формы], усилие замыкания
C 355	clamping ring	Ziehring m (an Umformeinrichtungen)	serre-flan m circulaire	прижимная рама (для формования со скальзыванием)
	clamping time	s. H 282		
C 356	clamping unit, mould clamping unit, [mould] locking unit, [mould] closing unit, clamp unit	Schließeinheit f (Spritzgießmaschine)	dispositif m de verrouillage (injection), unité f de fermeture du moule	узел (устройство) замыкания (запирания) формы, механизм замыкания
	clamp plate	s. M 461		
	clamp pressure	s. C 354		
C 357	clamp roll	Spannrolle f, Spannwalze f	galet m de pincement, galet tendeur, cylindre m de tension, rouleau m tendeur (de tension)	натяжной валик (ролик)
C 358	clamp screw	Spannschraube f	vis f de serrage (tension), tendeur m	стяжной болт
	clamp unit	s. C 356		
C 359	clamp with dish-shaped spring-washers	Fixier- und Spannvorrichtung f mit Tellerfedern (für Klebverbindungen)	dispositif m de fixation et de serrage avec ressorts Belleville (assemblages collés)	зажимное устройство с тарельчатыми пружинами (для склеивания)
C 360	classified moulding material, standardized moulding composition	typisierte Formmasse f	matière f à mouler standardisée (normalisée)	стандартная (типовая) пластмасса
C 361	classifier	Klassierer m, Sichter m	séparateur m, sélecteur m, classificateur m, trieur m, trieuse f	сепаратор, классификатор
C 362	classify/to, to grade	klassieren, sortieren	classifier, classer, séparer, trier	сортировать, классифицировать, разделить на фракции
C 363	class of resins	Harzgruppe f, Harzklasse f	classe f (groupe m) de résines	группа смол
C 364	claw clutch	Klauenkupplung f (Spritzgießmaschine)	embrayage m à crabots (clabots, griffes)	кулачковая муфта
C 365	clay filler	Kaolinfüllstoff m	charge f kaolinique	каолиновый наполнитель
C 366	cleaner	Reinigungsmittel n, Entfettungsmittel n (Kleben)	produit m à nettoyer, produit m de purification, détergent m	очиститель, обезжириватель
C 367	cleaner blade	Putzrakel f	raclette f à nettoyer	ракля для чистки
C 368	cleaning	Säubern n, Reinigen n	nettoyage m	очистка
C 369	cleaning	Putzen n (Gratentfernung an Preßteilen)	ébarbage m, ébavurage m	чистка
C 370	cleaning agent	Reinigungsmittel n	agent m de nettoyage	средство для чистки
C 371	cleaning blower	Ausblasvorrichtung f (für Preßwerkzeuge)	dispositif m de nettoyage par soufflage (du moule)	устройство для продувки (пресс-форм)
C 372	cleaning roll	Putzwalze f (für Gratentfernung an Preßteilen)	rouleau m nettoyeur	полировальный ролик
C 373	clean room, dust-free room	staubfreier Raum m (Gießharztechnik)	atelier m sans poussière	беспыльная камера
C 374	clearance for shear edges	Tauchkantenspiel n (Preßwerkzeuge)	jeu m des bords plongeants	зазор между погружными кантами
C 375	clear lacquer	Klarlack m, farbloser Lack m, Transparentlack m	vernis m clair (transparent)	прозрачный лак
C 376	cleavage failure	Spaltbruch m	rupture f par clivage	разрушение по щели
C 377	cleavage of double bond, double-bond cleavage	Doppelbindungsspaltung f	ouverture f de la double liaison	расщепление двойных связей
C 378	cleavage product	Spaltprodukt n	produit m de clivage	продукт расщепления
C 379	cleavage stress	Spaltspannung f (Klebfuge)	tension f à la fente de collage	напряжение при расслаивании
C 380	cleavage (cleaving) test, spalling test (testing)	Spaltversuch m (an Klebverbindungen)	essai m de clivage	испытание на расслаивание, испытание прочности на раскалывание (клеевых соединений)
C 381	clevis plate	Fixierplatte f (zur Herstellung von Klebverbindungen)	plaque f de fixation	плита для закрепления, приспособление для склеивания
	CLI	s. C 1010		
C 382	climate investigation	Klimaversuch m	examen (essai, test) m climatique	испытание в климатической камере
	climate protection test	s. C 658		
	climate test chamber	s. C 657		

C 383	climbing drum peel test	Steigrollenschälversuch *m*	essai *m* de pelage avec tambour ascendant	прибор для испытания методом расслаивания
C 384	clinch-bonding process	kombiniertes Durchsetz-Klebverfahren *n*, kombiniertes Einsetz-Klebverfahren *n*	procédé *m* combiné de collage par implantation	комбинированная система вставки и склеивания
C 385	cling film	sehr dünne Haftfolie *f*, selbsthaftende Dünnfolie *f*	film *m* adhésif mince	тонкая липкая пленка
C 386	clip buffer, pipe hanger buffer	Rohrschellenpolster *n*	tampon *m* d'étrier	упругая подкладка *(между трубой и скобой)*
C 387	clip-on gauge	an die Meßstelle anklemmbares Meßgerät *n*	appareil *m* de mesure à cramponner au point de mesure	измерительный прибор с клеммными соединениями
C 388	clipsing	Aufklipsen *n*, Einschnappen *n (nach dem Druckknopfsystem)*	enclipsage *m*	защелкивание
C 389	closed assembly time	geschlossene Wartezeit *f* (Klebstoffe)	temps *m* d'assemblage avant pression (adhésifs)	продолжительность закрытой выдержки *(клея, время выдержки сборки)*
C 390	closed cell, non-intercommunicating cell *(foam)* closed-cell cellular material	geschlossene Zelle *f* (Schaumstoff)	cellule *f* fermée *(mousse)*, alvéole *m* fermé	закрытая ячейка *(пенопласт)*, закрытая пора
		s. C 392		
C 391	closed-cell cellular plastic	geschlossenzelliger Kunststoffschaumstoff (Plastschaumstoff) *m*	plastique *m* à alvéoles fermées	ячеистый пластик с закрытыми порами
C 392	closed-cell foam, closed-cell cellular material	geschlossenzelliger Schaumstoff *m*	mousse *f* à cellules fermées	пенопласт с закрытыми ячейками, пенистый материал с закрытыми ячейками, закрытоячеистый пластик
	closed contact glue	*s.* C 702		
	closed joint	*s.* C 396		
C 393	closed-loop servohydraulic test machine	automatisierte servohydraulische Prüfmaschine *f*, servohydraulische Prüfmaschine mit geschlossenem Regelkreis	machine *f* d'essai hydraulique automatisée	автоматическая сервогидравлическая испытательная машина
C 394	closed mould	geschlossenes Werkzeug *n*	moule *m* à empreinte fermée	закрытая пресс-форма
C 395	closed-mould processing	Verarbeitung *f* in geschlossenen Werkzeugen *(von verstärkten Duroplasten)*	fabrication *f* en moule fermé *(résine thermodurcissable chargée)*	переработка в замкнутых формах
C 396	closed weld, closed joint	Schweißverbindung *f* ohne Wurzelspalt *(Warmgasschweißen)*	soudure *f* sans écartement des bords	сварной шов без зазора
C 397	close-packed structure	dichtgepackte (dichte) Struktur *f (bei Polymerwerkstoffen)*	structure *f* dense	плотная структура, структура плотной упаковки
C 398	close packing	dichte Packung *f*	bourrage *m* (garniture *f*) dense, empilement *m* compact	плотная упаковка
C 399	closing cylinder	Schließzylinder *m (einer Spritzgießmaschine oder Presse)*	cylindre *m* de fermeture, vérin *m* de serrage	гидравлический цилиндр механизма запирания
	closing force	*s.* C 349		
C 400	closing pin	Düsenverschlußnadel *f*	aiguille *f* de tuyère	игольчатый клапан сопла
C 401	closing slide	Verschlußschieber *m*	vanne *f* d'arrêt	запорный клапан
C 402	closing speed	Schließgeschwindigkeit *f*	vitesse *f* de fermeture	скорость замыкания
	closing stroke	*s.* C 404		
C 403	closing time	Schließzeit *f*	temps *m* de fermeture	продолжительность (время) замыкания
C 404	closing travel, closing stroke	Schließbewegung *f*	course *f* de fermeture	ход замыкания
	closing unit	*s.* C 356		
C 405	closing wall	Spundwand *f*	palplanches *fpl*, cloison *f* (mur *m*, paroi *f*, rideau *m*) de palplanches	шпунтовая стенка
	closure of mould	*s.* M 465		
C 406	closure plug	Verschlußplombe *f*	plomb *m* à sceller	запорная пломба
	cloth	*s.* F 1		
	cloth disk	*s.* F 8		
C 407	cloth wrapper	Rolltuch *n (zum Biegen von Halbzeugen)*	toile *f (utilisée comme support de roulage)*	подкладочная лента *(для свертывания листов)*
C 408	cloud	wolkenförmige Trübung *f (an Formteilen; an Überzügen)*	ombre *f*	потемнение *(на изделиях или покрытиях)*

C 409	cloud appearance	Wolkenbildung f, örtliche Trübung f (Formteilfehler)	nuageage m, louchissement m local	местное помутнение
C 410	cluster	partielle Molekülzusammenballung f in der Schmelze, partielle Molekülknäuel npl in der Schmelze	cluster m	агрегация молекул в расплаве
C 411	clustering of water vapour	Wasserdampfeinschluß m (in Formteilen)	inclusion f de vapeur d'eau	агрегация водяных паров (в полимере)
C 412	clutch, clutch coupling	Schaltkupplung f	embrayage m, accouplement m	сцепная муфта, управляемая муфта
C 413	clutch brake	Kupplungsbremse f	frein m d'embrayage	тормоз сцепления
	clutch coupling	s. C 412		
	CMC	s. C 81		
	CMR	s. C 712		
	CN	s. C 173		
	CNC	s. C 643		
C 414	C-NMR study, study by high-resolution nuclear magnetic resonance	C-NMR-Untersuchung f, Untersuchung f mit hochauflösender magnetischer Kernresonanz	étude f par C-NMR	исследование ядерным магнитным резонансом, ЯМР-исследование
C 415	coagulation, flocculation	Koagulation f, Koagulierung f, Gerinnung f, Flockenbildung f, Ausflockung f	coagulation f, floculation f	свертывание, коагуляция, флокуляция
C 416	coagulation-preventing drying	koagulationsverhütende Trocknung f	séchage m prévenant la coagulation	сушка без коагуляции
C 417	coal tar	Kohlenteer m, Steinkohlenteer m (Epoxidharzmodifikator)	goudron m de houille, coal-tar m	каменноугольная смола, каменноугольный деготь
C 418	coal-tar dye[stuff]	Teerfarbstoff m	colorant m dérivé des goudrons	анилиновый краситель, смоляная краска
C 419	coarse crushing	Grobzerkleinerung f (Abfall)	concassage m primaire	грубое измельчение
	coarse particles	s. T 25		
C 420	coat, coating	Überzug m, Beschichtung f, Schicht f, Belag m	enduit m, enduction f, revêtement m, couche f	покрытие, кроющий слой
C 421	coated fabric, coated web	beschichtetes Gewebe n	tissu m enduit	ткань с покрытием
C 422	coated fleece (non-woven)	beschichtetes Vlies n	voile m enduit	нанесенный покрытием холст
C 423	coated paper	beschichtetes Papier n	papier m enduit	бумага с покрытием
	coated pigments	s. C 842		
	coated web	s. C 421		
	coater	s. C 433		
C 424	coat formation	Schichtbildung f	formation f de couche	образование слоя
C 425	coating, coating process	Beschichten n, Belegen n, Überziehen n, Kaschieren n	enduction f, enduisage m, revêtement m, doublage m	наслоение, нанесение покрытия, нанесение слоя, покрытие, дублирование, процесс нанесения покрытия
	coating	s. a. C 420		
C 426	coating compound	Streichmasse f, Überzugsmasse f, Beschichtungswerkstoff m, Walzmasse f	mélange m d'enduction, matière f de revêtement, composition f à enduire, matière f à calandrer, masse f d'enduction	материал (смесь) для покрытия
C 427	coating dam	Zuführwannenhalter m (am Umkehrwalzenbeschichter)	support m du bac à couche, guide-matière m (machine à enduire à rouleaux inversés)	держатель пропиточной ванны
C 428	coating device	Auftragsvorrichtung f (für Beschichtungen)	dispositif m d'enduction	устройство для нанесения покрытий
C 429	coating die	Beschichtungswerkzeug n	filière f d'enduction	обкладывающий инструмент, инструмент для нанесения
C 430	coating extruder	Beschichtungsextruder m	extrudeuse f d'enduction	экструдер для нанесения покрытий
C 431	coating film	Beschichtungsüberzug m	pellicule f protectrice	покровная пленка
C 432	coating head	Beschichtungskopf m	tête f d'enduction	головка нанесения покрытия
	coating knife	s. D 421		
C 433	coating machine, [spread] coater, brushing (spreading) machine	Auftragsmaschine f, Streichmaschine f, Beschichtungsmaschine f	machine f d'enduction, machine à enduire, enduiseuse f, machine f revêtement	намазочная машина, машина для нанесения покрытий, щеточная (намазочная) машина
C 434	coating machine, painter	Lackiermaschine f, Lackauftragsmaschine f	machine f à vernir, vernisseuse f	лакировочная машина, машина для лакирования
	coating machine	s. a. L 198		
C 435	coating of many hairs	fasriges Schichtaussehen n	aspect m fibreux du revêtement	ворсистое покрытие

C 436	coating pan	Lackiertrommel f	tambour m de vernissage, tambour m à vernir	барабан для лакирования
	coating pan	s. a. R 279		
C 437	coating powder, surface coating powder	Beschichtungspulver n, Pulver n zur Herstellung von Überzügen (Beschichtungen)	poudre f de revêtement, poudre d'enduction	порошок для нанесения покрытий, порошок для напыления
	coating process	s. C 425		
C 438	coating resin	Überzugsharz n, Lackharz n	résine f pour vernis	лицевая покрывающая смола
	coating roll[er]	s. A 508		
C 439	coating thickness, coat thickness	Schichtdicke f, Überzugsdicke f	épaisseur f de couche (la couche d'enduction)	толщина слоя (покрытия)
	coating thickness tester	s. F 223		
C 440	coating varnish, overlaquer	Überzugslack m	vernis m d'enduction	покровный (покрывной) лак
C 441	coating weight	Schichtmasse f	masse f de couche appliquée	вес слоя, вес покрытия
C 442	coating weight, spreading weight	Auftragsmasse f	poids m d'enduit	вес нанесенного слоя
C 443	coating with plastics	Beschichten n mit Polymerwerkstoffen	enduction n avec des plastiques	нанесение полимерных покрытий
	coating with powder	s. P 802		
	coat of paint	s. P 23		
	coat thickness	s. C 439		
C 444	cobalt blue	Kobaltblau n (Farbstoff)	bleu m de cobalt, safre m, bleu d'azur	кобальтная синь
C 445	cobwebbing (coating)	Fadenziehen n, Fadenbildung f (bei Beschichtungen)	formation f de fils (revêtements)	вытягивание в нити (при нанесении покрытия)
C 446	cocoon/to	kokonisieren	coconiser	коконизировать
C 447	cocoon	entfernbare Schutzschicht f	cocon m	временный защитный слой
C 448	cocooning, cocoonization, cocoon packing, spray-applied wrapping, spray-webbing (US)	Kokonisieren n, Kokonverfahren n, Kokonverpakken f, Einspinnen n (technischer Güter)	coconisation f, enveloppage m par cobwebbing, emballage m cocon	конконизация, упаковка защитным покрытием в виде кокона
C 449	coefficient of cubical thermal expansion, cubical thermal expansion coefficient	kubischer Wärmeausdehnungskoeffizient m, kubische Wärmeausdehnungszahl f	coefficient m d'expansion thermique	коэффициент кубического теплового расширения
C 450	coefficient of cubic expansion	Volumenausdehnungskoeffizient m, kubischer Wärmeausdehnungskoeffizient m	coefficient m de dilatation cubique (volum[étr]ique)	коэффициент термического объемного расширения
	coefficient of expansion	s. E 359		
C 451	coefficient of friction	Reib[ungs]koeffizient m, Reibungszahl f	coefficient m de frottement (friction)	коэффициент трения
C 452	coefficient of linear thermal expansion, linear thermal expansion coefficient	linearer Wärmeausdehnungskoeffizient m, lineare Wärmeausdehnungszahl f	coefficient m de dilatation thermique linéaire	коэффициент линейного теплового расширения
C 453	coefficient of thermal expansion, thermal expansion coefficient	Wärmeausdehnungskoeffizient f, Wärmeausdehnungszahl f	coefficient m de dilatation [thermique], coefficient d'exposition [thermique], coefficient [d'expansion] thermique	коэффициент теплового расширения
C 454	coextruded tube	extrudierter mehrschichtiger Schlauch m, durch Coextrusion (Mehrschichtenextrusion) hergestellter Schlauch, extrudiertes mehrschichtiges Rohr n, durch Coextrusion (Mehrschichtenextrusion) hergestelltes Rohr	tube m coextrudé	многослойный шланг, полученный экструдированием, экструдированная многослойная труба
C 455	coextrusion, multilayer extrusion	Coextrusion f, Mehrschichtenextrusion f	co-extrusion f, extrusion f en couches multiples	экструдирование многослойных полуфабрикатов
C 456	coextrusion blow moulding	Coextrusionsblasformen n, Herstellung f von Mehrschichthohlkörpern im Extrusionsblasverfahren	co-extrusion-soufflage f	экструзионно-выдувное формование многослойных изделий
C 457	coextrusion die with spiral mandrel distributor	Coextrusionsspritzkopf m mit Wendelverteiler	co-extrusion tête f à répartiteur hélicoïdal	головка для соэкструзии со спиральным распределителем
C 458	coherent rays	kohärente Strahlen mpl	rayons mpl cohérents	когерентные лучи
C 459	coherent scattering	kohärente Streuung f	diffusion f cohérente	когерентное рассеяние
C 460	cohesion	Kohäsion f	cohésion f	когезия
	cohesion-adhesion failure	s. C 461		
	cohesion failure	s. C 462		

	cohesion force	s. C 463		
C 461	cohesive-adhesive failure, cohesion-adhesion failure	Mischbruch m, Klebfilm-Grenzschichtbruch m, Kohäsion-Adhäsionsbruch m (einer Klebverbindung)	rupture f adhésive et cohésive, rupture mixte de cohésion et d'adhésion	смешанное разрушение (клеевого соединения)
C 462	cohesive failure, cohesion failure, bond fracture	Klebfilmbruch m, Bruch m im Klebfilm, Kohäsionsbruch m, Klebstoffbruch m (einer Klebverbindung)	rupture f de cohésion (assemblage collé)	разрушение в слое клея (клеевого соединения), излом в когезионном слое, разрушение клеевого соединения по слою клея
C 463	cohesive force, cohesion force	Kohäsionskraft f	force f de cohésion	когезионная сила
C 464	cohesiveness	Kohäsionsvermögen n (Klebstoffe)	force f de cohésion, pouvoir m adhésif	способность к когезии
C 465	cohesive strength	Kohäsionsfestigkeit f, Klebfilmfestigkeit f (bei Klebverbindungen)	puissance f cohésive	прочность отвержденного (клеящего) слоя, когезионная прочность
C 466	coil	Knäuel n	pelote f	клубок
C 467	coil	Schlange f	serpentin m	змеевик
C 468	coil accumulator	Bandspeicher m (für kontinuierlich arbeitende Beschichtungsanlagen)	réservoir m de bande	валок-компенсатор
C 469	coil coater	Bandbeschichter m	machine f de couchage sur bande, machine de coil-coating	устройство для нанесения покрытия на стальную ленту
C 470	coil coating	Bandstahlbeschichtung f, Coil-Coating n	coil-coating m, couchage m sur bande	нанесение покрытий на стальную ленту [рулона], метод «койл-котинг»
C 471	coil-coating line	Coil-Coating-Anlage f, Bandstahlbeschichtungsanlage f	ligne f de coil-coating	установка метода «койл-котинг»
C 472	coiled-grid spinning	Rostschmelzspinnen n	filature f sur grille	формование волокон с помощью плавильной решетки
C 473	coiled molecule	Molekülknäuel n	molécule f en pelote	клубок молекул
	coil unroller	s. D 29		
C 474	coining	Kalibrieren n (von PTFE-Halbzeugen), Pressen n (von PTFE-Halbzeugen auf eine vorgegebene Größe)	calibrage m	прессование (заготовок из фторопласта-4с заданными размерами)
	coining	s. a. E 174		
C 475	cokey resin	nicht durchgehärtetes Reaktionsharz n	résine f sous-cuite, résine incomplètement durcie	недопрессованный (недостаточно отвержденный) реактопласт
C 476	cold adhesive	Kaltklebstoff m, kalt sich verfestigender Klebstoff m	colle f à froid	клей холодного отверждения
C 477	cold bending	Kaltbiegen n	flexion f à froid	холодная гибка
C 478	cold bend strength	Kältebiegefestigkeit f	résistance f à la flexion à froid	морозостойкость при изгибе, прочность на изгиб при низких температурах
C 479	cold bend test	Kältebiegeprüfung f, Kältebiegeversuch m	essai m de pliage à froid, essai m de résistance à la flexion à froid	испытание на прочность при изгибе на холоду, испытание морозостойкости изгибанием, испытание на изгиб при низких температурах
C 480	cold brittleness, cold shortness	Kaltsprödigkeit f, Kaltbrüchigkeit f	fragilité f à froid	хрупкость при низких температурах, хладноломкость
	cold creep	s. C 485		
C 481	cold curing	Kalthärtung f	durcissement (séchage) m à froid	отверждение при комнатной температуре, холодное отверждение
	cold curing	s. a. C 501		
C 482	cold deformation	Kaltverformung f, Kaltverformen n	mise f à forme par déformation à froid	холодное формование
	cold drawing	s. C 492		
C 483	cold-drawing behaviour	Kaltreckverhalten n	comportement m à l'étirage à froid	поведение при холодном вытягивании
	cold exchanger	s. R 168		
C 484	cold flex	Biegsamkeit f bei niedriger Temperatur	flexibilité f à température basse	гибкость при низких температурах
C 485	cold flow, cold creep	kalter Fluß m, kaltes Fließen n (von Polymerwerkstoffen)	écoulement (fluage) m à froid	хладотекучесть, текучесть на холоду
	cold forming	s. C 490		
C 486	cold glue	Kaltleim m	colle f froide, colle pour collage à froid, colle durcissable à froid	клей для холодной склейки

C 487	cold heater bar	Kühl-Heiz-Schiene f (Impuls-schweißmaschine)	barre f de refroidissement et de chauffage (machine de soudage à arc pulsé)	малоинерционный лен-точный нагреватель (тер-моимпульсная сварка)
C 488	cold lamination	Schichtstoffherstellung f bei Raumtemperatur	lamination f à froid	низкотемпературное лами-нирование
C 489	cold moulding	Kaltpressen n	moulage m à froid	холодное прессование
C 490	cold moulding, cold form-ing (shaping, working)	Kaltformen n, Kaltumformen n, Kaltumformung f, Kalt-formverfahren n (von Poly-merwerkstoffen)	formage m à froid	холодная штамповка, хо-лодное формование (штампование)
C 491	cold-moulding compound (material)	Kaltpreßmasse f	matière f moulable par com-pression à froid	материал для холодного прессования
C 492	cold orientation, cold stretch[ing], cold drawing	Kalt[ver]strecken n, Kaltrek-ken n, Kaltverstreckung f	orientation f (étirage m) à froid	холодное растягивание, на-тягивание при комнатной температуре, холодная вытяжка
C 493	cold press	Klebstoffpresse f, Laminat-presse f (für kalt sich ver-festigende Harze)	presse f à stratifiés	пресс для холодного отвер-ждения (клеев или связую-щих)
	cold-pressing	s. C 501		
C 494	cold refinement (refining)	Kaltveredeln n, Kalt-veredlung f	raffinage m à froid	холодное облагораживание
C 495	cold resistance, antifreez-ing property	Kältefestigkeit f, Kälte-beständigkeit f	résistance f au froid	холодостойкость
C 496	cold-resistant	kältebeständig	résistant (stable) au froid	морозостойкий
C 497	cold roll-forming, cold roll-ing	Kaltwalzen n	calandrage m à froid	холодное вальцевание, хо-лодная прокатка
C 498	cold-runner injection moulding	Kaltkanalspritzgießen n	moulage m par injection à canal froid	литье под давлением хо-лодным литниковым кана-лом
C 499	cold-runner mould, cold sprue mould, cold sprue tool	Kaltkanalwerkzeug n (Spritz-gießen), Kaltkanalspritz-gießwerkzeug n, Werk-zeug n mit kaltem Anguß-verteiler	moule m à canaux froids (de refroidissement), moule m à canal (principal à) froid	литьевая форма с хо-лодным [разводящим] литниковым каналом
C 500	cold-seal adhesive	Kaltsiegelklebstoff m	colle f de soudage à froid (feuilles)	уплотнительная замазка хо-лодного отверждения
C 501	cold-setting, cold curing, cold-pressing	kalthärtend, kaltverfesti-gend (Klebstoffe oder Kunstharzlacke)	durcissable (durcissant) à froid; durcissement m à froid	холодно отверждающий, отверждающий при ком-натной температуре, от-верждающий без нагре-вания
C 502	cold-setting adhesive (binder, glue)	kalthärtender (kaltabbinden-der) Klebstoff m; kalt-härtender Leim m	adhésif m (colle f) séchant à froid	клей холодного отверж-дения, отверждающий на холоду клей
C 503	cold-setting lacquer	kalthärtender Lack m	vernis m séchant à froid	лак холодного затверде-вания (отверждения)
C 504/5	cold-setting temperature	Stocktemperatur f von Weichmachern	point m de congélation (plastifiants)	температура застывания, точка потери текучести
	cold shaping	s. C 490		
	cold shortness	s. C 480		
C 506	cold slug, frozen slug	kalter Pfropfen (Stopfen) m (beim Kolbenspritzgießen)	bouchon m froid, goutte f froide (injection)	«холодная пробка», первая холодная порция при литье под давлением
C 507	cold-slug well	Aufnehmer m für den kalten Pfropfen (Kolbenspritz-gießen)	piège m à goutte froide	ссылка на карман для «хо-лодной» порции
C 508	cold spreading	Kaltauftragen n (Klebstoff)	application f à froid (adhésif)	холодное нанесение (клея)
	cold sprue mould (tool)	s. C 499		
C 509	cold-start protection	Kaltstartsicherung f (für Pla-stizierschnecke)	protection f contre le dé-marrage à froid (vis de plastification)	предохранительное устройство при холодном впуске червяка
	cold stretch[ing]	s. C 492		
C 510	cold vulcanization	Kaltvulkanisation f (von Klebstoffen auf Kautschuk-basis)	vulcanisation f à froid, vulca-nisation f à la température d'atelier	холодная вулканизация
	cold water waxing	s. W 225		
C 511	cold well	schwalbenschwanzförmige Öffnung f zur Halterung des Angusses (im Werk-zeug)	ouverture f à (en) queue d'aronde servant à fixer la carotte (moule)	углубление для образо-вания литниковых цапф
	cold working	s. C 490		
C 512	collapse	Zusammenfallen n, unbeab-sichtigte Verdichtung f, Kollaps m (Schaumstoff)	affaissement m, collapse m (mousse)	опадение пены, спадание

C 513	collar-type nozzle	Kragendüse f, Düse f mit Bund, Spritzdüse f mit Kragen (Spritzgießmaschine)	buse f à collerette (injection)	сопло с заплечиком, консольное сопло
	colling jig	s. C 809		
C 514	colloid mill	Kolloidmühle f	moulin m à colloïdes, broyeur m colloïdal	коллоидная мельница
	colophony	s. R 520		
	colorant	s. C 519		
C 515	colorimeter, colour meter, colour measuring equipment	Farbmeßgerät n, Kolorimeter n	colorimètre m, appareil m de mesure de la couleur	колориметр
C 516	colorimetric system	Farbmeßsystem n	système m colorimétrique	колориметрическая система, колориметрические эталоны
C 517	colorimetry	Kolorimetrie f, Farbmessung f	colorimétrie f	колориметрия
C 518	colour/to, to dye	färben, einfärben (Formmassen, Kunstharze)	colorer	окрашивать, красить
	colour agglutinant	s. P 21		
C 519	colourant, colouring material (matter), colorant (US)	Farbmittel n	colorant m, matière f colorante	краситель
C 520	colouration, colouring	Einfärben n, Einfärbung f	coloration f	окрашивание
C 521	colour batch	Farbcharge f	charge f de peinture	порция краски
C 522	colour bleeding	Farbstoffausscheidung f	exsudation f d'un colorant	выступание красителя, эксудация красителя
C 523	colour box	Farbstofftank m, Farbstofftrog m	réservoir m de matière colorante	бак (емкость) для краски, красильная ванна
C 524	colour change	Farbänderung f, Farbumschlag m, Farbwechsel m	virage (changement) m de couleur, changement de coloration	изменение цвета, изменение тона окраски
C 525	colour concentrate	Farbstoffkonzentrat n	matière f colorante concentrée, concentré m de couleur	маточная смесь краски
	colour defect	s. C 531		
C 526	colour difference	Farbunterschied m, Farbdifferenz f	différence f de couleur	различие в цвете, разность цветов
C 527	colour difference magnitude	Farbdifferenzgröße f	grandeur f de la différence de couleur	величина разности цветов
C 528	colour difference meter	Farbdifferenzmeßgerät n	appareil m de mesure de différence de couleurs	измеритель градации цвета
C 529	colour dispersion	Farbverteilung f	dispersion f de colorant	распределение (диспергирование) краски
C 530	colour doctor	Farbrakel f, Farbabstreichmesser n	raclette f de matière colorante, raclette de couleur	краскоракля
C 531	colour drift, colour defect	Farbabweichung f, Farbtonabweichung f	différence (divergence) f de couleur	изменение цветового тона, изменение окраски, разноцветность, отклонение тона цвета
C 532	colour fading, fading	Verblassen n [von Farbe], Ausbleichen n	décoloration f, dégradation f de couleur	обесцвечивание [краски], выцветание
C 533	colour-fast, non-discolouring, fadeless, unfading	farbecht	de grand (bon) teint, de couleur solide (stable)	прочно окрашенный
	colour fastness	s. 1. C 543; 2. L 152		
C 534	colour furnisher	Farbauftragswalze f	rouleau m d'application de couleur	красильный валик
C 535	colour grinding mill, colour mill, paint grinder mill	Farbreibmühle f, Farbanreibmühle f, Farbmühle f	broyeur (moulin) m à couleurs	краскотерка
	colouring	s. C 520		
C 536	colouring barrel (drum)	Einfärbetrommel f, Farbtrommel f	tambour m à teinturer, tambour pour mise en couleurs	барабан для крашения
C 537	colouring equipment	Einfärbegerät n (für Granulat)	appareil m à colorer (granulés)	агрегат для крашения (гранулята)
	colouring material (matter)	s. C 519		
C 538	colouring paste, colour paste	Farbpaste f	pâte f de colorant, pigment m en pâte	густотертая краска
	colouring pigment	s. C 539		
	colour measuring equipment	s. C 515		
	colour meter	s. C 515		
	colour mill	s. C 535		
	colour paste	s. C 538		
C 539	colour pigment, colouring pigment	Farbpigment n	pigment m coloré	сухая краска
C 540	colour register	Farbregister n	table f des couleurs	атлас цветов
	colour retention	s. C 543		

C 541	colour scale	Farbskala f	échelle f de[s] couleurs	шкала красок
C 542	colour space	Farbraum m (Farbvergleich)	espace m chromatique	пространство красок
C 543	colour stability, colour fastness (retention)	Farbbeständigkeit f, Farbechtheit f	stabilité (solidité f) de la couleur	цветостойкость, устойчивость красителя, прочность окраски
C 544	colour stabilizing agent	farbstabilisierender Stoff m	agent m stabilisant les couleurs, stabilisant m de couleurs	краскостабилизирующее вещество
C 545	colour standard	Farbstandard m	standard m de couleur	стандарт цветовых тонов
C 546	colour tinge	Farbstich m (Anstrichdefekt)	changement m de teinte	оттенок краски, цветовой оттенок
C 547	column	Pressensäule f, Führungssäule f, Pressenholm m, Pressenstrebe f	colonne f (presse)	колонна пресса, направляющая колонна
C 548	columnar habit	prismatischer Habitus m (Füllstoff)	habit m prismatique	призматический габитус (облик)
C 549	column press	Säulenpresse f	presse f à colonnes	пресс с колоннами
C 550	combination adhesive joint	Kombinationsklebverbindung f	joint m collé combiné	комбинированное клеевое соединение
	combined material (plastic)	s. C 578		
C 551	combined stress state	kombinierter (überlagerter) Spannungszustand m	état m de contrainte composé	сложное напряженное состояние
C 552	comb-like branched polymers	kammförmig verzweigte Polymere npl	polymères mpl ramifiés en forme de peigne	гребнеобразно-разветвленные полимеры
C 553	comb polymer	Polymer[es] n in Wabenform	polymère m en forme de nid d'abeilles	сотовидный полимер
C 554	combustibility	Brennbarkeit f	combustibilité f	горючесть
C 555	combustible gas	Brenngas n (Warmgasschweißen)	gaz m combustible (soudage)	горячий газ
C 556	combustion of polymeric materials	Abbrand m polymerer Werkstoffe	combustion f des matériaux polymériques	огарок полимера, угар полимерного материала, окалина полимера
C 557	combustion residue	Verbrennungsrückstand m	résidu m de combustion	остатки сжигания
C 558	commercial plastic	handelsüblicher Kunststoff (Plast) m	plastique m commercial	промышленный пластик, промышленная пластмасса
C 559	commodity plastic (resin), bulk resin, mass-produced plastic, volume plastic	Massenkunststoff m, Massenplast m	plastique m [d'usage] courant, plastique produit (de fabrication) en masse, plastique en masse, plastique de grande consommation	пластик (пластмасса) массового потребления, пластмасса массового производства
C 560	comonomer	Comonomer[es] n, Mischmonomer[es] n	comonomère m	сомономер
C 561	compacted strip	Preßband n (Klebmaschinen)	bande f pressante	прессовая лента
C 562	compaction	Verdichten n (Pulver)	compactage m, densification f, compression f	уплотнение (порошка)
	compactness testing	s. L 121		
C 563	company standard [specification]	Werkstandard m, Betriebsstandard m	norme f d'usine	заводская нормаль, заводской стандарт
C 564	compartment dryer	Mehrkammertrockenschrank m	étuve f (séchoir m) à compartiments	многокамерный сушильный шкаф, многокамерная сушилка
C 565	compartment mill	Kugelmühle f mit Abteilungen, Mehrkammer[rohr]mühle f	broyeur m à compartiments (boulets compartimenté)	разнокалибровая (многокамерная) шаровая мельница
C 566	compatibility	Verträglichkeit f	compatibilité f	совместимость
C 567	compatibility of plasticizer	Weichmacherverträglichkeit f	compatibilité f du plastifiant	совместимость пластификатора
C 568	compatibility with acetone	Acetonverträglichkeit f	compatibilité f acétonique	совместимость с ацетоном
C 569	compatible	verträglich	compatible	совместимый
C 570	compensating loop	Ausgleichsschleife f, Bevorratungsschleife f (für Bandmaterial)	lyre f de dilatation	компенсационная петля
C 571	compensating socket joint, sliding socket joint	Schiebemuffe f, Gleitmuffe f	manchon m de dilatation, manchon coulissant	включающая втулка
C 572	compensation loop	Ausdehnungsbogen m (für Rohrleitungen)	lyre f de dilatation	колено-компенсатор
C 573	complete-closure mould	Werkzeug n mit sofortigem vollständigem Schluß	moule m à fermeture totale	форма мгновенного [полного] замыкания
C 574	complexing agent, sequestering agent	Komplexbildner m, komplexbildender Stoff m, (elektrostatisches Tauchbadbeschichten)	complexant m, agent m complexant	комплексообразующее вещество, комплексообразователь
C 575	complex moulded article	kompliziertes Formteil n	pièce f moulée compliquée, objet m moulé compliqué	сложное формованное изделие
C 576	compliance	[plastische] Nachgiebigkeit f	compliance f, acquiescement m	[пластичная] податливость

	component	s. S 1284		
	component of adhesive	s. A 171		
C 577	composed state of stress	zusammengesetzter Spannungszustand m	état m de contrainte composé	сложное напряженное состояние
C 578	composite, composite (combined) plastic, composite (combined) material	Verbundwerkstoff m, Verbundstoff m	composite f, matériau m composite (sandwich)	многослойный материал, сэндвич-конструкция, многокомпонентный пластик, комбинированный материал
C 579	composite adhesive film, duplex film adhesive	Klebfolie f mit beschichtetem Trägerwerkstoff mit beidseitig unterschiedlichen Klebstoffen	film m adhésif composite	пленочный клей, состоящий из подложки и двух различных липких слоев
C 580	composite bearing	Verbundlager n	palier m composé, coussinet m composite	двухслойный подшипник
	composite building board	s. S 32		
	composite film	s. M 610		
C 581	composite foam	Verbundschaumstoff m	mousse f composite	комбинированный пенистый материал
	composite material	s. C 578		
C 582	composite mould, family mould	Werkzeug n mit austauschbaren Einsätzen	moule m composite, moule m à empreintes interchangeables	сборная форма для изготовления разнообразных изделий, разногнездная пресс-форма
	composite panel	s. S 32		
	composite plastic	s. C 578		
C 583	composite structure, sandwich structure	Verbundbauteil n, Sandwichbauelement n, Sandwichbauteil n, Bauteil n in Stützstoffbauweise, Stützstoffbauelement n	matériau m composite (sandwich), structure f en sandwich	элемент сэндвичевой (сотовой) конструкции, композиционный строительный материал, сэндвичевый элемент
C 584	composite wood panel	Holzverbundplatte f	panneau m sandwich en bois	многослойная древесная плита
C 585	composition	Zusammensetzung f, Verbindung f	composition f, formulation f	состав, композиция
C 586	composition	Mischung f	composition f	смесь, компаунд
C 587	compound/to	mischen	mélanger	смешивать, составлять
C 588	compound	verarbeitungsfertige Mischung (Masse) f; Compoundmasse f	compound m	готовая для переработки смесь, компаунд, композиция
C 589	compound bushing	Kunststoffverbundlagerschale f, Plastverbundlagerschale f, Metallagerschale f mit dünnem Gleitbelag aus Kunststoff (Plast)	coussinet m de palier métallique avec couche de glissement plastique	вкладыш подшипника из металла с пластмассовым покрытием
C 590	compound curvature	dreidimensionale Krümmung f	courbure (courbe) f tridimensionnelle (non développable)	трехмерная кривизна
	compound film (foil)	s. L 24		
	compound glass	s. S 5		
C 591	compounding	Formmasseaufbereiten n, Aufbereiten n von thermoplastischen (thermomeren) Formmassen, Compoundieren n	compoundage m	подготовление термопластов, компаундирование
C 592	compounding efficiency, homogenization efficiency	Homogenisierleistung f (eines Extruders)	efficacité f d'homogénéisation (extrudeuse)	производительность по гомогенизации
C 593	compounding equipment	Mischmaschine f	mélangeur (malaxeur) m mécanique	смеситель, мешалка
C 594	compounding extruder	Aufbereitungsextruder m	extrudeuse f de préparation	подготовительный экструдер
C 595	compounding extruder, mix extruder	Mischextruder m, Extrudermischer m	mélangeur-extrudeuse f, mélangeur-boudineuse f, mélangeur m extrudeur	экструдер-смеситель, смеситель-экструдер
C 596	compounding ingredient	Mischungsbestandteil m	composant (ingrédient) m de mélange	составная часть смеси, ингредиент
	compounding of plastics	s. P 364		
	compound mixer	s. F 494		
C 597	compound pipe, duplex tube	Verbundrohr n	tube m composite (d'assemblage)	труба составной конструкции, многослойная трубка
C 598	compound pipe	Stahlrohr n mit Kunststoffauskleidung (Plastauskleidung)	tube m d'acier revêtu de plastique à l'intérieur	составная труба, стальная труба с пластмассовой футеровкой

C 599	compound self-heating	Eigenerwärmung f einer verarbeitungsfertigen Formmasse, Compoundeigenerwärmung f	autoéchauffement m du compound	саморазогревание компаунда
	compreg	s. C 600		
C 600	compregnated laminated wood, compressed (densified) laminated wood, compreg, compressed wood	Preßschichtholz n, Compreg n	bois m imprégné densifié, compreg m, bois lamellé comprimé, bois m comprimé	древесно-слоистый (слоистый древесный) пластик, пропитанная уплотненная древесина
C 601	compress/to	verdichten, komprimieren	comprimer	сжимать, уплотнять, компримировать
C 602	compressed air, forced air	Preßluft f, Druckluft f	air m comprimé	сжатый воздух
C 603	compressed-air blasting	Druckluftstrahlen n (von Oberflächen)	grenaillage f (surface)	струйная обработка сжатым воздухом
C 604	compressed-air blasting machine	Druckluftstrahlanlage f	installation f de grenaillage à air comprimé	пескоструйный аппарат
C 605	compressed-air inspirator	Preßluftinjektor m	injecteur m à air comprimé	пневматический инжектор, пневмоинжектор
	compressed [laminated] wood	s. C 600		
C 606	compression blow moulding	Druckblasformen n, Druckblasformverfahren n	soufflage m sous pression	компрессионное выдувание
C 607	compression factor (of moulding materials)	Verdichtungsfaktor m (von Formmassen)	facteur m de compression (matières à mouler)	коэффициент уплотнения (пресс-материалов)
C 608	compression flow	Kompressionsfließen n	fluage m par compression	течение под давлением
	compression injection moulding	s. I 151		
C 609	compression load	Druckbelastung f	charge f de compression	напряжение при сжатии
C 610	compression melting	Höchstdruckplastizierung f	plastification f sous ultrapression (très haute pression)	пластикация под [сверх-] высоким давлением
	compression mould	s. P 927		
C 611	compression-moulded specimen	Prüfformteil n, urgeformte Probe f, urgeformtes Prüfstück n	spécimen m moulé, éprouvette f moulée, échantillon m moulé	прессованное изделие, пресс-изделие
C 612	compression moulding	Formpressen n, Pressen n	moulage m par compression	компрессионное [формо-] прессование
C 613	compression-moulding material	Formpreßstoff m, Preßmasse f	matière f de moulage par compression, matière f à mouler [par compression]	прессовочный материал, пресс-материал, прессмасса
	compression moulding press	s. M 518		
C 614	compression-moulding resin, moulding resin	Preßharz n	résine f à mouler [par compression], résine de moulage	прессовочная смола
C 615	compression of bulk material	Schüttgutverdichtung f	compression f de vrac	уплотнение сыпучего материала
	compression press	s. M 518		
C 616	compression ratio	Kompressionsverhältnis n, Verdichtungsverhältnis n	taux (rapport) m de compression	коэффициент уплотнения, степень сжатия
	compression ratio	s. a. B 459		
C 617	compression-resistant	druckfest	résistant à la compression	прочный при сжатии
	compression section	s. C 620		
C 618	compression spring	Druckfeder f	ressort m de compression	пружина сжатия
	compression strength	s. C 622		
C 619	compression test at elevated temperatures, compressive testing at elevated temperatures	Warmdruckprüfung f, Druckfestigkeitsprüfung f in der Wärme, Warmdruckversuch m, Wärmedruckversuch m, Wärmedruckprüfung f	essai m de compression à chaud	испытание на сжатие (прочность при сжатии) при повышенной температуре
C 620	compression zone, compression section, transformation zone (extruder)	Umwandlungszone f, Verdichtungszone f (Extruder)	zone f de compression (extrudeuse)	зона сжатия (перехода)
C 621	compressive cleavage	Druckspaltung f (von Schichtstoffen oder Klebverbindungen)	clivage m sous pression	расслоение под давлением
	compressive modulus	s. P 961		
	compressive modulus of elasticity	s. P 961		
C 622	compressive strength, compression strength, resistance to compression	Druckfestigkeit f	résistance f à la compression	прочность (предел прочности) при сжатии
C 623	compressive stress	Druckspannung f	contrainte f de compression	напряжение сжатия
C 624/5	compressive testing	Druckprüfung f	essai m de compression	испытание на сжатие, испытание давлением

	compressive testing at elevated temperatures	s. C 619		
C 626	computer-aided filling behaviour analysis	rechnergestützte Füllbildanalyse f (Werkzeug)	analyse f de remplissage assisté par ordinateur	анализ хода заполнения формы с использованием ЭВМ
C 627	computer-aided handling system	rechnergestütztes Handhabungssystem n	système m de maniement assisté par ordinateur	машинная система манипулирования
C 628	computer-aided injection mould design, CAIMD	rechnergestützte Spritzgießwerkzeugkonstruktion f, CAIMD	construction f des moules pour injection assistée par ordinateur	конструкция литьевых форм с помощью ЭВМ, машинное проектирование литьевых форм
C 629	computer-aided material preselection by uniform standard, CAMPUS	rechnergestützte Werkstoffvorauswahl f mit einheitlichen Kennwerten, CAMPUS	présélection f des matériaux aux caractéristiques uniformes assistée par ordinateur	предварительный выбор материала при помощи ЭВМ и стандартных показателей
C 630	computer-aided polymer design, CAPD	rechnergestütztes Entwerfen n und Konstruieren n von Polymerteilen, CAPD	projection f et construction f des pièces en matière plastique assistées par ordinateur	проектирование и конструкция пластизделий с применением ЭВМ, машинное проектирование полимерных изделий
C 631	computer-aided polymer engineering, CAPE	rechnergestützte Polymer-Ingenieurtätigkeit f, CAPE	ingénierie f assistée par ordinateur au domaine des polymères	работа специалистов в области полимеров с применением ЭВМ, методы проектирования с использованием ЭВМ
C 632	computer-aided polymer manufacturing, CAPM	rechnergestützte Polymerfertigung f, CAPM, rechnergestützte Polymerverarbeitung f	traitement m des polymères assisté par ordinateur	переработка пластмасс в изделие с применением ЭВМ, автоматизированная переработка пластмасс в изделия с применением ЭВМ
C 633	computer-aided polymer processing, CAPP	computergestützte Polymerverarbeitung f, CAPM	transformation f de matière plastique assistée par ordinateur	управленная ЭВМ переработка пластмасс
C 634	computer-aided polymer selection, CAPS	rechnergestützte Polymerauswahl f, CAPS	sélection f de polymères assistée par ordinateur	выбор полимера с помощью ЭВМ, выборка полимера с применением ЭВМ
C 635	computer-aided polymer testing, CAPT	rechnergestützte Polymerprüfung f, CAPT	essai m des polymères assisté par ordinateur	испытание полимеров с применением ЭВМ
C 636	computer-controlled adhesive applicator (dispenser) (US)	rechnergesteuertes Klebstoffauftragsgerät n	dispositif m d'application des adhésifs assisté par ordinateur	прибор для нанесения клея, управляемый с помощью ЭВМ
C 637	computer-controlled extrusion plant	rechnergesteuerte Extrusionsanlage f	commande f par ordinateur d'installation d'extrusion	экструзионная установка с ЭВМ-управлением
C 638	computer-controlled rheometer	rechnergesteuertes Rheometer n	rhéomètre m assisté par ordinateur	реометр с использованием ЭВМ
C 639	computer-integrated injection moulding, CIIM	rechnerintegriertes Spritzgießen n, CIIM	moulage m par injection à commande numérique automatisée	управленное ЭВМ литье под давлением
C 640	computer-integrated manufacture, CIM	computerintegrierte Fertigung f, CIM	fabrication f integrée par ordinateur	производство с ЭВМ-управлением
C 641	computer-integrated polymer manufacturing, CIPM	rechnerintegrierte Polymerfertigung f, CIPM, rechnerintegrierte Polymerverarbeitung f	transformation f de matière plastique à commande numérique automatisée	переработка пластмасс с помощью ЭВМ
C 642	computer-integrated polymer selection, CIPS	rechnerintegrierte Polymerauswahl f, CIPS	sélection f de polymères à commande numérique automatisée	выбор полимеров с применением ЭВМ
C 643	computerized numerical control, CNC	rechnerintegrierte numerische Steuerung f, CNC	commande f numérique automatisée	цифровое управление с применением ЭВМ, числовое управление, система числового управления
C 644	concave fillet weld	Hohlkehlschweißnaht f	soudure f d'angle concave, soudure en congé	сварной шов с галтелем
C 645	concentric cylinder-type rheometer	Rotationsrheometer n vom konzentrischen Zylindertyp	rhéomètre m à rotation aux cylindres concentriques	ротационный вискозиметр типа «Ротовиско», ротационный вискозиметр с концентричными цилиндрами
C 646	conchoidal	schneckenlinienförmig	conchoïdal	червяковидный
C 647	conchoidal fracture	muschelartiger (schiefriger) Bruch m	fracture f conchoïdale	сланцеватый разлом
C 648	concrete	Beton m (Fügeteilwerkstoff für Kleben)	béton m	бетон
C 649	concrete bonding, bonding of concrete	Betonkleben n	collage m de béton	склеивание бетона

C 650	condensate	Kondensat n	condensat m, produit m de condensation	конденсат
C 651	condensation	Kondensation f	condensation f	конденсация
C 652	condensation plant	Kondensationsanlage f	système m de récupération de solvants par condensation	конденсационная установка
	condensation plastic	s. P 587		
	condensation polymer	s. P 587		
	condensation polymerization	s. P 588		
	condensation product	s. P 587		
C 653/4	condensation resin	Kondensationsharz n	résine f de condensation	конденсационная смола
C 655	condition/to	konditionieren	conditionner	кондиционировать
	conditioned room	s. C 659		
C 656	conditioning	Konditionieren n (Prüfkörper)	conditionnement m (éprouvettes)	кондиционирование
C 657	conditioning cabinet, air-conditioning cabinet, climate test chamber	Klima[prüf]schrank m	armoire f de conditionnement d'air	климатическая камера, камера для кондиционирования воздуха
C 658	conditioning protection test, climate protection test	Klimaschutzprüfung f	essai (test) m de protection aux conditions climatiques	испытание на защиту от атмосферных воздействий
C 659	conditioning room, conditioned room	Klimaraum m, klimatisierter Raum m	chambre f climatique	кондиционируемое помещение
C 660	condition of surface, state of surface	Oberflächenzustand m	état m de surface	состояние поверхности, поверхностное состояние
C 661	conductible finish	leitfähiger Anstrichstoff m, leitfähige Beschichtung f	revêtement m conducteur, peinture f conductrice	проводящее покрытие
C 662	conductible finish	leitfähiger Lack m, Leitlack m	vernis m conducteur	проводящий лак
C 663	conducting coil, solenoid	Induktionsspule f	bobine f d'induction, solénoïde m	индукционная катушка
	conduction of heat	s. H 70		
C 664	conductive adhesive	leitfähiger Klebstoff m	adhésif m conducteur, colle f conductrice	токопроводящий клей
C 665	conductive filler	leitfähiger Füllstoff m	charge f conductrice	электропроводящий наполнитель
C 666	conductive high-polymeric resin	elektrisch leitendes Kunstharz n	résine f synthétique conductrice	электропроводящая синтетическая смола
C 667	conductive resin	elektrisch leitendes Harz n	résine f conductrice	электропроводящая смола
C 668	conductometric titration	konduktometrische Titration f, Titration mittels Leitfähigkeitsmessung, konduktometrische quantitative chemische Bestimmung f	titrage m (titration f) conductimétrique	кондуктометрическое титрование, кондуктометрия
	Condux dicer	s. D 200		
C 669	cone apex	Konusspitze f (Platte-Konus-Viskosimeter)	pointe f du cône	конец конуса (вискозиметра «конус-плоскость»)
C 670	cone classifier, conical classifier	Kegelklassierer m, Konusklassierer m	classificateur m conique	конусный классификатор
C 671	cone crusher	Kegelbrecher m	concasseur m à cônes	коническая дробилка
C 672	cone gate	Schirmanguß m	entrée (injection) f en voûte	конусный литниковый канал
C 673	cone gate	konischer Anguß m	culot m d'injection conique	конический литник
C 674	cone impeller [mixer]	Kegelkreiselmischer m, Kegelschnellrührwerk n	agitateur m rapide (toupie) à cône, turbine f à cône	конусный вращающийся (центробежный) смеситель
	cone mill	s. R 523		
C 675	cone-plate viscosimeter	Kegel-Platte-Viskosimeter n	viscosimètre m à cône et à plaque	вискозиметр типа «конус-плоскость», эластовискозиметр
C 676	configurate/to	in eine Form bringen	former, configurer	формовать
C 677	configuration	Konfiguration f	configuration f	конфигурация
C 678	confusion of adhesive components	Bestandteilmischung f [von Klebstoffen], Mischung f von Klebstoff[bestandteil]en	mélange m de composants (colle), formulation f de colle	перемешивание составных частей, смешивание компонентов клея, приготовление многокомпонентного клея
C 679	congeal/to, to freeze	erstarren, gerinnen, gefrieren	congeler	замерзать, застывать
C 680	Congo red paper	Kongopapier n, Kongorot-Papier n	papier m Congo	бумага «Конго», реактивная бумага «Конго»
	conical classifier	s. C 670		
	conical grinder	s. R 523		

C 681	conical horn, conical sono-trode	Kegelsonotrode f (Ultra-schallschweißwerkzeug mit keglig verlaufender Mantel-linie)	sonotrode f conique	конический ультразвуковой сварочный инструмент
C 682	conical mill	Konusmühle f, Kugelmühle f mit kegelförmiger Trom-mel	broyeur m à tambour conique	коническая шаровая мель-ница
C 683	conical mixer	Kegeltrommelmischer m	mélangeur m à tambour conique	конический барабанный смеситель
C 684	conical roller bearing, ta-pered roller bearing	Kegelrollenlager n	roulement m à galets (rou-leaux) coniques	конический роликовый подшипник
C 685	conical screw mixer	Konusschneckenmischer m	mélangeur m à vis conique	смеситель с коническим червяком
C 686	conical sleeve	konische Buchse f	boîte (douille) f conique	коническая втулка
	conical sonotrode	s. C 681		
C 687	conical sprue bushing	Kegelangußbuchse f mit Punktanschnitt	douille f conique à injection capillaire (en pointe d'aiguille)	коническое сопло для литья точечным литником
C 688	conical twin-screw ex-truder, twin taper screw extruder, cotruder	Extruder m mit konischer Doppelschnecke, koni-scher Doppelschnecken-extruder m, konischer Zweischneckenextruder m	extrudeuse (boudineuse, machine) f à double vis conique	экструдер с коническими червяками; экструдер с двумя червяками с пере-секающимися осями
C 689	connecting flange	Anschlußflansch m	bride f (bourrelet m) de rac-cordement	фланец для присоединения
	connecting pipe	s. S 728		
C 690	connection for exhaust	Absaugstutzen m	raccord m d'aspiration	отсасывающая труба
C 691	connector	Verbindungsmuffe f	connecteur m, manchon m de raccordement	соединительная муфта
C 692	consistency	Konsistenz f	consistance f	консистенция
	consistency cup	s. F 444		
C 693	consolidation	Verdichten n, Verdichtung f	consolidation f	уплотнение
C 694	constant temperature	konstante Temperatur f	température f constante	постоянная температура
C 695	constant thread decreasing pitch screw	Schnecke f mit abnehmen-der Steigung und kon-stanter Gangtiefe	vis f à pas décroissant et à profondeur constante	червяк с уменьшающимся шагом и постоянной глу-биной канала
C 696	constituent	Bestandteil m	constituant m, composant m	составная часть
C 697	constitution	Konstitution f	constitution f	состав
C 698	constitutional repeating unit, CRU	sich wiederholende Struk-tureinheit f, WSE (im Ma-kromolekül)	groupe m moléculaire se répétant	повторяющееся структур-ное звено
C 699	construction adhesive, con-struction glue, construc-tional adhesive (glue), engineering adhesive	Konstruktionsklebstoff m, Klebstoff m für hoch-beanspruchte Verbindun-gen	colle f de construction, adhésif m pour construc-tion	клей конструкционного на-значения
	constructional adhesive (glue)	s. C 699		
C 700	constructional plastic, engineering (industrial, technical-grade) plastic	Konstruktionskunststoff m, Konstruktionsplast m, technischer Kunststoff (Plast) m	plastique m de construction, plastique m industriel (technique)	пластик конструкционного (технического) назна-чения, техническая пластмасса, конструк-ционный пластик
	construction glue	s. C 699		
C 701	constructive uses of plas-tics	konstruktiver Kunststoffein-satz (Plasteinsatz) m, kon-struktive Kunststoff-anwendung (Plastanwen-dung) f	utilisation f des plastiques pour la construction	конструктивное примене-ние пластмасс
C 702	contact adhesive, closed contact glue, pressure-sensitive adhesive, PSA, self-adhesive	Kontaktklebstoff m, Haft-klebstoff m	adhésif m (colle f) de contact	контактный клей, клей для контактного склеивания (формования, соеди-нения)
C 703	contact angle, angle of con-tact, wetting angle (US)	Benetzungswinkel m, Kon-taktwinkel m, Randwinkel m (bei Benetzung der Füge-teiloberfläche durch einen Klebstoff)	angle m de contact	угол смачивания
C 704	contact area	Fügefläche f, Verbindungs-fläche f	plan m de joint	поверхность контакта (соединения)
C 705	contact corrosion	Kontaktkorrosion f, Korro-sion f durch Oberflächen-kontakt	corrosion f à contact	контактная коррозия
C 706	contact curing pressure	Kontakthärtedruck m (Reak-tionsklebstoff)	pression f de durcissement à contact	контактное давление при отверждении
C 707	contact failure in the glue line	Klebfilmfehlstelle f, Fehl-stelle f in der verfestigten Klebstoffschicht	défaut m du film de colle	дефект в слое клея

C 708	contact force	Anpreßkraft f, Anwärmkraft m (beim Fügeteilvorwärmen)	force f de contact	давление прижима (свариваемых поверхностей), осевое усилие (при сварке трением)
C 709	contact laminate, no-pressure laminate	Kontaktschichtstoff m	stratifié m moulé sans pression	материал для контактного формования слоистого пластика
C 710	contact laminating	Schichtstoffherstellung f mit niedrigem Druck	fabrication f de stratifié basse pression, fabrication de stratifié de contact, fabrication de matière plastique renforcée	контактное формование слоистых пластиков
C 711	contactless strain measuring	berührungslose (berührungsfreie) Dehnungsmessung f	mesure f d'allongement sans contact	бесконтактное измерение удлинения
C 712	contact microradiography, CMR	Kontaktmikroradiographie f	microradiographie f par contact	контактная микрорадиография (микрорентгенография)
C 713	contact moulding, contact-pressure moulding, impression moulding	Kontaktpressen n, Kontaktpreßverfahren n	moulage m au (par) contact	контактное прессование
C 714	contactor control	Schützensteuerung f	commande f à contacteurs	управление контактором
C 715	contact pressure, surface pressure, nip load	Anpreßdruck m, Preßdruck m, Kontaktdruck m (Kleben)	pression f de contact	контактное давление
	contact-pressure moulding	s. C 713		
C 716	contact-pressure resin	Harz n für Niederdruckpreßverfahren (Kontaktpressen, Kontaktpreßverfahren)	résine f pour moulage [à] basse pression	смола для прессования при низком давлении
C 717	contact-pressure roller	Anlegewalze f bei Wickelmaschinen	rouleau m à contact (machine à enrouler)	прикатчик, прижимный ролик
C 718	contact roller	Führungsrolle f	galet m (poulie f) de guidage, galet-guide m	направляющий ролик
C 719	contact spraying	Niederdruckspritzen n, Niederdruckspritzverfahren n	pulvérisation f (procédé m de pulvérisation) à basse pression	распыление при контактном формовании
C 720	contact surface, transfer area	Kontaktfläche f, Berührungsfläche f	surface f de contact	поверхность контакта
C 721	contact time	Kontaktzeit f, kurzfristige Andrückzeit f (bei Kontaktklebstoffen)	temps m (durée f) de contact	контактное время
C 722	contact ultrasonic welding	Ultraschall-Nahfeldschweißen n, direktes Ultraschallschweißen n	soudage m au contact par ultrasons	контактная ультразвуковая сварка
C 723	container construction	Behälterbau m	construction f des conteneurs (containers)	производство резервуаров, бакостроение
C 724	container dispenser, case dispenser	Behälter m mit Dosiereinrichtung	bac-doseur m, récipient m doseur	емкость с дозирующим устройством
C 725	contaminant, impurity	Verunreinigung f, Verunreinigungsstoff m	contaminant m, impureté f	примесь
C 726	contamination, soiling, pollution	Verschmutzung f, Verunreinigung f	contamination f, pollution f	загрязнение, загрязненность
C 727	content size	Blasvolumen n (Blasformen)	volume m de soufflage	объем раздува
C 728	continator	heißluftbetriebener Trichtertrockner m für Granulat (an Spritzgießmaschinen)	trémie f chauffante (de préchauffage)	бункер для подсушки и подогрева гранулята
C 729	continuous adjustment	stufenlose Regelung f	réglage (contrôle) m continu	бесступенчатое регулирование
C 730	continuous automatic lacquer line	Durchlauflackieranlage f	installation f de laquage en continu, chaîne f de vernissage	проточная лакировочная установка
C 731	continuous belt mixer	Durchlaufbandmischer m	mélangeur m continu à bande	ленточный смеситель с протоком
C 732	continuous bend test	Dauerbiegeversuch m	essai m de fatigue à la flexion	испытание на длительный изгиб
C 733	continuous casting	kontinuierliches Gießen n	moulage m continu, coulée f continue	непрерывное литье
C 734	continuous casting mould	Werkzeug n für kontinuierliches Gießen	moule m pour moulage continu	форма для непрерывного литья
	continuous compounder	s. C 744		
C 735	continuous fibre	Endlosfaser f, endlose Faser f	fibre f continue	бесконечное волокно

C 736	continuous filament, filament	endloser Faden *m*, Endlosfaden *m*	filament *m* continu (élémentaire)	комплексная нить, комплекс элементарных непрерывных волокон, не связанных между собой, непрерывное элементарное волокно
C 737	continuous-filament mat	endlose Glasseidenmatte *f*	mat *m* de vitrofibres sans fin	бесконечный стекломат, мат из комплексных элементарных стекловолокон
	continuous filament yarn	s. F 158		
C 738	continuous-flow calorimeter	Durchflußkalorimeter *n*, Durchflußwärmemengenmeßgerät *n*	calorimètre *m* continu (à circulation)	калориметр с протоком
C 739	continuous furnace	Durchlaufofen *m* (Vorwärmen)	four *m* [de passage] continu	проточная печь
C 740	continuous glass fibre mat	Endlosglasmatte *f*	mat *m* de fibre de verre continu	мат из непрерывных стекловолокон
C 741	continuous kneader mixer	Stetigmischer *m*, kontinuierlicher Mischkneter *m*	mélangeur-malaxeur *m* continu	непрерывная месильная машина
C 742	continuous laminating	kontinuierliche Schichtstoffherstellung *f*	stratification *f* continue	непрерывное изготовление слоистых материалов
C 743	continuous laminator	Doppelbandabzugsmaschine *f* (für Intregal-Schaumstoffspritzgießmaschinen)	stratificateur *m* de mousse à double bande transporteuse	ленточное приемное устройство
C 744	continuous mixer, continuous compounder	kontinuierlich arbeitender Mischer *m*, Stetigmischer *m*	mélangeur *m* en continu, malaxeur (mélangeur) *m* à fonctionnement continu	смеситель непрерывного действия
C 745	continuous operation	Dauerbetrieb *m*	marche *f* continue	непрерывная работа (эксплуатация)
C 746	continuous press	kontinuierliche Presse *f*	presse *f* continue	пресс непрерывного действия
C 747	continuous production of foam slabstock	Blockschäumen *n*, Blockschäumverfahren *n*	moussage *m* de plaques en continu	непрерывное изготовление блочного пеноматериала
	continuous resin casting plant	s. H 465		
C 748	continuous roller welding	kontinuierliches Rollenschweißen *n*, Rollennahtschweißen *n*	couture *f* haute fréquence	непрерывная роликовая сварка, непрерывная сварка роликом
	continuous sealing machine	s. C 754		
C 749	continuous sheeting, endless sheeting, web	endlose Folie (Bahn) *f*, Endlosfolie *f*	bande (feuille) *f* continue, feuilles *fpl* en continu	бесконечная пленка (лента), непрерывная пленка (лента), непрерывный лист
C 750	continuous textile glass filament	endloser Textilglasfaden (Glasseidenfaden) *m*	fil *m* de verre textile sans fin	элементарная стеклянная нить непрерывной длины
C 751	continuous tubular dryer, CT-dryer	kontinuierlicher Rohrtrockner *m*	séchoir *m* tubulaire continu	трубчатая сушилка непрерывного действия
C 752	continuous vulcanizing plant, CV-line	Durchlaufvernetzungsanlage *f*, CV-Anlage *f* für Polyethylenrohre	installation *f* de vulcanisation continue pour tubes de polyéthylène	установка для непрерывного сшивания (трубки из полиэтилена)
C 753	continuous washing machine	Durchlaufwaschmaschine *f*	machine *f* à laver en continu	проточная промывная машина
C 754	continuous welding machine, continuous sealing machine, electric bonding machine (US), electronic sewing machine (US)	Hochfrequenzschweißmaschine *f* für kontinuierliche Nahtbildung	machine *f* de soudage continu à haute fréquence	высокочастотная сварочная машина для непрерывных швов
C 755	continuous yarn tester	Garnprüfautomat *m*	machine *f* automatique d'essai de fil	пряжеиспытательный прибор
C 756	continuum theory	Kontinuumtheorie *f*	théorie *f* continuelle	теория континуума
C 757	contour electrode, jig electrode, electrode jig	Formenschweißelektrode *f*, Konturschweißelektrode *f* (für Hochfrequenzschweißen)	électrode *f* en forme (soudage diélectrique HF)	фасонный сварочный электрод (для высокочастотной сварки)
	contraction	s. M 549		
C 758	contraction allowance	Schrumpfübermaß *n*, Schwindungsübermaß *n* (bei Verarbeitungswerkzeugen)	supplément *m* de cote (retrait), tolérance *f* de contraction	предусмотренное увеличение размера (формы из-за усадки пластика)
C 759	contrarotating, rotating in opposite direction	gegenläufig, mit gegenläufigem Drehsinn	contrarotatif, tournant en sens contraire	встречный, со встречным вращением, вращающийся в разные стороны

C 760	contrarotating screws, counterrotating screws, screws rotating in opposite direction	gegenläufige (sich ungleichsinnig drehende) Schnecken *fpl*	vis *fpl* contrarotatives (tournant en sens contraire)	вращение червяков в разные стороны
C 761	contrarotating twin-screw machine	gegenläufig rotierende Doppelschneckenmaschine *f*	machine *f* à deux vis contrarotative	экструдер с встречно вращающимися червяками
C 762	control desk	Bedienpult *n (Verarbeitungsmaschinen)*	pupitre *m* de commande, (manœuvre)	пульт управления
C 763	control electronics	Steuerelektronik *f (Spritzgießmaschine)*	électronique *f* de commande	электронное приспособление управления
C 764	control knob	Schaltknopf *m*, Bedienungsknopf *m*	bouton *m* de commande	переключающий рычаг, переключающая кнопка
C 765	controllable lip, adjustable lip *(mould)*	einstellbare Lippe *f (Werkzeug)*	lèvre *f* réglable, lèvre ajustable *(moule)*	регулируемая губка *(головка)*
C 766	controllable load	Regellast *f*	charge *f* normalisée (standard)	нормальная нагрузка
C 767	controlled rheology polypropylene, CR polypropylene	Polypropylen *n* mit geregelten rheologischen Eigenschaften, CR-Polypropylen *n*	polypropylène *m* du type CR, CR-PP	полипропилен с предусмотренными реологическими свойствами
C 768	controlled roll, driven roll *(e. g. calenders)*	angetriebene Walze *f (an Kalandern oder Beschichtungsmaschinen)*	cylindre (rouleau) *m* commandé	приводной валок *(каландр)*
C 769	control magnet	Steuermagnet *m*	aimant *m* de commande	магнит управления
C 770	control of melt temperature	Schmelztemperatursteuerung *f*	contrôle *m* de la température de fusion	регулирование температуры расплава
C 771	control pivot	Steuerzapfen *m*	pivot *m* de contrôle	цапфа управления
C 772	control plant	Überwachungsanlage *f*	installation *f* de surveillance	контрольная установка
	control roll	s. G 243		
C 773	control test	Kontrollversuch *m*, Kontrollprüfung *f*	essai *m* témoin	проверка, контроль
C 774	control valve	Regelventil *n*; Steuerventil *n*	valve *f* régulatrice, vanne-pilote *f*	распределитель, распределительный клапан
C 775	convection	Konvektion *f*	convection *f*	конвекция
	converging plate	s. D 67		
C 776	conversion	Zustandsumwandlung *f*, Stoffumwandlung *f*	conversion *f*	конверсия, превращение, перевод, преобразование
C 777	conversion coating	Vorbehandlungsschicht *f (bei Klebfügeteilen)*	couche *f* de prétraitement	подготовленный слой, подготовленная поверхность
C 778	conversion period	Umstellzeit *f*, Umwandlungszeit *f*	temps *m* (durée *f*, période *f*) de conversion	период превращения, время конверсии
C 779	convert/to	umwandeln	convertir	превращать
C 780	converter	elektromechanischer Wandler *m (an Ultraschallschweißmaschinen)*	transducteur *m* électromécanique	конвертер
	convex bowl	s. C 781		
C 781	convex roll, covex bowl, biased roll	bombierte (ballige) Walze *f*, Ballenwalze *f*	cylindre (rouleau) *m* bombé	бомбированный (бочкообразный, бомбажный) валок
	convex weld	s. R 182		
C 782	convey/to	fördern, weiterleiten	convoyer, manutentionner, transporter	транспортировать, проводить
C 783	conveying	Fördern *n*	convoiement *m*, convoyage *m*, manutention *f*, transport *m*	транспортирование
	conveying belt	s. C 790		
C 784	conveying capacity	Fördermenge *f*	débit *m*	мощность транспортера, производительность транспортера
C 785	conveying chute	Förderrinne *f*, Förderrutsche *f*	couloir *m*, gouttière *f* transporteuse (de transport)	транспортный лоток, рештак, транспортный желоб
C 786	conveying-effective feed zone	förderwirksame Einzugszone *f (an Extrudern)*	zone *f* d'alimentation à effet convoyant *(extrudeuse)*	повышающая подачу загрузочная зона *(экструдера)*
C 787	conveying performance	Förderleistung *f (von Extruderschnecken)*	capacité *f* de transport	подающее действие
C 788	conveying spiral	Förderspirale *f*	transporteur *m* à vis, hélice *f* transporteuse	подающий шнек, шнековый конвейер, транспортирующий (транспортный) шнек
C 789	conveying stock	Fördergut *n*	matières *fpl* de manutentionner, matières à transporter	транспортируемый материал
C 790	conveyor belt, conveying belt	Förderband *n*, Transportband *n*, Förderriemen *m*, Fördergurt *m*	courroie *f* transporteuse, bande *f* transporteuse, convoyeur *m* à bande	[ленточный] конвейер, транспортер, транспортерная лента

C 791	conveyor-belt furnace	Förderbandofen *m*, Ofen *m* mit durchlaufendem Förderband, Bandofen *m*	four *m* à tapis	печь с конвейерной (транспортерной) лентой
	conveyor screw	*s.* S 113		
C 792	convolute labelling machine	Paralleletikettiermaschine *f*	machine *f* à étiqueter en parallèle	двойниковая этикетировочная машина
C 793	coolant, cooling agent	Temperiermittel *n*, Kühlmittel *n*	agent *m* réfrigérant (de refroidissement), réfrigérant *m*	холодоноситель, охлаждающее средство
C 794	coolant drain pipe	Kühlmediumableitungsrohr *n*	conduite *f* d'évacuation du réfrigérant	отводная труба для холодоносителя
C 795	coolant feed pipe	Kühlmediumzuführungsrohr *n*	canal *m* d'amenée du réfrigérant	подводная труба для холодоносителя
C 796	coolant pump, cooling pump	Temperiermittelpumpe *f*, Kühlmittelpumpe *f*	pompe *f* à réfrigérant	насос для холодоносителя
	cool down time	*s.* C 823		
C 797	cool hot-runner	Heißkanal *m* mit abgesenkter Temperatur *(bei Spezial-Heißkanalwerkzeugen)*	canal *m* de chauffe refroidi	обогреваемый литниковый канал относительно низкой температуры
C 798	cooling, chilling	Kühlen *n*, Kühlung *f*	refroidissement *m*	охлаждение
	cooling agent	*s.* C 793		
C 799	cooling annulus	Kühlring *m (Folienblasen)*, ringförmiger Kühlspalt *m*	anneau *m* de refroidissement	охлаждающая система в виде кольца, охлаждающее кольцо
C 800	cooling bath	Kühlbad *n*	bain *m* de refroidissement	охлаждающая ванна
C 801	cooling channel	Kühlkanal *m*	canal *m* de refroidissement	охладительный канал, канал для охлаждения
C 802	cooling chute, cooling trough	Kühlrinne *f*	goulotte *f* (glissoir *m*) de refroidissement	желоб орошения, холодильник-желоб
C 803	cooling circuit	Kühlkreislauf *m (an Verarbeitungswerkzeugen)*	circuit *m* de refroidissement	холодильная схема, система охлаждения *(формы для переработки пластмасс)*
C 804	cooling curve	Abkühlungsverlauf *m*	courbe *f* de refroidissement, allure *f* de décroissance de la température	ход охлаждения
C 805	cooling cylinder	Kühlzylinder *m*	cylindre *m* de refroidissement, cylindre *m* réfrigéré	холодильный цилиндр
C 807	cooling-down	Abkühlen *n*	réfrigération *f*	охлаждение
	cooling-down period (time)	*s.* C 823		
C 808	cooling drum	Kühltrommel *f*	tambour *m* de refroidissement	холодильный (охлаждающий) барабан
C 809	cooling fixture, cooling jig, shrink fixture, shrinkage jig, shrinkage block	Abkühlvorrichtung *f*, Erkaltungsvorrichtung *f (für Preßteile)*	conformateur *m*, gabarit *m* conformateur	рихтовочная оправка, охлаждающее устройство, система охлаждения, оправка для остывания *(пресс-изделий)*
C 810	cooling jacket	Kühlkranz *m (Folienblasdüse)*, Kühlmantel *m*	enveloppe (jaquette) *f* de refroidissement *(film en bulle)*	охлаждающее кольцо
C 811	cooling line	Kühlstrecke *f*	parcours *m* de refroidissement	ванна (зона) охлаждения
C 812	cooling method	Abkühlungsverfahren *n*, Kühlverfahren *n (bei der Verarbeitung)*	méthode *f* (procédé *m*) de refroidissement	оправка рихтования, охлаждающий метод, метод охлаждения
C 813	cooling mixer	Kühlmischer *m*	mélangeur *m* de refroidissement	смеситель для холодного смешения
C 814	cooling of injection moulding tools	Spritzgießwerkzeugkühlung *f*	refroidissement *m* des moules à injection	охлаждение литьевых форм
C 815	cooling oil	Kühlöl *n*	huile *f* de refroidissement	охлаждающее масло
	cooling pump	*s.* C 796		
C 816	cooling rate, rate of cooling, cooling speed	Abkühlungsgeschwindigkeit *f*, Kühlgeschwindigkeit *f*	vitesse *f* de refroidissement	скорость охлаждения, скорость остывания
C 817	cooling roll[er]	Kühlwalze *f*	rouleau *m* réfrigérant (de refroidissement)	валок охлаждения, охлаждающий ролик
C 818	cooling section	Abkühlstrecke *f*	ligne *f* de refroidissement	охлаждающее устройство
	cooling speed	*s.* C 816		
C 819	cooling stresses	Abkühlspannungen *fpl (Formteile)*	contraintes *fpl* de refroidissement	напряжения, возникающие при охлаждении
C 820	cooling stud	Kühlstift *m (Werkzeug)*	boulon *m* de refroidissement	шпилька охлаждения
C 821	cooling system, chilling sytem	Kühlsystem *n*	système *m* de refroidissement	система охлаждения
C 822	cooling tank	Kühlbehälter *m*, Kühltank *m*	récipient *m* refroidi	изотермический (холодильный) контейнер

	English	German	French	Russian
C 823	cooling time, cool time, cool down time, cooling-down period (time)	Kühlzeit f, Kühldauer f	temps m (durée f) de refroidissement	продолжительность охлаждения
	cooling trough	s. C 802		
	cool time	s. C 823		
	COP	s. T 268		
C 824	copal [resin]	Kopal m, Kopalharz n	copal m	копал
C 825	copolycondensation	Copolykondensation f, Mischpolykondensation f	copolycondensation f	сополиконденсация
C 826	copolyester	Copolyester m, Polyestermischpolymerisat n	copolyester m	сополиэфир, сополимер эфиров
C 827	copolyetheralcohol	Copolyetheralkohol m	copolyétheralcool m	сополиэфиралкоголь
C 828	copolymer, interpolymer (US)	Copolymer[es] n, Mischpolymerisat n	copolymère m, copolymérisat m	сополимер
C 829	copolymerization, heteropolymerization	Copolymerisation f, Mischpolymerisation f	copolymérisation f	сополимеризация
C 830	copolymer latex	Copolymerdispersion f, Copolymerlatex m, Mischpolymerisatdispersion f, Mischpolymerisatlatex m	latex m (dispersion f) copolymère	сополимерная дисперсия, латекс из сополимеров
C 831	copying machine	Kopiermaschine f	machine f à copier	копировальная машина
C 832	cord-adhesive applicator, thermogrip applicator	Schmelzklebstoffauftragsgerät n (mit strangförmig zugeführtem Klebstoff)	appareil m à appliquer le cordon de colle	намоточный агрегат (для клея-расплава в палочках)
C 833	cordage thread	Seilgarn n	fil m à cordes	нить для веревок
C 834	cord rayon	Kordseide f	corde f en rayonne	кордный шелк, кордная нить
C 835	core, centre (plywood)	Mittenfurnier n, Innenblatt n, Mittenblatt n (Sperrholz)	pli m central (contreplaqué)	средний слой (клееной фанеры)
C 836	core (sandwich)	Stützstoffkern m (von Verbundbauteilen)	noyau m, cœur m (sandwich)	ядро, опорный слой (сэндвичевой конструкции)
	core	s. a. F 594		
C 837	core and separator	Verteilersektion f, Dorn m und Verteiler m (an Extruderwerkzeugen für Schlauchherstellung)	torpille f (extrudeuse)	дорн и дорнодержатель головки (для изготовления рукава)
C 838	core binder	Kernbindemittel n, Bindemittel n für Gießkerne	liant m pour noyaux [de fonderie]	связующее для литых сердечников, литейный крепитель
C 839	core building machine	Gießkernherstellungsmaschine f	machine f pour la fabrication de noyaux de fonderie	машина для изготовления литьевых сердечников
C 840	cored mould	Werkzeug n (Form f) mit Flüssigkeitskanälen (für Heizung oder Kühlung)	moule m à canaux de chauffage ou de refroidissement	форма с каналами для обогрева, форма с обогревательными каналами
	core draw	s. C 850		
	core-draw control	s. C 851		
	core-drawing equipment	s. C 846		
C 841	core jaw (tools)	Kernbacke f (an Werkzeugen)	mâchoire f de noyau (moule)	внутренняя плита
C 842	core pigments, coated pigments	modifizierte Farbpigmente npl	pigments m chargés	модифицированные пигменты
C 843	core pin, hole forming pin, screw (plain) core pin	Kernlochstift m, Lochstift m	broche-noyau f, broche f à trou lissé	оформляющий штифт, [гладкая] оформляющая шпилька, гладкий оформляющий стержень
	core pin	s. a. B 268		
C 844	core-pin retainer plate	Lochstifthalteplatte f, Kernlochstifthalteplatte f (in Werkzeugen)	plaque f porte-broche, plaque f porte-noyau	плита для крепления оформляющих шпилек
	core plate	s. F 593		
	core plug	s. B 268		
	core puller	s. C 846		
C 845	core pulling	Kernziehen n, Ziehen n der Kerne (Spritzgießwerkzeug)	arrachage m de la carotte	выталкивание сердечника
	core pulling	s. a. C 850		
	core pulling control	s. C 851		
C 846	core-pulling equipment, core-drawing equipment, core puller	Kernzugeinrichtung f, Kernzieher m	dispositif (équipement) m de traction du cœur	выталкиватель сердечника
C 847	core sheet	Schichtstoffmittellage f	pli m central (à cœur), âme f	средний слой слоистого материала
	core-shell adhesive	s. E 205		
C 848	core slide	Kernschieber m (an Werkzeugen)	glissière f du noyau (moule)	шибер для сердечника
	core stroke	s. C 850		
	core stroke control	s. C 851		

C 849	core tempering	Kerntemperierung f (in Werkzeugen)	équilibrage m thermique du noyau	термостатирование патрицы
C 850	core traction, core stroke, core draw, core pulling	Kernzug m	traction f du cœur	колпачок-сопло
C 851	core-traction control, core-pulling (core-draw, core-stroke) control	Kernzugsteuerung f	programme m de traction de noyaux	управление выталкивателем сердечника
C 852	core withdrawal	Kernrückzug m (am Werkzeug)	retour m du noyau (moule)	стержень с отводом
C 853	core withdrawing cylinder	Kernziehzylinder m	cylindre m de retour du noyau	цилиндр для вынимания сердечника
C 854	cork flour	Korkmehl n	farine f de liège	пробковая мука
C 855	corner joint	Eckverbindung f	joint m en angle	угловое соединение
C 856	corner joint (weld)	Eckstoß m, Ecknaht f, Winkelstoß m (Schweißen)	soudure f d'angle	угловой шов (сварка)
C 857	corona [discharge]	Koronaentladung f	effet m corona, décharge f (effet) de couronne	тлеющий (коронный) разряд
	corona discharge treatment	s. C 861		
C 858	corona pretreater	Koronavorbehandlungsgerät n	appareil m à traitement par décharge en effet de couronne	прибор для обработки коронным разрядом
C 859	corona pretreatment	Oberflächenvorbehandlung f mittels Koronaentladung	prétraitement m par décharge en effet de couronne	предварительная обработка коронным разрядом (для образования полярных поверхностей)
C 860	corona treating plant (system)	Koronabehandlungsanlage f (Polarisieren unpolarer Thermoplaste)	traiteur f corona (surface, polarisation)	прибор для обработки коронным разрядом
C 861	corona treatment, corona discharge treatment	Koronabehandlung f, Oberflächenbehandlung f mittels Koronaentladung	traitement m par décharge en effet de couronne	обработка коронным разрядом (для образования полярных поверхностей)
C 862	co-rotating twin-screw extruder	Extruder m mit Schnecken mit gleichem Drehsinn, Extruder mit sich gleichsinnig drehenden Schnecken	extrudeuse (boudineuse) f à deux vis tournant dans le même sens	экструдер с вращающимися в одну сторону шнеками
C 863	correct temperature, set temperature	Solltemperatur f	température f prévue (nominale)	заданная (номинальная) температура
C 864	corrosion creep, rust creep	Korrosionsunterwanderung f, Unterrostung f	corrosion f sous-jacente (au-dessous du film de peinture)	коррозия под антикоррозионным слоем, подпленочная коррозия
C 865	corrosion index	Maß n der Korrosion	indice m de corrosion	мера (индекс) коррозии
C 866	corrosion-inhibiting adhesive primer	Grundiermittel n für Metallklebstoffe	couche f de fond anticorrosive, primaire m anticorrosif (collage de métaux)	антикоррозионная грунтовка (склеивание металлов)
	corrosion-inhibition paint	s. A 463		
C 867	corrosion inhibitor	Korrosionsverzögerer m, Korrosionsinhibitor m	inhibiteur m de corrosion, anticorrosif m	ингибитор коррозии
	corrosion inhibitor	s. a. A 462		
	corrosion prevention	s. C 870		
C 868	corrosion-preventive ability	Korrosionsschutzvermögen n, korrosionsvorbeugende Eigenschaft f	pouvoir m anticorrosif	антикоррозионное свойство, защищающее от коррозии свойство
C 869	corrosion-proof, corrosion-resisting, corrosion-resistant, non-corrosive	korrosionsbeständig	résistant à la corrosion	коррозионно-стойкий, коррозионно-устойчивый, стойкий против коррозии, антикоррозионный
C 870	corrosion protection, protection from corrosion, corrosion prevention	Korrosionsschutz m, Korrosionsverhinderung f, Korrosionsverhütung f	protection f anticorrosive (contre la corrosion)	защита от коррзии, предотвращение коррозии
C 871	corrosion protection testing method	Korrosionsschutzprüfmethode f	méthode f d'essai concernant la protection anticorrosive	метод испытания защиты от коррозии
C 872	corrosion-protective paper	Korrosionsschutzpapier n	papier m antiternissure	антикоррозионная бумага
C 873	corrosion resistance, corrosion strength	Korrosionswiderstand m, Korrosionsbeständigkeit f	résistance f à la corrosion	сопротивление коррозии, стойкость к коррозии
	corrosion-resistant	s. C 869		
C 874	corrosion-resistant coating	korrosionsbeständige Beschichtung f, Korrosionsschutzbeschichtung f	revêtement m résistant à la corrosion, couchage m immun à la corrosion	антикоррозионное (коррозионно-стойкое) покрытие
	corrosion-resisting	s. C 869		
	corrosion strength	s. C 873		
C 875	corrosion-testing equipment	Korrosionsprüfgerät n	appareil m pour essais de corrosion	испытатель на коррозию
C 876	corrosion value	Korrosionswert m	valeur f de corrosion	степень коррозии
C 877	corrosive atmosphere	korrodierende Atmosphäre f	atmosphère f corrosive	коррозирующая атмосфера

C 878	**corrugated buff,** sinuous-type buff	Wellenpolierring *m (zum Polieren von Preßteilen)*	disque *m* à polir plissé	рифленый полировальный круг
C 879	**corrugated film tape**	geriffelter Folienfaden *m*	ruban *m* de film strié; fil *m* de film strié	гофрированная пленочная нить
	corrugated panel	*s.* C 880		
	corrugated pipe	*s.* C 881		
	corrugated plate	*s.* C 880		
	corrugated roll	*s.* F 510		
C 880	**corrugated sheet,** corrugated panel (plate)	Wellplatte *f,* Welltafel *f*	panneau *m* ondulé, tôle (plaque) *f* ondulée	гофрированный (волнистый) лист, плита с гофрами, гофрированная плита
C 881	**corrugated tube,** corrugated pipe	Wellrohr *n*	tube *m* ondulé (cannelé)	рифленая труба, сильфон, рифленый шланг
	corrugating roll	*s.* F 510		
C 882	**corrugation**	Wellung *f,* Riffelung *f*	ondulation *f,* cannelures *fpl,* rainures *fpl*	рифление
C 883	**corrugator**	Halbzeugwelleinrichtung *f,* Einrichtung *f* zur Herstellung von gewellten Halbzeugen	appareil *m* à ondulation des semi-produits	устройство для гофрирования
C 884	**corrugator die**	Wellrohrdüse *f*	tuyère (filière) *f* ondulée	сопло для изготовления сильфонов
C 885	**corundum**	Korund *m (Füllstoff)*	corindon *m*	корунд
	cosmetic plastic skin	*s.* C 886		
C 886	**cosmetic skin of plastic,** cosmetic plastic skin	Dekorüberzug *m* aus Kunststoff (Plast), Kunststoffdekorüberzug *m,* Plastdekorüberzug *m*	feuille *f* décorative	декоративное пластмассовое покрытие
	cotruder	*s.* C 688		
	cotter pin	*s.* S 920		
	cotton linters	*s.* L 202		
C 887	**coulomb yield**	Stromausbeute *f (beim elektrostatischen Pulverbeschichten)*	rendement *m* de courant *(revêtement électrostatique par poudre)*	выход по току
C 888	**coumarone resin**	Cumaronharz *n*	résine *f* de coumarone	кумароновая смола
	counterbalance	*s.* C 903		
	counter blade	*s.* C 895		
C 889	**countercurrent agitator,** countercurrent stirrer	Gegenstromrührwerk *n,* Gegenstromrührer *m*	agitateur *m* à contre-courant	противоточная мешалка
C 890	**countercurrent centrifugal force separator**	Gegenstrom-Fliehkraftsichter *m*	séparateur *m* cyclone à contre-courant	противоточный центробежный сепаратор
C 891	**countercurrent flow drying**	Gegenstromtrocknen *n,* Gegenstromtrocknung *f*	séchage *m* à contre-courant	сушка в противотоке
C 892	**countercurrent injection mixhead**	Gegenstrom-Injektionsmischkopf *m (Polyurethanverarbeitung)*	tête *f* de mélange par injection à contre-courant *(transformation de polyuréthanne)*	противоточная смесительная головка
C 893	**countercurrent injection mixing**	Gegenstrom-Injektionsmischen *n,* Gegenstrom-Injektionsmischverfahren *n (Polyurethanverarbeitung)*	mélangeage *m* par injection à contre-courant *(transformation de polyuréthanne)*	противоточная смесительная отливка
	countercurrent mixer	*s.* R 382		
	countercurrent stirrer	*s.* C 889		
	counterdraft	*s.* U 64		
C 894	**counterelectrode**	Gegenelektrode *f (Hochfrequenzschweißen)*	contre-électrode *f*	противоэлектрод
C 895	**counter knife,** counter blade	Gegenmesser *n*	contre-couteau *m*	противонож
C 896	**counterpressure**	Gegendruck *m*	contre-pression *f*	противодавление
C 897	**counterpressure roll,** backing roll	Gegendruckwalze *f (an Walzenbeschichtern)*	rouleau *m* de contre-pression	валик с противодавлением
	counterrotating screws	*s.* C 760		
C 898	**counterrotating tangential twin-screw extruder**	gegenläufiger tangierender Doppelschneckenextruder *m*	extrudeuse (boudineuse) *f* à double vis contrarotative tangentielle	экструдер с вращающимися в разные стороны касательными червяками
C 899	**counterrotating twin-screw extruder**	Extruder *m* mit gegenläufigen Schnecken, Extruder mit Schnecken mit gegenläufigem Drehsinn	extrudeuse (boudineuse) *f* à vis contrarotatives	экструдер с вращающимися в разные стороны шнеками
C 900	**countershaft**	Vorgelege *n*	arbre *m* de renvoi, renvoi *m*	перевод, контрпривод
	countersunk head screw	*s.* C 902		
C 901	**countersunk hole** *(ultrasonic impression)*	Freisenkung *f (für Ultraschalleinbetteile)*	trou *m* de noyage *(insertions à noyer par ultrason)*	оседание *(укладка ультразвуком)*
C 902	**countersunk screw,** countersunk head screw, screw with countersunk	Senkkopfschraube *f,* Senkschraube *f*	boulon *m* à tête noyée	винт с потайной (утопленной) головкой
C 903	**counterweight,** counterbalance, balance	Gegenmasse *f,* Ausgleichsmasse *f*	masse *f* (poids *m*) d'équilibre, contrepoids *m*	противовес

	country pipeline	s. B 475		
	coupling	s. S 334		
C 904	coupling agent, anchoring agent, bonding polymer	Haftvermittler m, Haftmittel n	agent m de couplage (pontage), produit m adhésif, agent m d'accrochage, mouillant m	усиливающее адгезию вещество, обеспечивающее адгезию вещество, усиливающий адгезию полимер
C 905	coupling finish	Haftmittelüberzug m, Haftvermittlerüberzug m (auf Textilglas)	apprêt m plastique (de pontage)	аппрет для улучшения адгезионных свойств
C 906	coupling size, plastic size	Haftvermittler m auf Kunststoffbasis (Plastbasis)	ensimage m plastique	замасливатель, обеспечивающий адгезию
C 907	course of state	Zustandsverlauf m	allure f d'état	проход состояния
	covalent bond	s. A 583		
C 908	cover	Deckel m, Abdeckscheibe f	couvercle m, disque m de recouvrement	крышка
C 909	covering	Bezug m, Überzug m	revêtement m	покрытие, слой
	covering colour	s. O 46		
C 910	covering extrusion head	Extrusionsummantelungskopf m	tête f d'extrudeuse pour revêtement (gainage) de câbles	головка для изготовления покрытий кабеля
C 911	covering film	Abdeckfolie f	feuille f de recouvrement	подкладочная пленка
C 912	covering layer	Deckschicht f (von Verbundplatten, Verbundtafeln)	face f externe, pli m extérieur (panneau sandwich)	покрывной слой плиты (из слоистого материала)
	covering power	s. H 184		
	cover joint	s. C 916		
C 913	cover mould, fixed mould part (half)	feststehendes Spritzgießwerkzeugteil n, festes Werkzeugteil n, feststehende Werkzeughälfte f	matrice f fixe (injection), moitié f fixe du moule	неподвижная часть литьевой формы
C 914	cover sheet, top lamination	Schichtstoffdecklage f	feuille f de couverture, couche f superficielle	покрывной слой слоистого материала
C 915	cover strip	Befestigungsleiste f, Blendleiste f	baguette f de fixation, listel m de recouvrement	защитная планка
	cover strip welding	s. S 1260		
C 916	cover weld, cover joint	Schweißnaht f mit Deckband (Decklasche)	soudure f à bande couvrante	сварной шов с защитной лентой
	CP	s. C 174		
	CPE	s. C 298		
	CPVC	s. C 299		
	CR	s. C 307		
C 917	crack, crevice	Sprung m, Riß m, Spalt m	craquelure f, fissure f, fente f, crevasse f	трещина, разрыв, зазор, щель
C 918	crack branching	Rißverzweigung f, Bruchverzweigung f	branchement m de craquelures	разветвление трещин
C 919	crack correlator	Rißlängenbestimmungsgerät n, Rißlängenermittlungsgerät n	appareil m à mesurer la longueur des craquelures (fissures)	прибор для определения длины трещин
C 920	crack direction	Rißrichtung f	direction f de fissures	направление трещины
	cracker [mill]	s. B 396		
C 921	cracker roll	Brechwalze f	cylindre m de broyage	дробильный валок
C 922	crack formation, cracking, formation of cracks	Rißbildung f	formation f de craquelures, craquelage m, fissuration f	образование (появление) трещин, растрескивание
C 923	crack-formation limit	Rißbildungsgrenze f	limite f de fissuration	предел образования трещин
C 924	crack-free	rißfrei	sans fissures (craquelures)	без трещин
C 925	crack growth	Rißwachstum n	propagation f de fissures (craquelures)	разрастание трещин, увеличение размера трещин
	cracking	s. C 922		
C 926	cracking caused by light	Rißbildung f durch Lichteinfluß	fissuration f sous l'action de la lumière	растрескивание под влиянием света
C 927	cracking in welds	Schweißnahtrissigkeit f, Rissigkeit f der Schweißnaht	criquage m de soudure	растрескивание в сварном шве, образование трещин в сварном шве
C 928	crack initiation	beginnende Rißbildung f	début m (initiation f) de fissuration	начало растрескивания
C 929	crack initiation mechanism	Rißauslösungsmechanismus m	mécanisme m de déclenchement de fissures	механизм образования сетки трещин
C 930	cracking of a film	Rißbildung f in Anstrichschichten	fissuration f du film (peinture)	образование глубоких трещин на покрытии
	crackled lacquer	s. B 412		
C 931	crack propagation	Rißausbreitung f	propagation f de fissure (craquelure)	разрастание трещин
C 932	crack resistance, resistance to cracking	Rißbeständigkeit f	résistance f à la fissuration (craquelure)	устойчивость на растрескивание
C 933	crack sealer	Rißversiegler m, Stoff m zur Rißabdichtung, Dichtungsmittel n zur Rißausfüllung	bouche-fissures m	уплотнительный материал для трещин

C 934	crack toughness, fracture toughness	Rißzähigkeit f	ténacité f de rupture, résistance f à la rupture	устойчивость на растрескивание
C 935	crank locking gear [mechanism]	Kurbelrastgetriebe n	mécanisme m à bielle avec blocage	кривошипная передача с остановами
C 936	crash-pad-film	Polsterfolie f (für Autoarmaturenbrett)	feuille f de rembourrage (pour tableau de bord)	упругая пленка
C 937	crater	Krater m, Formteilkrater m, Beschichtungskrater m	creux m, cratère m	кратер, лунка, раковина, булавочный накол
C 938	cratering, crawling	Kraterbildung f	formation f de cratères	образование вмятин (на поверхности покрытия), образование кратеров
C 939	craze/to	rissig werden, Haarrisse bekommen	se fendiller	образовать волосяные трещины
C 940	craze	Haarriß m (im Klebfilm)	craquelure f, fissuration f	микротрещина (в слое клея)
	craze	s. a. F 476		
C 941	craze resistance	Haarrißbildungsbeständigkeit f	résistance f aux fendillements	стойкость к образованию волосяных трещин
C 942	crazing	Haarrißbildung f	fendillement m, craquelure f	образование микротрещин (волосяных трещин), крейзование
C 943	crazing, checking (of a film)	netzförmige Rißbildung f (in Anstrichschichten)	fissuration f	образование сетки неглубоких трещин (на покрытии)
C 944	cream[ing]	Startreaktion f (beim Reaktionsspritzen von Polyurethanschaumstoff)	crémage m, réaction f d'amorçage, réaction d'initiation	начальная реакция (вспенивания полиуретана), отстой
C 945	cream[ing] time	Startzeit f (beim Reaktionsspritzgießen von Polyurethanschaumstoff)	temps m d'initiation, temps m d'amorçage	время до начала реакции
C 946	crease/to	knittern	froisser	образовывать морщины
C 947	crease-proof, crease-resistant, crush-proof, crush-resistant	knitterfest, knitterbeständig	résistant au froissement, infroissable	устойчивый к смятию
C 948	crease-proofing, crush-proofing	Knitterfestmachen n	traitement m infroissable (d'infroissabilisation)	несминаемая отделка, снабжение несминаемостью, обеспечение несминаемости
	crease resistance	s. C 950		
	crease-resistant	s. C 947		
	creasing	s. F 574		
	creasing angle	s. F 575		
	creasing bar	s. F 582		
C 949	creasing-edge strength	Falzkantenfestigkeit f	résistance f améliorée aux endroits de pliage	прочность канта фальца
	creasing press	s. F 581		
C 950	creasing resistance, crease resistance	Knitterfestigkeit f	résistance f au froissement, infroissabilité f	устойчивость к смятию, несминаемость
	creasing rule	s. F 582		
	creasing support	s. F 583		
C 951	creep	Kriechen n, Fließen n (Festkörperwerkstoffe)	fluage m	ползучесть, крип
C 952/3	creep behaviour	Fließverhalten n, Kriechverhalten n	comportement m au fluage	свойства ползучести (крипа)
	creep birefringence	s. F 439		
C 954	creep curve	Kriechkurve f, Retardationskurve f	courbe f de fluage	кривая ползучести
C 955	creep deformation	Fließdeformation f, Kriechdeformation f	déformation f en fluage	относительная деформация при ползучести
C 956	creep-depending-on-time compression test under heat	Wärme-Zeitstand-Druckversuch m, Zeitstand-Druckversuch m in der Wärme	essai m thermique de résistance au fluage sous pression	испытание на длительную прочность при сжатии под влиянием повышенной температуры
C 957	creep failure	Kriechbruch m	rupture f par fluage	разрыв вследствие ползучести, разрушение вследствие крипа
C 958	creep modulus	Kriechmodul m, Retardationsmodul m	module m de fluage	модуль ползучести (крипа)
C 959	creep rate, rate of creep	Kriechgeschwindigkeit f	vitesse f de fluage	скорость ползучести (крипа)
C 960	creep recovery	Kriechrückstellung f	retour m en fluage	восстановление после ползучести, пластическое восстановление
C 961	creep region	Kriechbereich m	domaine m de fluage	область ползучести (крипа)
C 962	creep resistance, long-term strength, dimensional endurance properties, creep strength	Kriechfestigkeit f, Dauerstandfestigkeit f, Zeitstandfestigkeit f	résistance f au fluage [de longue durée], résistance durable	сопротивление ползучести, устойчивость на крип, длительная прочность, прочность при ползучести
C 963	creep strain	Kriechdehnung f, Dehnung f bei Langzeitbelastung	allongement m (élongation f) de fluage	неупругое удлинение при длительной нагрузке

C 964	creep strength	s. C 962		
	creep strength tester	Zeitstandprüfgerät n, Zeitstandprüfer m	appareil m d'essai à long terme	измеритель длительной прочности
C 965	creep test	Dauerstandversuch m, Dauerstandprüfung f	essai (test) m de résistance sous charge constante	испытание на длительную прочность
C 966	creep test	Klebfilmzähigkeitsprüfung f, Creep-Test m	essai (test) m de fluage (colle)	испытание устойчивости на крип
C 967	cresol	Cresol n	crésol m	крезол, трикрезол
C 968	cresol-formaldehyde resin	Cresol-Formaldehyd-Harz n	résine f crésol-formaldéhyde	крезоло-формальдегидная смола, КФ
C 969	cresol moulding compound (material)	Cresolharzformmasse f	matière f à mouler de résine crésolique (crésylique)	крезольная пресс-масса
C 970	cresol-novolak resin	Cresol-Novolak-Harz n	résine f novolaque crésolique	крезолоформальдегидная смола
C 971	cresol resin, cresylic resin	Cresolharz n	résine f crésolique (crésylique, de crésol)	крезоловая (крезольная, крезолоформальдегидная) смола
	crest	s. C 974		
C 972	crest clearance	Spitzenspiel n	jeu m entre sommets	радиальный зазор
C 973	crest of the corrugations	größte Wellungshöhe (Riffelungshöhe) f	hauteur f maximale de l'ondulation, hauteur maximale des cannelures (rainures)	максимальная высота рифления
C 974	crest of thread, crest	Gewinde[gang]spitze f	pointe f du pas, pointe f de crête	конец витка резьбы
	cresylic resin	s. C 971		
	crevice	s. C 917		
C 975/6	crevice corrosion	Spaltkorrosion f	corrosion f dans les crevasses (recoins)	щелевая коррозия
C 977	crimp/to, to curl, to crisp	kräuseln	friser, onduler, crêper	завивать, придавать извитость
C 978	crimp, crimping, wrinkling	Kräusen n, Kräuselung f, Runzelbildung f	frisure f, ondulation f, crêpage m	извитость
C 979	crimped glass fibre	Kräuselglasfaser f	fibre f de verre frisée (crêpée)	извитое стекловолокно
	crimping	s. C 978		
	crinkle varnish	s. W 309		
	crisp/to	s. C 977		
C 980	criss-cross sheeting	Netzfolie f, Folie f mit netzförmiger Verstärkung	feuille f renforcée en croix	пленка с сетчатым армированием
C 981	critical fibre length, L_c	kritische Faserlänge f (Kurzfaser-Verbundwerkstoffe)	longueur f critique de la fibre	критическая длина волокон
C 982	critical loading condition	kritischer Belastungszustand m	état m de charge limite	критическая степень загрузки, критический уровень (режим) нагрузки, критический нагрузочный режим
C 983	critical stress	kritische Spannung f	contrainte f critique	критическое напряжение
C 984	critical surface tension	kritische Oberflächenspannung f (von Klebstoffen)	tension f superficielle critique	критическое поверхностное натяжение
C 985	Croning method, [sand] shell moulding	Formmaskenverfahren n, Croning-Verfahren n	procédé m Croning, moulage m en carapace (coquille), coulée f en coquille	способ изготовления литейных оболочковых форм из термоактивной пескомассы, способ Кронинга
C 986	cross	Kreuzstück n (an Rohrleitungen)	raccord m en croix, raccord m à quatre voies	крестовина (трубопровод)
C 987	cross bar	Querschiene f, Querstange f	traverse f	поперечная балка
C 988	cross beater mill	Kreuzschlagmühle f	broyeur m à croisillon	крестовая ударная мельница
C 989	cross-blade agitator (mixer), paddle mixer with crossed beams	Kreuzbalkenrührwerk n, Kreuzbalkenmischer m	agitateur m à pales croisées	крестовая мельница, смеситель с крестовой мешалкой
	cross-bonding	s. C 999		
	cross-breaking strength	s. B 448		
	cross-cut saw	s. C 1106		
C 990	cross-cutter, guillotine	Querschneider m	massicot m à coupe transversale	поперечная саморезка
C 991	cross-cut test	Gitterschnittprüfung f	essai m de quadrillage, quadrillage m	определение адгезии решетчатым надрезом
	cross extruder head	s. C 994		
C 992	cross-feed multi-gating	Reihenanguß m mit Verteilerstern (Verteilerspinne)	canal m d'alimentation multiple (en étoile)	серийная литниковая система со звездовидным разводящим каналом
C 993	cross hatch adhesion (coats)	mittels Gitterschnittes bestimmte Haftfestigkeit f (von Überzügen)	adhérence f déterminée par quadrillage (revêtements)	определение адгезии решетчатым надрезом (покрытий)

C 994	**crosshead**, cross extruder head, head for side extrusion *(US)*	Querspritzkopf *m*	tête *f* d'équerre	поперечная головка
C 995	**crosshead die**	Querspritzkopfdüse *f (für Extruder)*	buse *f* de tête d'équerre	сопло поперечной головки
C 996	**crosshead lift**	nach oben und unten verschiebbares Maschinenquerjoch *n*	traverse *f* coulissant vers le haut et vers le bas	вертикально перемешиваемая траверса
C 997	**crosshead lock**	Maschinenquerjochfeststellung *f*	fixation *f* de la traverse de machine	закрепление траверсы машины
C 998	**crosshead of the press**	Pressenquerhaupt *n*, Pressenjoch *n*, Pressentraverse *f*	croisillon *m (presse)*	поперечина пресса, архитрав *(пресса)*
C 999	**crossing**, cross-bonding, cross-lamination	kreuzweise Schichtung *f (Schichtstoffe, Laminate)*; kreuzweise Versperrung *f (bei Sperrholz)*	couches *fpl* croisées, plis *mpl* croisés, stratification *f* croisée	наслоение под косым углом *(слоистого материала)*
C 1000	**cross-laminated**	kreuzweise laminiert (geschichtet)	stratifié croisé (à couches croisées)	перекрестно ламинированный (слоистый)
	cross-lamination	*s.* C 999		
C 1001	**cross-lap tensile test**	Zugversuch *m* an gekreuzt geklebten Prüfkörpern	essai *m* de traction aux éprouvettes collées en croix	испытание на растяжение крестообразно склеенных образцов
	crosslayers	*s.* A 374		
C 1002	**cross-link**, cross-linkage, interlacing	Vernetzungstelle *f*, Querverbindung *f*	réticulation *f*	поперечная связь
C 1003	**cross-linkable plasticizer (softener)**	vernetzbarer Weichmacher *m*	plastifiant *m* réticulable	сшивающийся пластификатор
	cross-linkage	*s.* 1. C 1002; 2. C 1007		
C 1004	**cross-linkage agent**, interlacing agent	Vernetzungsmittel *n*, Vernetzer *m*	réticulant *m*, agent *m* réticulant	сшивающий агент
C 1005	**cross-link[age] density**, cross-linking density, density of cross-linking	Vernetzungsdichte *f*	densité *f* de réticulation	плотность сшивки (поперечных связей)
C 1006	**cross-linked blend**	vernetztes Gemisch *n*, vernetzte Mischung *f*	mélange *m* réticulé	сшитая смесь, структурированная смесь
	cross-linked plastic	*s.* T 290		
C 1007	**cross-linking**, cross-linkage, interlacing	Vernetzung *f*, Vernetzen *n*	réticulation *f*	сшивание, сшивка, образование поперечной связи
C 1008	**cross-linking agent**	Vernetzungsreagens *n*	agent *m* de réticulation	сшивающее средство
C 1009	**cross-linking by means of steam**	Dampfvernetzung *f*, Vernetzung *f* durch Dampf	réticulation *f* à la vapeur	паросшивание, сшивание паром
	cross-linking density	*s.* C 1005		
C 1010	**cross-linking indicator**, CLI	Vernetzungsindikator *m*, Stoff *m* zum Nachweis einer stattgefundenen Vernetzung	indicateur *m* réticulant (de réticulation)	индикатор сшивания
C 1011	**cross-linking structure**	Vernetzungsstruktur *f*	structure *f* réticulaire	структура сшивания
C 1012	**cross-linking system**	Vernetzungssystem *n*	système *m* de réticulation	сшивающая система
C 1013	**cross scissor cut rotor**	Rotor *m* mit Kreuzschneider *(Granulator)*	rotor *m* au coupant en croix	ротор дробилки с четырьмя ножами
C 1014	**cross seal mechanism**	Quernaht-Schweißeinrichtung *f (Beutelherstellungsmaschinen)*	dispositif *m* de soudage pour joints transversaux *(fabrication de sachets)*	сварочное устройство для поперечных швов
C 1015	**cross-sectional area**	Querschnittsfläche *f*	aire *f* de la section [transversale]	площадь сечения
C 1016	**cross slide**	Querschlitten *m*	chariot (coulisseau) *m* transversal	поперечный суппорт, ползун
C 1017	**cross staff clutch**	Kreuzstabkupplung *f*	embrayage *m* à baguette croisée	сцепление типа «ценовая палочка»
C 1018	**cross-staple glass mat**	Kreuzfadenglasmatte *f (für Laminatherstellung)*	mat *m* en fils de verre croisés	стекломат крестовидной структуры
C 1019	**cross twill, crowfoot [weave]**	Kreuzkörper *m (Textilglasgewebe)*	serge *f* croisée	саржевое переплетение
C 1020	**crown**	Wölbung *f*	bombement *m*, bombage *m*	выпуклость, кривизна, вогнутость
C 1021	**crowned roller**	bombierte Auftragswalze *f*	cylindre *m* bombé	бомбированный валок для нанесения покрытий
C 1022	**crown gear**	Tellerrad *n*	couronne *f*	коронное (тарельчатое) зубчатое колесо
C 1023	**crow's feet**	Streifenbildung *f (an kalandrierten Halbzeugen)*	striation *f*	образование полос *(на каландрованной пленке)*
C 1024	**crowsfooting**	krähenfußartige Risse *mpl (in Anstrichschichten)*	pattes *fpl* de corbeau	морщины на покрытии типа «птичьи следы»
	CR polypropylene	*s.* C 767		
	CRU	*s.* C 698		
C 1025	**crucible tongs**	Tiegelzange *f*	pince *f* à creuset	тигельные щипцы

C 1026	**crude crepe sheet**	Rohwalzfell *n*	feuille *f* brute (homogénisée)	сырой вальцованный лист
C 1027	**crude oil**, raw oil	Rohöl *n*	huile *f* brute	сырое масло
C 1028	**crumbly**	bröcklig, krümelig	friable, fragile	рассыпчатый, крошащийся
C 1029	**crumb stage**	bröckliger (krümeliger) Massezustand *m*	état *m* friable (fragile, cassant)	рассыпчатое состояние
C 1030	**crush/to**	grobzerkleinern, grobmahlen, brechen	broyer, concasser	дробить, ломать
C 1031	**crush cutter**	Grobschneidmaschine *f*	desintégrateur *m* primaire	груборезальная машина
C 1032	**crusher**	Brecher *m*, Läufer *m*	broyeur *m*, concasseur *m*	дробилка, бегуны
	crushing mill	*s.* B 396		
C 1033/ 1034	**crushing rolls**	Brechwalzen *fpl*	cylindres *mpl* broyeurs	бегуны, дробильные вальцы
	crushing rolls	*s. a.* B 396		
	crushing strength	*s.* A 644		
	crush-proof	*s.* C 947		
	crush-proofing	*s.* C 948		
	crush-resistant	*s.* C 947		
C 1035	**cryogen-extrublas**	Blasformteilkühlung *f* mittels flüssigen Stickstoffs	refroidissement *m* de la pièce soufflée à l'azote liquide	охлаждение полого изделия жидким азотом
C 1036	**cryogenic grinding**	kryogenes (kaltes) Feinmahlen *n*, Feinmahlen unter Absenken der Guttemperatur durch flüssigen Stickstoff	micronisation *f* cryogénique (à basse température)	измельчение под влиянием жидкого азота
C 1037	**cryogen-rapid process,** shock freezing process	Cryogen-rapid-Verfahren *n*, Schockfrosten *n* mittels flüssigen Stickstoffs	congélation *f* à l'azote liquide	замораживание жидким азотом
C 1038	**cryostat microtome**	Tieftemperaturmikrotom *n*	microtome *m* congélateur	низкотемпературный микрорезец
C 1039	**crystal-clear**	glasklar	transparent comme du cristal, ayant la transparence du cristal, clair, transparent	прозрачный
C 1040	**crystal defect**, crystal imperfection	Kristallbaufehler *m*, Kristallfehler *m*	imperfection *f* cristalline (de cristal)	дефект кристалла
C 1041	**crystal filter**	Quarzfilter *n (Lichtstrahlschweißen)*	filtre *m* à quartz	кварцевый фильтр
C 1042	**crystal form**	Kristallform *f*	forme *f* de cristal	форма кристалла
C 1043	**crystal habit**	Kristallhabitus *m*	habit *m* de cristal, forme *f* caractéristique de cristal	габитус кристалла
	crystal imperfection	*s.* C 1040		
C 1044	**crystal lattice**	Kristallgitter *n*	réseau *m* cristallin	кристаллическая решетка
C 1045	**crystalline**	kristallin	cristallin	кристаллический
C 1046	**crystalline index**	Kristallinitätsindex *m*	indice *m* de cristallinité	индекс кристалличности
C 1047	**crystalline matter**	kristalliner Stoff *m*	substance (matière) *f* cristalline	кристаллическое вещество
C 1048	**crystalline region**	kristalliner Bereich *m*	domaine *m* cristallin	кристаллическая область
C 1049	**crystalline state**	kristalliner Zustand *m*	état *m* cristallin	кристаллическое состояние
C 1050	**crystallinity**	Kristallinität *f*	cristallinité *f*	кристалличность
C 1051	**crystallite melting region**	Kristallitschmelzbereich *m*	zone *f* de fusion des cristallites	температура плавления кристаллитов
C 1052	**crystallite orientation**	Kristallitorientierung *f*	orientation *f* des cristallites	ориентация кристаллитов
C 1053	**crystallization**	Kristallisation *f*, Kristallisieren *n*	cristallisation *f*	кристаллизация
C 1054	**crystallization heat**	Kristallisationswärme *f*	chaleur *f* de cristallisation	теплота кристаллизации
C 1055	**crystallization velocity**, velocity of crystallization	Kristallisationsgeschwindigkeit *f*	vitesse *f* de cristallisation	скорость кристаллизации
C 1056	**crystallize/to**	kristallisieren	cristalliser	кристаллизировать
C 1057	**crystal nucleus**	Kristallisationskeim *m*, Kristallkeim *m*	germe *m* de cristal	зародыш кристаллизации
C 1058	**crystal shape**	Kristallgestalt *f*	façon *f* de cristal, forme *f* cristalline	облик кристалла
C 1059	**crystal size distribution**	Kristallgrößenverteilung *f*	répartition *f* dimensionnelle des cristaux	распределение размеров кристаллов
C 1060	**crystal structure**	Kristallstruktur *f*	structure *f* cristalline	структура кристалла, кристаллическая структура
C 1061	**crystal texture**	Kristalltextur *f*	texture *f* cristalline	текстура кристаллов
	crystal whisker	*s.* W 231		
	CS	*s.* C 94		
C 1062	**C stage**	C-Zustand *m*	état *m* C	стадия С
C 1063	**C-stage resin**, resit resin, resit	Harz *n* im C-Zustand, Harz im Resitzustand, Resit *n*	résine *f* à l'état C, résite *f*	смола на стадии С, резитная смола
	CT-dryer	*s.* C 751		
C 1064	**C-type press**, gap frame press	C-Presse *f*, Maulpresse *f*	presse *f* ouverte sur un côté	С-видный пресс, челюстной пресс
	cube dicer	*s.* D 199		

	cube making machine	s. D 199		
C 1065/ 1066	cube mixer	Würfelmischer m	mélangeur m cubique	кубовидный смеситель
	cubes	s. C 1067		
	cubical thermal expansion coefficient	s. C 449		
C 1067	cubiform granulate, dice-shaped granulate, cubes	Würfelgranulat n, würfelför-miges Granulat n	granulé m cubique (en forme de cube)	гранулы кубической формы, кубовидный гранулят
	cull	s. T 490		
C 1068	cull pick-up	Spritzpreßkolbennut f (zum Abreißen des Angußstut-zens)	arrache-carotte m, arrache-culot m (injection)	углубление поршня (для от-деления литника)
C 1069	cup flow figure	Becherfließzahl f, Becher-ausfließzeit f (Viskositäts-äquivalent)	indice m de fluidité au gobelet	коэффициент текучести по методу стандартного ста-кана, индекс текучести «по стаканчику», время замыкания пресс-формы стакана
C 1070	cup mould	Becherwerkzeug n	moule m de gobelets	форма для изготовления стаканов
C 1071	cupping	wellenförmige Abnutzung (Abtragung) f (Oberflächen-verschleiß)	usure f en dents de scie	волнистый износ
C 1072	cupping test	Tiefungsprüfung f	essai m d'emboutissage	испытание на вытяжку
C 1073	cupping test apparatus	Tiefungsprüfgerät n	appareil m d'essai d'emboutissage	измерительный прибор по Эрихсену, испытатель на вытяжку
C 1074	cuprammonium rayon	Kupferseide f, Kupferfaser-stoff m, KU	rayonne f cuprammonium	куприамингидратное во-локно
C 1075	cure/to, to bake, to stove	härten, aushärten	durcir	отверждать
C 1076	cured adhesive substance	gehärtete Klebstoff-substanz f	substance f adhésive durcie	отвержденный клей
C 1077	cured resin	gehärtetes Harz n, Harz-formstoff m	résine f durcie, matière f à mouler de résine	отвержденная смола
	cure rate	s. C 1089		
C 1078	cure rheology, chemo-rheology	Härterheologie f, Rheologie f während des Härtens (härtbare Formmassen)	rhéologie f pendant le durcissement	реология при отверждении
	cure schedule	s. C 1084		
C 1079	cure shrinkage	Härtungsschwindung f, Här-tungsschrumpfung f	retrait (rétrécissement) m par durcissement, contraction f par dur-cissement	усадка при отверждении
	cure temperature	s. S 328		
	cure time	s. C 1091		
C 1080	Curie-point pyrolysis	Curie-Punktpyrolyse f	pyrolyse f au point de Curie, pyrolyse à la température de Curie	пиролиз на точке Кюри
C 1081	curing, hardening	Härten n, Aushärten n (durch chemische Reaktion)	durcissement m, cuisson m	отверждение
	curing agent	s. H 34		
C 1082	curing blister	Härteblase f, bei der Här-tung entstandene Blase f (Reaktionsharze)	bulle f de durcissement	пузырь вследствие отвер-ждения
C 1083	curing catalyst	Härtekatalysator m	catalyseur m de dur-cissement	инициатор отверждения
C 1084	curing condition, cure schedule	Härtebedingung f	condition f de durcissement	условие отверждения
C 1085	curing cycle	Härtezyklus m, Härtungs-periode f	durée f de prise, temps m de durcissement (cuisson), cycle m de durcissement	цикл отверждения
C 1086	curing furnace, curing oven	Härteofen m	four m à tremper	камера для отверждения
C 1087	curing mechanism	Härtemechanismus m, Här-tungsverlauf m (bei Gieß-harzen und Klebstoffen)	mécanisme m de dur-cissement	механизм (протекание) от-верждения
	curing oven	s. C 1086		
C 1088	curing property	Härteeigenschaft f	propriété f de durcissement	поведение при отвержде-нии, свойство отвер-ждения
C 1089	curing rate, cure rate, rate of cure	Härtegeschwindigkeit f (Klebstoffe, Gießharze, Lacke)	vitesse f de durcissement (cuisson)	скорость отверждения
C 1090	curing step	Härtestufe f	étape f de durcissement (cuisson)	степень отверждения
	curing temperature	s. S 328		

C 1091	curing time, cure (setting, set-up) time, press-curing time (US)	Härtezeit f, Härtungszeit f, Aushärtezeit f, Aushärtungszeit f	temps m de durcissement, temps (durée f) de cuisson	время отверждения, продолжительность отверждения
	curing time under temperature	s. T 107		
	curl/to	s. C 977		
C 1092	curled buff, bias mop	Polierring m mit kräuselgefalteten Lagen (zum Polieren von Urformteilen)	disque m à polir froncé	текстильный полировалный круг
C 1093	curl up/to	wallend kochen, aufwallen	bouillonner	кипятить, бурлить
C 1094	curtain, sagging, runner	Lackläufer m	voile m (vernis)	наплывы, натеки, потеки (на лаковом покрытии)
C 1095	curtain coater	Vorhangbeschichter m, Curtain-Coater m, Vorhangbeschichtungsmaschine f, Anstrichstoffgießmaschine f	curtain coater m, coucheuse f par rideau liquide, métier m à enduire à rideau fondu	подвесная намазочная машина, горизонтальная литейная машина, лаконаливочная (наливочная) машина
C 1096	curtain coater die	Schmelzdüse f	filière f plate pour enduction sous fusion	плавильное сопло (для нанесения)
C 1097	curtain coating	Gießauftrag m, Gießlackieren n	enduction f à rideau [fondu]	отливка пленок (лака), наливание
C 1098	curtaining	Vorhangbildung f, Läuferbildung f, Ablaufen n (von Anstrichschichten)	formation f de voile (vernis)	потеки на вертикальной поверхности в виде складок
C 1099	curved blade	gekrümmte Mischschaufel f, gekrümmter Rührflügel m	pale f incurvée	лопасть кривой формы
C 1100	cushion	Polster n	coussin m, dessous m	подушка, упругая подкладка
C 1101	cushioning effect	Polsterwirkung f, dämpfende Wirkung f	effet m d'amortissement	демпфирующий (амортизирующий) эффект
C 1102	cut	Zuschnitt m (Folie)	découpage m	раскрой
C 1103	cut-all microtome	Hartschnittdünnschnittgerät n, Hartschnittmikrotom n	microtome m pour matériaux durs	микротом твердого разреза
C 1104	cut-off, shear edge, land [area], pinch-off edge	Abquetschrand m, Abquetschkante f, Abquetschfläche f	bord m d'appui; surface f d'appui	отжимный рант (кант), кромка, квётч-рант
	cut-off device	s. C 1117		
	cut-off machine	s. C 1114		
	cut-off nozzle	s. S 492		
C 1105	cut-off positioner	Lageeinsteller m für Schneideinrichtung, Schneideinrichtungslageeinsteller m	dispositif m d'ajustage pour parties tranchantes	система позиционирования режущего устройства
C 1106	cut-off saw, cross-cut saw	Ablängsäge f	scie f à tronçonner	пила для разреза, торцовочная (концерезная) пила
C 1107	cut-off sprue, scavenged sprue	abgetrennter Formteilanguß m	carotte f découpée	отделенный литник
C 1108	cut-off station	Schneidstation f	station f de découpage	резное место
C 1109	cut-open tubular film	Schnittflachfolie f (durch Aufschneiden von Schlauchfolie hergestellt)	feuille f tubulaire refendue	пленка, полученная обрезкой краев рукава
C 1110	cut reinforcing fibre	kurze Verstärkungsfaser f	fibre f de renforcement coupée (courte)	короткое волокно для армирования
C 1111	cut resistance, resistance to cuts	Schnittfestigkeit f	résistance f à la coupe	устойчивость к резке
C 1112	cut roving	geschnittener Roving (Glasfaserstrang) m, Schneidroving m	roving (stratifil) m coupé	срезанный ровинг
C 1113	cut surface	Schnittkante f (Wasserstrahlschneiden, Laserstrahlschneiden)	arête f de coupe	кант разреза
C 1114	cutter, cut-off machine, cutting machine, chopper	Schneidmaschine f	trancheuse f, machine f à découper	резальная машина, резец
C 1115	cutter shaft	Messerwelle f	arbre m de couteau	резцовый вал
C 1116	cutting blade	Messerklinge f, Walzenmesser n	lame f de couteau	лезвие ножа
	cutting chamber	s. G 176		
C 1117	cutting device, cut-off device	Schneidvorrichtung f, Schneideinrichtung f	trancheuse f, dispositif m de découpe (découpage)	режущее устройство
C 1118	cutting die, ejector die, knockout die, punching tool	Stanzwerkzeug n	emporte-pièce m, matrice f à découper (estamper, poinçonner), outil m à estamper (poinçonner)	листовой штамп, форма для штампования
	cutting edge	s. S 296		
C 1119	cutting edge holder	Messerbalken m (an Trennvorrichtungen für Halbzeuge)	barre f porte-lame	держатель режущей кромки
	cutting instrument	s. C 1129		

	English	German	French	Russian
C 1120	cutting jet	Strahlschneiddüse f (Flüssig-keitsstrahlschneiden)	éjecteur m de découpage à jet	сопло струйной мельницы
C 1121	cutting knife	Schneidmesser n, Spaltmesser n; Trennmesser n (zum Ablängen und Beschneiden von Halbzeugen)	couteau m à tailler (tronçonner)	режущий нож
	cutting machine	s. C 1114		
C 1122	cutting method	Trennverfahren n	méthode f de découpage (tranchage, tronçonnage)	способ отрезания, метод разрезания
C 1123	cutting mill, impeller breaker	Schneidmühle f	broyeur m à couteaux [fixes et mobiles]	ножевая мельница
C 1124	cutting operation	Zerspanen n, Zerspanungsarbeit f	usinage m [par enlèvement de copeaux]	резание, обработка резанием
C 1125	cutting point	Schneidstelle f, Schnittstelle f	point m coupant	срез
C 1126	cutting press	Schneidpresse f	presse f de découpage	резальный пресс
C 1127	cutting robot	Schneidroboter m, Schneidautomat m, automatisiertes Schneidgerät n	robot m de découpage, broyeur m à couteaux automatisé	резальный автомат
C 1128	cutting roll	Schneidwalze f (Beschichtungsextruder)	rouleau m de coupe	ножевой ролик
C 1129	cutting tool, cutting instrument	Schneidwerkzeug n, Schnittwerkzeug n	outil m de coupe (découpe)	режущий (резальный) инструмент
C 1130	cutting-up	Ablängen n	tronçonnage m	отрезка, торцовка, поперечная распиловка
C 1131	cut to size	auf Format zugeschnitten, zugeschnitten (Halbzeuge)	[dé]coupé, coupé en flan	скроенный, раскройный, [мерно] отрезанный
	cut-to-size sheet	s. S 390		
	CV-line	s. C 752		
	cyanoacrylate adhesive	s. C 1133		
C 1132	cyanine dye	Cyaninfarbstoff m	matière f colorante sur base de cyanine	цианиновый краситель
C 1133	cyanoacrylic adhesive, cyanoacrylate adhesive	Cyanoacrylatklebstoff m, anionisch härtender Cyanoacrylatklebstoff m, chemisch blockierter Einkomponentenklebstoff m auf Cyanoacrylatbasis	adhésif m cyanoacrylique	цианакрилатный клей
C 1134	cycle aging conditions	zyklische Temperatur- und Feuchteänderungen fpl (bei Alterungsprüfungen)	variations fpl cycliques de température et d'humidité	циклические изменения температуры и влажности, циклические изменения кондиционирования воздуха
C 1135	cycle counter	Zykluszähler m	compteur m de cycles	цикломер
	cycles of load stressing	s. N 158		
C 1136	cycle time	Zykluszeit f	durée f (temps m) de cycle	продолжительность цикла
C 1137	cycle timer	Zykluszeitschaltwerk n (an Spritzgießmaschinen, Schweißmaschinen und Duroplastpressen)	régulateur (limitateur) m de temps de cycle	реле цикла (включающий механизм для цикла), реле времени (цикл литья под давлением)
C 1138	cyclewise drive	Taktantrieb m	commande f intermittente	тактовый привод
C 1139	cyclic stress test	Ringspannungstest m (an Klebverbindungen)	essai m de tension annulaire	испытание кольцевых напряжений
C 1140	cycling winder	Kreisläufer-Wickler m, Kreisläuferwickelmaschine f	bobineuse f rotative	карусельное намоточное устройство
C 1141	cyclization	Cyclisieren n (von Gummi zur Verbesserung der Klebbarkeit)	cyclisation f	циклизация (резины)
C 1142	cyclized rubber	Cyclokautschuk m, cyclisierter Kautschuk m	caoutchouc m cyclisé	циклокаучук, циклизованный каучук
C 1143	cyclohexanone	Cyclohexanon n	cyclohexanone m	циклогексанон
C 1144	cyclohexanone peroxide paste	Cyclohexanonperoxidpaste f (Härter für ungesättigte Poyesterharze)	pâte f de peroxyde de cyclohexanone	пастообразная перекись циклогексанона, паста перекиси циклогексанона
C 1145	cyclone classifying	Windsichtung f	séparation f pneumatique, blutage m	воздушная классификация (сепарация)
	cyclone impeller	s. R 558		
	cyclone sintering	s. F 485		
C 1146	cyclopolymerization	Cyclopolymerisation f	cyclopolymérisation f	циклополимеризация
C 1147	cyclotron mass spectrometer	Zyklotron-Massenspektrometer n	spectromètre m de masse cyclotron	циклотрон-масс-спектрометр
C 1148	cylinder, roll	Zylinder m; Walze f	cylindre m; rouleau m	цилиндр; валок
	cylinder arrangement	s. A 547		
	cylinder beading	s. C 1150		
C 1149	cylinder bearer	Zylinderträger m	logement m de cylindre	основа цилиндра

	English	German	French	Russian
C 1150	cylinder bending, cylinder beading (US)	Bördeln n von Zylinderenden	roulage m du bord de cylindre	закатывание цилиндров
C 1151	cylinder displacement	Walzenschränkung f, Walzenverstellung f	déplacement m des cylindres	перекрещивание валков
C 1152	cylinder dowel	Zylinderzapfen m	portée f de cylindre	цилиндрическая цапфа
C 1153	cylinder dryer, can (Yankee) dryer	Zylindertrockner m	séchoir m à cylindres	цилиндрическая сушилка
	cylinder gap	s. N 41		
C 1154	cylinder journal, cylinder roll journal	Walzenlagerzapfen m	tourillon m de cylindre	цапфа катковой опоры, цапфа на катках, шейка валка
C 1155	cylinder liner	Zylinderauskleidung f (Spritzgießmaschine)	revêtement m du cylindre (injection)	футеровка литьевого цилиндра
C 1156	cylinder mixer	Zylindermischer m	mélangeur m à tambour [cylindrique]	барабанный смеситель
	cylinder roll journal	s. C 1154		
C 1157	cylinders in staggered arrangement	versetzt angeordnete Walzen fpl	cylindres mpl décalés	смещенно расположенные валки
	cylinder support	s. B 78		
	cylinder temperature	s. B 79		
	cylinder with drilled channels	s. R 504		
	cylinder with inner partition plates	s. R 505		
C 1158	cylindrical horn, cylindrical sonotrode	Zylindersonotrode f (Ultraschallwerkzeug mit zylindrisch verlaufender Mantellinie)	sonotrode f cylindrique	цилиндрический сварочный инструмент (ультразвуковой сварки)
C 1159	cylindrical mandrel apparatus	zylindrisches Dornprüfgerät n (Anstriche)	appareil m d'essai à mandrin cylindrique (couches de peinture)	испытатель цилиндрическим стержнем (покрытия)
C 1160	cylindrical-notched pin, straight-notched pin	Zylinderkerbstift m	goupille f à encoches cylindrique	цилиндрический штифт с насечкой
	cylindrical screw with conical core	s. T 595		
C 1161	cylindrical twin-screw extruder	zylindrischer Doppelschneckenextruder m, zylindrischer Zweischneckenextruder m	extrudeuse (boudineuse) f à deux vis cylindrique, extrudeuse (boudineuse) f à double vis cylindrique	цилиндрический двухчервячный экструдер, цилиндрический двухшнековой экструдер
C 1162	cylindrical worm gear	Zylinderschneckentrieb m	commande f à vis cylindrique sans fin	цилиндрическая червячная пара (передача)

D

	English	German	French	Russian
	DAIP	s. D 183		
D 1	dam	Stauraum m, Staukopf m	zone f d'accumulation	нагнетатель
D 2	dammar resin	Dammarharz n	dammar m, résine f dammar	даммаровая смола
D 3	damp/to, to dampen	dämpfen	amortir	пропаривать, запаривать
D 4	damp/to, to dampen, to wet, to humidify	befeuchten, anfeuchten, feucht machen	mouiller, humidifier, humecter	смачивать, увлажнять
D 5	damped vibration	gedämpfte Schwingung f	vibration (oscillation) f amortie	затухающее колебание
	dampen/to	s. 1. D 3; 2. D 4		
D 6	damper	Drosselklappe f (in Trockengeräten)	papillon m, clapet m d'étranglement	дроссельная заслонка, дроссельный клапан
D 7	damping factor, logarithmic damping decrement	mechanischer Dämpfungsfaktor m, logarithmisches Dämpfungsdekrement n	décrément m logarithmique [d'affaiblissement]	логарифмический декремент механических потерь
	damping of material	s. M 91		
D 8	damping power	Dämpfungsvermögen n	pouvoir m amortissant (d'amortissement)	способность затухания, способность демпфирования
D 9	damping time	Dämpfungszeit f	temps m d'amortissement	время затухания
D 10	damping value	Dämpfungswert m	valeur f d'amortissement	степень затухания
D 11	dancer roll[er]	Tänzerrolle f, Tänzerwalze f (zur Faden- und Bahnenspannungskontrolle)	rouleau m fou (libre), cylindre m libre	свободный ролик
D 12	dangerous-materials class	Gefahrenklasse f (brennbare Flüssigkeiten)	classe f du R. I. D., classe de danger	класс опасности
	DAP	s. D 184		
	DAP resin	s. D 185		
D 13	dark shade	dunkle Farbtönung f (bei Formteilen und Beschichtungen)	teinte f foncée (sombre) (pièces moulées, revêtements)	темный тон

D 14	**dart-drop**	Dart-drop *m*, Zähigkeit *f* bei schockartiger Belastung	résilience *f* au choc	ударная вязкость
D 15	**dashpot**	Dämpfer *m*, Dämpfungs- vorrichtung *f*, Element *n* zur Simulierung des vis- kosen Verhaltens	amortisseur *m*	демпфер, жидкостный дем- пфер
D 16	**daylight**	Etagenhöhe *f* (von Etagen- pressen)	distance *f* (passage *m*) entre plateaux	просвет между плитами этажного пресса
D 17	**daylight,** daylight opening, mould opening (height), build-up height	[lichte] Einbauhöhe *f* (für Werkzeuge)	ouverture *f* (moule)	наибольшее расстояние между плитами, высота формы, просвет пресс- формы (между плитами), расстояние в свету
D 18	**daylight between platens**	Plattenöffnung *f* (Spritzgieß- maschine)	distance *f* de plateau à pla- teau	расстояние в свету
	daylight opening	*s.* D 17		
D 19	**daylight press,** multiday- light press, multiple- opening platen press (US), multiplaten press (US)	Etagenpresse *f*	presse *f* à plateaux multiples	этажный пресс, много- этажный плиточный пресс
	DD	*s.* D 203		
	dead time	*s.* I 6		
D 20	**dead weight**	Eigenmasse *f*	poids *m* mort (propre)	собственный вес
D 21	**deaerate/to,** to degas, to breathe, to vent	entlüften, entgasen (bei Harzansätzen, Formmasse- verarbeitung)	désaérer, dégazer	удалять воздух, удалять газы, дегазировать
	deaerating	*s.* D 22		
D 22	**deaeration,** deaerating, de- gassing, venting	Entlüftung *f*, Entgasen *n*, Ent- gasung *f* (bei Harzansät- zen, Formmasseverarbei- tung)	désaération *f*, dégazage *m*	удаление воздуха, деаэ- рация, удаление газов, дегазация
D 23	**deaerator**	Entlüfter *m* (für Harzansätze)	désaérateur *m*	деаэратор
D 24	**debonding**	Lösen *n* einer Klebverbin- dung, Klebstoffablösung *f*, Ablösen *n* des Klebfilms vom Fügeteil	séparation *f*, détachement *m*	отслаивание клея
D 25	**debonding**	Zerstörung *f* einer Haft- verbindung, Haftverbin- dungszerstörung *f*	perte *f* de l'adhésivité (ma- trice polymère-charge fi- breuse)	расщепление (полимер-во- локнистый наполнитель)
	deburr/to	*s.* D 55		
	deburrer	*s.* D 56		
	deburring	*s.* D 57		
	deburring trimming ma- chine	*s.* D 56		
	Debye [induction] forces	*s.* I 88		
	decahydronaphthalate	*s.* D 27		
D 26	**decalcomania process**	Beschriftungsanbringung *f* mittels Abziehbildern (auf Formteilen)	décalcomanie *f*	декалькомания
D 27	**decalin,** decahydronaphtha- late	Decalin *n*, Decahydronaph- thalin *n*	décaline *f*	декалин, декагидронафта- лин
D 28	**decay period**	Abkühlungsperiode *f*, Ab- kühlungszeit *f*	période *f* (durée *f*, temps *m*) de refroidissement	время (период) охлаждения
D 29	**decoiler,** unicoiler, coil un- roller	Ablaufhaspel *f(m)*	rouleau *m* débiteur, dérou- leur *m*	бобина размотки, отма- тывающая бобина
D 30	**decolourization**	Entfärben *n*, Entfärbung *f*	décoloration *f*	обесцвечивание, осветле- ние
D 31	**decolourizer,** decolourizing agent	Entfärbungsmittel *n*	décolorant *m*	обесцвечиватель, обесцве- чивающее средство
D 32	**decompose/to,** to disso- ciate, to split up into com- ponents	abbauen, zersetzen	décomposer, dégrader, dis- soccier	разлагать, распадать, де- структировать
D 33	**decomposing plastic**	durch Mikroorganismen oder/und UV-Strahlung abbaubarer Kunststoff (Plast) *m*	matière *f* plastique dégra- dable	разлагающийся пластик
D 34	**decomposition,** dissocia- tion, degradation	Zersetzung *f*, Zerfall *m*, Ab- bau *m*, oxydative Ketten- spaltung *f*	décomposition *f*, dégrada- tion *f*, dissociation *f*	деструкция, разложение, распад, расщепление, окислительное расщепле- ние цепей, окислительный разрыв цепи
D 35	**decomposition heat,** heat of decomposition	Zersetzungswärme *f*	chaleur *f* de décomposition	теплота разложения
D 36	**decomposition product**	Zersetzungsprodukt *n*, Ab- bauprodukt *n*	produit *m* de décomposition (dégradation)	продукт разложения (де- струкции)
D 37	**decomposition temperature**	Zersetzungstemperatur *f*, Abbautemperatur *f*	température *f* de décompo- sition	температура разложения (деструкции)

D 38	decompression time	Kompressionsentlastungs-zeit f	temps m (durée f) de dé-compression	продолжительность деком-прессии
	decoration in the mould	s. I 208		
D 39	decoration of plastics	dekorative Gestaltung f von Kunststoffoberflächen (Plastoberflächen), dekorative Kunststoffoberflächengestaltung (Plastoberflächengestaltung) f	décoration f de la surface de plastique, décoration f de la surface matière plastique	оформление поверхности пластизделия
D 40	decoration procedure	Dekorationsverfahren n (für Formteile)	procédé m de décoration	декоративная отделка
D 41	decorative composite panel	dekorative Verbundplatte (Verbundtafel) f	plaque f composite décorative	декоративная плита из слоистого материала
D 42	decorative sheet	Dekorationsfolie f, dekorative Folie f	feuille f décorative	декоративная пленка
D 43	decreased	einseitig lackiert	verni (laqué) d'un seul côté, verni (laqué) sur un seul côté, verni (laqué) sur une seule face	лакированный с одной стороны
	decreasing pitch screw	s. S 173		
D 44	deep drawing	Tiefziehen n	formage m profond	глубокая вытяжка
D 45	deep-drawing part, deep-drawn article	Tiefziehteil n, tiefgezogenes Formteil n	pièce f emboutie	формованное изделие из листовых термопластов, изделие, полученное термоформованием, глубокое пресс-изделие
D 46	deep-drawing press	Tiefziehpresse f	presse f d'emboutissage	пресс для глубокой вытяжки
D 47	deep-drawing ratio, draw-down ratio	Tiefziehverhältnis n	rapport m d'emboutissage	коэффициент глубокой вытяжки
D 48	deep-drawing tool	Tiefziehwerkzeug n	moule m d'emboutissage	форма для вытяжки
	deep-drawn article	s. D 45		
D 49	deep flow	langer Fließweg m (Schmelze)	écoulement m profond	высокая текучесть
D 50	deep-freeze foil	Gefrierfolie f	feuille f plastique pour la congélation, gaine f plastique pour la congélation	пленка для замораживания
D 51	defibrate/to, to defibre, to fiberize	zerfasern, defibrieren	défibrer	разбивать на волокна, измельчать
D 52	defibrator	Zerfaserungsmaschine f	défibreur m	измельчитель, бракомолка
	defibre/to	s. D 51		
D 53	defino joint	Zweifach-Zapfen-Nut-Klebverbindung mit Nutgrund- und Zapfenkopfabrundung sowie paarweise unterschiedlichen Zapfen- und Nutabmessungen	joint collé par tenon et mortaise double (la tête du tenon et le fond de la mortaise sont arrondis	двукратное клеевое соединение деталей с закругленными шипами и пазами, имеющими разные размеры
D 54	deflaking	Entstippen n	dépastillage m	удаление сгустков
D 55	deflash/to, to deburr, to flash-lathe	entgraten, abgraten	ébavurer, ébarber, débavurer	удалять грат, удалять заусенцы
D 56	deflasher, deflashing (deburring, overflow) trimming machine, wheel abrator, machine for taking off the burr, deburrer, flash trimmer, deflashing machine	Entgrater m, Entgratmaschine f, Abgratmaschine f	machine f à ébavurer, ébarbeuse f	машина для удаления грата (гратов), машина для снятия заусенцев
D 57	deflashing, deburring, trimming	Entgraten n, Abgraten n	ébavurage m, ébarbage m, débavurage m	удаление грата (облоя), снятие заусенцев
D 58	deflashing and polishing machine	Entgratungs- und Poliermaschine f	machine f pour ébavurage et polissage	машина для удаления гратов и полирования
D 59	deflashing equipment	Entgratungsanlage f	installation f de l'ébarbage, installation de l'ébavurage	устройство для удаления литников
	deflashing machine	s. D 56		
D 60	deflashing mask (nest)	Entgratungsmatrize f	masque m d'ébavurage	фасонный нож для удаления грата
	deflashing trimming machine	s. D 56		
	deflatable bag technique	s. V 3		
D 61	deflecting blade	Ableitblech n (in Turbomischern)	chicane f, pale f en chicane	отражательный щит
D 62	deflection	Biegung f, Durchbiegung f	fléchissement m; flexion f, déformation f transversale; déplacement m de flexion, flèche f	загиб, прогиб
D 63	deflection	Abweichung f (Lichtstrahlen)	déviation f (lumière)	отклонение, склонение

D 64	deflection (of scale)	Ausschlag m, Skalen-ausschlag m	déviation f (aiguille)	отклонение, амплитуда
D 65	deflection at break (rupture)	Bruchdurchbiegung f	fléchissement m de rupture	прогиб при разломе (разрушении)
D 66	deflection resistance, sag resistance, sagging resistance	Durchbiegungswiderstand m	résistance f à la flexion [permanente]	сопротивление прогибу
	deflection temperature	s. T 97		
D 67	deflector, converging plate	Leitblech n	déflecteur m, guide m	направляющий лист, направляющая перегородка
D 68	deflector roll	Umlenkwalze f, Umlenkrolle f (an Beschichtungsmaschinen)	rouleau m embarreur (de détour)	поворотный валок
D 69	deflocculation agent	Antiausflockmittel n, Ausflocken verhindernder Stoff m	agent m antifloculant	диспергирующий агент
	defoamer, defoaming agent	s. A 470		
D 70	deformability, capacity for deformation, ductility	Verformungsvermögen n, Verformbarkeit f	déformabilité f, aptitude f à la déformation	деформируемость, способность к деформации
D 71	deformation behaviour	Verformungsverhalten n, Deformationsverhalten n	comportement m de (à la) déformation	поведение при деформации, свойства деформации
D 72	deformation energy, energy of deformation	Deformationsenergie f, Verformungsenergie f	énergie f de déformation	энергия деформации
D 73	deformation limit, limit of deformation	Verformungsgrenze f, Deformationsgrenze f	limite f de déformation	предел деформации
D 74	deformation mechanism, mechanism of deformation	Deformationsmechanismus m	mécanisme m de déformation	механизм деформации
D 75	deformation rate, rate of deformation, strain rate	Verformungsgeschwindigkeit f, Deformationsgeschwindigkeit f	vitesse f de déformation	скорость деформации (формования)
D 76	deformation under load	Deformation f unter Belastung	déformation f sous charge	деформация при нагрузке
D 77	deformation zone, zone of deformation	Verformungsbereich m, Deformationsbereich m	zone f de déformation	зона (область) деформации
	degas/to	s. D 21		
D 78	degassing, venting (of the mould)	Entlüften n, Lüften n (von Werkzeugen)	dégazage m, désaération f	удаление воздуха (из формы)
D 79	degassing	s.a. D 22		
	degassing extruder	Extruder m mit Vakuumentgasung, Entgasungsschneckenpresse f	extrudeuse (boudineuse) f à dégazage sous vide	вакуум-экструдер, экструдер с вакуум-отсосом
D 80	degassing zone	Entgasungszone f (Extruder)	zone (section) f de dégazage, zone f d'évent	зона дегазации (газоудаления)
D 81	degate/to	Anguß entfernen	décarotter	удалять литник
D 82	degating	Angußentfernen n, Entfernen n des Angusses	décarottage m	удаление литника
	degradation	s. D 34		
D 83	degradation-resistant plastic	abbaustabiler Kunststoff (Plast) m	matière f plastique résistant à la dégradation, plastique m stable	устойчивый к деструкции пластик
D 84	degrease/to	entfetten	dégraisser	обезжиривать, удалять жир
	degreaser	s. D 86		
D 85	degreasing	Entfetten n	dégraissage m	обезжиривание, удаление жира
D 86	degreasing agent, degreaser	Entfettungsmittel n (Klebflächenvorbereitung)	dégraissant m	средство для обезжиривания
	degree of absorption	s. A 28		
	degree of adsorption	s. A 238		
D 87	degree of alternation	Alternierungsgrad m	degré m d'alternance	степень знакопеременности
D 88	degree of blistering	Blasenbildungsgrad m (Anstrichschichten)	taux m de cloquage (couches de peintures)	степень образования пузырей
D 89	degree of branching, branching degree	Verzweigungsgrad m (Molekülketten)	degré m de ramification	степень разветвления
	degree of cleanliness	s. P 1136		
D 90	degree of cross-linking	Vernetzungsgrad m	degré m de réticulation	степень сшивания, плотность пространственной сетки, степень густоты полимерной сетки
D 91	degree of crystalline order	Kristallordnungsgrad m (teilkristalline Werkstoffe)	degré m d'ordre de structure cristalline	степень упорядоченности кристаллов
D 92	degree of crystallinity (crystallization)	Kristallinitätsgrad m, Kristallinisationsgrad m	degré m de cristallinité	степень кристалличности
D 93	degree of cure	Grad m der Härtung, Härtungsgrad m	degré m de durcissement (cuisson)	степень отверждения
D 94	degree of dispersion, dispersion degree	Dispersionsgrad m, Verteilungsgrad m	degré m de dispersion, dispersivité f	степень дисперсности

D 95	degree of flexibility	Biegsamkeitsgrad m, Flexibilitätsgrad m	degré m de flexibilité	степень гибкости
D 96	degree of foaming	Schäumgrad m	degré m de moussage	степень вспенивания
D 97	degree of functionality	Funktionalitätsgrad m	degré m de fonctionnalité	степень функциональности
D 98	degree of gelation	Geliergrad m	degré m de gélification	степень желирования
D 99	degree of grafting	Pfropfungsgrad m	degré m de greffage	степень прививки
	degree of grinding	s. F 664		
D 100	degree of hardness	Härtegrad m	degré de dureté	степень твердости
D 101	degree of isotacticity	Isotaktizitätsgrad m	degré m d'isotacticité	степень изотактичности
D 102	degree of long-range order, degree of order	Ordnungsgrad m, Ordnungsparameter m	degré m d'ordre à grande distance	порядковый параметр, степень упорядоченности
D 103	degree of mixing, mixing degree	Mischungsgrad m (Mehrkomponentenharze)	degré m de mélange	степень смешения
	degree of order	s. D 102		
D 104	degree of orientation	Orientierungsgrad m	degré m d'orientation	степень ориентации
D 105	degree of plasticity	Plastizitätsgrad m	degré m de plasticité	степень пластичности
D 106	degree of plasticization	Plastiziergrad m	degré m de plastification	степень пластификации
D 107	degree of polymerization	Polymerisationsgrad m	degré m de polymérisation	степень полимеризации
D 108	degree of resistance to glow heat	Gütegrad m der Glutfestigkeit	degré m de résistance à l'incandescence	показатель качества жаростойкости
D 109	degree of stretching, drawing degree	Reckungsgrad m, Verstrekkungsgrad m	degré m d'étirage, degré m d'orientation	степень вытягивания (вытяжки)
D 110	degree of swelling	Quellgrad m, Schwellgrad m (Extrudat)	degré m de gonflement	степень разбухания экструдата
D 111	degree of tacticity	Taktizitätsgrad m	degré m tacticité	степень тактичности
D 112	degree of whiteness, whiteness degree	Weißgrad m	degré m de blanc (blancheur)	степень белизны
D 113	dehumidification	Trocknen n, Feuchteentzug m, Entfeuchten n, Entfeuchtung f (von Gasen)	déshumidification f	высушивание, высыхание
D 114	dehumidifier	Trockenmittel n, Feuchtigkeitsentziehungsmittel n (Gase)	déshumidifiant m	высушивающее вещество, осушитель
D 115	dehumidifying dryer	mit Trockenmitteln arbeitender Trockner m, mit Flüssigkeitsentzugsmitteln arbeitender Trockner m, Trockenlufttrockner m	sécheur m (séchoir m) travaillant avec un agent de déshydratation, sécheur m à air sec	сушилка с ускоряющим сушку веществом
D 116	dehydrate/to	entwässern, Wasser entziehen	déshydrater	дегидратировать
D 117	dehydrating agent	Wasser entziehendes Mittel n	déshydratant m, agent m déshydratant	дегидратирующее средство, дегидратирующий агент
D 118	delaminate/to	in Schichten zerlegen, delaminieren	délamifier	расслаивать, расщеплять
D 119	delamination	Schichtentrennung f, Schichtenspaltung f (bei Laminaten)	délamification f, délaminage m, clivage m (stratifié)	расслоение, расщепление, расслаивание
	delayed elasticity	s. E 50		
D 120	delay time	Verzugszeit f	temps m de retardement	время замедления
D 121	delivery belt	Zuführband n (für Formmassen)	bande f d'alimentation, bande d'amenée	конвейер (лента) подачи
D 122	delivery head	Zuführkopf m, Zuführungskopf m	tête f d'alimentation	головка подачи
	delivery screw	s. D 348		
D 123	delivery system	Zuführeinrichtung f (für Formmassen an Verarbeitungsmaschinen)	dispositif m d'alimentation	подающее устройство, механизм подачи
	delustrant	s. F 371		
D 124	demand for plastics construction	Konstruktionsrichtlinie f für Kunststoffe (Plaste)	recommandation f de construction pour matières plastiques	инструкция для конструкции пластизделий
D 125	demand on the dimensional stability	Maßhaltigkeitsforderung f	demande f en stabilité dimensionnelle	требование по допуску размеров
D 126	demineralized water	enthärtetes Wasser n	eau f déminéralisée	умягченная вода
D 127	demixing	Entmischung f	démixtion f, séparation f (mélange)	расслоение, отстаивание
D 128	demonomerization	Entmonomerisierung f	démonomérisation f	удаление мономеров
D 129	demonomerization behaviour	Entmonomerisierungsverhalten n	comportement m de démonomérisation	способность к удалению мономеров, поведение при демономеризации
	demoulding	s. M 543		
D 130	demoulding aid	Entformungselement n	élément m de démoulage	элемент для извлечения
D 131	demoulding device, take-out unit, sampler device	Entnahmevorrichtung f	dispositif m de démoulage (prélèvement), mécanisme m de démoulage	устройство выемки из формы, устройство для выемки
D 132	demoulding force	Entformungskraft f	force f de démoulage	усилие выталкивания

D 133	**demoulding of the external shape**, external shape demoulding	Außenkonturentformung f	démoulage m du profile extérieur	извлечение по внешнему контуру
D 134	**demoulding robot**	Entnahmeautomat m, Entformungsroboter m, Entformungsautomat m	robot m de démoulage, robot m d'extraction	робот для извлечения из формы
D 135	**demoulding time**	Formstandzeit f (Polyurethanschaumstoff)	temps m de séjour dans le moule (mousse polyuréthanne)	время выдержки в форме (пенополиуретан)
D 136	**dendritic structure**	baumförmige (verästelte) Struktur f	structure f dendritique	разветвленная структура
D 137	**dense gel matrix**	dichtes Gefüge n	structure f plastique dense	плотная структура полимера
	densified laminated wood	s. C 600		
	densifying equipment	s. R 173		
D 138	**densitometer**	Densitometer n, Schwärzungsmesser m	densitomètre m	денситометр, плотномер
D 139	**density**, mass density	Dichte f	densité f, masse f volumique (spécifique)	плотность, удельная масса
D 140	**density anisotropy**	Dichteanisotropie f	anisotropie f de densité	анизотропия по плотности
	density bottle	s. P 1141		
D 141	**density distribution**	Dichteverteilung f (über den Querschnitt von Integralschaumstoffen, Strukturschaumstoffen)	distribution f de densité	распределение плотности (по сечению интегральной пены)
D 142	**density gradient**	Dichtegradient m	gradient m de densité	градиент плотности
D 143	**density in raw state**, gross density	Rohdichte f	poids m apparent	плотность сырого материала
D 144	**density measurement**	Dichtemessung f	mesure f de la densité, densimétrie f	измерение плотности
	density of cross-linking	s. C 1005		
	density of electrons	s. E 124		
S 145	**dental adhesive**, dentary adhesive	Dentalklebstoff m, Adhäsivkunststoff m für Dentalzwecke	adhésif m de dentiste	клей для зубных протезов
D 146	**dental resin**	Harz n für stomatologische Zwecke, stomatologisches Harz n	résine f dentaire	смола для зубных протезов, смола для зуботехнических назначений
D 147	**depolymerization**	Depolymerisation f	dépolymérisation f	деполимеризация
D 148	**deposit**	Schweißgut n	métal m d'apport, métal de soudure, métal du cordon	сварочный материал
D 149	**depositing**	Ablagern n	déposition f	отложение
D 150	**depositing plant by evaporation**, metallization plant, metallizing plant	Metallisierungsanlage f, Aufdampfungsanlage f	installation f de métallisation	установка для металлизации
	deposition welding	s. S 1408		
D 151	**depot method**, Bayer method	Depotverfahren n, Depotverfahren nach Bayer (Schaumstoffverarbeitung)	procédé m par dépôt (décantation) (travail de mousse)	метод Байера (переработка пенопластов)
	depression chamber	s. S 1324/5		
D 152	**depth of draw**	Ziehtiefe f (beim Umformen)	profondeur f d'emboutissage	глубина вытягивания
D 153	**depth of fusion**, penetration depth	Pastiziertiefe f (beim Schweißen)	profondeur f de fusion (pénétration) (soudage de plastiques)	глубина пластикации (сварка)
D 154	**depth of screw channel**, **depth of thread**, channel depth, thread depth	Schneckengangtiefe f, Gangtiefe f, Gewindetiefe f	profondeur f du filet	глубина нарезки (канала) червяка, глубина резьбы червяка
	derby doubler	s. S 1261		
D 155	**derivative**	Derivat n, Abkömmling m	dérivé m	производное
D 156	**derivative differential thermal analysis**	derivative Differentialthermoanalyse f	analyse f thermique différentielle en dérivation	деривативный дифференциальный термический анализ
D 157	**derivative spectroscopy**	Derivatspektroskopie f (Analytik)	spectroscopie f de dérivés	деривативная спектроскопия
D 158	**derivative thermogravimetry**, DTG	derivative Thermogravimetrie f	thermogravimétrie f en dérivation, TGD	деривативная термогравиметрия, ДТГ
D 159	**desalination**	Entsalzen n, Entsalzung f	dessalage m, dessalement m	обессоливание, опреснение
D 160	**desalination plant**	Entsalzungsanlage f	installation f de dessalage	установка для обессоливания
	desiccant	s. D 593		
D 161	**desiccant cartridge**	Trockenpatrone f, Trockenmittelpatrone f	cartouche f de déshumidifiant	сушильный патрон
D 162	**desiccant cell**	Trockenzelle f, Entfeuchtungszelle f	cellule f de séchage	сушилка
D 163	**desiccator**	Exsikkator m	dessiccateur m, exsiccateur m	эксикатор

	desiccator cabinet	s. D 596		
D 164	designer	Formgestalter m	dessinateur m	дизайнер, художественный конструктор
D 165	designing with plastics	Konstruieren n mit Kunststoffen (Plasten)	activité f de construire avec des matières plastiques	конструкция пластиками
D 166	design of rims	Randgestaltung f (von Formteilen)	formation f des rebords (pièces moulées)	оформление края (изделия)
	design of sprue	s. S 1001		
D 167	design strength	Gestaltfestigkeit f (von Formteilen)	stabilité f de forme	размерная стабильность
D 168	desize/to	entschlichten	désensimer	расшлихтовать
D 169	desizing	Entschlichten n	désensimage m	расшлихтовка
D 170	destaticize/to	elektrostatische Aufladung beseitigen, elektrisch entladen	éliminer les charges électrostatiques	разряжать
	destaticizer	s. A 494		
D 171	destructive materials testing, destructive testing [of materials]	zerstörende Werkstoffprüfung f (Prüfung f)	essai (test) m destructif	разрушающее испытание
D 172	detachable joint	lösbare Verbindung f	raccord m démontable	разъемное соединение
D 173	detergent [cleaner]	[oberflächenaktives] Reinigungsmittel n, Detergens n	détergent m	детергент, моющий агент, [поверхностно-активное] моющее вещество
D 174	detreader, detreading machine, skinning (slicing) machine, mechanical slicer	Schälmaschine f (Folie)	trancheuse f (feuille)	лущильная (строгальная) машина, шелушитель
D 175	deviation of form	Formabweichung f	déformation f, écart m de la forme	отклонение формы
D 176	deviation of position	Lageabweichung f	déplacement m, écart m de position	отклонение положения
	device for coating thermoplastic adhesives	s. H 357		
D 177	devolatilizing screw	Entgasungsschnecke f	vis f de dégazage	червяк из зоны дегазации, шнек дегазационного экструдера
D 178	Dewar flask	Dewar-Gefäß n	dewar m, vase f de dewar	сосуд Дьюара
D 179	dew-point	Taupunkt m	point m de rosée	точка росы
D 180	dextrin adhesive (glue)	Klebstoff m auf Dextrinbasis, Leim m auf Dextrinbasis, Dextrinleim m	adhésif m (colle f) à base de dextrine	декстриновый клей
D 181	dial feed press, rotary press	Karussellpresse f	presse f à barillet	карусельный (ротационный, роторный) пресс
D 182	dial gauge indicator	Skalenmeßgerät n	jauge f graduée	измеритель со шкалой
D 183	diallyl isophthalate, DAIP	Diallylisophthalat n, DAIP	diallylisophtalate m	диаллилизофталат
D 184	diallyl phthalate, DAP	Diallylphthalat n, DAP	phtalate m de diallyle, phtalate diallylique	диаллилфталат
D 185	diallyl phthalate resin, DAP resin	Diallylphthalatharz n, DAP-Harz n	résine f de phtalate de diallyle	диаллилфталатная смола
	diametral extensometer	s. T 540		
D 186	diamine dye	Diaminfarbstoff m	colorant m [à base] de diamine	диаминовый краситель
D 187	diaminodiphenylmethane	Diaminodiphenylmethan n	diamino-diphényl-méthane m	диаминодифенилметан
D 188	diaminodiphenyl sulphone	Diaminodiphenylsulfon n	diamino-diphénylsulfone m	диаминфенилсульфон
D 189	diamond grinding paste	Diamantschleifpaste f (Schliffherstellung)	pâte f de polissage à base de poudre de diamants	алмазная шлифовальная паста
D 190	diamond mat	Rautenmatte f	mat m en losange	стеклянный зигзагообразный мат
D 191	diaphragm	Membrane f, Diaphragma n	diaphragma m, membrane f	диафрагма, мембрана
	diaghragm gate	s. D 361		
D 192	diaphragm metering pump, metering pump in diaphragm type	Membrandosierpumpe f	pompe f doseuse à diaphragme (membrane)	дозирующий мембранный насос, мембранный насос-дозатор
D 193	diaphragm pump	Membranpumpe f	pompe f à diaphragme (membrane)	мембранный (диафрагменный) насос
D 194	diaphragm stop valve	Membranabsperrarmatur f, Membranventil n	robinet m à membrane, soupape f à diaphragme	мембранный вентиль
D 195	diazo dye	Diazofarbstoff m	colorant m diazo, colorant diazoïque	диазокраситель
D 196	dibutyl phthalate	Dibutylphthalat n (PVC-Weichmacher)	phtalate m dibutylique (de dibutyle), dibutylphtalate m	дибутилфталат, ДПФ
D 197	dicarboxylic acid	Dicarbonsäure f	acide m dicarboxylique	дикарбоновая кислота
D 198	dicarboxylic acid derivative	Dicarbonsäurederivat n, Dicarbonsäureabkömmling m	dérivé m de l'acide dicarboxylique	производное дикарбоновой кислоты

D 199	**dicer,** cube dicer, dicing cutter (machine), cube making machine	Würfelschneider m, Würfel-granulator m	granulateur m de cubes, berlingoteuse f	устройство для изготов-ления кубических гранул-ятов, устройство для резки гранул кубической формы
	dicer Condux	s. D 200		
	dicer Cumberland	s. S 1059		
D 200	**dicer with circular blades,** Condux dicer, dicer Con-dux	Bandgranulator m, Condux-Granulator m, Condux-Mühle f	granulateur m à disques	гранулятор для лентовид-ного материала, лен-точный гранулятор
	dice-shaped granulate	s. C 1067		
D 201	**dichlorotriphenylstiborane**	Dichlorphenylstiboran n	dichlortriphénylstiboran m	дихлортрифенильный сурьмянистый боран
	dicing cutter (machine)	s. D 199		
	DICY	s. D 202		
D 202	**dicyandiamide,** DICY	Dicyandiamid n (Härter)	dicyandiamide m	дициандиамид, циангуани-дин (отвердитель)
D 203	**dicyandiamide-formalde-hyde [condensation] resin,** DD	Dicyandiamid-Formaldehyd-harz n, DF	résine f de dicyandiamide-formaldéhyde	дициандиамидо-формаль-дегидная смола
	die	s. 1. M 445; 2. N 115		
D 204	**die adapter**	Haltevorrichtung f, Halter m (an Extrusionswerkzeugen)	adaptateur m à la filière (d'extrudeuse)	зажимное устройство
	die approach	s. D 210		
D 205	**die area** (of an extruder)	Düsenbereich m (eines Ex-truders)	région f de filière (extru-deuse)	зона головки (экструдера)
	die base	s. D 208		
D 206	**die blank,** basic die blank (extruder)	Haltevorrichtung f für aus-wechselbare Einsatzringe (Extrusionswerkzeug)	fixation f (extrudeuse)	стопорное устройство для колец головки
D 207	**die block** (extruder)	Werkzeughalter m (Extruder)	porte-filière m (extrudeuse)	формовочная плита (экструдер)
D 208	**die body,** die base (US)	Düsenkörper m	corps m de filière	корпус мундштука
D 209	**die carrier**	Werkzeugträger m (für Schäumwerkzeuge)	porte-moule m	носитель формы (пено-пласты)
	die carrying plane	s. M 461		
D 210	**die channel,** die approach	Düsenkanal m, Extruder-düsenkanal m	canal m d'écoulement, canal d'alimentation	канал в экструзионной го-ловке, формующий зазор головки, подводящий ка-нал сопла
	die closing force	s. C 349		
D 211	**die coater**	Schmelzbeschichter m, Kunststoffschmelze (Plast-schmelze) auftragende Beschichtungsmaschine f	métier m à filière pour l'en-duction par fusion	машина для нанесения по-крытий расплавами
D 212	**die cutter**	Stanze f (Halbzeuge)	presse f de découpage, presse à estamper	штамповочный нож
D 213	**die cutting**	Stanzen n, Ausstanzen n (von Halbzeugen)	découpage m (demi-produits plastiques)	штамповка, вырубка штам-пом
D 214	**die-cutting form,** drop-ham-mer die	Stanzform f (für Halbzeuge), Stanzwerkzeug n	matrice f (demi-produits plas-tiques)	форма для штамповки, ли-стовой штамп, вырубной инструмент
	die face cutter	s. D 216		
D 215	**die face granulation**	Kopfgranulierung f, Granu-lieren n mit Kopfgranula-tor	granulation f à la filière	гранулирование горячей резкой
D 216	**die face granulator,** die face cutter	Kopfgranulator m	granulateur m de tête	гранулятор горячей резки
D 217	**die flow constant**	Werkzeugfließkonstante f	constante f d'écoulement de la filière	сопротивление течению пресс-формы
D 218	**die gap adjustment**	Düsenspalteinstellung f (an Extruderwerkzeugen)	ajustage m d'embouchure de la filière	регулирование щели экстру-зионной головки
	die head	s. E 429		
	die holder plate	s. D 242		
D 219	**die inlet [space]**	Düseneinlauf m	entrée (admission) f à la buse	вход в сопло
D 220	**die insert**	Düseneinsatz m (Extruder-werkzeug)	insertion f de filière	деталь (вставка) сопла (го-ловка)
D 221	**die land,** orifice land	Mundstückbohrung f, Füh-rungskanal m (in Extruder-werkzeugen)	lèvres fpl (orifice m, sortie f) de filière	оформляющий канал го-ловки
D 222	**dielectric**	Dielektrikum n, Isolier-zwischenlage f (beim dis-kontinuierlichen Hoch-frequenzschweißen)	diélectrique m, non-conduc-teur m	диэлектрик
D 223	**dielectric adhesive curing,** radio-frequency adhesive curing	Hochfrequenz-Klebstoff-härten n, hochfrequentes Klebstoffhärten n	durcissement m d'adhésif à haute fréquence	высокочастотное отвержде-ние клея

D 224	dielectric axe	dielektrische Achse f	axe m diélectrique	диэлектрическая ось
D 225	dielectric constant, permittivity	Dielektrizitätskonstante f	constante f diélectrique, permittivité f, indice m de permittivité	диэлектрическая постоянная (проницаемость)
	dielectric dissipation factor	s. D 232		
D 226	dielectric dryer, high-frequency dryer	Hochfrequenztrockner m (für Formmassen)	séchoir m à haute fréquence, séchoir à chauffage par pertes diélectriques	высокочастотный подогреватель
D 227	dielectric fatigue, dielectric remanence	dielektrische Nachwirkung f	rémanence f diélectrique	диэлектрическое последействие
D 228	dielectric heating, high-frequency [dielectric] heating, radio-frequency heating, RF heating	Hochfrequenzerwärmung f, dielektrische Erwärmung f	chauffage m par haute fréquence, échauffement m par pertes diélectriques	высокочастотная сушка, нагрев (сушка) токами высокой частоты, высокочастотное отверждение, диэлектрический нагрев
D 229	dielectric heating equipment	Anlage f für kapazitives Erwärmen	installation f de chauffage par pertes diélectriques	установка для высокочастотного нагрева
D 230	dielectric loss	dielektrischer Verlust m	perte f diélectrique	диэлектрическая потеря
D 231	dielectric loss angle	dielektrischer Verlustwinkel m	angle m de pertes diélectriques	угол диэлектрических потерь
D 232	dielectric loss factor, dissipation factor, loss tangent, dielectric dissipation factor, tan δ, tangent of the loss angle	dielektrischer Verlustfaktor m	facteur m de pertes [diélectriques], coefficient m de pertes [diélectriques], tangente f d'angle de pertes, facteur de puissance diélectrique, tan δ, facteur m de dissipation	коэффициент диэлектрических потерь, тангенс угла диэлектрических потерь
D 233	dielectric phase angle	dielektrischer Phasenverschiebungswinkel m (beim Hochfrequenzschweißen)	angle m de déphasage diélectrique	диэлектрический фазовый угол, фозовый угол в диэлектрике
D 234	dielectric polarization	dielektrische Polarisation f (beim Hochfrequenzschweißen)	polarisation f diélectrique	диэлектрическая поляризация
D 235	dielectric preheating	dielektrische Vorwärmung f, Hochfrequenzvorwärmung f	préchauffage m par pertes diélectriques	высокочастотный предварительный подогрев
D 236	dielectric property	dielektrische Eigenschaft f	propriété f diélectrique	диэлектрическое свойство
	dielectric remanence	s. D 227		
	dielectric sealing	s. H 203		
D 237	dielectric strength	Durchschlagfestigkeit f, dielektrische Festigkeit f	rigidité f diélectrique	диэлектрическая прочность
	dielectric welding	s. H 203		
D 238	die lip	Breitschlitzdüsenlippe f	lèvre f de filière plate	губка щелевой головки
	die locking force	s. M 530		
D 239	Diels-Alder adduct	Diels-Alder-Addukt n (Härter für Epoxidharze)	produit m d'addition d'après Diels-Alder (durcissant pour époxydes)	отвердитель, полученный реакцией Дильса-Альдера
D 240	die opening stroke	Werkzeugöffnungshub m	course f d'ouverture (moule)	длина хода подвижной плиты
D 241	die orifice	Düsenaustrittsöffnung f	bec m de [la] filière	отверстие мундштука
	die parting surface	s. M 538		
D 242	die plate, die holder plate	Elektrodenplatte f (HF-Schweißmaschine)	plateau m d'électrode (machine de soudage à haute fréquence)	плита электродов
	die plate	s. M 461		
	die pressing	s. P 950		
D 243	die pressure	Düsendruck m, Druck m in der Düse	pression f régnant dans la filière	давление в сопле
D 244	die relief, orifice relief (US)	Austrittserweiterung f an Extruderdüsen	embouchure f des lèvres de filière	расширение сечения сопла [экструдера]
D 245	die restriction	Extruderstauscheibe f, Stauscheibe f an Extrudern, Kanalverengung f an Extruderdüsen	filtre m, grille f; conicité f de filière (extrudeuse)	шайба, выравнивающая течение расплава (в экструдере), уменьшение сечения сопла экструдера
D 246	die ring	Düsenring m, inneres Düsenprofil n (eines Extruderwerkzeuges)	bague f de filière (extrudeuse)	кольцевая щель (экструзионной головки)
D 247	die space, mould height	Werkzeughöhe f, Formhöhe f	hauteur f du moule	высота пресс-формы
	die spider	s. N 142		
	die stamping	s. S 1061		
	die support	s. M 552		
D 248	die support car	Werkzeugträgerwagen m	chariot m porte-filière	транспортная тележка для форм
	die swell	s. E 413		

D 249	diethylaminopropylamine	Diethylaminpropylamin n (Epoxidharzhärter)	diéthylaminopropylamine f	диэтиламинопропиламин (отвердитель для эпоксидных смол)
D 250	diethylenetriamine, DTA	Diethylentriamin n (Epoxidharzhärter)	diéthylènetriamine f	диэтилентриамин
D 251	difference of wall thickness	Wanddickenunterschied m	différence f d'épaisseur	разнотолщинность стенки
D 252	differential calorimeter	Differentialkalorimeter n	calorimètre m différentiel	дифференциальный калориметр
D 253	differential calorimetry	Differentialkalorimetrie f	calorimétrie f différentielle	дифференциальная калориметрия
D 254	differential dilatometry	Differentialdilatometrie f, Differentialwärmeausdehnungsmessung f	dilatométrie f différentielle	дифференциальная дилатометрия
D 255	differential scanning calorimetry, DSC	registrierende Differentialkalorimetrie f, registrierende Differentialwärmemengenmessung f	analyse f calorimétrique différentielle à compensation de puissance	дифференциальная сканирующая калориметрия, ДСК
D 256	differential thermal analysis, DTA	Differentialthermoanalyse f, DTA	analyse f thermique différentielle, ATD	дифференциально-термический анализ, ДТА
D 257	difficult-to-process plastic	schwierig verarbeitbarer Kunststoff (Plast) m	plastique m difficile à mouler	трудно перерабатываемая пластмасса
D 258	diffraction diffraction of X-rays	Diffraktion f, Beugung f s. X 11	diffraction f	дифракция
D 259	diffuser, electrostatic diffuser	Aufladekammer f (an elektrostatischen Pulverbeschichtungsgeräten), Aufladedüse f	diffuseur m (lit fluidifié)	головка для зарядки порошка
D 260	diffuse scattering	diffuse Streuung f .	dispersion f diffuse (désordonnée), diffusion f désordonnée (lumière)	диффузионное рассеяние
D 261	diffusion impermeable plastic pipes	diffusionsdichte Kunststoffrohre (Plastrohre) npl	tubes mpl plastiques étanche contre les diffusions	газонепроницаемые пластмассовые трубы, герметические трубы из пластика
D 262	diffusion motion of macromolecules	Diffusionsbewegung f von Makromolekülen	mouvement m de diffusion des macromolécules	диффузионное движение макромолекул
D 263	diffusion moulding	Diffusionsgummisackverfahren n	moulage m au sac par diffusion	диффузионное формование эластичным мешком
D 264	diffusion of gas	Gasdiffusion f	diffusion f de gaz	газовая диффузия
D 265	diffusion theory of adhesion	Diffusionstheorie f der Klebung	théorie f de la diffusion du collage	теория склеивания диффузией
D 266	diffusion welding	Diffusionsschweißen n	soudage m par diffusion	диффузионная сварка
D 267	digital indicator	Digitalanzeigegerät n	indicateur m digital	цифровой индикатор
D 268	digital viscosimeter	Digitalviskosimeter n	viscosimètre m numérique	дигитальный вискозиметр
D 269	diglycidyl ether	Diglycidether m (reaktiver Verdünner)	diglycidyl-éther m	диглицидный эфир
D 270	diisooctyl adipate, DIOA	Diisooctyladipat n, DIOA (PVC-Weichmacher)	diisooctyladipate m, adipate m diisooctylique (de diisooctyle)	диизооктиладипинат
D 271	diisooctyl azelate, DIOZ	Diisooctylazelat n, DIOZ (PVC-Weichmacher)	diisooctylazélate m, azélate m diisooctylique (de diisooctyle)	диизооктилазелат
D 272	diisooctyl phthalate, DIOP	Diisooctylphthalat n, DIOP (PVC-Weichmacher)	diisooctylphtalate m, phtalate m diisooctylique (de diisooctyle)	диизооктилфталат
D 273	dilatability	Ausdehnungsvermögen n	dilatabilité f	способность к расширению
D 274	dilatant liquid	dilatante Flüssigkeit f	liquide m dilatant	дилатантная жидкость
D 275	dilatation	Dilatation f, Ausdehnung f	dilatation f	расширение, дилатация
D 276	dilate/to	ausdehnen	dilater	расширять
D 277	dilatometer	Dilatometer n	dilatomètre m	дилатометр
D 278/9	dilatometry diluent	Dilatometrie f s. A 239	dilatométrie f	дилатометрия
D 280	dilute	verdünnt	dilué	разбавленный, разведенный, разжиженный
D 281	diluting agent dilution	s. A 239 Verdünnung f	dilution f	разбавление, разведение, разжижение
D 282	dimensional accuracy	Maßgenauigkeit f	précision f dimensionnelle (des cotes)	точность размеров
D 283	dimensional change	Maßänderung f	modification (variation) f dimensionnelle	изменение размеров
	dimensional endurance properties	s. C 962		
D 284	dimensional inaccuracy due to the manufacture	fertigungsbedingte Maßungenauigkeit f	imprécision f dimensionnelle due à la fabrication	технологическое отклонение размеров

D 285	dimensionally stable	formstabil	stable au point de vue de la dimension, dimensionnellement stable, stable dimensionnellement	недеформируемый, стабильный по размерам
D 286	dimensional stability, accuracy in size	Maßhaltigkeit f	stabilité f dimensionnelle	выдерживание заданной точности, выдержанность размеров
	dimensional stability	s. a. S 351		
D 287	dimensional stability	Formstabilität f	stabilité f dimensionnelle	стабильность формы, устойчивость к деформации
D 288	dimensional stability tester	Formbeständigkeitsprüfgerät n, Formbeständigkeitsprüfer m	appareil m d'essai de résistance à la déformation	испытатель устойчивости формы
	dimensional stability under heat	s. T 292		
D 289	dimensional tolerance	Maßtoleranz f	tolérance f dimensionnelle (de cote)	допуск на размеры
D 290	dimer	Dimer[es] n	dimère m	димер
D 291	dimethoxymethane	Dimethoxymethan n (Lösungsmittel)	diméthoxy-méthane m	диметоксиметан
D 292	dimethylaniline	Dimethylanilin n	diméthylaniline f	диметиланилин
D 293	dimethylformamide, DMF	Dimethylformamid n (Epoxidharzquellmittel)	diméthylformamide m	диметилформамид
D 294	dimethylphthalate	Dimethylphthalat n	diméthylphtalate m, phtalate m diméthylique (de diméthyle)	диметилфталат, ДМФ
D 295	diminish/to	verringern, vermindern, verkleinern, schwächen	diminuer	уменьшать, сокращать
D 296	dimple	Vertiefung f, Grübchen n (an Zahnradflanken)	creux m	углубление, яма
	DIOA	s. D 270		
D 297	dioctyl phthalate, DOP	Dioctylphthalat n, DOP (PVC-Weichmacher)	di-octyl-phtalate m, phtalate m de dioctyle, phtalate dioctylique, DOP	диоктилфталат, ДОФ
D 298	dioctyl sebacate, DOS	Dioctylsebacinat n, DOS (PVC-Weichmacher)	sébaçate m de dioctyle, dioctyl-sébaçate m, DOS, sébaçate dioctylique	диоктилсебацинат
	DIOP	s. D 272		
D 299	Diosna mixer	Diosna-Mischer m, Kühlmischer m mit kombinierter Wasser-Luft-Kühlung	broyeur m (moulin m centrifuge) à plusieurs disques	смеситель с охлаждением водой и воздухом
	DIOZ	s. D 271		
D 300	dip/to, to immerse	tauchen, eintauchen	noyer, tremper	макать, погружать, окунать
D 301	dip low moulding	Tauchblasverfahren n	soufflage m d'immersion	погружной раздув
	dip blow moulding	s. a. D 318		
D 302	dip coater	Tauchbeschichtungseinrichtung f, Tauchüberzugseinrichtung f, Tauchimprägniermaschine f	métier m à enduire au trempé, métier à enduire par trempage, machine f d'enduction par trempage	пропиточная машина, работающая методом окунания
D 303	dip coating, dipping	Tauchbeschichten n, Tauchauftrag m, Tauchlackieren n	trempage m, enduction f par trempage, enduction f au trempé, revêtement m au trempé	окунание, нанесение покрытия окунанием, лакирование окунанием
	dip coating in powder	s. F 485		
D 304	diphenylcresyl phosphate	Diphenylcresylphosphat n (PVC-Weichmacher)	phosphate m de diphénylcrésyle	дифенилкресилфосфат (пластификатор)
D 305	diphenylmethane diisocyanate, MDI	Diphenylmethandiisocyanat n, MDI	di-isocyanate m de diphénylméthane, diphénylméthane-di-isocyanate m	дифенилметандиизоцианат
D 306	diphenylol propane diglycidyl ether	Diandiglycidylether m	diéther m glycidique de diphénylolpropane	диандиглицидэфир
	dip mould	s. D 314		
D 307	dip moulding, dip tank coating	Pastentauchen n	moulage m par immersion, moulage au trempé de plastisols	окунание пастой, формование окунанием пасты
D 308	dipole-dipole force	Dipol-Dipol-Kraft f, Orientierungskraft f, Keesom-Kraft f	force f dipôle-dipôle, force f de Keesom	диполь-дипольная сила, сила связи между диполями, ориентационная сила, сила Кеезома
D 309	dipole moment	Dipolmoment n	moment m dipolaire (de dipôle)	дипольный момент
D 310	dipping	Tauchverfahren n, Tauchen n	trempage m	макание, окунание
	dipping	s.a. D 303		
D 311	dipping barrel	Blasformtauchdornkammer f, Tauchkammer f für Blasformtauchdorn	cylindre m à mandrin plongeant	камера для макания дорна

D 312	**dipping bath,** immersion bath	Tauchbad *n*	bac *m* de trempage, cuve *f* d'immersion	раствор для покрытия погружением
D 313	**dipping compound**	Tauchmischung *f*	mélange *m* de trempage	смесь для макания, макательная смесь
D 314	**dipping form,** dip mould, external mould	Tauchform *f (für die Teilherstellung aus Plastisolen)*	moule *m* à immersion, moule de trempage	форма для макания (изготовления окунанием, окунания)
	dipping in water	*s.* D 322		
D 315	**dipping lacquer,** dipping varnish	Tauchlack *m*	vernis *m* de trempage, vernis d'immersion, vernis au trempé, laque *f* de trempage, laque d'immersion	лак для макания, лак для окунания
D 316	**dipping machine**	Tauchanlage *f*	machine *f* à tremper, machine de trempage, trempeuse *f*	макательная установка
D 317	**dipping mandrel**	Tauchdorn *m (für Tauchblasformen)*	mandrin *m* plongeant	дорн для макания
D 318	**dipping mandrel blow moulding,** dip blow moulding	Tauchblasformen *n*	soufflage *m* (moulage *m* par gonflage) à mandrin plongeant	выдувное формование после макания
D 319	**dipping mould**	Spritzprägewerkzeug *n*, Tauchwerkzeug *n* für Spitzprägen	moule *m* de trempage	форма для инжекционного прессования
D 320	**dipping rack**	Tauchgestell *n*	étagère *f* de trempage	стеллаж для макания
D 321	**dipping refractometer**	Tauchrefraktometer *n*, eintauchendes Brechungszahlmeßgerät *n*	réfractomètre *m* à immersion	погружной рефрактометр
D 322	**dipping test,** dipping in water	Untertauchversuch *m (zur Ermittlung der Wasseraufnahme von Schaumstoffen)*	essai *m* d'immersion	погружной метод *(для определения водопоглощения)*
	dipping varnish	*s.* D 315		
D 323	**dip roll,** pick-up roll, furnish roll	Tauchwalze *f*, Aufnahmewalze *f (an Auftragsmaschinen)*	rouleau *m* trempeur (plongeur, demi-immergé)	приемный валик, погружной валик, валик окунания
D 324	**dip tank**	Tauchbehälter *m*	bac *m* de trempage, cuve *f* d'immersion, cuve de trempage	ванна для окунания
	dip tank coating	*s.* D 307		
D 325	**dip tray**	Tauchtablett *n*	plateau *m* de trempage	противень для макания
D 326	**direct coating**	Direktbeschichten *n*	enduction *f* directe, revêtement *m* direct	прямое нанесение покрытий, непосредственное наслоение
D 327	**direct dyeing**	Direkteinfärben *n*, Direkteinfärbung *f*	coloration *f* directe	прямое крашение
D 328	**directed-fibre preform process,** hand preform method	Freiformen *n* mittels Vorformsiebes, Freiformverfahren *n* mit Vorformsieb *(Laminatherstellung)*	procédé *m* de préformage manuel direct	предварительное формование перфорированной формой, формование изделий из стеклопластика напылением
D 329	**direct gassing**	Direktbegasung *f*	injection *f* directe de gaz	непосредственная обработка газом
D 330	**direct gate**	offener direkter Anguß *m*, Stangenanguß *m*	entrée *f* directe (large), injection *f* directe	центральный литник, прямой впускной литник
	direct-gated injection mould	*s.* R 599		
D 331	**direct-gravure coater**	Tiefdruckstreichmaschine *f*	coucheuse *f* à cylindre gravé direct, métier *m* à enduire par cylindre gravé direct	намазочная машина глубокой печати
	direct injection moulding	*s.* R 600		
D 332	**direct injection of sole,** injection of sole direct to the upper	Sohlenanspritzen *n* an Schuhschäften	injection *f* directe de semelle sur l'empeigne	прилитие подошвы к голенищу
	direction of approach	*s.* A 513		
	direction of rolling	*s.* R 484		
D 333	**direction of stress,** stress direction	Beanspruchungsrichtung *f*, Belastungsrichtung *f*	direction *f* de la contrainte (sollicitation, tension), direction de l'effort	направление нагружения (напряженности, загрузки)
D 334	**directive bonding**	gerichtete Bindung *f*	liaison *f* orientée	семиполярная (направленная) связь
D 335	**directly driven winder**	direkt angetriebener Wickler *m*, direkt angetriebene Wickelmaschine *f*	enrouleur *m* (enrouleuse *f*, bobinoir *m*, machine *f* à enrouler) à commande directe	намоточная машина с непосредственным приводом

D 336	**direct melt spinning**	Direktschmelzspinnverfahren n, Direktschmelzspinnen n	filature f au fondu directe (filature par fusion)	конвертерный способ, однопроцессный метод получения штапельной пряжи
D 337	**direct numerical control, DNC**	rechnergeführte numerische Steuerung f, DNC	commande f numérique régi par calculateur	цифровое управление с помощью ЭВМ, система непосредственного числового программного управления
D 338	**direct piston closing system**	vollhydraulischer Kolbenverschluß m (an Spritzgießmaschinen)	fermeture f à piston entièrement hydraulique (injection)	гидравлическая система затвора для поршня
D 339	**dirt adherence**	Schmutzanhaftvermögen n	adhérence f de salissures	соросцепляемость
D 340	**dirt pick-up**	Verschmutzung f von Beschichtungen	salissure f (encrassement m) de revêtements	загрязнение покрытий
D 341	**dirt trap**	Schmutzfänger m (Formteilvertiefung)	piège f à salissures	загрязняющееся углубление
D 342	**discharge**	Entleerung f	décharge f, vidange f	разгрузка
D 343	**discharge chute**	Ausfallrutsche f (für Formteile an Spritzgießmaschinen)	couloir m (glissière f) de décharge	отводный лоток, спускной желоб литьевой машины
	discharge door	s. S 649		
D 344	**discharge gate**	Zwischenbauklappe f (an Granulatcontainern)	volet m de vidange	выпускная заслонка
D 345	**discharge pipe,** discharge throat	Ablaufstutzen m, Auslaufrohr n	tuyau m (tubulure f) d'écoulement (d'évacuation, de sortie)	отводный штуцер, сливная труба
D 346	**discharge pump**	Entleerungspumpe f	pompe f de décharge (purge), pompe d'évacuation	насос для разгрузки, выгрузочный насос
D 347	**discharge rotary vacuum filter**	rotierendes Entleerungsvakuumfilter n (Mischer)	filtre m rotatif à vide à évacuation	вращающийся вакуумный фильтр разгрузки
D 348	**discharge screw,** delivery screw	Austragschnecke f	vis f de décharge	червяк разгрузки
	discharge throat	s. D 345		
D 349	**discharge valve,** drain valve	Ablaßventil n, Entleerungsventil n	valve (vanne) f de décharge	спускной клапан, выходной вентиль
D 350	**discoloration**	Verfärbung f, Farb[ver]änderung f	discoloration f, changement m de teinte	обесцвечивание, изменение цвета
D 351	**discontinuous fibre,** staple fibre	Stapelfaser f (für Laminate)	fibre f en mèches, fibranne f, fibre f coupée (discontinue)	штапельное волокно
	discontinuous mixing	s. B 108		
D 352	**discontinuous weld bead,** intermittent weld	unterbrochene Schweißnaht f	cordon m de soudure discontinue	прерывистый сварной шов
D 353	**disintegrate/to**	zerkleinern	broyer; concasser	измельчать
D 354	**disintegrator,** size-reducing machine	Zerkleinerungsmaschine f, Zerkleinerer m	désintégrateur m, broyeur m	дезинтегратор, дробильная (измельчительная) машина
D 355	**disk**	Scheibe f	disque m	диск, шайба
	disk attrition mill	s. D 363		
D 356	**disk centrifuge**	Scheibenzentrifuge f, Tellerzentrifuge f	centrifugeuse f à plateau	дисковая центрифуга
D 357	**disk cutter**	Scheibenmesser n	couteau m à disque	дисковый нож
D 358	**disk dryer**	Etagentrockner m, Tellertrockner m	séchoir m à plateaux (disques), séchoir en cascade à plateaux rotatifs	этажная (дисковая, тарельчатая) сушилка
	disk extruder	s. D 365		
D 359	**disk feeder,** revolving-disk feeder	Tellerbeschicker m, Tellerspeiser m, Tellerzuteiler m	dispositif m à disques d'alimentation, alimentateur m par sole tournante	тарельчатый питатель (фидер), распределительный диск
D 360	**disk filter**	Scheibenfilter n	filtre m à disques	дисковый фильтр
D 361	**disk gate,** diaphragm gate	Scheibenanguß m, scheibenförmiger Anguß m, Schirmanguß m	entrée f en disque, entrée en diaphragme	дисковый [впускной] литник, дисковидный литниковый канал
D 362	**disk impeller**	Scheibenkreiselmischer m	mélangeur m (turbine f) à disques	дисковый центробежный смеситель
D 363	**disk mill,** disk attrition mill	Scheibenmühle f, Tellermühle f	broyeur m à disques	дисковая мельница
D 364	**disk tribometer**	Scheibentribometer n	tribomètre m à disques	дисковый измеритель износа, дисковый трибометр
D 365	**disk-type extruder,** disk extruder (US)	Scheibenextruder m, Scheibenstrangpresse f	extrudeuse (boudineuse) f à disques	дисковый экструдер
D 366	**disk-type extruder gap**	Scheibenextruderspalt m	fente f de l'extrudeuse à disques	зазор в дисковом экструдере
D 367	**disk valve**	Tellerventil n	soupape f à siège plan	тарельчатый клапан

D 368	dispenser	Verteiler m, Abfüllvorrichtung f	distributeur m	разливочное устройство
D 369	dispenser, dispensing device, dispensing instrument	Mischeinrichtung f (für Klebstoff-, Gießharz- oder Laminierharzkomponenten)	dispositif m mélangeur	смесительное устройство (для компонентов клея или смол)
D 370	dispensing equipment	Auftragseinrichtung f (Harz)	dispositif m d'application (résine)	устройство для нанесения смол
D 371	dispensing gun	Auftragspistole f	pistolet m à enduire	пистолет для нанесения
D 372	dispensing head	Auftragskopf m (Harzauftragsgeräte)	tête f d'application (application de résine)	головка нанесения
	dispensing instrument	s. D 369		
D 373	dispensing pattern	Auftragsbild n (Harzauftrag)	image f de l'application (application de résine)	качество нанесения
D 374	dispensing rectilinear robot	Auftragsroboter m mit komplexen Linearbewegungen, Auftragsautomat m mit komplexen Linearbewegungen	robot m d'application aux mouvements rectilignes	робот для нанесения линейными перемещениями
D 375	dispensing robot	Auftragsroboter m, Auftragsautomat m (Harz)	robot m d'application (résine)	робот для нанесения смол
	dispergate/to	s. D 376		
	dispersant	s. D 381		
D 376	disperse/to, to dispergate	dispergieren, fein verteilen, zerstreuen	disperser	диспергировать
D 377	disperse dye	Dispersionsfarbstoff m	colorant m dispersé	дисперсный краситель
D 378	disperse phase	disperse Phase f (von Dispersionen)	phase f dispersée	дисперсная фаза
D 379	disperse system	disperses System n	système m dispersé	дисперсная система
D 380	dispersing	Dispergieren n	dispersion f	диспергирование
D 381	dispersing agent, dispersant	Dispersionsmittel n, Dispergiermittel n	dispersant m, agent m dispersant (de dispersion)	диспергатор
D 382/3	dispersing device	Dispergiereinrichtung f	dispositif m à dispersion	диспергирующее устройство
	dispersing gun	s. T 551		
D 384	dispersion	Dispersion f	dispersion f	дисперсия
D 385	dispersion adhesive, dispersion glue, adhesive (glue) dispersion, dispersion-based adhesive (glue), water-dispersed adhesive (glue)	Dispersionsklebstoff m	adhésif m en émulsion	диспергированный клей, клеящая дисперсия
D 386	dispersion aid	Dispersionshilfsmittel n, Dispergens n	agent m dispersant, dispersant m	диспергирующий агент
	dispersion-based adhesive (glue)	s. D 385		
	dispersion-based pressure-sensitive adhesive	s. P 974		
D 387	dispersion coating	Dispersionsbeschichten n, Dispersionsbeschichtung f	enduction f de dispersion	нанесение покрытий дисперсией
	dispersion degree	s. D 94		
D 388	dispersion force, London force, London dispersion force	Dispersionskraft f, London-Kraft f	force (interaction) f dispersionnelle (de dispersion), force f de London	дисперсионная сила, сила Лондона
	dispersion glue	s. D 385		
D 389	dispersion machine	Dispergieranlage f	machine f à disperser	диспергатор
D 390	dispersion mixer, kneader with masticator blades	Dispersionskneter m, Mastikator m	agitateur (mélangeur) m à dispersion, masticateur m	пластикатор, машина для пластикации
D 391	dispersion polymerization	Dispersionspolymerisation f	polymérisation f en dispersion	эмульсионная полимеризация
	dispersion resin	s. G 222		
D 392	displacement gauge	Verschiebungsmeßwertaufnehmer m	jauge f (capteur m) de déplacement	датчик перемещения
D 393	displacement stroke	Verstellhub m	course f de réglage	ход регулирования
D 394	displacement transducer conditioner	Verformungsmeßverstärker m, Verformungswegmeßverstärker m	amplificateur m du capteur de déplacement	измерительный усилитель для деформаций, усилитель измерения деформации
D 395	disposable package (packaging)	Einwegpackmittel n, Einwegverpackung f	emballage m perdu (non retournable)	одноразовый упаковочный материал, одноразовая (однодорожная) упаковка, тара для одноразового пользования
D 396	disposables	Wegwerfartikel mpl	articles m à jeter	изделия для одноразового пользования
D 397	disproportionation of radicals	Radikaldisproportionierung f	disproportion f des radicaux, disproportionnement m des radicaux	диспропорционирование радикалов

D 398	disrupt/to	reißen, durchschlagen	déchirer, rompre, découper	раздроблять, пробивать
	disruptive voltage	s. B 390		
D 399	DIS-screw, dynamic striation screw	DIS-Scherelement n, dynamische und streifenbildende Schnecke f (Schnecke mit Matrizeneinsatz an der Spitze, der mit Zu- und Abflußnuten versehen ist)	vis f de striation dynamique	червяк с удлиненным наконечником с нарезками для перемешивания
D 400	dissipation	Dissipation f	dissipation f, gaspillage m	диссипация
	dissipation factor	s. D 232		
	dissociate/to	s. D 32		
	dissociation	s. D 34		
D 401	dissolution	Auflösung f, Lösung f	dissolution f	раствор
D 402	dissolve/to	auflösen, lösen	dissoudre	растворять
D 403	dissolver	Löse- und Dispergiermaschine f	cuve f de dissolution, dissolveur m	клеемешалка, диссутор
D 404	dissolver agitator	Rührwerk n zur Herstellung von Lösungen oder Dispersionen	agitateur m à dissolution	растворитель (аппарат)
	dissolving drum	s. D 407		
D 405	dissolving power	[chemische] Lösungsfähigkeit f	pouvoir m solvant (dissolvant)	растворяющая сила (способность)
D 406	dissolving pulp	Faserzellstoff m	pulpe f cellulosique	клетчатка
D 407	dissolving tank, dissolving drum	Lösekessel m	cuve f de dissolution	котел для растворения
D 408	distance valve	Wegeventil n	valve f de distance	ходный клапан
D 409	distemper, calcimine	Leimfarbe f, Temperafarbe f	peinture f à la colle, peinture en détrempe, couleur f à détrempe, détrempe f	клеевая краска, строительная краска
	distortion	s. T 447		
	distortion by welding	s. W 141		
	distortion of hardening	s. H 36		
D 410	distortion tensor	Verzerrungstensor m	tenseur m de distorsion	тензор искажения
D 411	distortion under heat	Verformung f bei Wärmeeinwirkung	déformation f thermique	деформация под тепловой нагрузкой
D 412	distributing roller	Farb[an]reibwalze f	cylindre m encreur	растирочный валок
D 413	distribution function	Verteilungsfunktion f	fonction f de distribution	функция распределения
D 414	distribution function of orientations	Orientierungsverteilungsfunktion f	fonction f de distribution des orientations	функция распределения ориентаций
	distribution of grain sizes	s. G 161		
D 415	distribution of orientation	Orientierungsverteilung f	distribution f d'orientation	распределение ориентаций
	distribution of particle size	s. G 161		
D 416	distribution of stress	Spannungsverteilung f	distribution f de contraintes	распределение напряжения
	distributor	s. F 631		
D 417	distributor plate with tube system	Verteilerplatte f mit Verteilerröhrensystem (bei Heißkanalwerkzeugen, Werkzeugen mit warmem Vorkammeranguß)	plaque f de distribution au système de tubes (moules à canaux chauffants)	плита с разводящими литниками (литьевой формы с обогреваемой форкамерой)
	distributor roll	s. P 841		
D 418	disturbing quantity	Störgröße f	quantité (grandeur) f perturbatrice	возмущающая величина
D 419	disyndiotactic polymer	disyndiotaktisches Polymer[es] n	polymère m disyndiotactique	дисиндиотактичный полимер
D 420	diversion head	Umlenkspritzkopf m, Umlenkkopf m für Extruder	tête f de renvoi (extrudeuse)	углевая экструзионная головка
	divided trough kneader	s. B 106		
	DMA	s. D 671		
	DMC	s. D 493		
	DMF	s. D 293		
	DNC	s. D 337		
D 421	doctor [bar], doctor blade, doctor knife, [coating] knife	Rakel f, Dosierrakel f, Streichmesser n, Rakelmesser n, Abstreifmesser n (Beschichten)	racle f, lame f docteur	ракля, счищающий нож
D 422	doctor blade applicator	Rakelauftragwerk n	machine f à enduire avec égalisation à la racle	агрегат с раклей для нанесения покрытий
D 423	doctor blade colouring (inking) unit	Rakelfarbwerk n	lucrage m à racloir, dispositif m de peinture par racle	ракельный красочный аппарат
D 424	doctoring	Rakelauftrag m, Streichauftrag m, Auftragen n mittels Rakel, Auftragen n durch Streichen	application f à la racle, application f à la brosse	нанесение раклей

D 425	doctor kiss coater, inverted knife coater *(US)*	Walzenbeschichter *m* mit von unten wirkender Rakel	métier *m* (machine *f*) à enduire à cylindre demi-immergé avec égalisation (calibrage) par racle	валковая намоточная машина с раклей, расположенной под лентой
	doctor knife	*s.* D 421		
D 426	doctor roll, metering roll	Abstreifwalze *f*, Abpreßwalze *f*, Streichwalze *f*, Dosierwalze *f*; Egalisierwalze *f (Beschichten)*	rouleau *m* docteur (doseur, égalisateur, égaliseur), cylindre *m* doseur	стрипперный (отжимный, уравнивающий, дозирующий) валок
	doctor roll	*s. a.* R 452		
D 427	doctor table	Tischunterlage *f* für Abstreifvorgang *(Beschichten)*	tablier *m (enduiseuse à tablier)*	подложка для ракли
D 428	dodge	selbsttätig festsitzende Gewindeeinlage *f*	bague *f* filetée à fixation automatique	самоудерживающееся кольцо с резьбой
D 429	dolomite	Dolomit *m*	dolomite *f*	доломит
D 430	domed	konvex gewölbt *(Verformung)*	convexe	выпуклый
D 431	doming	Wölben *n*	bombage *m*	формование выпуклости
D 432	doming	Walzenballigkeit *f*, Balligkeit *f*	bombé *m*, convexité *f*	бомбаж, вспучивание, выпуклость
	DOP	*s.* D 297		
	DOS	*s.* D 298		
D 433	dose/to	dosieren, zuteilen, zumessen	doser	дозировать
	dosing	*s.* M 243		
D 434	dosing apparatus	Dosiergerät *n (Formmasse)*	doseur *m*, dispositif *m* (unité *f*) de dosage	дозирующий прибор, дозатор
D 435	dosing feeder, weight feeder (feeding device)	Massedosierer *m*, Massedosiereinrichtung *f*, Massedosiervorrichtung *f*	alimentateur (doseur) *m* pondéral	дозатор по весу, дозирующий питатель
D 436	dosing machine	Dosiermaschine *f*	machine *f* de dosage	дозатор, устройство для дозирования
	dosing plant	*s.* M 246		
	dosing pump	*s.* M 248		
D 437	dosing scales, weight feeder *(US)*	Dosierwaage *f*	doseuse-peseuse *f*, balance *f* de dosage	дозирующие весы, весы-дозатор
D 438	dosing screw with agitator	Dosierschnecke *f* mit Rührwerk	vis *f* de dosage à mélangeur	шнековый дозатор с ворошителем
	dosing slide valve	*s.* F 80		
D 439	dosing tank	Dosierbehälter *m*, Dosiergefäß *n*	mesureur *m*, récipient *m* de dosage, réservoir *m* de dosage	емкость дозирования
D 440	dosing time	Dosierzeit *f (Spritzgießen)*	temps *m* de dosage, durée *f* de dosage	время дозирования
D 441	dot coating machine	Maschine *f* für Punktbeschichtungen	enduiseuse *f* de points	машина для нанесения покрытий с точечным растром
D 442	double-arm kneader, double-shaft kneader	Doppelarmkneter *m*	malaxeur *m* à deux bras, malaxeur à deux (doubles) fonds de cuve	двухлопастный кнетер (смеситель)
	double-bevel butt weld	*s.* D 444		
D 443	double-bevel groove	K-geformte Nahtfuge *f*	rainure *f* de soudure en K, rainure à double biseau (chanfrein)	К-образный стыковой шов
D 444	double-bevel groove weld, double-bevel butt weld	K-Naht *f (Schweißen)*	soudure *f* en K, chanfrein *m* en K	К-образный шов *(сварка)*
D 445	double-block shear test	Doppelblockscherversuch *m (an Sandwich-Bauteilen zur Bestimmung der Klebfestigkeit Deckschicht/Kern)*	essai *m* de cisaillement au double bloc *(sandwich)*	испытание на сдвиг двухблочного образца *(для определения адгезии между слоями сэндвичевой конструкции)*
D 446	double bond	Doppelbindung *f*	double liaison *f*	двойная связь
	double-bond cleavage	*s.* C 377		
D 447/8	double-caterpillar draw-off system	Zweiraupenabzug *m*	système *m* de réception à deux chenilles	двухгусеничное тянущее устройство
	double-coated film	*s.* B 184		
D 449	double-coated pressure-sensitive [adhesive] tape, double-coated tape	beidseitig wirkendes Selbstklebband *n (Selbstklebband mit beidseitiger Haftklebstoffbeschichtung des Trägerwerkstoffs)*	bande *f* adhésive enduite double face	двусторонняя липкая лента
	double-cone blender	*s.* D 452		
D 450	double-cone dosing device	Doppelkegeldosiergerät *n*	doseur *m* (dispositif *m* de dosage) à double cône	двухконусный дозатор

D 451	double-cone impeller mixer	Doppelkegel-Kreisel-mischer m, Doppelkonus-Kreiselmischer m, Doppelkegel-Kreiselrührwerk n	agitateur m rapide à cônes inversés, turbine f à double cône	двухконусный центробежный смеситель
D 452	double-cone mixer, double-cone blender (US)	Doppelkegel-Trommel-mischer m, Doppelkonus-mischer m, konische Mischtonne f	mélangeur m à tambour biconique	двухконусный барабанный смеситель
D 453	double-cone pipe extrusion head	Doppelkonus-Rohrkopf m für Extruder	tête f d'extrudeuse à double cône pour tubes	двухконусная экструзионная головка для получения труб
D 454	double-covered butt joint	zweischnittige Laschen-verbindung f (Schweißen)	soudure f à deux bandes couvrantes	стыковое соединение с двусторонним покрытием
D 455	double-curved shell	doppelt gekrümmte Schale[nkonstruktion] f (aus Laminat)	coque (coquille) f à double courbure	двусогнутая оболочка, гиперболоидный конструктивный элемент
D 456	double-drum dryer	Zweiwalzentrockner m (mit nach innen rotierenden Walzen)	séchoir m à deux cylindres (tournant vers l'intérieur)	двухвалковая сушилка (с вращением валков в разные стороны внутрь)
	double edge	s. D 471		
D 457	double-face coating, double-side coating, double-spread coating	beidseitige Beschichtung f	couchage m double face	двустороннее нанесение
D 458	double-fillet weld, twin-fillet weld, dual-fillet weld	Doppelkehlnaht f (Schweißen)	double joint m d'angle	двусторонний угловой шов
D 459	doubled flat-laid tubular film	doppelt flachgelegte Schlauchfolie f (für Reckprozeß)	feuille f tubulaire (en gaine) doublée mise à plat	двойная плоская рукавная пленка
D 460	double-floor kiln, two-floor kiln	Zweihordendarre f (Formmassetrocknung)	séchoir m à deux grilles (séchage de matière moulable)	двухэтажная сушилка
	double force mould	s. F 413		
D 461	double-force press, double-ram press	Doppelkolbenpresse f	presse f à double piston	двухпоршневой пресс
D 462	double-glazing sealant	Isolierglasscheiben-Dicht-mittel n, Thermoglas-scheiben-Dichtmittel n	produit m étanchéité pour verre double à bord bouché	уплотнительный материал для двухслойного оконного стекла
D 463	double knock-out mould	Werkzeug n mit oberer und unterer Ausdrückvorrich-tung (Auswerfvorrich-tung)	moule m à double verrouil-lage	пресс-форма с верхним и нижним выталкивателями
D 464	double lap joint, double-shear butt joint	zweischnittig überlappte Verbindung f (Kleben)	joint m à double recouvre-ment	соединение с двойной нахлесткой
D 465	double lead screw	zweigängige Extruder-schnecke f	vis f à deux filets	двухзаходный червяк
D 466	double-motion agitator (mixer)	gegenläufiges Doppelrühr-werk n	agitateur m [à deux râteaux] à contre-courant	мешалка с противоположно-вращающимися лопастями
	double-naben kneader	s. F 269		
D 467	double-overlapped adhe-sive joint	zweischnittige überlappte Klebverbindung f	joint m collé à double recou-vrement	двустороннее внахлестку склеенное соединение
D 468	double-pickled	dekapiert (durch Fügeteil-vorbehandlung)	décapé	декапированный
	double-ram press	s. D 461		
D 469	double refraction, birefrin-gence	Doppelbrechung f	biréfringence f	двойное лучепреломление (светопреломление)
D 470	doubler equipment	Dubliereinrichtung f	installation f de doublage (réunissage), doubleuse f, réunisseuse f	дублировочное устройство
D 471	double reverse bend, double edge	zweifach gebördelter Um-schlag m	bordure f double	двукратно закатанный край
D 472	double scarf lap joint	zweifach geschäftete Ver-bindung f	joint m en double biseau	двойное сращивание вполдерева
D 473	double screw, twin screw, twin worm (US)	Doppelschnecke f	vis f double	двойной червяк
	double-screw extruder	s. T 659		
	double-screw mixer	s. D 478		
	double-shaft kneader	s. D 442		
D 474	double-shaft mixer	Doppelwellenmischer m	mélangeur m à double arbre	двухроторный смеситель, смеситель с двумья перемешивающими роторами
	double-shear butt joint	s. D 464		
D 475	double-shear lap joint	zweischnittige überlappte Scherverbindung f	joint m de cisaillement à double recouvrement	соединенный внахлестку образец для испытания прочности на срез, состоящий из трех пластинок

D 476	**double-shot moulding,** two-shot moulding	Zweistufenspritzgießen n	moulage m en deux opérations	поочередное литье двух материалов в одну форму, двухступенчатое литье под давлением
	double-side coating	s. D 457		
D 477	**double-side gate**	Doppelseitenanschnitt m	entrée f bilatérale	литье с двух сторон
D 478	**double-spiral mixer,** twin-worm mixer, double-screw mixer	Doppelschneckenmischer m	mélangeur m à double vis	двухшнековый смеситель
D 479	**double-spread/to**	beidseitig auftragen	enduire sur les deux faces, enduire double face	наносить с обеих сторон
D 480	**double spread**	spezifischer Klebstoff-verbrauch m bei zwei-seitigem Auftrag	consommation f spécifique de colle à l'enduction double face	расход клея при двусторон-нем нанесении
	double-spread coating	s. D 457		
D 481	**double-strand polymer,** ladder polymer	Leiterpolymer[es] n	polymère m échelle, polymère m en échelle	лестничный полимер
D 482	**double-strap joint**	zweiseitige Laschenverbin-dung f (Klebverbindung)	assemblage m à couvre-joint double	двустороннее соединение с накладкой
	double texture proofing	s. D 488		
D 483	**double turn** (tube)	Rohrschleife f (Dehnungs-ausgleicher)	boucle (spire) f de dilatation (tubes)	петлевой компенсатор (трубопровод)
D 484	**double valve**	Doppelventil n	valve f double	двухседельный клапан
D 485	**double-V-butt joint (weld),** double-Vee-butt joint (weld)	X-Schweißnaht f, Stumpf-stoß m mit X-förmiger Schweißnaht, X-Naht f	cordon m de soudure en bout avec chanfrein en X, cordon de soudure en bout avec chanfrein double V, soudure f bout à bout avec cordon unique en X	Х-образный стыковой шов
D 486	**double-V joint**	X-Stoß m (Schweißverbin-dung)	chanfrein m en X	Х-образный шов
D 487	**double-walled section**	doppelwandiger Formteil-querschnitt m	section f à double paroi	сечение с двойной стенкой
	double wall pipe	s. H 298		
D 488	**doubling,** double texture proofing	Dublieren n	doublage m, couchage m	дублирование
D 489	**doubling calender**	Dublierkalander m	calandre f de doublage	дублирующий каландр
D 490	**doubling device**	Dubliervorrichtung f	dispositif m de doublage	устройство для дублировки
D 491	**doubling machine**	Dubliermaschine f	doubleuse f	машина для дублировки
D 492	**dough moulding,** gunk moulding	Pressen n mit fasriger Harz-formmasse, Teigpres-sen n	moulage m de compound polyester	прессование премиксов
D 493	**dough moulding com-pound,** DMC, bulk moulding compound, BMC	teigige Premix-Preßmasse f; teigige vorgemischte, harzgetränkte Glasfaser-preßmasse f; kittartige Formmasse f	prémix (prémélange) m en pâte	пастообразный стеклона-полненный премикс, предварительно сме-шанный пресс-материал типа премикса
D 494	**dough spreading machine**	Pastenstreichmaschine f	enduiseuse f (métier m à enduire, machine f à enduire) pour matières pâteuses	намазочная машина для паст
D 495	**dowel [pin]**	Paßstift m	goujon m de guidage, pilote m	направляющий штифт, на-правляющая колонка
D 496	**dowelling,** pegging	Verdübelung f, mechani-sche Verankerung f (des verfestigten Klebstoffs in Oberflächenkapillaren der Fügeteile)	ancrage m, chevillage m (de l'adhésif aux capillaires superficiels)	заклинивание
D 497	**downpipe clip**	Fallrohrschelle f (für Rohre)	tenon m de guidage, collier m de fixation du tuyau de descente	обойма для опускных труб
D 498	**downpipe connector**	Fallrohrkupplung f (für Rohr-leitungen)	raccord m pour tuyau de descente	соединение опускных труб
	downstream equipment	s. F 587		
D 499	**downstream robot,** auto-matic downstream equip-ment	Nachfolgeroboter m, auto-matische Nachfolgeein-richtung f	machine f automatique en aval, robot m en aval	последующий робот
D 500	**downstroke press,** top ram (force) press	Oberkolbenpresse f, Ober-druckpresse f	presse f [à course] descen-dante	пресс с верхним давлением (плунжером, цилиндром)
	draft	s. D 520		
	draft ratio	s. D 542		
D 501	**drag bolt**	Schleppbolzen m	pivot m traînant (de traînée)	буксирный болт
D 502	**drag flow,** volumetric drag flow along channel	Schleppströmung f, Haupt-fluß m, Hauptstrom m (Ex-truder)	débit m tangentiel au filet de la vis	вынужденный (прямой) по-ток (экструдера)

D 503	drag-flow constant	Fließdruckkonstante f, Hauptflußkonstante f (Extruder)	constante f de pression d'écoulement	константа прямого потока
D 504	drag-flow pump	Schleppströmungspumpe f	pompe f à fluide à résistance	прямоточный насос
D 505	drag force, dragging force	Einziehkraft f	force f d'entraînement	усилие питания
D 506	dragging, scoring, picking-up	Fressen n (bei Gleitvorgängen)	grippage m	заедание, разъедание
	dragging force	s. D 505		
D 507	drag-reducing agent	den Reibungswiderstand erniedrigender Verarbeitungshilfsstoff m	agent m réducteur de résistance de frottement	антиадгезив
D 508	drag strut	Versteifungsstrebe f	entresillon m, entretoise f, étai m, raidisseur m; nervure f	подкос жесткости
D 509	drain/to	trockenlegen, dränieren, entwässern	dessécher, drainer, mettre à sec	обезвоживать, дренировать
D 510	drain, drain pipe	Entwässerungsrohr n, Dränrohr n, Dränagerohr n, Ablaufrohr n, Abzugsrinne f, Abzugsrohr n	tubulure f (tuyau m) de décharge, tuyau m de drainage, tuyau stillatoire	дренажная труба, вытяжной канал
D 511	drainage	Dränung f, Entwässerung f	drainage m	дренаж
D 512	draining board	Abtropfbrett n	égouttoir m	сцежа
	drain pipe	s. D 510		
	drain valve	s. D 349		
	drape and vacuum thermoforming	s. D 515		
	drape and vacuum thermoforming with pneumatic prestretch	s. D 516		
D 513	drape forming, draping, stretch thermoforming, stretch forming	Streckformen n, Streckziehen n, Ziehformen n	drapage m, formage m en (sur) moule positif, thermoformage m par emboutissage	термоформование растягиванием, формование (вытяжка) с проскальзыванием в зажимной раме
D 514	drape mould	Streckformwerkzeug n	moule m de drapage	форма для вытягивания
D 515	drape vacuum thermoforming, drape and vacuum thermoforming	Vakuumstreckformen n, Vakuumstreckformverfahren n	thermoformage m sous vide au drapé	вакуумное термоформование, вакуумная вытяжка
D 516	drape vacuum thermoforming with pneumatic prestretch, drape and vacuum thermoforming with pneumatic prestretch	Vakuumstreckformen n mit pneumatischer Vorstreckung	thermoformage m avec préétirage pneumatique	вакуумное формование на пуансон с предварительной пневматической вытяжкой
	draping	s. D 513		
D 517	draught-free chamber	offene Kühlkammer f für Extrudat	chambre f de refroidissement ouverte	охлаждающая ванна
D 518	draw/to	verstrecken, recken, strecken	étirer, orienter	вытягивать, расковывать
D 519	draw/to	ziehen	tirer	вытягивать
D 520	draw, draft (US)	Füllraumwandkonizität f, Füllraumwandneigung f (eines Werkzeugs)	dépouille f	уклон (конусность, наклон) боковых стенок (формы)
D 521	drawability	Ziehfähigkeit f (Umformen), Ziehbarkeit f	étirabilité f	способность к вытяжке
	drawback	s. V 83		
D 522	drawback ram	Rückdruckkolben m	piston m de contre-pression	возвратный поршень, поршень противодавления
	draw die	s. D 528		
D 523	draw direction, pull direction	Ziehrichtung f	direction f de tirage	направление вытягивания
	draw-down ratio	s. D 47		
D 524	draw grid	Ziehgitter n	grille f à pré-étirage	сетка для вытягивания
D 525	drawing	Ziehen n	tirage m	вытягивание, вытяжка
D 526	drawing, stretching	Strecken n, Verstrecken n, Recken n (von Fäden und Bändern)	orientation f, étirage m	вытягивание (пластмассовых лент или нитей)
D 527	drawing behaviour	Reckverhalten n	comportement m à l'étirage, comportement m à l'orientation	поведение при вытягивании
	drawing degree	s. D 109		
D 528	drawing die, draw die	Ziehwerkzeug n, Ziehform f	matrice f à emboutir	форма для вытягивания [с подводным зажимным устройством]
D 529	drawing disk	Ziehblende f (für Extrudat)	disque m de traction (extrudat)	калибровочная плита (для экструдата)

D 530	**drawing down**	Probebeschichtung f, Probe-lackierung f	revêtement m (enduction f) d'essai; vernissage m d'essai	опытное нанесение покрытия, экспериментальное наслоение, опытное лакирование
D 531	**draw-in gear**	Granulatoreinzugswerk n	dispositif m d'alimentation du granulateur	система подачи гранулятора
D 532	**drawing frame**, draw stand, stretching device, stretcher leveller	Reckwerk n, Reckständer m (für Kunststoffolien), Reckeinrichtung f, Streckvorrichtung f	cadre m d'étirage, dispositif (équipement) m d'étirage, banc m d'étirage, étireur m, dispositif (équipement) d'orientation	вытяжное устройство (для полимерных пленок), натягиватель
D 533	**drawing grade**	Ziehgüte f, Ziehqualität f (Umformen)	qualité f pour emboutissage, qualité f pour étirage	качество вытяжки
D 534	**drawing-in speed**	Einzugsgeschwindigkeit f	vitesse f d'alimentation, vitesse d'introduction	скорость подачи
D 535	**drawing-off speed**	Abzugsgeschwindigkeit f	vitesse f de renvidage	скорость приема
D 536	**drawing rate (speed)**, pulling rate (speed, velocity)	Ziehgeschwindigkeit f	vitesse f d'étirage, vitesse d'orientation	скорость вытягивания
D 537	**drawing zone**	Reckstrecke f (für Folien)	zone f d'étirage	зона вытяжки (пленок)
D 538	**drawn plastic**	gereckter Kunststoff (Plast) m	plastique m orienté (étiré)	вытянутый (растянутый) пластик
D 539	**drawn plastic film**	gereckte Kunststoffolie (Plastfolie) f	feuille f plastique étirée	вытянутая полимерная пленка
D 540	**draw-off roll**, take-away roll, take-up roll, haul-off roll, stripper roll	Abziehwalze f	cylindre m récepteur	закаточный валок, приемный валик
D 541	**draw-off unit**, haul-off unit	Abzugseinheit f	dispositif m de réception	оттяжное (тянущее) устройство, тянущий блок
D 542	**draw ratio**, draft ratio (US)	Ziehverhältnis n	rapport m d'orientation, rapport d'étirage	коэффициент вытяжки, коэффициент утяжки
D 543	**draw roll**	Reckrolle f (für Folien)	cylindre m de tirage	ролик для вытяжки (пленок)
	draw stand	s. D 532		
D 544	**draw stand with up-roll**	Reckständer m mit Andruckwalze	dispositif m d'étirage avec contre-rouleau	вытяжное устройство с прижимным валиком
D 545	**draw-texturising machine**	Streck-Texturiermaschine f	machine f d'étirage-texturage	вытяжно-текстурирующая машина
D 546	**draw twisting**	Streckzwirnen n	retordage m avec traction	кручение с вытягиванием
D 547	**dress/to**, to finish	appretieren	apprêter	аппретировать
D 548	**dressing**, finishing	Appretieren n, Appretur f	apprêtage m, finissage m	аппретирование, отделка поверхности
D 549	**dressing agent**, finishing agent	Appreturmittel n	agent m d'apprêt, apprêt m	аппретура, аппрет
D 550	**dressing machine roll**	Appreturwalze f	cylindre m de la machine d'apprêtage	аппретирующий (отделочный) валок
D 551	**dried paint film**	verfestigte Anstrichstoffschicht f, getrockneter Anstrich m	enduit m seché, film m d'enduit durci	отвержденная краска, отвержденное покрытие
	drier	s. D 593		
D 552	**drift punch**	Sonotrodenverlängerungsstück n (für Metallteileinbetten)	rallonge f de sonotrode	удлинитель для сварочного инструмента (ультразвуковая сварка)
D 553	**drill/to**	bohren	forer, percer, perforer	сверлить
D 554	**drill**	Bohrer m	foret m, perçoir m	сверло, бурав
D 555	**drill-chuck spring ring**	Bohrfutterspannring m	manchon m porte-foret	зажимное кольцо сверлильной машины
D 556	**drilled roll**, bored roll	ausgebohrte Walze f, Bohrungswalze f, Walze f mit Heizungsbohrung	cylindre m foré (à canaux)	высверленный валок, валок с нагревательными каналами
D 557	**drilling machine**	Bohrmaschine f, Bohrwerk n	machine f à percer, perceuse f	сверлильный станок, бормашина
D 558	**drip pan**, [catch] pan, recuperation tank, receiving vessel	Auffanggefäß n, Fangblech n	bac m de récupération, récipient m, collecteur m	рекуперационный бак, приемник, приемный сосуд
D 559	**driven roll**, guide roll	Umleitrolle f, Umlenkrolle f	cylindre (rouleau) m commandé (de détour, de guidage)	направляющий валик
	driven roll	s. a. C 768		
D 560	**drive screw**	Schlagschraube f	vis f à percussion	ударный винт
D 561	**driving end**	Maschinenantriebsseite f	côté m d'entraînement	сторона привода
D 562	**driving power**, mechanical power	Antriebsleistung f	puissance f motrice (d'entraînement)	мощность привода
D 563	**driving shaft**	Antriebswelle f (eines Extruders)	arbre m moteur (entraîneur, de commande)	приводной вал, ведущий вал
D 564	**drop-hammer die**	Gießharzwerkzeug n (für Metallumformung), aus Gießharz hergestelltes Metallumformwerkzeug n	moule m en résine coulée (travail du métal)	форма для обработки металлов давлением из заливочной смолы
	drop-hammer die	s. a. D 214		

D 565	drop height	Fallhöhe f (Schlagzähigkeits-prüfgerät)	hauteur f de chute	высота падения
	drop in viscosity	s. V 154		
D 566	dropping bolt test, falling bolt test	Fallbolzenprüfung f	essai m au boulon tombant	испытание падающим болтом
D 567	dropping pipe	Fallschacht m, Fallrohr n	tube m de chute, tube (tuyau) m de descente	опускная (напорная) труба
D 568	drop[ping] point, liquefying point	Tropfpunkt m	point m de goutte	точка (температура) каплепадения
D 569	drop test	Fallversuch m (von Form-teilen)	essai m de chute	испытание методом сбрасывания, испытание при падении
D 570	drum colouring, barrel coloring (US)	Einfärben n mittels Walzen, Einfärben in Trommeln (von Formmassen)	coloration f au tonneau	окрашивание на вальцах, окрашивание в барабане
D 571	drum dryer	Walzentrockner m	séchoir m à tambour	вальцовая сушилка
D 572	drum dryer with dip tank	Walzentrockner m mit Tauchbehälter, Tauch-walzentrockner m	séchoir m à tambour avec cuve d'immersion	вальцовая сушилка с ванной для макания
D 573	drum filter	Trommelfilter n	filtre-tambour m, filtre m à tambour	барабанный фильтр
D 574	drum grinding	Trommelschleifen n	polissage m au tonneau	шлифование в барабане
D 575	drum mill	Trommelmühle f	broyeur m à tonneau	шаровая (барабанная) мельница
D 576	drum mixer, barrel (rotary) mixer, tumbling mixer (blender), drum tumbler (US)	Trommelmischer m	mélangeur m à tonneau (tambour)	барабанный смеситель
	drum polishing	s. T 619		
D 577	drum screen	Trommelsortierer m	classeur m à tambour	барабанная сортировка, барабанное устройство
D 578	drum surface winder	Trommelwickelvorrichtung f	machine f à enrouler à tambour	барабанное устройство обмотки
D 579	drum take-up	Trommelaufwickler m	enrouleur m à tambour	барабан для намотки, приемный барабан
	drum tumbler	s. D 576		
	dry adhesive	s. H 354		
	dry adhesive layer	s. A 180		
D 580	dry-bag method	Trocken-Sackpreßverfahren n (zum Verdichten von Fluorplastpulver, Fluor-kunststoffpulver)	moulage m au sac à sec	сухое прессование диафрагмой
D 581	dry blend, powder blend	aufbereitetes Kunststoffpulver (Plastpulver) n, Pulver-Weichmacher-mischung f	mélange m sec, mélange m pulvérulant	сухая смесь, смесь порошков
D 582	dry-blend extrusion	Dry-blend-Extrusion f, Extrusion f von aufbereitetem Kunststoffpulver (Plast-pulver), Strangpressen (Extrudieren) n von Trok-kenmischung, Dry-blend-Strangpressen n	extrusion f de dry-blend	экструзия сухой порошковой смеси
D 583	dry coating	verfestigter Überzug m, ver-festigte Beschichtung f	couche f sechée, couche f de revêtement durcie	сухое покрытие, отвержденное покрытие
D 584	dry colouring	Trockeneinfärben n, Trok-keneinfärbung f	coloration f à sec	сухое крашение
D 585	dry elongation	Trockendehnung f, Deh-nung f im Trockenzustand	dilatation f à l'état sec	удлинение в сухом состоянии
D 586	dryer	Trockner m, Trocken-einrichtung f	séchoir m, sécheur m	осушитель, сушилка
	dryer with agitator	s. P 16		
D 587	dry extract, body (US)	Trockengehalt m, Fest-gehalt m	extrait m sec	грубодисперсная примесь
D 588	dry film thickness	Filmdicke f des verfestigten Anstrichs, Anstrich-trockenfilmdicke f, Dicke f der verfestigten Kleb-stoffschicht	épaisseur f de la couche, épaisseur f du film de colle	толщина сухого покрытия, толщина сухой окраски
D 589	dry grinding	Trockenschleifen n, Trockenschliff m	meulage m à sec	сухое шлифование
D 590	dry hiding	Trockendeckkraft f von An-strichstoffen niedrigen Harzgehaltes	pouvoir m couvrant à sec des peintures à basse teneur en résine	укрывистость при низком содержании связующего
D 591	dry hiding effect	Nichteindringen n von Klebstoffen in Mikroporo-sitäten von Füllstoffen	non-pénétration f des colles dans les microporosités des charges	кроющий эффект клея
D 592	drying	Trocknen n, Trocknung f	séchage m, desséchage m	сушка

D 593	drying agent, drier, siccative, desiccant	Trockenstoff m, Trockenmittel n, Sikkativ n	siccatif m, desséchant m, agent m siccatif (dessicateur)	осушитель, сиккатив, высушивающий (сушильный) агент, высушивающее средство
	drying cabinet	s. D 594		
D 594	drying chamber, drying cabinet, drying room	Trockenkammer f, Trockenraum m	chambre f de séchage	сушильная камера
D 595	drying condition	Trockenbedingung f	condition f de séchage	условия сушки
D 596	drying cupboard, desiccator cabinet, tray dryer	Trockenschrank m	armoire f de séchage, étuve f [de séchage]	сушильный шкаф, термошкаф, камерная сушилка
D 597	drying drum	Trockenwalze f	cylindre (tambour) m de séchage	сушильный валок (барабан)
D 598	drying material, drying stock	Trockengut n	matière f sèche (à sécher)	сухой (высушенный) материал, сушенный продукт
D 599	drying oven	Trockenofen m	four m de séchage	сушильная печь
	drying room	s. D 594		
D 600	drying plant	Trockenanlage f	installation f (équipement m) de séchage	сушильная установка
D 601	drying process	Trocknungsprozeß m	processus m de séchage	процесс сушки
D 602	drying rack	Trockengestell n	égouttoir m	стеллаж для просушки
D 603	drying rate (speed)	Trockengeschwindigkeit f	vitesse f de séchage	скорость просушки
	drying stock	s. D 598		
D 604	drying temperature	Trockentemperatur f (während der offenen Wartezeit)	température f de séchage	температура сушки (при открытой выдержке клея)
D 605	drying time	Trockenzeit f	temps m (durée f) de durcissement; temps (durée) de séchage	длительность (время) сушки
D 606	drying tower (vault), vertical dryer	Trockenturm m, Vertikaltrockner m	tour f de séchage, séchoir m vertical	вертикальная сушилка, [вертикальная) сушильная шахта
D 607	dry lamination	Trockenkaschieren n	couchage (doublage) m à sec	сухое наслаивание
D 608	dry milling	Trockenmahlen n	broyage m à sec	сухое измельчение
	dry mix compound	s. D 610		
D 609	dry-out spraying	Trockenspritzen n, Sprühen n von Pulver	pulvérisation f à sec	напыление порошком
D 610	dry powder blend, dry mix compound	Trockenmischung f	mélange m à sec	сухая порошковая смесь, сухая смесь, сухой компаунд, сухая композиция
	dry running behaviour	s. D 611		
D 611	dry running performance, dry running behaviour	Trockenlaufverhalten n (Gleitlager)	comportement m au glissement à sec (coussinet lisse)	работоспособность без смазки (подшипника скольжения)
D 612	dry running speed	Trockenlaufzahl f	vitesse f de glissement à sec	скорость сухого хода
D 613	dry sliding friction	Trockengleitreibung f	friction f de glissement sèche	сухое трение скольжения
	drysol	s. P 753		
D 614	dry spinning	Trockenspinnen n, Trockenspinnverfahren n	filage m à sec	«сухое» формование (химических волокон)
D 615	dry spot	Luftblase f, Lufteinschlußstelle f (in Laminaten)	vide m, bulle f d'air	пустота, пузырек воздуха (в слоистых материалах), сухое пятно
D 616	dry strength	Trockenfestigkeit f	résistance f à [l'état] sec	прочность сухого вещества
	dry tack	s. A 265		
D 617	dry weight	Trockenmasse f	poids m à (en) sec	сухой вес, вес сухого материала (вещества)
	dry winding	s. P 906		
	DSC	s. 1. D 255; 2. D 667		
	DTA	s. 1. D 250; 2. D 256		
	DTG	s. D 158		
D 618	dual drum haul-off	Doppelscheibenabzug m	dispositif m de réception à deux disques	двухдисковый прием
D 619	dual extrusion die	Zwillingsextrusionsdüse f	filière f d'extrusion en jumelé	двойная экструзионная головка
	dual-fillet weld	s. D 458		
	dual nozzle spray gun	s. T 674		
D 620	dual polar wind	Polwicklung f von Behälterböden mit unterschiedlichem Wickelwinkel	enroulement m polaire dual	перекрестная намотка (дна емкости)
D 621	dual scarf joint	geschäftete Klebverbindung f (mit rechts und links von der Schäftungsbreitenmitte gegenläufigen Neigungswinkeln)	joint m en biseau (sifflet) aux pentes opposées	скошенное клеевое соединение с разными углами наклона косы
	dual spray gun	s. T 674		

D 622	duct	Leitung f, Kanal m, Röhre f	conduit m, conduite f, tuyau m, tube m	провод, труба
D 623	ductile-brittle transition	Zähigkeitsverhalten n (bei Schlagbeanspruchung)	ténacité f, résilience f	ударная вязкость, ударновязкие свойства
D 624	ductile fracture	Verformungsbruch m, zäher Bruch m	rupture f ductile	деформационный (вязкий) разрыв
D 625	ductile matrix	zähelastische Matrix f	matrice f ductile	вязкоупругая матрица
D 626	ductile plastic	zähverformbarer Kunststoff (Plast) m	matière f plastique ductile	вязкоформуемый пластик
D 627	ductility, extensibility	Streckbarkeit f, Dehnbarkeit f	ductilité f, extensibilité f	растяжимость, эластичность, тягучесть
	ductility	s. a. D 70		
D 628	ductility test	Verformungsversuch m	essai m de ductilité	опыт деформации
	dull	s. M 79		
	dull clear varnish	s. M 84		
D 629	dull finish	Mattanstrich m	peinture f mate	матовая отделка
D 630	dull-finish lacquer, sanding (rubbing) finish	Schleiflack m	vernis m à polir	лак для последующей шлифовки, шлифовальный лак
	dulling agent	s. F 371		
	dull lacquer	s. F 374		
D 631	dull surface	matte Oberfläche f, glanzlose Oberfläche f (Verarbeitungsfehler)	surface f mat	матовость
D 632	dump bin	Vorratsbehälter m, Vorratssilo m(n)	réservoir m; silo m	сборник, складской резервуар
D 633	dumping	Ablagerung f, Deponierung f	dépôt m	сваливание (пластмассового мусора)
D 634	duplex beater, twin-roll beater	Doppelholländer m	pile f hollandaise à deux cylindres	двойной голлендер (ролл)
D 635	duplex cutter	Längs- und Querschneidemaschine f (für flächige Halbzeuge)	dispositif m à coupe longitudinale et transversale	машина для продольной и поперечной резки
D 636	duplex extrusion line with direct gassing	Tandemextrusionsanlage f mit Direktbegasung	installation (unité) f d'extrusion en tandem avec alimentation directe en gaz	двойная экструзионная установка с прямой газацией
	duplex film adhesive	s. C 579		
D 637	duplex moulding, plunger moulding, high-pressure plunger moulding, high-speed plunger moulding	Duplexspritzpressen n, Zweikolbenspritzpressen n, Zweikolbenspritzpreßverfahren n	moulage m par compression à deux pistons, moulage à transfert (presse de transfert)	литьевое прессование с двумя плунжерами, двухпоршневое трансферное прессование
	duplex tube	s. C 597		
D 638	duplicate cavity-plate moulding	Zweisatzpressen (Zweisatzpreßverfahren) n mit Wechselwerkzeugen	moulage m à deux postes avec moules interchangeables	прессование со сменными пресс-формами
D 639	duplicating milling machine	Kopierfräsmaschine f	fraiseuse f à copier	копировально-фрезерная машина, копировально-фрезерный станок
D 640	durability test[ing]	Beständigkeitsprüfung f	essai m de stabilité, essai m d'inalterabilité	испытание на устойчивость
	duromer	s. T 290		
D 641	durometer, hardness tester	Härteprüfer m, Härteprüfgerät n, Härtemesser m, Durometer n	duromètre m	твердомер, дуромер
D 642	dust beater	Granulat-Saugfördergerät n	convoyeur m à air aspiré pour granulat	транспортер с вакуум-подсосами
D 643	dust cap	Staubkappe f	bouchon m de valve	противопыльная крышка
D 644	dust deposit	Staubablagerung f	dépôt m de poussières	осадок пыли
D 645	dust elimination, dust removal	Entstaubung f, Entstauben n, Staubabscheidung f	dépoussiérage m	обеспыливание
D 646	duster, waste extractor	Abfallabscheider m	séparateur m des déchets, collecteur m de rebut	сепаратор отходов, отделитель осадок
D 647	dust exhausting (extraction) plant, dust sucking plant, suction installation	Absauganlage f	dispositif m d'aspiration	вытяжная система, отсасывающее устройство (приспособление)
	dust-free room	s. C 373		
D 648	dusting	Einpudern n, Einstäuben n	poudrage m	опудривание, образование пыли
D 649	dusting machine	Einpudermaschine f, Puderauftragsmaschine f	poudreuse f	машина для опудривания
D 650	dusting plant for plastics	Bestäuberanlage f für Kunststoff (Plaste)	installation f de saupoudrage pour matières plastiques	установка для опудривания полимера
D 651	dust mask, dust respirator	Staubschutzmaske f	masque m antipoussière	противопылевой аспиратор
D 652	dustproof	staubdicht	étanche aux poussières	пыленепроницаемый
D 653	dustproof package	staubdichte Verpackung f, staubsichere Verpackung f	emballage m à l'abri de la poussière	защищающая от пыли упаковка

	dust removal	*s.* D 645		
D 654	**dust remover**	Zyklon *m*, Staubsammler *m*, Staubentferner *m*	collecteur *m* de poussières, cyclone *m*	пылесборник, циклон
	dust respirator	*s.* D 651		
D 655	**dust separator**	Staubabscheider *m*	séparateur *m* de poussières, appareil *m* de dépoussiérage, dépoussiéreur *m*	пылеотделитель, пылеуловитель
	dust sucking plant	*s.* D 647		
D 656	**dwell/to**	auf Distanz fahren *(Presse)*	faire respirer le moule, relâcher la pression	применять задержку давления
D 657	**dwell[ing]**	Entlüftungspause *f*, Druckpause *f (Preßwerkzeuge)*	pause *f* de fermeture d'un moule, dégazage *m*, relâchement *m* de la pression *(moule à compression)*	задержка замыкания прессформы *(для удаления воздуха)*
D 658/9	**dwell time**, period of dwelling	Druckpausenzeit *f*, Entlüftungszeit *f (vor vollständigem Werkzeugschluß)*	durée *f* de dégazage, durée du relâchement de la pression, durée *f* de la pause de fermeture *(moule à compression)*	период литьевого давления после заполнения формы
	dye/to	*s.* C 518		
	dye	*s.* D 665		
D 660	**dye dispersing agent**	Farbstoffdispergiermittel *n*	agent *m* dispersant (dispersif, de dispersion) pour colorant	диспергатор для красителя
D 661	**dyeing behaviour**	Einfärbbarkeit *f*, Einfärbeverhalten *n*	comportement *m* à la coloration	окрашиваемость, поведение при окраске
D 662	**dyeing in equal depth**	gleichmäßiges Durchfärben *n (Formstoff)*	peinture *f* uniforme	равномерное крашение
D 663	**dye paste**	Pastenfarbe *f*	pâte *f* de matière colorante	краска в пасте
D 664	**dye solvent**	Farbstofflösungsmittel *n*	solvant *m* de matière colorante	растворитель для красителей
D 665	**dyestuff**, dye	Farbstoff *m*	colorant *m* soluble	краситель
D 666	**dynamic dielectric spectroscopy**	dynamische dielektrische Spektroskopie *f (zur Erfassung des molekularen Aufbaues von Polymeren)*	spectrométrie *f* diélectrique dynamique	динамическая диэлектрическая спектроскопия
D 667	**dynamic differential calorimetry, DSC**	dynamische Differentialkalorimetrie *f*	calorimétrie *f* différentielle dynamique	динамическая дифференциальная калориметрия
D 668	**dynamic fatigue test**	dynamischer Dauerversuch *m*	essai *m* de fatigue dynamique	динамическое длительное испытание
D 669	**dynamic loading**	dynamische Belastung *f*	charge *f* dynamique	динамическая нагрузка
D 670	**dynamic long-term load**	dynamische Langzeitbelastung *f*	charge *f* dynamique de longue durée	долговременная динамическая напряженность
D 671	**dynamic mechanical analysis, DMA**	Schwinganalyse *f*, DMA *(zur Ermittlung des Grades der Härtung und der Moduli von Duroplasten (Duromeren))*	analyse *f* mécanique dynamique, essai *m* à vibrations continues	динамическое измерение отверждения
D 672	**dynamic mechanical analyzer**	Gerät *n* zur Durchführung von Schwinganalysen	appareil *m* d'essai à vibrations continues	испытатель динамических свойств
D 673	**dynamic modulus of elasticity**	dynamischer Elastizitätsmodul *m*	module *m* dynamique d'élasticité	динамический модуль упругости
D 674	**dynamic property**	dynamische Eigenschaft *f*	propriété *f* dynamique	динамическое свойство
D 675	**dynamic rigidity**	dynamischer Schermodul (Schubmodul) *m*	module *m* dynamique de cisaillement	динамический модуль сдвига
D 676	**dynamic strength test[ing]**	dynamische Festigkeitsprüfung *f*	essai *m* de résistance dynamique	испытание на динамическую прочность, испытание при динамической нагрузке
D 677	**dynamic stress**	dynamische Beanspruchung (Spannung) *f*	contrainte *f* dynamique	динамическое напряжение
D 678	**dynamic stress intensity factor**	Intensitätsfaktor *m* der dynamischen Spannungen	facteur *m* d'intensité des contraintes dynamiques	фактор интенсивности динамических напряжений
	dynamic striation screw	*s.* D 399		
D 679	**dynamic test**	dynamische Prüfung *f*	essai *m* dynamique	динамическое испытание
D 680	**dynamic testing machine**	dynamische Prüfmaschine *f*	machine *f* d'essai dynamique	динамическая испытательная машина
D 681	**dynamic viscosimeter**	Schwingungsviskosimeter *n*, Schwingungsviskositätsmesser *m*	viscosimètre *m* à oscillations	колебательный вискозиметр
D 682	**dynamic viscosity**, absolute viscosity	absolute Viskosität *f*, dynamische Viskosität *f*	viscosité *f* dynamique (newtonienne), coefficient *m* [de viscosité] de Navier, coefficient de frottement interne	абсолютная вязкость, динамическая вязкость

D 683	dynamic yieldingness measurement	dynamische Nachgiebig-keitsmessung f	mesure f dynamique de la flexibilité	измерение динамической податливости
D 684	dynamometer	Dynamometer n, Leistungs-messer m	dynamomètre m	динамометр, измеритель мощности
D 685	Dynstat method	Dynstat-Prüfung f (Prüfung der Schlag- oder Kerb-schlagzähigkeit von ein-seitig eingespannten Prüf-körpern)	méthode f au dynstat, essai m dynstat	испытание на приборе «Динстат», испытание ударной вязкости также с надрезом на приборе «Динстат»
D 686	Dynstat tester	Dynstat-Gerät n	appareil m dynstat	прибор «Динстат»

E

E 1	earth colour (pigment), mineral dye	Mineralfarbstoff m, Erdfarb-stoff m, mineralisches Farbpigment n	pigment m terreux (minéral)	природный неорганический пигмент
	easy-flowing granules	s. F 660		
E 2	easy-flow injection mould-ing grade (material)	leichtfließende Spritzgieß-type f (Formmassen)	type m à bonne rhéologie pour le moulage par injec-tion	литьевой материал высокой текучести
	ebonite	s. H 42		
	EB radiation curing plant (system)	s. E 122		
	EC	s. E 303		
	eccentric pelleting machine	s. E 3		
E 3	eccentric pelletizer, eccen-tric tablets (tabletting) press, eccentric pelleting machine	Exzentertablettenpresse f	pastilleuse f excentrique, machine f à comprimer à système excentrique	кривошипная таблеточная машина, эксцентриковая таблеточная машина
E 4	eccentric press	Exzenterpresse f	presse f à excentrique	эксцентриковый пресс
	eccentric tablets (tabletting) press	s. E 3		
E 5	eccentric toggle [lever] press	exzentrische Kniehebel-presse f	presse f excentrique à ge-nouillères	коленчато-рычажный экс-центриковый пресс
E 6	eccentric tumbler, offset ro-tary tumbler	Taumelmischer m	mélangeur m turbulent	барабанный смеситель, ось которого расположена наклонно к образующей
E 7	economic material use	ökonomischer Werkstoff-einsatz m	utilisation f (emploi m) éco-nomique des matériaux	экономическое применение материалов
	ECTFE	s. E 317		
	ED	s. E 98		
	eddy current heating	s. I 91		
E 8	edge, skirt	Kante f, Rand m	bord m, arête f	кромка, кант
	edge finishing	s. F 574		
E 9	edge forming, flat sheet beading (US)	Biegen n von Plattenrän-dern (Tafelrändern)	cintrage (roulage) m des bords de plaques	гибка краев листов
	edge-forming roll	s. B 118		
	edge gate	s. S 499		
	edge joint	s. E 20		
E 10	edge-jointing adhesive (glue)	Furnierklebstoff m, Kleb-stoff m zur Kantenbin-dung	adhésif m pour joints, colle f pour joints (arêtes)	клей для фанеры (стыков, кантов)
E 11	edge mark	Kantenabzug m einer Be-schichtung, Randfehler m	défaut m du bord	дефект стыка покрытия, от-слаивание стыка по-крытия
	edge[-runner] mill	s. P 46		
E 12	edge stability	Kantenstabilität f (Formteile)	stabilité f des arêtes	стабильность бока, стабиль-ность края
E 13	edge trim	Kantenbeschnitt m (Halb-zeuge)	cisaillement m des bords	фацетирование
E 14	edge trimmer	Besäumeinrichtung f (flächige Halbzeuge)	dispositif m à rogner	устройство для обрезки
E 15	edge trim press	Kantenbeschnittmaschine f, Kantenbesäummaschine f	machine f à rogner	обрезатель краев
E 16	edge trim removal	seitliches Beschneiden n (von Schlauchfolie oder flächigen Halbzeugen)	rognage m	обрезание кромок (ру-кавной пленки, листа)
E 17	edge trim roll	Besäumwalze f, Kantenbe-säumwalze f, Schneid-walze f für seitliches Be-schneiden	cylindre m de rognage	долбяк для обрезки кро-мок, ролик для нанесения покрытия на край
E 18	edge trim slitter	Kantenbeschneidgerät n (Folien)	dispositif m à couper les bords (feuilles)	прибор для отрезки кромок
E 19	edgewater	Antiadhäsivstoff m (auf Trägermaterial)	agent m anti-adhésif	антиадгезионный слой

E 20	**edge weld,** edge joint	Stirnstoß *m,* Stirnverbindung *f (Schweißen)*	soudure *f* bord à bord, joint *m* en bordure	торцовое соединение
	edging profile	*s.* V 79		
E 21	**eductor**	Verteilerdüse *f,* Ejektordüse *f (in Strahlmischern)*	buse *f* éjecteuse	сопло струйного смесителя
E 22	**effective capacity**	Nutzinhalt *m*	capacité *f* effective	полезный объем, полезная емкость
	effective surface	*s.* S 1365		
E 23/4	**effect varnish**	Effektlack *m*	vernis *m* à effet	эффектный лак
	efflorescense	*s.* B 256		
E 25	**effluent, efflux**	Ausfluß *m,* Abfluß *m*	effluent *m*	истечение, выплыв, слив
E 26	**effluent drain pipe**	Dükerleitung *f*	siphon *m*	дюкер
	efflux	*s.* E 25		
	EGA	*s.* E 337		
	EGD	*s.* E 338		
	E-glass	*s.* G 68		
	Eickhoff extruder	*s.* P 323		
E 27	**ejecting blanking cutter,** pierce and blank tool, outline-blanking die	Stanzform *f* (Stanzmesser *n*) mit Auswerfer, Stanzeinrichtung *f* mit Auswerfer	emporte-pièce *m* avec éjecteur	листовой штамп с выталкивателем
	ejecting device	*s.* E 33		
E 28	**ejection**	Auswerfen *n,* Ausdrücken *n,* Ausheben *n (von Formteilen aus dem Werkzeug)*	éjection *f*	выталкивание
	ejection connecting bar	*s.* E 34		
E 29	**ejection control unit**	*Einrichtung zur Überwachung des erfolgten Entformens von Formstoffen aus dem Werkzeug*	dispositif *m* de contrôle de l'éjection	прибор для контроля выталкивания изделия
	ejection cross bar	*s.* E 34		
E 30	**ejection pad**	Ausdrückstempel *m,* Auswerfstempel *m*	poinçon *m* d'éjecteur	плунжер выталкивателя
	ejection period	*s.* E 32		
	ejection plate	*s.* E 43		
	ejection ram	*s.* E 46		
E 31	**ejection tie bar,** sprue ejector bar	Auswerferstange *f,* Ausdrückstange *f*	barre *f* d'éjection	выталкивающий шток
E 32	**ejection time,** ejection period	Ausstoßzeit *f*	temps *m* d'éjection	время выталкивания
E 33	**ejector,** knock-out, ejecting device	Auswerfer *m,* Ausheber *m,* Ausdrückvorrichtung *f,* Auswerfervorrichtung *f,* Auswurfvorrichtung *f*	éjecteur *m,* système *m* d'éjection, dispositif *m* d'éjection	выталкиватель, устройство выталкивания, выталкивающая система
E 34	**ejector connecting bar,** knockout (ejection) connecting bar, ejection cross bar	Ausdrückbalken *m,* Ausdrücktraverse *f (an Werkzeugen)*	traverse *f* d'éjecteur, traverse *f* d'éjection	выталкивающий стержень, брус-выталкиватель
	ejector die	*s.* C 1118		
E 35	**ejector frame,** knockout frame	Ausdrückrahmen *m,* Ausheberahmen *m*	cadre *m* d'éjecteur, plaque-support *f* d'éjecteurs	выталкиватель в виде рамки, выталкивающая рама (траверса)
E 36	**ejector frame guide**	Ausdrückplattenführung *f,* Auswerferführung *f,* Ausdrückerführung *f*	guide *m* du cadre d'éjecteur, guide *m* de la plaque d'éjection, guide du plateau d'éjecteur, guide-éjecteur *m*	направляющая система плиты-выталкивателя
E 37	**ejector frame guide bar**	Auswerferplattenführungssäule *f,* Drückplattenführungssäule *f*	colonne *f* de guidage de la plaque d'éjection, colonne de guidage du plateau d'éjecteur	колонка плиты выталкивания
E 38	**ejector-free position stroke**	Auswerferfreistellungshub *m,* Ausdrückerfreistellungshub *m*	course *f* de libération de l'éjecteur	ход деблокирования выталкивателя
E 39	**ejector operating arm**	Betätigungsarm *m* für Auswerfer, Auswerferbetätigungsarm *m*	bras *m* de commande d'éjection	рычаг управления для выталкивателя
E 40	**ejector pad**	Auswerferanschlag *m,* Ausdruckeranschlag *m,* Ausheberanschlag *m*	butée *f* d'éjecteur	упор для выталкивателя
E 41	**ejector pin,** knockout pin	Auswerferstift *m,* Ausdrückstift *m,* Drückstift *m*	broche *f* électrice (d'éjecteur)	выталкивающая шпилька
E 42	**ejector pin mark**	Auswerfermarkierung *f,* Ausdrückermarkierung *f,* Aushebermarkierung *f (am Formteil)*	trace *f* d'éjecteur	след от толкателя

E 43	**ejector plate,** ejection plate, knockout plate	Ausdrückplatte f, Auswerferplatte f, Ausheberplatte f	plaque f d'éjection, plaque d'enlèvement, plaque f de démoulage, plateau m d'éjection, plateau éjecteur (de démoulage)	плита-выталкиватель, плита выталкивателя
E 44	**ejector plate return pin**	Auswerferplattenrückdrückstift m, Ausdrückerplattenrückdrückstift m, Ausheberplattenrückdrückstift m	butée f de renvoi d'éjecteur	возвратная колонка
E 45	**ejector rail**	Aushebeleiste f (an Werkzeugen)	tige f d'éjection	выталкивающий брусок
E 46	**ejector ram,** ejection ram	Auswerferkolben m, Ausdrück[er]kolben m	piston m d'éjecteur	шток, стержень выталкивателя, выталкивающий плунжер
	ejector return spring	s. E 49		
E 47	**ejector rod,** stripper bolt	Auswerferbolzen m, Ausdrückbolzen m, Bolzen m für Abstreiferplatte	tige f d'éjecteur	болт съемной плиты
E 48	**ejector sleeve**	Auswerferbuchse f, Ausdrückerbuchse f, Ausheberbuchse f	douille f d'éjecteur	втулка выталкивателя
E 49	**ejector spring,** ejector return spring	Auswerferfeder f, Ausdrückerfeder f	ressort m de rappel (éjecteur)	пружина для возврата выталкивателя
E 50	**elastic aftereffect,** delayed (retarded) elasticity, memory effect	elastische Nachwirkung f, entropieelastischer Effekt m, Rückstellung f ausgerichteter Molekülketten in den ungeordneten Zustand nach Erwärmung, Memory-Effekt m	élasticité f retardée, effet m résiduel (ultérieur) élastique	эластичное (упругое) последействие, запаздывающая упругость
E 51	**elastic anisotropy**	elastische Anisotropie f	anisotropie f élastique	упругая анизотропия
E 52	**elasticator,** elasticizer, flexibilizer	elastifizierender Stoff m, Elastifizierungsmittel n, Elastikator m, Elastifikator m	agent m flexibilisateur, élastifiant m	эластикатор
E 53	**elastic component**	elastischer Deformationsanteil m, elastischer Verformungsanteil m	composante f de déformation élastique	обратимая деформация, упругая часть деформации
E 54	**elastic deformation,** reversible deformation	elastische Deformation (Verformung) f, reversible Deformation	déformation f élastique (réversible)	упругая деформация
E 55	**elastic elongation**	elastische Dehnung f	extension f élastique, élongation f élastique	упругое удлинение, эластичное удлинение
E 56	**elasticity**	Elastizität f	élasticité f	упругость
	elasticity modulus	s. M 387		
E 57	**elasticity tester,** elastometer	Elastizitätsprüfgerät n, Elastizitätsprüfer m, Elastizitätsmesser m	appareil m d'essai d'élasticité, élastomètre m	эластометр, измеритель упругости, прибор для определения эластичности
	elasticizer	s. E 52		
E 58	**elastic limit**	Elastizitätsgrenze f	limite f élastique (d'élasticité)	предел упругости
	elastic modulus	s. M 387		
E 59	**elastic number**	Elastizitätszahl f	coefficient m d'élasticité	коэффициент (число) эластичности
E 60	**elastic potential**	Elastizitätsvermögen n, elastisches Potential n	potentiel m interne [spécifique]	упругий потенциал
E 61	**elastic property**	elastische Eigenschaft f	propriété f élastique	упругое (эластичное) свойство
E 62	**elastic recovery**	elastische Rückstellung (Erholung, Rückbildung) f (bei Plastwerkstoffen, Kunststoffen)	recouvrance f (retour m) élastique	упругое последействие
E 63	**elastic snap-back**	elastisches Rückspringen (Rückfedern) n (bei Funktionselementen)	recouvrance f (rebondissement m) élastique	упругое восстановление
E 64	**elastomer**	Elastomer[es] n, Elast m	élastomère m	эластомер
E 65	**elastomeric**	elastomer	élastomère, élastomérique	эластомерный
E 66	**elastomeric plastic**	gummielastischer Kunststoff (Plast) m	plastique m élastomère	каучукоподобный пластик
E 67	**elastomer-metal compound**	Elastomer-Metall-Verbindung f	assemblage m élastomère-métal	соединение эластомера с металлом
E 68	**elastomer-modified polyimide adhesive**	elastomermodifizierter Polyimidklebstoff m	adhésif m polyimide modifié par élastomères	модифицированный эластомером полиимидный клей
	elastometer	s. E 57		

E 69	electret	Elektret n, Festkörper m mit permanentem elektrischem Feld	électrète m	электрет, поляризованный диэлектрик
	electrical breakdown	s. B 389		
E 70	electrical conductance	elektrische Leitfähigkeit f (von Hochfrequenzschweiß-elektroden)	conductibilité (conductivité, conductance) f électrique	электропроводность
E 71	electrical-insulation fibre	Vulkanfiber f für elektrische Isolation	fibre f vulcanisée, papier m isolant, fish paper m	электроизоляционная вулканизованная фибра
E 72	electrically conductive adhesive	elektrisch leitender (leitfähiger) Klebstoff m, Leitklebstoff m	colle f à conductivité électrique, adhésif m électroconducteur	электропроводящий клей
E 73	electrically conductive plastic, electroconductive plastic	elektrisch leitender (leitfähiger) Kunststoff (Plast) m	matière f plastique électroconductrice (à conductivité électrique), plastique m électroconducteur	электропроводящий пластик (полимерный материал)
E 74	electrically conductive pressure-sensitive adhesive	elektrisch leitender Haftklebstoff m, elektrisch leitender Kontaktklebstoff m	colle f de contact électroconductrice, masse f auto-adhésive électroconductrice	электропроводящий контактный клей
E 75	electrically conductive pressure-sensitive adhesive tape	Selbstklebband n mit elektrisch leitendem Haftklebstoff	bande f adhésive avec colle conductrice sensible à la pression	липкая лента с электропроводящим клеящим слоем
E 76	electrically heated hot-gas welder, electrically heated welding torch (gun)	elektrisch beheiztes Warmgasschweißgerät n	appareil m de soudage aux gaz chauds électriquement chauffé, chalumeau m électrique	сварочный аппарат с электрическим нагревом, электрический нагреватель для сварки нагретым газом
E 77	electrically heated jacket	elektrischer Heizmantel m	enveloppe f chauffante (de chauffage)	электрообогрев в форме рукава, обогревательная рубашка
	electrically heated welding gun (torch)	s. E 76		
E 78	electrically sealing compound tape	eletrisch isolierendes Dichtungsband n, Dichtungsband n für die Elektroindustrie	ruban m d'étoupage isolant	электроизоляционная уплотнительная лента
E 79	electrical network model	elektrisches Verhaltensmodell n (zur Simulierung des deformationsmechanischen Verhaltens)	modèle m des réseaux électriques	электрическая модель поведения
E 80	electrical properties	elektrische Eigenschaften fpl	propriétés fpl électriques	электрические свойства
E 81	electrical property testing	Prüfung f der elektrischen Eigenschaften	essai m des propriétés électriques	испытание электрических свойств
E 82	electrical volume resistivity	spezifischer elektrischer Durchgangswiderstand m, spezifischer elektrischer Volumenwiderstand m	résistivité f volumique électrique	удельное объемное сопротивление
E 83	electric blanket heating	elektrische Mantelheizung f, elektrische Ummantelungsheizung f (an Verarbeitungsmaschinen)	chauffage m par jaquette électrique	электрический нагрев кожуха
	electric bonding machine	s. C 754		
E 84	electric charge	elektrische Ladung f (beim elektrostatischen Beschichten)	charge f électrique	электрический заряд, электрическая зарядка
E 85	electric eye control	Photozellenüberwachung f, Photozellensteuerung f (an Verarbeitungsmaschinen)	contrôle m par photocellule (cellule photoélectrique, phototube, tube photoélectrique)	контроль (управление) фотоэлементом
E 86	electric field strength	elektrische Feldstärke f (beim Hochfrequenzschweißen)	intensité f de champ électrique	напряженность электрического поля
E 87	electrochemical corrosion	elektrochemische Korrosion f	corrosion f électrochimique	электрохимическая коррозия
E 88	electrochemical machining	elektrochemisches Bearbeiten n (Werkzeuge)	usinage m électrochimique (moules)	электрохимическая обработка
E 89	electrochemical pretreatment	elektrochemische Oberflächenvorbehandlung f	prétraitement m électrochimique	электрохимическая поверхностная обработка
E 90	electrocoating	elektrophoretisches (elektrokinetisches) Beschichten n	enduction f (revêtement m) électrophorétique	электрофоретическое нанесение
	electroconductive plastic	s. E 73		
	electrode arcing	s. E 94		
E 91	electrode bar	Heizschwert n, Stabelektrode f	barre f d'électrode, barre-électrode f	сварочный клинообразный элемент

E 92	electrode change	Elektrodenwechsel *m*	échange *m* d'électrode	замена электродов
E 93	electrode dissipation	Elektrodenverlustleistung *f*, Elektrodenverlust *f (HF-Schweißen)*	dissipation *f* d'électrode	потери электродов
E 94	electrode flash-over, electrode spark-over, electrode arcing, arcing between electrodes	Elektrodenüberschlag *m (Hochfrequenzschweißen)*	décharge *f* entre électrodes	перебой (разряд) между электродами
	electrode jig	*s.* C 757		
E 95	electrodeless discharge process	Entladung *f* ohne Elektrodenanwendung, elektrodenloses Entladen *n*	décharge *f* sans électrodes	безэлектродный разряд
E 96	electrodeless glow discharge	elektrodenlose Glimmentladung *f (zum Polarisieren unpolarer Thermoplaste, Thermomere)*	décharge *f* luminescente (incandescente, en lueur, à lueur) sans électrodes, effluve *f* sans électrodes	безэлектродный тлеющий разряд *(поверхностная обработка неполярных термопластов)*
E 97	electrodeposit[ed coating]	elektrolytisch (galvanisch) aufgebrachte Schicht *f*	électrodéposition *f*	электролитически нанесенный слой, гальваническое покрытие
E 98	electrodeposition, ED	elektrolytisches Schichtaufbringen *n*, elektrolytische Schichtabscheidung *f*	précipitation *f* électrolytique, déposition *f* électrolytique	электролитическое нанесение
E 99	electrode potential	Elektrodenpotential *n (HF-Schweißen)*	potentiel *m* d'électrode	потенциал между электродами
E 100	electrode screen	Elektrodenabschirmung *f (einer Hochfrequenzschweißmaschine)*	protection *f* d'électrode	экранирование (обмазка) электрода
E 101	electrode size	Elektrodenabmessung *f (Hochfrequenzschweißen)*	dimension *f* de l'électrode	размер электрода
	electrode spark-over	*s.* E 94		
E 102	electrode support	Elektrodenhalteplatte *f*, Elektrodenhalter *m (HF-Schweißen)*	porte-électrode *m*, pince *f* porte-baguettes	плита для крепления электродов
E 103	electrode system	Elektrodenanordnung *f (HF-Schweißen)*	disposition *f* des électrodes	расположение электродов
E 104	electrode terminal	Elektrodenklemme *f (HF-Schweißen)*	pince *f* porte-électrode	зажим для электродов
E 105	electrofloatation	Elektroflotation *f*	électro-flottation *f*	электрофлотация
E 106	electroformed mould	elektroerosiv hergestelltes Werkzeug *n*	moule *m* électroformé	форма, изготовленная электроэрозионной обработкой
E 107	electroforming	elektroerosive Metallbearbeitung *f*	usinage *m* par électroérosion	электроэрозионная обработка металлов
E 108	electroinitiated cationic polymerization	elektroinitiierte kationische Polymerisation *f*	polymérisation *f* cationique électroinitiée	катионная полимеризация, инициированная электрическим током
E 109	electrokinetic powder coating (spraying)	elektrokinetisches Pulverbeschichten *n*, elektrokinetische Pulverbeschichtung *f*	enduction *f* (revêtement *m*) électrocinétique de poudre	электрокинетическое напыление
E 110	electrokinetics	Elektrokinetik *f*	électrocinétique *f*	электрокинетика
E 111	electrolyte	Elektrolyt *m*	électrolyte *m*	электролит
E 112	electrolytic polishing	elektrolytisches Polieren *n (Werkzeug)*	polissage *m* électrolytique	электролитическая полировка, электролитическое полирование
E 113	electromagnetic adhesive	elektromagnetischer Klebstoff *m*	adhésif *m* électromagnétique	электромагнитный клей
E 114	electromagnetic separator	elektromagnetischer Abscheider *m*	séparateur *m* électromagnétique	электромагнитный сепаратор
E 115	electrometallization	Elektrometallisierung *f (Aufbringen metallischer Überzüge)*	électrométallisation *f*	нанесение металла *(на пластик)* нанесение гальванического покрытия
E 116	electron-accepting monomer	Elektronenakzeptormonomer[es] *n*	monomère *m* accepteur d'électrons	мономер-акцептор электронов
E 117	electron acceptor	Elektronenakzeptor *m*, Elektronenaufnehmer *m*, Elektronenauffänger *m*	accepteur *m* d'électrons	акцептор электронов
E 118	electron affinity	Elektro[nen]affinität *f*	affinité *f* électronique	сродство к электрону
	electron atom ratio	*s.* V 42		
E 119	electron-beam curing	Elektronenstrahlhärtung *f*, Elektronenstrahlhärten *n*	durcissement *m* par rayonnement (faisceau) électronique	отверждение электронными лучами
E 120	electron-beam drying	Elektronenstrahltrocknung *f*	séchage *m* par rayonnement électronique	сушка электронным лучом
E 121	electron-beam microanalysis	Elektronenstrahlmikroanalyse *f*	microanalyse *f* par faisceau électronique (d'électrons)	микроанализ электронным лучом

E 122	electron-beam radiation curing plant (system), EB radiation curing plant (system)	Elektronenstrahlhärtungs-anlage f	système m de durcissement par faisceaux d'électrons	установка для отверждения электронным излучением
E 123	electron bombardment	Elektronenbeschuß m (beim elektrostatischen Beschich-ten)	bombardement m électroni-que	бомбардировка электро-нами
E 124	electron density, density of electrons	Elektronendichte f	densité f électronique	плотность электронов
E 125	electron emission	Elektronenemission f	émission f d'électrons, émission f électronique, émission f thermionique	электронная эмиссия
E 126	electronic charge, elemen-tary charge, charge of an electron	Elektronenladung f, Elemen-tarladung f	charge f électronique (élé-mentaire, de l'électron)	элементарный заряд, заряд электрона
E 127/8	electronic control	elektronische Regelung f, elektronische Steuerung f (bei Spritzgieß- und Schweißmaschinen)	commande f électronique; contrôle m électronique	электронное регулирова-ние; электронное управ-ление
	electronic heating equip-ment	s. H 195		
	electronic-hydraulic wall	s. P 62		
E 129	electronic instrument con-troller	elektronischer Regler m, elektronische Regelein-richtung f	régulateur (contrôleur) m électronique	электронный регулятор
E 130	electronic pretreatment	elektrische Oberflächenvor-behandlung f (von Polyole-finen zwecks Polarisation)	prétraitement m surfacique électronique (électrique)	поверхностная обработка электрическим током
	electronic sealer	s. T 204		
	electronic sewing machine	s. C 754		
E 131	electronic transition	Elektronenübergang m (Klebtheorie)	transition f électronique	электронный переход
	electronic welding	s. H 203		
E 132	electron microscope	Elektronenmikroskop n	microscope m électronique	электронный микроскоп
E 133	electron-microscopic ex-amination (study)	elektronenmikroskopische Untersuchung f	examen m par microscopie électronique	исследование электронным микроскопом, элек-тронно-микроскопиче-ское исследование
E 134	electron resonance	Elektronenresonanz f	résonance f électronique	электронный резонанс
	electron-scan microscope	s. S 44		
E 135	electron shell	Elektronenschale f	couche f électronique	электронная оболочка
E 136	electron spectroscopy for chemical analysis, ESCA	Elektronenspektroskopie f zur Bestimmung von Ele-menten und ihren Bin-dungszuständen in Kunst-stoffoberflächen (Plast-oberflächen), ESCA-Me-thode f	spectroscopie f de photo-électrons induits par rayons X, E.S.C.A., ESCA	электронно-лучевая спе-ктроскопия для химиче-ского анализа
E 137	electron spin resonance, ESR	Elektronenspinresonanz f	résonance f paramagnéti-que électronique	электронный парамаг-нитный резонанс
E 138	electrophoresis	Elektrophorese f	électrophorèse f	электрофорез
E 139	electrophoretic behaviour	elektrophoretisches Verhal-ten n (von Dispersionen)	comportement m électro-phorétique	электрофоретические свойства
E 140	electrophoretic mobility	elektrokinetische Beweg-lichkeit f, elektrophoreti-sche Beweglichkeit f	mobilité f électrophoréti-que, mobilité f électroci-nétique	электрокинетическая по-движность, электрофоре-тическая подвижность
E 141	electroplate/to, to galva-nize	galvanisieren	galvaniser	наносить гальваническое покрытие, гальванизиро-вать
E 142	electroplated plastic	galvanisierter Kunststoff (Plast) m	plastique m galvanisé	пластик с гальванопо-крытием
E 143	electroplating	Galvanisieren n, Elektroplat-tieren n	galvanisation f, métallisation f [électrolytique]	гальваностегия, нанесение гальванопокрытия
E 144	electroplating equipment	Galvanisieranlage f	équipement m de galvano-plastie	гальваническая установка
E 145	electropolishing	Elektropolieren n	électropolissage m	электрополировка
	electrostatic build-up	s. E 146		
E 146	electrostatic charge, static charge, electrostatic load (pick-up), electrostatic build-up	elektrostatische Aufladung f	charge f électrostatique (pièces plastiques)	электростатический заряд, электростатическое зар-яжение (пластизделия)
E 147	electrostatic charging prop-erty	elektrostatisches Auflade-vermögen n	aptitude f à la charge élec-trostatique	электростатическая заряжа-емость
E 148	electrostatic coating proc-ess	elektrostatisches Beschich-ten n	déposition f électrostatique	электростатическое нанесе-ние покрытий
	electrostatic diffuser	s. D 259		
E 149	electrostatic dipping	elektrostatische Tauch-lackierung f	vernissage m (peinture f) au trempé électrostatique	лакирование электростати-ческим окунанием

E 150	electrostatic flocking	elektrostatisches Beflocken n	flocage m électrostatique	электростатическое флокирование
E 151	electrostatic fluidized bed coating	elektrostatisches Wirbelbettbeschichten n	enduction f (revêtement m) électrostatique en lit fluide (fluidisé)	электростатическое нанесение покрытия в псевдоожиженном слое
E 152	electrostatic fluidized bed unit, stafluid	Wirbelbettanlage f für elektrostatisches Pulverbeschichten	installation f d'enduction électrostatique en lit fluide (fluidisé)	установка для электростатического нанесения покрытий в псевдоожиженном слое
	electrostatic load (pick-up)	s. E 146		
E 153	electrostatic powder coating (spraying)	elektrostatisches Pulverbeschichten (Pulverspritzen) n	enduction f (revêtement m) électrostatique	нанесение порошков в электростатическом поле, электростатическое напыление, напыление по Замезу, нанесение порошков электростатическим распылением
E 154	electrostatic powder spraying unit, stajet	elektrostatische Pulversprühanlage (Pulverspritzanlage) f	installation f d'enduction électrostatique	установка для электростатического распыления порошков
E 155	electrostatic precipitation	elektrostatische Abscheidung f (Anstrichstoffe)	précipitation f électrostatique	электростатическое нанесение
E 156	electrostatic spray gun	elektrostatische Sprühpistole (Spritzpistole) f	pistolet m (pulvérisateur m) électrostatique	электростатический распылитель
E 157	electrostatic theory of adhesion	elektrostatische Klebtheorie f	théorie f électrostatique du collage	электростатическая теория склеивания
E 158	electrostrictive [sonic] transducer	elektrostriktiver Schallwandler m (für Ultraschallschweißmaschinen)	transducteur m électrostrictif	пьезоэлектрический преобразователь (ультразвуковой сварочной установки)
	elementary charge	s. E 126		
E 159	elevation	Höhenhub m	élévation f	ход по высоте
E 160	elongation, extension	Dehnung f, Streckung f, Verlängerung f	allongement m, élongation f, extension f	удлинение, расширение, растяжение
E 161	elongational flow [process]	Dehnströmung f (Schmelze)	processus m d'écoulement allongeant	расширение потока
E 162	elongation of break (rupture), extension at break (rupture), breaking strain, ultimate elongation	Bruchdehnung f, Reißdehnung f	allongement m de rupture, allongement à la rupture	удлинение при разрыве, разрывное удлинение, относительное удлинение при разрыве
E 163	elongation strain	Zugdehnung f	déformation f de traction	удлинение при растяжении
	elongation test equipment	s. E 383		
E 164	Emaweld [welding] method, alternating electromagnetic field welding	Emaweld-Schweißverfahren n, Schweißen n im elektromagnetischen Wechselfeld	soudure f au champ électromagnétique alternant, soudage m au champ électromagnétique alternant	сварка в переменном электромагнитном поле
E 165	embankment angle	Böschungswinkel m	angle m de talus	угол откоса
E 166	embedding, encapsulating (US), potting	Einbetten n, Vergießen n, Umhüllen n	empotage m, enrobage m, encastrement m, encapsulage m	заливка, заделка
E 167	embedding adhesive, encapsulating adhesive	Umhüllungsklebstoff m, Ummantelungsklebstoff m	adhésif m d'encapsulage, colle f d'enrobage	клей для оболочек
	embedding by expansion	s. E 360		
E 168	embedding compound	Einbettmasse f	masse f d'enrobage	иммерсионный материал
E 169	embedding of electronic components, encapsulation of electronic components	Umhüllen n elektronischer Bauelemente	enrobage m des composants électroniques	обкладка электронных узлов
E 170	embedding of insert, insert embedding	Einformen n von Metalleinlagen, Metalleinlageneinformen n	moulage m des douilles	включение вставок при формовании
E 171	emboss/to, to goffer	prägen (Folienoberflächen)	grainer, gaufrer	гофрировать, тиснить
E 172	embossed film, embossed sheet, foil for marking, stamping foil, embossing foil	geprägte (dessinierte) Folie f, Prägefolie f	feuille f grainée (gaufrée, d'estampage), feuille f à marquer	тисненая (гофрированная) пленка, тисненый лист, пленка для тиснения
E 173	embossed hologram	Prägehologramm n	hologramme m gaufré	голограмма для тиснения
	embossed sheet	s. E 172		
	embosser	s. E 178		
E 174	embossing, coining, punching, goffering	Prägen n, Prägung f, Musterhohlprägen n (von Folienoberflächen)	grainage m, gaufrage m	гофрирование, тиснение, чеканка
E 175	embossing calender, stamping calender	Prägekalander m	calandre f de grainage	профильный (гравировальный) каландр, каландр для тиснения
E 176	embossing die, stamping die	Prägestempel m	poinçon m de frappage	пуансон для вдавливания

	embossing foil	s. E 172		
E 177	embossing-heat sealing	Schweiß-Prägen n	grainage (gaufrage) m à chaud	сварное тиснение
E 178	embossing machine, embosser	Prägemaschine f, Prägeeinrichtung f (zur Herstellung von Oberflächenstrukturen an Folien)	graineuse f, gaufreuse f	штамповочная машина, чеканочное устройство
	embossing moulding	s. R 446		
E 179	embossing plate	Prägeplatte f	plaque f à gaufrer	плита для тиснения
E 180	embossing pressure	Prägedruck m	pression f d'estampage	давление при тиснении
E 181	embossing roll	Prägewalze f	rouleau m graineur	гравировальный валок
	EMC	s. E 257		
E 182	emerge/to	austreten, herauskommen	émerger	выходить, выпускать
E 183	emergency switch	Notschalter m	interrupteur m de sécurité	аварийный выключатель
E 184	emery roll	Schmirgelwalze f	tambour m à l'émeri, rouleau m d'émeri	абразивный валик
E 185	emission reflector	Reflektorstrahler m (Lichtstrahlschweißen)	réflecteur m de rayonnement	рефлекторный излучатель
E 186	emission spectrum	Emissionsspektrum n (von Lichtstrahlern)	spectre m [de raies] d'émission	эмиссионный спектр, спектр испускания (источника излучения)
E 187	emission wavelength	Emissionswellenlänge f	longueur f d'onde de l'émission	длина волны излучения
E 188	emulsibility, emulsifiability	Emulgierbarkeit f, Emulgiervermögen n	emulsionnabilité f, aptitude f à donner des émulsions	эмульгируемость, эмульгирующая способность
E 189	emulsification	Emulgierung f	émulsification f, émulsionnement m	эмульгирование
E 190	emulsifier, emulsifying agent	Emulgator m, Emulgiermittel n	émulsifiant m, émulsonnant m, agent m émulsifiant, agent émulsonnant	эмульгатор
E 191	emulsify/to	emulgieren	émulsifier, émulsionner	эмульгировать
	emulsifying agent	s. E 190		
E 192	emulsion	Emulsion f	émulsion f	эмульсия
E 193	emulsion adhesive	Klebemulsion f, Emulsionsklebstoff m	émulsion f adhésive, émulsion de colle	клеевая эмульсия
E 194	emulsion copolymerization	Emulsionsmischpolymerisation f, Emulsionscopolymerisation f	copolymérisation f en émulsion	эмульсионная сополимеризация
E 195	emulsion paint	Emulsionsfarbe f	peinture-émulsion f	эмульсионная краска
E 196	emulsion polymerizate	Emulsionspolymerisat n, Emulsionspolymer[es] n	polymérisat m par émulsion	эмульсионный полимер
E 197	emulsion polymerization	Emulsionspolymerisation f	polymérisation f en émulsion	эмульсионная полимеризация
E 198	emulsion polyvinylchloride	Emulsions-Polyvinylchlorid n, PVC-E n	chlorure m de polyvinyle en émulsion	эмульсионный поливинилхлорид, эмульсионный ПВХ, ПВХ-Э
E 199	emulsion thickener	Emulsionsverdickungsmittel n, Verdickungsmittel n auf Emulsionsbasis	épaississant m émulsionné	эмульсионный сгуститель
E 200	enamel	Email n, Emaille f	émail m	эмаль
	enamel	s.a. S 1456		
E 201	enamel hold-out	Glanzbeständigkeit f	permanence (durabilité) f de brillant	способность покрытия сохранить блеск
E 202	enamelled wire	Hartlackdraht m, Emaildraht m	fil m à laque dure, fil m émaillé	лакированная проволока
E 203	enamel paint	Emailfarbe f, Emaillefarbe f	peinture-émail f	эмалевая краска
E 204	enamel varnish	Emaillack m, Emaillelack m	laque-émail f	эмальный лак
	encapsulant	s. E 206		
E 205	encapsulated adhesive, capsular (core-shell) adhesive	[ein]gekapselter Klebstoff m, Klebstoff in Mikrokapseln, Kernkapselklebstoff m	adhésif m capsulé	капсульный клей, клей в микрокапсулах, заключенный в микрокапсулах клей
	encapsulating	s. E 166		
	encapsulating adhesive	s. E 167		
E 206	encapsulating resin, encapsulant	Einbettharz n	résine f d'encapsulage	смола для заливки
	encapsulation of electronic components	s. E 169		
	enclosure nozzle	s. S 492		
	end dome	s. P 525		
	endless sheeting	s. C 749		
	end of [the] pipe	s. P 281		
E 207	end-over-end type mixer	Trommelmischer m mit vertikaler Mischtonne	mélangeur m à fût (tambour) vertical	барабанная сушилка с вертикальным барабаном, вертикальная барабанная сушилка
	end product	s. F 236		

E 208	end sealing	Versiegeln (Vergießen) n von Umhüllungsenden	scellement m terminal	заделывание концов оболочек
E 209	end sealing	Zuschweißen n von Verpackungen	soudage m en bout	запечатывание тары сваркой
E 210	end-stepped scarfed joint	geschäftete Klebverbindung f mit Stufe an den Verbindungsenden	joint m en biseau (sifflet) à baïonnette	склеенное соединение внахлестку с градацией
E 211	endurance	Dauer f, Haltbarkeit f	durabilité f, solidité f, stabilité f	долговечность, стойкость
E 212	endurance limit, fatigue strength	Dauerstandfestigkeitsgrenze f, Haltbarkeitsgrenze f, Dauer[schwing]festigkeit f	limite f d'endurance, résistance f aux efforts alternés	предел стойкости, предел долговечности, вибропрочность, предел выносливости при симметрических циклах
E 213	endurance test	Dauerversuch m, Dauerprüfung f	essai m de longue durée	испытание на выносливость
E 214	enduring	dauerhaft, beständig	durable, solide, stable	долговечный
E 215	energy absorption	Energieaufnahme f, Arbeitsaufnahme f	absorption f d'énergie	поглощение энергии
E 216	energy balance	Energiebilanz f, Energiegleichgewicht n	bilan m énergétique (d'énergie)	энергетический баланс
E 217	energy director, welding shackle	Energiekonzentrator m, Energierichtungsgeber m, Schweißkonzentrator m, Schweißfeder f (Ultraschallschweißen)	directeur m d'énergie (soudage aux ultrasons)	регулирующее пружинное устройство, концентратор энергии (сварка)
	energy of activation	s. A 115		
	energy of attachment	s. A 136		
	energy of deformation	s. D 72		
E 218/9	energy of retraction	Spannungsenergie f	énergie f de rétraction	энергия натяжения (напряжения)
	Engelit process	s. F 547		
	engineering adhesive	s. C 699		
E 220	engineering component	technisches Teil n	pièce f technique	изделие технического назначения
	engineering plastic	s. C 700		
	engineering resin	s. I 94		
E 221	engineering strength	technische (rechnerische) Festigkeit f	résistance f technique (calculée)	вычисленная (расчетная) прочность
E 222	engineer using plastics	Kunststoffanwendungsingenieur m, Plastanwendungsingenieur m	ingénieur m utilisant des plastiques	инженер по применению пластмасс
E 223	Engler viscosimeter	Engler-Viskosimeter n	viscosimètre m d'Engler	вискозиметр Энглера
E 224	engrave/to	gravieren (von Werkzeugen)	graver	гравировать
E 225	engraving	Gravieren n	gravure f	гравировка
E 226	ensilage	Silierung f (von Rohstoffen)	ensilage m, solotage m, mise f en silo	хранение в бункере
E 227	entanglement	Verschlaufen n, Verknäueln n (Molekülketten)	convolution f (chaînes moléculaires)	запутание
E 228	enthalpy, heat content	Enthalpie f, Wärmeinhalt m	enthalpie f	энтальпия, теплосодержание
E 229	enthalpy relaxation	Enthalpierelaxation f	relaxation f d'enthalpie	энтальпийная релаксация
	Entoleter centrifugal mill	s. I 25		
	Entoleter mixer	s. I 25		
E 230	entrance loss	Eingangsverlust m, Eintrittsverlust m	perte f d'entrée	потери при входе, входные потери
E 231	entrapped air[-rubble], air pocket, air occlusion, inclusion of air	Lufteinschluß m, Luftblase f (in Formteilen oder Klebfilmen)	soufflure f, inclusion f d'air, bulle f d'air occlus	воздушное включение, включение воздуха, воздушный пузырь
E 232	entropy	Entropie f	entropie f	энтропия
E 233	entropy elasticity	Entropieelastizität f	élasticité f entropique	энтропийная упругость
E 234	entropy-elastic recovery force	entropieelastische Rückstellkraft f	force f de rétablissement caoutchoutique	энтропийно-упругая возвратная сила
E 235	entry accumulator	Eingangsbandspeicher m (für kontinuierlich arbeitende Bandbeschichtungsanlagen)	accumulateur m d'entrée (bandes, enduction)	аккумулятор для ленты перед ламинатором
E 236	entry angle	Einlaufwinkel m	angle m d'entrée	угол входа
E 237	envelope, sheath[ing]	Umhüllung f, Umkleidung f	enveloppe f, gaine f	оболочка
E 238	environment	Umgebung f, Umwelt f	environnement m	окружающая среда
E 239	environmental degradation	Abbau m durch Umwelteinflüsse	dégradation f par des facteurs d'environnement	разложение под влиянием окружающей среды
E 240	environmental factors	Umwelteinflüsse mpl, Umweltfaktoren mpl	facteurs mpl d'environnement	внешние факторы, факторы окружающей среды
E 241	environmental resistance	Beständigkeit f gegenüber Umwelteinflüssen	résistance f à l'environnement	стойкость к факторам окружающей среды

	English	German	French	Russian
E 242	environmental stress cracking behaviour	Spannungsrißkorrosionsverhalten n	comportement m à la corrosion fissurante	образование трещин вследствие коррозии под напряжением
E 243	environmental test equipment	Prüfanlage f zur Untersuchung von Umwelteinflüssen	équipement m de simulation climatique	установка для испытания влияния окружающей среды
E 244	environment simultation plant	Umweltsimulationsanlage f	installation f de simulation de l'environnement	моделирующее окружающую среду устройство
	E-Pack system	s. A 190		
	EPDM	s. E 310		
	EPDM/PP	s. E 311		
E 245	epichlorohydrin	Epichlorhydrin n	épichlorhydrine f	эпихлоргидин
E 246	epicyclic screw mixer, Vert-o-Mix	Kegelschneckenmischer m, epizyklischer Schneckenmischer m, Mischer m mit senkrechter Schnecke	mélangeur m à vis épicyclique	смеситель с вертикальным шнеком, конический шнековый смеситель, смеситель с коническим червяком
E 247	epoxidation, epoxidizing	Epoxidieren n, Epoxydation f	époxydation f	эпоксидирование
	epoxide ...	s. epoxy ...		
E 248	epoxidized novolak resin	epoxydiertes Novolakharz n	novolaque f époxydée, résine f novolaque époxydée	эпоксидированная новолачная смола
	epoxidizing	s. E 247		
E 249	epoxy adhesive hardener	Härter m für Epoxidharzklebstoff, Epoxidharzklebstoff-Härter m	durcissant m pour adhésif à résine époxyde	отвердитель для эпоксидных клеев
E 250	epoxy casting resin	Epoxidgießharz n	resine f époxyde à couler	эпоксидная литьевая смола, эпоксидная заливочная смола
E 251	epoxy dermatitis	Epoxidharz-Dermatitis f	dermatite f époxydique	заболевание кожи, вызванное действием эпоксидных смол
E 252	epoxy equivalent weight	Epoxidäquivalent n	poids m équivalent époxydique	эпоксидный эквивалент, эпоксидное число
E 253	epoxy foam	Epoxidharzschaumstoff m	mousse f d'époxyde	пенопласт на основе эпоксидной смолы
	epoxy gel	s. E 267		
E 254	epoxy group	Epoxidgruppe f, Epoxygruppe f	groupe m époxyde	эпоксидная группа
E 255	epoxy group concentration	Epoxidgruppenkonzentration f	concentration f en groupes époxyde	концентрация (количество) эпоксидных групп
	epoxy hardener	s. E 268		
E 256	epoxymethacrylate	Epoxidmethacrylat n	méthacrylate m époxyde	эпоксидный метакрилат
E 257	epoxy moulding compound, EMC	Epoxid[harz]formmasse f	matière f de résine époxyde à mouler, matière à mouler époxyde	эпоксидный пресс-материал, пресс-масса из (на основе) эпоксидной смолы
E 258	epoxy-novolac adhesive	Epoxidharz-Novolak-Klebstoff m	adhésif m novolaque époxyde	эпоксид-новолачный клей
E 259	epoxy-phenolic resin adhesive	phenolharzmodifizierter Epoxidharzklebstoff m	colle f époxyde modifiée à la résine phénolique	эпоксидный клей, модифицированный фенольной смолой
E 260	epoxy plastic, ethoxylene plastic	Epoxidkunststoff m, Epoxidplast m	plastique m époxydique	эпоксидный пластик, ЭП
E 261	epoxypolybutadiene	Epoxidpolybutadien n	époxypolybutadiène m	эпоксидполибутадиен
E 262	epoxy-polysulphide adhesive	mit Polysulfid elastifizierter Epoxidharzklebstoff m, Epoxidharz-Polysulfid-Klebstoffkombination f	colle f époxyde combinée au polysulfure	эпоксидный клей, модифицированный полисульфидом
E 263	epoxy resin, ethoxylene resin	Epoxidharz n, Ethoxylinharz n	résine f époxyde, époxyde m, éthoxyline f	эпоксидная смола
E 264	epoxy resin adhesive, ethoxylene resin adhesive	Epoxidharzklebstoff m	colle f époxyde	эпоксидный клей
	epoxy resin adhesive pellets	s. A 190		
E 265	epoxy resin based on diphenylol propane	Dianepoxidharz n	résine f époxyde à base du diphénylolpropane	диановая эпоксидная смола
E 266	epoxy resin filled with mineral powder	mineralpulvergefülltes Epoxidharz n	résine f époxyde chargée de poudres minérales	эпоксидная смола, наполненная минеральным порошком
E 267	epoxy resin gel, epoxy gel	Epoxidharzgel n	gel m de résine époxyde	гелеобразная эпоксидная смола, эпоксидная гель
E 268	epoxy resin hardener, epoxy hardener	Epoxidharzhärter m, Härter m für Epoxidharz	durcissant m pour résine époxyde, durcisseur m de résine époxyde	отвердитель для эпоксидных смол
E 269	epoxy resin mortar	Epoxidharzmörtel m	mortier m d'époxyde	эпоксидный компаунд

E 270	epoxy resin-novolak	Epoxidharz-Novolak *m*	résine *f* époxyde-novolaque, époxyde-novolaque *f*, novolaque *f* époxydée	эпоксидный новолак
E 271	epoxy ring	Epoxidring *m*	noyau *m* époxyde	эпоксидное кольцо
E 272	epoxy trowelling compound	Epoxidharzspachtelmasse *f*	enduit (mastic) *m* époxyde	шпатлевочная масса на основе эпоксидной смолы, эпоксидная замазка
E 273	EPR spectrometer	Elektronenresonanzspektrometer *n*	RPE-spectromètre *m*	электронный резонансный спектрометр
	EPS	*s.* E 352		
E 274	equilibrium diagram, phase diagram	Zustandsdiagramm *n*, Phasendiagramm *n*	diagramme *m* d'état, diagramme de phases, diagramme d'équilibre, diagramme thermodynamique	диаграмма состояний, фазовая диаграмма
E 275	equilibrium moisture content	Feuchtigkeitsgleichgewichtszustand *m*	teneur *f* en humidité d'équilibre, humidité *f* d'équilibre	равновесная влажность, состояние равновесия влажности
E 276	equipment for fatigue tests at low temperatures	Vorrichtung *f* für Tieftemperaturprüfungen, Tieftemperaturprüfeinrichtung *f*	appareil *m* d'essai de fatigue à basse température	устройство для испытания при низких температурах
	equipment for removal and unloading	*s.* R 218		
E 277	equivalence	Äquivalenz *f*	équivalence *f*	эквивалентность
E 278	equivalent	Äquivalent *n*	équivalent *m*	эквивалент
E 279	equivalent weight	Äquivalentmasse *f*	poids *m* équivalent	эквивалентный вес
	Erdmenger kneader and compounder	*s.* T 658		
E 280	Erichsen bubble (depth) test, Erichsen test	Erichsen-Tiefungsprüfung *f*	embouti[ssage] *m* Erichsen, essai *m* [d'emboutissage] d'Erichsen	испытание (вытяжка) по Эрихсену, испытание на вытяжку по Эрихсену, испытание на прессе Эрихсена
E 281	eroding technique, spark erosion technique	Erodiertechnik *f*, Funkenerosionstechnik *f* (Spritzgießwerkzeugherstellung)	électro-érosion *f*, étincelage *m*	способ искровой эрозии
E 282	erosion resistance, resistance to erosion	Erosionsbeständigkeit *f*, Beständigkeit *f* gegen Erosion (Anstrichstoffe)	résistance *f* à l'érosion	устойчивость к эрозии
	ESB	*s.* E 468		
	ESCA	*s.* E 136		
E 283	escape	Entweichen *n*, Ausströmen *n*	échappement *m*	утечка, улетучивание
	escaping mould	*s.* F 339		
	ESR	*s.* E 137		
E 284	ester	Ester *m*	ester *m*	сложный эфир
E 285	ester gum	Esterharz *n*, Estergummi *m*	ester *m* de colophane, gomme *f* ester	смола на основе эфиров канифоли, этерифицированная канифоль
E 286	esterification	Veresterung *f*	estérification *f*	этерификация, образование сложного эфира
E 287	ester plastic	Esterkunststoff *m*, Esterplast *m*	plastique *m* estérique	эфирный пластик
E 288	estertins	Ester-Zinn-Verbindungen *fpl* (Stabilisator für Polyvinylchlorid)	composés *mpl* d'esters et d'étain (stabilisant du chlorure de polyvinyle)	оловоорганические соединения
E 289	etch/to	ätzen, beizen	mordre, ronger, décaper	травить
E 290	etch depth	Ätztiefe *f*, Beiztiefe *f* (Oberflächenvorbehandlung)	hauteur *f* d'attaque	глубина травления
E 291	etching	Ätzen *n*, Beizen *n*, Ätzung *f*, Beizung *f*	rongement *m*, décapage *m*	травление, вытравка, протравление, бейцевание
E 292	etching and pickling vat	Ätz- und Beizwanne *f*	cuve *f* à décapage (rongement) et pickling	травильная ванна
E 293	etching medium, mordant	Ätzmittel *n*, Beizmittel *n*	rongeant *m*, mordant *m*, décapant *m*; agent *m* (solution *f*) caustique	протрава, травильный состав, бейц, морилка, травильное средство
E 294	etching method	Ätzmethode *f*, Beizmethode *f*	méthode *f* de rongement (décapage)	метод травления, способ бейцевания
E 295	etching process	Ätzverfahren *n*, Beizverfahren *n* (für Klebflächen)	processus *m* de rongement (décapage)	травление, химическое протравление (склеивание)
E 296	etching temperature	Ätztemperatur *f*, Beiztemperatur *f*	température *f* de rongement (décapage)	температура травления
E 297	etch treatment	Ätzbehandlung *f*, Beizbehandlung *f*	traitement *m* de rongement (décapage)	вытравка, [про]травление
	ETFE	*s.* 1. E 315; 2. E 316		
E 298	ethane	Ethan *n*	éthane *m*	этан
E 299	ethanedioic acid	Ethandisäure *f*, Oxalsäure *f*	acide *m* oxalique	щавелевая кислота
	ethanoic acid	*s.* A 59		

	ethene	s. E 304		
	ethene [di]chloride	s. E 306		
	ethene oxide group	s. E 307		
	ethene plastic	s. E 308		
	ethene-propene copolymer	s. E 309		
	ethene-propene-diene terpolymer	s. E 312		
	ethene-propene rubber	s. E 313		
	ethene tetrafluoroethene	s. E 315		
	ethene tetrafluoroethene copolymer	s. E 316		
	ethene trifluorochloro-ethene copolymer	s. E 317		
	ethene vinyl acetate	s. E 318		
	ethene vinyl acetate copolymer	s. E 319		
	ethene-vinyl acetate-vinyl cloride copolymer	s. E 320		
E 300	ethenoid resin	Ethenharz n	résine f éthénique	этеновая смола
E 301	ether	Ether m	éther m	простой эфир
	ethoxylene plastic	s. E 260		
	ethoxylene resin	s. E 263		
	ethoxylene resin adhesive	s. E 264		
E 302	ethyl acrylate	Ethylacrylat n	acrylate m d'éthyle	этилакрилат
E 303	ethyl cellulose, EC	Ethylcellulose f, EC	éthylcellulose f, EC	этилцеллюлоза, этиловый эфир целлюлозы, ЭЦ
E 304	ethylene, ethene	Ethylen n, Ethen n	éthylène m, éthène m	этилен
E 305	ethylene-acrylic ionomer	Ethylen-Acryl-Ionomer[es] n	ionomère m éthylène acrylique	этилен-акриловый иономер
E 306	ethylene [di]chloride, ethene [di]chloride	Ethylen[di]chlorid n	chlorure m d'éthylène, liqueur f des Hollandais, chlorure m d'éthène	этиленхлорид
E 307	ethylene oxide group, ethene oxide group	Ethylenoxidgruppe f	groupe m oxyde d'éthylène, groupe m oxyde d'éthène	группа окиси этилена
E 308	ethylene plastic, ethene plastic	Ethylenkunststoff m, Ethylenplast m	plastique m éthylénique, plastique m éthénique	этиленовый пластик
E 309	ethylene-propylene copolymer, ethene-propene copolymer, CEtPr	Ethylen-Propylen-Mischpolymerisat n	copolymère m éthylène-propylène, copolymère m éthène-propène	сополимер этилена с пропиленом
E 310	ethylene-propylene-diene rubber based blend, EPDM	Mischung f (Gemisch n) auf Ethylen-Propylen-Dien-Kautschukbasis, EPDM	mélange m à base d'éthylène-propylène-diène monomère	смесь (компаунд) на основе этилен-пропилен-диенового каучука
E 311	ethylene-propylene-diene rubber-polypropylene, EPDM/PP	Ethylen-Propylen-Dien-Kautschuk/Polypropylen n, EPDM/PP	éthylène-propylène-diène monomère m, EPDM/PP	смесь из этилен-пропилен-диенового каучука и полипропилена
E 312	ethylene-propylene-diene terpolymer, ethene-propene-diene terpolymer	Ethylen-Propylen-Dien-Terpolymer[es] n	terpolymère m éthylène-propylène-diène, terpolymère m éthène-propène-diène	этилен-пропилен-диеновый терполимер
E 313	ethylene-propylene rubber, ethene-propene rubber	Ethylen-Propylen-Gummi m, Ethylen-Propylen-Kautschuk m	caoutchouc m éthylène-propylène, élastomère m éthylène-propylène, caoutchouc m éthène-propène, élastomère m éthène-propène	сополимер этилена с пропиленом, этилен-пропиленовый каучук
E 314	ethylene-propylene terpolymer	Ethylen-Propylen-Terpolymerisat n	terpolymère m éthylène-propylène	этилен-пропилен-терполимер
E 315	ethylene tetrafluoroethylene, ETFE, ethene tetrafluoroethene	Ethylen-Tetrafluorethylen n, ETFE	éthylène-tétrafluor[o]éthylène m, ETFE, éthène-tétrafluor[o]éthène m	сополимер этилена с тетрафторэтиленом
E 316	ethylene tetrafluoroethylene copolymer, ethene tetrafluoroethene copolymer, ETFE	Ethylen-Tetrafluorethylen-Copolymerisat n, ETFE	copolymère m éthylène/tétrafluor[o]éthylène, ETFE, copolymère m éthène tétrafluor[o]éthène	сополимер этилена с тетрафторэтиленом
E 317	ethylene trifluorochloro-ethylene copolymer, ECTFE, ethene trifluorochloroethene copolymer	Ethylen-Chlortrifluorethen-Copolymerisat n, ECTFE	copolymère m éthylène/trifluorochlor[o]éthylène, ECTFE, copolymère m éthène/trifluorochlor[o]éthène	сополимер этилена с трифторхлорэтиленом
E 318	ethylene vinyl acetate, EVA, ethene vinyl acetate	Ethylenvinylacetat n, EVA	éthylène-acétate m de vinyle, EVA, éthène-acétate m de vinyle	сополимер этилена с винилацетатом
E 319	ethylene-vinyl acetate copolymer, ethene vinyl acetate copolymer	Ethylen-Vinylacetat-Mischpolymerisat n, EVA-Mischpolymerisat n	copolymère m éthylène/acétate de vinyle, copolymère m éthène/acétate de vinyle	сополимер этилена с винилацетатом

E 320	ethylene-vinyl acetate-vinyl chloride copolymer, ethene-vinyl acetate-vinyl chloride copolymer	Ethylenvinylacetat-Vinyl-chlorid-Pfropfpolymer[es] n	copolymère m greffé chlo-rure de vinyle/acétate de vinyle/éthylène, copoly-mère m greffé chlorure de vinyle/acétate de vi-nyle/éthène	привитый сополимер из эти-ленвинилацетата и винил-хлорида
E 321	ethylene-vinyl acetate-vinyl chloride graft copolymer	Ethylenvinylacetat-Vinyl-chlorid-Pfropfmisch-polymer[es] n	copolymère m greffé éthy-lène acétate de vinyle-chlorure de vinyle	привитый сополимер эти-лена с винилацетатом и винилхлоридом
E 322	ethylene vinyl alcohol co-polymer, EVOH EVA	Ethylenvinylalkohol-Misch-polymerisat n, EVOH s. E 318	copolymère m d'éthylène-alcool vinylique, EVOH	сополимер этилена с вини-ловым спиртом
E 323	evacuate/to	evakuieren, auspumpen	évacuer, pomper	откачивать, обезгаживать
E 324	evaluation	Materialbeurteilung f, Werk-stoffbeurteilung f	évaluation f des matériaux	оценка материала
E 325	evaporate/to	verdampfen, verdunsten	évaporer	выпаривать, превращать в пар
E 326	evaporated film	Aufdampfschicht f	film m évaporé	нанесенный испарением слой
E 327	evaporating apparatus	Bedampfungsapparat m	appareil m de vaporisation	прибор для продувки паром
E 328	evaporating plant	Verdampfungsanlage f	station f d'évaporation, ins-tallation f de vaporisation	выпарная установка, испа-ритель
E 329	evaporation, vaporization	Verdampfung f	évaporation f, vaporisation f	испарение, выпаривание, превращение в пар
	evaporation cooling	s. T 532		
E 330	evaporation humidification	Verdunstungsbefeuchtung f	humidification f par évapo-ration	увлажнение испарением
E 331/2	evaporation rate analysis	Verdampfungsgeschwindig-keitsanalyse f (Anstrich-stoffe)	analyse f de vitesse (taux) de l'évaporation	анализ по скорости испа-рения (краски)
	evaporative cooling evaporator	s. T 532 s. V 53		
E 333	evaporimeter	Verdunstungsmeßgerät n, Verdunstungsmesser m, Evaporimeter n	évaporimètre m	измеритель испарения
E 334	evenness of the coat	Schichtgleichmäßigkeit f	uniformité f de couche	равномерность слоя
E 335	even speed of the rolls	Walzengleichlauf m	vitesse f constante des cy-lindres	одинаковая частота вра-щения валков
E 336	even speed rolls	mit gleicher Umfangsge-schwindigkeit laufendes Walzenpaar n	cylindres mpl tournant à vi-tesse constante	вращающиеся с одинаковой скоростью валки
	EVOH	s. E 322		
E 337	evolved gas analysis, EGA	Zersetzungsgasanalyse f	analyse f des gaz émis, AEG	анализ выделяемого газа, АВГ
E 338	evolved gas detection, EGD	Zersetzungsgasregistrie-rung f	détection f des gaz émis, DGE	регистрация выделяемого газа, РВГ
E 339	excelsior, wood wool	Holzwolle f	laine f de bois	древесная шерсть
E 340	excess material	überschüssige Schmelze f, überschüssiges Beschich-tungsmaterial n, ausflie-ßende Formmasse f	matière f [à mouler] excé-dente (en excès)	избыточный материал (рас-плав), выпрессованный пресс-материал
E 341	excess overflow, spew, spue	Schmelzenaustrieb m, aus-getriebene Schmelze f (aus der Werkzeugtrenn-ebene)	masse f fondue perdue (par la gorge du moule)	выпрессовка, наплыв рас-плава, заусенец
E 342	excess pressure, overpres-sure	Überdruck m	surpression f	избыточное давление
E 343	exchange process (mole-cules)	Platzwechselvorgang m	processus m d'échange, changement m de place	смещение (перемещение) молекул
	exfoliate/to	s. F 287		
E 344	exit accumulator	Ausgangsspeicher m (für kontinuierlich arbeitende Bandbeschichtungs-anlagen)	accumulateur m de sortie	аккумулятор для ленты после ламинатора
E 345	exit pressure	Austrittsdruck m	pression f de sortie	давление на выходе, выход-ное давление
E 346	exoelectron	Exoelektron n (Klebtheorie)	exo-électron m	экзоэлектрон
E 347	exoelectron emission, auto-electronic emission	Exoelektronenemission f, Exoelektronenaustritt m (Klebtheorie)	émission f exo-électronique (d'exo-électrons)	экзоэлектронная эмиссия
E 348	exothermic reaction	exotherme Reaktion f	réaction f exothermique	экзотермическая реакция
E 349	expand/to	schäumen, aufschäumen	se gonfler, mousser	вспенивать
E 350	expandable beads	schäumfähiges Granulat n	perles fpl expansibles	пенообразующий гранулят
E 351	expandable-beads mould-ing	Polystyrenschaumstoffher-stellung f aus schäumfähi-gem Granulat	moulage m de perles expan-sibles (polystyrène ex-pansé)	вспенивание полистирола на основе пенообразую-щего гранулята
E 352	expandable polystyrene, EPS	schäumfähiges Polystyren n, EPS	polystyrène m expansible	пенополистирол, вспенива-емый ПС

E 353	expandable polystyrene plant	Schäumanlage f für Polystyren, Polystyren-Schäumanlage f	installation f de moussage pour polystyrène	вспениватель для полистирена
	expandable PS moulding	s. F 536		
E 354	expandable thermoplastic	treibmittelhaltige Thermoplastformmasse (Thermomerformmasse) f	thermoplastique m expansible	порофоросодержащий термопласт
	expanded phenolic plastic	s. P 189		
	expanded plastic	s. F 528		
	expanded polyethylene	s. P 621		
	expanded polyurethane	s. P 732		
	expanded polyvinyl chloride foam	s. P 754		
E 355	expanded polystyrene	Schaumpolystyren n, geschäumtes Polystyren n	polystyrène m expansé (cellulaire)	пенистый полистирол, вспененный полистирол
	expanded rubber	s. F 554		
E 356	expanded sheet, sheet of foam	Schaumstoffolie f, geschäumte Folie f	feuille f expansée (en mousse)	пенопленка, пленка из пенопласта, пенистая пленка, пленочный пенистый материал
	expanding agent	s. B 263		
E 357	expanding air shaft	pneumatische Spannachse f (Folienabwickeln)	broche f de serrage pneumatique (déroulement des feuilles)	натяжной валок с пневматическим приводом
E 358	expanding mandrel	Spreizdorn m	mandrin m cylindrique (fendu, expansible)	раздвижная оправка
	expanding of a hot-injected blank (preform)	s. B 269		
	expanding of an extruded preform	s. B 270		
	expanding process	s. F 541		
	expanding property	s. F 542		
	expanding roller	s. I 4		
	expander	s. S 1221		
	expansibility	s. F 542		
	expansion by heat	s. T 203		
E 359	expansion coefficient, coefficient of expansion	Ausdehnungskoeffizient m, Ausdehnungszahl f	coefficient m d'expansion, coefficient de dilatation	коэффициент расширения
E 360	expansion embedding, embedding by expansion	Expansionsverankern n, Einbetten n durch Expansion (von Metalleinsätzen in Formteile)	enrobage m des pièces d'insertion par expansion	заделка расширением
E 361	expansion fitting	Ausdehnungsarmatur f	raccord m de dilatation	компенсационная (компенсирующая) муфта
E 362	expansion insert	Spreizbuchse f, Spreizgewindebuchse f (Formteileinlage)	douille f expansible (pièce d'insertion)	разжимная втулка
E 363	expansion joint	Dehn[ungs]fuge f	joint m de dilatation	компенсационный (температурный) шов
E 364	expansion joint, expansion piece	Dehnungsausgleicher m (für Rohrleitungen), Ausdehnungsstück n	compensateur m de dilatation, joint m de dilatation	трубный компенсатор
E 365	expansion lever	Spreizhebel m	levier m d'expansion	разжимный рычаг
	expansion piece	s. E 364		
E 366	expansion vessel	Expansionsgefäß n	cuve (vase) f d'expansion	сосуд расширения
E 367	experimental condition, test condition	Versuchsbedingung f	condition f expérimentale, condition f d'essai	экспериментальное (опытное) условие, условие испытания
E 368	experimental set-up	Versuchsanordnung f	montage m expérimental	экспериментальная (опытная) установка
E 369	experimental value, test value	Versuchswert m, Prüfwert m	valeur f expérimentale	измеренная величина, результат испытания
E 370	exploitation	Nutzung f, Ausnutzung f	exploitation f	использование
E 371	exponential horn (sonotrode)	Exponentialsonotrode f (Ultraschallschweißwerkzeug)	cornet m exponentiel, sonotrode f (électrode f sonore) exponentielle (soudage par ultrasons)	экспоненциальный сварочный инструмент (для ультразвуковой сварки)
E 372	exposure/to	einwirken lassen n (äußere Einflüsse)	exposer	подвергать внешнему воздействию
	exposure cell	s. R 8		
E 373	exposure cracking, atmospheric cracking	Rißbildung f (durch Umwelteinflüsse)	fissuration f (due aux influences atmosphériques)	образование трещин (под влиянием окружающей среды)
	exposure dos[ag]e	s. R 17		
E 374	extended pin-point gate	erweiterter Punktanschnitt m	entrée f capillaire élargie, carotte f capillaire élargie	широкий точечный литник
E 375	extender	Extender m, Streckmittel n	extendeur m, extenseur m, plastifiant m secondaire	утяжитель, вторичный пластификатор

E 376	extender pigment, extending filler, reduced pigment	verschnittenes Pigment n, Verschnittpigment n	pigment m chargé	пигмент с наполнителем
E 377	extender plasticizer, plasticizer-extender	Extenderweichmacher m, streckender Weichmacher m	plastifiant m diluant, diluant m, plastifiant-extendeur m	вторичный пластификатор, разбавитель
E 378	extender-polyvinyl chloride, extender-PVC	Extender-Polyvinylchlorid n, Extender-PVC n	extendeur m du polychlorure de vinyle, extendeur m du PVC n	ПВХ, содержащий разбавитель, пластифицированный разбавителем ПВХ
E 379	extending	Verschneiden n, Strecken n (Streckmittel)	allongement m, dilution f	разбавление
	extending filler	s. E 376		
	extensibility	s. D 627		
	extension	s. E 160		
E 380	extensional deformation	Dehnungsdeformation f	déformation f par dilatation	деформация при растяжении
E 381	extensional stress	Dehnspannung f	contrainte f (effort m, sollicitation f) de dilatation	напряжение растягивания
	extension at break (rupture)	s. E 162		
E 382	extensive nozzle for sprueless moulding	verlängerte Punktanschnittdüse f	buse f allongée pour moulage sans carotte	удлиненное сопло для точечного литника
E 383	extensometer, strain gauge, elongation test equipment	Dehnungsmesser m, Dehnungsmeßgerät n	jauge f de contraintes, extensomètre m, strain-gauge m	экстензометр
E 384	extensometer for melten plastic	Rheometer n zur Messung der Dehnviskosität von Plastschmelzen (Kunststoffschmelzen)	extensomètre m (rhéomètre m) pour plastiques fondus	экстензометр для расплавов полимеров
E 385	extensometry	Dehnungsmessung f	tensométrie f, extensométrie f	экстензометрия, измерение (определение) удлинения
E 386	extent of stresses	Spannungshöhe f	étendue f de contrainte	степень напряжений
E 387	extent of the flame	Brandausdehnung f (Glutfestigkeitsprüfung)	longueur f calcinée (essai de résistance à l'incandescence)	испытание на жаростойкость
E 388	exterior adhesive, exterior glue	wetterbeständiger Klebstoff m	colle f (adhésif m) résistant aux intempéries	погодостойкий клей
E 389	exterior cladding	Außenwandverkleidung f, Außenverkleidung f	revêtement m du mur extérieur, revêtement de la paroi extérieure	покрытие на наружной стене, облицовка наружной стены
E 390	exterior exposure, outdoor exposure	Freibewitterung f, Lagerung f im Freien	exposition f extérieure (à l'extérieur)	атмосферное воздействие, выдержка в атмосферных условиях
E 391	exterior exposure test	Freibewitterungsprüfung f	essai m d'exposition extérieure (à l'extérieur)	испытание на атмосферостойкость (погодостойкость)
	exterior glue	s. E 388		
E 392	exterior jaw	Werkzeugaußenbacke f	mâchoire f extérieure	наружная полуматрица
E 393	exterior paint, outdoor paint	Außenanstrich m, Außenanstrichlack m, Lack m für Außenanstriche	peinture f d'extérieur	внешняя окраска
E 394	external crest	Gewindespitze f	sommet m du filet	острие резьбы
E 395	external hexagon	Außensechskant m	hexagone m extérieur	наружный шестиугольник
E 396	external lubricant, slip material	Gleitmittel n, externes Gleitmittel n	lubrifiant m	вещество, придающее скользкость; смазка
E 397	externally heated nozzle	außenbeheizte Düse f	buse f à chauffage extérieur, filière f chauffée de l'extérieur	сопло с наружным нагреванием
	externally heated nozzle with pin-point	s. E 398/9		
E 398/9	externally heated pin-point nozzle, externally heated nozzle with pin-point	außenbeheizte Düse f mit Punktanguß, außenbeheizte Punktangußdüse f	filière f chauffée de l'extérieur à l'injection capillaire	сопло с точечным литником наружного нагревания
	external mould	s. D 314		
	external plasticization	s. E 401		
E 400	external plasticizer, external softener (softening agent)	äußerer Weichmacher m, Sekundärweichmacher m, Weichmacher m für äußere Weichmachung	plastifiant m (agent m plastifiant) externe, plastificateur m externe	внешний пластификатор
E 401	external plasticizing, physical plasticizing, external plasticization	äußere Weichmachung f, Sekundärweichmachung f	plastification f extérieure (externe)	внешняя пластификация, вторичная пластификация
	external shape demoulding	s. D 133		
	external softener (softening agent)	s. E 400		
E 402	external stress	äußere Spannung f	contrainte (sollicitation) f extérieure, effort m extérieur	наружное напряжение

E 403	**external surface**	äußere Oberfläche f, Außen[ober]fläche f	surface f externe	внешняя поверхность
E 404	**external tab washer**	Sicherungsblech n mit Außennase	tôle f de sûreté avec nez extérieur	подкладная шайба с наружным носом
E 405	**external teeth**	Außenverzahnung f	denture f extérieure	внешнее зацепление
E 406	**extinction angle**	Auslöschungswinkel m	angle m d'extinction	угол погасания (экстинкции)
E 407	**extractant**	Extraktionsmittel n	extracteur m, agent m d'extraction	экстрагирующий агент
E 408	**extractor**	Extraktionsapparat m	extracteur m, appareil m d'extraction	экстракционный аппарат, экстрактор
	extractor	s.a. S 1257		
E 409	**extractor slot**	Luftaustrittsgitter n	grille f d'évent	решетка вентиляционного канала
E 410	**extrudability**	Verarbeitbarkeit f auf Extrudern, Extrudierbarkeit f, Spritzbarkeit f	extrudabilité f, boudinabilité f	перерабатываемость экструдером, экструдируемость
E 411	**extrudate**	Extrudat n, Strangpreßling m, extrudierter Kunststoff (Plast) m	produit m d'extrusion, extrudat m, produit m extrudé	экструдат, экструдированное изделие, шприцованная заготовка
E 412	**extrudate bucking saw**	Ablängsäge f für Extrudat, Extrudatablängsäge f	tronçonneuse f pour produits d'extrusion	отрезная пила для экструдата
E 413	**extrudate swelling**, postextrusion swelling, postextrusion filament swelling, die swell, swelling after extrusion	Strangaufweitung f nach der Extruderdüse, Extrudatquellung f, Extrudatschwellung f, Preßquellung f, Aufschwellen n des Extrudats	gonflement m de l'extrudat, gonflement après l'extrusion, gonflement m par extrusion	набухание после экструдера, набухание при шприцевании, высокоэластическое восстановление, Барруис-эффект
	extruded bead	s. M 423		
	extruded bead sealing	s. E 414		
E 414	**extruded bead welding**, extruded bead sealing, molten bead sealing, extrusion welding	Extrusionsschweißen n, ES-Schweißen n	soudage m par cordon extrudé, soudage m par extrusion	сварка шприцованной заготовкой, сварка экструзией (экструдером), экструзионная сварка
E 415	**extruded film**	extrudierte Feinfolie f	film m extrudé	экструдированная тонкая пленка
E 416	**extruded-parison blow mould**	Stauchblasformwerkzeug n für das Extrusionsblasformen	moule m pour soufflage de la paraison extrudée	форма для экструзионно-выдувного агрегата, в которой заготовка высаживается
	extruded preform method	s. B 270		
E 417/8	**extruded profile (section, shape)**	extrudiertes (stranggepreßtes, gespritztes) Profil n, Strangpreßprofil n	profilé m filé, profil m extrudé	экструдированный профиль
E 419	**extruded sheet[ing]**	extrudierte Endlosfolie (Folienbahn) f, stranggepreßte Folie f	feuille f extrudée (boudinée)	экструдированная лента, экструдированный лист
E 420	**extruded tube**	extrudierter Schlauch m, extrudiertes biegsames Rohr n	tube m extrudé	экструдированная труба
	extruder	s. S 127		
E 421	**extruder adapter**	Befestigungsstück n (für Extruderdüse)	adapteur m de filière (extrudeuse)	переходный фланец (головки экструдера)
E 422	**extruder approaching passage**	Extruderkopfkanal m	canal m de tête d'extrudeuse, canal de tête de boudineuse	канал экструзионной головки
E 423	**extruder barrel**	Extruderzylinder m, Strangpressenzylinder m	cylindre (fût) m d'extrudeuse	цилиндр экструдера
E 424	**extruder connection**	Extruderanschluß m (Extruderwerkzeug)	raccordement m à l'extrudeuse (filière d'extrudeuse)	соединитель (головка экструдера)
	extruder core	s. E 459		
E 425	**extruder degassing**	Extruderentgasung f	dégazage m de l'extrudeuse	дегазация экструдера
E 426	**extruder downstream equipment**	Extruder-Nachfolgeanlage f	équipement m en aval pour L-extrusion	агрегаты экструзионной линии
E 427	**extruder feeding**	Extrudereinspeisung f, Extruderbeschickung f	alimentation f de l'extrudeuse	загрузка экструдера
E 428	**extruder for wire coating**	Extruder m zur Herstellung von Kabelummantelungen	extrudeuse (boudineuse) f pour revêtement de câbles	экструдер для изготовления покрытий кабеля
E 429	**extruder head**, extrusion head, die head	Extruderspritzkopf m, Strangpressenkopf m, Spritzkopf m	tête f d'extrudeuse, tête f de boudineuse	головка экструдера, экструзионная головка
E 430	**extruder-head connecting flange**	Spritzkopfanschlußflansch m	bourrelet m de raccordement de la tête d'extrudeuse	переходный фланец экструзионной головки
E 431	**extruder output**	Extrudermasseausstoß m	débit m massique de l'extrudeuse	производительность экструдера

E 432	extruder output-pressure-plot	Extruderkennlinie f, Extruderarbeitsdiagramm n	diagramme m d'extrusion; ligne f caractéristique de l'extrudeuse	характеристики работы червяка и головки экструдера
E 433	extruder screw	Extruderschnecke f	vis f d'extrudeuse, vis de boudineuse	червяк экструдера, шнек экструдера
E 434	extruder series	Extruderbaureihe f	série f de construction des extrudeuses (boudineuses)	гамма экструдеров
E 435	extruder start-up	Anfahren n eines Extruders (Betriebsweise)	mise f en marche de l'extrudeuse, démarrage m de l'extrudeuse	пуск экструдера
E 436	extruder throughput, melt throughput	Extruderdurchsatz m, Extruderdurchsatzmenge f	débit m d'une extrudeuse; capacité f d'une extrudeuse, débit m d'extrusion	производительность экструдера
E 437	extruder train, extrusion apparatus	Extruder-Nachfolgeeinrichtung f	train m d'extrusion, train de boudinage	приемное устройство экструдера (экструзионной установки)
E 438	extruder with cutting blade	Granulierextruder m, Extruder m mit Granulierkopf	extrudeuse (boudineuse) f avec tête de granulation	экструдер с головкой для получения гранул, экструдер-гранулятор
E 439	extruder with take-away (take-off)	Extruder m mit Abzugsvorrichtung	extrudeuse (boudineuse) f avec dispositif de réception	экструдер с приемным устройством
E 440	extruder with wet bushes	Naßbuchsenextruder m (Extruder mit im Zylinder eingesetzten und intensiv mit Wasser gekühlten Nutbuchsen)	extrudeuse f aux douilles humides	экструдер с охлажденной гильзой с продольными каналами
	extruding	s. E 442		
E 441	extrusiograph	Extrusiograph m, registrierendes Meßgerät n zur Bestimmung der Extrudierbarkeit von Formmassen	extrusiographe m, appareil m à mesurer l'extrudabilité	измерительный экструдер, аппарат для определения экструдируемости
E 442	extrusion, extrusion moulding, extruding	Extrudieren n, Strangpressen n	extrusion f, boudinage m, procédé m par extrusion	экструзия, экструдирование, шприцевание
	extrusion apparatus	s. E 437		
	extrusion blowing	s. E 443		
E 443	extrusion blow moulding, extrusion blowing	Extrusionsblasformen n, Extrusionsblasformverfahren n	extrusion-soufflage f, extrudo-gonflage m, technique f d'extrusion-soufflage, moulage m par extrudo-gonflage	экструзионно-выдувное формование; формование раздувом заготовок, полученных экструзией, производство выдувных изделий экструзией
E 444	extrusion blow moulding of films	Blasfolienextrusion f	extrusion-soufflage m de feuilles	экструзия пленок с раздуванием
E 445	extrusion-calendering plant	(kombinierte) Extrusionskalanderanlage f	installation f combinée d'extrusion et de calandrage	каландровый агрегат с питательным экструдером
E 446	extrusion coating	Extrusionsbeschichtung f, Extrusionsbeschichten n	revêtement m par extrusion, couchage m (enduction f) par extrusion-laminage	нанесение покрытия экструзией, экструзионное покрытие
E 447	extrusion compound	Extrudiermasse f	compound m, mélange m extrudé	компаунд для экструзии
E 448	extrusion cooling line	Extrusionskühlstrecke f	zone f de refroidissement sur l'extrudeuse	устройство для охлаждения (экструзия), охлаждающая ванна
E 449	extrusion die	Extruderdüse f, Extruderwerkzeug n, Extrusionswerkzeug n	filière f d'extrusion, filière d'extrudeuse, filière de boudineuse	экструзионная головка
E 450	extrusion die for filaments	Mehrlochdüsenextruderkopf m für Fadenherstellung, Spinndüsenkopf m	filière f à trous multiples; filière f de filage	многоканальный мундштук для экструзии тонких нитей
	extrusion die for flat sheet	s. S 685		
E 451	extrusion die for pipe, pipe die	Extruderwerkzeug n für Rohrherstellung, Rohrziehwerkzeug n, Rohrwerkzeug n	filière f [de boudineuse] pour tubes (tuyaux), filière pour tubes rigides	экструзионная головка для получения труб, головка для изготовления труб
E 452	extrusion die for rods and filaments	Mehrlochdüse f für Borsten und gröbere Fäden, Extruderwerkzeug n für Stränge und Fäden, Mehrlochdüsenkopf m, Spinndüse f	filière f multiple	головка со многими отверстиями для получения волокон, многоканальная головка для экструзии нитей
E 453	extrusion die for tubing, tube die	Schlauchextrusionswerkzeug n, Schlauchwerkzeug n	filière f pour tubes (tuyaux) flexibles	экструзионная головка для получения шлангов, головка для изготовления шлангов

E 454	extrusion equipment, extrusion plant	Extrusionsanlage f	équipement m d'extrusion, installation f d'extrusion, équipement (installation) de boudinage	экструзионный агрегат
E 455	extrusion forming	kombiniertes Extrusions-Warmformverfahren n, Extrusionsformen n	extrusion-formage f, extrusion-thermoformage f, procédé m d'extrusion-formage	формование изделий экструзионной установкой
	extrusion head	s. E 429		
	extrusion head for tubing	s. T 606		
E 456	extrusion head with screen basket	Siebkorbextruderkopf m	tête f d'extrudeuse avec tamis, tête de boudineuse avec tamis	экструзионная головка с решеткой
E 457	extrusion lamination, three-ply lamination	Extrusionskaschierung f, Extrusionskaschieren n, Dreischichtenkaschieren n	extrusion-laminage f, extrusion-couchage f	дублирование экструзией, получение трехслойного материала при помощи экструдера
E 458	extrusion line	Extrusionsstraße f, Extrusionslinie f	ligne f d'extrusion	экструзионная линия
	extrusion machine	s. S 127		
E 459	extrusion mandrel, extruder core	Extruderdorn m	mandrin m d'extrusion	дорн экструдера
	extrusion moulding	s. E 442		
	extrusion-moulding composition	s. E 460		
E 460	extrusion-moulding compound (material), extrusion-moulding composition	Extrusionsformmasse f, Strangpreßmasse f	mélange m extrudé, matière f moulable	материал для экструзии
E 461	extrusion of profiles, profile extrusion	Extrudieren n von Profilen, Profilextrudieren n, Profilstrangpressen n, Profilextrusion f	extrusion f (boudinage m) de profilés	экструдирование (экструзия) профилей
	extrusion of tabular film	s. F 192		
E 462	extrusion of thermosetting resin	Strangpressen n härtbarer Kunststoffe (Plaste), Duroplaststrangpressen n, Duromerstrangpressen n	extrusion f de résines (plastiques) thermodurcissables	экструзия реактопластов
E 463	extrusion pelletizing process	Extrusionsgranulierung f	granulation f par extrusion	экструзионное гранулирование
	extrusion plant	s. 1. E 454; 2. F 206		
E 464	extrusion plastometer	Ausflußplastometer n	plastimètre m à extrusion, plastimètre extrusif	пластометр типа Канавца
E 465	extrusion plunger	Strangpreßkolben m	piston m d'injection	пуансон плунжерного экструдера
	extrusion press	s. S 127		
E 466	extrusion speed	Extrusionsgeschwindigkeit f	vitesse f d'extrusion	скорость экструдирования
E 467	extrusion spinning	Extrusionsspinnen n, Extrusionsspinnverfahren n	filage m par extrusion	прядение экструдером
E 468	extrusion stretch blow moulding, ESB	Extrusionsstreckblasformen n, Extrusionsstreckblasformverfahren n	formage m avec étirage-gonflage	экструзия с раздуванием
	extrusion welding	s. E 414		
E 469	extrusion welding equipment	Extrusionsschweißanlage f	équipement m (installation f) de soudage par extrusion	установка для сварки экструдером, установка для экструзионной сварки
E 470	extrusion welding with hand tools	Extrusionshandschweißen n, manuelles Extrusionsschweißen n	soudage m manuel par extrusion	ручная экструзионная сварка
	exudating	s. E 471		
E 471	exudation, exudating, sweating	Ausschwitzen n, Ausscheiden n, Ausschwitzung f, Ausscheidung f	exsudation f, suintement m	осаждение, выпотевание, удаление выпотеванием, эксудация
E 472	exuded material	ausgeschwitzter Hilfsstoff m	exsudat m	удаленная выпотеванием добавка

F

F 1	fabric, cloth, tissue	Gewebe n (Verstärkungsmaterial)	tissu m, toile f	ткань
F 2	fabrication device, production facility	Fertigungsvorrichtung f, Fertigungseinrichtung f	dispositif m (installation f) de production (fabrication)	устройство для изготовления
	fabrication process	s. P 1031		

F 3	**fabrication stress,** built-in stress	herstellungsbedingte innere Spannung *f*, Bearbeitungsspannung *f*	tension *f* résiduelle due à la fabrication, tension interne causée par la fabrication	внутреннее напряжение вследствие изготовления
F 4	**fabricator in plastics,** moulder	Kunststoffverarbeiter *m*, Plastverarbeiter *m*	plasturgiste *m*, mouliplasticien *m*, mouleur *m*	переработчик пластмасс
F 5	**fabric-backed plastic**	mit Gewebe kaschierter Kunststoff (Plast) *m*	plastique *m* doublé de tissu	многослойный дублированный пластик
	fabric bearing	*s.* L 22		
F 6	**fabric bonding with foam**	Gewebe-Schaumstoffkaschieren *n*	doublage *m* mousse des tissus	каширование ткани с пенистым материалом
F 7	**fabric chips (clippings),** macerated fabrics	Gewebeschnitzel *mpl* (Füllstoff)	fragments *mpl* (rognures *fpl*) de tissu	обрезки ткани
F 8	**fabric disk,** cloth disk *(US)*	Gewebepolierscheibe *f*	disque *m* en tissu	тканевый круг (притир)
F 9	**fabric expander roll**	Gewebestreckwalze *f*, Gewebereckwalze *f*	cylindre *m* d'étirage *(pour tissus)*	вытяжной валик *(для ткани)*
F 10	**fabric-filled moulding compound (material),** macerated plastic, macerate [moulding compound]	Gewebeschnitzelpreßmasse *f*	matière *f* à mouler à charge textile (de rognures de tissu), matière à mouler chargée de fragments de tissu	пресс-материал с обрезками ткани, пресс-материал с хлопковыми очесами, пресс-порошок с наполнителем в виде обрезок ткани
F 11	**fabric foam laminate**	Gewebe-Schaumstofflaminat *n*	tissu-composite *f* avec mousse, tissu *m* avec doublage mousse	ламинат из ткани и пенистого материала
	fabric gear	*s.* L 23		
F 12	**fabric insert**	Gewebeeinlage *f* (in Schichtstoffen)	pli *m* intermédiaire de textile	прослойка из ткани
F 13	**fabric slitting machine**	Gewebeschneidmaschine *f*	machine *f* à couper le tissu	резальная машина для ткани
F 14	**fabric surface belt**	Treibriemen *m* mit Gewebedeckschichten	courroie *f* transporteuse avec couche superficielle en tissu	приводной ремень с наружным слоем из ткани
F 15	**facade paint**	Fassadenanstrichstoff *m*	peinture *f* pour façades	фасадная краска
F 16	**face**	Walzenballen *m* *(von Kalanderwalzen)*	table *f* du cylindre	бомбированная часть валка
F 17	**face**	Deckfurnier *n*, Deckblatt *n* *(von Sperrholz)*	face *f* externe, pli *m* extérieur *(bois contreplaqué)*	покровный слой фанеры, наружная фанера
	face	*s. a.* F 22		
	face cutter	*s.* F 18		
F 18	**face cutting machine,** face cutter *(US)*	Planschneider *m*	machine *f* à couper les surface planes	продольно-режущий станок
F 19	**face cutting system**	Heißabschlaggranulator *m*	granulateur *m* à coupe chaude	агрегат для горячего гранулирования
	face of weld	*s.* W 125		
F 20	**faceplate**	Planscheibe *f*	contre-plateau *m*, plateau *m* de tour	планшайба
F 21	**face width**	Walzenballenlänge *f* *(von Kalanderwalzen)*	longueur *f* de table du cylindre	длина бомбированной части валка
F 22	**facing,** face	Deckschicht *f* *(Sandwichelement)*	couche *f* de revêtement, strate *f* extérieure *(stratifié)*	верхний (покровный, наружный) слой *(деталь из слоистого пластика)*
F 23	**facing material**	Deckschichtwerkstoff *m* *(von Verbundbauteilen, von Sandwichbauteilen)*	matériau *m* de couche de revêtement, matériau de strate extérieure	материал покровного слоя *(сэндвичевой конструкции)*
F 24	**factice, factis**	Faktis *m*, Weichgummiersatzstoff *m*, Ölkautschuk *m*	factice *m*, caoutchouc *m* factice	фактис, заменитель для мягкой резины
	fadeless	*s.* C 533		
F 25	**fadeometer**	Lichtbeständigkeitsprüfgerät *n*, Fadeometer *n*	fadéomètre *m*	испытатель на светостойкость
	fading	*s.* C 532		
F 26	**failure**	Versagen *n*	défaillance *f*, panne *f*	отказ, сбой
	failure	*s. a.* F 640		
	failure load	*s.* B 395		
F 27	**failure mechanics test,** fracture mechanics test	bruchmechanische Untersuchung *f*	essai *m* de rupture	разрушающее механическое испытание
	fairing	*s.* C 344		
	falling-ball impact	*s.* F 29		
F 28	**falling-ball impact test,** falling dart test, falling-ball test	Kugelfallprüfung *f*	essai *m* à la bille tombante, essai de chute (résilience) à la bille	испытание по методу падающего шарика
	falling-ball impact tester	*s.* F 29		
	falling-ball test	*s.* F 28		
F 29	**falling-ball tester,** falling-ball impact tester, falling ball testing machine	Kugelfallprüfgerät *n*	appareil *m* à chute de bille, machine *f* à chute de bille	испытатель вязкости по методу падающего шарика
	falling ball testing machine	*s.* F 29		

	falling ball viscometer	s. F 30		
F 30	falling-ball viscosimeter, falling-ball viscometer	Kugelfallviskosimeter n, Kugelfallzähigkeitsmeßgerät n	viscosimètre m à chute de bille, fluidimètre m à chute de bille	шариковый вискозиметр, вискозиметр с падающим шариком, универсальный вискозиметр Хепплера
	falling bolt test	s. D 566		
	falling dart test	s. F 28		
F 31	falling-film evaporator	Fallfilmverdampfer m, Fallstromverdampfer m	évaporateur m à film descendant	пленочный испаритель
F 32	falling-weight impact strength	Schlagzähigkeit f nach der Kugelfallprobe	résistance f au choc au mouton, résistance au choc à la bille	ударная вязкость по методу падающего шарика
F 33	falling-weight [impact] test	Fallmasseprobe f zur Ermittlung der Schlagfestigkeit	essai m de résistance au choc au mouton, essai de résistance au choc à la bille	испытание ударной прочности по методу падающего веса
F 34	false body	scheinbarer Körpergehalt m	corps m apparent	кажущаяся густота
	family mould	s. C 582		
F 35	fan gate	Schirmanguß m mit Stegen, fächerförmiger Anguß (Anschnitt) m	entrée f en éventail	крылатовидный литник
F 36	fantail die	Fächerbreitschlitzwerkzeug n, Flossenbreitschlitzdüse f, Fischschwanzbreitschlitzdüse f (für Herstellung extrudierter Folien)	filière f plate en éventail	головка «рыбий хвост»
F 37	fashioning, postmould[ing] treatment	Nacharbeit f (an Formteilen), Formteilnacharbeit f	finissage m, retouche f, reprise f	окончательная обработка (формованного изделия)
	fast accelerator	s. F 38		
F 38	fast-curing accelerator, fast accelerator	schnellwirkender Beschleuniger m	accélérateur m de durcissement rapide	быстродействующий ускоритель
F 39	fast-curing adhesive, fast-setting glue (US)	schnellhärtender Klebstoff m	colle f à durcissement rapide	быстроотверждающий клей
	fast-curing moulding compound	s. Q 21		
F 40	fast-cutting plant	Schnellschneidanlage f	installation f de coupage rapide	скоростное режущее устройство
	fastness to light	s. L 152		
F 41	fast-neutron irradiation	Bestrahlung f mit schnellen Elektronen, Bestrahlung mit beschleunigten Elektronen	irradiation f aux neutrons rapides	облучение быстрыми нейтронами
	fast-setting glue	s. F 39		
F 42	fast solvent	niedrigsiedendes Lösungsmittel n	solvant m à bas point d'ébullition	низкокипящий растворитель
	fast to light	s. L 157		
F 43	fatigue behaviour	Ermüdungsverhalten n	comportement m à la fatigue	усталостные свойства
F 44	fatigue crack propagation	Ermüdungsrißfortpflanzung f, Ermüdungsrißausbreitung f	propagation f de la fissure de fatigue	распространение усталостных трещин, распространение крейсов
F 45	fatigue failure (fracture)	Ermüdungsbruch m	rupture f de (par) fatigue	усталостный излом, разрушение от усталости
F 46	fatigue limit	Ermüdungsgrenze f	limite f de fatigue	предел усталости, усталостная прочность
F 47	fatigue resistance, resistance to fatigue, long fatigue life (US)	Ermüdungsfestigkeit f, Ermüdungsbeständigkeit f	résistance f à la fatigue	выносливость, усталостная прочность
	fatigue strength	s. E 212		
	fatigue stress	s. L 281		
F 48/9	fatigue test[ing]	Ermüdungsversuch m, Ermüdungsprüfung f	essai m de fatigue	испытание на усталостную прочность, определение устойчивости на усталость
F 50	fault of measurement	Meßfehler m	erreur f de mesure	ошибка измерения
F 51	faulty moulding	fehlerhaftes Spritzgußteil n, fehlerhaftes Preßteil n, fehlerhaftes Urformteil n	pièce f injectée défectueuse, pièce f moulée viciée	дефектное литое изделие
F 52	feature	charakteristisches Merkmal n, charakteristische Eigenschaft f	caractéristique f, propriété f caractéristique	характеристические данные, показатель, признак
	feed	s. L 238		
F 53	feed agitator	Aufgaberührwerk n	agitateur m d'alimentation	ворошитель (в горловине бункера)
F 54	feedback-coextrusion	Coextrusion f von Mehrlagenverbundfolien oder Mehrlagenverbundplatten	co-extrusion f de feuilles composites ou de panneaux composites	экструзия многослойных пленок или листов

Ref	English	German	French	Russian
F 55	feedback control system	Regelungssystem n	circuit m de réglage, asservissement m	система регулирования
F 56	feedback selector	elektronischer Istwertwähler m	sélecteur m électronique	электронный селектор (искатель)
	feed bush	s. S 997		
F 57	feed chamber	Förderkammer f (durch kämmende Extruderdoppelschnecken gebildet)	chambre f d'alimentation, chambre f de chargement	полость подачи
	feed chute	s. H 319		
F 58	feed cock	Einfüllhahn m	robinet m d'alimentation	впускной клапан
F 59	feed cylinder	Füllzylinder m (an Spritzgießmaschinen)	cylindre (pot) m d'injection	цилиндр дозатора (литьевых машин)
	feed door	s. C 249		
F 60	feeder	Energieleitung f, [elektrische] Speiseleitung f	ligne f d'alimentation [électrique]	питатель, фидер
F 61	feeder	Anleger m (an Klebmaschinen)	margeur m	присоединяющее устройство
F 62	feeder, hopper, charging device	Beschickungsvorrichtung f, Aufgabevorrichtung f	alimentateur m, dispositif f d'alimentation, dispositif de chargement	загрузочное устройство, устройство подачи
	feeder	s. a. H 319		
F 63	feeder masterbatch doser	Masterbatch zudosierende Beschickungsvorrichtung f	dispositif m d'alimentation pour le dosage du mélange maître	дозирующее и загрузочное маточную смесь устройство
F 64	feeder small mill	Angußmühle f	broyeur (moulin) m pour carottes	дробилка для литников
F 65	feed gear[ing]	Vorschubgetriebe n	engrenage m d'avance	подающая передача
	feed hopper	s. H 319		
F 66	feed hopper venting	Trichterentlüftung f (an Verarbeitungsmaschinen)	désaération f de la trémie	удаление воздуха из бункера, вентиляция бункера
	feeding	s. L 238		
F 67	feeding and take-off device	Zuführ- und Entnahmevorrichtung f	dispositif m d'alimentation et de décharge (soutirage)	устройство загрузки и выемки
F 68	feeding head	Einfüllkopf m	tête f de chargement (remplissage)	загрузочная головка
F 69	feeding of hot material	Heißeinspeisen n, Heißbeschickung f (von Verarbeitungsmaschinen)	alimentation f (chargement m) à chaud	питание горячим материалом, горячая подача
F 70	feeding process (extruder)	Einzugsvorgang m (Extruder)	processus m d'alimentation, processus de chargement (extrudeuse)	питание экструдера, процесс загрузки (экструдера)
F 71	feeding screw, metering screw	Zuführschnecke f	vis f d'alimentation	питающий червяк, дозирующий шнек
F 72	feeding tunnel	Füllschacht m	tunnel m d'alimentation	загрузочный бункер, бункер подачи
F 73	feed mill	Einzugswalze f	cylindre (rouleau) m d'alimentation	питательный (загрузочный) валок
F 74	feed orifice, fill orifice	Anschnitt m, Formteilanschnitt m	entrée f, point m d'injection	впускной литник, форма впускного литника
	feed orifice	s. a. C 249		
F 75	feed performance	Einzugsverhalten n (von Extruderschnecken)	débit m d'amenée (vis de boudineuse)	поступающее действие
F 76	feed pump	Speisepumpe f	pompe f d'alimentation	питательный насос
F 77	feed rate	Vorschubgeschwindigkeit f	vitesse f d'avance	скорость подачи
F 78	feed roll[er]	Speisewalze f, Einspeisungswalze f	cylindre (rouleau) m d'alimentation	питающий (загрузочный) валок
F 79	feed screw	Zugspindel f	barre (vis-mère) f de chariotage, barre d'avance	ходовой вал
	feed section	s. F 86		
F 80	feed slide, dosing slide valve (US)	Dosierschieber m	vanne f doseuse	шибер-дозатор, дозировочный шибер
F 81	feed-slide dosing device	Füllschieberdosiergerät n (zum Dosieren rieselfähiger Preßmassen)	vanne f doseuse d'alimentation	тарельчатый дозатор
F 82	feed slot	schmale Einfüllöffnung f, Einfüllnut f, Einfüllschlitz m	fente (rainure) f d'alimentation, fente (rainure) de chargement (remplissage)	зазор для питания
	feed stock	s. F 659		
F 83	feed system	Beschickungssystem n, Füllsystem n	système m d'alimentation	система питания
	feed system	s. a. S 996		
F 84	feed timer	Füllgutregler m, Speiseregler m (Verarbeitungsmaschinen)	régulateur m d'alimentation	питатель-дозатор
F 85	feed wheel	Zuführrad n (Schweißmaschine)	roue f alimentaire, roue d'alimentation (machine à souder)	подающее колесо

	English	German	French	Russian
F 86	feed zone, feed section	Einzugszone f, Beschickungszone f, Füllzone f, Einspeisungszone f, Speisezone f	zone f d'alimentation	зона загрузки (питания)
	feeler control	s. T 476		
F 87	feldspar	Feldspat m (Füllstoff)	feldspath m	полевой шпат
F 88	felting	Verfilzung f	feutrage f	фетрование, войлокование, свойлачивание
	felting screen	s. P 865		
F 89	felt polishing disk	Filzpolierscheibe f	disque m de feutre	фетровый полировальный круг
F 90	female die (form, mould), negative die, mould cavity, cavity block, box mould	Werkzeugmatrize f, Werkzeuggesenk n, Negativform f, Gesenkblock m	moule m femelle (négatif)	матрица, негативная часть [формы], полость (гнездо) формы
F 91	female screw	Schraubenmutter f	écrou m	гайка
F 92	female thread, internal thread (US)	Innengewinde n	filet[age] m intérieur	внутренняя резьба
F 93	fender	Fangkorb m	cage f protectrice	предохранительная (защитная) решетка
	FEP	s. 1. F 501; 2. P 139		
F 94	ferric oxide	Eisenoxid n (Füllstoff)	oxyde m ferrique (de fer)	окись железа
	festoon dryer	s. L 295		
	fiberize/to	s. D 51		
	fiber spray gun molding	s. S 969		
F 95	fibre, individual fibre	Faser f	fibre f	волокно
F 96	fibreboard	Faserplatte f	plaque f (panneau m) de fibres [agglomérées]	плита с волокнистым наполнителем
F 97	fibre breakage	Faserbruch m (bei glasfaserverstärkten Thermoplasten, Thermomeren)	rupture f de fibres (thermoplastes renforcés aux fibres de verre)	разрыв волокон (стекловолокнонаполненного термопласта)
F 98	fibre bundle	Faserbündel n	botte f de fibres, faisceau m de fibres	штапель волокон, пучок волокон
F 99	fibre clump	Faseranhäufung f (in glasfaserverstärkten Thermoplasten, Thermomeren)	concentration f de fibres (thermoplastes renforcés aux fibres de verre)	концентрация волокон (в стекловолокнонаполненном термопласте)
F 100	fibre composite [material]	Faserverbundwerkstoff m	matériau m composite renforcé par des fibres, matériau composite à base de fibres	волокнистая композиция
F 101	fibre composite part	Faserverbundbauteil n	élément m de construction composite renforcé par des fibres	изделие из волокнистой композиции
F 102	fibre content	Fasermassenanteil m (in faserverstärkten Formteilen)	teneur f en fibres	содержание волокон по весу
F 103	fibre count	Faserfeinheit f	titre m, masse f linéique	тонкость волокон
F 104	fibre cross-section	Faserquerschnitt m	section f de fibre	сечение волокна
F 105	fibre debris	Faserschutt m, zertrümmerte Verstärkungsfaser f	débris m de fibres	волокнистая мелочь
	fibre dusting	s. F 428		
F 106	fibre dusting adhesive, flocking adhesive	Beflockungsklebstoff m	adhésif m pour le flocage	клей для флокирования
F 107	fibre dusting plant, flocking equipment	Beflockungsanlage f	installation f de flocage	установка для флокирования, установка для нанесения ворса
F 108	fibre-filled moulding material	fasergefüllte Formmasse f	matière f fibreuse de moulage	формовочная масса с волокнистым наполнителем
F 109	fibre finish	Haftvermittlerüberzug m auf Glasfasern, Faserschlichte f	agent m d'accrochage des fibres de verre, fibre f en collée	адгезив на стекловолокнах
F 110	fibre fleece, non-woven fabric	Faservlies n, Faserflor m, Fasergewirre n, Vliesfolie f	voile m de carde, nappe f de fibres, tissu m non tissé, non-woven fabric m	нетканый материал, волокнистый холст
F 111	fibre formation (forming)	Faserherstellung f, Faserbildung f	formation (fabrication) f de fibres	изготовление (образование) волокон
F 112	fibre-forming material	Faserwerkstoff m, Werkstoff m mit inkorporierten Fasern	matière f à mouler fibreuse	волокнонаполненный материал
	fibreglass	s. G 70		
F 113	fibreglass cord	Glasfaserkordfaden m	fil m cordé de fibre de verre	стекловолокнистый корд
F 114	fibreglass-reinforced epoxy adhesive	glasfasergefüllter (verstärkter) Epoxidharzklebstoff m	adhésif m époxy-résine armé aux fibres de verre	стеклонаполненный эпоксидный клей
F 115	fibre length classification	Faserlängenklasse f, Klasse f der Faserlänge	classification f par longueur des fibres	диапазон (класс) длины волокон
F 116	fibre length distribution, FLD	Faserlängenverteilung f (in faserverstärkten Formteilen)	distribution (répartition) f de longueur des fibres	распределение волокон по длине
F 117	fibre optic	Faseroptik f	optique f sur fibres	волоконная оптика

F 118	fibre optical wave guide	Lichtwellenleiter *m*	conducteur *m* d'ondes lumineuses	светопроводящие волокна
F 119	fibre orientation	Faserorientierung *f*	orientation *f* des fibres	ориентация волокон
F 120	fibre orientation distribution, FOD	Faserorientierungsverteilung *f* (in faserverstärkten Formteilen)	distribution (répartition) *f* d'orientation des fibres	распределение ориентации волокон
F 121	fibre pull-out test	Faserausziehversuch *m* (für faserverstärkte Thermoplaste, Thermomere)	essai *m* d'étirage de fibres (thermoplastes renforcés aux fibres de verre)	испытание на вытягивание волокон (из волокноармированного пластика)
F 122	fibre-reinforced composite material	faserverstärkter Verbundwerkstoff *m*	matériau *m* composite renforcé aux fibres	волокнонаполненный (волокноармированный) многослойный материал
F 123	fibre-reinforced plastic, FRP	faserverstärkter Kunststoff (Plast) *m*	plastique *m* renforcé à la fibre	волокнонаполненный пласт
F 124	fibre-resin composite	Faser-Harz-Verbund *m*	composite *f* fibres-résine	композит из волокон и смолы
F 125	fibre-resin composite material	Faser-Harz-Verbundstoff *m*	composition *f* fibre-résine	композиция из волокон и смолы
F 126	fibre-resin system	Faser-Harz-System *n*	système *m* résine-fibre	система волокно-смола
	fibres array	*s.* A 546		
F 127	fibre seal	Bahnendurchschlagversiegelung *f*	scellement *m* de fibres	герметизирование ткани
F 128	fibre show	Herausragen *n* der Glasfaser (nach der Formteilfertigung oder nach dem Formteilbruch)	fibre *f* apparente	проступание волокна
F 129	fibre slurry	Glasfaserbrei *m* (für Laminatvorformung)	pâte *f* de fibres (pulpe), dispersion *f* de fibres (fabrication de préformes)	стекловолокнистая масса (для предварительного формования)
	fibre spinning die	*s.* S 893		
	fibre spraying	*s.* S 969		
F 130	fibre strand	Faserstrang *m* (Laminatherstellung)	roving *m*, stratifil *m*	моток волокон
F 131	fibre strength	Faserfestigkeit *f*	solidité *f* de la fibre	прочность волокна
F 132	fibre structure, fibrous structure	Faserstruktur *f*	structure *f* fibreuse	волокнистая структура
F 133	fibre volume fraction, FVF	Faservolumenanteil *m* (in faserverstärkten Formteilen)	fraction *f* volumique des fibres	содержание волокон по объёму
F 134	fibril[la]	Fibrille *f*	fibrille *f*	фибрилла
F 135	fibrillar crystal	Fibrillenkristall *m*, Kristall *m* in Fibrillenform	cristal *m* fibrillaire	фибриллярный кристалл
F 136	fibrillated fibre	fibrillierte Faser *f*	fibre *f* fibrillée	фибриллированное волокно
F 137	fibrillated film fibre	fibrillierte Folienfaser *f*	fibre *f* de feuille fibrillée, ruban *m* fibrillé	фибриллированное пленочное волокно
F 138	fibrillated tape, tape fibre	Bändchenfaser *f*, fibrillierte Faser *f* aus Folienbändchen	ruban *m* fibrillé, bandelette *f*	фибриллированная пленочная лента
F 139	fibrillated yarn	Foliengarn *n*	fil *m* fibrillé	пряжа из пленки
	fibrillating equipment	*s.* F 142		
	fibrillating process	*s.* F 140		
	fibrillating roller	*s.* N 20		
F 140	fibrillation, fibrillating process	Fibrillieren *f* (von Folie)	fibrillation *f*	фибриллирование (пленок)
F 141	fibrillation ratio	Fibrillierverhältnis *n*	rapport *m* de fibrillation	степень фибриллирования
F 142	fibrillator, fibrillating equipment	Fibrillator *m*, Fibrillieraggregat *n* (für Folien)	dispositif *m* de fibrillation	фибриллирующее устройство (для полимерных пленок)
F 143	fibrous fibrous structure	faserförmig, faserig	fibreux	волокнистый
	fibrous structure	*s.* F 132		
F 144	fibrous web	Faserbahn *f* (zum Tränken oder Beschichten mit Kunstharzen)	bande *f* fibreuse	волокнистая лента
F 145	field-emission microscopy	Feldelektronenmikroskopie *f*	microscopie *f* à émission de champ	микроскопия с автоэлектронной эмиссией
	field intensity	*s.* F 149		
F 146	field of application, field of use	Anwendungsgebiet *n*	domaine *m* d'application (emploi)	область применения
F 147	field of dimensional tolerances	Maßtoleranzbereich *m*, Abmaßbereich *m*	domaine *m* de tolérances dimensionnelles	поле допуска размеров
F 148	field of joining	Fügetechnik *f*	technique *f* d'assemblage, technique de jointage	техника соединения
	field of use	*s.* F 146		
F 149	field strength, field intensity	Feldstärke *f*	intensité *f* du champ	напряженность поля
F 150	field welding	Baustellenschweißen *n*, Schweißen *n* unter Baustellenbedingung	soudage *m* sur chantier	монтажная сварка
	Fikentscher coefficient	*s.* F 151		

F 151	**Fikentscher constant,** Fikentscher coefficient	Fikentscher-Konstante f	constante f de Fikentscher	константа Фикентшера
	filament	s. 1. C 736; 2. M 433		
F 152	**filament adhesive tape**	Selbstklebband n mit Trägerwerkstoff aus Glasseidenfäden	bande f adhésive au support de fil silionne	склеивающая лента на основе стеклонитей
	filament delivery carriage	s. S 495		
	filament from film	s. F 201		
F 153	**filament path**	Wickelfadenweg m	chemin m du filament	путь нити при намотке
F 154	**filament tension compensator**	Fadenspannungsausgleicher m	compensateur m de la tension de fil	стабилизатор натяжения нити, компенсатор напряжения нити
F 155	**filament winding,** winding	Wickeln n, Wicklung f, Wickelverfahren n (für Rotationskörper)	enroulement m de filament, enroulage m, enroulement m filamentaire	намотка, наматывание, навивка (формование изделий из стеклопластиков)
F 156	**filament winding technique**	Wickeltechnik f (Laminatherstellung)	technique f par enroulement de filament (stratifiés)	техника намотки
F 157	**filament wound pipe**	Wickelrohr n, Rohr n aus Faserlaminat	tube m roulé	намотанная труба из стеклопластика
F 158	**filament yarn,** continuous filament yarn	Filamentgarn n, endloses Garn n	fil m continu	комплексная нить
	filament yarn	s. a. G 92		
F 159	**fill/to**	füllen	charger, remplir	разливать
F 160	**filled engineering thermoplastic**	gefüllter Konstruktionsthermoplast m, gefülltes Konstruktionsthermomer n	matériau m de construction thermoplastique chargé	наполненный конструкционный термопласт
	filled plastic	s. F 161		
F 161	**filled polymer,** filled plastic	gefülltes Polymer[es] n, gefüllter Kunststoff (Plast) m	polymère (plastique) m chargé	наполненный полимер (пластик)
F 162	**filled resin**	gefülltes Harz n	résine f chargée	наполненная смола
F 163	**filler,** filling material, filling compound	Füllstoff m; Füllmasse f	matière f de remplissage (charge)	наполнительная масса, масса для наполнения
F 164	**filler**	Harzträger m	garniture f (semelle)	наполнитель
F 165	**filler,** filling putty, trowelling compound, putty compound, putty (US)	Spachtelmasse f	enduit m, mastic m	шпатлевка, замазка, подмазка
	filler	s.a. S 1392		
F 166	**filler characteristic**	Füllstoffeigenschaft f, Füllstoffkennwert m	caractéristique (propriété) f de la charge	свойство наполнителя
F 167	**filler content (loading)**	Füllstoffgehalt m, Füllgrad m	teneur f en charge, taux m de charge	содержание наполнителя
	filler material	s. 1. F 171; 2. W 156		
F 168	**filler packing fraction**	Füllstoffpackungsfraktion f (Quotient aus wahrem Füllstoffvolumen und scheinbarem Gesamtvolumen)	coefficient m (facteur m, fraction f) de tassement de la charge, packing fraction de la charge	упаковочный коэффициент наполнителя
F 169	**filler plate**	Werkzeugfüllplatte f	plaque (semelle) f de remplissage	загрузочная плита
	filler plate mould	s. L 245		
F 170	**filler preparation**	Füllstoffaufbereitung f	préparation f des charges, préparation f des garnitures	подготовка наполнителей
F 171	**filler rod,** filler material, welding wire (rod), stringer bead	Schweißstab m, Schweißschnur f	baguette f d'apport, fil m de soudure	сварочный (присадочный) пруток
F 172	**filler sedimentation,** sedimentation of fillers	Füllstoffsedimentation f, Füllstoffabsetzen n	sédimentation f de la charge	осаждение (седиментация) наполнителя
F 173	**filler sheet**	Druckverteilungsplatte f (Klebpresse)	plaque f de répartition de la pression (presse à coller)	плита, выравнивающая давление (пресс для склеивания)
F 174	**filler speck**	füllstoffbedingte Fehlstelle f (in Formteilen)	défaut m causé par la charge, tache f de charge	комкование (выступание) наполнителя
F 175	**fillet**	Eckrundung f mit Eckverstärkung an Formteilen, Abrundung f von Übergängen	arrondi m, congé m de raccordement	закругление углов изделия, буртик
F 176	**fillet weld**	Kehlnaht f	soudure f en filet	угловой (галтельный) шов
F 177	**fillet welded joint**	kehlnahtgeschweißte Verbindung f, Kehlnahtschweißverbindung f	joint m de soudure en filet	соединение с угловым швом
	fill hole	s. F 184		
F 178	**filling and capping machine,** filling and sealing machine	Abfüll- und Verschließmaschine f	remplisseuse f et capsuleuse f	автомат для наполнения и укупорки

F 179	filling and closing machine for plastic tubes	Füll- und Verschließmaschine f für Kunststofftuben (Plasttuben)	machine f à remplir et à fermer les tubes de plastique	автомат для наполнения (наливания) и укупорки тюбиков из пластмассы
F 180	filling and reinforcing	Füllen n und Verstärken n	chargement m et renforcement m	наполнение и армирование
	filling and sealing machine	s. F 178		
	filling behaviour	s. F 467		
F 181/2	filling cycle	Füllvorgang m (Werkzeughohlraum)	cycle m de chargement	заполнение формы
	filling compound	s. F 163		
F 183	filling factor	Füllfaktor m	coefficient (facteur) m de remplissage	степень наполнения
F 184	filling hole, fill hole	Einfüllöffnung f, Füllöffnung f, Einfülloch n (an Verarbeitungsmaschinen)	entrée f, ouverture f (orifice m) de chargement (remplissage), ouverture (orifice m) d'alimentation	загрузочное отверстие
F 185	filling layer	Verstärkungseinlage f, Verstärkungsschicht f in Schichtstoffen	mat m de renfort (renforcement)	армирующий слой, прослойка наполнителя
F 186	filling level	Füllstand m	niveau m de remplissage	уровень загрузки
F 187	filling machine	Abfüllmaschine f	machine f de remplissage	разливочная машина
F 188	filling machine for adhesives	Klebstoffabfüllmaschine f, Abfüllmaschine f für Klebstoffe	remplisseuse f pour colles	разливочная машина для клеев, разливочный аппарат для клеев
	filling material	s. F 163		
	filling putty	s. F 165		
	filling space	s. L 239		
	filling thread	s. W 92		
F 189	filling time	Füllzeit f (Spritzgießwerkzeug)	temps m de remplissage (moule pour injection)	время заполнения
	fill orifice	s. F 74		
F 190	fill rate	Füllgeschwindigkeit f	vitesse f de remplissage (injection)	скорость заполнения
F 191	film, thin gauge sheet	Feinfolie f, Folie f (Dicke unter 0.01 inch = 0,25 mm)	pellicule f, film m, feuille f mince	тонкая пленка
F 192	film blowing, extrusion of tabular film, sheet blowing	Folienblasen n, Folienblasverfahren n	soufflage m de feuille mince, soufflage m de films (feuilles)	раздув цилиндрического рукава, изготовление пленки раздувом, раздув рукавной пленки
F 193	film blowing die head, film blowing head	Folienblaskopf m	tête f de soufflage de film	головка для получения (экструзии) рукавных пленок
	film blowing equipment	s. F 194		
	film blowing head	s. F 193		
F 194	film blowing plant, film blowing equipment, blown-film line	Folienblasanlage f, Folienblasstrecke f, Folienblaslinie f, Blasfolienstrecke f	installation f à souffler des feuilles, ligne f de production pour lamelles de soufflage	установка для производства рукавных пленок, линия для производства рукавных пленок
	film bonding	s. A 166		
F 195	film calender	Feinfolienkalander m	calandre f de (pour) films	каландр для изготовления тонких пленок, листовальный каландр
F 196	film casting	Foliengießen n	coulage m de feuille mince, coulée f en film, coulée des pellicules	отливка (формование) пленок
F 197	film casting die	Folienbreitschlitzdüse f	filière f plate	плоскощелевая головка для экструзии пленок
F 198	film casting machine	Filmgießmaschine f	appareil m pour coulée des films (pellicules)	отливочная машина (получение пленок)
	film casting plant	s. F 358		
	film coating by roller	s. R 469		
	film coating by screen	s. S 89		
	film coating by squeegee	s. S 1030		
	film extrusion	s. S 398		
F 199	film extrusion line	Folienextrusionsanlage f	installation f d'extrusion de feuilles (films)	установка для экструзии пленок
F 200	film fibre	Folienfaser f	fibre f fibrillée	пленочное волокно
F 201	film filament, filament from film	Folienfaden m	filament m de feuille	пленочная нить
F 202	film former, film-forming agent (substance)	Filmbildner m (für Anstrichstoffe)	filmogène m	пленкообразователь, пленкообразующее вещество
F 203	film-forming temperature	Filmbildungstemperatur f	température f de formation de film	температура пленкообразования
	film gate	s. F 212		
	film glue	s. S 973		
F 204	film guide roll	Folienführungswalze f	rouleau m de guidage des feuilles	направляющий валик для пленок

F 205	**film haul-off unit**	Folienabzug *m*, Folienabzugseinrichtung *f*	dispositif *m* de réception des feuilles	приемное устройство для пленок
F 206	**film laminator,** laminator, extrusion plant	Anlage *f* für Extrusionsbeschichten, Extrusionsbeschichtungsanlage *f*	laminoir *m* de feuilles, lamin[at]eur *m*, installation *f* de couchage avec cylindre de laminage, installation de couchage par extrusion	экструзионная установка для нанесения покрытий
	film manufacturing	*s.* S 411		
F 207	**film memory**	Formrückstellung *f* bei Erwärmung von Umformteilen	mémoire *m* élastique	усадка пневмоформованных изделий при повышенной температуре
F 208	**film mulch seeding method**	Folienmulch-Saatverfahren *n*	ensemencement *m* combiné avec le mulching et la feuille plastique	посев под черной пленкой
	film printing	*s.* S 100		
	film ribbon	*s.* F 216		
F 209	**film roll**	Folienrolle *f*	rouleau *m* de feuilles	рулон пленки
F 210	**film simultaneous biaxial stretching**	biaxiales Folien-Simultanreckverfahren *n*, biaxiales Folien-Simultanstreckverfahren *n*, biaxiales Folien-Einstufenreckverfahren *n*, biaxiales Folien-Einstufenstreckverfahren *n*	étirage *m* biaxial simultané des feuilles, orientation *f* biaxiale simultanée des feuilles	двустороннее вытягивание пленок
F 211	**film spicer**	Auftragsapparat *m* für Klebbänder, Klebbandauftragsapparat *m*	appareil *m* à appliquer le ruban adhésif	аппарат для наложения липкой пленки
F 212	**film sprue,** film gate	Filmanguß *m*, Filmanschnitt *m*, Flächenanschnitt *m*	entrée *f* en voile	литник умеренного сечения
F 213	**film sprue gate**	Filmangießkanal *m*	canal *m* d'entrée en voile	литниковый канал умеренного сечения
F 214	**film stretching in stages**	Folien-Stufenreckverfahren *n*, Folien-Stufenstreckverfahren *n*	étirage *m* (orientation *f*) des feuilles en étages	постепенное вытягивание пленок
F 215	**film stretching unit**	Folienreckeinrichtung *f*, Folienstreckeinrichtung *f*	dispositif *m* d'étirage des feuilles, dispositif d'orientation des feuilles	тянущее устройство для пленок, устройство для вытяжки пленок
F 216	**film strip,** film ribbon	Folienband *n*	ruban *m* de feuille (film)	пленочная лента
F 217	**film swelling**	Schichtquellung *f*	gonflage *m* de couche	набухание слоя
F 218	**film take-off unit**	Abziehwerk *n* für Blasfolien, Blasfolienabziehwerk *n*	dispositif *m* de réception des feuilles soufflées	приемное устройство для рукавных пленок
F 219	**film take-up roller**	Folienaufwickelrolle *f*	enrouleur *m* de feuilles	намоточный валок
F 220	**film tape**	Folienbändchen *n*	ruban *m* de feuille (film)	пленочная лента
F 221	**film tape stretching device**	Folienbandstreckwerk *n*, Folienbandreckanlage *f*	installation *f* d'étirage du ruban de feuille (film), installation d'orientation du ruban de feuille (film)	устройство для вытягивания пленок
F 222	**film tensiometer**	Filmtensiometer *n (Oberflächenspannungsmessung von Flüssigkeiten)*	instrument *m* de mesure de la tension superficielle des liquides	тензиометр
	film thickness gage	*s.* F 223		
F 223	**film thickness measuring apparatus,** film thickness gage, coating thickness tester	Filmdickenmeßgerät *n*	appareil *m* à mesurer l'épaisseur de colle	толщиномер для пленок
F 224	**film tube**	Folienschlauch *m*	tube *m* (bulle *f*) de film, tube soufflé, film *m* en bulle	пленочный рукав
	film-type evaporator	*s.* T 308		
F 225	**film velocity**	Folienabzugsgeschwindigkeit *f*	vitesse *f* de tirage des feuilles	скорость отбора пленки
F 226	**film web**	Endlosfolienbahn *f*	lé *m* de feuille plastique	пленочная лента
F 227	**film weight**	Folienmasse *f*	poids *m* (masse *f*) de feuille	вес листа, масса пленки
F 228	**film winder**	Folienaufwickler *m*, Folienaufwickelanlage *f*	installation *f* d'enroulement des feuilles	накаточный валок для пленок
F 229	**film wind-up**	Folienaufwickeln *n*	enroulement *m* des feuilles plastiques	наматывание пленок, намотка пленок
F 230	**film with protective layer**	versiegelte Folie *f*	feuille *f* doublée de couche protectrice, feuille scellée	пленка с защищающим слоем, покрытая пленка
F 231	**filter cloth (gauze)**	Filtertuch *n*, Filtergewebe *n*	toile *f* filtrante (de filtre), tissu *m* filtrant	фильтровальная ткань
F 232	**filtering sieve**	Filtersieb *n*	tamis *m* filtrant	фильтровальное сито
	filter pack	*s.* S 95		
F 233	**filter torpedo,** Polyliner torpedo	Filtertorpedo *m*, Siebtorpedo *m*, Polylinertorpedo *m (Spritzgießmaschine)*	torpille *f* Polyliner	фильтровальная торпеда, полилайнер
F 234	**filtration**	Filtrieren *f*	filtration *f*, filtrage *m*	фильтрование

F 235	fin	rippenförmige (langgezogene gratförmige) Formteilerhebung f	nervure f, ailette f, arête f	ребровидный выступ
F 236	final product, end product	Endprodukt n, Finalprodukt n	produit m fini (final)	конечный продукт
F 237	fine balance, precision balance	Feinwaage f, Präzisionswaage f	balance f de précision, balance chimique	лабораторные (прецизионные) весы
F 238	fine dispersing	Feindispergieren n	dispersion f fine	тонкое диспергирование
F 239	fine-grained spherolithic structure	feinkörnige Sphärolithstruktur f (teilkristalline Thermoplaste)	structure f sphérolithique de fine granulométrie	мелкая глобулярная структура
F 240	fineness of grinding	Schleifgrad m (von mechanisch vorbehandelten Klebfügeteilen)	degré m de meulage (polissage); degré de rectification	степень обшлифовки
F 241	fine particle size synthetic silica	hochdisperse synthetische Kieselsäure f (Spezialfüllstoff)	silice f synthétique très dispersée	высокодисперсная синтетическая кремневая кислота
F 242	fines	Feinkörnigkeit f (von Formmassen)	fines fpl	пылевидная часть
F 243	fine structure	Feinstruktur f, Gefügestruktur f	structure f fine	тонкая структура
	fin formation	s. F 335		
	finger blade agitateur	s. F 246		
F 244	finger joint	zapfenförmige Verbindung f, Nut-Feder-Verbindung f, Mehrfach-Zapfen-Nut-Verbindung f	assemblage m par rainure et languette	[клеевое] шиповое соединение
F 245	fingernail test	Fingernagelprobe f (orientierende Härteprüfung)	essai (test, examen) m à l'ongle	проба ногтем
	finger paddle agitator	s. F 246		
F 246	finger paddle mixer, finger paddle (blade) agitator	Fingerrührwerk n, Stabrührer m	agitateur m à râteaux	пальцевая (палочковая) мешалка, пальцевой ворошитель
F 247	fingerprint method	Fingertest m (zur Ermittlung der Klebrigkeit aufgetragener Klebstoffe)	essai m à la touche (état collant)	определение клейкости пальцем
F 248	finish/to	fertigstellen, nacharbeiten	finir	отделывать, обрабатывать до конца
F 249	finish	Beschichtungsschlußauftrag m, Oberflächenlack m, Appretur f	apprêt m	финиш
F 250	finish, surface finish	Oberflächenbeschaffenheit f	état m de surface	характер (состояние) поверхности
	finish/to	s. a. D 547		
	finished good	s. F 251		
F 251	finished product, finished good	Fertigzeug n, Fertigware f, Fertigfabrikat n, Fertigerzeugnis n	produit m fini	готовое изделие, готовый продукт
F 252	finish-grinding	Abschleifen n (Fertigschliff)	émoulage m, polissage m	сошлифование, стачивание
F 253	finishing	Endbearbeitung f, Nachbearbeitung f, Fertigbearbeitung f	finition f, finissage f	отделка, окончательная (финишная) обработка, финиш
F 254	finishing	Veredeln n, Veredlung f	finissage m, apprêt m	облагораживание
	finishing	s. a. D 548		
	finishing agent	s. D 549		
	finishing coat	s. T 423		
F 255	finishing of web-type material	Veredlung f bahnenförmiger Materialien	finissage (apprêt) m de bandes de tissu	отделка лентовидного материала
	finishing paint	s. T 423		
F 256	finish-milled	feingeschliffen	meulé finement	тонко шлифованный
	finless	s. F 332		
	finned torpedo	s. R 542		
F 257	fire behaviour, behaviour in fires, incendiary behaviour, fire performance, reaction to fire	Brennverhalten n, Brandverhalten n	comportement m au feu, comportement à l'incendie, comportement à la flamme	поведение при горении, поведение в пламени
F 258	fire hazard	Feuergefährlichkeit f	inflammabilité f, combustibilité f	огнеопасность
F 259	fire-hose method	Klebfügedruckaufbringung f mittels aufblasbarer Schläuche	application f de pression par des tuyaux gonflables (collage)	усилие сжатия при склеивании эластичной диафрагмой
	fire performance	s. F 257		
	fire point	s. F 558		
	fireproofing agent	s. F 300		
F 260	fire protection equipment	Brandschutzausrüstung f	équipement m de défense (protection) contre l'incendie	противопожарное оборудование
F 261	fire resistance	Feuerbeständigkeit f	ignifugation f	огнестойкость

	fire retardant	s. F 300		
	fire-retardant resin	s. F 263		
	fire-retarding foam	s. F 306		
F 262	fire-retarding paint	Feuerschutzanstrich m	peinture f ignifuge	огнезащитная краска
F 263	fire-retarding resin, fire-retardant resin	schwerentflammbares (flammwidriges) Kunstharz n, flammhemmendes Harz n	résine f résistant à la flamme, résine ininflammable (retardant la combustion)	невоспламеняющийся пластик, огнезащитная смола
	first coat	s. P 1005		
F 264	first-order transition	Phasenübergang m erster Ordnung	transition f de premier ordre	фазовый переход первого порядка
F 265	fish eye	fischaugenähnlicher Fleck m (an Formteilen)	œil f de poisson, yeux mpl de poisson	«рыбий глаз»
F 266	fish-eye effect	Fischaugeneffekt m (Oberflächenfehler an Formteilen)	effet m d'yeux de poisson	эффект «рыбьего глаза» (дефект на поверхности пластиздeлия)
F 267	fish glue	Fischleim m	ichtyocolle f, colle f de poisson	рыбий клей
F 268	fish paper	dünne Vulkanfiber f	pellicule f de fibre vulcanisée	тонкая вулканизованная фибра
	fish-tail die	s. S 685		
F 269	fish-tail type kneader, double-naben kneader	Kneter m mit fischschwanzförmigem Knetarm, Flossenkneter m, Doppelnabenkneter m	mélangeur m à ailerons de requin	кнетер с мешалкой типа «рыбий хвост»
	fissure sealant	s. S 205		
F 270	fitting, pipe fitting	Fitting m, Rohranschlußstück n, Rohrformstück n, Rohrarmatur f, Rohrverbindungsstück n	raccord m	патрубок, фитинг
F 271	fitting accuracy	Paßgenauigkeit f	précision f d'ajustement, précision de tolérance, précision d'ajustage	точность посадки
F 272	fitting notched pin	Paßkerbstift m	tenon m (goupille f) à encoche d'ajustage	установочный штифт с насечкой
F 273	fitting slot	Paßfeder f	languette f, clavette f parallèle (d'ajustage)	призматическая шпонка
F 274	fitting washer	Paßscheibe f	disque m d'ajustage	призонный диск
F 275	fitting welding	Fitting-Schweißen n, F-Schweißen n	soudage m de raccords	сварка фитингов
	fixed blade	s. F 278		
F 276	fixed die plate, stationary plate	feststehende Formplatte f	plaque f fixe du moule	неподвижная плита формы
F 277	fixed flange coupling	starre Scheibenkupplung f	embrayage m à disques rigide	неподвижная (глухая) фланцевая муфта
	fixed knife	s. S 1087		
	fixed mould half (part)	s. C 913		
F 278	fixed paddle, fixed blade	festjustierter Mischflügel m	palette (pale) f fixe	арретированная лопасть (смеситель)
F 279	fixed plate	Stammplatte f, Stammgesenk n, feststehende Formplatte f (Spritzgießen)	plateau m fixe, matrice f fixe	неподвижная (установочная) плита
F 280	fixed roll	Bezugswalze f, Ausrichtwalze f (Kalander)	cylindre m fixe (d'ajustage)	базовый валик
F 281	fixed roll	Festrolle f, festgelagerte Rolle f	rouleau m fixe	стационарный валик
F 282	fixing bosses	Augen npl für Befestigungslöcher	œillets mpl des trous de fixation	рым для фиксирования
F 283	fixture	Fixiervorrichtung f, Fixiereinrichtung f, Festhaltevorrichtung f	dispositif m de fixation	фиксирующее устройство
F 284	fixture	Probenauflagevorrichtung f, Fixiervorrichtung f (an Prüfmaschinen)	dispositif m de serrage	захват, прижимное устройство
F 285	fixture carriage	Transporteinrichtung f (für Schneidgut beim Flüssigkeitsstrahlschneiden)	dispositif m de transport	транспортерное устройство
	flake	s. F 426		
F 286	flakeboard	kunststoffgebundene (plastgebundene) Platte f aus streifenförmigen Holzabschnitten	stratifié m bois	клееная ленточная фанера
F 287	flake off/to, to chip off, to exfoliate	abblättern	s'écailler	отслаиваться
F 288	flaking, scaling, spalling, chipping	Abblättern n (Farbanstrich)	écaillage m	отслаивание, отслоение

F 289	**flaking resistance,** resistance to flaking, chipping resistance, resistance to chipping, scaling resistance, resistance to scaling	Abblätterbeständigkeit f, Beständigkeit f gegen Abblättern (Anstrichstoff)	résistance f à l'écaillage	устойчивость к отслоению
F 290	**flaking roller**	Schuppenwalze f	cylindre m écailleur, rouleau m à écailles	чешуйчатый валик
F 291	**flame bonder**	Flammbondiervorrichtung f, Einrichtung f zum Flammbondieren	dispositif f de bondage à la flamme	устройство для соединения пламенем
F 292	**flame bonding,** flame fusion, thermal laminating	Flammbondieren n, Schweißbondieren n, Schweißkaschieren n, Flammkaschieren n	doublage m thermique (à la flamme)	каш80ирование сваркой, связывание ткани с пеной сваркой
F 293	**flame cleaning**	Flammstrahlen n (Reinigen metallischer Fügeteile)	décapage m à la flamme (surface, pièce à assembler)	газопламенная обработка
F 294	**flame coloration**	Flammenfärbung f	coloration f des flammes	окраска пламени, окрашивание пламени
F 295	**flame flash-over test**	Untersuchung des Brennverhaltens beim Flammenüberspringen von Nachbarteilen	essai (test) m de résistance à la flamme jaillissante	испытание на перескок пламени
	flame fusion	s. F 292		
F 296	**flame hardening**	Flammhärtung f, Flammhärten n	trempe f à la flamme	отверждение пламенем
F 297	**flame inhibitor**	Entflammungsverzögerer m (Hilfsstoff)	inhibiteur m de combustion (flamme)	ингибитор воспламенения
	flame plating	s. F 308		
	flame-point tester	s. F 348		
F 298	**flame polishing**	Flammpolieren n (von Thermomerschnittkanten)	polissage m au feu	пламенная полировка
F 299	**flame-polishing device**	Flammpoliergerät n (zum Entgraten und Polieren von Thermomerschnittkanten)	polissoir m à la flamme (polissage et ébarbage d'arêtes de coupe sur des thermoplastes)	прибор для пламенного полирования
F 300	**flameproofing agent,** fireproofing agent, fire retardant	Flamm[en]schutzmittel n, Feuerschutzmittel n, feuerhemmendes Mittel n	agent m retardant les flammes, retardateur m de flamme (combustion), ignifuge[ant] m	огнезащитное средство
F 301	**flame propagation**	Flammenausbreitung f, Flammenfortpflanzung f	propagation f de flamme	распространение пламени
F 302	**flame resistance**	Flammfestigkeit f, Feuerfestigkeit f	résistance f au feu	огнестойкость, жаростойкость
	flame-resistant	s. I 69		
F 303	**flame retardancy**	Enflammungsverzögerung f	retardation f de flamme	ингибирование воспламенения
F 304	**flame-retardant**	flammhemmend, feuerhemmend	retardant de flamme	полуогнестойкий
F 305	**flame-retardant polymer**	mit Flammschutzmittel ausgerüstetes Polymer[es] n	polymère m ignifuge	содержащий огнезащитное вещество полимер
F 306	**flame-retarding foam,** fire-retarding foam	Schaumstoff m mit flammhemmender Ausrüstung, Schaumstoff m mit feuerhemmender Ausrüstung	produit m alvéolaire ignifuge	огнезащитный пенопласт
F 307	**flame spalling blowpipe**	fahrbarer Maschinenbrenner m (Reinigen metallischer Fügeteile)	chariot m décapeur à la flamme (pièce à assembler)	передвижной агрегат для газопламенной обработки
F 308	**flame spray coating,** flame spraying, flame plating (US)	Flammspritzen n, Wärmespritzen n	revêtement m au pistolet à flamme, pistolage m (projection f) à la flamme, plastification f à chaud	пламенное (огневое) напыление
F 309	**flame spray gun**	Flammspritzpistole f, Wärmespritzpistole f	pistolet m de projection à la flamme	пистолет для пламенного распыления, распылительная горелка, пистолет (распылитель) для пламенного напыления
	flame spraying	s. F 308		
F 310	**flame spraying method**	Flammspritzverfahren n, Wärmespritzverfahren n	méthode f (procédé m) de projection (pistolage) à la flamme, méthode f (procédé m) de plastification à chaud	газопламенное напыление
F 311	**flame spraying plant**	Flammspritzanlage f, Wärmespritzanlage f	installation f de projection (pistolage) à la flamme	установка для газопламенного напыления
F 312	**flame spread class**	Flammausbreitungsklasse f (Flammverhalten)	classe f de propagation de flammes	категория по распространению пламени

F 313	**flame spread classification**	Brennverhaltensklassifikation f	classification f de combustibilité	классификация по горючести
F 314	**flame test**	Flammprüfung f, Flammprobe f, Brennprüfung f	essai m à la flamme	определение температуры вспышки (воспламенения), проба на вспышку
F 315	**flame treating plant (system)**	Flammbehandlungsanlage f (zum Polarisieren unpolarer Thermoplaste, Thermomere)	traiteur f à la flamme	установка для газопламенной обработки
F 316	**flame treatment,** flaming	Flammbehandlung f, Oberflächenabflammen n, Kreidl-Verfahren n, Temperaturdifferenzverfahren n (zum Polarisieren unpolarer Werkstoffe)	traitement m à la flamme (surface, polarisation)	обработка поверхности пламенем, метод Крейдля
F 317	**flame welding**	Abschmelzschweißen n mit Flamme, AS-Schweißen n mit Flamme, Flammschweißen n	soudage m à la flamme	пламенная сварка
F 318	**flame welding**	Trenn-Nahtschweißen n mit Flamme, Trennen/Schweißen n mit Flamme	soudage m à la flamme	отрезка и сварка пламенем
	flaming	s. F 316		
F 319	**flammability**	Entflammbarkeit f, Entzündbarkeit f	inflammabilité f	воспламеняемость
F 320	**flammability test[ing]**	Entflammbarkeitsprüfung f, Entzündbarkeitsprüfung f	essai m d'inflammabilité	испытание на воспламеняемость
F 321	**flammable**	entflammbar, brennbar	inflammable, combustible	воспламеняемый, горючий
	flanged edge	s. R 343		
	flanged-edge type of weld	s. F 328		
	flanged joint	s. F 326		
F 322	**flanged motor,** flangemounted motor	Flanschmotor m	moteur m à bride	фланцевой мотор
F 323	**flanged pipe**	aufgebördeltes (aufgekelchtes) Rohr n	tube m à collet battu	расширенная труба
F 324	**flanged section**	flanschförmige Randversteifung f (an Formteilen)	bord m bridé	фланцевидный край (изделия)
F 325	**flanged type shaft**	Flansch-Spannachse f, Spannachse f des Flanschtyps (Folienabwickeln)	arbre m de serrage à bride	фланцевая тянущая ось
F 326	**flange joint,** flanged joint	Flanschverbindung f (an Rohren)	raccord m à brides	фланцевое соединение (пластмассовых труб)
	flange-mounted motor	s. F 322		
F 327	**flange of the joint**	Fügeteilschenkel m (von Kleb- und Schweißverbindungen)	bord m relevé du joint	колено соединяемого изделия
F 328	**flange-welding seam,** flanged-edge type of weld	Bördelschweißnaht f	joint m soudé sur bords relevés	сварной шов для утолщения ранта
	flanging machine	s. B 116		
F 329	**flanging tool,** swaging tool, beading ring (US), beading mandrel (US)	Biegering m, Bördelring m, Biegeblock m, Bördelwerkzeug n, Bördelblock m (für Umformen)	anneau (outil) m à border	гибочный блок, кромкогибочное кольцо, отбортовочный блок, кромкогибочный инструмент
	flap wheel	s. L 15		
F 330	**flash,** flash fin, seam, centre flow (US)	Spritzgrat m, Preßgrat m, überfließende Formmasse f, Formteilgrat m, verfestigter Klebwulst m, Austrieb m	bavure f, cordon m (toile f) de bavure	грат, заусенец, избыточный материал, облой
	flash area	s. F 331		
F 331	**flash chamber,** flash area, overflow space	Werkzeugraum m zur Aufnahme überfließender Formmasse, Überlaufkammer f für überfließendes Material	jointure f, grouve (réserve) f d'ébavurage, grouve f, grouve-gorge f	поверхность заусенца (пресс-формы), пространство (полость) прессформы для вытекания избытка пресс-материала, камера для перелива формы
	flash edge	s. F 350		
	flash fin	s. F 330		
	flash formation	s. F 335		
F 332	**flash-free,** finless	gratfrei	sans bavure	без грата, безоблойный
F 333	**flash gate**	Filmanschnitt m, Linienanschnitt m (Formteile)	entrée f en voile	линейный впускной литниковый канал
F 334	**flash groove,** groove, spew groove (way)	Abquetschnut f, Stoffabflußnut f, Austriebsnut f, Schmelzabflußnut f (an Werkzeugen)	grouve f, gorge f [d'échappement], grouve-gorge f, rainure f d'échappement	канавка для выпрессовки (вытекания материала) (на форме)

F 335	flashing, fin (flash) formation	Gratbildung f (an Formteilen)	formation f de bavure	образование грата
	flash land	s. F 350		
F 336	flash lathe	Putzmaschine f (Entgraten)	établi m à ébarber	гибочное устройство
	flash-lathe/to	s. D 55		
F 337	flashlight polymerization plant	Blitzlichtpolymerisationsanlage f	installation f de polymérisation à lumière flash	установка для импульсной фотополимеризации
F 338	flash line, spew line	Gratkante f, Werkzeugteilkante f (abgebildet am Formteil)	ligne f de bavure	линия заусенца, след канта формы на изделии
F 339	flash mould, flash-type mould, escaping mould	Abquetschwerkzeug n, Abquetschform f	moule m à échappement (couteau)	пресс-форма с отжимным рантом
F 340	flash-off	Abdunsten n, Verdunsten n, Verdunstung f	évaporation f	испарение, улетучивание
F 341	flash-off temperature	Abdunsttemperatur f, Verdunstungstemperatur f	température f d'évaporation	температура испарения (улетучивания)
F 342	flash-off time	Abdunstzeit f, Abdunstungszeit f, Verdunstungszeit f	temps m d'évaporation, durée f d'évaporation	время испарения, продолжительность улетучивания
F 343	flash-off zone	Abdunststrecke f, Abdunstzone f	zone f d'évaporation	зона улетучивания (испарения)
F 344	flash overflow	Ausfließen n überschüssiger Formmasse	écoulement (échappement) m de la matière à mouler excédentaire (en excès)	выпрессовка, выжимка из пресс-формы
F 345	flash overflow mould	Abquetschwerkzeug n mit Raum zur Aufnahme überfließender Formmasse	moule m à couteau à grouve (réserve d'ébavurage)	пресс-форма с перетеканием избытка, пресс-форма открытого типа
F 346	flash-over voltage, spark-over voltage	Überschlagspannung f (Hochfrequenzschweißen)	tension f d'amorçage, tension d'éclatement	напряжение [искрового] перекрытия
F 347	flash point, flash temperature	Flammpunkt m	point m d'éclair, température f d'éclair	температура вспышки
F 348	flash-point tester, flame-point tester	Flammpunktprüfer m	appareil m à mesurer le point d'inflammation, appareil de mesure du point d'inflammation	прибор для определения температуры вспышки
F 349	flash-removing lathe	Abgratbank f (Duroplastentgraten, Duromerentgraten)	ébarbeuse f, tour m à ébavurer	стол для удаления грата
F 350	flash ridge, flash land (edge)	Werkzeugabquetschrand m	surface f (bord m) de contact (compression)	отжимный рант пресс-формы, кветч-рант пресс-формы
F 351	flash ring	Abquetschring m, Gratring m	bavure (gorge) f circulaire, grouve f circulaire d'ébavurage	отжимное кольцо (пресс-формы)
F 352	flash subcavity mould, subcavity mould, gang mould (US)	Abquetschwerkzeug n mit tiefliegender Matrize (Mehrfachform)	moule m à couteau à empreintes multiples	пресс-форма с глубоко расположенными гнездами
	flash temperature	s. F 347		
	flash trimmer	s. D 56		
	flash-type mould	s. F 339		
	flat	s. M 79		
F 353	flat-bed press	Flachbettpresse f	presse f à banc plat	пресс с плоской станиной
F 354	flat-bottomed tank	Flachbodengroßbehälter m, Behälter m mit ebenem Boden	réservoir m à fond plat	крупногабаритная емкость с плоским дном
F 355	flat butt weld	Stumpfstoß m mit zweiseitiger, eingeebneter Vollnaht (Schweißen)	joint m abouté à soudure complète plate	стыковое соединение с плоским (сварочным) швом
	flat butt weld	s.a. S 1025		
	flat die	s. S 685		
F 356	flat-die extrusion	Extrusion f mit Flachdüse	extrusion f à filière plate (à fente)	экструзия с щелевой головкой
F 357	flat film	Flachfolie f, Breitschlitzfolie f	film m plat	плоская пленка
F 358	flat-film line, flat-film producing plant, film casting plant	Flachfolienanlage f	installation f de film plat	агрегат для получения плоских пленок, установка для экструзии плоских пленок
F 359	flat-film method	Flachfolienverfahren n	procédé m (méthode f) de fabrication des feuilles planes	способ изготовления плоских пленок
	flat-film producing plant	s. F 358		
F 360	flat head	Flachspritzkopf m, Schlitzdüse f	filière f plate, filière à fente, filière en queue de carpe	щелевая головка
F 361	flat-head extruder	Flachspritzkopf-Extruder m, Extruder m mit Flachspritzkopf	extrudeuse f à tête de filière plate	экструдер с плоскощелевой головкой
F 362	flat lubrication head	Flachschmierkopf m	tête f de graissage plate	плоская смазочная головка
F 363	flat moulded part	flächiges Formteil n	pièce f moulée plate	плоское изделие

F 364	flatness	Planlage f (Verarbeitungsgut)	planéité f	ровность
F 365	flatness	Verzugsfreiheit f	planitude f	ровность, отсутствие коробления
F 366	flat paddle agitator, blade agitator (stirrer)	Blattrührwerk n, Blattrührer m	agitateur m à pale[s]	мешалка с плоскими смесительными деталями
F 367	flat pan, pan	offene Beschichtungswanne f	bac m de trempage ouvert, bac d'alimentation ouvert	неглубокий чан
	flat sheet beading	s. E 9		
	flat sheet extruder	s. S 409		
	flat sheet extrusion	s. S 688		
	flat sheet extrusion die	s. S 685		
	flat sheeting die	s. S 685		
	flat slot die	s. S 685		
F 368	flat spraying line	Flächenspritzanlage f	installation f de laquage de surfaces	установка для напыления плоскостей
F 369	flat tape	Flachfaden m	fil m plat	плоская нить
F 370	flatting	Mattierungseffekt m	effet m matant (de matage)	эффект матирования
F 371	flatting agent, dulling agent, delustrant, low sheen agent	Mattierungsmittel n, Mattierungsstoff m	agent m de matité, délustrant m, agent m de matage	матирующее вещество
F 372/3	flatting varnish	Spachtellack m	vernis-mastic m	шпатлевочный лак
	flat tooth belt	s. I 79		
F 374	flat varnish, dull lacquer	Mattlack m	vernis m mat	матовый лак
F 375	flatwise tensile test	Zugversuch m an Sandwichbauteilen (zur Ermittlung der Haftfestigkeit Deckschicht/Kern)	essai m de traction perpendiculaire à la stratification (stratifiés)	испытание на растяжение (для определения адгезии между слоями сэндвичевой конструкции)
F 376	flavour lock, top side lock	Aufrollverschluß m	fermeture f à rouleau	шторный затвор
F 377	flaw	Werkstoffehler m, Fehlstelle f	défaut m de matériau	дефект материала
	FLD	s. F 116		
F 378	fleece	Vlies n	voile m	ваточный холст, слой волокнистой массы
F 379	fleecy	wollig, wollähnlich	laineux	шерстистый, пушистый
F 380	flexibility loss	Biegsamkeitsverlust m, Flexibilitätsverlust m	perte f de flexibilité	уменьшение гибкости (эластичности)
	flexibilizer	s. E 52		
F 381	flexi blade coater	Einwalzenrakelstreichmaschine f mit Streichpastenüberdruckbehälter	métier m (machine f) à enduire à la racle sur rouleau unique avec récipient de pâte sous surpression	одновалковая промазочная машина с калибрующим ножом и верхним бункером для пасты
	flexible bag moulding	s. B 80		
	flexible cellular material	s. F 385		
F 382	flexible conveyor	mechanischer Spiralförderer m (für Granulat)	alimentateur m mécanique flexible	гибкий шнековый транспортер
F 383	flexible film, flexible sheet	Weichfolie f	feuille f souple	гибкая (мягкая) пленка
F 384	flexible-film calender, flexible-sheet calender	Weichfolienkalander m	calandre f pour la production de feuilles (films) souples	каландр для производства гибких пленок
F 385	flexible foam, flexible cellular material, soft-elastic foam	weicher (weichelastischer) Schaumstoff m, Weichschaumstoff m	mousse f flexible (souple, élastique)	гибкая пена, гибкий пенистый материал, мягкий пенопласт, эластичный ячеистый материал
F 386	flexible hose	biegsamer Schlauch m	gaine f flexible	гибкий шланг (рукав)
F 387	flexible mould	elastische Gießform f (für Formteile mit Hinterschnitten)	moule m flexible	гибкая литьевая форма, литьевая форма из гибкого материала (для изготовления деталей с выступами)
F 388	flexible packing film	flexible Verpackungsfolie f	feuille f d'emballage flexible (souple)	гибкая упаковочная пленка
F 389	flexible plastic	Weichkunststoff m, Weichplast m, weicher (weichgestellter, weichgemachter) Kunststoff (Plast) m	plastique m souple	мягкий (пластифицированный) пластик
F 390	flexible plunger	Gummistempel m, biegsamer Stempel m	poinçon m élastique (flexible, souple)	эластичный (упругий, резиновый) пуансон
F 391	flexible-plunger moulding	Formpressen n mit Gummistempel	moulage m avec poinçon élastique (flexible, souple)	формование эластичным пуансоном
	flexible pressure	s. F 495		
F 392	flexible profile	biegsames Profil n	profil m flexible	гибкий (изгибаемый) профиль
	flexible sheet	s. F 383		
	flexible-sheet calender	s. F 384		

F 393	**fleximer flooring**	Spachtelboden *m*, Spachtel-fußboden *m*	sol *m* coulé	шпатлевка (шпаклевка) для полов
	flexing life	*s.* B 153		
	flexing machine	*s.* F 400		
	flex life	*s.* B 153		
F 394	**flexographic ink**	Flexodruckfarbe *f*	encre *f* de l'impression flexographique	краска для эластографи-ческой печати
F 395	**flexographic printing**	Flexodruckverfahren *n*	impression *f* flexographique	эластографская печать
F 396	**flexometer**	Flexometer *n*	flexomètre *m*, machine *f* de flexion	флексометр
F 397	**flex-resistant moulding**	biegesteifes Formteil *n*	pièce *f* moulée résistant à la flexion, objet *m* moulé résistant à la flexion	жесткое при изгибе пресс-изделие
F 398	**flexural endurance proper-ties**	Dauerbiegeeigenschaften *fpl*	propriétés *fpl* de flexion alternée	свойства при длительном изгибе
F 399	**flexural fatigue strength**	Dauerbiegewechselfestig-keit *f*	résistance *f* à la flexion alter-née	прочность при многократ-ном изгибе
F 400	**flexural fatigue testing machine,** flexing machine	Dauerbiegefestigkeitsprüf-maschine *f*	machine *f* d'essai de résistance à la flexion al-ternée	прибор для испытания на многократный изгиб
F 401	**flexural impact test**	Schlagbiegeprüfung *f*	essai *m* de flexion par choc	испытание на ударный из-гиб
F 402	**flexural modulus,** modulus of elasticity in flexure, bending modulus	Biegemodul *m*, aus dem Biegeversuch ermittelter Elastizitätsmodul *m*	module *m* de flexion, module d'élasticité en flexion	модуль упругости при изгибе
	flexural plastic	*s.* N 86		
F 403	**flexural properties**	Biegeeigenschaften *fpl*	propriétés (caractéristiques) *fpl* de flexion	свойства при изгибе
	flexural rigidity	*s.* S 1124		
	flexural strength	*s.* B 151		
	flexural stress	*s.* B 152		
F 404	**flexural yield strength**	Biegestreckgrenze *f*	résistance *f* en flexion au seuil d'écoulement	предел текучести при изгибе
F 405	**flexure**	Biegsamkeit *f*	flexibilité *f*	гибкость
	flight	*s.* 1. B 23; 2. S 165		
F 406	**flight clearance**	Spalt *m* zwischen Schnecke und Heizzylinder eines Extruders	jeu *m* radial *(vis)*	толщина щели между червяком и гильзой
F 407	**float/to,** to trowel	aufspachteln	appliquer à la spatule	наносить шпаклевку, зама-зать шпаклевкой
F 408	**float**	Schwimmer *m (für Füllstands-anzeige)*	flotteur *m*	поплавок *(измерение напол-нения)*
F 409	**floatation**	Schwimmaufbereitung *f*	flottation *f*	флотация
F 410	**floatation weight loss method**	Auftriebsmethode *f* zur Be-stimmung der Dichte	densimétrie *f* par flottation-immersion	метод гидростатического взвешивания для опреде-ления удельного веса
F 411	**floating**	Farbstoffausschwimmen *n*, Ausschwimmen *n* von Farbstoffen *(aus der Farb-paste)*	ségrégation *f (colorant)*	выделение красителей *(из лакокрасочных паст)*
F 412	**floating chase**	beweglicher Werkzeugrah-men *m*	frette *f* flottante	подвижная обойма формы
F 413	**floating chase mould,** double force mould	Preßwerkzeug *n* mit Doppel-stempel und beweg-lichem Rahmen	moule *m* à double poinçon et à frette flottante	пресс-форма с двумя пуан-сонами и подвижной обоймой
F 414	**floating film dryer,** floating web dryer, air-cushion dryer	Schwebebandtrockner *m (für beschichtete Bahnen)*	séchoir *m* à bande flottante, séchoir à coussin d'air	ленточная сушилка
F 415	**floating knife,** air doctor	Luftrakel *f*	racle *f* pneumatique (en l'air), couteau *m* flottant	ракля без поддержки, пнев-матическая (летучая) ракля, воздушный шабер
F 416	**floating knife coater**	Luftrakelstreichmaschine *f*	métier *m* (machine *f*) à en-duire à racle pneumatique (en l'air)	машина для нанесения покрытия летучей раклей, шпрединг-машина с пнев-матической раклей
F 417	**floating knife roll coater**	Luftrakelwalzenbeschichter *m*	métier *m* (machine *f*) à en-duire à rouleaux avec racle pneumatique (en l'air)	валковая машина для нане-сения покрытий с пневма-тической раклей
F 418	**floating nozzle,** slide nozzle, sliding nozzle	Schiebedüse *f*	buse *f* élastique (à ressort)	сопло с краном золотнико-вого типа
F 419	**floating plate[n],** centre section	Werkzeugzwischenplatte *f*, bewegliche Platte (Zwischenplatte) *f (Spritz-preßwerkzeug)*	plateau *m* mobile (flottant, intermédiaire)	промежуточная (пере-движная) плита *(формы)*
F 420	**floating platen press**	Spritzpresse *f* mit schwe-bender Zwischenplatte	presse *f* [à mouler] à plateau mobile (flottant, intermé-diaire)	трансферный пресс с за-движной промежуточной плитой

F 421	floating punch	[frei] beweglicher Stempel m	poinçon m flottant	плавающий пуансон
F 422	floating roll[er]	Pendelrolle f, Pendelwalze f (Faden- oder Bahnspannungskontrolle)	rouleau m de tension, rouleau pendulaire	самоставляющийся валок
	floating web dryer	s. F 414		
F 423	floating weight	Fallmasse f, Einpreßstempel m (Innenmischer)	piston m flottant (mélangeur interne)	плавающий пуансон смесителя
F 424	float switch	Schwimmschalter m	interrupteur m flottant	поплавковый клапан
	flocculation	s. C 415		
F 425	flocculation point	Flockungspunkt m	point m de floculation	точка коагуляции
F 426	flock, flake	Flocke f, Stippe f	flocon m, floc m	хлопья, чешуйка
	flock coating	s. F 428		
F 427	flock fibre	Flockfaser f (für elektrostatisches Beflocken)	floc m (flocage électrostatique)	флок
	flock finishing	s. F 428		
F 428	flocking, flock finishing (coating, spraying), fibre dusting	Beflocken n	flocage m	флокирование
	flocking adhesive	s. F 106		
	flocking equipment	s. F 107		
F 429	flock-printing	Faconbeflocken n, Flockdruck m	impression f par flocage	печатание флоком, нанесение ворса клеевым способом
	flock spraying	s. F 428		
F 430	flooded nip inverted blade coater	Zweiwalzenstreichmaschine f mit Hängerakel und Tauchwalze	machine f à enduire à deux rouleaux par léchage avec égalisation par racle inférieure	двухвалковая промазочная машина с висящим калибрующим ножом и погружаемым валком
F 431	flooding	Farbstoffaufschwimmen n, Aufschwimmen n von Farbstoffen (auf die Beschichtung)	peinture f à la filière, ruissellement m (vernis)	наплыв красителей на покрытие
F 432	flood lubrication	Druckumlaufschmierung f	lubrication f par circulation forcée, graissage m sous pression	смазка путем циркуляции масла под давлением, циркуляционная смазка
	floor foundation trowelling material	s. F 629		
F 433	flow/to	fließen, strömen	couler, s'écouler	течь
F 434	flow	Fließen n, Strömen n, Fluß m, Fließweg m, Strömung f	fluage m, écoulement m, flux m	течение, поток
F 435	flow	Vorlauf m (von Anstrichstoffen)	fondu m (couleurs)	разлив (лака)
	flow	s. a. 1. F 453; 2. F 464		
F 436	flowability, fluidity, flowing property	Fließvermögen n, Fließfähigkeit f	fluidité f, fluage m propriétés fpl d'écoulement	текучесть, растекаемость
F 437	flowability test	Rieselfähigkeitsprüfung f	essai m de l'écoulement libre de matières plastiques	измерение сыпучести
F 438	flow aid	Fließhilfe f (Aushöhlung in Werkzeugen)	auxiliaire m d'écoulement (moule)	углубление формы (для уменьшения сопротивления потоку)
	flow and cure behaviour	s. F 445		
F 439	flow birefringence, creep birefringence	Strömungsdoppelbrechung f	biréfringence f d'écoulement	двойное лучепреломление течения, реологическое двойное лучепреломление
F 440	flow capacity, flow rate	Durchflußmenge f, Strömungsdurchsatz m	débit m du flux, débit d'écoulement	расход, пропускная способность
	flow casting	s. S 699		
F 441	flow channel	Fließkanal m	canal m d'écoulement	канал течения (для расплава)
F 442	flow coating	Flutlackieren n, Flutauftrag m (von Anstrichstoffen)	peinture f à la filière, flow-coating m	окрашивание обливанием, окраска обливом
F 443	flow control agent	Stoff m zur Regulierung des Fließvermögens	régulateur m de fluidité	регулятор текучести
F 444	flow cup, viscosity (consistency) cup	Auslaufbecher m (zur Bestimmung der Auslaufzeit von Flüssigkeiten)	coupe f consistométrique, viscosimètre m Ford	сливная воронка
F 445	flow-cure (flow-curing) behaviour, flow and cure behaviour	Fließhärtungsverhalten n (Duroplastformmassen, Duromerformmassen)	comportement m de durcissement durant l'écoulement, comportement m au durcissement d'écoulement, comportement de fluage et de durcissement	изменение текучести во время отверждения, свойства течения при отверждении
F 446	flow curve, viscosity path	Fließkurve f, Viskositätsverlauf m (von Schmelzen)	courbe f d'écoulement	кривая текучести, реологическая кривая, кривая течения

F 447	flow diagram	Fließdiagramm n	diagramme m de fluage	диаграмма текучести
F 448	flow disturbance	Strömungsstörung f (bei Schmelzen)	perturbation f d'écoulement	нарушение потока
F 449	flowed-in gasket (place)	Gußdichtung f	joint m coulé (in situ)	уплотнение литейной формы
F 450	flow exponent	Fließexponent m	exposant m d'écoulement	показатель течения
F 451	flow field	Strömungsfeld n	champ m d'écoulement	поле течений
F 452	flow gun	Fadenpistole f (Klebstoffauftrag)	pistolet m d'extrusion (application de l'adhésif)	пистолет для литья под давлением (нанесение клея)
	flow-gun	s. a. I 171		
F 453	flowing, flow, yielding	Fließen n (belasteter Kunststoffteile)	fluage m	текучесть, ползучесть
	flowing property	s. F 436		
F 454	flow injector	Ausflußdüse f (für Fadenpistole)	buse f d'extrusion (pistolet d'extrusion)	сопло для литья
F 455	flow instability	Fließinstabilität f (der Schmelze)	instabilité f de fluage	нестабильность (неустойчивость) течения
	flow length	s. F 464		
F 456	flow limit	Fließgrenze f	limite f de fluage	предел текучести
	flow line	s. F 458		
F 457	flow line production, moving belt production, assembly line production, production line work	Fließfertigung f	production f à la chaîne, production au tapis roulant	поточное производство
F 458	flow mark, flow marker [line] (US), flow line (US)	Fließmarkierung f, Fließlinie f	ligne f de coulée, ligne d'écoulement	линия (след) течения
F 459	flowmeter	Durchflußmeßgerät n, Durchflußmengenmesser m	débitmètre m, indicateur m de débit	реометр
F 460	flow mixer, pipeline mixer	Durchflußmischer m (für Flüssigkeiten oder Gase)	mélangeur m tubulaire (continu à courant) (liquides, gaz)	смеситель непрерывного действия (для вязких материалов)
F 461	flow moulding	Fließpressen n, Fließpreßverfahren n	moulage m par intrusion (coulée en moule fermé sous pression)	штамповка выдавливанием
	flow moulding	s. a. 1. I 348; 2. T 494		
F 462	flow of adhesive	Klebstoffbewegung f (während des Härtens oder Abbindens)	flux m de colle (pendant le durcissement)	течение клея (во время отверждения)
F 463	flow-out temperature	Ausfließtemperatur f	température f d'écoulement	температура истечения
F 464	flow path, flow, flow length	Fließweg m (Schmelze)	chemin m d'écoulement, chemin m d'écartement (filière à fente)	путь течения, длина течения расплава
F 465	flow path-wall thickness ratio	Fließweg-Wanddicken-Verhältnis n	rapport m voie de l'écoulement-épaisseur de paroi	отношение длина течения-толщина стенок
F 466	flow pattern, streamline flow pattern	Strömungsbild n, Fließbild n, Fließstruktur f	image f d'écoulement	график течения (скоростей), линия тока, ориентированная течением расплава структура
F 467	flow pattern, filling behaviour	Füllbild n (Spritzgießwerkzeug)	état m de remplissage du moule, image m des filets fluides (moule d'injection)	картина заполнения прессформы, вид заполнения формы
F 468	flow process	Fließvorgang m	processus m d'écoulement	процесс течения
F 469	flow properties, yield properties	Fließeigenschaften fpl	propriétés fpl (comportement m, allure f) de fluage, propriétés d'écoulement	реологические свойства
F 470	flow rate, rate of flow	Fließgeschwindigkeit f	vitesse f d'écoulement	скорость течения
	flow rate	s. a. F 440		
F 471	flow resistance	Fließwiderstand m	résistance f à l'écoulement	сопротивление течению
F 472	flow restrictor gap adjustment	Spaltverstellung f (Blasformwerkzeug)	ajustement m de la fente (moule de soufflage)	регулирование зазора кольцевого канала (раздувание рукавной пленки)
	flow stress	s. Y 11		
F 473	flow temperature	Fließtemperatur f	température f de fluidité	температура текучести
F 474	flow velocity	Fließgeschwindigkeit f, Strömungsgeschwindigkeit f	vitesse f de l'écoulement	скорость потока
F 475	flow visco[si]meter	Durchflußviskosimeter n, Durchflußviskositätsmeßgerät n	viscosimètre m d'écoulement transversal, fluidimètre m d'écoulement transversal	вискозиметр по методу протекания
F 476	flow zone, craze	Fließzone f (in belasteten Teilen)	zone f de fluidité	зона текучести (крипа) (в пластике при нагрузке)
F 477	fluctuate/to	schwanken	fluctuer	колебаться
F 478	fluctuating flow	unregelmäßiger Schmelzfluß m	flux m de matière fondue irrégulier	неравномерное течение
F 479	fluctuating load	veränderliche Belastung f	charge f variable	меняющееся напряжение

F 480	**fluctuation**	Schwankung *f*	fluctuation *f*	колебание
F 481	**flue dust,** airborne dust	Flugstaub *m*	poudre *f* volante	летучая пыль
F 482	**flue-gas production**	Rauchgasentwicklung *f*	dégagement *m* du gaz de fumée, émission *f* de gaz brûlé	появление дымовых газов
F 483	**fluid bed,** fluidized bed, moving bed	Wirbelbett *n*, Wirbelschicht *f*, Fließbett *n*, Fließschicht *f*	lit *m* fluide, lit fluidisé (fluidifié), couche *f* fluidisée	псевдоожиженный (кипящий) слой
F 484	**fluid-bed dryer,** fluidized-bed dryer	Wirbelschichttrockner *m*, Fließbetttrockner *m*	séchoir *m* tourbillonnaire (à lit fluidisé), séchoir *m* à turbulence	сушилка с кипящим слоем, сушилка с псевдоожиженным слоем
	fluid energy mill	s. J 16		
	fluidity	s. F 436		
	fluidization dip coating	s. F 485		
	fluidized bed	s. F 483		
F 485	**fluidized-bed coating,** whirl sintering, whirl sinter process, cyclone sintering, fluidization dip coating, dip coating in powder, fluidized-bed dip coating	Wirbelsintern *n*, Wirbelsinterverfahren *n*, Wirbelsinterbeschichten *n*, Wirbelbettbeschichten *n*	revêtement *m* en bain fluidisé, enduction *f* par frittage, enduction à (en) lit fluidisé, procédé *m* d'enduction par frittage, concrétion *f* tourbillonnaire, recouvrement *m* par immersion en lit fluidisé	напыление в противотоке, напыление в псевдоожиженном слое, вихревое напыление
F 486	**fluidized-bed coating**	wirbelgesinterter Überzug *m*	enduit *m* par trempage dans la poudre fluidisée	нанесенное в противотоке покрытие
F 487	**fluidized-bed coating machine**	Wirbelschichtbeschichtungsmaschine *f*	enrobeur *m* à turbulence	устройство для нанесения покрытий в кипящем слое
	fluidized-bed dip coating	s. F 485		
	fluidized-bed dryer	s. F 484		
F 488	**fluidized-bed reactor**	Wirbelbettreaktor *m*, Wirbelschichtreaktor *m*	réacteur *m* à lit fluidisé	вихревой реактор
F 489	**fluidized-bed spray granulator**	Wirbelschicht-Sprühgranulator *m*	granulateur *m* à turbulence avec pulvérisation	распылительный гранулятор, работающий в кипящем слое
F 490	**fluidized dust**	aufgewirbelte Pulverteilchen *npl (im Wirbelsinterbad)*	particules *fpl* de poudre fluidisée	порошок в псевдоожиженном состоянии
F 491	**fluidized-dust circulation**	Pulverteilchenbewegung *f (im Wirbelsinterbad)*	mouvement *m* (circulation *f*) des particules de poudre, mouvement *m* (circulation *f*) de poudre fluidisée	движение порошка в псевдоожеженном слое
	fluidized powder bath	s. S 594		
F 492	**fluidizing gas,** carrier gas	Wirbelgas *n (zur Erzeugung von Wirbelsinterbädern)*	gaz *m* de suspension *(lit fluidisé)*	газ, вызывающий кипящий слой
F 493	**fluid jet cutting**	Flüssigkeitsstrahlschneiden *n*, Schneiden *n* mittels Flüssigkeitsstrahls	coupage *m* au jet de liquide	резка струей жидкости
F 494	**fluid mixer,** compound mixer	Fluidmischer *m*, Henschel-Mischer *m*, Henschel-Fluidmischer *m*, Compoundmischer *m*	mélangeur *m* composite (à fluides, à fluidification)	смеситель с механическим псевдоожижением, быстроходный турбинный смеситель, смеситель типа Хеншель
F 495	**fluid pressure,** flexible pressure	allseitig wirkender Druck *m*, an allen Stellen gleicher Druck *(beim Laminieren)*	pression *f* hydraulique (pneumatique, de fluide)	всестороннее влияние давления
F 496	**fluid system**	Flüssigkeitskreislauf *m*	cycle *m* [du] liquide, circulation *f* [du] liquide	циркуляция жидкости
	fluorescence colour	s. F 499		
F 497	**fluorescence spectroscopic investigation**	fluoreszenzspektroskopische Untersuchung *f*	spectroscopie *f* à fluorescence	исследование флуоресцентным излучением
F 498	**fluorescent agent**	fluoreszierender Stoff *m*	matière *f* fluorescente	флуоресцирующее средство
F 499	**fluorescent colour,** fluorescence colour	Fluoreszenzfarbe *f*	couleur *f* fluorescente	флуоресцентная краска
F 500	**fluorescent ink**	Fluoreszenzdruckfarbe *f*	encre *f* fluorescente	флуоресцентная краска
F 501	**fluorinated ethylene propylene,** FEP	fluoriertes Ethylen-Propylen *n*, FEP	éthylène-propylène *m* fluoré	фторированный этилен-пропилен
F 502	**fluorinated silicone rubber,** fluorosilicone rubber	fluorierter Silicongummi *m*, fluorierter Siliconkautschuk *m (Klebfügeteilwerkstoff)*	élastomère (caoutchouc) *m* silicone fluoré, gomme *f* silicone fluorée, caoutchouc fluorosilicone	фторированный кремнекаучук
F 503	**fluorination**	Fluorination *f*	fluorination *f*	фторирование
	fluorine plastic	s. F 505		
F 504	**fluorocarbon**	Fluorkohlenwasserstoff *m*	hydrocarbure *m* fluoré, fluorocarbure *m*	фторопроизводный углеводород, фтороуглеводород

F 505	fluorocarbon plastic, fluoro-plastic, fluoropolymer, fluorine plastic	Fluorkunststoff *m*, Fluorplast *m*, Fluorcarbonkunststoff *m*, Fluorcarbonplast *m*, Fluorpolymer[es] *n*	plastique *m* fluoro-carboné, polymère *m* fluoro-çar-boné, résine *f* fluorée	фторопласт, фторограниче-ский полимер, фторугле-родный пластик
F 506	fluorosilicone	Fluorsilicon *m*	fluorsilicone *f*	фторсиликон
	fluorosilicone rubber	*s.* F 502		
F 507	fluorosilicone sealant	Fluorsilicondichtstoff *m*	produit *m* d'étanchéité à base de fluorsilicone	фторосиликоновый уплот-нительный материал
	flush/to	*s.* R 412		
F 508	flute	Hohlkehle *f*	cannelure *f*	галтель
F 509	fluted mixing section	genutete MIschsektion *f* (einer Spritzgieß- oder Ex-truderschnecke)	section *f* de mélange canne-lée (à cannelures) (vis)	зона смешения с про-дольными каналами (червяка литьевой ма-шины)
F 510	fluted roll, corrugated roll, corrugating roll	Riffelwalze *f*	cylindre *m* cannelé	рифленый валок
	fluxing	*s.* P 453 a		
	fluxing pressure	*s.* F 740		
	fluxing temperature	*s.* F 741		
F 511	flying shears	mitlaufende Schneidvor-richtung *f* (zum Abtrennen von Folie)	cisaille *f* volante (feuilles)	летучие ножницы
F 512	flying wedge mixing-meter-ing machine	Misch-Dosiermaschine *f* mit beweglichem Spritzkopf (für Polyurethanschaum-stoffherstellung)	mélangeur *m* doseur à tête mobile (mousse polyuré-thanne)	машина для дозирования и смешивания компонентов полиуретанов с головкой экструдера
F 513	foam	Schaumstoff *m*	mousse *f*	пена, пенистый материал
	foam	*s. a.* F 528		
F 514	foamable melt	schäumbare Schmelze *f*	matière *f* fondue expansible	пенообразующий расплав
F 515	foam adhesive, foam glue	Schaumstoff-Klebstoff *m*, Klebstoff *m* für Schaum-stoffe	colle *f* (adhésif *m*) pour mousse, adhésif pour matériaux alvéolaires	клей для пенистых мате-риалов
F 516	foam-backed fabric, foamed doubled fabric	schaumstoffbeschichtetes Gewebe *n*	foam-back *m*, tissu *m* doublé de mousse	ткань, дублированная пенистым материалом
	foam-backed textiles	*s.* F 517		
	foam backing	*s.* F 545		
F 517	foambacks, foam-backed textiles	mit Schaumstoff kaschierte Textilien *pl*	textiles *mpl* avec doublage mousse	ткань, кашированная пенистым материалом
F 518	foam bonding	Schaumstoffbondieren *n*	doublage *m* de mousse	изготовление слоистого материала на основе ткани и пенопласта
F 519	foam cell	Schaumstoffpore *f*, Schaum-stoffzelle *f*	cellule *f* (alvéole *m*) de mousse	ячейка пены
F 520	foam core	Schaumstoffkern *m* (von Sandwichelementen)	noyau *m* mousse (panneau sandwich)	пенистый спорный слой
F 521	foam density	Schaumstoffverdichtungs-grad *m*	densité *f* de mousse	степень уплотнения при вспенивании
F 522	foam dispensing machine (polyurethane foam)	Dosier- und Mischmaschine *f* (Polyurethanschaumstoff-teile)	mélangeur *m* doseur (mousse polyuréthanne)	машина для получения смесей (изделия из пени-стого полиуретана)
F 523	foamed-cored wall	offenporig (offenzellig) ge-schäumte Wand *f*	paroi *f* moussée à cellules ouvertes	стена из пенистого мате-риала с сообщающимися порами
	foamed doubled fabric	*s.* F 516		
F 524	foamed full mould model	geschäumtes Vollform-modell *n*	modèle *m* de moule massif moussé	пенистая полная модель
F 525	foamed hot-melt [adhesive]	geschäumter Schmelzkleb-stoff *m*	hot-melt *m* cellulaire, colle *f* fusible cellulaire	пенистый расплав клея
F 526	foamed-in-place shoe sole, foamed-in-situ shoe sole	angeschäumte Schuhsohle *f*	semelle *f* en mousse formée « in situ »	пенистая подошва, при-крепленная одновре-менно со вспениванием
F 527	foamed material	Schäumgut *n*	matière *f* expansée (cellu-laire, en mousse)	пенистый материал
F 528	foamed plastic, cellular plastic, expanded plastic, foam plastic, foamy plas-tic, foam, plastic foam	Schaumkunststoff *m*, Plast-schaumstoff *m*, ge-schäumter Kunststoff (Plast) *m*	plastique *m* alvéolaire, mousse *f*, plastique *m* cel-lulaire, plastique expansé, plastimousse *f*, mousse *f* plastique	вспененный (пенистый) пла-стик, пена из пластмассы, пенопласт, поропласт, вспененная пластмасса, полимерная пена
	foamed rubber	*s.* F 554		
F 529	foamed test specimen	geschäumter Prüfkörper *m*, geschäumter Probekör-per *m*, geschäumte Probe *f*	éprouvette *f* moulée par mousse	вспененный образец
	foamer	*s.* F 538		
F 530	foam extrusion	Schaumstoffextrusion *f*, Extrudieren *n* von Schaumstoffen	extrusion *f* de mousse	экструзия пенопласта

F 531	**foam filament,** foam yarn	Schaumstoffaden *m,* Faden *m* aus Schaumstoff	fil *m* à base de mousse	пенистая нить
F 532	**foam formation**	Schaumstoffbildung *f*	formation *f* de mousse, moussage *m*	пенообразование
F 533	**foam generating nozzle**	Schäumgerätmischdüse *f,* Schaumgeneratordüse *f*	buse *f* de moussage, buse génératrice de mousse	смесительное сопло пеногенератора, вспенивающее сопло
	foam glue	*s.* F 515		
F 534	**foaming**	Schäumen *n*	moussage *m*	вспенивание
	foaming agent	*s.* B 263		
F 535	**foaming behaviour in cup-test**	Schäumungsverhalten *n* im Becherversuch	comportement *m* de moussage au gobelet	вспенивающая способность при проверке в стакане
F 536	**foaming expandable beads,** expandable PS moulding	Polystyrenschäumen *n* mit schäumfähigem Granulat	moussage *m* à partir des granulés (perles) de polystyrène expansibles	вспенивание полистирола гранулятом, содержащим углеводород
F 537	**foaming in place (situ, the mould)**	Hohlraumausschäumen *n,* Schäumen *n* zwischen Deckschichten, Ausschäumen *n* von Hohlräumen, Schäumen im Werkzeug	moussage *m* (formation *f* de mousse) «in situ»	наполнение полостей пенопластом (пеноматериалом), фасонное вспенивание, вспенивание в форме, изготовление пенистых изделий в форме
F 538	**foaming machine,** spraying machine, foamer	Schäummaschine *f,* Verdüsungsmaschine *f*	machine *f* à mousser, machine à faire les blocs de mousse	машина для вспенивания
F 539	**foaming mould,** foaming tool	Schäumwerkzeug *n,* Schäumform *f*	moule *m* à mousse	форма для вспенивания, форма для пенопластов
F 540	**foaming pressure**	Schäumdruck *m*	pression *f* de moussage	давление вспенивания
F 541	**foaming process,** expanding process	Schäumverfahren *n* für Kunststoffe (Plaste), Kunststoffschaumstoffherstellung *f,* Plastschaumstoffherstellung *f*	formation *f* de mousse, production *f* de mousses	процесс производства пены
F 542	**foaming property,** expansibility, expanding property	Schäumfähigkeit *f,* Schäumvermögen *n*	expansibilité *f,* moussabilité *f*	способность к вспениванию
F 543	**foaming temperature**	Schäumtemperatur *f*	température *f* de moussage	температура пенообразования
	foaming tool	*s.* F 539		
F 544	**foam laminate**	Schaumstoffschichtstoff *m,* Schaumstofflaminat *n*	mousse *f* stratifiée (sandwich), produit *m* alvéolaire stratifié	слоистый материал на основе пенопластов, пенистый ламинат
F 545	**foam lamination,** foam backing	Schaumstofflaminieren *n,* Schaumstoffkaschieren *n*	doublage *m* [à la] mousse	изготовление пенистых ламинатов, каширование пенистым материалом
F 546	**foamless foam**	unter Verwendung einer Schaumstoffhaftschicht kaschiertes Gewebe *n,* Foamless-foam *m*	tissu *m* triplex avec intercouche de mousse brûlée	ткань, кашированная липкой пенистой пленкой
F 547	**foam melt method,** Engelit process	Schäumen *n* von Schmelzen, Engelit-Verfahren *n* (*zur Schaumstoffherstellung*)	moussage *m* de produits en fusion	вспенивание расплавов
F 548	**foam melt process,** Nordson foam melt process	Schmelzklebstoffverschäumen *n* mit Druckgas	moussage *m* de la colle à fusion par gaz comprimé	вспенивание клея-расплава сжатым газом
F 549	**foam modifier**	Schaumstoffmodifikator *m*	modificateur (régulateur) *m* de mousse	модификатор для пенопластов
F 550	**foam moulding**	Schaumstoff-Formen *n,* Schaumstoff-Formschäumen *n,* Schaumstoff-Formteilherstellung *f* in Werkzeugen	moussage *m* in situ	литье пенопластов
F 551	**foam overblow**	übermäßiges Schäumen *n* (*Schaumstoffherstellung*)	surmoussage *m* (*méthode de fabrication d'une mousse*)	перевспенивание
F 552	**foam pipe**	Kunststoffschaumstoffrohr *n,* Plastschaumstoffrohr *n*	tube (tuyau) *m* en mousse	труба из термопласта
F 553	**foam pouring**	Gießverschäumung *f*	coulage *m* (coulée *f*) de mousse	заливка пенопласта
	foam plastic	*s.* F 528		
F 554	**foam rubber,** expanded rubber, cellular rubber, foamed rubber	Schaumgummi *m,* Zellgummi *m,* Moosgummi *m,* poröser Gummi *m*	caoutchouc-mousse *m,* caoutchouc *m* cellulaire	пористая резина, пенорезина
F 555	**foam sandwich moulding**	Integralschaumspritzgießen *n,* Sandwichschaumstoffspritzgießen *n*	moulage *m* sandwich de mousse	литье под давлением изделий сэндвичевой конструкции
F 556	**foam sheet line**	Schaumstofftafelanlage *f*	installation *f* (équipement *m*) de plaques en mousse	установка для производства листов из пенопласта
F 557	**foam spraying,** spray foaming	Schaumstoffsprühen *n*	pistolage *m* (pulvérisation *f*) de mousse	производство пены распылением

	foam yarn	s. F 531		
	foamy plastic	s. F 528		
F 558	focal point, fire point	Brennpunkt m, Fokus m (Lichtstrahlschweißen)	foyer m	фокус
	FOD	s. F 120		
F 559	fogging	Ausschwitzen n flüchtiger Bestandteile aus Plastisolformteilen	suintage m de constituants volatils (préforme en plastisol)	выпотевание (летучих составных частей)
F 560	fogging	Kunststoffbestandteilkondensation (Plastbestandteilkondensation) f an Fahrzeugscheiben, Kondensation f von verdampften Kunststoffbestandteilen (Plastbestandteilen) an Fahrzeugscheiben, Fogging n	condensation f de constituants vaporisés de matières plastiques	конденсация составных частей пластика
F 561	foil bag	Folienbeutel m	sachet m de feuille	пленочный мешок
F 562	foil bag separation welding	Folienbeutel-Trennschweißen n	séparation-soudage m de sachets	сварка пленочного мешка с разрезанием материала
	foil container	s. F 566		
F 563	foil cutting machine	Folienschneidmaschine f	trancheuse f de feuilles, machine f à découper les feuilles	пленкорезальная установка
F 564	foil-faced grade	Folienoberflächengüte f, Folienoberflächenqualität f	qualité f (état m) de surface de la feuille	качество поверхности пленок
	foil for marking	s. E 172		
F 565	foil peeling machine	Folienschälmaschine f	machine f à trancher des feuilles, machine de tranchage	пленкообдирочная машина
F 566	foil roll compartment, foil container	Folienrollendepot n, Folienrollenmagazin n, Folienmagazin n	dépôt m de rouleaux de feuille	хранилище для пленочных рулонов
F 567	foil strain gauge	Foliendehnungsmeßstreifen m	jauge f de contrainte de feuille, jauge extensométrique de feuille	тензометрическая полоска из фольги, полоска из фольги с тензометрическим датчиком
F 568	Fokker bond tester	Fokker-Bond-Tester m, Schallprüfgerät n zur zerstörungsfreien Ermittlung von Fehlklebungen (Metallklebverbindungen)	appareil m d'essai servant au dépistage non destructif de mauvais collages	прибор для испытания клеевых соединений звуком без разрушения, испытатель клеевых соединений «Фоккер»
F 569	fold	Falz m; Falte f	pli m	складка; сгиб; фальц
F 570	fold attachment	Falteinrichtung f (Beutelschweißmaschine)	dispositif m de pliage (machine à souder les sachets)	складывающее устройство
F 571	fold back	Raupenbildung f (Spritzfehler)	formation f des rides (défaut de moulage par injection)	образование складки (дефект литья под давлением или экструзии)
F 572	folded molecular chain	gefaltete Molekülkette f	chaîne f moléculaire convolutée	макромолекула в складках
	folded yarn	s. T 666		
F 573	folder	Faltstation f (Folienartikelherstellung)	plieuse f	складывающее устройство
F 574	folding, edge finishing, creasing (US)	Abkanten n (von Halbzeugen)	pliage m	отгибание, гибка
F 575	folding angle, creasing angle (US)	Abkantwinkel m (beim Abkantschweißen, beim Warmbiegen)	angle m de pliage	угол листозагибания
	folding bar	s. F 582		
F 576	folding-bend test	Falt-Biege-Versuch m, Falt-Biege-Prüfung f	essai m de pliage et de flexion	испытание на многократный перегиб
F 577	folding-box gluer (gluing machine), carton folder/gluer	Faltschachtelklebmaschine f	machine f à coller les boîtes pliantes	машина для склеивания картонажей, картоноделательная машина
F 578	folding endurance	Falzfestigkeit f	résistance f au pliage	сопротивление перегибам, прочность при двойном перегибе
F 579	folding-gluing machine	Falz-Leim-Maschine f	machine f à plier et à coller	строгальная шпрединг-машина
F 580	folding into sheet metal	Einfalzen n in Blech	encastrement m dans la tôle	соединение перегибом в металлический лист
F 581	folding machine (press), creasing press (US)	Abkantmaschine f	machine f à plier, plieuse f	кантовочный станок, кромкозагибочный станок
F 582	folding rule, bend (folding) bar, creasing rule (bar) (US)	Abkantschiene f	gabarit m de pliage, règle f de pliage, barre f à plier la tôle	листогибочный брус, брус листозагибочного пресса

F 583	folding support, bending support, creasing support (US)	Abkantklappe f, Abkant-backe f	pousse-flan m de pliage, tablette f pliante à char-nière, tablette mobile	суппорт отгибания, листоза-гибочная откидная крышка
F 584	folding tester	Falzzahlprüfgerät n	appareil m d'essai au pliage	прибор для определения сопротивления изгибу
F 585	folding welding	Abkantschweißen n, AK-Schweißen n	soudage m de pliage	кантовочная сварка
F 586	foliate/to	mit Folie beschichten	doubler avec feuille	нанести пленку
F 587	follow-on unit, follow-up equipment, back-up unit, subsequent unit, down-stream equipment	Nachfolgeeinheit f, Nach-folgeeinrichtùng f, maschinelles Nachfolge-aggregat n	unité f subséquente	последующее (последова-тельное, следящее) устройство, последова-тельный узел
F 588	follow-up pressure	mit elastischen Elementen erzeugter Druck m (den Unregelmäßigkeiten der Preßfläche sich anpassen-der Druck)	pression f élastique (constante, maintenue) (égalisation des irrégulari-tés)	прессование эластичной диафрагмой
	follow-up pressure	s. a. H 277		
F 589	food-grade, safety in food	Lebensmittelverträglich-keit f	qualité f alimentaire, compa-tibilité f avec les denrées alimentaires	пригодность к контакту с пищевыми продуктами
	forced air	s. C 602		
F 590	forced convection	erzwungene Konvektion f	convection f forcée	вынужденная конвекция
F 591	force-deformation curve	Kraft-Verformungs-Kurve f	courbe f force-déformation	кривая напряжение-дефор-мация
F 592	forced oscillation	erzwungene Schwingung f	oscillation (vibration) f for-cée (contrainte, imposée)	вынужденное колебание
F 593	force plate, core plate	Stempeleinsatzplatte f, Patri-zeneinsatzplatte f	plaque f porte-poinçon	плита пуансона
F 594	force plug, core	Stempeleinsatzstück n, Stempeleinsatz m, form-teilbildende Stempelkon-tur f, Patrizeneinsatzstück n, Preßstempel m	poinçon m rapporté dans le porte-poinçon, poinçon fixé	вставка пуансона, привинчи-ваемый пуансон
	force side	s. M 569		
	force side of the mould	s. M 568		
F 595	force transmitting bonding	kraftschlüssige Verbindung f	assemblage m par adhé-rence, jonction f de force	соединение на основе сцеп-ления
F 596	Ford [measuring] cup, test cup	Ford-Becher m (Auslaufbe-cher zur Beurteilung der Klebstoff- oder Anstrich-stoffviskosität)	coupe f Ford	стандартный стакан, сливная воронка по Форду
	foreign body	s. F 598		
F 597	foreign matter, tramp [material]	Fremdkörper m (in Formtei-len oder Halbzeugen)	corps m étranger, matière f étrangère	примесь, инородное включение
F 598	foreign substance, foreign body	Fremdstoff m (in Füllstoffen oder Formmassen)	substance f étrangère, im-pureté f	примесь
F 599	form, shape	Form f, Gestalt f (von Form-teilen)	forme f	форма, вид, конфигурация
F 600	formable thermoplastic sheet	thermoformbare (umform-bare) thermoplastische Tafel f	panneau m thermoplastique formable	термоформуемая плита из термопласта
F 601	formaldehyde	Formaldehyd m, Methanal m	formal m, aldéhyde m formi-que	метанал, формальдегид
F 602	formaldehyde-free adhe-sive	formaldehydfreier Klebstoff m	adhésif m sans aldéhyde formique	клей без формальдегида
	formation of bubbles	s. B 239		
F 603	formation of condensed moisture	Spritzwasserbildung f	formation f d'eau ressuée	конденсация влаги
	formation of cracks	s. C 922		
F 604	formation of gas	Gasbildung f (beim Urfor-men)	formation f de gaz	газообразование, образова-ние газов
F 605	formation of polymer radi-cals	Polymerradikalenbildung f, Bildung f von Polymer-radikalen	formation f de radicaux polymères	образование полимерных радикалов
	formation of threads	s. S 1237		
F 606	former	Kalibrierrohr n, Kalibrier-düse f für Rohrextrudat	filière f froide (de calibrage)	калибровочная насадка
F 607	former block (folding)	Formblock m (zum Abkanten)	forme f (pliage)	листозагибочный блок (отгибание)
	former bushing	s. P 286		
F 608	form fit	Formschluß m (Verbindung)	fermeture f géométrique	геометрическое замыкание
F 609	formic acid	Ameisensäure f, Methan-säure f (Polyamidlösungs-mittel)	acide m formique	муравьиная кислота

F 610	forming, shaping	spanlose Formung f, Um- formen n, spanloses Formen n	formage m	формование листовых ма- териалов, формование путем деформирования, пластическое формова- ние, формование давле- нием, формование в высокоэластичном состо- янии
F 611	forming and cutting die	kombiniertes Warmform- und Stanzwerkzeug n	moule m de thermoformage et de pliage	форма для термоформо- вания и вырезки
F 612	forming and filling machine for blisters and deep drawing parts	Form- und Füllmaschine f für Blister- und Tiefzieh- packungen	mouleuse f et remplisseuse f de blisters et de pièces embouties	автомат для изготовления и наливания блистерупа- ковки
F 613	forming behaviour	Umformverhalten n, Warm- formverhalten n	comportement m (tenue f) au thermoformage	пригодность для термофор- мования
F 614	forming contour	formgebende Werkzeug- kontur f	contour m de formage	оформляющий контур формы
F 615	forming die	Ziehstempel m	poinçon m de formage	оформляющий инструмент (пуансон)
F 616	forming machine	Umformmaschine f	machine f de formage	штамповочная (термофор- мовочная) машина
F 617	forming material	Formstoff m	matière f de formage, maté- riau m de formage	формовочный материал
F 618	forming mould	Umformwerkzeug n	outil m de formage	формующий инструмент
F 619	forming of a blank	Formen n eines Rohlings, Rohlingsformen n	formage m d'un flan	формование заготовок
F 620	forming of plastics	Kunststoffumformen n, Plastumformen n	formage m de plastique	формование из листовых термопластов
F 621	forming pad, pressure pad	Preßkissen n [für Umfor- men], Druckkissen n, Druckunterlage f	coussin m de caoutchouc (pression)	диафрагма для термофор- мования, резиновая подушка, эластичная диафрагма, опорная плита
F 622	forming pressure	Umformdruck m	pression f de formage	давление термоформо- вания, давление формо- вания
F 623	forming temperature	Umformtemperatur f	température f de formage	температура термоформо- вания
	forming with helper	s. P 489		
F 624	form of pellet	Tablettenform f	forme f de pastille	форма таблетки, вид таблетки
F 625	form of seam (weld)	Nahtform f, Schweißnaht- form f	forme f de soudure	форма шва, вид шва [сварки]
	formula	s. F 627		
F 626	formulated resin system, special-grade synthetic resin	Spezialkunstharz n	résine f synthétique spé- ciale, système m de ré- sine formulé	специальная (модифициро- ванная) синтетическая смола
F 627	formulation, formula	Ansatz m (Ausgangsgemisch)	formulation f, formule f	исходная смесь, компо- зиция, состав
	formulation of raw material	s. R 72		
F 628	fouling	Verkrusten n, Verschmut- zen n (von Wärmeübertra- gungsflächen in Verarbei- tungsmaschinen)	encrassement m, encras- sage m, souillure f (surface de transfert de chaleur)	загрязнение, образование корки
F 629	foundation material, floor foundation trowelling material	Fußbodenspachtelmasse f	enduit (mastic) m de plan- cher	шпатлевка для пола
F 630	fountain	von oben wirkende Zufüh- rungswanne f (bei Be- schichtungsmaschinen)	bac m de couchage, encrier m	ванна подачи материала (машины для нанесения покрытий)
F 631	fountain, distributor	Sprühverteiler m (an Wal- zenbeschichtungsmaschi- nen)	aspersoir m	распылительный распре- делитель (машины для на- несения покрытий вал- ками)
F 632	fountain feed	Streichmassezuführung f von oben, Beschichtungs- massezuführung f von oben	alimentation f par aspersion	подача пасты сверху
	four-bowl calender	s. F 635		
	four-parameter body	s. F 633		
F 633	four-parameter model, four-parameter body	Vierparametermodell n (zur Simulierung des deforma- tionsmechanischen Verhal- tens)	modèle m à quatre paramè- tres (simulation du compor- tement à la déformation)	четырехпараметрическая модель релаксации
F 634	four-ply flat sheet die	Vierschicht-Breitschlitz- düse f	filière f plate à quatre couches	четырехщелевая головка

F 635	**four-roll calender,** four-bowl calender	Vierwalzenkalander m	calandre f à quatre cylindres (rouleaux), calandre à quatre bols	четырехвалковый каландр
F 636	**four-screw extruder,** Jumex extruder	Vierschneckenextruder m	extrudeuse (boudineuse) f à quatre vis [Jumex]	четырехшнековый экструдер
F 637	**four-screw kneader mixer**	Vierschneckenmischkneter m	malaxeur-évaporateur m à quatre vis, masticateur m à quatre arbres à cames	четырехшнековый смеситель-пластификатор
	fractionating	s. F 638		
F 638	**fractionation,** fractionating	Fraktionierung f, Fraktionieren n	fractionnement m	фракционирование, разделение на фракции
F 639	**fractographic analysis**	fraktographische Untersuchung f	étude f fractographique	анализ взвешиванием фракций
F 640	**fracture,** break, rupture, failure	Bruch m	rupture f, fracture f	разрыв, разрушение
F 641	**fracture characteristic**	Bruchcharakteristik f	caractéristique f de rupture	характеристика излома
F 642	**fracture cross section**	Bruchquerschnitt m	section f transversale de la rupture	сечение разрыва
F 643	**fracture edge**	Bruchkante f	ligne f de rupture	край излома
F 644	**fracture kinetic**	Bruchkinetik f	cinétique f de rupture	кинетика (механизм) разрушения
	fracture load	s. B 395		
	fracture mechanics test	s. F 27		
F 645	**fracture process**	Bruchvorgang m	processus m de rupture	процесс разрушения
F 646	**fracture stress**	Bruchspannung f	effort m de rupture	напряжение разрушения, разрушающее напряжение
F 647	**fracture surface**	Bruchfläche f	surface f de rupture	поверхность излома
F 648	**fracture toughness**	Bruchzähigkeit f	résistance f à la rupture, ténacité f de rupture	ломкостойкость, вязкость на излом (разрыв)
	fracture toughness	s. a. C 934		
F 649	**fracture work**	Brucharbeit f	travail m de rupture	разрушающая работа
F 650	**fracturing**	Aufreißen n, Brechen n, Reißen n	fissuration f	образование трещин, растрескивание, трещинообразование
F 651	**fragile**	zerbrechlich	fragile, cassant	ломкий, бьющийся
	frame	s. C 256		
	frame electrode	s. B 71		
F 652	**frame heater**	rechteckiger Heizkörper m (für Schweißgeräte)	cadre m chauffant rectangulaire, résistance f chauffante rectangulaire	нагреватель с прямоугольным сечением
F 653	**frame press,** strain plate press	Rahmenpresse f, Presse f mit Rahmenständer, Rahmenfilterpresse f	filtre-presse m à cadres et à plateaux	рамный пресс
F 654	**free blowing [process],** blowing into the open, [pressure-]blowing in free space	Blasformen (Formkörperblasen, Blasen) n ins Freie, Blasformen ohne Begrenzung der Außenkontur, Blasformen ohne Werkzeug	soufflage m à l'air libre	раздувание заготовки без формы, свободное раздувание
	free convection	s. N 7		
F 655	**free-falling film evaporator**	Freifallverdampfer m	évaporateur m à ruissellement (chute libre)	испаритель свободного падения
	free-falling granules	s. F 660		
F 656	**free-falling mixer,** free-flowing mixer	Freifallmischer m	malaxeur m à chute (écoulement) libre	мешалка свободного падения
F 657	**free-flowing**	rieselfähig	coulant	сыпучий
F 658	**free-flowing capacity**	Rieselfähigkeit f (von Pulver oder Granulat)	ruissellabilité f, faculté f d'écoulement (matières plastiques granulées ou en poudre)	сыпучесть
F 659	**free-flowing feed stock,** feed stock	rieselfähiges Füllgut n	matière f première ruisselante	сыпучий исходный материал
F 660	**free-flowing granules,** free-falling granules, easy-flowing granules	rieselfähiges Granulat n	granulés mpl ruisselables	сыпучий гранулят
	free-flowing mixer	s. F 656		
F 661	**free-flowing moulding compound**	rieselfähige Formmasse f	poudre f moulable coulante	сыпучий пресс-материал
F 662	**free-flow nozzle**	Freiflußdüse f, Düse f ohne Verschluß	buse f à écoulement libre, ajustage m sans fermeture	открытое сопло, сопло без запорного клапана
F 663	**free-formed plane**	Freiformfläche f	surface f obtenue par formage libre	поверхность свободно формованного изделия
	freeness	s. F 664		
F 664	**freeness index (value),** freeness, degree of grinding	Mahlgrad m	indice m d'égouttage, degré m de raffinage, degré (taux m) de mouture	степень размола, тонкость помола
F 665	**free oscillation**	freie Schwingung f	oscillation (vibration) f libre	свободное колебание

	free-radical emulsion polymerization	s. R 26		
F 666	free-radical polymerization, radical polymerization	radikalische Polymerisation f	polymérisation f radicalaire	радикальная (цепная) полимеризация
F 667	free-radical reaction	freie Radikalreaktion f	réaction f radicalaire libre, réaction des radicaux libres	реакция свободных радикалов
F 668	free-running extrudate	nicht unterstützter Extrudatabzug m	parcours m libre	приемное устройство без поддержки экструдата
F 669	free-turning roller	freilaufende Rolle f	poulie f libre, rouleau m à rotation libre	свободно вращающийся ролик
F 670	free-turning roller haul-off (take-off)	Extruderabführung f auf nicht angetriebenen Rollen	banc m de tirage à rouleaux libres	отвод экструдата роликами без привода
F 671	free-vacuum forming, vacuum forming in free-space	Vakuumformen n ohne Gegenform	formage m sous vide sans moule	свободное вакуумформование
	freeze/to	s. C 679		
F 672	freeze-etch microtome	Gefrierätzdünnschnittgerät n, Gefrierätzmikrotom n	microtome m pour cryodécapage	микротом низкотемпературного травления
	freeze point	s. F 676		
F 673	freeze resistance	Frostbeständigkeit f	résistance f au gel	морозостойкость
F 674	freeze-thaw stability	Frost- und Tauwasserbeständigkeit f (von Klebverbindungen)	résistance f au gel et au dégel	устойчивость при морозе и оттаивании (склеенных соединений)
F 675	freezing of a melt, solidification of a melt	Erstarren n einer Schmelze	solidification f d'une fusion	твердение (схватывание) расплава
F 676	freezing point, freeze point	Gefrierpunkt m	point m de congélation	точка замерзания
	freezing-point apparatus	s. F 678		
F 677	freezing-point depression	Gefrierpunkterniedrigung f	abaissement m du point de congélation	снижение температуры замерзания, снижение точки замерзания
F 678	freezing-point tester, freezing-point apparatus	Gefrierpunktmesser m, Gerät n zur Ermittlung des Gefrierpunktes	cryoscope m	измеритель точки замерзания
F 679	freezing process	Einfriervorgang m	processus m de congélation	процесс замораживания
F 680	freezing temperature	Gefriertemperatur f	température f de congélation	температура замерзания
F 681	frequency relaxometer	Schwingungsrelaxometer n	relaxomètre m de fréquence	колебательный релаксометр
F 682	fretting wear	Freßverschleiß m	usure f par grippage	износ вследствие задирания
F 683	friability	Ausbröckelverhalten n (Schaumstoffe)	friabilité f (mousses)	осыпание (пены)
F 684	friction	Reibung f	friction f, frottement m	трение
F 685	frictional behaviour	Reibungsverhalten n	comportement m à la friction	фрикционные свойства, поведение при трении
F 686	frictional energy, shear energy	Scherenergie f (Schmelze)	énergie f de frottement (cisaillement)	энергия сдвига
F 687	frictional heat	Reibwärme f	chaleur f de friction (frottement)	нагревание вследствие трения
F 688	frictional locking connection	reibschlüssige Verbindung f	liaison f réalisée par friction, jonction f réalisée par friction	соединение фрикционным замыканием
F 689	frictional resistance, friction drag	Reibungswiderstand m	résistance f à la friction, résistance de frottement	сопротивление трения (трению)
F 690/1	friction calender	Friktionskalander m	calandre f à friction	фрикционный каландр, промазочный каландр
F 692	friction disk system	Scheibenkupplung f	embrayage m à disque	фланцевая муфта, дисковое сцепление
	friction drag	s. F 689		
F 693	friction fit	Reibschluß m	jonction f par friction, commande f à friction	фрикционное замыкание
F 694	friction force	Reibkraft f	force f de frottement	сила трения
F 695	friction-free flow	reibungsfreie Strömung f	écoulement m sans friction (frottement)	течение без трения
F 696	friction properties	Friktionseigenschaften fpl, Reibeigenschaften fpl	propriétés fpl de friction	фрикционные свойства
F 697	friction ring gear system	Reibringgetriebe n	engrenage m à disques à friction	кольцевая фрикционная передача
F 698	friction-slide behaviour	Reib-Gleit-Verfahren n	comportement m de friction (frottement) et de glissement	фрикционно-антифрикционные свойства
F 699	friction unwind shaft	Friktionsspannachse f (Folienabwickeln)	arbre m de serrage à friction	фрикционный натяжной валок
F 700	friction welding, spin-welding (US)	Reibschweißen n, R-Schweißen n	soudage m par friction (frottement)	сварка трением, сварка при нагреве трением
F 701	friction-welding disk, spin-welding disk (US)	Reibscheibe f (für Reibschweißen)	disque m à souder par friction (frottement)	фрикционный диск (шкив)

F 702	friction welding machine	Reibschweißmaschine f	machine f de soudage par friction (frottement)	машина для сварки трением
F 703	friction wheel	Reibrad n	roue f de friction	фрикционное кольцо
F 704	friction work	Reibarbeit f (beim Reib-schweißen)	travail m de friction (frotte-ment) (soudage par frotte-ment)	рабочий объем трения, работа трения
F 705	fringe pattern	spannungsoptisches Bild n	image f des franges d'inter-férence photo-élastiques	поляризационно-оптическая картина напряжений
F 706	froggy grip	glitschiges Griffgefühl n (bei der Handhabung von Kunst-stoffteilen)	toucher m glissant (en mani-pulant des pièces plasti-ques)	скользкая хватка
F 707	front offset roll	vorgelagerte Walze f (an L-Kalandern)	cylindre m frontal compen-sateur (calandre en L)	передний валок (прямого L-образного каландра)
F 708	front roll (calenders)	Vorderwalze f (an Kalandern)	cylindre m avant (frontal) (calandres)	передний (рабочий) валок (каландров)
F 709	front shoe, backing plate on the feed side, top clamp plate	Düsenflansch m, Düsen-platte f, vorderer Auf-spannkörper m (an Spritz-gießwerkzeugen)	plateau m frontal (moules à injection)	передняя крепежная плита, опорная плита непо-движной полуформы
F 710	front-surface mirror	Oberflächenspiegel m	miroir m réfléchissant à la surface	поверхностное зеркало
F 711	frosting	Vereisen n, Vereisung f	givrage m	серебристость
F 712	frothing foam (polyurethane)	Schlagschaumstoff m, Froth m, mechanisch geschla-gener Schaumstoff m (Polyurethan)	mousse f formée par bat-tage (polyuréthanne)	механически вспененный полиуретан
F 713	frothing process (polyure-thane)	Integralschäumverfahren n, Frothing-Verfahren n, Schlagschäumverfahren n, Froth-Prozeß m (für Polyurethane)	moussage m par battage (polyuréthanne)	получение структурного пенополиуретана, меха-ническое вспенивание (полиуретана)
F 714	frozen extrudate	erkaltetes Extrudat n	extrudat m refroidi	охлажденный экструдиро-ванный профиль
F 715	frozen-in orientation (mole-cules)	eingefrorene Orientierung f	orientation f congelée (molé-cules)	застеклованная ориентация (макромолекул)
	frozen-in sprue	s. F 718		
F 716	frozen-in stresses	eingefrorene Spannungen fpl	tensions fpl figées	замороженные напряжения
F 717	frozen section microtome	Gefrierdünnschnittgerät n, Gefriermikrotom n	microtome m pour coupe congelée	микротом для заморо-женных материалов
	frozen slug	s. C 506		
F 718	frozen sprue, frozen-in sprue	eingefrorener Anguß m	entrée f congelée	замороженный литник, затверденый литник
	FRP	s. F 123		
	F-type calender	s. I 352		
F 719	fuel resistance, resistance to fuels	Kraftstoffbeständigkeit f	résistance f aux carburants	стойкость к действию поплива
F 720	full mould casting	Vollformgießen n, Vollform-gießverfahren n	coulée f en moule massif	литье в форму, состоящую из матрицы и крыши
F 721	full mould casting	Vollformgußteil n	pièce f coulée en moule massif	отлитое изделие, получен-ное в форме, состоящей из матрицы и крыши
F 722	full round runner	Vollrundangießkanal m	canal m de carotte à section ronde	круглый литниковый канал
F 723	fully automatic control	vollautomatische Regelung f	commande f entièrement automatique	автоматическое управление
F 724	functional additive	Funktionszusatzstoff m, Funktionsadditiv n	additif m fonctionnel	функциональный вспомога-тельный материал
D 725	functional joining	fertigungsgerechtes Fügen n	assemblage m fonctionnel	технологичное соединение, технологичная стыковка
F 726	function generator	Funktionsgenerator m	générateur m de fonctions	генератор функций, функ-циональный преобразова-тель
F 727	fungicide	Fungizid n, pilztötender Stoff m	fongicide m	фунгицид
	funginert	s. F 729		
F 728	funginertness, fungus resistance	Schimmelbeständigkeit f, Schimmelfestigkeit f	résistance f aux moisis-sures, résistance à la moisissure	плеснестойкость, грибо-стойкость
F 729	fungus-proof, fungus-re-sistant, funginert	pilzfest	résistant à la moisissure	грибостойкий
	fungus resistance	s. F 728		
	fungus-resistant	s. F 729		
F 730	funnel spinning, reel spin-ning	Trichterspinnen n	filage m humide en gou-lotte, filature f verticale sur tournettes	вороночное прядение, вороночное формование волокон
F 731	furan plastic	Furankunststoff m, Furan-plast m	plastique m furannique	фурановый пластик

F 732	furan resin	Furanharz *n*	résine *f* furannique (de furanne)	фурановая смола
F 733	furfural resin	Furfuralharz *n*	résine *f* furfurolique	фенольнофурфурольная смола
	furnishing roll	*s.* A 508		
	furnish roll	*s.* D 323		
F 734	fuse/to, to melt	schmelzen	fondre	плавить, расплавлять
	fused mass	*s.* M 151		
F 735	fusible ceramic adhesive	Schmelzklebstoff *m* auf keramischer Basis	adhésif *m* fusible céramique	керамический плавкий клей
	fusing point	*s.* M 176		
	fusing pressure	*s.* F 740		
	fusing temperature	*s.* F 741		
F 736	fusion	Schmelzen *n*, Verschmelzen *n*	fusion *f*	[рас]плавление
F 737	fusion bonding	Schmelzkleben *n*	collage *m* par fusion	склеивание расплавами
F 738	fusion casting	Schmelzgießen *n*	coulée *f* de la masse fondue	литье расплавом
F 739	fusion face, groove face	Schweißfugenflanke *f*	bord *m* à souder, face *f* à assembler	соединяемая кромка
	fusion heat	*s.* H 122		
	fusion point	*s.* M 176		
F 740	fusion pressure, fusing (fluxing) pressure	Schmelzdruck *m*	pression *f* de fusion	давление расплава
F 741	fusion temperature, fusing (fluxing) temperature, melt[ing] temperature	Schmelztemperatur *f*	température *f* de fusion	температура плавления
F 742	fuzzy	flockig, flaumig, bauschig	duveteux, floconneux, gonflant	пушистый
	FVF	*s.* F 133		

G

	galvanize/to	*s.* E 141		
	gang mould	*s.* 1. F 352; 2. M 620		
G 1	gang of cavities	Matrizensatz *m*	jeu (ensemble, groupe) *m* de cavités	матричная плита
G 2	gap angle	Spaltwinkel *m*	angle *m* de fente	угол деления
	gap between rolls	*s.* N 41		
G 3	gap-filling adhesive, bonding cement	spaltfüllender Klebstoff *m*, Klebstoff *m* mit großem Füllstoffgehalt	colle *f* pour joints épais	высоконаполненный клей, мастика для склеивания, клеезамазка
	gap frame press	*s.* C 1064		
G 4	gas adsorption	Gasadsorption *f*	adsorption *f* de gaz	адсорбция газов
	gas black	*s.* C 65		
G 5	gas-counterpressure casting process	Gasgegendruck-Gießverfahren *n*	coulée *f* à contre-pression de gaz	литье под противодавлением газа
G 6	gas-counterpressure injection moulding [process], gas pressure and counterpressure process	Gasgegendruck-Spritzgießverfahren *n (für die Herstellung thermoplastischer Schaumstoffe)*	moulage *m* par injection à contrepression de gaz	литье под давлением пенотермопласта при газопротиводавлении, литье под давлением с противодавлением газа
	gas-developing agent	*s.* B 263		
	gas-heated hot gas welder	*s.* G 7		
G 7	gas-heated welding gun (torch), gas-heated hot gas welder	gasbeheiztes Warmgasschweißgerät *n*, gasbeheizte Warmgasschweißpistole (Schweißpistole) *f*, gasbeheizter Schweißbrenner *m*	pistolet *m* soudeur chauffé au gaz	обогреваемый газом сварочный пистолет, аппарат для сварки нагретым газом, сварочный аппарат с газообогревом
G 8	gasket coating	Düsenlackierverfahren *n*	laquage *m* par atomisation	форсуночное лакирование
G 9	gasket-mounted valve	Ventil *n* mit Dichtungsmanschette	valve *f* à manchette d'étanchéité	клапан с уплотняющей манжетой
G 10	gas laser	Gaslaser *m*	laser *m* à gaz	газовый лазер
	gasoline	*s.* P 176		
	gasoline resistance	*s.* P 177		
G 11	gas permeability, permeability to gas	Gasdurchlässigkeit *f*	perméabilité *f* aux gaz	газопроницаемость
G 12	gas-permeability tester	Gasdurchlässigkeitsprüfgerät *n*	appareil *m* d'essai de perméabilité aux gaz	пермеаметр газа
G 13	gas-phase polymerization, polymerization in gaseous phase	Gasphasenpolymerisation *f*, Polymerisation *f* in der Gasphase	polymérisation *f* en phase gazeuse	газофазная полимеризация

G 14	gas-phase process	Gasphasenverfahren n, Polymerisation f in gasförmigem Propylen (Polypropylenherstellung)	procédé m en phase gazeuse	газофазный процесс, газофазная полимеризация пропилена
G 15	gas pipe	Gasrohr n	tuyau m à gaz	газопровод, газопроводная труба
G 16	gas-plasma treatment	Gas-Plasmabehandlung f (Klebflächenaktivierung)	traitement m au plasma et gaz	обработка поверхности плазменной струей
G 17	gas pocket	Gaseinschluß m (in Formteilen)	soufflure f, bulle f de gaz	газовое включение, окклюзия газов
	gas pressure and counter-pressure process	s. G 6		
	gas propellant	s. C 144		
G 18	gastight	gasdicht	étanche aux gaz	газоплотный, газонепроницаемый
G 19	gastightness	Gasdichtigkeit f, Gasundurchlässigkeit f	imperméabilité f aux gaz	газонепроницаемость
G 20	gas tube	Gasschlauch m	tube m flexible à gaz	шланг для провода газов
G 21	gate, inlet, sprue, stalk, [sprue] slug	Anguß m, Angußsteg m, Werkzeuganguß m	entrée f [d'empreinte], carotte f, point m (entrée f) d'injection	литник, [центральный] литниковый канал
G 22	gate agitator, gate mixer	Gatterrührer m, Gitterrührer m	agitateur m à cadre (grille, palette, treillis)	рамная мешалка
G 23	gate cutter	Angußabtrennvorrichtung f	coupe-carotte m	резак для литников
G 24	gate location, location of gate	Angußlage f, Anschnittlage f	position f de la carotte	место впускного литника
G 25	gate mark, trash mark	Angußmarkierung f (am Formteil)	marque f de carotte	след от литника
	gate mixer	s. G 22		
G 26	gate pin	Verschlußstift m (von Spritzgießdüsen)	obturateur m	клапан-наконечник
	gate sealing	s. S 195		
G 27	gate splay, sprue splay	Angußneigung f	pente f du culot d'injection	коничность литника
G 28	gate type, sprue type, type of gate (sprue), kind of sprue	Angußart f, Anschnittart f, Anschnitttyp m	type m d'entrée, type de culot (carotte)	вид впускного литника, форма литника (литникового впускного канала)
G 29	gathering channel	Stapelrinne f	glissière f (glissoir m, goulotte f) de stockage	собирающий канал
G 30	gathering device	Stapelvorrichtung f	dispositif m de stockage, dispositif d'empilage	штабелеукладчик
G 31	gating	Anspritzen n (von Formteilen)	injection f	впрыскивание
G 32	gating	Angußtechnik f	technique f d'injection	вид литниковой системы
	gating point	s. S 1009		
G 33	gating system	Angußsystem n	système m d'entrée	литниковая система
G 34	gauge length	Meßlänge f	longueur f de référence	расчетная длина образца
G 35	gauge mark, bench mark, reference mark	Meßmarkierung f	marque f de référence	контрольные метки
G 36	gauge pressure	Manometerdruck m	pression f manométrique	манометрическое давление
G 37	gauge scratch	eingeritzte Meßmarkierung f	marque f de jauge rayée	царапины для измерения
	gauging roll	s. S 607		
G 38	Gaussian distribution	Gaußsche Verteilung f, Gauß-Verteilung f, Gaußsche Normalverteilung f	répartition (distribution) f gaussienne (de Gauss), loi f de répartition gaussienne, loi de Gauss (Laplace), loi de Laplace-Gauss	распределение Гаусса, нормальное (гауссовское, гауссово) распределение
G 39	gear pump, gear-type pump	Zahnradpumpe f	pompe f à engrenage	шестеренный (шестеренчатый) насос
	gear reducer	s. R 145		
	gear-type pump	s. G 39		
G 40	gear wheel tack method	Zahnradprüfmethode f zur Ermittlung des Anfangshaftvermögens, Zahnrad-Tack-Verfahren n (Haftklebstoffe)	méthode f roue dentée-tack	испытание начальной адгезионной прочности зубчатым колесом
G 41	Gehman low temperature modulus	Gehmanscher Niedrigtemperaturmodul m, Steifigkeitszunahmefaktor m bei abnehmender Temperatur	facteur m de rigidité croissante à température décroissante, module m de Gehman	низкотемпературный модуль Гемана
	gelatification	s. G 43		
	gelatin[iz]ation	s. G 43		
G 42	gelatinizing agent, gelling agent	Gelatinierungsmittel n, Geliermittel n, Gelierstoff m	gélatinisant m, gélifiant m, produit m de gélification	желатинирующее средство, студнеобразователь

G 43	**gelation, gelatin[iz]ation, gelatification, jellification, gel formation, gelling**	Gel[atin]ierung f, Gelieren n, Gelatinieren n, Gelbildung f	gélification f, gélatinisation f	гелеобразование, застуднение, желатинизация, желирование, желатинирование
G 44	**gelation performance**	Gelierverhalten n	performance f de gélification (gélatinisation)	поведение при желатинировании, поведение при гелеобразовании
	gelation temperature	s. G 57		
G 45	**gelation time**	Gebrauchsdauer f von Harzansätzen	temps m de gélification (colle, résine)	жизнеспособность (клея)
G 46	**gel coat [finish]**	Gel-coat m, Gel-coat-Schicht f, glasfreie Laminatdeckschicht f, verstärkungsmaterialfreie Laminatdeckschicht f	enduit m gélifié, gel-coat m, couche f de gel	поверхностное покрытие, лицевой слой (стеклопластика), способная к быстрой желатинизации прослойка полиэфира
G 47	**gel coat[ing] resin**	Gel-coat-Harz n, Harz n für verstärkungsfreie Laminatdeckschicht	résine f à gel-coat	полиэфирный лак, полиэфирная эмаль, смола для лицевого слоя, смола для поверхностного покрытия
G 48	**gel extraction**	Gelextraktion f	extraction f de gel	экстракция геля
	gel formation	s. G 43		
G 49	**gel fraction**	Gelgehalt m	teneur f en gel	содержание геля
	gelimat	s. G 51		
	gelling	s. G 43		
	gelling agent	s. G 42		
G 50	**gelling condition**	Gelierbedingung f	condition f de gélification (gélatinisation)	условия гелеобразования
G 51	**gelling machine, gelimat**	Geliermaschine f	gélifieuse f, machine f à gélifier	машина для желатинизации, гелимат
G 52	**gelling temperature**	Geliertemperatur f	température f de gélification	температура желирования, температура желатинизации
G 53	**gelling time, gel time**	Gelzeit f	temps m de gélification	продолжительность гелеобразования
G 54	**gelling tunnel**	Gelierkanal m	canal m de gélification	канал желатинизации
G 55	**gelmeter**	Gelbildungsmeßgerät n, Gerät n zur Ermittlung des Gelierverhaltens	dispositif m de mesure de la gélification	измеритель гелеобразования
G 56	**gel permeation chromatography, GPC**	Gelpermeationschromatographie f	chromatographie f sur gel perméable, chromatographie par perméation du gel	хроматография проницания геля, гелепроникающая хроматография
G 57	**gel point, gelation temperature**	Gelierungspunkt m, Gelierungstemperatur f	température f (point m) de gélification	точка (температура) желатинирования
	gel time	s. G 53		
G 58	**general-purpose extruder**	Universalextruder m, Standardextruder m	extrudeuse (boudineuse) f standard (universelle)	универсальный червячный пресс
G 59	**general-purpose plasticating unit**	Universalplastiziereinheit f	unité f de plastification universelle	универсальный пластицирующий агрегат
G 60	**general-purpose screw**	Universalschnecke f, Standardschnecke f	vis f sans fin universelle	универсальный червяк, стандартный шнек
G 61	**Genpac coater**	Genpac-Schmelzbeschichter m	métier m à enduire par fusion Genpac	«Генпак»-машина, машина для нанесения покрытия типа «Генпак»
G 62	**geometric accuracy**	Abformgenauigkeit f (Formteilherstellung)	exactitude f du moulage	совпадение размеров с эталоном
G 63	**geometry of screw, screw geometry**	Schneckengeometrie f	géométrie f de vis	геометрия червяка
G 64	**geopolymer, inorganic polymer**	anorganisches Polymer[es] n, mit alkalischem Härter vernetztes anorganisches Polymer[es] n	polymère m inorganique	неорганический полимер
	GFR-moulding	s. G 77		
	GFRP	s. G 78		
	GFTP	s. G 88		
G 65	**glass**	Glas n	verre m	стекло, стакан
G 66	**glass bead**	Glaskügelchen n, Mikrokugel f (für Verstärkung)	bille f de verre	стеклянный наполнитель в виде шариков, стеклошарик
G 67	**glass bonding**	Glaskleben n	collage m de verre	склеивание стекла
	glass chopper	s. R 572		
	glass cloth	s. G 69		
G 68	**glass E, E-glass, low alkali borosilicate glass**	E-Glas n, alkaliarmes Glas n	verre m de borosilicate pauvre en alcali	стекло Е, малощелочное стекло (алюмоборосиликатное стекло)

G 69	glass fabric, glass cloth, woven filaments, woven cloth *(US)*, woven-glass filament fabric	Glasgewebe n, Glasfaser-gewebe n, Glasfilament-gewebe n, Glasseiden-gewebe n	tissu m de verre, toile f de verre, tissu [de] silionne	стеклоткань, стеклянная ткань
G 70	glass fibre, fibreglass	Glasfaser f	fibre f de verre	стекловолокно, стеклянное волокно
G 71	glass-fibre content	Glasfasergehalt m, Glas-faseranteil m	teneur f en fibres de verre	содержание стекловоло-кон, содержание стекло-волокнистого наполни-теля
G 72	glass-fibre laminate, glass-reinforced laminate	Glasfaserschichtstoff m, Glasfaserlaminat n	stratifié m renforcé à la fibre de verre, stratifié de fi-bres de verre	слоистый стеклопластик
G 73	glass-fibre mat, glass mat, chopped strands mat	Glasfasermatte f, Glas-matte f, Glasseidenmatte f, Schnittmatte f, Glas-faservlies n	toile f de verre, mat m de fi-bres de verre, mat m à fils coupés	стекловолокнистый мат, стеклохолст, стекломат, мат из стекловолокна
G 74	glass-fibre orientation	Glasfaserorientierung f	orientation f de fibres de verre	ориентация стекловолокон
G 75	glass-fibre reinforced cast-ing resin	glasfaserverstärktes Gieß-harz n	résine f à mouler renforcée à fibres de verre	стеклонаполненная лить-евая смола
G 76	glass-fibre reinforced epoxy resin	glasfaserverstärktes Epoxid-harz n	résine f époxy renforcée par fibre de verre	стеклоармированная эпо-ксидная смола
G 77	glass-fibre reinforced moulding, GFR-moulding	glasfaserverstärktes Form-teil n	objet m moulé renforcé par fibre de verre	изделие из стеклопластика
G 78	glass-fibre reinforced plas-tic, GFRP, GRP, glass-reinforced plastic	glasfaserverstärkter Kunst-stoff (Plast) m, mit Glasfa-sern gefüllter Kunststoff (Plast) m, P-GF, Glasfaser-kunststoff m, Glasfaser-plast m, GFK	plastique m renforcé aux fi-bres de verre	стеклопластик, стеклоарми-рованный пластик
G 79	glass-fibre reinforced plas-tic pipe	glasfaserverstärktes Kunst-stoffrohr (Plastrohr) n	tube m plastique renforcé à fibres de verre	стеклоармированная пласт-массовая труба, труба из стеклопластика
G 80	glass-fibre reinforced poly-amide	glasfaserverstärktes Poly-amid n, PA-GF	polyamide m renforcé aux fibres de verre	стеклонаполненный (стекло-армированный) полиамид
G 81	glass-fibre reinforced poly-butylene terephthalate	glasfaserverstärktes Poly-butylenterephthalat n, PBTP-GF	téréphtalate m de polybuta-diène renforcé aux fibres de verre	стеклонаполненный полибу-тилентерефталат
G 82	glass-fibre reinforced poly-carbonate	glasfaserverstärktes Poly-carbonat n, PC-GF	polycarbonate m renforcé aux fibres de verre	стеклоармированный поли-карбонат
G 83	glass-fibre reinforced polyethylene, glass-fibre reinforced polythene	glasfaserverstärktes Poly-ethylen n, PE-GF	polyéthylène (polythène) m renforcé aux fibres de verre	стеклоармированный (стеклонаполненный) полиэтилен
G 84	glass-fibre reinforced poly-olefine	glasfaserverstärktes Poly-olefin n	polyoléfine f renforcée aux fibres de verre	стеклоармированный по-лиолефин
G 85	glass-fibre reinforced poly-propylene	glasfaserverstärktes Poly-propylen n, PP-GF	polypropylène m renforcé aux fibres de verre	стеклоармированный (сте-клонаполненный) поли-пропилен, полипропилен, армированный стеклово-локнами
G 86	glass-fibre reinforced poly-styrene	glasfaserverstärktes Poly-styren n, PS-GF	polystyrène m renforcé aux fibres de verre	стеклонаполненный (стекло-армированный) полисти-рол
	glass-fibre reinforced poly-thene	s. G 83		
G 87	glass-fibre reinforced poly-urethane foam	glasmattenverstärkter Poly-urethanschaumstoff m	mousse f de polyuréthanne armeé au mat de fibres de verre	стеклонаполненный пе-нистый полиуретан
G 88	glass-fibre reinforced thermoplastic, GFTP	glasfaserverstärkter Ther-moplast m, glasfaserver-stärktes Thermomer n, TP-GF	thermoplaste (thermoplasti-que) m renforcé aux fi-bres de verre	стеклонаполненный тер-мопласт, термопласт, ар-мированный стекловолок-нами
	glass-fibre reinforced thermoplastic of the short-fibre type	s. S 449		
G 89	glass-fibre reinforced un-saturated polyester, un-saturated glass-fibre rein-forced polyester	glasfaserverstärkter unge-sättigter Polyester m, UP-GF	polyester m insaturé (non saturé) renforcé aux fi-bres de verre	стеклоармированный (стеклонаполненный) ненасьщенный полиэфир
G 90	glass-fibre reinforcement	Glasfaserverstärkung f	renforcement m à la fibre de verre	усиление стекловолокнами, стеклоармирование
	glass-fibre roving	s. R 571		
G 91	glass filament	Glasseidenfaden m	filament m de verre	стеклянный филамент
G 92	glass filament yarn, glass yarn, filament yarn	Glasseidengarn n, Glasfila-mentgarn n	fil m de silionne, fil m de fi-bre de verre	стеклянная пряжа, фила-ментная стеклянная нить, непрерывное стеклово-локно

G 93	glass-filled plastic	mit Glaspartikeln gefüllter Kunststoff (Plast) m, glaspartikelgefüllter Kunststoff (Plast) m	matière f plastique chargée de particules de verre	стеклонаполненный пластик
G 94	glass flock	Glasflocken fpl	paillettes fpl (flocs mpl) de verre	стеклянные хлопья
	glass mat	s. G 73		
G 95	glass-mat reinforced thermoplastic, GMT	glasmattenverstärkter thermoplastischer Kunststoff m, glasmattenverstärkter Thermoplast m, glasmattenverstärktes Thermomer n	thermoplaste (thermoplastique) m renforcé aux mats de fibres de verre	армированный стекломатом термопласт
	glass microball	s. G 96		
G 96	glass microsphere, solid-glass microsphere, glass microball (US)	Mikroglaskugel f, Mikroglasmassivkugel f (Füllstoff)	microbille f, ballotine f	микростеклосфера
G 97	glass monofilament	Glaselementarfaden m, monofiler Glasseidenfaden m	monofilament m de verre	элементарное стеклянное волокно
	glass-reinforced laminate	s. G 72		
G 98	glass-reinforced moulding material	glasfaserverstärkter Formstoff m	matière f à mouler renforcée aux fibres de verre	стеклонаполненный материал
	glass-reinforced plastic	s. G 78		
G 99	glass-resin bond	Glas-Harz-Bindung f	union f verre-résine	соединение (сцепление) стекло-смола, адгезия между смолой и стеклом
G 100	glass silk	Glasseide f	silionne f	тонкое стекловолокно
G 101	glass sphere	Glaskugel f (Füllstoff)	bille f de verre, sphère f de verre	стеклянный шарик (наполнитель)
G 102	glass spun yarn	Glasseidenspinngarn n	filé m de verranne	стеклянная пряжа
G 103	glass staple fibre	Glasstapelfaser f, Glasspinnfaser f	verranne f, fibre f coupée (discontinue) en verre	штапельное стекловолокно
G 104	glass staple fibre yarn, staple-fibre [glass] yarn	Glasstapelfasergarn n, Stapelfasergarn n	fil m de verranne	пряжа из штапельных стекловолокон, пряжа из стеклоштапельных волокон
G 105	glass strand	Glasseidenspinnfaden m	fil m HS, mèche f silionne	пряденая стеклонить
	glass-transition temperature	s. T 510		
G 106	glass wadding	Glaswatte f	ouate f de verre	стекловата, стеклянная вата
	glass yarn	s. G 92		
G 107	glass yarn layer	Glasgarngelege n, Glasseidengarngelege n	mat m de verre	стекловолокнистый слой
G 108	glassy polyester	glasartiger Polyester m, spröder Polyester m	polyester m vitreux	хрупкий (стеклообразный сложный) полиэфир
G 109	glassy polymer	glasartiges Polymer[es] n	polymère m vitreux	стекловидный (стеклообразный) полимер
	glassy state	s. V 165		
G 110	glazing	Glasieren n	glaçage m	лощение, глазирование
G 111	glazing calender	Satinierkalander m	machine f à satiner, satineuse f	лощильный каландр
G 112	glazing plastic	durchsichtiger Kunststoff (Plast) m (anstelle von Glas)	plastique m de vitrage	стеклозаменяющий пластик
	glazing rolls	s. C 28		
G 113	gloss, glaze	Glanz m	brillance f	блеск, глянец
	gloss chill roll	s. G 114		
G 114	gloss cooling roll, gloss chill roll	Kühlwalze f mit polierter Oberfläche	cylindre m refroidisseur brillant	полированный охлаждающий валок
G 115	gloss evaluation	Glanzbewertung f (Oberflächen)	évaluation f du brillant	оценка блеска, определение блеска (поверхности полимера)
G 116	gloss finishing paint	Glanzdeckanstrich m	peinture f couvrante avec brillant	блестящее верхнее покрытие
	glossimeter	s. G 121		
G 117	gloss improver	Glanzverbesserer m, Stoff m zur Glanzerhöhung	régénerateur m de brillance, produit m brillateur	присадка для улучшения блеска
G 118	gloss ink	Glanzdruckfarbe f	encre f brillante	глянцевая печатная краска
G 119	gloss loss, loss of gloss, chilling	Glanzverlust m	perte f de brillance	потери блеска, потускнение, потеря глянца
G 120	gloss measurement	Glanzmessung f	glossimétrie f	измерение блеска
G 121	glossmeter, glossimeter	Glanzmesser m	glossimètre m, brillancemètre m	блескомер
G 122	gloss paint	Glanzlackfarbe f, Glanzlackanstrichstoff m	vernis m luisant, vernis brillant	глянцлак, лак для придания блеска
G 123	gloss retention	Glanz[er]haltung f, Glanzbeständigkeit f	rétention f de brillant	устойчивость к потускнению
G 124	gloss standard	Glanzvergleichsnormal n	étalon m de comparaison de la brillance	эталон для блеска

G 125	glossy	glänzend	brillant	блестящий
G 126	glossy film lamination	Glanzfolienkaschieren n, Glanzfolienkaschierung f	couchage m à pellicule brillante, laminage m à pellicule brillante	дублирование блестящими пленками
G 127	glove former	Handschuhform f	moule m en forme de gants	форма в виде перчатки
G 128	glow bar	Glühstab m	baguette (barrette) f chauffante	калильная палочка
G 129	glow bar test, glowing hot-body test	Glutfestigkeitsprüfung f	essai m de résistance à l'incandescence	испытание на дугостойкость
G 130	glow discharge polymerization	Glimmentladungspolymerisation f	polymérisation f par décharge lumineuse	полимеризация тлеющим разрядом
	glowing hot-body test	s. G 129		
G 131	glow-proof	glühfest	résistant à l'incandescence	дугостойкий
	glow resistance	s. R 294		
	glow test	s. H 110		
G 132	glue/to	leimen, kleben	coller	клеить
G 133	glue	Leim m	colle f	клей
	glue	s. a. A 156		
	glue application	s. A 506		
G 134	glue-block shear testing	Blockscherprüfung f für Klebverbindungen	essai m de cisaillement sur bloc collé	испытание на сдвиг склеенных блоков
G 135	glue characteristic	Klebstoffeigenschaft f	caractéristique (propriété) f de colle	свойство клея
	glued insert socket	s. C 180		
	glue dispersion	s. D 385		
	glue film	s. 1. A 175; 2. S 973		
	glue joint	s. 1. A 148; 2. A 163		
G 136/7	glued lap adhesive	Klebstoff m für Ummantelungen, Ummantelungsklebstoff m	adhésif m d'enrobage, colle f de revêtement	клей для наложения оболочки
	glue layer	s. A 180		
	glue layer thickness	s. A 211		
	glue line	s. 1. A 148; 2. A 180; 3. A 183		
G 138	glue-line [dielectric] heating, parallel dielectric heating	Hochfrequenzerwärmung f mit senkrecht zur Klebfläche angeordneten Elektroden	chauffage m HF (à haute fréquence) aux électrodes verticales au joint collé	высокочастотное нагревание электродами, расположенными перпендикулярно клеевому шву, высокочастотное нагревание клеевого шва электродами, расположенными перпендикулярно шву
	glue-line thickness	s. 1. A 185; 2. A 211		
	glue machine	s. S 603		
	glue made from waste leather	s. L 123		
	glue pressure tank	s. A 194		
	glue roll cleaner	s. A 199		
	glue roller	s. A 200		
	glue smearing machine	s. G 139		
G 139	glue spreading machine, glue smearing machine (US)	Leimauftragsmaschine f	machine f à enduire la colle	клеильная машина, машина для нанесения клея
G 140	gluing	Leimung f	collage m, encollage m	склеивание, склейка
	gluing	s. a. S 1118		
	gluing cylinder	s. S 978		
	gluing fault	s. B 316		
	gluing machine	s. S 603		
	gluing of wood	s. W 286		
	gluing practice	s. A 209		
G 141	glycerol phthalic resin, glyptal [resin]	Glycerol-Phthalsäureharz n, Glyptal[harz] n	glyptal m	глифталевая смола, смола на основе глицерина и фталевого ангидрида
G 142	glycol benzoate	Glykolbenzoat n	benzoate m de glycol	бензоат гликоля
G 143	glycolysis process	Glykolyseverfahren n (Wiederaufbereitung von Abfall)	glycolyse f	гликолиз
	glyptal [resin]	s. G 141		
	GMC	s. G 166		
	GMT	s. G 95		
G 144	gob	Tropfenprofil n (für Blasformen)	paraison f (extrusion-soufflage)	каплевидная заготовка (для выдувания)
G 145	godet	Galette f	cylindre m d'étirage	прядильный диск
	godet rolls	s. S 723		
	goffer/to	s. E 171		
	goffering	s. E 174		
G 146	gold-leaf stamping	Blattgoldprägung f	grainage m de l'or en feuille	тиснение золочением
G 147	go no-go testing	Gut-Schlecht-Prüfung f	essai m qualitatif	качественное испытание

	GPC	s. G 56		
	grade/to	s. C 362		
G 148	grade	Gütegrad m, Qualitäts- grad m	qualité f	качество, сортность
	gradient of velocity	s. V 74		
G 149	graft copolymer	Pfropfcopolymer[es] n, Pfropfcopolymerisat n, Pfropfmischpolymeri- sat n	copolymère m greffé	привитый сополимер
G 150	graft copolymerization	Pfropfcopolymerisation f, Pfropfmischpolymerisa- tion f	copolymérisation f avec greffage	прививочная сополимери- зация
G 151	graft polymer	Pfropfpolymer[es] n, Pfropf- polymerisat n, Graftpoly- mer[es] n	polymère m greffé	графт-полимер, привитый полимер
G 152	graft polymerization	Pfropfpolymerisation f, Graftpolymerisation f	polymérisation f avec gref- fage	прививочная полимери- зация, графт-полимери- зация, полимеризация с образованием привитого полимера
G 153	grain	Korn n	grain m	зерно
	grain/to	s. G 168		
G 154	grain	Narbung f, Maserung f, Maser f	grainage m	мерея, лицо, рисунок
G 155	grain agitator	Granulatrührwerk n (an Ein- färbeautomaten für Spritz- gießmaschinen)	agitateur m des granulés	ворошитель бункера
G 156	grain boundary	Korngrenze f	limite f des grains, limite intercristalline (intergra- nulaire)	граница зерен, граница между зернами кристал- лов
G 157	grain direction	Faserrichtung f	direction f des fibres	текстура древесины, рису- нок древесины
G 158	grained surface	genarbte Oberfläche f (von Folien oder Formteilen)	surface f grainée	поверхность с мереями
G 159	grain size, granulation size, size of grain	Korngröße f	grosseur f du grain	размер (крупность) зерен
G 160	grain size [determination] apparatus, particle size apparatus	Korngrößenbestimmungs- gerät n	appareil m pour la granulo- métrie	измеритель размеров зе- рен, гранулометр
G 161	grain size distribution, dis- tribution of grain sizes, distribution of particle size	Korngrößenverteilung f	répartition f granulométri- que, distribution f de taille des grains	распределение размеров зерен, гранулометри- ческий состав
G 162	grain structure	Kornstruktur f	structure f granulaire (de grain)	структура зерен
G 163	grain structure	Bruchgefüge n	structure f de la cassure, grain m de la cassure	картина излома, структура излома
	gram-mole[cular] weight	s. G 164		
G 164	gram molecule, gram- molecular weight, gram mole, mol[e]	Grammolekül n, Mol n, Grammol n	molécule-gramme f, mole f	грамм-молекула, моль
	gramophone record press	s. R 122		
G 165	granular feed	Beschickung f mit körniger Masse, Zuführung f körni- ger Masse	alimentation f en granulés	подача зернистого матери- ала
G 166	granular moulding com- pound (material), GMC	granulierte Formmasse f, GMC, gekörnte Preß- masse f	matière f moulable granu- lée, matière f à mouler granulaire	гранулированный пресс- материал
G 167	granular structure	nichtaufgeschmolzene Formmasse f	structure f granulaire	частицы неоплавленного гранулята, зернистая структура
G 168	granulate/to, to grain	granulieren	granuler	гранулировать
G 169	granulate, granulated com- pound, pelletized com- pound, granules	Granulat n, granulierte Formmasse f	granulé m, granules mpl	гранулят, гранулированный (зернистый) материал
G 170	granulate container	Granulatbehälter m, Granu- latcontainer m	réservoir m à granulés, conteneur m à granulat	емкость для гранулята
G 171	granulate contamination, granules contamination	Granulatverschmutzung f	contamination f de granules	загрязнение гранулята
G 172	granulate conveyor, gran- ules conveyor, pellet conveyor	Granulatförderer m	transporteuse f des gra- nules	транспортер для гранулята
	granulated compound	s. G 169		
G 173	granulate dedusting unit	Granulatentstaubungsein- richtung f	unité f de dépoussiérage des granulés	установка для обеспыли- вания гранулята

	English	German	French	Russian
G 174	granulate dryer, granules dryer	Granulattrockner *m*	sécheur *m* des granules	сушилка для гранулята
G 175	granulate exit chute	Granulatschacht *m*	tube *m* de chute de granulés, tube d'alimentation en granulés	загрузочная воронка для гранулята
G 176	granulating chamber, cutting chamber	Granulierkammer *f*, Schneidkammer *f*	chambre *f* de granulation	дробилка, камера гранулятора
	granulating die head	*s.* G 178		
G 177	granulating drum	Granuliertrommel *f*	tambour *m* de granulation	барабан для получения гранул
G 178	granulating head, granulating die head	Granulierkopf *m*	tête *f* à granuler, tête de granulation	головка для получения гранул
G 179	granulating machine, granulator	Granuliereinrichtung *f*, Granulator *m* *(zur Zerkleinerung von Abfällen)*	machine *f* à granuler, granulateur *m*	машина для гранулирования, гранулятор
G 180	granulating machine for pasty materials	Pastenpresse *f*	granulateur *m* pour pâte	гранулятор для паст
G 181	granulating plant	Granulieranlage *f*	installation *f* de granulation	гранулирующая установка
G 182	granulation	Körnung *f*	granulation *f*	грануляция
	granulation size	*s.* G 159		
	granulator	*s.* G 179		
G 183	granule mixer	Granulatmischer *m*	mélangeur *m* des granulés	смеситель для гранулятов
	granules	*s.* G 169		
	granules contamination	*s.* G 171		
	granules conveyor	*s.* G 172		
	granules dryer	*s.* G 174		
	granules moisture	*s.* M 399		
G 184	graphite	Graphit *m* *(Füllstoff)*	graphite *m*	графит
G 185	graphite-epoxy composite	Graphit-Epoxidharz-Verbundstoff *m*	matériau *m* composite de graphite-époxy-résine	графитсодержащий эпоксидный композит
G 186	graphite fibre	Graphitfaser *f* *(Verstärkungsmaterial)*	fibre *f* de graphite	графитовое волокно
G 187	graphite-reinforced plastic	graphitgefüllter (graphitverstärkter) Kunststoff *m* (Plast)	plastique *m* renforcé par graphite	графитопласт
G 188	graphitization	Graphitieren *n*	graphitisation *f*	графитизация
G 189	grate separator, magnetic grate separator	Magnetrost *m*	grille *f* (sélecteur *m*, séparateur *m*) magnétique	магнитная решетка
G 190	graver, stylus	Stichel *m*	burin *m*, stylet *m*	штихель
G 191	gravimetric analysis	gravimetrische Analyse *f*	analyse *f* gravimétrique (pondérale)	гравиметрический анализ
G 192	gravimetric colouring unit	gravimetrisch arbeitende Einfärbeeinheit *f*, mit Massedosierung arbeitende Einfärbeeinheit *f*	unité *f* de coloration travaillant par dosage sur le poids, dispositif *m* de mise en couleurs gravimétrique	устройство для окрашивания по весу
G 193	gravimetric dosing	massemäßiges Dosieren *n*, Massedosieren *n*	dosage *m* sur le poids	дозирование по весу, дозирование по массе
G 194	gravimetric feed control	gravimetrische Beschickungsregelung *f*, masseabhängige Beschickungsregelung *f* *(Extruder)*	réglage *m* de chargement en fonction du poids	управление подачей по весу
G 195	gravimetric feeder	gravimetrische Dosiereinrichtung *f*, Massedosiereinrichtung *f*	doseur *m* pondéral	гравиметрический дозатор
G 196	gravimetric metering	gravimetrisches Dosieren *n*, Massedosierung *f*	dosage *m* pondéral	гравиметрическая дозировка
G 197	gravitational separator, gravity separator	Schwerkraftabscheider *m*	séparateur *m* par gravité	гравитационный сепаратор
G 198	gravity casting	Freifallgießen *n*, druckloses Gießen *n*	coulée *f* (moulage *m* par coulée) par gravité	литье без давления
G 199	gravity closing	Schließen *n* durch Schwerkraft (Eigenmasse des Stempels)	descente (fermeture) *f* par gravité	замыкание собственным весом
G 200	gravity feed	Schwerkraftzuführung *f*, Gefällezuführung *f*	alimentation *f* par gravité	подача собственным весом, питание под действием силы тяжести
	gravity separator	*s.* G 197		
	gravure coater	*s.* P 1018		
G 201	gravure coating	Rasterwalzenauftrag *m* *(Beschichtungen)*	enduction *f* par impression	растровое нанесение покрытий валками
	gravure cylinder	*s.* I 260		
G 202	gravure printing	Farbprägen *n* *(von Folien)*	impression *f* en couleurs en relief	окрашивающее тиснение
	gravure printing	*s. a.* I 259		
G 203	gravure roll	Rasterwalze *f*	rouleau *m* de réseau	растровый валик
G 204	grease forming	Tiefziehen *n* mit Gleitmitteln	emboutissage *m* avec lubrifiant	глубокая вытяжка с применением смазки

G 205	**grease-proof paint**	fettfeste Farbe f, fettfester Anstrichstoff m	peinture f résistante à la graisse	устойчивая к воздействию жира краска
G 206	**green chromating treatment**	Leichtmetallchromatisieren n (für metallische Fügeteile der Klebtechnik)	chromatisation f de métaux légers	хроматирование легких металлов
	green strength	s. R 290		
	green tacky state	s. A 265		
G 207	**grey fog**	Grauschleier m (Formteiloberflächendefekt)	trouble m gris, louche m gris (surface de produit moule)	серое помутнение, серый налет, серая вуаль
G 208	**grid electrode**	Gitterelektrode f	grille-électrode f	сеточный электрод
G 209	**grid melter**	Tankschmelzanlage f mit Vor- und Hauptschmelzbereich	applicateur m avec zone de chauffe progressive	емкость-установка для получения расплавов клеев с предварительным и основным диапазонами плавления
G 210	**grid sheet**	Gitterfolie f, Folie f mit eingebettetem Fadengitter	feuille f à grille	пленка с решетчатой прокладкой
G 211	**grid support**	Gittersteg m	support m de grille	траверса сетки
G 212	**grillage, grille**	Gitterwerk n	grillage m, grille f	насадка
G 213	**grind/to**	schleifen	meuler	шлифовать
G 214	**grinder**	Schleifer m	émouleur m	точильщик
G 215	**grinder,** grinding machine	Schleifmaschine f	meuleuse f, ponceuse f	шлифовальный (заточный) станок
G 216/7	**grinding**	Schleifen n	meulage m	шлифование, шлифовка, заточка
	grinding	s. a. P 1111		
	grinding dust	s. A 18		
	grinding machine	s. G 215		
G 218	**grinding machine for paints**	Farbenreibmaschine f, Farbenanreibmaschine f	broyeuse f pour couleurs	краскотерка
	grinding material	s. A 15		
G 219	**grinding mill**	Mühle f, Mahlgerät n	broyeur m, moulin m	мельница
G 220	**grinding pressure**	Schleifdruck m	pression f de meulage	давление при шлифовании
	grinding resin	s. G 222		
G 221	**grinding speed**	Schleifgeschwindigkeit f	vitesse f de polissage, vitesse f de meulage	скорость шлифования
	grinding stock	s. M 87		
G 222	**grinding-type resin,** grinding resin, dispersion resin, ground-type paste	dispergiertes Harz n	résine f dispersée	смоляная дисперсия
G 223	**grinding wheel resin,** resin for abrasive disks, resin for grinding wheels	Bindemittel n für Schleifmittel, Schleifscheibenharz n, Kunstharz n für die Bindung von Schleifmitteln	résine f pour meules (disques abrasifs)	связующее для абразивов, смола для шлифовальных дисков
	gripping device	s. C 348		
G 224	**grip slide**	Griffschieber m	coulisse f à poignée	ручной шибер
G 225	**grit blasting**	Putzstrahlen n mit Korund oder Siliciumcarbid	corindonnage m; décapage m au carbure de silicium	струйная обработка корундом или карбидом кремния
	grommeter	s. P 142		
G 226	**groove**	Rille f, Nut f	grouve f, rainure f	рифель, канавка, желобок
G 227	**groove**	Walzenriffelung f	cannelures fpl	рифление валка
	groove	s. a. F 334		
G 228	**grooved barrel extruder,** grooved extruder	Nutenextruder m	extrudeuse (boudineuse) f rainurée	экструдер с канавками
G 229	**grooved bushing**	genutete Einzugsbuchse f (an Plastizierzylindern)	douille f d'alimentation rainurée	U-образная гильза подачи
G 230	**grooved bush type high-perfomance extruder**	Hochleistungsnutbuchsenextruder m	extrudeuse f à douilles rainurées de grande puissance	мощный экструдер с канавками
	grooved extruder	s. G 228		
G 231	**grooved feed section (throat),** splined feed zone	genutete Einzugszone f (eines Extruders)	zone f d'alimentation rainurée (extrudeuse)	зона питания с пазами, гильза червячного пресса с продольными каналами в зоне загрузки, участок гильзы загрузочной зоны с продольными каналами (экструдера)
	grooved pressure roller	s. P 972		
G 232	**grooved ring**	Nutring m	joint m annulaire	врезное кольцо
G 233	**grooved roll**	Schneidring m (Folienschneiden)	anneau m de coupe	режущее кольцо
G 234	**grooved tool for moulding test specimen**	Spritzgießwerkzeug n zur Herstellung von Prüfstäben	moule m à injection servant à la fabrication de barreaux d'essai	литьевая пресс-форма для получения брусков для испытания
	groove face	s. F 739		

G 235	groove welding	Nutschweißen n, N-Schwei-ßen n, Engspaltschwei-ßen n	soudage m de rainures, sou-dage à fente étroite	сварка по пазу (канавке)
	gross density	s. D 143		
	ground coat	s. P 1005		
	grounding	s. B 357		
G 236	ground level, base level	Grundniveau n	niveau m de base	основной уровень
G 237	ground scrap plastic	zerkleinerter Kunststoff (Plast) m	matière f plastique concas-sée, plastiques mpl broyés	измельченная пластмасса
	ground-type paste	s. G 222		
G 238	growth of crystallite	Kristallitwachstum n	croissance f de cristallite	рост кристаллитов
	GRP	s. G 78		
G 239	guide basket	Führungskorb m (Folienbla-sen)	corbeille f de guidage	направляющая корзинка
G 240	guide bushing	Führungsbuchse f	douille (boîte) f de guidage	направляющая втулка
G 241	guide pin	Führungsstift m	pilier-guide m, broche f de guidage	направляющий стержень (штифт)
G 242	guide plate	Führungsplatte f	plaque f de guidage	направляющая плита
	guide pulley	s. G 243		
G 243	guide roll, guide roller, control roll, guide pulley, master roll	Führungsrolle f, Führungs-walze f, Leitrolle f, Leit-walze f	cylindre m de guidage, cy-lindre (rouleau m) guide	направляющий валок (ро-лик), ведущий валик
	guide roll	s. a. 1. D 559; 2. T 558		
	guide roller	s. G 243		
G 244	guider tip	Führungsnippel m, Füh-rungsmundstück n (in Ex-trusionswerkzeugen für Drahtummantelungen)	guide-fil m	отверстие для прохода жилы
	guide tube	s. G 246		
G 245	guide way	Führungsbahn f	barre f de guidage, glis-sière f	направляющая
G 246	guiding tube, guide tube	Schnellschweißdüse f (Warmgasschweißgerät)	douille f de guidage (sou-dage rapide)	скоростно-сварочный мундштук
	guillotine	s. C 990		
G 247	gum/to	klebrig werden	devenir collant	стать липким (клейким)
	gum plastic	s. R 274		
G 248	gum space	Führungsnippelabstand m von der Werkzeugdüse (bei Ummantelungsextru-derwerkzeugen)	entrefer m entre la filière et le guide-fil	зазор между коническим концом дорна и входом матрицы (головки для по-лучения покрытий кабеля)
G 249	gun	Spritzpistole f, Farbspritz-pistole f	pistolet m pulvérisateur (de pulvérisation, de projec-tion)	распылитель, ручной рас-пылитель
	gunk molding	s. P 886		
G 250	gun-shaped appliance	Pulversprühpistole f für elektrostatisches Be-schichten	pistolet m pulvérisateur pour couchage électrosta-tique	электростатический рас-пылитель
G 251	gusseted	mit einem Zwischenstück versehen	doté (muni) d'une pièce intermédiaire	снабженный промежу-точной деталью
G 252	gutter, rain gutter	Dachrinne f, Regenrinne f, Wasserrinne f	gouttière f	водосточный кровельный желоб
G 253	gyratory crusher	Kreiselbrecher m, Rund-brecher m	broyeur m à cône, broyeur m Symons (à cône excentrique)	конусная дробилка, дро-билка типа «пьяной бочки»
G 254	gyratory mixer	Kreiselmischer m, Kreisel-mischmaschine f	mélangeur m à (type) toupie	волчковый (центробежный) смеситель

H

	hair crack	s. H 2		
H 1	hairline	Werkzeugtrennfugenabbil-dung f (an Formteilen)	marque f du plan de joint du moule (pièce moulée)	рисунок линии разъема (из-делие)
H 2	hairline crack, hair (capil-lary) crack	Haarriß m	fissure f capillaire	волосная трещина, волосо-вина, крейс
H 3	half-lap seam felling	halbüberlappter Umlege-saum m (Schweißen)	repli m (bord m replié) à 50% de recouvrement (soudure)	кайма в нахлестку
	hallmark	s. C 209		
H 4	halogenated hydrocarbon	Halogenkohlenwasser-stoff m	hydrocarbure m halogéné	галогенированный алкил, га-логензамещенный углево-дород
H 5	halogenation	Halogenieren n, Halogenie-rung f	halogénation f	галогенирование

H 6	halogen derivate	Halogenderivat *n*	dérivé *m* halogéné	галогенное производное
H 7	hammer effect enamel, hammer-scales varnish	Hammerschlaglack *m*	feuil *m* martelé, laque *m* à effet martelé	лак, имитирующий чеканный металл
H 8	hammer mill	Hammermühle *f*	broyeur *m* à marteaux (percussion)	молотковая мельница
	hammer-scales varnish	s. H 7		
H 9	hammertone stove enamel	einbrennbarer Hammerschlaglack *m*	laque *f* à effet martelé thermodurcissable	молотковая эмаль горячей сушки, лак горячей (печной) сушки, имитирующий чеканный металл
H 10	hand-driven screw press	Handspindelpresse *f*	presse *f* à vis à main	ручной винтовой (шпиндельный) пресс
H 11	hand ejection	Entformen *n* von Hand, Handentformen *n*	éjection *f* à la main	ручное выталкивание
H 12	hand-fed welding set-up, hand-held welding device	Handschweißgerät *n*	équipement *m* de soudage à main	ручной сварочный аппарат
H 13	hand flame cleaning blowpipe	Handflammstrahlbrenner *m* *(Reinigen metallischer Fügeteile)*	chalumeau *m* décapeur manuel *(surface, pièce à assembler)*	ручной пистолет для газопламенной обработки
H 14	hand gun	Handpistole *f (Schmelzklebstoff)*	pistolet *m* manuel *(application des adhésifs thermofusibles)*	ручной пистолет *(клей-расплав)*
	hand-held welding device	s. H 12		
H 15	hand-laminate	im Handauflegeverfahren hergestelltes Laminat *n*, im Handauflegeverfahren hergestellter Schichtstoff *m*	stratifié *m* moulé à la main	контактно сформованный слоистый пластик, слоистый пластик контактного формования
H 16	hand lay-up moulding	Handauflegeverfahren *n* zur Laminatherstellung	moulage *m* à la main *(stratifiés)*	контактное формование стеклопластиков с ручной выкладкой наполнителя
H 17	handle boss	Formteilverstärkung *f* zur Henkelbefestigung (Griffbefestigung)	renforcement *m* servant à la fixation des anses	бобышка у ручки
H 18	handling	Verarbeitung *f*, Behandlung *f*, Bearbeitung *f*	transformation *f*, traitement *m*, travail *m*	переработка, обработка
H 19	handling device	Handhabungsgerät *n*	manipulateur *m*	манипулятор
H 20	handling equipment	Zusatzgerät *n (mechanisiert oder automatisiert)*	équipement (appareil) *m* auxiliaire *(mécanisé ou automatisé)*	вспомогательный прибор *(механизированный или автоматизированный)*
H 21	handling robot, automatic handling apparatus	Handhabungsroboter *m*, automatisiertes Handhabungsgerät *n*, Handhabungsautomat *m*	machine *f* de maniement automatique, matériel *m* de maniement automatique, robot *m* de montage	робот-манипулятор, манипулирующий робот
H 22	hand mould	Handform *f*, Handwerkszeug *n*, Primitivwerkzeug *n*	moule *m* à main	ручная (экспериментальная) форма
H 23	hand moulding	Handformen *n*, Handformerei *f*	moulage *m* à main	ручное формование
H 24	hand-operated press, hand press	Handpresse *f*	presse *f* à main	ручной пресс
	hand preform method	s. D 328		
	hand press	s. H 24		
H 25	hand sealer	Wärmekontakthandschweißgerät *n*	appareil *m* à souder par thermoscellement à main	ручной прибор для контактно-тепловой сварки
H 26/7	hand toggle press	Kniehebelhandpresse *f*	presse *f* manuelle à genouillière	ручной коленчато-рычажный пресс
	hand welding	s. M 51		
H 28	hanging bar ejection	Ausdrücken *n* von Formteilen mittels Ausdrückgehänges	éjection *f* avec barre	выталкивание специальной системой
H 29	hanging bar ejection system	Ausdrückgehänge *n*	barre *f* d'éjection	специальная выталкивающая система
H 30	hank	Strang *m*, Strähn *m*	boudin *m*, cordon *m*, jonc *m*	моток
H 31	hardboard	Hartfaserplatte *f*	stratifié *m* à base de fibres agglomérées (imprégnées); plaque *f* à fibres dures, panneau *m* dur	твердая древесноволокнистая плита
H 32	hard chrome plated	hartverchromt *(Werkzeuge)*	chromé dur	твердо хромированный
H 33	hard-drying time	Schichtverfestigungszeit *f (Anstrichstoff)*	temps *m* de durcissement *(peintures)*	длительность затвердевания слоя
H 34	hardener, hardening agent, curing agent	Härter *m*, Härtemittel *n*, Härtungsmittel *n*	durcissant *m*, durcisseur *m*, agent *m* de durcissement, agent *m* de cuisson	отвердитель, отверждающий агент
H 35	hardener tank	Härtervorratsbehälter *m*	réservoir *m* de durcisseur	резервуар для отвердителя
	hardening	s. C 1081		

	hardening agent	s. H 34		
H 36	hardening distortion, distortion of hardening	Härtungsverzug m, Härteverzug m	retard m de durcissement	коробление закалкой
H 37	hardening paste	Härterpaste f	pâte f durcissante	паста-отвердитель
H 38	hardening resin	härtbares Harz n	résine f durcissable	отверждаемая смола
H 39	hardening with hexa	Hexa-Härtung f, Indirekthärtung f	durcissement m à l'hexaméthylènetétramine	отверждение гексаметилентетрамином
	hard facing	s. S 1408		
H 40	hard flow, stiff flow	ungenügender Schmelzfluß m, ungenügendes Ausfließen n der Schmelze	basse fluidité f	низкая текучесть, недостаточное наполнение формы расплавом
	hard foam plastic	s. R 391		
H 41	hardness	Härte f	dureté f	твердость
	hardness tester	s. D 641		
	hard paper	s. L 29		
H 42	hard rubber, ebonite, vulcanite	Hartgummi m, Hartkautschuk m, Ebonit n	caoutchouc m dur[ci], ébonite f, vulcanite f	эбонит, твердая резина
H 43	hard spherical indenter	Kugelhärteprüfer m	appareil m d'essai de dureté à la bille	шариковый дурометр, испытатель для определения твердости по Бринеллю
	hard surfacing	s. S 1408		
H 44	hat press	Vorformlaminatpresse f, Hutpresse f	presse f à chapeaux	пресс для формования заготовок из стеклопластиков
H 45	hat press mould	zweiteiliges Preßwerkzeug n mit zusätzlichem Gummisack	moule m au sac en deux parties	составная пресс-форма с эластичным мешком
H 46	hat press moulding	Pressen n mit zweiteiligem Werkzeug und zusätzlichem Gummisack	moulage m au sac avec moule en deux parties	прессование в составной форме с эластичным мешком
	haul-off	s. T 29		
H 47	haul-off device, winding-off device, let-off unit, let-off [reel]	Abrollvorrichtung f, Abroller m, Abwickelvorrichtung f	dispositif m dérouleur	узел размотки, разматывающее устройство
	haul-off equipment	s. T 29		
	haul-off roll	s. D 540		
H 48	haul-off speed, winding-off speed, take-off speed, take-away speed, take-up speed	Abziehgeschwindigkeit f (Extruder)	vitesse f de tirage (extrudeuse)	скорость тянущего (приемного) устройства
	haul-off unit	s. D 541		
	Hauny process	s. A 323		
	haze	s. H 49		
H 49	haziness, turbidity, haze	Trübung f, Trübheit f	trouble m, turbidité f	помутнение, мутность
H 50	haziness measurement, turbidity measurement, turbidimetry	Trübungsmessung f	néphélométrie f, néphélémétrie f	измерение [степени] помутнения, определение мутности
	HDPE	s. H 186		
	HDT	s. H 78		
H 51	head clamp assembly	Spritzkopfaufspannvorrichtung f	dispositif m de fixation de la tête d'extrudeuse	приспособление для монтажа головки
H 52	head core	Kopfkern m (an Werkzeugen)	noyau m de tête (moule)	верхний сердечник
H 53	header, opening	Stutzen m	raccord m, ajutage m, bouche f, tubulure f	патрубок, штуцер
	head for side extrusion	s. C 994		
H 54	head for tube, pipe head	Rohrextruderkopf m	tête f de boudineuse pour tubes, filière f d'extrusion pour des tubes	головка для изготовления труб
	head straightening machine	s. S 1383		
H 55	head-to-head arrangement	Kopf-Kopf-Anordnung f (Molekülketten)	disposition f tête-à-tête (chaînes moléculaires)	структура «голова к голове»
H 56	head-to-head structure	Kopf-Kopf-Struktur f	structure f tête-à-tête	структура голова-голова, структура полимера голова к голове
H 57	head-to-tail arrangement	Kopf-Schwanz-Anordnung f (Molekülketten)	disposition f tête-à-queue (chaînes moléculaires)	структура «голова к хвосту»
H 58	head-to-tail structure	Kopf-Schwanz-Struktur f	structure f tête-à-queue	структура хвост-голова, структура полимера голова к хвосту
H 59	heat/to	erwärmen, erhitzen	chauffer	нагревать
H 60	heat absorption capacity, caloric receptivity	Wärmekapazität f, Wärmeaufnahmefähigkeit f, Wärmeaufnahmevermögen n	capacité f calorifique (thermique), pouvoir m d'absorption calorifique	теплоемкость

H 61	heat accumulation capacity	Wärmespeicherungs-vermögen *n*	capacité *f* d'accumulation de chaleur	мощность тепловой аккумуляции
H 62	heat-activated adhesive	wärmeaktivierbare Klebstoffschicht *f*	couche *f* adhésive réactivable par la chaleur	клей теплореактивации
H 63	heat aging, thermal aging	Wärmealterung *f*, thermische Alterung *f*	vieillissement *m* thermique	термическое старение
	heat aging inhibitor	*s.* H 140		
H 64	heat balance, thermal balance	Wärmebilanz *f*	bilan *m* thermique	тепловой баланс
	heat bending	*s.* H 336		
H 65	heat-body/to	thermisch (durch Erhitzen) eindicken	épaissir par chauffage	уваривать
H 66	heat carrier fluid	Wärmeträgerflüssigkeit *f*	fluide *m* caloporteur	жидкость-теплоноситель
H 67	heat carrying element	Wärmeträger *m*	thermophore *m*, agent *m* de transfert (transport) de la chaleur, fluide *m* caloporteur	теплоноситель
H 68	heat change, heat effect (tonality, tone)	Wärmetönung *f*, Reaktionswärme *f*	chaleur *f* de réaction, dégagement *m* de chaleur	тепловой эффект [реакции]
H 69	heat class	Wärmeklasse *f* (Wärmealterungsverhalten)	classement *m* selon la chaleur (comportement au vieillissement thermique)	степень термостойкости, градус термостойкости, класс нагревостойкости
	heat cleaning	*s.* H 77		
H 70	heat conduction, thermal conduction, conduction of heat	Wärmeleitung *f*	conduction *f* thermique (de chaleur)	теплопроводность
H 71	heat conduction paste	Wärmeleitpaste *f*	pâte *f* de transmission thermique	паста для улучшения теплопроводности
H 72	heat-conductive putty	Wärmeleitkitt *m*	lut *m* conducteur de chaleur, ciment *m* conducteur de chaleur	теплопроводящая замазка
	heat conductivity	*s.* T 196		
H 73/4	heat conductivity measuring instrument	Wärmeleitfähigkeitsmeßgerät *n*	appareil *m* de mesure de la conductivité thermique	измеритель теплопроводности
	heat content	*s.* E 228		
	heat convection	*s.* T 197		
H 75	heat-cure/to	heißhärten, warmhärten	durcir à chaud	отверждать при повышенной температуре
H 76	heat-curing epoxy resin	heißhärtendes Epoxidharz *n*, heißhärtbares Epoxidharz *n*	résine *f* époxy thermodurcissable	эпоксидная смола горячего отверждения
	heat deflection temperature	*s.* T 97		
H 77	heat desizing, heat cleaning, caramelization	thermisches Entschlichten *n*	traitement (désencollage) *m* thermique	термическая расшлихтовка, высококачественная термарасшлихтовка
	heat-dip coating	*s.* H 338		
	heat dissipation	*s.* T 201		
	heat distortion point	*s.* T 97		
H 78	heat distortion temperature, HDT	Biegedeformationstemperatur *f* (Temperatur, bei der sich ein belasteter Stab um einen festgelegten Betrag durchbiegt)	température *f* de flexion (d'une tige plastique chargée)	температура определенного прогиба
	heat distortion temperature	*s. a.* T 97		
H 79	heat distortion test	Prüfung *f* der Verformung in der Wärme, Wärmeverformungsprüfung *f*	essai *m* de déformation à chaud	испытание на теплостойкость
	heated band welding	*s.* T 232		
H 80	heated bar	beheizte Schiene *f*, Schweißlineal *n*, Heizstab *m*	barrette *f* chauffée	нагретая линейка
H 81	heated-bar sealing, bar sealing, hot bar sealing	Wärmekontaktschweißen *n*, WK-Schweißen *n*, Schweißen *n* mit stabförmigem Heizelement	soudage *m* avec barrette chauffée	контактно-тепловая сварка
H 82	heated compression moulding	Warmpressen *n*, Warmverformung *f*	matricage *m* à chaud	горячее прессование, прямое прессование
H 83	heated melt-channelling system	beheiztes Schmelzeitsystem *n* in Werkzeugen	système *m* de guidage chauffé	нагретый канал формы для расплава
	heated tool butt welding	*s.* H 100		
	heated tool welder	*s.* H 101		
	heated tool welding	*s.* H 102		
H 84	heated wedge (welding)	Heizkeil *m* (zum Schweißen)	coin *m* chauffant (soudage)	клиновидный сварочный инструмент
H 85	heated wedge welding	Heizkeilschweißen *n*, HK-Schweißen *n*	soudage *m* par coin chauffant	сварка нагретым инструментом в виде паяльника, сварка нагревательным клином

	heat effect	s. H 68		
	heater	s. H 99		
H 86	heater adapter *(extruder)*	Heizeinsatzstück *n (am Extruder)*	adaptateur *m* de l'élément chauffant *(extrudeuse)*	нагревательное приспособление *(экструдер)*
H 87	heater band	Glühband *n*, Heizband *n*	bande *f* chauffante, collier *m* chauffant	нагретая сварочная лента
H 88	heater blanket	Heizmatte *f*	tapis *m* chauffant	нагревательная плита
H 89	heater head	Heizkopf *m*, Düsenkopf *m (einer Spritzgießmaschine)*	tête *f* chauffante, tête à buses *(injection)*	нагревательное сопло *(литьевой машины)*
H 90	heater plate, heating plate	Heizplatte *f*	plateau *m* chauffant, plaque *f* chauffante	нагревательная плита
H 91	heater tunnel	Heizkanal *m (in der Spritzgießmaschine)*	canal *m* chauffé (de chauffage), couloir *m* chauffant	нагревательный канал
H 92	heat exchange	Wärmeaustausch *m*	échange *m* de chaleur	теплообмен
H 93	heat flux	Wärmestrom *m*	écoulement *m* thermique (de chaleur)	тепловой поток
H 94	heat guidance nozzle, heat nozzle	Wärmeleitdüse *f (an Heißkanalwerkzeugen, an Werkzeugen mit warmem Vorkammeranguß)*	buse *f* de transmission calorifique	обогреваемое сопло *(литьевой формы)*
	heat impulse welding	s. T 205		
H 95	heating	Erwärmung *f*, Erhitzung *f*	chauffage *m*	нагревание, разогрев
	heating bore	s. H 106		
	heating cartridge	s. C 88		
H 96	heating chamber	Walzenheizkammer *f*, Heizkammer *f (in Kalanderwalzen)*	chambre *f* chauffante (de chauffage)	нагревательная камера *(валка)*
H 97	heating-cooling collar	Heiz-Kühlmanschette *f*	manchon *m* (manchette *f*) de chauffage-refroidissement	нагревательная и охлаждающая рубашка, манжета для термостатирования
H 98	heating cylinder	Heizzylinder *m (an Spritzgießmaschinen)*	cylindre *m* de chauffage, pot *m* de chauffage	нагревательный цилиндр
H 99	heating element, heater *(welding)*	Heizelement *n (für Schweißen)*	élément *m* chauffant (de chauffage)	нагревательный элемент *(сварка)*
H 100	heating element butt welding, heated tool butt welding	Heizelementstumpfschweißen *n*	soudage *m* en bout par résistance	стыковая сварка нагретым инструментом, сварка встык нагретым инструментом
H 101	heating element welder, heated tool welder, hotplate welder	Heizelementschweißgerät *n*	dispositif *m* de soudage à élément de chauffage	прибор для сварки нагревательными элементами
H 102	heating element welding, heated tool welding	Heizelementschweißen *n*, HE-Schweißen *n*	soudage *m* en bout par élément chauffant	сварка нагретым инструментом, сварка нагревательным элементом
H 103	heating [feed] hopper	beheizter Fülltrichter *m*, Trockentrichter *m (an Spritzgießmaschinen)*	trémie *f* d'alimentation chauffée	бункер для подсушки и подогрева, бункер с нагревательной системой
H 104	heating jacket	Heizmantel *m*	enveloppe (jaquette) *f* chauffante	нагревательная (обогревательная) рубашка
H 105	heating mixer	Heizmischer *m*	mélangeur *m* à chaud, mélangeur *m* chauffant	смеситель с нагреваемой рубашкой
H 106	heating passage, heating bore	Heizkanal *m (in Walzen oder Heizplatten)*	voie *f* calorifique, canal *m* de chauffage	канал для обогрева
H 107	heating pin	Wärmeleitstift *m (in Preßwerkzeugen)*	broche *f* de transmission calorifique	обогревательный палец
	heating plate	s. H 90		
H 108	heating reflector	Heizspiegel *m (für Heizelementschweißen)*	réflecteur *m* de chauffage *(soudage par résistance)*	нагретый сварочный рефлектор
H 109	heating roll[er]	Heizwalze *f*	rouleau *m* de chauffe	нагревательный ролик
H 110	heating sample, glow test	Glühprobe *f*	échantillon *m* chauffant, essai *m* d'incandescence	испытание прокаливанием (на прокаливание, на отжиг)
H 111	heating time	Anwärmzeit *f (beim Heizelementschweißen)*	temps *m* de réchauffage	продолжительность подогрева
H 112	heating-up	Aufheizen *n*	chauffage *m*	нагревание, подогревание
H 113	heating-up behaviour	Erwärmungsverhalten *n*	comportement *m* au chauffage	поведение при нагревании
H 114	heating-up period, heating-up time, heat-up time, initial heating time	Anheizzeit *f*, Aufheizzeit *f*	temps *m* de chauffe (chauffage), durée *f* de chauffage	время нагрева, длительность нагрева, продолжительность (время) прогрева, продолжительность нагревания
H 115	heating-up pressure, pressure during heating time	Anwärmdruck *m (beim Heizelementschweißen)*	pression *f* d'échauffement, pression en cours de chauffage *(soudage par résistance)*	давление при подогревании *(при сварке нагретым инструментом)*

H 116	heating-up process *(welding)*	Fügeteilanwärmung *f (beim Schweißen)*	échauffement *m*, processus *m* d'échauffement, chauffage *m*, processus de chauffage *(soudage)*	нагревание свариваемого изделия
	heating-up time	*s.* H 114		
H 117	heating zone	Heizzone *f (Extruder)*	zone *f* de chauffage	зона нагревания
H 118	heat-insulating board	Wärmedämmplatte *f*	panneau *m* calorifuge	термоизоляционная плита
	heat insulation	*s.* T 209		
H 119	heat laminating	Beschichten *n* unter Wärmeeinwirkung	thermoplastage *m*	термоламинирование
H 120	heat laminating machine	Heißlaminiermaschine *f*	machine *f* à laminer à chaud	машина для горячего ламинирования
H 121	heat loss	Wärmeverlust *m*	perte *f* de chaleur	тепловые потери, потери тепла
	heat nozzle	*s.* H 94		
	heat of adsorption	*s.* A 235		
	heat of composition	*s.* D 35		
H 122	heat of fusion (melting), melting heat, fusion heat	Schmelzwärme *f*	chaleur *f* de fusion	теплота плавления
	heat of reaction	*s.* R 80		
H 123/4	heat of solidification, latent heat of solidification	Erstarrungswärme *f*	chaleur *f* de solidification	теплота затвердевания
	heat of transformation (transition)	*s.* T 505		
H 125	heat propagation, propagation of heat	Wärmeausbreitung *f*, Wärmefortleitung *f*	propagation *f* de la chaleur	распространение тепла
H 126	heat punch	Wärmestempel *m (für Thermomernietung)*	bouterolle *f* chauffée *(rivetage de thermoplastes)*	нагретый клепальный инструмент
H 127	heat reactivated adhesive	wärmeaktivierbarer Klebstoff *m*	adhésif *m* réactivable par la chaleur	активируемый теплотой клей
	heat resistance	*s.* T 222		
	heat-resistant	*s.* H 141		
H 128	heat-resistant plastic, heat-resisting plastic, temperature-resistant plastic	wärmebeständiger Kunststoff (Plast) *m*	plastique *m* (matière *f* plastique) résistant à la chaleur, plastique résistant aux températures	теплостойкий пласт, термоустойчивый термопласт
	heat-resisting	*s.* H 141		
	heat-resisting plastic	*s.* H 128		
H 129	heat-sealable polyimide film	heißsiegelfähige Polyimidfolie *f*	feuille *f* polyimide thermosoudable	плавкая полиимидная пленка
H 130	heat sealing, hot sealing, sealing, thermal sealing	Heißsiegeln *n*, Heißverschweißen *n (dünner Folien)*	thermoscellage *m*, soudure *f* à chaud, soudage *m* thermique (à chaud) *(feuilles minces)*	склеивание под нагревом, запечатывание под нагревом *(пленки)*, термическая сварка
H 131	heat-sealing press	Heißsiegelpresse *f*	presse *f* de soudage thermique (à chaud)	пресс для горячей сварки
H 132	heat-sensitive material	wärmeempfindlicher Stoff *m*	matière (substance) *f* thermosensible	теплочувствительный материал
H 133	heat-set paint	bei höherer Temperatur trocknender Anstrichstoff *m (durch Verdunsten des Lösungsmittels)*	peinture *f* séchant à chaud	термозатвердевающийся лак
	heat-setting adhesive	*s.* H 392		
H 134	heat shrinkable product, heat-shrunk product	Wärmeschrumpferzeugnis *n*	produit *m* thermorétractable (emmanché à chaud)	изделие, полученное термической усадкой, термоусадочное изделие
H 135/6	heat-shrinking unit	Thermoschrumpfanlage *f*	conformateur *m* thermique	установка для термической усадки
	heat-shrunk product	*s.* H 134		
H 137	heat sink, sink of heat	Wärmesenke *f*	puits (déversoir) *m* de chaleur, source *f* négative de chaleur	сохранение тепла
H 138	heat-solvent sealing	Heißkleben *n* mittels Lösungsmitteln (Lösungsmittelgemischen), Heißquellschweißen *n*, chemisches Heißschweißen *n*	soudage *m* au solvant	сварка с помощью растворителей и повышенных температур
H 139	heat-solvent tape sealing	Heißkleben (Thermoplastkleben, Thermomerkleben) *n* mittels Lösungsmitteln (Lösungsmittelgemischen) und Bandabdeckung der Naht, Heißquellschweißen *n* mit Bandabdeckung der Naht, chemisches Heißschweißen *n* mit Bandabdeckung der Naht	soudage *m* au solvant avec couvre-joint	сварка с помощью растворителей и липких лент
	heat stability	*s.* T 222		

H 140	heat stabilizer, heat aging inhibitor	Thermostabilisator m, Wärmestabilisator m (Hilfsstoff)	stabilisant m thermique (à la chaleur), stabilisant m chaleur	термостабилизатор, первичный стабилизатор
H 141	heat-stable, heat-resistant, heat-resisting	wärmebeständig, hitzebeständig	stable à la chaleur	жаростойкий, термостойкий
	heat tonality (tone)	s. H 68		
H 142	heat-transfer coefficient (factor)	Wärmeübergangszahl f, Wärmeübergangskoeffizient m	coefficient m de transmission thermique, coefficient m de transfert de chaleur	коэффициент теплопередачи
H 143	heat-transfer installation, heat-transfer system	Wärmeübertragungsanlage f	installation f thermoconductrice, système m de transfert de chaleur	система теплопередачи
H 144	heat-transfer medium	Wärmeübertragungsmedium n	agent m caloporteur, caloporteur m	теплоноситель
	heat-transfer system	s. H 143		
H 145	heat-transfer torpedo	Wärmeleittorpedo m	torpille f de transfert (transmission) de la chaleur	торпеда для теплопередачи
H 146	heat transmission	Wärmeübergang m	transfert m de chaleur, transmission f de chaleur	теплопередача
H 147	heat treatment	Wärmebehandlung f, Warmbehandlung f	traitement m thermique	термообработка
	heat-up time	s. H 114		
H 148	heavy-body, high-viscosity	hochviskos (Anstrichmittel)	très visqueux	высоковязкий
H 149	heavy-duty coating	langzeitig beständige Beschichtung f	revêtement m (enduction f) durable (résistant) longtemps	долговечное износостойкое покрытие
H 150	heavy-duty heating cartridge	Hochleistungsheizpatrone f	cartouche m de chauffage de haut rendement	высокоэнергетический трубчатый электрообогрев
H 151	heavy-duty pipe	Großrohr n	grand tube m, tube à grand diamètre	труба большого диаметра
H 152	heavy goods packaging, packaging of heavy goods	Schwergutverpackung f, Großstückverpackung f	emballage m de charges lourdes	установка крупногабаритных изделий
	heavy spar	s. B 90		
H 153	heel	Übergangsrundung f, Wulst f (Flaschenboden)	arrondi m (bouteille)	борт
H 154	height of echo	Schallechohöhe f, Höhe f des Schallechos	hauteur f de l'écho ultrasonique	высота (степень) звукового эха
H 155	helical	schneckenförmig	hélicoïdal, spiral, en spirale	спиральный
	helical blade	s. P 1059		
H 156	helical blades	Schneckenflügel mpl	pales fpl hélicoïdales	спиральные лопасти
H 157	helical cooling water duct (tools)	wendelförmiger Kühlwasserkanal m (an Werkzeugen)	conduite f d'eau de refroidissement hélicoïdale (moules)	спиральный охлаждающий канал
	helical dryer	s. S 907		
H 158	helical gear	schrägverzahntes Stirnrad n	roue f hélicoïdale	косозубая шестерня, цилиндрическое косозубое колесо
H 159	helically wound pipe, pipe with helical reinforcing web	Spiralrohr n, Spiralrohr mit Verstärkungseinlage	tuyau m hélicoïdal (renforcé par gaine hélicoïdale)	труба со спиральным внутренним армированием
H 160	helical ribbon extruder	Bandwendelschneckenpresse f, Bandwendelextruder m	extrudeuse f à bande hélicoïdale	экструдер для производства спиральных лент
	helical spindle	s. S 913		
H 161	helical-spined milling cutter	spiralgenuteter Walzenfräser m	fraise f cylindrique (à cylindres) à rainure hélicoïdale	цилиндрическая фреза со спиральной канавкой
H 162	helical spring	Schraubenfeder f	ressort m hélicoïdal	винтовая пружина (рессора)
H 163	helical teeth, helical toothing	Schrägverzahnung f	denture f oblique (hélicoïdale), engrenage m hélicoïdal	косозубое зацепление
H 164	helical-toothed	schrägverzahnt	à denture oblique, à denture spirale	косозубо зацепленный
	helical toothing	s. H 163		
H 165	helical winding, biaxial winding	Schraubenwickeln n, biaxiales Wickeln n	enroulage m biaxial (hélicoïdal)	спиральная перекрестная намотка
H 166	helium-cadmium laser	Helium-Cadmium-Laser m	laser m à hélium et cadmium	гелий-кадмиевый лазер
H 167	helix angle	Steigungswinkel m	angle m de pas (vis)	угол резьбы (подъема, нарезки)
	helix angle	s. a. W 248		
	helix conveyor	s. S 113		
H 168	helix distributor	Wendelverteiler m (an Schlauch- und Rohrextrusionswerkzeugen)	distributeur m à hélice (filières pour tubes et tuyaux)	спиральный распределитель (экструзионной головки)
	helix test	s. S 914		

H 169	helix tube heating cartridge	Wendelrohrheizpatrone f	cartouche f chauffante à tuyau en forme de hélice	спиральный нагревательный патрон
	helper	s. P 488		
H 170	hem, seam	Saum m	bordure f, lisière f	кайма
H 171	hem flange bonding	Bördelfalzklebung f	collage m de bords pliés	кромкозагибочное склеивание
H 172	hemming, seaming	Säumen n	ourlage m, bordage m	окаймление
H 173	herringbone structure	Fischgrätenstruktur f	structure f à arête de poisson	гребневидная структура
H 174	HET-anhydride, hexachloro-endomethylene-tetrahydrophthalic anhydride	HET-Anhydrid n, chloriertes Anhydrid n (Epoxidharzhärter)	anhydride m hexachloroendométhylènetétrahydrophtalique, anhydride HET, anhydride chloré	хлорированный ангидрид (отвердитель для эпоксидных смол)
H 175	heterochain polymer	Heterokettenpolymer[es] n	polymère m à hétérochaînes	гетероцепной полимер
H 176	heterocyclic polymer	heterocyclisches Polymer[es] n	polymère m hétérocyclique	гетероциклический полимер
H 177	heterogeneous mixture	heterogene Mischung f, unvollständige Mischung f	mélange m hétérogène	гетерогенная смесь
H 178	heterohesion	Adhäsion (Haftung) f zwischen ungleichartigen Werkstoffen	adhérence f entre matériaux hétérogènes	гетероадгезия, адгезия между различными материалами
	heteropolymerization	s. C 829		
	hexachloro-endomethylene-tetrahydrophthalic anhydride	s. H 174		
H 179	hexafluoropropylene	Hexafluorpropylen n	hexafluoropropylène m	гексафторпропилен
H 180	hexagonal barrel mixer	Sechskanttrommelmischer m	mélangeur m à fût (tonneau) hexagonal	шестигранный барабанный смеситель
H 181/2	hexahydrophthalic anhydride, HPA	Hexahydrophthalsäureanhydrid n (Epoxidharzhärter)	anhydride m hexahydrophtalique	ангидрид гексагидрофталевой кислоты (отвердитель для эпоксидных смол)
H 183	hiding pigment	deckendes Farbpigment n, deckender Farbkörper m	pigment m couvrant	пигмент с кроющей способностью
H 184	hiding power, covering (obliterating) power	Deckfähigkeit f, Deckkraft f, Deckvermögen n (von Anstrichstoffen)	pouvoir m couvrant (de revêtement)	кроющая способность, укрывистость
H 185	high-boiling solvent	hochsiedendes Lösungsmittel n (in Klebstoffen)	solvant m à haut point d'ébullition	высококипящий растворитель
	high-cycle injection moulding	s. H 239		
H 186	high-density polyethylene, HDPE, polyethylene of high density	Polyethylen n hoher Dichte, HDPE, Hartpolyethylen n	polyéthylène (PE) m [de] haute densité, hPE m, PEhd m, polyéthylène rigide (basse pression), PEbp m	полиэтилен высокой плотности, жесткий полиэтилен
H 187	high-duty joint	hochfeste Verbindung f, Verbindung für Konstruktionen	assemblage (joint) m très résistant, assemblage (joint) à résistance élevée	высокопрочное соединение
H 188	high-elastic state, rubbery state, thermoelastic state	thermoelastischer Zustand m, gummielastischer Zustand	état m caoutchoutique (thermo-élastique)	высокоэластическое состояние
H 189	high-energy ionizing radiation	Hochenergieionisationsstrahlung f	rayonnement m ionisant de grande énergie	высокоэнергетическая ионизирующая радиация
	high-frequency dielectric heating	s. D 228		
	high-frequency dielectric heating equipment	s. H 195		
H 190	high-frequency drape welding	Hochfrequenzschweißen n am Ende langer Fügeteile	soudure f diélectrique H. F. au bout des pièces d'assemblage	высокочастотная сварка концов длинных деталей
	high-frequency dryer	s. D 226		
H 191	high-frequency drying cupboard	Hochfrequenztrockenschrank m	armoire f de séchage à haute fréquence	высокочастотный сушильный шкаф
H 192	high-frequency furnace	Hochfrequenzofen m, HF-Ofen m	four m à haute fréquence	высокочастотная нагревательная печь
H 193	high-frequency generator, high-frequency oscillator	Hochfrequenzgenerator m, HF-Generator m	oscillateur m haute fréquence	высокочастотный генератор
H 194	high-frequency heating, radio-frequency heating, RF heating	Hochfrequenzheizung f	chauffage m [en (à)] haute fréquence	высокочастотный нагрев
	high-frequency heating	s. a. D 228		

H 195	**high-frequency heating equipment,** high-frequency dielectric heating equipment, electronic heating equipment *(US)*	Hochfrequenzheizanlage *f*	équipement *m* (installation *f*) de chauffage à haute fréquence	обогреватель (нагревательный прибор) высокой частоты
H 196	**high-frequency moulding,** radio-frequency moulding, RF moulding	Pressen *n* mit hochfrequenzvorgewärmter Formmasse, Formpressen *n* mit Hochfrequenzvorwärmung (Hochfrequenzheizung)	moulage *m* avec préchauffage à haute fréquence	прессование диэлектрически нагретого материала
	high-frequency oscillator	*s.* H 193		
H 197	**high-frequency predrying**	Hochfrequenzvortrocknung *f*, HF-Vortrocknung *f* *(von Formmassen)*	préséchage *m* à haute fréquence	подсушка токами высокой частоты
H 198	**high-frequency preheater,** preheater by dielectric losses	Hochfrequenzvorwärmgerät *n*	préchauffeur *m* à haute fréquence, préchauffeur H. F.	подогреватель высокой частоты
H 199	**high-frequency preheating,** radio-frequency preheating, RF preheating	Hochfrequenzvorwärmen *n*, Hochfrequenzvorwärmung *f*	préchauffage *m* à (en) haute fréquence, préchauffage *m* H. F.	высокочастотный (диэлектрический) предварительный нагрев (подогреватель)
H 200	**high-frequency slip-sheet welding**	Hochfrequenzschweißen *n* von Folienknotenpunkten unter Verwendung von gleitenden unpolaren Folientrennlagen	soudure *f* diélectrique H. F. des feuilles	высокочастотная точечная сварка при помощи неполярных разделительных пленок
H 201	**high-frequency tarpaulin welder,** radio-frequency tarpaulin welder, RF tarpaulin welder	Hochfrequenz-Planenschweißanlage *f*, HF-Planenschweißanlage *f*	poste *m* de soudage de bandes à haute fréquence	высокочастотная сварочная установка для брезентов
H 202	**high-frequency welder**	Hochfrequenzschweißanlage *f*	soudeuse *f* haute fréquence, machine *f* à souder électronique	высокочастотная сварочная установка
H 203	**high-frequency welding,** radio-frequency welding, RF welding, electronic welding *(US)*, dielectric welding, dielectric sealing	Hochfrequenzschweißen *n*, HF-Schweißen *n*	soudage *m* par haute fréquence, soudage par HF, soudage électronique, soudage par hystérésis diélectrique	высокочастотная сварка, сварка в поле токов высокой частоты
H 204	**high-gloss lamination**	Hochglanzbeschichtung *f*, Hochglanzkaschierung *f*	couchage *m* spéculaire, contrecollage *m* à haut brillant	нанесение зеркально-блестящего материала
H 205	**high-gloss plastics leather**	Kunststoff-Lackleder *n*, Plast-Lackleder *n*	simili-cuir *m* brillant	лаковый кожзаменитель, синтетическая лаковая кожа
H 206	**high-gloss polyester resin varnish**	Glanzpolyesterlack *m*	vernis *m* polyester brillant	зеркально-блестящий полиэфирный лак
	high heat distortion temperature	*s.* T 97		
H 207	**high-impact plastic**	hochschlagfester (hochschlagzäher) Kunststoff (Plast) *m*	matière *f* plastique à haute résistance au chocs	высокоударопрочный пластик
H 208	**high-impact polystyrene,** HIPS	hochschlagfestes (hochschlagzähes) Polystyren *n*, PS-HI	polystyrène-choc *m*, polystyrène à haute résistance au choc, polystyrène très résilient	ударопрочный полистирол (полистирен)
H 209	**high-impact polyvinyl chloride,** HIPVC	hochschlagzähes (hochschlagfestes) Polyvinylchlorid *n*, hochschlagzähes PVC *n*, PVC-HI	chlorure *m* de polyvinyle à haute résistance au choc, chlorure de polyvinyle très résilient	ударопрочный поливинилхлорид, ударопрочный ПВХ
H 210	**high-intensity heating and cooling blender**	Heiz-Kühlmischer-Kombination *f*	mélangeur *m* réchauffeur/refroidisseur	двухстадийный смеситель [горячего и холодного действия]
H 211	**highly cross-linked polymer**	hochvernetztes Polymer[es] *n*	polymère *m* très réticulé	пространственный полимер с плотным расположением связей
H 212	**highly disperse silicic acid**	hochdisperse Kieselsäure *f*	silice *f* très dispersée	высокодисперсная кремневая кислота
H 213	**high-modulus carbon fibre,** HM-carbon fibre	hochsteife Kohlenstofffaser *f*, Kohlenstoffaser mit großem Elastizitätsmodul, HM-Kohlenstoffaser *f*	fibre *f* de carbone à module d'élasticité élevé	высокомодульное карбоволокно, высокомодульное углеродное волокно
H 214	**high-modulus glass fibre,** HM-glass fibre	hochsteife Glasfaser *f*, Glasfaser *f* mit großem Elastizitätsmodul, HM-Glasfaser *f*	fibre *f* de verre à module d'élasticité élevé	высокомодульное стекловолокно, стекловолокно высокой жесткости

H 215	high-modulus weave	steifes Textilglasgewebe n, steifes Glasseidengewebe n	tissu m haut-module (avec une grande résistance à l'allongement)	жесткая стеклоткань
H 216	high-molecular-weight high-density polyethylene, HMW-HDPE	Polyethylen n hoher Dichte und großer Molekularmasse, HDPE-HMW	polyéthylène m de haute densité et de poids moléculaire élevé	полиэтилен высокой плотности и большой молекулярной массы
H 217	high-molecular-weight polyethylene, HMWPE	Polyethylen n hoher Molekularmasse, HMPE	polyéthylène m de poids moléculaire élevé	полиэтилен высокой молекулярной массы
H 218	high-performance adhesive	Klebstoff m mit besonders großem Klebvermögen, Hochfestigkeitsklebstoff m	colle f de haute performance	клей высокой адгезии, высокопрочный клей
H 219	high-performance composite material	Hochleistungsverbundwerkstoff m	matériau m composite à haute performance	высокопрочная композиция
H 220	high-performance plastic	Hochleistungskunststoff m, Hochleistungsplast m	matière f plastique à haute performance	высокопрочный пластик, пластик технического назначения
H 221	high-performance screw	Hochleistungsschnecke f	vis f à grande puissance, vis à grand rendement (débit)	червяк высокой производительности
H 222	high-performance thermoplastic composite	hochfester thermoplastischer Plattenverbundstoff m	matériau m composite thermoplastique à haute performance	высокопрочный термопластичный ламинат
H 223	high polymer	Hochpolymer[es] n	haut polymère m, polymère à haut poids moléculaire	высокополимер
H 224	high-pressure capillary visco[si]meter	Hochdruckkapillarviskosimeter n, Hochdruckkapillarzähigkeitsmeßgerät n	viscosimètre m capillaire [à] haute pression, fluidimètre m capillaire haute pression	капиллярный вискозиметр высокого давления
H 225	high-pressure foaming machine	Hochdruckschäummaschine f	machine f à mousser haute pression	установка высокого давления для изготовления изделий из пенопластов
H 226	high-pressure hose	Hochdruckschlauch m	tube m souple haute pression	шланг высокого давления
H 227	high-pressure liquid chromatography, HPLC	Flüssigkeitshochdruckchromatographie f	chromatographie f liquide sous haute pression	жидкостная хроматография высокого давления
H 228	high-pressure metering unit (polyurethane components)	Hochdruckdosiergerät n (für Polyurethan-Komponenten)	doseuse f haute pression	дозирующий прибор высокого давления (для компонентов полиуретана)
H 229	high-pressure mixing [technology]	Hochdruckmischen n (Polyurethanverarbeitung)	mélange m sous haute pression (transformation des polyuréthannes)	смешение под высоким давлением
H 230	high-pressure moulding	Hochdruckpressen n, Hochdruckpreßverfahren n	moulage m à haute pression	прессование под высоким давлением
H 231	high-pressure plasticization	Hochdruckplastizierung f	plastification f à haute pression	пластикация под высоким давлением
	high-pressure plunger moulding	s. D 637		
H 232	high-perssure polyethylene	Hochdruckpolyethylen n	polyéthylène m haute pression, polyéthylène ramifié	полиэтилен высокого давления, полиэтилен ВД
H 233	high-pressure press	Hochdruckpresse f	presse f à haute pression	пресс высокого давления
H 234	high-pressure water jet cutting	Hochdruckwasserstrahlschneiden n	jet m d'eau sous haute pression	резание водной струей под высоким давлением
H 235	high-reacticity resin	hochreaktives Harz n, Harz n mit großem Reaktionsvermögen	résine f à réactivité élevé	высокореактивная смола
H 236	high-recirculation plant	Hochdruckrezirkulationsanlage f	installation f de récirculation sous haute pression	циркуляционное устройство под высоким давлением
	high-speed agitator	s. H 241		
H 237	high-speed cold forming	Hochgeschwindigkeitskaltumformung f	déformation f à froid à grande vitesse	высокоскоростное холодное формование
H 238	high-speed extrusion	Hochleistungsextrusion f	extrusion f (boudinage m) à grand rendement (débit)	высокоскоростная экструзия
H 239	high-speed injection moulding, high-cycle injection moulding	Hochleistungsspritzgießen n, Hochgeschwindigkeitsspritzgießen n, Schnellspritzgießen n	moulage m par injection à haut débit (rendement)	высокоскоростное (высокопроизводительное) литье под давлением
H 240	high-speed machine	Maschinenschnelläufer m (Spritzgießmaschine)	machine f à grande vitesse (machine à injection)	быстроходная машина
H 241	high-speed mixer, high-speed agitator, impeller [mixer]	Schnellmischer m, Schnellmischmaschine f, Schnellrührwerk n	agitateur m rapide	скоростной (быстроходный, быстродействующий) смеситель, быстроходная мешалка
	high-speed plunger moulding	s. D 637		
H 242	high-speed press	Hochgeschwindigkeitspresse f	presse f à grande vitesse	высокоскоростной пресс

H 243	high-speed testing machine	Schnellzerreißmaschine f, Schnellzugprüfmaschine f	machine f à essayer la résistance à la traction à grande vitesse	машина для испытания на ударный разрыв
H 244	high-speed tube extrusion	Hochgeschwindigkeitsrohrextrusion f	extrusion f (boudinage m) de tubes à grande vitesse	высокоскоростная экструзия труб
H 245	high-speed vacuum forming	Hochgeschwindigkeitsvakuumwarmformen n, Hochgeschwindigkeitsvakuumumformen n	moulage m à grande vitesse par le vide	высокоскоростное вакуумное формование
H 246	high-speed welding	Warmgasschweißen n mit Schnellschweißdüse, Schnellschweißen n	soudage m rapide (à grande vitesse)	скоростная сварка, сварка нагретым газом со скоростным мундштуком
H 247	high-speed winder	Hochgeschwindigkeitswickelmaschine f, Hochgeschwindigkeitswickler m	renvideur m à grande vitesse	высокоскоростная закаточная машина
H 248	high-strength glass fibre, HS-glass fibre	hochfeste Glasfaser f, Glasfaser f großer Festigkeit, HS-Glasfaser f	fibre f de verre à haute résistance	высокопрочное стекловолокно, стекловолокно высокой прочности
H 249	high tech[nology]	Hochtechnologie f	technologie f avancée, technologie de pointe	передовая технология, хай тек
	high-temperature adhesive	s. H 252		
H 250	high-temperature heated tool welding	Heizelement-Hochtemperaturschweißen n	soudage m en bout par résistance à température élevée	сварка нагретым инструментом при высоких температурах, высокотемпературная сварка нагретым инструментом
H 251	high-temperature material	Hochtemperaturwerkstoff m	matière f (matériau m) résistant aux hautes températures	термостойкий материал
	high temperature plastic	s. H 253		
H 252	high-temperature-resistant adhesive, high-temperature adhesive, adhesive resistant to high temperatures	hochtemperaturbeständiger Klebstoff m	adhésif m (colle f) résistant aux hautes températures	теплостойкий (термостабильный) клей, жаростойкий клей
H 253	high-temperature-resistant plastic, high temperature plastic	hochtemperaturbeständiger Kunststoff (Plast) m	plastique m résistant aux températures élevées	пластик высокой термостойкости
H 254	high-temperature test assembly	Einrichtung f für Prüfungen bei hohen Temperaturen	équipement m d'essai aux hautes températures	приспособление для испытания при повышенных температурах
H 255	high-temperature viscosimeter	Hochtemperaturviskosimeter n	viscosimètre (fluidimètre) m à hautes températures	высокотемпературный вискозиметр
H 256	high-tenacity film, HT film	hochzähe Folie f	feuille f de haute ténacité	высоковязкая пленка
H 257	high-tensile carbon fibre, HT-carbon fibre	hochfeste Kohlenstoffaser f, Kohlenstoffaser f großer Zugfestigkeit, HT-Kohlenstoffaser f	fibre f de carbone à résistance élevée	карбоволокно высокой разрывной прочности, углеродное волокно высокой прочности, высокопрочное карбоволокно
H 258	high-vacuum metal deposition (depositing), vapour plating, vapour deposition, vapour metallizing	Vakuumbedampfen n, Metallaufdampfen n, Metallbedampfung f	métallisation f sous vide	металлизация под вакуумом, вакуумная металлизация
H 259	high-velocity impact tester	Hochgeschwindigkeitsschlagprüfgerät n	appareil m d'essai au choc rapide	прибор для высокоскоростного испытания ударной вязкости
	high-viscosity	s. H 148		
H 260	high-voltage tube	Hochspannungsröhre f	tube m à haute tension	высоковольтная трубка
H 261	hindrance of thermal expansion	Behinderung f der thermischen Dehnung	empêchement m de la dilatation thermique, empêchement de l'expansion thermique	препятствие термического расширения
H 262	hinge, link, joint	Gelenk n	articulation f, jointure f, charnière f, joint m	шарнир, сочленение
H 263	hinged bolt connection	Klappschraubenverschluß m	bouchon m fileté à charnière	застежка с откидными винтами
H 264	hinged follower mould, hinged retraction mould	aufklappbares Preßwerkzeug n, Preßwerkzeug mit Scharnieren	moule m à charnières	пресс-форма на шарнирах
H 265	hinged pipe clamp	Rohrgelenkschelle f	collier m de serrage de l'articulation de tube	шарнирный хомут
	hinged retraction mould	s. H 264		
H 266	hinge pin	Gelenkbolzen m	axe m de l'articulation, boulon m de l'articulation	шарнирный болт
	HIPS	s. H 208		
	HIPVC	s. H 209		
H 267	history	Stoffvorgeschichte f	histoire f (d'un matériau)	предыстория

	HM-carbon fibre	s. H 213		
	HM-glass fibre	s. H 214		
	HMW-HDPE	s. H 216		
	HMWPE	s. H 217		
H 268	**hob,** hub, hole punch	Lochstempel m, Stanzstempel m, Prägestempel m, Pfaff m, Locheisen n	poinçon m [d'estampage], outil m à poinçonner	пробойник, бородок, оформляющий пуансон
H 269	**hobbing,** hubbing	Einsenken n, Prägen n, Prägung f (von Werkzeugfüllraumkonturen)	forçage m, procédé m de forçage, hobbing m, matriçage m par poinçon	штамповка матриц
H 270	**hobbing blank,** hubbing blank, soft metal blank	mittels Pfaffs hergestellter Prägerohling f (aus weichem Metall für Werkzeuge)	flan m de forçage	заготовка для холодного тиснения (изготовлена из мягкого металла)
H 271	**hobbing press**	Einsenkpresse f, Prägepresse f (zur Herstellung von Werkzeugfüllraumkonturen)	presse f à forcer, presse d'estampage	чеканочный пресс, пресс для холодного выдавливания
H 272	**hobbock**	Hobbock m (Transportbehälter für Formmassen)	conteneur m (récipient à transporter les matières à mouler plastiques)	контейнер
H 273	**hobe,** honeycomb before expansion	Hobe-Material n (zusammengelegte Papier- oder Aluminiumwabe für Sandwichkonstruktionen)	nid m d'abeilles brut (pas encore étendu)	сложенная сотовая бумага (сендвич-конструкции)
	Hoesch impeller	s. R 558		
H 274	**hold-down groove** (in tools)	Formteilhaltenut f, Formteilausfallsperre f (in Werkzeugen)	gorge f de fixation (serrage) (moule)	поднутрение в прессформе для удержания изделия
H 275	**hold-down plate**	Niederhalter m, Faltenhalter m (für Streck- und Ziehformen, für Hochfrequenzschweißen)	serre-flan m	прижим, прижимная рама (формование из листовых термопластов)
H 276	**hold-down plate for slip forming**	gleitender Niederhalter (Faltenhalter) m	serre-flan m coulissant (mobile)	прижимное устройство для проскальзывания листа
H 277	**holding pressure,** follow-up pressure, postinjection pressure, afterpressure	Nachdruck m (beim Spritzgießen)	maintien m en pression, postpression (injection)	выдержка под давлением, литьевое давление после заполнения формы (литье под давлением), давление в стадии уплотнения
H 278	**holding pressure optimization**	Nachdruckoptimierung f (Spritzgießen)	optimisation f du maintien en pression (moulage par injection)	оптимизация выдержи под давлением
H 279	**holding pressure phase**	Nachdruckphase f (beim Spritzgießen)	phase f de maintien en pression	время выдержи под давлением
H 280	**holding pressure pulsation,** pulsation of follow-up pressure	Nachdruckschwankung f (beim Spritzgießen)	fluctuation f de la pression de maintien (injection), pression f de post-injection pulsatoire	колебание давления во время выдержки под давлением
H 281	**holding pressure time,** afterpressure time	Nachdruckzeit f (beim Spritzgießen)	temps m (durée f) de maintien en pression	продолжительность выдержи под давлением
H 282	**holding time,** static hold time, clamping time	Haltezeit f, Verweilzeit f (beim Ultraschallschweißen)	temps m (durée f) de fixation (serrage), temps d'arrêt (soudage par ultrasons)	время выдержки, продолжительность пропускания (ультразвукового воздействия)
H 283	**hole diameter**	Lochdurchmesser m	diamètre m de trou	диаметр отверстия
	hole forming pin	s. C 843		
	hole punch	s. H 268		
H 284	**hole-type die**	Lochdüse f	buse f à trous	дырочное сопло
H 285	**holiday**	Lackfehlerstelle f	défaut m de la couche de vernis	дефект в лаковом покрытии
H 286	**hollander,** beating engine, beater (US), pulp engine (US)	Holländer m	pile f raffineuse (à cylindre), moulin m à cylindre	голлендер, ролл
H 287	**hollow**	Senkung f (für Schrauben- oder Nietkopf)	creux m de noyage (tête de vis ou de rivet)	раззенковка
H 288	**hollow article (body),** hollow moulding	Hohlkörper m	objet m creux	полое (пустотелое) изделие
	hollow casting	s. S 699		
H 289	**hollow fibre**	Hohlfaser f	fibre f creuse	полое волокно
H 290	**hollow glass microphase**	Mikroglashohlkugel f (Füllstoff)	microbille f en verre (charge)	микростеклобаллон, полая микростеклосфера
H 291	**hollow glass spherical filler**	Hohlglaskugelfüllstoff m	matière f de remplissage de bille de verre creuse	наполнитель из стеклянных микробаллонов

H 292	hollow mineral spherical filler	Hohlmineralkugelfüllstoff *m*	matière *f* de remplissage de microsphère minérale creuse	наполнитель из минеральных микробаллонов
H 293	hollow mould	Gießform *f*, Gießwerkzeug *n*	moule *m* creux	литейная форма
H 294	hollow mould casting	Hohlformgießen *n*, Hohlformgießverfahren *n*	coulée *f* en moule creux	литье в форму, состоящую из матрицы и патрицы
	hollow moulding	*s.* H 288		
H 295	hollow profile	Hohlprofil *n*	profilé *m* creux	полый профиль
H 296	hollow rivet, tubular rivet	Hohlniet *m*	rivet *m* creux (tubulaire)	полая заклепка
H 297	hollow spherical filler	Hohlkugelfüllstoff *m*	microsphère *f* creuse	полый сферический (шаровой) наполнитель
H 298	hollow wall pipe, double wall pipe	Doppelwandrohr *n*, Hohlwandrohr *n*	tube *m* à double paroi	труба с двойной стеной
H 299	holographic interferometry	holographische Interferometrie *f*, Interferoholographie *f*	interférométrie *f* holographique	голографическая интерферометрия
H 300	holography	Holographie *f*	holographie *f*	голография
H 301	homogeneity	Homogenität *f*	homogénéité *f*	однородность, гомогенность
H 302	homogeneous bond	homogene Bindung *f*	liaison *f* homogène	гомогенная связь
H 303	homogeneous fluidized bed, particulate fluidized bed	homogene Wirbelschicht *f* *(Wirbelsinterbad)*	lit *m* fluidisé homogène	гомогенный кипящий слой, однородный псевдоожиженный слой
H 304	homogeneous mixture	homogene Mischung *f*	mélange *m* homogène (intime)	однородная смесь, гомогенная смесь
H 305	homogenization, homogenizing	Homogenisieren *n*, Homogenisierung *f*	homogénéisation *f*, mélange *m* intime	гомогенизация
	homogenization efficiency	*s.* C 592		
H 306	homogenizer	Homogenisierungsgerät *n*	homogénéiseur *m*	гомогенизатор
H 307	homogenizer mixer	Homogenisiermischer *m*	mélangeur *m* d'homogénéisation	смеситель-гомогенизатор
	homogenizing	*s.* H 305		
H 308	homogenizing performance	Homogenisierverhalten *n*	puissance *f* d'homogénéisation	гомогенизирующее действие
	homogenizing zone	*s.* M 252		
	homopolar bond (linkage)	*s.* A 583		
H 309	homopolymer	Homopolymer[es] *n*, aus gleichen Monomeren aufgebautes Polymer[es] *n*, aus einer Monomerart aufgebautes Polymer[es] *n*, Homopolymerisat *n*	homopolymère *m*	гомополимер, полимер из одного вида мономеров
H 310	homopolymerization	Homopolymerisation *f*	homopolymérisation *f*	гомополимеризация
H 311	honeycomb	Wabe *f (für Stützstoffelemente)*	nid *m* d'abeilles	ячеистая конструкция
H 312	honeycomb adhesive	Klebstoff *m* für Wabenstrukturen	adhésif *m* (colle *f*) pour structures en nid d'abeilles	клей для сотовых конструкций
	honeycomb before expansion	*s.* H 273		
H 313	honeycomb core	Wabenkern *m (für Sandwichelemente)*	âme *f* en nid d'abeilles (sandwich)	средний слой *(ячеистой конструкции)*
H 314	honeycomb laminate	Schichtstoff *m* mit Wabenkern	stratifié *m* à structures en nid d'abeilles	слоистый материал типа сэндвич, слоистый ячеистый материал
H 315	honeycomb sandwich material	Stützstoffkonstruktionselement *n* mit Wabenkern, Sandwichelement *n* mit Wabenkern	stratifié *m* à structure en nid d'abeilles	сэндвич-элемент с ячеистым ядром, сэндвич-элемент с сотовым ядром
H 316	honeycomb structure	Wabenstruktur *f*	structure *f* en nid d'abeilles	сотовая структура
H 317	Hookean spring, instantaneously elastic spring	Federelement *n* zur Simulierung des rein elastischen Verhaltens, Federelement *n* zur Simulierung der Sprungelastizität	ressort *m* de Hooke	упругая пружина, упругий элемент моделей деформации
H 318	Hooke's law	Hookesches Gesetz *n*	loi *f* de Hooke	закон Гука
	hoop drop relay	*s.* C 314		
	hoop winding	*s.* C 343		
H 319	hooper, hopper loader, feed hopper, feed chute, feeder *(US)*	Beschickungstrichter *m*, Einfülltrichter *m*, Fülltrichter *m*, Trichterbeschicker *m*, Speisetrichter *(an Verarbeitungsmaschinen)*	trémie *f* d'alimentation, trémie de chargement	питатель-бункер, загрузочный бункер, загрузочная воронка *(машины для переработки пластмасс)*
	hopper	*s. a.* F 62		
H 320/1	hopper dryer	Trichtertrockner *m*, Trokkeneinrichtung *f* im Beschickungstrichter	trémie *f* chauffante (de préchauffage)	сушилка в бункере
	hopper loader	*s.* H 319		

H 322	hopper magnet	Einfülltrichtermagnet *m* (zum Zurückhalten von ferromagnetischen Metallpartikeln des Füllguts)	séparateur *m* magnétique de la trémie d'alimentation	магнит в загрузочной воронке
H 323	hopper mill	Trichtermühle *f*	broyeur *m* à cône	дисковая терка с воронкой
H 324	hopper-to-feed throat	Beschickungstrichterauslaufstutzen *m*, Fülltrichterauslaufstutzen *m*, Einfülltrichterauslaufstutzen *m*	bec *m* de trémie d'alimentation	сливное отверстие загрузочной воронки
H 325	Höppler viscosimeter	Höppler-Viskosimeter *n*, Kugelfallviskosimeter *n* nach Höppler	viscosimètre *m* de Hoeppler	вискозиметр Гепплера
H 326	horizontal and vertical flash mould	liegenden und stehenden Formteilgrat ergebendes Preßwerkzeug *n*	moule *m* à bavures horizontale et verticale	пресс-форма с горизонтальной и вертикальной линиями заусенца
H 327	horizontal extruder	Horizontalextruder *m*	extrudeuse *f* horizontale	горизонтальный экструдер
	horizontal extruder head	*s.* S 1158		
H 328	horizontal flash mould	liegenden Formteilgrat ergebendes Preßwerkzeug *n*	moule *m* à bavure horizontale	пресс-форма с горизонтальной линией заусенца
H 329	horizontal injection moulding machine	Horizontalspritzgießmaschine *f*	presse *f* d'injection horizontale	горизонтальная литьевая машина
H 330	horizontal multipass dryer	horizontaler Mehrfachbahnentrockner *m*, Mehrfachbahnentrockner *m* mit horizontaler Bahnenführung	tunnel *m* de séchage à déroulement horizontal de feuilles	сушильная печь с горизонтальными конвейерными лентами
	horizontal wire reciprocating	*s.* R 106		
	horn	*s.* S 804		
	Horrock extruder	*s.* P 323		
	horseshoe agitator (mixer)	*s.* A 411		
H 331	hose connector	Schlauchverbinder *m*	raccord *m* de tuyaux	соединитель для шлангов
H 332	hot-air curtain	Luftschleieranlage *f*	installation *f* de chauffage à rideau d'air chauffé	воздушная завеса
H 333	hot air dryer	Warmlufttrockner *m*	sécheur *m* à air chaud	сушилка, действующая горячим воздухом
H 334	hot-air prefoaming	Heißluftvorschäumen *n* (von treibmittelhaltigem Polystyrengranulat)	prémoussage *m* à l'air chaud (granulés de polystyrène contenant du gonflant)	предварительное вспенивание горячим воздухом (пенополистирола)
H 335	hot-air sealer (welding tool)	Warmluftschweißgerät *n*	appareil *m* de soudage à l'air chaud	нагреватель для сварки горячим воздухом, аппарат для сварки нагретым воздухом
	hot bar sealing	*s.* H 81		
H 336	hot bending, heat bending	Warmbiegen *n*	cintrage *m* à chaud	изгиб при повышенной температуре
H 337	hot-cold runner combination	Heiß-Kaltkanal-Kombination *f* (Spritzgießwerkzeug)	combinaison *f* de canaux chauffants et refroidissants (moule pour injection)	комбинация из обогреваемых и охлажденных литниковых каналов
H 338	hot-dip coating, heat-dip coating	Beschichten *n* (Überzugsherstellung *f*) durch Heißtauchen, Heißtauchbeschichten *n*	enduction *f* (revêtement *m*) par immersion à chaud	горячее окунание, окунание при повышенной температуре
	hot-dip compound	*s.* S 1254		
H 339	hot-dip galvanization	Feuerverzinken *n*, Feuerverzinkung *f*	zingage *m* au feu, galvanisation *f* à chaud	горячее цинкование
H 340	hot-edge mould	Heißkanal-Spritzgießwerkzeug *n* (mit einem in einen Preßgußblock eingearbeiteten tunnelförmigen Heißkanal)	moule *m* à canaux chauffants (injection)	литьевая пресс-форма с горячим литниковым каналом трапециевидного сечения
H 341	hot-edge tunnel gate	seitlicher Tunnelanschnitt *m* (bei Spritzgußteilen)	carotte *f* latérale en tunnel (injection)	впускной литник, находящийся в одной полуматрице
H 342/3	hot embossing	Prägefoliendruckverfahren *n* (für Folien)	marquage *m* (feuilles)	горячее гофрирование
	hot embossing	*s. a.* H 348		
	hot embossing machine	*s.* H 398		
H 344	hot fats resistance, resistance to hot fats	Beständigkeit *f* gegen heiße Fette	résistance *f* aux graisses chaudes	сопротивление действию горячих жиров
H 345	hot feed extruder	heißgutbeschickter Extruder *m*	extrudeuse *f* à alimentation chaude	экструдер горячей загрузки
	hot-filament welding	*s.* H 416		
	hot foil embossing	*s.* H 348		

H 346	hot foil embossing printing	Heißfolienprägedruck m	estampage m de feuilles à chaud, étampage m de feuilles à chaud	тисненая печать нагретой пленкой
H 347	hot foil printing machine	Heißfoliendruckmaschine f	machine f à imprimer de feuilles à chaud	машина для горячего печатания пленок
H 348	hot foil stamping, hot embossing, hot foil embossing	Heißfolienprägen n	marquage m de feuilles à chaud	горячее тиснение пленок
H 349	hot foil stamping machine	Heißfolienprägemaschine f	machine f d'estampage à chaud pour feuilles	машина для горячего тиснения пленок
H 350	hot forming	heißverformbar	moulable (formable) à chaud, thermoformable	горячо формуемый
	hot forming	s. a. T 245		
	hot-gas sealer	s. H 351		
H 351	hot-gas welder, hot-gas welding tool, hot-gas welding equipment, hot-gas sealer	Warmgasschweißgerät n	appareil m de soudage aux gaz chauds	прибор для сварки нагретым газом
H 352	hot-gas welding	Warmgasschweißen n, WG-Schweißen n	soudage m aux gaz chauds	сварка нагретым (горячим) газом
	hot-gas welding equipment (tool)	s. H 351		
	hot-gate moulding	s. H 384		
H 353	hot manifold system	Heißkanalangußsystem n	système m d'entrée à canaux chauffants	обогреваемая литниковая система
	hot melt	s. 1. H 364; 2. H 391		
H 354	hot-melt adhesive, thermoplastic adhesive, cast[ing] adhesive, dry adhesive (US)	Schmelzklebstoff m	adhésif m fusible, hot-melt m, colle f fusible	термопластичный клей, клей на основе термопластической смолы, клей-расплав
H 355	hot-melt adhesive application, hot-melt application	Schmelzklebstoffauftragen n, Auftragen n von Schmelzklebstoff	application f des adhésifs thermofusibles	нанесение клеев-расплавов
H 356	hot-melt adhesive binding	Schmelzklebstoffbindung f	liaison f par colle f à fusion, jonction f par colle à fusion	горячее клеевое соединение
	hot-melt application	s. H 355		
H 357	hot-melt application equipment, hot-melt applicator, device for coating thermoplastic adhesives	Schmelzklebstoffauftragsgerät n	métier m à enduire hot-melt (par fusion), appareil m à appliquer la colle thermoplastique	машина (прибор) для нанесения клея-расплава, наноситель для клея-расплава
H 358	hot-melt coater	Heißschmelzbeschichter m, Heißschmelzbeschichtungsmaschine f	métier m à enduire hot-melt (par fusion)	машина для нанесения покрытия в виде расплава
H 359	hot-melt coating	Schmelzbeschichten n	enduction f sous fusion	нанесение покрытия в виде расплава
H 360	hot-melt die	Heißschmelzdüse f	filière f pour enduction sous fusion	плавильное сопло
H 361	hot-melt extruder	Extrudiereinrichtung f zum Schmelzen und Auftragen von Schmelzklebstoffen	extrudeuse (boudineuse) f pour enduction sous fusion	экструдер для переработки расплава-клея
H 362	hot-melt gun	Schmelzklebstoffauftragspistole f	pistolet m pour colle fusible	пистолет для нанесения клея-расплава
H 363	hot-melt head	Schmelzeauftragskopf m	tête f d'enduction sous fusion	головка для нанесения полимерного расплава
H 364	hot-melt plastic, hot melt	Schmelzmasse f	masse (matière) f fondue, plastique m fondu	расплавленная масса
H 365	hot-melt pressure sensitive adhesive	Haftschmelzklebstoff m	colle f auto-adhésive à fusion	контактный клей-расплав
H 366	hot-melt sealant applicator system	Auftragssystem n für Schmelzdichtstoffe, Schmelzdichtstoff-Auftragssystem n	système m d'application pour matériau d'étanchéité à fusion	устройство для нанесения клея-расплава
H 367	hot-melt spray gun	Schmelzklebstoffauftragssprühpistole f	pistolet m pulvérisateur pour colle à fusion	пистолет-распылитель для клеев-расплавов
H 368	hot-melt tester	Schmelzklebstoffprüfgerät n (zur Optimierung der Klebbedingungen)	appareil m d'essai de la colle fusible, appareil d'essai du hot melt	контрольный прибор для клеев-расплавов
H 369	hot penetration test	Wärmedruckprüfung f, Druckprüfung f in der Wärme	essai m de pression à chaud	испытание на сжатие при повышенной темпертуре
H 370	hot-plate press	Heißplattenpresse f, Heizplattenpresse f	presse f à plateaux chauffants	пресс с обогревом плит
	hot-plate welder	s. H 101		
H 371	hot-plate welding	Heizelementschweißen n	soudage m aux éléments thermique	сварка нагретыми пластинами

H 372	hot press	Klebstoffpresse f für warm oder heiß sich verfestigende Harze	presse f à coller à chaud	пресс для горячего отверждения клеев
H 373	hot-press moulding	Heißpressen n, Heißpreßverfahren n (für glasfaserverstärkte Duroplaste, Duromere)	pressage m à chaud (thermodurcissables renforcés aux fibres de verre)	прессование при повышенной температуре, горячее прессование (стеклопластиков)
H 374	hot roll	beheizte Galette f (am Fixierwerk von Folienreckanlagen)	cylindre m d'étirage chauffé	нагреваемый валок (фиксирующее устройство)
H 375	hot-rolled	warmgewalzt	laminé (roulé) à chaud	горячекатаный
H 376	hot rolling	Warmwalzen n, Heißwalzen n	laminage m à chaud, roulage m à chaud	вальцевание при повышенной температуре, горячее вальцевание
H 377	hot runner	geheizter Angußkanal m, Werkzeugheißkanal m, beheizter Angußverteiler m	canal m de carotte chauffé (moule)	нагретый (горячий, обогреваемый) литниковый канал
H 378/9	hot-runner block	Heißkanalblock m (bei Heißkanalwerkzeugen)	bloc m de canaux de carottes chauffés (moule)	блок с обогреваемым литниковым каналом
	hot-runner bush technique	s. H 384		
H 380	hot-runner control	Heißkanalsteuerung f (Spritzgießen)	commande f des canaux chauffants	управление нагретым литьевым каналом
	hot-runner die	s. H 386		
H 381	hot-runner distributor plate	Heißkanalverteilerplatte f	plaque f distributrice des canaux chauffants	распределительная плита для обогреваемого канала
H 382	hot-runner gate	Heißkanalanguß m	entrée f à canal de carotte chauffé	обогреваемый литниковый канал
H 383	hot-runner injection mould, hot-runner mould, hot-runner injection moulding tool	Heißkanal-Spritzgießwerkzeug n, Heißkanalwerkzeug n, Werkzeug n mit warmem Vorkammeranguß	moule m à canaux de carottes chauffés, moule à buse d'injection chauffé, moule à injecter avec canal chauffant, moule à canaux chauffés	литьевая форма с незатвердеваемым литником, литьевая форма с обогреваемым (нагреваемым) литником (литниковым каналом)
H 384	hot-runner injection moulding, hot-runner moulding, hot-gate moulding, hot-runner bush technique, tubular insulating principle	Heißkanalspritzgießen n, Heißkanal-Spritzgießverfahren n, Heißkanal-Spritzgießtechnik f, Spritzgießen n mit warmem Vorkammeranguß	moulage m par injection à canaux chauffants, procédé m d'injection à canal chaud	литье под давлением с горячим (обогреваемым) литниковым каналом
	hot-runner injection moulding tool	s. H 383		
	hot-runner jet	s. H 386		
H 385	hot-runner manifold	Heißkanalverteiler m	distributeur m de canaux de carottes chauffés	разводящий обогреваемый литниковый канал
	hot-runner mould	s. H 383		
	hot-runner moulding	s. H 384		
H 386	hot-runner nozzle, hot-runner die, hot-runner jet	Heißkanaldüse f	filière f de canaux chauffants, buse f de canaux chauffants	сопло для нагретых литниковых каналов
H 387	hot-runner shut-off system	Heißkanalverschlußsystem n	système m de fermeture des canaux chauffants	система закрывания нагретого канала
H 388	hot-runner stack[-injection]-mould	Heißkanal-Etagenspritzgießwerkzeug n, Heißkanal-Etagenwerkzeug n, Etagenwerkzeug n mit warmem Vorkammeranguß	moule m étagé à canaux de carottes chauffés, moule m étagé à buse d'injection chauffée	многоэтажная литьевая форма с нагреваемым литниковым каналом
H 389	hot-runner system	Heißkanalsystem n	système m de canaux chauffants	обогреваемая литниковая система, система незатвердеваемого литника, литьевая система с горячим литниковым каналом
H 390	hot-runner valve gate	Heißkanalventilanguß m, Heißkanalanguß m mit eingebautem Ventil	entrée f à canaux de carottes chauffés avec valve incorporée	литье по обогреваемому каналу и клапану
H 391	hot-seal adhesive, hot melt	Heißsiegelklebstoff m	adhésif m (colle f) de soudage à chaud	клей для горячей склейки, клей-расплав, плавкий клей
	hot sealing	s. H 130		
H 392	hot-setting adhesive, heat-setting adhesive (temperature above 90 ℃)	heißhärtender Klebstoff m, heißabbindender Klebstoff m (Temperatur über 90 ℃)	adhésif m durcissable à chaud, colle f durcissable à chaud, colle f thermodurcissable (température au-dessus de 90 ℃)	клей горячего отверждения (при температуре выше 90 ℃)

H 393	hot-short	nicht warmfest, nicht wärmebeständig, warmbrüchig	fragile (cassant) à chaud	термочувствительный
H 394	hot-sprue bushing	Heißangußbuchse f	douille f de carotte chaude	обогреваемая литниковая втулка
H 395	hot stage	Heiztisch m (von Schmelztischmikroskopen)	platine f à chauffage (microscope)	нагревательная плита (микроскопа)
H 396	hot stamping	Heißprägen n (Folie)	grainage m à chaud, estampage m à chaud	горячее гофрирование (тиснение)
H 397	hot-stamping foil	Heißprägefolie f	feuille f pour grainage à chaud	термогофрированная пленка
H 398	hot-stamping machine, hot embossing machine	Heißprägemaschine f	machine f d'estampage à chaud	машина для горячего тиснения
H 399	hot-tab gate	warmer Vorkammeranguß m	entrée f chaude avec antichambre	литник с обогреваемой форкамерой
H 400	hot tack	Heißklebrigkeit f, Warmklebrigkeit f	état m collant à chaud	липкость в горячем состоянии
H 401	hot-tack barrier coating (US)	heißklebende Schutzschicht f	couche f de protection collant à chaud	защитное покрытие горячего склеивания
H 402	hot-tack behaviour	Warmklebrigkeitsverhalten n, Hot-tack-Verhalten n (Folien)	comportement m hot-tack	липкость при повышенной температуре
H 403	hot-tack value	Warmklebrigkeitswert m (von Schmelzklebstoffen)	valeur f de collage à chaud	степень клейкости при повышенной температуре
H 404	hot-tensile test	Warmzerreißprüfung f, Zerreißprüfung f in der Wärme	essai m à la rupture à température élevé	испытание на расстяжение при повышенной температуре
H 405	hot-tip bushing system, torpedo system	angußloses Spritzgießen n mit innenbeheizter Düse	injection f sans culot à l'aide d'une buse chauffée à l'intérieur	безлитниковое литье под давлением соплом с внутренним нагреванием
H 406	hot transfer foil, hot transfer sheet	Aufbügelfolie f	feuille f à repasser au fer, feuille à application thermique	подутюжная пленка, термопечатная пленка
H 407	hot transfer label	Aufbügeletikett n, Abbügeletikett n	étiquette f à repasser au fer	подутюжный этикет
H 408	hot-water prefoaming	Heißwasservorschäumen n (von treibmittelhaltigem Polystyrengranulat)	prémoussage m à l'eau chaude (granulés de polystyrène contenant du gonflant)	предварительное вспенивание горячей водой (пенополистирола)
H 409	hot-water resistance, resistance to hot water	Heißwasserfestigkeit f	résistance f à l'eau chaude	стойкость (устойчивость) к горячей воде
H 410	hot-water take-away	Abzugvorrichtung f mit Wasserbad (Extruder)	dispositif m de réception avec bain d'eau chaude (extrudeuse)	приемное устройство с водяной ванной
H 411	hot-wire cutter	Glühdrahtschneidmaschine f, Heißdrahtschneidmaschine f (für Schaumstoffschneiden)	machine f de découpe à fils chauds	машина для резки раскаленной нитью
H 412	hot-wire cutting	Glühdrahtschneiden n, Heizdrahtschneiden n	coupage m au fil chaud	резка раскаленной нитью
H 413	hot-wire heater	Glühdrahtheizgerät n (zum Erwärmen von Umformteilen)	appareil m de chauffage au fil chaud	нагревательный прибор с раскаленной нитью
H 414	hot-wire multiple heating tool	Heizdraht-Mehrfachheizgerät n, Glühdraht-Mehrfachheizgerät n (zum gleichzeitigen Abkanten mehrerer Stellen einer Tafel)	appareil m de chauffage multiple au fil chaud	многоместный нагреватель (для изгибания плит)
H 415	hot-wire side weld	Seitentrennschweißnaht f (Beutel)	soudure f latérale (sachet plastique)	боковой сварной шов, полученный сваркой с разрезанием материала (мешок из пластика)
H 416	hot-wire welding, hot-filament welding	Abschmelzschweißen n mit Glühdraht, AS-Schweißen n mit Glühdraht, Glühdrahtschweißen n, Heizdrahtschweißen n, HD-Schweißen n, Trenn-Nahtschweißen n mit Glühdraht, Trennen n und Schweißen n mit Glühdraht	soudage m au fil chaud	отрезка и сварка нагретой проволочкой, отплавление горячей проволокой
	HPA	s. H 181/2		
	HPLC	s. H 227		
	HS-glass fibre	s. H 248		
	HT-carbon fibre	s. H 257		
	HT film	s. H 256		

	hub	s. H 268		
	hubbing	s. H 269		
	hubbing blank	s. H 270		
	hue	s. S 332		
H 417	hull	dunkler Fleck m (auf Ober-flächen von Laminaten oder anderen Formteilen)	tache f sombre	темное пятно
H 418	humectant	Feuchthaltemittel n	humidifiant m	увлажнитель, средство против усыхания
H 419	humectation, humidification	Anfeuchtung f, Befeuchtung f	humectation f, humidification f	увлажнение, смачивание
	humidification	s. H 419		
	humidify/to	s. D 4		
H 420	humidity chamber	Feuchtekammer f	chambre f humide, humidor m	влажная камера
	humidity content	s. M 398		
H 421	humidity controller	Feuchteregler m, Feuchtigkeitsregler m	régulateur m d'humidité, humidostat m	регулятор влажности
H 422	humidity-proof	feuchtedicht	étanche à l'humidité	влагостойкий, влагонепроницаемый
H 423	humidity resistance	Schwitzwasserbeständigkeit f (Klebverbindungen)	résistance f à l'eau ressuée	стойкость к коррозии при конденсации влаги
H 424	humidity sensitive element, humidity sensor	Feuchtefühler m, Feuchtigkeitsfühler m	élément m sensible à l'humidité	влагочувствительный элемент
H 425	humidity test	Schwitzwasserversuch m (Klebverbindungen)	essai m d'humidité	испытание на коррозию при конденсации влаги
H 426	Hunter multipurpose reflectometer	Mehrzweckreflektometer n nach Hunter	réflectomètre m polyvalent de Hunter	рефлектометр Хунтера, универсальный рефлектометр по Хунтеру
H 427	hybrid composite	mit unterschiedlichen Füllstoffen gefüllter Kunststoff (Plast) m	plastique m composite hybride	пластик, наполненный некоторыми наполнителями
H 428	hybrid isophthalic polyester urethans	mit Urethanen modifizierte hybride Isophthalpolyesterharze npl	résines fpl phtaliques-polyéstériques modifiées par uréthannes	модифицированные уретанами изофталевые полиэфиры, гибридные изофталевые полиэфиры
	hydrated cellulose	s. R 169		
H 429	hydraulic actuator	hydraulischer Arbeitszylinder m, hydraulischer Prüfmaschinenzylinder m	cylindre m hydraulique (machine d'essai)	рабочий (силовой) цилиндр
	hydraulically assisted testing machine	s. S 318		
H 430/1	hydraulically changeable filter screen	hydraulisch wechselbares Filtersieb n (Extruder)	tamis m échangeable à commande hydraulique	гидравлически заменяемый фильтр
	hydraulic atomization	s. A 314		
H 432	hydraulic bear-down force	hydraulische Stützkraft f	force f d'appui hydraulique	гидравлическая опорная сила
H 433	hydraulic booster, booster	Druckverstärker m (von Spritzgießmaschinen)	accumulateur m à charge, accumulateur hydraulique (machine à injection)	аккумулятор давления
H 434	hydraulic circuit	Hydraulikeinheit f, Hydraulikkreis m	circuit m hydraulique	гидравлический механизм
H 435	hydraulic clamp injection machine	Spritzgießmaschine f mit hydraulischer Schließeinheit	machine f d'injection à fermeture hydraulique	литьевая машина с гидравлическим механизмом запирания форм
H 436	hydraulic clamp unit	hydraulische Schließeinheit f	fermeture f hydraulique	гидравлический узел смыкания литьевой формы
H 437	hydraulic contact	Hydraulikanschluß m	prise f de pression hydraulique	гидравлическое соединение
H 438	hydraulic decimal press	hydraulische Dezimalpresse f	presse f décimale hydraulique	гидравлический десятичный пресс
H 439	hydraulic drive	hydraulischer Antrieb m	commande f hydraulique	гидравлический привод
	hydraulic-driven press	s. H 442		
H 440	hydraulic ejector, push back	hydraulischer Auswerfer m, hydraulischer Ausdrücker m	éjecteur m hydraulique	гидравлический выталкиватель
	hydraulic extruder	s. R 34		
H 441	hydraulic lock machine	hydraulisch schließende Maschine f	machine f à fermeture hydraulique	машина с гидравлической системой смыкания форм
H 442	hydraulic press, hydraulic-driven press, hydropress	hydraulische Presse f	presse f hydraulique	гидравлический пресс
H 443	hydraulic pressure	Hydraulikdruck m	pression f hydraulique	гидравлическое давление, давление в гидросистеме
H 444	hydraulic pump	Hydraulikpumpe f	pompe f pour transmission hydromécanique	гидронасос, гидравлический насос

H 445	**hydraulic ram**	Hydraulikkolben *m*	piston (vérin) *m* hydraulique	плунжер *(гидравлической системы литьевой машины)*
H 446	**hydraulic set**	Hydraulikaggregat *n*	groupe *m* hydraulique	гидросистема, гидравлическая система
H 447	**hydraulic-type automatic injection moulding machine**	hydraulischer Spritzgießautomat *m*	machine *f* automatique d'injection à commande hydraulique	автоматическая гидравлическая машина для литья под давлением
H 448	**hydraulic valve**	Hydraulikventil *n*	valve *f* hydraulique	гидравлический клапан
H 449	**hydrocarbon**	Kohlenwasserstoff *m*	hydrocarbure *m*	углерод
H 450	**hydrocarbon casting resin**	Kohlenwasserstoffgießharz *n*	résine *f* de coulée à base d'hydrocarbures	углеводородная литьевая смола
H 451	**hydrocarbon plastic**	Kohlenwasserstoffkunststoff *m*, Kohlenwasserstoffplast *m*	plastique *m* hydrocarboné	углеводородный пластик
H 452	**hydrocarbon polymer**	Kohlenwasserstoffpolymer[es] *n*	polymère *m* d'hydrocarbures	углеводородный полимер
H 453	**hydrocarbon resin**	Kohlenwasserstoffharz *n*	résine *f* à base d'hydrocarbures	углеводородная смола
H 454	**hydrodynamic chromatography**	hydrodynamische Chromatographie *f*	chromatographie *f* hydrodynamique	гидродинамическая хроматография
H 455	**hydrofoil**	hydrolysebeständige Folie *f*, wasserbeständige Folie *f*	feuille *f* résistant à l'eau, feuille *f* résistant à l'hydrolyse	водостойкая пленка
H 456	**hydrogen bond**	Wasserstoffbindung *f*, Wasserstoffbrückenbindung *f*	liaison *f* hydrogène	водородная связь
H 457	**hydrogen bridge**	Wasserstoffbrücke *f (Klebtheorie)*	pont *m* hydrogène, liaison *f* hydrogène	водородный мостик
H 458	**hydrogen chloride**	Chlorwasserstoff *m*, Hydrogenchlorid *n*	gaz *m* hydrochlorique	хлористый водород
H 459	**hydrogen-ion concentration, pH-value**	Wasserstoffionenkonzentration *f*, pH-Wert *m*	concentration *f* des ions d'hydrogène, valeur *f* pH	водородный показатель, pH
H 460	**hydrolization**	hydrolytische Spaltung *f (von Molekülketten)*	dissociation *f* hydrolytique	гидролизное расщепление
H 461	**hydrolysis**	Hydrolyse *f*	hydrolyse *f*	гидролиз
H 462	**hydrolysis resistance**	Hydrolysenbeständigkeit *f*	résistance *f* à l'hydrolyse	стойкость к гидролизу
H 463	**hydromechanical press**	hydromechanische Presse *f*	presse *f* hydromécanique	гидромеханический пресс
H 464	**hydroperoxide decomposer**	Hydroperoxidzersetzer *m (für Reaktionsharze)*	agent *m* de décomposition des hydroperoxydes	средство для разложения, содержащее гидроперекись
	hydropress	*s.* H 442		
H 465	**hydrospenser**, continuous resin casting plant	Hydrospenser *m*, kontinuierlich arbeitende Dosier-, Misch- und Gießanlage *f*	unité *f* continue de dosage, de mélange et de coulée	«гидроспенсер», непрерывно дозирующая, смешивающая и отливающая установка
H 466	**hydrostatic extrusion**	hydrostatische Extrusion *f*	extrusion *f* hydrostatique	гидростатичная экструзия
H 467	**hydroxide**	Hydroxid *n*	hydroxyde *m*	гидрокись, гидроксид
H 468	**hydroxylethylcellulose**	Hydroxylethylcellulose *f*, HEC	hydroxyléthylcellulose *f*	оксиэтилцеллюлоза
H 469	**hydroxyl group**	Hydroxylgruppe *f*	groupement *m* hydroxy[le], groupe *m* hydroxy[le], hydroxyle *m*	гидроксильная группа
	hydroxyl number	*s.* H 470		
H 470	**hydroxyl value**, hydroxyl number	Hydroxylgehalt *m*, Gehalt *m* an OH-Gruppen, Hydroxylzahl *f*	indice *m* d'hydroxyle	содержание гидроксильных групп, гидроксильное число
H 471	**hygrometer**	Feuchtemeßgerät *n*, Hygrometer *n*	hygromètre *m*	гигрометр
H 472	**hygroscopicity**, hygroscopic sensitivity	Hygroskopizität *f*, hygroskopische Empfindlichkeit *f*	hygroscopicité *f*	гигроскопичность
H 473	**hysteresis loop**	Hystereseschleife *f*	boucle *f* d'hystérésis, courbe *f* d'hystérésis	петля гистерезиса

I

	IBS-process	*s.* I 150		
I 1	**ICI foam moulding, ICI process**, Imperial Chemical Industries foam moulding	ICI-Schaumstoffspritzgießen *n (Hochdruckschaumstoffspritzgießen mit zwei Plastiziereinheiten und Tauchkantenwerkzeug)*	processus *m* de moulage de mousse ICI	литье под давлением пенистых термопластов по методу фирмы ICI
	ICP	*s.* I 346		
I 2	**ideally elastic**, perfectly elastic	rein elastisch, sprungelastisch	parfaitement élastique	чисто эластичный, идеально упругий

	English	German	French	Russian
I 3	identification of plastics, plastics identification	Kunststoffidentifizierung f, Kunststofferkennung f, Plastidentifizierung f, Plasterkennung f	identification f des plastiques	идентификация полимеров
I 4	idler, expanding roller	Spannrolle f	galet m [tendeur], galopin m, tendeur m	натяжной ролик
I 5	idler roll	nichtangetriebene Walze f, Loswalze f (Beschichtungsmaschinen)	cylindre m non commandé	неприводной валок
	idle running	s. I 7		
I 6	idle time, dead time	Stillstandszeit f	temps m d'arrêt	время положения «стоп», время простоя
I 7	idling, idle running	Leerlauf m	marche f à vide	холостой ход
I 8	ignition of polymeric materials	Entzündung f polymerer Werkstoffe	inflammation f des matériaux polymériques	воспламенение полимерных материалов, возгорание полимеров
I 9	ignition point (temperature)	Zündtemperatur f	température f d'ignition	температура воспламенения
	illuminated signal for welding process	s. L 126		
I 10	image analyser	Mikrobild-Analysator m (zur Auswertung von Strukturen)	analyseur m d'images	анализатор микрофотоснимков
	IMC [process]	s. I 207		
	IMD-hot stamping foil	s. I 209		
	IMD-process	s. I 208		
	imitation leather	s. A 554		
	immerse/to	s. D 300		
I 11	immersed guide roll	(in Beschichtungsstoff) eintauchende Leitwalze f	rouleau m immergé (trempeur)	направляющий валик, находящийся в материале для покрытия
	immersed roll	s. T 558		
I 12	immersion	Eintauchen n	immersion f	погружение
	immersion bath	s. D 312		
I 13	immersion medium	Immersionsmittel n	milieu m d'immersion	иммерсионное средство
I 14	immersion test	Tauchversuch m	essai m à immersion	испытание погружением
I 15	immersion thermostat	Tauchthermostat m, Eintauchthermostat m	thermostat m à immersion	погружной термостат
I 16	immersion visco[si]meter	Tauchviskosimeter n, Tauchzähigkeitsmeßgerät n	viscosimètre m plongeur, fluidimètre m plongeur	вискозиметр, работающий по методу погружения
	IMP	s. I 212		
I 17	impact bead	Mikroglaskugel f zur Oberflächenbearbeitung, Mikroglaskugel f mit abrasiver Wirkung (Klebflächenvorbehandlung)	bille f impact	шарик для стеклоструйной обработки
I 18	impact bending strength	Schlagbiegefestigkeit f, Schlagbiegezähigkeit f	résistance f de flexion au[x] choc[s]	прочность при ударном изгибе, предел прочности при ударном изгибе, прочность на удар при изгибе
I 19	impact breaker (crusher)	Prallbrecher m	broyeur m à percussion	ударно-отражательная дробилка
I 20	impact damage	Schädigung f durch Schlagbeanspruchung	dégât m par l'effet de coup	повреждение ударной нагрузкой
	impact disk	s. I 38		
I 21	impact disk mill	Prallscheibenmühle f	broyeur m à disques de percussion	дисковая ударно-отражательная мельница
I 22	impact fatigue strength	Dauerschlagfestigkeit f	résistance f aux chocs répétés	длительная (усталостная) ударная прочность
	impact fracture toughness	s. I 33		
I 23	impact load	Schlagbelastung f, schlagartige Beanspruchung f	effort m de choc	ударная нагрузка
I 24	impact machine, [striking] pendulum, pendulum type, rocker	Pendelschlagwerk n	machine f à choc, moutonpendule m	маятниковый копер (прибор)
I 25	impact mill (mixer), centrifugal impact mill, impact wheel mixer, Entoleter centrifugal mill, Entoleter mixer	Prallmühle f, EntoleterMischer m, Turbozerstäuber m, Prallreaktor m	broyeur m à rotor, moulin m centrifuge à disque	ударно-отражательная мельница, турбомешатель
I 26	impact modification	schlagzähe Modifikation f	modification f à résilience	ударопрочная модификация
	impact modified polyvinyl chloride	s. I 36		

I 27	**impact modifier,** impact strength modifying additive	schlagzähmachender Hilfsstoff (Zusatzstoff) *m*, Stoff *m* zur Erhöhung der Schlagzähigkeit, Schlagzähigkeitsverbesserer *m*	modificateur *m* (additif *m* modificateur) de la résistance au choc, modifiantchoc *m*	повышающий ударную прочность модификатор, модификатор, повышающий прочность при ударе
I 28	**impact mould,** impact moulding die	Schlagpreßwerkzeug *n*	moule *m* pour la presse à estamper	форма для ударного (высокоскоростного) прессования
I 29	**impact moulding** **impact moulding die**	Schlagpressen *n* s. I 28	moulage *m* par choc	ударное прессование
I 30	**impact plastic**	schlagzäher Kunststoff (Plast) *m*	plastique *m* résistant au choc	ударопрочный пластик
I 31	**impact polystyrene,** impact styrene material, shockproof polystyrene, toughened polystyrene	schlagfestes (schlagzähes) Polystyren *n*	polystyrène-choc *m*, polystyrène (polystyrolène) *m* à résistance élevée aux chocs	ударопрочный полистирол
I 32	**impact resilience**	Stoßelastizität *f*	élasticité *f* au choc	упругость при ударе
I 33	**impact resistance,** impact fracture toughness, resistance to impact, impact strength, resistance to shock, shock resistance (proofness)	Schlagfestigkeit *f*, Schlagzähigkeit *f*, Stoßfestigkeit *f*	résistance *f* au choc	ударная вязкость (прочность)
I 34	**impact-resistant**	schlagzäh, schlagfest, stoßfest	résistant au choc	ударопрочный
I 35	**impact-resistant polystyrene graftpolymer**	schlagzähes Polystyren-Pfropfpolymerisat *n*	polymère *m* greffé de polystyrène-choc	ударопрочный привитой сополимер стирола
I 36	**impact-resistant polyvinyl chloride, impact-resistant PVC,** impact modified polyvinyl chloride	schlagzähmodifiziertes Polyvinylchlorid *n*, PVC-sz, schlagzähes Polyvinylchlorid *n*	chlorure *m* de polyvinyle résistant au choc	ударопрочный поливинилхлорид, ударопрочный ПВХ
	impact strength **impact strength modifying additive** **impact styrene material**	s. I 33 s. I 27 s. I 31		
I 37	**impact test**	Schlagversuch *m*	essai *m* de choc	испытание на ударную вязкость, испытание на удар, ударное испытание
I 38	**impact wheel,** impact disk	Prallscheibe *f (in Prallmischern oder Turbomischern)*	disque *m*, marteau *m*, rotor *m* centrifuge (broyeur centrifuge, mélangeur à turbine)	отбойная перегородка
	impact wheel mixer	s. 1. I 25; 2. P 800		
I 39	**impalpable powder**	Feinstkornpulver *n*	poudre *f* à très faible granulation, poudre à grain très fin	микрозернистый порошок
I 40	**impeller** **impeller**	Flügelrad *n* s. a. H 241	roue *f* à ailettes	крыльчатка, вертушка
I 41	**impeller blade**	Rührflügel *m* (Schnellmischer)	pale *f* (agitateur rapide)	лопасть (скоростного смесителя)
	impeller breaker **impeller mixer** **Imperial Chemical Industries foam moulding**	s. C 1123 s. H 241 s. I 1		
I 42	**impregnate/to**	imprägnieren, tränken	imprégner	пропитывать, импрегнировать
I 43	**impregnated fabric** **impregnated fabric** **impregnated paper**	imprägniertes Gewebe *n* s. a. V 66 s. V 67	tissu *m* imprégné	пропитанная ткань
I 44	**impregnated sheet,** laminating sheet, varnished sheet	harzgetränktes, zugeschnittenes flächiges Verstärkungsmaterial *n*	strate *f* de renforcement imprégnée et découpée (fabrication de stratifiés)	пропитанный смолой лист
I 45	**impregnated web,** varnished web	harzgetränktes flächiges Verstärkungsmaterial *n*	strate *f* de renforcement imprégnée (vernie)	листовой пропитанный наполнитель
I 46	**impregnated wood,** superwood, transmuted (behaved) wood	imprägniertes Holz *n*, kunstharzgetränktes Holz *n*	bois *m* imprégné [de résine synthétique]	пропитанная [смолой] древесина, импрегнированная древесина
	impregnating	s. I 52		
I 47	**impregnating agent,** saturant	Imprägniermittel *n*	agent *m* d'imprégnation	пропиточное средство, пропитка
I 48	**impregnating bath,** treating bath	Imprägnierbad *n*, Tränkbad *n*	bain *m* d'imprégnation	пропиточная ванна
I 49	**impregnating liquid**	Imprägnierflüssigkeit *f*, Tränkflüssigkeit *f*	liquide *m* d'imprégnation	пропиточная жидкость, пропитка
I 50	**impregnating machine,** impregnator, lac smearing machine	Imprägniermaschine *f*	imprégneuse *f*, imprégnatrice *f*, machine *f* à imprégner	пропиточная машина

I 51	impregnating resin, varnishing resin, varnish resin	Imprägnierharz n, Tränkharz n	résine f d'imprégnation, vernis m d'imprégnation	пропиточная смола, смола для пропитки
I 52	impregnation, impregnating, treating	Imprägnieren n, Tränken n	imprégnation f	импрегнирование, пропитка, пропитывание
I 53	impregnation technique	Imprägniertechnik f	technique f d'imprégnation	техника пропитки
I 54	impregnation vessel	Imprägniertank m	bac m d'imprégnation	импрегнирующий бак, бак для пропитки
	impregnator	s. I 50		
I 55	impression, replica	Abdruck m, Eindruck m	empreinte f, impression f	отпечаток
	impression moulding	s. C 713		
I 56	impulse counter, pulse counter, scaler	Impulszähler m	compteur m d'impulsions	счетчик импульсов
	impulse sealer	s. T 204		
	impulse sealing	s. T 205		
	impulse welder	s. T 204		
	impulse welding	s. T 205		
	impurity	s. C 725		
	IMS	s. I 213		
I 57	inaccuracy to size	Maßungenauigkeit f	imprécision (inexactitude) f dimensionnelle (des cotes)	неточность по размеру
I 58	inadequate surface preparation	unzureichende Oberflächenbehandlung f	traitement m de surface insuffisant	недостаточная поверхностная обработка
I 59	incandescent	weißglühend	incandescent	раскаленный добела
	in-cavity pressure	s. M 457		
	incendiary behaviour	s. F 257		
I 60	inching	Werkzeugschließverzögerung f (beim Spritzgießen)	ralenti m de fermeture (moule à injection)	задержка замыкания формы
I 61	incident-light microscope	Auflichtmikroskop n	épimicroscope m, microscope m à éclairage incident, microscope m à éclairage par réflexion	микроскоп для исследования в отраженном свете
I 62	inclined blade	geneigte Rührschaufel f	pale f inclinée	наклонная лопасть
I 63	inclined boring	Schrägbohrung f	forage m incliné	наклонное отверстие
I 64	inclined pin	Schrägstift m	broche f inclinée	наклонный штифт
I 65	inclined roll[er]	Schrägwalze f	cylindre m incliné	косой валок
I 66	inclined-type calender	schräggestellter Kalander m, Kalander in Schrägform	calandre f inclinée	каландр с косым Г-образным расположением валков
I 67	inclined Z-[type] calender, S-type calender	Vierwalzenkalander m in S-Form, schräggestellter (geneigter) Z-Kalander m	calandre f à quatre cylindres en S, calandre f en Z inclinée	каландр с Z-образным расположением валков и с наклоном, наклонный Z-каландр, наклонный Z-образный каландр
I 68	inclusion	Fremdkörpereinschluß m (in Formteilen)	inclusion f	включение
	inclusion of air	s. E 231		
I 69	incombustible, non-combustible, flame-resistant	unbrennbar, nicht entflammbar (brennbar)	incombustible, ininflammable, résistant au feu	негорючий, огнестойкий, невоспламеняющийся
I 70	incompatibility	Unverträglichkeit f	incompatibilité f	несовместимость
I 71	incompatible	unverträglich	incompatible	несовместимый
	incomplete fusion	s. W 117		
I 72	incorporate/to	einarbeiten, einbauen (Stoff)	incorporer	вводить
I 73	incorporation	Einmischen n, Einmischung f	incorporation f, insertion f	совмещение
I 74	increase in thickness	Dickenquellung f (Extrudat)	gonflement m en épaisseur	разбухание по толщине
I 75	increasing of the surface	Oberflächenvergrößerung f	agrandissement m de la surface	увеличение поверхности
I 76	indentation	Einbeulung f, Eindruck m	indentation f	вмятина, лунка
I 77	indentation depth	Eindrucktiefe f	profondeur f d'empreinte, profondeur f de pénétration	глубина вдавливания (зазубрины)
I 78	indentation hardness	Eindruckhärte f	dureté f à la pénétration	твердость при вдавливании
I 79	indented driving belt, flat tooth belt	Zahnriemen m, Treibzahnriemen m, Zahnflachriemen m	courroie f dentée, courroie synchrone, courroie crantée	зубчатый приводной ремень
I 80	indenting bell	Eindruckkugel f (für Härteprüfung)	bille f de pénétration	шарик для испытания на твердость
	indenting tool	s. I 81		
I 81	indentor, indenting tool	Eindruckstempel m (für Fall- oder Tiefungsversuch)	poinçon m (essai d'emboutissage)	пуансон для испытания на твердость
	indexing mould	s. S 1438		
	index of refraction	s. R 165		
I 82	indirect-heated mould	durch Heizplatten von außen beheiztes Werkzeug n	moule m à chauffage indirect	обогреваемая плитами форма

I 83	**individual drive,** single drive, self-contained drive	Einzelantrieb *m*	commande *f* individuelle	одиночный (индивидуальный) прибор
	individual fibre	*s.* F 95		
	individual structural unit	*s.* S 1281		
I 84	**individual winding**	Wickellage *f*, Einzelwicklung *f (gewickelte Laminate)*	enroulement *m* individuel	обмотка
I 85	**indoor exposure**	Raumlagerung *f (einer Probe)*	exposition *f* à l'intérieur	выдержка образца в комнате
I 86	**indoor paint,** interior paint	Innenanstrichfarbe *f*	peinture *f* d'intérieur	внутренняя краска
I 87	**indoor painting,** interior painting	Innenanstrich *m*	peinture *f* intérieure	внутренняя окраска
I 88	**induction, forces,** Debye [induction] forces	Induktionskräfte *fpl*, Debye-Kräfte *fpl*	forces *fpl* inductives (d'induction), forces de Debye	индукционные силы, силы индукции Дебая
I 89	**induction-heated extruder (extrusion machine)**	induktionsbeheizter Extruder *m*, induktionsbeheizte Schneckenpresse *f*	extrudeuse (boudineuse) *f* chauffée par induction	экструдер с индукционным нагревателем
I 90	**induction heating**	induktive Erwärmung *f*	chauffage *m* par induction	индукционный нагрев
I 91	**induction heating,** mains frequency induction heating, eddy current heating	Induktionsheizung *f*	chauffage *m* par induction	индукционный обогрев
I 92	**induction heating equipment**	Anlage *f* für induktives Erwärmen	installation *f* de chauffage par induction	индукционная установка для нагревания
I 93	**induction welding**	Induktionsschweißen *n*, Induktionsschweißverfahren *n*, IS-Schweißen *n*	soudage *m* par induction	индукционная сварка
	industrial plastic	*s.* C 700		
I 94	**industrial resin,** engineering resin, technical resin, resin for technical purpose	technisches Kunstharz *n*, Kunstharz für technische Anwendung	résine *f* industrielle (technique)	техническая (промышленная) смола
I 95	**inert filler**	inerter Füllstoff *m*	matière *f* de charge inerte, charge *f* inerte	инертный наполнитель, неактивный наполнитель
I 96	**inert gas,** shielding gas	inertes Gas *n*, Schutzgas *n (Warmgasschweißen)*	gaz *m* inerte	инертный (неактивный) газ
I 97	**inert gas[-shielded] welding**	Inertgasschweißen *n*,* Schutzgasschweißen *n (Warmgasschweißen)*	soudage *m* sous gaz	сварка инертным газом, сварка нагретым азотом
	inertial turbulence	*s.* I 98		
I 98	**inertia turbulence,** inertial turbulence	Trägheitsturbulenz *f*	turbulence *f* d'inertie	инерционная турбулентность
I 99	**inertness**	Trägheit *f*	inertie *f*	инертность
I 100	**infinite adjustability**	stufenlose Einstellbarkeit *f*	ajustabilité *f* continue	бесступенчатая регулируемость
	infinitely variable gear	*s.* P 310		
I 101	**inflammability point**	Zündpunkt *f*	point *m* d'inflammabilité (d'inflammation)	температура воспламенения
	inflatable bag	*s.* P 935		
	inflatable bag technique	*s.* P 936		
I 102	**inflatable seal**	aufblasbare Dichtung *f*	joint *m* d'étanchéité gonflable	раздуваемое уплотнение
I 103	**inflatable structure**	aufblasbare Konstruktion *f*, aufblasbare Baueinheit *f*	construction *f* (élément *m* de construction) gonflable	надувной узел, надувная конструкция
I 104	**inflation**	Aufblasen *n*	gonflage *m*, soufflage *m*	выдувание
	inflation mandrel	*s.* B 268		
I 105	**inflow**	Einströmen *n*	affluence *f*, afflux *m*	впуск, поступление
I 106	**influent**	Zufluß *m*, einfließende Flüssigkeit *f*	affluent *m*	приток
I 107	**infrared detection**	Infrarotdetektion *f*	détection *f* aux rayons infrarouges	исследование ИК-лучами
I 108	**infrared die glazing**	Infrarotglasierung *f (extrudierter Halbzeuge)*	glaçage *m* à la sortie de filière infrarouge	полирование ИК-лучами
I 109	**infrared dryer**	Infrarottrockner *m*, Infrarottrockeneinrichtung *f*	séchoir *m* à infrarouge	инфракрасная сушилка
I 110	**infrared heating,** infrared radiant heating *(US)*	Infraroterwärmung *f*, Infrarotheizung *f*	chauffage *m* à l'infrarouge	нагревание (обогрев) инфракрасными лучами
	infrared lamp	*s.* I 117		
I 111	**infrared moisture analyzer,** IR moisture analyzer	Infrarot-Feuchtemeßanlage *f*, IR-Feuchtemeßanlage *f*	contrôleur *m* d'humidité à infrarouge	инфракрасный влагомер
I 112	**infrared moisture check**	Feuchtigkeitsgehaltsprüfung *f* mittels Infrarotstrahlen	examen *m* de la teneur en humidité aux [rayons] infrarouges	ИК-измерение влагосодержания
I 113	**infrared oven**	Infrarotofen *m*	étuve *f* à infrarouge, four *m* [sécheur] à infrarouge	инфракрасная печка, инфрапечь
I 114	**infrared preheater**	Infrarotvorwärmgerät *n*, Infrarotvorwärmer *m*	préchauffeur *m* infrarouge	инфракрасный подогреватель

I 115	infrared preheating	Infrarotvorwärmung f	préchauffage m à rayonne- ment infrarouge	предварительный подогрев инфракрасными лучами
	infrared radiant heating	s. I 110		
I 116	infrared radiation	Infrarotstrahlung f	radiation f (rayonnement m) infrarouge	инфракрасное излучение
I 117	infrared radiator, infrared lamp	Infrarotstrahler m	radiateur m [à] infrarouge	инфракрасный излучатель
	infrared reflector lamp	s. I 118		
I 118	infrared reflector radiator, infrared reflector lamp	Infrarotstrahler m mit Re- flektor	radiateur m infrarouge à ré- flecteur	инфракрасный излучатель с рефлектором
I 119	infrared spectrometer, IR spectrometer	Infrarot-Fourier-Spektro- meter n	spectromètre m pour l'infra- rouge	инфракрасный спектро- метр, спектрофотометр
I 120	infrared spectrophotome- try, IR spectrophotometry	Infrarotspektrophotometrie f, IR-Spektrophotometrie f	spectrophotométrie f à in- frarouge	ИК-спектрофотометрия, ин- фракрасная спектрофо- тометрия
I 121	infrared spectroscopic study	infrarotspektroskopische Untersuchung f	étude f (examen m) par spectroscopie infrarouge	инфракрасный анализ, ис- следование структуры ИК-излучением
I 122	infrared welding	Lichtstrahlschweißen n, LS-Schweißen n, Schwei- ßen n mit Infrarotstrahlen	soudage m à infrarouge	сварка с применением ин- фракрасного излучения, ИК-сварка
I 123	infusibility	Unschmelzbarkeit f	infusibilité f	неплавкость
I 124	infusible	unschmelzbar	infusible	неплавкий
I 125	infusion	Eingießen n (von Kunst- harzen)	coulée f	вливание
I 126	inherent viscosity	innewohnende Viskosität f	viscosité f inhérente	приведенная вязкость
I 127	inhibition effect	Inhibierungseffekt m, Ver- zögerungseffekt m	effet m inhibiteur	эффект замедления (тор- можения, подавления, ин- гибирования)
I 128	inhibitor, retarder, retar- dant	Verzögerer m, Inhibitor m	retardateur m, inhibiteur m	замедлитель, ингибитор
I 129	inhibitor-containing paint	inhibitorhaltige Farbe f, inhi- bitorhaltiger Anstrichstoff m	couleur (peinture) f conte- nant des agents d'inhibi- tion	краска с ингибитором, инги- биторсодержащая краска
I 130	inhomogeneity	Inhomogenität f, Ungleich- mäßigkeit f, Unregel- mäßigkeit f (bei Klebstoff- ansätzen)	inhomogénéité f, hétérogé- néité f, non-uniformité f	негомогенность, неодно- родность
I 131	inhomogeneous fluidized bed, aggregative fluid- ized bed	inhomogene Wirbelschicht f (Wirbelsinterbad)	lit m fluidisé non-homogène	неоднородный кипящий слой
	in-house colouring	s. I 218		
I 132/3	initial bond strength	Anfangshaftfestigkeit f (Kon- taktklebstoff)	adhérence f initiale (colle de contact)	начальная адгезионная прочность
	initial heating time	s. H 114		
I 134	initial mould proving	Erstwerkzeugabmusterung f, Erstwerkzeug- abmustern n	première empreinte f du moule	сравнение формы первых изделий с эталоном
I 135	initial product, starting product	Ausgangsmaterial n, Aus- gangsprodukt n	produit m de départ	исходный материал
I 136	initial set	Reaktionsbeginn m (Reak- tionsharze)	début m de réaction	возбуждение реакции
I 137	initial state	Ausgangszustand m, An- fangszustand m	état m initial	исходное (начальное) состо- яние
I 138	initial strength	Ausgangsfestigkeit f, An- fangsfestigkeit f	résistance f initiale	исходная (начальная) проч- ность
I 139	initial stress in stress relax- ation	Ausgangsrelaxationsspan- nung f	contrainte f initiale en re- laxation	начальное напряжение при релаксации
I 140	initial tangent modulus	Ursprungstangenten-Elasti- zitätsmodul m	module m tangent initial	начальный касательный мо- дуль упругости
	initiating agent	s. I 143		
I 141	initiation point	Entstehungsstelle f, Aus- gangsort m	point m initial	исходное место, начальная точка
I 142	initiation reaction	Abbindereaktion f (Poly- urethanschaumstoff)	réaction f d'initiation, réac- tion f de prise (mousse polyuréthanne)	реакция инициирования (пе- нополиуретана)
I 143	initiator, initiating agent	Initiator m	initiateur m, amorceur m, agent m d'amorçage	инициатор
I 144	inject/to	spritzen, einspritzen	injecter	впрыскивать
I 145	inject into the air/to	ins Freie spritzen, ohne Werkzeug spritzen	injecter à l'air libre	выпрыскивать на свободу, шприцевать без формы
I 146	injection	Spritzen n, Einspritzen n	injection f	впрыскивание, впрыск
	injection ability	s. I 184		
	injection and vacuum method	s. I 147		

I 147	**injection and vacuum moulding,** injection and vacuum method	Einspritz- und Vakuum-verfahren n, Druck-injektions- und Vakuum-injektionsverfahren n	moulage m par injection et sous vide	литье под влиянием вакуума
I 148	**injection blow moulding**	Spritz[gieß]blasformen n, Spritz[gieß]blasform-verfahren n	soufflage m par injection, injection-soufflage f, procédé m d'injection-soufflage, injection-gonflage f	раздув отлитых заготовок, инжекционно-выдувное формование
I 149	**injection blow moulding machine**	Spritzblasformmaschine f	machine f à injection-soufflage, machine f à injection-gonflage	машина для раздува после литья под давлением
I 150	**injection blow-stretch process,** IBS process	Spritzblasformen n unter gleichzeitiger Streckung des Formlings	injection-soufflage (injection-gonflage) f à étirage	раздув после литья под давлением при растягивании изделия
	injection capacity	s. S 466		
	injection compound	s. I 167		
I 151	**injection compression moulding,** compression injection moulding	Spritzprägen n	moulage m par injection-compression	инжекционное прессование
I 152	**injection control system**	Spritzgießsteuersystem n	système m de réglage de l'injection	система управления литьевым процессом
	injection core	s. I 157		
I 153	**injection cycle**	Spritzzyklus m, Spritzgieß-zyklus m	cycle m d'injection	цикл литья под давлением, литьевой цикл
I 154	**injection cylinder,** plasticating (shooting) cylinder	Spritz[gieß]zylinder m (an Spritzgießmaschinen)	cylindre n d'injection, pot m d'injection	инжекционный цилиндр, цилиндр впрыска (литьевой машины)
	injection extrusion machine	s. S 136		
	injection extrusion moulding	s. S 135		
I 155	**injection force**	Einspritzkraft f	force f d'injection	усилие литья
	injection machine	s. I 172		
I 156	**injection machine control**	Spritzgießmaschinen-steuerung f	réglage m de la machine à injection	управление литьевой машиной
I 157	**injection mandrel,** injection core	Spritzdorn m	torpille f	литьевой дорн
I 158	**injection mixing,** mixed injection moulding	Injektionsmischverfahren n, Einspritzen n von Vernetzungsmitteln in die flüssige Formmasse, IKV-Verfahren n	moulage m avec mélange par injection	инжекционное смешивание, впрыскивание сшивателя в расплав
I 159	**injection mixing foam moulding**	Injektionsmisch-Spritzgieß-verfahren n	moulage m de mousses avec mélange par injection	инжекционное прессование пенотермопластов с одновременным смешиванием компонентов
I 160	**injection mould**	Spritzgießwerkzeug n	moule m pour (à) injection	литьевая форма
I 161	**injection-moulded adhesive composite**	spritzgegossener Adhäsionsverbund m	mode m d'adhésion moulé par injection	адгезионное соединение, полученное литьем под давлением
I 162	**injection-moulded article (part, piece)**	Spritzgußteil n, Spritzling m	objet m moulé par injection, objet m injecté, pièce f fabriquée par moulage par injection	литое изделие, изделие, полученное литьем под давлением
I 163	**injection-moulded compression-stretched gear wheel**	spritzgießpreßgerecktes Zahnrad n	roue f dentée injectée et étirée sous pression	зубчатое колесо, полученное литьем под давлением и компрессионной обработкой
I 164	**injection-moulded precision article,** precision article by injection moulding, precision injection mould	Präzisionsspritzgußteil n	objet m (pièce f) de précision moulée par injection	точное литое изделие
I 165	**injection-moulded thread**	spritzgegossenes Gewinde n	filet m moulé par injection	резьба, изготовленная литьем под давлением
I 166	**injection moulding**	Spritzgießen n, Spritzgieß-verfahren n	moulage m par injection	литье под давлением
I 167	**injection-moulding compound,** injection compound, injection-moulding material	Spritzgießmasse f, Form-masse f zum Spritzgießen	matériau m de moulage par injection, masse f à injecter, matière f de moulage par injection	масса для литья под давлением, литьевой материал, литьевой материал для литья под давлением
I 168	**injection-moulding compression stretching**	Spritzgießpreßrecken n	procédé m d'injection avec étirage sous pression	литье под давлением, комбинированное с дополнительной компрессионной обработкой
I 169	**injection-moulding conditions,** injection-moulding parameters	Spritzgießbedingungen fpl	conditions fpl de moulage par injection, conditions fpl d'injection	условия (параметры) литья под давлением, литьевые параметры

I 170	injection-moulding defect	Spritzgießfehler *m*	défaut *m* de moulage par injection	дефект литья под давлением
I 171	injection-moulding gun, flow-gun	Spritzgießpistole *f*	pistolet *m* à thermoplastage	пистолет для литья под давлением
I 172	injection-moulding machine, injection machine	Spritzgießmaschine *f*	machine *f* à mouler par injection, machine *f* à injection	литьевая машина, машина для литья под давлением
	injection-moulding material	*s.* I 167		
I 173	injection-moulding nozzle	Spritzdüse *f*, Spritzgießdüse *f*	buse *f* d'injection, injecteur *m*	литьевое сопло
	injection-moulding parameters	*s.* I 169		
I 174	injection-moulding plant	Spritzgießanlage *f*	unité *f* de moulage par injection	цех литья под давлением
I 175	injection-moulding process	Einspritzvorgang *m*, Spritzgießvorgang *m*	processus *m* de moulage par injection	процесс литья под давлением
I 176	injection-moulding technique	Spritzgießtechnik *f*	technique *f* de moulage par injection	техника литья под давлением
I 177	injection-moulding technology	Spritzgießtechnologie *f*	technologie *f* de moulage par injection	технология литья под давлением
I 178	injection moulding with screw plasticizing	Spritzgießen *n* mit Schneckenplastizierung *(Schneckenmaschinen)*	moulage *m* par injection avec plastification à vis	литье под давлением червячной предпластикацией
I 179	injection mould wear	Spritzgießwerkzeugverschleiß *m*	usure *f* du moule à injection	износ литьевых форм
I 180	injection nozzle	Spritzdüse *f*	buse *f*	сопло
	injection of sole direct to the upper	*s.* D 332		
I 181	injection phase	Einspritzphase *f*, Füllphase *f* *(Spritzgießen)*	phase *f* de remplissage	фаза заполнения формы
I 182	injection plunger, injection ram, shooting piston	Spritzkolben *m*, Einspritzkolben *m*	piston *m* d'injection, vérin *m* d'injection	литьевой (инжекционный) поршень, плунжер впрыска, поршень литьевой машины
	injection press	*s.* T 495		
I 183	injection pressure	Einspritzdruck *m*, Spritzdruck *m*	pression *f* d'injection	давление при литье, давление литья
	injection process with air pressure	*s.* A 323		
	injection process with vacuum	*s.* V 21		
I 184	injection property, injection ability	Spritzfähigkeit *f*, Spritzgießfähigkeit *f*	injectabilité *f*	пригодность (способность) к литью под давлением
	injection ram	*s.* I 182		
I 185	injection rate, injection speed (velocity), rate of injection	Einspritzgeschwindigkeit *f*, Spritzgeschwindigkeit *f*	vitesse *f* d'injection	скорость впрыска (заполнения формы)
I 186	injection screw	Schneckenspritzkolben *m*	vis *f* d'injection	инжекционный червяк
I 187	injection sequence	Einspritzfolge *f*	séquence *f* d'injection	последовательность впрысков
I 188	injection shot, shot	Spritzung *f*, Schuß *m*	coup *m* d'injection, injection *f*	впрыск
	injection speed	*s.* I 185		
	injection stamping	*s.* R 446		
I 189	injection stretch blow [moulding], injection stretch blow technique	Spritzgießstreckblasformen *n*, Spritzgießstreckblasformverfahren *n*	moulage (formage) *m* par injection-soufflage avec étirage	литьево-раздувное формование
I 190	injection stroke	Einspritzhub *m*	course *f* d'injection	ход плунжера впрыска
I 191	injection time	Einspritzzeit *f*, Spritzzeit *f* *(Spritzgießen)*	temps *m* d'injection	время заполнения формы *(литье под давлением)*
I 192	injection transfer moulding	Injektionsspritzpressen *n*, Injektionsspritzpreßverfahren *n*, Spritztransferverfahren *n*	moulage *m* par injection-transfert, moulage par transfert	инжекционное прессование, трансферное литье под давлением
I 193	injection unit	Einspritzeinheit *f*, Spritzaggregat *n*, Einspritzaggregat *n*	unité *f* d'injection	литьевое устройство, механизм впрыска
	injection velocity	*s.* I 185		
I 194	ink agitator	Farbrührwerk *n*	agitateur *m* d'encre	краскомешалка
	inking system	*s.* I 195		
I 195	inking unit, inking system	Farbwerk *n*	mécanisme *m* d'encrage, encrage *m*	носитель краски
I 196	ink jet printing	Ink-jet-Druckverfahren *n*, Tintenstrahldruckverfahren *n*, Farbstrahldruckverfahren *n*	procédé *m* d'imprimer par jet d'encre	печать струем краски
I 197	ink transfer	Farbübertragung *f* *(bei Druckverfahren)*	transfert *m* d'encre	передача краски, перенос красителя

I 198	inlet	Einlaßöffnung f	entrée f	впускное (входное) отвер-стие
	inlet	s. a. G 21		
I 199	inlet pressure correction	Einlaufdruckkorrektur f (für Spritzgießdüsen)	correction f de la pression d'entrée (injection)	компенсация давления рас-плава во входном канале (сопла)
I 200	inlet temperature	Einlaßtemperatur f	température f d'admission	температура при впуске
I 201	inlet tube	Einlaßstutzen m	tube m d'entrée	впускная труба
I 202	inlet zone	Einfüllbereich m, Einfüllzone f, Trichterzone f	zone f d'entrée, zone f d'ali-mentation	загрузочная зона, зона пи-тания
	in-line blender	s. I 205		
I 203	in-line die, straight-through die	Geradeaus-Extruderdüse f	filière f droite	продольный мундштук экструдера, осевой мунд-штук экструдера, прямой экструзионный мундштук
I 204	in-line discharge screw	nachgeschaltete Austrags-schnecke f	vis f de décharge en continu	выгрузочный шнек (смеси-теля)
I 205	in-line mixer, in-line blender	Durchlaufmischer m, Durch-flußmischer m	mélangeur m continu, mé-langeur m en ligne, mé-langeur m in-line	проточный смеситель
I 206	in-line screw-type injection moulding machine	Schubschnecken-Spritz-gießmaschine f	machine f à injection avec vis de décharge en continu	червячная (шнековая) литьевая машина
I 207	in-mould coating, IMC process, IMC	Beschichten n im Werkzeug (eines Formteils), IMC-Ver-fahren n	procédé m IMC, enduisage m dans le moule	нанесение покрытий в форме
I 208	in-mould decoration, IMD-process, decoration in the mould	Hinterspritzen n von Heiß-prägefolien im Werkzeug, IMD-Verfahren n, Deko-rieren n im Werkzeug	décoration f dans le moule	литье под давлением в форму, содержащую пленку для горячего тис-нения
I 209	in-mould decoration hot stamping foil, IMD-hot stamping foil	Heißprägefolie f für Hinter-spritzen im Werkzeug, IMD-Heißprägefolie f	feuille f d'estampage à chaud pour décoration dans le moule	пленка для горячего гофри-рования в литьевой форме
I 210	in-mould foiling	Folienbeschichtung f im Werkzeug	revêtement m de feuilles dans le moule	нанесение пленки на изде-лие в форме
I 211	in-mould labelling	Etikettieren n im Werkzeug (Formteile)	revêtement m de labels dans la moule, revête-ment des étiquettes dans le moule	этикетирование в форме
I 212	in-mould primer, IMP	In-mould-Grundiermittel n, Grundiermittel n für Lak-kieren von Formteilen im Werkzeug, IMP	mordant m du laquage «in-mould»	грунтовка для лакирования в форме
I 213	in-mould skinning, IMS	In-mould-Skinning n, IMS, Hinterschäumen n von Plastfolien im Werkzeug	moussage m de feuilles plastiques dans le moule	наполнение полости формы, содержащей пленку
I 214	inner sizing unit	Innenkalibriereinrichtung f	unité f (dispositif m) de cali-brage intérieur	калибровочная насадка, ка-либрующее приспособле-ние (для внутреннего диа-метра)
I 215	inner slide (mould)	Innenschieber m (Werkzeug)	vanne f intérieure (moule)	внутренний шибер (формы)
I 216	innovative shear cutting ro-tor	Kreuzscherenschnittrotor m (Schneidmühle)	rotor m de coupe aux cou-teaux en croix	режущий ротор с кресто-видными ножами
	inodourous	s. O 3		
	inorganic filler	s. M 325		
I 217	inorganic pigment	anorganisches Pigment n, anorganischer Farbkör-per m	pigment m inorganique	неорганический пигмент
	inorganic polymer	s. G 64		
I 218	in-plant colouring, in-house colouring	Färben n durch Farbstoff-inkorporation, Selbst-einfärben n, Einfärben n, Einfärbung f, Selbsteinfär-bung f	coloration f par incorpora-tion de colorants, autoco-loration f, autoencrage m	самоокрашивание, окра-шивание, самокрашение
I 219	insect-resistant treatment (US), irt. (US)	insektenabweisende Be-handlung f	traitement m insectifuge	обработка для отпугивания насекомых
I 220	inseparable joints	unlösbare Verbindungen fpl	assemblages mpl indémon-tables	неразделимые соединения
I 221	insert, inset	Einsatz m, Einlegeteil n, Ein-lage f, Einsatzteil n, Ein-preßteil n, Einspritzteil n	insertion f, prisonnier m, broche f	вставка, закладная деталь, арматура
I 222	insert adapter	eingesetztes Paßstück n	adaptateur m inséré	установочная деталь
	inserted mandrel technique	s. S 468		
	insert embedding	s. E 170		
I 223	insert hole	Formteilloch n für Einlege-teil, Formteilloch n für Ein-lage	orifice m pour l'insertion, orifice m pour le prison-nier	отверстие для вкладыша (арматуры)

I 224	insert in bottom	metallisches Einlegeteil *n* im Werkzeugunterteil	insertion *f* métallique dans la partie inférieure du moule	металлическая вставка в нижней части формы
I 225	insert in top	metallisches Einlegeteil *n* im Werkzeugoberteil	insertion *f* métallique dans la partie supérieure du moule	металлическая вставка в верхней части формы
I 226	insert moulding	Einspritzen *n* von Metallteilen	surmoulage *m*	литье под давлением с металлическими вкладышами
	insert of metal	*s.* M 221		
I 227	insert pin	Einsatzstift *m*, Einlegestift *m*, Einbettstift *m* *(für Formteile)*	broche *f* à prisonnier	фиксирующая шпилька
I 228	insert pin, locating pin, carrier pin	Gewindestift *m*, Haltestift *m* *(für Formteileinlage)*	broche *f* à insertion (prisonnier)	фиксирующий штифт, запорная [нарезная] шпилька, держатель
I 229	insert socket	Steckmuffe *f* *(an Rohrleitungen)*	raccord *m* mandriné emmanché, manchon *m* par mandrinage *(raccord)*	вставная соединительная муфта
I 230	insert to support tube	Einsatzstück *n* zum Halten von Vorformlingen *(beim Blasformen)*	insertion *f* servant à supporter la préforme	вставка-держатель для заготовки *(выдувное формование)*
I 231	in-service testing time	Prozeßstabilitätsüberprüfungszeit *f* *(nach dem Anfahren einer Maschine)*	temps *m* de vérification de stabilité technologique, vérification *f* périodique de stabilité technologique	время проверки стабильности процесса
	inset	*s.* I 221		
I 232	in situ microwave measuring technique *(for non-contact measurement of the photoconductivity)*	In-situ-Mikrowellenmeßverfahren *n* *(zur kontaktfreien Messung der Photoleitfähigkeit)*	procédé *m* de mesure in situ des microondes *(pour la détermination sans contact de la photoconductivité)*	бесконтактное измерение светопроводности полимеров микроволнами
I 233	in situ polyol-condensation	In-situ-Polyolkondensation *f*	condensation *f* aux polyols in situ	специальная конденсация многоатомных спиртов
I 234	inspection glass, sight glass	Schauglas *n*	voyant *m* de contrôle	смотровое стекло, смотровой люк
I 235	inspection window instantaneously elastic spring	Kontrollfenster *n* *s.* H 317	fenêtre *f* de contrôle	смотровое окно
I 236	instrument board, instrument panel	Armaturenbrett *n*, Instrumentenbrett *n*, Schalttafel *f*	tableau *m* d'instruments	приборная доска, приборный щиток
I 237	instrumented impact apparatus (tester), instrumented testing machine	instrumentiertes Schlagzähigkeitsprüfgerät *n*, instrumentierter Schlagzähigkeitsprüfer *m*	appareil *m* de mesure de résilience muni des instruments	испытатель ударной вязкости, оборудованный измерительной аппаратурой
I 238	instrumented impact testing	instrumentierte Schlagzähigkeitsprüfung *f*	essai *m* de résilience à l'aide d'instruments	испытание ударной вязкости с помощью измерительной аппаратуры
I 239	instrumented roll mill, laboratory mill instrumented testing machine	Meßwalzwerk *n*, Laborwalzwerk *n* *s.* I 237	laminoir *m* de mesure, laminoir *m* de laboratoire	лабораторные вальцы
I 240	instrument for coating thickness measurement	Schichtdickenmeßgerät *n*	appareil *m* de mesure d'épaisseur de revêtements	толщемер
	instrument panel	*s.* I 236		
I 241	instrument with locking device	Fallbügelregler *m* *(Verarbeitungsmaschinen)*	régulateur *m* avec dispositif d'arrêt	регулятор с фиксатором, регулятор со стопорным механизмом
	insulant putty	*s.* I 250		
I 242	insulated feed bush mould	Spritzgießwerkzeug *n* mit wärmeisolierter Angußbuchse	moule *m* à injection avec douille de carotte calorifuge	литьевая форма с теплоизолированной литниковой втулкой
I 243	insulated-runner[-type] mould	Isolierkanalwerkzeug *n* für angußloses Spritzgießen, Heißkanalwerkzeug *n*, Werkzeug *n* mit warmem Vorkammeranguß *(das unterhalb der Schmelztemperatur arbeitet)*	moule *m* à canal isolé, moule *m* à canal chauffant (de carotte calorifuge)	литьевая форма с [тепло-]изолированным литниковым каналом
	insulating board	*s.* I 245		
I 244	insulating compound	Formmasse *f* für Isolierzwecke, Isoliermasse *f*, Vergießmasse *f*	masse (pâte) *f* isolante	изоляционная композиция (масса)

I 245	**insulating grid,** insulating board	Isolierrost *m*, Isolierplatte *f* (an Werkzeugen und Maschinen)	plaque *f* isolante (moules et machines)	изоляционная плита
I 246	**insulating lacquer,** insulating varnish	Isolierlack *m*	vernis *m* isolant	изоляционный лак
I 247	**insulating paint**	Isolierfarbe *f*	peinture *f* isolante	изолирующая краска
I 248	**insulating paper**	Isolierpapier *n*	papier *m* isolant (isolateur)	изоляционная бумага
I 249	**insulating power**	Isoliervermögen *n*, Isolierfähigkeit *f*	pouvoir *m* isolant	изоляционная способность
I 250	**insulating putty,** insulant putty	Dämmstoffkitt *m*, Kitt *m* zum Fügen von Dämmstoffen	lut *m* pour matériau isolant	замазка для изоляционных материалов
I 251	**insulating runner**	Isolierkanal *m* (an Heißkanalwerkzeugen)	canal *m* isolé	изолированный литниковый канал
I 252	**insulating sheath**	isolierende Schutzhülle *f*, isolierende Hülle *f*	gaine *f* isolante, isolant *m*	изоляционный чехол, изоляционная оболочка
I 253	**insulating sheet**	Isolierfolie *f*	feuille *f* isolante	изоляционный лист, изоляционная пленка
I 254	**insulating strip**	Isolierband *n*, Isolierstreifen *m*	ruban *m* isolant, bande *f* isolante	изоляционная лента
I 255	**insulating tube,** insulation tubing	Isolierschlauch *m*, Isolierrohr *n*	tube *m* isolant	изоляционный шланг, изоляционная труба
	insulating varnish	s. I 246		
I 256/7	**insulation material,** insulator	Isolierstoff *m*, isolierender Stoff *m*	matériel *m* isolant	изолятор
I 258	**insulation resistance**	Isolationswiderstand *m*	résistance *f* d'isolement	сопротивление изоляции
	insulation tubing	s. I 255		
	insulator	s. I 256/7		
I 259	**intaglio printing,** gravure printing	Tiefdruck *m*	héliogravure *f*	глубокая печать
I 260	**intaglio printing cylinder,** gravure cylinder, anilox roller	gravierte Walze *f*, Tiefdruckwalze *f*	rouleau *m* gravé (à trames)	валок для глубокой печати
	integral foam	s. I 265		
I 261	**integral foam interior**	poröser Kern *m* von Integralschaumstoff (Strukturschaumstoff)	intérieur *m* de mousse intégrée	пенистое ядро интегрального пенистого пластика, внутренний слой структурной пены
I 262	**integral hinge**	Filmscharnier *n*	charnière-film *f*	пленочный шарнир
I 263	**integral joint**	stoffschlüssige Verbindung *f*	joint *m* intégré	соединение без зазора
I 264	**integral skin,** outer barrier layer	verdichtete Randzone *f*, massive Außenhaut *f* (von Integralschaumstoffen)	peau *f* intégrée (mousse intégrée)	уплотненная поверхностная пленка (интегральной пены)
I 265	**integral skin [rigid] foam,** self-skinning rigid foam, structural (integral) foam	Strukturschaumstoff *m*, Integralschaumstoff *m*	mousse *f* [à peau] intégrée, mousse structurale (structurée)	пена со специальной структурой, интегральный пенистый материал, структурная (интегральная) пена
I 266	**integrated multifunction management system**	integriertes Mehrzweckkontrollsystem *n* (Verarbeitungsmaschinen)	système *m* intégré multifonction de pilotage	интегрированная универсальная контрольная система
I 267	**integrated valve**	vorgesteuertes Ventil *n*	valve *f* intégrée	клапан с управлением
	intensity of radiation	s. R 7		
I 268	**intensively cooled injection mould**	Spritzgießwerkzeug *n* mit Intensivkühlung	moule *m* à injection à refroidissement intensif	литьевая форма интенсивного охлаждения
I 269	**intensive setting**	Intensivfixierung *f* (beim Folienrecken)	fixation *f* intensive	интенсивное фиксирование (вытягивание пленок)
	interacting mechanism	s. I 270		
I 270	**interaction,** interacting mechanism	Wechselwirkung *f*	interaction *f*	взаимодействие
I 271	**interchangeable**	auswechselbar	interchangeable	сменный
I 272	**intercoat adhesion**	Haftung *f* zwischen Grundierschicht und Deckschicht	adhérence (adhésion) *f* entre la couche de fond et la couche de revêtement	адгезия между слоями покрытия
I 273	**interdiffusion of molecular chains**	Interdiffusion *f* von Molekülketten, Ineinanderdiffundieren *n* von Molekülketten, Verknäuen *n* von Molekülketten	diffusion *f* des chaînes moléculaires	взаимодиффузия молекулярных цепей
I 274	**interelectrode distance (gap)**	Elektrodenabstand *m* (Hochfrequenzschweißen)	distance *f* entre électrodes	межэлектродное расстояние
I 275	**interface**	Fügeteilberührungsfläche *f* (bei Schweißverbindungen)	interface *f*, surface *f* de contact (soudage)	площадь сварки
	interface	s. a. B 370		
I 276	**interface interactions**	Grenzflächenwechselwirkungen *fpl* (Klebstoff/Fügeteilwerkstoff)	interréactions *fpl* des surfaces	взаимодействие контактных поверхностей

I 277	interfacial bonding	Grenzflächenhaftung f (Kleb-verbindung)	adhérence (adhésion) f in-terfaciale	адгезия в пограничном слое (клеевое соединение)
I 278	interfacial bond strength, strength of fibre-polymer interface	Grenzflächenbindefestigkeit f, Bindefestigkeit f zwischen Polymermatrix und Verstärkungsmaterial	résistance f d'adhésion entre la matrice polymère et la charge	адгезионная прочность на разделе фаз
I 279	interfacial contact	Grenzflächenkontakt m	contact m interfacial	контакт на поверхности раздела
I 280	interfacial corrosion	Grenzflächenkorrosion f	corrosion f interfaciale	коррозия в граничном слое
I 281	interfacial energy, interfacial surface energy	Grenzflächenenergie f	énergie f interfaciale	поверхностное напряжение на границе раздела фаз
I 282	interfacial film	Grenzflächenfilm m	film m interfacial (à l'interface)	пленка на границе раздела фаз, пленка на граничной поверхности
I 283	interfacial forces	Grenzflächenkräfte fpl (Kleb-verbindung)	forces fpl interfaciales	силы на поверхности раздела
I 284	interfacial polymerization	Grenzflächenpolymerisation f	polymérisation f d'interface	полимеризация на границе раздела фаз
	interfacial region	s. B 370		
I 285	interfacial shear strength	Grenzflächenscherfestigkeit f	résistance f au cisaillement à l'interface	прочность при скалывании
I 286	interfacial shear stress	Grenzflächenschubspannung f, Grenzflächenscherspannung f	contrainte f (effort m) de cisaillement à l'interface	напряжение сдвига на разделе фаз
I 287	interfacial sliding friction	Gleitreibung f in der Grenzfläche	frottement m de glissement interfacial	трение скольжения на разделе фаз
	interfacial surface energy	s. I 281		
I 288	interfacial tension	Grenzflächenspannung f	tension f interfaciale	поверхностное натяжение на границе раздела фаз
I 289	interfacial traction	Grenzflächenzugkraft f	traction f interfaciale	тяговое усилие на границе раздела фаз
I 290	interference	ungleichmäßiger Maschinenlauf m, Störung f (im Maschinenlauf)	perturbation f, interférence f (machines)	неравномерный ход машины
I 291	interference microtesting equipment	Interferenz-Mikroprüfgerät n	équipement m pour micro-essai par interférence	микроизмеритель интерференции, микроинтерферометр
I 292	interior jaw	Werkzeuginnenbacke f	mâchoire f intérieure	внутренняя полуматрица
I 293	interior paint, paint for interior	Innenanstrichlack m, Lack m für Innenanstrich	vernis m de peinture intérieure	лак для внутренних работ
	interior paint	s. a. I 86		
	interior painting	s. I 87		
I 294	interlaced polyethylene	vernetztes Polyethylen n	polyéthylène m réticulé	сшитый полиэтилен
	interlacing	s. 1. C 1002; 2. C 7		
	interlacing agent	s. C 1004		
I 295	interlaminar bonding	Schichtverbund m (Laminieren)	stratification f, fabrication f de stratifiés	слоистое соединение
I 296	interlaminar separation	interlaminare Trennung f, interlaminares Trennen n (Schichtstoffe)	séparation f interlaminaire	межслойное расслоение
I 297	interlaminar strength	Schichtfestigkeit f, interlaminare Festigkeit f, Spaltfestigkeit f (von Schichtstoffen)	résistance f au clivage (délaminage) (stratifié)	прочность на расслаивание (слоистого материала)
	interlayer	s. I 303		
I 298	interlayer adhesion	Verbundhaftung f, interlaminare Haftung f (bei Schichtstoffen)	adhérence (adhésion) f entre les couches (stratifié)	адгезия между слоями (слоистого пластика)
I 299	interlayer crack	interlaminarer Riß m	fissure f interlaminaire, craquelure f interlaminaire	межслойная трещина
	interleaf	s. I 303		
	interlining	s. 1. B 86; 2. I 303		
I 300	intermediate	Zwischenglied n, Vermittler m	intermédiaire m	промежуточный элемент
I 301/2	intermediate	intermediär, vermittelnd, zwischen zwei Dingen befindlich	intermédiaire	промежуточный
	intermediate density polyethylene	s. M 143		
I 303	intermediate layer, interlayer, interleaf, interlining	Zwischenschicht f, Zwischenlage f	couche f intermédiaire	промежуточный слой, прослойка
I 304	intermediate storage	Zwischenlagerung f (Formteile)	entreposage m	промежуточное хранение
I 305	intermediate-temperature setting adhesive	zwischen 31 °C und 89 °C verfestigbarer Klebstoff m	colle f à moyenne température	клей среднетемпературного отверждения (при температуре 31–89 °C)

	English	German	French	Russian
I 306	intermeshing co-rotating twin-screws *(extruder)*	kämmende Gleichdrall-doppelschnecken *fpl (Extruder)*	vis *fpl* doubles entrecroisées tournant dans le même sens *(extrudeuse)*	червяки в зацеплении, вращающиеся в одну сторону
I 307	intermeshing counter-rotating twin-screws *(extruder)*	kämmende Gegendrall-doppelschnecken *fpl (Extruder)*	vis *fpl* doubles entrecroisées et contrarotatives *(extrudeuse)*	червяки в зацеплении, вращающиеся в разные стороны *(экструдера)*
I 308	intermeshing fingers	ineinandergreifende Mischfinger *mpl (Mischerrührwerk)*	râteaux *mpl* entrecroisés *(agitateur)*	пальцы мешалки на стенке бака
I 309	intermeshing paddles mixer	Mischer *m* mit ineinandergreifenden Rührschaufeln	agitateur *m* à râteaux entrecroisés	мешалка с лопастями на стенке бака
I 310	intermeshing screws	kämmende Schnecken *fpl*, Dichtprofilschnecken *fpl*	vis *fpl* entrecroisées	червяки с зацеплением, находящиеся в зацеплении червяки
I 311	intermeshing twin-screw extruder	Doppelschneckenextruder *m* mit kämmenden Schnecken	extrudeuse (boudineuse) *f* à double vis entrecroisée	двухчервячный экструдер с зацеплением червяков
I 312	intermittent head	taktweise arbeitender Misch- und Spritzkopf *m (Schaumstoffherstellung)*	tête *f* de pistolage intermittent	смесительная головка прерывного действия
I 313	intermittent output	intermittierender Ausstoß *m*	débit *m* intermittent	периодическое выдавливание
I 314	intermittent press	Taktpresse *f*	presse *f* discontinue	пресс периодического действия
I 315	intermittent seam welding	Punktnahtschweißen *n*	soudage *m* par points en ligne	сварка точечных швов
	intermittent weld	*s.* D 352		
I 316	intermittent welding	intermittierendes Schweißen *n*	soudage *m* intermittent (en ligne discontinue)	прерывистая сварка, сварка прерывистых швов
	Intermix	*s.* I 328		
I 317	intermolecular	intermolekular, zwischenmolekular	intermoléculaire	межмолекулярный
I 318	intermolecular structure	intermolekulare Struktur *f*	structure *f* intermoléculaire	межмолекулярная структура
I 319	internal air-pressure	innerer Überdruck *m*	surpression *f* interne	внутреннее давление
	internal and external surface	*s.* R 98		
I 320	internal caliper gauge	Bohrungslehre *f*	calibre *m* intérieur	калибр для отверстия
I 321	internal cooling	Innenkühlung *f*	refroidissement *m* intérieur	внутреннее охлаждение
I 322	internal damping	innere Dämpfung *f*	amortissement *m* interne	внутреннее демпфирование
I 323	internal friction	innere Reibung *f*	frottement *m* intérieur	внутреннее трение
I 324	internal hexagon	Innensechskant *m*	tête *f* à six pans creux	внутренний шестигранник
I 325	internal lubricant	Gleitmittel *n (Hilfsstoff)*	lubrifiant *m* interne	внутренняя смазка
I 326	internally coated pipe	innenbeschichtetes Rohr *n*	tuyau *m* avec revêtement intérieur mince	трубка с внутренним нанесенным слоем, трубка с внутренней облицовкой
	internally reinforced PE (polyethylene)	*s.* S 269		
I 327	internal mixer	Innenmischer *m*	mélangeur *m* interne	закрытый смеситель
I 328	internal mixer with floating weight, Intermix	Stempelmischer *m*, Innenmischer *m* mit Stempel, Gummikneter *m*	mélangeur *m* à caoutchouc, mélangeur *m* interne à piston	скоростной смеситель с подвижным затвором, резиносмеситель
I 329	internal plasticization	innere Weichmachung *f*, Primärweichmachung *f*	plastification *f* interne	первичная пластификация
I 330	internal plasticizer, internal softener (softening agent)	innerer Weichmacher *m*, Primärweichmacher *m*, in Molekülketten einbaubarer Weichmacher *m*, Weichmacher *m* für innere Weichmachung	plastifiant *m* (agent *m* plastifiant) interne, plastificateur *m* interne	первичный пластификатор
I 331	internal pressure test[ing]	Innendruckprüfung *f*	essai *m* de pression interne	измерение внутреннего давления
	internal softener (softening agent)	*s.* I 330		
I 332	internal stress	Eigenspannung *f*, innere Spannung *f*	tension *f* interne (intérieure), contrainte *f* interne	внутреннее напряжение
I 333	internal teeth	Innenverzahnung *f*	denture *f* intérieure, engrenage *m* intérieur	внутреннее зацепление
	internal thread	*s.* F 92		
I 334	internal viscosity	Eigenviskosität *f*	viscosité *f* inhérente	внутренняя вязкость
I 335	internal welding flash (upset)	Innenschweißwulst *m (bei Rohren)*	soudure *f* intérieure *(tubes)*	внутренний выступ от сварки *(труб)*
I 336	interpenetrating polymer network, IPN	durchdringendes Polymernetzwerk *n*	réseau *m* polymère pénétrant	взаимопроникающие трехмерные полимеры
I 337	interplay	gegenseitige Beeinflussung *f*, gegenseitiger Einfluß *m*	interaction *f*	взаимовлияние
	interpolymer	*s.* C 828		

	English	German	French	Russian
I 338	interrupted thread	unterbrochenes Gewinde n	filetage m interrompu	прерванная резьба
I 339	interspherulitic interstice	intersphärolithisch s. M 453	intersphérolithique	межглобулярно
I 340	intertwining	Verschlingung f (Moleküle)	enchevêtrement m	переплетение
I 341	interval moulding	Intervallspritzgießen n (zur Erzielung von Mehrfarbeneffekten)	moulage m par injection à intervalles	литье под давлением с последовательным впрыскиванием разноцветных материалов
I 342	intra-chain trans double bond	Intra-Ketten-Trans-Doppelbindung f	double liaison f trans intra-chaîne	внутрицепная трансдвойная связь
I 343	intramolecular cyclization reaction	intramolekulare Cyclisierungsreaktion f	réaction f de cyclisation intramoléculaire	внутримолекулярная реакция циклизации
I 344	intramolecular reaction	intramolekulare Reaktion f, innermolekulare Reaktion f	réaction f intramoléculaire	внутримолекулярное превращение
I 345	intricate moulded part, intricate plastic article	kompliziert gestaltetes Formteil n, kompliziertes Kunststoffteil (Plastteil) n	pièce f moulée (plastique) compliquée	изделие сложной формы, сложное изделие из пластика
I 346	intrinsically conductive polymer, ICP	eigenleitfähiges Polymer[es] n, ICP s. S 263	polymère m à conduction intrinsèque	электропроводящий полимер
I 347	intrinsic heating intrinsic viscosity, limiting viscosity, I. V.	Grenzviskosität f, Grundviskosität f	viscosité f intrinsèque	характеристическая (основная) вязкость, предельное число вязкости
I 348	intrusion [moulding], flow moulding	Intrusionsverfahren n, Intrusionsspritzgießverfahren n, Fließgießverfahren n, Eckert-Ziegler-Verfahren n, Anker-Verfahren n, Intrudieren n	moulage m par intrusion (coulée en moule fermé sous pression)	интрузия, метод интрузии
I 349	inverted blade coater	Vierwalzenstreichmaschine f	enduiseuse f (machine f à enduire) à quatre cylindres	четырехвалковая машина для нанесения
I 350	inverted knife inverted knife coater	Hängerakel f s. D 425	racle f, docteur m	висячая ракля
I 351	inverted knife coating	Hängerakelbeschichtung f	enduction f à cylindre demi-immergé avec calibrage par racle	промазка висячей раклей
I 352	inverted L calender, F-type calender	Kalander m in F-Form, F-Kalander m	calandre f en L renversé, calandre f en F	каландр с Г-образным расположением валков, Г-каландр
I 353	inverted mould	Preßwerkzeug n mit oben liegender Matrize und unten liegender Patrize	moule m inversé (avec mâle sur plateau inférieur)	пресс-форма с нижним положением пуансона
I 354	inverted mould moulding ion-beam etching	s. R 348 Ionenstrahlätzen n (zur Sichtbarmachung von Strukturen)	mordançage m à faisceau ionique	травление потоком ионов (для исследования структуры полимера)
I 355	ion-beam joining technique	Verbinden n mittels Ionenstrahlen, Ionenstrahlverbinden n	jonction f par faisceau ionique, assemblage m par faisceau ionique	соединение пучком ионов
I 356	ion bombardment	Ionenbeschuß m (zur Polarisation unpolarer Klebflächen)	bombardement m ionique	поляризация бомбардировкой ионами, ионная поляризация
I 357	ion-exchange resin	Ionenaustauscherharz n	résine f échangeuse d'ions	ионообменная смола
I 358	ionic bond	Ionenbindung f	liaison f ionique	ионная связь
I 359	ionitriding	Ionitrieren n	ionitration f	ионитрирование
I 360	ionomer	Ionomer[es] n	ionomère m	иономер
	IPN	s. I 336		
	IR moisture analyzer	s. I 111		
I 361	iron disk mill	Stiftmühle f	broyeur m à couronnes dentées	дисмембратор, ударно-дисковая мельница с одним вращающимся и одним неподвижным диском
I 362	iron oxide red, red oxide, chemical red	Eisenoxidrot n (Farbstoff)	oxyde m rouge de fer	красный железокислый пигмент, редоксайд
I 363	irradiated plastic	strahlenvernetzter Kunststoff (Plast) m	plastique m irradié (réticulé par irradiation)	облученный (радиационно сшитый) пластик
I 364	irradiated thermoplastic	bestrahlter (strahlenvernetzter) Thermoplast m, bestrahltes (strahlenvernetztes) Thermomer n	thermoplastique m irradié	облученный (радиационно сшитый) термопласт
I 365	irradiation irradiation cross-linking irradiation resistance	Bestrahlen n, Bestrahlung f s. R 11 s. R 21	irradiation f	облучение
I 366	irrathene	bestrahltes Polyethylen n, strahlenvernetztes Polyethylen n	polyéthylène m irradié (réticulé sous rayonnement)	радиационно сшитый полиэтилен

I 367	irritant	Reizmittel n (Organismus)	irritant m	раздражающий агент
I 368	irritant action	Reizwirkung f (Organismus)	action f irritante, effet m irritant	раздражающее действие
	IR spectrometer	s. I 119		
	IR spectrophotometry	s. I 120		
	irt.	s. I 219		
I 369	isobutylene	Isobutylen n	isobutylène m	изобутилен
I 370	isochronous stress-strain curve (diagram)	isochrone Spannungs-Dehnungs-Kurve f, isochrones Spannungs-Dehnungs-Diagramm n	diagramme m isochrone contrainte-déformation	изохронная кривая деформация-напряжение
I 371	isochronous tensile creep modulus	isochroner Zug-Kriech-Modul m	module m isochrone de traction accélérée	изохронный коэффициент ползучести при растяжении
I 372	isocyanate plastic	Isocyanatkunststoff m, Isocyanatplast m	plastique m isocyanate	пластик на основе изоцианатов, изоцианатный пластик
I 373	isocyanate-polyol system	Isocyanat-Polyol-System n	système m isocyanate-polyol	изоцианат-полиольная система
I 374	isocyanate raw material	Isocyanatkomponente f (für Polyurethanherstellung)	constituant m d'isocyanate (polyuréthanne)	изоцианатовый компонент, изоцианатовая составная часть
I 375	isocyanurate foam	Isocyanuratschaumstoff m	mousse f isocyanate	изоциануратная пена, пенистый изоцианурат
I 376	isocyanurate plastic	Isocyanuratkunststoff m, Isocyanuratplast m	plastique m isocyanurate	изоциануратный пластик
I 377	isomer	Isomer[es] n	isomère m	изомер
I 378	isomerization polymerization	Isomerisationspolymerisation f	polymérisation f par isomérisation	изомеризационная полимеризация
I 379	isooctyldecyl adipate, ODA	Isooctyldecyladipat n, ODA (PVC-Weichmacher)	isooctyldécyladipate m, adipate m isooctyldécylique (d'isooctyldécyle)	изооктилдециладипинат
I 380	isooctyldecyl phthalate, ODP	Isooctyldecylphthalat n, ODP (PVC-Weichmacher)	isooctyldécylphtalate m, phtalate m isooctyldécylique (d'isooctyldécyle)	изооктилдецилфталат
I 381	isostatic moulding	isostatisches Pressen n	moulage m isostatique	изостатическое прессование
I 382	isostatic polytetrafluoroethylene (PTFE) moulding	isostatisch gepreßtes Polytetrafluorethylenformteil n, isostatisch gepreßtes PTFE-Formteil n	pièce f moulée en polytétrafluoréthylène (PTFE)	изостатически отпрессованное изделие из фторопласта-4
I 383	isotactic	isotaktisch	isotactique	изотактический
I 384	isotactic polymer	isotaktisches Polymer[es] n, isotaktischer Kunststoff (Plast) m	polymère m isotactique	изотактический полимер
I 385	isotactic polypropylene	isotaktisches Polypropylen n	polypropylène m isotactique	изотактический полипропилен
I 386	isothermal	isotherm, isothermisch	isotherme, isothermique	изотермический
I 387	isothermal change [of state]	isotherme Zustandsänderung f	changement m d'état isotherme	изотермическое изменение состояния
I 388	isothermal creep curve	isotherme Kriechkurve f	courbe f de fluage isothermique	изотермическая кривая ползучести
I 389	isothermal flow	isotherme Strömung f	écoulement m isothermique	изотермическое течение
I 390	isothermal mass-change determination	isotherme Thermogravimetrie f, isotherme Massenänderungsmessung f	thermogravimétrie f isotherme	изотермическая термогравиметрия, определение изменения массы при постоянной температуре
I 391	isotropic[al] material	isotroper Werkstoff m	matériau m isotrope	изотропный материал
I 392	I-type calender	I-Kalander m, Kalander m in I-Form	calandre f en I	каландр с вертикальным расположением валков [в линию]
	I.V.	s. I 347		
I 393	Izod impact test	Izod-Schlagversuch m, Dynstat-Schlagversuch m, Izod-Prüfung f (zur Bestimmung der Schlagbiegefestigkeit)	essai m [de choc] Izod, essai m de flexion dynamique Izod	ударное испытание по Изоду
I 394	Izod impact tester	Schlagzähigkeitsprüfgerät n nach Izod	appareil m Izod	испытатель ударной прочности по Изоду

J

J 1	jacket	Mantel *m*, Ummantelung *f*	jaquette *f*, chemise *f*, manteau *m*	рубашка
J 2	jacketed rotary shelf dryer	Tellertrockner *m* mit beheizten Trockentellern	séchoir *m* à plateaux rotatifs chauffés	нагреваемая тарельчатая сушилка, печь с вращающимися полками
	jacketed shelf dryer	*s.* S 417		
J 3	jaw	Formbacke *f (an Werkzeugen)*	mâchoire *f*	щека
J 4	jaw actuation	Backenbetätigung *f (Spritzgießwerkzeug)*	commande *f* de coquille	перемещение разъемной матрицы
J 5	jaw breaker (crusher)	Backenbrecher *m*	broyeur *m* à mâchoires	щековая дробилка
J 6	jaw injection moulding tool	Backenspritzgießwerkzeug *n*	moule *m* à injection à empreintes mobiles	кассетная литьевая форма, литьевая форма с разъемной матрицей
J 7	jaw tool	Backenwerkzeug *n*	moule *m* à empreintes mobiles	форма с разъемной матрицей
J 8	jectruder	Urformmaschine *f* für kombiniertes Spritzgießen und Extrudieren	machine *f* à injecter et à extruder	машина для переработки пластмасс литьем под давлением и экструзией
	jellification	*s.* G 43		
J 9	jelly	Gallerte *f*	gelée *f*	гель, студень
	jet	*s.* N 115		
	jet agitator	*s.* J 17		
	jet cooling system	*s.* N 125		
J 10/1	jet cutter	Strahlschneidgerät *n*	coupeuse *f* à jet	струйное резальное устройство
J 12	jet cutting	Strahlschneiden *n*	coupe *f* à jet	резание струей
	jet cutting box	*s.* W 39		
J 13	jet dryer	Luftstromtrockenanlage *f*, Luftstromtrockner *m*	séchoir *m* à circulation d'air	воздухоструйная сушилка
J 14	jet filling	Freistrahlfüllung *f (eines Werkzeugs)*	chargement *m* à jet libre	высокоскоростное наполнение литьевой формы
J 15	jet lip	Düsenlippe *f (Extruderwerkzeug)*	lèvre *f* de filière	губка головки
J 16	jet mill, air-jet mill, fluid energy mill, jet pulverizer, micronizer	Strahlmühle *f*, Luftstrahlmühle *f*, Jet-Mühle *f*	broyeur *m* à projection spirale en courant gazeux	струйная мельница
J 17	jet mixer, jet agitator	Strahlmischer *m*	mélangeur *m* à injection (veine)	струйный смеситель
J 18	jet mould	beheiztes Spritzgießwerkzeug *n*, Spritzgießwerkzeug *n* für duroplastische (duromere) Formmassen, Spritzwerkzeug *n* für Duroplaste (Duromere)	moule *m* à injection de thermodurcissables	обогреваемая литьевая форма *(для литья реактопластов)*, литьевая форма для реактопластов, форма для литья под давлением реактопластов
	jet moulding	*s.* T 596		
J 19	jet moulding nozzle	Spritzdüse *f* für Duroplaste (Duromere)	buse *f* d'injection de thermodurcissables	сопло для литья под давлением реактопластов
	jet pulverizer	*s.* J 16		
J 20	jet ring *(jet mill)*	Düsenring *m (für Strahlmühle)*	rampe *f* d'admission de l'air *(broyeur à projection en courant gazeux)*	фурменное сопло в форме кольца *(струйная мельница)*
J 21	jetting mark	durch Düse bedingte Fließmarkierung *f*, durch Düse bedingte Fließlinie *f*	marque *f* de coulée causée par la buse	линия течения из-за сопла
J 22	jig	Einspannvorrichtung *f*, Aufspannvorrichtung *f*	dispositif *m* de serrage	зажимное приспособление
	jig electrode	*s.* C 757		
J 23/4	jig saw	Wippsäge *f*	scie *f* sauteuse	качающаяся пила
	jig welder	*s.* W 145		
J 25	jig welding	Konturschweißen *n*, Schweißen *n* unter Verwendung von Einspannvorrichtungen, Schweißen *n* in einer Vorrichtung	soudage *m* au gabarit	контурная (габаритная) сварка, сварка устройством
J 26	joggle lap joint, offset lap joint	Überlapptverbindung *f* mit abgewinkeltem Fügeteil	joint *m* recouvrant coudé	соединение с нахлесткой и с одним угольником
	joined part	*s.* B 94		
J 27	joining by welding, junction (joint) welding	Verbindungsschweißen *n*	assemblage *m* par soudage	соединительная сварка, соединение сваркой
J 28	joining force	Fügekraft *f*	force *f* d'assemblage	сила при соединении
J 29	joining of plastics	Kunststofffügen *n*, Plastfügen *n*	assemblage *m* de plastiques	соединение пластиков (пластизделий)

J 30	joining process	Fügeverfahren *n*	procédé *m* d'assemblage	способ соединения (стыковки)
J 31	joining zone, junction zone	Fügezone *f*, Verbindungs-zone *f*	zone *f* de jonction, zone *f* d'assemblage	зона соединения
J 32	joint, joint seam joint	Fuge *f*, Verbindungsfuge *f* *s. a.* 1. A 148; 2. H 262	joint *m*, ligne *f* de joint	стык
J 33	joint aging time	Nachverfestigungszeit *f (bis zum Erreichen der endgülti-gen Klebfestigkeit)*	temps *m* de durcissement final *(colle)*	время окончательного от-верждения *(клея)*
J 34	joint area, bond area	Klebfugenfläche *f*	face *f* de joint collé	площадь склеиваемой поверхности, площадь клеевого шва
J 35	joint conditioning time	Nachhärtezeit *f (Duromer-werkstoffe)*	période *f* de durcissement naturel après cuisson	время последующего от-верждения
J 36	joint filler casting material, pourable sealing compound	Fugenvergießmasse *f*	mastic *m* bouche-pores	паста для заливки швов
	joint form	*s.* J 38		
	joint glue	*s.* A 571		
	jointing compound	*s.* S 205		
J 37	jointing force	Schweißkraft *f*	force *f* de soudage	давление на сварочный ма-териал
	jointing pressure	*s.* W 163		
	joint of metals	*s.* M 208		
	joint sealant	*s.* S 205		
	joint seam	*s.* J 32		
J 38	joint shape, joint form	Verbindungsgeometrie *f*, Verbindungsform *f*	forme *f* du joint, forme *f* des assemblages	форма соединения
	joint strength	*s.* B 332		
	joint surface [area]	*s.* B 333		
	joint welding	*s.* J 27		
	jolt table	*s.* V 106		
	Jumex extruder	*s.* F 636		
J 39	junction	Berührungsstelle *f*, Knoten-punkt *m (benachbarter Molekülketten)*	point *m* de contact *(chaînes moléculaires voisines)*	точка контакта *(соседних цепей)*
J 40	junction box	Abzweigdose *f*	boîte *f* de dérivation	ответвительная коробка
	junction welding	*s.* J 27		
	junction zone	*s.* J 31		

K

K 1	Kanavec method	Kanavec-Verfahren *n (zur Er-mittlung der Fließfähigkeit von Duromerformmassen)*	méthode *f* de Kanavec *(flui-dité)*	испытание текучести по Ка-навцу, испытание на пла-стометре Канавца
K 2	Kanavec plastometer	Kanavec-Plastometer *n*, Fließhärtungsprüfer *m* nach Kanavec	plastomètre *m* Kanavec	пластометр Канавца
K 3	kaolin, china clay	Kaolin *n*, Porzellanerde *f* *(Füllstoff)*	kaolin *m*	каолин
	Kelvin-Voigt body	*s.* K 4		
K 4	Kelvin-Voigt model, Kelvin-Voigt body, Voigt ele-ment	Kelvin-Voigt-Modell *n (de-formationsmechanisches Verhalten)*	solide (modèle) *m* de Kelvin-Voigt, modèle de Voigt, solide (corps) de Kelvin, corps *m* K	модель [Кельвина-]Фогта *(модель деформации)*
K 5	keratin fibre	Keratinfaser *f*, Faser *f* aus Hornsubstanz	fibre *f* en kératine	кератиновое волокно
K 6	kerosine	Kerosin *n*	kérosène *m*, pétrole *m* lam-pant	керосин
K 7	kerosine resistance, resist-ance to kerosine	Kerosinbeständigkeit *f*, Be-ständigkeit *f* gegen Kero-sin	résistance *f* au kérosène	керосиностойкость
	Kestner evaporator	*s.* R 422		
K 8	ketone	Keton *n*	cétone *f*	кетон
K 9	ketone resin	Ketonharz *n*	résine *f* cétonique	кетонная смола
K 10	Kevlar [aramid] fibre	Kevlar-Faser *f*, Kevlar-Ara-mid-Faser *f (Faserverstär-kung)*	fibre *f* aramide Kevlar	кевлар-волокно
K 11	Kevlar fibre reinforced plastic *(US)*	aramidfaserverstärkter Kunststoff (Plast) *m*	matière *f* plastique renfor-cée par fibres d'aramide	наполненный арамидными волокнами пластик, на-полненный Кефлар-волок-нами пластик
K 12	key/to	verkeilen, mittels Keil ver-binden	caler, claveter, coîncer	заклинивать

K 13	keyway	Keilnut f	rainure f de clavetage	шпоночная канавка, шпоночный паз
K 14	kicker	Kicker m (Stoff, der durch Herabsetzung der Zersetzungstemperatur Reaktionen einleitet)	initiateur m (diminution de la température réactionnelle)	инициатор
K 15	kiln	Schachtofen m, Röstofen m	four m à cuve, four m de grillage, grilloir m	обжиговая (шахтная) печь
	kind of sprue	s. G 28		
K 16	kind of stress	Beanspruchungsart f	type m de contrainte (sollicitation), type m d'effort	вид нагрузки (напряжения)
K 17	kinematic viscosity	kinematische Viskosität f	viscosité f cinématique	кинематическая вязкость
	kiss applicator	s. R 452		
	kiss coater	s. R 490		
	kiss coating	s. R 491		
	kiss roll coater	s. R 490		
	kiss roll coating	s. R 491		
	kiss roller	s. R 452		
K 18	knead/to	kneten, plastizieren	malaxer	месить
K 19	kneadable material	pastöser Werkstoff m, plastisches Material n	matériau m plastique (pâteux)	паста, пластичный материал
K 20	kneader, kneading machine	Kneter m, Knetmaschine f, Knetwerk n	malaxeur m	кнетер, смеситель, пластикатор
K 21	kneader mixer	Misch- und Knetmaschine f	mélangeur-malaxeur m	меситель-смеситель
	kneader with masticator blades	s. D 390		
	kneading arm	s. K 22		
K 22	kneading blade, kneading arm, rotor	Knetschaufel f, Knetarm m, Knetrotor m, Mischschaufel f, Mischarm m, Mischerrotor m	palette f de malaxage, pale f, rotor m, bras m de malaxeur	ротор лопастного смесителя
K 23	kneading disk	Knetscheibe f (in Scheibenknetern)	disque m pétrisseur (de malaxeur, de pétrissage)	ротор (дискового пластикатора)
	kneading machine	s. K 20		
K 24	kneading set	Knetelementesatz m, Mischelementesatz m	ensemble m masticateur	набор лопастей
K 25	kneading shaft	Knetwelle f	arbre m de malaxage	месильный вал
K 26	kneading tool	Knetwerkzeug n	outil m de malaxage	месильный орган
K 27	kneading zone	Knetzone f	zone f de malaxage, zone pétrisseuse	зона перемешивания (пластикации)
	knee	s. A 413		
K 28	knife	Schneider m, Messer n (für Zerkleinerung)	couteau m	нож, режущий инструмент
	knife	s. a. D 421		
K 29	knife-carrying shaft	Messerhaltewelle f	arbre m guide-lame	ножевой вал
K 30	knife coat/to	mit dem Messer aufstreichen, rakeln	égaliser au grattoir (docteur), égaliser à la racle	наносить скребком (покрытие раклей)
	knife coater	s. S 983		
K 31	knife coating, knife-over-roll coating, spread coating	Streichverfahren n mit Rakel, Rakelstreichverfahren n	enduction f à la racle	нанесение на промазочной машине, промазка (нанесение) раклей
K 32	knife-edge die	Werkzeug n mit Schneidmesser, Düse f mit Schneidmesser (Extruder)	filière f d'extrudeuse à arête coupante (extrudeuse)	головка с ножом на торцевой поверхности
K 33	knife line, sheeter line	Schnittlinie f, Schneidlinie f	ligne f de coupe, ligne f de tranchage	следы механической обработки
	knife lines	s. S 396		
K 34	knife-over-roll coating	Beschichten n mittels Walzenrakelmaschine, Beschichten n mittels Walzenstreichmaschine	enduction f à couteau (la racle) sur rouleau	дублирование каландром с раклей
	knife-over-roll coating	s. a. K 31		
K 35	knife wheel chips	Hackspäne mpl	coupeaux mpl	древесные стружки, щепы
	knit line	s. W 181		
K 36	knitted fabrics	Gewirke npl (Glasseidenprodukt)	tricot m	вязаный стекломатериал
	knockout	s. E 33		
	knockout connecting bar	s. E 34		
	knockout die	s. C 1118		
	knockout frame	s. E 35		
	knockout pin	s. E 41		
	knockout plate	s. E 43		
K 37	knockout plate mould	Werkzeug n mit Auswerferstiften, Werkzeug mit Ausdrückstiften	moule m avec broche (tige) d'éjection	форма с выталкивателем
K 38	knurled-head screw, milled head screw	Rändelschraube f	vis f molet[t]ée	винт с накатанной головкой
K 39	knurling wheel	Rändelrad n	roue f molet[t]ée	колесо с накаткой

K 40	knurl nut	Rändelmutter f	écrou m molet[t]é	гайка с накаткой
K 41	**Ko-kneader,** Buss kneader	Ko-Kneter m, Buss-Kneter m (Kneter mit beweglicher Schnecke und feststehenden Knetzähnen)	Ko-malaxeur m, malaxeur m Buss	кнетер системы Λиста
K 42	**König pendulum**	Pendelschlagwerk n nach König (Prüfung von Anstrichstoffen)	mouton-pendule m de König	маятниковый копер по Кенигу
K 43	**K-value**	K-Wert m (Molekülgrößenmaß)	valeur f K	величина К (константа Фикентчера)
K 44	**KWART technology**	KWART-Technologie f, Höchstdruckspritzgießen n	technologie f KWART	литье под высоким давлением

L

	L_c	s. C 981		
L 1	**label**	Etikett n, aufklebbares Bezeichnungsschild n	label m, étiquette f	наклейка, этикетка, ярлык
L 2	**label adhesive**	Etikettenklebstoff m, Klebstoff m für Etiketten	colle f à (pour) labels (étiquettes)	клей для наклеек
	labeller	s. L 3		
L 3	**labelling equipment,** labeller	Etikettiervorrichtung f, Aufklebeinrichtung f für Etiketten	étiqueteuse f	устройство для наклеивания наклеек, этикетировочное устройство
L 4	**laboratory extruder**	Laborextruder m	extrudeuse (boudineuse) f de laboratoire	лабораторный экструдер
	laboratory mill	s. I 239		
L 5	**laboratory size**	Laboratoriumsmaßstab m	échelle f de laboratoire	лабораторный масштаб
L 6	**lacquer**	Lack m	vernis m (transparent, translucide), laque f	лак
L 7	**lacquer coating**	Lacküberzug m	revêtement m de peinture (vernis)	лаковое покрытие, лаковый слой
L 8	**lacquer colour**	Lackfarbe f	laque f aux peintres, peinture f (opaque, colorée)	лаковая краска
L 9	**lacquer enamel**	pigmentierter Lack m	émail m, laque (peinture) f pigmentée, peinture-laque f	пигментный лак
L 10	**lacquer sealer**	schnelltrocknender Lack m	vernis m à séchage rapide	лак скорого отверждения
L 11	**lacquer thinner**	Lackverdünner m	diluant m de laque, agent m de dilution pour vernis	разбавитель лака, растворитель для лака
	lac smearing machine	s. I 50		
	ladder polymer	s. D 481		
	lag	s. S 1069		
L 12	**lake**	deckender Farbstoff m	colorant m couvrant	непрозрачный краситель, лак-пигмент
	LALS	s. S 700		
L 13	**lamella**	Lamelle f	lamelle f	ламель, пластинка, слоистый коробчатый профиль
L 14	**lamella formation**	Lamellenbildung f (Mikrostruktur)	formation f de lamelle	образование пластин
L 15	**lamellar buff,** flap wheel	Lamellenpolierscheibe f (für Nachbearbeitung)	disque m lamellaire	пластинчатый шлифовальный круг
L 16	**lamellar ink knife**	Lamellenfarbmesser n (Farbstoffdosieren)	couteau m d'encre lamellaire	пластинчатый ножевой дозатор
L 17	**lamellar roll**	Lamellenwalze f	rouleau m à lamelles	многодисковый валок
L 18	**laminar flow**	laminare Strömung f	écoulement m laminaire	ламинарное течение
	laminar solid lubricant	s. L 100		
	laminate	s. L 30		
L 19	**laminated bearing**	Schichtstoffgleitlager n	palier (coussinet) m lisse stratifié	слоистый подшипник скольжения
	laminated board	s. L 34		
L 20	**laminated channel section**	Schichtpreßstoff-U-Profil n	profil m stratifié en U	швеллер из слоистого пресс-материала
L 21	**laminated cloth,** laminated fabric, synthetic-resin bonded-fabric sheet, synthetic-resin bonded-cloth sheet, textured fabric	Hartgewebe n, Hgw (Schichtstoff aus harzgetränkten Geweben)	stratifié m à base de tissu, stratifié-tissu m	текстолит, слоистый тканевый пластик
	laminated composite	s. L 30		
	laminated fabric	s. L 21		
L 22	**laminated fabric bearing,** fabric bearing	Hartgewebelager n	coussinet m à base de stratifié-tissu	подшипник из текстолита

L 23	**laminated fabric gear,** fabric gear	Hartgewebezahnrad n	engrenage m (roue f dentée) à base de tissu	зубчатое колесо из текстолита
L 24	**laminated film (foil),** compound film (foil)	Verbundfolie f, geschichtete Folie f	feuille f mince stratifiée, film m stratifié, feuille f stratifiée	слоистая пленка, дублированный листовой материал, комбинированная пленка
L 25	**laminated gear**	Schichtstoffzahnrad n	roue f dentée stratifiée	зубчатое колесо из слоистого материала
	laminated material	s. L 30		
L 26	**laminated moulded section,** [moulded] laminated section	Schichtstoffprofil n, Laminatprofil n	profilé m stratifié [moulé]	профиль из слоистого пластика, [прессованный] слоистый профиль
L 27	**laminated moulding,** moulded laminate	Schichtstofformteil n	stratifié m moulé	изделие из многослойного пластика
	laminated moulding	s. a. L 30		
L 28	**laminated moulding die**	Schichtpreßstoffwerkzeug n (Werkzeug für die Herstellung von Schichtpreßstoffen)	moule m pour stratifiés	форма для изготовления слоистых материалов
L 29	**laminated paper,** synthetic-resin bonded paper sheet, hard paper	Hartpapier n	stratifié m à base de papier, stratifié-papier m	бумаголит, гетинакс, слоистая бумага
L 30	**laminated plastic,** laminate, laminated composite (moulding, material)	Schichtstoff m, Schichtpreßstoff m, Laminat n, Kunststoffschichtstoff m, Plastschichtstoff m, Kunststofflaminat n, Plastlaminat n	stratifié (lamifié) m [plastique]	слоистый пластик, ламинат
L 31	**laminated plastics panel**	auf Maß zugeschnittene Schichtstofftafel f	panneau m stratifié	плита из слоистого пластика с соблюдением размеров
L 32	**laminated preform**	Schichtstoffvorformling m, Schichtstoffhalbzeug n, geschichteter Vorformling m	préforme f stratifiée	слоистая заготовка, слоистая таблетка
	laminated rolled tube	s. L 36		
L 33	**laminated safety glass**	mehrschichtiges Sicherheitsglas n	verre m de sécurité [stratifié], verre stratifié	многослойное безопасное (безосколочное) стекло
	laminated section	s. L 26		
L 34	**laminated sheet,** laminated board	Schichtstofftafel f	stratifié m en planche, plaque (feuille) f stratifiée (lamifiée)	лист слоистого пластика
L 35	**laminated synthetic resin bonded sheet**	Hartgewebetafel f	plaque f en stratifié-tissu	лист текстолита, лист слоистого пластика из ткани
	laminated timber	s. L 37		
L 36	**laminated tube,** laminated rolled tube	Schichtstoffwickelrohr n	tuyau (tube) m en stratifié, tube stratifié	стеклонаполненная труба, полученная намоткой
L 37	**laminated wood [plastic],** wood-base laminate, laminated timber	Schichtholz n	bois m stratifié	прессованная древесина, фанера
L 38/9	**laminate moulding**	Schichtpressen n, Schichtstoffpressen n, Schichtpreßverfahren n, Schichtstoffpreßverfahren n	moulage m de stratifiés	прессование слоистых материалов, слоистое прессование
	laminating	s. L 51		
L 40	**laminating adhesive**	Kaschierklebstoff m	adhésif m (colle f) pour stratifiés	клей для дублирования
L 41	**laminating film**	Kaschierfolie f	feuille f de couchage (doublage)	пленка для дублирования
L 42	**laminating glue**	Laminierleim m	colle f pour stratifiés, colle f pour contreplaqués	клей для ламинирования
L 43	**laminating machine,** backing machine	Laminiermaschine f, Verbundschichtmaschine f	machine f à stratifier	ламинатор, дублирующая машина
	laminating machine	s. a. L 198		
L 44	**laminating plant**	Laminieranlage f	unité f de revêtement, unité f de stratification, unité f d'enduction	установка для получения ламинатов
L 45	**laminating press**	Kaschierpresse f, Presse f für Schichtstoffherstellung, Laminierpresse f	presse f à stratifiés	пресс для изготовления ламинатов, оклеечный пресс
L 46	**laminating resin,** varnishing resin	Laminierharz n	résine f pour stratifiés	смола для изготовления ламинатов
L 47	**laminating sheet**	Schichtfolie f	feuille f stratifiée	листовой материал, пленка для изготовления слоистого материала
	laminating sheet	s. a. l 44		
L 48	**laminating technique (technology)**	Laminiertechnik f	technique f de stratification; technologie f de stratification	метод изготовления слоистых материалов; техника прослаивания

L 49	laminating temperature	Aufwalztemperatur f, Laminiertemperatur f	température f de plastification par laminage	температура нанесения, температура дублирования
L 50	laminating wax	Kaschierwachs n	cire f de doublage (couchage)	воск для каширования
L 51	lamination, laminating	Folienaufwalzen n, Aufwalzen n von Folie, Laminieren n, Schichten n, Schichtstoffherstellung f	plastification f par laminage, lamification f, stratification f, moulage m de stratifiés	ламинирование [пленок], нанесение пленок вальцеванием, изготовление слоистых пластиков, прослаивание
L 52	lamination coating	Aufgießen n von Extrudat auf Trägermaterial	extrusion-laminage f, boudinage-laminage m	нанесение экструдата на подложку
L 53	laminator	Laminiereinrichtung f, Laminiervorrichtung f	laminoir m, lamin[at]eur m	ламинатор
	laminator	s. a. F 206		
L 54	lamp black	Lampenruß m	noir m de lampe	ламповая (пламенная) сажа
L 55	lamp-capping cement	Lampensockelkitt m	ciment m de scellement pour lampe	замазка цоколя лампы
	Lancester muller type mixer	s. M 576		
L 56	Lancester plow type mixer	Gegenstrom-Schaufeltellermischer m	mélangeur m à cuve à contre-courant type charrue	противоточный дисковый смеситель с лопастями
	land [area]	s. C 1104		
	landed plunger (positive) mold	s. S 283		
L 57	landed scarf joint	Schäftverbindung f mit abgestumpften Fügeteilenden	joint m en biseau (sifflet) à bouts tronqués	скошенное соединение с притупленными концами
L 58	land pressure	Seitendruck m (Extruderschnecke)	pression f latérale (vis d'extrudeuse)	давление на стенки сосуда
L 59	land width, width of screw (flight) land	Stegbreite f (Extruderschnecke)	largeur f du filet (vis d'extrudeuse)	ширина [гребени] витка червяка
L 60	lane-marking adhesive tape	Straßenmarkierungsklebband n, Klebband n zur Straßenmarkierung	bande f adhésive pour lignes de démarcation	клеящая лента для маркирования улиц
	lap fillet weld	s. O 137		
L 61	lap joint	Überlappungsklebung f, überlappte Klebverbindung f	joint m collé avec recouvrement	склеивание внахлестку, клеевое соединение внахлестку
	lap joint	s. a. O 138		
	lapping time	s. L 66		
	lap shear bond strength	s. L 64		
L 62/3	lap shear joint	überlappte Scherverbindung f	assemblage m au cisaillement de recouvrement	клеевое соединение внахлестку
L 64	lap shear strength, lap shear bond strength	Überlappungsscherfestigkeit f (Klebverbindung)	résistance f au cisaillement de chevauchement, résistance au cisaillement d'un assemblage à recouvrement	сопротивление сдвигу соединений внахлестку, прочность при сдвиге склеенных внахлестку образцов
L 65	lap-solvent sealing	Überlappungskleben n (mit Lösungsmitteln oder Lösungsmittelgemischen), Überlappungsquellschweißen n, chemisches Überlappungsschweißen n	soudage m au solvant par recouvrement	сварка внахлестку с помощью растворителей
L 66	lap time, lapping time (adhesive)	Anzugszeit f (Klebstoff)	début m de séchage (colle)	начало сушки (клея)
L 67	large-area moulding	Großurformteil n, großflächiges Urformteil n	pièce f moulée à grande surface	крупногабаритное изделие (изготовленное литьем под давлением или прессованием)
L 68	large-scale injection moulding machine	Großspritzgießmaschine f, Maschine f für Großspritzgießvolumen	presse f d'injection à grand volume	литьевая машина для крупногабаритных изделий
L 69	large-slot nozzle	Breitschlitzdüse f (an Warmgasschweißgeräten)	buse f plate (soudage au gaz chaud)	щелевой мундштук
L 70	laser amplifier	Laserverstärker m (Laserschweißen)	amplificateur m laser	усилитель для лазера
L 71	laser-beam diameter	Laserstrahldurchmesser m	diamètre m de faisceau laser	диаметр лазерного луча
L 72	laser-beam welding, laser welding	Laserstrahlschweißen n, LA-Schweißen n	soudage m au laser	сварка с применением лазерного излучения, лазерная сварка
L 73	laser bending	Laserstrahlbiegen n, Laserbiegen n	pliage m par laser, flexion f à laser	изгибание лазером

L 74	laser coating	Laserbeschichten n, Beschichten n mittels Laser	couchage m par laser, revêtement m par rayonnement du laser	лазерное нанесение
L 75	laser cutter	Laserschneidmaschine f, Laserschneidgerät n, Laserschneideinrichtung f	découpeuse f à laser, dispositif m (machine f) à couper par laser	лазерная резальная машина, лазерный резальный прибор
L 76	laser cutting	Laserstrahlschneiden n, Laserschneiden n	découpage m au laser	лазерная резка
L 77	laser cutting equipment	Laserstrahlschneideinrichtung f	installation f de découpage au laser	лазерное режущее устройство
L 78	laser cutting unit	Lasertrennanlage f	installation (unité) f à couper par laser	лазерная отрезная установка
L 79	laser engraving	Lasergravieren n, Gravieren n mittels Laserstrahlen	gravage m au laser	лазерное гравирование
L 80	laser finishing, surface laser treatment	Laserstrahlveredeln n, Laserveredeln n, Oberflächenlaservorbehandlung f	traitement m améliorant la surface par rayon laser	лазерная обработка поверхности
L 81	laser flash photolysis	Laserblitzlichtphotolyse f	photolyse f à impulsion lasérique	фотолиз лазерным прибором мгновенного действия
L 82	laser marking	Laserbeschriftung f, Lasermarkierung f, Beschriften n mit Laserstrahlen	marquage m au laser	лазерное маркирование
L 83	laser radiation	Laserstrahlung f	radiation f (rayonnement m) lasérique (laser, de laser)	лазерное излучение
L 84	laser sorter	Laserstrahlenfehlersuchgerät n	appareil m à dépister les défauts par laser	лазерный аппарат для сортировки, лазерный дефектоскоп
	laser welder	s. L 85		
	laser welding	s. L 72		
L 85	laser welding equipment (system, unit), laser welder	Laserstrahlschweißgerät n, Laserschweißgerät n	équipement m (installation f, unité f) de soudage au laser	прибор для лазерной сварки
L 86	latch plate	Druckstiftplatte f (in Preßwerkzeugen)	plaque f porte-broche (moule à compression)	выталкивающая (прижимная) плита
L 87	latch plate	Halteplatte f für Einlegeteile (in Werkzeugen)	plateau m support de prisonniers, plateau support d'insertions	плита для крепления вставок
	latent heat	s. T 505		
	latent heat of solidification	s. H 123/4		
	lateral blowing	s. S 497		
	lateral deformation	s. T 535		
L 88	lateral gating (injection), side gating	seitliches Anspritzen n	injection f latérale	литье под давлением машиной угловой компоновки, литье с боковым литниковым каналом, литье перпендикулярно оси запирания
L 89	laterally injected part	seitlich angespritztes Formteil n	pièce f injectée latéralement	отлитое изделие, полученное на литьевой машине угловой компоновки
	laterally slotted hose	s. L 90		
L 90	laterally slotted tubing, laterally slotted hose	seitlich geschlitzter Schlauch m	tube (tuyau) m flexible fendu latéralement	шланг со щелями
L 91	latex adhesive, mucilage	Latexklebstoff m	colle f de latex, mucilage m	латексный клей
L 92	latex-casein adhesive	Latex-Kasein-Klebstoff m	colle f de latex à la caséine	казеиновый латексный клей
L 93	lattice array (configuration)	Gitteranordnung f	configuration f réticulaire (de réseau)	расположение решетки
L 94	lattice constant	Gitterkonstante f (Molekülverband)	constante f (paramètre m) réticulaire	постоянная (параметр) решетки
L 95	lattice defect	Gitterfehlstelle f (Molekülverband)	défaut m réticulaire (du réseau)	дефект решетки
L 96	lattice spacing	Gitterabstand m (Molekülverband)	période f du réseau	расстояние между узлами кристаллической решетки
L 97	lattice structure	Gitterstruktur f, Gitteraufbau m (Molekülverband)	structure f réticulaire (en réseau)	структура решетки
	LAXD	s. S 701		
	LAXS	s. X 16		
L 98	layer, ply	Schicht f, Lage f	strate f, couche f, pli m	слой
L 99	layer growth	Schichtwachstum n	croissance f de la couche	рост слоя
L 100	layer lattice lubricant, laminar solid lubricant	anorganischer fester Schmierstoff m	lubrifiant m solide inorganique	неорганическое твердое смазочное средство
L 101	layer moulding, stack moulding	Pressen n mit Etagenwerkzeugen, Etagenwerkzeugpressen n	moulage m en moules à empreintes multiples, moulage m en moules à plusieurs empreintes	прессование многоэтажным прессом
	layer of adhesive in a joint	s. A 180		

L 102	layer structure	Schichtstruktur f, Schichten-struktur f (glasfaserver-stärkte Thermomere)	structure f en couche	слоистая структура
L 103	lay-flat device	Abquetschvorrichtung f (für Schlauchfolie)	conformateur m, rouleaux mpl pinceurs (feuille en gaine)	тянущие валки (рукавная пленка)
L 104	lay-flat [tabular] film, lay-flat tubing	flachgelegte Schlauchfolie f	feuille f extrudée en gaine aplatie (plate, à plat)	сплющенная рукавная пленка, рукав-пленка в виде двойной плоской ленты
L 105	laying equipment	Flachlegeeinrichtung f (für Blasfolie)	dispositif m de mise à plat (feuille soufflée)	стягивающее (рукав в двойную плоскую пленку) устройство
	laying-in robot	s. L 243		
L 106	layout table	Konfektioniertisch m (HF-Schweißen), Auslege-tisch m	table f de préparation (sou-dage HF)	сборочный стол
L 107	lay-up	Aufeinanderlaminieren n von Schichten	superposition f de couches	выкладка
L 108	lay-up material	harzgetränktes Verstär-kungsmaterial n (Laminie-ren)	matériau m de renforce-ment imprégné de résine (stratifié)	смолосодержащий напол-нитель
L 109	LC machine, linear-contact high-frequency sealing machine	Hochfrequenzschweiß-maschine f	machine f de soudage à haute fréquence	высокочастотная сварочная машина
	LCP	s. L 209		
	LC-polyester	s. L 208		
	LC-polymer	s. L 209		
	LDPE	s. L 313		
L 110	L/D ratio, length-to-diam-eter ratio, aspect ratio	L/D-Verhältnis n, Längen-Durchmesser-Verhältnis n (einer Schnecke), relative Schneckenlänge f	rapport m longueur/diamè-tre, rapport l/d (L/D) (vis)	отношение длины нарезной части червяка к диаметру, отношение L/D
L 111	leaching	Auslaugen n	extraction f par lixiviation	выщелачивание
L 112	lead	Gewindesteigung f, Ge-windeganghöhe f	pas m (filet)	шаг резьбы
	leader strip	s. S 1068		
L 113	lead of screw flight, pitch	Schneckensteigung f, Schneckenganghöhe f	hauteur f du filet (vis)	шаг [нарезки] червяка
L 114	lead oxide	Bleioxid n (Füllstoff)	minium (oxyde) m de plomb	окись свинца
L 115	lead paint	Bleifarbe f, bleihaltiger Anstrichstoff m	couleur f de plomb	свинцовая краска, церусси-товая краска
L 116	leakage	Lecken n, Sickerverlust m	fuite f	утечка
	leakage field	s. S 1183		
L 117	leakage flow, volumetric leakage flow across flights	axiales Rückdruckvolumen n, Leckströmung f, Leck-fluß m (Extruderschnecke)	débit m de remontée, reflux m axial (vis d'extrudeuse)	поток утечки, напорный по-ток утечек
L 118	leakage flow constant	Leckflußkonstante f (Extru-der)	constante f de fuite (boudi-neuse)	коэффициент утечки (экструдера)
L 119	leakage in the intensity of electric field	Streuung f des elektrischen Feldes (beim Hoch-frequenzschweißen)	fuite f [de champ] électri-que, dispersion f électri-que	рассеяние электрического поля
L 120	leakage loss	Leckverlust m (Extruder-schnecke)	perte f par fuites	потеря утечкой
L 121	leakage test, compactness testing	Dichtheitsprüfung f, Leck-prüfung f	essai (contrôle) m d'étan-chéité	измеритель плотности, плотномер, испытатель непроницаемости
L 122	leather bonding adhesive, leather cement, leather glue	Klebstoff m für Leder, Lederklebstoff m	colle f à (de) cuir, adhésif m pour cuir	клей для кожи
	leathercloth	s. A 554		
	leatherette	s. A 554		
L 123	leather glue, glue made from waste leather	aus Lederabfall gewonne-ner (hergestellter) Kleb-stoff m	colle f [de déchets] de cuir	мездровый клей
	leather glue	s. a. L 122		
L 124	leatherlike material	lederähnlicher Werkstoff m	synderme m, matériau m de la nature du cuir	кожеподобный материал, кожзаменитель
L 125	leatherlike plastics sheet-ing	homogenes Folienkunst-leder n	cuir m homogène de feuilles synthétiques	кожезаменяющая пленка
	leatheroid	s. V 192		
L 126	LED strip indicator for weld-ing process, illuminated signal for welding proc-ess	Leuchtbandanzeige f für Schweißvorgang, Schweißvorgang-Leucht-bandanzeige f	affichage m par bande lumi-neuse pour la phase de soudage, témoin-bande f lumineuse pour la phase de soudage	показание процесса сварки световыми диодами
L 127	length of extruder die	Extruderdüsenlänge f	longueur f de la filière d'ex-trusion	длина экструзионного мундштука

L 128	length of heating-cooling channel	Temperierkanallänge f (Verarbeitungswerkzeuge)	longueur f d'un canal à tempérer	длина канала термостатирования
L 129	length of helical screw channel	Schneckengewindelänge f	longueur f du filetage (vis)	длина резьбы червяка
	length of overlap	s. O 139		
	length of screw	s. S 139		
	length of the lap joint	s. O 139		
	length-to-diameter ratio	s. L 110		
L 130	Leno weave	Leno-Bindung f, Leno-Gewebe n (Textilglasgewebe)	tissu m ouvert (à larges mailles), armure f Leno (tissu de verre)	переплетение типа «Лено», ткань «Лено»
L 131	lens focus	Linsenbrennweite f (beim Laserstrahlschweißen)	distance f focale de lentille (soudage au laser)	фокусное расстояние (сварка лазером)
L 132	let-go	interlaminare Fehlstelle f (in Laminaten durch fehlende Haftung), interlaminarer Fehler m	décollement m, défaut m interlaminaire	дефект адгезии (в ламинатах), дефект в слоистом материале, место расслоения
	let-off	s. H 47		
	let-off reel (unit)	s. H 47		
L 133	levelling	Egalisieren n	égalisation f	розлив
L 134	levelling agent (lacquer)	Egalisier[hilfs]mittel n (z. B. Lacke)	produit (agent) m d'unisson (vernis)	выравниватель (лак)
L 135	levelling roll	Egalisierwalze f, Nivellierwalze f, Walze f zur gleichmäßigen Materialverteilung	cylindre (rouleau) m égalisateur	выравнивающий (нивелирующий) валок
L 136	level of follow-up pressure	Nachdruckhöhe f (Spritzgießen)	niveau m de la pression de maintien	уровень выдержки под давлением, уровень подпитки
L 137	level of stress	Spannungsverlauf m	répartition (distribution) f des contraintes	распределение напряжений
L 138	level symmetry	Schichtensymmetrie f (glasfaserverstärkte Thermoplaste, Thermomere)	symétrie f de couches	симметрия слоев
L 139	L-form injection moulding machine	Spritzgießmaschine f in L-Anordnung, Spritzgießmaschine f in L-Ausführung, Spritzgießmaschine f mit senkrecht zur Spritzeinheit stehender Schließeinheit	presse f d'injection en forme L	L-видная литьевая машина
	life simulation test	s. S 316		
L 140	lifetime, service life	Lebensdauer f	durée f de vie	срок службы, продолжительность жизни
L 141	lift, set of mouldings	Ausstoßmenge f, Formteilausstoßmenge f (beim Pressen)	débit m (moulage)	разовый объем прессизделий
L 142	lift, shot	Formteilpressung f (eines Zyklus)	moulée f (cycle de moulage)	изготовление разовым прессованием
	lifting	s. S 1262		
L 143	lifting gear	Hubgetriebe n	engrenage m de levée	поднимающий механизм
L 144	light aging	Lichtalterung f durch Lichteinwirkung, Alterung f (Altern n) durch Sonnenlicht, Sonnenlichtalterung f	vieillissement m solaire	световое старение, фотостарение, старение под действием света
L 145	light- and water-exposure apparatus	Licht- und Wasserbeständigkeitsprüfer m, Licht- und Wasserbeständigkeitsprüfgerät n (Anstrichstoffe)	appareil m d'essai de la résistance à l'eau et à la lumière (agents de peinture)	измеритель свето- и водостойкости
L 146	light barrier	Lichtschranke f	barrage m photoélectrique	фотоэлектрический барьер, световой барьер
L 147	light beam pyrolysis	Lichtstrahlpyrolyse f	photopyrolyse f	фотопиролиз, светолучевой пиролиз
L 148	light-body	niedrigviskos (Anstrichmittel)	à basse viscosité, faiblement visqueux	низковязкий
L 149	light branched molecule chain	gering verzweigte Molekülkette f	chaîne f moléculaire faiblement ramifiée	мало разветвленная цепь молекулы
L 150	light-curable adhesive	lichthärtender Klebstoff m	adhésif m photodurcissable	фотоотверждающий клей
	light-density construction	s. L 164		
	lightening	s. B 406		
L 151	lighter shade	helle Farbtönung f (bei Formteilen und Beschichtungen)	teinte f claire	светлый тон

	English	German	French	Russian
L 152	light fastness, light resistance (stability), stability (fastness, resistance) to light, resistance to colour change, colour fastness	Lichtbeständigkeit f, Lichtechtheit f	solidité f à lumière, stabilité f à lumière, résistance (solidité) f à la lumière	светостойкость, светопрочность, светоустойчивость, стойкость (устойчивость) к действию света
L 153	light fastness testing equipment, instrument for accelerated fading test	Lichtechtheitsprüfgerät n, Lichtechtheitsprüfeinrichtung f	appareil m d'essai de résistance à la lumière, appareil pour vieillissement artificiel	измеритель светостойкости, испытатель на светостойкость
L 154	light intensity	Lichtintensität f	intensité f lumineuse	интенсивность света
L 155	lightness	Helligkeit f	luminosité f, clarté f	яркость
	light permeability	s. L 162		
L 156	light radiator	Lichtstrahler m (für Lichtstrahlschweißen)	radiateur m de lumière (soudage)	излучатель (для сварки)
	light resistance	s. L 152		
L 157	light-resisting, fast to light	lichtecht, lichtbeständig	stable à la lumière, résistant à la lumière	светопрочный, светостойкий, светоустойчивый
L 158	light scattering	Lichtstreuung f	diffusion (dispersion) f de la lumière	рассеяние света, светорассеяние
L 159	light scattering spectrometer (for characterising molecules)	Streulichtphotometer n	spectromètre m par diffusion de la lumière	спектрометр, работающий рассеянным светом (для характеризирования макромолекул)
	light stability	s. L 152		
L 160	light-stability agent, sun checking agent	Lichtstabilisator m, Lichtschutzmittel n	photostabilisant m, agent m de stabilité à la lumière	светостабилизатор, фотостабилизатор
	light stabilizer	s. U 57		
L 161	light transmission	Lichtdurchgang f, Lichtdurchlässigkeit f	transmission f de [la] lumière	светопропускание, пропускание света
L 162	light transmittance, light permeability, permeability to light	Lichtdurchlässigkeit f	transmittance f, perméabilité f à lumière	светопроницаемость, светопропускаемость
L 163	lightweight building material	Leichtbaustoff m	matériau m de construction léger	материал низкой плотности, легкий материал
L 164	lightweight construction, light-density construction (US)	Leichtbauweise f, Leichtstoffbauweise f, Leichtbaukonstruktion f	construction f légère (allégée)	исполнение из облегченных элементов, строительство с применением облегченных конструкций, легкая конструкция
L 165	lightweight structure	Leichtbaustoffteil n, Leichtbaustoffelement n	pièce f de construction légère, élément m léger	изделие из облегченного материала, облегченный элемент
L 166	lightweight metal	Leichtmetall n (Fügeteilwerkstoff)	métal m léger	легкий металл
L 167	lignin	Lignin n	lignine f	лигнин
L 168	lignin-containing adhesive	ligninhaltiger Klebstoff m, Klebstoff m auf Ligninbasis	adhésif m à base de lignine	лигнинсодержащий клей
L 169	lignin plastic	Ligninkunststoff m, Ligninplast m	plastique m à base de lignine	лигниновый пластик
L 170	lignite tar	Braunkohlenteer m (Epoxidharzmodifikator)	goudron m de lignite (agent modifiant pour résine époxy)	буроугольная смола
L 171	lignite wax	Montanwachs n (Trennmittel)	cire f de lignite	горный воск, озокерит (смазка)
L 172	lignocellulosic adhesive	Lignocelluloseklebstoff m, Klebstoff m auf der Basis von Lignocellulose	adhésif m à base de lignocellulose	клей на основе лигноцеллюлозы, лигноцеллюлозный клей
	LIM	s. L 212		
L 173	limitation	Einschränkung f, Grenze f	limitation f	ограничение, предел
L 174	limiting state	Grenzzustand m	état m limitant	предельное состояние
L 175	limiting value	Grenzwert m	valeur f limite	предельная величина, предельное значение
L 176	limiting value of compressive strength	Druckfestigkeitsgrenze f	limite f de résistance à la compression	предел прочности при сжатии
	limiting viscosity	s. I 347		
	limit of deformation	s. D 73		
L 177	limit of microcracking	Mikrorißgrenze f	limite f de la microfissure	предел микротрещин
L 178	limit of mould locking force	Grenz-Zuhaltekraft f des Werkzeugs	limite f de force de serrage (moule)	максимальное усилие запирания формы
L 179	limit [stop] switch, terminal switch	Endschalter m	interrupteur m limite (final, de fin de course)	электрический расцепитель, концевой выключатель
L 180	line/to	auskleiden	revêtir	футеровать, облицовывать
	linear-contact high-frequency sealing machine	s. L 109		
L 181	linear diffractometer	Lineardiffraktometer n	diffractomètre m linéaire	линейный дифрактометр

	English	German (Deutsch)	French (Français)	Russian
L 182	linear expansion coefficient	linearer Ausdehnungs-koeffizient *m*	coefficient *m* d'expansion linéaire	коэффициент линейного теплового расширения
L 183	linear low-density polyethylene, LLDPE	lineares Polyethylen *n* niedriger Dichte, LLDPE	polyéthylène *m* linéaire basse densité, PE-lbd	линейный полиэтилен низкой плотности, ЛПЭНП
L 184	linear macromolecule, unbranched (straight-chain) macromolecule	lineares (unverzweigtes, geradkettiges) Makromolekül *n*	macromolécule *f* linéaire (non ramifiée, à chaîne droite)	линейная макромолекула, неразветвленная макромолекула, прямоцепная макромолекула
L 185	linear polyethylene, unbranched polyethylene	lineares Polyethylen *n*, unverzweigtes Polyethylen *n*	polyéthylène *m* linéaire	линейный (прямоцепный) полиэтилен
L 186	linear-segmental polyurethane elastomer	linear segmentiertes Polyurethanelastomer[es] *n*	élastomère *m* linéaire et segmenté de polyuréthanne	линейный полиуретановый эластомер
	linear thermal expansion coefficient	*s.* C 452		
L 187	linear vibration welder	Linearvibrationsschweißgerät *n*, Gerät *n* für lineares Vibrationsschweißen	poste *m* de soudage *m* à vibration par mouvement linéaire	прибор для линейной вибро-контактной сварки
L 188	linear vibration welding	Linearvibrationsschweißen *n*	soudage *m* à vibration par mouvement linéaire	линеарно-вибрационная сварка
L 189	line linking element, transfer link	Verkettungseinrichtung *f* (Verarbeitungsmaschinen)	appareil *m* à chaîne mécanique	соединяющий элемент конвейерной линии
	liner	*s.* L 195		
L 190/1	liner board	Deckenkarton *m*	carton *m* de revêtement	потолочный картон
	liner film	*s.* S 402		
	liner sheet	*s.* S 402		
L 192	line stress (tension)	Linienspannung *f*, linienförmig wirkende Spannung *f*	tension *f* linéaire	линейное напряжение
L 193	line-type horn (sonotrode)	Ultraschallschweißwerkzeug *n* (für kleine Schweißnahtbreiten), Strichsonotrode *f*	sonotrode *f* pour soudures linéaires (rectilignes) (soudage ultrasonique)	ультразвуковой сварочный инструмент для узких линейных швов
L 194	lining	Auskleiden *n*, Belegen *n*	revêtement *m*	обкладывание, облицовывание
L 195	lining, liner	Auskleidung *f* (von Rohren oder Behältern)	revêtement *m* [intérieur], chemise *f* [intérieure]	обкладка, футеровка, облицовка
L 196	lining calender	Kaschierkalander *m*	calandre *m* à laminer, calandre à stratifier, calandre à doubler	оклеечный каландр
L 197	lining grade	Auskleidungsqualität *f*, Auskleidungsgüte *f*	qualité *f* de revêtement [intérieur]	качество облицовки (футеровки)
L 198	lining machine, laminating machine, coating machine	Kaschiermaschine *f*	machine *f* à doubler	машина для изготовления ламинатов
L 199	link	Kettenglied *n*, Glied *n*	chaînon *m*, maille *f*, maillon *m*	звено цепи
	link	*s. a.* H 262		
L 200	linkage assembly	Zuggestänge *n* an Werkzeugen	tiges *fpl* de traction (moule)	система тяги (рычагов) формы
L 201	linoleum finish	Teppichlack *m*	vernis *m* de linoléum	лак для полов
L 202	linters, cotton linters	Linters *pl*, Faser *f* der Baumwollsamenkerne (Füllstoff)	linters *mpl*, linters de coton, fibre *f* de la graine de coton	хлопковый пух, линтер
L 203	lip	Lippe *f* (an Extruderwerkzeugen)	lèvre *f* (filière d'extrusion)	профилирующая губка, губка (экструзионной головки)
	liquefying point	*s.* D 568		
L 204	liquid chromatograph	Flüssigkeitschromatograph *m*	chromatographe *m* à liquide	жидкостный хроматограф
L 205	liquid-chromatography analysis	flüssigkeitschromatographische Analyse *f*	analyse *f* par chromatographie [en phase] liquide	жидкостный хроматографический анализ, жидкохроматографический анализ
L 206	liquid colour	Flüssigfarbe *f* (zum Einfärben von Polymermassen)	colorant *m* liquide, matière *f* colorante liquide, teinture *f*	жидкая краска
L 207	liquid colouring	Flüssigfärben *n*, Einfärben *n* mit Flüssigfarbmitteln	teinture *f* à liquide tinctorale	крашение жидкими красками
L 208	liquid-crystal polyester, LC-polyester	flüssig-kristalliner Polyester *m*, Flüssigkristallpolyester *m*, selbstverstärkender Polyester *m*, LC-Polyester *m*	polyester *m* liquide-cristallin	жидкокристаллический полиэфир

L 209	liquid-crystal polymer, LC-polymer, LCP	Flüssigkristallpolymer[es] n, Polymer[es] n mit in der Schmelze orientierten Makromolekülen, im Flüssigzustand eigenverstärktes Polymer[es] n, flüssigkristallines Polymer[es] n	polymère m liquide-cristallin	жидкокристаллический полимер
L 210	liquid-crystal thermoplastic	flüssig-kristalliner (selbstverstärkender, selbstorganisierter) Thermoplast m, flüssig-kristallines (selbstverstärkendes, selbstorganisiertes) Thermomer n, LC-Thermoplast m, LC-Thermomer n	thermoplastique m liquide-cristallin	жидкокристаллический термопласт
L 211	liquid fed extruder	flüssigkeitsgespeister Extruder m	boudineuse (extrudeuse) f à alimentation liquide	экструдер, перерабатывающий жидкости
L 212	liquid-injection moulding, LIM	Einspritzen n in geschlossene Werkzeuge, LIM	injection f dans moules fermés	литье в закрытие формы
L 213	liquid jet	Mischdüse f für Flüssigkeiten	buse f mélangeuse	смесительное сопло для жидкостей
L 214	liquid level	Flüssigkeitsspiegel m	niveau m de liquide	уровень жидкости
L 215	liquid metal soap	flüssige Metallseife f (Verarbeitungshilfsstoff)	savon m métallique liquide (matière consommable de production)	жидкое металлическое мыло
L 216	liquid nitrogen	Flüssigstickstoff m (Strukturuntersuchungen)	azote m liquide	жидкий азот
L 217	liquid silicone rubber	Flüssigsiliconkautschuk m	caoutchouc m silicone liquide	жидкий кремнекаучук
L 218	liquid silicone rubber injection moulding, LSR-injection moulding	Flüssigsiliconkautschuk-Spritzgießen n, LSR-Spritzgießen n	injection f de caoutchouc au silicone liquide	литье под давлением жидкого кремнекаучука
L 219	lithographic colour	Plakatfarbe f	couleur f lithographique	плакатная краска, афишная краска
L 220	litho[graphic] ink	Offsetdruckfarbe f	encre f d'imprimerie offset	офсетная печатная краска
L 221	lithopone	Lithopone f (Füllstoff)	lithopone f	литопон
L 222	litmus indicator	Lackmusindikator m	indicateur (papier) m de tournesol	лакмус, раствор лакмуса
L 223	little bubbles	Bläschenfeld n (in Formteilen)	blister m	пузыри
L 224	live centre	Zapfenmitte f	centre m du pivot	центр цапфы
L 225	live steam	Frischdampf m (zur Druckerzeugung und Beheizung von Autoklaven)	vapeur f fraîche (vive)	острый пар (для автоклава)
L 226/7	living polymer	lebendes Polymer[es] n	polymère m vivant	живой полимер
	LLDPE	s. L 183		
	load	s. L 238		
L 228	loadability, load-bearing capacity	Belastbarkeit f	résistance f de portée	нагрузочная способность
	load at failure	s. B 395		
	load-bearing capacity	s. L 228		
L 229	load-bearing strength, bearing strength	Tragfähigkeit f	capacité f portative (de charge)	грузоподъемность
L 230	load capacity	Einsatzmasse f	masse f de remplissage	загрузочный вес
L 231	load cell	Kraftmeßdose f	cellule (boîte, capsule) f dynamométrique	динамометрический датчик, месдоза
	load cell type transducer	s. P 977		
L 232	load circuit	elektrischer Arbeitskreis m, elektrischer Heizkreis m (einer Verarbeitungsmaschine)	circuit m de chauffage électrique	цепь накала
L 233	load cycles	Lastwechsel mpl	alternance f de charge	перемена нагрузки
L 234	loaded glass cloth (fabric)	harzgetränktes Glasseidengewebe n	tissu m silionne préimprégné	пропитанная смолой стеклоткань
L 235	loaded glass-fibre mat	harzgetränkte Glasseidenmatte f	mat m de verre préimprégné	пропитанный смолой стекломат
L 236	loaded roving	harzgetränkter Roving (Glasfaserstrang) m (Laminiertechnik)	roving (stratifil) m préimprégné	пропитанный смолой ровинг
L 237	load frame	Prüfmaschinenrahmen m	cadre m d'essai	станина испытательной машины
L 238	loading, load, charging, feed[ing]	Materialeinbringung f, Beschickung f, Beschicken n, Füllen n, Charge f, Füllung f	chargement m, alimentation f, charge f	загрузка, доза, питание
	loading cavity	s. L 239		

L 239	loading chamber, loading cavity, loading well, loading space, filling space (US)	Füllraum m, Füllkammer f (von Werkzeugen)	chambre f de charge[ment] (moules)	загрузочная камера, загрузочная полость, загрузочное пространство (пресс-формы)
	loading chamber retainer plate	s. T 489		
L 240	loading pigment	Pigmentfüllstoff m	charge f à pigment	пигмент-наполнитель
	loading plate	s. T 489		
L 241	loading plunger	Füllkolben m	piston m de charge, piston de remplissage	загрузочный поршень
L 242	loading rate	Belastungsgeschwindigkeit f	vitesse f de charge	скорость нагружения
L 243	loading robot, laying-in robot	Einlegeroboter m, Einlegeautomat m, Einlegegerät n	robot m pour insertion	загрузочный автомат
L 244	loading shoe	Füllplatte f (an Preßwerkzeugen)	plaque (semelle) f de remplissage (moule à compression)	загрузочная плита (пресс-формы)
L 245	loading shoe mould, filler plate mould	Preßwerkzeug n mit durch Füllplatte vergrößertem Füllraum	moule m à plaque (semelle) de remplissage	пресс-форма с надпрессовочной (загрузочной) плитой
	loading space	s. L 239		
L 246	loading time	Belastungszeit f	temps m (durée f) de charge	продолжительность (время) нагрузки
L 247	loading tray, tray	Schweißgutaufnahmestation f von Drehtischen, Schweißtablett n	chargeur m (soudage)	загрузочный лоток (при сварке)
	loading tray	s. a. C 250		
	loading well	s. L 239		
L 248	load test	Belastungsprobe f, Belastungsversuch m	épreuve f de (en) charge	испытание под нагрузкой
L 249	load transducer conditioner	Belastungsmeßverstärker m	amplificateur m de mesure de la charge	усилитель для измерения нагрузок
L 250	load unit	Prüfmaschinenlastrahmen m, Prüfrahmen m	cadre m d'essai	нагружающее приспособление
	lobster back (bend)	s. S 235		
L 251/2	local diffusion method	Lokaldiffusionsmethode f (zur Untersuchung von Strukturen)	méthode f de la diffusion locale	метод местной диффузии
L 253	localized bending	örtlich begrenztes Biegen n (von Umformteilen)	pliage m localisé	локальное изгибание
	locating pin	s. I 228		
	location of gate	s. G 24		
L 254	lock gate	Beschickungsschleuse f (an Spritzgießmaschinen)	ouverture f d'alimentation (machine à injection)	загрузочное отверстие
L 255	locking	Schließen n, Verriegeln n, Verriegelung f (von Spritzgießwerkzeugen)	verrouillage m, serrage m	замыкание, запирание
L 256	locking control	Verriegelungssteuerung f (zur Sicherung eines programmierten Prozeßablaufs an Verarbeitungsmaschinen)	réglage m automatique bloqué (commande programmée)	управление блокировкой
L 257	locking device	Arretierungseinrichtung f, Arretiereinrichtung f	dispositif m d'arrêt	арретир
	locking force (load)	s. C 349		
L 258	locking mechanism	Schließmechanismus m (Spritzgießmaschine)	mécanisme m de verrouillage	механизм замыкания формы
	locking pressure	s. C 354		
L 259	locking ring	Sperring m (an Spritzgießmaschinen zur Sicherung des Werkzeugzuhaltens), Schraubensicherungsring m, Werkzeugschließring m	bague f de fermeture	замковое (блокирующее, запорное) кольцо, кольцо для предохранения от саморазвинчивания
L 260	locking system	Schließsystem n	système m de fermeture	система запирания
L 261	locking threads with adhesive	mikroverkapselte Gewindeklebsicherung f	blocage m de filetages par collage	предохранение винтовых соединений клеевыми микрокапсулами
	locking unit	s. C 356		
L 262	lock nut	Feststellmutter f	écrou m d'arrêt	фиксирующая гайка
L 263	lock plate (washer)	Sicherungsblech n	frein m en tôle	замковая шайба
	logarithmic damping decrement	s. D 7		
L 264	logarithmic viscosity index	logarithmische Viskositätszahl f, logarithmischer Viskositätsindex m	indice m logarithmique de viscosité	логарифмическое число вязкости
L 265	log saw cutter	Blocksägemaschine f	scie f pour billes	пила для блоков

	London [dispersion] force	*s.* D 388		
L 266	**long-barrelled extruder**	Langzylinderextruder *m*, Langzylinderschnecken-strangpresse *f (für Be-schichtungen)*	extrudeuse *f* aux cylindres longs	экструдер с длинным цилиндром
L 267	**long (long-chain) branching**	Langkettenverzweigung *f (Moleküle)*	ramification *f* longue (de chaînes longues)	разветвленная макромолекула с длинноцепными ветвлениями, длинноцепная полимеризация
L 268	**long-chain molecule**	langkettiges Molekül *n*	molécule *f* à chaîne longue	длинноцепная молекула
L 269	**long-chain plastic (poly-meric material)**	Kunststoff (Plast) *m* mit langen molekularen Ketten	plastique *m* à chaînes longues	пластик с длинными молекулярными цепями
	long fatigue life	*s.* F 47		
L 270	**long-fibre reinforced ther-moplastic,** thermoplastic with long-fibre reinforce-ment	langfaserverstärkter Ther-moplast *m*, langfaserver-stärktes Thermomer *n*	thermoplastique *m* renforcé par fibres longues	наполненный длинными волокнами термопласт, ар-мированный длинными волокнами термопласт
L 271	**long-fibre reinforcement**	Langfaserverstärkung *f*	renforcement *m* par fibres longues	армирование длинными волокнами
L 272	**long glass fibre reinforced thermoplastic**	langglasfaserverstärkter Thermoplast *m*, langglas-faserverstärktes Thermo-mer *n*	thermoplastique *m* renforcé par fibres de verre lon-gues	наполненный стекловолок-нами термопласт
	longitudinal seam	*s.* L 278		
L 273	**longitudinal shrinkage**	Längsschwindung *f*	retrait *m* longitudinal	продольная усадка
L 274	**longitudinal slide**	Werkzeuglängsschieber *m*	coulisse (glissière) *f* longitu-dinale *(moule)*	продольный шибер формы
L 275	**longitudinal stiffener**	Längsprofil *n (Versteifung)*	profil *m* longitudinal	продольный профиль
L 276	**longitudinal stress**	Längsspannung *f*	contrainte *f* longitudinale	продольное напряжение
L 277	**longitudinal wave**	longitudinale Schallwelle *f (Ultraschallschweißen)*	onde *f* sonore longitudinale	продольная звуковая волна
L 278	**longitudinal weld (weld seam),** longitudinal seam	Längsschweißnaht *f*	joint *m* longitudinal, ligne *f* de soudure longitudinale	продольный сварной шов
L 279	**long-neck method**	Fahrweise *f* mit langem Hals *(Folienblasen)*	procédé *m* au col long	технология получения ру-кавной пленки с образо-ванием длинного пузыря
L 280	**long-oil alkyd**	fettiges Alkydharz *n*, lang-öliges Alkydharz	alkyde *m* long en huile	жирная алкидная смола
L 281	**long-service stress,** perma-nent stress, fatigue stess, repeated stress *(US)*	Dauerbeanspruchung *f*	effort *m* continu, charge *f* permanente	постоянная нагрузка, дли-тельная нагрузка
L 282	**long-stroke press**	Langhub-Presse *f*, Presse *f* mit großem Hub	presse *f* à longue course	пресс большого хода
L 283	**long-term behaviour,** long-term performance	Langzeitverhalten *n*, Dauer-standverhalten *n*	comportement *m* à longue échéance, comportement *m* à longue durée	долговременное поведе-ние, длительное поведе-ние, долговечность свойств
L 284	**long-term creep**	Langzeitkriechen *n*	fluage *m* à longue durée	долговременная ползу-честь, длительный крип
L 285	**long-term dimensioning characteristics**	Langzeitbemessungskenn-werte *mpl*	valeurs *fpl* caractéristiques de longue pour le dimen-sionnement	характеристики для дли-тельного нагружения
L 286	**long-term durability**	Langzeitbeständigkeit *f*, Langzeithaltbarkeit *f*	durabilité *f* à long terme, stabilité *f* à long terme	долговечность
L 287	**long-term fatigue test (test-ing)**	Dauerschwingprüfung *f*	essai *m* d'oscillation conti-nue	испытание на усталостную прочность при много-кратных нагрузках
	long-term performance	*s.* L 283		
L 288	**long-term stabilization**	Langzeitstabilisierung *f*, dau-erhafte Stabilisierung *f*	stabilisation *f* à long terme	долговременная стабили-зация
	long-term strength	*s.* C 962		
L 289	**long-term tensile stress**	Zeitstand-Zugbeanspru-chung *f*	effort *m* de traction de lon-gue durée	длительное испытание рас-тяжением
	long-term test	*s.* L 294		
L 290	**long-term welding factor**	Langzeitschweißfaktor *m*	facteur *m* de soudage continu, facteur *m* de lon-gue durée	долговечная относительная прочность сварочного шва
	long test	*s.* L 294		
L 291	**long-time creep behaviour**	Langzeitkriechverhalten *n*	comportement *m* au fluage de longue durée	длительное поведение по ползучести
L 292	**long-time deformation be-haviour**	Langzeitdeformationsverhal-ten *n*, deformationsme-chanisches Langzeitver-halten *n*	comportement *m* à la défor-mation de longue durée	поведение при длительной деформации
L 293	**long-time service behaviour**	Langzeitgebrauchsverhalten *n (Formteile)*	comportement *m* d'usage de longue durée, compor-tement *m* d'usage à long terme	свойства при долговре-менной эксплуатации, по-ведение при длительной эксплуатации

	English	German	French	Russian
L 294	long-time test, LTT, long-term test, long test	Langzeitversuch m, Langzeitprüfung f	essai m de longue durée	длительное испытание
	long tube vertical evaporator	s. V 90		
L 295	loop dryer, loop-type dryer, festoon dryer	Hängetrockner m, Schleifentrockner m, Trockengehänge n	accrocheuse-sécheuse f, tunnel m de séchage à feuilles pliées en guirlandes	завесная сушилка, петлевая сушилка, подвесная сушилка
	looped strand	s. S 1020		
	loop-type dryer	s. L 295		
L 296	loose detail mould	Werkzeug n mit beweglichen Teilen	moule m à parties mobiles	форма с подвижными деталями
L 297	loose lining	mit Laschen befestigte Auskleidung f	revêtement m amovible	прикрепленная накладками футеровка
L 298/9	loose mould, portable mould	Preßwerkzeug n, das außerhalb der Presse beschickt und entladen wird	moule m manuel	переносная пресс-форма
	loose pressure block	s. P 916		
L 300	loose punch	loser Stempel m	poinçon m amovible	незакрепленный пуансон, съемный пуансон
L 301	loose roller	Losrolle f	cylindre m libre, rouleau m fou, rouleau m libre	подвижной ролик
L 302	loss angle	Verlustwinkel m	angle m de pertes	угол потерь
L 303	loss factor	mechanischer Verlustfaktor m (bei der Bestimmung des dynamischen Elastizitätsmoduls)	indice m de pertes, indice m de pertes mécaniques	коэффициент механических потерь
L 304	loss-in-weigh feeder	Dosier-Differentialwaage f	doseur m pondéral en continu à taux d'allégement	взвешивающий дозатор
L 305	loss in weight	Masseverlust m	perte f de masse, perte f de poids	потери веса
	loss of adhesion	s. A 152		
	loss of gloss	s. G 119		
L 306	loss on heating	Trocknungsverlust m	perte f de séchage	потери при сушке
	loss tangent	s. D 232		
L 307	lost head	Abfallbutzen m, verlorener Kopf m (an Blasformteilen)	tête f perdue, tête f de soufflage perdue	верхняя часть облоя
L 308	lost sprue	verlorener Anguß m	carotte f perdue	«потерянный» литник
L 309	louvre dryer	Jalousietrockner m	tambour-séchoir m à pelletage, séchoir m du type Roto-Louvre	шторковая сушилка
	low alkali borosilicate glass	s. G 68		
	low-angle light scattering	s. S 700		
L 310	low-angle neutron scattering	Neutronenkleinwinkelstreuung f (Strukturuntersuchung)	diffusion f des neutrons aux petits angles	малоугловое рассеяние нейтронов (исследование структуры полимеров)
	low-angle X-ray diffraction	s. S 701		
	low-angle X-ray scattering	s. X 16		
L 311	low-cost extender	kostenverbilligendes Streckmittel n	extendeur m réduisant les coûts, diluant m réduisant les coûts	наполнитель, снижающий стоимость пластика
L 312	low-cycle fatigue	Ermüdungsprüfung f mit niedriger Frequenz	essai m de fatigue à faible cycle	разрушение от усталости при низких частотах
L 313	low-density polyethylene, LDPE, polyethylene of low density	Polyethylen n niedriger Dichte, Polyethylen n niederer Dichte, LDPE	polyéthylène m basse densité, PEbd	полиэтилен низкой плотности
L 314	low-distortion article	verzugsarmes Formteil n	pièce f moulée à faible distorsion	изделие с малой деформацией
L 315	low-energy impactor	Fallbolzen m kleiner Schlagenergie (Fallversuch)	boulon m tombant à faible énergie de choc	маломощный падающий болт
L 316	lower-amplitude vibration	Kleinamplitudenschwingung f, Schwingung f kleiner Amplitude (Ultraschallschweißen)	vibration f aux petites amplitudes (soudage par ultrasons)	малоамплитудная вибрация
L 317	lower cross head, lower traverse, lower yoke	unteres Querhaupt n, untere Traverse f (bei Unterkolbenpressen)	traverse f inférieure, sommier m inférieur (presse ascendante)	нижняя траверса (пресса с нижним цилиндром)
L 318	lower electrode	untere Elektrode f, Untenelektrode f (Hochfrequenzschweißen)	électrode f inférieure (soudure diélectrique)	нижний электрод
L 319	lower gluing device	Unterklebwerk n, Unterleimwerk n, unteres Klebwerk n (an Klebmaschinen)	encollage m inférieur	нижний узел клеильного пресса
L 320	lower knock-out pin	unterer Ausdrückstift m, unterer Auswerferstift m	broche f d'éjecteur inférieure	нижний выталкиватель
	lower part of a mould	s. B 356		

L 321	lower platen	unterer Pressentisch *m*	plateau *m* inférieur, plateau *m* de presse inférieur	нижняя плита пресса
L 322	lower ram	Unterkolben *m*, Unterstempel *m*	piston *m* inférieur	нижний поршень
L 323	lower-ram transfer moulding	Unterkolbenspritzpreßverfahren *n*	moulage *m* par transfert sur presse ascendante	трансферное прессование специальным прессом
L 324	lower traverse (yoke)	*s.* L 317		
	low-loss	elektrisch verlustarm	à faibles pertes électriques	с низким углом диэлектрических потерь
L 325	low-molecular	niedermolekular	à bas poids moléculaire, de faible poids moléculaire	низкомолекулярный
L 326	low-pressure compression moulding [process, technique]	Niederdruckformpressen *n*, Niederdruckformpreßverfahren *n*	moulage *m* sous basse pression	прессование при низком давлении
L 327	low-pressure discharge	Niederdruckglimmentladung *f (zur Polarisierung unpolarer Thermomere)*	décharge *f* sous basse pression, décharge B. P.	тлеющий разряд при низком давлении
L 328	low-pressure foaming machine	Niederdruckschäummaschine *f*	machine *f* de moussage basse pression	машина для вспенивания при низком давлении
L 329	low-pressure moulding	Niederdruckpressen *n*, Niederdruckpreßverfahren *n*	moulage *m* basse pression, procédé *m* basse pression	прессование низким давлением, прессование при низком давлении
L 330	low-pressure plasma pretreatment (process)	Niederdruckplasma-Vorbehandlungsverfahren *n*	prétraitement *m* dans le plasma de basse pression	предварительная обработка плазмой низкого давления
L 331	low-pressure polyethylene	Niederdruckpolyethylen *n*	polyéthylène *m* basse pression	полиэтилен низкого давления, полиэтилен НД
L 332	low-pressure press	Niederdruckpresse *f*	presse *f* à basse pression	пресс низкого давления
L 333	low-pressure sensing mould protection device	niederdruckempfindliche Werkzeugschutzvorrichtung *f*	dispositif *m* de protection du moule sensible à basse pression	предохранительное устройство пресс-формы, реагирующее при низком давлении
	low-profile resin	*s.* L 335		
	low ratio gear box	*s.* R 145		
	low sheen agent	*s.* F 371		
L 334	low-shrinkage film-tape	schrumpfarmes Folienbändchen *n*	ruban *m* de film peu rétractable, ruban *m* de film peu rétractile, ruban *m* de film peu contractible	пленочная лента с уменьшенной усадкой
L 335	low-shrinkage resin, low-profile resin, l. p. resin	schrumpfarmes Harz *n*	résine *f* peu contractible	смола с маленькой степенью усадки, малоусадочная смола
L 336	low-slip	schlupfarm	peu glissant	малоскользкий
	low-temperature brittleness	*s.* B 141		
L 337	low-temperature extrusion coating	Tieftemperaturextrusionsbeschichten *n*, Tieftemperaturextrusionsbeschichtung *f*	extrusion *f* et revêtement *m* (enduisage *m*) à basse température	низкотемпературное нанесение экструзией, низкотемпературное экструзионное нанесение покрытий
L 338	low-temperature impact strength	Kälteschlagzähigkeit *f*	résilience *f* au choc à basse température	ударная вязкость при низких температурах, низкотемпературная ударная вязкость
L 339	low-temperature mixing, LTM	Mischen *n* bei tiefen Temperaturen	mélangeage *m* à basse température	смешение при пониженных температурах
L 340	low-temperature relaxation process	Tieftemperaturrelaxationsvorgang *m*	processus *m* de relaxation à basse température	явление релаксации напряжения при пониженных температурах
L 341	low-tempering mould (tool)	tieftemperiertes Werkzeug *n (Spritzgießen)*	moule *m* porté à basse température	низкотемпературно-термостатированная пресс-форма *(литье под давлением)*
L 342	low-voltage heating	Niederspannungsbeheizung *f (zum Härten von Klebstoffen)*	chauffage *m* à basse tension	нагревание низким напряжением
	l. p. resin	*s.* L 335		
	LSR-injection moulding	*s.* L 218		
	LTM	*s.* L 339		
L 343	LT-screw	LT-Schnecke *f*, universell einsetzbare Mehrzweckschnecke *f*, Mehrzweckschnecke *f* mit flachgenuteter Einzugszone und tiefgeschnittener Austragszone	vis *f* sans fin universelle	универсальный червяк
	LTT	*s.* L 294		

L 344	L-type calender	L-Kalander m, Kalander m in L-Form	calandre f en L	каландр с прямым L-образным расположением валков, прямой L-каландр
L 345	lubricant bloom	schmierige Formteiloberfläche f (vom Gleitmittel herrührend)	exsudation f de lubrifiant, surface f graisseuse (pièce moulée, lubrifiant)	дефект поверхности от смазки
L 346	lubricated thermoplastic	Thermoplast m (Thermomer n) mit gutem Gleitverhalten, selbstschmierender Thermoplast m, selbstschmierendes Thermomer	thermoplastique m lubrifié, thermoplastique m autolubrifiant	самосмазочный термопласт, антифрикционный термопласт
L 347	lubricating lacquer	Gleitlack m	laque f lubrifiante	смазочный лак
L 348	lubrication	Schmierung f	lubrification f	смазывание, смазка
L 349	lubrication groove	Schmiernut f	rainure f de graissage, patte-d'araignée f	смазочная канавка
L 350	lubricator	Schmiervorrichtung f, Öler m (an Verarbeitungsmaschinen)	graisseur m, huileur m, lubrificateur m	лубрикатор, смазочное устройство
L 351	Luma-block	Polystyrenblock m für durchsichtige Wände, Polystyrenquader m für durchsichtige Wände	bloc m de polystyrène pour parois transparentes	блок из полистирола для прозрачных стенок
	luminous apparent reflectance	s. L 352		
L 352	luminous directional reflectance, luminous apparent reflectance	richtungsabhängiges Reflexionsvermögen n	réflectance f lumineuse directionnelle	направленная отражательная способность
L 353	luminous flame	leuchtende Flamme f	flamme f éclairante	светящееся пламя
L 354	luminous fluorescent paint, phosphorescent paint	phosphoreszierende Anstrichschicht f, fluoreszierende Anstrichschicht f	couche f de peinture luminescente	фосфоресцирующее лакокрасочное покрытие, фотолюминесцентная окраска
L 355	luminous paint	Leuchtfarbenanstrich m	peinture f luminescente	светящаяся окраска, светящееся лакокрасочное покрытие
L 356/7	luminous pigment	Leuchtpigment n, fluoreszierendes Pigment n	pigment m luminescent, corp m luminescent	светящий пигмент
	luminous reflectance	s. R 161		
L 358	lump	Klumpen m, Stück n von unregelmäßiger Gestalt	motte f; grumeau m	ком, комок
L 359	lustre	Glanz m, Schimmer m	lustre m	блеск
L 360	lute	Abdichtkitt m, Dichtungsmittel n	matière f d'étanchement, matière d'étanchéité	тампонажная замазка, уплотнительное средство
L 361	lyre-type expansion	Federbogen m, Lyrabogen m, Omegabogen m (Dehnungsausgleicher für Rohrleitungen)	lyre f, lyre f de dilatation	компенсатор формы Ω, колено-компенсатор формы Ω

M

	MAC	s. M 109		
	macerate	s. F 10		
	macerated fabrics	s. F 7		
	macerated plastic	s. F 10		
M 1	macerate moulding	Verpressen n von Schnitzelformmasse, Verpressen n von Schnitzelpreßmasse	compression f de la matière à mouler à charge textile, compression f de rognures de tissu	прессование материалов с крошковидным наполнителем
	macerate moulding compound	s. F 10		
M 2	machine capacity	Maschinenbelegung f, Maschinenkapazität f	capacité f de machine	загрузка машины, производительность машины
M 3	machine control	Maschinensteuerung f	réglage m automatique de matériels	управление машиной
M 4	machine cycle monitoring	Zyklusüberwachung f (einer Spritzgießmaschine)	contrôle m du cycle (machine à injection)	видеоконтроль цикла (литьевой машины)
M 5	machine for pallet charging, pallet-charging machine	Palettiermaschine f	machine f à palettiser	палетирующая машина
M 6	machine for pallet discharging, pallet-discharging machine	Depalettiermaschine f	machine f à dépalettiser	машина, снимающая с палитры
	machine for taking off the burr	s. D 56		

M 7	machine for testing plastics	Kunststoffprüfmaschine f, Plastprüfmaschine f	machine f pour les essais de matières plastiques	универсальная испытательная машина для пластмасс
M 8	machining allowance, working allowance	Bearbeitungszugabe f (an Formteilen)	surépaisseur f (usinage)	технологический припуск
M 9	machining of plastics	Kunststofftrennen n, Plasttrennen n, Kunststofftrennverfahren n, Plasttrennverfahren n, spanendes Kunststoffbearbeiten n, spanendes Plastbearbeiten n	usinage m de plastiques	механическая обработка пластмасс
M 10	macro-Brownian motion	Makro-Brownsche Molekularbewegung f	mouvement m macro-brownien	макроброуновское движение
M 11	macrocyclic polyetherpolyamide	makrocyclisches Polyamid n	polyamide m macrocyclique	макроциклический полиамид
M 12	macromolecular chain	Makromolekülkette f, makromolekulare Kette f	chaîne f macromoléculaire	цепь макромолекулы, макромолекулярная цепь
M 13	macromolecular dispersion	makromolekulare Dispersion f	dispersion f macromoléculaire	макромолекулярная дисперсия
M 14	macromolecule	Makromolekül n	macromolécule f	макромолекула
M 15	macrostructure	Makrostruktur f, Grobstruktur f	macrostructure f	макроструктура
M 16	macrostructure study (testing)	Makrostrukturuntersuchung f	étude f de [la] macrostructure	исследование макроструктуры
	MAC value	s. M 109		
M 17	magnesium oxide	Magnesiumoxid n (Füllstoff)	oxide m de magnésium, magnésie f (matière de charge)	окись магния
M 18	magnetic agitator, magnetic stirrer	Magnetrührwerk n, Magnetrührer m	agitateur m magnétique	магнитная мешалка
	magnetic extracting device	s. M 21		
	magnetic extraction	s. M 20		
M 19	magnetic flux	magnetischer Fluß m	flux m magnétique	магнитный поток
	magnetic grate separator	s. G 189		
M 20	magnetic separation, magnetic extraction	magnetische Abscheidung f	triage m magnétique	магнитное обогащение, магнитная сепарация
M 21	magnetic separator, magnetic extracting device	Magnetabscheider m	trieur m magnétique	магнитный сепаратор
	magnetic stirrer	s. M 18		
M 22	magnetic tape	Magnetband n	bande f magnétique	магнитная лента
M 23	magnetic-tape coating plant	Magnetbandbeschichtungsanlage f	installation f à enduire la bande magnétique	установка для нанесения на магнитные ленты
	magnetizing filler material	s. M 24		
	magnetizing welding additive	s. M 24		
M 24	magnetizing welding material, magnetizing filler material, magnetizing welding additive	magnetisch aktiver Schweißzusatzwerkstoff m (Emaweld-Schweißverfahren)	appoint m de soudage magnétoactif	магнитный присадочный материал
	magnetostrictive sonic transducer	s. M 25		
M 25	magnetostrictive transducer, magnetostrictive sonic transducer	magnetostriktiver Schallwandler m (für Ultraschallschweißmaschinen)	transducteur m acoustique à magnétostriction (soudage ultrasonique)	магнитострикционный ферритовый преобразователь (ультразвуковой сварочной установки)
M 26	main driving shaft	Hauptantriebswelle f	arbre m primaire principal, arbre m moteur principal, arbre m de commande principal, arbre m entraîneur principal, arbre m d'entraînement principal	главный приводной вал, главный ведущий вал
M 27	main head	Querhaupt n, oberes Querhaupt n, Quertraverse f, Pressenkopf m	corps m de presse, pot m de presse, chapeau m de presse	верхняя траверса, головка пресса
M 28	main ram	Hauptstempel m	piston m principal	главный плунжер
M 29	main rule for plastics construction	Kunststoffteil-Gestaltungsgrundregel f, Plastteil-Gestaltungsgrundregel f	principes mpl de construction pour pièces en matières plastiques	основное правило для конструкции пластизделий
	mains frequency induction heating	s. I 91		
M 30	main stress, principal stress	Hauptspannung f	contrainte f principale	основное напряжение, главное напряжение
M 31	maintenance adhesive	Instandhaltungsklebstoff m	adhésif m d'entretien, adhésif de maintenance	монтажный клей
	male die	s. M 494		
M 32	maleic acid	Maleinsäure f	acide m maléique	малеиновая кислота
	maleic acid anhydride	s. M 33		

M 33	maleic anhydride, maleic acid anhydride	Maleinsäureanhydrid n (Härter)	anhydride m maléique, anhydride m de l'acide maléique	малеиновый ангидрид
M 34/5	maleic resin	Maleinharz n	résine f maléique	малеиновая смола
	male mould	s. M 494		
	mallet handle die	s. P 1123		
M 36	mandrel, plug	Dorn m, Werkzeugdorn m	mandrin m	дорн, сердечник
M 37	mandrel bend apparatus	Dornbiegegerät n	appareil m de mandrinage, appareil d'étirage au mandrin, appareil d'étirage sur le mandrin	прибор для испытания перегибанием на стержне
M 38	mandrel bend flexibility	Dornbiegeelastizität f	élasticité f de mandrinage	упругость при перегибании на стержне
M 39	mandrel bend test	Dornbiegeprüfung f, Dornbiegeversuch m	essai m de mandrinage	испытание изгибанием вокруг оправки, испытание перегибанием на стержне, испытание методом изгиба на оправке
M 40	mandrel carrier, mandrel support strainer, mandrel support	Dornhalter m, Dornaufsatz m (Extruderwerkzeuge)	porte-poinçon m	насадка с дорном
M 41	mandrel forming (rolling), pipe forming	Rundbiegen n (von Platten zu Rohren), Plattenbiegen n (über Dornen zu Rohren)	mandrinage m, mandrinage m de tubes, étirage m au mandrin, étirage m de tubes au mandrin, étirage m sur le mandrin, étirage m de tubes sur le mandrin, enroulement m de tubes à partir de plaques	сгибание листов в трубу, формование труб над дорном (из листа)
	mandrel support [strainer]	s. M 40		
M 42	mandrel with cutting teeth	Stahlstiftrauhwalze f (zum Mattieren von glänzenden Schichten)	cylindre m denté de matage	матирующий валик со стальными шпильками
M 43	manganic oxide	Manganoxid n (Füllstoff)	oxyde m de manganèse	окись марганца
M 44	manhole flange	Mannlochflansch m (Großbehälter)	bride f de trou d'homme	фланец люка
M 45	manifold	Verteiler m, Schmelzeverteiler m	canal m d'alimentation, réseau m d'alimentation	распределитель, литниковый распределитель
	manifold die	s. S 685		
M 46	manifold package	Vielfachverpackung f, Mehrfachverpackung f	emballage m multiple	многоразовая упаковка
M 47	manifold plate	Verteilerplatte f (im Werkzeug)	plaque f d'entrée (moule)	распределительная плита
M 48	manifold retainer	Verteilerhalteplatte f	plaque-support f de l'entrée	зажимная плита распределителя
M 49	manifold support block	Trägerblock m für Verteiler, Verteilerträgerblock m (Werkzeug)	bloc-support m de l'entrée (moule)	плита распределителя
M 50	man-made carrier material	synthetisches Trägermaterial n (für Beschichtungen)	support m synthétique	синтетическая подложка
	man-made fibre	s. S 1449		
M 51	manual welding, hand welding	Handschweißen n, Handschweißung f, manuelles Schweißen n, manuelle Schweißung f, Schweißen von Hand	soudage m à la main, soudage manuel	ручная сварка
M 52	manufacture, product finishing	Konfektionieren n (von Halbzeugen)	préparation f (demiproduits)	сборка, конфекционирование
M 53	manufactured adhesive unit	Klebstoffcharge f	charge f de colle	партия клея
	manufacturing process	s. P 1031		
	Marco process	s. V 21		
M 54	marginal melt	Randschmelze f, Schmelze f in Werkzeugwandnähe	masse f fondue aux environs de la paroi du moule	расплав у стены формы
M 55	marine atmospheres	Seeklima n (Klimaprüfung)	climat m maritime	морской климат
M 56	marine fouling	Schädigung f eines Anstrichs durch Meeresorganismen	fouling m marin	обрастание морскими микроорганизмами, обрастание покрытия морскими микроорганизмами
M 57	marine paint	Schiffsanstrichmittel n, Schiffsfarbe f	peinture f sous-marine	лакокрасочный материал для судов
	marine spar varnish	s. B 295		
M 58	marking adhesive tape	Kennzeichnungsklebband n	ruban m adhésif d'identification	маркировочная клейкая лента
	marking pin	s. R 570		
	marking plug	s. M 526		
	mar-proof	s. S 78		
	mar resistance	s. S 77		

	mar-resistant	s. S 78		
	Martens heat resistance	s. M 60		
M 59	Martens temperature	Martens-Zahl f, Martens-Grad m	degré m Martens	температура Мартенса, теплостойкость по Мартенсу
M 60	Martens test, Martens heat resistance	Martens-Prüfung f, Formbeständigkeit f in der Wärme nach Martens	essai m Martens, essai m de fléchissement sous charge selon Martens	испытание теплостойкости по Мартенсу, тест Мартенса
M 61	masking	Abdecken n (beim Beschichten zwecks Auftragsverhinderung)	masquage m (application de peinture)	маскировка, прикрытие
M 62	masking agent	Maskierungsmittel n, maskierender Stoff m, Abschirmungsstoff m	agent m masquant (séquestrant)	маскирующий агент, экранирующее средство
	masking pressure-sensitive adhesive tape	s. M 63		
M 63	masking tape, masking pressure-sensitive adhesive tape	Selbstklebband n zum Oberflächenabdecken (beim Lackieren)	masque m, bande-cache f	защитная липкая лента (при частичном лакировании), клейкая покрывная лента
	Mason horn	s. S 804		
	mass colour	s. B 301		
	mass density	s. D 139		
M 64	Massey coater	Walzenstreichmaschine f mit vor der Auftragsrolle liegenden Dosier- und Egalisierwalzen	machine f à enduire Massey	валковая машина для нанесения покрытия с дозирующим и выравнивающим валками
M 65	mass flux	Massefluß m	flux m de matière	поток массы
M 66	mass polymer	Massepolymer[es] n	polymère m en masse	полимер, полученный в массе
	mass polymerization	s. B 465		
M 67	mass-produce/to	in Massenfertigung herstellen	fabriquer en série, fabriquer en masse, produire en série, produire en masse	массово производить
	mass-produced plastic	s. C 559		
M 68	masterbatch	Masterbatch m, Vormischung f	série-maître f, mélange-maître m, mélange-mère m, masterbatch m	маточная смесь
M 69	masterbatch dosing apparatus	Masterbatch-Dosiergerät n	doseur m pour masterbatch	дозатор для гранулятов с высокой концентрацией красителя
M 70	master blank	Gesenkprägerohling m (aus weichem Metall)	flan m de forçage	образцовая баночка (из мягкого металла)
M 71	master control panel	elektronisches Hauptsteuergerät n (an Verarbeitungsmaschinen)	appareil m électronique principal de commande	электронный главный прибор управления
M 72	master forming process	Urformprozeß m	transformation f première, processus m de transformation première	формование в вязкотекучем состоянии
M 73	master model	Abformmodell n, Modell n zum Abformen	modèle-maître m	мастер-модель
	master roll	s. G 243		
M 74	mastic	gefülltes zähflüssiges Harz n	mastic m	наполненная вязкая смола
M 75	masticate/to	mastizieren	mastiquer	пластицировать
M 76	masticator	Mastiziermaschine f, Gummikneter m, schwerer Innenmischer m	masticateur m	резиносмеситель, пластикатор, машина для пластикации, мастикатор
M 77	mastic sealant	gefüllter zähflüssiger Dichtstoff m	produit m d'étanchéité visqueux chargé	наполненное вязкое уплотнительное средство
M 78	mat	Matte f (Verstärkung für Laminate)	mat m	мат
M 79	mat, dull, flat (US)	matt, glanzlos	mat, sans brillant	матовый, тусклый, без блеска
M 80	matched bonding tool	Druckeinrichtung f mit Konturanpassung an das Klebteil	presse f à coller avec adaptation de contour à la pièce à coller	фиксирующее приспособление с контурными поверхностями (при склеивании)
	matched die	s. M 82		
M 81	matched-die moulding	Pressen n mit zweiteiligem Werkzeug	moulage m à la presse avec moule et contremoule	прессование двумя сопряженными полуформами
	matched metal die (mould)	s. M 82		
M 82	matched mould, matched metal mould, matched die, matched metal die	zweiteiliges Werkzeug n für das Pressen von Halbzeugen	moule m en deux parties rigides (thermodurcissable renforcé)	сопряженная металлическая форма для прессования заготовок
	matched mould forming	s. P 950		
M 83	matching, adaption	Passendmachen n (Fügeteile), Anpassen n	adaptation f, ajustage m	подгонка

M 84	mat clear varnish, dull clear varnish (US)	Hartmattlack m, Mattklarlack m	vernis m mat dur	полупрозрачный матовый лак
M 85	material-ablating effect	materialabtragende Wirkung f (beim Elektroerosionsverfahren, beim Funkenerosionsverfahren)	effet m d'ablation de matière (électroérosion)	снимающее действие (при электроэрозионной обработке)
M 86	material accumulation	Werkstoffanhäufung f (an Formteilen)	accumulation f de matière	концентрация материала
M 87	material being ground, grinding stock	Mahlgut n (nach dem Mahlen)	matière f broyée •	размолотый материал, измельченная масса, помол
M 88	material characteristic values	Werkstoffkennwerte mpl, Werkstoffeigenschaftswerte mpl	caractéristiques fpl de matériau	характеристика материала, свойства материала
M 89	material composite	Verbundmaterial n	matériau m composite	композиционный материал
M 90	material damage	Werkstoffschädigung f (beim Urformen)	endommagement m du matériau	повреждение материала
M 91	material damping, damping of material	Werkstoffdämpfung f	amortissement m des matériaux	демпфирование материалов
M 92	material expenditure	Materialaufwand m	dépense f de matériau	затрата материала, расход материала, материалоемкость
M 93	material feed	Werkstoffzuführung f, Materialzuführung f	alimentation f des matières	подача материала
M 94	material handling (US)	Werkstoffverarbeitung f, Werkstoffbearbeitung f, Werkstoffbehandlung f	travail m de matériaux; traitement m de matériaux; usinage m de matériaux	переработка материала, обработка материала
M 95	material of construction, structural material	Konstruktionswerkstoff m	matériau m de construction, matériel m de construction, matériel de structure	конструкционный материал
M 96	materials performance	Werkstoffverhalten n, Werkstoffleistungsfähigkeit f	performance f de matériaux	поведение материала
M 97	materials testing	Werkstoffprüfung f	essai m de matériaux, essai m de matériau, examen m de matériaux, examen m de matériau, contrôle m de matériaux, contrôle de matériau	испытание материалов
M 98	materials testing equipment	Werkstoffprüfeinrichtung f	équipement m à essayer les matériaux, dispositif m à essayer les matériaux	устройство для испытания материалов
M 99	materials testing machine	Werkstoffprüfmaschine f	machine f à essayer les matériaux	прибор для испытания материалов
M 100	material storage bin	Werkstoffvorratsbehälter m	réservoir m de stockage des matières	резервуар для материала
M 101	material to be ground	Mahlgut n (vor dem Mahlen)	matière f à broyer	размалываемый материал
M 102	material transport phenomena	Stofftransportvorgang m (Verarbeitungsschnecken)	phénomène m de transport de la matière	перемещение материала
M 103	mat moulding, wet lay-up moulding	Mattenpreßverfahren n	moulage m de mat	прессование матов
	matrix	s. B 93		
M 104	matrix polymerization	Matrizenpolymerisation f	polymérisation f matricielle	матричная полимеризация
M 105	maturing, ripening	Reifeprozeß m (eines Kunstharzansatzes)	période f de maturation	вылеживание, созревание
M 106	maturing temperature	Temperaturregime n bei der Verfestigung keramischer Klebstoffe	température f de maturation	температура отверждения клея на основе керамики
M 107	maturing time	Reifezeit f, Reifungszeit f (eines Harzansatzes)	temps m de maturation	время созревания, время вылеживания
M 108	maximal pressing force	maximale Pressenkraft f, maximale Preßkraft f	force f maximale de la presse	максимальное усилие пресса
M 109	maximum allowable concentration, MAC, MAC value	maximale Arbeitsplatzkonzentration f, MAK-Wert m (schädlicher Gase, Dämpfe und Stäube)	concentration f maximale admissible, concentration f maximum tolérable au lieu de travail, C. M. T.	допустимая (предельная) концентрация вредных средств в воздухе рабочего помещения, допустимая (предельная) концентрация вредных веществ в воздухе рабочего помещения
M 110	maximum mould opening, mould opening, overall mould height	Werkzeugeinbauhöhe f, maximale Werkzeugeinbauhöhe f	ouverture f maximale du moule, hauteur f libre	ход подвижной плиты (наибольшее расстояние между подвижной и неподвижной плитами литьевой машины)

M 111	maximum permissible service temperature	zulässige Dauerwärmebeanspruchung f	contrainte f admissible à chaud	допустимая нагревостойкость, допустимая термостабильность, допустимый длительный нагрев
	maximum weight of injection	s. M 112		
M 112	maximum weight per cycle, maximum weight of injection	maximales Spritzvolumen n, maximales Schußvolumen n, maximales Füllvolumen n	poids m maximum injectable, volume m injectable, capacité f d'injection	наибольший объём впрыскивания за один цикл, наибольший объём впрыскиваемого материала за один цикл, максимальная доза впрыска
	Maxwell body	s. M 113		
M 113	Maxwell model, Maxwell body	Maxwell-Modell n (deformationsmechanisches Verhalten)	modèle m de Maxwell; corps m maxwellien, corps m de Maxwell	модель Максвелла
M 114	Maxwell's equation of flow	Maxwell-Fließgleichung f	équation f de fluage de Maxwell	уравнение течения Максвелла
	Mayer bar	s. W 275		
	Mayer bar coater	s. W 277		
	MCB	s. M 473		
	MD-extruder	s. M 594		
	MDI	s. D 305		
	MDPE	s. M 143		
M 115	meandering dual-belt conveying unit, meandering dual-belt conveyor	mäandrische Doppelbandanlage f (Doppelbandanlage zur Verkettung von Schneidrovings zu endlosen Harzmatten)	convoyeur m à double bande méandrique	(установка для изготовления бесконечных пропитанных матов из срезанных ровниц)
M 116	mean melt temperature	mittlere Massetemperatur f, durchschnittliche Massetemperatur f	température f moyenne de la matière en fusion	средняя температура массы, средняя температура расплава
M 117	mean rate of stressing	durchschnittliche Belastungsgeschwindigkeit f, mittlere Belastungsgeschwindigkeit f	vitesse f moyenne de contrainte	средняя скорость нагружения
M 118	mean shearing stress	durchschnittliche Scherspannung f, durchschnittliche Schubspannung f, mittlere Scherspannung, mittlere Schubspannung (in Klebverbindungen)	contrainte f de cisaillement moyenne	среднее напряжение сдвига
M 119	mean strength	Durchschnittsfestigkeit f, mittlere Festigkeit f	résistance f moyenne	средняя прочность
	measurement of nuclear induction	s. N 148		
	measurement with torsion pendulum	s. T 455		
M 120	measuring extruder	Meßextruder m	extrudeuse (boudineuse) f de mesure	измерительный экструдер
M 121	measuring mixer	Meßmischer m	mélangeur m de mesure	измеряющий смеситель
M 122	measuring pick-up	Meßwertgeber m	capteur m de mesure	измерительный датчик
M 123	measuring point, test point	Meßstelle f	point m de mesure, lieu m de mesure	место измерения
M 124	mechanical adhesion	mechanische Haftung f, mechanische Haftkraft f	adhérence f mécanique	механическая адгезия
M 125	mechanical characteristic function	mechanische Kennfunktion f	fonction f caractéristique mécanique	механическое свойство в зависимости от параметра
M 126	mechanical constant	mechanische Werkstoffkenngröße f, mechanischer Werkstoffkennwert m	caractéristique f mécanique (matériau)	механический показатель, механическая характеристика
M 127	mechanical data	mechanische Kennwerte mpl	valeurs fpl de mécanique	механические показатели
M 128	mechanical decomposition	mechanischer Abbau m (von Formmasse beim Spritzgießen oder Extrudieren)	décomposition f mécanique	механодеструкция, механическое разрушение
M 129	mechanical drawing (for glass fibre)	Düsenziehverfahren n (für Glasfasern)	étirage m mécanique à partir de la filière	волочение стеклянных нитей при помощи сопла
M 130	mechanical energy consumption	mechanischer Energieumsatz m (Extruder)	conversion f d'énergie mécanique	расход механической энергии
M 131	mechanical frothing	Schaumschlagverfahren n (zur Herstellung von Polyvinylchloridschaumstoffen)	moussage m mécanique, moussage m par battage	механическое вспенивание

M 132	mechanically foamed plastic	durch schlagendes Rühren geschäumter Kunststoff (Plast) *m*, mechanisch geschäumter Kunststoff (Plast) *m*	plastique *m* expansé mécaniquement	механически вспененный пластик
M 133	mechanical model	mechanisches Verhaltensmodell *n* (Deformationsmechanik)	modèle *m* mécanique (mécanique de déformation)	механическая модель деформаций, механическая модель для изучения кинетики деформации
	mechanical power	s. D 562		
	mechanical press	s. T 392		
M 134	mechanical property	mechanische Eigenschaft *f*	propriété *f* mécanique	механическое свойство
	mechanical slicer	s. D 174		
M 135	mechanical testing of materials	mechanische Werkstoffprüfung *f*	contrôle *m* mécanique des matériaux	механическое испытание материалов
M 136	mechanical welding	maschinelles Schweißen *n*	soudage *m* mécanique	механическая сварка, машинная сварка
M 137	mechanism for measuring biaxial deformation	Zweiachsen-Verformungsmeßeinrichtung *f*	dispositif *m* de mesure de la déformation sur deux axes	измеритель двухосевой деформации
	mechanism of deformation	s. D 74		
M 138	mechanochemical cross-linkage	mechanochemische Vernetzung *f*	réticulation *f* mécanochimique	механохимическая сшивка
M 139	mechanochemical decomposition	mechanochemischer Abbau *m*	décompositon *f* mécanochimique	механохимическая деструкция
M 140	mechanochemical method of adhesive bonding	mechanochemische Klebmethode *f*	méthode *f* mécanochimique du collage	механохимический метод склеивания
M 141	medical grade adhesive	Medizinklebstoff *m*, Klebstoff *m* für medizinische Zwecke	adhésif *m* médical	санитарный клей, клей медицинского назначения
M 142	medical tape	Heftpflaster *n*	emplâtre *m*, sparadrap *m*	липкий пластырь, лейкопласт
M 143	medium-density polyethylene, intermediate density polyethylene, MDPE	Polyethylen *n* mittlerer Dichte, MDPE	polyéthylène *m* de moyenne densité, polythène *m* moyenne densité	полиэтилен средней плотности, ПЭСП
M 144	medium-thickness sheet[ing]	mitteldicke Endlosfolie *f*, mitteldicke Folienbahn *f*	feuille *f* continue d'épaisseur moyenne, feuilles *fpl* en continu d'épaisseur moyenne, feuille sans fin d'épaisseur moyenne	лента средней толщины
M 145	melamine [base] adhesive, melamine-formaldehyde adhesive, melamine glue (US), melamine-resin adhesive, melamine-resin glue (US)	Melaminharzklebstoff *m*, Klebstoff *m* auf Melaminbasis	colle *f* de mélamine, colle *f* de mélamine-formaldéhyde, adhésif *m* de mélamine, adhésif *m* de mélamine-formaldéhyde	меламиновый клей
M 146	melamine diphosphate	Melamindiphosphat *n* (Flammschutzmittel)	diphosphate *m* de mélamine	дифосфат меламина
	melamine-formaldehyde adhesive	s. M 145		
	melamine-formaldehyde condensation resin	s. M 147		
M 147	melamine-formaldehyde resin, melamine-formaldehyde condensation resin, MF, melamine resin	Melamin-Formaldehydharz *n*, MF, Melaminharz *n*	résine *f* mélamine, résine *f* de mélamine-formaldéhyde, MF	меламиноформальдегидная смола, меламиновая смола, аминопласт на основе меламина
	melamine glue	s. M 145		
M 148	melamine moulding compound (material)	Melaminharzformmasse *f*	matière *f* à mouler de mélamine	меламиновая пресс-масса
M 149	melamine-phenol-formaldehyde resin, MPF	Melamin-Phenol-Formaldehydharz *n*, MPF	résine *f* mélamine-phénol-formaldéhyde	меламин-фенол-формальдегидная смола
M 150	melamine plastic	Melaminkunststoff *m*, Melaminplast *m*	aminoplaste *m* à base de mélamine	меламиновый пластик
	melamine resin	s. M 147		
	melamine-resin adhesive (glue)	s. M 145		
	melt/to	s. F 734		
M 151	melt, fused mass	Schmelze *f*, aufgeschmolzene Formmasse *f*	fonte *f*, matière *f* fondue, masse *f* fondue	расплав
M 152	melt accumulator, melt store	Schmelzespeicher *m* (Verarbeitungsmaschinen)	accumulateur *m* de matière fondue	копильник
M 153	melt back flow	Schmelzerückfluß *m*	reflux *m* de matière fondue	поток расплава противодавления
M 154	melt chamber	Schmelzekammer *f* (in Spritzdüsen)	chambre *f* pour la matière plastique fondue (buse)	плавильная камера
M 155	melt characteristic	Schmelzcharakteristik *f*	caractéristique *f* de fusion	характеристика плавления

M 156	melt cushion	Massepolster n, Schmelzepolster n (Duroplastspritzgießen, Duromerspritzgießen)	coussin m de matière en fusion (injection en matière thermodurcissable)	запас расплава перед поршнем, запас расплава
M 157	melt elasticity	Schmelzeelastizität f	élasticité f de fusion	упругость расплава
M 158	melt extrusion	Schmelzeextrusion f	extrusion f de matière fondue, boudinage m de matière fondue	выдавливание расплава, экструзия расплава
	melt extrusion	s. a. M 191		
M 159	melt-feed extruder, melt fed extruder, melt screw extruder	Schmelzeextruder m, mit Schmelze gespeister Extruder m	extrudeuse f à alimentation de matière fondue, boudineuse f à alimentation de matière fondue	питаемый расплавом экструдер
M 160	melt filtration	Schmelzefiltrierung f	filtrage m de la matière en fusion	фильтрация расплава
M 161	melt flow behaviour	Schmelzefließverhalten n	comportement m de la matière fondue au fluage	поведение расплава при течении
M 162	melt flow index, MFI, melt index	Schmelzindex m	indice m de fluidité, indice m de fusion, melt index m	индекс расплава
M 163	melt flow indexer (rate apparatus)	Schmelzindex-Bestimmungsgerät n	appareil m à déterminer le melt index	прибор для определения индекса расплава
M 164	melt flow resistance	Fließwiderstand m (Schmelze)	résistance f visco-élastique	сопротивление течению (расплав)
M 165	melt fracture, shark skin	Schmelzebruch m, Schmelzbrüchigkeit f (rauhe Oberfläche eines Extrudats)	fragilité f de fusion, marques fpl de coulée	разрушение вытекающего расплава, разрушение потока расплава, неравномерное выдавливание расплава
M 166	melt fracture stress	Schmelzebruchspannung f	contrainte f de fragilité de fusion	напряжение разрушения потока расплава
M 167	melt front behaviour	Fließfrontverlauf m (im Werkzeug)	écoulement m frontal (moule à injection)	вид фронта течения
M 168	melt gear pump	Schmelze-Zahnradpumpe f (Schmelzetransport)	pompe f à engrenages pour matière plastique fondue	шестеренчатый насос (для расплава)
M 169	melt guide system	Schmelzeleitsystem n (in Großspritzgießwerkzeugen)	système m distributeur de la matière plastique fondue (moule pour injection)	система для направления расплава
	melt index	s. M 162		
M 170	melt index automaton	Schmelzindex-Bestimmungsautomat m	appareil m automatique à déterminer le melt index	автомат для определения индекса расплава
	melting capacity	s. P 391		
M 171	melting compound	Schmelzlack m, Compoundlack m	vernis m solide	нанесенное в горячем виде покрытие, нанесенный в горячем виде лак
M 172	melting depth	Aufschmelztiefe f (Schweißen)	profondeur f de fusion (sondage)	глубина оплавления
M 173	melting flow	Schmelzestrom m	flux m de matière fondue	поток расплава
	melting heat	s. H 122		
M 174	melting laminator	Schmelzenlaminator m	laminateur m de fontes	агрегат для прослаивания расплавом
M 175	melting plate extruder	Schmelzteller-Extruder m (für Schaumstoffextrusion)	extrudeuse f à plateau de fusion	экструдер с плавильной тарелкой (для изготовления пенистых профилей)
M 176	melting point, m. p., melt point, fusion point, fusing point	Schmelzpunkt m	point m de fusion	точка плавления
M 177	melting process	Aufschmelzvorgang m	fusion f, processus m de fusion	процесс плавления
M 178	melting range	Schmelzbereich m	gamme f de fusion, région f de fusion	диапазон плавления
M 179	melting rate	Schmelzgeschwindigkeit f	vitesse f de fusion	скорость плавления
M 180	melting salt	Schmelzsalz n, körniger Temperaturindikator m (für Temperaturmessungen)	indicateur m de fusion, touche f (sel), sel m à point de fusion contrôlé	термочувствительная соль
	melting temperature	s. F 741		
M 181	melting viscometer (viscosimeter)	Schmelzviskosimeter n, Schmelzzähigkeitsmeßgerät n	viscosimètre m de fusion, fluidimètre m de fusion	измеритель вязкости расплава
M 182	melting viscosity, melt viscosity	Schmelzviskosität f	viscosité f fondue, viscosité f à chaud	вязкость расплава
M 183	melt inhomogeneity	Schmelzeinhomogenität f	non-homogénéité f de la matière fondue	неоднородность расплава
M 184	melt injection	Schmelzespritzgießen n, Schmelzespritzgießverfahren n	moulage m par injection de matière fondue	литье из расплава под давлением
	melt joint	s. W 181		
M 185	melt metering pump	Schmelzedosierpumpe f	pompe f doseuse de matières fondues	дозирующий насос для расплава

	melt mix	s. P 885		
M 186	melt pad	Schmelzeüberschuß m (für Einspritzen beim Spritzgießen)	excès m de matière fondue (injection)	запас расплава при впрыске
	melt point	s. M 176		
M 187	melt pressure measurement transducer	Druckaufnehmer m für Schmelzedruck (in Verarbeitungsmaschinen)	indicateur m de pression de la matière fondue	датчик для измерения давления расплава
M 188	melt residence time	Schmelzeverweilzeit f, Verweilzeit f der Schmelze	temps m de séjour de la matière en fusion	продолжительность выдержки в состоянии расплава
M 189	melt roll	Schmelzwalze f (in Walzenschmelzbeschichtern)	cylindre m de fusion, rouleau m de fusion	плавильный валок, валок для оплавления
M 190	melt roll coater	Walzenschmelzbeschichter m	métier m à rouleaux pour enduction par fusion	валковая машина для нанесения покрытия
	melt screw extruder	s. M 159		
	melt seam	s. W 181		
	melt section	s. P 397		
M 191	melt spinning, melt extrusion	Schmelzspinnen n, Spinnen n aus der Schmelze (synthetischer Fasern)	filage m direct, filage m à chaud, filature f par fusion	прядение из расплава, формование волокон из расплава, формование нитей из расплава
M 192	melt spinning pump	Schmelzepumpe f, Spinnpumpe f	pompe f de filage à chaud	прядильный насосик, дозирующий насосик
M 193	melt-spun (filament)	schmelzgesponnen (Elementarfaden)	filé par fusion (filament)	формованный из расплава (нить)
M 194	melt-spun fibre	schmelzgesponnene Faser f	fibre f filée par extrusion	формованное из расплава волокно
M 195	melt stage	Schmelzzustand m, Schmelzphase f	état m de fusion, phase f de fusion	вязкотекучее состояние
	melt store	s. M 152		
M 196	melt strength at break	Schmelzebruchfestigkeit f	résistance f à la fragilité de fusion	устойчивость к дефектам потока материала
M 197	melt stretching	Schmelzeverstreckung f, Verstreckung f der Schmelze (Extrusion)	étirage m de la matière en fusion	вытягивание расплава
M 198	melt stretching degree	Schmelzeverstreckungsgrad m, Verstreckungsgrad m der Schmelze (Extrudieren)	degré m d'étirage de la matière en fusion	степень вытягивания расплава
	melt temperature	s. F 741		
	melt throughput	s. E 436		
	melt viscosity	s. M 182		
M 199	melt viscosity at extruder die	Schmelzviskosität f der Formmasse in der Extruderdüse, Schmelzviskosität f der Formmasse im Extruderwerkzeug	viscosité f de fusion de la matière à mouler dans la filière	вязкость расплава в головке
M 200	melt viscosity tester	Schmelzindexprüfgerät n, Schmelzindexprüfer m	appareil m d'essai de l'indice de fusion	измеритель индекса расплава
M 201	melt wheel	Schmelzrad n (in Schmelzklebstoffauftragsgeräten mit strangförmig zugeführtem Klebstoff)	roue f de fusion (colle fusible)	нагретый ролик для оплавления (клея-расплава)
	melt zone	s. P 397		
	memory effect	s. E 50		
M 202	mending pressure-sensitive adhesive tape	Selbstklebband n für Reparaturzwecke	bande f adhésive de réparation	ремонтная липкая лента
M 203	mesh	Sieböffnung f (an Pulversiebmaschinen)	maille f, mesh m	отверстие, ячейка (сита), меш
	mesh analysis	s. S 84		
M 204	metachromotype process	Abziehbildetikettieren n, Abziehbildetikettierung f, Abziehbildverfahren n (Beschriften von Formteilen)	étiquetage m par procédé de décalcomanie	этикетирование переводными картинками
M 205	metal adhesive, metal-to-metal adhesive, metal-to-metal glue	Metallklebstoff m, Klebstoff m für Metalle	colle f pour métaux	клей для металлов
M 206	metal adhesive based on phosphate	Metallklebstoff m auf Phosphatbasis	adhésif m à base de phosphate, colle f à base de phosphate	фосфатный клей для металлов
M 207	metal adhesive based on silicate	Metallklebstoff m auf Silicatbasis	adhésif m à base de silicate, colle f à base de silicate	силикатный клей для металлов
M 208	metal adhesive joint, metal-to-metal bond, metal-bonding joint, joint of metals	Metallklebverbindung f	joint m collé de métaux	клеевое соединение металлов, склеенное соединение металлов, клеевое соединение металлических деталей

M 209	metal bonding, bonding of metals, adhesive bonding of metals, metal-to-metal bonding, metal cementation (US)	Metallkleben n	collage m des métaux	склеивание металлов
	metal-bonding joint	s. M 208		
	metal cementation	s. M 209		
M 210	metal-containing adhesive	metallgefüllter Klebstoff m	colle f chargée de métal	металлсодержащий клей, наполненный металлом клей, металлонаполненный клей
M 211	metal-containing plastic, metal-filled plastic	metallgefüllter Kunststoff m, metallgefüllter Plast m, Kunststoff mit Metallfüllstoff, Plast mit Metallfüllstoff	plastique m à charge métallique, matière f plastique chargée de métal	металлонаполненный пластик, пластик с металлическим наполнителем, наполненный металлическим порошком пластик
M 212	metal deactivator	Metalldesaktivator m	désactivateur m de métaux	дезактиватор металлов
	metal detection equipment	s. M 213		
M 213	metal detector, metal detection equipment	Metallsuchgerät n für Formmassen	détecteur m de métal, détecteur m de métaux	детектор металлов
M 214	metal detector and rejection system	Metallsuchgerät n mit Ausscheidevorrichtung	détecteur m de métaux et dispositif m d'éjection	детектор и сепаратор металлов
M 215	metalecent coating	Kunststoffbeschichtung f mit Metalleffekt, Plastbeschichtung f mit Metalleffekt	revêtement m plastique à effet métallique	пластмассовое покрытие с металлической пудрой
M 216/217	metal facing	Metalldeckschicht f (von Sandwichelementen)	couche f extérieure métallique	металлическое покрытие
	metal fibre	s. M 223		
M 218	metal-fibre reinforced plastic, MFP	metallfaserverstärkter Kunststoff (Plast) m, MFK	plastique m renforcé aux fibres métalliques	наполненный металлическими волокнами пластик
M 219	metal-fibre reinforcement	Metallfaserverstärkung f	renforcement m par fibres métalliques	армирование металлическими волокнами
M 220	metal-filled epoxy	metallgefülltes Epoxidharz n	époxyde m à charge métallique	металлонаполненная эпоксидная смола
	metal filled plastic	s. M 211		
M 221	metal insert, insert of metal	Metalleinlage f	insertion f métallique, prisonnier m	металлическая вставка, металлический вкладыш
	metallic carrier material	s. M 226		
M 222	metallic embedding, metallic potting (US)	Metallteileinbetten n (in Formteile)	enrobage m de pièces métalliques	заливка металлических деталей
M 223	metallic fibre, metal fibre	Metallfaser f (Verstärkungsmaterial)	fibre f métallique	металлическое волокно
M 224	metallic foreign body	metallischer Fremdkörper m (in Formmassen oder Formteilen sowie Halbzeugen und Beschichtungen)	corps m étranger métallique	металлическое включение
	metallic potting	s. M 222		
M 225	metallic powder	Metallpulver n (Füllstoff)	poudre f métallique	металлический порошок
M 226	metallic substrate, metallic carrier material	Metallsubstrat n, metallischer Trägerwerkstoff m, metallische Unterlage f	substrat m métallique	металлическая подложка, металлический субстрат
M 227	metallization, metallizing	Metallisieren n	métallisation f	металлизация, нанесение металлического покрытия
	metallization plant	s. D 150		
M 228	metallized composite sheet	metallisierte Verbundfolie f	feuille f composite métallisée	металлизированная многослойная пленка
M 229	metallized plastic	metallisierter Kunststoff m, metallisierter Plast m, metallbeschichteter Kunststoff, metallbeschichteter Plast	plastique m métallisé	металлизированный пластик
M 230	metallized reinforcing fibres	metallisierte Verstärkungsfasern fpl	renforcement m de fibres métallisées	металлизированные армирующие волокна
M 231	metallized single-layer sheet	metallisierte Einzelfolie f, metallisierte Einlagenfolie f	feuille f monocouche métallisée	металлизированная однослойная пленка
	metallizing	s. M 227		
	metallizing plant	s. D 150		
M 232	metallo-organic compound	metallorganische Verbindung f	alliage m organométallique, composé m organico-minéral	металлорганическое соединение
M 233	metallo-organic pigment	metallorganisches Pigment n, metallorganischer Farbkörper m	pigment m semi-minéral	металлорганический пигмент
M 234	metal oxide	Metalloxid n (Füllstoff)	oxyde m métallique	окись металла

M 235	metal-plated plastic	durch Metallschicht oberflächenveredelter Kunststoff *m*, durch Metallschicht oberflächenveredelter Plast *m*	plastique *m* métallisé	металлизированный пластик
M 236	metal-polymer composite	Metall-Polymer-Verbund *m*	composite *f* métal-polymère	композит из металла и пластика
M 237	metal-polymer composite sheeting	Metall-Kunststoff-Verbundfolie *f*, Metall-Plast-Verbundfolie *f*	feuille *f* composite métal-plastique	комбинированная пленка из металла и полимера
M 238	metal reinforcement	Metallarmierung *f*, Metallverstärkung *f*	renforcement *m* au métal, renforcement métallique	армирование металлом, укрепление металлом
M 239	metal-sprayed injection moulding tool	spritzmetallisiertes Spritzgießwerkzeug *n*	moule *m* à injection métallisé au pistolet	литьевая пресс-форма, изготовленная металлизацией распылением
M 240	metal strip	streifenförmiger metallischer Klebprüfkörper *m*	bande *f* métallique à examiner des joints collés	образец для испытания клеевых швов в форме пластинок из металла
	metal-to-metal adhesive	*s.* M 205		
	metal-to-metal bond	*s.* M 208		
	metal-to-metal bonding	*s.* M 209		
	metal-to-metal glue	*s.* M 205		
M 241	metal-to-plastic laminating	Metall-Kunststoff-Kaschierung *f*, Metall-Plast-Kaschierung *f*, Metall-Kunststoff-Kaschieren *n*, Metall-Plast-Kaschieren *n*, Metall-Kunststoff-Laminierung *f*, Metall-Plast-Laminierung *f*, Metall-Kunststoff-Laminieren *n*, Metall-Plast-Laminieren *n*	contrecollage *m* plastique-métal, laminage *m* plastique-métal	дублирование пластмасс металлами
M 242	metaphenylenediamine	Metaphenylendiamin *n (Epoxidharzhärter)*	métaphénylènediamine *f*	метафенилендиамин *(отвердитель для эпоксидных смол)*
	meter bar	*s.* M 250		
M 243	metering, dosing, proportioning	Dosieren *n*, Zuteilen *n*, Abteilen *n*, Abmessen *n*	dosage *m*	дозирование, дозировка
M 244	metering conveyor	dosierendes Förderband *n*	convoyeur *m* doseur	дозирующий конвейер, дозирующий ленточный транспортер
M 245	metering cylinder	Dosierzylinder *m*	cylindre *m* doseur	цилиндр дозирования
M 246	metering device, dosing plant	Dosiereinrichtung *f*	dispositif *m* doseur, doseur *m*	дозирующее устройство, дозатор
M 247	metering point	Dosierstelle *f*	point *m* de dosage	место дозирования
M 248	metering pump, dosing pump, proportioning pump	Dosierpumpe *f*	pompe *f* doseuse	дозировочный насос, насос-дозатор
	metering pump in diaphragm type	*s.* D 192		
M 249	metering pump in plunger type	Kolbendosierpumpe *f (für Klebstoffe)*	pompe *f* doseuse à piston plongeur	плунжерный насос-дозатор
M 250	metering rod, smooth metering rod, meter bar	glatte Stabrakel *f*	barre *f* de calibrage	гладкая ракля
	metering roll	*s.* D 426		
	metering screw	*s.* F 71		
	metering section	*s.* M 252		
M 251	metering tank	Dosiertank *m*	récipient *m* doseur	емкость дозировки
M 252	metering zone, metering section, homogenizing zone, output zone	Ausstoßzone *f*, Meteringzone *f*, Homogenisierzone *f*, Homogenisierungszone *f (Extruder)*	zone *f* d'homogénéisation, zone de plastification, zone de pomage, zone *f* d'expulsion	зона дозирования, зона гомогенизации, зона выдавливания
M 253	meter recorder	Meterzähler *m (Halbzeugherstellung)*	compteur *m* de mètres	счетчик метров
M 254	meter-weight control	Metermasseregelung *f (automatisches Meßsystem für Extrudatabmessungen an der Maschine)*	réglage *m* de la masse linéique *(système de mesure automatique du produit d'extrusion)*	регулирование массы на метр
M 255	methacrylate	Methacrylat *n*, Methacrylsäureester *m*	méthacrylate *m*, ester *m* méthacrylique	метакрилат, эфир метакриловой кислоты
M 256	methacrylate resin	Methacrylharz *n*	résine *f* méthacrylique	метакриловая смола
M 257	methane	Methan *n*	méthane *m*	метан
M 258	method for identification of plastics	Kunststofferkennungsmethode *f*, Kunststoffidentifikationsmethode *f*, Plasterkennungsmethode *f*, Plastidentifikationsmethode *f*	méthode *f* d'identification pour plastiques	метод для идентификации пластиков

method

M 259	method of measurement	Meßverfahren n, Meßmethode f	méthode f (procédé m) de mesure	метод измерения
M 260	method of porosity analysis (determination)	Porositätsbestimmungsmethode f	méthode f pour détermination de porosité	метод определения пористости
	method using radioactive tracers	s. R 28		
M 261	methyl acetate	Methylacetat n	méthylacétate m, acétate m méthylique (de méthyle)	метилацетат
M 262	methyl cellulose	Methylcellulose f, MC	méthylcellulose f	метилцеллюлоза
M 263	methylene chloride	Dichlormethan n (Lösungsmittel)	chlorure m de méthylène	хлористый метилен
M 264	methylethylketone	Methylethylketon n (Lösungsmittel)	méthyléthylcétone f	метилэтилкетон
M 265	methyl methacrylate	Methylmethacrylat n, Methacrylsäuremethylester m	méthacrylate m de méthyle	метилметакрилат
M 266	methyl methacrylate-ethyl acrylate copolymer	Methylmethacrylat-Ethylacrylat-Copolymer[es] n, Methylmethacrylat-Ethylacrylat-Mischpolymerisat n	copolymère m méthylméthacrylate-éthylacrylate	сополимер метилметакрилата с этилакрилатом
	MF	s. M 147		
	MFE	s. M 329		
	MFG	s. M 326		
	MFH	s. M 327		
	MFI	s. M 162		
	MFM	s. M 328		
	MFP	s. M 218		
M 267	mica	Glimmer m (Füllstoff)	mica m	слюда
M 268	mica flake	Glimmerplättchen n (Füllstoff)	plaquette f de mica	чешуйка из слюды
M 269	microbalance	Mikrowaage f	microbalance f	микровесы
M 270	microbiological decomposition (degradation)	Abbau (Zerfall) m durch Mikroorganismen	décomposition f (dissociation f, dégradation f) par microbes (microorganismes)	микробиологическая деструкция, деструкция микроорганизмами
M 271	microbiological testing	mikrobiologische Prüfung f	essai m microbiologique	микробиологическое испытание
M 272	micro-Brownian motion, Brownian motion of chain segments	Mikro-Brownsche Molekularbewegung f	mouvement m microbrownien	микроброуновское движение молекул
M 273	microcapsule	Mikrokapsel f (mit Klebstoffbestandteilen gefüllt)	microcapsule f (remplie de colle)	микрокапсула (содержащая клей)
M 274/ 275	microcrack	Mikroriß m	microfissure f, fissure f microscopique, fendillement m, microfente f	микротрещина
M 276	microelectronic heatless adhesive	bei kleiner Wärmezufuhr härtender Mikroelektronikklebstoff m	adhésif m à durcissement à froid pour la microélectronique	клей холодного отверждения для микроэлектроники
M 277	microencapsulation	Mikroeinkapseln n (von Klebstoffen)	microencapsulage m	микрокапсулирование
M 278	microfractography	Mikrofraktographie f	microfractographie f	микрофрактография
M 279	micrograph	Schliffbild n	image f de coupe polie	картина шлифа, облик шлифа
M 280	microhardness	Mikrohärte f	microdureté f	микротвердость
M 281	microhardness ball indentor, microhardness tester	Mikrohärteprüfer m, Mikrohärteprüfgerät n	microduromètre m	микротвердомер, испытатель (прибор для испытания) микротвердости
M 282	microhardness measurement	Mikrohärtemessung f	mesure f de la microdureté	измерение микротвердости
M 283	microhardness test	Mikrohärteprüfung f	essai m de microdureté	испытание на микротвердость
	microhardness tester	s. M 281		
M 284	microinjection	Spritzgießen n sehr kleiner Formteile, Kleinteilspritzgießen n	micro-injection f	литье под давлением микродеталей
	micro jet	s. A 288		
	micro-jet roll coater	s. A 311		
	micro-jet roll coating	s. A 312		
M 285	micromechanical analysis	mikromechanische Analyse f	analyse f micromécanique	микромеханический анализ
M 286	micrometer centring shaft	mikrometrisch zentrierende Spannachse (Folienabwickeln)	axe m de serrage à centrage micrométrique (déroulement de feuilles)	точно центрирующая тянущая ось
	micronizer	s. J 16		
M 287	micronotch	Mikrokerbe f	microentaille f	микрозасечка
M 288	microorganism resistance	Beständigkeit f gegen Mikroorganismen	résistance f aux microbes (micro-organismes)	устойчивость к микроорганизмам

	microporous materials on the base of polyurethane	*s.* P 774		
M 289	microprocessor-controlled injection moulding machine	mikroprozessorgesteuerte Spritzgießmaschine *f*	presse *f* d'injection pilotée par microprocesseur	управляемая микропроцессором литьевая машина
M 290	microscope slide, slide	Mikroskopobjektträger *m*, Objektträger *m*	porte-objet *m (microscopie)*	предметное стекло
	microsection	*s.* 1. M 296; 2. T 310/1		
M 291	microstructure	Mikrostruktur *f*, Feingefüge *n*, Mikrogefüge *n*, Kristallgefüge *n*	microstructure *f*, structure *f* microcristalline	микроструктура
M 292	microstructure study	Mikrostrukturuntersuchung *f*	étude *f* de microstructure	исследование микроструктуры, микроструктурный анализ
M 293	microstructure test[ing]	Feinstrukturuntersuchung *f*	étude *f* de la microstructure	исследование тонкой структуры
M 294	microtacticity	Mikrotaktizität *f*	microtacticité *f*	микротактичность
M 295	microtome	Dünnschnittgerät *n*, Mikrotom *n*	microtome *m*	микротом, прибор для тонкого резания
M 296	microtome cut (sample, section), microsection, thin section, thin cut section	Mikrotomschnitt *m*, Dünnschnitt *m*	coupe *f* fine (mince), tranche *f* mince, lame *f* mince	тонкий разрез, тонкий отрезанный слой, образец, отрезанный микротомом, полученный микротомом образец, тонкорезанный слой
M 297	microvoid	Mikropore *f (Schaumstoff)*	micropore *m (mousse)*	микропора
M 298	microwave discharge	Mikrowellenentladung *f*	décharge *f* en (des) micro-ondes	микроволновый разряд, микроволновая разрядка
M 299	microwave drying cupboard	Mikrowellentrockenschrank *m*	armoire *f* de séchage à micro-ondes	микроволновый сушильный шкаф
M 300	microwave heater, microwave heating cabinet	Mikrowellenheizgerät *n*	appareil *m* de chauffage micro-ondes	микроволновый нагревательный прибор
M 301	microwave heating	Mikrowellenbeheizung *f*	chauffage *m* micro-ondes	микроволновое нагревание
	microwave heating cabinet	*s.* M 300		
M 302	microwave hygrometer	Mikrowellenfeuchtemeßgerät *n*, Mikrowellenfeuchtemesser *m*	appareil *m* de mesure d'humidité aux micro-ondes	микроволновый измеритель влажности
M 303	microwave plasma pretreatment	Mikrowellen-Plasma-Vorbehandlung *f (Klebflächen)*	prétraitement *m* par plasma de micro-ondes *(surfaces à coller)*	обработка микроволновой плазмой
M 304	midget moulder	Kleinstspritzgießmaschine *f*	micromachine *f* à injection	литьевая машина с минимальным объемом отливки
M 305	migrate/to	wandern	migrer	мигрировать
M 306	migrating of additives, additives migrating	Additiv-Wanderung *f*, Zuschlagstoff-Wanderung *f*	migration *f* des additifs	миграция добавки
M 307	migration	Stoffwanderung *f*, Wanderung *f*	migration *f*	миграция
	migration of plasticizers	*s.* P 389		
M 308	migration rate	Migrationsgeschwindigkeit *f*	vitesse *f* de migration	скорость миграции
M 309	mild steel	Flußstahl *m (Fügeteilwerkstoff für Kleben)*	acier *m* doux (coulé, fondu)	мягкая сталь
M 310	mileage	spezifische Anstrichstoffauftragsmenge *f*	quantité *f* spécifique de peinture à appliquer	расход [нанесенного] красителя
M 311	milkiness	Kreiden *n (von Anstrichschichten)*	farinage *m*, poudrage *m*	белесоватость *(покрытия)*
M 312	milled	gerändelt	moleté	накатанный, рифленый
M 313	milled fibres	Kurzfasern *fpl*, geschnittene Fasern *fpl*	fibres *fpl* broyées (courtes)	короткие (мелкорубленые, измельченные) волокна
	milled glass fibre	*s.* S 446		
	milled head screw	*s.* K 38		
M 314	milling, routing	Fräsen *n*	fraisage *m*	фрезерование
M 315	milling ball	Mahlkugel *f*	boulet *m* (boule *f*, bille *f*) de broyage	размалывающий шар, шар шаровой мельницы
M 316	milling cutter	Fräswerkzeug *n*, Schlitzfräser *m*	fraise *f* pour fentes, fraise *f* à rainer	прорезная (шлицевая) фреза
M 317	milling machine	Fräsmaschine *f*, Fräswerk *n*	fraiseuse *f*, machine *f* à fraiser	фрезерный станок
M 318	milling section	Mahlraum *m*	chambre *f* de broyage	объем измельчения
M 319	milling time	Mahlzeit *f*, Mahldauer *f*	durée *f* (temps *m*) de broyage	продолжительность помола
M 320	milling time	Walzdauer *f*	durée *f* (temps *m*) de calandrage (laminage)	продолжительность вальцевания, время вальцевания
M 321	mill line	Walzenreihe *f*, Walzenstraße *f*, Walzenstrecke *f*	ligne *f* de cylindre (rouleaux)	прокатный стан, стан
M 322	mill shrinkage	Walzschrumpfung *f (nach der Halbzeugherstellung)*	retrait *m* postérieur au calandrage	усадка при вальцевании

M 323	Mills Pirelli process	Nadelblasformen n, Nadel-blasformverfahren n	gonflage m par [procédé à] aiguille	выдувное формование при помощи полой иглы
	mill with air separation	s. A 326		
M 324	mineral colour	Erdfarbe f	terre f colorante, couleur f de terre	земляная краска
	mineral dye	s. E 1		
M 325	mineral filler, inorganic filler	mineralischer (anorganischer) Füllstoff m	charge f inorganique (minérale)	минеральный (неорганический) наполнитель
M 326	mineral filler best general, MFG	mineralischer Füllstoff m zur Verbesserung allgemeiner Eigenschaften	charge f minérale servant à améliorer les propriétés générales	неорганический наполнитель для улучшения свойств
M 327	mineral filler best heat resistance, MFH	mineralischer Füllstoff m zur Erhöhung der Wärmebeständigkeit	charge f minérale servant à augmenter la résistance à la chaleur	неорганический наполнитель для улучшения теплостойкости
M 328	mineral filler best moisture resistance, MFM	mineralischer Füllstoff m zur Verbesserung der Feuchtebeständigkeit	charge f minérale servant à améliorer la résistance à l'humidité	неорганический наполнитель для снижения влагопоглощения
M 329	mineral filler high electric, MFE	mineralischer Füllstoff m zur Verbesserung der elektrischen Eigenschaften	charge f minérale servant à améliorer les propriétés (caractéristiques) électriques	неорганический наполнитель для улучшения диэлектрических свойств
M 330	mineral oil resistance, resistance to mineral oil	Mineralölbeständigkeit f, Beständigkeit f gegen Mineralöl	résistance f à l'huile minérale	сопротивление действию минеральных масел
M 331	mineral pigment	mineralisches Pigment n, mineralischer Farbkörper m	pigment m minéral	минеральный пигмент, минеральный краситель
M 332	mineral-reinforced polyamide	mineralverstärktes Polyamid n	polyamide m armé de minéraux, polyamide m renforcé de minéraux	наполненный минеральными волокнами полиамид
M 333	mineral-reinforced thermoplastic, MRTP	mineralisch verstärkter Thermoplast m, mineralisch verstärktes Thermomer n	thermoplastique m à renforcement minéral	минералонаполненный термопласт
	mineral spirit	s. W 238		
M 334	miniature limit switch	Mikroendschalter m (an Spritzgießmaschinen)	microrupteur m limite	микровыключатель
	miniature moulding	s. S 706		
	minispec nuclear resonance	s. S 708		
M 335	minor diameter	Gewindekerndurchmesser m	diamètre m du fond de filet	диаметр ядра резьбы
M 336	miscibility	Mischbarkeit f	miscibilité f	смешиваемость
M 337	mitre fence	Gehrungsanschlagbacke f (Halbzeugschneiden)	touche f à onglets (coupage de produits demifinis)	направляющая линейка для вырубки скоса
M 338	mitre fillet weld	Flachkehlnaht f (an Schweißverbindungen)	soudage m à onglet	галтельный шов (сварка)
	mix	s. M 364		
	mixed adhesive	s. 1. A 178; 2. T 670		
M 339	mixed-flow impeller	Mischfluß-Kreiselmischer m, Mischfluß-Schnellrührwerk n	turbine f à flux mixte	проточный [центробежный] смеситель
	mixed glue	s. A 178		
	mixed injection moulding	s. I 158		
	mixed solvents	s. S 792		
M 340/341	mixer-applicator adhesive gun, mixer-dispenser glue gun (US)	Misch-Klebstoffauftragspistole f, Klebstoffauftragspistole f mit Mischeinrichtung	pistolet m à enduire pour l'adhésif avec dispositif de mélange	смесительный ручной прибор для нанесения клея
M 342	mixer cooling chamber with spray-side	bedüster Mischerkühlraum m	chambre f frigorifique (froide) aspergée (arrosée) mélangeur	охлаждающий воздухоструйный смеситель
	mixer-dispenser glue gun	s. M 340/1		
	mix extruder	s. C 595		
	mixing	s. B 232		
M 343/344	mixing beater	Mischholländer m	pile f mélangeuse	мешальный ролл
M 345	mixing chamber	Mischkammer f	chambre f de mélangeage	смесительная камера
M 346	mixing container	Mischgefäß n	cuve f de mélangeage	смесительный чан
	mixing degree	s. D 103		
M 347	mixing drum	Mischtrommel f	tambour m à mélanger, tambour-malaxeur m	смесительный барабан
M 348	mixing efficiency	Mischgüte f (eines Extrudats)	efficacité f du mélange	степень смешения
M 349	mixing effiency parameter	Mischgütekennzahl f	indice (index) m pour la qualité du mélange	характеристика смешения
M 350	mixing element	Mischteil n (Aufsatz für Schnecken)	élément m de mélange (vis)	часть (удлиненный наконечник) для перемешивания (червяка)
M 351	mixing head	Mischkopf m	tête f de mélange	смесительная головка

M 352	mixing mill, mixing rolls, roll mill	Mischwalzwerk n, Walzenmischer m	broyeur-mélangeur m	валковый смеситель, смесительные вальцы
M 353	mixing nozzle	Mischdüse f	buse f de mélange	смесительное сопло
M 354	mixing process	Mischprozeß m, Mischvorgang m	processus m de mélange[age]	процесс смешивания (перемешивания)
	mixing proportion	s. M 355		
M 355	mixing ratio, mixture ratio, mixing proportion	Mischungsverhältnis n	rapport m de mélange	дозировка смеси, соотношение компонентов смеси
M 356	mixing rod	Rührstab m, Mischstab m	baguette f (bâton m) à agitation	перемешивающая лопасть
	mixing rolls	s. M 352		
M 357	mixing room	Mischraum m	chambre f de mélange	смесительная камера
M 358	mixing rule	Mischungsregel f	règle f des mélanges	правила креста при смешивании
M 359	mixing screw	Mischschnecke f	vis f de mélange	червяк для смешивания
M 360	mixing section and smear head	Misch- und Scherelement n (Extruder)	dispositif (élément) m de mixage (mélange) et de cisaillement	смесительная зона и элемент смешения
M 361	mixing time	Mischzeit f, Komponentenmischzeit f (Polyurethanschaumstoff)	temps m de mélange[age] (mousse polyuréthanne)	продолжительность перемешивания (смешения) (компонентов пенополиуретана)
M 362	mixing vessel	Mischkessel m	récipient m mélangeur, cuve f de mélange	бак для смешения
M 363	mixplaster	Plastizieraggregat n mit Misch-Schmelz-Reaktor	plastificateur m avec réacteur de mélange et de fusion	смеситель-пластикатор
M 364	mixture, mix	Gemisch n	mixture f, mélange m	смесь
	mixture ratio	s. M 355		
M 365	mobile bottom plate	bewegliche Werkzeugbodenplatte f	plateau m inférieur mobile du moule	подвижная нижняя плита формы
M 366	mobile shutter	Schieber m (Absperrorgan)	robinet-vanne m, vanne f à tiroir, tiroir m	заслонка, шибер, задвижка
M 367	mobile welding unit	fahrbare Schweißanlage f, Anlage f mit fahrbaren Schweißwerkzeugen	poste m (appareil m, unité f) soudeur (à souder) mobile	передвижная сварочная установка
M 368	mock-up	einfache Gipsform f (für Handauflegeverfahren)	moule m simple en plâtre (moulage à la main)	гипсовая форма (контактное формование)
M 369	model assumption	Modellannahme f (für Spritzgießen)	supposition f du modèle (injection)	применение (допущение) модели
M 370	model law	Modellgesetz n	loi f sur maquettes	модельный закон
M 371	modelling	Modellierung f, Modellbildung f (Spritzgießvorgang)	modelage m	моделирование
M 372	model of sphere packing	Kugelpackungsmodell n	modèle m d'empilement des sphères	модель упаковки шаров
M 373	model structure	Modellstruktur f (verstärkte Thermoplaste/Thermomere)	structure f de modèle	модельная структура
M 374	model theory	Modelltheorie f (für Spritzgießen)	théorie f du modèle (injection)	модель-теория
M 375	mode pattern	Modenbild n (beim Laserstrahlschneiden)	figure f de modes (coupage au laser)	тип рисунков (при лазерном резании)
	modification of polymers	s. P 668		
M 376	modified aromatic polyether	modifizierter aromatischer Polyether m	polyéther m aromatique modifié	модифицированный ароматический простой полиэфир
M 377	modified cross-section fibre	Profilfaser f	fibre f profilée	волокно со специальным сечением
M 378	modified insulated-runner[-type] mould	modifiziertes Isolierkanalwerkzeug n, Kombination f von herkömmlichem Heißkanalwerkzeug und Isolierkanalwerkzeug	moule m modifié à canal isolé	модифицированная литьевая форма с изолированным литниковым каналом
M 379	modified machine	Variantmaschine f (Spritzgießmaschine)	machine f modifiée (injection)	модифицированная машина
M 380	modified natural polymer	Polymer[es] n aus abgewandelten Naturstoffen	polymère m naturel modifié	модифицированный природный полимер
M 381	modified plastic	modifizierter Kunststoff (Plast) m	plastique m modifié, matière f plastique modifiée	модифицированный пластик
M 382	modified resin	modifiziertes Harz n	résine f modifiée	модифицированная смола
M 383	modifier	Modifikator m (Stoff zur gezielten Veränderung von Eigenschaften)	agent m de modification, modificateur m	модификатор
M 384	modular chilling system	Baukastenkühlsystem n (für Verarbeitungsmaschinen)	système m module de réfrigération	агрегатированная система охлаждения
	modular concept	s. U 87		
M 385	modular construction	Baukastenkonstruktion f	construction f module	унифицированная конструкция

	modular principle (system)	s. U 87		
	modulus in compression	s. P 961		
M 386	modulus increase	Modulerhöhung f	augmentation f du module	рост (повышение) модуля
M 387	modulus of elasticity, elasticity (elastic) modulus, Young's modulus, Young's modulus of elasticity	Elastizitätsmodul m, E-Modul m, Youngscher Elastizitätsmodul m	module m d'élasticité [d'Young], module de Young, module d'Young, module m élastique	модуль упругости (эластичности, Юнга)
	modulus of elasticity in compression	s. P 961		
	modulus of elasticity in flexure	s. F 402		
	modulus of elasticity in shear	s. S 375/6		
	modulus of elasticity in tension	s. T 122		
	modulus of elasticity in torsion	s. T 449		
M 388	modulus of rigidity	Steifigkeitsmodul m	module m de rigidité	модуль жесткости
M 389	modulus of rupture	Bruchmodul m	module m de rupture	модуль разрыва
M 390	modulus of torsion	Torsionsmodul m	module m de torsion	модуль кручения
M 391	Mohs' [hardness] scale	Härteskala f nach Mohs, Mohs-Skala f, Mohssche Härteskala	échelle f Mohs	твердость по шкале Мооса, твердость по Моосу
	moiré	s. M 393		
	moiré effect (fringes)	s. M 393		
M 392	moiré method, shadow moiré technique (US)	Moirémethode f, Streifenverfahren n für Deformationsmessungen, Moiréverfahren n, Isopachenmethode f	méthode f de moirage, méthode des réseaux	метод муара, измерение деформации полосами Муара
M 393	moiré pattern, moiré, moiré fringes (effect)	Moiréstreifen mpl, Moiréeffekt m, Moiré n, Moirélinie f, Moiréraster n	franges fpl moirées, moirage m, moirure f, dessin m moiré	муар, муар-эффект, муаровая полоса
M 394	moistener	Befeuchter m, Befeuchtungsgerät n	humidifi[cat]eur m	увлажнитель, увлажнительный прибор
M 395	moisture absorption, moisture pick-up	Feuchteabsorption f, Feuchteaufnahme f	absorption f d'humidité	влагопоглощение
M 396	moisture barrier property	feuchteabstoßende Eigenschaft f	propriété f hydrofuge	влагоотталкивающее свойство
M 397	moisture blow	Feuchtigkeitsblase f, Blase f durch Feuchtigkeit (an Formteilen und Beschichtungen)	bulle f d'humidité	пузырек от влаги
M 398	moisture content, humidity content	Feuchtigkeitsgehalt m, Feuchtegehalt m	taux m d'humidité	влагосодержание
M 399	moisture content in granules, granules moisture	Granulatfeuchtegehalt m	humidité f des granulés	влагосодержание гранулята
M 400	moisture control instrument, moisture meter	Feuchtemeßgerät n (für Formmassen)	appareil m de contrôle d'humidité, humidimètre m	влагомер, измеритель влажности
M 401	moisture-curing adhesive	feuchtehärtender Klebstoff m, unter Einfluß von Feuchte härtender Klebstoff m	adhésif m durcissant sous l'influence de l'humidité	отверждающийся влажностью клей
M 402	moisture-free compressed air	feuchtefreie Druckluft f (Spritzverfahren)	air m comprimé sec	сухой сжатый воздух
	moisture meter	s. M 400		
M 403	moisture permeability	Feuchtedurchlässigkeit f	perméabilité f à l'humidité	влагопроницаемость
	moisture pick-up	s. M 395		
M 404	moisture-proof	feuchtigkeitsundurchlässig (z. B. Folie)	imperméable à l'humidité	влагоотталкивающий
M 405	moisture tester	Feuchtebestimmer m, Gerät n zur Bestimmung des Feuchtegehaltes	appareil m de mesure d'humidité	измеритель влагосодержания, измеритель влагоемкости
	moisture vapour transmission	s. W 64		
	mol	s. G 164		
M 406	molar ratio	Molverhältnis n	rapport m molaire	молярное отношение
	mole	s. G 164		
M 407	molecular arrangement	Molekularanordnung f	arrangement m moléculaire	порядок молекул
M 408	molecular calculation	Molekülmassebestimmung f	détermination f de la masse moléculaire	определение массы молекул
M 409	molecular chain axis	Molekülkettenachse f	axe m de la chaîne moléculaire	ось молекулярных цепей
M 410	molecular chain unit, chain unit	Molekülkettenbaustein m	motif m, chaînon m, mer m	элемент цепи молекулы, структурная группа цепи

M 411	molecular disentanglement	Molekülkettenentschlingen n, Molekülkettenent-knäueln n	déroulement m [de la chaîne] moléculaire	расцепление макромолекул
M 412	molecular entanglement	Molekülkettenverschlingung f, Molekülverknäuelung f	pelotonnement m [de la chaîne] moléculaire	зацепление (войлок) макромолекул
M 413	molecular mass	Molekularmasse f	masse f moléculaire	молекулярная масса, масса молекулы
	molecular-mass distribution	s. M 419		
M 414	molecular mobility	Molekülbeweglichkeit f, molekulare Beweglichkeit f	mobilité f moléculaire	подвижность молекул, молекулярная подвижность
M 415	molecular motion (movement)	Molekularbewegung f	mouvement m moléculaire	молекулярное движение, движение молекул
M 416	molecular rearrangement	Molekülumlagerung f	réarrangement m moléculaire	перегруппировка молекул
M 417	molecular structure	Molekülaufbau m	structure m moléculaire	структура молекул
M 418	molecular weight	relative Molekülmasse f, relative Molmasse f	masse f moléculaire relative, poids m moléculaire	молекулярный вес
M 419	molecular-weight distribution, MWD, molecular-mass distribution	Molekülmasseverteilung f, Verteilung f der relativen Molekülmassen, Molmasseverteilung f	répartition f des poids (masses) moléculaires, distribution f des poids (masses) moléculaires, distribution f moléculaire	молекулярно-массовое распределение, распределение молекулярных весов
M 420	molecular weight fractionation	Molekülmassefraktionierung f	fractionnement m des masses moléculaires	фракционирование для определения молекулярно-массового распределения
M 421	molecule end group	Molekülendgruppe f	groupe m terminal, groupe terminal moléculaire	концевые группы
M 422	molecule ends	Molekülenden npl	extrémités fpl de la molécule	концы молекулы, концевые группы молекулы
M 423	molten bead, extruded bead	extrudierter Zusatzwerkstoff m (Extrusionsschweißen)	matériau m d'apport extrudé (soudage)	экструзионный присадочный приток
	molten bead sealing	s. E 414		
M 424	molten extrudate	Extrudat n im Schmelzezustand	extrudat m [à l'état] fondu	экструдированный профиль в состоянии расплава
M 425	molten film	Schmelzschicht f, aufgetragene Schmelzklebstoffschicht f	film m (couche f) fondue (colle fusible)	расплавленный слой, нанесенный клей-расплав
M 426	molybdenum disulfide	Molybdändisulfid n (Füllstoff für Gießharze)	bisulfure (disulfure) m de molybdène	дисульфид молибдена, двухсернистый молибден
M 427	moment of inertia	Trägheitsmoment n	moment m d'inertie	момент инерции (второго порядка)
M 428	monitor impact apparatus (testing machine)	Schlagzähigkeitsprüfgerät n mit Bildschirmanzeige	appareil m d'essai à moniteur pour déterminer la résilience	испытательный прибор ударной вязкости с контролем на мониторе
M 429	monoaxially drawn film	monoaxial (uniaxial) gereckte Folie f	feuille f étirée (orientée) monoaxialement, film m étiré (orienté) monoaxialement	одноосно вытянутая пленка
M 430	monoaxially drawn film strip	monoaxial gerecktes Folienbändchen n	ruban m de film étiré (orienté) monoaxialement	одноосно вытянутая пленочная лента
M 431	monoaxially stretched film tape	einachsig gerecktes (gestrecktes) Folienband n	bande f de feuille étirée monoaxialement	пленочная лента, обработанная одноосевым натягиванием
M 432	monoclinic macrolattice	monoklines Makrogitter n (teilkristalline Thermoplaste, Thermomere)	macroréseau m monoclinique	моноклинная решетка
M 433	monofil[ament], filament	Einzelfaser f, Elementarfaser f (Textilglasgewebe)	monofilament m, filament m, fil m élémentaire	филаментная (элементарная) нить, элементарное волокно, моноволокно
M 434	monofil[ament] extrusion	Monofilextrusion f, Fadenextrusion f	extrusion f de monofilaments	экструдирование моноволокон
M 435	monomer	Monomer[es] n	monomère m	мономер
M 436	monomer, monometric	monomer	monomère, monomérique	мономерный
M 437	monomer casting	Monomergießen n (von Polyamid)	coulée f de monomères (polyamide)	литье [полимеризующих] мономеров
M 438	monomeric emulsion stabilizer	monomerer Emulsionsstabilisator m	stabilisant m d'émulsion monomère	мономерный стабилизатор эмульсии
M 439	monomer sequence distribution	Monomersequenzverteilung f, Monomerordnungsverteilung f	distribution (répartition) f des séquences monomères	распределение последовательности мономеров
	monometric	s. M 436		
M 440	monovalent	einwertig	monovalent	одновалентный
	mordant	s. E 293		

M 441	mordant dye	Beizenfarbstoff *m*	colorant *m* à mordant	протравный краситель
	mother-of-pearl effect	*s.* N 1		
M 442	motionless mixer (mixing device), static mixer	Mischer *m* mit feststehenden Mischelementen, statischer Mischer *m*	mélangeur *m* statique	смесительный барабан с неподвижными элементами, смеситель без перемешивающих устройств, статический смеситель
M 443	mottle	Marmorierung *f*, Sprenkelung *f (von Formteiloberflächen)*	marbrure *f*	мрамористость
M 444	mottling	ungleichmäßiges Beschichtungseindringen *n (in Trägermaterial)*	pénétration *f* inégale de l'enduction *(dans le support)*	неравномерное пропитывание
M 445	mould, die	Werkzeug *n*, Form *f*, Preßform *f*	moule *m*	[пресс-]форма
M 446	mouldability	Formbarkeit *f*, Verformbarkeit *f*; Preßbarkeit *f*	moulabilité *f*	прессуемость, пригодность к литью под давлением
M 447	mould adjustment	Werkzeugverstellung *f*	ajustement *m* du moule	юстировка формы
M 448	mould alignment, mould register	Werkzeugzentrierung *f*, Formzentrierung *f*	centrage *m* du moule	центровка пресс-формы, центрирование формы
	mould area	*s.* A 130		
M 449	mould base	Werkzeugrahmen *m*, Werkzeuggrundkörper *m*	cadre *m* de moule	опорная рама (плита)
M 450	mould block	Werkzeugblock *m*	bloc *m* de moule	блок формы
M 451	mould breakage, tool breakage	Werkzeugbruch *m*	rupture *f* de moule	излом формы
M 452	mould carrier unit, mould closing station, mould station	Werkzeugträgereinheit *f*	unité *f* porte-moule	узел крепления формы
M 453	mould cavity, cavity [depth], interstice, mould impression, nest, cavity cluster	Werkzeughohlraum *m*, Formhohlraum *m*, Werkzeughöhlung *f*, Werkzeugnest *n*, Werkzeugfüllraum *m*	cavité *f*, empreinte *f* [de moule], impression *f*	оформляющая полость формы, [оформляющее] гнездо формы
	mould cavity	*s. a.* F 90		
M 454	mould cavity capacity	Werkzeughohlraumfüllvolumen *n*	capacité *f* de la cavité *(moule)*	объем гнезда формы
M 455	mould cavity depth	Werkzeugmatrizentiefe *f*, Werkzeughohlraumtiefe *f*	profondeur *f* de cavité, profondeur d'empreinte	глубина матрицы формы
M 456	mould cavity pressure, pressure inside the mould, mould internal pressure	Werkzeuginnendruck *m*	pression *f* interne de moule, pression à l'intérieur du moule	давление в [пресс-]форме
M 457	mould cavity pressure, in-cavity pressure	innerer Einspritzdruck *m*, innerer Spritzdruck *m*	pression *f* d'injection interne	эффективное давление при впрыске
	mould change	*s.* T 404		
M 458	mould changing system	Werkzeugwechselsystem *n (Spritzgießmaschinen)*	système *m* pour échanger les moules	система для замена форм
M 459	mould clamp[ing], mould locking	Werkzeugzuhaltung *f*, Formenzuhaltung *f*, Werkzeugschluß *m*, Werkzeugverriegelung *f*	fermeture *f* (verrouillage *m*) du moule	запирание (замыкание, блокирование) формы
M 460	mould-clamping device	Schließ- und Zuhaltevorrichtung *f (für Werkzeuge und Formen)*	dispositif *m* de fermeture du moule	механизм (устройство) запирания форм, механизм замыкания форм
	mould-clamping force	*s.* M 530		
M 461	mould-clamping plate, mould mounting (fixing) platen, die carrying plane, die (adapter, clamp[ing], mounting) plate, bottom plate	Werkzeugaufspannplatte *f*, Aufspannplatte *f*, Spannplatte *f*	plaque *f* de montage (serrage), plateau *m* de fixation, plateau porte-moule	[зажимная] плита формы, опорная (зажимная, крепежная) плита, плита зажима, нижняя крепежная плита
M 462	mould-clamping unit	Werkzeugträger *m* bei der Schaumstoffherstellung	unité *f* porte-moule	рама для крепления формы
	mould clamping unit	*s. a.* C 356		
M 463	mould-cleaning gun	Ausblaspistole *f* für die Reinigung von Werkzeugen	pistolet *m* de nettoyage des moules	пневматический пистолет для очистки пресс-формы
	mould closing	*s.* M 465		
	mould-closing force	*s.* M 530		
	mould closing station	*s.* M 452		
M 464	mould-closing time	Werkzeugschließzeit *f*, Formschließzeit *f*	temps *m* de fermeture du moule	время замыкания формы, продолжительность запирания формы
	mould closing unit	*s.* C 356		
M 465	mould closure, mould closing, closure of mould	Werkzeugschluß *m*, Formenschluß *m*	fermeture *f* du moule, serrage *m* du moule	смыкание (замыкание, закрывание) формы

M 466	mould construction	Werkzeugbau *m*, Formen-bau *m*	fabrication (confection) *f* de moules	изготовление форм
M 467	mould core	Werkzeugkern *m*, Formkern *m*	cœur *m* de moule	сердечник формы, формо-вочный стержень
M 468	mould device holder frame	Werkzeugeinsatzrahmen *m*	manteau *m* de moule	рама для монтажа формы
M 469	mould dryer	Werkzeugtrockner *m*, Werkzeugtrockengerät *n*, Trockenluftschleiergerät *n*	séchoir *m* de moule à rideau d'air chauffé	осушитель пресс-формы
M 470	moulded angular part	Winkelformteil *n*	pièce *f* angulaire moulée	углевое изделие
	moulded article	*s.* M 478		
M 471	moulded article cooling	Formteilkühlung *f*	refroidissement *m* de pièces moulées	охлаждение изделия
	moulded article splay	*s.* M 481		
M 472	moulded brake lining	urgeformter Bremsbelag *m*	garniture *f* de frein moulée	прессованная тормозная накладка
M 473	moulded circuit board, MCB	spritzgegossene Leiterplatte *f*	plaquette *f* imprimée mou-lée par injection	печатная плата, полученная литьем под давлением
	moulded hose	*s.* M 486		
M 474	moulded-in energy direc-tor, moulded-in welding shackle	angeformter (angespritzter) Energiekonzentrator *m*, angeformter (angespritz-ter) Energierichtungsge-ber *m*, angeformter (ange-spritzter) Schweißkonzen-trator *m*, angeformte (an-gespritzte) Schweißfeder *f* (Ultraschallschweißen)	concentrateur *m* d'énergie moulé	присоединенный концен-тратор энергии
M 475	moulded-in stress	beim Urformen entstandene innere Spannung *f*, einge-frorene innere Spannung *f*, Eigenspannung *f* (in Formteilen)	tension *f* [interne] figée, contrainte *f* [interne] figée	внутреннее напряжение (вследствие формования)
	moulded-in welding shackle	*s.* M 474		
	moulded laminate	*s.* L 27		
M 476	moulded laminated plastic tube	Schichtstoffrohr *n*, Preß-schichtstoffrohr *n*	tube *m* stratifié moulé	труба из слоистого пла-стика
	moulded laminated section	*s.* L 26		
M 477	moulded material	Formstoff *m*	matière *f* moulée	пресс-материал
M 478	moulded part, moulded arti-cle, moulding	Formteil *n*, Preßteil *n*	produit *m* de moulage, objet *m* moulé, article *m* moulé, pièce *f* moulée	формованное (литое, прес-сованное) изделие, пресс-изделие
M 479	moulded part demoulding robot	Formteilentnahmeroboter *m*, Formteilentnahmeauto-mat *m*, Formteilentnahme-gerät *n*	robot-déchargeur d'objets moulés	автомат для выемки из-делий
M 480	moulded part from chips	Spanholzformteil *n*	pièce *f* [moulée] en copeaux agglomérés	изделие из деревянных стружек, пропитанных смолой
M 481	moulded part splay, moulded article splay, moulding splay	Formteilneigung *f*, Spritz-gußteilneigung *f*, Preßteil-neigung *f*	inclinaison *f* d'objet moulé	наклонность изделия для извлечения
M 482	moulded screw	urgeformte Schraube *f*, spritzgegossene Schraube *f*, formgepreßte Schraube *f*, spritzge-preßte Schraube *f*, gegos-sene Schraube *f*	vis *f* moulée	прессованная наружная резьба, винт, полученный литьем под давлением
M 483	moulded thermoplastic arti-cle	Thermoplastformteil *n*, Thermoplasturformteil *n*, Thermomer[ur]formteil *n*	article (objet) *m* thermoplas-tique moulé, pièce *f* thermoplastique moulée	литое изделие из термопла-ста
M 484	moulded thermosetting ar-ticle	Duroplastformteil *n*, Duro-plasturformteil *n*, Duro-mer[ur]formteil *n*	article (objet) *m* thermo-durcissable moulé, pièce *f* thermodurcissable moulée	изделие из реактопласта
M 485	moulded thread	urgeformtes Gewinde *n*, formgepreßtes Gewinde *n*, spritzgepreßtes Ge-winde *n*, gegossenes Ge-winde *n*	filet *m* moulé	прессованная внутренняя резьба, отлитая резьба, резьбовое литое изделие
M 486	moulded tube, moulded hose	urgeformter Schlauch *m*	tube (tuyau) *m* flexible moulé	экструдированный шланг, прессованный рукав
M 487	mould engraving machine	Graviermaschine *f* für Werkzeuge und Formen	machine *f* à graver les moules	гравировальный станок для форм, гравировальная машина для форм
	moulder	*s.* F 4		
	mould feeding time	*s.* M 492		

M 488	mould filling, process of feeding the tool, mould-filling process, mould-filling operation	Werkzeugfüllvorgang m	opération f de chargement du moule, remplissage m (processus m de remplissage) de moule	заполнение формы, процесс заполнения [пресс-] формы
M 489	mould-filling cycle	Füllphase f (beim Spritzgießen)	cycle m (opération f) de chargement du moule	заполнение формы
	mould-filling operation (process)	s. M 488		
M 490/ 491	mould filling speed	Werkzeugfüllgeschwindigkeit f	vitesse f de remplissage du moule	скорость заполнения формы
M 492	mould-fill[ing] time, mould feeding time, actual cavity fill time, actual fill time of the mould	Werkzeugfüllzeit f, Füllzeit f des Werkzeughohlraumes	temps m de chargement du moule, temps m de remplissage de la cavité	продолжительность (период) заполнения формы, время впрыска в форму
M 493	mould fill volume	Werkzeugfüllvolumen n	volume m de chargement du moule	объем впрыска
	mould fixing platen	s. M 461		
	mould for bottom ram press	s. M 495		
M 494	mould force, punch, patrix, male mould (die), positive mould	Werkzeugstempel m, Werkzeugpatrize f, Positivform f, Patrize f, Stempel m, Füllraumform f, Füllraumwerkzeug n	poinçon m, piston m, mœule m mâle (positif), moule en relief	пуансон, патрица, штамп, патрица формы, позитивная (поршневая) пресс-форма, пресс-форма с загрузочной камерой
	mould form	s. M 498		
M 495	mould for up-stroke press, mould for bottom ram press	Unterdruckspritzpreßwerkzeug n	moule m de presse ascendante	пресс-форма для литьевого прессования трансферным прессом
M 496	mould heater-cooler	Werkzeugtemperiergerät n	régulateur m de température du moule	термостат для автоматического регулирования (поддержания заданной) температуры формы
	mould height	s. 1. D 17; 2. D 247		
M 497	mould holder	Formenträger m, Werkzeugträger m (für Reaktionsspritzgießen von Polyurethanschaumstoff)	porte-moule m	формодержатель
M 498	mould impression, mould form	formteilbildende Werkzeugkontur f	impression f, empreinte f	оформляющая поверхность полуформы
	mould impression	s. a. M 453		
M 499	moulding	Kunststoffurformen n, Plasturformen n (in geschlossenen Werkzeugen)	moulage m	переработка пластмасс (в закрытых формах)
	moulding	s. a. M 478		
M 500	moulding board	geharzte Pappe f	carton m imprégné	смолистый картон
M 501	moulding box	Gießkasten m, Formkasten m (für Harzgießen)	châssis m de moule (résine de coulée)	форма для литья
	moulding box	s. a. C 107		
M 502	moulding breakthrough	Durchbruch m am Formteil, Formteildurchbruch m	rupture f de la pièce moulée	прорыв (пробой) формованного изделия
M 503	moulding bulge	Formteilwölbung f	courbure f d'un objet moulé	выпуклость изделия
M 504	moulding composite	Formmassemischung f	mélange m à mouler	компаунд
	moulding composition	s. M 505		
M 505	moulding compound, moulding material, moulding composition	Formmasse f	matière f à mouler, matériau m à mouler, matériau m de moulage	пресс-материал, пресс-масса, пресс-композиция, прессовочная масса, смесь для прессования
M 506	moulding conditions, moulding variables	Preßparameter mpl, Preßbedingungen fpl	caractéristiques fpl de moulage, conditions fpl de moulage (injection)	параметры прессования, условия прессования
M 507	moulding cycle	Preßzyklus m, Spritzgießzyklus m, Urformzyklus m	cycle m de pressage, cycle m de moulage	цикл прессования (литья под давлением)
M 508	moulding cycle time	Zykluszeit f beim Spritzgießen	durée f du cycle de moulage	период литьевого цикла
M 509	moulding defect (fault)	Preßfehler m, Urformfehler m (an Formteilen)	défaut m de moulage	дефект прессования (пресс-изделия, от переработки)
M 510	moulding fit	Formteilpassung f	ajustement m d'un objet moulé	точность посадки изделия
	moulding insulant	s. M 511		
M 511	moulding insulating material, moulding insulant	Isolierpreßstoff m	matière f isolante moulée	изоляционный пресс-материал
	moulding material	s. M 505		
M 512	moulding nest material	Werkzeugnestwerkstoff m, Formnestwerkstoff m	matériau m de cavité, matériau d'empreinte	материал гнезда формы

M 513	moulding operation	Preßvorgang m, Formungs-vorgang m	opération f de moulage	прессование, формование
M 514	moulding part	formgebendes Werkzeug-teil n	partie f de moulage du moule	формующая часть формы
M 515	moulding plant	Kunststoffpresserei f, Plast-presserei f	atelier m (usine f) de moulage, mouliplastie f	прессовочный цех пласт-масс
M 516	moulding plant	Kunststoffverarbeitungsan-lage f, Plastverarbeitungs-anlage f	installation (unité) f de moulage	установка для переработки пластмасс
M 517	moulding powder	pulverförmige Formmasse (Preßmasse) f, Formmas-sepulver n, Preßpulver n	poudre f à mouler, poudre f de moulage	пресс-порошок, порошко-образный пресс-материал
M 518	moulding press, compres-sion [moulding] press, plastics press	Form[teil]presse f, Kunst-stoffpresse f, Plastpresse f	presse f de (à) compression, presse de moulage par compression	компрессионный пресс, пресс для переработки пластмасс, пресс для прямого прессования
	moulding pressure	s. M 541		
M 519	moulding process	Formgebungsprozeß m (Formteile)	processus m de moulage, moulage m	процесс формования (прес-сования)
	moulding resin	s. C 614		
	moulding shrinkage	s. M 549		
	moulding splay	s. M 481		
	moulding stripping	s. M 543		
M 520	moulding temperature	Preßtemperatur f	température f de moulage	температура прессования
M 521	moulding time	Spritzgießzeit f, Preßzeit f	temps m (durée f) de mou-lage, temps m (durée f) d'application de la pression	время литьевого цикла, время (продолжитель-ность) прессования, вы-держка при прессовании
	moulding tool	s. P 437		
	moulding variables	s. M 506		
M 522	moulding without sprue residues	Formteil n ohne Angußrück-stände	pièce f moulée sans résidus de carotte	изделие без остатка лит-ника
M 523	moulding zone	Formzone f	zone f de moulage	формовочная зона
M 524	mould in insert	beim Formteilurformen ein-zubettende Einlage f	insert m d'un objet moulé	вставка (литье под давле-нием, прессование)
M 525	mould insert, plug (US), bottom plug, split of mould	Werkzeugeinlage f, Werk-zeugeinsatz m, Formen-einlage f, Formeneinsatz m, Abformeinsatz m in Werkzeugen	empreinte f rapportée	оформляющая вставка формы, оформляющая вставка [пуансона], фор-мующий вкладыш
M 526	mould insert for marking, marking plug (US)	Schrifteinsatz m in Werk-zeugen oder Formen	inscriptions fpl de moule (plaque)	оформляющая вставка с гравюрой
	mould internal pressure	s. M 456		
M 527	mould jaw, cavity plug	Werkzeugformbacke f	coquille f, empreinte f mobile	разъемная полуматрица, полуматрица [разъемной формы]
M 528	mould life	Werkzeugstandzeit f, Form-standzeit f	durée f de vie du moule	срок службы формы, долго-вечность пресс-формы
M 529	mould load	Werkzeugbeschickung f, Füllung f, Charge f (mit Formmassen)	chargement m du moule, alimentation f du moule	загрузка, засыпка [пресс-формы]
	mould locking	s. M 459		
M 530	mould-locking force, die locking force, mould-clamping (mould-closing) force	Werkzeugzuhaltekraft f, Werkzeugschließkraft f	force (pression) f de fer-meture (moule)	усилие запирания [формы], усилие при замыкании форм
	mould locking unit	s. C 356		
	mould lubricant	s. M 544		
M 531	mould lubricant sprayer, sprayer for mould lubri-cant	Spritzgerät n für Werkzeug-trennmittel, Sprühgerät n für Werkzeugtrennmittel	pulvérisateur m d'agent de démoulage	распылитель для смазок
M 532	mouldmaker	Werkzeugmacher m (für Ver-arbeitungswerkzeuge)	mouliste m, fabricant m de moules	изготовитель пресс-форм
	mould making	s. T 412		
M 533	mould mark	Werkzeugmarkierung f am Formteil (durch das Werk-zeug am Formteil verur-sachte Markierungsstelle)	marque f de moule (moulage)	след маркировки формы (на поверхности изделия)
M 534	mould misalignment	unzureichende Werkzeug-zentrierung f	centrage m insuffisant du moule	недостаточная центрировка формы
M 535	mould mounting crane	Werkzeugaufspannkran m	grue f de montage du moule	кран для установки формы
	mould mounting platen	s. M 461		
	mould opening	s. 1. D 17; 2. M 110		
M 536	mould opening force	Werkzeugauftriebskraft f, Werkzeugöffnungskraft f, Formenöffnungskraft f (beim Spritzgießen)	force f d'ouverture (moule)	усилие размыкания полу-формы, усилие рас-крытия формы (в резуль-тате давления впрыска)
M 537	mould opening stroke	Werkzeugöffnungsweg m	course f d'ouverture (moule)	ход размыкания формы

M 538	mould-parting line, partition line, parting line, parting plane (surface), mould seam, die parting surface	Werkzeugtrennebene f, Werkzeugtrennfuge f, Werkzeugtrennfläche f, Formtrennfuge f	plan m de joint du moule, ligne f de joint	поверхность раздела (разъема), линия (поверхность) разъема формы, линия замыкания полуформ, след смыкания пресс-формы
M 539	mould part tolerance	Formteiltoleranz f, Formteilabmaß n	tolérance f de la pièce moulée	допуск размеров изделия
M 540	mould platen measurements	Werkzeugaufspannmaße npl	mesures fpl de la plaque de montage (moule)	габариты формы
M 541	mould pressure, moulding pressure	Preßdruck m	pression f de moulage	[удельное] давление прессования
M 542	mould protection device	Werkzeugschutzeinrichtung f	dispositif m de protection du moule	предохранитель формы, защитное приспособление формы
	mould register	s. M 448		
M 543	mould release, demoulding, mould[ing] stripping, removal (removing, withdrawing) from the mould, stripping	Entformen n (von Formteilen), Herausnehmen n aus dem Werkzeug, Herausnehmen aus der Form	démoulage m	извлечение (выемка, выталкивание изделия) из формы, удаление из пресс-формы
M 544	mould-release agent, mould-release medium, mould lubricant, release agent	Werkzeugtrennmittel n, Entformungsmittel n, Form[en]trennmittel n, Gleitmittel n	lubrifiant (agent) m de démoulage, agent m anti-adhérent	внутренняя смазка (для отделения изделия от формы), средство для устранения прилипания
M 545	mould-release equipment	Entformungseinrichtung f (für Spritzgießmaschinen)	dispositif (équipement) m de démoulage	устройство для удаления изделий (из литьевых машин)
	mould-release medium	s. M 544		
M 546	mould retaining flange	Werkzeugflansch m, Formenflansch m	bride f porte-moule	фланец формы
M 547	mould scratch, scratch in the mould	Werkzeughohlraumoberflächenriß m, Oberflächenriß m im Werkzeug	égratignure f dans le moule	трещина в поверхности формы
	mould seam	s. M 538		
M 548	mould shear edge	Werkzeugtauchkante f (Preßwerkzeuge)	bord m plongeant de moule	погружной кант формы
M 549	mould shrinkage, contraction, moulding shrinkage	Werkzeugschwindung f, Formschwindung f, Formteilschwindung f, Verarbeitungsschwindung f	retrait m au moulage, retrait m de moulage	усадка [после прессования], усадка при прессовании
M 550	mould slide	Werkzeugschieber m, Werkzeugbacke f	coulisse f (moule)	боковой шибер, боковая полуматрица
	mould station	s. M 452		
	mould stripping	s. M 543		
M 551	mould stroke	Werkzeughub m	levée f de moule	ход формы
M 552	mould support, die support	Werkzeugträger m	porte-moule m	основание формы, суппорт
M 553	mould supporting plate	Werkzeughalteplatte f	plaque f de fixation (montage) du moule, plaque f porte-moule	плита для фиксации формы, опорная плита формы
	mould surface area	s. P 1052		
M 554	mould surface temperature	Werkzeugoberflächentemperatur f	température f à la surface des moules	поверхностная температура формы
M 555	mould table cooling	Werkzeugtischkühlung f (Umformen)	refroidissement m du plateau porte-outillage	охлаждение зажимной рамы
M 556	mould temperature, tool temperature	Werkzeugtemperatur f	température f du moule	температура формы
M 557	mould venting, venting of mould	Werkzeugentlüftung f, Entlüftung f von Werkzeugen	évent m (moule d'injection)	отвод воздуха из формы
M 558	mould wall temperature	Werkzeugwandtemperatur f	température f des parois du moule	температура стенки формы, температура поверхности формы
M 559	mould wash	am Formteil anhaftendes Werkzeugtrennmittel n	agent m de démoulage adhérent au moule	остатки смазки на поверхности изделия
M 560	mould wax	Trennwachs n, Werkzeugtrennwachs n (Entformungshilfsmittel)	cire f de démoulage	воск для скольжения (при удалении из формы)
M 561	mould wear, tool wear	Werkzeugverschleiß m	usure f du moule	износ формы
M 562	mouldwet	Schwitzwasserbildung f auf Verarbeitungswerkzeugen	formation f de ressuée sur moules	конденсация влаги на поверхности пресс-формы
M 563	mould wiper	Werkzeugabstreifer m	démouleur m, appareil m de démoulage	выталкиватель
M 564	mould with conical splits	Werkzeug n mit Aushebeschräge	moule m à coquilles (coins) coniques	уклон стенок матриц для извлечения изделия

M 565	mould with injection ram and mould movement along different axis	Spritzgießwerkzeug n mit ungleichachsiger Öffnungsbewegung zur Bewegungsrichtung des Spritzkolbens	moule m avec piston d'injection se mouvant selon un axe différent	литьевая форма с перемещением полуматрицы по оси, не совпадающей с осью литьевого поршня
M 566	mould with injection ram and mould movement along the same axis	Spritzgießwerkzeug n mit gleichachsiger Öffnungsbewegung zur Bewegungsrichtung des Spritzkolbens	moule m avec piston d'injection à déplacement axial	литьевая форма, ось перемещения полуматрицы которой совпадает с осью литьевого поршня
	mounting plate	s. 1. M 461; 2. M 567		
M 567	mounting platen, mounting plate, press platen (bed), ram	Pressentisch m	table f (plateau m) de [la] presse	[рабочий] стол пресса
	mouth	s. O 91		
M 568	movable part of the mould, force side of the mould, moving mould part, moving mould half	bewegliche Werkzeughälfte f, Werkzeughälfte f, die bei Öffnung abgehoben wird, bewegliches Spritzgießwerkzeugteil n	partie f mobile du moule, moitié f mobile du moule	закрепленная в подвижной плите полуформа, подвижная часть полуформы
M 569	movable platen side, force side	Schließseite f, Auswerferseite f (einer Spritzgießmaschine)	côté m fermeture (du plateau mobile)	подвижной затвор (литьевой машины)
M 570	moving base mould, sliding core mould, reentrant mould	Blasformwerkzeug n mit beweglichen Einsätzen	moule m à base mobile, moule à noyau rentrant	форма выдувного агрегата с передвижными вставками, форма выдувного агрегата с подвижным дорном
	moving bed	s. F 483		
	moving belt production	s. F 457		
	moving mould half (part)	s. M 568		
M 571	moving pressure roll	Druck-Transportrolle f (an Schweißmaschinen)	rouleau m presseur (baguette de soudure)	протяжной ролик давления
	moving pressure roller	s. P 972		
M 572	moving veneer, rotary veneer	Schälfurnier n (für Schichtholzherstellung)	placage m déroulé	тонкая (лущеная) фанера
	m. p.	s. M 176		
	MPF	s. M 149		
	MRTP	s. M 333		
M 573	mucilage	Büroleim m	colle f de bureau	канцелярский клей
	mucilage	s. a. L 91		
M 574	mud-cracking	netzförmige Haarrisse mpl	fendillement m, fissuration f	сетчатые микротрещины
	muff joint	s. S 628		
M 575	muffle furnace	Muffelofen m	four m à moufle	муфельная печь
M 576	muller mixer, Lancester muller type mixer, Simpson Mix-muller	Gegenstrom-Tellermischer m	mélangeur-malaxeur m Eirich (à contrecourant à action rapide)	противоточный дисковый смеситель
M 577	multiblock copolymer	Mehrfachblock-Copolymerisat n, Mehrfachblock-Mischpolymerisat n	copolymère m à plusieurs blocs	блоксополимер, содержащий большое количество блоков
M 578	multicavity injection mould, multi-impression injection mould	Mehrfachspritzgießwerkzeug n	moule m à injection à empreintes multiples	многогнездная литьевая форма
	multicavity mould	s. M 620		
M 579	multichannel sheet die	Mehrkanalbreitschlitzdüse f, Mehrkanalbreitschlitzwerkzeug n	filière f plate à canaux	многоканальная щелевая головка
	multicircuit pattern	s. M 580		
M 580	multicircuit winding, multicircuit pattern	Mehrfachwicklung f (bei Wickelbehältern)	enroulement m à circuit multiple	многократная намотка
M 581	multicoat system	Mehrschichtüberzug m	enduit m multicouches, couverture f à plusieurs couches	многослойное покрытие
M 582	multicoloured moulding	mehrfarbiges Spritzgußteil n	pièce f moulée de plusieurs couleurs	многоцветное изделие, полученное литьем под давлением
M 583	multicoloured plastic component	mehrfarbiges Kunststoffteil (Plastteil) n	pièce f plastique de plusieurs couleurs	многоцветное пластизделие
M 584	multicolour injection mould	Mehrfarbenspritzgießwerkzeug n	moule m à injection multicolore	форма для литья под давлением многоцветных изделий
M 585	multicolour injection moulding, multiple shot moulding	Mehrfarbenspritzgießen n, Mehrstufen-Spritzgießverfahren n	injection f multicolore, moulage m par injection multicolore	литье под давлением многоцветных изделий, поочередное литье под давлением нескольких материалов в одну форму

M 586	multicolour injection moulding machine	Mehrfarbenspritzgießmaschine f	machine f à injection multicolore	машина для литья под давлением многоцветных изделий
M 587	multicolour print	Mehrfarbendruck m	chromotyp[ograph]ie f	многоцветная печать
M 588	multicolour processing	Mehrfarbenverarbeitung f (Spritzgießen)	fabrication f en plusieurs couleurs, transformation f polychrome (moulage par injection)	переработка разноцветных материалов
M 589	multicomponent mixing machine	Mehrkomponenten-Mischmaschine f	mélangeur m à plusieurs composants	смеситель для многих компонентов
M 590	multicomponent mixture	Vielstoffgemisch n, Mehrkomponentengemisch n	mélange m à plusieurs composants (constituants)	многокомпонентная смесь
M 591	multicomponent processing	Mehrmaterialienverarbeitung f (Spritzgießen)	transformation f de plusieurs matériaux, fabrication de matériau à plusieurs constituants (moulage par injection)	переработка многокомпонентных материалов
M 592	multicomponent reactive liquids	Mehrkomponenten-Reaktionsflüssigkeiten fpl, reaktionsfähige Mehrkomponenten-Flüssigkeiten fpl	liquides mpl réactifs à plusieurs composants (constituants)	реакционноспособные многокомпонентные жидкости
M 593	multicomponent spraying	Mehrkomponentenspritzen n, Mehrkomponentensprühen n	polyspray m	распыление нескольких компонентов
	multidaylight press	s. D 19		
M 594	multidrive extruder, MD-extruder	Extruder m mit Mehrfachantrieb, Mehrfachantriebextruder m	extrudeuse f à l'entraînement multiple	экструдер с разными приводами
	multielectrode	s. P 592		
M 595	multifilament roving	Fadenroving m, Fadenstrang m	stratifil m multifilament	ровинг из элементарных нитей
	multiflighted screw	s. M 633		
	multifold tool	s. M 620		
M 596	multifunctional modifier	multifunktionelles Modifizierungsmittel n, multifunktioneller Modifikator m, Mehrfachmodifikator m, Mehrfachmodifizierungsmittel n	agent m modifiant multiple, modifiant m à plusieurs fonctions	многоцелевый модификатор
M 597	multigate	Mehrfachanguß m	entrée f multiple	многолитниковая система
M 598	multigate mould	Spritzgießwerkzeug n mit Mehrfachanguß	moule m à canaux multiples	литьевая форма с многоместным литником
M 599	multigating	Reihenanguß m	canaux mpl multiples, grappe f	рядный литниковый распределитель
M 600	multihead plant	Mehrkopfspritzanlage f (für Reaktionsspritzgießen von Polyurethanschaumstoff)	équipement m (installation f) d'injection à plusieurs têtes (injection de mousse polyuréthanne)	многоголовная литьевая установка (для пенополиуретана)
M 601	multihole die plate	Lochplattendüse f	buse f à grille	мундштук со многими отверстиями
M 602	multihole nozzle	Mehrlochdüse f	injecteur m à plusieurs canaux	многоканальный мундштук
M 603	multi-impression injection-compression moulding	Mehrfach-Spritzprägen n	moulage m par injection-compression en plusieurs empreintes	многогнездное инжекционное прессование
	multi-impression injection mould	s. M 578		
	multi-impression mould	s. M 620		
M 604	multiknife electrode	Mehrflossenelektrode f, Messergatterelektrode f (Polarisieren)	électrode f à grille (polarisation)	электрод-шпулярник
M 605	multilaminate	Vielschichtlaminat n	stratifié m à plusieurs couches (strates)	многослойный ламинат
M 606	multilayer bottle	Mehrschichtflasche f	bouteille f multicouche	многослойная бутылка
M 607	multilayer cast film	Mehrschichtgußfolie f, gegossene mehrschichtige Folie f	feuille f coulée en plusieurs couches	многослойная поливная пленка
M 608	multilayer coating die	Mehrlagenbeschichtungswerkzeug n	filière f d'extrusion pour le revêtement multicouche	устройство для нанесения многослойных покрытий
M 609	multilayer compound	Mehrschichtverbund m	matériau m composite à plusieurs couches (strates)	многослойное соединение
	multilayer extrusion	s. C 455		
M 610	multilayer film, composite film	Mehrschichtverbundfolie f, Mehrschichtfolie f, Verbundfolie f	feuille f multicouche (composite)	многослойная дублированная пленка

M 611	multilayer high-barrier container	Mehrlagenbehälter *m* mit Sperrschicht, Mehrlagen-Sperrschichtbehälter *m*	réservoir *m* sandwich à couche de barrage, conteneur *m* multicouche avec couche d'arrêt	многослойная емкость с запирающим слоем
M 612	multilayer tubular film	Mehrschichtschlauchfolie *f*	feuille *f* soufflée multicouche	многослойная рукавная пленка
M 613	multilayer welding, multi-run welding	Mehrlagenschweißen *n*	soudage *m* multicouches	многослойная сварка
M 614	multilevel injection mould	Etagenspritzgießwerkzeug *n*, Spritzgießwerkzeug *n* in Etagenbauweise	moule *m* à injection à plateaux multiples	многоэтажная литьевая форма
M 615	multipass dryer, web dryer, sheeting dryer	Bahnentrockner *m*	séchoir *m* de feuilles, tunnel *m* de séchage pour feuilles	сушилка для лентовидного материала
M 616	multiplaten hot press	Mehretagenheißpresse *f*	presse *f* à chaud à plusieurs étages	многоэтажный нагретый пресс
	multiplaten press	*s.* D 19		
M 617	multiple bead	mehrlagige Schweißraupe *f*	cordon *m* multiple, baguette *f* cannelée	многослойный валик шва
M 618	multiple beam paddle mixer, multiple paddle mixer, paddle mixer with multiple beams	Mehrbalkenrührwerk *n*, Rührwerk *n* mit Misch-strombrecher, Mehrbal-kenmischer *m*	agitateur *m* à chicanes (palettes multiples)	мешалка со многокрыльчатыми лопастями, многолопастная мешалка
M 619	multiple cavity die	Mehrfachdüse *f*	buse *f* multiple	сопло многогнездной формы
M 620	multiple cavity mould, multi-impression mould, multifold tool, multicavity (gang) mould	Mehrfachwerkzeug *n*, Mehrfachpreßwerkzeug *n*, Mehrfachprägewerkzeug *n*	moule *m* à cavités (empreintes) multiples, moule *m* à alvéoles	многогнездная (многоместная) форма, многогнездная пресс-форма
M 621	multiple circular crush knife	Roulettemesser *n*	couteau *m* circulaire multiple	молотковая роторная дробилка
M 622	multiple cutting tool	Mehrfachschneidwerkzeug *n*, Mehrfachschnittwerkzeug *n*, Mehrschneidentrennwerkzeug *n*	outil *m* coupant multiple	составной режущий инструмент
M 623	multiple disk clutch	Lamellenkupplung *f*	embrayage *m* multidisque (à lamelles)	многодисковая муфта
M 624	multiple gating system	Mehrfach-Angußsystem *n*	système *m* à canaux multiples	многоточечная литниковая система
M 625	multiple granulation	Mehrfachgranulierung *f*	granulation *f* multiple	многократное гранулирование
M 626	multiple layer adhesive	auf Ober- und Unterseite mit unterschiedlichen Klebstoffen beschichtetes Klebband *n*	bande *f* adhésive multiple	клеящая лента, стороны которой покрыты различными липкими веществами
	multiple-opening platen press	*s.* D 19		
M 627	multiple-operator welding machine	Mehrzweckschweißmaschine *f*	machine *f* à souder polyvalente, soudeuse *f* utilitaire	универсальная сварочная машина
	multiple paddle mixer	*s.* M 618		
M 628	multiple part adhesive, plural component adhesive (glue)	Mehrkomponentenklebstoff *m*	colle *f* (adhésif *m*) à plusieurs composants (constituants), adhésif *m* multicomposant	многокомпонентный клей
M 629	multiple-point contact	Mehrpunktberührung *f (von Reibflächen)*	contact *m* multiple *(surface de frottement)*	многоточечное касание, многоточечный контакт
M 630	multiple processing	Mehrfachverarbeitung *f (wiederaufbereiteter Thermoplaste, Thermomere)*	traitement *m* (transformation *f*) multiple	вторичная переработка
	multiple-screw extruder	*s.* M 640		
	multiple shot moulding	*s.* M 585		
M 631	multiple-spot welding machine	Mehrfachpunktschweißmaschine *f*	machine *f* à souder par points multiple	точечная сварочная машина
	multiple strand yarn	*s.* P 482		
M 632	multiple thread	mehrgängiges Gewinde *n*	filetage *m* à plusieurs filets	многозаходная резьба
M 633	multiple thread screw, multiflighted screw *(US)*	mehrgängige Schnecke (Extruderschnecke) *f*	vis *f* à filets multiples	многозаходный червяк
M 634	multiple-unit press	Reihenpresse *f*	presse *f* en ligne	рядный пресс
M 635	multiple-wound yarn	mehrfach gedrehter Faden *m*, Zwirn *m*	fil *m* assemblé	крученая нить
M 636	multi-ply yarn	mehrsträhniges Garn *n (Verstärkung für Laminate)*	fil *m* à plusieurs brins	многомоточная пряжа
M 637	multipoint metering	Mehrstellendosierung *f*	dosage *m* multiple	многостадийное дозирование
M 638	multipurpose extruder	Mehrzweckextruder *m*	boudineuse (extrudeuse) *f* polyvalente (à usage multiple)	универсальный экструдер

M 639	multipurpose screw	Universalschnecke f, Mehrzweckschnecke f (für Extruder)	vis f universelle (polyvalente)	универсальный червяк, червяк для переработки группы материалов
	multirun welding	s. M 613		
M 640	multiscrew extruder, multiple-screw extruder	Mehrschneckenextruder m, Mehrschneckenstrangpresse f	extrudeuse f multivis, extrudeuse (boudineuse) f à vis multiples, machine f à vis multiples	многочервячный экструдер
M 641	multiscrew pipe extruder	Mehrschneckenextruder m für Rohrherstellung	boudineuse (extrudeuse) f à vis multiples pour tubes	многочервячный пресс для изготовления труб
M 642	multisection melt screw extruder	Schmelzeextruder m mit mehreren Schneckenanschnitten	boudineuse (extrudeuse) f à vis à plusieurs zones de fusion	многосекционный экструдер для переработки расплава
M 643	multistage extrusion die	mehrstufiges Extrusionswerkzeug n	filière f à plusieurs étages	многоступенчатая экструзионная головка
M 644	multistage single-screw extrusion	mehrstufige Einschneckenextrusion f	extrusion f monovis à plusieurs étages	многоступенчатая одночервячная экструзия
M 645	multistation injection-moulding machine	Mehrstationen-Spritzgießmaschine f	machine f à injection à plusieurs stations	многопозиционная револьверная литьевая машина
M 646	multistep cut-in overlap joint	mehrstufige Überlappungsverbindung f (Klebverbindung)	joint m à recouvrement étagé	многоступенчатое соединение внахлестку
M 647	multistep forming	Mehrstufenformung f, Formung f in mehreren Stufen	formage m à plusieurs stades successifs, formage polyétagé	многоступенчатое формование
M 648	multitier injection mould, multitier tool	Mehretagen-Spritzgießwerkzeug n, Spritzgießwerkzeug n mit in mehreren Reihen übereinander angeordneten Formnestern	moule m à injection à plusieurs étages	многоэтажная литьевая форма
M 649	multitrum weld	Mehrlagenschweißnaht f	soudure f à couches multiples, soudure f en plusieurs passes	многослойный сварной шов
M 650	muscovite, potash mica	Muskovit m, Kaliglimmer m (Füllstoff)	muscovite f, moscovite f, verre m de Moscovie	мусковит
M 651	mushroom mixer	schrägstehender Trommelmischer m, Pilzmischer m	mélangeur m à tambour elliptique (ovoïde)	грибовидный смеситель, цилиндрический барабанный смеситель с наклонным корпусом
	MWD	s. M 419		

N

N 1	nacreous effect, mother-of-pearl effect	Perlmutteffekt m	effet m nacré (de nacre)	перламутровый узор (эффект), перламутр-эффект
N 2	nailable plastic	nagelbarer Kunststoff (Plast) m	plastique m clouable	крепляемый гвоздями пластик
N 3	naphthol dye	Naphtholfarbstoff m	matière f colorante sur base de naphtol, colorant m naphtolique	нафтоловый краситель
N 4	napkin ring test	Verdrehversuch m an stumpfgeklebten dünnwandigen Zylindern, Scherversuch m an stirnseitig geklebten dünnen Metallzylindern (zur Ermittlung der Scherfestigkeit)	essai m de cisaillement sur cylindres métalliques minces collés bout à bout	испытание на кручение склеенных тонкостенных труб, испытание на сдвиг цилиндров, склеенных по торцам
	narrow restriction	s. J 15		
N 5	natural aging	natürliche Alterung f	vieillissement m naturel	естественное старение
N 6	natural calcium carbonate	natürliches Calciumcarbonat n (Füllstoff)	carbonate m de calcium naturel	природный карбонат кальция
	natural colour	s. S 253		
N 7	natural convection, free convection	freie (natürliche) Konvektion f	convection f libre (naturelle)	свободная (естественная) конвекция
N 8	natural dye	Naturfarbstoff m, natürlicher Farbstoff m	matière f colorante naturelle, colorant m naturel	природный (естественный) краситель
N 9	natural plastic	plastischer Naturstoff m	plastique m naturel	природный пластик
N 10	natural resin	Naturharz n	résine f naturelle	природная смола
N 11	natural rubber, NR	Naturkautschuk m, NK	caoutchouc m naturel	натуральный каучук
N 12	natural-rubber adhesive	Naturkautschuk-Klebstoff m	adhésif m sur base de caoutchouc naturel	клей на основе натурального каучука

N 13	natural-rubber latex adhesive	Natur[kautschuk]latexklebstoff m	colle f au latex naturel	клей на основе натурального латекса, резиновый клей на основе натурального каучука
	natural time	s. R 203		
N 14	natural weathering	natürliche Bewitterung f	exposition f aux intempéries	атмосферное воздействие *(в естественных условиях)*
	NBR	s. N 45		
	neat	s. S 203		
N 15	neatness	Sauberkeit f *(der Fügeteile)*	propreté f, netteté f	чистота
N 16	neck[-in], necking	Einschnürung f, Einschnüren n, Dimensionsverminderung f	striction f, neck-in f	шейка, сужение, пережим, шейкообразование, образование шейки
N 17	necking behaviour	Einschnürverhalten n	comportement m à la striction	поведение при шейкообразовании
N 18	neck insert (ring)	Blasformwerkzeugeinsatz m *(zur Konturbildung von Flaschenhälsen)*	bague f de centrage du goulot	вставка для выдувного формования горловин
N 19	needle blowing	Aufblasen n mittels Nadelkanülen, Nadelkanülenblasformen n	gonflage m à aiguilles	выдувание иголкой
N 20	needle (needled) cylinder, fibrillating roller, pin roll, needle roller	Nadelwalze f	cylindre m à aiguilles, rouleau m de fibrillation	игольчатый ролик (валок)
N 21	needled mat, Bigelow mat, quilted mat *(US)*	Steppmatte f, gesteppte Matte f, Bigelow-Matte f *(aus Textilglas)*	mat m aiguilleté (Bigelow)	стеганый (прошитый) мат *(нетканый стекловолокнистый материал без подложки)*
	needle nozzle	s. N 22		
	needle roller	s. N 20		
	needle seal nozzle	s. N 22		
N 22	needle shut-off nozzle, needle nozzle, pinpoint closing nozzle, needle seal nozzle, needle type [shut-off] nozzle	Nadelverschlußdüse f	buse f d'obturateur à aiguille, buse f avec obturateur à aiguille	самозапирающееся сопло с игольчатым клапаном, игольчатое сопло, сопло с открывающимся клапаном игольчатого типа
N 23	needle splitting	Nadelspleißung f	épissure f à aiguille	игольчатое сплетение
	needle stich tear strength	s. N 24		
N 24	needle tear resistance, needle stich tear strength, needle tear strength	Nadelausreißfestigkeit f, Nadelausreißwiderstand m	résistance f à la déchirure par aiguilles	прочность на прободение (прокол)
N 25	needle tear resistance test	Nadelausreißversuch m	essai m de résistance à la déchirure par aiguilles	испытание на прокол
	needle tear strength	s. N 24		
	needle type [shut-off] nozzle	s. N 22		
N 26	needle valve	Nadelventil n	pointeau m, soupape f à pointeau, obturateur m à aiguille	игольчатый клапан (вентиль)
	negative die	s. F 90		
N 27	negative pressure, underpressure	Unterdruck m	sous-pression f, dépression f, basse pression f, vide m	вакуум, пониженное давление, разрежение
N 28/9	negative thermoforming	Warmformen n (Warmformung f) über Matrize, Matrizenumformen n	thermoformage m négatif	негативное термоформование
	neither tastes nor smells	s. T 65		
	neoprene rubber	s. P 584		
N 30	neoprene rubber-phenolic resin adhesive	Klebstoff m auf Neoprengummi-Phenolharzbasis	colle f à base de néoprène et de résine phénolique	клей на основе неопренового каучука и фенольной смолы
	nest	s. M 453		
N 31	nesting fixture anvil	selbstfixierender Schweißamboß m	embosse f à autofixation	самозакрепляющая опора
N 32	nest plate	Matrizenplatte f mit eingesenkten Vertiefungen, Matrizenplatte f mit Formnestern	plaque f porte-empreinte[s]	плита матрицы с оформляющими гнездами
	network fibrillated yarn	s. N 35		
N 33	network point	Vernetzungspunkt m	point m de réticulation	температура сшивания
N 34	network polymer	Netzwerkpolymer[es] n	polymère m réticulaire	сетчатый полимер
N 35	network yarn, network fibrillated yarn	Netzwerkgarn n, Spleißfasergarn n *(Textilglas)*	fil m fendu (fibrillé)	пряжа для сеток
	neutronography	s. N 36		
N 36	neutron radiography, neutronography	Neutronenradiographie f, Neutrographie f	radiographie f neutronique (par neutrons, à neutrons), neutro[n]graphie f	нейтронография, нейтронная радиография
N 37	Newtonian behaviour (character)	Newtonsches Verhalten n	comportement (caractère) m newtonien	ньютоновский характер, ньютоновское поведение

N 38	**Newtonian flow**	Newtonsches (reinviskoses) Fließen n	fluage (écoulement) m newtonien	ньютоновское течение
N 39	**nib**	Stippe f in Anstrichschichten	pointillé m	инородное включение, выступающее на покрытии
N 40	**nickel sesquioxide**	Nickel(III)-oxid n (Füllstoff)	oxyde m nickélique (de nickel)	окись никеля
N 41	**nip [between rolls], nip of the rolls, cylinder (roll) gap, gap between rolls**	Walzenspalt m, Abstand m der Walzenoberflächen	espacement m, écartement m (espace entre cylindres)	зазор между валками
	nip load	s. C 715		
	nip of the rolls	s. N 41		
N 42	**nip pressure**	Walzenanpreßdruck m	pression f entre cylindres	давление при нанесении валками
N 43	**nip roll**	Laminierrolle f	lamin[at]eur m	ламинатор, ламинирующий валок
N 44	**nip roll[er]**	Haltewalze f	rouleau m pinceur	опорный валик
N 45	**nitrile-butadiene rubber based blend, NBR**	Mischung f (Gemisch n) auf Nitril-Butadien-Kautschukbasis, NBR	mélange m à base copolymère butadiène-nitrile, NBR	смесь на основе бутадиен-нитрильного каучука
	nitrile-epoxide adhesive	s. N 46		
N 46	**nitrile-epoxy adhesive, nitrile-epoxide adhesive**	Nitrilkautschuk-Epoxidharz-Klebstoff m	adhésif m sur base de caoutchouc nitrile et de résine époxy	клей на основе нитрильного каучука и эпоксидной смолы
N 47	**nitrile rubber-phenolic resin adhesive**	Klebstoff m auf Nitrilgummi-Phenolharzbasis	colle f à base de caoutchouc nitrile et de résine phénolique	клей на основе нитрильного каучука и фенольной смолы
N 48	**nitrocellulose lacquer**	Nitro[cellulose]lack m, NC-Lack m	vernis m nitrocellulosique	нитроцеллюлозный лак
N 49	**nitrogen-pressurized rheometer**	Stickstoffrheometer n	rhéomètre m à azote	азотонаполненный реометр
	NMC	s. N 51		
	NMR measurement	s. N 148		
	NMR spectrograph	s. N 149		
	NMR spectrometer	s. N 150		
	NMR spectroscopy	s. N 151		
	NMR study	s. N 153		
N 50	**no-clamp bonding process**	Schnellklebverfahren n	collage m rapide	способ для быстрого склеивания
N 51	**nodular moulding compound, NMC**	Formmasse f in Klumpenform	matière f moulable en forme de motte	пресс-материал в виде комьев
N 52	**no-effect level for test animals**	höchste, Versuchstiere nicht schädigende Schadstofftagesdosis f	dose f journalière maximum de substance nocive sans effet sur les animaux de laboratoire	невредная для позвоночных животных дневная доза
N 53	**no-man operation system**	bedienungsloses Fertigungssystem n	système m de fabrication sans intervention d'opérateur	безоператорная производительная система
N 54	**nominal pipe size**	Rohrnennweite f	diamètre m nominal (tube)	условный диаметр
	non-aging	s. R 307		
N 55	**non-aqueous adhesive**	nichtwäßriger Klebstoff m	adhésif m non aqueux	безводный клей
	non-assembly adhesive	s. N 95		
	non-breakable	s. U 58		
N 56	**non-brittle**	nicht spröde	non cassant (fragile)	нехрупкий
N 57	**non-buckling**	beulsteif	résistant au cloquage (flambage local)	не образующий бугорки
N 58	**non-carbonate hardness**	Nichtcarbonathärte f (des Spülwassers bei der Oberflächenvorbehandlung)	dureté f autre que du carbonate (eau de rinçage)	некарбонатная жесткость воды
N 59	**non-casein adhesive for labels, non-casein label adhesive**	kaseinfreier Etikettenklebstoff m	adhésif m sans caséine pour étiquettes	бесказеиновый клей для этикетов
N 60	**non-cellular moulded part**	porenloses (nichtgeschäumtes) Formteil n	pièce f moulée non poreuse (cellulaire)	плотное (непенистое) изделие
N 61	**non-chromated acid etching pretreatment**	Vorbehandlung f mit chromathaltigen Säuren (Klebtechnik)	prétraitement m par des acides sans chromate	обработка поверхности бесхроматными кислотами
	non-combustible	s. I 69		
N 62	**non-contact materials testing, non-contact testing**	berührungsfreie Werkstoffprüfung f	essai m de matériaux sans contact	бесконтактное испытание материалов
N 63	**non-contact measuring (method)**	berührungslose Messung f	méthode f sans contact, mesure f sans contact	бесконтактное измерение
	non-contact testing	s. N 62		
	non-corrosive	s. C 869		
N 64	**non-destructive materials testing, non-destructive testing [of materials]**	zerstörungsfreie Werkstoffprüfung (Prüfung) f	essai (test) m non destructif	испытание без разрушения материала, неразрушающее испытание материалов

N 65	non-destructive quality control	zerstörungsfreie Qualitätskontrolle f	contrôle m de la qualité par essais non destructifs	неразрушающий контроль качества
	non-destructive testing [of materials]	s. N 64		
	non-discolouring	s. C 533		
N 66	non-ferrous metal	Nichteisenmetall n, NE-Metall n	métal m non ferreux	цветной металл
N 67	non-flammability	Unentflammbarkeit f, Nichtentflammbarkeit f	ininflammabilité f	невоспламеняемость
N 68	non-flocculating resin	nicht [aus]flockendes Harz n	résine f non floculant	не флокулирующая смола
	non-intercommunicating cell	s. C 390		
N 69	non-intermeshing twin-screw extruder	Zweischneckenextruder m mit nicht kämmenden Schnecken	boudineuse (extrudeuse) f à double vis non entre-croisées	двухчервячный пресс с червяками, не находящимися в зацеплении
N 70	non-isothermal elongational flow	nichtisotherme Dehnströmung f	écoulement m d'extension non isotherme	неизотермическое деформационное течение
N 71	non-isothermal process	nichtisothermer Prozeß m	processus m non isothermique	неизотермический процесс
	non-joint glue	s. N 95		
N 72	non-linear behaviour of plastics under stress	nichtlineares Beanspruchungsverhalten n von Kunststoffen (Plasten)	comportement m non linéaire de matières plastiques à une contrainte de tension	нелинейное поведение полимеров под напряжением
N 73	non-linearly viscoelastic stress-strain behaviour	nichtlinear viskoelastisches Spannungs-Dehnungs-Verhalten n	comportement m · contrainte-allongement viscoélastique et non linéaire	нелинейно вязкоэластическое соотношение напряжение-растяжение
N 74	non-luminous flame	nichtleuchtende Flamme f (Erkennung)	flamme f non-éclairante (identification de matières plastiques)	несветящееся пламя
N 75	non-magnetic coating	unmagnetische Beschichtung f	revêtement m (enduction f) amagnétique (non magnétique)	немагнитное покрытие
	non-marring	s. S 78		
N 76/7	non-migrating plasticizer, non-migratory plasticizer	nichtmigrierender (nichtauswandernder) Weichmacher m	plastifiant m non migratoire	немигрирующий пластификатор
N 78	non-Newtonian behaviour (character)	nicht-Newtonsches Verhalten n	comportement (caractère) m non newtonien	неньютоновский характер, неньютоновское поведение
N 79	non-Newtonian flow, viscoelastic flow	nicht-Newtonsches Fließen n, viskoelastisches Fließen n	écoulement m viscoélastique (non newtonien)	вязкоупругое течение
N 80	non-Newtonian viscosity, structural viscosity	Strukturviskosität f	viscosité f anormale (de structure)	структурная (эффективная) вязкость, аномалия вязкости, псевдопластичность
	non-odourous	s. O 3		
	non-polar bond (linkage)	s. A 583		
N 81	non-polar plastic	unpolarer Kunststoff m, unpolarer Plast[werkstoff] m	plastique m apolaire, matière f plastique non polaire	неполярный пластик
N 82	non-porous	porenfrei	sans porosité, non poreux	беспористый, непористый
N 83	non-reciprocating extruder screw	nichtreversierende Extruderschnecke f, axial nicht hin- und hergehende Extruderschnecke f	vis f d'extrudeuse sans mouvement axial, vis f de boudineuse sans mouvement axial	червяк экструдера без продольного перемещения
N 84/5	non-reinforcing filler	nichtverstärkender Füllstoff m	charge f non renforçante, charge f inerte	неармирующий наполнитель
	non-return valve	s. B 8		
	non-return valve stop	s. B 8		
N 86	non-rigid plastic, flexural plastic	weich[elastisch]er Kunststoff (Plast) m	plastique m non rigide, plastique m souplé	мягкий (нежесткий) пластик
N 87	non-skid coating	gleithemmende Beschichtung f	revêtement m antidérapant	покрытие, препятствующее скольжению
N 88	non-skid flooring	rutschsicherer Bodenbelag (Fußbodenbelag) m	revêtement m de sol antidérapant	настил из нескользящего материала
N 89	non-slip surface	rutschfeste Oberfläche f	surface f antidérapante	фрикционная поверхность (полимерные покрытия)
N 90	non-staining antioxidant	nichtfärbendes Antioxydans n, nichtfärbendes Antioxydationsmittel n	antioxydant (antioxygène) m non colorant	неокрашивающий антиокислитель
N 91	non-stationary flow, non-steady flow	nichtstationäres Fließen (Strömen) n	écoulement m non stationnaire, écoulement m transitoire (non permanent)	нестационарное течение

N 92	**non-stationary temperature field,** non-steady-state temperature field	instationäres Temperatur-feld *n*, instationäre Tem-peraturverteilung *f*	champ *m* de température instationnaire	нестационарное распреде-ление температур
	non-steady flow	*s.* N 91		
	non-steady-state tempera-ture field	*s.* N 92		
N 93	**non-stop reel spicing**	fliegender Rollenwechsel *m (Folienverarbeitung)*	remplacement *m* de rouleau sans interruption	заменение намоточного ро-лика без перерыва про-цесса
N 94	**non-stop rewinder**	Nonstopwickler *m*, Non-stopwickelmaschine *f*	enrouleuse *f* non-stop	беспрерывно действующая накатная машина
N 95	**non-structural adhesive,** non-assembly adhesive, non-joint glue *(US)*	Klebstoff *m* für nicht hoch-beanspruchte Verbindun-gen, Klebstoff *m* für Ver-bindungen geringerer Festigkeit	colle *f* non structurale	клей низкой клеящей спо-собности, клей пони-женной прочности
N 96	**non-toxic**	nichttoxisch, nicht gesund-heitsschädlich (giftig), un-giftig	atoxique, non toxique, pas nuisible à la santé	неядовитый, неот-равляющий, нетоксичный
N 97	**non-volatile constituent (content)**	nichtflüchtiger Bestandteil *m*	constituant *m* non volatil	нелетучая составная часть
	non-woven fabric	*s.* F 110		
N 98	**non-wovens**	Textilverbundstoffe *mpl*, Vliesstoffe *mpl*, Vlieswa-ren *fpl*, Nonwovens *npl*	tissu *m* non tissé, non-woven fabric *m*, mats *m*, voile *f*	неткан[ев]ые материалы, маты, холосты
	non-woven surface mat	*s.* S 1409		
N 99	**non-woven unidirectional [fibreglass] mat,** NUF mat	Endlosmatte *f* mit parallel liegenden Spinnfäden (Glasseidenspinnfaden)	mat *m* unidirectionnel (de silionne NUF)	мат с однонаправленным расположением стекло-волокон, мат с парал-лельно расположенными стеклянными филамент-ными нитями
N 100	**non-yellowing**	nichtvergilbend, vergil-bungsbeständig	non jaunissant	не желтеющий
	no-pressure laminate	*s.* C 709		
N 101	**no-pressure resin**	drucklos härtendes Harz (Kunstharz) *n*	résine *f* composite durcis-sant sans pression, résine *f* composite (synthétique) durcissant à la pression atmosphérique	смола, отверждающаяся без давления
	Nordson foam melt process	*s.* F 548		
N 102	**normal stress**	Normalspannung *f*	contrainte *f* normale	нормальное напряжение
N 103	**nose key**	Nasenkeil *m*	clavette *f* à talon	шпонка с головкой
N 104	**notch**	Kerbe *f*, Einschnitt *m*	entaille *f*	насечка, надрез, надпил
N 105	**notched**	gekerbt	entaillé	с надрезом, с насечкой
N 106	**notched [impact] bar**	Prüfstab *m* für Kerbschlag-versuch	barre *f* entaillée, barrette *f* entaillée, barreau *m* entaillé	образец для испытания на ударную прочность с над-резом
N 107	**notch effect**	Kerbwirkung *f*	effet *m* d'entaille	влияние надреза (запила)
	notch factor	*s.* R 139		
N 108	**notch impact resistance (strength)**	Kerbschlagzähigkeit *f*, Kerb-schlagfestigkeit *f*	résilience *f* avec entaille, résistance *f* à l'impact sur l'entaille, résistance *f* au choc avec (sur l') entaille	ударная вязкость с надре-зом
N 109	**notch sensitivity**	Kerbempfindlichkeit *f*	sensibilité *f* à l'entaill[ag]e, mauvaise résistance *f* à l'entaille	чувствительность к надрезу
N 110	**notch shape**	Kerbform *f*	forme *f* d'entaille	форма надреза, вид запила
N 111	**not standardized moulding compound**	nicht typisierte Formmasse *f*	matière *f* à mouler plastique non standardisée	нестандартизованная пласт-масса
N 112	**no-twist roving**	nichtgedrehter Roving *m*, nichtgedrehter Faser-strang *m*	stratifil *m* torsion zéro, stratifil *m* avec torsion compensatoire	ровинг без крутки
N 113	**novolak,** novolak resin	Novolak *m*, Novolakharz *n*	novolaque *f*	новолак, идитол, ново-лачная смола
N 114	**novolak compound**	Novolakpreßmasse *f*	matière *f* à mouler novolaque	новолачный пресс-материал
	novolak resin	*s.* N 113		
N 115	**nozzle,** die, jet, narrow restriction	Düse *f*	filière *f*, buse *f*, nez *m*	отверстие, сопло, фор-сунка, мундштук
	nozzle	*s. a.* S 997		
N 116	**nozzle adapter**	Düseneinsatzstück *n*, An-gießbuchsenhalter *m*	tête *f* du pot *(injection)*	держатель литниковой втулки
N 117	**nozzle approaching speed**	Düsenanfahrgeschwindig-keit *f*	vitesse *f* d'approchement (d'application) de la buse	скорость подвода литьевой форсунки к форме
N 118	**nozzle atomization machine**	Verdüsungsmaschine *f* (für Polyurethanschaumstoffher-stellung)	machine *f* à produire les blocs de mousse	распылительная машина *(для переработки пенопо-лиуретана)*

N 119	nozzle attachment	Düseneinsatz m (bei Warmgasschweißgeräten)	porte-buse m (soudage aux gaz chauds)	держатель сопла
N 120	nozzle block	Düsenblock m (Spritzgießmaschinen)	porte-buse m (injection)	блок сопла
N 121	nozzle bore	Düsenbohrung f	trou m de la busette, trou de la buse, trou de la duse	отверстие сопла, прядильное отверстие фильера
N 122	nozzle box	Düsenkammer f	chambre f de buse	форсуночная камера
N 123	nozzle clamping speed	Düsenanpreßgeschwindigkeit f	vitesse f d'approchement de la buse, vitesse f de serrage de la buse	скорость подвода форсунки
N 124	nozzle clamping stroke	Düsenanpreßhub m	course f d'approchement de la buse, course f de serrage de la buse	ход подвода форсунки
N 125	nozzle cooling system, jet cooling system	Düsenkühlsystem n	système m de refroidissement aux buses	система охлаждения сопла
N 126	nozzle fouling	Düsenverschmutzung f, Düsenverstopfung f	colmatage m de la buse, encrassement m de la filière	закупорка сопла
N 127	nozzle head	Düsenkopf m	tête f de buse	фурменное сопло
N 128	nozzle heater	Düsenheizer m, Düsenbeheizer m	appareil m de chauffage aux buses, dispositif m chauffant à buse	нагреватель сопла
N 129	nozzle holder	Düsenhalter m	porte-buse m	держатель сопла
N 130	nozzle manifold	Verteilerdüse f (an Werkzeugen für angußloses Spritzgießen)	buse f multiple	разводящий литник
N 131	nozzle orifice	Düsenmundstück n (Spritzgießmaschinen)	orifice (nez) m de buse	впускной литник сопла
N 132	nozzle outlet	Düsenaustritt m, Düsenauslaß m (Extruderwerkzeug)	sortie f de filière	выходное отверстие сопла (мундштука) (экструзионная головка)
N 133	nozzle plate	Düsenplatte f	plaque f de filière	неподвижная плита (литьевая машина)
N 134	nozzle position	Düsenstellung f	position f des buses	положение сопла
N 135	nozzle position	Düsenposition f (Spritzgießmaschine)	position f de filière (presse d'injection)	положение мундштука
N 136	nozzle pressing force	Düsenpreßkraft f	force f de pression (serrage) de la buse	усилие нажатия сопла
N 137	nozzle processing	Verdüsungsverfahren n (für Polyurethanschaumstoffherstellung)	procédé m de fabrication de mousse par expulsion à travers la buse	распыление пенополиуретана
N 138	nozzle pull-back	Abfahren n der Spritzeinheit vom Werkzeug	recul m de la buse	отвод обогревательного цилиндра от формы
N 139	nozzle return speed	Düsenrückzuggeschwindigkeit f	vitesse f de recul de la buse	скорость обратного хода форсунки
N 140	nozzle seat	Düsenaufnahme f (Werkzeug)	siège m de buse, siège de filière (outil)	приемное место для сопла
N 141	nozzle shoe	Düsenschuh m, Druckstück n (an Schnellschweißdüsen)	patin m de buse	корпус мундштука
N 142	nozzle spider, die spider	Düsensteg m	barrette f de buse, barrette de filière	дорнодержатель (сопло)
N 143	nozzle stroke	Düsenhub m	course f de buse	подъем сопла
N 144	nozzle top	Düsenspitze f	torpille f	фурменное сопло
N 145	nozzle valve	Düsenventil n	obturateur m de buse	клапанное сопло, кран сопла
N 146	nozzle with flat contact	flachanliegende Düse f (bei Heißkanalwerkzeugen)	buse f à contact plat (moule à canaux de chauffe)	сопло с плоским торцом наконечника
	nozzle with pinpoint	s. P 271		
	NR	s. N 11		
N 147	nuclear magnetic resonance	magnetische Kernresonanz f	résonance f nucléaire magnétique, NMR	ядерный магнитный резонанс
N 148	nuclear magnetic resonance measurement, measurement of nuclear induction, NMR measurement	magnetische Kernresonanzmessung (Kerninduktionsmessung) f, NMR-Messung f	mesure f de résonance magnétique nucléaire, mesure f R.M.N.	измерение ядерного магнитного резонанса, измерение ЯМР
N 149	nuclear magnetic resonance spectrograph, NMR spectrograph	magnetischer Kernresonanzspektrograph m, NMR-Spektrograph m	spectrographe m à résonance magnétique nucléaire, spectrographe m R.M.N.	ядерно-магнитный резонансный спектрограф, спектрограф ЯМР
N 150	nuclear magnetic resonance spectrometer, NMR spectrometer	magnetisches Kernresonanzspektrometer n, NMR-Spektrometer n	spectromètre m à résonance magnétique nucléaire, spectromètre m R.M.N.	ядерно-магнитный резонансный спектрометр, спектрометр ЯМР

N 151	**nuclear magnetic reso- nance spectroscopy,** NMR spectroscopy	magnetische Kernresonanz- spektroskopie *f*, NMR- Spektroskopie *f*	spectroscopie *f* à résonance [magnétique] nucléaire, spectroscopie *f* R.M.N.	спектроскопия ядерного магнитного резонанса, ядерная магнитная резо- нансная спектроскопия, спектроскопия ЯМР
N 152	**nuclear magnetic reso- nance spectrum**	magnetisches Kernreso- nanzspektrum *n*	spectre *m* de résonance nucléaire magnétique, spectre *m* NMR	спектр ядерного магнит- ного резонанса
N 153	**nuclear magnetic reso- nance study,** NMR study	magnetische Kernresonanz- untersuchung *f*, NMR-Un- tersuchung *f*	étude *f* par résonance ma- gnétique nucléaire, étude *f* R.M.N.	исследование микрострук- туры ядерно-магнитным резонансом, исследова- ние ЯМР
N 154	**nuclear resonance**	Kernresonanz *f*	résonance *f* nucléaire	ядерный резонанс
	nucleating agent	*s.* N 156		
N 155	**nucleation**	Keimbildung *f*	nucléation *f*, germination *f*	образование зародышей
	nucleation	*s. a.* C 143		
N 156	**nucleation agent,** nucleat- ing agent	Nukleierungsmittel *n*, Stoff *m* zur Erzielung feinzelli- ger Schaumstoffe	agent *m* nucléant (de nuclé- ation) *(mousse)*	добавка для получения мел- коячеистого пенопласта
	NUF mat	*s.* N 99		
N 157	**number-average molecular mass**	Zahlenmittelmolmasse *f*	masse *f* moléculaire moyenne en nombre	среднечисловая моле- кулярная масса
N 158	**number of cycles of load stressing,** cycles of load stressing	Lastwechselzahl *f*	nombre *m* de cycles de tension	число циклов нагрузки (на- гружения)
N 159	**number of parallel screw flights**	Anzahl *f* der parallelen Schneckengänge	nombre *m* des filets paral- lèles de la vis	количество параллельных каналов червяка
N 160	**number of shots**	Schußzahl *f (beim Spritzgie- ßen)*	nombre *m* de coups, cadence *f (injection)*	число (количество) впрысков
	number of threads	*s.* T 327		
N 161	**nut-blocking adhesive**	Klebstoff *m* zur Schrauben- sicherung, muttersi- chernder Klebstoff *m*	colle *f* de blocage des écrous, colle *f* à bloquer les écrous	клей для стопорения гаек (винтов)
	nut union	*s.* S 111		

O

O 1	**oblique butt joint**	Schrägstoß *m*, schräger Stoß *m (Schweißverbin- dung)*	joint *m* oblique, joint biais *(joint soudé)*	угловой шов
	oblique [extruder] head	*s.* A 417		
O 2	**oblique-to-grain wood bonding**	Holzklebung *f* schräg zur Fa- serrichtung, geschäftete Holzklebverbindung *f*	collage *m* (joint *m* collé) de bois en biseau (sifflet)	косое склеивание относи- тельно текстуры древе- сины
	obliterating power	*s.* H 184		
	ODA	*s.* I 379		
	odour-free	*s.* O 3		
O 3	**odourless,** non-odourous, inodourous, odour-free	geruchlos	inodore, sans odeur	без запаха
	ODP	*s.* I 380		
O 4	**off-line recycling**	Off-line-Wiederaufbereiten *n*, chargenweises Wieder- aufbereiten *n* von Produk- tionsabfällen in spezifi- schen Prozessen	recyclage *m* discontinu, retraitement *m* en charges	последовательное реграну- лирование
O 5	**offset-gravure roll coater**	Offsetwalzenbeschichter *m*, Offsetwalzenbeschich- tungsmaschine *f*	coucheuse *f* à cylindre gravé (offset)	вальцовая машина для офсетного нанесения по- крытия
	offset lap joint	*s.* J 26		
O 6	**offset moulding**	Formteilpressen *n (mit hoch- frequenzvorgewärmten Formmassetabletten)*	moulage *m* de préformes préchauffées à haute fréquence	офсетное прессование *(прессование подогретой токами высокой ча- стоты пресс-массы)*
O 7	**offset polar winding**	versetzte Polwicklung *f (bei Wickelbehälterböden)*	enroulement *m* polaire offset	смещенное наматывание
O 8	**offset process**	Offsetdruckverfahren *n*	impression *f* offset	офсетная печать
O 9	**offset roll**	Offsetwalze *f*, zwischenge- schaltete Walze *f (an Off- setwalzenbeschichtern)*	rouleau *m* gravé (offset)	офсетный валок
	offset rotary tumbler	*s.* E 6		
O 10	**oil-free compressed air**	ölfreie Druckluft *f (Spritzver- fahren)*	air *m* comprimé exempt de l'huile	не содержащий масла сжатый воздух

O 11	oil-immersed vane pump	in Öl eintauchende Flügel-pumpe f, Öltauchflügel-pumpe f (Verarbeitungsma-schinen)	pompe f à palettes immer-gée dans l'huile	лопастный насос, рабо-тающий в масле
O 12	oil-modified alkyd resin	ölmodifiziertes Alkydharz n	résine f alkyde modifiée à l'huile	модифицированная маслом алкидная смола
	oil-modified polyurethane	s. U 139		
O 13	oil-modified resin	ölmodifiziertes Harz n	résine f modifiée à l'huile	модифицированная маслом смола
O 14	oil number	Ölzahl f	absorption f d'huile	маслоемкость
O 15	oil paint	Ölfarbe f	peinture f à l'huile	масляная краска
O 16	oil permeability, permeabil-ity to oil	Öldurchlässigkeit f	perméabilité f à l'huile	маслопроницаемость
O 17	oil putty	Ölkitt m	lut m à l'huile, mastic m à l'huile	масляная замазка, замазка на олифе
O 18	oil-reactive resin	ölreaktives Kunstharz n	résine f oléoréactive	смола, реагирующая с не-насыщенными маслами, маслореактивная смола
O 19	oil resistance	Ölbeständigkeit f	résistance f à l'huile	маслостойкость, нефтестойкость
O 20	oil-soluble resin	öllösliches Harz n	résine f oléo-soluble	маслорастворимая смола
O 21	oil stiffness	Ölsteifigkeit f	consistance f de l'huile	жесткость масла
O 22	oil varnish	Öllack m, Ölfirnis m	vernis m à l'huile, vernis gras	маслосодержащий (масляный) лак, масляная (натуральная) олифа
O 23	olefin plastic	Olefinplast m, Olefinkunst-stoff m	plastique m oléfinique	олефиновый пластик
O 24	oleoresinous varnish	Ölharzlack m	vernis m oléorésineux	масляно-смоляной лак
O 25	oligoesteracrylate	Oligoesteracrylat n	oligoesteracrylate m	олигоэфиракрилат
O 26	oligomer, oligopolymer	Oligomer[es] n, Oligopoly-mer[es] n, Polymer[es] n mit kleinem Polymerisa-tionsgrad	oligomère m	олигомер
O 27	oligomer, oligomeric	oligomer	oligomérique	олигомерный
O 28	oligomer distribution	Oligomerenverteilung f	distribution f des oligomères	распределение олигомеров
	oligomeric	s. O 27		
O 29	oligomerization	Oligomerisation f (zu klei-nem Polymerisationsgrad führende Polymerisation)	oligomérisation f	олигомеризация
	oligopolymer	s. O 26		
O 30	ondulation	Welligkeit f	ondulation f	волнистость
	one-circuit pattern	s. S 553		
	one-component adhesive	s. S 556		
O 31/2	one-component conductive caulk	leitfähiger Einkomponenten-Dichtstoff m	matériau m d'étanchéité conducteur à une composante	электропроводящий одно-компонентный уплотни-тельный материал
	one-line viscosimetry	s. O 40		
	one-part adhesive	s. S 556		
	one-part chemically curable adhesive (glue)	s. S 558		
	one-shot adhesive	s. O 37		
	one-shot moulding	s. O 36		
O 33	one-shot process (tech-nique)	Einstufenverfahren n, Ein-stufenherstellung f (Poly-urethan)	technique f directe (mousse polyuréthanne), moussage m en une étape (phase)	одноступенчатый способ (вспенивание полиуре-тана)
O 34	one-side coating, single-sided coating	einseitige Beschichtung f (von Trägermaterial)	enduction f (revêtement m) sur une seule face, enduction f (revêtement m) sur un seul côté, en-duction f (revêtement m) d'un seul côté	одностороннее нанесение покрытия
	one-stage resin	s. A 576		
O 35	one-step forming	Einstufenformung f, For-mung f in einer Stufe	formage m à un étage	одноступенчатое формова-ние
O 36	one-step moulding, one-shot moulding	Einstufenurformen n, Einstu-fenformgebungsverfah-ren n	moulage m en une seule fois	одноцикловое литье под давлением
	one-step resin	s. A 576		
O 37	one-way adhesive (cement) (US), one-shot adhesive	auf das Fügeteil aufgetrage-ner Klebstoff, der während eines Nachfolgearbeitsgan-ges reaktiviert wird	colle f composite (à deux constituants) (collage avec application séparée)	реактивируемый клей
O 38	one-way packing	Einwegpackung f, Wegwerf-packung f	emballage m non retour, emballage à jeter	однодорожная упаковка, упаковка разового поль-зования

O 39	on-line recycling	On-line-Wiederaufbereiten n, unmittelbares Rückführen n von Produktionsabfällen in den erzeugenden Prozeß	recyclage m en ligne	непосредственное регранулирование отходов
O 40	on-line viscosimetry	On-line-Viskosimetrie f, durchgängige Viskositätsmessung f	viscosimétrie f en ligne	проточное измерение вязкости, непрерывная вискозиметрия
O 41	on-strud joint	Zweifach-Zapfen-Nut-Klebverbindung f mit oben und unten liegendem Stumpfstoß	joint m collé double à rainure et tenon avec joint abouté en haut et en bas	клеевое соединение шипа и паза с верхним и нижним стыковыми швами
O 42	opacification	Mattieren n, Undurchsichtigmachen n	opacification f	матирование, матировка
O 43	opacifier	Trübungsmittel n (Stoff zur Undurchsichtigmachung von Glas)	opacifiant m (verre)	глушитель
	opacity	s. O 47		
O 44	opaque	undurchsichtig, opak	opaque	непрозрачный
O 45	opaque coating	deckende Überzugsschicht f	revêtement m opaque (couvrant)	кроющий слой покрытия, непрозрачный покрывной слой
O 46	opaque colour, opaque pigment, covering colour	Deckfarbe f	couleur f opaque (finale), pigment m opaque	покрывная (непрозрачная) краска, верхняя краска
O 47	opaqueness, opacity	Undurchsichtigkeit f, Opazität f	opacité f	непрозрачность
	opaque pigment	s. O 46		
O 48	open assembly time	offene Wartezeit f (Klebstoffe)	temps m d'exposition avant assemblage (adhésifs), temps m d'exposition à l'air avant assemblage	продолжительность свободной выдержки, продолжительность открытой выдержки (клея)
O 49	open bubble	offene Oberflächenblase f, offene Blase f an der Oberfläche (an Preßteilen)	bulle f ouverte	открытый пузырь (дефект прессования)
O 50	open cell, porous cell	offene Zelle f	alvéole m ouvert, cellule f ouverte	открытая ячейка
O 51	open-cell cellular material, open-cell foam	offenzelliger Schaumstoff m	mousse f à alvéoles ouvertes	пенопласт (пенистый материал) с открытыми ячейками, открыто-ячеистый пластик
O 52	open-cell cellular material with closed skin	offenzelliger Schaumstoff m mit geschlossener Außenhaut	mousse f à alvéoles ouvertes et à peau étanche	открыто-ячеистый материал с закрытой поверхностной пленкой
	open-cell foam	s. O 51		
O 53	open-hole insert	Einlegeteil n mit durchgehender Öffnung (für Urformteile)	insertion f à trou ouvert	полая закладная деталь
	opening	s. H 53		
O 54	opening force	Öffnungskraft f	force f d'ouverture	усилие размыкания
O 55	opening speed	Öffnungsgeschwindigkeit f	vitesse f d'ouverture	скорость размыкания
O 56	opening stroke	Öffnungsbewegung f (eines Spritzgießwerkzeuges)	mouvement m d'ouverture	раскрытие формы
O 57	opening time	Öffnungszeit f (Spritzgießwerkzeug)	temps m d'ouverture (moule à injection)	продолжительность раскрытия формы
	opening traverse	s. P 1085		
O 58	open joint, open weld	Schweißverbindung f mit Wurzelspalt	joint m soudé avec fente de fond	стыковое сварное соединение с зазором без скоса кромок
O 59	open-tank method (process)	Trogtränken n, Trogtränkung f	imprégnation f au bassin ouvert	пропитка в корыте
	open weld	s. O 58		
O 60	operating end, operating side	Maschinenbedienseite f, Bedienseite f	poste m de commande (manœuvre)	сторона управления (обслуживания)
O 61	operating nip	Arbeitswalzenspalt m	écartement m de travail [entre rouleaux (cylindres)]	зазор между валками
	operating period	s. O 66/7		
O 62	operating quietness	geräuschloser Betrieb m	fonctionnement m silencieux, marche f silencieuse	бесшумный ход
O 63	operating scope of injection-moulding machine	Spritzgießmaschinenarbeitsbereich m	champ m d'action de la presse d'injection	рабочий диапазон литьевой машины
	operating side	s. O 60		
O 64	operating temperature	Arbeitstemperatur f	température f de service	рабочая температура, температура выработки
O 65	operation	Arbeitsgang m, Arbeitsoperation f	opération f	[технологическая] операция, рабочий ход

	English	German	French	Russian
O 66/7	operational time, operating period	Betriebszeit f (Verarbeitungs-maschinen)	temps m de service, durée f de marche	продолжительность операции
	optical bleach	s. B 407		
	optical bleaching agent	s. B 407		
	optical brightener	s. B 407		
	optical brightening agent	s. B 407		
O 68	optical cable	optisches Kabel n, lichtlei-tendes Kabel n	câble m optique, câble pour éclairage	оптическая кабель
O 69	optical fibre	optische Faser f, lichtlei-tende Faser f	fibre f optique	светопроводящее волокно
O 70	optically bistable polymer film	optisch bistabile Polymer-folie f	feuille f polymère optique-ment bistable	оптически бистабильная полимерная пленка
O 71	optically clear adhesive	Klebstoff m für optische Zwecke, Klebstoff m mit vollständiger Transpa-renz	adhésif m transparent, ciment m d'optique	прозрачный бесцветный клей, клей оптического назначения
O 72	optically conducting fibre	Lichtleitfaser f	fibre f optique	оптическое волокно
O 73	optical properties	optische Eigenschaften fpl (Werkstoffe)	caractéristiques fpl optiques	оптические свойства
O 74	optical test[ing]	Prüfung f der optischen Eigenschaften (von Werk-stoffen)	essai m optique	испытание оптических свойств
O 75	orange peel	Apfelsinenschaleneffekt m (an Formteilen), apfelsinen-schalenartige Oberfläche f	peau f d'orange	образование «апельсиновой корки», рябоватость
O 76	organic dye	organischer Farbstoff m	colorant m organique	органический краситель
O 77	organic glass	organisches Glas n	verre m organique, orgaverre m	органическое стекло
O 78	organic matrix short-fiber composite (US)	Kurzfaser-Verbundwerk-stoff m mit Kunststoffma-trix (Plastmatrix)	matériau m composite à brin court et à matrice poly-mère	композит из коротких воло-кон и полимерной ма-трицей
O 79	organic pigment [dye]	organisches Farbpigment (Pigment) n, organischer Farbkörper m	pigment m [coloré] organi-que	органический пигмент, ор-ганическая сухая краска
O 80	organic protective coating	Schutzüberzug m, Schutz-schicht f (aus organischem Stoff)	revêtement m organique de protection	защитное покрытие из орга-нического материала, ор-ганическое защитное по-крытие
O 81	organic semiconductor	organischer Halbleiter m	sémiconducteur m organi-que	органический полупровод-ник
O 82	organomat	Organomatte f, Matte f aus Stapelglasseide und Jute	mat m organique	органический мат, мат из стекловолокон и джута
O 83	organosilicon compound, silicon-organic com-pound	siliciumorganische Verbin-dung f	polymère m organo-silique, composé m silico-organi-que	кремнийорганическое со-единение
O 84	organosol	Organosol n	organosol m	органозоль
O 85	organotin compound	Organozinnverbindung f (Stabilisator), zinnorga-nische Verbindung f	organo-stannique m, com-posé m organostannique (stabilisant), composé organo-étain	оловоорганическое соеди-нение, оловосодержащее органическое вещество
O 86	orientation effect	Orientierungserscheinung f	effet m d'orientation	явление ориентации
O 87	orientation of filaments	Fädenrecken n, Fädenstrek-ken n (zur Erhöhung der Festigkeit)	orientation f (étirage m) de fils	вытягивание нитей
O 88	orientation of films	Folienrecken n (zur Erhöhung der Festigkeit), Folienstrek-ken n	orientation f (étirage m) de films (feuilles)	вытягивание пленок
O 89	oriented short-fibre rein-forcement	orientierte Kurzfaserverstär-kung f	renforcement m à la fibre courte orientée	армирование ориентиро-ванными короткими во-локнами
O 90	orifice	kreisförmige Öffnung f (an Mischern)	orifice m	выходное отверстие
O 91	orifice; mouth	Mundstück n; Düsenöff-nung f, Austritt m	orifice m, embouchure f	выходное отверстие мунд-штука; отверстие сопла
O 92	orifice-flow test, Philips OFT method	Düsenfließtest m, Philips-OFT-Verfahren n (Bestim-mung des Fließhärtungsver-haltens mittels Ausfluß-rheometers)	méthode f Philips OFT, orifice-flow-test m	метод по Филипсу-ОФТ, определение поведения вискозиметром по ме-тоду истечения
	orifice land	s. D 221		
	orifice relief	s. D 244		
O 93	orthogonal body	orthogonaler Körper m	corps m orthogonal	ортогональное тело
O 94	orthotropic[al] material	orthotroper Werkstoff m	matériau m orthotrope	ортотропный материал
O 95	oscillating conveyor	Schwingförderer m	transporteur m vibrant	вибратор-транспортер
O 96	oscillating crystal	Schwingkristall m (US-Schweißmaschine)	cristal m oscillant	колебательный кристалл

O 97	oscillating friction welding	Oszillationsreibschweißen n	soudage m par friction (frottement) oscillatoire	сварка колебательным трением
O 98	oscillating load	schwingende Belastung f	charge f oscillatoire	знакопеременная нагрузка
	oscillating screen	s. V 103		
O 99	oscillating screw motion	oszillierende Schneckenbewegung f	mouvement m oscillant de la vis	осциллирующее движение червяка
O 100	oscillating shear disk viscosimeter	oszillierendes Scherscheiben-Viskosimeter n (zur Registrierung von Fließ-Härtungscharakteristiken)	viscosimètre m à disque vibrant, consistomètre Mooney	вискозиметр по методу сдвига осциллирующих пластин
O 101	oscillating spiral die	oszillierendes Spiralwerkzeug n (Extruder)	outil m oscillant en spire (extrudeuse)	осциллирующая спиралеобразная головка
O 102	oscillating torsiometer	Torsionsautomat m, Torsionsschwingautomat m	torsiomètre m oscillant	автоматический крутильный маятник
O 103	oscillating twisting machine	Torsionsschwinggerät n	vibrateur m à torsion	испытательный прибор типа «крутильные колебания»
O 104	oscilloscope	Oszilloskop n, Schwingungsschreiber m	oscilloscope m	осциллоскоп
O 105	osmometry	Osmometrie f (Molmasse)	osmométrie f	осмометрия (молекулярная масса)
O 106	outboard bearing, outrigger bearing	Außenlager n	palier m extérieur	наружная опора
O 107	outdoor behaviour, weather behaviour, weathering behaviour	Bewitterungsverhalten n	comportement m aux intempéries (conditions atmosphériques, agents atmosphériques)	поведение под атмосферным воздействием
O 108	outdoor durability, outdoor resistance, weather[ing] resistance, resistance to weathering, weatherability	Wetterbeständigkeit f, Witterungsbeständigkeit f	résistance f aux intempéries (conditions atmosphériques, agents atmosphériques)	погодостойкость, атмосферостойкость
	outdoor exposure	s. E 390		
	outdoor paint	s. E 393		
	outdoor resistance	s. O 108		
O 109	outdoor seacoast weathering	langzeitige Seeklimabewitterung f	exposition f de longue durée au climat maritime	длительная выдержка под влиянием морского климата
O 110	outdoor tropical weathering	langzeitige Tropenklimabewitterung f	exposition f de longue durée au climat tropical	длительная выдержка под влиянием тропического климата
O 111	outdoor use	Außeneinsatz m, Außenanwendung f, Außenverwendung f	emploi m (utilisation f, application f) à l'extérieur	наружное применение
O 112	outdoor weathering	langzeitige Außenbewitterung f, Freiluftbewitterung f	exposition f de longue durée à l'extérieur	длительная выдержка под влиянием естественной погоды
	outer barrier layer	s. I 264		
	outer electron density	s. V 42		
O 113	outer sizing unit	Außenkalibriereinrichtung f	dispositif m de calibrage extérieur	калибровочная насадка, калибрующее приспособление (для наружного диаметра)
O 114	outflow visco[si]meter	Auslaufviskosimeter n, Auslaufviskositätsmeßgerät n	viscosimètre m à écoulement, fluidimètre m à écoulement	вискозиметр по методу истечения
	outlet	s. 1. O 117; 2. V 83		
O 115	outlet adapter	Übergangsstück n von Kastenrinnen zum runden Fallrohr (bei Dachrinnen)	raccord m de descente (gouttière)	переходник [между водосточным желобом и опускной трубой]
O 116	outlet area size	Austrittsquerschnitt m	section f de sortie	сечение выходного отверстия
O 117	outlet valve, outlet	Auslaßventil n	soupape f de sortie (décharge), soupape f d'échappement	выпускной клапан, выпускной вентиль
O 118	outline	Formteilkontur f, Kontur f	contour m	контура
	outline blanking	s. B 219		
	outline-blanking die	s. E 27		
O 119	outline robot	Konturroboter m, Konturabtastautomat m (zum Abfahren und Übertragen von Konturen)	robot m à copier les contours	автомат для копирования контур
O 120	output area	Durchsatzbereich m (von Formmasse in Extrudern)	plage f de débit (extrudeuse)	диапазон производительности

O 121	**output rate,** volumetric rate of discharge, volumetric extrusion rate, throughput capacity	Ausstoßvolumen *n*, Durchsatzvolumen *n*, Ausstoß *m*, Ausstoßleistung *f*, Durchsatzleistung *f*, Durchsatzmenge *f (Extrudieren)*	débit *m* volumétrique, rendement *m*	[объемная] производительность, расход, пропускная способность, объем продукции
	output zone	*s.* M 252		
	outrigger bearing	*s.* O 106		
	outsert moulding	*s.* O 122		
O 122	**outsert technology,** outsert moulding	Outsert-Technik *f (Spritzgießverfahren)*	technique *f* (processus *m*, méthode *f*) outsert	*(способ литья под давлением для соединения одного металлического элемента с некоторыми пластмассовыми деталями)*
O 123	**outside coating**	Außenbeschichtung *f*	revêtement *m* extérieur	наружное покрытие
O 124	**oven-baked enamel**	eingebrannte Lackschicht *f*	couche *f* de vernis au four	отвержденный слой лака
O 125	**overall length**	Gesamtlänge *f (Prüfkörper)*	longueur *f* totale *(éprouvette)*	общая длина
	overall mould height	*s.* M 110		
O 126	**overcure,** overcuring	Überhärtung *f*, Überhärten *n*	surcuisson *f*	передержка при затвердевании, переотверждение
O 127	**overcure resistance**	Beständigkeit *f* gegen Überhärtung	résistance *f* à la surcuisson	стойкость к переотверждению
	overcuring	*s.* O 126		
O 128	**overfeeding**	Überdosierung *f*	surdosage *m*	превышение дозы
O 129	**overfilled**	überspritzt *(Spritzgußteile)*	surmoulé	литый с избытком, переполненный
O 130	**overflow**	Resthaut *f* an der Trennstelle *(HF-Schweißen)*	bavure *f* résiduelle *(soudage HF)*	выжимка от высокочастотной сварки
O 131	**overflow**	Überlauf *m*	trop-plein *m*	перебег, слив, перепуск
	overflow space	*s.* F 331		
	overflow trimming machine	*s.* D 56		
O 132	**overflow valve**	Überlaufventil *n*	soupape *f* de trop-plein	переливной (перепускной) клапан
O 133	**overhead gluing device**	Oberklebwerk *n*, Oberleimwerk *n*, oberes Klebwerk *n (an Klebmaschinen)*	encollage *m* supérieur	верхний узел клеильного пресса
O 134	**overhead welding**	Überkopfschweißen *n*	soudage *m* au plafond	сварка над головой
O 135	**overheating,** superheating	Überhitzen *n*, Überhitzung *f*	surchauffe *f (matière plastique fondue)*	перегрев
	overlacquer	*s.* C 440		
	overlap	*s.* O 140		
O 136	**overlap area**	Überlappungsfläche *f (von Verbindungen)*	surface *f* de recouvrement	площадь нахлестки
O 137	**overlap fillet weld,** lap fillet weld	Überlappungskehlnaht *f (Schweißen)*	soudure *f* à recouvrement, joint *m* d'angle à clin	сварное соединение внахлестку с угловым швом
O 138	**overlap joint,** lap joint	überlappte Schweißverbindung *f*, Überlappstoß *m*, Überlapptnahtverbindung *f*	joint *m* (soudure *f*) à recouvrement	сварка (сварочное соединение) внахлестку
O 139	**overlap length,** length of the lap joint, length of overlap	Überlappungslänge *f*	longueur *f* de recouvrement, longueur de chevauchement	длина нахлестки
O 140	**overlapping,** overlap	Überlappung *f*	recouvrement *m*	соединение внахлестку
O 141	**overlapping blades**	ineinandergreifende Knetschaufeln *fpl*	pales *fpl* engrenantes	лопасти в зацеплении
O 142	**overlap ratio**	Überlappungsverhältnis *n*	rapport *m* de recouvrement	степень перекрытия внахлестку
O 143	**overlap seam**	Überlappnaht *f*	soudure *f* par recouvrement	шов соединения внахлестку, нахлесточный шов
O 144	**overlay mat,** veil	lose gebundenes Textilglasfaservlies (Glasfaservlies, Oberflächenvlies) *n*	voile *m* de revêtement, mat *m* overlay	легкое стекловолокнистое руно, покровный мат
	overpressure	*s.* E 342		
O 145	**overs**	Siebrückstand *m*	refus *mpl* du tamis	остаток на грохоте
O 146	**oversize [material]**	Überkorn *n (des Siebgutes)*	grains *mpl* trop grands *(tamis)*	верхний (надрешетный) продукт
O 147	**overstorage**	Überlagerung *f*, Überschreiten *n* der Haltbarkeitsdauer, Überalterung *f*	surveillissement *m*	сверхсрочное хранение
O 148	**overstretch**	Überrecken *n*, Überstrekken *n (von Folien, Bändchen, Fasern)*	surétirage *m*	перетягивание
	over-temperature protector (switch)	*s.* T 99		
	ouvertone	*s.* B 301		
O 149	**overturnable hopper**	kippbarer Einfülltrichter *m*	trémie *f* basculable (culbutable)	опрокидывающийся загрузочный бункер

	oxalic acid	s. E 299		
O 150/1	oxaline dye	Oxalinfarbstoff m	colorant m sur base d'oxaline	оксалиновый краситель
O 152	oxidation behaviour	Oxydationsverhalten n	comportement m à l'oxydation, tenue f à l'oxydation	поведение при окислении
O 153/4	oxidation (oxidative) degradation	oxydativer Abbau m	dégradation (décomposition) f oxydative, décomposition par oxydation	окислительная деструкция
O 155	oxidative stability	oxydative Beständigkeit f, Oxydationsbeständigkeit f	résistance f à oxydation	устойчивость к окислению
O 156	oxidizing agent	Oxydationsmittel n	agent m d'oxydation, oxydant m	окислитель
O 157	oxyethylene	Oxyethylen n	oxyéthylène m	оксиэтилен
O 158	oxygen concentration	Sauerstoffkonzentration f	concentration f d'oxygène, concentration en oxygène	концентрация кислорода
O 159	oxygen index	Sauerstoffindex m (Brandverhalten)	indice m d'oxygène	кислородное число
O 160	oxygen index test	Sauerstoffindexmessung f (zur Bestimmung der Brennbarkeit)	mesure f de l'indice d'oxygène	определение кислородных индексов воспламеняемости
O 161	oxymethylene	Oxymethylen n	oxyméthylène m	оксиметилен, формальдегид
	ozone agent	s. O 165		
O 162	ozone aging	Ozonalterung f, Alterung f durch Ozoneinfluß	vieillissement m sous l'influence de l'ozone, vieillissement par l'ozone	озонное старение
O 163	ozone disposal module	Ozonvernichter m (zur Reinigung der Abluft von Corona-Stationen)	décompositeur m d'ozone	приспособление для удаления озона
O 164	ozone resistance	Ozonbeständigkeit f	résistance f à l'ozone	озоностойкость
O 165	ozone-stability agent, ozone agent	Ozonschutzmittel n, Stoff m zur Erhöhung der Ozonbeständigkeit	agent m de protection contre l'action de l'ozone	антиозонат
O 166	ozonized air	ozonisierte Luft f (beim elektrischen Polarisieren unpolarer Thermoplaste, Thermomere)	air m ozonisé	озонированный воздух
O 167	ozonizer	Ozonerzeuger m (zum Polarisieren unpolarer Thermoplaste, Thermomere)	ozoneur f (surface, polarisation)	озонизатор

P

	PA	s. P 560		
	PAA	s. P 548		
P 1	package, packaging package	Verpackung f s. a. P 7	emballage m	упаковка
P 2	package printing	Verpackungsdruck m, Bedrucken n von Verpackungen	impression f des emballages	печатание на упаковках
	packaging	s. P 1		
P 3	packaging adhesive	Verpackungsklebstoff m	colle f d'emballage	клей для упаковки, упаковочный клей
P 4	packaging film, packing film	Verpackungsfolie f	feuille f (film m) d'emballage	тарная пленка, упаковочная пленка, пленка для упаковки
P 5	packaging grade hollow goods	Verpackungshohlkörper m	emballage m du type corps creux	полое изделие для упаковки, пустотелое упаковочное изделие
P 6	packaging machinery, packing machine, packer	Verpackungsmaschine f	machine f à emballer, machine f d'emballage, machine de l'empaquetage	упаковочная машина
P 7	packaging material, package	Packstoff m, Packmittel n, Verpackungsmaterial n	matériau (matériel) m d'emballage	упаковочный материал
	packaging of heavy goods	s. H 152		
P 8	packaging sector	Verpackungswesen n	emballage m et conditionnement m	упаковка
	packer	s. P 6		
P 9	packing density	Packungsdichte f (von Füllstoffen)	densité f de tassement (charges)	плотность упаковки (наполнителей)
	packing film	s. P 4		
P 10	packing line	Packbandanlage f (für Herstellung von Verpackungen, Einfüllen des Füllgutes und Verschließen der Verpackung)	ligne f d'emballage	технологическая линия для формования тары, ее заполнения и закупорки

	packing machine	s. P 6		
	packing ring	s. S 196		
P 11	packing tape, strapping tape	Verpackungsband n	bande f d'emballage, bande de cerclage	упаковочная лента
P 12	pad	Maschinenunterbau m	fondation f, base f (machine)	основание, фундамент
P 13	pad	flaches rechteckiges Formteilauge n	bouton m, pustule f	прямоугольная забутовка
P 14	pad	schwache Erhöhung f (Kontur, Profil)	élévation f faible	плоское (мелкое) повышение (контура)
P 15	paddle, blade	Flügel m, Schaufel f, Paddel n	palette f	лопасть
	paddle agitator with blade	s. P 17		
P 16	paddle dryer, dryer with agitator	Schaufeltrockner m	séchoir m à agitateur (palettes)	сушилка с ворошителем, сушилка с перемешивающим устройством
P 17	paddle mixer, paddle agitator with blade	Schaufelrührwerk n, Schaufelmischer m, Rührwerk n mit Schaufel	agitateur m à palette droite	лопастная мешалка
	paddle mixer with crossed beams	s. C 989		
	paddle mixer with multiple beams	s. M 618		
	paddle mixer with single beam	s. S 1154		
	PAI	s. P 563		
P 18	paint	Anstrichschicht f, Farbe f, Anstrichstoff m	peinture f	окраска, покрытие, лакокрасочное покрытие, лакокрасочный материал, краска
P 19	paintable moulding	lackierbares Formteil n	pièce f moulée pouvant être laquée	лакируемое изделие
P 20	paint additive	Anstrichstoffadditiv n, Anstrichstoffhilfsstoff m, Additiv n für Anstrichstoffe, Verarbeitungshilfsstoff m für Anstrichstoffe	additif m pour colorants, agent m auxiliaire pour peintures	добавка для покрытия, аддитив для лакокрасочного материала
	paint base	s. B 97		
P 21	paint binder, paint vehicle, colour agglutinant	Farbbindemittel n	liant m, agglutinant m, véhicule m (peinture)	связующее для краски
P 22	paint blistering, blistering of paints	Blasenbildung f im Anstrichstoff, Anstrichstoffblasenbildung f	formation f de bulles de la couche de peinture, cloquage m de la peinture	образование пузырей в лакокрасочном покрытии
P 23	paint coat, coat of paint	Farbanstrich m	peinture f en couleurs	окраска
	painter	s. C 434		
P 24	paint film	Anstrichfilm m	pellicule f de peinture	слой покрытия
P 25	paint for cocooning (cocoonization)	Kokonisierlack m, fadenziehender Plastlack (Kunststofflack, Einspinnlack, Lack) m (zur Herstellung einer entfernbaren Schutzhaut)	vernis m pour la coconisation	нитеобразующий лак (для покрытия в виде кокона), снимаемый защитный лак
	paint for interior	s. I 293		
	paint grinder mill	s. C 535		
P 26	painting	Lackieren n, Anstreichen n	peinturage m, laquage m; vernissage m	лакирование, нанесение покрытия
P 27	painting defect	Lackfehler m, Fehler m in der Anstrichschicht	défaut m de peinturage (vernissage)	дефект покрытия
P 28	painting spray robot	Farbspritzroboter m	robot m de pulvérisation de peinture	распылитель-автомат
P 29	painting surface	Anstrichfläche f, mit Anstrichstoff zu versehende Oberfläche f	surface f à vernir	покрываемая поверхность
P 30	painting technique	Anstrichtechnik f	technique f de peinture	техника покраски, техника нанесения лакокрасочных покрытий
P 31	paint pouring	Schichtbildung f durch Gießen	stratification f par coulée (coulage)	окраска наливом
P 32	paint remover	Abbeizmittel n, Farbabbeizmittel n	décapant m	протрава, смывка, состав для удаления покрытия (краски)
P 33	paint resin	Lackharz n	résine f pour vernis	лаковая смола, гуммилак
P 34	paint resisting to chemicals	chemikalienbeständiger Anstrichstoff m, chemikalienbeständige Anstrichschicht (Farbe) f	peinture f stable aux produits chimiques	устойчивая к действию химических продуктов краска, химически стойкая краска
P 35	paint roller mill	Farbreibstuhl m, Farbwalzenstuhl m	broyeur m à couleurs, moulin m à couleurs	вальцы-краскотерка

P 36	paint spray gun	Farbspritzpistole f	pistolet m à peinture, pistolet pulvérisateur à peinture	краскораспылитель, краскопульверизатор, аэрограф
P 37	paint-spraying plant	Farbspritzanlage f, Farbspritzgerät n	appareil m pour peinture au pistolet	краскопульт
P 38	paint surface	Anstrichoberfläche f	surface f peinte	поверхность лакокрасочного материала
	paint vehicle	s. P 21		
P 39	pair of rollers	Walzenpaar n	paire m de cylindres (rouleaux)	пара валков
P 40	pale shade	pastellfarbene Farbtönung f (bei Formteilen und Beschichtungen)	nuance (teinte) f pastel	пастельный тон
P 41	pallet	Palette f	palette f	палитра
	pallet charging machine	s. M 5		
P 42	pallet-cover welding machine	Palettenhüllenschweißmaschine f, Palettenüberzugsschweißmaschine f	machine f à souder l'emballage de palettes	упаковочная сварочная машина для палитры
	pallet discharging machine	s. M 6		
	PAN	s. P 552		
	pan	s. 1. D 558; 2. F 367		
P 43	panel holder	Plattenhalter m	fixation f de panneau	держатель плиты
P 44	panel planing machine	Dicktenhobelmaschine f, Dicktenhobel m	rabot m d'épaisseur	рейсмусный станок
	panel size	s. P 473		
P 45	pan granulator	Granulierteller m	assiette f de granulation	ротор-диск гранулятора
P 46	pan mill (mixer), putty chaser, wheel mill, edge mill, edge-runner mill	Kollergang m, Kollermühle f, Tellermischer m	broyeur (mélangeur) m à meules; mélangeur m à table	дисковая мешалка, дисковый смеситель
P 47	paper honeycomb core, plastic-impregnated paper core	mit Kunstharz (Bitumen) imprägnierter Papier-Wabenkern m (für Verbundbauteile, Sandwichbauteile, Bauteile in Stützstoffbauweise)	âme f de nid d'abeilles de papier imprégné de plastique (bitume)	бумажное ядро сотовой конструкции, пропитанное смолой (битумом)
P 48	paper-like [plastic] film	papierähnliche Kunststofffolie (Plastfolie) f, Kunststoffolie (Plastfolie) f mit papierähnlichen Eigenschaften	feuille f [en matière] plastique ressemblant au papier	бумагоподобная пленка из пластмассы
P 49	parabolic nozzle	Paraboldüse f	buse f parabolique	сопло с параболным отверстием
	parallel dielectric heating	s. G 138		
P 50	parallel-disk rotational rheometer	Rheometer n mit rotierenden Parallelscheiben, Parallelscheiben-Rotationsrheometer n	rhéomètre m à disques parallèles rotatifs	пластометр с вращающимися плитами
P 51	parallel mat	Trommelmatte f, Parallelmatte f (aus Glaselementarfäden oder Glasseidenspinnfäden)	mat m parallèle	мат из параллельных стекложнитей
P 52	parallel-plate melt rheometer	Parallelplatten-Schmelzrheometer n	rhéomètre m de fusion à disques parallèles	пластометр с параллельными плитами
P 53	parallel-plate viscometer (viscosimeter)	Parallelplattenviskosimeter n	viscosimètre m à plateaux parallèles	вискозиметр с плоскопараллельными пластинами
P 54	parallel rod	streifenförmiger Prüfstab m	éprouvette f (barreau m d'essai) parallèle	образец в виде полосы
P 55	parallel-stream mixhead	Parallelstrommischkopf m (Polyurethanverarbeitung)	tête f malaxeuse de courants parallèles (traitement de polyuréthanne)	параллельнопоточная головка
P 56	parallel-stream mixing	Parallelstrommischen n (Polyurethanverarbeitung)	mélangeage m de courants parallèles (traitement de polyuréthanne)	перемещение параллельных течений
P 57	parallel-to gain gluing	Holzklebung f parallel zur Faserrichtung, Langholzklebung f	collage m à fibres parallèles	склеивание параллельно к текстуре древесины, параллельное к текстуре древесины склеивание
P 58	parameter of adjustment	Einstellparameter m (Verarbeitungsmaschinen)	paramètre m d'ajustement, paramètre m de réglage, paramètre m de mise au point	уставка, заданный параметр
P 59	parent substance	Grundstoff m, Ausgangsstoff m	matière f première, produit m de départ	сырье, исходное вещество
	parison	s. T 614		
	parison die	s. P 61		
P 60	parison gripping device	Schlauchgreifvorrichtung f (Extrusionsblasen)	dispositif m de retenue de la paraison	захват для трубчатой заготовки

P 61	**parison head,** parison die	Schlauchkopf m (für Blasformen von Folien)	tête f de paraison, tête f porte-poinçon (pour le soufflage des feuilles)	головка экструзионно-выдувной машины, кольцевая головка для экструзии рукавной пленки
P 62	**parison programming,** electronic-hydraulic wall, thickness control of parison	elektronisch-hydraulische Wanddickenregelung f (an Blasvorformlingen)	régulation f de la paraison	электронно-гидравлическое регулирование толщины заготовок
	parison tube	s. T 614		
P 63	**parquetry finishing**	Parkettbodenbeschichtung f (mit Kunstharzlack)	revêtement m de parquet	покрытие пола паркетным лаком
P 64	**parquetry sealing**	Parkettbodenversiegelung f (mit Kunstharzlack)	bouche-porage m du parquet	нанесение герметизирующего покрытия на паркет
P 65	**part extractor**	Formteilauswerfvorrichtung f (Spritzgießmaschinen)	éjecteur m	выталкивающее устройство
P 66	**partially cross-linked thermoplastic**	teilvernetzter (partiell vernetzter) Thermoplast m, teilvernetztes (partiell vernetztes) Thermomer n	thermoplaste m partiellement réticulé	частично сшитый термопласт
P 67	**partially crystalline**	teilkristallin	partiellement cristallin	частично кристаллический, полукристаллический
P 68	**partially crystalline plastic,** partly crystalline plastic	teilkristalliner Kunststoff (Plast) m	plastique m partiellement cristallin	частично кристаллический полимер
P 69	**partial varnish coating**	Fassonlackieren n	laquage m partiel	частичное лакирование
P 70	**particle board**	kunststoffgebundene (plastgebundene) Platte f aus Holzabfällen	panneau m de particules (copeaux agglomérés)	плита из клееных деревянных отходов
P 71	**particle board binder**	Klebstoff m für Spanplattenherstellung	colle f à panneau de copeaux agglomérés	клей для изготовления стружечных плит
P 72	**particle counter**	Partikelzählgerät n	compteur m de particules	счетчик частиц
P 73	**particle-filled plastic**	partikelgefüllter Kunststoff (Plast) m	plastique m chargé de particules, matière f plastique chargée de particules	наполненный частицами пластик
P 74	**particle filter,** tramp filter, tramp material filter	Filter n für Festkörperteilchen, Fremdkörperfilter n	filtre m de séparation de particules, filtre m de séparation de corps étranger	фильтр для твердых частиц
P 75	**particle shape**	Teilchenform f	forme f de particule	форма (вид) частицы
P 76	**particle size**	Teilchengröße f	taille f de particule	размер частиц
	particle size apparatus	s. G 160		
P 77	**particle-size determination**	Teilchengrößenbestimmung f, Teilchengrößenermittlung f	granulométrie f	гранулометрический анализ
P 78	**particle-size measurement**	Teilchengrößenmessung f (Füllstoffe), Granulometrie f	analyse f granulométrique	измерение размеров зерен, измерение крупности зерен, гранулометрия
P 79	**particle-size range**	Teilchengrößenbereich m	intervalle m de taille des particules	порядок размеров частиц
P 80	**particle structure**	Kornform f	structure f particulaire (de particule)	форма зерен
	particulate fluidized bed	s. H 303		
P 81	**parting agent (compound)**	Trennmittel n	agent m de démoulage	смазка для отделения (из формы), средство для скольжения (удаление из формы)
	parting line	s. M 538		
P 82	**parting line mark**	Werkzeugtrennmarkierung f (auf Formteilen)	marque f de ligne de joint (moule)	маркировка разрезания на изделии
	parting plane (surface)	s. M 538		
P 83	**part inspection**	Formteilprüfung f	contrôle m de la pièce moulée	контроль изделия
P 84	**partition degree**	Verteilungsgrad m	degré m de partition	дисперсность
	partition line	s. M 538		
	partly crystalline plastic	s. P 68		
P 85	**part sticking**	Formteilankleben n (im Werkzeughohlraum)	collage m de préformés (dans le moule)	прилипание изделия (в форме)
P 86	**passive anvil**	passiver Schweißamboß m (beim Ultraschallschweißen), Schallwellen dämpfender Schweißamboß m	embosse f passive (soudage aux ultrasons)	пассивная опора (ультразвуковая сварка)
P 87	**paste**	Paste f, Brei m	pâte f, bouillie f	паста
P 88	**paste**	Kleister m, nichtfadenziehende pastöse Leimlösung f	empois m	клейстер
P 89	**paste dot printing machine**	nach dem Siebdruckverfahren arbeitende Klebstoffauftragsmaschine f	encolleuse f (machine f à encoller) à trame de soie	машина для нанесения клея, работающая по методу фильмпечати
P 90	**paste extrusion**	Pastenextrusion f (von Polytetrafluorethylen)	extrusion f de pâtes	экструзия паст (из фторопласта-4)

P 91	paste filler	Füllstoffpaste f	pâte f de charge	шпатлевка, замазка
P 92	pastel colour	Pastellfarbe f	teinte f pastel	пастельная краска
P 93	paste mill (mixer)	Pastenmischer m	malaxeur m pour pâtes	смеситель для паст, машина для вымешивания паст
P 94	paste moulding	Formteilherstellung f aus Pasten	fabrication f d'objets moulés à partir des pâtes	переработка паст в изделие
P 95	paste preparation	Pastenaufbereitung f	préparation f des pâtes	подготовка пасты
P 96	paste processing, paste technology	Pastenverarbeitung f	mise f en œuvre de pâtes	переработка паст
P 97	paste resin	Pastenharz n, Harzpaste f, pastenförmiges Harz n	résine f en pâtes	паста на основе смолы
	paste technology	s. P 96		
	patrix	s. M 494		
	pattern	s. P 1040		
P 98	pattern coater	Schmelzklebstoffbeschichtungsmaschine f	enduiseuse f de colle fusible, machine f (métier m) à enduire la colle fusible	машина для нанесения клея в расплаве
P 99	patterned surface	mit Dekor versehene Folien- oder Tafeloberfläche f, gemusterte Folien- oder Tafeloberfläche	surface f dessinée	профилированная поверхность
	pattern lacquer	s. P 101		
P 100	pattern sheet	gemusterter Oberflächenbogen m, gemusterter Deckbogen m (von dekorativen Schichtstoffen)	strate f décorative	лицевой слой с пестрым узором (декоративных слоистых материалов)
P 101	pattern varnish, pattern lacquer	Modellack m	vernis m à modèle, laque f de modèle	модельный лак
P 102	pause	Pausenzeit f	temps m d'arrêt, durée f de pause	время перерыва цикла, время раскрытия формы
P 103	pay-off	Abrollen n (einer Folie)	déroulement m (feuille)	отмотка, размотка (пленки), подающее устройство
	PBD	s. P 576		
	PBI	s. P 572		
	PBT	s. P 578		
	PC	s. P 581		
	PCL	s. P 579		
	PCTFE	s. P 585		
	PDAP	s. P 589		
	PDMS	s. P 590		
	PE	s. P 618		
	PEA	s. P 609		
P 104	peak	Spitze f, Oberflächenerhebung f	pic m, sommet m, cloque f	пик
P 105	peak pressure	Druckspitze f, höchster Druck m	pression f maximum (de pointe)	пик давления, максимальное давление
P 106	peak-to-valley height	Rauhtiefe f (von Fügeteiloberflächen)	rugosité f (surface)	высота микронеровностей (поверхностей соединяемых изделий)
P 107	pearlescent coating	Beschichtung f mit Perlmutteffekt	revêtement m à effet nacré	иризирующее пластмассовое покрытие
	pearl polymerization	s. B 119		
	PEBA	s. P 611		
	PEC	s. P 596		
P 108	Peco [Thermax] torpedo	innenbeheizter Torpedo (Schmiertopf) m für Extruder, Peco-Torpedo m, innenbeheizter Extrudertorpedo m	torpille f «Peco»	наконечник-торпеда с внутренним обогревом
	PEEK	s. P 612		
	peel/to	s. S 630		
	peelable [protective] coating	s. S 1246		
	peel adhesion test	s. P 110		
	peeled film	s. S 631		
P 109	peeling, peel-off	Ablösung f, Abziehen n (Film, Folie, Überzug)	pelage m	отслаивание пленки, отслаивание покрытия
P 110	peeling flexure test, peeling (peel adhesion) test, peeltest (US)	Schälversuch m, Abschälversuch m, Schälprüfung f, Abschälprüfung f	essai m de pelage, essai m d'arrachement	испытание на отслаиваемость (отслаивание, расслаивание), тест на отслаивание, тест на расслаивание
P 111	peeling from the block	Folienherstellen n durch Schälen, Schälfolienherstellung f	tranchage m	окорка пленок
P 112	peeling process	Schälverfahren n	processus m de pelage	метод шелушения (отслаивания)

P 113	peeling strength, peel resistance (strength), relative peel strength	Schälwiderstand *m (von Klebverbindungen oder Beschichtungen)*	résistance *f* au pelage	сопротивление расслаиванию (отслаиванию), прочность при расслаивании
	peeling test	*s.* P 110		
	peel-off	*s.* P 109		
	peel-off plastics coating	*s.* S 1246		
P 114	peel paint (print)	abziehbarer Farbanstrich *m*, Abziehlackanstrich *m*, Transportlackanstrich *m (für zeitweisen Korrosionsschutz)*	peinture *f* pelable *(anticorrosion)*	снимающееся антикоррозионное покрытие, временный лак, отслаиваемое покрытие
	peel resistance	*s.* P 113		
P 115	peel sealing film	abziehbare Dichtungsfolie *f*, abschälbare Dichtungsfolie *f*	feuille *f* d'étanchéité pelliculable	отслаиваемая прокладочная пленка
	peel strength	*s.* P 113		
P 116	peel stress	Schälspannung *f*	tension *f* d'écroutage	напряжение при отслаивании
	peel-test	*s.* P 110		
	pegging	*s.* D 496		
P 117	peg stirrer	hakenförmiges Rührelement *n*	agitateur *m* à crochet	крючковатая перемешивающая деталь
P 118	peg-type baffle	hakenförmiges Rührwerksleitblech *n*	baffle *m* en crochet	крючковатая перемешивающая лопасть
	PEI	*s.* P 613		
	PEK	*s.* P 614		
	pellet/to	*s.* P 120		
	pellet	*s.* P 858		
	pellet conveyor	*s.* G 172		
P 119	pellet dryer	Granulattrockengerät *n*, Granulattrockeneinrichtung *f*	installation *f* de séchage pour boulettes, séchoir *m* de granulat	сушилка для гранулята
	pelleted adhesives	*s.* A 190		
	pelleting	*s.* P 123		
	pelleting machine (press)	*s.* P 121		
P 120	pelletize/to, to pellet	tablettieren	pastiller	таблетировать
	pelletized compound	*s.* G 169		
P 121	pelletizer, pelleting machine (press), tablets press, tablet compressing press	Tablettiermaschine *f*, Tablettenpresse *f*, Tablettierpresse *f (für Formmasse)*	pastilleuse *f*	таблеточная машина, таблеточный пресс, пресс для таблетирования
P 122	pelletizing	Granulierung *f*	granulation *f*	гранулирование
P 123	pelletizing, pelleting, tabletting *(US)*	Tablettieren *n*, Tablettierung *f*, Tablettenherstellung *f (von Formmasse)*	pastillage *m*	таблетирование
P 124	pelletizing rod	stranggepreßter Tablettierstab *m*	barre *f* de pastillage extrudée	шприцованная заготовка для таблеток
P 125	pelletizing system	Granuliersystem *n*	système *m* de granulation	система гранулирования
P 126	pencil hardness	Bleistiftritzhärte *f*	dureté *f* sclérométrique	твердость по царапанью карандашами
	pendulum	*s.* I 24		
	pendulum damping test	*s.* P 129		
P 127	pendulum damping time	Pendeldämpfungszeit *f (Pendelschlagwerk)*	temps *m* d'amortissement du pendule *(mouton-pendule)*	время гашения маятникового копера
P 128	pendulum hardness	Pendelhärte *f*	dureté *f* pendulaire (au pendule)	твердость по маятниковому прибору
P 129	pendulum hardness test, pendulum damping test	Pendelhärteprüfung *f*, Pendeldämpfungsprüfung *f*	essai *m* de dureté au pendule	испытание на твердость по маятниковому прибору
P 130	pendulum hardness tester (testing machine)	Pendelhärteprüfgerät *n*	appareil *m* de dureté pendulaire	маятниковый динамометр (твердомер)
P 131	pendulum mill	Pendelmühle *f*	broyeur *m* pendulaire	маятниковая мельница
	pendulum type	*s.* I 24		
P 132	pendulum visco[si]meter	Pendelviskosimeter *n*	viscosimètre *m* à pendule	маятниковый вискозиметр
	penetrameter	*s.* P 136		
P 133	penetration	Eindringen *n (eines Klebstoffs in die Oberflächenkapillaren des Fügeteils)*	pénétration *f*	пенетрация, проникание *(клея в поверхностные капилляры)*
P 134	penetration depth	Eindringtiefe *f*	profondeur *f* de pénétration	глубина отпечатка
	penetration depth	*s. a.* D 153		
P 135	penetration of adhesive	Klebstoffeindringen *n (in poröse Fügeteilwerkstoffe)*	pénétration *f* de la colle	пенетрация клея
	penetration test	*s.* P 1131		
P 136	penetration tester, penetrometer, penetrameter	Prüfgerät *n* zum Messen der Eindringtiefe	pénétromètre *m*	пенетрометр, прибор для определения пенетрации
	PEOX	*s.* P 625		
	percentage of ashes	*s.* A 566		
	percent swell	*s.* S 1428		

	English	German	French	Russian
P 137	percolation	Sickern n, Lecken n	infiltration f	натекание
	perfectly elastic	s. I 2		
	perfect parison	s. T 614		
P 138	perfluoroethylene propylene	Tetrafluorethylenpropylen n	perfluoréthylène-propylène m	перфторэтиленпропилен
P 139	perfluoroethylene-propylene plastic, FEP	Tetrafluorethylen-Propylen-Kunststoff m, Tetrafluorethylen-Propylen-Plast m, FEP	plastique m éthylène-propylène perfluoré, FEP	полиперфторэтиленпропилен, пластик из перфторированных этилена и пропилена, ФЭП
P 140	perforated bar agitator (stirrer)	Lochbalkenrührwerk n, Lochbalkenrührer m	agitateur m à palette trouée	мешалка с перфорированным инструментом
P 141	perforated disk agitator (stirrer)	Lochscheibenrührwerk n, Lochscheibenrührer m	agitateur m à disques perforés	мешалка с решеткой
P 142	perforating machine, grommeter	Perforiermaschine f	perforeuse f, machine f à perforer	перфорационная машина
P 143	perforation	Durchbruch m, Lochung f, Perforation f	perforation f	перфорация, перфорирование
P 144	perforator	Perforierungseinrichtung f, Locheinrichtung f	perforateur m	перфорационное устройство, дыропробивное устройство
P 145	performance characteristics	Gebrauchseigenschaften fpl	caractéristiques fpl d'emploi, caractéristiques fpl d'usage	свойства применения
P 146	performance under climatic test	Klimabelastungstest m	essai m climatique de performance	тест на климатическое воздействие
P 147	period of aging	Alterungszeit f	période f (durée f, temps m) de vieillissement	время (продолжительность) старения
	period of dwelling	s. D 658/9		
P 148	peripheral fibre	Randfaser f	fibre f périphérique	краевое волокно
P 149	peripheral layer	Randschicht f	couche f périphérique	краевой слой
P 150	peripherally drilled roll	Walze f mit dicht unter der Oberfläche liegenden Heizkanälen	cylindre m doté de canaux forés à la périphérie	валок с нагревательными каналами под поверхностью
P 151	peripheral screw speed, shear speed	Schneckenumfangsgeschwindigkeit f	vitesse f périphérique de la vis sans fin	скорость сдвига
P 152	peripheral speed	Umfangsgeschwindigkeit f	vitesse f circonférentielle (périphérique)	окружная скорость
P 153	peripheral winder	Umfangswickler m, Umfangswickelmaschine f	bobinoir m périphérique	приемно-намоточная бобина, намоточная машина, работающая трением
P 154	permanence	Haltbarkeit f, Dauerhaftigkeit f, Beständigkeit f	permanence f, durabilité f, stabilité f	выносливость, стабильность, постоянство
	permanent deformation	s. P 367		
	permanent elongation	s. P 368		
P 155	permanent flexural load	Dauerstandbiegebelastung f	charge f permanente de flexion	нагружение при длительном изгибе
P 156	permanent joint	unlösbare Verbindung f (z. B. Schweißverbindung, Klebverbindung)	joint m inséparable (permanent); raccord m fixe (permanent)	неразъемное соединение
	permanent set	s. P 367		
	permanent stickiness	s. P 158		
P 157	permanent storage	Langzeitlagerung f	stockage m de longue durée	длительная выдержка
	permanent stress	s. L 281		
P 158	permanent tack, permanent stickiness	Dauerklebrigkeit f	glutinosité f permanente	долговечная липкость
P 159	permanent use	Dauereinsatz m, Dauergebrauch m	emploi m permanent, utilisation f permanente	длительное (непрерывное) применение
P 160	permeability	Permeabilität f, Durchlässigkeit f	perméabilité f	проницаемость
	permeability to air	s. A 320		
	permeability to gas	s. G 11		
	permeability to light	s. L 162		
P 161	permeability to liquids	Flüssigkeitsdurchlässigkeit f	perméabilité f aux liquides	проницаемость жидкостей, пропускаемость жидкостей
	permeability to oil	s. O 16		
P 162	permeameter	Durchlässigkeitsprüfgerät n	perméamètre m	прибор для испытания на проницаемость
P 163	permeation	Durchdringung f, Permeation f	perméation f	проникание
P 164	permeation value	Permeationswert m	valeur f de perméation	число проницаемости
P 165	permissible circumferential stress	ertragbare Umfangsspannung f, zulässige Umfangsspannung f	contrainte (sollicitation) f circonférentielle (périphérique) admissible, effort m circonférentiel (périphérique) admissible	допустимое окружное напряжение

P 166	permissible deformation	zulässige Deformation f, zulässige Verformung f	déformation f admissible	допустимая деформация
	permissible deviation	s. T 396		
P 167	permissible stress	zulässige Beanspruchung f	contrainte f (sollicitation f, effort m) admissible	допустимое напряжение
P 168	permissible variation	zulässige Abweichung f	tolérance f admissible	допустимое отклонение
	permittivity	s. D 225		
P 169	peroxide	Peroxid n	peroxyde m	перекись
P 170	peroxide catalyst	peroxidischer Härter m	catalyseur m peroxydique, durcisseur m (agent m durcisseur) peroxydique	перекисный отвердитель
P 171	peroxide cross-linking	peroxidische Vernetzung f, peroxidisches Vernetzen n	réticulation f peroxydique (par les peroxydes)	перекисное сшивание
P 172	peroxide paste	Peroxidpaste f (Härter für ungesättigte Polyesterharze)	pâte f peroxydique	пастообразная перекись, перекисная паста
P 173	peroxide (peroxy) radical	Peroxidradikal n	radical m peroxydique	перекисный радикал
P 174	Persoz pendulum	Pendelschlagwerk n nach Persoz (zur Prüfung von Anstrichstoffen)	mouton-pendule m de Persoz (essai des agents de peinture)	маятниковый копер по Перзо
	PES	s. P 615		
	PET	s. P 626		
P 175	petrochemical	petrolchemisches Produkt n, Erdölderivat n	produit m pétrochimique (dérivé du pétrole)	нефтехимический продукт
P 176	petrol, gasoline (US), benzine	Benzin n	essence f	бензин
P 177	petrol resistance, resistance to petrol, gasoline resistance, resistance to gasoline	Benzinbeständigkeit f	résistance f à l'essence [de pétrole]	бензостойкость
	PF	s. P 183		
	PGE	s. P 203		
P 178	phase-boundary layer	Phasengrenzschicht f	interphase f, interface f des phases, couche f limite entre deux phases, couche f limite de phase	слой границы раздела фаз, граничный слой раздела фаз
P 179	phase change	Phasenwechsel m, Phasenänderung f, Phasenumwandlung f	changement m de phase	фазовое превращение
	phase diagram	s. E 274		
P 180	phase transition	Phasenübergang m	transition f de phase	фазовый переход
P 181	phen[ol]ate	Phen[ol]at n	phénate m	фенолят
	phenol-base adhesive	s. P 185		
	phenolformaldehyde condensation resin	s. P 183		
P 182	phenolformaldehyde oligomer	Phenolformaldehydoligomer[es] n	oligomère m phénolformaldéhyde	фенолформальдегидный олигомер
P 183	phenolformaldehyde resin, phenolformaldehyde condensation resin, PF, bakelite	Phenolformaldehydharz n, PF-Harz n, PF	résine f phénol-formaldéhyde, phénoplaste m, bakélite f, PF	фенолформальдегидная смола, бакелит, ФФ
P 184	phenol-furfural resin	Phenolfurfuralharz n	résine f phénol-furfuralique	фенолфурфуральная смола
	phenol glue	s. P 185		
P 185	phenolic adhesive, phenol[ic] glue (US), phenolic-resin adhesive, phenol-resin glue (US), phenol-base adhesive	Phenolharzklebstoff m, Klebstoff m auf Phenolbasis	colle f phénolique	фенольный клей, клей на основе фенольной смолы
P 186	phenolic aniline resin	Phenol-Anilin-Harz n	résine f phénol-aniline	фенольно-анилиновая смола
P 187	phenolic cement	Phenolharzklebkitt m, Phenolharzklebspachtel m	ciment m phénolique	фенольная замазка
P 188	phenolic epoxy resin	phenolisches Epoxidharz n	résine f epoxy phénolique	фенолэпоксидная смола
P 189	phenolic foam, expanded phenolic plastic	Phenolharzschaumstoff m, Phenolschaumstoff m	mousse f phénolique	пена из фенольной смолы, пенофенопласт
	phenolic glue	s. P 185		
P 190	phenolic glue film, Tego film	Phenolharzklebfolie f mit Trägerwerkstoff	film m de colle phénolique déposé sur un support, tégofilm m	фенольная липкая пленка на подложке
P 191	phenolic laminated sheet	Phenolharzschichtstoff m	stratifié m phénolique	слоистый фенопласт, слоистый пластик на основе фенольных смол
	phenolic molding composition	s. P 192		
P 192	phenolic moulding compound (material), phenolic molding composition (US)	Phenolharzformmasse f, Phenolharzpreßmasse f	matière f de moulage phénolique	фенольная пресс-масса (прессовочная композиция)

	phenolic plastic	s. P 198		
P 193	phenolic resin	Phenolharz n	résine f phénolique	фенольная смола
	phenolic-resin adhesive	s. P 185		
P 194	phenolic-resin-bonded chipboard (splint board)	phenolharzgebundene Holzspanplatte f	bois m d'aggloméré collé par résines phénoplastes	древесно-волокнистая плита, пропитанная фенольной смолой
	phenol-resin glue	s. P 185		
P 195	phenolic sheet moulding compound, PSMC	Phenolharzprepreg m, phenolharzvorimprägniertes Glasfasermaterial n	matériau m composite en fibres de verre, préimprégné m de résine phénolique	препрег на основе фенольной смолы
P 196	phenolic varnish	Phenolharzlack m	vernis m phénolique	фенольный лак
P 197	phenomenological effect	phänomenologischer Effekt m (deformationsmechanisches Verhalten)	effet m phénoménologique	феноменологический эффект
P 198	phenoplast[ic], phenolic plastic	Phenoplast m	phénoplaste m	фенопласт
P 199	phenoplastic moulding material	Phenoplastformmasse f	matière f de moulage phénolique, matière f à mouler phénolique	фенольный пресс-материал
P 200	phenoxy resin	Phenoxyharz n	résine f phénoxy, phénoxyde m	феноксидная смола
P 201	phenyl acrylate	Phenylacrylat n	acrylate m de phényle	фенилакрилат, эфир коричной кислоты
P 202	phenylated polypyromellitimidine	phenyliertes Polypyromellitimidin n	polypyromellitimidine f phénylée	фенилированный полипиромеллитимидин
	phenylethylene	s. S 1295		
P 203	phenyl glycidyl ether, PGE	Phenylglycidether m (reaktiver Verdünner)	phénylglycidyléther m	простой фенилглицидный эфир
	Philips OFT method	s. O 92		
P 204	Phillips injection moulding	Schmelzeschäumen n nach dem Phillips-Prinzip	moulage m par injection suivant le procédé Phillips, moussage m de produits en fusion	вспенивание расплава по методу «Филлипса»
P 205	phosphating, phosphation	Phosphatieren n, Phosphatierung f	phosphatation f	фосфатирование
	phosphorescent paint	s. L 354		
	phosphorous-containing fire retardant	s. P 206		
P 206	phosphorous-containing flame retardant, phosphorous-containing fire retardant	phosphorhaltiges Flammschutzmittel n	ignifugeant m à base de phosphore, retardateur m de flamme à base de phosphore	фосфорсодержащий антипирен
P 207	photocalorimetry	Photokalorimetrie f	photocalorimétrie f	фотокалориметрия
	photochemical decomposition (degradation, destruction)	s. P 223		
P 208	photochemical oxidation, photooxidation	photochemische Oxydation f	oxydation f photochimique	фотоокисление, фотохимическое окисление
P 209	photo-cross-linkable polymer	photovernetzbares Polymer[es] n	polymère m photoréticulable	светосшиваемый полимер
P 210	photocurable adhesive	photohärtbarer Klebstoff m	adhésif m photodurcissable	фотоотверждающийся клей
P 211	photocuring	Photohärten n, Härten n mittels Lichtstrahlen	durcissement m induit par lumière	фотоотверждение
P 212	photocuring adhesive	photohärtender Klebstoff m	adhésif m photodurcissant	светоотверждающий клей, фотоклей
	photodecomposition	s. P 223		
	photodegradation	s. P 223		
P 213	photoelastic effect	piezooptischer (photoelastischer, spannungsoptischer) Effekt m	effet m photo-élastique	фотоэластичный эффект
P 214	photoelasticity	Photoelastizität f, Spannungsoptik f	photo-élasticité f	фотоэластичность, фотоупругость
P 215	photoelastic measurement	polarisationsoptische Messung f	mesure f photo-élastique	измерение поляризированным светом
P 216	photoelastic varnish	Lack m für optische Spannungsmessung	vernis m photo-élastique	фотоэластичный лак
P 217	photoelectric colour difference meter	photoelektrisches Farbendifferenzmeßgerät n, photoelektrischer Farbdifferenzmesser m	appareil m de mesure photoélectrique de différence de couleur	фотоэлектрический измеритель разноцветности, фотоэлектрический измеритель градации цветового тона
P 218	photoelectric glossmeter	photoelektrisches Glanzmeßgerät n, photoelektrischer Glanzmesser m	luisancemètre m photoélectrique, lampromètre m photoélectrique	фотоэлектрический блескомер
P 219	photoetching	Photoätzen n	photogravure f	фототравление

P 220	photographic reference standard	fotografischer Bezugsstandard *m*, fotografische Vergleichsnormalie *f*	étalon *m* de comparaison photographique, référence *f* photographique, standard *m* de référence photographique	фотографический эталонный образец, фотоэталон
	photoinitiated polymerization	*s*. P 227		
P 221	photoinitiation	photochemische Initiierung *f*	amorçage *m* photochimique, initiation *f* photochimique	фотохимическое инициирование
P 222	photoinitiator	photochemischer Initiator *m*	photo-initiateur *m*	фотохимический инициатор
P 223	photolysis, photodecomposition, photodegradation, photochemical decomposition (degradation, destruction)	Photolyse *f*, photochemischer Abbau *m*, Abbau *m* durch Lichteinwirkung	dégradation (décomposition) *f* photochimique	фотохимическая деградация (деструкция), фотохимическое разложение, фотодеструкция
P 224	photomultiplier	Photovervielfacher *m*	photomultiplicateur *m*	фотоумножитель, фотоэлектронный умножитель, ФЭУ
	photooxidation	*s*. P 208		
P 225	photooxidative degradation	photooxydativer Abbau *m*	dégradation (décomposition) *f* photo-oxydative	фотоокислительная деструкция
P 226	photopolymer	photochemisch verfestigtes Polymer[es] *n*	polymère *m* stabilisé par réaction photochimique	фотоотвержденный полимер
P 227	photopolymerization, photoinitiated polymerization	Photopolymerisation *f*	photopolymérisation *f*, polymérisation *f* photochimique	фотохимическая полимеризация, фотополимеризация
P 228	photoresponsive polymer	photosensibles Polymer[es] *n*, strahlenhärtbares Polymer[es] *n*	polymère *m* durcissable par irradiation (lumière), polymère *m* durcissable sous rayonnement U. V., polymère *m* photosensible	полимер для фотохимического отверждения, фоточувствительный (светоотверждающийся) полимер
P 229	photosensitive	lichtempfindlich	photosensible, sensible aux radiations lumineuses	светочувствительный
P 230	photosensitized degradation	photosensibilisierter Abbau *m*	dégradation *f* photosensibilisée	фотосенсибилизированная деструкция, фоточувствительное разложение
P 231	photosensitizer	Photosensibilisator *m*	photosensibilisateur *m*	фотосенсибилизатор
P 232	photostabilization	Stabilisierung *f* gegen Lichteinfluß	stabilisation *f* contre l'influence de lumière	светостабилизация
P 233	photothermal wave analysis	photothermische Wellenanalyse *f* (*zur Qualitätskontrolle*)	analyse *f* d'ondes photothermique (*contrôle de la qualité*)	фототермический волновой анализ
P 234	phthalate, phthalic ester	Phthalat *n*, Phthalsäureester *m*	phtalate *m*, ester *m* phtalique	фталат, сложный эфир фталевой кислоты
P 235	phthalate plasticizer, phthalic acid-based plasticizer	Phthalatweichmacher *m*, Weichmacher *m* auf der Basis von Phthalsäure	plastifiant *m* à base de phtalate, plastifiant *m* phtalique	пластификатор на основе фталевой кислоты, фталевый пластификатор
P 236	phtalic anhydride	Phthalsäureanhydrid *n*	anhydride *m* phtalique	ангидрид фталевой кислоты, фталевый ангидрид
	phthalic ester	*s*. P 234		
	pH-value	*s*. H 459		
	physical plasticizing	*s*. E 401		
P 237	physical vapour deposition, PVD-technology	Beschichten *n* mittels Hartstoffen, PVD-Technik *f* (*von Werkzeugen*)	couchage *m* par métal dur	нанесение твердых сплавов
P 238	physicochemical surface properties	physikalisch-chemische Klebflächenaktivität *f* (*durch Oberflächenvorbehandlung hergestellt*)	caractéristiques (propriétés) *fpl* de surface physicochimiques (*activité de la surface à coller*)	физико-химическая поверхностная активность
	PI	*s*. P 632		
	PIB	*s*. P 633		
	PIC-foam	*s*. P 637		
P 239	pick-and-place unit	Pick-und-place-Gerät *n*, Einfachhandhabungsgerät *n* (*Handhabungsaufgaben an Spritzgießmaschinen*)	appareil *m* «pick-and-place»	простой манипулятор
	picking-up	*s*. D 506		
P 240	pickle time	Pickelzeit *f*, Beizzeit *f* in Chromschwefelsäure (*für metallische Fügeteile*)	durée *f* (temps *m*) de pickling, durée *f* (temps *m*) de décapage chromosulfurique	продолжительность травления хромовой смесью
P 241	pickling, pickling process, chromic-sulphuric acid pickling process, chromic-sulphuric acid pickling	Pickeln *n*, Pickelverfahren *n*, Beizen *n* (Ätzen *n*) in Chromschwefelsäure (*metallische Klebfügeteile*)	pickling *m*, procédé *m* de pickling	пикель, протравление (обработка) хромовой смесью (*перед склеиванием*), травление в пикельной жидкости

	English	German	French	Russian
P 242	pickling chemical	Beizchemikalie f (für Fügeteil-vorbehandlung)	agent m chimique de déca-page	травильный раствор
P 243	pickling plant	Beizanlage f (für Fügeteilvor-behandlung)	installation f de décapage	протравочная установка
	pickling process	s. P 241		
P 244	pick-off	Folienabriß m, Filmabriß m	arrachement m de feuilles (films)	отрыв пленки
P 245	pick-up	am Preßstempel ange-brachte Formteilfesthalte-vorrichtung f	dispositif m de retenue de la pièce moulée au piston	держатель изделия (пуан-сон)
	pick-up roll	s. D 323		
	PIC-rigid foam	s. P 638		
	pierce and blank tool	s. E 27		
	piercing	s. P 1122		
P 246	piezocrystal, piezoelectric crystal	Kristallschwinger m, piezo-elektrischer Kristall m, Piezokristall m (Ultraschall-schweißmaschinen)	piézocristal m, cristal m piézo-électrique	пьезокристалл, пьезоэлек-трический кристалл
P 247	piezoelectrical pressure transducer	piezoelektrischer Druck-aufnehmer m (zur Erfas-sung des Massedrucks in Verarbeitungsmaschinen)	transducteur m de pression piézo-électrique	пьезоэлектрический датчик давления
	piezoelectric crystal	s. P 246		
P 248	pigment	Farbkörper m, Pigment n	pigment m	пигмент
P 249	pigment cake	körniges Pigment n	pigment m grenu (granu-leux, granulaire)	таблетированный (спрессо-ванный) пигмент
P 250	pigment dispersion	Pigmentdispersion f, Farb-körperdispersion f	dispersion f de corps colo-rant, dispersion de pig-ment	красящая дисперсия
P 251	pigment dye	Pigmentfarbstoff m	colorant m à pigment	пигментный краситель
P 252	pigmented layer	eingefärbte Gel-coat-Schicht f (bei Laminaten)	couche (strate) f pigmentée (stratifié)	окрашенный лицевой слой (стеклопластика)
P 253	pigmented surface	pigmentierte Oberfläche f	surface f pigmentée	пигментированная поверх-ность
P 254	pigment flushing	Pigmentausschwimmen n, Ausschwimmen n von Pig-menten	ségrégation f de pigments	вымывание пигментов
P 255	pigmenting capacity	Pigmentaufnahmevermö-gen n	capacité f de pigmentation	поглощаемость пигмента
P 256	pigment paste	Pigmentpaste f, Farbkörper-paste f	pigment m en pâte	пигментный краситель в пасте
P 257	pigment vehicle	Pigmenthaftmittel n	liant m du pigment	пигментное связующее
P 258	pilot plant, semiworks, semi-plant	Versuchsanlage f, Ver-suchsbetrieb m, Pilot-anlage f	unité f pilote, installation f pilote	опытная (пилотная, экспери-ментальная) установка, экспериментальный цех
P 259	pilot scale	Versuchsmaßstab m	échelle f pilote	опытный масштаб
P260/1	pimple	Pickel m (Preßfehler)	bouton m, pistule f (défaut de moulage)	бугорок (дефект прессо-вания)
	pinch-off edge	s. C 1104		
P 262	pinch roll	Förderwalze f, Einführungs-walze f	rouleau m entraîneur	заправочный ролик
	pinch roll	s. a. P 971		
P 263	pineapple-type mixing nozzle	Mischdüse f mit kieferzap-fenförmig ausgebildeter Innenkontur	buse f de mélange à contour intérieur du type ananas	смесительное сопло с шишковидной внутренней поверхностью
	pin gate (gating)	s. P 269		
P 264	pine trees	unerwünschte verästelte (baumartige) Streifenbil-dung f, unerwünschte tan-nenbaumförmige Muste-rung f (bei kalandrierten Folien)	stries fpl froides	елкообразный рисунок, об-разование разветвленных полос (дефект каландро-вания)
P 265	pinhole	Fadenlunker m an Formtei-len (Preßfehler), tiefes und enges Loch n (stecknadel-kopfartige Pore in Beschich-tungen)	trou m d'épingle (défaut)	узкий пузырек (дефект прессования), игольчатое отверстие, прокол
P 266	pinholing	Nadelbildung f (in Beschich-tungen)	formation f de trous d'épingle	образование проколов
P 267	pinned rotor	rotierender Fluid-Mischer-Stiftkranz m	couronne f dentée formant rotor	вращающиеся лопасти сме-сителя
P 268	pinned stator, stator	stationärer Fluid-Mischer-Stiftkranz m	couronne f dentée formant stator	лопасти-статор смесителя
	pinpoint closing nozzle	s. N 22		
P 269	pinpoint gate (gating), pin gate (gating), restricted gate (gating)	Punktanschnitt m	entrée f rétrécie, entrée (in-jection f) capillaire, entrée en trou d'épingle, entrée en pointe d'aiguille	суженный впускной (то-чечный) литник, точечный впускной канал

P 270	pinpoint gating with conical sprue bushing	konische Angußbuchse f für Punktanschnitt	entrée f capillaire	коническая литниковая втулка для литья точечным литником
P 271	pinpoint nozzle, nozzle with pinpoint	Düse f mit Punktanguß, Punktangußdüse f	buse f pour injection capillaire	сопло с точечным литником
	pin roll	s. N 20		
P 272	pipe/to	Rohr legen, verrohren	poser la tuyauterie	укладывать трубопровод
P 273	pipe	Rohr n	tube m	труба
P 274	pipe bend	Rohrbogen m, Rohrbiegung f	tube (tuyau) m coudé, cintre m de tuyau	отвод трубы, трубное колено
P 275	pipe bending	Rohrbiegen n, Biegen n von Rohren	cintrage (pliage) m de tubes	гибка труб
P 276	pipe branch	Rohrabzweigung f	branchement m, dérivation f (tube)	развилка трубопровода
P 277	pipe bundle	Rohrbündel n	faisceau m tubulaire	пучок труб, трубчатка
P 278	pipe bundling device	Rohrbündelanlage f, Rohrbündeleinrichtung f	installation f à faisceau tubulaire, dispositif m à faisceau de tubes	установка для получения трубных пучков
P 279	pipe clamp (clip)	Rohrschelle f	attache f de tuyau, bride f (collier m) d'attache, collier m de serrage (tube)	хомут [трубы]
P 280	pipe coil	Rohrschlange f	serpentin m	змеевик
	pipe connection	s. P 292		
	pipe cramp	s. P 290		
	pipe die	s. E 451		
	pipe elbow	s. A 413		
P 281	pipe end, end of [the] pipe	Rohrende n	extrémité f (bout m) de tube	конец трубы
P 282	pipe extruder	Rohrextruder m (Extruder zur Herstellung von Rohren oder Schläuchen)	extrudeuse f de tubes; extrudeuse f de tubes flexibles; extrudeuse f de gaines	экструдер для изготовления труб
P 283	pipe extrusion [die] head, piping head	Rohrspritzkopf m	tête f d'extrudeuse (extrusion) pour tubes	головка для экструзии труб
P 284	pipe extrusion line	Rohranlage f, Rohrextrusionsanlage f	installation f d'extrusion de tubes	установка для производства труб
	pipe fitting	s. F 270		
P 285	pipe flange	Rohrflansch m	bride f de tuyau, culotte f	трубный фланец
P 286	pipe former, former bushing, sizing bush	Kalibrierbuchse f, Kalibrierhülse f	manchon m calibré, bague f calibrée	калибровочная втулка, калибровочное кольцо, калибрующая труба
	pipe forming	s. M 41		
P 287	pipe frame	Rohrgestell n	châssis m en tubes	трубчатые леса
P 288	pipe hanger	Rohraufhängevorrichtung f	support (collier) m du tube	подвеска труб
	pipe hanger buffer	s. C 386		
P 289	pipe haul-off machine	Rohrabzug m, Rohrabzugsmaschine f	dispositif m de réception des tubes	тянущее устройство для труб
	pipe head	s. H 54		
P 290	pipe hook, wall hook, pipe cramp	Rohr[befestigungs]haken m (für Rohrleitungen)	crochet-étrier m, grappin m	крюк (труба), трубный крюк
P 291	pipe-in-pipe system	Rohr-in-Rohr-System n, mit Kunststoffliner (Plastliner) ausgekleidetes Metallrohr n, RiR	tube m métallique revêtu de tuyau plastique à l'intérieur	система «труба в трубе»
P 292	pipe joint, pipe connection	Rohrverbindung f	joint (raccord) m de tube	соединение труб, патрубок
P 293	pipeline	Rohrleitung f	pipe-line m; tuyauterie f; conduite f de tuyaux, conduit m	трубопровод
	pipeline mixer	s. F 460		
P 294	pipe lining	Rohrauskleidung f	revêtement m de tube (à l'intérieur)	футеровка трубы
P 295	pipe sealant	Rohrleitungsdichtstoff m	matériau m d'étanchéité pour tuyaux	уплотнительное вещество для трубопроводов
P 296	pipe section	abgelängtes Rohr n, Rohrlänge f	section f (tronçon m) de tube	кусок (длина) трубы
P 297	pipe socket-forming plant, pipe socketing unit	Muffenformanlage f	installation f à former des manchons	установка для изготовления муфт
P 298	pipe stacking device	Rohrstapelanlage f, Rohrstapeleinrichtung f	dispositif m à empiler des tuyaux, installation f d'empilage de tuyaux	штабелеукладчик для труб
P 299	pipe strand	Rohrstrang m	colonne f de tuyauterie, tuyauterie f	нитка трубопровода
P 300	pipe support	Rohrhalter m für Rohrleitungen	support m de tubes	скоба для крепления труб
P 301	pipe thread	Rohrgewinde n	filetage m du tube	трубная резьба
P 302	pipe-to-flange joint	Rohr-Flansch-Verbindung f (an Rohrleitungen)	raccord m à bride	соединение трубы с фланцем, фланцевое соединение труб

P 303	pipe-to-pipe joint	Rohr-Rohr-Verbindung f	raccord[ement] m (de deux tubes)	трубное соединение, соединение двух труб
P 304	pipe turning	Rohrwender m	appareil m à renverser les tuyaux	поворачивающее устройство для труб
	pipe with helical reinforcing web	s. H 159		
	piping head	s. P 283		
	piston	s. P 494		
P 305	pit	kleines und rauhes Loch n, Grübchen n (Preßfehler in Formteilen)	cratère m, retassure f	дырочка (дефект прессования)
P 306	pitch	Pech n	brai m, poix f	пек, деготь
	pitch	s. a. L 113		
P 307	pitched blade	Mischelement n mit winklig angestelltem Rührflügel, verdrehter Rührflügel m	pale f chantournée	лопасть со скруткой
P 308	pitch of spindle	Spindelsteigung f	pas m de vis	ход резьбы шпинделя, ход винта
P 309	pitting corrosion	Lochfraßkorrosion f, Lochkorrosion f	piqûration f, corrosion f nucléonique, corrosion f par piqûration (piqûres)	сквозная коррозия
P 310	PIV-gear, positive ideal adjustable gear, infinitely variable gear	PIV-Getriebe n, stufenlos verstellbares Regelgetriebe n	engrenage m infiniment variable	автоматическая трансмиссия, вариатор, бесступенчатая передача, бесступенчатая коробка передач, изодромная передача
P 311	pivot, trunnion	Zapfen m	pivot m, tenon m, tourillon m	цапфа, шип, шейка
P 312	pivotable injection unit	schwenkbare Spritzeinheit (Einspritzeinheit) f	unité f à injection pivotante (pivotée)	опрокидывающееся литьевое устройство
	plain bearing	s. S 645		
P 313	plain butt joint (weld), pressure butt weld	I-Schweißnaht f, Schweißstumpfstoß m mit I-Naht	soudure f en I, soudure f sur bords droits, soudage m bout à bout	I-образный [сварной] шов, стык с I-образным швом
P 314	plain cloth	Leinengewebe n (Verstärkungsmaterial)	taffetas m, toile f	льняная ткань
	plain core pin	s. C 843		
	plain scarf joint	s. S 46		
P 315	plain weave	Leinenbindung f (Verstärkungsmaterial)	armure f taffetas (toile)	льняное переплетение
P 316	plain woven fabric	Leinenbindung f mit gleichstarker Kette und gleichstarkem Schuß (Textilglasgewebe)	armure f taffetas (toile) à chaîne et trame identiques	стеклоткань полотняного переплетения
P 317	plane load-bearing structure, skin structure	Flächentragwerk n	construction f en surfaces porteuses	складчатая (пространственная несущая) конструкция
P 318	plane strain	ebener Verformungszustand m	déformation f plane, état m de déformation plane, état m plan de déformation	плоское деформационное состояние
P 319	plane strain bulk modulus	Volumenelastizitätsmodul m	module m d'élasticité spatial	модуль объемной упругости
	plane stress	s. B 183		
P 320	planetary change-can mixer	Planetenrührwerk n mit auswechselbarem Rührbehälter	mélangeur m planétaire avec cuve mobile	планетарный смеситель с заменяемой рабочей камерой
P 321	planetary gear	Planetengetriebe n	engrenage m planétaire	планетарная передача, планетарный механизм
P 322	planetary [paddle] mixer, planetary stirrer	Planetenrührwerk n, Planetenmischer m	agitateur m planétaire, batteur-mélangeur m planétaire	планетарный смеситель, планетарная мешалка, планетарный ворошитель
P 323	planetary roller extruder, Eickhoff extruder, Horrock extruder	Planetenwalzenextruder m, Horrock-Extruder m	extrudeuse f à vis planétaires	четырехчервячный планетарный экструдер, планетарный валковый экструдер, планетарный многочервячный пресс
P 324	planetary screw extruder, roller die extruder	Walzenextruder m	extrudeuse f à vis planétaire	валковый экструдер
	planetary stirrer	s. P 322		
P 325	planetary winding machine	Planetenwickelmaschine f	enrouleuse f planétaire	намоточная машина для вращения оправки в трехроликовых опорах
P 326	planing fixture (machine)	Hobelvorrichtung f, Hobelmaschine f (für Kunststoffbearbeitung)	raboteuse f, trancheuse f	строгальный станок, строгальное устройство

P 327	planing method	Hobelverfahren n, Hobeln n (Trennverfahren)	rabotage m, tranchage m	строгание, способ строгания
P 328	plant for inorganic degreasing solutions	Anlage f zum Entfetten in anorganischen Reinigungsmitteln	installation f pour nettoyage à l'aide de produits inorganiques	установка для обезжиривания неорганическими моющими растворами
P 329	plant for organic degreasing solutions	Anlage f zum Entfetten in organischen Lösungsmitteln	installation f pour nettoyage à l'aide de produits organiques	установка для обезжиривания органическими растворителями
P 330	plant for plastics machines	Kunststoffmaschinenwerk n, Plastmaschinenwerk n	usine f de [construction de] machines à mouler les plastiques	машиностроительный завод (для изготовления машин для переработки пластмасс)
	plant for solvent recovery	s. S 798		
P 331	plant parameter	Anlagenparameter m	paramètre m d'installation	параметр установки
P 332	plant scale	Betriebsmaßstab m, technischer Maßstab m	échelle f technique (industrielle)	технический масштаб, промышленные требования
P 333	plant set-up	Anlagenaufbau m	construction f d'installations	монтаж (сборка) установки
P 334	plaque	urgeformte Tafel f (für Prüfung)	plaque f	плита
P 335	plaque mould	Plattenwerkzeug n (zur Herstellung von Prüftafeln)	moule m de plaques	форма для изготовления плит
P 336	plasma coating	Plasmabeschichten n, Beschichten n mittels Plasma	placage m au plasma	плазменное нанесение
P 337	plasma-deposited polymer film	mittels Plasma aufgetragene Polymerschicht f	couche f de polymère obtenue par projection au plasma	нанесенная плазмой полимерная пленка
P 338	plasma etching	Plasmaätzen n (Klebflächen)	décapage m au plasma (surfaces à coller)	плазменное травление
P 339	plasma polymerization	Plasmapolymerisation f	polymérisation f au (du) plasma	плазменная полимеризация
P 340	plasma pretreatment	Plasmavorbehandlung f, Oberflächenvorbehandlung f mittels Plasma (zwecks Polarisation unpolarer Thermoplaste, Thermomere)	prétraitement m au plasma	предварительная обработка плазмой
P 341	plasma surface treatment	Plasmaoberflächenbehandlung f (Polarisieren unpolarer Thermoplaste, Thermomere)	traitement m superficiel au plasma, traitement de la surface par jet de plasma	плазменная обработка поверхности
P 342	plasma technology	Plasmatechnik f (für Oberflächenmodifizierung)	technique f de plasma (modification de surface)	обработка поверхности плазмой
P 343	plasma treatment at low temperatures	Niedertemperaturplasmabehandlung f	traitement m au plasma à basse température	обработка поверхности плазмой при низкой температуре
P 344	plastainer	Kunststoffbehälter m, Plastbehälter m	récipient m plastique	сосуд из пластика
P 345	plaster	Gips m	plâtre m	гипс
P 346	plaster cast	Gipsabguß m	modèle m en plâtre	гипсовое литое изделие
P 347	plaster mould (pattern)	Gipsform f, Gipsmodell n (Harzgießen, Laminatherstellung)	moule m en plâtre [de Paris], maquette f en plâtre	гипсовая матрица, гипсовая форма
P 348	plastic, plastic material	Kunststoff m, Plast m	plastique m, matière f plastique	пластическая масса, пластмасса, пластик
P 349	plastic	aus Kunststoff (Plast) hergestellt	plastique, en plastique	из пластика, из пластической массы, пластмассовый
P 350	plastic additive [agent]	Kunststoffzusatzstoff m, Plastzusatzstoff m, Zusatzstoff m für Kunststoffe (Plaste), Kunststoffhilfsstoff m, Plasthilfsstoff m, Kunststoffadditiv n, Plastadditiv n	additif (adjuvant) m plastique	добавка (присадка) для пластмассы (пластиков)
P 351	plastic adherend	Klebfügeteil n aus Kunststoff (Plast)	pièce f collée plastique	склеиваемое пластизделие
P 352	plasticate/to	plastizieren	plastifier	пластицировать, пластифицировать
P 353	plasticating capacity, plasticating efficiency	Plastizierleistung f (eines Extruders)	capacité f de malaxage, efficacité f de plastification	пластикационная способность, производительность экструдера
	plasticating cylinder	s. I 154		
	plasticating efficiency	s. P 353		
P 354	plasticating pressure	Plastizierdruck m	pression f de plastification	давление пластикации
P 355	plastication	Plastizierung f	plastification f	пластификация
P 356	plastic barn cloche	Kunststofffolienzelt n, Plastfolienzelt n	tente f en feuille plastique	палатка из пластмассовой пленки

P 357	**plastic base protective layer**	Kunststoffschutzschicht f, Plastschutzschicht f	couche f de protection plastique	защитное покрытие из пластика
P 358	**plastic bonding,** bonding of plastics	Kunststoffkleben n, Plastkleben n	collage m de plastiques	склеивание пластиков
P 359	**plastic cake**	Kunststoffkuchen m, Plastkuchen m, kuchenförmiger Vorformling m *(für Schallplatten)*	gâteau m plastique	дисковидная заготовка
P 360	**plastic-coated paper,** polypaper	kunststoffbeschichtetes (plastbeschichtetes) Papier n	papier m enduit de plastique, papier m plasté	покрытая пластмассой бумага, дублированная слоем пласта бумага
P 361	**plastic-coated textiles**	kunststoffbeschichtete (plastbeschichtete) Textilien pl	textiles mpl enduits de plastique, textiles mpl plastés	промазанная пластмассой ткань, дублированная ткань
P 362	**plastic composite film**	Kunststoffverbundfolie f, Plastverbundfolie f	feuille f composite plastique	многослойная пластмассовая пленка
P 363	**plastic composition**	Kunststoffmasse f, Plastmasse f, Kunststoffansatz m, Plastansatz m	composition f plastique	полимерная композиция
P 364	**plastic compounding,** compounding of plastics	Kunststoffformmasseaufbereitung f, Plastformmasseaufbereitung f	préparation f (compoundage m) de plastiques	подготовительная переработка пластмасс
P 365	**plastic covering**	Kunststoffüberzug m, Plastüberzug m, Kunststoffbeschichtung f, Plastbeschichtung f	plastage m	пластмассовая облицовка
P 366	**plastic cutting**	spanende Kunststoffbearbeitung (Plastbearbeitung) f	usinage m de plastiques [par enlèvement de matière]	механическая обработка пластмасс
P 367	**plastic deformation,** permanent deformation (set), accommodationing	plastische Deformation (Verformung) f, [bleibende] Verformung f, bleibende Deformation f, Verformungsrest m	déformation f permanente (plastique)	необратимая (остаточная, пластическая, пластичная) деформация
P 368	**plastic elongation,** permanent elongation	bleibende Dehnung f *(nach Belastung)*	allongement m permanent	остаточное удлинение, остаточная деформация
P 369	**plastic fabric**	Kunststoffgewebe n, Plastgewebe n	tissu m (toile f) synthétique	ткань из полимерного материала, искусственная ткань
	plastic film	*s.* P 372		
P 370	**plastic film welder,** plastic foil sealer	Kunststoff-Folienschweißgerät n, Plastfolienschweißgerät n	soudeuse f de feuille plastiques	сварочный аппарат для полимерных пленок
P 371	**plastic fitting**	Kunststoffarmatur f, Plastarmatur f, Kunststofffitting m, Plastfitting m	raccord m plastique	фитинг из пластика
	plastic foam	*s.* F 528		
P 372	**plastic foil,** plastic film	Kunststofffolie f, Plastfolie f	film m plastique; feuille f plastique	пластмассовая пленка
	plastic foil sealer	*s.* P 370		
P 373	**plastic gear**	Kunststoffzahnrad n, Plastzahnrad n	roue f dentée plastique	пластмассовое зубчатое колесо
P 374	**plastic granulation**	Kunststoffgranulierung f, Plastgranulierung f	granulation f des plastiques	гранулирование пластмасс
	plastic-impregnated paper core	*s.* P 47		
P 375	**plastic-insulated cable**	kunststoffisoliertes (plastisoliertes) Kabel n	câble m armé (isolé) aux [matières] plastiques	кабель с пластмассовой изоляцией
P 376	**plasticity**	Plastizität f	plasticité f	пластичность
P 377	**plasticity tester**	Plastizitätsprüfgerät n, Plastizitätsprüfer m	appareil m d'essai de plasticité	измеритель пластичности
P 378	**plasticize/to,** to plastify	plastifizieren, weichmachen, erweichen, weichstellen	plastifier	пластифицировать, смягчать
P 379	**plasticized**	weichgemacht, weichgestellt	plastifié	пластифицированный, мягкий
P 380	**plasticized compound**	weichgemachte Formmasse f, weichgestellte Formmasse f	masse f [plastique] plastifiée, matière f à mouler plastifiée	пластифицированный компаунд, пластифицированная смесь
	plasticized material	*s.* P 381		
P 381	**plasticized plastic,** plasticized material	weichgemachter Kunststoff (Plast) m, Weichkunststoff m, Weichplast m	plastique m plastifié	пластифицированный пластик
P 382	**plasticized polyvinyl chloride**	Weich-Polyvinylchlorid n, Weich-PVC n, PVC-P	chlorure m de polyvinyle souple (plastifié), CPV (PVC) souple	пластифицированный поливинилхлорид, мягкий ПВХ
P 383	**plasticizer,** softener, softening agent	Weichmacher m	plastifiant m, agent m plastifiant	пластификатор, мягчитель

P 384	plasticizer blend	Weichmachermischung f	mélange m plastifiant	смесь пластификаторов
P 385	plasticizer content	Weichmachergehalt m	teneur f en plastifiant	содержание пластификатора
P 386/7	plasticizer limit	Weichmachergrenzmenge f	limite f de plastification	предельное количество пластификатора
P 388	plasticizer loss, softener loss, softening agent loss	Weichmacherverlust m	perte f de plastifiant, perte f d'agent plastifiant	потери пластификатора
P 389	plasticizer migration, migration of plasticizers	Weichmacherwanderung f	migration f du plastifiant	миграция пластификатора
P 390	plasticizer unit, plasticizing unit	Plastiziereinheit f, Einspritzaggregat n, Plastizieraggregat n (von Spritzgießmaschinen)	unité f de plastification	пластицирующий агрегат, механизм (узел) пластикации (литьевой машины)
P 391	plasticizing capacity, plastifying (melting) capacity	Plastizierleistung f, Schmelzleistung f, Schmelzkapazität f, Verflüssigungsleistung f	capacité f de plastification	производительность (способность) пластикации, производительность плавления
P 392	plasticizing device	Plastiziereinrichtung f	dispositif m de plastification	пластицирующее устройство, пластикатор
P 393	plasticizing effect (efficiency)	weichmachende Wirkung f, Weichmacherwirksamkeit f, Weichmacherwirkung f	effet m plastifiant (de plastification), action f plastifiante	пластифицирующее [воз]-действие, пластифицирующий эффект
P 394	plasticizing injection cylinder	Spritzgießmaschinenzylinder m, Plastizierzylinder m einer Spritzgießmaschine	cylindre m de plastification (moulage par injection)	инжекционный цилиндр (литьевой машины)
P 395	plasticizing rate	Weichmachungsgrad m	taux m de plastification	степень пластикации
	plasticizing section	s. P 397		
P 396	plasticizing system	Plastiziersystem n	système m de plastification	система пластификации
	plasticizing unit	s. P 390		
P 397	plasticizing zone, plasticizing section, melt zone (section), transient zone (section), zone of conversion, plastification zone	Plastizierzone f, Schmelzzone f, Umwandlungszone f (Extruder)	zone f de plastification	зона пластикации, зона плавления, зона превращения
P 398	plastic-lined	mit Kunststoff (Plast) ausgekleidet	revêtu de plastique [à l'intérieur]	футерованный пластиком, облицованный пластмассой
P 399	plastic-lined product	kunststoffausgekleidetes (plastausgekleidetes) Erzeugnis n	produit m revêtu plastique	облицованное пластизделие
P 400	plastic lining	Kunststoffauskleidung f, Plastauskleidung f	revêtement m de plastique [à l'intérieur]	футеровка полимерным материалом
P 401	plastic material	plastische Masse f	matière (masse) f plastique	вязкий (пластический) материал
	plastic material	s. a. P 348		
P 402	plastic matrix, basic compound	Kunststoffmatrix f, Plastmatrix f, Kunststoffgrundwerkstoff m, Plastgrundwerkstoff m, Kunststoffkomponente (Plastkomponente) f in verstärkten Werkstoffen	base f plastique (matériaux renforcés)	основной полимер, полимерная матрица, полимерная основа армированного пластика
P 403	plastic melt	Kunststoffschmelze f, Plastschmelze f	plastique m en fusion	расплав пластика
P 404	plastic-metal adhesive joint, plastic-to-metal bond	Kunststoff-Metall-Klebverbindung f, Plast-Metall-Klebverbindung f	assemblage m collé plastique-métal	клеевое соединение металла с пластиком
P 405	plastic-metal laminate	Kunststoff-Metall-Verbundstoff m, Plast-Metall-Verbundstoff m	matière f composée à base de matières plastiques et de métaux	ламинат из металла и пластика
P 406	plastic mixer and kneader	Kunststoffmasseaufbereitungsmaschine f, Plastmasseaufbereitungsmaschine f, Kunststoffaufbereitungsmaschine f, Plastaufbereitungsmaschine f	mélangeur m et malaxeur m des plastiques	смеситель-пластикатор (для пластмасс)
P 407	plastic mortar	Kunststoffmörtel m, Plastmörtel m	mortier m de plastique	[строительный] пластраствор
P 408	plastic-on-metal bond	Kunststoff-Metall-Verbindung f, Plast-Metall-Verbindung f	liaison f entre matières plastiques et métaux	соединение пластика с металлом
P 409	plastic packaging	Kunststoffverpackung f, Plastverpackung f	emballage m de plastiques	пластмассовая упаковка
P 410	plastic part	Kunststoffteil n, Plastteil n	pièce f en matière plastique	пластизделие
P 411	plastic pinch-off	Abquetschbutzen m bei Blasformteilen, Blasformteilabquetschbutzen m	pince f coupante (soufflage)	облой (экструзионно-раздувное формование)

P 412	plastic pipe	Kunststoffrohr n, Plastrohr n	tube (tuyau) m plastique	труба из пластика (полимерного материала)
P 413	plastic precision article	Kunststoffpräzisionsformteil n, Plastpräzisionsformteil n, Kunststoffpräzisionsurformteil n, Plastpräzisionsurformteil n	pièce f moulée plastique de précision	точное изделие из пластика
P 414	plastic profile with wood grain finish	Kunststoffprofil (Plastprofil) n mit Holzdekor	profilé m en matière plastique d'imitation bois	профиль из пластика с декором из дерева
P 415	plastic property, property of plastic	Kunststoffeigenschaft f, Plasteigenschaft f	propriété f plastique	свойство пластика
P 416	plastic raw material	Kunststoffrohstoff m, Plastrohstoff m	matière f brute plastique	пластмассовое сырье, пласт-сырье
P 417	plastic resin tank	Harzwanne f, Harzvorratswanne f (für Beschichtungsmaschinen)	bac m d'alimentation de résine (enduction)	сборник смолы (машины для нанесения)
P 418	plastic ribbed pipe	Kunststoffwellrohr n, Plastwellrohr n	tube m ondulé plastique	гофрированная труба из пластика
P 419	plastics alloy	Kunststofflegierung f, Kunststoffgemisch n, Kunststoffmischung f, Plastlegierung f, Plastgemisch n, Plastmischung f	alliage m plastique (polymère), alliage de plastiques	смесь пластмасс, полимерная композиция, полимерное легирование
P 420	plastics application	Kunststoffanwendung f, Plastanwendung f	application f de plastique, utilisation f de matières plastiques	применение пластмасс
P 421	plastics ashing test	Kunststoffveraschungsprüfung f, Plastveraschungsprüfung f	essai (test) m d'incinération de plastique	испытание пластика прокаливанием до золы
P 422	plastics bristle	Kunststoffborste f, Plastborste f	soie f plastique, crin m de brosserie en matière plastique	пластмассовая щетина
P 423	plastics cable fitting	Kunststoffkabelgarnitur f, Plastkabelgarnitur f	garniture f de câbles à isolation en matières plastiques	фитинг для кабеля из пластмассы
P 424	plastics catch connection, plastics snap joint	Kunststoffschnappverbindung f, Plastschnappverbindung f	assemblage m à enclenchement en matière plastique, joint m à déclic de plastique	соединение-защелка из пластмассы
	plastic scrap	s. P 442		
P 425/6	plastics cutting	Kunststoffzerspanung f, Plastzerspanung f, Kunststoffzerspanen n, Plastzerspanen n	enlèvement m de copeaux plastiques	резание пластмасс
P 427	plastics data bank	Kunststoffdatenbank f, Plastdatenbank f	banque f de données pour matière plastiques	банк данных пластиков
P 428	plastic semiproduct	Kunststoffhalbzeug n, Plasthalbzeug n	semi-produit m plastique	пластмассовая заготовка, пластмассовый полупродукт
	plastics engineering	s. P 440		
P 429	plastic-sheathed cable	kunststoffummanteltes (plastummanteltes) Kabel n	câble m enrobé (revêtu, gainé) de plastique	кабель с наложенной пластмассовой изоляцией
	plastics identification	s. I 3		
	plastic size	s. C 906		
P 430	plastic slide bearing	Kunststoffgleitlager n, Plastgleitlager n	coussinet (palier) m lisse plastique	пластмассовый подшипник скольжения
P 431	plastic slideway	Gleitbahn f aus Kunststoff (Plast)	glissière f plastique	пластмассовая направляющая
P 432	plastics membrane valve	Kunststoffmembranventil n, Plastmembranventil n	soupape f à diaphragme en matière plastique	пластмассовый мембранный клапан
P 433	plastics nomenclature	Kunststoffnomenklatur f, Plastnomenklatur f	nomenclature f des matières plastiques	номенклатура пластиков
P 434	plastics preparation	Kunststoffaufbereitung f, Plastaufbereitung f	préparation f de matières plastiques	подготовительное производство пластмасс
	plastics press	s. M 518		
P 435	plastics processing	Kunststoffverarbeitung f, Plastverarbeitung f	transformation f des plastiques; usinage m des plastiques	переработка пластмасс
P 436	plastics processing machine	Kunststoffverarbeitungsmaschine f, Plastverarbeitungsmaschine f	machine f à transformer les plastiques, machine f de fabrication pour matières plastiques, machine de transformation des plastiques	машина для переработки пластмасс
	plastics processing mould	s. P 437		

P 437	plastics processing tool, plastics (moulding) tool, plastics processing mould	Kunststoffverarbeitungs-werkzeug n, Plastverar-beitungswerkzeug n	outil m de transformation des plastiques	форма для переработки пластмасс (пластиков)
P 438	plastics sealing sheet	Kunststoffdichtungsbahn f, Plastdichtungsbahn f	panneau m d'étanchéité en plastique	пластмассовая уплотни-тельная лента
	plastics shap joint	s. P 424		
P 439	plastics storage	Kunststofflagerung f, Plast-lagerung f	stockage m de matières plastiques, mise f en stock de matières plastiques	хранение пластмасс, хране-ние пластиков
P 440	plastics technology, plas-tics engineering	Kunststofftechnik f, Plast-technik f	plasturgie f; plasmurgie f; plastophysicochimie f	технология переработки и применения пластмасс
	plastics tool	s. P 437		
P 441	plastic structural compo-nent, structure element made from plastic	tragendes Kunststoffbauele-ment (Plastbauelement) n, Kunststoffkonstruktions-teil n, Plastkonstruktions-teil n	élément m portant [de construction] en plastique	пластмассовый несущий (конструктивный) элемент
P 442	plastics waste, plastic scrap	Kunststoffabfall m, Plastab-fall m	déchet m de matières plasti-ques, chute f [de] plasti-que	полимерные отходы, пластмассовые отходы
P 443	plastics waste disposal	Kunststoffabfallbeseiti-gung f, Plastabfallbeseiti-gung f	évacuation f des déchets de matières plastiques, mise f au rebut plastique	уничтожение полимерных отходов
P 444	plastics waste treatment	Kunststoffabfallbehand-lung f, Plastabfallbehand-lung f, Kunststoffabfallauf-bereitung f, Plastabfallauf-bereitung f	récupération f des déchets plastiques	обработка полимерных от-ходов
P 445	plastics welder	Kunststoffschweißer m, Plastschweißer m	soudeur m sur plastique	сварщик пластиков
P 446	plastics welding, welding of plastics	Kunststoffschweißen n, Plastschweißen n	soudage m des plastiques	сварка пластмасс
	plastics welding engi-neering	s. P 448		
P 447	plastics welding equipment	Kunststoffschweißanlage f, Plastschweißanlage f	appareil (poste) m de sou-dage des plastiques	установка для сварки пластмасс
P 448	plastics welding technique, plastics welding engineering	Kunststoffschweißtechnik f, Plastschweißtechnik f	technique f de soudage des plastiques	сварочная техника пластмасс
P 449	plastic tailored for the job	Kunststoff (Plast) m nach Maß, für den konkreten Anwendungsfall modifi-zierter Kunststoff (Plast) m	plastique m sur mesure	специально модифициро-ванная пластмасса, пластмасса специального назначения
	plastic-to-metal bond	s. P 404		
P 450	plastic tool, tool made from plastic	Werkzeug n aus Kunststoff (Plast)	outil m plastique	пластмассовая форма, форма (пресс-форма) из пластика
P 451	plastic-to-plastic	Klebstoff m für Kunststoff (Plaste)	colle f pour plastiques	клей для пластиков
P 452	plastic tube	biegsames Kunststoffrohr (Plastrohr) n	tube (tuyau) m plastique flexible	гибкая труба из пластика
P 453	plastic web	Kunststoffbahn f, Plast-bahn f, bahnenförmiger Kunststoff (Plast) m	bande (feuille) f plastique	лентовидный пластик, поли-мерная лента
	plastic yield with tempera-ture	s. T 292		
P 453a	plastification, fluxing	Plastifizierung f, Weichma-chung f	plastification f	пластификация
	plastification zone	s. P 397		
P 454	plastificator	Plastifikator m, kontinuier-lich arbeitende Gelierma-schine f	plastificateur m, mélangeur-gélificateur m	пластикатор
	plastify/to	s. P 378		
	plastifying capacity	s. P 391		
P 455	plastigel	Plastigel n	plastigel m	пластигель
	plastimeter	s. P 462		
P 456	plastisol, PVC liquid blend, polyvinyl chloride liquid blend	Plastisol n, Polyvinylchlorid-pulver-Weichmacher-system n	plastisol m	пластизоль, жидкая смесь на основе ПВХ
P 457	plastisol moulding	Herstellung f von Form-teilen aus Plastisol	moulage m en plastisol	изготовление изделий пластизолями, формова-ние пластизолями
P 458	plastoelastic deformation	elastoplastische Deforma-tion f	déformation f plasto-élasti-que (élasto-plastique)	упруго-вязкая деформация
P 459	plastograph	Plastograph m	plastographe m	пластограф
P 460	plastography	Plastographie f	plastographie f	пластография
P 461	plastomer	Plastomer[es] n	plastomère m	пластомер

P 462	plastometer, plastimeter	Konsistenzbestimmungsge-rät n, Konsistenzprüfer m	plastimètre m, consisto-mètre m	пластометр, консистометр
P 463	plastpeel (US)	Beutel m aus Kunststoff (Plast)	sachet m plastique	мешок из пластмассы
P 464	plate/to, to clad	plattieren, im Vakuum (Hochvakuum) metallisie-ren	paquer, métalliser sous vide [poussé]	плакировать
P 465	plate, sheet, slab	Tafel f, Platte f	plaque f, panneau m	плита, лист, пластина
P 466	plate calender	Plattenkalander m	calandre f de plaques	листовальный каландр
P 467	plate electrode	Plattenelektrode f (an Hoch-frequenzschweißmaschi-nen)	plateau m d'électrode, élec-trode f plane (en plaque), plaque-électrode f	пластинчатый электрод
P 468	plate heat exchanger	Plattenwärmeaustauscher m	échangeur m de chaleur à plaques	пластинчатый теплообмен-ник
P 469	plate-like pigment	blättchenförmiges Pig-ment n	pigment m lamellaire	пигмент с чешуйчатыми ча-стицами
P 470	platen	obere und untere Platte f, Pressentisch m (einer Etagenpresse)	tableau m (table f) de presse; plateau m supérieur; pla-teau m inférieur (presse à plateaux multiples)	плита этажного пресса
P 471	platen hanger and guide	Platteneinhänge- und -füh-rungsvorrichtung f (an Etagenpressen)	guidage m et suspension f des plateaux (presse à pla-teaux multiples)	подвеска и ведущее устрой-ство (этажного пресса)
P 472	platen press	Plattenpresse f	presse f à plateaux [multi-ples]	пресс для прессования плит
P 473	platen size, panel size	Plattengröße f, Plattenfor-mat n, Tafelgröße f, Tafel-format n	format m (taille f, dimen-sions fpl) de la plaque (table)	размер плиты, формат листа
P 474	plate out	Kunststoffverarbeitungs-hilfsstoffbelag m, Plast-verarbeitungshilfsstoffbe-lag m (auf Verarbeitungs-maschinenteilen)	couche f (dépôt m) d'auxi-liaire de transformation des plastiques (pièces de la machine de transforma-tion)	покрытие для переработки пластмасс (на машинах)
P 475	plate-out [building]	Belagbildung f, Abschei-dung f, Plate-out n (von Zu-satzstoffen auf Metall-flächen der Verarbeitungs-maschinen)	formation f d'incrustation, dépôt m	отложение
P 476	plating, cladding	Plattieren n, Metallisieren n im Hochvakuum	métallisation f sous vide poussé, placage m	плакирование, плакировка
P 477	plating liquid	Vorstreichmittel n für Vakuumbedampfung	liquide m de placage	грунтовка
	platinum bushing	s. S 893		
P 478	pleating	Plissieren n	plissage m	плиссирование
P 479	plenum chamber method (process)	Formkammerverfahren n für Faser-Harz-Spritzen, Vor-form-Freiform-Verfah-ren n, Freiformen n mit-tels Vorformsiebes	préformage m sur écran de préforme	предварительное формова-ние установкой закрытого типа, предварительное формование нанесением волокнистого материала на перфорированную форму
P 480	plexiglass	Plexiglas n, Acrylglas n	verre m acrylique	плексиглас
P 481	plexiglass safety screen	Polymethylmethacrylat-Schutzscheibe f, Sicher-heitsscheibe f aus Poly-methylmethacrylat, Acryl-glas-Schutzscheibe f, Acrylglas-Sicherheits-scheibe f	vitre f protectrice en plexi-glas (verre acrylique, polyméthylméthacrylate, méthacrylate de poly-méthyle)	полиакрилонитрильное без-опасное стекло, органи-ческое безосколочное стекло
P 482	plied [filament] yarn, multi-ple strand yarn	gefachte Glasseide f, mehr-strähniges Garn n	silionne f mise en parallèle	сдвоенная стеклопряжа, крученая нить
	plied yarn	s. T 666		
P 483	ploughing	Rillenbildung f (Reibungsver-schleiß)	rainurage m, formation f de rainures	образование рифлей тре-нием
P 484	plow blade blender (mixer) (US)	Gegenstrom-Teller-mischer m, Lancaster-Mischer m ohne Läufer	mélangeur m à table à contre-courant	противоточный дисковый (тарельчатый) смеситель
P 485	plug	Pfropfen m, Stöpsel m	cheville f	оформляющая вставка, пробка
	plug	s. a. 1. M 36; 2. M 525; 3. P 488		
P 486	plug-and-ring forming	Streckformen n mit Ring (Ziehformen mit Stempel und federndem Niederhal-ter ohne Gegenform)	emboutissage m avec poin-çon et lunette (couronne de forme)	позитивное термоформова-ние с применением пуан-сона и кольца
P 487	plug-and-socket connec-tion, spigot-and-socket joint	Steckverbindung f (Rohre)	raccord m à manchon dou-ble; raccord manchonné (par mandrinage)	штеккерный разъем, разъем, штыковое соеди-нение

P 488	**plug-assist,** helper, plug	Vorstreckstempel *m (für Streckformen von Thermoplasthalbzeugen)*	poinçon *m* de pré-étirage	пуансон для предварительной вытяжки
	plug-assist forming	*s.* P 489		
P 489	**plug-assist vacuum thermoforming,** plug-assist forming, forming with helper	Vakuumstreckformen *n* mit mechanischer Vorstrekkung *(von Thermoplasthalbzeugen)*	thermoformage *m* sous vide assisté par poinçon, formage *m* à vide avec pré-étirage sur poinçon	вакуумное формование с механической предварительной вытяжкой, вакуумное термоформование с предварительной вытяжкой пуансоном
P 490	**plug continuous-flow mixer,** slugwise continuous-flow mixer	Durchflußmischer *m* mit diskontinuierlicher Materialzugabe	mélangeur *m* [continu] à l'alimentation périodique	расходомер прерывного действия, прибор для измерения количества протекающей загрузки
P 491	**plug gauge**	Lehrdorn *m,* Kaliberdorn *m*	tampon *m* à calibrer, calibre *m* tampon	калиберная пробка, калибр-пробка
P 492	**plug-in unit**	Einschubeinheit *f (für Baukastengeräte)*	tiroir *m* [interchangeable], bloc *m* amovible	унифицированный узел, элемент агрегатной системы
P 493	**plug-up**	Kaltpfropfenbildung *f (beim Kolbenspritzgießen)*	formation *f* de bouchon froid	«холодная» первая порция при впрыске, образование холодной пробки
P 494	**plunger,** piston	Tauchkolben *m,* Kolben *m*	piston *m* plongeur	плунжер, поршень
	plunger	*s. a.* T 497		
P 495	**plunger cylinder**	Spritzkolbenzylinder *m*	cylindre (pot) *m* d'injection	цилиндр литьевого плунжера
P 496	**plunger extrusion type rheometer**	Kolbenextrusionsrheometer *n*	rhéomètre *m* d'extrusion à piston	поршневой экструзионный реометр
P 497	**plunger injection-moulding machine,** plunger-type injection machine	Kolbenspritzgießmaschine *f*	machine *f* d'injection à piston	поршневая литьевая машина
	plunger mould	*s.* T 493		
	plunger moulding	*s.* 1. D 637; 2. T 494		
	plunger moulding press	*s.* T 495		
P 498	**plunger retainer plate**	Stempelplatte *f,* Patrizenplatte *f,* Stempelhalterungsplatte *f*	plaque *f* porte-poinçon	плита для крепления пуансона, опорная плита
P 499	**plunger rod**	Kolbenstange *f*	tige *f* de piston, bielle *f*	поршневой шток
P 500	**plunger-type high-pressure metering unit**	Hochdruck-Kolbendosieranlage *f (Polyurethanverarbeitung)*	unité *f* de dosage haute pression à piston *(transformation de polyuréthanne)*	плунжерное дозирующее устройство
	plunger-type injection machine	*s.* P 497		
P 501	**plunger-type plasticizing equipment (unit)**	Kolbenplastiziereinheit *f (an Spritzgießmaschinen)*	unité *f* de plastification à piston *(injection)*	узел поршневой пластикации
P 502	**plunger-type stirrer**	Tauchrührwerk *n,* Tauchrührer *m*	agitateur *m* à plongeur	погружная мешалка
	plural component adhesive (glue)	*s.* M 628		
	ply	*s.* L 98		
P 503	**ply elevator**	Lagenpaternoster *m (für Hochfrequenzschweißen)*	élévateur *m* de couches *(soudage H. F.)*	элеватор для слоев
P 504	**ply reservoir**	Vorratsschlaufe *f (Folienabwickeln)*	boucle *f* de réserve *(déroulement de feuilles)*	накопитель лент
P 505	**plywood**	Sperrholz *n*	bois *m* contreplaqué, contreplaqué *m*	клееная фанера
P 506	**plywood adhesive,** veneer glue	Klebstoff *m* für Sperrholz *(Preßholzherstellung),* Sperrholzleim *m,* Sperrholzklebstoff *m,* Leim *m* für Sperrholz	colle *f* à (de) placage, adhésif *m* de contre-plaqué, colle *f* de contre-plaqué	клей для прессованной древесины, фанерный клей
	PMAN	*s.* P 676		
	PMC	*s.* 1. P 603; 2. P 901		
	PMI	*s.* P 566		
	PMMA	*s.* P 675		
	PMMI	*s.* P 677		
	PMP	*s.* P 678		
	PMS	*s.* P 679		
	pneumatically driven press	*s.* P 515		
P 507	**pneumatic circuit**	Druckluftkreis *m*	circuit *m* pneumatique	пневмосистема
P 508	**pneumatic conveyance**	pneumatische Förderung *f (von Schüttgütern)*	transport *m* pneumatique	пневмотранспорт
P 509	**pneumatic conveying dryer**	Rohrtrockner *m* mit pneumatischer Förderung	séchoir *m* pneumatique *(granulés)*	вакуумная скоростная сушилка *(для гранулята)*
P 510	**pneumatic conveying plant**	pneumatische Förderanlage *f (Granulat)*	convoyeur *m* pneumatique	пневматический транспортер
P 511	**pneumatic conveying system**	pneumatisches Fördersystem *n*	système *m* de transport pneumatique	пневматическая система

P 512	pneumatic dryer	pneumatischer Trockner m	séchoir m pneumatique	пневмосушилка
P 513	pneumatic drying	Preßlufttrocknen n, Preßluft-trocknung f	séchage m pneumatique	сушка сжатым воздухом
P 514	pneumatic hopper loader	Saugfördergerät n, pneuma-tischer Förderer m, pneu-matisches Beschickungs-gerät n (für Granulat)	transporteur m pneumati-que	пневматический транспор-тер
P 515	pneumatic press, pneumati-cally driven press	pneumatische Presse f	presse f pneumatique	пневматический пресс, пресс с пневматическим приводом
P 516	pneumatic pressurized conveying plant	pneumatische Druckförder-anlage f (Granulat)	convoyeur m pneumatique à pression	транспортер, работающий сжатым воздухом
P 517	pneumatic prestretch	pneumatische Vorstrek-kung f	préétirage m pneumatique	предварительная пневмати-ческая вытяжка
P 518	pneumatic rewinding brake	pneumatische Wickel-bremse f (Folienabwickel-gerät)	frein m pneumatique (dérou-leur de feuilles)	пневматический тормоз для намотки
P 519	pneumatic supply of raw materials	pneumatische Rohstoffver-sorgung f	alimentation f pneumatique en matières premières	пневматическая подача ма-териала
P 520	pneumatic vacuum convey-ing plant	pneumatische Saugförder-anlage f (Granulat)	convoyeur m à air aspiré	вакуумный транспортер для гранулята
	PO	s. P 681		
P 521	pocket chill roll	Kühlwalze f mit texturierter Oberfläche	cylindre (rouleau) m refroi-disseur texturisé	текстурированный охлаж-дающий валок
P 522	point of impact	Auftreffpunkt m (der Pendel-schlagfinne)	point m d'impact (essai de choc)	место удара (маятника)
P 523	point of intersection	Kreuzungspunkt m (von Gewebebindungen)	croisement m, point m de croisement (tissu)	точка пересечения (перепле-тения)
	Poisson's index	s. P 524		
P 524	Poisson's ratio, Poisson's index, transverse con-traction ratio	Poissonsche Konstante f, Querdehnungszahl f, Querkontraktionszahl f	rapport (coefficient) m de Poisson, coefficient m de contraction transversale, constante f (nombre m) de Poisson	постоянная (коэффицент) Пуассона
P 525	polar dome, end dome	Polwölbung f (von gewickel-ten Behälterböden)	dôme m polaire	выпуклость дна намоточной бочки
P 526	polar group	polare Gruppe f	groupe m polaire	полярная группа
P 527	polarity	Polarität f	polarité f	полярность
P 528	polarizability	Polarisierbarkeit f	polarisabilité f	поляризуемость
P 529	polarization [process]	Polarisieren n (unpolarer Klebflächen)	polarisation f (surfaces à col-ler apolaires)	поляризация (неполярных поверхностей)
P 530	polarizing microscope	Polarisationsmikroskop n (Plastographie)	microscope m polarisant	поляризационный микро-скоп
P 531	polar molecule	polares Molekül n	molécule f polaire	полярная молекула
P 532	polar plastic	polarer Kunststoff (Plast) m, polarer Kunststoffwerk-stoff (Plastwerkstoff) m	plastique m polaire	пластик с полярными груп-пами
P 533	polar port	Öffnung f in der Polwölbung (von gewickelten Behälter-böden)	ouverture f polaire	отверстие дна намоточной бочки
P 534	polar wind	Polwicklung f, Schrägwick-lung f (aus Glasroving)	enroulement m polaire	спиральная перекрестная намотка
P 535	polar winding	Polwickelverfahren n, Schrägwickelverfahren n (für Glasroving)	enroulage m polaire	метод спиральной пере-крестной намотки
P 536	polished cylinder roll	geschliffene Walze f	rouleau (cylindre) m poli	полированный валок
	polished plate	s. P 540a		
P 537	polished specimen	Schliffprobe f	échantillon (spécimen) m poli, éprouvette f polie	шлифованный образец
P 538	polisher	Poliervorrichtung f (für Ur-formteiloberflächen)	dispositif m de polissage	устройство для полиро-вания
	polishing	s. B 451		
	polishing between plates	s. P 930		
P 539	polishing calender	Polierkalander m	calandre f à polir	полировальный каландр
P 540	polishing drum, tumbling barrel	Poliertrommel f	rouleau m de polissage, rou-leau m de bossage, tam-bour-polisseur m	полировальный барабан, ба-рабан для полирования
	polishing machine	s. B 452		
P 540a	polishing plate, polished plate	Polierblech n (für Schicht-stoffherstellung)	plaque f de polissage, pla-que f à polir	полировальный лист, поли-ровальная плита
P 541	polishing roll[er], wheel roll	Polierwalze f	cylindre (rouleau) m de po-lissage, rouleau (cylin-dre) m à polir	полировальный валик
P 542	polishing rolls	Glättwalzen fpl	cylindres mpl de polissage	листовальные вальцы
P 543	polishing [roll] stack	Glättwerk n, Glättwalz-werk n	laminoir m lisseur (à polir), machine f de lissage	вальцовка с гладкими вал-ками
P 544	polishing tool	Poliergerät n (für Formteile)	polissoir m, appareil m de polissage	прибор для полировки

P 545	polishing varnish	Polierpaste f (für Oberflächen)	pâte f à polir	полировочная паста
P 546	polishing wheel, buffing wheel, buff	Polierscheibe f, Schwabbelscheibe f, Schwabbel f	meule f (disque m, touret m, feutre m) à polir, meule-polisseuse f, buffle m à polir	полировочный (шлифовальный) круг, полировочный диск
	pollution	s. C 726		
	polyacetal	s. P 689		
P 547	polyacrylamide	Polyacrylamid n, PAA	polyacrylamide m, amide m polyacrylique	полиакриламид
P 548	polyacrylate, PAA	Polyacrylat n, Polyacrylsäureester m, PAA	polyacrylate m, ester m polyacrylique	полиакрилат, полиэфир акриловой кислоты
P 549	polyacryl ether	Polyacrylether m	éther m polyacrylique	полиакриловый эфир
P 550	polyacrylic acid, PPA	Polyacrylsäure f	acide m polyacrylique	полиакриловая кислота
P 551	polyacrylic plastic	Polyacrylplast m, Polyacrylkunststoff m	plastique m polyacrylique	полиакриловый пластик
P 552	polyacrylonitrile, PAN	Polyacrylnitril n, PAN	polyacrylonitrile m	полиакрилонитрил
	polyacrylonitrile fibre	s. A 95		
P 553	polyacryl sulphone	Polyacrylsulfon n	polyacrylosulfone f	полиакрилсульфон
P 554	polyaddition, addition polymerization	Polyaddition f	polyaddition f, polymérisation f par addition	полиприсоединение, ступенчатая полимеризация, аддитивная полимеризация
P 555	polyaddition product, polyadduct	Polyaddukt n, durch Polyaddition hergestellter Kunststoff (Plast) m	produit m de polyaddition, polymère m d'addition	полиаддукт, продукт ступенчатой полимеризации, продукт присоединения
P 556/7	polyalkyl acrylate	Polyalkylacrylat n	acrylate m de polyalkyle	полиалкилакрилат
P 558	polyalkylene terephthalate	Polyalkylenterephthalat n	téréphtalate m de polyalkylène	полиалкилентерефталат
P 559	polyalkyl vinyl ether	Polyalkylvinylether m	éther m polyalkylvinylique	полиалкилвиниловый эфир
P 560	polyamide, PA	Polyamid n, PA	polyamide m, résine f polyamide, PA	полиамид
P 561	polyamide curing agent	polyamidischer Härter m (Expoxidharze)	durcisseur m polyamidique	полиамидный отвердитель
P 562	polyamide fibre	Polyamidfaser f (Verstärkungsmaterial)	fibre f de polyamide	полиамидное волокно
P 563	polyamide imide, PAI	Polyamidimid n, PAI	polyamide m imide, PAI	полиамидимид
P 564	polyamide sulphonamide	Polyamidsulfonamid n	polyamidosulfonamide m	полиамидсульфонамид
P 565	polyamine	Polyamin n	polyamine f	полиамин
P 566	polyaminobismaleinimide, PMI	Polyaminobismaleinimid n, PMI	imide m polyaminobimaléinique	полиаминобисмалеиновый имид
P 567	polyaniline	Polyanilin n	polyaniline f	полианилин
P 568	polyaryl acetylene	Polyarylacetylen n	polyarylacétylène m	полиарилацетилен
P 569	polyarylic ester	Polyarylester m	polyarylate m, ester m polyarylique	полиарилат
P 570	polybasic	mehrbasig	polybasique	многоосновный
	poly bd casting resin	s. P 571		
P 571	poly bd resin, poly bd casting resin	Gießharz n mit hydroxylterminiertem Polybutadien, Poly-bd-Gießharz n	résine f de coulée à polybutadiène terminé par hydroxyle	полибутадиеновая смола, содержащая гидроксильные группы
P 572	polybenzimidazole, PBI	Polybenzimidazol n, PBI	polybenzimidazole m	полибензимидазол
P 573	polybenzothiazole	Polybenzothiazol n	polybenzothiazole m	полибензотиазол
P 574	poly-bis-maleinimide	Polybismaleinimid n	polybismaléinimide m	полималеинимид
P 575	polyblend, polymer blend	Polymermischung f, Polyblend n, Polymergemisch n	mélange m polymérique, mélange de polymères	полимерная смесь, смесь полимеров
P 576	polybutadiene, PBD	Polybutadien n	polybutadiène m	полибутадиен
P 577	polybut[yl]ene	Polybutylen n, PB, Polybuten n	polybutylène m, polybutène m, PB	полибутен, ПБ
P 578	polybut[yl]eneterephthalate, PBT	Polybut[yl]enterephthalat n, PBTP	téréphtalate m de polybutylène, PBTP	полибутентерефталат, ПБТФ
	polycaproamide	s. P 579		
P 579	polycaprolactam, polycaproamide, PCL	Polycaprolactam n	polycaprolactame m	поликапролактам, поликапроамид
P 580	polycarbodiimide	Polycarbodiimid n	polycarbodiimide m	поликарбодиимид
P 581	polycarbonate, PC	Polycarbonat n, PC	polycarbonate m, PC	поликарбонат
P 582	polychloroprene	Polychloropren n	polychloroprène m	полихлоропрен
P 583	polychloroprene adhesive	Polychloroprenklebstoff m	adhésif m (colle f) polychloroprène	хлоропреновый клей
P 584	polychloroprene rubber, neoprene rubber	Polychloroprengummi m (Klebfügeteilwerkstoff), Polychloroprenkautschuk m, Neoprengummi m, Neoprenkautschuk m	caoutchouc m polychloroprène (néoprène)	полихлоропреновый (неопреновый) каучук
P 585	polychlorotrifluoroethylene, PCTFE	Polychlortrifluorethylen n, PCTFE	polychlorotrifluoréthylène m, PCTFE	полихлортрифторэтилен

P 586	polychromatic finish	Beschichtung f mit Metalleffekt	finissage m à l'effet métallique	покрытие с металлическим эффектом
P 587	polycondensate, polycondensation product, condensation polymer	Polykondensat n, durch Polykondensation hergestellter Kunststoff (Plast) m, Polykondensationsprodukt n, Kondensationspolymer[es] n	polycondensat m, polymère m de condensation	поликонденсат, продукт поликонденсации, конденсационный полимер
P 588	polycondensation, condensation polymerization	Polykondensation f	polycondensation f, polymérisation f par condensation	поликонденсация, конденсационная полимеризация
	polycondensation product	s. P 587		
P 589	polydiallyl phthalate, PDAP	Polydiallylphthalat n, PDAP	polydiallylphtalate m, PDAP	полидиаллилфталат
P 590	polydimethylsiloxane, PDMS	Polydimethylsiloxan n, Polydimethylsilan n, PDMS	polydiméthylsiloxane m, polydiméthylsilane m	полидиметилсилоксан, полидиметилсилан
P 591	polydispersity	Polydispersität f	polydispersité f	полидисперсность
P 592	polyelectrode, multielectrode	Mehrfachelektrode f (HF-Schweißen)	polyélectrode f	полиэлектрод
	polyepoxide-polyamine system	s. P 593		
P 593	polyepoxy-polamine system, polyepoxide-polyamine system	Polyepoxid-Polyamin-System n	système m polyépoxyde-polyamine	полиэпоксид-полиаминая система
P 594	polyester	Polyester m	polyester m	[сложный] полиэфир
P 595	polyesteramide	Polyesteramid n	polyesteramide m	полиэфирамид
P 596	polyester carbonate, PEC	Polyestercarbonat n, PEC	carbonate m de polyester, PEC	полиэфиркарбонат
P 597	polyester elastomer	Polyesterelastomer[es] n	élastomère m polyester	полиэфирный эластопласт
P 598	polyester fibre	Polyesterfaser f (Verstärkungsmaterial)	fibre f de polyester	полиэфирное волокно, лавсановое волокно
P 599	polyester-fibre-reinforced plastic	polyesterfaserverstärkter Kunststoff (Plast) m	plastique m renforcé à la fibre de polyester	пластик, армированный полиэфирными волокнами
P 600	polyester foil	Polyesterfolie f	feuille f polyester	полиэфирная пленка
P 601	polyesterification	Polyveresterung f	polyestérification f	образование сложного полиэфира, полиэтерификация
P 602	polyester knit electrical tape	Polyestergewebe-Isolierband n	ruban m isolant de polyester, chatterton m polyestérique	изоляционная лента из полиэфирной ткани, полиэфирная изолента
P 603	polyester moulding compound, PMC	Polyesterharzpreßmasse f, PMC	matière f à mouler de polyester	полиэфирный пресс-материал
	polyester moulding compound	s. a. P 901		
P 604	polyester plastic, alkyd plastic	Polyesterkunststoff m, Polyesterplast m	plastique m polyestérique, plastique m alkyde	полиэфирный пластик, алкидный пластик
P 605	polyester-prepreg	Polyesterharzmatte f	préimprégné m de polyester	препрег с полиэфиром, предварительно пропитанный полиэфирной смолой материал
P 606	polyester resin	Polyesterharz n	résine f polyester	полиэфирная смола
P 607	polyester urethane	Polyesterurethan n	polyesteruréthanne m	полиэфируретан
P 608	polyether	Polyether m	polyéther m	простой полиэфир
P 609	polyetheralcohol, PEA	Polyetheralkohol m, PEA	polyéthéralcool m, PEA	полимерный эфирный спирт
P 610	polyetheramideimide	Polyetheramidimid n	polyéthéramidoimide m	полиэфирный амидоимид
P 611	polyether block amide, PEBA	Polyetherblockamid n, PEBA	polyéther bloc amide m	полиэфир-блокамид
P 612	polyetheretherketone, PEEK	Polyetheretherketon m, PEEK	polyéthéréthercétone m	полиэфирэфиркетон, ПЭЭК
P 613	polyetherimide, PEI	Polyetherimid n, PEI	polyéthérimide m, PEI	полиэфиримид
P 614	polyether ketone, PEK	Polyetherketon m, PEK	polyéthercétone m	полиэфиркетон
P 615	polyether sulphone, PES	Polyethersulfon n, PES	polyéthersulfone f, PES	полиэфирный сульфон, полиэфирсульфон
P 616	polyether urethane elastomer	Polyetherurethan-Elastomer[es] n	élastomère m polyéther polyuréthanne	эластичный полиэфирный полиуретан, уретановый каучук на основе простых полиэфиров
P 617	polyethyl acrylate	Polyethylacrylat n	acrylate m polyéthylique	полиэтилакрилат
P 618	polyethylene, polythene, PE	Polyethylen n, PE	polyéthylène m, polythène m, PE	полиэтилен, ПЭ
P 619	polyethylene component	Polyethylenfügeteil n (für Schweißen und Kleben)	constituant m de polyéthylène	подчинительное изделие из ПЭ
P 620	polyethylene film	Polyethylenfolie f	film m de polyéthylène	полиэтиленовая пленка, пленка из ПЭ
P 621	polyethylene foam, expanded polyethylene, cellular polyethylene	Polyethylenschaumstoff m	mousse f polyéthylène, produit m alvéolaire en polyéthylène, polythène m alvéolaire	пенополиэтилен, пенистый ПЭ

P 622	polyethylene glycol	Polyethylenglykol n	polyéthylène-glycol m	полиэтиленгликоль
P 623	polyethylene glycol acrylate	Polyethylenglykolacrylat n	polyéthylèneglycolacrylate m	полиэтиленгликольакрилат
	polyethylene glycol raw material	s. P 686		
P 624	polyethylene imine	Polyethylenimin n	polyéthylèneimine f	полиэтиленимин
	polyethylene of high density	s. H 186		
	polyethylene of low density	s. L 313		
P 625	polyethylene oxide, PEOX	Polyethylenoxid n, PEOX	oxyde m de polyéthylène	полиэфирокись
P 626	polyethylene terephthalate, PET	Polyethylenterephthalat n, PETP	polyéthylène téréphtalate m, PETP	полиэтилентерефталат, терилен, ПЭТФ
	polyformaldehyde	s. P 689		
P 627	polyfunctional	polyfunktionell, mehrfunktionell	polyfonctionnel	многофункциональный
P 628	polyhydantoin	Polyhydantoin n	polyhydantoïne f	полигидантоин
P 629	polyhydrazide	Polyhydrazid n	polyhydrazide m	полигидразид
P 630	polyhydric alcohol, polyol	mehrwertiger Alkohol m, Polyol n	alcool m polyhydrique, polyol m	многоатомный спирт
P 631	polyimidazopyrolone	Polyimidazopyrolon n	polyimide azopyrolone m	полиимидазопиролон
P 632	polyimide, PI	Polyimid n, PI	polyimide m	полиимид
P 633	polyisobutylene, PIB	Polyisobutylen n, PIB	polyisobutylène m, PIB	полиизобутилен, ПИБ
P 634	polyisocyanate	Polyisocyanat n	polyisocyanate m	полиизоцианат
P 635	polyisocyanurate	Polyisocyanurat n, PIC	polyisocyanurate m	полиизоцианурат
P 636	polyisocyanurate-based plastic	Polyisocyanuratkunststoff m, Polyisocyanuratplast m	plastique m à base de polyisocyanurate	пластик на основе полиизоцианурата
P 637	polyisocyanurate foam, PIC-foam	Polyisocyanuratschaumstoff m, PIC-Schaumstoff m	mousse f de polyisocyanurate	полиизоциануратная пена, полиизоциануратный пенопласт
P 638	polyisocyanurate rigid foam, PIC-rigid foam	Polyurethan-Polyisocyanurat-Hartschaumstoff m, isocyanurathaltiger Polyurethan-Hartschaumstoff m, isocyanurater Polyurethan-Hartschaumstoff m	mousse f rigide de polyuréthanne-polyisocyanurate	жесткий ячеистый материал на основе полиуретанизоцианурата
P 639	polyisoprene	Polyisopren n	polyisoprène m	полиизопрен
	Polyliner torpedo	s. F 233		
P 640/1	polymer	Polymer[es] n	polymère m	полимер
P 642	polymer-additive mixture	Polymer-Additiv-Mischung f, Polymerisatenmischung f	mélange m de polymère et d'additif; mélange m de polymères	полимерная смесь, смесь полимеров
	polymer alloy	s. P 650		
P 643/4	polymer base	Polymergrundlage f, Polymerbasis f	base f polymère	полимерная основа
	polymer blend	s. P 575		
P 645	polymer cement concrete, polymer concrete, polymer impregnated concrete	Polymerbeton m	béton m au polymère	полимерный бетон, полимербетон
P 646/7	polymer chain	Polymerkette f	chaîne f polymérique	полимерная цепь
	polymer concrete	s. P 645		
P 648	polymer flow constant	Fließkonstante f des Polymeren	constante f d'écoulement du polymère	постоянная текучести полимера
P 649	polymeric adhesive	Klebstoff m auf Polymerbasis	adhésif m (colle f) polymérique	полимерный клей
P 650	polymeric alloy, polymer alloy	Polymerlegierung f	alliage m polymérique, alliage m de polymères	легированный полимер
P 651	polymeric analogous transformation	polymeranaloge Umwandlung f	transformation f de polymère analogue	полимераналоговое превращение
P 652	polymeric dissolution plant	Polymerlöseanlage f	installation f de dissolution de polymères	установка для растворения полимеров
P 653	polymeric material	Polymerwerkstoff m, polymerer Werkstoff m	matériau m polymérique	полимерный материал
	polymeric melt	s. P 666		
P 654	polymeric resin	polymeres Harz n	résine f polymérique	полимерная смола
	polymer impregnated concrete	s. P 645		
P 655	polymerizable	polymerisierbar	polymérisable	способно полимеризироваться, склонный к полимеризации
P 656	polymerizate	Polymerisat n	polymère m, polymérisat m	полимеризат, продукт полимеризации
P 657	polymerization	Polymerisation f	polymérisation f	полимеризация

	polymerization in gaseous phase	s. G 13		
P 658	polymerization inhibition	Polymerisationsinhibition f	inhibition f de polymérisation	ингибирование полимеризации
P 659	polymerization inhibitor	Polymerisationsverzögerer m, Polymerisationsinhibitor m	inhibiteur m de polymérisation	ингибитор полимеризации, замедлитель полимеризации
P 660	polymerization initiation	Polymerisationsinitiierung f	initiation f de polymérisation	инициирование полимеризации
	polymerization in solid phase	s. S 768		
P 661	polymerization of vinyl chloride	Vinylchlorid-Polymerisation f, VC-Polymerisation f	polymérisation f du chlorure de vinyle	полимеризация винилхлорида
P 662	polymerization rate	Polymerisationsgeschwindigkeit f	vitesse f de polymérisation	скорость полимеризации
P 663	polymerization tank	Polymerisationsbehälter m	polymériseur m	реактор полимеризации
P 664	polymerize/to	polymerisieren	polymériser	полимеризировать
P 665	polymer latex	Polymerlatex m	latex m polymère	полимерный латекс
P 666	polymer melt, polymeric melt	Polymerschmelze f	polymère m fondu	расплав полимера, полимерный расплав
P 667	polymer mixing technology	Polymermischtechnologie f	technologie f de mélange de polymères	технология смешения полимеров
P 668	polymer modification, modification of polymers	Polymermodifizierung f	modification f des polymères	модификация полимеров
P 669	polymer network	Polymernetzwerk n, polymeres Netzwerk n	réticulat m polymérique, réseau m de pontage, réseau ponté	полимерная сетка
P 670	polymer residue	Polymerrest m	résidu m polymérique	полимерный остаток
P 671	polymer secondary materials	polymere Sekundärrohstoffe mpl	matériaux mpl secondaires polymériques	пластмассы вторичного пользования
P 672	polymer semiconductor	polymerer Halbleiter m	semi-conducteur m polymère	полимерный полупроводник
P 673	polymer solution	Polymerlösung f	solution f polymère, solution de polymères	раствор полимера
P 674	polymer symbols	Polymerenkurzzeichen npl	sigles pl pour polymères	сокращения полимеров
P 675	polymethacrylate, polymethyl [meth]acrylate, PMMA	Polymethacrylat n, Polymethacrylsäureester m, Polymethylmethacrylat n, PMMA	polyméthacrylate m de méthyle, méthacrylate m de polyméthyle, polyméthylméthacrylate m, PMMA	полиметилметакрилат, полиэфир метакриловой кислоты, ПММА
P 676	polymethacrylonitrile, PMAN	Polymethacrylnitril n, PMAN	nitrile m polyméthacrylique	полиметакрилонитрил
	polymethyl [meth]acrylate	s. P 675		
P 677	polymethylacrylmethylimide, PMMI	Polymethylacrylmethylimid n, PMMI	polyméthylacrylméthylimide n, PMMI	полиметилакрилметилимид
P 678	poly-4-methylpentene, PMP	Poly-4-Methylpenten n, PMP	polyméthyl-4-pentène m, PMP	поли-4-метилпентен
P 679	poly(α-methylstyrene), PMS	Poly-α-Methylstyren n, PMS	polyméthylstyrène m	полиметилстирол
P 680	polymorphic transition	polymorphe Umwandlung f	transformation f polymorphe	полиморфное превращение
	polyol	s. P 630		
P 681	polyolefin, PO	Polyolefin n, PO	polyoléfine f	полиолефин
P 682/3	polyolefin fibre	Polyolefinfaser f	fibre f de polyoléfine	полиолефиновое волокно
P 684	polyolefin-modified high-impact polystyrene	polyolefinmodifiziertes hochschlagzähes Polystyren n	polystyrène-choc m modifié à la polyoléfine	модифицированный полиолефином ударопрочный полистирол
P 685	polyolefin plastic	Polyolefinplast m, Polyolefinkunststoff m	plastique m polyoléfinique	полиолефиновый пластик
P 686	polyol raw material, polyethylene glycol raw material	Polyolkomponente f (für Polyurethanherstellung), mehrwertige Alkoholkomponente f	composant (constituant) m de polyéthylène glycol, composante f de polyol (polyuréthanne)	компонент полиуретана, полиэтиленгликольный компонент
P 687	polyoxadiazole	Polyoxadiazol n	polyoxadiazole m	полиоксадиазол
P 688	polyoxyalkylenediamine	Polyoxyalkylendiamin n	polyoxyalcylénediamine f	полиоксиалкилендиамин
P 689	polyoxymethylene, polyacetal, polyformaldehyde, POM	Polyoxymethylen n, POM, Polyacetal n, Polyformaldehyd m	polyoxyméthylène m, polyformaldéhyde m, polyacétal m, POM	полиоксиметилен, полиформальдегид, полиацеталь, ПОМ
P 690	polyoxymethylene plastic	Polyoxymethylenplast m, Polyoxymethylenkunststoff m	plastique m polyoxyméthylène	полиоксиметиленовый пластик, полиформальдегидный пластик
	poly-paper	s. P 360		
P 691	polyparaxylylene	Polyparaxylen n	polyparaxylène m	полипараксилен, полипарадиметилбензол
P 692	polyperfluorotriazine	Polyperfluortriazin n	polyperfluorotriazine f	полиперфтортриазин
P 693	polyphenylacetylene	Polyphenylacetylen n	polyphénylacétylène m	полифенилацетилен
P 694	polyphenylene oxide, PPO	Polyphenylenoxid n, PPO	oxyde m de polyphénylène, polyphénylène m oxyde, PPO	полифениленоксид

P 695	polyphenylene sulphide, PPS	Polyphenylensulfid n, PPS	sulfure m de polyphénylène, PPS	полифениленсульфид
P 696	polyphenylene sulphone, PPSU	Polyphenylensulfon n, PPSU	polyphénylène m sulfone, PPSU	полифениленсульфон
P 697	polyphenylquinoxaline	Polyphenylchinoxalin n	polyphénylquinoxaline f	полифенилхиноксалин
P 698	polyphosphonitrilic chloride	Polyphosphornitrilchlorid n	chlorure m de polyphosphonitrile	полифосфонитрилхлорид
	polypropene	s. P 699		
	polypropene plastic	s. P 701		
P 699	polypropylene, polypropene, PP	Polypropylen n, PP	polypropylène m, polypropène m, PP	полипропилен, ПП
P 700	polypropylene oxide, PPOX	Polypropylenoxid n, PPOX	polypropylène m oxyde, PPOX	полипропиленоксид, полипропиленокись, ППОК
P 701	polypropylene plastic, polypropene plastic	Polypropylenkunststoff m, Polypropylenplast m	plastique m polypropylène, plastique m polypropène	полипропиленовый пластик, ПП
P 702	polypropylene sulphide	Polypropylensulfid n	sulfure m de polypropylène	полипропиленсульфид
P 703	polysiloxane	Polysiloxan n	polysiloxane m	полисилоксан
P 704	polystyrene, PS	Polystyren n, Polystyrol n, PS	polystyrène m, polystyrène m, PS	полистирол, ПС
P 705	polystyrene foam	Polystyrenschaumstoff m	polystyr[ol]ène m expansé, mousse f de polystyr[ol]ène	пенополистирол
P 706	polystyrene foam adhesive	Klebstoff m für Polystyrolschaumstoff	adhésif m pour polystyrène cellulaire, adhésif pour mousse de polystyrène	клей для пенополистирола
P 707	polystyrene homopolymer	Polystyren-Homopolymer[es] n	homopolymère m de polystyrène, polystyrène m homopolymère	полистирольный гомополимер
P 708	polystyrene-low density polyethylene blend, PS-LDPE blend	Mischung f aus Polystyren und Polyethylen niederer Dichte, PS-LDPE-Mischung f	mélange m de polystyrène et de polyéthylène basse densité	композиция из полистирола и полиэтилена низкого давления
P 709	polystyrene-modified by rubber	kautschukmodifiziertes Polystyren n	polystyrène m modifié au caoutchouc	модифицированный каучуком полистирол
P 710	polystyrene plastic	Polystyrenkunststoff m, Polystyrenplast m	plastique m polystyrène	полистирольный пластик, ПС
P 711	polysulphide	Polysulfid n	polysulfure m	полисульфид
	polysulfide caulk	s. P 713		
P 712	polysulphide polymer	Polysulfidpolymer[es] n	polymère m polysulfidique	полисульфидный полимер, полимерный полисульфид
P 713	polysulphide sealant, polysulphide caulk	Polysulfiddichtstoff m, Polysulfiddichtmasse f	matière f d'étanchéité sur base de polysulfure	полисульфидный уплотнительный материал
P 714	polysulphone, PSU	Polysulfon n, PSU	polysulfone f, PSU	полисульфон
P 715	polytainer	Polyethylenbehälter m, Behälter m aus Polyethylen	récipient m en polyéthylène	емкость из полиэтилена
P 716	polyterpene	Polyterpen n	polyterpène m	политерпен
P 717	polyterpene resin	Polyterpenharz n	résine f polyterpène	политерпеновая смола
P 718	polytetrafluoroethylene, PTFE	Polytetrafluoreth[yl]en n, PTFE	polytétrafluor[o]éthylène m, PTFE	политетрафторэтилен, фторопласт-4, ПТФЭ
P 719	polytetramethyleneterephthalate	Polytetramethylenterephthalat n	téréphtalate m de polytétraméthylène	политетраметилентерефталат
	polythene	s. P 618		
P 720	polythiazole	Polythiazol n	polythiazole m	политиазол
P 721	polytriazole	Polytriazol n	polytriazole m	политриазол
P 722	polytrioxane	Polytrioxan n	polytrioxane m	политриоксан
P 723	polytropic change of state	polytrope Zustandsänderung f	changement m d'état polytropique	политропное изменение состояния
P 724	polyurethane, PUR	Polyurethan n, PUR	polyuréthanne m, PUR	полиуретан, ПУР
P 725	polyurethane adhesive	Polyurethanklebstoff m	adhésif m (colle f) polyuréthanne	полиуретановый клей
P 726	polyurethane backing, polyurethane lining	Kaschieren n mit Polyurethan	couchage m avec polyuréthanne	каширование полиуретаном
P 727	polyurethane block foam	Polyurethan-Blockschaumstoff m	bloc m de mousse polyuréthanne	блок из пенополиуретана
P 728	polyurethane block production	Herstellung f von Polyurethan-Blockschaumstoffen	fabrication (production) f de blocs de mousse polyuréthanne	изготовление блоков из пенополиуретана
P 729	polyurethane block soft foam	Polyurethan-Blockweichschaumstoff m	mousse f plastique souple en bloc à l'aide du polyuréthanne	мягкий блок-пенополиуретан
P 730	polyurethane-cast elastomer, PU-cast elastomer	Polyurethan-Gießelastomer[es] n, PUR-Gießelastomer[es] n	élastomère m polyuréthanne de coulage	полиуретановый заливочный эластомер
P 731	polyurethane elastomer	Polyurethanelastomer[es] n	élastomère m polyuréthanne	полиуретановый эластомер
P 732	polyurethane foam, expanded polyurethane	Polyurethanschaumstoff m	mousse f polyuréthanne	пенополиуретан

P 733	polyurethane lacquer	Polyurethanlack m, PUR-Lack m	vernis m de polyuréthanne	полиуретановый лак
	polyurethane lining	s. P 726		
P 734	polyurethane-polymethyl-methacrylate copolymer	Polyurethan-Polymethyl-methacrylat-Copolymer[es] n, Polyurethan-Polymethylmethacrylat-Mischpolymerisat n	copolymère m polyuré-thanne-polyméthyl-méthacrylate	сополимер уретана с метилметакрилатом
P 735	polyurethane polyurea	Polyurethanharnstoff m	carbamide m de polyuré-thanne	полиуретанкарбамидная смола
P 736	polyurethane prepolymer	Polyurethanvorprodukt n, Polyurethanprepoly-mer[es] n	prépolymère m polyuré-thanne	полиуретановый преполи-мер
	polyurethane reaction injec-tion moulding technique	s. P 739		
P 737	polyurethane reaction resin [forming] material	Polyurethan-Reaktionsharz-formmasse f, Polyurethan-Reaktionsharzformstoff m, PUR-Reaktionsharzform-stoff m	matière f à mouler de résine réactive polyuréthanne	термореактивная полиуре-тановая пресс-масса, реактивный материал на основе полиуретана
P 738	polyurethane reinforced reaction injection mould-ing [technique], polyure-thane RRIM process	Reaktionsspritzgießverfah-ren n für verstärktes Poly-urethan, Reaktionsspritz-gießen n verstärkter Poly-urethane, RRIM-Verfah-ren n, RRIM	moulage m par injection du polyuréthanne renforcé thermoréactif	литье под давлением уси-ленного полиуретана
P 739	polyurethane RIM-process (RIM-technique, RIM-technology), RIM-tech-nique, polyurethane reac-tion injection moulding technique	Polyurethan-Reaktions-spritzgießverfahren n, Po-lyurethan-Reaktionsspritz-gießen n	moulage m par injection du polyuréthanne thermo-réactif	литье под давлением тер-мореактивного полиуре-тана
P 740	polyvalent	mehrwertig	polyvalent	многовалентный
P 741	polyvinyl acetal	Polyvinylacetal n	acétal m de polyvinyle	поливинилацеталь
P 742	polyvinyl acetal-phenolic resin adhesive	Polyvinylacetal-Phenolharz-Klebstoff m	colle f de résine phénoli-que-acétal polyvinylique	клей на основе поливинил-ацетала и фенольной смолы
P 743	polyvinyl acetate, PVAC	Polyvinylacetat m, PVAC	acétate m de polyvinyle, acétochlorure m de poly-vinyle, PVAC	поливинилацетат, ПВАЦ
P 744	polyvinyl acetate plastic	Polyvinylacetatkunststoff m, Polyvinylacetatplast m	plastique m polyacétate de vinyle	поливинилацетатный пла-стик
P 745	polyvinyl alcohol, PVAL	Polyvinylalkohol m, PVAL	alcool m polyvinylique, APV, PVA	поливиниловый спирт, ПВАЛ
P 746	polyvinyl alcohol fibre	Polyvinylalkoholfaser f (Ver-stärkungsmaterial)	fibre f de polyalcool vinyli-que	поливинилспиртовое волокно
P 747	polyvinyl alkyl ether	Polyvinylalkylether m	polyvinylalkyléther m, éther m polyvinylalkylique	поливинилалкиловый эфир
P 748	polyvinylbenzylchloride	Polyvinylbenzylchlorid n	chlorure m benzylique de polyvinyle, polyvinylben-zylchlorure m	поливинилбензилхлорид
P 749	polyvinyl butyral, PVB	Polyvinylbutyral n, PVB	polybutyral m de vinyle, PVB, polyvinylbutyral m	поливинилбутираль, ПВБ
P 750	polyvinyl carbazole	Polyvinylcarbazol n, PVK	polyvinylcarbazole m, PVK	поливинилкарбазол
P 751	polyvinyl chloride, PVC	Polyvinylchlorid n, PVC	chlorure m de polyvinyle, polychlorure m de vinyle, PVC, CVP	поливинилхлорид, ПВХ
P 752	polyvinyl chloride acetate copolymer	Polyvinylchloridacetatcopo-lymer[es] n, PVCA, Poly-vinylchloridacetat-Misch-polymerisat n	copolymère m chlorure de polyvinyle/acétate de polyvinyle	сополимер винилхлорида и винилацетата
P 753	polyvinyl chloride dry-blend, PVC dryblend, drysol	weichgemachtes Polyvinyl-chloridpulver n, weichge-machtes PVC-Pulver n	poudre f de chlorure de polyvinyle plastifié	порошкообразный пласти-фицированный ПВХ
P 754	polyvinyl chloride foam, expanded polyvinyl chlo-ride foam	Polyvinylchlorid-Schaum-stoff m	mousse f de chlorure de polyvinyle	пенистый поливинилхлорид, пенополивинилхлорид
	polyvinyl chloride liquid blend	s. P 456		
P 755	polyvinyl chloride liquid slush moulding (technol-ogy), PVC liquid slush moulding, PVC liquid slush technology	Rotationsgießen n dünner Schichten mit Plastisolen	coulage m par rotation de couches minces en plasti-sol	ротационное литье тонких слоев пластизолями
P 756	polyvinyl chloride powder slush moulding (technol-ogy), PVC slush mould-ing, PVC powder slush technology	PVC-Rotationsgießen (Poly-vinylchlorid-Rotationsgie-ßen) n dünner Schichten mit weichgemachtem PVC-Pulver	coulage m par rotation de couches minces en chlo-rure de polyvinyle	центробежное литье тонких слоев порошком из пла-стифицированного ПВХ

	English	German	French	Russian
P 757	polyvinyl ester	Polyvinylester m	ester m polyvinylique	сложный поливиниловый эфир
P 758	polyvinyl ether	Polyvinylether m	éther m polyvinylique	[простой] поливиниловый эфир
P 759	polyvinyl fluoride, PVF	Polyvinylfluorid n, PVF	fluorure m de polyvinyle, PVF	поливинилфторид, ПВФ
P 760	polyvinyl formal, PVFM	Polyvinylformal n, PVFM	polyvinylformal m, PVFM	поливинилформаль, ПВФМ
P 761	polyvinylidene chloride, PVDC	Polyvinylidenchlorid n, PVDC	chlorure m de polyvinylidène, PVDC	поливинилиденхлорид, ПВДХ
P 762	polyvinylidene cyanide	Polyvinylidencyanid n	cyanure m de polyvinylidène	поливинилиденцианид
P 763	polyvinylidene fluoride, PVDF	Polyvinylidenfluorid n, PVDF	fluorure m de polyvinylidène, PVDF	поливинилиденфторид, ПВДФ
P 764	polyvinyl methyl ketone	Polyvinylmethylketon m	polyvinylméthylcétone f	поливинилметилкетон
P 765	polyvinyl oleyl ether	Polyvinyloleylether m	polyvinyloléyléther m	поливинилолеоэфир
P 766	polyvinyl pyrrolidone, PVP POM	Polyvinylpyrrolidon n, PVP s. P 689	polyvinylpyrrolidone f, PVP	поливинилпирролидон, ПВП
P 767	pommel	Kolben m (Kolbenstrangpresse, Spritzpreßeinrichtung)	piston m	плунжер (плунжерного экструдера)
P 768	Pony mixer	Pony-Mischer m, Planeten-Zylinder-Mischer m	mélangeur m Pony (à pâte)	планетарная мешалка
P 769	pore filler pore filler	Porenfüller m s. a. S 186	mastic m bouche-pores	поронаполнитель
P 770	pore size	Porengröße f	taille f des pores	размер пор
P 771	pore-size distribution	Kapillarengrößenverteilung f (in Klebflächen), Porengrößenverteilung f	distribution (répartition) f de taille des pores	распределение размеров капилляров (пор), распределение пор по размерам
P 772	porolated film	durch Feinperforation hergestellte atmungsaktive Folie f	film m perforé, feuille f perforée	перфорированная пленка
P 773	porolating machine	Feinperforiermaschine f (zur Herstellung atmungsaktiver Folien)	machine f à perforer les feuilles, machine de perforation (feuilles)	перфорационная машина, дыропробивной станок
P 774	poromerics, microporous materials on the base of polyurethane	mikroporöse Folien fpl aus thermoplastischem Polyurethan-Elastomer	feuille f microporeuse de polyuréthanne	микропористый полиуретановый материал
P 775	porosimeter, porosity meter	Porositätsmeßgerät n, Porositätsmesser m	porosimètre m, appareil m de mesure de porosité	измеритель пористости
P 776	porosimetry	Porosimetrie f, Porositätsmessung f, Durchlässigkeitsmessung f	porosimétrie f	измерение пористости
P 777	porosity porosity meter porous cell	Porosität f s. P 775 s. O 50	porosité f	пористость
P 778/9	porous glue line portable mould positioning accuracy positive ideal adjustable gear positive mould	poröser Klebfilm m s. L 298/9 s. A 51 s. P 310 s. M 494	adhésif m poreux en feuille	пористый клеящий слой
P 780	positive thermoforming	Positivumformung f, Warmformen n über Patrize, Patrizenumformen n	thermoformage m sur moule positif	позитивное формование
P 781	postcementing	Klebrigwerden n von verfestigten Anstrichschichten durch Wanderung von Hilfsstoffen	rétablissement m de l'état poisseux des couches de peinture durcies par migration d'auxiliaires	появление клейкости (миграцией добавок)
P 782	postchlorinated polyvinyl chloride	nachchloriertes Polyvinylchlorid n, PVC-C	chlorure m de polyvinyle surchloré	дополнительно хлорированный ПВХ, дополнительно хлорированный поливинилхлорид
P 783	postchlorination	Nachchlorieren n, Nachchlorierung f	surchloration f	последующее хлорирование, дополнительное хлорирование
	postcompression stage postcrystallization postcure postextrusion [filament] swelling	s. A 253 s. A 249 s. A 248 s. E 413		
P 784	postformable laminate	nachformbare Schichtstofftafel f	stratifié m post-formable	термоформуемая слоистая плита
P 785	postformed laminate	nachträglich verformter Schichtstoff m	stratifié m postformé (de postformage)	последующий формованный слоистый материал

P 786	postformed moulding	nachbearbeitetes Formteil n	objet m moulé par postfor-mage	дополнительно обработан-ное изделие
P 787	postforming	Nachverformung f, Nachfor-men n	postformage m	последующее (дополни-тельное) формование
P 788/9	postforming sheet	formbare Tafel f	plaque f (table f, panneau m) postformable	лист для последующего формования
	posthalogenated polymer	s. A 251		
	postinjection pressure	s. H 277		
	postmould[ing] treatment	s. F 37		
P 790	postreticulated polymer	nachvernetztes Poly-mer[es] n	polymère m post-réticulé	дополнительно сшитый полимер
	postshrinkage	s. A 254		
P 791	post-type change-can mixer	Wandkonsolrührer m mit Wechselbehälter	agitateur m mural à cuve mobile	консольный передвижной смеситель
P 792	postweld[ing] treatment	Behandlung f nach dem Schweißen	opération f complémentaire après le soudage	обработка после сварки
	potash mica	s. M 650		
P 793	potentiometric method	potentiometrisches Verfah-ren n (Strukturunter-suchung)	méthode f potentiométrique	потенциометрический метод
P 794	potentiometric titration	potentiometrische Titra-tion f, potentiometrische quantitative chemische Bestimmung f	titration f potentiométrique, potentiométrie f	потенциометрическое титрование, потенциоме-трия
	pot heater	s. A 590/1		
	pot life	s. W 291		
	pot plunger	s. T 497		
	pot retainer	s. T 489		
	potting	s. E 166		
P 795	pot-type collar	Topfmanschette f (Dichtung)	collier m de serrage en forme de pot (garniture)	манжета в виде кружки
P 796	pouch	Transportbeutel m	sac[het] m de transport	мешок для транспорта
	pounds per square inch	s. P 1082		
	pounds per square inch gauge	s. P 1083		
	pourable sealing com-pound	s. J 36		
P 797	pouring	Gießherstellung f (von Schäumformen)	coulée f (p. ex. mousses)	отливка (форма для вспени-вания)
P 798	pour point	Fließpunkt m, Pourpoint m	point m d'écoulement	точка начала течения
P 799	powder adhesive	pulverförmiger Klebstoff m, Klebstoffpulver n	adhésif m poudreux, colle f poudreuse (en poudre)	клей-порошок, порошкооб-разный клей
	powder bath	s. S 594		
	powder blend	s. D 581		
P 800	powder blender, impact wheel mixer (US), pow-der mixer	Pulvermischer m	mélangeur à poudres	смеситель для порошка (порошков)
P 801	powder coating	mittels Kunststoffpulver (Plastpulver) hergestellte Beschichtung f, Pulverbeschichtung f	revêtement m par poudre	напыленное пластмассовое покрытие
P 802	powder coating, coating with powder	Pulverbeschichtung f, Pul-verbeschichten n	enduction f de poudre	нанесение порошка (по-крытия порошком)
	powder density	s. A 500		
P 803	powder dye	Farbstoffpulver n	poudre f de colorant, colo-rant m en poudre	краска в порошке
	powdered plastic	s. P 807		
P 804	powder extrudate	Pulverextrudat n	extrudat m de poudre	экструдированный порошок
P 805	powder lacquer, powder varnish	Pulverlack m (elektrostati-sches Pulversprühen)	laque f (vernis m) en poudre	порошковый лакокрасочный материал, порошковый (порошкообразный) лак, лакокрасочный порошок, порошковая краска
	powder mixer	s. P 800		
P 806	powder moulding, powder sintering process	Pulversintern n, Pulver-sinterverfahren n	frittage m des poudres, moulage m à partir de poudres	спекание порошком
P 807	powder plastic, powdered plastic	Kunststoffpulver n, Plastpul-ver n	matière f plastique en pou-dre	пластмассовый порошок
P 808	powder sintering moulding	Pulverpreßsintern n	moulage m par frittage des poudres	спекание порошка под дав-лением
	powder sintering process	s. P 806		
	powder varnish	s. P 805		
P 809	power constant	Leistungskonstante f	constante f de débit	постоянная мощности
P 810	power pack	Antriebsaggregat n, Hydraulikaggregat n (Spritzgießmaschinen)	groupe m hydraulique	силовая установка
	power saw	s. S 39		

	power tube	s. T 526		
	PP	s. P 699		
	PPCO	s. P 1066		
	PPO	s. P 694		
	PPOX	s. P 700		
	PPS	s. P 695		
	PPSU	s. P 696		
	preaccelerated resin	s. A 38		
P 811	prebody/to	voreindicken *(von Lacken)*	préépaissir	предварительно сгущать
	prebond treatment	s. S 1405		
P 812	precipitate/to	fällen, ausfällen, nieder-schlagen	précipiter	осаждать, выпадать, выделять
P 813	precipitated and cold-ground powder	gefälltes und kalt gemahle-nes Kunststoffpulver (Plastpulver) *n (für Metall-beschichtungen)*	poudre *f* plastique précipi-tée et moulue à froid	осажденный низкотемпера-турно-размельченный пластмассовый порошок *(для нанесения)*
P 814	precipitated calcium car-bonate	gefälltes Calciumcarbonat *n (Füllstoff)*	carbonate *m* de calcium pré-cipité *(charge)*	осажденный карбонат кальция
	precipitating	s. P 815		
	precipitating agent	s. P 816		
P 815	precipitation, precipitating	Fällen *n*, Ausfällen *n*, Nie-derschlag *m*	précipitation *f*	выделение, осаждение, выпадение осадка
P 816	precipitation agent, precipi-tating agent	Fällmittel *n*, Fällungsmittel *n*	précipitant *m*	осадитель, коагулятор
P 817	precipitation temperature	Fällungstemperatur *f*	température *f* de précipita-tion	температура осаждения
P 818/9	precision	Genauigkeit *f*, Präzision *f*	précision *f*	точность
	precision article by injec-tion moulding	s. I 164		
	precision balance	s. F 237		
	precision injection mould	s. I 164		
P 820	precision injection mould-ing, precision moulding	Präzisionsspritzgießen *n*, Spritzgießen *n* von Präzi-sionsteilen, Präzisions-spritzgießverfahren *n*	moulage *m* de précision par injection	точное литье под давле-нием
P 821	precision injection-mould-ing machine	Präzisionsspritzgießma-schine *f*, Spritzgießma-schine *f* zur Herstellung von Präzisionsteilen	presse *f* d'injection de pré-cision	машина для точного литья под давлением
P 822	precision mitre cutting	Präzisionsgehrungs-schnitt *m*, Präzisions-gehrungsschneiden *n (Halbzeuge)*	coupe *f* biaise de précision	точная вырубка скоса
	precision moulded article	s. P 823		
P 823	precision moulded part, precision moulded article	Präzisionsformteil *n*	pièce *f* moulée de précision	точное изделие
	precision moulding	s. P 820		
P 824	precision plastic article	Kunststoffpräzisionsteil *n*, Plastpräzisionsteil *n*	pièce *f* (objet *m*) de préci-sion	прецизионное пластмассо-вое изделие
P 825	precision winding	Präzisionswickelverfahren *n (zur Herstellung von Rota-tionskörpern)*	enroulage *m* filamentaire de précision	точная намотка
P 826	precoating	Vorbeschichten *n*, Vor-beschichtung *f*	précouchage *m*	предварительное нанесение
P 827	precompounded, pre-loaded, preimpregnated	vorimprägniert, vorbeharzt *(Textilglas oder Träger-bahnen)*	préimprégné	пропитанный
P 828	precompressed fluoro-plastic	vorverdichteter Fluorkunst-stoff (Fluorplast) *m (zum Sintern)*	plastique *m* fluoré précom-primé	прессованный фторопласт *(для спекания)*
P 829	precompression	Vorverdichtung *f*	précompression *f*	предварительная ком-прессия, предваритель-ное уплотнение
P 830	precondensate	Vorkondensat *n*	préproduit *m* de condensa-tion	преконденсат, продукт предварительной конден-сации
P 831	precooling	Vorkühlen *n*, Vorkühlung *f*	préréfrigération *f*	предварительное охлажде-ние
P 832	precrack	Anriß *m*	crique *f*	риска
P 833	precracking test	bruchmechanische Unter-suchung *f (an gekerbten Prüfstäben)*	essai (test) *m* de criquage	механическое испытание *(образцов с надрезом)*
P 834	precrushing	Vorzerkleinerung *f*	broyage (concassage) *m* préalable	предварительное измельче-ние
P 835	precure, precuring	vorzeitig einsetzende Här-tung *f (bei Gieß-, Kleb- und Laminierharzen; Fehler)*	précuisson *f*, durcisse-ment *m* anticipé	преждевременное отверж-дение *(дефект)*

P 836	**precursor**	Precursor m, polymere Ausgangsfaser f für die Kohlenstoffaserherstellung	fibre f polymère de départ (fabrication de fibres de carbone)	исходное волокно (углеродные волокна)
P 837	**precut blank**	Fassonteil n, gestanzter Rohling m, vorgestanzter Rohling m	flan m estampé, ébauche f estampée	штампованная заготовка
P 838	**precutter**	Vorzerkleinerer m (Abfall)	désintégrateur m préliminaire	предварительная дробилка
P 839	**predetermined size**	Sollmaß n	cote f nominale	заданный (требуемый) размер
P 840	**prediction of service life**	Voraussage f der Lebensdauer, Lebensdauervoraussage f (für Anstriche)	prévision f (prognostic m) de la durée de vie (peinture)	прогноз срока службы, прогноз жизнеспособности
P 841	**predistributor roll,** distributor roll, spreader roll	Verteilerwalze f, Auftragswalze f (an Beschichtungsmaschinen)	rouleau (cylindre) m répartiteur (enduiseuse)	валок для нанесения покрытия, валок нанесения, ролик-распределитель
P 842	**predry/to**	vortrocknen	présécher	предварительно подсушивать
P 843	**predryer**	Vortrockner m (für Formmassen)	sécheur-embaqueur m, préséchoir m	предварительная сушилка
P 844	**predrying**	Vortrocknung f, Vortrocknen n (von Formmasse)	préséchage m	подсушка, предварительная [про]сушка
	pre-expanded	s. P 852		
P 845	**pre-expanded bead**	vorgeschäumtes Polystyrengranulat n (für die Schaumstoffherstellung)	perles fpl de polystyrène préexpansées	полистирол с порообразующими компонентами; бисерный полистирол, содержащий порообразователь
P 846	**pre-expanded bead steam moulding**	Dampfschäumen n von Polystyren, EPS-Schäumen n	moulage m à la vapeur des perles de polystyrène	предварительное вспенивание паром (полистирола)
	pre-expander	s. P 853		
P 847	**pre-expander autoclave**	Vorschäumautoklav m	autoclave m de préexpansion	автоклав предварительного вспенивания
	pre-expansion	s. P 854		
P 848	**prefabrication**	Vorfertigung f	préfabrication f	заготовительное производство
P 849	**preferential value**	Vorzugswert m (Maße)	valeur f préférée (préférentielle)	предпочтительный размер
P 850	**preferred orientation**	Vorzugsorientierung f	orientation f préférée	предпочтительная ориентация
P 851	**prefilling press**	Pulverpresse f	presse f de compression pour poudre à mouler, prémoussage m	пресс для уплотнения (пресс-порошка)
P 852	**prefoamed,** pre-expanded	vorgeschäumt	préexpansé	предварительно вспененный
P 853	**prefoamer,** pre-expander	Vorschäumer m (für treibmittelhaltiges Granulat zur Herstellung von Schaumstoffen), Vorexpandierer m, Vorexpansionseinrichtung f	préexpanseur m	агрегат (установка для) предварительного вспенивания (полимера, содержащего порообразователь)
P 854	**prefoaming,** pre-expansion	Vorschäumen n (von treibmittelhaltigem Polystyrengranulat)	préexpansion f	предварительное вспенивание (пенополистирола)
P 855	**prefoaming container**	Vorschäumbehälter m	conteneur (récipient) m de préexpansion	сосуд предварительного вспенивания
P 856	**preform/to**	vorformen	préformer	предварительно формовать
P 857	**preform,** blank	Blasformrohling m, Rohling m	préforme f, ébauche f	заготовка (для раздува)
P 858	**preform,** premoulding, pellet	Vorformling m, Vorpreßling m (aus Formmasse)	préforme f, ébauche f	заготовка, таблетка
P 859	**preform extruder**	Vorformextruder m, Extruder m zur Herstellung von Vorformlingen	extrudeuse (boudineuse) f de préformage	экструдер для производства заготовок
P 860	**preforming**	Vorpressen n, Vorformen n	préformage m, formage m préalable	предварительное прессование, подготовка к формованию
P 861	**preforming piston**	Vorformkolben m	piston m de préformage	пуансон для предварительного формования
P 862	**preforming press**	Vorformpresse f (für pulverförmige und körnige Duroplastformmasse)	presse f à préformer, pastilleuse f	пресс для предварительного формования
P 863	**preforming tool**	Vorformwerkzeug n	empreinte f de préformage	заготовочная форма, таблеточная форма

285 | preparation

P 864	preform process	Vorformverfahren n, Vorformen n (von Duroplastlaminaten)	moulage m à préforme, méthode f à préforme, procédé m de préformage	предварительное формование, способ предварительного формования, получение заготовок (для изготовления волокнистых пластиков)
P 865	preform screen, felting screen	Vorformsieb n (für Laminatherstellung)	écran m (grille f) de préforme	таблеточная сетка (для получения стекловолокнистых заготовок)
	pregassed beads	s. P 866		
P 866	pregassed granules, pregassed beads	vorbegastes (treibmittelhaltiges) Granulat n (Schaumstoffherstellung)	granules (perles) fpl prégazéifiées	гранулят, содержащий газ (пенообразователь)
P 867	pregelled	vorgeliert	gélifié préalablement	предварительно желированный
P 868	preheat/to	vorwärmen	préchauffer	предварительно подогревать
	preheater by dielectric losses	s. H 198		
P 869	preheating	Vorwärmen n	préchauffage m, chauffage m préalable	предварительный обогрев
P 870	preheating cabinet	Vorwärmschrank m	étuve f de préchauffage	подогреватель[ный шкаф]
P 871	preheating cylinder	Vorheizzylinder m	cylindre m de préchauffage	цилиндр предварительного нагревания
P 872	preheating mill, preheating rolling mill, warming mill	Vorwärmwalzwerk n	mélangeur (malaxeur) m à cylindres (rouleaux) de préchauffage	подогревательные вальцы
P 873	preheating oven	Vorwärmofen m	four m (étuve f) de préchauffage	подогревательная печь, печь для подогрева
	preheating rolling mill	s. P 872		
P 874	preheating temperature	Vorwärmtemperatur f	température f de préchauffage (préchauffement)	температура предварительного подогрева
P 875	preheating tube	Vorheizkammer f (von Schnellschweißdüsen)	chambre f (tube m) de préchauffage (bec de soudage à grande vitesse)	подогреватель (скоростносварочного мундштука)
	preimpregnated	s. P 827		
	preimpregnated fibre material	s. P 901		
P 876	preimpregnating roll	Vorimprägnierwalze f	rouleau m de préimprégnation	первый пропиточный валик
	preinvestigation	s. P 877		
P 877	preliminary investigation, preinvestigation	Voruntersuchung f, Vorprobe f	essai m préliminaire	предварительное испытание (идентификация)
	preliminary treatment	s. P 993		
P 878	preliminary treatment of the base	Vorbehandlung f von Klebfügeteilen	préparation f des pièces à coller	предварительная обработка соединяемых изделий, подготовка склеиваемых изделий
	preloaded	s. P 827		
P 879	preload equipment	Vorbelastungseinrichtung f	dispositif m de précharge	приспособление предварительной нагрузки
	preloading of rolls	s. R 501		
P 880	premix	Vormischung f (aus Kunstharz und anderen Komponenten)	prémélange m, prémix m	перерабатываемая смесь (из смолы и других компонентов)
P 881	premix	vorgemischtes harzgetränktes Glasfasermaterial n	prémix m	пропитанная рубленая стеклоткань, премикс
P 882	premixed application	Untermischverfahren n (für Klebstoffverarbeitung)	collage m à mélange préalable	способ с предварительной стадией смешивания (клея)
P 883	premixing	Vormischen n	prémélange m	предварительное смешивание
P 884	premixing method (process)	Vormischverfahren n	procédé m à prémélange	способ с предварительной стадией смешивания
P 885	premix melt, melt mix	Vormischungsschmelze f	matière f fondue de prémélangeage	расплав смеси
P 886	premix moulding, gunk molding (US)	Premix-Pressen n, Pressen n mit Premix-Formmasse	moulage m à prémélange, moulage à pâte, moulage de prémix	прессование премиксом
	premoulding	s. P 858		
P 887	preparation and compounding	Halbzeug-Konfektionierung f, Konfektionierung f von Halbzeugen	préparation f du demiproduit [plastique]	сборка заготовок
P 888	preparation machine	Aufbereitungsmaschine f	machine f de traitement	подготовительная машина
P 889	preparation of laminate	Laminatherstellung f	fabrication f du stratifié	изготовление слоистых пластиков
P 890	preparation of test specimen	Prüfkörperherstellung f	préparation f d'éprouvettes	изготовление испытуемых образцов

P 891	preparation plant	Aufbereitungsanlage f	unité f de préparation; unité de transformation	подготовительная установка
P 892	prepare/to	aufbereiten	préparer	приготовлять, заготовлять
P 893	preplastication	Vorplastizieren n, Vorplastizierung f	préplastification f	предварительная пластикация
	preplasticator	s. P 894		
P 894	preplasticizer, preplasticator, preplasticizing unit	Vorplastiziereinrichtung f, Vorplastiziereinheit f, Vorplastizieraggregat n	préplastificateur m, ensemble m de préplastification	механизм (устройство, узел) предварительной пластикации, предварительно пластицирующее устройство, предпластикатор
P 895	preplasticizing method	Vorplastiziermethode f, Vorplastizierverfahren n	méthode f (procédé m) de préplastification	метод предварительной пластикации
P 896	preplasticizing moulding compound	vorplastizierte Formmasse f	matériau m préplastifié	предварительно пластицированный пресс-материал
P 897	preplasticizing screw	Vorplastizierschnecke f	vis f de préplastification	червяк для предварительной пластикации
	preplasticizing unit	s. P 894		
P 898	prepolymer	Vorpolymer[es] n	prépolymère m	форполимер
P 899	prepolymer moulding	Urformen n mit Vorpolymeren	moulage m à partir de prépolymère	формование форполимером
P 900	prepolymer process	Voradduktverfahren n (für Polyurethanschaumstoffherstellung)	moussage m avec prépolymérisation	двухстадийное вспенивание полиуретана, форполимерный способ вспенивания
P 901	prepreg, sheet moulding compound, SMC, polyester moulding compound, PMC, preimpregnated fibre material	Prepreg m, vorimprägniertes Glasfasermaterial n, Harzmatte f (Harzgewebe n) für Heißpressen	préimprégné m	препрег, предварительно пропитанный стеклохолст, предварительно пропитанная стеклоткань, волокнистый материал в виде рулона, пропитанный смолой, полиэфирный пресс-материал
P 902	prepreg laminating	Laminatpressen n mit Prepregs, Laminatpressen mit vorimprägnierter Glasfaserformmasse	moulage m de préimprégnés (stratifiés)	прессование препрегов
P 903	prepreg mould, SMCmould, sheet moulding compound mould	SMC-Werkzeug n, Werkzeug n zur Verarbeitung von Prepregs, Prepregverarbeitungswerkzeug n	moule m SMC	пресс-форма для переработки препрега
P 904	prepreg moulding	Heißpressen n mit Prepregs, Heißpressen mit Harzmatten (Harzgeweben), Heißpressen mit vorimprägniertem Glasfasermaterial	moulage m de préimprégnés	переработка препрегов прессованием, переработка полуфабрикатов со стеклонаполнительным пресс-материалом
P 905	prepreg process	Vorimprägnierverfahren n	procédé m de préimprégnation	предварительная пропитка
P 906	prepreg winding, dry winding	Wickeln n mit Prepregs, Trockenwickeln n	enroulage m de préimprégnés, enroulage m à sec	намотка препрегом
P 907	prepress lamination	vorgepreßte Schichtung f	stratifié m pressé préalablement	предварительно опрессованный слоистый материал
P 908	preproduction adhesive test	Eingangsprüfung f von Klebstoffen, Prüfung f zur Produktionsüberwachung von Klebstoffen	essai (test) m préliminaire des colles	проверка качества клея
P 909	preproduction heating	Vorwärmung f (von Verarbeitungsgut außerhalb der Verarbeitungsmaschine)	préchauffage m	предварительный подогрев
P 910	preselectable steps	vorwählbare Steuerungsschritte mpl	étapes fpl de commande présélectables	предыскаемый переход
P 911	preselector	Vorwähler m (Verarbeitungsmaschinen)	présélecteur m	преселектор
P 912	preshrinkage	Vorschrumpf m	préretrait m	предусадка
P 913	presintering	Vorsintern n	préfrittage m	предварительное спекание
P 914	press	Presse f	presse f	пресс
	press bag method	s. P 936		
	press bed	s. M 567		
P 915	press bonding	Kleben n unter Druck	collage m sous pression	склеивание под давлением
	press-curing time	s. C 1091		
P 916	press die, press ram, loose pressure block	Preßstempel m, Preßklotz m	poinçon m, piston m de presse	пуансон, поршень пресса
P 917	pressed billet	gepreßter Vorformling m	paraison f pressée, ébauche f pressée	прессованная заготовка

P 918	pressed sheet	gepreßte Platte f, aus Folien gepreßte Platte f	plaque f pressée	прессованный лист
P 919	press-fit insert	Eindruckteil n, Einpreßteil n	prisonnier m fixé par compression, insertion f fixée par compression	запрессовочная деталь
P 920	press-fitting tip nozzle	Klemmdüse f (an Heißkanalwerkzeugen)	buse f à ressort	зажимное литьевое сопло (обогреваемой формы)
P 921	press for layer tablets	Manteltablettenpresse f	presse f pour comprimé à plusieurs couches	таблеточный пресс с греющей рубашкой
P 922	pressing	Pressen n, Pressung f, Preßvorgang m	pressage m, moulage m	прессование
P 923	pressing plate	Preßfläche f, Preßplatte f	plateau m de presse	прессующая плита
P 924	pressing power	Preßkraft f	force f de moulage	усилие пресса
P 925	pressing stage	Preßphase f	phase f de pressage	стадия прессования
P 926	press jig	Preßvorrichtung f	dispositif (équipement) m de pressage	устройство для прессования
P 927	press mould, press tool, compression mould	Preßwerkzeug n	moule m à presse, moule à compression	пресс-форма
P 928	press-on pressure	Anpreßdruck m (Düse)	pression f de serrage (buse)	прижимное усилие (сопла)
P 929	press overhang	Pressenausladung f, Pressenauskragung f	saillie f de presse	вылет пресса
	press platen	s. M 567		
P 930	press polishing, polishing between plates	Preßplattenpolieren n, Polieren n zwischen Preßplatten (bei der Schichtstoffherstellung)	polissage m à presse	прессование между полированными плитами (при изготовлении слоистых материалов)
	press ram	s. P 916		
P 931	press stretch injection moulding	Spritzpreßrecken n, Spritzpreßreckverfahren n, SPR	moulage-étirage par transfert	комбинированное трансферное прессование и вытягивание
P 932	press-to-flow	Preßeinrichtung f mit elastischen Zwischenlagen (zum Toleranzausgleich Druckelemente-Klebteil)	presse f à entretoises élastiques	прижимное приспособление с эластичной подушкой
	press tool	s. P 927		
P 933	pressure	Druck m, Förderdruck m (Extruder)	pression f de transport, pression d'alimentation (extrudeuse)	давление
P 934	pressure accumulator	Druckspeicher m	accumulateur m de pression	аккумулятор давления
P 935	pressure bag, air bag under pressure, inflatable bag	Drucksack m (für Laminatherstellung)	sac m sous pression, sac gonflable, sac de caoutchouc, vessie f sous pression (fabrication de laminés)	эластичный мешок для прессования, эластичная диафрагма
P 936	pressure bag moulding, press bag method, inflatable bag technique	Drucksackverfahren n, Gummisackverfahren n (für Schichtstoffherstellung)	moulage m au sac sous pression	формование эластичной диафрагмой под давлением, формование эластичным мешком под давлением
P 937	pressure bar	Anpreßleiste f (Schweißen)	lardon m de pression	прижимный брусок
P 938	pressure block	Druckstück n	bloc m de pressage	опорный элемент
	pressure-blowing in free space	s. F 654		
P 939	pressure build-up, build-up of pressure	Druckaufbau m	établissement m de la pression	развитие (рост) давления
	pressure butt weld	s. P 313		
	pressure butt welding	s. P 989		
P 940	pressure coating	Abquetschbeschichten n, Abdruckbeschichten n	revêtement m sous pression	нанесение отжимными вальцами
P 941	pressure control lever	Betätigungshebel m zur Erzeugung des Preßdrucks	genouillère f	нажимный рычаг
	pressure course	s. P 966		
P 942	pressure curing	Druckhärten n (Klebstoffe)	durcissement m sous pression	отверждение под давлением
P 943	pressure dependence	Druckabhängigkeit f	dépendance f de la pression	зависимость от давления
P 944	pressure die casting	Gießen n unter Druck, Druckgießen n	coulée f sous pression	литье под давлением
P 945	pressure drop	Druckabfall m	chute f de pression, perte f de charge (pression)	падение давления
	pressure during heating time	s. H 115		
P 946	pressure equalization	Druckausgleich m	compensation f de pression, équilibrage m des pressions	уравнивание (выравнивание) давления
P 947	pressure-equalizing plate, caul (US)	Druckausgleichsplatte f, Druckkissen n (an Pressen)	coussin[et] m de pression	подушка (пресса)
P 948	pressure flow	Druckströmung f	écoulement m sous pression	течение (поток) под давлением

P 949	pressure flow constant	Rückdruckkonstante f, Rück-flußkonstante f (Extruder)	constante f de reflux (extrudeuse)	коэффициент потока противодавления
P 950	pressure forming, die pressing, matched mould forming	Formstanzen n, Ziehformen n (mit federndem Niederhalter durch Stempel und Matrize)	formage m sous pression, formage m à la presse, matriçage m, estampage m	штампование
P 951	pressure gauge	Druckmesser m, Manometer n	manomètre m	манометр
P 952	pressure gelling	Druckgelieren n, Druckgelierverfahren n	gélification f sous pression	желатинирование под давлением
P 953	pressure-governed temperature-regulating control system	druckgesteuertes Temperiersystem n (Spritzgießwerkzeug)	système m de mise en équilibre thermique commandé par pression	термостат с пристройством для регулирования давления
P 954	pressure gradient	Druckgradient m, Druckgefälle n	gradient m de pression, chute (différence) f de pression	градиент (перепад) давления
P 955	pressure-holding phase	Druckhaltephase f, Druckhalteperiode f	phase f de maintien en pression	стадия выдержки под давлением
	pressure inside the mould	s. M 456		
P 956/7	pressureless rotational casting	druckloses Rotationsschäumen n	moussage m par rotation sans pression	центробежное литье пенопластов без давления
P 958	pressure level	Druckstufe f	niveau m pression	высота давления
P 959	perssure loss	Druckverlust m	perte f de pression (charge)	потеря давления
P 960	pressure marking	Druckmarkierung f (an Formteilen)	marque f de pression	маркировка давлением
P 961	pressure modulus, modulus in compression, modulus of elasticity in compression, compressive modulus [of elasticity]	Druckelastizitätsmodul m, Druckmodul m	module m en compression, module m d'élasticité volumique (cubique, en compression), module de compressibilité cubique, module de compression	модуль упругости при сжатии, модуль сжатия
	pressure of the rolls	s. R 500		
P 962	pressure outer sizing unit	Druckaußenkalibriereinrichtung f für Rohre (Schläuche)	unité f (équipement m) de calibrage extérieur sous pression (tubes, tuyaux flexibles)	устройство для калибровки избыточным давлением по наружному диаметру труб
P 963	pressure pad	Distanzstück n zur Druckbegrenzung	tampon m de pression	редукционный распорный элемент
P 964/5	pressure pad	Druckaufnahmefläche f, Druckscheibe f	surface f d'appui, cale f de renfort	опорная планка
	pressure pad	s. a. F 621		
P 966	pressure pattern, pressure course (profile, sequence)	Druckverlauf m	marche f de pression	рисунок (профиль) давления
P 967	pressure piston, pressure ram	Druckkolben m	piston (rouleau) m de pression	главный плунжер, поршень давления
	pressure profile	s. P 966		
	pressure ram	s. P 967		
P 968	pressure recorder	Druckaufnehmer m (Spritzgießzylinder oder Werkzeug)	manométrographe m, manomètre m enregistreur	самопишущий (регистрирующий) манометр
P 969	pressure relief valve	Druckentlastungsventil n	détendeur m, soupape f réductrice, manodétendeur m	редукционный вентиль
P 970	pressure resistance	Druckbeständigkeit f	résistance f au pression	сопротивление внутреннему давлению
P 971	pressure roll, pinch roll	Anpreßwalze f (zum Kaschieren), Druckwalze f	rouleau (cylindre) m de pression, cylindre-presseur, rouleau presseur	прижимный валик (ролик)
P 972	pressure roller, moving pressure roller, grooved pressure roller	Druckrolle f (mit Zusatzwerkstoff-Führung für das Warmgas- oder Heizkeilschweißen)	rouleau m de pression (baguette de soudure)	прижимный ролик (для направления и затягивания присадочного прутка)
P 973	pressure-sensitive, self-adherent, self-adhering	selbstklebend	autocollant	самоклейкий, клеящий
	pressure-sensitive adhesive	s. C 702		
P 974	pressure-sensitive adhesive dispersion, dispersion-based pressure-sensitive adhesive	Dispersionshaftklebstoff m, Haftklebstoffdispersion f	colle f de contact en dispersion	дисперсный контактный клей
	pressure-sensitive hot-melt [adhesive]	s. P 976		
P 975	pressure-sensitive tack	Selbstklebrigkeit f von Haftklebstoffen	autoadhésivité f de colles de contact	самоклейкость (склеивающая способность) контактного клея
	pressure-sensitive tape	s. S 244		

P 976	pressure-sensitive thermo-plastic adhesive, pressure-sensitive hot-melt adhesive, pressure-sensitive hot-melt, PSA-hot-melt	selbstklebender Haftschmelzklebstoff *m*	masse *f* auto-adhésive à fusion	чувствительный к давлению контактный клей-расплав
P 977	pressure sensor, pressure transducer, load cell type transducer	Druckgeber *m*	capteur *m* de pression	датчик давления
	pressure sequence	*s.* P 966		
P 978	pressure-set ink	Absorptionsdruckfarbe *f*	encre *f* d'absorption (d'imprimerie)	абсорбционная (впитывающая) печатная краска
P 979	pressure shear strength	Druckscherfestigkeit *f (von Klebverbindungen)*	résistance *f* au cisaillement sous pression	прочность на сдвиг при сжатии
P 980	pressure shear test	Druckscherversuch *m*	essai (test) *m* de cisaillement sous pression	испытание на сдвиг при сжатии
P 981	pressure sintering	Sinterformen *n*, Preßsintern *n*, Drucksintern *n*	matriçage (moulage) *m* avec préforme, moulage *m* par sintérisation	спекание под давлением *(фторопласта-4)*
	pressure-specific volume-temperature diagram	*s.* P 1140		
P 982	pressure-speed governed extruder	druck- und drehzahlgeregelter Extruder *m*	extrudeuse (boudineuse) *f* à régulation de pression et de vitesse	экструдер с регулированием числа оборотов и давления
P 983	pressure thermoforming	Warmumformen *n* mit Druck	thermoformage *m* sous pression	пневматическое вакуум-формование
P 984	pressure time, time under pressure	Preßzeit *f*	temps *m* de maintien de la pression	продолжительность выдержки под давлением, продолжительность прессования
	pressure transducer	*s.* P 977		
P 985	pressure transmission	Druckübertragung *f*	transmission *f* de pression	передача давления
P 986	pressure vessel	Druckgefäß *n*	récipient *m* sous pression	напорная емкость, ресивер
	pressure welding	*s.* P 989		
P 987	pressurize/to	unter Druck setzen	pressuriser	подавать давление
P 988	pressurized packing	Aerosolverpackung *f*, Druckverpackung *f*	conditionnement *m* d'aérosol	аэрозольная упаковка
P 989	press welding, pressure butt welding, pressure welding	Stumpfschweißen *n* mit Heizelement, HS-Schweißen *n*	soudage *m* en bout par pression, soudage *m* avec pression	прессовая (прижимная) сварка давлением
P 990	prestretch	Vorstrecken *n (beim Streckformen)*	préétirage *m*	предварительная вытяжка *(термоформование)*
P 991	pretension	Vorspannung *f*	précontrainte *f*	предварительное напряжение (натяжение)
P 992	pretreating roll	Vorimprägnierwalze *f*	rouleau *m* de préimprégnation (préimpression)	ролик для предварительного импрегнирования
P 993	pretreatment, preliminary treatment	Vorbehandlung *f*	prétraitement *m*, traitement *m* préliminaire	предварительная обработка
P 994	pretreatment in low-pressure plasma	Vorbehandeln *n* im Niederdruckplasma, Niederdruckplasmavorbehandlung *f*	prétraitement *m* au plasma basse pression	обработка плазмой при пониженном давлении
P 995	pretreatment time	Vorbehandlungszeit *f*	temps *m* (durée *f*) de prétraitement (traitement préliminaire)	продолжительность предварительной обработки
P 996	pretreatment with ozone	Ozonvorbehandlung *f (Klebflächenvorbehandlung)*	prétraitement *m* à l'ozone	озонная обработка, обработка озоном
P 997	preventative maintenance	Vorbeugewartung *f*, vorbeugende Instandhaltung *f*	entretien *m* préventif	планово-предупредительный ремонт
	preventive against corrosion	*s.* A 462		
P 998	primary colour	Stammfarbe *f*	colorant *m* mère	маточная краска
P 999	primary creep	Primärkriechen *n*, verzögert-elastisches Kriechen *n*, primäres Kriechen *n*	fluage *m* primaire	первая стадия ползучести
P 1000	primary gluing	Sperrholzleimung *f*, Preßholzleimung *f*	collage *m* du contreplaqué	клейка прессованной древесины, первичное склеивание
P 1001	primary processing machinery	Urformmaschine *f*	équipement *m* de préformage	машина для переработки в изделие
P 1002	primary valence bond	Hauptvalenzbindung *f*	liaison *f* de valence principale	связь главной валентности
P 1003	prime/to	grundieren	piéter, donner la couche de fond	наносить грунтовое реактивное средство
P 1004	primer	Grundiermittel *n*, Grund[ier]anstrichmittel *n*, Primer *m*	primaire *m*, mordant *m*, peinture *f* de fond, peinture d'arrêt	грунтовое реактивное средство, пример, грунтовка, грунт

	primer coat	s. P 1005		
P 1005	priming coat, primer (ground, first) coat	Grundierung f, Grundier- anstrich m, Untergrund- anstrich m	couche f [primaire] d'accro- chage, couche de fond	грунтовка, грунтовочное покрытие
P 1006	principal characteristic data	Hauptkennwert m	caractéristique f principale	главная характеристика, главные характеристиче- ские данные
	principal stress	s. M 30		
P 1007	principal valency	Hauptvalenz f	valence f principale	главная валентность
P 1008	principle of action	Wirkprinzip n	principe m d'action	принцип действия
P 1009	printability	Bedruckbarkeit f	imprimabilité f	пригодность для печати
P 1010	printability tester	Bedruckbarkeitsprüfgerät n	appareil m d'essai d'impri- mabilité	испытатель пригодности для печати
	printed board	s. P 1012		
P 1011	printed circuit	(mittels leitfähiger Lacke oder leitfähiger Epoxidharze) auf- gedruckte Schaltung f	circuit m imprimé	печатная схема
P 1012	printed-circuit board, cir- cuit (printed) board	gedruckte Schaltung f, Leiterplatte f	plaquette f imprimée, pla- quette à circuit imprimé	плата с печатным монта- жом
	printer	s. R 378		
P 1013	printer terminal	Ausgangsgrößendrucker m, Ausgangsgrößenschrei- ber m	appareil m terminal impri- mant	печатник для исходных данных
P 1014	printing	Bedrucken n, Drucken n	impression f	набивка, печатание
	printing colour	s. P 1015		
P 1015	printing ink, printing colour	Druckfarbe f	encre f d'imprimerie	печатная краска
P 1016	printing paste	Druckpaste f	pâte f d'impression	печатная паста
P 1017	printing plate	Druckplatte f	planche f d'impression	печатная пластина
P 1018	print roller, gravure coater	Rasterwalzenauftrags- maschine f	métier m à enduire par im- pression	машина для нанесения по- крытий с растровым вал- ком
P 1019	probability of fracture	Bruchwahrscheinlichkeit f	probabilité f de rupture	вероятность по разрыву
	probe trace	s. S 1389		
P 1020	proceeding of melting	Abschmelzweg m, Abschmelztiefe f (beim Schweißen)	voie (profondeur) f de fusion (soudage)	область плавления (при сварке)
P 1021	processability, processi- bility	Verarbeitbarkeit f, Verarbei- tungsfähigkeit f	transformabilité f, usinabi- lité f	перерабатываемость, тех- нологичность
P 1022	process-controlled injec- tion moulding	Spritzgießen n mit Prozeß- regelung, prozeßgeregel- tes Spritzgießen	moulage m par injection à contrôle de processus	литье под давлением с управлением процессом
P 1023	process-controlled injec- tion-moulding machine	prozeßgesteuerte Spritz- gießmaschine f	machine f à injection à contrôle de processus	литьевая машина с управле- нием процессом
P 1024	process drift	Abweichung f von vorge- schriebenen Verarbei- tungsparametern	écart m aux paramètres de transformation prescrits	отклонение от заданных па- раметров
	processibility	s. P 1021		
P 1025	processing	Primärverarbeitung f, Urfor- men n	transformation f primaire	переработка
P 1026	processing aid	Verarbeitungshilfsmittel n	auxiliaire m de transforma- tion	средство, облегчающее пе- реработку
P 1027	processing characteristics, processing properties	Verarbeitungseigenschaf- ten fpl	propriétés fpl de transfor- mation	технологические свойства
P 1028	processing condition, pro- cessing parameter	Verarbeitungsbedingung f	condition f de mise en œuvre, paramètre m de transformation	параметр (условие) перера- ботки
P 1029	processing error	Verarbeitungsfehler m	erreur f de transformation	ошибка при переработке
P 1030	processing machine	Verarbeitungsmaschine f	machine f de transformation	перерабатывающая машина
P 1031	processing method, pro- cessing process, manu- facturing (fabrication) pro- cess	Verarbeitungsverfahren n	méthode f (procédé m) de transformation, pro- cédé m de fabrication	метод (процесс, способ) пе- реработки
P 1032	processing of reinforced unsaturated polyesters	Urformen n verstärkter un- gesättigter Polyester, UP- GF-Urformen n	transformation f de polyes- ters insaturés renforcés	изготовление изделий из на- полненных ненасы- щенных полиэфиров
	processing parameter	s. P 1028		
P 1033	processing plant	Verarbeitungsanlage f	unité f de fabrication	перерабатывающая уста- новка
	processing process	s. P 1031		
	processing properties	s. P 1027		
	process of feeding the tool	s. M 488		
P 1034	process optimization	Prozeßoptimierung f	optimisation f du processus	оптимизация процесса
P 1035	processor	Verarbeiter m	transformateur m	переработчик
	product finishing	s. M 52		
P 1036	production-caused dimen- sional inaccuracies	fertigungsbedingte Maß- ungenauigkeiten fpl (von Plastteilen, Kunststoffteilen)	imprécisions fpl dimension- nelles causées par la fa- brication	отклонение размеров по технологическим причи- нам

	production-caused dimensional variation	s. P 1037		
P 1037	production-caused variation in size, production-caused dimensional variation	fertigungsbedingte Maßabweichung f (an Formteilen)	écart m dimensionné par la fabrication	технологическое отклонение размеров
	production facility	s. F 2		
P 1038	production line for film strips	Folienbandanlage f	ligne f de production des feuilles, chaîne f de fabrication des feuilles	установка для производства пленочных лент
	production line work	s. F 457		
P 1039	production-scale operation	Produktionsbedingung f	condition f de production	производственное условие
P 1040	profile, section, pattern	Profil n	profilé m	профиль (из пластика)
P 1041	profiled heated tool	profiliertes Heizelement n	élément m chauffant (de chauffage) profilé	профилированный электронагреватель
P 1042	profile die	Profilwerkzeug n	moule m à profil, filière f pour profilés	экструзионная головка для изготовления профилей
	profile extrusion	s. E 461		
P 1043	profile extrusion head	Profilspritzkopf m	tête f d'extrudeuse pour profilés	головка для изготовления профильных изделий
P 1044	profile extrusion line	Profil[extrusions]anlage f	installation f d'extrusion des profilés	установка для экструзии профилей
P 1045	profile haul-off machine, profile take-off machine	Profilabzug m, Profilabzugsmaschine f (für Extrudat)	machine f de réception des profilés (extrudat)	тянущее устройство для профилей
	profile of a roll	s. R 473		
	profile take-off machine	s. P 1045		
P 1046	programmable micro-processor covering injection-moulding machine	mit Mikroprozessoren ausgerüstete programmierbare Spritzgießmaschine f	presse f d'injection commandé à microprocesseur	управляемая микропроцессорами литьевая машина, программируемая микропроцессором литьевая машина
P 1047	programmed heating	programmierte Temperaturregelung f (an Verarbeitungsmaschinen)	régulation f de température programmée	программное регулирование (термостатирование)
P 1048	programmed injection control	programmierte Steuerung f der Einspritzbedingungen (beim Spritzgießen)	contrôle m programmé de l'injection, commande f programmée de l'injection	программное управление литьевым процессом
P 1049	programmed materials testing	programmierte Werkstoffprüfung f	essai m programmé des matériaux	программированное испытание материалов, испытание материалов с программным управлением
P 1050	programmed-temperature gas chromatography	temperaturprogrammierte Gaschromatographie f	chromatographie f gazeuse programmé aux températures	газовая хроматография с температурной программой
	project/to	s. P 1078		
P 1051	projected area	projizierte Formteilfläche f	aire (surface) f projetée, surface de projection	проецированная площадь (площадка)
P 1052	projected area [of moulding], mould surface area	Spritzfläche f	surface f de moulage projetée, surface totale de moulage	площадь проекции отливки (изделия)
P 1053	projection	Oberflächenvorsprung m, Auskragung f (am Formteil)	saillie f (pièce moulée)	выступ
P 1054	proliferation [of compounds]	Volumenzunahme f [von Mischungen], Volumenvergrößerung f [von Mischungen]	augmentation f de volume (compounds)	объемное увеличение [смесей полимеров]
	promoter	s. A 44		
P 1055	proof/to	undurchlässig machen	rendre imperméable (étanche), étanchéifier	придавать непроницаемость
P 1056	proof pressure test	Dichtheitsprüfung f unter Druck	contrôle m d'étanchéité sous pression; essai m (test m, épreuve f) d'étanchéité sous pression	испытание непроницаемости под давлением
	propagation of heat	s. H 125		
P 1057	propagation velocity, speed of propagation, velocity of propagation	Fortpflanzungsgeschwindigkeit f, Ausbreitungsgeschwindigkeit f	vitesse f de propagation	скорость распространения
P 1058	propane	Propan n	propane m	пропан
	propellant	s. B 263		
P 1059	propeller agitator (mixer), propeller mixing element, helical blade	Propellerrührer m, Schraubenrührer m	malaxeur m à palettes, agitateur m à hélice	смеситель с пропеллерной мешалкой, пропеллерный смеситель
	propene plastic	s. P 1067		
	property of plastic	s. P 415		

P 1060	proportional limit	Proportionalitätsgrenze f	limite f de proportionnalité	предел пропорциональности
P 1061	proportional valve	Proportionalventil n (an Spritzgießmaschinen)	valve f proportionnelle (machine à injection)	пропорциональный клапан (литьевой машины)
	proportioning	s. M 243		
P 1062	proportioning and handling device	Dosier- und Fördergerät n	doseur-transporteur m	дозатор-транспортер
P 1063	proportioning piston	Dosierkolben m	piston m doseur	дозирующий поршень
	proportioning pump	s. M 248		
P 1064	proportioning rotary piston device	Drehkolbendosiergerät n (zur Dosierung rieselfähiger Preßmassen)	doseur m à piston rotatif	секторный дозатор
P 1065	propylene	Propylen n	propylène m	пропилен
P 1066	propylene-ethylene-copolymer, PPCO	Propylen-Ethylen-Copolymerisat n	copolymère m d'éthylène-propylène, PPCD	сополимер этилена с пропиленом
P 1067	propylene plastic, propene plastic	Propylenkunststoff m, Propylenplast m	plastique m propylénique, plastique m propénique	пропиленовый пластик
	protection from corrosion	s. C 870		
P 1068	protective air cushion	schonendes Luftpolster n, schützendes Luftpolster n (Verpackung)	matelas m d'air isolant	защитная воздушная подушка
P 1069	protective coating	Schutzüberzug m (auf Metall)	recouvrement (enduit) m de protection, revêtement m protecteur	защитный слой, защитное покрытие
P 1070	protective clothing	Schutzbekleidung f, Schutzkleidung f	vêtement m de protection	защитная одежда
P 1071	protective film, protective sheet	Schutzfolie f	film m (feuille f) de protection	защитная пленка
P 1072	protective glove, safety glove	Schutzhandschuh m	gant m protecteur	защитные рукавицы, защитные перчатки
P 1073	protective grate (grid)	Schutzgitter n (Spritzgießmaschinen)	grille f de protection	защитная (предохранительная) решетка
	protective helmet	s. S 9		
P 1074	protective lacquer, protective varnish	Schutzlack m	vernis m protecteur	защитный лак, шутцлак
P 1075	protective layer	Schutzschicht f	enduit m de protection, revêtement m de protection	защитный слой
	protective sheet	s. P 1071		
P 1076	protective surface coating, surface protection	Oberflächenschutz m	protection f superficielle (de surface), revêtement m protecteur	защита поверхности от коррозии
	protective varnish	s. P 1074		
P 1077	protein plastic	Kunststoff (Plast) m auf Basis von Eiweißabkömmlingen, Proteinkunststoff m, Proteinplast m	plastique m à base de protéine	белковый (протеиновый) пластик
P 1078	protrude/to, to project	hervorstehen, hervorragen	saillir	выступать, выдаваться
P 1079	protruding-type insert	einseitig aus Urformteilen herausragendes Einlegeteil n	insertion f (prisonnier m) en relief (saillie)	выходная закладная деталь
	PS	s. P 704		
	PSA	s. C 702		
	PSA-hot-melt	s. P 976		
	PSA-tape	s. S 244		
P 1080	pseudo-Newtonian flow	pseudo-Newtonsches Fließen n	écoulement m pseudo-newtonien	псевдоньютоновское течение
P 1081	pseudoplastic	quasiplastisch	pseudo-plastique	псевдопластический, квазипластический
P 1082	psi, pounds per square inch	Pfund n je Quadratzoll	livre f par pouce carré	фунт на квадратный дюйм
P 1083	psig, pounds per square inch gauge	Pfund n je Quadratzoll Unterdruck	dépression f (vide m) en livres par pouce carré	вакуум в фунтах на квадратный дюйм
	PS-LDPE blend	s. P 708		
	PSMC	s. P 195		
	PSU	s. P 714		
	PTFE	s. P 718		
	PU-cast elastomer	s. P 730		
	puffing agent	s. T 297		
	pull-back pin	s. S 1008		
P 1084	pull-back ram	Auswerferrückzugkolben m, Ausdrückerrückzugkolben m, Ausstoßkolben m, Rückzugkolben m	piston m d'éjection avec retour, piston de retour	поршень для возврата выталкивателя, плунжер выталкивания, ретурный плунжер
P 1085	pull-back traverse, return traverse, opening traverse	Rückzugquerhaupt n, Hubholm m (an Pressen)	traverse f de rappel, traverse-entretoise f	реверсивная траверса
P 1086	pull-cord bag	Kordelzugbeutel m	sachet m à cordelette	мешок, завязываемый крученым шнуром

	pull direction	s. D 523		
	pulled surface	s. S 1389		
P 1087	pulley	Rolle f, Scheibe f	poulie f	круг, ролик
P 1088	pulley guide	Leitrolle f (Beschichtungsmaschinen)	poulie f (galet m) de guidage, rouleau m guide	направляющий шкив (блок)
	pulling device	s. T 29		
P 1089	pulling lever	Abzugshebel m	levier m d'extraction	рычаг спуска (отвода)
	pulling rate (speed, velocity)	s. D 536		
	pull-out [break]	s. P 1090		
P 1090	pull-out effect, pull-out break, pull-out	Herausziehen n von Fasern aus der Kunststoffmatrix (Plastmatrix) beim Bruch, Pull-out-Effekt m (mögliches Versagen von Verbundwerkstoffen bei Belastung)	rupture f d'un matériau composite par l'extraction de fibres, effet m de l'extraction des fibres d'un matériau composite lors de la rupture	эффект вырывания
P 1091	pull rod	Zugstab m	barreau m de traction	стандартная лопатка
P 1092	pull roll stand	Aufwickeleinrichtung f (für Extrudat)	dispositif (équipement) m d'enroulement (extrudat)	намоточное приемное устройство
	pulp engine	s. H 286		
P 1093	pulp mould	Saugform f zur Vorformlingsherstellung im Tauchbadverfahren, Saugform zur Vorformlingsherstellung aus Glasfaserbrei, Faserbreipreßteil n	moule m à pulpe (grille de préforme)	всасывающая форма с сеткой, перфорированная форма (для изготовления стекловолокнистых заготовок)
P 1094	pulp moulding	Vorformlingsherstellung f mittels Tauchbadvorformverfahrens, Vorformlingsherstellung aus Glasfaserbrei	moulage m à écran de préforme, moulage m de pulpe agglomérée	изготовление заготовок отсасыванием
	pulp slurry	s. P 1095		
P 1095	pulp stock, pulp slurry	Faser[stoff]brei m, Fasermasse f	pulpe f	тесто из волокон
P 1096	pulp wood board	Holzfaserplatte f	panneau m de fibres, panneau statifié de fibres	древесно-волокнистая плита
P 1097	pulsatile pressure	Druckpulsation f	pression f pulsée	пульсация давления
	pulsating behaviour	s. S 1426		
P 1098	pulsating bending fatigue limit	Biegeschwellfestigkeit f	résistance f aux efforts pulsatoires de flexion	предел усталости при знакопостоянном цикле изгиба
P 1099	pulsation	Pulsieren n, Pulsation f, langsames Schwingen n	pulsation f	пульсация
P 1100	pulsation-diffusion method	Pulsationsdiffusionsmethode f (zur Molekularmassebestimmung)	méthode f de pulsation-diffusion, pulsation-diffusion f (masse moléculaire)	определение молекулярного веса пульсирующей диффузией
	pulsation of follow-up pressure	s. H 280		
P 1101	pulsation tension strength	Zugschwellfestigkeit f	résistance f aux tractions alternées	прочность при знакопостоянном (пульсирующем) растяжении
P 1102	pulsation tension test	Zugschwellversuch m	essai (test) m de traction alternée	испытание на пульсирующее растяжение
P 1103	pulsation test	Schwellversuch m	essai (test) m de sollicitation ondulée (répétée), essai (test) d'effort ondulé (pulsatoire, répété)	испытание усталости при знакопостоянном положительном цикле
	pulse counter	s. I 56		
P 1104	pulsed [NMR-]gradient method, pulsed nuclear magnetic resonance-gradient method	gepulste NMR-Gradient-Methode f, gepulste NMR-Gradient-Spektroskopie f, gepulste magnetische Kernresonanz-Gradient-Methode f, gepulste magnetische Kernresonanz-Gradient-Spektroskopie f	méthode f au gradient de RMN (résonance magnétique nucléaire) pulsée	метод градиента переменного ядерного магнитного резонанса
P 1105	pulsed voltage	Stromimpuls m (Wärmeimpulsschweißmaschinen)	impulsion f de courant	токовый импульс, импульс тока
P 1106	pulse generator	Impulsgeber m (Wärmeimpulsschweißmaschinen)	générateur m d'impulsions	датчик импульсов
P 1107	pulsotronic metal separator	elektronisch pulsierender Metallabscheider m	séparateur m de métal pulsant	пульсирующий сепаратор для металлов

P 1108	pultrusion	Pultrusion f, kontinuierliches Ziehen n (Verfahren zur Herstellung von verstärkten duroplastischen Endlosprofilen)	pultrusion f (fabrication de profilés sans fin en résine thermodurcissable chargée)	пултрузия, протяжка пластиков
P 1109	pulverize/to	pulverisieren, ganz fein mahlen	pulvériser, finement diviser, microniser	распылять, пульверизировать
P 1110	pulverizer [mill], pulverizing equipment (mill)	Mahlanlage f, Mahlvorrichtung f, Pulvermühle f, Feinmahlanlage f	installation f de micronisation, installation f (équipement m, dispositif m) de pulvérisation	пульверизатор, размалывающий аппарат, мельница
P 1111	pulverizing, grinding	Pulverisieren n, Feinmahlen n	pulvérisation f; micronisation f	пульверизация
	pulverizing equipment (mill)	s. P 1110		
P 1112	pulverulent plastic	pulverförmiger Kunststoff (Plast) m, pulverförmige Kunststoffformmasse f	plastique m pulvérulent (en poudre), matière f à mouler pulvérulente (en poudre), poudre f plastique, poudre à mouler plastique	порошковый пластик
P 1113	pumicing	Glätten n	ponçage m	пемзование
P 1114	pumping section	Pumpensaugquerschnitt m (von Pumpen in Verarbeitungsmaschinen)	section f de pompage	сечение всасывающего провода
P 1115	pump line	Pumpensaugleitung f	conduite f (tuyau m) d'aspiration de la pompe	всасывающий трубопровод насоса, всасывающая линия насоса
P 1116	pump shifting	Pumpenverstellung f	réglage m de la pompe	регулирование насоса
P 1117	punch/to	ausstanzen	poinçonner	высекать, вырубать
	punch	s. M 494		
P 1118	punch and die	Stanzwerkzeug n mit Patrize und Matrize	poinçon m et matrice f à découper	листовой штамп с пуансоном и матрицей
P 1119	punch and die with guide pillars (plate)	Formstanzen n verstärkter Duroplasttafeln, Formstanzen mit Führungsschnitt	matriçage m avec guide	штамповка наполненных плит (реактопластов)
P 1120	punched piece	Schweißnutzen m (dickeres Fügeteil beim Folienapplizieren), Stanznutzen m (Stanzling)	pièce f de soudage; flan m à découper	штампованная (сваренная) деталь
P 1121	punching	Stanzen n	estampage m, matriçage m	высекание, вырубание, вырубка
P 1122	punching, piercing	Lochstanzen n (für Halbzeuge)	poinçonnage m	дыропробивка
	punching	s. a. E 174		
P 1123	punching die, mallet handle die	Stanzwerkzeug n, Lochstanzwerkzeug n, Locheisen n für Stanzungen	outil m à perforer (découper), poinçon m à découper, emporte-pièce m manuel à maillet	листовой штамп, дыропробивной инструмент
P 1124	punching machine	Stanzmaschine f	poinçonneuse f	листоштамповочная машина
	punching pad	s. B 349		
P 1125	punching pelleter	Stößel-Tablettiermaschine f	pastilleuse f à poinçon	плунжерная машина для таблетирования
P 1126	punching pelleting press	Stößel-Tablettierpresse f, Stößel-Tablettenpresse f (zum Tablettieren von pulverförmiger oder körniger Duroplastformmasse)	presse f de pastillage à poinçon	таблеточный пресс с нижним и верхним пуансонами
P 1127	punching press, punch press, stamping press, blanking press	Stanzpresse f, Lochstanze f	presse f à poinçonner	листоштамповочный (дыропробивной) пресс
	punching tool	s. C 1118		
	punch press	s. P 1127		
P 1128	puncture	Einstich m, Durchstich m	piqûre f, perforation f	прокол, прокалывание
P 1129	puncture resistance	Sticheinreißfestigkeit f	résistance f à la perforation	прочность к надрыву, прочность на раздирание
P 1130	puncturing resistance	Durchstoßfestigkeit f (Folien oder Gewebe)	résistance f à la perforation	прочность на прокалывание
P 1131	puncturing test, penetration test	Durchstoßprüfung f (Folien oder Gewebe)	essai m de pénétration	испытание на прокалывание
	puppet	s. B 189		
	PUR	s. P 724		

P 1132	purely elastic deformation (strain)	reinelastische Deformation f, reinelastisches Verformungsverhalten n	déformation f purement élastique	идеально упругая деформация
P 1133	purge gas	Spülgas n (beim Laserschneiden)	gaz m de balayage	промывной газ (резание лазером)
P 1134	purging	Reinigen n, Säubern n (von Klebfügeteilen)	purge f	продувка
P 1135	purification method	Reinigungsverfahren n	méthode f (procédé m) de purification	метод очистки
P 1136	purity degree, degree of cleanliness	Reinheitsgrad m (von Fügeteiloberflächen oder Chemikalien)	degré m de pureté	степень чистоты
	push back	s. H 440		
P 1137	push-out ram accumulator	Schubzylinderspeicher m (an Blasformmaschinen)	accumulateur m à piston injecteur	накопитель (выдувного агрегата)
	putrefaction resistance	s. R 559		
P 1138	putty	Kitt m	mastic m, lut m, ciment m	замазка
	putty	s.a. F 165		
	putty chaser	s. P 46		
	putty compound	s. F 165		
	puttying-up	s. C 181		
P 1139	putty sprayer	Kittspritze f	appareil m pulvérisateur à lut	шприц для замазок
	PVAC	s. P 743		
	PVAL	s. P 745		
	PVB	s. P 749		
	PVC	s. P 751		
	PVC dryblend	s. P 753		
	PVC liquid blend	s. P 456		
	PVC liquid slush moulding (technology)	s. P 755		
	PVC powder slush technology	s. P 756		
	PVC slush moulding	s. P 756		
	PVDC	s. P 761		
	PVDF	s. P 763		
	PVD-technology	s. P 237		
	PVF	s. P 759		
	PVFM	s. P 760		
	PVP	s. P 766		
P 1140	p-v-t diagram, pressure-specific volume-temperature diagram	p-v-T-Diagramm n, druckspezifisches Volumen-Temperatur-Verhaltensdiagramm n von Thermoplasten (zur Ermittlung des Schwindungsverhaltens)	diagramme m p-v-t, diagramme pression-volume spécifique-température	диаграмма давление-объем-температура
P 1141	pycnometer, density (specific-gravity) bottle	Pyknometer n, Wägefläschchen n für Dichtemessungen	pycnomètre m, picnomètre m, flacon m à densité	пикнометр
P 1142	pyrazolone dye	Pyrazolonfarbstoff m	colorant m dérivé de la pyrazolone	пиразолоновый краситель
P 1143	pyridine	Pyridin n	pyridine f	пиридин
P 1144	pyrolysis	Pyrolyse f (Abbau durch Wärme)	pyrolyse f	пиролиз (термическая деструкция полимеров)
P 1145	pyrolysis capillary gas chromatography	Pyrolyse-Kapillar-Gaschromatographie f	chromatographie f [en phase] gazeuse sur colonne capillaire à pyrolyse	пиролизно-капиллярная газовая хроматография
P 1146	pyrolysis molecular-weight chromatography	Pyrolyse-Molmasse-Chromatographie f	chromatographie f de masses (poids) moléculaires à pyrolyse	определение молекулярной массы пиролитической хроматографией

Q

Q 1	qualification test	Prüfung f zur Ermittlung der Klebbarkeit von Fügeteilwerkstoffen	essai (test) m de collabilité	испытание на склеиваемость
Q 2	quality control testing	Qualitätsprüfung f	contrôle m de la qualité	контроль качества
Q 3	quality factor	Gütefaktor m, Wertigkeitsverhältnis n (von Schweiß- oder Klebverbindungen)	facteur m de qualité	относительная прочность (при сварке или склеивании)
Q 4	quality of mixing	Mischungsgüte f	qualité f de mélange[age]	качество перемешивания
	quality of weld	s. W 187		
	quality ratio	s. W 180		

Q 5	quantitative differential thermal analysis	quantitative Differential-thermoanalyse f	analyse f thermique différentielle quantitative	количественный дифференциальный термический анализ, количественный ДТА
Q 6	quantity of state	Zustandsgröße f	variable f (paramètre m) d'état	параметр состояния
	quartzose sand	s. A 532		
	quartz powder	s. S 513		
	quartz sand	s. A 532		
Q 7	quasi-brittle fracture	quasispröder Bruch m	rupture f quasi-fragile	квазихрупкий излом
Q 8	quasi-static fracture load	quasistatische Bruchlast f	charge f de rupture quasi-statique	квазистатическая разрушающая нагрузка
Q 9	quasi-static loading	quasistatische Belastung f	charge f quasi-statique	квазистатическая нагрузка
Q 10	quasi-viscous creep (flow), steady creep	quasiviskoses Fließen n, quasiviskoses Kriechen n, stationäres Kriechen n	fluage m stationnaire	псевдовязкое течение, псевдовязкая ползучесть
Q 11	quaterpolymer	Quaternärpolymer[es] n, aus vier Bestandteilen hergestelltes Polymer[es] n	quaterpolymère m, copolymère m quaternaire	четверной полимер
Q 12	quencher	Zusatzstoff zum Erreichen selbstlöschender Eigenschaften	additif d'extinction	добавка, понижающая горючесть пластиков
Q 13	quenching	Spritzen n aus Schlitzdüsen, Flachspritzen n	extrusion f à plat	литье через щелевидный впускной канал
Q 14	quench-rolled thermoplastic	preßgereckter Thermoplast m, preßgerecktes Thermomer n	thermoplastique m pressé-étiré	прессованный вытяжной термопласт
Q 15	quick-acting clamping device	Schnellspannvorrichtung f	dispositif m de serrage rapide	устройство скорого зажима
Q 16	quick aging	Schnellalterung f, Kurzalterung f	vieillissement m accéléré	ускоренное старение
Q 17	quick-change mould frame	Schnellwechselwerkzeugrahmen m	cadre m de moule à serrage rapide	рама для скорой замены формы
Q 18	quick-change pick-off gear	Schnellwechselgetriebe n	engrenage m de changement de vitesse rapide	быстродействующая коробка передач
Q 19	quick-cleaning extruder	Extruder m mit Schnellreinigungseinrichtung (für Schnecke und Zylinder)	boudineuse (extrudeuse) f à nettoyage rapide	экструдер с приспособлением для быстрой чистки (червяка и цилиндра)
	quick-closing autoclave	s. A 598		
Q 20	quick curing	Schnellhärten n, Schnellhärtung f (Harze)	durcissement m rapide	скорое отверждение
Q 21	quick-curing moulding compound, fast-curing moulding compound	Schnellpreßmasse f	matière f à mouler à cuisson (cycle) rapide	быстроотверждаемый пресс-материал
Q 22	quick-drying coating	schnelltrocknender Anstrich m	peinture f à séchage rapide	быстровысыхающая окраска
Q 23	quick loading chute	Schnellbeschickungseinrichtung f, Schnelleinfüllvorrichtung f (Preßwerkzeug)	chargeur m rapide	скоростное загрузочное устройство, быстроходное устройство подачи
Q 24	quick-motion test	zeitraffende Werkstoffprüfung f	essai (test, examen, contrôle) m accéléré des matériaux	ускоренное испытание материалов
Q 25	quick mould change (changing) system, quick tool change (changing) system	Werkzeugschnellwechselsystem n, Werkzeugschnellwechseleinrichtung f	système m de changement rapide de moule, système m d'échange rapide de moule	система для быстрой замены форм
Q 26	quick setting, quick setting-up (US)	Schnellverfestigen n, Schnellabbinden n (von Harzen durch physikalische oder chemische Vorgänge)	durcissement m rapide	ускоренное отверждение
	quick tool change system	s. Q 25		
Q 27	quick tool changing	Werkzeugschnellwechsel m	changement m rapide de moule	быстрая замена форм, скоростная смена форм
	quick tool changing system	s. Q 25		
	quilted mat	s. N 21		
Q 28	quilting	steppdeckenartiges Kaschieren (Polstern) n (von Folien mit Füllmaterial)	capitonnage m, doublage m avec rembourrage (feuilles)	набивка стеганым материалом (из пленки и матов)
Q 29	quinoxaline	Chinoxalin n	quinoxaline f	хиноксалин
Q 30	quinoxaline-phenylquinoxaline-copolymer	Chinoxalin-Phenylchinoxalin-Mischpolymerisat n, Chinoxalin-Phenylchinoxalin-Copolymerisat n	copolymère m quinoxaline-phénylquinoxaline	сополимер хиноксалина с фенилхиноксалином
Q 31	quinoxaline plastic	Chinoxalin-Kunststoff m, Chinoxalin-Plast m	plastique m à base de quinoxaline	пластик на основе хиноксалина

R

	rabbling mechanism	s. R 33		
R 1/3	rack drive	Zahnstangenantrieb m (für Ausschraubspritzgießwerkzeuge)	commande f à crémaillière	привод зубчатой рейкой
R 4	radial clearance, screw clearance	Schneckenspiel n, Schnekkenspaltweite f	jeu m radial, jeu m de la vis	радиальный зазор червяка
	radial flow impeller	s. T 633		
R 5	radial piston (plunger) pump	Radialkolbenpumpe f	pompe f à piston radial	радиальный (радиально-поршневой, радиально-плунжерный) насос
R 6	radial stress	Radialspannung f	contrainte f radiale	радиальное напряжение
R 7	radiant intensity, radiation intensity, intensity of radiation	Strahlungsintensität f	intensité f radiante (de rayonnement, de radiation)	интенсивность (уровень) излучения, сцинтилляция
R 8	radiation chamber, exposure cell	Bestrahlungskammer f	chambre f d'irradiation	камера облучения
R 9	radiation-chemical determination of short-chain branching	strahlenchemische Kurzkettenverzweigungsbestimmung f	détermination f radiochimique des ramifications à courte chaîne	радиационно-химическое определение степени сшивки
R 10	radiation-chemically-chlorinated polyvinylchloride	strahlenchemisch chloriertes Polyvinylchlorid n	chlorure m de polyvinyle chloré par voie radiochimique	хлорированный под влиянием излучения поливинилхлорид
R 11	radiation cross-linking, radiation-induced cross-linking, irradiation cross-linking	Strahlungsvernetzung f, Strahlenvernetzung f, Strahlenvernetzen n	réticulation f sous rayonnement, réticulation f par radiation	радиационная сшивка, сшивка под влиянием облучения, радиационное сшивание, сшивание облучением
R 12	radiation-curable adhesive	strahlenhärtbarer Klebstoff m	adhésif m durcissable par radiation	отверждаемый радиацией клей
R 13	radiation-cured adhesive	strahlengehärteter Klebstoff m	adhésif m durci par radiation	радиационно отвержденный клей
R 14/5	radiation-cured coating	strahlengehärtete Beschichtung f	couchage m durci par radiation, revêtement m durci par radiation	отвержденное радиацией покрытие
	radiation curing	s. B 121		
R 16	radiation damage	Strahlenschädigung f, Eigenschaftsschädigung f durch Strahleneinwirkung	dégat m par rayonnement	радиационное ослабление
	radiation dosage	s. R 17		
R 17	radiation dose, radiation dosage, exposure dose, exposure dosage	Bestrahlungsdosis f	dose f d'irradiation	доза облучения
R 18	radiation dryer	Strahlungstrockner m, Strahlungstrockeneinrichtung f	séchoir m à rayonnement	терморадиационная сушильная камера
R 19	radiation grafting	strahlenchemische Pfropfung f (von Thermoplastoberflächen)	greffage m radiochimique	радиационная прививка
	radiation-induced cross-linking	s. R 11		
	radiation-induced polymerization	s. R 20		
	radiation-initiated polymerization	s. R 20		
	radiation intensity	s. R 7		
R 20	radiation polymerization, radiation-induced (radiation-initiated) polymerization	Strahlungspolymerisation f, strahleninduzierte (strahleninitiierte) Polymerisation f	polymérisation f induite par rayonnement (radiation), polymérisation amorcée par les rayonnements	радиационная полимеризация, полимеризация, инициированная облучением
R 21	radiation resistance, irradiation resistance, resistance to irradiation	Strahlenbeständigkeit f, Strahlungswiderstand m	résistance f à la radiation, résistance à l'irradiation	стойкость к излучению (облучению, радиации), радиационная стойкость
R 22	radiation temperature	Strahlungstemperatur f (beim Lichtstrahlschweißen)	température f de radiation	температура излучения
R 23	radiation test[ing]	Durchstrahlungsprüfung f	contrôle m radiographique	просвечивающее испытание
R 24	radiation-thermal degradation	strahlenthermischer Abbau m	dégradation f radiothermique	радиационно-термическая деструкция, радиационная термодеструкция
R 25	radical absorber	Radikalfänger m (Reaktionsharze)	absorbeur m de radicaux	абсорбер для радикалов
R 26	radical emulsion polymerization, free-radical emulsion polymerization	radikalische Emulsionspolymerisation f	polymérisation f radicalaire en émulsion	радикальная полимеризация в эмульсии
	radical polymerization	s. F 666		

R 27	radioactive densitometry	radioaktive Dichtemessung f	jauge f radioactive de densité	изотопный денситометр
R 28	radioactive tracers method, method using radioactive tracers	Radiotracermethode f (zur Untersuchung der Trocknung von Anstrichstoffen)	méthode f à traceur radioactif	метод меченых атомов (для изучения высушивания лакокрасочных материалов)
	radio-frequency adhesive curing	s. D 223		
	radio-frequency heating	s. 1. D 228; 2. H 194		
	radio-frequency moulding	s. H 196		
	radio-frequency preheating	s. H 199		
	radio-frequency tarpaulin welder	s. H 201		
	radio-frequency welding	s. H 203		
R 29	radiographic testing plant (system)	Röntgenprüfanlage f	système m de contrôle par rayons X	рентгеновская испытательная машина
R 30	radiography	Radiographie f (für Gefügeuntersuchungen)	radiographie f	рентгеноструктурный анализ, рентгенография
	radiolucency	s. T 516		
	rain gutter	s. G 252		
R 31	rain gutter pipe	Dachrinnenablaufrohr n, Dachrinnenfallrohr n	tuyau m de descente de gouttière	опускная труба
R 32	raising	Dickenzunahme f (einer Anstrichschicht)	augmentation f d'épaisseur	вспучивание (покрытия)
R 33	raking mechanism, rabbling mechanism	Krählwerk n (in Etagentrocknern)	râteaux mpl balayeurs, système m de pelletage (séchoir à plateaux)	гребок (камерной сушилки)
	ram	s. M 567		
R 34	ram extruder, hydraulic extruder, stuffer (US)	Kolbenstrangpresse f, hydraulische Strangpresse f	boudineuse (extrudeuse) f hydraulique (à piston)	поршневой (гидравлический, бесчервячный) экструдер, штрангпресс
R 35	ram extrusion	Sinterextrusion f (von Fluorcarbonen)	extrudo-sintérisation f	плунжерная экструзия (фторопластов), экструзия-спекание (фторопластов)
R 36	ram flow	Kolbenströmung f (zweidimensionale Zylinderströmung, die durch Kolbendruck entsteht)	écoulement m cylindrique bidimensionnel provoqué par la pression de piston	течение, вызванное поршнем
R 37	ram force	Kolbenkraft f, Stempelkraft f	force f de piston	номинальное усилие плунжера
R 38	ram injection-moulding technique	Ram-Spritzgießverfahren n, Stößel-Spritzgießverfahren n en en n, Teledynamikspritzgießverfahren n	moulage m par injection télédynamique	телединамическое литье под давлением
R 39	rammer	Stößel m	poussoir m	толкатель
	ram motion time	s. R 47		
	ram preplasticator	s. R 48		
R 40	ram press	Kolbenpresse f	presse f à piston	поршневой пресс
R 41	ram pressure	Kolbendruck m, Stempeldruck m	pression f de piston	давление поршня
R 42	ram retraction time	Kolbenrücklaufzeit f (Spritzgießen)	temps m de recul du piston	время возврата поршня
R 43	ram screw accumulator, reciprocating screw accumulator	Schneckenkolbenspeicher m, Schubschnecke f (bei Blasformmaschinen)	accumulateur m à vis-piston	копильник с червячным поршнем (выдувного агрегата)
R 44	ram screw accumulator preplasticator	Schubschnecken-Vorplastizieraggregat n	accumulateur m préplastificateur à vis-piston	червячный препластикатор
R 45	ram screw accumulator transfer plasticizing	Schubschneckenplastizierung f	plastification f à vis-piston	пластикация штрангпрессом
R 46	ram speed	Kolbengeschwindigkeit f	vitesse f de piston	скорость поршня
R 47	ram travel time, ram motion time, time for complete injection stroke	Kolbenvorlaufzeit f, Kolbenvorschubzeit f	temps m d'avance du piston, temps de course de piston	время [поступательного] движения поршня
R 48	ram-type preplasticizing aggregate, ram preplasticator	Kolbenvorplastizieraggregat n	préplastificateur m à piston, piston m préplastificateur	поршневой предпластикатор, поршневой предварительный пластикатор
	rand	s. W 198		
R 49	randall-fenton joint	Zweifach-Zapfen-Nut-Klebverbindung f (mit paarweise unterschiedlichen Zapfen- und Nutlängen)	assemblage (joint) m double par tension et mortaise	двукратное клеевое соединение деталей (с шипами и пазами, имеющими разные длины)
R 50	random copolymer	statistisch aufgebautes Copolymer[es] n	copolymère m statistique	беспорядочный (статистический) сополимер
R 51	random noise program, random program	Randomprogramm n (Programm für Dauerschwingversuche mit regellosem, der Betriebspraxis analogem Belastungsverlauf)	programme m variable (aléatoire) (essai de fatigue par oscillation)	программа для испытания на усталостную прочность беспорядочного изменения нагрузки

R 52	random pattern	ungeordnete Anordnung f (der Faserstruktur in Formteilen oder Glasseidenmatten)	structure f non orientée	случайное расположение (стекловолокон в изделиях или стекломатах), статистическое распределение стекловолокон
	random program	s. R 51		
R 53	random sample	Stichprobe f	échantillon m [choisi au hazard]	случайная выборка
R 54	range of products	Produktpalette f	gamme f de produits	сортимент изделий
	range of temperature	s. T 101		
R 55	rapid-mounting	Schnelleinbetten n (von Schliffproben)	enrobage m rapide	рапид-заливка (шлифованных образцов), экспресс-заливка (образцов для шлифования)
R 56	rapid [power] traverse, rapid travel	Maschinenschnellgang m	vitesse f surmultipliée de la machine	быстрый (ускоренный) ход
R 57	rated size	Nenngröße f	grandeur (taille) f nominale	номинальная величина, типоразмер
R 58	rate growth	Stufenziehverfahren n	tirage m alternant	ступенчатое вытягивание
	rate of cooling	s. C 816		
R 59	rate of copolymerization	Copolymerisationsgeschwindigkeit f	vitesse f de la copolymérisation	скорость сополимеризации
	rate of creep	s. C 959		
	rate of cure	s. C 1089		
	rate of deformation	s. D 75		
R 60	rate of extension	Dehngeschwindigkeit f	vitesse f d'allongement	скорость растяжения
	rate of flow	s. F 470		
R 61	rate of heat transfer	Wärmedurchgangszahl f, Wärmedurchgangskoeffizient m	coefficient m de transmission thermique (de la chaleur)	коэффициент теплопередачи
	rate of injection	s. I 185		
R 62	rate of reaction	Reaktionsgeschwindigkeit f	vitesse f réactionnelle, vitesse de réaction	скорость реакции
	rate of setting	s. S 326		
	rate of shear	s. S 371		
R 63	rate of slip	Gleitgeschwindigkeit f	vitesse f de glissement	скорость скольжения
	rate of stirring	s. S 1132		
R 64	rate of vapour deposition	Aufdampfgeschwindigkeit f	vitesse f de métallisation (métal vaporisé)	скорость напыления под вакуумом
R 65	rate of vulcanization	Vulkanisationsgeschwindigkeit f	vitesse f de vulcanisation	скорость вулканизации
R 66	ratio bar	Dosierstange f, Dosierbalken m (Hydrospenser)	tige f doseuse, barreau m doseur	рычаг для дозирования (гидроспенсер)
R 67	ratio of flow path to wall thickness	Fließweg-Wanddicken-Verhältnis n bei Formteilen	rapport m entre l'écoulement et l'épaisseur de paroi (pièce moulée)	отношение длины стрелы к толщине стены
R 68	ratio of the fibre length to the diameter	Faserlängen-Durchmesser-Verhältnis n	rapport m entre la longueur de fibre et le diamètre	отношение длины к диаметру волокон
	raw-edge V-belt	s. R 69		
R 69	raw-edge vee belt, raw-edge V-belt (US)	flankenoffener Keilriemen m	courroie f trapézoïdale à flancs nus	клиновой ремень с открытыми боками
R 70	raw material	Rohstoff m, Rohmaterial n	matière f brute (première)	сырье
R 71	raw material for lacquers	Lackrohstoff m	matière f première pour laques	сырье для лака
R 72	raw material formulation, formulation of raw material	Rohstoffrezeptur f	formulation f de matières brutes	состав сырья
	raw oil	s. C 1027		
R 73	rayon, acetate silk, artificial silk	Kunstseide f, Reyon n, Acetatseide f	rayonne f, rayonne f d'acétate	искусственный шелк, ацетатная филаментная нить, искусственная нить
R 74	razor blade slitting system	Rasierklingenschnittsystem n (Folienschneiden)	système m de coupe par lames de rasoir	режущая лезвиями система
R 75	reactant	Reaktionsteilnehmer m, Reaktionspartner m, an der Reaktion teilnehmender Stoff m, reagierender Stoff m	réactif m, agent m de réaction, co-agent m de réaction, produit m réactant	реактив
R 76	reaction adhesive, reaction glue	Reaktionsklebstoff m	liant m de réaction, liant à deux composantes	реактивный клей
R 77	reaction casting, reaction moulding	Reaktionsgießen n, Reaktionsgießverfahren n	moulage (coulage) m par réaction	литье многокомпонентной термореактивной смеси
	reaction foam casting	s. R 79		
R 78	reaction foaming	Reaktionsschaumstoffgießen n, Reaktionsschaumstoffgießverfahren n	moussage m (moulage m de mousse) par réaction	заливка пенообразующих композиций

R 79	reaction foam moulding, reaction foam casting, reaction moulding technique	Reaktionsschäumen n, Reaktionsschäumverfahren n	moussage m (moulage m de mousse) par réaction	вспенивание в результате реакции, реакционное вспенивание, вспенивание взаимодействием компонентов между собой и выделением газов
	reaction glue	s R 76		
R 80	reaction heat, heat of reaction	Reaktionswärme f (Reaktionsharze)	chaleur f réaction	теплота реакции
R 81	reaction injection moulding	Reaktionsspritzgießen n für Schaumstoffherstellung, RSG-Verfahren n, Reaktionsschaumstoffspritzgießverfahren n	moulage m par injection par réaction (mousse)	литье под давлением термореактивного пенопласта, литье под давлением простых изделий
R 82/3	reaction injection-moulding machine	Reaktionsspritzgießmaschine f, Reaktionsspritzgießanlage f	machine f RIM	литьевая машина для термореактивных материалов
	reaction lacquer	s. T 672		
	reaction moulding	s. R 77		
	reaction moulding technique	s. R 79		
R 84	reaction resin, two-component resin	Reaktionsharz n	résine f à deux composants	реактивная смола, двухкомпонентная смола
R 85	reaction spray moulding, RSM	Reaktionsspritzen n, RSM, Spritzen n von PUR-Reaktionsgemisch in eine offene Formschale (Polyurethanformteile)	moulage m réactif par injection, réaction f et moulage par injection (pièces en polyuréthanne)	литье реакционноспособных смол
	reaction to fire	s. F 257		
R 86	reaction vessel	Reaktionsgefäß n, Reaktionskessel m, Reaktionsbehälter m	récipient m (cuve f) de réaction, réacteur m	реакционный сосуд, реактор
R 87	reactivation by induction heating	Induktionsreaktivierung f, Klebfähigkeitswiedergewinnung f durch Induktionserwärmung	réactivation f de l'adhérence par chauffage inductif	реактивация клея индукционным нагреванием
R 88	reactivation by infrared heating	Infrarotreaktivierung f, Klebfähigkeitswiedergewinnung f durch Infraroterwärmung	réactivation f de l'adhérence par chauffage aux infrarouges	реактивация клея ИК-облучением
R 89	reactivation of the film of adhesive	Reaktivieren n (Klebfähigkeitswiedergewinnung f) eines aufgetragenen Urklebstoffs	réactivation f du film adhésif	реактивация нанесенного клея
R 90	reactive diluent (diluting agent), reactive thinner	reaktives Verdünnungsmittel n, reaktiver Verdünner m	diluant m réactif	реактивный разбавитель
R 91	reactive dye	Reaktivfarbstoff m	colorant m réactif	реактивный краситель
R 92	reactive hot-melt [adhesive]	reaktiver Schmelzklebstoff m	hot-melt m réactif	реактивный клей-расплав
	reactive thinner	s. R 90		
R 93	reactive time	Reaktionszeit f (beim Reaktionsspritzgießen von Polyurethanschaumstoff), Startzeit-Abbindezeit-Summe f (beim Reaktionsspritzgießen von Polyurethanschaumstoff)	durée f de réaction (mousse polyuréthanne)	продолжительность реакции (литье пенополиуретана)
R 94	readout	Ausgangsgrößenübermittler m	transmetteur m de grandeurs de sortie	переносчик исходных данных
R 95	ready for use	gebrauchsfertig	prêt à l'emploi	готовый к употреблению
R 96	ready-mixed paint	gebrauchsfähiger Anstrichstoff m	peinture f prête à l'emploi	готовая к употреблению краска
R 97	reagent	Reagens n	réactif m	реактив
R 98	real surface, total (internal and external) surface	wirkliche Oberfläche f	surface f réelle (totale)	реальная (действительная) поверхность
R 99	ream	wolkiger Fehlstreifen m (in transparentem Plast, Kunststoff)	strie f laiteuse (trouble)	облачный просвет (прозрачного пластика)
R 100	rear shoe, backing plate on ejection side, back-up and mould mounting plate, bottom clamp plate	hinterer Aufspannkörper m (an Spritzgießwerkzeugen)	plateau m arrière (moule à injection)	опорная плита подвижной полуформы
R 101	rebound/to	zurückprallen, zurückspringen	rebondir	отскакивать
	rebound elasticity	s. R 246		
	receiving vessel	s. D 558		

R 102	recess/to	einsenken, vertiefen	enfoncer; creuser; évider	вдавливать, штамповать
R 103	recess	Vertiefung f, Einsenkung f, Einarbeitung f, Rücksprung m	évidement m; enfoncement m; enfonçure f; creux m	углубление, выемка
R 104	recipe of mix	Mischungsrezeptur f	formule f de mélange	рецептура смеси
R 105	reciprocating agitator, reciprocating stirrer	Hubrührwerk n, Hubrührer m	agitateur m à mouvements alternatifs	мешалка с возвратным ходом
	reciprocating hot wire sealing	s. R 106		
R 106	reciprocating hot wire welding, reciprocating hot wire sealing, horizontal wire reciprocating	Abschmelzschweißen n mittels Glühdrahtes	soudage m au fil chaud avec mouvement alternatif	сварка оплавлением горячей проволокой, сварка с одновременной резкой раскаленной нихромовой нитью
R 107	reciprocating mixing head, traversing mixing head	beweglicher Mischkopf m (für Reaktionssysteme)	tête f de mélange à va-et-vient, tête de pistolage alternative	передвижной смесительный распылитель (для компонентов реактопласта)
R 108	reciprocating pump	Hubkolbenpumpe f	pompe f à piston	поршневой насос
R 109	reciprocating screw	reversierende Schnecke f, hin- und hergehende Schnecke	vis-piston f	червяк возвратно-поступательного движения
	reciprocating screw accumulator	s. R 43		
	reciprocating stirrer	s. R 105		
R 110	reciprocating table	hin- und hergehender Maschinentisch m	table f de machine à mouvement alternatif	стол с возвратно-поступательным движением
	reclaim	s. R 176		
R 111	reclaim extruder	Regeneratextruder m, Extruder m zur Wiederaufbereitung von Regenerat	extrudeuse f à régénération, extrudeuse de plastiques régénérés	экструдер для подготовительной переработки отходов
R 112	reclaiming	Regenerierung f, Regenerieren n	régénération f	регенерирование
R 113	reclaiming plant	Regenerierbetrieb m	atelier m de régénération	цех для гранулирования отходов пластмасс
R 114	reclaim machine	Wiederaufbereitungsmaschine f	machine f de retraitement, machine à retraiter	машина для повторной переработки
	reclaim mill	s. R 155		
R 115	recoating machine	Nachstreichmaschine f	réenduiseuse f	дополнительная намазочная машина
R 116	recoiler	Aufwickelhaspel f (m)	enrouloir m	намоточная бобина
R 117	recombination of polymer	Polymerrekombination f	recombinaison f de polymère	рекомбинация полимеров
R 118	recorder	Registriergerät n	enregistreur m	самописец, регистрирующий прибор
R 119	recording impact torsion test	registrierender Schlagtorsionsversuch m	essai m de torsion par choc avec enregistrement	испытание на ударное кручение с самописцем
R 120	recording microphotometer	registrierendes Mikrophotometer n	microphotomètre m enregistreur	микрофотометр-самописец
R 121	recording tape	Magnettonband n, Tonband n	bande f magnétique d'enregistrement	магнитофонная лента
	recording thermometer	s. T 102		
R 122	record press, gramophone record press	Schallplattenpresse f	presse f de disques microsillons	пресс для изготовления грампластинок
R 123	recoverable strain	rückbildbare Verformung f, rückbildbare Deformation f	déformation f pouvant retourner à la forme primitive	обратимая деформация
R 124	recovery	Wiedergewinnung f, Rückgewinnung f	récupération f	рекуперация
	recovery capacity	s. R 330		
R 125	recovery creep	Kriecherholung f	fluage m de convalescence	обратная ползучесть, восстановление упругости
R 126	recovery in creep	Fließrückstellung f, Kriechrückstellung f	recouvrance f en fluage	восстановление ползучести
R 127	recovery of plastic waste	Wiederverwertung f von Kunststoffabfall (Plastabfall)	recyclage m de déchets plastiques	переработка отходов пластмасс
R 128	recovery of shape	Rückverformung f, Rückstellung f	réformation f	возврат, возвращение
R 129	recovery time	Rückstellzeit f (der verzögert-elastischen Deformation)	temps m (durée f) de rétablissement	время возврата
R 130	recrystallization	Rekristallisation f	recristallisation f	рекристаллизация

R 131	rectangular bar (horn, sonotrode)	rektanguläres Barrenhorn n (für Ultraschallschweißen), Ultraschallschweißsonotrode f mit Rechteckquerschnitt, reaktanguläres Ultraschallschweißwerkzeug n, Rechtecksonotrode f, Barrensonotrode f	sonotrode f rectangulaire	инструмент с прямоугольным торцом, прямоугольный сварочный инструмент (для ультразвуковой сварки)
R 132	rectangular tab gating	Vorkammerspritzgießverfahren n (mit rechtwinklig zur Kammerachse liegendem Punktanschnitt)	entrée f indirecte avec canal de freinage	литье под давлением с форкамерой (точечный впускной канал которой перпендикулярен к ее оси)
R 133	rectilinear robot dispensing	Auftragen n durch Roboter, der Linearbewegungen ausführt, Auftragen n durch Automat, der Linearbewegungen ausführt	application f d'une couche par mouvements linéaires d'un robot	нанесение линейным роботом
	recuperation tank	s. D 558		
R 134	recycling, reprocessing, reworking	Recycling n, Neuaufbereitung f, Wiederverwendung f, Wiederverarbeitung f (von Abfällen in der Produktion), Wiederaufbereiten n, Wiederaufbereitung f	recyclage m	подготовительное производство и переработка, вторичное применение (отходов пластиков)
R 135	recycling plant, regeneration plant for plastics waste	Kunststoffabfallregenerieranlage f, Plastabfallregenerieranlage f	installation f de régénération pour déchets de matière plastique	установка для рекуперации отходов из платмасс, регенерирование полимерных отходов
R 136	red lead	Bleimennige f (Lackgrundierung)	minium m de plomb	свинцовый сурик, красная окись свинца
	red oxide	s. I 362		
R 137	redox initiation	Redoxinitiierung f	initiation f (amorçage m) au redox	инициирование окислительно-восстановительной системой
R 138	redox polymerization	Redoxpolymerisation f	polymérisation f redox, polymérisation f par oxydo-réduction	полимеризация в окислительно-восстановительной системе
R 139	reduced factor of stress concentration, notch factor	Kerbwirk[ungs]zahl f, Kerbeinflußzahl f, Kerbziffer f, Kerbfaktor m	facteur m d'entaille	коэффицент надреза
	reduced pigment	s. E 376		
R 140	reduced viscosity	reduzierte Viskosität f	viscosité f réduite	приведенная вязкость
R 141	reducer, reduction piece, reducing fitting	Reduzierstück n (an Rohrleitungen)	manchon m de réduction	переходная деталь
	reducing agent	s. R 144		
R 142	reducing coupling	Reduzierkupplung f (für Rohrleitungen)	raccord m de réduction	переходная муфта
	reducing fitting	s. R 141		
	reducing gears	s. R 145		
R 143	reducing power of a white pigment	Aufhellvermögen n einer Weißpigmentierung	pouvoir m couvrant d'un pigment blanc	разбеливающая способность белого пигмента
R 144	reductant, reducing agent	Reduktionsmittel n	réducteur m, agent m réducteur	восстановитель
R 145	reduction gear[ing], low ratio gear box, gear reducer (US), reducing gears	Übersetzungsgetriebe n, Reduktionsgetriebe n	démultiplicateur m, réducteur m de vitesse	редуктор, понижающая передача
	reduction piece	s. R 141		
R 146	reel	Wickellage f (Folienaufwicklung)	couche f d'enroulement	куколка
R 147	reeled film	Folienwickel m	feuille f enroulée, film m enroulé	рулон пленки
R 148	reeler, reeling frame	Abspulmaschine f	dévideur m, débobineuse f	сматывающая машина
R 149	reeling machine	Abhaspelmaschine f	dérouleur m, dévidoir m	мотовило, гашпиль, мотальная машина
	reel spinning	s. F 730		
R 150	reel up/to	aufwickeln	enrouler	наматывать, навивать, мотать
	reentrant mould	s. M 570		
	reference mark	s. G 35		
R 151	reference operator	Sollwertgeber m, Sollwertsteller m	capteur m de la valeur de consigne	задатчик
R 152	refine/to	veredeln, verfeinern	raffiner	улучшить, отделывать
R 153	refined weld zone	Schweißnahtübergangszone f, Schweißnahtübergangsbereich m (Schweißen)	zone f de transition d'un cordon de soudure, zone de transition d'une ligne de soudure	переходная зона сварного шва

R 154	refinement, refining	Veredlung f, Verfeinerung f	raffinage m, affinage m, purification f, améliora-tion f	обработка, отделка, улу-чшение
R 155	refiner, reclaim mill	Regeneratwalzwerk n	raffineur m, broyeur m cy-lindres pour [caoutchouc] régénéré	рафинер, вальцы для реге-нерирования
	refining	s. R 154		
R 156	refining of plastics	Kunststoffveredeln n, Plast-veredeln n, Kunststoffver-edlungsverfahren n, Plast-veredlungsverfahren n	raffinage m de plastiques	рафинирование (отделка) пластиков
R 157	reflectance, reflection coef-ficient (factor)	Reflexionsgrad m, Refle-xionskoeffizient m	coefficient (facteur) m de ré-flexion	коэффициент отражения
	reflecting power	s. R 161		
R 158/9	reflection	Reflexion f	réflexion f	отражение
	reflection coefficient (fac-tor)	s. R 157		
R 160	reflective agent	lichtstrahlreflektierender Stoff m (Verarbeitungshilfs-stoff)	agent m réflectant la lumière (matière auxiliaire de traitement)	светоотражающий мате-риал
R 161	reflectivity, reflecting power, luminous reflec-tance	Reflexionsvermögen n, Reflexionsfähigkeit f, Lichtreflexionsvermö-gen n	réflexibilité f, pouvoir m ré-fléchissant (réflecteur), ré-flectance f lumineuse	отражательная способность
R 162	reflector	Reflektor m (Lichtstrahl-schweißen)	réflecteur m (soudage)	отражатель, рефлектор (ИК-сварочного аппа-рата)
R 163	refracting angle, angle of refraction	Brechungswinkel m	angle m de réfraction	угол преломления
R 164	refraction	Brechung f (Strahlen)	réfraction f	преломление
	refraction index	s. R 165		
R 165	refractive index, index of refraction, refraction in-dex	Brechungsindex m, Bre-chungskoeffizient m, Bre-chungszahl f	indice m de réfraction	коэффициент преломления
R 166	refractometer	Refraktometer n, Bre-chungsmesser m	réfractomètre m	рефрактометр
R 167	refrigerant	Kältemittel n	fluide m frigorigène, agent m réfrigérant	хладагент, холодильный агент
R 168	refrigerating exchanger, cold exchanger	Kältetauscher m	échangeur m de froid	теплообменник, холодиль-ник
	regenerate	s. R 176		
R 169	regenerated cellulose, hydrated cellulose	Regeneratcelulose f, rege-nerierte Cellulose f, Hy-dratcellulose f	cellulose f régénérée	гидратцеллюлоза, регенери-рованная целлюлоза
	regeneration plant for plas-tics waste	s. R 135		
R 170	regranulate	Regranulat n	regranulé m, regranulés mpl	гранулят из вторичного ма-териала
R 171	regranulating	Aufbereitung f (von Abfällen)	regranulation f	гранулирование отходов
R 172	regranulating extruder	Regranulierextruder m (für Abfallaufbereitung)	extrudeuse f de regranula-tion	экструдер-регранулятор
R 173	regranulating line, densify-ing equipment	Regranulieranlage f (für die Aufbereitung von Abfällen)	installation f de regranula-tion	установка для гранулиро-вания отходов
R 174	regrind/to	wieder mahlen (aufbereiten) (Abfälle)	récupérer (déchets)	повторно измельчить
R 175	regrinding	Wiederaufbereitung f (von Abfällen)	broyage m de déchets	регенерация отходов
R 176	reground material, worked material, regenerate, reclaim	wiederaufbereitetes Mate-rial n, Regenerat n, aufge-arbeiteter (zerkleinerter) Abfall m	déchets mpl récupérés (re-traités), matière f retraitée (rebroyée), régénéré m	повторно переработанный материал, регенерат
R 177	regular polymer	regelmäßig aufgebautes Po-lymer[es] n, symmetrisch aufgebautes Poly-mer[es] n	polymère m régulier	регулярный полимер
	regulation of the tool tem-perature	s. T 414		
R 178	regulator	Reglersubstanz f (Stoff zur Regulierung des Ablaufs chemischer Vorgänge)	régulateur m (réaction chimi-que)	регулятор
R 179	reinforce/to	verstärken, armieren	renforcer, armer	армировать, усилить
R 180	reinforced butt joint (weld)	Schweißstumpfnaht f mit Kapplage	soudure f renforcée (à sur-épaisseur), joint m soudé en bout convexe	стыковой шов с усилением
R 181	reinforced expanded plastic	verstärkter Kunststoff-schaumstoff (Plastschaum-stoff) m	mousse f plastique renfor-cée (armée)	армированный пенопласт

	English	German	French	Russian
R 182	reinforced fillet weld, convex weld	Wölbkehlnaht f (Schweißen)	soudure f bombée d'angle, soudure à filet convexe	угловой шов с выступом (сварка)
R 183	reinforced plastic	verstärkter Kunststoff m, verstärkter Plast m	plastique m renforcé, matière f plastique renforcée	армированный пластик
R 184	reinforced reaction injection moulding, RRIM	Reaktionsspritzgießen n verstärkter Polyurethanschaumstoffe	moulage m de mousse renforcée par réaction (polyuréthannes)	литье под давлением армированных пенополиуретанов
R 185	reinforced structural foam	verstärkter Strukturschaumstoff m, verstärkter Integralschaumstoff m	mousse f structurée renforcée (armée)	армированный структурно-пенистый материал
R 186	reinforced thermoplastic [composition]	verstärkter Thermoplast m, verstärktes Thermomer n	thermoplaste m renforcé, thermoplastique m renforcé	армированный термопласт
R 187	reinforcing agent	Verstärkungsstoff m, Verstärkungsmittel n	agent (matériau, produit) m de renforcement, matériau de renfort	усилитель, армирующий (упрочняющий) материал
	reinforcement	s. A 536		
R 188	reinforcing effect	Verstärkungswirkung f	effet m renforçant (de renforcement)	эффект армирования, армирующее воздействие
R 189	reinforcing effects of fillers	Füllstoffverstärkungseffekte mpl	effets mpl renforcants des matières de charge	армирующие эффекты наполнителей
R 190	reinforcing fibre	Verstärkungsfaser f, verstärkende Faser f	fibre f de renforcement, fibre f de renfort	армирующее волокно
R 191	reinforcing filler	verstärkter Füllstoff m, armierender Füllstoff m	charge f renforçante	армирующий наполнитель
R 192	reinforcing material	Verstärkungsmaterial n	matière f de renfort (renforcement)	упрочняющий материал, армирующий материал
R 193	reinforcing web	Verstärkungsgewebe n	tissu m de renforcement	армирующая ткань
R 194	reject	Ausschuß m	rebut m	брак
R 195	relative humidity	relative Luftfeuchte f	humidité f relative de l'air	относительная влажность воздуха
	relative peel strength	s. P 113		
R 196	relative viscosity, viscosity ratio	relative Viskosität f	viscosité f relative, rapport m de viscosité	относительная вязкость, отношение вязкостей раствор-растворитель
R 197	relaxation	Relaxation f (zeitliches Spannungsverhalten bei konstanter Deformation)	relaxation f	релаксация напряжения (изменение напряжения при условии постоянной деформации)
R 198	relaxation behaviour	Relaxationsverhalten n	comportement m de relaxation	релаксационное поведение
R 199	relaxation modulus	Relaxationsmodul m	module m de relaxation	модуль релаксации
	relaxation of stresses	s. S 1213		
R 200	relaxation phenomenon	Relaxationserscheinung f (bei der Deformation)	phénomène m de relaxation	явление релаксации, феномен релаксации напряжения
R 201	relaxation spectrometry	Relaxationsspektrometrie f (zur Ermittlung von Relaxationsübergängen)	spectrométrie f de relaxation	определение релаксационных спектров
R 202	relaxation tester	Relaxationsprüfgerät n, Relaxationsprüfer m	appareil m d'essai de relaxation	релаксометр
R 203	relaxation time, natural time	Relaxationszeit f (Einstellzeit der Spannung bei konstanter Deformation)	temps m de relaxation, période f de relaxation	период релаксации (напряжения), время релаксации (напряжения)
R 204	relaxation transition	Relaxationsübergang m	transition f à relaxation	релаксационный переход
	release agent	s. M 544		
R 205	release agent-free coating	trennmittelfreie Beschichtung f (für Verarbeitungswerkzeuge)	revêtement m sans agent de séparation (pour machines et outils de fabrication)	покрытие без разделительной смазки
R 206	release catch	Auslösehebel m (an Formteilpressen)	levier m de déclenchement	расцепитель, спуск, спусковой рычаг
R 207	release film (sheet)	Trennmittelfolie f	feuille f (film m) de démoulage	ленточная смазка для формы, разделительная пленка
R 208	release the stress/to	Spannung aufheben	relâcher (lever) la contrainte	снимать напряжение
R 209	reliability	Zuverlässigkeit f (von Konstruktionsteilen)	fiabilité f	надежность
R 210	reliability testing	Zuverlässigkeitsprüfung f (von Formteilen)	vérification f de la fiabilité (pièces moulées)	испытание на надежность
R 211	reliable [in operation], safe to operate	betriebssicher	fiable, de fonctionnement sûr, de marche sûre (sans panne, sans défaut)	надежный в эксплуатации, безопасный в эксплуатации
R 212	relining	Einziehen n von Kunststoffrohr (Plastrohr) in schadhafte (defekte) Metallrohre	insertion f de tubes plastiques aux tuyaux métalliques défectueux	втягивание (труб из пластика в дефектные металлические трубы)
R 213	reloading	Wiederbelastung f	recharge f, rechargement m	повторная нагрузка

R 214	remoistening adhesive	durch Anfeuchten reakti-vierbarer Klebstoff m, Klebstoff, der nach An-feuchten klebt	colle f à enveloppes, adhé-sif m applicable en état humidifié	влажный клей; клей, активи-руемый влажностью
R 215	remote control	Fernsteuerung f (von Verar-beitungsmaschinen)	commande f à distance	дистанционное управление
R 216	removable plate mould	Werkzeug n mit auswech-selbarer Matrize	moule m à matrice inter-changeable	форма со сменной ма-трицей
R 217	removable plunger mould	Werkzeug n mit auswech-selbarem Stempel	moule m à poinçon inter-changeable	форма со сменным пуансо-ном
R 218	removal and unloading handling tool, equipment for removal and unload-ing	Entnahme- und Ablagege-rät n, Gerät n zum Entneh-men und Ablegen (von Teilen)	dispositif m de reprise et de dépôt (pièces en matière plastique)	разгрузочное и укладочное приспособление
	removal from the mould	s. M 543		
R 219	removal robot, take-out robot	Entnahmeroboter m, auto-matische Entnahmeein-richtung f (Spritzgießma-schinen)	robot m déchargeur (presse d'injection)	автоматическое съемное устройство, съемный ро-бот
R 220	removal time	Entformungszeit f	temps m de démoulage, durée f de démoulage	продолжительность извле-чения (выталкивания)
R 221	remove/to	herausnehmen, entfernen, entformen	démouler	извлекать, сталкивать, от-делять
R 222	remove foil remnant	verbleibender Folienrest m	reste m de feuille	пленочные отходы
	removing from the mould	s. M 543		
	Re number	s. R 361		
R 223	repair bonding	Reparaturkleben n	collage m de réparation	склеивание при ремонте
R 224	repair welding	Reparaturschweißen n	réparation f par soudage	ремонтная сварка
R 225	repassivation behaviour	Repassivierungsverhalten n	comportement m à la repas-sivation	свойства репассивирования
	repeated flexural strength	s. B 153		
R 226	repeated flexural stress	Dauerbiegespannung f, Dauerbiegebeanspru-chung f	effort m de flexion répétée	напряжение при длитель-ном (многократном) из-гибе, напряжение много-кратного изгиба, много-кратное изгибающее на-пряжение
R 227	repeated load	Schwell-Last f	effort m répété (ondulé, pul-satoire), sollicitation f ré-pétée (ondulée)	пульсирующая нагрузка, асимметричное напряже-ние
	repeated stress	s. L 281		
R 228	repeater	Verstärker m	répét[it]eur m	усилитель
	replace/to	s. S 1314		
	replacement	s. S 1316		
R 229	replenish/to	ergänzen, auffüllen, wieder füllen, nachfüllen	[r]emplir	наполнять, заполнять, доли-вать
R 230	replenishment	Ergänzung f, Wiederfül-lung f, Nachfüllung f, Auf-füllung f	remplissage m	наполнение, заполнение, доливка
	replica	s. I 55		
R 231	replica polymerization	Replikapolymerisation f (Po-lymerisation mit als Kataly-sator wirkendem Polyme-rem)	autopolymérisation f	полимеризация под вли-янием полимера-катали-затора
	reprocessing	s. R 134		
R 232	repulsion energy	Abstoßungsenergie f	énergie f de répulsion	сила отталкивания
R 233	repulsion potential	Abstoßungspotential n (Moleküle)	potentiel m de répulsion	потенциал отталкивания
R 234	requirement	Verbrauch m (Harze)	consommation f	расход
R 235	reservoir	Blasformmaschinenspei-cher m, Speicher m an Blasformmaschinen	cylindre m accumulateur (moulage par soufflage)	копильник (выдувного агре-гата)
R 236	residence time, retention time, standing time	Verweilzeit f, Stehzeit f	temps m séjour (résidence, rétention)	время (продолжительность) выдержки, время пре-бывания (обработки, воз-действия)
R 237	residence-time behaviour	Verweilzeitverhalten n (von Schmelzen im Extruder)	comportement m pendant l'arrêt	поведение при выдержке
R 238	residual elongation at break	Restbruchdehnung f	allongement m résiduel (rémanent, permanent) de rupture	остаточное удлинение при разрыве
R 239	residual moisture	Restfeuchte f (in Formmas-sen)	humidité f résiduelle	остаточная влажность
R 240	residual solvent	Lösungsmittelrest m, Rest-lösungsmittel n	solvant m résiduel	остаток растворителя, оста-точный растворитель
R 241	residual state of stress	Restspannungszustand m	état m de contraintes résiduelles	состояние остаточного на-пряжения

R 242	residual stress	Restspannung f	contrainte f résiduelle, tension f résiduelle	остаточное напряжение
R 243	residual styrene	Reststyrengehalt m (in gehärteten Polyestern)	styrène m résiduel (polyesters durcis)	содержание стирола (в отвержденном сложном полиэфире)
R 244	residual tack	Restklebrigkeit f	glutinosité f résiduelle, adhésivité f résiduelle (laque)	остаточная клейкость
R 245	residual temperature stress	bleibende Temperaturspannung f	contrainte f thermique restante	остаточное термическое напряжение
R 246	resilience, rebound elasticity	Rückprallelastizität f, Rückprall m, Rückprallvermögen n, Rückfederung f, reinelastisches Verhalten n	résilience f	эластичность по отскоку, упругость отскакивания, исключительно упругое поведение, отскок
R 247	resilience bending (impact bending) test	Biegeschlagversuch m	essai m de flexion au choc	испытание на ударную прочность при изгибе
R 248	resilient	federnd, elastisch	résilient	эластичный, упругий
R 249	resin	Harz n	résine f	смола
R 250	resin-absorbing glass-fibre material	mit Harz zu tränkende Glasfaserverstärkung f	renforcement m en fibre de verre à imprégner de résine	стекловолокнистый материал для пропитки смолой
R 251	resinate/to	mit Harz tränken	résiner, imprégner de résine, enduire de résine	пропитывать смолой
R 252	resin bearing	Kunstharzlager n	coussinet m à base de résine synthétique	пластмассовый подшипник
R 253	resin binder	Harzträger m	véhicule m de résine	носитель для связывания смолы
R 254	resin blender	Kunstharzmischer m	mélangeur m pour résine synthétique	смеситель для синтетических смол
R 255	resin board	beharzte Pappe f	carton (papier) m imprégné	пропитанный смолой картон
R 256	resin-bonded plywood	harzgebundenes Sperrholz n	contre-plaqué m à la résine	склеенная смолой фанера
R 257	resin-bonded wood fibre product	kunstharzgebundenes Holzfaserhalbzeug n, kunstharzgebundene Holzfaseraufschlüsse mpl	produit m de bois aggloméré	прессованная древесина, содержащая синтетическую смолу
R 258	resin content	Harzgehalt m	teneur f en résine	содержание смолы
R 259	resin-curing agent mixture	Harz-Härter-Gemisch n	mélange m (composition f) de résine et de durcisseur (durcissant)	смесь из смолы и отвердителя
	resin duct	s. R 272		
R 260/1	resin finish	Kunstharzausrüstung f	apprêt m aux résines synthétiques	отделка смолой
	resin for abrasive disks	s. G 223		
	resin for glue and adhesive	s. A 196		
	resin for grinding wheels	s. G 223		
	resin for technical purpose	s. I 94		
	resin for the adhesive	s. A 162		
R 262	resin-glass fabric laminate	Glasgewebe-Harz-Laminat n, Glasgewebe-Harz-Schichtstoff m	stratifié-verre m, verre-résine m	стеклопластик (слоистый материал на основе стеклоткани и смолы)
R 263	resin glue, resinous cement	Harzleim m, Kunstharzleim m, Leim m auf Kunstharzbasis	colle f de résine	клей на основе смолы, смоляной клей
R 264	resinification	Beharzung f	résinification f	пропитка смолой
R 265	resinification plant	Beharzungsanlage f	installation f à imprégner et à enduire	промазочная установка, пропиточная установка
R 266	resin injection	Harzinjektion f (Vakuum-Injektionsverfahren)	injection f de résine	инжекционный метод прессования стеклопластиков
R 267	resin matrix	Harzmatrix f	matrice f résine	смола-матрица
	resin mixture	s. R 271		
R 268	resinography	Strukturuntersuchungen fpl (an verfestigten Kunstharzen oder Klebverbindungen mittels optischer Verfahren)	résinographie f	смолография
	resinoid	s. R 270		
R 269	resinoid bond	Kunstharzbindung f (von Schleifkörpern)	liaison f résineuse d'abrasifs	связь между абразивными зернами смолы
R 270	resinoid plastic, resinoid	harzartiger (harzförmiger) Kunststoff (Plast) m, Kunststoff (Plast) in Harzform	plastique m résineux	пластик на основе смолы, смолоподобный пластик
	resinous cement	s. R 263		
R 271	resinous composition, resin mixture	Harzmischung f	composition f (melange m) de résine, composition résineuse, mélange résineux	смесь смол, композиция смол

R 272	resin pocket, resin duct	Harznest n, Harzein-schluß m, Harztasche f	poche (plage) f de résine, agglomération f (amas m) de résine	сгусток смолы, смоляной затек
R 273	resin processor	Harzverarbeitungsgerät n, Gerät n zum Dosieren, Mischen und Auftragen von Harzen	dispositif m de fabrication pour résines, dispositif de dosage, de mélangeage et d'application de ré-sines	прибор для переработки смол, прибор для дозиро-вания, смешения и нане-сения смол
R 274	resin rubber blend, gum plastic	kautschukmodifizierter Kunststoff (Plast) m	mélange m de résine modi-fié au caoutchouc, résine f modifiée au caoutchouc	модифицированный каучу-ком пластик
R 275	resin shellac	Schellackharz n	résine f de shellac, résine au gomme-laque	шеллачная смола
R 276	resin streak	Harzader f (in Holzfügeteilen)	excès m local de résine	отжим смолы
R 277	resin system	Harzsystem n	système m à résine	смола, смоляная система
R 278	resin tank	Harzvorratsbehälter m	réservoir m de résine	резервуар для смолы
R 279	resin tank, coating pan (US)	Tränkwanne f, Auftrags-wanne f, Imprägnier-wanne f	bac m de résine, cuve f d'enduction, bac d'ali-mentation	бак для лакирования (зама-чивания), пропиточная ванна
R 280	resin usage	Harzverbrauch m	consommation f de résine	расход смолы
R 281	resistance heating	Widerstandserwärmung f, Widerstandsheizung f	chauffage m par résistances	электрообогрев, электрона-гревание сопротивлением
	resistance of aging	s. A 268		
R 282	resistance spot welding	Widerstandspunktschwei-ßen n	soudage m par points par résistance	точечная сварка сопротив-лением
R 283	resistance strain gauge	Widerstandsdehnungsmeß-streifen m, Dehnungs-meßstreifen m	jauge f de contrainte, jauge extensométrique, jauge d'allongement	тензометрическая полоса
R 284	resistance thermometer	Widerstandsthermometer n	thermomètre m à résistance	термометр сопротивления
R 285	resistance to alternating moist and dry conditions	Wiedertrockenfestigkeit f von Klebverbindungen	résistance f après cycle de conditionnement hygro-métrique, résistance au[x cycles de] vieillissement alterné de chaleur sèche et d'humidité	прочность под влиянием пе-ременной влаги
	resistance to aqueous liquids	s. A 519		
R 286	resistance to artificial weathering	Beständigkeit f gegen künst-liche Bewitterung	résistance f aux agents atmosphériques	устойчивость к воздействию искусственной атмос-феры
	resistance to blistering	s. B 240		
	resistance to boiling	s. B 304		
R 287	resistance to brittleness	Sprödfestigkeit f	résistance f à la fragilité	хрупкая прочность
R 288	resistance to chalking	Widerstandsfestigkeit f ge-gen Kreiden (Anstrichtech-nik)	résistance f au farinage (poudrage)	стойкость к мелению
	resistance to chemical attack	s. R 289		
R 289	resistance to chemicals, resistance to chemical attack	Chemikalienbeständigkeit f, Chemikalienfestigkeit f, Widerstandsfähigkeit (Re-sistenz) f gegen Chemika-lien	résistance f aux agents (produits) chimiques	химическая устойчивость
	resistance to chipping	s. F 289		
	resistance to chock	s. I 33		
	resistance to colour change	s. L 152		
	resistance to compression	s. C 622		
	resistance to cracking	s. C 932		
	resistance to cuts	s. C 1111		
R 290	resistance to deformation, green strength	Verformungsbeständig-keit f, Verformungswider-stand m	résistance f à la déformation	сопротивление к деформа-ции
R 291	resistance to dry rubbing	Beständigkeit f gegen Trok-kenreiben	résistance f à la friction sèche	сопротивление сухому трению
	resistance to erosion	s. E 282		
	resistance to fatigue	s. F 47		
R 292/3	resistance to fire	Flammwiderstand m	résistance f au feu	устойчивость к пламени
	resistance to flaking	s. F 289		
	resistance to fuels	s. F 719		
	resistance to gasoline	s. P 177		
R 294	resistance to glow heat, glow resistance	Glutbeständigkeit f, Glut-festigkeit f	résistance f à l'incandes-cence	устойчивость к накалу, жаростойкость
	resistance to heat	s. T 222		
R 295	resistance to heat and humidity	Beständigkeit f gegen Feuchte und Wärme	résistance f à la chaleur et à l'humidité	стойкость к теплу и влаге
R 296	resistance to high-energy radiation	Beständigkeit f gegen ener-giereiche Strahlung	résistance f au rayonnement dur (pénétrant)	стойкость к излучению (ра-диации) большой энергии

	resistance to hot fats	s. H 344		
	resistance to hot water	s. H 409		
	resistance to impact	s. I 33		
	resistance to irradiation	s. R 21		
	resistance to kerosine	s K 7		
	resistance to light	s. L 152		
R 297	resistance to liquids	Beständigkeit f gegen Flüssigkeiten	résistance f aux liquides	стойкость к действию жидкостей
	resistance to mineral oil	s. M 330		
R 298	resistance to organic liquids	Beständigkeit f gegen organische Flüssigkeiten	résistance f aux liquides organiques	устойчивость к органическим жидкостям
	resistance to petrol	s. P 177		
R 299	resistance to salt solutions	Salzlösungsbeständigkeit f	résistance f aux solutions salines	стойкость к растворам солей
	resistance to salt spray	s. S 17		
	resistance to scaling	s. F 289		
	resistance to scratching	s. S 77		
	resistance to shock	s. S 440		
	resistance to solvents	s. S 799		
R 300	resistance to spalling failure	Bruchbeständigkeit f gegen sehr kurzzeitig einwirkende dynamische Impulse	résistance f à la rupture sous l'influence de chocs dynamiques momentanés	предел прочности под влиянием коротких динамических импульсов
R 301	resistance to spotting by liquids	Beständigkeit f gegen Flüsigkeitsflecken	résistance f aux taches de liquide	сопротивление действию жидких пятен
	resistance to surface leakage	s. T 479		
R 302	resistance to swelling	Quellbeständigkeit f	résistance f au gonflement	устойчивость к набуханию
	resistance to tearing	s. T 72		
R 303	resistance to temperature changes	Temperaturwechselbeständigkeit f	résistance f aux écarts de températures	устойчивость к перемене темепратуры
	resistance to tracking	s. T 479		
R 304	resistance to tropical conditions	Tropenbeständigkeit f, Tropenfestigkeit f	résistance f à l'action du climat tropical, résistance aux conditions tropicales	тропикостойкость, тропикоустойчивость
	resistance to ultraviolet radiation	s. U 54		
	resistance to UV-radiation	s. U 54		
	resistance to water	s. W 47		
	resistance to weathering	s. O 108		
	resistance to white spirit	s. W 239		
R 305	resistance welding	Widerstandsschweißen n	soudage m par résistance	сварка сопротивлением
R 306	resistance wire	Widerstandsdraht m, Draht m für Widerstandsheizung	fil m résistant (de résistance)	проволочный нагреватель
R 307	resistant to aging, age-resisting, non-aging	alterungsbeständig	stable (résistant) au vieillissement	устойчивый к старению
R 308	resistant to rupture	reißfest	résistant à la traction, solide à la déchirure	устойчивый к разрыву
R 309	resistivity, volume resistivity, specific insulation resistance	spezifischer Widerstand (Volumenwiderstand) m	résistivité f volumique	удельное электрическое сопротивление
R 310	resistor	Widerstandskörper m, Widerstand m	résistance f	резистор, электрическое сопротивление
	resit	s. C 1063		
	resitol [resin]	s. B 436		
	resit resin	s. C 1063		
	resol [resin]	s. A 576		
R 311	resonant frequency	Resonanzfrequenz f (Ultraschallschweißen)	période f propre de vibration, fréquence f de résonance (soudage ultrasonique)	резонансная частота
R 312	resonant machine	Prüfmaschine f für Schwingversuche	machine f d'essai aux vibrations par résonance	виброиспытательная машина, машина для испытания на вибропрочность
R 313	resonant mode	Resonanzschwingung f (Ultraschallschweißen)	oscillation f de résonance	резонансное колебание
R 314	resorcin[ol]	Resorcin n	résorcine f	резорцин
R 315	resorcinol adhesive, resorcinol base (formaldehyde) adhesive, resorcinol glue (US), resorcinol-resin adhesive (glue (US))	Resorcinklebstoff m, Klebstoff m auf Resorcinbasis	colle f à base de résorcine	резорциновый клей
R 316	restrained press platen	Gegendruckplatte f einer Presse, festgestellte Platte f einer Presse	plateau m de contre-pression	неподвижная плита пресса
	restricted gate (gating)	s. P 269		

	retainer plate	s. C 141		
R 317	retaining claw	Haltekralle f (am Auswerfer-stift)	griffe f de serrage	литниковая цапфа
R 318	retaining ring	Spannring m, Spannmut-ter f, Spannbuchse f (Extruderwerkzeug)	couronne f de fixation	зажимное кольцо, зажимная втулка
	retardant	s. I 128		
R 319	retardation	Retardation f (zeitliches De-formationsverhalten bei konstanter Spannung)	retardation f, décélération f, accélération f négative (retardatrice), ralentisse-ment m	релаксация деформации (изменение деформации при условии постоянного напряжения)
R 320	retardation time	Retardationszeit f (Deforma-tionseinstellzeit bei konstan-ter Spannung)	temps m de retard[ation]	период релаксации дефор-мации
	retarded elasticity	s. E 50		
	retarder	s. I 128		
R 321	retention	Zurückhaltung f, Retention f	rétention f	удерживание
R 322/4	retention bar	Staubalken m (in Breitschlitz-düsen)	barre f de retenue (filière plate)	дросселирующий элемент (листовальной головки)
	retention time	s. R 236		
R 325	reticle (reticule) plastic film (sheet)	mit Fadennetz verstärkte Kunststoffolie (Plastfolie) f	feuille f avec réticule	полимерная пленка, арми-рованная нитевидной сеткой
R 326	retouching injection press	Tuschierspritzpresse f	presse f d'injection de retouche (finissage)	шабровочный трансферный пресс
R 327	retouching paint	Retuschierfarbe f	gouache f de retouche, encre f pour retouche	краска для ретуши, краска для ретуширования
R 328	retracting process	Abziehvorgang m, Auszieh-vorgang m (von Extrudat)	réception f, opération f de réception (extrudat)	процесс приема (съема)
R 329	retractive force	Rückstellkraft f (nach erfolg-ter Verformung)	force f de rappel (après déformation)	усилие усадки
R 330	retroactivity, recovery capacity	Rückstellvermögen n	mémoire f élastique, pou-voir m régénérateur	упругое последействие, способность возврата деформации
R 331	retrogradation	Konsistenzerhöhung f (von Klebstoffen bei der Lage-rung)	augmentation f de consis-tance (colle)	изменение консистенции (клея при хранении)
R 332	return conveyor	Rückförderungsanlage f	convoyeur m de retour	устройство рециркуляции, возвратный конвейер
	return current	s. B 8		
R 333	return filter	Rücklauffilter n	filtre m de retour	сетка в возврате
	return flow blocking device	s. B 8		
	return movement stop	s. B 8		
R 334	return pin	Rückdrückstift m, Rückstoß-stift m	butée f de renvoi d'éjecteur	возвратная шпилька
R 335	return pulley	Umlenkrolle f	galet m (poulie f) de renvoi	ролик, изменяющий направ-ление
R 336	return roll, return roller	Rücklaufrolle f (Beschich-tungsmaschinen)	cylindre m à retour, rou-leau m de marche en arrière	ролик возврата
R 337	return speed	Rücklaufgeschwindigkeit f	vitesse f de retour	скорость обратного хода, скорость возврата
R 338	return spring	Rückdrückfeder f (für Aus-werfer), Rückzugfeder f, Ausdrückbolzenfeder f	ressort m de rappel, renvoi m de l'éjecteur	пружина для возврата выталкивателя
	return traverse	s. P 1085		
R 339	reusable package	Mehrweg-Packmittel n, Mehrweg-Verpackung f	emballage m à emploi multiple	многоразовая упаковка, ма-териал для многоразовой упаковки
R 340	reuse/to	wiederverwenden	recycler, retraiter	повторно применять
R 341	reuse	Wiederverwendung f, Wie-derbenutzung f, Wieder-gebrauch m	recyclage m, retraitement m	[повторная] переработка (отходов, пластиков)
R 342	reverse/to	umsteuern, umkehren	renverser; inverser	реверсировать, пере-ключать на обратный ход
R 343	reverse bend, flanged edge	U-Profil n	profile m en U	швеллер
R 344	reverse bending strength	Biegewechselfestigkeit f	résistance f à la flexion alter-née, résistance aux flexions répétées	прочность при знакопере-менном изгибе
R 345	reverse cylinder	Umkehrwalze f	rouleau m inversé	реверсивный вал
R 346	reverse impact test	Beschichtungshaftprüfung f durch ruckartiges Abrei-ßen eines Klebbandes	essai (test) m de détache-ment brusque d'une bande adhésive (sert à examiner l'adhérence d'un revêtement)	испытание покрытий на ад-гезионную прочность
R 347	reverse motion	Maschinenrücklauf m (Spritzgießmaschinen)	course f de retour, retour m, recul m (machine à injec-tion)	обратный ход

R 348	**reverse moulding,** inverted mould moulding	Umkehrformpressen n, Umkehrformpreßverfahren n (Formpressen mit untenliegender Patrize)	moulage m inversé (par compression avec poinçon inférieur)	прессование формой с нижней патрицей
R 349	**reverse printed film**	Transferfolie f (für Thermotransferdruck)	feuille f transfert	пленка для трансферного печатания
R 350	**reverse roll coater,** roll reverse coater	gegenläufiges Walzenauftragswerk n, Umkehrwalzenbeschichter m	enduiseuse f à tambours inversés, métier m à enduire avec cylindres à friction	обкладочная машина с реверсными валками
R 351	**reverse roll coating**	Reverse-Beschichten n	couchage m revers	реверсивное нанесение покрытий
R 352	**reverse shrinkage**	Rückschrumpf m	retrait m inversé	усадка
	reverse gear	s. R 353		
	reversible deformation	s. E 54		
R 353	**reversing gear,** reverse gear	Wendegetriebe n	mécanisme m de renversement de marche	реверсивная передача, реверс
R 354	**reversing handle**	Umstellhebel m, Umsteuerhebel m	levier m inverseur	реверсный рычаг, рычаг для переналадки
R 355	**reversing shaft**	Umsteuerwelle f	arbre m inverseur	реверсный вал
R 356	**reversing slide**	Wendesupport m	support m pivotant	реверсный суппорт
	revolving-disk feeder	s. D 359		
R 357	**revolving helical blade**	Propellermischflügel m, Propellermischschaufel f	hélice f d'agitateur	ротор пропеллерного смесителя
R 358	**revolving table,** turntable	Drehtisch m, Karussell n, Karusselltisch m	table f tournante	карусельный (вращающийся, поворотный) стол
	rewinder	s. R 360		
R 359	**rewinding cutting machine,** roller cutting and wind-up machine	Rollenschneidmaschine f, Schneid- und Umspulmaschine f	machine f à découper et enrouler à galets (rouleaux)	перемотно-резальный станок
R 360	**rewinding machine,** rewinder	Umrollmaschine f, Aufrollapparat m, Rollapparat f	enrouleur m	намоточная машина, намоточное устройство
	reworking	s. R 134		
R 361	**Reynolds number,** Re number	Reynolds-Zahl f, Reynoldssche Zahl f	nombre (critère) m de Reynolds	число Рейнольдса
	RF heating	s. 1. D 228; 2. H 194		
	RF moulding	s. H 196		
	RF preheating	s. H 199		
	RF tarpaulin welder	s. H 201		
	RF welding	s. H 203		
R 362	**rheodynamic stability**	rheodynamische Stabilität f	stabilité f rhéodynamique	реодинамическая стабильность
R 363	**rheological agent**	Stoff m zur Steuerung der Fließfähigkeit, rheologischer Verarbeitungshilfsstoff m	agent m de fluidité, agent auxiliaire rhéologique de fabrication	регулятор реологических свойств
R 364	**rheological behaviour**	rheologisches Verhalten n, Fließverhalten n, rheologisches Stoffverhalten n	comportement m rhéologique	реологическое поведение, реологические свойства
R 365	**rheological breakdown**	rheologischer Zusammenbruch m (Schmelze)	écroulement m rhéologique	реологическое разрушение
R 366	**rheological equation of state**	rheologische Zustandsgleichung f (Schmelze)	équation f d'état rhéologique	реологическое уравнение состояния
R 367	**rheological law**	rheologisches Stoffgesetz n	loi f rhéologique	реологическая закономерность
R 368	**rheological model**	rheologisches Modell n (zur Beschreibung des deformationsmechanischen Verhaltens)	modèle m rhéologique	модель для изучения реологии
R 369	**rheological mould design**	rheologische Werkzeugauslegung f	construction f de moule sous l'aspect de rhéologie	реологический метод конструирования прессформы
R 370	**rheological process**	rheologischer Prozeß m	processus m rhéologique	реологический процесс
R 371	**rheological property**	rheologischer Wert m, Viskositäts- und Fließwert m, rheologische Eigenschaft f	propriété f rhéologique	реологическое свойство
R 372	**rheology**	Rheologie f, Fließkunde f (der Stoffe)	rhéologie f	реология
R 373	**rheology control agent**	Stoff m zur Fließvermögenssteuerung (Harze)	agent m controlant l'aptitude à l'écoulement, agent de fluidité	регулятор текучести
R 374	**rheometer**	Rheometer n	rhéomètre m	реометр
R 375	**rheopexy**	Rheopexie f	rhéopexie f, anti-thixotropie f	реопексия
R 376	**rib**	Rippe f (an Formteilen)	nervure f	ребро жесткости
R 377	**ribbed**	geriffelt	cannelé	рифленый, гофрированный

R 378	ribbed sheet roller, printer	Profilwalze f	cylindre (rouleau) m profilé	профильный валок
R 379	ribbing	Verrippung f	nervure f	оребрение
R 380	ribbon	breites Band n, Bahn f (Extrudat)	bande f [large], ruban m	полотно, рулон
R 381	ribbon-blade agitator	Bandrührwerk n	agitateur m spirale	спиральный мешатель
R 382	ribbon blender, ribbon mixer, countercurrent mixer	Bandmischer m, Bandschneckenmischer m, Gegenstrommischer m, Simplex-Mischer m	mélangeur m Simplex (Drais, à sec, à ruban), mélangeur à contrecourant avec agitateur hélicoïdal, ribbon blender m	противоточный (ленточно-спиральный) смеситель
R 383	ribbon die	Banddüse f	buse f à bande	ленточный мундштук
R 384	ribbon extruder	Bandextruder m	extrudeuse (boudineuse) f de bandes (rubans)	экструдер для производства лент
	ribbon mixer	s. R 382		
R 385	ribbon spinning	Schmelzbandspinnen n, Schmelzbandspinnverfahren n	filature f à bande	прядение из лентовидного расплава
R 386	rich shade	kräftige Farbtönung f (bei Formteilen und Beschichtungen)	nuance f pleine	яркий тон
	ridge	s. S 3		
R 387	ridge forming, skeleton forming	Warmformen n gegen Formrahmen	formage m sur serre-flan auxiliaire	рамное термоформование
R 388	ridge mould, skeleton mould	Rahmenwerkzeug n (für Blasformen)	moule m en carcasse	форма с обоймой (для выдувного формования)
R 389	right-hand welding, rightward welding, backhand (backward) welding	Nachrechtsschweißung f, Nachrechtsschweißen n (beim Warmgasschweißen)	soudage m à droite, soudage en arrière	правосторонняя сварка [нагретым газом], сварка в правое направление, сварка направо, правая сварка
R 390	rigid	steif, hart, starr	rigide	жесткий, твердый
R 391	rigid cellular material (plastic), rigid foam, hard foam plastic	Hartschaumstoff m, Kunststoffhartschaumstoff m, Plasthartschaumstoff m	mousse f rigide	жесткий ячеистый материал, жесткая пена, жесткий пенопласт
	rigid female mould	s. S 752		
R 392	rigid film, rigid sheet	Hartfolie f	feuille f rigide, film m rigide	жесткая пленка, жесткий лист
	rigid foam	s. R 391		
R 393	rigidity, stiffness	Steifigkeit f, Steifheit f	rigidité f	жесткость
R 394	rigid plastic	harter Kunststoff (Plast) m	plastique m rigide	жесткая пластмасса, твердый пластик
R 395	rigid plastic sheet	Kunststoffharttafel f, Plastharttafel f, Kunststoffhartplatte f, Plasthartplatte f, Hartkunststofftafel f, Hartplasttafel f, Hartkunststoffplatte f, Hartplastplatte f	plaque f plastique rigide	жесткая пластмассовая плита
R 396	rigid platen	biegesteife Werkzeugplatte f	plateau m rigide	негибкая плита формы
R 397	rigid polyethylene	Polyethylen-hart n, Hartpolyethylen n	polyéthylène m rigide	жесткий полиэтилен, полиэтилен высокой плотности
R 398	rigid polyurethane foam	Polyurethanhartschaumstoff m, Hartpolyurethanschaumstoff m	mousse f polyuréthanne rigide, mousse rigide de polyuréthanne	жесткий полиуретановый пенопласт, твердый пенополиуретан
	rigid polyvinyl chloride	s. U 130		
	rigid polyvinyl chloride structural foam	s. R 399		
R 399	rigid PVC structural foam, rigid polyvinyl chloride structural foam	PVC-Hart-Strukturschaumstoff m, PVC-U-Strukturschaumstoff m	mousse f structurale de CPV (PVC) rigide	пенополивинилхлорид со специальной структурой
R 400/1	rim	hochstehender Rand m, Einfassung f	bourrelet m	оправа, окантовка
R 402	rim pressure	Randdruck m	pression f de bord	краевое давление
	RIM-technique	s. P 739		
R 403	ring buff, buffing ring	Ringpolierscheibe f (für Preßteilentgraten)	touret m à polir avec disques annulaires	полировальный круг
R 404	ring die, ring nozzle, annular die, tubular die	Ringdüse f, Ringschlitzdüse f	filière f annulaire	кольцевое сопло, кольцевой мундштук, кольцевая головка, головка с кольцевой щелью
R 405	ring-feed multi-gating	Reihenanguß m mit Ringkanal	grappe f à canal annulaire	литье по многоместным литникам при помощи кольцевого канала
R 406	ring follower	Werkzeugring m, Gewindering m (für Außengewindeurformung am Formteil)	bague f filetée (de filetage)	резьбовое кольцо (для прессования резьбовых деталей)

R 407	ring follower mould	Preßwerkzeug n mit Gewindering	moule m à bague de filetage	пресс-форма с резьбовым кольцом
R 408	ring for deep drawing	Ziehring m für Warmformen (von Halbzeug)	couronne f pour étirage profond, lunette f	зажимное (прижимное) кольцо
	ring gate	s. A 444		
	ring nozzle	s. R 404		
R 409	ring-opening polyaddition reaction	ringöffnende Polyadditionsreaktion f	réaction f de polyaddition par ouverture de noyau (cycle)	полиаддукция кольцевидных мономеров
R 410	ring plate method	Ringplattenmethode f (zur Ermittlung der Fließfähigkeit von Duroplastformmassen)	essai m sur anneaux (détermination de fluidité des rigidimères)	испытание текучести реактопластов методом «кольцевая плита»
R 411	ring-shaped heater	Ringheizkörper m (Spritzgießmaschinen)	collier m chauffant (machine à injection)	кольцевой нагреватель
R 412	rinse/to, to flush	spülen, ausspülen	rincer	промывать, [про]полоскать
	ripening	s. M 105		
R 413	ripening time	Reifezeit f (bei Klebstoffen)	durée f de maturation (colles)	продолжительность созревания (клея)
R 414	ripping, roping	Längsrille f (an Formteilen)	sillon m longitudinal	продольное рифление, продольная канавка
R 415	ripple	Riffelung f, kleine Wellungen fpl (an Extrudat)	cannelure f, rainure f, striage m	неравномерности на поверхности (экструдата)
	ripple lacquer	s. W 309		
R 416	rise of foam	Schaumexpansion f (bei im Reaktionsspritzgießverfahren hergestelltem Polyurethanschaumstoff)	expansion f (gonflage m) de mousse	расширение пены (при литье пенополиуретана)
R 417	riser	Steigrohr n	élévateur m (tuyauterie f) pneumatique, tuyau m de refoulement, tube m ascendant	подъемная трубка, стояк
R 418	riser pad	Distanzstück n (Heißkanalwerkzeug)	pièce f d'écartement, pièce intercalaire	дистанционная деталь
R 419	rise time, rising time	Steigzeit f (beim Reaktionsspritzgießen von Polyurethanschaumstoffen)	temps m (durée f) d'expansion, temps (durée) de gonflage (mousse)	продолжительность расширения (пены полиуретана)
R 420	rising ability	Steigvermögen n (Polyurethan-Schaumstoffherstellung)	expansibilité f, gonflabilité f	способность к подъему
R 421	rising casting	steigendes Gießen n	coulée f en source	литье с подъемом материала
R 422	rising-film evaporator, Kestner evaporator	Kestner-Verdampfer m, Kestner-Kletterverdampfer m, Kletterverdampfer m, Steigfilmverdampfer m	évaporateur m Kestner (à grimpage), appareil m d'évaporation à grimpage, évaporateur à film montant	пленочный выпарной аппарат
R 423	rising table blow moulding	Blasformen n mit Viereckbewegung des Werkzeugs, Kautex-Verfahren n	moulage m par gonflage à table mobile verticalement, procédé m Kautex	выдувное формование с вертикальным и горизонтальным перемещениями формы, выдувное формование с прямоугольным движением формы
	rising time	s. R 419		
	rivel varnish	s. W 309		
R 424	rivet/to	nieten	riveter	заклепывать, склепывать
R 425	rivet	Niet m	rivet m	заклепка
R 426	rivet bonding	Niet-Kleben n, kombiniertes Nieten-Kleben n	rivetage-collage m	клеево-заклепочное соединение
R 427	riveted joint	Nietverbindung f	assemblage m rivé	соединение заклепками
R 428	rivet hole	Nietloch n	trou m de rivetage	заклепочное отверстие, отверстие под заклепку
R 429	riveting	Nieten n, Vernieten n	rivetage m	клепка, заклепывание, склепывание
R 430	riveting-bonding process	kombiniertes Nieten-Kleb-Verfahren n	méthode f combinée de collage et de rivetage	комбинированная система склеивания и клепки
R 431	riveting machine	Nietmaschine f	riveteuse f, machine f à riveter	клепальный пресс
R 432	riveting tool	Nietwerkzeug n	outil m de rivetage	клепальный инструмент
R 433	rivet pitch	Nietabstand m	distance f des rivets	расстояние между заклепками
R 434	rivet shank	Nietschaft m	corps m (tige f) de rivet	стержень заклепки
R 435	robot dispensing	Auftragen n durch Roboter, Auftragen n durch Automat	revêtement m automatique, couchage m par robot	нанесение роботом
R 436	robot extractor, robot for mould	automatische Entnahmevorrichtung f	dispositif m automatique de réception, robot m de réception	автоматическое устройство выемки
	robot for adhesive	s. A 198		

	robot for mould	s. R 436		
R 437	robotic handling device	Roboterhandhabungs-gerät n	robot m de manipulation	робот-манипулятор
R 438	rocker	Wippe f (an Beschichtungs-maschinen)	balance f	балансир, коромысло
	rocker	s. a. I 24		
R 439	rocker cover	Wippenumkleidung f, Wippenmantel m, Wippenhülle f, Wippenumhüllung f (Auftragsmaschine)	gaine f de la balance, enveloppe f de la balance	оболочка качелей
	rocket rasp	s. B 292		
R 440	Rockwell [indentation] hardness	Rockwell-Härte f	dureté f Rockwell, dureté à la pénétration	твердость по Роквеллу
R 441	rod	Stab m	barre f, barreau m	стержень, пруток, шест
R 442	rod coater	Walzenbeschichter m (mit von unten wirkender Stabrakel)	enduiseuse f à barre inférieure calibreuse	валковая намоточная машина (с дротовой раклей, расположенной под лентой)
R 443	rod mill	Stabmühle f	moulin m à barres	стержневая мельница
R 444	rod stock	Stabmaterial n	baguette f	прутковый материал
R 445	roentgenography	Röntgenographie f	radiographie f, rœntgenographie f	рентгенография
R 446	Rolinx process, embossing moulding, injection stamping	Rolinx-Verfahren n, Spritzprägen n, Spritzprägeverfahren n	moulage m par injection de grandes surfaces, procédé m Rolinx, injection-estampage f	инжекционное прессование, литье под давлением с дополнительным замыканием формы
	roll	s. C 1148		
R 447	roll adjustment, roller adjustment, roll setting	Walzeneinstellung f	réglage (ajustement) m des cylindres	установление (регулировка) валков
	roll application	s. R 453		
R 448	roll bearing	Walzenlager n (an Kalandern)	palier m de cylindre	катковая опора, опора на катках
R 449	roll bending	Kompensationsdurchbiegung f, Roll-bending n (bei Kalanderwalzen)	flèche f du cylindre	компенсирующий прогиб (валков каландра)
	roll bowl	s. R 476		
R 450	roll calender, bowl calender	Walzenkalander m	calandre m à cylindres (bols, rouleaux)	валковый каландр
	roll camber	s. R 476		
R 451	roll chamber	Heizkammer f (in Kalanderwalzen)	chambre f de cylindre	каналы для нагревания валка
R 452	roll coater, roller spreader, kiss roller, kiss applicator, doctor roll	Walzenauftragsmaschine f	enduiseuse f (métier m à enduire, machine f à enduire) à cylindres (rouleaux), machine d'enduction à couteau	вальцовая машина для нанесения, ролевая отделочная машина, вальцы для нанесения
	roll coater	s. a. R 490		
R 453	roll coating, roller coating, roll application (US)	Walzenauftragen n	revêtement m aux rouleaux, enduction f avec (aux) cylindres	нанесение валками, валковое нанесение
	roll coating	s. a. R 491		
R 454	roll covering	Beschichtungsmantel m von Walzen, elastischer Walzenbelag m	revêtement m du cylindre (rouleau)	покрытие валка
R 455	roll crossing, roll skewing, axis crossing	Walzenschrägverstellung f	croisement m des cylindres	перекрещивание валков
	roll crown	s. R 476		
R 456	roll deflection	Walzendurchbiegung f	flexion f du cylindre	прогиб валка
R 457	rolled and moulded laminated section	gewickeltes und gepreßtes Schichtstoffprofil n	profilé m stratifié roulé et moulé	профиль из слоистого материала, полученный намоткой и прессованием
R 458	rolled down	kaltgewalzt	laminé à froid	обработанный холодной прокаткой
R 459	rolled laminated tube	gewickeltes Rohr n, Wickelrohr n	tube m stratifié roulé	намотанная слоистая труба
R 460	rolled section	halbrunde Randversteifung f (an Formteilen)	bord m renforcé demi-rond	круглый край (изделия)
R 461	rolled sheet	Walzblech n	tôle f laminée	прокатная листовая сталь
	rolled sheet	s. a. R 487		
R 462	roll end	Walzenballenende n, Walzenbombagenende n (bei Kalanderwalzen)	fin f de bombage (bombé) du cylindre (rouleau)	конец бомбировки валка
	roller	s. C 101		
	roller adjustment	s. R 447		
R 463	roller body, body of the roll	Walzenkörper m	corps m de rouleau (cylindre)	тело валка
R 464	roller coating, roller shell	Walzenbezug m, Walzenmantel m	bandage m de cylindre, enveloppe f de cylindre	обкладка валка

	roller coating	s. a. R 453		
	roller conveyor	s. R 475		
	roller cutting and wind-up machine	s. R 359		
R 465	roller die, roller head, sheet die	Plattendüse f (Extruder), Plattenwerkzeug n	filière f à plaques, filière d'extrusion pour des plaques (extrudeuse)	головка для изготовления листов, плоскощелевая головка для экструзии листов
	roller die extruder	s. P 324		
	roller draw frame	s. R 466		
R 466	roller drawing mechanism, roller draw frame	Rollenreckwerk n, Rollenstreckwerk n (für Folien oder Bändchen)	dispositif m (machine f) d'étirage à rouleaux	роликовое вытяжное устройство
R 467	roller electrode	Rollenelektrode f (Schweißen)	galet m (molette f) de soudage	электрод в форме ролика
R 468	roller feed	Rollenzuführung f	chargement m (charge f, alimentation f) par rouleau	роликовая подача
R 469	roller film coating, film coating by roller	Dünnschicht-Walzenauftrag m (von Beschichtungen auf flexible Trägerbahnen)	enduction f par léchage	валковое нанесение тонких слоев
R 470	roller gear bed	Rollgang m	chemin (train) m [de] rouleaux	рольганг
	roller head	s. R 465		
R 471	roller machine	Walzenmaschine f	enduiseuse f à cylindres, enduiseuse à rouleaux, métier m à enduire, machine f à enduire	вальцовая машина
	roller mill	s. B 75		
R 472	roller press, roll press	Walzenpresse f, Rollenpresse f	presse f à cylindre, presse f à rouleaux	валковый пресс
	roller presser	s. T 359		
	roller resssure	s. R 500		
R 473	roller profile, profile of a roll	Walzenprofil n	profil m de cylindre	профиль валка
	roller shell	s. R 464		
R 474	roller spot welding, roll spot welding	Roll[en]punktschweißen n, Punktschweißen n mit Rollenelektrode	soudage m par points à l'électrode à rouleau, soudage à la molette, soudage au galet	точечная сварка роликовыми электродами
	roller spreader	s. R 452		
R 475	roller table (train), roller conveyor	Rollenbahn f (Abzugstisch für Extrudat)	convoyeur (train) m à rouleaux	рольганг, роликовый конвейер
R 476	roll face, roll bowl, roll crown, roll camber, arching of a roll	Walzenbombage f, Walzenballen m, Walzenballigkeit f	bombage (bombé) m du cylindre (rouleau)	бочкообразная форма валка, бомбировка валка
R 477	roll feed cutting press	Schneidpresse f mit Rollenzuführung	presse f de coupage avec alimentateur à tambour	резальный пресс с роликовой подачей
R 478	roll force	Walzkraft f	force f de laminage, effort m de laminage	усилие вальцевания
R 479	roll former	Rollenprofiliermaschine f	machine f à profiler les cylindres (rouleaux)	профилешлифовальный станок для валков
	roll gap	s. N 41		
R 480	roll glazing	Oberflächenglasierung f (von flächigen Halbzeugen mittels Polierwalzen)	glaçage m au rouleau	тонкая полировка специальными валками
R 481	roll grinder	Walzenschleifmaschine f	machine f à rectifier les cylindres (rouleaux)	шлифовальный станок для валков
R 482	roll hardness	Wickelhärte f	dureté f bobine	твердость намотки
R 483	rolling	Walzen n	laminage m	вальцевание
R 484	rolling direction, direction of rolling	Walzrichtung f	sens m (direction f) de laminage	направление вальцевания
	rolling hide	s. R 487		
R 485	rolling machine, bending jig (US)	Vorrichtung f zum Rundbiegen von Platten zu Rohren	dispositif m de roulage de tubes à partir de plaques	машина для сгибания листов в трубу
R 486	rolling pipe from sheet material	aus Tafeln gebogenes Rohr n, aus Platten gebogenes Rohr	tube m roulé à partir de plaques	труба, изготовленная термоформованием листов
R 487	rolling sheet, rolled sheet, rolling hide, [rough] sheet on the rolls	Walzfell n	plaque f de caoutchouc calandré, feuille f roulée, mélange m en plaque venant du mélangeur à rouleaux	необработанный лист (с валков), вальцованный лист
R 488	rolling stock, roll stock (US)	Walzgut n	matière f à calandrer	прокат, прокатываемое изделие
R 489	rolling texture, sheet texture	Walztextur f	texture f de feuille	прокатная текстура

R 490	roll kiss coater, kiss [roll] coater, roll coater	Walzenauftragsmaschine f (Walzenbeschichter m) mit Tauchwalze	enduiseuse f (métier m à enduire, machine f à enduire) à deux rouleaux par léchage	промазочная машина с валком окунания, валковая намоточная машина с погружным валком
R 491	roll kiss coating, kiss coating, kiss roll coating (US), roll coating	Beschichten n mit Walzen	revêtement m par rouleau transfert, enduction f aux rouleaux	нанесение покрытия валками
R 492	roll laminating	Walzenkaschieren n, Kaschieren n mit Walzen	doublage m à la calandre	дублирование каландром
R 493	roll loading	Walzenbelastung f	charge f du rouleau (cylindre)	нагрузка валка
R 494	roll mark, seams mark	Walzenmarkierung f (auf Halbzeugen)	marque f de rouleau	след от валка (на полуфабрикате)
	roll mill	s. 1. B 75; 2. M 352		
R 495	roll mouth	Walzenaufgabespalt m	bourrelet m à l'entrée des cylindres	загрузочный зазор между валками
R 496	roll neck	Walzenzapfen m	tourillon m de cylindre	цапфа валка
R 497	roll-nip adjustment	Walzenspaltverstellung f, Walzenspalteinstellung f (bei Kalandern)	ajustement m d'écartement entre les cylindres (rouleaux)	регулирование зазора между валками, установление зазора валков
R 498/9	roll of high flexural rigidity	biegesteife Walze f	cylindre m résistant à la flexion	жесткий при изгибе валок
	roll press	s. R 472		
R 500	roll pressure, roller pressure, pressure of the rolls	Walz[en]druck m	pression f de rouleaux, pression entre cylindres	давление роликов, контактное напряжение (вальцы)
R 501	roll pull back, preloading of rolls	Walzenvorspannvorrichtung f	précharge f des cylindres	валковое тянущее устройство, валки для придавания предварительного напряжения
	roll reverse coater	s. R 350		
	roll setting	s. R 447		
	roll skewing	s. R 455		
R 502	roll slitting and rewinding machine	Rollenschneid- und -wickelmaschine f	rogneuse-bobineuse f, machine f à rogner et rebobiner	накатно-резальный и перемотно-резальный станок
R 503	roll-slitting machine	Rollentrennmaschine f, Rollenschneidmaschine f (für Folien)	rogneuse f, machine f à rogner	накатно-резальный станок
	roll spot welding	s. R 474		
	roll stock	s. R 488		
R 504	roll with drilled channels, cylinder with drilled channels	Walzen f mit Innenkanälen	cylindre (rouleu) m aux canaux intérieurs	валок с внутренними каналами
	roll with heating chamber	s. C 230		
R 505	roll with inner partition plates, cylinder with inner partition plates	Walze f mit Innenscheidewänden	cylindre (rouleau) m aux cloisons	валок с внутренними перегородками
R 506	roof element	Dachelement n	élément m de toit	деталь крыши
R 507	room-temperature curing	Härten n bei Raumtemperatur	durcissement m à la température ambiante (ordinaire)	отверждение при комнатной температуре
R 508	room-temperature setting adhesive	(zwischen 21 °C und 30 °C) sich verfestigender Klebstoff m	colle f durcissant à la température ambiante (ordinaire) (entre 21 °C et 30 °C)	клей холодного отверждения (при температуре 21–30 °C)
R 509	root	Gewindefuß m	fond m du filet[age]	корень резьбы
R 510	root, root of a tooth	Zahnfuß m	base f de la dent	ножка зуба
R 511	root circle	Zahnradfußkreis m	cercle m intérieur (de pied), ligne f de pied (roue dentée)	окружность ножек зубьев
R 512	root diameter (of a screw)	Schneckenkerndurchmesser m	diamètre m du noyau (vis)	внутренний диаметр червяка
	root diameter plus thread depth	s. S 118		
R 513	root flank	Zahnflanke f (zwischen Teilkreis und Zahnfuß)	flanc m de la dent (roue dentée)	профиль зуба (между делительной окружностью и ножкой зуба)
R 514	root gap, root opening	Wurzelspalt m, Wurzelabstand m (einer Schweißnaht)	fente f à la racine, largeur f de la soudure de base, espace m entre les faces de la racine	зазор между стыкуемыми кромками (сварочного шва)
	root of a tooth	s. R 510		
	root opening	s. R 514		
R 515	root radius, tooth fillet	Zahnfuß[ab]rundung f	arrondi m de pied de la dent (roue dentée)	закругление ножки зуба
R 516	root run	Wurzellage f (Warmgasschweißnaht)	passe f de base (fond), soudure f de base (fond), cordon m à la racine	корневой слой

R 517	**root toughness**	Wurzelzähigkeit f (Warmgas-schweißnaht)	ténacité f de la base (racine)	корневая вязкость
R 518	**rope drive**	Seilantrieb m, Seiltrieb m	transmission f par câble	канатная передача, канатный привод
R 519	**roper**	Verseilmaschine f	machine f de câblage, câbleuse f	канатовьющая машина
	roping	s. R 414		
R 520	**rosin,** colophony	Kolophonium n (harzförmiger Rückstand aus der Roh-terpentindestillation)	colophane f	канифоль
R 521	**rotary agitator,** rotary stirrer	Kreiselrührwerk n, Kreisel-rührer m	agitateur m centrifuge	центробежная мешалка, волчковый смеситель
R 522	**rotary compression mould-ing press**	Karussellpresse f für Form-teilherstellung	presse-révolver f	карусельный (роторный) пресс
R 523	**rotary crusher,** conical grinder, cone mill	Glockenmühle f, Kegel-mühle f	broyeur m à cône	коническая мельница
	rotary disk	s. R 530		
R 524	**rotary dryer**	Trommeltrockner m	séchoir m rotatif	барабанная сушилка
R 525	**rotary feeder**	Formmasse-Dosier-schleuse f	alimentateur m doseur rota-tif	секторный дозатор
R 526	**rotary-kiln dryer**	Drehrohrofen m (zum Trock-nen von Schichtstoffen)	séchoir m cylindrique rota-tif, tambour m sécheur ro-tatif	вращающийся сушитель (для слоистых материалов)
	rotary mixer	s. D 576		
R 527	**rotary motion**	Drehbewegung f, Kreisbe-wegung f, rotierende (drehende) Bewegung f	mouvement m de rotation, mouvement m rotationnel	вращательное движение
	rotary moulding	s. R 547		
	rotary pelleting machine	s. R 528/529		
R 528/9	**rotary pelletizer,** rotary tablets press, rotary tab-letting press, rotary pel-leting machine	Rundlauftablettenpresse f, rundlaufende Tablettier-maschine f, rotierende Tablettierpresse f	pastilleuse f rotative (à ré-volver), machine f à com-primer à système rotatif	ротационная таблеточная машина
	rotary press	s. D 181		
R 530	**rotary shelf,** rotary disk, ro-tating disk, circular shelf (disk)	umlaufender Trocken-teller m	plateau m [circulaire] rotatif	ротационная сушильная та-релка, вращающаяся полка
R 531	**rotary shelf dryer with cir-culating air**	Umlufttellertrockner m	séchoir m à circulation d'air avec plateaux tour-nants	тарельчатая сушилка с цир-куляцией воздуха
R 532	**rotary slide valve**	Drehschieber m	vanne f rotative	поворотный клапан
	rotary stirrer	s. R 521		
R 533	**rotary-table injection moulding machine**	Rundtisch-Spritzgieß-maschine f	presse f d'injection à table ronde	карусельная литьевая ма-шина
	rotary tablets (tabletting) press	s. R 528/529		
R 534	**rotary-type structural foam injection moulding ma-chine**	Rundlauf-Schaumstoffspritz-gießmaschine f	machine f rotative à injecter la mousse structurale	роторная машина для литья под давлением пенопла-стов
	rotary veneer	s. M 572		
R 535	**rotating arm machine**	Wickelmaschine f mit Rota-tionsarm, Rotationsarm-Wickelmaschine f	machine f [à enrouler] à bras rotatif	намоточный станок с вра-щением раскладчика, на-моточный станок плане-тарного типа
	rotating blade	s. R 538		
	rotating disk	s. R 530		
R 536	**rotating drum dryer**	Drehtrommeltrockner m	séchoir m à tambour rotatif	вращающаяся сушилка
R 537	**rotating friction element**	rotierendes Reibelement n (von Reibschweißmaschi-nen)	élément m rotatif de friction (frottement) (soudage par frottement)	вращающийся промежу-точный элемент (для сварки трением)
	rotating in opposite direc-tion	s. C 759		
R 538	**rotating knife,** rotating blade	rotierendes Schneidmes-ser n	couteau m rotatif	вращающийся резец (нож), ротационный нож
R 539	**rotating screen [filter]**	Siebradfilter n (Extruder)	filtre-tamis m rotatif	фильтр типа сетчатого ко-леса
R 540	**rotating shutter-type separator**	rotierender Jalousiesich-ter m	séparateur m rotatif à jalou-sie	вращающийся шторковый сепаратор
R 541	**rotating sphere viscosime-ter**	Rotationskugelviskosi-meter n	viscosimètre m rotatif à bille, viscosimètre à sphère tournante	вискозиметр с вращаю-щимся шариком, рота-ционный шариковый вискозиметр
R 542	**rotating spreader,** finned torpedo	rotierender Mischkopf (Tor-pedo) m (in Spritzgieß-maschinen)	torpille f à (aux) ailettes	вращающаяся [распредели-тельная] торпеда
R 543	**rotational casting**	Rotationsgießen n	coulage m par rotation	ротационное литье

R 544	rotational foaming	Rotationsschäumen *n*	moussage *m* par rotation	центробежное вспенивание, центробежное литье пенопластов
R 545	rotational friction welding	Rotationsreibschweißen *n*	soudage *m* par rotation	сварка вращательным трением
R 546	rotationally moulded part	rotationsgesintertes Formteil *n*	pièce *f* moulée par rotation	изделие, изготовленное центробежным спеканием
R 547	rotational moulding, rotation moulding, rotomoulding, rotary moulding	Rotationsformen *n*, Rotationssintern *n*, Rotationsgießverfahren *n*, Rotationspressen *n*	moulage *m* à (par) rotation, rotomoulage *m*, moulage en moules rotatifs, moulage par carrousel	центробежное (ротационное) формование (спекание), формование на карусельных машинах
R 548	rotational resin-fibre moulding process	Rotations-Harz-Faser-Formverfahren *n*, Rotations-Harz-Faser-Gießverfahren *n*	rotomoulage *m* (moulage *m* par rotation) de résine et de fibre	центробежное литье смеси из смолы и волокон
R 549	rotational-symmetric cross-cutter	Rotationsgleichlauf-Querschneider *m*, Rotationsgleichlauf-Querschneidmaschine *f*	cisaille *f* à guillotine à symétrie de rotation	синхронно-ротационная саморезка
R 550	rotational vacuum embossing	Rotationsvakuumprägen *n*	gaufrage *m* au tambour sous vide	вакуумное центробежное тиснение
R 551	rotational visco[si]meter	Rotationsviskosimeter *n*	viscosimètre *m* rotatif (rotationnel, à rotation, à corps tournant), fluidimètre *m* rotatif	ротационный вискозиметр
	rotation moulding	*s.* R 547		
R 552	rotation plastometer	Rotationsplastometer *m*	plastomètre *m* rotatif	ротационный пластометр
R 553	rotoforming	Rotoformverfahren *n*	procédé *m* Rotoform	метод «Ротоформ»
R 554	rotogravure	Rotationstiefdruck *m* (zum Bedrucken)	héliogravure *f* sur rotative	ротационная глубокая печать
	rotomoulding	*s.* R 547		
R 555	rotomoulding casting	Rotationsgußteil *n*	pièce *f* moulée par rotation	изделие, полученное центробежным литьем
R 556	rotomoulding machine	Rotationsformmaschine *f*	machine *f* de rotomoulage	машина для центробежного формования
R 557	rotor	Läufer *m*, Rotor *m* (an Mischmaschinen)	rotor *m* (mélangeur)	ротор
	rotor	*s. a.* K 22		
R 558	rotor-cage impeller, Hoesch impeller, cyclone impeller, squirrel-cage impeller	Trommelkreiselrührwerk *n*	agitateur *m* type cyclone, turbine *f* à cage rotor	вихревой смеситель
	rotor knife	*s.* C 334		
	rotproof finish[ing]	*s.* A 474		
R 559	rot resistance, putrefaction resistance	Fäulnisbeständigkeit *f*	résistance *f* à la putréfaction, résistance *f* à la pourriture	устойчивость к гниению, гнилостойкость
R 560	rough casting	Gußrohling *m*	objet *m* coulé	литьевая заготовка, необработанное литьевое изделие
R 561	roughened profile	Rauhigkeitsprofil *n*, Rauheitsprofil *n*, Aufrauhungsprofil *n* (Klebflächen)	profil *m* de rugosité	профиль шероховатости
R 562	roughness	Rauheit *f*	rugosité *f*	шероховатость
R 563	rough roll	Zackenwalze *f*	cylindre (rouleau) *m* denté	валок для шерохования
	rough sheet on the rolls	*s.* R 487		
R 564	rough surface	unebene Oberfläche *f* (von Formteilen)	rugosité *f* [de surface]	шероховатая поверхность
R 565	rough up/to	aufrauhen (Klebflächen)	rendre rugueux	шероховать
R 566	round block (for gear wheel manufacture)	gezahnter Rundkolben *m* (für spanende Zahnräderstellung), Zahnradkolben *m*	ébauche *f* cylindrique (à la fabrication d'engrenages)	зубчатый крутляк (для изготовления зубчатых колес резанием)
R 567	round die	Runddüse *f*	buse *f* ronde	сопло с круглым отверстием
R 568	rounded corner	Eckrundung *f* (an Formteilen)	angle *m* arrondi	закругление кантов (изделия)
R 569	round hank die	Rundstrangdüse *f* (Extruder)	buse *f* de boudin ronde, buse *f* de cordon ronde, buse *f* de jonc ronde	головка для получения круглых профилей
R 570	round mould insert for marking, round plug [for marking] (US), marking pin	runder Schrifteinsatz *m* (in Werkzeugen)	broche *f* portant une gravure	круглая вставка для маркирования
	routing	*s.* M 314		

R 571	roving, glass-fibre roving	Glasroving m, Roving m, Glasseidenstrang m	roving m, roving m de verre, stratifil m	ровинг, ровница, многократно строщенная стеклянная нить
R 572	roving chopper, glass chopper	Rovingschneidwerk n, Roving-Cutter m, Rovinghackmaschine f	machine f à couper le roving	режущее устройство для ровингов, рубящее устройство для стекложгутов
	roving cloth	s. R 573		
R 573	roving fabric, woven rovings, woven-glass roving fabric, roving cloth (US)	Rovinggewebe n, Gewebe n aus Glasseidensträngen	tissu m stratifil (de roving)	ровничная ткань
R 574	roving package	Rovingwicklung f, Faserstrangwicklung f	enroulement m de stratifil	упаковка ровинга
R 575	roving winding	Rovingwickelverfahren n, Glasstrangwickelverfahren n	enroulage m de roving (stratifil)	намотка стекложгута
	rpm	s. S 160		
	RRIM	s. P 738		
	RSM	s. R 85		
R 576	rubber	Kautschuk m, Gummi m	caoutchouc m, gomme f	каучук, резина
	rubber adhesive	s. R 577		
	rubber-bag moulding	s. B 30		
R 577	rubber-based adhesive, rubber adhesive, cement	Kautschukklebstoff m, Klebstoff m auf Kautschukbasis	colle f à base de caoutchouc	резиновый клей
R 578	rubber blanket coater (spreader), blanket coater	Gummituchstreichmaschine f, Streichmaschine f mit Gummituch	enduiseuse f (machine f à enduire, métier m à enduire) avec coussin de caoutchouc	машина для нанесения покрытий с эластичной лентой
R 579	rubber bonding, bonding of rubber	Gummikleben n	collage m de caoutchouc	склеивание резины
R 580	rubber-elastic network polymer	kautschukelastisches Netzwerkpolymer[es] n	polymère m réticulé caoutchouteux	каучукоподобный сетчатый полимер, каучукоподобный сшитый полимер
R 581	rubber-like behaviour	gummielastisches Verhalten n	comportement m caoutchouteux	каучукоподобное поведение, резиноподобные свойства
R 582	rubber-like elastic deformation	verzögert-elastische Deformation f	déformation f élastique retardée	вынужденноэластичная (высокоэластическая) деформация
R 583	rubber-like elasticity	kautschukähnliche Elastizität f	élasticité f caoutchouteuse (caoutchoutique)	каучукоподобная эластичность
R 584	rubber-like material	kautschukartiger Stoff m	matière f ressemblant au caoutchouc, matière f caoutchouteuse (caoutchoutique)	каучукоподобный материал
R 585	rubber-like polymer	kautschukartiges Polymer[es] n, gummielastisches Polymer[es] n	polymère m ressemblant au caoutchouc, polymère m caoutchouteux (caoutchoutique)	каучукоподобный полимер
	rubber-metal bond	s. R 593		
R 586	rubber-modified epoxy [resin], rubber-modified ethoxylene resin	kautschukmodifiziertes Epoxidharz n	résine f époxy[de] modifié au caoutchouc	модифицированная каучуком эпоксидная смола
R 587	rubber-modified polymer	kautschukmodifiziertes Polymer[es] n	polymère m modifié au caoutchouc	полимер, модифицированный каучуком, модифицированный каучуком полимер
R 588	rubber-resin system	Kautschuk-Kunstharz-System n	système m résine-caoutchouc	система из каучука и смолы
R 589	rubber-ring-sealed socket	gummiringgedichtete Steckmuffe f	manchon m avec bague d'étanchéité en caoutchouc	штыковая муфта с уплотняющим резиновым кольцом
R 590	rubber stud	Gummistollen m, Gummiklötzchen n	bloc (coussin) m de caoutchouc	резиновая стойка
R 591	rubber-styrene block copolymer	Kautschuk-Styren-Block-copolymer[es] n	polymère m en masse caoutchouc-styrène	блочный сополимер каучука со стиролом
R 592	rubber-to-metal adhesive	Klebstoff m für Kautschuk-Metall-Verbindungen	adhésif m pour assemblages métal-caoutchouc	клей для соединений из каучука и металла
R 593	rubber-to-metal bonding, rubber-metal bond	Gummi-Metall-Bindung f	union f caoutchouc-métal	резина-металл-соединение, соединение резина-металл
	rubbery state	s. H 188		
	rubbing finish	s. D 630		
R 594	ruffler	Kräuseleinrichtung f (Schweißmaschine)	dispositif m de frisure	извивающее устройство

R 595	ruggedising	Ausgießen von Lötstellen unter Verwendung von Epoxidharzvorformlingen, Verstärken von Lötstellen unter Verwendung von Epoxidharztabletten	renforcement m par pastilles	заливка спая
R 596	runner	Einspritzkanal m, Angußverteiler m, Hauptkanal m, Angußkanal m, Werkzeughauptkanal m	canal m principal	распределительный литник[овый канал], разводящий литниковый канал, отводящий литник
R 597	runner	Standleiste f (an Formteilen)	talonnette f (pièce moulée)	ножка (изделия)
	runner	s. a. C 1094		
R 598	runner diameter	Angußdurchmesser m	diamètre m du culot d'injection	диаметр литника
R 599	runnerless injection mould, sprueless mould, direct-gated injection mould	Spritzgießwerkzeug n für angußloses Spritzgießen, angußloses Spritzgießwerkzeug n	moule m à injection directe	форма для литья точечным литником, пресс-форма для безлитникового литья
R 600	runnerless injection moulding, direct injection moulding, sprueless moulding (injection), sprueless injection moulding	angußloses Spritzgießen (Spritzgießverfahren) n, Spritzgießen (Spritzgießverfahren) n mit Punktanschnitt, Direktanspritzen n	injection f sans canal, moulage m par injection directe (sans carotte), injection f directe	литье под давлением точечным литником (литниковым каналом), безлитниковое литье под давлением, литье под давлением без литника
R 601	runner sitzes	Einspritzkanalabmessungen fpl	dimensions fpl du culot d'injection	размеры литникового канала
R 602	runner system	Verteilersystem n (Spritzgießwerkzeug)	système m de distribution (moule d'injection)	разводящая литниковая система
R 603	running-in of moulds	Werkzeugeinfahren n, Werkzeug[ab]mustern n, Abspritzen n von Spritzgießwerkzeugen	introduction f des moules	эксплуатационное испытание литьевой формы
R 604	run-out trumpet	trompetenförmiger Rohrauslauf m	fin f de tube en trompette	трубовидный конец трубки
R 605	run through/to	durchlaufen	parcourir	протекать, проходить
R 606	runway	Laufbahn f	piste f	дорожка, траектория
	rupture	s. F 640		
R 607	rupture of the metal	Metallbruch m (bei Metallklebverbindungen)	rupture f du métal	разрыв по металлу (клеевых металлических соединений)
R 608	rupture strength	Trennfestigkeit f, Bruchfestigkeit f	résistance f à la rupture	прочность на отрыв, сопротивление расслаиванию
	rust creep	s. C 864		
	rust-protective paint	s. R 610		
R 609	rust remover, rust-removing agent	Entrostungsmittel n, Entroster m (Metallkleben)	antirouille m, agent m antirouille (collage de métaux)	состав для удаления ржавчины
R 610	rust-resisting paint, antirust (rust-protective) paint	Rostschutzanstrich m, Rostschutzfarbe f, rostschützende Anstrichfarbe f	peinture f antirouille	антикоррозионная краска, защитное средство от ржавчины

S

S 1	sack filling and weighing machine	Sackfüllwaage f	bascule f d'ensachage	машина для заполнения и взвешивания мешков
S 2	sack gluing machine	Sackklebmaschine f	machine f pour coller les sacs	клеильный пресс для мешков
S 3	saddle, ridge	Mischersattel m	selle f, trappe f	седловина смесителя
	safe to operate	s. R 211		
S 4	safety cut-out	Sicherheitsabschalter m (Verarbeitungsmaschinen)	disjoncteur m de sécurité	защитный выключатель, выключатель безопасности
S 5	safety glass, compound glass	Sicherheitsglas n	verre m de sécurité	безосколочное (безопасное) стекло
	safety glasses	s. S 7		
S 6	safety-glass interlayer	Haftschicht f des Sicherheitsglases, Sicherheitsglaszwischenschicht f	couche f intermédiaire du verre de sécurité	внутренний слой слоистого безопасного стекла
	safety glove	s. P 1072		
S 7	safety goggles, safety glasses	Schutzberille f	lunettes fpl à coques latérales	защитные очки, предохранительные очки
S 8	safety guard	Schiebeschutz m (an Spritzgießmaschinen)	système m de sécurité (machine à injection)	золотниковый предохранитель (литьевая машина)
S 9	safety helmet, protective helmet	Sicherheitshelm m, Schutzhelm m	casque f de protection	предохранительная каска
	safety in food	s. F 589		

S 10	safety marking sphere	Reflexionsperle f, Mikroglaskugel f mit reflektierender Wirkung (Füllstoff)	bille f routière	светоотражающий шарик
S 11	safety strap	Sicherheitsgurt m (aus synthetischem Gewebe)	ceinture f de sûreté	ремень безопасности, предохранительный ремень
S 12	safety valve	Sicherheitsventil n	soupape (valve) f de sûreté	предохранительный (аварийный) клапан
S 13	sag/to	durchhängen, durchbiegen, die Form verlieren	fléchir	прогибать, провисать
S 14	sagging	Durchhängen n, Durchbiegen n	fléchissement m	провес, провисание, прогиб
	sagging	s. a. C 1094		
	sag[ging] resistance	s. D 66		
S 15	salt-spray cabinet (corrosion cabinet)	Salzsprühkammer f, Salzsprühkorrosionskammer f	chambre f de brouillard salin	камера распыления соли
	salt spray corrosion cabinet	s. S 15		
S 16	salt-spray jet	Salzsprühdüse f	buse f de brouillard salin	наконечник опрыскивателя соли
S 17	salt-spray resistance, resistance to salt spray	Beständigkeit f beim Salzsprühversuch	résistance f au brouillard salin	стойкость к действию солевого тумана
S 18	sample/to	Proben entnehmen	prélever	отбирать (взять) пробы
	sample	s. T 168		
	sampler device	s. D 131		
S 19	sampling	Probennahme f	prélèvement m, échantillonnage m	отбор пробы, взятие проб
	SAN	s. S 1296		
S 20	sandblast/to	sandstrahlen	sabler	обрабатывать пескоструем
S 21	sandblasted	sandgestrahlt	sablé	обработанный пескоструем
S 22	sandblasting	Sandstrahlen n	sablage m	пескоструйная обработка
S 23	sandblast nozzle	Sandstrahldüse f	tuyère f de sablage	пескоструйный распылитель
S 24	sand catcher	Sandfänger m (bei Strahlanlagen)	dessableur m	песколовка
S 25	sand grain	Sandkorn n	grain m de sable	песковое зерно
S 26	sanding	Sanden n, Besandung f	sablage m	посыпание песком
	sanding finish	s. D 630		
	sand paper	s. A 21		
	sand shell moulding	s. C 985		
S 27	sand sifter	Sandsieb n	tamis m à sable	фильтр для песка
S 28	sandwich construction	Stützstoffbauweise f, Sandwichbauweise f, Verbundbauweise f, Schichtstoffbauweise f, Wabenbauweise f	construction f en sandwich	сэндвичевая конструкция, сэндвичевые (многослойные) конструкции
	sandwich foaming	s. S 31		
S 29	sandwich injection moulding, two-component injection moulding	Sandwichspritzgießen n, Verbundspritzgießtechnik f, ICI-Verfahren n, Zweikomponentenspritzgießverfahren n, Spritzgießen n von Teilen mit kompakter Außenhaut und geschäumtem Kern, Spritzgießen n einer kompakten Außenhaut und eines geschäumten Kernes	moulage m ICI (sandwich, par injection sandwich)	литье под давлением многослойных изделий, литье под давлением изделий с пенистым ядром
S 30	sandwich mould	Preßwerkzeug n zur Herstellung von Schichtstoff-Verbundwerkstoffen	moule m pour pressage de matériaux sandwiches	форма для прессования слоистых материалов
S 31	sandwich moulding, sandwich foaming	Sandwichschäumen n (im geschlossenen Werkzeug), Strukturschaumstoffherstellung f (im geschlossenen Werkzeug)	moulage m de mousse «in situ»	изготовление слоистых пеноматериалов в закрытой форме
	sandwich moulding	s. a. S 1274		
S 32	sandwich panel, composite panel (building board)	Sandwichtafel f, Sandwichplatte f, Verbundtafel f, Verbundplatte f, Stützstoffplatte f, Verbundbautafel f [in Stützstoffbauweise]	panneau m composite (sandwich), plaque f composite	сэндвичевая (многослойная, комбинированная) плита, плита сэндвичевой конструкции, плитка из слоистого материала
	sandwich structure	s. C 583		
S 33	saponification	Verseifung f	saponification f	омыление
	saponification number	s. S 34		
S 34	saponification value, saponification number (US)	Verseifungszahl f	indice m de saponification	число омыления

S 35	satin weave	Atlasbindung f, Satinbindung f (Textilglasgewebe)	tissage m satin	атласное (сатиновое) переплетание
	saturant	s. I 47		
S 36	saturated polyester, thermoplastic polyester, TP-polyester (US)	gesättigter (thermoplastischer, linearer) Polyester m	polyester m saturé (linéaire, thermoplastique)	насыщенный сложный полиэфир, термопластичный (прямоцепной) полиэфир
S 37	sawdust	Sägemehl n	sciure f de bois	опилки
S 38	sawdust moulding	sägemehlgefülltes (sägespangefülltes, holzmehlgefülltes) Formteil n	pièce f moulée à charge de farine (sciure) de bois	опилконаполненное изделие
S 39	sawing machine, power saw	Sägemaschine f (für Halbzeuge)	scie f mécanique, machine f à scier	пильный станок
S 40	sawtooth profile	Sägezahnprofil n	profil m à dents de scie	пилообразный профиль
	SAXD	s. S 701		
	SAXS	s. X 16		
	SB	s. S 1298		
	SBR-adhesive	s. S 1299		
	SBS	s. S 1297		
	scaler	s. I 56		
	scaling	s. F 288		
	scaling resistance	s. F 289		
S 41/2	scalping machine	Furnierschälmaschine f	dérouleuse f à bois	лущильный станок
S 43	scanning electron micrograph	rasterelektronenmikroskopische Aufnahme f	photo f (pris f de vue) de microscope électronique à balayage	сканирующий электронный микроскоп
S 44	scanning electron microscope, electron-scan microscope	Rasterelektronenmikroskop n	microscope m électronique à balayage	растровый электронный микроскоп
S 45	scanning electron microscopy	Rasterelektronenmikroskopie f, REM	microscopie f électronique par balayage	растровая электронная микроскопия, сканирующая электронная микроскопия
S 46	scarf joint, plain scarfjoint	geschäftete Klebverbindung f, Schäftungsklebung f	joint m en biseau (onglet, sifflet)	клеевое соединение внахлёстку
S 47	scarf-ring [torsion] test	Verdrehversuch an Hohlzylindern oder Rundprofilen mit sechs nacheinander folgenden Stumpfklebungen zur Ermittlung der Klebstoffsteifigkeit	essai (test) de torsion de six anneaux collés	испытание на прочность при кручении шести трубовидных образцов, склеенных по торцевым поверхностям
S 48	scattered light measurement	Streulichtmessung f	mesure f de la lumière diffusée	измерение рассеянным светом
S 49	scattering	Streuung f (von Versuchswerten)	dispersion f (valeurs)	разброс (значений экспериментов)
S 50	scattering amplitude	Streuamplitude f	amplitude f de diffusion	амплитуда рассеяния
S 51	scattering function	Streufunktion f (Röntgenuntersuchung)	fonction f de dispersion (examen par rayons X)	функция рассеяния
	scavenged sprue	s. C 1107		
S 52	scission, splitting	Spalten n, Spaltung f	scission f	расщепление, деление, расслоение, двоение, раскалывание
S 53	scission of the polymer chain	Aufspalten n der Polymerkette	scission f de la chaîne polymérique	расщепление полимерной цепи
S 54	scissor-cut rotor	Scherenschnittrotor m (Granuliereinrichtung)	rotor m de coupe (installation de granulation)	ротор с ножами (гранулятор)
S 55	sclerometer	Sklerometer n, Ritzhärteprüfer m	scléromètre m	склерометр, прибор для определения твёрдости царапаньем
S 56	scorch/to	versengen, verbrennen	brûler; brûler légèrement	жечь, сжигать, обжигать
S 57	scorching	Anvulkanisation f	prévulcanisation f	подвулканизация, скорчинг
S 58	scorching	Beginn m, Anspringen n (einer Vernetzung, einer Härtung)	amorçage m (initiation f) de la réticulation	подсшивка, начало отверждения
S 59	scorch safety	Brennsicherheit f, Brandsicherheit f	ignifugation f	пожарная безопасность, огнестойкость
S 60	score/to	kerben, ritzen, einritzen, mit Rillen versehen	entailler, enrocher; rayer, rainurer	делать насечки (зарубки), вырезать
S 61	score cut knife	Quetschmesser n (Folienschneiden)	molette f de coupe	раздавливающий нож
S 62	score cut knife holder	Quetschmesserhalter m (Folienschneiden)	porte-molette m de coupe	держатель раздавливающего ножа
S 63	score cut system	Quetschschnittsystem n (Folienschneiden)	système m de coupe par molette	раздавливающее резальное устройство
	scoring	s. D 506		

S 64	scoring unit	Vorritzaggregat n (Anzeichnen von Schnittführungen)	traçoir m, traceret m	прибор для насечки
S 65	scourer	Scheuergerät n (Abriebprüfung)	abrasimètre m	прибор для очищения
S 66	scouring	Scheuern n (Abriebprüfung)	abrasion f	очищение, обезжиривание
S 67	scouring suction cleaner	Scheuersaugmaschine f (zur Verhinderung von Staubablagerungen auf Oberflächen)	machine f à lessiver aspirante	вымывающий пылесос
	scrap	s. W 15		
S 68	scrape-noise	Kratzgeräusch n bei der Handhabung von Kunststoffteilen (Plastteilen)	crachement m de manipulation (pièces plastiques)	звук царапанья
S 69	scraper	Schaber m, Kratzer m (an Mischmaschinen)	grattoir m, racloir m, racle f	шабер
S 70	scraper bar, scraper knife (rod)	Streichstange f (Beschichtungsmaschinen)	barre f de raclage	палка шабера
S 71	scraper bar clearance	Streichstangenabstand m (Beschichtungsmaschinen)	écartement m des barres de raclage (enduiseuse)	расстояние между шаберами
	scraper knife	s. S 70		
	scraper rod	s. S 70		
S 72	scrap grinder	Abfallmühle f, Abfallzerkleinerer m	broyeur m de déchets	дробилка для отходов
S 73	scrap grinding, scrap reduction	Abfallzerkleinerung f	broyage m des déchets	измельчение (дробильно-размольная обработка) отходов
	scrap plastic	s. W 17		
	scrap reduction	s. S 73		
S 74	scrap removal system	Butzenabfall-Entfernungsvorrichtung f (für Blasformteile), mit Blasformwerkzeug gekoppelte Butzenabfall-Entfernungsvorrichtung f	système (dispositif) m d'enlèvement (d'élimination) des déchets de rond de verre	штырь для отрыва облоя от корпуса полого изделия
S 75	scrap reprocessing	Aufarbeitung f von Abfällen (zwecks Wiederverwendung)	retraitement m des déchets	переработка термопластичных отходов
S 76	scratch	Kratzer m	rayure f, rayage m	скребок, царапина, задир
S 77	scratch[ing] hardness, scratch resistance, resistance to scratching, mar resistance, surface abrasion scratching	Kratzfestigkeit f, Ritzhärte f, Ritzfestigkeit f (von Oberflächen)	résistance f au rayage, résistance à la rayure, dureté f sclérométrique (à la rayure, par striage)	сопротивление царапанью, склерометрическая твердость, твердость по царапанью
	scratch in the mould	s. M 547		
	scratch resistance	s. S 77		
S 78	scratch-resistant, mar-resistant (US), non-marring (US), mar-proof (US)	ritzfest, kratzfest	résistant au rayage, résistant à la rayure	стойкий к царапанью
S 79	scratch-resistant coating	kratzfeste Beschichtung f	enduction f à rayures, enduit m à rayures, revêtement m à rayures, couche f à rayures	стойкое к царапанью покрытие
S 80	scratch-resistant film	kratzbeständige Beschichtung f	revêtement m (enduction f, film m) résistant à la rayure	твердая пленка, стойкая к царапинам
S 81	scratch test	Ritzhärteprüfung f	essai m au scléromètre, essai de rayure	испытание твердости царапаньем, испытание склерометрической твердости
S 82	scratch-testing machine	Ritzfestigkeitsprüfer m, Kratzfestigkeitsprüfer m	machine f d'essai de résistance à la rayure	склерометр
S 83	screen, sieve	Sieb n	tamis m	сито, грохот, решето, фильтр
	screen/to	s. S 501		
S 84	screen analysis, screen fractionation, sieve (mesh) analysis	Siebanalyse f	analyse f au tamis, analyse f par tamisage	ситовый анализ
S 85	screen beater mill	Siebschlagmühle f	broyeur m à bras et à tamis	ударная мельница с ситами (ситовым классификатором)
S 86	screen belt dryer	Siebbandtrockner m, Laufbandtrockner m	séchoir m à bande-tamis	петлевая сушилка
S 87	screen changer	Siebwechselanlage f (Extruder), Siebwechsler m (Extruder)	changeur m de plaque-filtre, changeur m d'écran perforé	устройство для перемены фильтрующей решетки
S 88	screen cutter	Schneidharfe f	grille-coupeuse f	режущий шпулярник
	screener	s. S 92		

S 89	screen film coating, film coating by screen	Dünnschicht-Siebkopfauftrag m (von Beschichtungen auf flexible Trägerbahnen)	couchage m par tamis aux supports flexibles	нанесение тонких слоев сеточной головкой
	screen fractionation	s. S 84		
	screen head	s. S 1171		
S 90	screening, screening effect	Abschirmung f (von Hochfrequenzschweißanlagen)	action f (effekt m) d'écran	экранировка, экранирующее действие
S 91	screening circuit	Siebweg m	chemin m de tamisage	путь просеивания
	screening effect	s. S 90		
S 92	screening machine, screener, sifter, sifting machine	Siebmaschine f, Siebvorrichtung f, Siebapparat m	tamiseur m, tamiseuse f mécanique, appareil m à crible	просеивающая машина, просеиватель, просеивающее устройство
S 93	screening material	Siebgut n	matière f à tamiser	просянный материал
S 94	screen mat	Siebgutmatte f	toile f de tamisage, tissu m à tamis	мат для просеенного материала
S 95	screen pack, filter pack	Siebpaket n, Filterpaket n, Siebplatte f, Siebeinsatz m (vor Extruderlochscheibe)	paquet m de filtres	решетка (перед решеткой головки), набор сеток
S 96	screen pack filter	Siebpaketfilter n, Siebplattenfilter n (Extruder)	paquet m de filtres (extrudeuse)	решетка-фильтр, фильтрующая решетка
S 97	screen pillar	Vorderholm m (bei Verarbeitungsmaschinen)	colonne f (longeron m) avant	передний прогон
S 98/9	screen printer	Siebdruckmaschine f	machine f de sérigraphie	фотофильмпечатная машина
S 100	screen printing, silk-screen printing, film printing	Siebdruck m, Filmdruck m (Bedrucken von Oberflächen)	sérigraphie f, impression f à l'écran de soie	трафаретная печать, печатание на пленку, фотофильмпечать
S 101	screen printing ink	Siebdruckfarbe f, Farbe f für den Siebdruck	encre f pour sérigraphie	краска для фотофильмпечати
S 102	screen printing plant (system), silk screen system, serigraphic model	Siebdruckanlage f	unité f de sérigraphie, unité d'impression à l'écran de soie	установка фотофильмпечати (трафаретной печати)
S 103	screen spray	Drucksiebreiniger m	agent m à nettoyer le tamis sous pression	сетчатый фильтр
S 104	screen surface	Siebfläche f, Sieboberfläche f	surface f tamisante	площадь сита
S 105	screw, worm	Schnecke f	vis f	червяк, шнек
S 106	screw advance speed, screw feed rate	Schneckenvorlaufgeschwindigkeit f (beim Spritzgießen)	vitesse f d'avance de la vis	скорость подачи червяка (во время впрыска)
S 107	screw antechamber	Schneckenvorkammer f, Schneckenvorraum m	antichambre f de vis	форкамера червяка
S 108	screw antirotation lock	Schneckenrückdrehsperre f	blocage m de rotation inverse de la vis	устройство, препятствующее обратному вращению червяка
S 109	screw axis	Schneckenachse f	axe m de vis	ось червяка
	screw barrel	s. S 117		
S 110	screw blending element	Schneckenmischteil n	partie f de mélange de la vis	смесительная часть червяка
S 111	screw cap, nut union	Überwurfmutter f	écrou m chapeau	накидная гайка
S 112	screw channel	Schneckenkanal m, Schnekkengang m	canal m de vis	резьба червяка
	screw clearance	s. R 4		
S 113	screw conveyor, scroll (worm, helix, spiral) conveyor, conveyor screw	Schneckenförderer m, Förderschnecke f	vis f transporteuse (de transport, d'alimentation, d'Archimède), transporteur m à vis	шнековый транспортер (конвейер), червячный конвейер, транспортирующий шнек, червяк-транспортер
S 114	screw cooling	Schneckenkühlung f (Extruder)	réfrigération f de la vis sans fin (extrudeuse)	охлаждение червяка
S 115	screw core	Schneckenkern m	noyau m de vis	сердечник шнека
S 116	screw core pin	Werkzeugstift m zum Urformen von Formteilgewinden, gewindeformender Werkzeugstift m	broche f à trou fileté	резьбовой знак
	screw core pin	s. a. C 843		
S 117	screw cylinder, screw barrel	Schneckenzylinder m	cylindre m de vis	гильза червяка
S 118	screw diameter, root diameter plus thread depth	Schneckendurchmesser m	diamètre m de vis	диаметр червяка (шнека)
S 119	screw drive	Schneckenantrieb m	entraînement m de vis	червячный привод, червячная передача
S 120	screw drive power, screw horsepower	Schneckenantriebsleistung f	puissance f d'entraînement de la vis	мощность привода червяка, потребляемая мощность для червяка
S 121	screw dryer	Schneckentrockner m	séchoir m hélicoïdal (à hélice)	шнековая сушилка

S 122	screwed bayonet joint	Bajonett-Schraubver-schluß m (bei geblasenen Flaschen)	fermeture f à vis et à baïon-nette	штыковой затвор
S 123	screwed connection, screwed union	Schraubverbindung f, Schraubenverbindung f	raccord m à vis, raccord vissé	резьбовое соединение, вин-товое соединение
S 124	screwed pipe joint	Rohrschraubverbindung f	raccord m à vis	винтовое трубное соедине-ние
	screwed sleeve	s. S 159		
S 125/6	screwed tip	einschraubbare Schnecken-spitze f	embout m vissé (vis)	ввинчиваемый конец червяка
	screwed union	s. S 123		
S 127	screw extruder, extrusion press, extruder, [screw-type] extrusion machine, screw press	Extruder m, Schnek-ken[strang]presse f, Strangpresse f, Schnek-kenextruder m	extrudeuse f, boudineuse f (extrudeuse) à vis, boudi-neuse, presse f boudi-neuse	[шнековый] экструдер, червячный пресс (экстру-дер)
S 128	screw extrusion	Schneckenextrusion f	extrusion f à (par) vis	червячная экструзия
S 129	screw-extrusion hot-melt adhesive applicator	Schnecken-Auftragsextru-der m für Schmelzkleb-stoffe	extrudeuse f à vis d'applica-tion de colle fusible	экструдер для нанесения клея-расплава
S 130	screw feeder	Dosierschnecke f	vis f doseuse (de dosage)	шнековый дозатор
	screw feed rate	s. S 106		
S 131	screw flight	Schneckensteg m	nervure f de vis sans fin	гребень
S 132	screw gap region	Schneckenspaltbereich m	zone f de la fente à vis	зона зазора червяка
	screw geometry	s. G 63		
S 133	screw heating-cooling	Schneckentemperierung f (an Duromer-Spritzgieß-maschinen)	thermorégulation f de la vis, régulation f de tempéra-ture de la vis	регулирование темпера-туры червяка
	screw horsepower	s. S 120		
S 134	screwing-out action	Ausspindeln n (eines Form-teils mit Gewinde aus einem Werkzeug)	dévissage m	вывинчивание
S 135	screw injection moulding, injection extrusion moulding	Schneckenspritzgießen n, Schneckenspritzgießver-fahren n	injection f par vis, mou-lage m par injection avec préplastification par vis, extrusion-injection f, pro-cédé m d'extrusion-injec-tion	литье под давлением червячной машиной
S 136	screw injection moulding machine, injection extru-sion machine	Schneckenspritzgieß-maschine f, Spritzgieß-maschine f mit Schnek-kenkolben	machine f à injection par vis, machine à injection-extrusion, machine d'ex-trusion-injection, machine à injecter à vis	червячная литьевая машина
S 137	screw-in tube	Einschraubtubus m (an selbstformenden Schrauben für Formteile)	tube m à visser	ввинчиваемая деталь
S 138	screw kneading machine	Schneckenknetmaschine f	malaxeur m à vis	шнековый смеситель-пла-стикатор
S 139	screw length, length of screw	Schneckenlänge f	longueur f de vis	длина червяка (шнека)
S 140	screw machine	Schneckenmaschine f	machine f à vis	шнековый экструдер, червячная машина
S 141	screw mixer	Schneckenmischer m	mélangeur m à vis	шнековый смеситель
S 142	screw mixer with vertical screw, vertamix	Vertikalschnecken-mischer m	mélangeur m à vis verticale	вертикальный шнековый смеситель
S 143	screw-out-type injection mould	Ausschraubspritzgießwerk-zeug n, Spritzgießwerk-zeug n zur Herstellung von Gewindeteilen	moule m à injection dévissa-ble	пресс-форма для литья под давлением деталей с резьбой
S 144	screw-piston plasticizing	Schneckenkolbenplastizie-rung f	plastification f par vis-piston	пластикация червяком
S 145	screw plasticizing, screw plastification, screw-type plasticizing	Schneckenplastizierung f	plastification f à (par) vis	червячная пластикация (си-стема пластикации), литье под давлением с предва-рительной червячной пла-стикацией
S 146	screw plasticizing unit	Schneckenplastiziereinheit f (Spritzgießmaschine)	unité f de plastification à vis	червячное пластицирующее устройство, червячный пластикатор
	screw plastification	s. S 145		
S 147	screw plug	Verschlußschraube f	bouchon m fileté, vis f de fermeture	запорный винт, резьбовая пробка
S 148	screw preplastication, screw preplasticizing	Schneckenvorplastizie-rung f	préplastification f par vis sans fin	шнековая предварительная пластикация
S 149	screw preplasticator	Schneckenvorplastizier-aggregat n	préplastificateur m à vis	экструдер-пластикатор
	screw preplasticizing	s. S 148		
	screw press	s. S 127		

S 150	screw push-out device	Schneckenausdrückvorrichtung f *(für Extruder)*	dispositif (système) m d'éjection de la vis	выталкивающая система для червяка, система для выталкивания шнека
S 151	screw ram, screw-type plunger, worm piston	Schneckenkolben m	vis-piston f	червячный поршень
S 152	screw ram injection unit	Schneckenkolbenspritzeinheit f	unité f d'injection par vis-piston	шнековый литьевой агрегат
S 153	screw reducing gear	Schneckenreduziergetriebe n *(an Extrudern)*	engrenages mpl réducteurs de la vis *(extrudeuse)*	червячная понижающая передача
	screw revolution	*s.* S 160		
S 154	screw ribbon extruder	Extruder m mit Bandwendel	extrudeuse (boudineuse) f à bande hélicoïdale	ленточно-спиральный экструдер
S 155	screws rotating in the same direction	Schnecken fpl mit gleichem Drehsinn, gleichsinnige (gleichsinnig sich drehende) Schnecken	vis fpl de même pas, vis tournant dans le même sens	червяки с одинаковым направлением вращения, вращающиеся в одну сторону червяки
	screw rotational speed	*s.* S 160		
S 156	screw rotation in the same direction	gleichläufige Schneckendrehung f	rotation f de vis dans le même sens	вращение червяков в одну сторону
S 157	screw shaft	Extruderschneckenantriebswelle f	arbre m moteur (de commande) de la vis	приводной (ведущий) вал червяка
S 158	screw size	Schneckenbaugröße f	dimensions fpl de vis sans fin	размеры червяка
S 159	screw sleeve, threaded sleeve, screwed sleeve, sleeve nut *(US)*	Schraubmuffe f, Muffe f, Überschieber m	manchon m fileté (de vis), raccord m à manchon double vissé	надвижная муфта с резьбой, надвижная винтовая муфта, винтовая муфта с надвижным элементом
S 160	screw speed, screw revolution, screw rotational speed, rpm	Schneckendrehzahl f	nombre m de tours de la vis	число оборотов червяка, частота (скорость) вращения червяка
S 161	screw speed indicator	Schneckendrehzahlmesser m	tachymètre m de la vis	измеритель числа оборотов червяка, измеритель скорости червяка
S 162	screw speed range	Schneckendrehzahlbereich m *(Extruder)*	gamme f de vitesse de la vis	диапазон числа оборотов червяка
S 163	screw spindle	Gewindespindel f	tige f filetée	ходовой винт
	screws rotating in opposite direction	*s.* C 760		
S 164	screw stroke	Schneckenhub m	course f de la vis	ход червяка
S 165	screw thread, thread, flight *(US)*	Schneckengewinde n, Schneckengang m	filetage m	виток (нарезка) червяка
S 166	screw tip	Schneckenspitze f	pointe f de vis	конец червяка
S 167	screw torque, torque on screw	Schneckendrehmoment n	couple m de la vis	крутящий момент червяка
S 168	screw transfer plasticizing	Schnecken-Transfer-Plastizierung f, Schneckenvorplastizierung f	préplastification f à (par) vis	пластикация экструдером
S 169	screw truncation	Schneckenkopfabrundung f, Schneckenfußabrundung f	troncature f de la vis	округление пика шнека
	screw-type extrusion machine	*s.* S 127		
	screw-type plasticizing	*s.* S 145		
S 170	screw-type plasticizing equipment (unit)	Schneckenkolbenplastiziereinheit f *(an Spritzgießmaschinen)*	unité f (dispositif m, équipement m) de plastification par vis-piston	узел червячной пластикации
	screw-type plunger	*s.* S 151		
S 171	screw wear	Schneckenverschleiß m	usure f de la vis	изнашивание червяка
S 172	screw with constant [depth of] thread	Schnecke f mit konstanter Gangtiefe	vis f à pas constant	червяк с постоянной глубиной канала
	screw with countersunk	*s.* C 902		
	screw with decreasing depth [of thread]	*s.* S 174		
S 173	screw with decreasing pitch, decreasing pitch screw	Schnecke f mit abnehmender Steigung	vis f à pas décroissant	червяк (шнек) с уменьшающимся шагом
S 174	screw with decreasing thread, screw with decreasing depth [of thread]	Schnecke f mit abnehmender Gangtiefe	vis f à profondeur de filet décroissante	червяк с уменьшающейся глубиной канала
S 175	screw with equal pitch	Schnecke f mit konstanter Steigung	vis f à (de) pas constant	червяк с постоянным шагом
S 176	screw zone	Schneckenzone f	zone f de [la] vis	зона червяка
S 177	scrim	laminierte Textilie f aus Faservlies	tissu m non tissé à couches superposées biaisées	нетканый слоистый материал
	scroll conveyor	*s.* S 113		
S 178	scuffing	Verkratzung f, Zerkratzung f	égratignure f, éraflure f, raies fpl	царапанье

S 179	scuff resistance	Abriebfestigkeit f, Tritt-festigkeit f, Schlurffestig-keit f (von Fußböden)	résistance f à l'usure (plan-cher)	стойкость к истиранию (по-лов)
	SEA	s. S 813		
S 180	seal	Dichtung f	joint m, garniture f	уплотнение
	sealability	s. W 110		
S 181	sealable flat rim	schweißgerechter Flach-rand m (an Ur- und Um-formteilen)	bord m plat soudable	плоский край изделия, предназначенный для сварки
S 182	sealant	Siegelmittel n, Versiege-lungsmittel n (für Laminier-werkzeuge)	bouche-pores m	вспомогательный материал для термической сварки
S 183	sealant, caulk	Dichtmasse f, Abdichtmit-tel n, Dichtstoff m	enduit m, agent m d'étan-chéité	тампонажная масса, уплот-нительный материал
S 184	sealant dispenser	Dichtstoffauftragsgerät n	appareil m d'application pour matière d'étanchéité	прибор для нанесения уплотнительных материа-лов
S 185	seal-edge bag machine	Siegelrand-Beutel-maschine f	machine f à sachets pour bords scellés	машина для заделки ме-шков сваркой
S 186	sealer, sealing paint	Porenschließer m, Poren-versiegler m	bouche-pores m	порозаполнитель
	sealing	s. H 130		
S 187	sealing adhesive	Dichtungsmittel n mit hoher Klebkraft	colle f pour joints épais	клеезамазка
	sealing area	s. W 130		
S 188	sealing coat[ing]	Abdichtschicht f, Abdicht-belag m	couche f (recouvrement m, revêtement m) d'étan-chéité	уплотнительный слой
S 189	sealing compound	Vergießmasse f	masse f coulable	уплотняющий компаунд, за-ливочная масса
	sealing disk	s. S 200		
S 190	sealing element, tightener	Abdichtelement n	élément m d'étanchéité	уплотнительный элемент
S 191	sealing film	Dichtungsfolie f, Dichtungs-film m	feuille f d'isolement	уплотнительная пленка
S 192	sealing film	Abdeckfolie f (für Laminat-herstellung)	feuille f de recouvrement	герметизирующая (за-щитная покрывная) пленка (при изготовлении ламинатов)
S 193	sealing joint	Abdichtfläche f, Abdicht-fuge f, Dichtungsfläche f	plan m de joint, jointure f, joint m	уплотнительная поверх-ность
S 194	sealing ledge	Abdichtleiste f, Dichtungs-leiste f	baguette f d'étanchéité	уплотнительная рейка
S 195	sealing of the gate, gate sealing	Versiegeln n des Formteil-anschnittes (beim Spritz-gießen)	soudage m de l'entrée, sou-dage m du point d'injec-tion (injection)	отверждение материала (в литниковом канале)
	sealing paint	s. S 186		
	sealing press	s. W 162		
S 196	sealing ring, packing ring	Abdichtring m	bague f d'étanchéité, ron-delle f de joint	уплотнительное (проклад-ное) кольцо
	sealing run	s. B 13		
S 197	sealing solution	Porenschließlösung f (für po-röse Oberflächen)	solution f bouche-pores	герметизирующий раствор
	sealing tape	s. S 244		
S 198	sealing technique	Dichtungstechnik f, Abdicht-technik f, Dichttechnik f	technique f d'étanchéité	техника уплотнения
S 199	sealing test	Siegelbarkeitsprüfung f	test m d'étanchéité, épreuve f d'étanchéité	измерение затвердевания литника
S 200	sealing washer, sheet gas-ket, sealing disk	Dicht[ungs]scheibe f, Ab-dichtscheibe f	rondelle f [d'étanchéité]	уплотнительная (прокла-дочная) шайба, уплотни-тельный диск
S 201	sealing web	Dichtungsbahn f, Abdich-tungsbahn f	feuille f imperméable	прокладочное полотно
S 202	seal strength tester	Siegelfestigkeitsprüfgerät n, Siegelfestigkeitsprüfer m	dispositif m de test d'étan-chéité	испытатель прочности при затвердевании литника
S 203	seam, neat (US)	Naht f	joint m, jointure f, soudure f	шов
	seam	s. a. 1. F 330; 2. H 170		
	seaming	s. H 172		
S 204	seamless	nahtlos	sans soudure	бесшовный
S 205	seam sealant, jointing com-pound, fissure (joint) sealant	Fugendicht[ungs]masse f, Fugenabdichtungsmit-tel n, Fugendichtstoff m	mastic m bouche-pores, masse f à sceller les joints, masse f à jointoyer, pâte f d'étanchéité pour joints	материал для заливки швов, уплотнительная зали-вочная масса
S 206	seam sealing, seam weld-ing	Nahtschweißen n, Schwei-ßen n längerer Nähte	soudage m par joints, sou-dage m en ligne continue	непрерывная сварка, сварка длинных швов
	seams mark	s. R 494		
S 207	seam strength	Nahtfestigkeit f (Schweißen)	stabilité f de couture	прочность шва

S 208	seam welder	kontinuierlich arbeitende Schweißmaschine *f* für längere Nähte	machine *f* de soudage automatique en ligne continue	сварочная машина непрерывного действия
	seam welding	*s.* S 206		
S 209	seam width	Nahtbreite *f*	largeur *f* de la soudure, largeur *f* du cordon de soudure	ширина шва
S 210	sebacic acid	Sebacinsäure *f*, Decandisäure *f*	acide *m* sébacique	себациновая кислота
	SEBS	*s.* S 1301		
S 211	secant modulus	Sekantenelastizitätsmodul *m*, Sekantenmodul *m*	module *m* sécant	секущий модуль; модуль упругости, графически полученный по секущей
S 212	secondary creep	sekundäres Kriechen *n*, Sekundärkriechen *n*, viskoses Kriechen *n*	fluage *m* secondaire	вторая стадия ползучести
S 213	secondary cross-linked	nachvernetzt	post-réticulé	вторично сшитый
	secondary crystallization	*s.* A 249		
S 214	secondary gluing, assembly gluing	Montageleimung *f*	collage *m* de construction	склеивание при монтаже
S 215	secondary material	Sekundärrohstoff *m*, Abprodukt *n*	produit *m* résiduaire, matériau *m* secondaire	вторичный материал, материал вторичного употребления
S 216	secondary raw material	Kunststoffsekundärrohstoff *m*, Plastsekundärrohstoff *m*	matière *f* brute secondaire plastique	вторичное сырье
S 217	secondary reaction	Nachreaktion *f* *(Reaktionsharze)*	réaction *f* secondaire	дополнительная реакция
S 218	secondary solids removal	Feinreinigen *n* *(von Fügeteiloberflächen)*	prétraitement *m* fin	тонкая очистка *(поверхность)*
	secondary treatment	*s.* A 256		
S 219	secondary valence bond, auxiliary valence bond	Nebenvalenzbindung *f*	liaison *f* de valence secondaire, liaison de valence auxiliaire	связь побочной валентности
	second cure	*s.* A 248		
S 220	second generation adhesive	Klebstoff *m* der 2. Generation, weiterentwickelter Klebstoff *m*	adhésif *m* avancé	обработанный клей
S 221	second-hand plastics processing machine	gebrauchte Kunststoffverarbeitungsmaschine *f*, gebrauchte Plastverarbeitungsmaschine *f*	machine *f* d'occasion de transformation des plastiques	машина для переработки пластмасс вторичного пользования
S 222	second-order theory	Strömungstheorie *f* zweiter Ordnung	théorie *f* d'écoulement de (du) second ordre	теория течения второго порядка
S 223	second-order transition	Phasenübergang *m*, Phasenumwandlung *f*, Umwandlung *f* zweiter Ordnung	transition *f* de (du) second ordre	фазовый переход второго порядка
	second-order transition point (temperature)	*s.* T 510		
	section	*s.* P 1040		
S 224	section bar	Profilstange *f*	barre *f* profilée, barreau *m* profilé	профилированный пруток
S 225	sediment	abgesetzter Feststoff *m*, Niederschlag *m*	sédiment *m*, précipité *m*	осадок, отстой, седимент
S 226	sedimentation	Sedimentation *f*, Absetzen *n* (eines Feststoffes)	sédimentation *f*, précipitation *f*	седиментация, осаждение, отстаивание, оседание
	sedimentation of fillers	*s.* F 172		
S 227	sedimentation rate, settle rate	Sedimentationsgeschwindigkeit *f*, Absetzgeschwindigkeit *f* *(von Füllstoff im Harzansatz)*	vitesse *f* de sédimentation	скорость седиментации
	Seebeck effect	*s.* T 242		
S 228	seediness	Körnigkeit *f*	granulation *f*	зернистость
S 229	seeding	Klumpenbildung *f* *(des Anstrichstoffs)*	formation *f* d'agglomérats, formation *f* de grumeaux, agglomération *f* *(peinture)*	комкование
S 230	seeding	Körnchenbildung *f* *(in Beschichtungen)*	granulation *f*	образование зерен *(в покрытиях)*
S 231	seeding technique	Keimbildner verwendendes Kristallisationsverfahren *n*, Keimungsverfahren *n* *(bei der Verarbeitung teilkristalliner Thermoplaste, Thermomere)*	technique *f* de germination	кристаллизация зародышами

S 232	**segmental arch welding machine**	Segmentbogenschweiß-maschine f	soudeuse f de coudes en segments rapportés, machine f à souder les coudes en segments rapportés	сварочная машина для изготовления сегментных дуг, машина для сварки колен трубы из сегментов
S 233	**segmental bearing**	Segmentlager n (Schichtstofflager)	segment-coussinet m, coussinet m de segment	сегментный подшипник
S 234	**segmental mobility**	Segmentbeweglichkeit f (Molekülketten)	mobilité f de segment (chaînes moléculaires)	подвижность сегментов
S 235	**segment bend**, lobster bend, lobster back (US)	Segmentbogen m, Segmentrohrbogen m	coude m en segments rapportés	компенсатор трубопровода сегментного типа, колено трубы сегментного типа
S 236	**segmented system**	Baukastensystem n (Verarbeitungsmaschinen)	conception f des unités de montage, système m de construction par blocs	агрегатная конструкция, система из унифицированных узлов
S 237	**segregation**	streifige Farbe f (Preßfehler), Absonderung f, Ausscheidung f	trace f d'écoulement (défaut de moulage); ségrégation f	выделение красителя (дефект прессования), градация цвета (на поверхности изделия)
S 238	**seizing, seizure**	Festfressen n (beweglicher Werkzeugteile)	grippage m	задирание, заедание
S 239	**selection grid**	Sortiergitter n	grille f de sélection (triage)	сортировочная решетка
S 240	**self-acting machine work**	selbsttätige Maschinenlaufzeit f	durée f (temps m) de travail automatique de la machine	автоматическое рабочее время машины
	self-adherent	s. P 973		
	self-adherent film	s. S 242		
	self-adherent tape	s. S 244		
	self-adhering	s. P 973		
S 241	**self-adhesion**, autoadhesion	Selbstadhäsion f, Selbsthaftung f, Eigenklebrigkeit f	autoadhérence f, autoadhésion f	самоклейкость, собственная клейкость
	self-adhesive	s. C 702		
S 242	**self-adhesive film**, self-adherent film	selbstklebende Folie f, Selbstklebfolie f, Selbstklebfilm m	feuille f adhésive (autoadhérente)	липкая пленка (фольга), самоклеящаяся лента
S 243	**self-adhesive mounting tape**	selbstklebendes Montageband n, selbstklebendes Befestigungsband n	bande f d'attachement autoadhésive	клейкая монтажная лента
S 244	**self-adhesive tape**, adhesive tape, pressure-sensitive tape, PSA-tape, sealing tape, self-adherent tape	Selbstklebband n, Klebband n, Klebstreifen m, Haftklebstoffband n, Selbstklebstreifen m	bande f adhésive (de collage), ruban m adhésif	клеящая (липкая, склеивающая, клейкая) лента
S 245	**self-adjusting injection moulding machine**, self-optimising injection moulding machine	selbstoptimierende Spritzgießmaschine f	presse f d'injection auto-optimisante	саморегулирующая литьевая машина
S 246	**self-aligning ball bearing**, swinging ball bearing	Pendelrollenlager n	roulement m à rouleaux sphériques	самоустанавливающийся роликоподшипник
S 247	**self-aligning double row ball bearing**	Pendelkugellager n	palier (roulement) m à rotule	самоустанавливающийся шарикоподшипник
S 248	**self-aligning grip**	selbstzentrierende Einspannvorrichtung f (Prüfmaschine)	encastrement m (dispositif m de serrage) auto-orientable (s'orientant de soi-même)	самоцентрирующий зажим, самоцентрирующее закрепление
S 249	**self-centering cross-head die**	selbstzentrierendes Kreuzkopfextrusionswerkzeug n	filière f d'extrudeuse à centrage automatique	самоцентрирующая крестовая головка
S 250	**self-cleaning mixing head**	selbstreinigender Mischkopf m (Schäummaschinen)	tête f de mélange autonettoyante (machine à mousser)	самоочищающаяся смесительная головка
S 251	**self-cleaning screw**	selbstreinigende Extruderschnecke f	vis f autonettoyante	самоочищающийся червяк
S 252	**self-cleansing**, self-purification	Selbstreinigung f	autonettoyage m	самоочищение
	self-closing nozzle	s. S 492		
S 253	**self-colour**, natural colour	Eigenfarbe f	couleur f naturelle	естественный (натуральный) цвет
S 254	**self-compensating dust seal**	selbstausgleichender Staubverschluß m	obturateur m antipoussière autocompensateur	самовыравнивающий противопылевой затвор
S 255	**self-conducting polymer**	selbstleitendes Polymer[es] n	polymère m autoconductible	электропроводящий полимер
	self-contained drive	s. I 83		
S 256	**self-contained press**	Presse f mit Einzelantrieb	presse f monobloc (à commande individuelle)	пресс с индивидуальным (одиночным) приводом
S 257	**self-curing**	selbsthärtend, eigenhärtend	à durcissement naturel	самоотверждающийся
	self-curing	s. a. S 275		
	self-discharging equipment	s. S 258		

	English	German	French	Russian
S 258	self-discharging facility, self-discharging equipment	Selbstentladeeinrichtung f (HF-Schweißmaschine)	dispositif m autodéchargeur	автоматическое отбороч-ное устройство
S 259	self-extinguishing	selbst[ver]löschend, selbst-auslöschend	auto-extincteur	самогасящийся, самозату-хающий
S 260	self-extinguishing plastic	selbstverlöschender Kunst-stoff (Plast) m	plastique m auto-extincteur (auto-extinguible, à extin-guible, à extinction spon-tanée)	самогасящийся пластик
S 261	self-feeder	Selbsteinlegevorrichtung f (HF-Schweißmaschine)	dispositif m d'insertion auto-matique	автоматическое загрузоч-ное устройство
S 262	self-heal break	Rißselbstheilung f (bei Me-dieneinfluß)	autorégénération f du fen-dillement, autorégénéra-tion f de la fente (fissure, craquelure)	«самолечение» трещин (под влиянием средств)
S 263	self-heating, intrinsic heat-ing	Eigenerwärmung f, Selbst-erwärmung f (durch Fließ-vorgänge bei Belastung)	auto[r]échauffement m	саморазогрев, самонагре-вание, внутреннее нагре-вание
S 264	self-ignition temperature	Selbstentzündungstempera-tur f	température f d'auto-inflam-mation	температура самовоспла-менения
S 265	self-lubricating bearing	selbstschmierendes Lager n	palier m autolubrifiant (auto-graissant, autograisseur)	самосмазывающийся под-шипник
	self-optimising injection moulding machine	s. S 245		
S 266	self-polymerization	Autopolymerisation f	autopolymérisation f	автополимеризация, само-полимеризация
S 267	self-purging effect	Selbstreinigungseffekt m	effet m d'autonettoyage	эффект самоочистки (само-очищения)
	self-purification	s. S 252		
S 268	self-quenching	Selbstlöschung f (Brand-verhalten)	auto-extinction f	самогашение, самотушение
S 269	self-reinforced polyethy-lene (PE), internally rein-forced polyethylene (PE)	eigenverstärktes Polyethy-len (PE), selbstverstärktes Polyethylen (PE)	polyéthylène (polythène) m autorenforcé, PE autoren-forcé	самоармирующийся поли-этилен (ПЭ)
S 270	self-reinforcement	Eigenverstärkung f, Selbst-verstärkung f (von Thermo-plasten, Thermomeren)	autorenforcement m	самоармирование, само-упрочнение
	self-skinning rigid foam	s. I 265		
S 271	self-supporting	selbsttragend	autoporteur	самонесущий
	self tapper	s. S 274		
S 272	self-tapper joint	Verbindung f mit gewinde-prägender Schraube	raccord m à vis autotarau-deuse	соединение с саморезным винтом
S 273	self-tapping insert	selbstschneidendes Einsatz-stück n, selbstprägendes Einsatzstück n, selbst-schneidender Einsatz m, selbstprägender Ein-satz m	insert m autocoupant	режущая вставка
S 274	self-tapping screw, self-tap-per, thread-forming screw, sheet metal screw, thread-cutting screw	gewindeprägende Schraube f, gewindefor-mende (gewindeschnei-dende) Schraube, Blech-schraube f	vis f taraudeuse	самонарезной (саморе-жущий) винт
S 275	self-vulcanizing, self-curing	selbstvulkanisierend	autovulcanisable	самовулканизующийся
S 276	semiautomatic mould change	halbautomatischer Werk-zeugwechsel m	changement m de moule semi-automatique	полуавтоматическая замена форм
S 277	semiautomatic press	halbautomatische Presse f	presse f semi-automatique	полуавтоматический пресс
S 278	semicircular gate	Halbkreisanschnitt m, Tun-nelanschnitt m mit Halb-kreisquerschnitt	entrée f semi-circulaire	впускной литниковый канал полукруглого сечения
S 279	semiconducting polymer	halbleitendes Polymer[es] n	polymère m semiconduc-teur	полупроводниковый поли-мер
S 280	semicrystalline thermoplas-tic	teilkristalliner Thermo-plast m, teilkristallines Thermomer n	thermoplast[ique] m semi-cristallin	кристаллический (полукри-сталлический, частично кристаллический) термо-пласт
	semifinished good	s. S 281		
S 281	semifinished product, semi-finished good, semiprod-uct	Halbzeug n, Halbfertig-ware f, Halbfertigfabri-kat n	semi-produit m, produit m semi-fini	полуфабрикат, полупро-дукт, заготовка
S 282	semigloss	halbmatt	mi-brillant	полуматовый
	semiplant	s. P 258		
S 283	semipositive mould, landed positive (plunger) mold (US)	Füllraum-Abquetschwerk-zeug n, kombiniertes Ab-quetsch- und Füllpreß-werkzeug n	moule m semi-positif	полупоршневая пресс-форма
	semiproduct	s. S 281		
S 284	semirigid foam	halbharter Schaum[stoff] m	mousse f semi-rigide	полужесткая пена

S 285	semirigid packaging [material]	halbstarres Packmittel n	emballages mpl semi-rigides	полужесткий упаковочный материал
S 286	semirigid plastic	zähharter Kunststoff (Plast) m	plastique m semi-rigide	полужесткий пластик
	semiworks	s. P 258		
S 287	sensitive adhesive (glue) roller metering	feinfühlig einstellbare Klebstoffwalze f (Leimwalze f)	rouleau m encolleur à réglage minutieux	точно регулируемый ролик для нанесения клея
S 288	sensitivity	Empfindlichkeit f	sensibilité f	чувствительность
S 289	sensitize/to	sensibilisieren, lichtempfindlich machen	sensibiliser	сенсибилизировать
S 290	sensitizer, sensitizing agent	Sensibilisierungsmittel n, Sensibilisator m	agent m sensibilisant, sensibilisateur m	сенсибилизатор
S 291	sensor, tracer	Meßfühler m	palpeur m	сенсор, чувствительный элемент, [измерительный] зонд
S 292	separable joints	lösbare Verbindungen fpl	assemblages mpl démontables	разделимые соединения
S 293	separate application	Getrenntauftragen n, Vorstreichverfahren n (von Klebstoffkomponenten)	application f séparée (colle à deux composants)	отдельное нанесение компонентов клея
	separate application adhesive	s. T 670		
S 294	separate pot	(außerhalb von Spritzpreßwerkzeugen gelegene) Formmassevorkammer f	préchambre f de compression [séparée]	загрузочная камера
S 295	separate pot mould	Spritzpreßwerkzeug n (Mehrfachwerkzeug n, Mehrfachform f) mit getrennter Vorkammer	moule m à chambre de compression [séparée]	форма для литьевого прессования со съемной камерой (съемным тигелем)
	separating	s. S 299		
S 296	separating edge, cutting edge	Trennkante f, Schnittkante f (an Hochfrequenzschweißelektroden)	arête f de séparation	режущая кромка
S 297	separating electrode	Trennelektrode f (für Hochfrequenzschweißen)	électrode f à arêtes de séparation	режущий электрод
S 298	separation	Auseinanderfahren n (von Werkzeughälften oder Pressen)	séparation f, écartement m	разъединение, размыкание (полуформ)
S 299	separation, separating	Trennung f, Abscheidung f	séparation f	осаждение, выделение, отделение, сепарация
S 300	separation level, split line	Trennebene f (Werkzeug)	plan m de séparation	поверхность раздела
S 301	separation of fine dust	Feinstaubabtrennung f	séparation f de poussières fines	тонкая очистка от пыли, тонкое обеспыливание
S 302	separation of hydrogen atoms, abstraction of hydrogen atoms	Abspalten n von Wasserstoffatomen	séparation f (dégagement m, élimination f) d'atomes d'hydrogène	отщепление атомов водорода
S 303	separation of runners	Angußverteilerkanalabtrennung f	découpe f de carotte	отделение литника, отрезка разводящего литника
S 304	separation of sprues, sprue separation	Angußabtrennung f, Angußabtrennen n	coupe f (séparation f, cisaillement m) de la carotte	отрыв литника, отделение литников
S 305	separator	Urformteilsortierer m (Gerät zur Ausrichtung von Urformteilen in vorgegebener Richtung)	séparateur m	сепаратор, сортировальное устройство
S 306	separator	Abscheider m, Trennvorrichtung f	séparateur m	сепаратор
S 307	separator [head]	Verteilerkopf m (Extrusionswerkzeug)	torpille f (filière)	распределительная головка
S 308	sequential analysis	Sequenzanalyse f	analyse f séquentielle	анализ ближнего порядка
S 309	sequential arrangement	Sequenzanordnung f, Monomeranordnung f (in der Polymerkette)	arrangement m séquentiel	последовательное расположение
S 310	sequential distribution	Sequenzverteilung f, Monomerverteilung f (in einer Copolymerkette)	distribution (répartition) f des séquences (blocs) (dans une chaîne copolymérique), distribution f séquentielle	распределение мономеров (мономерных звеньев) (в цепи сополимера)
S 311	sequential moulding	Reihenspritzgießen n, Reihenspritzgießverfahren n	moulage m par injection séquentielle (en chaîne)	последовательное литье
S 312	sequential wind	einfache Polwicklung f (an Behälterböden)	enroulement m polaire séquentiel	простая намотка (дна емкости)
	sequestering agent	s. C 574		
	serigraphic model	s. S 102		
	serrated blade	s. T 417		
	serrated blade impeller	s. T 418		
S 313	serrated heating element	Profilheizelement n, geriffeltes Heizelement n (Schweißen)	élément m de chauffage cannelé	гофрированный нагревательный элемент

S 314	serrated scarf joint	geschäftete keilförmige Zweifachzapfen-Nut-Kleb-verbindung f	joint (assemblage) m collé double par tenon et mortaise conique en biseau (sifflet)	клеевое соединение деталей с коническими шипом и пазом
S 315	service durability	Haltbarkeit f im Gebrauchs-zustand	durabilité f en service	срок (длительность) службы
	service life	s. L 140		
S 316	service simulation test, life simulation test	Prüfung f durch Betriebs-lastensimulation	essai (test) m de simulation de service	испытание при моделированных производственных условиях
S 317	service temperature	Gebrauchstemperatur f	température f de service, température d'emploi (d'utilisation)	температура эксплуатации
S 318	servo-hydraulic testing machine, hydraulically assisted testing machine	Hydropuls-Prüfmaschine f, servohydraulische Prüfmaschine f	machine f d'essai servo-hydraulique	сервогидравлическая испытательная машина
S 319	servo valve	Servoventil n, elektro-hydraulisches Ventil n	valve f électrohydraulique (d'asservissement)	сервоклапан
S 320	set/to, to set up (US)	verfestigen (durch physikalische oder chemische Vorgänge), abbinden, härten	se prendre, se solidifier, durcir	затвердевать
	set forming	s. S 322		
	set of mouldings	s. L 141		
S 321	set screw	Stellschraube f	vis f de réglage, vis f d'ajustage	установочный винт
S 322	set shaping, set forming	Umformen (Umformverfahren) n mit Rückkühlung	conformation (transformation) f avec fixage à froid	термоформование с охлаждением
	set temperature	s. C 863		
S 323	setting, setting-up (US)	Verfestigen n (durch physikalische oder chemische Vorgänge), Abbinden n, Härten n	prise f, solidification f, durcissement m	затвердевание, отверждение
S 324	setting	Fixieren n	fixage m	фиксирование, отверждение
S 325	setting point, solidification (stalling) point	Erstarrungspunkt m	point m (température f) de solidification	точка схватывания (затвердевания)
S 326	setting rate, rate of setting	Abbindegeschwindigkeit f, Härtegeschwindigkeit f	vitesse f de durcissement	скорость отверждения, скорость затвердевания
S 327	setting spindle, adjusting screw	Einstellspindel f (an Pressen)	vis f de réglage (presses pour matières plastiques)	установочный шпиндель
S 328	setting temperature, curing (cure) temperature	Härtetemperatur f, Abbinde-temperatur f, Erstarrungs-temperatur f, Verfesti-gungstemperatur f	température f de prise (solidification, durcissement, cuisson)	температура отверждения (затвердевания)
	setting time	s. C 1091		
	setting to touch	s. A 265		
	setting up	s. S 323		
	settle rate	s. S 227		
	set up/to	s. S 320		
	set-up time	s. C 1091		
	sewage pipe	s. S 329		
S 329	sewer pipe, sewage pipe	Abwasserrohr n	tuyau m de décharge	труба для сточных вод, провод для отработанной воды, канализационная труба
S 330	sewer pipeline	Kanalrohrleitung f	canalisation f	канальный провод
S 331	SFAM mat, synthetic fibrous anisotropic material mat	Endlosmatte f mit parallel-liegenden Glasfasern und spezieller Vorbehandlung, SFAM-Matte f	mat m SFAM, mat unidirectionnel préimprégné multicouches	мат с параллельно расположенными стекловолокнами
	SFP	s. S 1450		
	SFRTP	s. S 449		
S 332	shade, hue	Farbton m, Farbtönung f, Farbnuance f	nuance f, coloration f	цветовой тон
	shading	s. T 381		
S 333	shading dyestuff	Abtönfarbstoff m, Abtönungswerkstoff m	colorant m de nuançage	оттеняющая краска
	shadow moiré technique	s. M 392		
S 334	shaft coupling, coupling	Wellenkupplung f	accouplement m d'arbres	сцепление валов
S 335	shaft-hub adhesive joint, shaft-hub glue joint, bonded joint between shaft and hub	Welle-Nabe-Klebverbindung f, geklebte Welle-Nabe-Verbindung f	collage m de liaison entre arbres et moyeux	клеевое соединение вал-ступица
S 336	shaft-hub connection	Welle-Nabe-Verbindung f	assemblage m arbre-moyen	соединение вал-ступица
	shaft-hub glue joint	s. S 335		

S 337	shaft with rotating body and fixed journals	Spannachse f mit rotierendem Körper und festen Zapfen (Folienabwickeln)	arbre m de serrage à corps rotatif et pivots fixes	тянущая ось с ротором и неподвижной цапфой
S 338	shake/to	schütteln, rütteln	agiter; secouer; vibrer	встряхивать, взбалтывать
S 339	shaker	Rüttelgerät n, Rüttler m (Werkstoffprüfung)	vibrateur m	вибратор, встряхиватель
S 340	shank	Schaft m	manchon m; corps m, queue f	стержень, хвостовик
S 341	shape/to	formen, verformen	former; déformer; transformer, façonner	формовать, деформировать
S 342	shape	Profil n	profil m	профиль
S 343	shape	Umformteil n, Formstück n (Thermoplast, Thermomer)	pièce f moulée (façonnée)	термоформованное изделие, фасонная деталь
	shape	s. a. F 599		
S 344	shaped casting	Gußformteil n	pièce f moulée par coulée	литьевое изделие
S 345	shape factor	Gestaltfaktor m, Formfaktor m	facteur m de forme	фактор конфигурации
S 346	shape moulding	Formschaumstoffherstellung f, Formschäumen n	moulage m en forme	формование пенистых изделий
S 347	shape moulding press	Formteilschaumstoffautomat m, Formteilschäumautomat m	presse f pour pièces moulées	автомат для изготовления пенистых изделий
S 348	shape of test samples	Prüfkörperform f	forme f de l'éprouvette	форма образца для испытания
S 349	shape of the article	Artikelform f, Formteilform f	forme f de l'article [plastique]	форма (вид) изделия
S 350	shape of the weld, weld shape	Schweißnahtgestalt f, Schweißnahtfugenform f	forme f de soudure	форма сварного шва
S 351	shape retention, dimensional stability	Formbeständigkeit f (von Formteilen)	stabilité f dimensionnelle	теплостойкость (под нагрузкой), устойчивость, стабильность размеров
	shaping	s. F 610		
S 352	shaping by rollers	Rollprofilieren n	profilage m par rouleaux	формование накатыванием, накатывание
S 353	shaping mould cavity	formgebender Werkzeughohlraum m	cavité (empreinte) f de moule formante	оформляющая полость формы, гнездо формы
S 354	shaping mould surface	konturbildende Werkzeugoberfläche f, innere Werkzeugwandung f	surface f intérieure du moule, surface de moule façonnant le contour	оформляющая поверхность пресс-формы
	shark skin	s. M 165		
S 355	sharp-V thread	Spitzgewinde n	filet m triangulaire	треугольная резьба
S 356	shatterproof	splittersicher	incassable, de sécurité	небьющийся
S 357	shatterproofness	Unzerbrechlichkeit f, Splitterfestigkeit f	imbrisabilité f, incassabilité f	неразбиваемость
S 358	shaving board	Hobelspanplatte f	panneau m en copeaux	плита из клееных стружек
S 359	shear action	Scherwirkung f	effet m (action f) de cisaillement, effet de cisaillage	действие среза (скола)
S 360	shear a gate/to	[einen] Anguß abtrennen (vom Formteil)	couper (séparer) la carotte	отсекать литник
S 361	shear creep recovery	Scherkriecherholung f	retard m dû à la déformation élastique par cisaillement	восстановление после крипа сдвигом
S 362	shear cut knife holder	Scherenschnittmesserhalter m (Folienschneiden)	porte-couteau m pour coupe par cisaillement	держатель ножничной системы
S 363	shear cut system	Scherenschnittsystem n (Folienschneiden)	système m de coupe par cisaillement	система, режущая ножницами
S 364	shear deformation, shearing deformation, shear strain	Scherverformung f, Scherdeformation f, Schubverformung f	déformation f de (par) cisaillement	деформация сдвига
	shear edge	s. C 1104		
S 365/6	shear elasticity, shearing elasticity	Schubelastizität f, Scher[ungs]elastizität f	élasticité f de cisaillement	упругость (эластичность) при сдвиге
	shear energy	s. F 686		
S 367	shear force	Scherkraft f	force f (effort m) de cisaillement	усилие сдвига
S 368	shear gradient	Schergradient m, Schergefälle n	gradient m de cisaillement	градиент сдвига
S 369	shearing	Scheren n, Abscheren n, Scherung f, Abscherung f	cisaillement m	сдвиг, срез
	shearing deformation	s. S 364		
	shearing elasticity	s. S 365/6		
S 370	shearing fracture	Scherbruch m, Schubbruch m	fracture (cassure) f de cisaillement	разрушение действием среза
S 371	shearing rate, shear rate (velocity), rate of shear	Schergeschwindigkeit f	vitesse f de cisaillement	скорость сдвига
S 372	shearing rate range	Schergeschwindigkeitsbereich m	zone f de la vitesse de cisaillement	диапазон скорости сдвига
	shearing strength	s. S 378		
	shearing stress	s. S 379		

S 373	shearing stress course	Scherspannungsverlauf m, Schubspannungsverlauf m (in Klebverbindungen)	cours m de la contrainte de cisaillement	распределение напряжения сдвига
S 374	shearing stress-slippage behaviour	Schubspannung-Gleitungs-Verhalten n (von Klebfilmen)	tenue f de contrainte au cisaillement et au glissement	взаимосвязь между напряжением сдвига и скольжением
	shearing test	s. S 382		
	shear mode tensile strength	s. T 135		
S 375/6	shear modulus, modulus of elasticity in shear	Scherelastizitätsmodul m, Schermodul m, Schubelastizitätsmodul m, Schubmodul m	module m d'élasticité en cisaillement, module de cisaillement	модуль упругости при сдвиге, модуль сдвига
	shear rate	s. S 371		
	shear speed	s. P 151		
S 377	shear stability	Schubstabilität f, Scherstabilität f	stabilité f au cisaillement	стабильность при сдвиге
	shear strain	s. 1. S 364; 2. S 379		
S 378	shear strength, shearing strength	Scherfestigkeit f, Schubfestigkeit f	résistance f au cisaillement	прочность при сдвиге (срезе), сопротивление сдвигу, прочность при скалывании
S 379	shear stress, shearing stress	Scherspannung f, Scherbeanspruchung f, Schubspannung f, Schubbeanspruchung f	contrainte f de cisaillement, effort m de cisaillement	напряжение сдвига (при сдвиге, при срезе)
S 380	shear stress intensity factor	Scherspannungsintensitätsfaktor m (Klebverbindung)	facteur m de tension de cisaillement par unité	фактор интенсивности напряжения при сдвиге
S 381	shear surface	Scherfläche f (von Klebverbindungen)	surface f de cisaillement	плоскость сдвига (среза)
S 382	shear test, shearing test	Scherversuch m	essai m de cisaillement	испытание на сдвиг (срез)
S 383	shear torpedo	Schertorpedo m	torpille f de cisaillement	торпеда, вызывающая сдвиг
	shear velocity	s. S 371		
S 384	shear viscosity	Scherviskosität f	viscosité f de cisaillement	эффективная вязкость
S 385	shear yielding	Abgleiten n von Polymerketten bei Beanspruchung	glissement m de chaînes polymères sous charge	передвижение цепей сдвигом
	sheath	s. E 237		
S 386	sheathe/to	ummanteln	enrober, gainer; envelopper	обволакивать, заключить в оболочку
	sheathing	s. E 237		
S 387	sheathing compound	Kabelummantelungsmasse f	matière f à mouler pour gainage de câbles, matière f de gainage pour câbles	масса для изоляции кабеля, композиция для оболочки кабеля, кабельная шланговая масса
S 388	sheathing die	Ummantelungswerkzeug n, Kabelummantelungswerkzeug n	filière f de gainage de câbles	головка для изготовления покрытий кабеля
S 389	sheathing element	Umhüllungselement n	élément m de gainage	окутывающий элемент
S 390	sheet, cut-to-size sheet	(auf Format geschnittene, zugeschnittene) Folie f (Dicke ≥ 0.01 inch ≥ 0,25 mm)	feuille f [découpée]	лист пленки, фольга
	sheet	s. a. P 465		
S 391	sheet base	Pressenuntergestell n, Maschinenuntergestell n	base f (bâti m [inférieur]) de machine (presse)	нижняя рама пресса
	sheet blowing	s. F 192		
S 392	sheet blowing method	Folienhohlkörperblas[verfahr]en n, Hohlkörperblasformen n unter Verwendung von Folien	méthode f du soufflage de feuilles	изготовление полых изделий из пленок
	sheet calender	s. S 408		
S 393	sheet clamp	Folienklemmvorrichtung f (bei der Durchführung von Formverfahren)	serre-flan m	зажим для пленок
S 394	sheet die	Foliendüse f, Folienwerkzeug n (für Folienextrusion)	filière f d'extrusion pour feuilles	щелевая головка
	sheet die	s. a. R 465		
S 395	sheeted coating compound	Beschichtungsmasse f in Folienform, folienförmige Beschichtungsmasse	composition f (mélange m) d'enduction en feuille (film), résine f en feuille pour enduction	пленка для нанесения покрытия, пленочный материал для нанесения покрытий
	sheeter line	s. K 33		
S 396	sheeter lines, knife lines	Schneidriefen fpl (durch spanende Bearbeitung)	lignes fpl de tranchage, rainures fpl, rayures fpl parallèles, traces fpl de coupe, lignes fpl de coupe	следы механической обработки, бороздки
S 397	sheeter lines	Ziehriefen fpl (an Umformteilen)	stries fpl [froides]	риски

S 398	**sheet extrusion**, film extrusion	Folienextrusion *f*	extrusion *f* de feuille mince, extrusion *f* (boudinage *m*) de feuilles	изготовление пленок экструзией, экструдирование пленок
S 399	**sheet extrusion equipment**	Tafelextrusionsanlage *f*	installation *f* (équipement *m*, unité *f*) d'extrusion de plaques (panneaux)	экструзионная установка для изготовления листов
S 400	**sheet extrusion line**	Plattenextrusionsanlage *f*	extrudeuse *f* à filière plate, extrudeuse pour feuilles (plaques)	установка для экструзии листов
S 401	**sheet for deep drawing**, thermoforming film, thermoforming sheet	Tiefziehfolie *f*	feuille *f* à emboutir, feuille *f* pour thermoformage	лист для механической вытяжки, лист для термоформования
S 402	**sheet for lining**, liner sheet, liner film	Auskleidefolie *f*	feuille *f* pour (de) revête-ment (revêtir)	пленка для облицовки, футеровочный лист, облицовочная пленка, пленка для футеровки
S 403	**sheet forming**	Folienform[verfahr]en *n*, Folienformung *f*, Plattenformung *f*	formage *m* des feuilles	формование пленок
	sheet gasket	*s.* S 200		
S 404	**sheet gauge**	Folienmaß *n*	épaisseur *f* de feuille	калибр пленки
	sheet glue	*s.* C 10		
S 405	**sheet granulator**	Foliengranulator *m*, Folien-zerkleinerer *m*	granulateur *m* pour feuilles	устройство для гранулирования пленок
S 406	**sheet haul-off machine**	Plattenabzug *m*, Platten-abzugmaschine *f*	machine *f* de réception des plaques	тянущее устройство для листов
S 407	**sheeting**	Bahnenmaterial *n*, Folien-bahn *f*	feuille *f* continue	лента, пленка; лист
S 408	**sheeting calender**, sheet calender	Folienkalander *m*, Bogen-kalander *m*	calandre *f* pour feuilles	листовальный (пленочный) каландр
S 409	**sheeting-die extruder**, slot die extruder, flat sheet extruder	Plattenextruder *m*, Breit-spritzanlage *f*, Extruder *m* mit Breitschlitzdüse, Fo-lienextruder *m*, Extruder zur Herstellung flächiger Halbzeuge	boudineuse (extrudeuse) *f* pour feuilles, boudineuse (extrudeuse) à filière plate	экструзионная установка для производства листов, экструдер с плоской щелевой головкой, экструдер для изготовления листов
	sheeting dryer	*s.* M 615		
S 410	**sheeting line**	Plattenanlage *f*, Tafelanlage *f*	boudineuse *f* pour feuilles (plaques), boudineuse à filière plate	листовальная установка
S 411	**sheet manufacturing**, film manufacturing	Folienherstellung *f*	fabrication *f* de feuilles	производство пленок
	sheet metal screw	*s.* S 274		
	sheet moulding compound	*s.* P 901		
	sheet moulding compound mould	*s.* P 903		
	sheet of foam	*s.* E 356		
	sheet on the rolls	*s.* R 487		
	sheet parison	*s.* S 1248		
S 412	**sheet pasting machine**	Bogenklebmaschine *f*	machine *f* à coller les feuilles, encolleuse *f* de feuilles	листоклеильный пресс, листоклеильная машина
S 413	**sheet plant**	Folienanlage *f*	unité *f* de feuilles	установка для производства пленок
S 414	**sheet substrate**	tafelförmiges Substrat *n*, tafelförmiger Trägerwerk-stoff *m*	matière *f* en format	лист-субстрат, листовидная подложка
	sheet texture	*s.* R 489		
S 415	**sheet-to-sheet bond**	Blechklebverbindung *f*	assemblage *m* de tôles collé	клеевое соединение металлических листов
S 416	**sheet trim**	Folienbeschnitt *m*, Folienbe-schneiden *n*	découpe *f* de feuilles	обрезание пленок
S 417	**shelf dryer**, jacketed shelf dryer	Heizplattentrockner *m*	séchoir *m* à plateaux [chauf-fants]	полочная сушилка
	shelf life	*s.* S 1149		
S 418	**shell**	Gießmaske *f*	carapace *f*, coquille *f*	литейная модель
S 419	**shell**	Schale *f*, Hülle *f*, Hülse *f*	enveloppe *f*; gaine *f*	скорлупа, оболочка, чехол
S 420	**shellac**	Schellack *m*	shellac *m*, gomme-laque *f*, laque *f* en écailles	шеллак
S 421	**shellac varnish**	Schellackfirnis *m*, Schel-lacklösung *f*	vernis *m* en gomme-laque	шеллачная олифа, шеллачный лак
S 422	**shell flour** *(filler)*	Schalenmehl *n* *(Füllstoff)*	poudre *f* de coquille	измельченная кора *(наполнитель)*
S 423	**shell mould**	Formmaskenwerkzeug *n*, Werkzeug *n* für Croning-Verfahren	moule *m* à coquilles *(Croning)*	форма для литья по Кронингу, форма для оболочного литья
S 424	**shell mould**	Gießform *f* *(für Metalle)*	moule *m* à (en) coquilles	форма для литья *(металлов)*
	shell moulding	*s.* C 985		

S 425	shell-moulding resin	Harz n für Formmasken-verfahren, Harz n für Croning-Verfahren	résine f pour moulage en coquille	смола для литейных форм
S 426	shell mould over male mould	Tauchkörperherstellung f mittels Positivwerkzeugs	moulage m par immersion, moulage au trempé	изготовление маканого изделия позитивом
S 427	shell ring	Behälterschuß m, Kesselschuß m (Wandabschnitt von Großbehältern)	virole f de corps, virole de chaudière	отрезок емкости
S 428	shielded cable	abgeschirmtes Kabel n	câble m blindé	экранированный кабель
S 429	shielding	Abschirmung f	blindage m	экранирование
	shielding gas	s. I 96		
S 430	shift/to	fortschieben	pousser	смещать
S 431	shift/to	ausrücken	débrayer, déclencher	выводить из зацепления
S 432	shifter	Ausrücker m	débrayeur m	выталкиватель
S 433	shift factor	Verschiebungsfaktor m	coefficient m de déphasage	коэффициент смещения
S 434	shifting effect	Treibwirkung f (Dichtmassen)	effet m de boursouflement	расширительное действие
S 435	shock absorbing insert	elastische Pufferschichteinlage f	insertion f amortissant le choc	эластичная прокладка
S 436	shock absorption	Stoßdämpfung f	amortissement m de choc	демпфирование, амортизация
S 437	shock chill roll	Schockkühlwalze f	cylindre m de refroidissement par choc thermique	быстроохлаждающийся валок
	shock freezing process	s. C 1037		
S 438	shockless	stoßfrei	sans chocs	безударный
S 439	shock load	Stoßbelastung f	contrainte f par chocs	ударная нагрузка
	shock proofness	s. I 33		
	shock-proof polystyrene	s. I 31		
	shock resistance	s. I 33		
S 440/1	shoe hot melt adhesive	Schuh-Schmelzklebstoff m, Schmelzklebstoff m für Schuhklebungen	colle f à chaussure à chaud	плавкий обувной клей
	shooting cylinder	s. I 154		
	shooting piston	s. I 182		
S 442	Shore durometer	Shore-Härteprüfer m, Shore-Härtemesser m	scléroscope (duromètre) m de Shore	твердомер по Шору, твердомер Шора
S 443	Shore hardness	Shore-Härte f	dureté f [de] Shore, shore m	твердость по Шору
S 444	short branching	Kurzkettenverzeigung f (Moleküle)	ramification f de chaîne courte (molécules)	короткоцепное разветвление
S 445	short-fibre reinforced thermoplastic, thermoplastic with short-fibre forcement	kurzfaserverstärkter Thermoplast m, kurzfaserverstärktes Thermomer n	thermoplast[iqu]e m renforcé aux fibres courtes	термопласт, армированный короткими волокнами, наполненный короткими волокнами термопласт
S 446	short glass fibre, milled glass fibre	Kurzglasfaser f (Verstärkungsmaterial für Thermoplaste, Thermomere)	fibre f broyée, fibre f de verre courte	короткое стекловолокно (армирующий наполнитель)
S 447	short glass fibre-filled thermosetting material	glasfaserverstärkter Duroplast m vom Kurzglasfasertyp, kurzglasfaserverstärkter Duroplast, kurzglasfaserverstärktes Duromer n	thermodurci[ssable] (thermorigide) m renforcé aux fibres de verre courtes	реактопласт, наполненный короткими стекловолокнами, стеклореактопласт
S 448	short glass fibre-reinforced partially crystalline thermoplastic	kurzglasfaserverstärkter teilkristalliner Thermoplast m, kurzglasfaserverstärktes teilkristallines Thermomer n	thermoplaste m partiellement cristallin renforcé aux fibres de verre courte	кристаллический термопласт, наполненный короткими стекловолокнами
S 449	short glass fibre-reinforced thermoplastic, thermoplastic reinforced with short glass fibre, SFRTP, chopped fibre reinforced thermoplastic (US), glass-fibre reinforced thermoplastic of the short-fibre type	glasfaserverstärkter Thermoplast m vom Kurzfasertyp, mit Kurzglasfasern verstärkter Thermoplast	thermoplast[iqu]e m renforcé aux fibres de verre courtes	термопласт, наполненный короткими стекловолокнами, армированный короткими стекловолокнами пластик, армированный коротковолокнистыми стекловолокнистыми термопласт
S 450	short moulding	unvollständig gespritztes Formteil n, nicht ausgespritztes Formteil, unvollständiges (nicht ausgeformtes) Formteil (Urformteil n)	moulage m court, pièce f incomplète	недолитое (недопрессованное) изделие, недопрессовка
S 451	shortness	Ausziehwiderstand m (von in Kunstharzen eingebetteten Fäden)	résistance f à l'extraction (fils enrobés)	сопротивление вырыванию нитей из смолы
S 452	short-oil alkyd	mageres Alkydharz n, kurzöliges Alkyd[harz] n	alkyde m court en huile	тощая алкидная смола
S 453	short shot	ungenügende Werkzeugfüllung f	moulage m court	недостаточное заполнение формы

S 454	short slit drawing	Kurzspaltrecken n, Kurz-spaltstrecken n (von Folien)	étirage m à courte fente (feuilles)	вытягивание пленок короткой щелью
S 455	short-staple ceramic fibre	Kurzstapel-Keramik-Faser f (Verstärkungsmaterial)	fibre f céramique à courte soie (matériau de renforcement)	короткое керамическое штапельное волокно
S 456	short-stroke press	Kurzhubpresse f, Presse f mit kleinem Hub	presse f à faible course	пресс с маленьким ходом
S 457	short-term behaviour	Kurzzeitverhalten n	comportement m à courte durée, comportement à brève échéance	кратковременное поведение
S 458	short-term creep	Kurzzeitkriechen n	fluage m de courte durée	кратковременный крип
S 459	short-term load	Kurzzeitbeanspruchung f	contrainte f (effort m, sollicitation f) de courte durée	кратковременная нагрузка (напряженность)
S 460	short-term loading	Kurzzeitbelastung f	sollicitation f de courte durée	кратковременное нагружение
	short-term test	s. S 463		
	short test	s. S 463		
S 461	short-time deformation behaviour	deformationsmechanisches Kurzzeitverhalten n, Kurz-zeitdeformationsverhalten n	comportement m à la déformation de courte durée	поведение при короткой деформации
S 462	short-time tensile test	Kurzzeitzugversuch m	essai m de traction de courte durée	кратковременное испытание на растяжение (разрыв)
S 463	short-time test, STT, short-term test, short test	Kurzzeitprüfung f, Kurzzeit-versuch m	essai m de courte durée	кратковременное испытание
	shot	s. 1. l 188; 2. L 142		
S 464	shot bag moulding, shot moulding	Schrotpressen n, Schrot-preßverfahren n (Pressen mit stahlkugelgefülltem Sack als Patrize)	moulage m au sac chargé de plomb	прессование с дробью; прессование мешком, наполненным дробью
S 465	shot-blasting medium	Strahlmittel n (Klebflächen-vorbehandlung)	agent m de grenaillage	струйный материал
S 466	shot capacity, injection capacity	maximale Schußmasse f, Schußleistung f, Spritz-leistung f (Spritzgießen)	capacité (puissance) f d'in-jection	максимальная доза впрыска, доза впрыска по объему, объем [впрыскиваемого] материала за один цикл
S 467	shot cycle	Schußfolge f (Spritzgießen)	cadence f (injection)	последовательность впрысков
S 468	shot-in mandrel (spigot) technique, inserted mandrel technique	Ringflächenkalibrierung f (beim Blasformen)	calibrage m par mouvement du mandrin	калибровка кольцом (раздув пленки)
	shot moulding	s. S 464		
S 469	shot size (weight)	Schußmasse f	capacité f par coup, poids m (masse f) injectable	объем (вес) отливаемого изделия; доза впрыска [по весу]
S 470	shoulder	Ansatz m; Bund m; Randlei-ste f	épaulement m	выступ; заплечик
S 471	shouldered rod	Prüfstab m mit Schulter, Schulterprüfstab m	éprouvette f (barreau m d'essai) à épaulement	образец в виде лопатки
S 472	shredder, shredding machine	Shredder m (Vorzerkleinerer mit Schneidwellen)	shredder m, déchique-teur m	машина для нарезки тонкой стружкой (предгранулятор с ножевым роликом)
S 473	shrink/to	schrumpfen	se rétrécir	садиться
S 474	shrinkage	Schwinden n, Schwin-dung f, Schrumpfen n, Schrumpfung f	retrait m, rétrécissement m	усадка
S 475	shrinkage across flow	Schrumpfung f senkrecht zur Fließrichtung	retrait (rétrécissement) m vertical au fluage	усадка поперек направления течения
S 476	shrinkage anisotropy	Schwindungsanisotropie f	anisotropie f de retrait (rétrécissement)	анизотропия (неоднородность) усадки
S 477	shrinkage behaviour	Schwindungsverhalten n	comportement m (tenue f) au retrait (rétrécissement)	усадочное поведение
	shrinkage block	s. C 809		
S 478	shrinkage film, shrinkage sheeting, shrink film, shrunk-on film, shrink wrapping film	Schrumpffolie f	feuille f (film m) rétractable	пленка с большой степенью усадки, усадочная (усаживающая, насадочная, насаженная) пленка
S 479	shrinkage fit	Schrumpfsitz m	ajustement m fretté, ajustage m serré par retrait	горячая посадка
	shrinkage jig	s. C 809		
S 480	shrinkage force	Schrumpfkraft f	force f de retrait	усилие усадкой
	shrinkage sheeting	s. S 478		
S 481	shrinkage stress	Schwindungsspannung f, Schrumpfspannung f	tension f de retrait	усадочное напряжение

S 482	shrinkage temperature	Schrumpftemperatur f	température f de retrait (rétrécissement)	температура усадки
S 483	shrinkage with flow	Schrumpfung f in Fließrichtung	retrait (rétrécissement) m parallèle au fluage	усадка в направлении течения
S 484	shrink coating	Schrumpfüberzug m, aufgeschrumpfter Überzug m	couche f de revêtement frettée	усадочное покрытие
	shrink coating	s. a. S 488		
	shrink connection	s. S 490		
	shrink film	s. S 478		
	shrink fit	s. S 490		
	shrink fixture	s. C 809		
S 485	shrinking-on	Aufschrumpfen n	emmanchement m	насаживание
S 486	shrink mark	Schwindungsmarkierung f, Schwundmarkierung f (an Formteilen)	retassure f	недопрессовка, усадочная раковина
S 487	shrink on/to	aufschrumpfen	s'emmancher	насаживать (в горячем состоянии)
S 488	shrink-on coating, snapback coating, shrink coating	Aufschrumpfen n von Überzügen	revêtement m par rétreinte, mandrinage m	насаживание (натягивание) покрытий (в горячем состоянии)
S 489	shrink packaging, shrink wrapper (wrapping)	Schrumpfpackung f	emballage m par rétraction, emballage m sous feuille (film) rétractable	насадочная упаковка
	shrink wrapping film	s. S 478		
	shrivel varnish	s. W 309		
	shrunk-on film	s. S 478		
S 490	shrunk-on joint, shrink connection, shrink fit	Schrumpfverbindung f (an Rohrleitungen)	emmanchement m	соединение горячей посадкой, горячее прессовое соединение
S 491	shrunk-on sleeve	Schrumpfmuffe f, aufgeschrumpfter Überschieber m	manchon m fretté, raccord m à manchon fretté	усадочная втулка
	shut-off cock	s. S 1140		
S 492	shut-off nozzle, [automatic] cut-off nozzle, enclosure (self-closing) nozzle	Verschlußdüse f, Abschlußdüse f	buse f à obturation	[самозапирающееся] сопло [с открывающимся клапаном]
S 493	shut-off slide	Absperrschieber m	vanne f d'arrêt, robinetvanne f	запорная задвижка
S 494	shutter calibration	Blendenkalibrierung f (für Halbzeuge)	calibrage m de l'obturateur	калибровка маской
S 495	shuttle carriage, filament delivery carriage	Fadenführungsschlitten m (für Wickelverfahren)	chariot m guide-fil	каретка-нитепроводник (намотка)
S 496	shuttle carriage riding on oblique rail	Fadenführungsschlitten m mit schräger Gleitschiene (für Wickelverfahren)	chariot m guide-fil oblique	нитепроводник с наклонной направляющей (намотка)
	SI	s. S 518		
	siccative	s. D 593		
S 497	side blowing, lateral blowing	Blasen n von der Seite, seitliches Blasen (Blasformen)	gonflage m latéral	раздувание боковым дорном
S 498	side feed (fed) head	seitlich gespeister Blaskopf m, Blaskopf mit Seiteneinspeisung	tête f d'alimentation latérale	головка выдувного агрегата с осью, расположенной под углом 90° к оси экструдера
S 499	side gate, edge gate (US)	Seitenanschnitt m (bei Formteilen)	entrée f latérale	боковой впускной литник
	side gating	s. L 88		
S 500	side weld sealing	Längsschweißen n, Kantenschweißen n mittels Heizdrahtes (bei der Beutelherstellung)	soudage m latéral	продольная сварка
S 501	sieve/to, to sift, to screen	sieben	tamiser	просеивать, грохотить
	sieve	s. S 83		
	sieve analysis	s. S 84		
S 502	sieve drum	Siebtrommel f	tambour m, tambour tamiseur, cribleur m, crible m à tambour	ситчатый барабан
S 503	sieve plate	Siebplatte f, Siebboden m (im Extruder)	plaque-filtre f, écran m perforé (extrudeuse)	фильтрующий элемент, плита с набором сеток
	sift/to	s. S 501		
	sifter	s. S 92		
S 504	sifting	Sieben n, Durchsieben n	tamisage m	просеивание, грохочение
	sifting machine	s. S 92		
	sight glass	s. I 234		
S 505	sigma-shaped kneader mixer, Z-shaped kneader, Baker-Perkins kneader	Universalmisch- und -knetmaschine f, Sigma-Kneter m, Baker-Perkins-Kneter m	agitateur m à lame en forme de sigma, malaxeur m à pales sigma (en Z)	смеситель с Z-образными лопастями, универсальный смеситель-пластикатор

S 506	silanated filler	silanisierter Füllstoff *m*	charge *f* silanée	обработанный силаном наполнитель
S 507	silane, silicon hydride	Silan *n*, Siliciumwasserstoff *m*, Siliciumhydrid *n*	silane *m*, hydrure *m* de silicium	силан, кремневодород
	silane anchoring agent	s. S 508		
S 508	silane coupling agent, silane anchoring agent	Silanhaftvermittler *m*, Silanhaftmittel *n*	agent *m* adhésif au silane	усиливающее адгезию вещество на основе силана
S 509	silane treatment	Silanbehandlung *f*	traitement *m* au silane	обработка силаном
S 510	silanized silica flour	silanisiertes Quarzmehl *n* (*Spezialfüllstoff für Kunstharze*)	poudre *f* de quartz silanée	кварцевая мука, обработанная силаном
S 511	silanized strand	silanisierter (mit Silan-Haftmittel versehener) Glasfaserstrang *m*	roving (stratifil) *m* silané	обработанный силаном стекложгут
S 512	silica, silicon dioxide	Kieselerde *f*, Siliciumdioxid *n* (*Füllstoff*)	silice *f*	двуокись кремния, кремнезем
S 513	silica flour, quartz powder	Quarzmehl *n* (*Füllstoff*)	farine (poudre) *f* de quartz	кварцевый порошок, кварцевая мука
	silica gel	s. S 515		
S 514	silicic acid	Kieselsäure *f*	acide *m* silicique	кремневая кислота
S 515	silicic-acid gel, silica gel	Kiesel[säure]gel *n*	gel *m* de silice, silicagel *m*	силикагель
S 516	silicochloroform	Siliciumchloroform *n*, Trichlorsilan *n* (*Haftvermittler*)	trichlorosilane *m* (*agent adhésif*)	трихлорсилан
S 517	silicon carbide	Siliciumcarbid *n* (*Schleifmittel für Oberflächenvorbehandlung von Klebteilen*)	carbure *m* de silicium	карбид кремния, кремнекарбид, карборунд
	silicon dioxide	s. S 512		
S 518	silicone, SI	Silicon *n*, SI	silicone *m*, SI	силикон, кремнийорганический полимер
S 519	silicone adhesive	Siliconklebstoff *m*	adhésif *m* silicone	силиконовый (кремнийорганический) клей
S 520	silicone-bonded glass cloth	siliconbeschichtetes Glasgewebe *n*	tissu *n* de verre siliconé	стеклоткань, покрытая силиконом
S 521	silicone-ceramic moulding compound	Silicon-Keramik-Formmasse *f*	matière *f* (mélange *m*) à mouler à base de silicones-céramiques	кремнекерамическая пресс-масса
S 522	silicone elastomer	Siliconelastomer[es] *n*, elastomeres Silicon *n*	élastomère *m* silicone	силиконовый эластомер
	silicone fat	s. S 523		
S 523	silicone grease, silicone fat	Siliconfett *n* (*Trennmittel*)	graisse *f* de silicone	силиконовое масло, силиконовый жир
S 524	silicone nitride	Siliconnitrid *n*	nitrure *m* de silicone	кремнеорганический нитрид
S 525	silicone oil	Siliconöl *n* (*Trennmittel*)	huile *f* de silicone	силиконовое масло
S 526	silicone phthalocyanine	Siliconphthalcyanin *n*	phtalocyanine *f* de silicone	кремнефталоцианин
S 527	silicone plastic	Siliconkunststoff *m*, Siliconplast *m*	plastique *m* silicone	кремнийорганический (силиконовый) пластик
S 528	silicone potting compound	Siliconvergußmasse *f*	masse *f* de remplissage de silicone	силиконовая заливочная масса
S 529	silicone release paper	Silicontrennpapier *n*	papier *m* de séparation au silicone	силиконовая разделительная бумага
S 530	silicone resin	Silicon[kunst]harz *n*, Organopolysiloxanharz *n*	résine *f* silicone	кремнийорганическая (силиконовая) смола
S 531	silicone rubber	Silicongummi *m*, Siliconkautschuk *m*	caoutchouc *m* (gomme *f*) silicone	кремнийорганический каучук, силоксановый каучук, силиконовый каучук, кремнекаучук
S 532	silicone rubber sealant	Siliconkautschuk-Dichtstoff *m*	matériau *m* d'étanchéité sur base de caoutchouc au silicone	уплотнительный кремнекаучук
S 533	silicone varnish	Siliconlack *m*	vernis *m* de silicone, peinture *f* au silicone	силиконовый (кремнийорганический) лак
	silicon hydride	s. S 507		
	silicon-organic compound	s. O 83		
S 534	silk	Seidenfaden *m*, Seide *f*	soie *f*, fil *m* de soie	шелковина
	silk-screen printing	s. S 100		
	silk-screen system	s. S 102		
S 535	silo	Silo *m*, Großspeicher *m* (*für Granulat oder Hilfsstoffe*)	silo *m*	силос
S 536	silo container	Silobehälter *m*, Vorratsbehälter *m* (*Granulat*)	trémie *f*, réservoir *m* de stockage	бункер
S 537	silo plant for plastic granules	Kunststoffgranulatsiloanlage *f*, Plastgranulatsiloanlage *f*	silo *m* pour granules de matières plastiques	бункер для гранулятов
S 538	siloxane epoxide	Silanepoxid *n*, silanisiertes Epoxid *n*	époxyde *m* silané	силоксановая эпоксидная смола
	silver epoxide (epoxy)	s. S 540		

S 539	silver epoxy resin	elektrisch leitendes Epoxidharz *n*, silbergefülltes Epoxidharz	résine *f* époxy électroconductrice, résine époxy chargée d'argent	серебронаполненная эпоксидная смола, электропроводящая эпоксидная смола
S 540	silver-filled epoxy adhesive, silver epoxy, silver epoxide	silbergefüllter Epoxidharzklebstoff *m*, elektrisch leitender Epoxidharzklebstoff *m*	colle *f* à résine époxy électroconductrice, colle à résine époxy chargée d'argent	серебронаполненный эпоксидный клей, электропроводящий клей
S 541	silver streaks	Silberschlieren *fpl (Fehler in transparenten Formteilen)*	vague *f* interne	серебряные шлиры
S 542	simple electrode	Einfachelektrode *f (HF-Schweißen)*	électrode *f* simple	простой электрод
	simple lap joint	*s.* S 566		
	simple-lapped adhesive joint	*s.* S 567		
	simple-overlapping adhesive joint	*s.* S 567		
S 543	simple scarf joint	Schäftverbindung *f* mit spitzen Fügeteilenden	joint *m* en biseau (sifflet) simple	скошенное соединение с острыми концами
	simple stress	*s.* U 78		
	Simpson Mix-muller	*s.* M 567		
S 544	simultaneous gravimetric differential thermal analysis	simultane gravimetrische Differentialthermoanalyse *f*	analyse *f* thermodifférentielle gravimétrique simultanée	параллельный ДТА, параллельный дифференциальный термический анализ
S 545	single aggregate unit	Einzelaggregat *n*	équipement *m* individuel	отдельный агрегат
S 546	single-bead weld	einlagige Schweißraupe *f*	baguette *f* simple	однослойный валик шва
	single beam paddle mixer	*s.* S 1154		
S 547	single-bevel groove weld	Halbe-V-Schweißnaht *f*, HV-Schweißnaht *f*	soudure *f* à un seul chanfrein	сварной шов стыкового соединения со скосом одной кромки
S 548	single-block shear test	Blockscherversuch *m* an Sandwichbauteilen *(zur Bestimmung der Klebfestigkeit Deckschicht-Kern)*	essai (test) *m* de cisaillement sur stratifiés	испытание на сдвиг *(для определения адгезии между слоями сэндвичевой конструкции)*
S 549	single-bond polyheterocyclics	einbindige Polyheterocyclen *mpl*	polyhétérocycles *mpl* à liaison simple	спирополимеры
S 550	single-cavity conical mould	einteiliges Warmform-Kegelwerkzeug *n (zur Ermittlung der Umformbarkeit von thermoplastischen Halbzeugen)*	moule *m* conique à empreinte unique, moule conique à une seule cavité	цельная коническая форма *(для проверки способности материала к термоформованию)*
S 551	single-cavity cubical mould	einteiliges Warmform-Würfelwerkzeug *n (zur Ermittlung der Umformbarkeit von thermoplastischen Halbzeugen)*	moule *m* cubique à empreinte unique, moule cubique à une seule cavité	цельная кубическая форма *(для проверки способности материала к термоформованию)*
S 552	single-cavity mould, single-impression mould	Einfachwerkzeug *n*	moule *m* à empreinte unique, moule à une seule cavité	одногнездная (одноместная) форма
S 553	single-circuit pattern, one-circuit pattern	Einfachwicklung *f*, Wicklung *f* mit einfachem Wickelwinkel *(bei Wickellaminaten)*	enroulement *m* à circuit simple	прямая намотка *(стеклопластика)*
S 554	single-coating	Einschichtüberzug *m*	revêtement *m* monocouche	однослойное покрытие
S 555	single-column press	Einständerpresse *f*	presse *f* à une colonne	одностоечный пресс
S 556	single-component adhesive, one-part adhesive, one-component adhesive	Einkomponentenklebstoff *m*	colle *f* à un composant (constituant)	однокомпонентный клей
S 557	single-component air-curing adhesive	luftfeuchtigkeitshärtender Einkomponentenklebstoff *m*	colle *f* durcissant à l'humidité de l'air et à un seul composant	отверждающийся влагой однокомпонентный клей
S 558	single-component chemically curable adhesive (glue), one-part chemically curable adhesive (glue)	härtender (chemisch sich verfestigender) Einkomponentenklebstoff *m*, Einkomponentenreaktionsklebstoff *m*	adhésif *m* réticulable mono-composant	однокомпонентный реактивный клей
S 559	single-component putty	Einkomponentenkitt *m*	lut *m* à une composante, mastic *m* à une composante	однокомпонентная замазка
S 560	single crystal	Einkristall *m*	monocristal *m*	монокристалл
S 561	single cutting tool	einschneidiges Trennwerkzeug *n*	outil *m* à tronçonner à un seul tranchant	одноножевое резальное устройство
S 562	single daylight press	Einetagenpresse *f*	presse *f* à un étage	одноэтажный пресс
	single drive	*s.* I 83		

S 563	single-edge-crack speci-men	Winkelprobe *f* zur Unter-suchung von Rißaus-breitung	éprouvette *f* de forme d'an-gle pour essayer la propa-gation de fissures	угловой образец для иссле-дования распространения трещин
	single-flighted screw	*s.* S 585		
S 564	single-head machine	Einkopfspritzmaschine *f (für Reaktionsgießen von Poly-urethanschaumstoff)*	machine *f* à tête [de mélange] unique *(polyuréthanne)*	литьевая головка *(машина для литья пенополи-уретана с одной го-ловкой)*
S 565	single-impression cold run-ner injection mould, single-impression cold runner injection-mould-ing tool	Einfach-Kaltkanal-Spritz-gießwerkzeug *n*	moule *m* pour injection sim-ple à canal de carotte froid	одногнездная литьевая форма с нагретым литни-ковым каналом
	single-impression mould	*s.* S 552		
S 566	single lap joint, simple lap joint	einschnittig überlappte Verbindung *f*	joint *m* à recouvrement simple	клеевое соединение с оди-нарной нахлесткой
S 567	single-lapped adhesive joint, single overlapped adhesive joint, simple-lapped adhesive joint, simple-overlapping adhe-sive joint	einschnittig überlappte Klebverbindung *f*	joint *m* collé à recouvre-ment simple	клеевое соединение внах-лестку
S 568	single-lap weld	Überlappstoß *m* mit einseiti-ger Kehlnaht *(Schweißen)*	soudure *f* (ligne *f* de sou-dure) à recouvrement simple	сварное соединение внах-лестку
	single overlapped adhesive joint	*s.* S 567		
S 569	single-part injection mould	einteiliges Spritzgießwerk-zeug *n*	moule *m* à injection à partie unique	одночастная (цельная) литьевая форма
S 570	single-part production	Einzelfertigung *f*	fabrication *f* par pièces	индивидуальное (штучное) производство
S 571	single-property test method, single-property type test	Prüfung *f* einer Einzel-eigenschaft	essai (test, examen) *m* d'une seule propriété	испытание на одно свойство
S 572	single-roll extruder	Einwalzenextruder *m*	extrudeuse (boudineuse) *f* à rouleau unique	одновалковый экструдер
S 573	single-screw extruder (ex-truding machine)	Einschneckenextruder *m*, Einschneckenstrang-presse *f*	extrudeuse (boudineuse) *f* monovis (à une vis, à vis unique)	одночервячный пресс (экструдер)
S 574	single-screw mixing extruder	Einschneckenmischextruder *m*, Einwellenmischextru-der *m*	extrudeuse-mélangeuse *f* monovis (à une vis, à vis unique), extrudeuse-bou-dineuse *f* monovis (à une vis, à vis unique)	одночервячный смеситель-пластикатор, одношне-ковый смеситель-пласти-катор
S 575	single-screw plasticizing extruder	Einschnecken-Plastizier-extruder *m*	extrudeuse *f* de plastifica-tion à une seule vis	одночервячный экструдер-пластикатор
S 576	single-shaft mixer	Einwellenmischer *m*	mélangeur *m* à un arbre	одноротроный смеситель
S 577	single-shear lap joint	einschnittig überlappte Scherverbindung *f*	joint *m* de cisaillement avec recouvrement simple	соединенный внахлестку образец для испытания прочности на срез, со-стоящий из двух пласти-нок
S 578	single-sided adhesive	Einseitklebstoff *m*, auf eine Fügeteiloberfläche aufzu-tragender Klebstoff *m*	colle *f* unilatérale	наносимый на одну сторону клей
	single-sided coating	*s.* O 34		
S 579	single-split mould	zweiteiliges Werkzeug *n*	moule *m* deux-pièces	пресс-форма с разъемной матрицей
S 580	single spread	spezifischer Klebstoffver-brauch *m* bei einseitigem Auftrag	application *f* de colle sur une seule face, quantité *f* de colle déposée par unité de surface	расход клея при односто-роннем нанесении
S 581	single-stage melter	Tankschmelzanlage *f* mit einem Schmelzbereich	applicateur *m* avec zone de chauffe unique	емкость-установка для по-лучения расплавов клеев с одним диапазоном плавления
	single-stage resin	*s.* A 576		
S 582	single-station injection moulding	Einstation-Spritzgießen *n*	moulage *m* par injection à une seule station	однопозиционное литье под давлением
S 583	single-stroke machine	Einhubmaschine *f*	machine *f* à course unique	одноходная машина
S 584	single thread	eingängiges Gewinde *n*	filetage *m* à un filet	однозаходная резьба
S 585	single-thread screw, single-flighted screw	eingängige Extruder-schnecke *f*	vis *f* à un filet, vis *f* à un seul filet *(extrudeuse)*	однозаходный червяк
S 586	single-tier injection mould, single-tier tool	Ein-Etagen-Spritzgießwerk-zeug *n*, Werkzeug *n* mit in einer Ebene angeordne-ten Formnestern	moule *m* à injection à étage unique	одноэтажная многогнезд-ная литьевая форма
	single-V-butt joint	*s.* S 587		

	single-V-butt joint with sealing run	s. S 588		
	single-V-butt weld	s. S 587		
	single-V-butt weld with backing (sealing) run	s. S 588		
	single-vee-butt joint	s. S 587		
	single-vee-butt joint with sealing run	s. S 588		
S 587	single-vee-butt weld, single-V-butt weld, single V weld, single-V-butt joint, single-vee-butt joint V-weld	V-Schweißnaht f, Stumpfstoß m mit V-förmiger Schweißnaht	soudure f en V	V-образный [стыковой] сварной шов, V-образный шов
S 588	single-vee-butt weld with sealing run, single-V-butt weld with sealing run, single-vee-butt joint with sealing run, single-V-butt joint with sealing run, single-V-butt weld with backing run (US)	V-Schweißnaht f mit Kapplage, Stumpfstoß m mit V-Naht und Kapplage	soudure f en V avec couche de rechargement	V-образный сварной шов с дополнительным швом треугольной формы
	single V weld	s. S 587		
	sink	s. S 589		
S 589	sink mark, sunk spot, sink	Einfallstelle f, Mulde f, Einsackstelle f (Preßfehler, Spritzgießfehler)	retassure f, dépression f en surface (défaut)	вмятина, утяжина, впадина (дефект)
	sink of heat	s. H 137		
S 590	sinter/to	sintern	fritter	спекать
S 591	sintered plastic layer	Kunststoffsinterbelag m, Plastsinterbelag m	apprêt m plastique fritté	спеченное пластмассовое покрытие
S 592	sintered polyethylene	Sinterpolyethylen n, gesintertes Polyethylen n	polyéthylène m fritté	спеченный полиэтилен
S 593	sinter-fuse/to	aufsintern	fondre par frittage	спекать
S 594	sintering bath, whirl sinter bath, bath (suspension) of fluidized powder, [fluidized] powder bath	Wirbelbad n, Wirbelsinterbad n, Sinterbad n, Winkler-Bad n	bain m de concrétion tourbillonnaire, bain de poudre fluidisée, bain de sintérisation	ванна для вихревого напыления, ванна для напыления в псевдоожиженном слое
S 595	sintering plant	Sinteranlage f	installation f de frittage	установка для спекания
S 596	sintering temperature	Sintertemperatur f	température f de frittage	температура спекания
	sinuous-type buff	s. C 878		
S 597	size/to, to calibrate	kalibrieren	calibrer, jauger	калибровать
S 598	size	Maß n, Format n, Größe f	taille f, format m	размер, величина, форма
S 599	size, sizing agent (material), textile size	Schlichte f (für Glasseidenprodukte)	apprêt m, ensimage m	замасливатель, шлихта
S 600	size	Versiegelwerkstoff m (für Oberflächen)	bouche-pores m, apprêt m	аппрет
S 601	size[d] fibre	geschlichtete Faser f (für Laminatherstellung)	fibre f encollée	шлихтованное волокно
	size of grain	s. G 159		
S 602	size press	Zweiwalzenauftragswerk n (für pigmenthaltige Streichmassen)	machine f à imprégner par pression-imprégnation, imprégnatrice f	вальцы для нанесения паст
S 603	size press, sizing press, glue (gluing) machine	Klebmaschine f, Leimmaschine f	encolleuse f, machine f à [en]coller; presse f à coller	клеильный пресс, машина для изготовления склеенных слоистых материалов
	size-reducing machine	s. D 354		
S 604	size reduction	Zerkleinerung f, Granulierung f	broyage m, raffinage m, granulation f	гранулирование, измельчение, раздробление
S 605	sizing	Schlichten n (von Verstärkungsmaterialien)	encollage m	шлихтование
	sizing	s. a. S 1398		
	sizing agent	s. S 599		
	sizing bush	s. P 286		
S 606	sizing die, sizing sleeve	Kalibrierdüse f (für Schlußformung von Extrudat)	filière f de calibrage	калибровочное отверстие экструзионной головки
	sizing material	s. S 599		
	sizing press	s. S 603		
S 607	sizing roll, gauging roll	Kalibrierwalze f	cylindre m de calibrage	калибровочный валок
	sizing sleeve	s. S 606		
S 608	sizing system	Kalibriersystem n	système m de calibrage	система калибровки
S 609	sizing unit	Kalibriervorrichtung f	installation f de calibrage	калибрирующее устройство
S 610	skein	Strähne f, Strang m	écheveau m, brin m	моток
S 611	skeiner	Spulapparat m	enrouleur m, enrouloir m	мотальный аппарат
S 612	skeleton	Skelett n, Gestell n, Gerippe n	bâti m, carcasse f, charpente f, ossature f	станина, рама
	skeleton electrode	s. B 71		

	skeleton forming	s. R 387		
	skeleton mould	s. R 388		
	skew	s. T 368		
S 613	skid	Spritzmarkierung f durch überfließende Formmasse (Fehler an Spritzlingen)	bavure f	след избытка, дефект выпрессовки (литое изделие)
S 614	skid drying	Oberflächenverfestigung f von Beschichtungen	séchage m de surface de l'enduction	высыхание поверхностного слоя покрытия
S 615	skin, surface skin	verdichtete Schaumstoff-außenhaut f	croûte f de mousse densi-fiée	уплотненный наружный (по-верхностный) слой пены
S 616	skin (foundry)	Gußhaut f	peau f de coulée	пленка, образующаяся после литья
S 617	skin-depth colouring	Färben n einer dünnen Oberflächenschicht (Kabelummantelungen), Dünnschicht-Oberflä-cheneinfärbung f	coloration f d'une couche superficielle mince	крашение поверхностного слоя
S 618	skin effect	[elektrischer] Hauteffekt m, Skineffekt m (beim Hoch-frequenzschweißen)	effet m de peau, effet m pel-liculaire (Kelvin, de sur-face), skin-effect m	скин-эффект, поверх-ностный эффект
S 619	skinning	Hautbildung f	formation f de peau	пленкообразование
	skinning machine	s. D 174		
S 620	skin pack[age]	Skinverpackung f, Hautver-packung f	emballage m doublé for-mant peau, emballage épousant la forme de l'ob-jet	плотно пригнанная пле-ночная тара
	skin structure	s. P 317		
S 621	skips	Inselbildung f bei Klebstoff-oder Lackaufträgen (Stel-len, an denen der Klebstoff oder der Lack fehlt)	endroits mpl dépourvus de colle; endroits dépourvus de peinture	пропуски (при нанесении клея или лака)
	skirt	s. E 8		
	slab	s. P 465		
S 622	slab stock	tafelförmiger Rohstoff m	plaque f (panneau m) de ma-tière brute (première)	плиточное сырье
S 623	slab stock	Schaumstoffblock m	bloc m de mousse	блок из пенопласта
S 624	slat	Schiene f, Leiste f	baguette f; bande f; barre f; rail m; listeau m, listel m, liston m	планка, рейка, колодка, шина
S 625	slate flour (powder)	Schiefermehl n (Füllstoff)	poudre f d'ardoise (charge), poudre de slate	сланцевая мука, молотый шифер
S 626	sleeve, sleeve collar (US), spigot	Rohrmuffe f, Rohrüberschie-ber m (an Rohrleitungen)	manchon m de tuyau	трубная муфта, раструб трубы, муфта для труб
S 627	sleeve and plug for pres-sure calibration system	Druckluftkalibrierhülse f mit Schleppstopfen	douille f de calibrage par surpression avec bou-chon glissant	гильза калибровки избыточным давлением, устройство калибровки труб с применением скользящей пробки
	sleeve collar	s. S 626		
S 628	sleeve joint, muff joint	Rohrschweißstumpfstoß m mit Muffe, Schweißrohr-stoß m mit Einsteckmuffe	soudure f avec manchon	раструбное сварное соеди-нение
	sleeve nut	s. S 159		
S 629	sleeve welding	Muffenschweißen n von Rohrleitungen	soudage m par manchon-nage	сварка раструбных соеди-нений
S 630	slice/to, to peel	(vom Block) schneiden, (vom Block) abschälen (zwecks Herstellung von Schälfolie)	trancher, peler (feuille)	снимать непрерывно стружку-ленту, от-щеплять, строгать
S 631	sliced film, peeled film	Feinschälfolie f, abgeschälte Feinfolie f (vom Block)	feuille f mince tranchée	строганая (дубильная) пленка, стружка-лента
	slicing machine	s. 1. C 293; 2. D 174		
S 632	slick foil	(bei der Herstellung) verfet-tete Folie f	feuille f graisseuse	смазочная пленка
S 633	slide/to, to slip	gleiten	glisser	скользить, проскальзывать
S 634	slide	Seitenschieber m, Schieber m (an Werkzeugen)	coulisse f	шибер
	slide	s. a. M 290		
S 635	slide follower	Werkzeugbacke f, Werk-zeugschieberbacke f	coquille f à glissière (moule)	передвижная щека
S 636	slide mould, sliding bed (carriage) mould, bar mould	Schieberwerkzeug n	moule m à empreintes mo-biles, moule sur glissière, moule [à caisson] coulis-sant	пресс-форма с [боковым] шибером
	slide nozzle	s. F 418		
S 637	slide plate, sliding panel (plate)	Gleitplatte f	plaque-glissière f	передвижная плита, плита скольжения
	slide property	s. S 663		

S 638	slider	Gleitkörper m, Schieber m	coulisseau m	скользящая деталь, заслонка, задвижка
S 639	slide rail	Führungsschiene f, Gleitschiene f, Gleitrolle f	glissière f; galet m de guidage	направляющий рельс (блок)
S 640	slide support, slideway	Gleitunterlage f, Gleitbahn f, Gleitvorrichtung f	glissière f	направляющая скольжения
S 641	slide surface [area]	Gleitfläche f	surface f de glissement, glissière f	поверхность (плоскость) скольжения
S 642	slide valve	Schieberventil n, Schieber m (Ventil)	robinet-vanne m, tiroir m	шибер, задвижка, заслонка
S 643	slide valve for bulk goods	Schüttgutschieber m	vanne f pour produits en vrac	шибер (заслонка, задвижка) для сыпучего материала
	slideway	s. S 640		
S 644	sliding, slippage	Gleiten n	glissement m	скольжение
S 645	sliding bearing, plain bearing	Gleitlager n	coussinet (palier) m lisse	подшипник скольжения, скользящая опора
S 646	sliding bed	Gleitgestell n	caisson m coulissant	ползун, каретка
	sliding bed mould	s. S 636		
S 647	sliding behaviour	Gleitverhalten n	comportement m au glissement	антифрикционные свойства
S 648	sliding block	Gleitblock m	bloc m coulissant	блок скольжения
	sliding carriage mould	s. S 636		
	sliding core mould	s. M 570		
S 649	sliding discharge door, discharge door	Entleerungsklappe f, Entleerungsschieber m, Entladungstür f	volet m (porte f) de vidange (décharge)	спускной (разгрузочный) клапан, откидная дверь
S 650	sliding friction testing equipment	Gleitreibungsprüfgerät n, Gleitreibungsprüfeinrichtung f	appareil m d'essai de la friction de glissement	измеритель трения скольжения
S 651	sliding lacquer	Antihaftlack m	laque f antifriction, vernis m lubrifiant	антиадгезионный лак
S 652	sliding material	Gleitwerkstoff m	matériau m glissant (de glissement)	скользящий материал
S 653	sliding mould process	Extrusionsblasformen n mit beweglichem Dorn und Seitwärtsbewegung des Blaswerkzeuges	extrudo-gonflage m avec moule coulissant	экструзионно-выдувное формование с подвижным дорном и возвратно-поступательным движением форм
	sliding nozzle	s. F 418		
	sliding panel (plate)	s. S 637		
S 654	sliding-plate metering device	Gleitplattendosiervorrichtung f	doseur m (dispositif m doseur) avec plaque-glissière	дозатор с движущимися плитами
S 655	sliding pressure bar	gleitendes Druckstück n, verschiebbarer Druckklotz m	barre f coulissante de pression	подвижная опорная планка
	sliding property	s. S 663		
S 656	sliding punch	Schiebestempel m, Verschiebestempel m, Gleitstempel m	poinçon m sur glissière, poinçon m coulissant (à glissière)	передвигаемый (передвигающий) пуансон (поршень)
S 657	sliding socket joint	Steckmuffe f an Rohrleitungen	raccord m mandriné emmanché (à force), raccord m par mandrinage	включающая муфта (для трубопровода из пластика)
	sliding socket joint	s. a. C 571		
S 658	sliding switch	Schaltschieber m	curseur m de commutation	включающая задвижка
S 659	sliding table	Gleittisch m (Zuführung an Halbzeugschneidmaschinen)	table f glissante, table coulissante	скользящий стол, направляющий столик
S 660	sligtly incompatible	schlecht verträglich	peu compatible	плохо совместимый
S 661	slinger moulding	Schleuderformen n, Schleuderformverfahren n	moulage m centrifuge (par centrifugation)	центробежное формование
S 662	slinger moulding machine	Schleuderformmaschine f	machine f à mouler centrifuge	машина для центробежного формования
	slip/to	s. S 633		
S 663	slip, sliding (slide) property	Gleitfähigkeit f, Gleiteigenschaft f	propriété f de glissement	свойство скольжения, антифрикционное свойство
S 664	slip additive	Slipmittel n, Foliengleitmittel n, Stoff m zur Verbesserung der Verarbeitung von Folien	lubrifiant m pour feuilles	придающее скользкость вещество
S 665	slip agent	Slipmittel n	agent m glissant	агент скольжения
S 666	slip cap	Schiebedeckel m, Schiebekappe f	couvercle m à coulisse	включающий колпак
	slip forming	s. S 673		
S 667	slip-layer	selbstaufbauende Gleitschicht f	couche f autoglissante	самосоздающийся антифрикционный слой
	slip material	s. E 396		

S 668/9	slip of cylinder	Walzenschlupf *m*	glissement *m* du cylindre	скольжение валков
S 670	slippage	Relativbewegung *f* der Fügeteile *(während der Klebstoffverfestigung)*	glissement *m*	относительное движение деталей клеевого соединения *(во время отверждения клея)*
	slippage	*s. a.* S 644		
S 671	slipperiness	Gleitvermögen *n*	capacité *f* de glissement	антифрикционное поведение
S 672	slip-stick [effect], stick-slip effect (process, mechanism)	Gleit-Haft-Effekt *m*	effet *m* de glissement et d'adhérence	эффект «скольжение-прилипание»
S 673	slip thermoforming, slip forming	Tiefziehen *n* mit federndem (gleitendem) Niederhalter	thermoformage *m* par glissement, emboutissage *m* avec serreflan coulissant	негативное формование с прижимной рамой, формование с проскальзыванием в прижимной раме, термоформование со скольжением через зажимную раму
S 674	slit	Düsenspalt *m (eines Extruderwerkzeuges)*	fente *f (filière)*	формующая щель *(экструзионной головки)*
	slit-die extrusion	*s.* S 688		
S 675	slit die rheometer	Schlitzdüsenrheometer *n*	rhéomètre *m* à filière plate	реометр с щелевым соплом
	slit fibre yarn	*s.* S 926		
	slit film die	*s.* S 685		
S 676	slit-film tape technology	Folienfasertechnologie *f*	technologie *f* des fibres de feuille	технология производства пленочных нитей
S 677	slit-film tape used for weaving	Webbändchen *n (Folienbändchen)*	ruban *m* à tisser *(ruban en feuille)*	ткацкая пленочная лента
S 678	slitter, strip cutter	Längsschneider *m*, Streifenschneider *m*	découpeuse *f*, découpoir *m*	агрегат для продольной (поперечной) резки *(на полосы)*
S 679	slitter drive shaft	Rollenschneiderantriebswelle *f (Folienschneiden)*	arbre *m* moteur de la machine à découper à roulettes	приводной вал роликового режущего приспособления
S 680	slitter rewinder	Längsschneid- und Wickelmaschine *f*, Längsschneid- und Aufrollmaschine *f*	bobineuse-refendeuse *f*	машина для продольной резки и намотки
S 681	slitting	Längsteilen *n*, Längsschneiden *n*	coupe *f* longitudinale	продольное деление
S 682	slitting	Aufspleißen *n (von Folienbändchen)*	fibrillation *f*	фибриллирование
S 683	slitting needle	Spleißnadel *f (für Fibrillieren von Folienbändchen)*	aiguille *f* à fibriller	стыковочная иголка
S 684	sliver	Vorgarn *n*, Lunte *f*, Kardenband *n*	ruban *m*, mèche *f* [verranne]	ровница
	slope	*s.* B 165		
S 685	slot die, flat [sheeting] die, slit film die *(US)*, extrusion die for flat sheet, manifold die, fish-tail die, flat slot die, T-die, flat sheet extrusion die	Breitschlitzdüse *f*, Breitspritzkopf *m*, Breitschlitzwerkzeug *n*	filière *f* à fente, filière plate (en queue de carpe)	листовальная головка, головка для производства плоской пленки, [плоская] щелевая головка, широкошлицевая (плоскощелевая) головка
S 686	slot die coater	Düsenauftragsmaschine *f*	machine *f* d'enduction à filière	машина для нанесения покрытия на плоскощелевой головке
S 687	slot die coating	Düsenauftrag *m*	enduction *f* à filière	нанесение покрытия на плоскощелевой головке
	slot die extruder	*s.* S 409		
S 688	slot die extrusion, flat sheet extrusion, slit-die extrusion	Extrudieren *n* flächiger Halbzeuge	extrusion *f* par filière droite plate, extrusion *f* à filière plate, extrusion *f* à plat	экструзия листов, экструзия через плоскощелевую головку
S 689	slotted applicator	Beschichtungsschlitzdüse *f*	buse *f* d'enduction grossière	щелевая головка для нанесения покрытия
S 690	slot weld	Schlitznaht *f*, Lochnaht *f*, im Schlitz oder Loch umlaufende Kehlnaht *f (Schweißen)*	soudure *f* à entaille (fente)	шов в форме прорези
S 691	slot width	Schlitzbreite *f (Breitschlitzdüse)*	largeur *f* de filière *(filière plate)*	ширина щели
S 692	slow accelerator	langsam wirkender Beschleuniger *m*	accélérateur *m* à effet lent	ускоритель низкой скорости
S 693	slow-curing adhesive	langsam härtender Klebstoff *m*	colle *f* durcissant lentement, colle à durcissement ralenti	медленно отверждающийся клей
	slug	*s.* 1. G 21; 2. T 490		

S 694	slugging fluidized bath (bed)	stoßendes Wirbelbad n (inhomogenes Bad beim Wirbelsintern), stoßendes Wirbelbett n, stoßende Wirbelschicht f	bain m de sintérisation (poudre fluidisée) avec pulsation, lit m fluide (fluidisé) avec pulsation (enduction en lit fluide), couche f fluidisée non-homogène	неоднородный псевдоожиженный слой
	slugwise continuous-flow mixer	s. P 490		
S 695	slugwise proportioning	periodische Dosierung f	dosage m périodique	периодическая дозировка
S 696	sluice valve	Membranabsperrschieber m (an Granulatcontainern)	vanne f à membrane	мембранная задвижка (контейнера для гранулята)
S 697	slurry preforming	Saugling-Vorformverfahren n	méthode f de préformage avec pulpe	предварительное формование вязкой пасты
	slush casting	s. S 699		
S 698	slush mould	Pastengießwerkzeug n	moule m pour pâte	форма для литья компаундов
S 699	slush moulding, slush casting, hollow casting, flow casting	Ausgießverfahren n, Sturzgießverfahren n, Pastengießen n, Hohlkörpergießen n	moulage m des pâtes (plastisols), moulage par embouage, coulage m par embouage	литье полых изделий, заливка, формование заливкой (пластизоля), литье пластизоля
	SMA	s. S 1303		
S 700	small-angle light scattering, SALS, low-angle light scattering, LALS	Kleinwinkellichtstreuung f (Strukturuntersuchung)	dispersion f de lumière aux petits angles (examen de structure)	рассеяние света под малыми углами
S 701	small-angle X-ray diffraction, SAXD, low-angle X-ray diffraction, LAXD	Röntgenkleinwinkelbrechung f (Strukturuntersuchung)	diffraction f de rayons X aux petits angles (examen de structure)	преломление рентгеновских лучей под малыми углами
	small-angle X-ray scattering	s. X 16		
S 702/3	small extruder	Kleinextruder m	extrudeuse f petite, extrudeuse de laboratoire	лабораторный экструдер
S 704	small foot	Formteilstandkuppe f	appui (soutien, support) m de la pièce moulée	база изделия
S 705	small injection moulding	Spritzgießen n kleiner Formteile, Kleinteilspritzgießen n	moulage m par injection de petites pièces, injection f de petites pièces	литье под давлением малогабаритных изделий
S 706	small moulding, miniature moulding	kleines Formteil n, Kleinformteil n	petite pièce f moulée	маленькое изделие, малогабаритное пластиздение
S 707	small press	Kleinpresse f	petite presse f, presse de laboratoire	малогабаритный пресс, малый пресс
S 708	small-pulse nuclear magnetic resonance spectrometry, minispec nuclear resonance	Kleinpuls-Kernresonanz-Spektrometrie f, Minispli-Kernresonanz f	spectroscopie f de résonance magnétique nucléaire à faibles impulsions, résonance f nucléaire minispec	ядерная спектрометрия малыми импульсами
S 709	small test specimen	Kleinprüfstab m, Kleinprüfkörper m	petite éprouvette f, petit spécimen m	малоразмерный образец для испытания
	SMC	s. P 901		
	SMC-mould	s. P 903		
S 710	SMC moulding	SMC-Preßteil n, Preßteil n aus Harzmatten	pièce f moulée SMC	пресс-изделие из пропитанного смолой мата
S 711	smear head	Extruderschneckenscherteil n, Scherelement n, Schmierkopf m (spezielle Torpedoausbildung)	torpille f spéciale (extrudeuse)	головка, перемешивающая участок червяка, диспергирующий элемент (специальная торпеда)
S 712	smoke density	Rauchgasdichte f, Brandgasdichte f	densité f des gaz de fumée	плотность дыма
S 713	smoke-suppressant	Rauchentwicklungsunterdrücker m, Stoff m zur Unterdrückung von Rauchentwicklung (Verarbeitungshilfsstoff)	agent m supprimant le dégagement de fumée (auxiliaire de fabrication)	вещество для понижения дымообразования
S 714	smoke toxicity	Brandgastoxizität f, Rauchgastoxizität f	toxicité f des gaz d'incendie	токсичность дымового газа, ядовитость дымового газа
S 715	smoothing equipment	Glätteinrichtung f	équipement m de glaçage (lissage)	гладящее приспособление
S 716	smoothing press	Glättpresse f	presse f de glaçage (lissage)	гладящий (лощильный) пресс
S 717	smoothing roll, smooth roll	Glättwalze f (für Beschichtungen)	rouleau m de glaçage (lissage)	лощильный (гладкий) валок
	smooth metering rod	s. M 250		
S 718	smoothness	Glätte f, Glattheit f (Oberflächen)	lissage m	гладкость
S 719	smooth pipe	glattes Rohr n, Glattrohr n	tube m lisse	гладкая труба
	smooth roll	s. S 717		
S 720	smoulder gas	Schwelgas n	gaz m de distillation à basse température, gaz dégagé de distillation lente	полукоксовый газ, швельгаз
	SMS	s. S 1304		

S 721	smudge	Schmierstelle f (an Form-teilen)	point m de graissage	загрязнение
	snap-back coating	s. S 488		
	snap-back forming	s. V 37		
	snap-back thermoforming	s. V 37		
S 722	snap-on connection (joint)	Schnappverbindung f	raccord m par enclipsage	соединение-защелка
	S-N curve	s. W 279		
S 723	snubber rolls, godet rolls	Zugwalzen fpl (für Folienrek-ken oder Fadenrecken)	rouleaux mpl tracteurs (de tirage)	тянущие валки
S 724	soak into/to	eindringen (Flüssigkeiten), einweichen	pénétrer; mouiller; baigner; tremper	проникать, внедряться, замачивать
S 725	soap content	alkalischer Bestandteil m	composant (constituant) m alcalin, composante f alca-line	щелочная составная часть
S 726	socket	Zapfenlager n	coussinet m de tourillon	шиповой подшипник
S 727	socket, bell (US)	Muffenkelch m (aufgewei-tetes Rohrende)	emboîtement m, manchon m mandriné (élargi)	раструбная труба, раструб, патрубок
S 728	socket, connecting pipe	Ansatzstutzen m	tubulure f de raccordement	патрубок, штуцер, проме-жуточная труба
S 729	socketing tool	Muffenwerkzeug n, Werk-zeug n zur Herstellung von Kunststoffrohrmuffen (Plastrohrmuffen)	moule m pour manchons, outil m d'embout	форма для изготовления муфты
S 730	socket joint, spigot-and-socket joint, bell and spi-got joint (US)	Rohrmuffenverbindung f, Verbindung f von Rohren mittels Muffe	raccord m manchonné (par mandrinage)	муфтовое соединение труб
S 731	socket machine	Muffenformmaschine f	machine f à former les man-chons	машина для изготовления муфт
	soda lime glass	s. A 352		
S 732	soda lye	Natronlauge f (für Oberflä-chenbehandlung)	soude f caustique, lessive f de soude	натровый щелок
S 733	sodamide	Natriumamid n (für Oberflä-chenvorbehandlung)	amide m de sodium	амид натрия
S 734	sodium-aluminum silicate	Natriumaluminiumsilicat n (Füllstoff)	silicate m de sodium-alumi-nium	алюминиесиликатный натрий
S 735	sodium dichromate	Natriumdichromat n (Klebflä-chenvorbehandlung)	bichromate m de sodium, dichromate m de sodium	дихромат натрия, бихромат натрия, двухромово-кислый натрий
	soft-elastic foam	s. F 385		
S 736	soften/to	erweichen, weichmachen	ramollir; plastifier	размягчать
	softener	s. P 383		
	softener loss	s. P 388		
S 737	softening	Erweichung f	ramollissement m, assou-plissement m	размягчение, смягчение
S 738	softening	Enthärten n (von Spülwasser für Oberflächenvorbehand-lung)	adoucissement m	умягчение воды
	softening agent	s. P 383		
	softening agent loss	s. P 388		
S 739	softening point, softening temperature	Erweichungspunkt m, Er-weichungstemperatur f	température f (point m) de ramollissement	температура (точка) размягчения
S 740	softening point apparatus (tester)	Erweichungspunktmeßgerät n, Erweichungstempera-turmeßgerät n	appareil m de mesure de point de ramollissement, appareil mesureur de la température de déforma-tion	измеритель точки раз-мягчения, измеритель температуры раз-мягчения
S 741	softening range	Erweichungsbereich m, Erweichungszone f	zone f de ramollissement, plage f (intervalle m) de ramollissement	зона (область) размягчения
	softening temperature	s. S 739		
S 742	softfeeling	angenehm weiches Griffge-fühl n	toucher m mou	мягкий на ощупь
	soft metal blank	s. H 270		
S 743	softness index (number, value)	Weichheitszahl f	indice m de souplesse	индекс (число) мягкости
S 744	soft resin	Weichharz n	résine f souple	мягкая (жидкая) смола
S 745	soft rubber	Weichgummi m	caoutchouc m souple	мягкая резина, мягкий кау-чук
	soiling	s. C 726		
S 746	solderability	Löteignung f, Lötbarkeit f	soudabilité f [à l'étain]	паяемость
S 747	solderable plastic finish	vor dem Löten nicht zu ent-fernende Kunststoff-schicht (Plastschicht) f, vor dem Löten nicht zu entfernender Kunststoff-lack (Plastlack) m (bei Drahtisolierungen)	couche f de plastique avec brasabilité	поддающийся пайке лак

S 748	**sole attaching updata** *(US)*	Sohlenbefestigung *f* an Schuhen *(im Spritzgießverfahren)*	attache *f* de semelle	прикрепление подошвы
S 749	**sole bonding**	Sohlenkleben *n*	collage *m* de semelles	склеивание подошв
	solenoid	*s.* C 663		
S 750	**solid [body]**	Festkörper *m*, fester Stoff *m*	solide *m*, corps *m* solide	твердое тело (вещество)
S 751	**solid-body laser**	Festkörperlaser *m*	laser *m* monolithique	твердотельный лазер
	solid content	*s.* S 763		
S 752	**solid female mould,** rigid female mould	feste Formteilmatrize *f*	matrice *f* fixe	твердая матрица
	solid-glass microsphere	*s.* G 96		
S 753	**solid-glass spherical filler**	Massivglaskugelfüllstoff *m*	microsphère *f* de verre pleine	наполнитель из массивных стеклошариков
S 754	**solidification**	Erstarrung *f*, Erstarren *n*	solidification *f*, coagulation *f*	затвердевание
	solidification of a melt	*s.* F 675		
	solidification point	*s.* S 325		
S 755	**solidification process**	Erstarrungsvorgang *m (der Schmelze beim Spritzgießen)*	processus *m* solidification	затвердевание материала *(при литье под давлением)*
S 756	**solidification rate**	Erstarrungsgeschwindigkeit *f*	vitesse *f* de solidification	скорость затвердевания
S 757	**solidify/to**	erstarren, festwerden	solidifier	затвердевать
S 758	**solidifying agent**	schaumverfestigender Stoff *m (für Schaumstoffherstellung)*	agent *m* gélifiant (solidifiant), gélifiant *m*, solidifiant *m*	пеностабилизатор
S 759	**solid lubricant**	Festkörperschmierstoff *m (für Gleitlager)*	lubrifiant *m* à solides	твердое смазочное средство, твердый смазочный материал
S 760	**solid mineral spherical filler**	Massivmineralkugelfüllstoff *m*	microsphère *f* minérale pleine	наполнитель из [массивных] минеральных шариков
S 761	**solid mould**	starres (gering deformierbares) Werkzeug *n*	moule *m* massif	массивная форма
S 762	**solid plastic spherical filler**	Massivkunststoffkugelfüllstoff *m*, Massivplastkugelfüllstoff *m*	microsphère *f* plastique pleine	наполнитель из [массивных] пластмассовых шариков
S 763	**solids content,** solid content	Festkörpergehalt *m (von Klebstoffen)*	teneur *f* en solides	содержание твердого материала *(в клее)*
S 764	**solids conveyance**	Feststoffbettförderung *f (in Extrudereinzugzone)*	transport *m* de solides	подача твердого материала *(зона загрузки)*
S 765	**solid spherical filler**	Massivkugelfüllstoff *m*	microsphère *f* pleine	[массивный] шаровой наполнитель
S 766	**solids section of the extruder**	Feststoffbereich *m* des Extruders	zone *f* de solides de l'extrudeuse	зона экструдера, в которой материал находится в твердом состоянии
S 767	**solid-state mixing**	Feststoffmischen *n*	mélange *m* des solides	смешение твердых материалов
S 768	**solid-state polymerization,** polymerization in solid phase	Festphasenpolymerisation *f*, Polymerisation *f* im festen Zustand	polymérisation *f* en phase solide	твердофазная полимеризация, полимеризация в твердой фазе
S 769	**solubility**	Löslichkeit *f*	solubilité *f*	растворимость
S 770	**solute**	anlösender Haftvermittler *m (Thermoplaste, Thermomere)*	solubilisant *m*	растворяющее вещество, усиливающее адгезию
S 771	**solution adhesive,** adhesive varnish, adhesive solution, adhesive soluble in organic solvent, solvent [soluble] adhesive, solvent-borne adhesive, solvent-based adhesive	Kleblack *m*, Lösungsmittelklebstoff *m*	adhésif *m* en solution, vernis *m* adhésif	склеивающий (клеящий) лак, растворенный клей
S 772	**solution polymerization**	Lösungspolymerisation *f*, Polymerisation *f* in der Lösung	polymérisation *f* en solution	полимеризация в растворе
S 773	**solution-solvent viscosity ratio,** viscosity ratio	Verhältnis *n* der Viskosität Lösung–Lösungsmittel, Viskositätsverhältnis *n*	rapport *m* de viscosité solution-solvant, rapport *m* de viscosité	отношение вязкостей раствор-растворитель
S 774	**solution spinning,** [solvent] spinning	Lösungsspinnen *n*, Schmelzespinnen *n*	filage *m* à chaud, filature *f* par fusion	формование (прядение) из расплава
S 775	**solvency**	Lösefähigkeit *f*, Lösekraft *f*	pouvoir *m* solvant	растворяющая способность
S 776	**solvent**	Kleblöser *m (für Anlöseklebung)*	solvant *m* jouant de rôle d'adhésif, solvant rendant les supports à coller adhésifs	склеивающий растворитель, клей-растворитель
S 777	**solvent**	Lösungsmittel *n*	solvant *m*	растворитель
	solvent[-based] adhesive	*s.* S 771		
S 778	**solvent-based hot paint stripping plant**	Lösungsmittel-Heißentlackungsanlage *f*	installation *f* de dévernissage des solvants à chaud	установка для удаления покрытий горячими растворителями
	solvent-based paint	*s.* S 780		

S 779	solvent-based printing ink	Lösungsmitteldruckfarbe f, lösungsmittelhaltige Druckfarbe f	encre f d'imprimerie à solvant, encre grasse à solvant	печатная краска с растворителем
	solvent bonding	s. S 803		
	solvent-borne adhesive	s. S 771		
S 780	solvent-borne paint, solvent-based paint	lösungsmittelhaltiger Anstrichstoff m, lösungsmittelhaltige Farbe f	colorant m à solvant	растворенный лакокрасочный материал
S 781	solvent-degreased	lösungsmittelentfettet	dégraissé au solvant	обезжиренный растворителем
S 782	solvent fluorination	Lösungsmittelfluorierung f	fluoration f par solvants	фторирование раствором
S 783	solvent-free, solventless	lösungsmittelfrei	exempt de solvant	не содержащий растворителей
S 784	solvent-free adhesive, solventless laminating adhesive	lösungsmittelfreier Klebstoff m	adhésif m exempt de solvant, colle f exempte de solvant	клей, не содержащий растворителей
S 785	solvent-free impregnating lacquer	Isoliertränklack m, lösungsmittelfreier Tränklack m	vernis m d'imprégnation sans solvant [pour]	пропиточный лак, не содержащий растворителей
S 786	solvent-free impregnating technique	lösungsmittelfreies Imprägnieren n	imprégnation f sans solvant	пропитка (импрегнирование) без применения растворителей
S 787	solvent-free lamination	Kaschieren n ohne Lösungsmittel, lösungsmittelfreies Kaschieren n	doublage m sans solvant	каширование без применения растворителей
S 788	solvent-free paint	lösungsmittelfreier Anstrichstoff m, lösungsmittelfreie Farbe f	colorant m exempt de solvants, agent m de peinture exempt de solvants	краска, не содержащая растворителей
S 789	solvent laminating	Lösungsmittelkaschieren n, Kaschieren n durch Lösungsmittel oder Lösungsmittelgemische	lamination f au solvant	дублирование растворителем
	solventless	s. S 783		
S 790	solventless application of coating, solventless coating application	lösungsmittelfreies Beschichten (Kaschieren) n	enduisage (revêtement, doublage) m sans solvants	сухое нанесение покрытий, нанесение покрытий без растворителя
	solventless laminating adhesive	s. S 784		
S 791	solventless silicone coating	lösungsmittelfreier Siliconüberzug m, lösungsmittelfreie Siliconbeschichtung f	revêtement m de silicone exempt de solvants, apprêt m au silicone exempt de solvants	нанесение кремнекаучука без растворителей
S 792	solvent mixture	Lösungsmittelgemisch n	mélange m de solvants, mélange de dissolvants	смесь растворителей
S 793	solvent moulding	Tauchen n in Lösung (zwecks Überzugbildung)	trempé m en solution	окунание, покрытие окунанием
S 794	solvent naphtha	Solventnaphtha n	solvant m naphta	сольвент-нафта
S 795	solvent polishing	Polieren n mit Lösungsmitteln, Lösungsmittelpolieren n	polissage m au solvant	полировка растворителем
S 796	solvent popping	Lösungsmittelbläschen npl (in verfestigten Schichten)	bulles fpl de solvant	пузырьки растворителя (в отвержденных покрытиях)
S 797	solvent recovery	Lösungsmittelrückgewinnung f, Lösungsmittelwiedergewinnung f	récupération f du solvant	регенерация (рекуперация) растворителя
S 798	solvent recovery plant, plant for solvent recovery	Lösungsmittelrückgewinnungsanlage f	installation f de récupération de solvants, installation f pour la récupération de solvants	установка для рекуперации растворителей
S 799	solvent resistance, resistance to solvents	Lösungsmittelbeständigkeit f	résistance f à un solvant, résistance aux solvants	стойкость к растворителям, стойкость к действию растворителей
	solvent sealing	s. S 803		
	solvent soluble adhesive	s. S 771		
	solvent spinning	s. S 774		
S 800	solvent stress crazing	Lösungsmittelspannungsrißkorrosion f	corrosion f fissurante au solvant	коррозионное растрескивание воздействием растворителя
S 801	solvent tolerance	Lösungsmittelaufnahmefähigkeit f (von Anstrichstoffen)	tolérance f aux solvants	поглотительная способность растворителя
S 802	solvent vapour	Lösungsmitteldampf m	vapeur f de solvant	пар растворителя
S 803	solvent welding, solvent sealing, solvent bonding	Quellschweißen n, Thermoplastkleben (Thermomerkleben) n durch Lösungsmittel oder Lösungsmittelgemische, chemisches Schweißen n, Lösungsmittelkleben n	soudage (collage) m au solvant, collage m par solvant, soudage m par solvant, soudage à froid	сварка с помощью растворителей, склеивание растворителем

	sonic converter	s. U 17		
S 804	sonotrode, Mason horn, horn, ultrasonic (supersonic, welding) horn	Sonotrode f, Ultraschallschweißwerkzeug n, Schweißhorn n, Ultraschallschweißhorn n, Mason-Horn n	électrode f ultrasonique, sonotrode f	ультразвуковой сварочный инструмент
S 805	sonotrode output face	ausgangsseitige Sonotrodenstirnfläche f	face f [frontale] de sortie de la sonotrode	рабочая поверхность инструмента ультразвуковой сварки
	soot	s. B 213		
S 806	sophisticated extruder	Extruder m mit veränderten Eigenschaften, hochgezüchteter (umgebauter) Extruder m	extrudeuse (boudineuse) f sophistiquée	модифицированный экструдер
S 807/8	sorption	Sorption f	sorption f	сорбция
	sorted plastics waste	s. U 81		
S 809	sorting plant	Sortieranlage f	installation f de triage, appareil m classeur	сортировка
S 810	sound-absorbing material, sound-insulating material	Dämmstoff m, schallisolierender Stoff m	matière m insonore (absorbant le son)	звукопоглотитель
S 811	sound-absorbing plastic	schalldämmender Kunststoff (Plast) m	plastique m insonore (absorbant le son)	звукопоглощающий пластик
S 812	sound absorption, absorption of sound	Schallabsorption f, Schallschluckung f	absorption f acoustique (du son)	поглощение звука, звукопоглощение, звукоабсорбция
	sound-damping property	s. S 814		
S 813	sound emission analysis, SEA, acoustic emission analysis	Schallemissionsanalyse f, SEA (für Defektuntersuchungen)	analyse f d'émission acoustique, analyse f de l'émission de sons	анализ по звуковому просвечиванию
	sound-insulating material	s. S 810		
S 814	sound-insulating property, sound-damping property	schalldämmende (schalldämpfende) Eigenschaft f	propriété f d'isolement acoustique (phonique, sonore, contre le bruit), propriété f d'amortissement de bruit, propriété f d'insonorisation	звукоизолирующее (звукоизоляционное) свойство, свойство шумоглушения
S 815	sound insulation, acoustical insulation	Schallisolierung f, Schalldämmung f	isolement m acoustique (phonique)	звукоизоляция, изоляция от звука, заглушение звука, акустическая изоляция
S 816	sound-insulation board, acoustical insulation board	Schalldämmplatte f, Schallisolierplatte f	panneau m d'isolement acoustique (phonique), panneau m isolant acoustique (phonique)	звукоизоляционная плита
S 817	sound receiver	Schallaufnehmer m (für Durchschallungsprüfung)	récepteur m de son (essai ultrasonique par transmission)	приемник звука, звукоприемник, звукоулавливатель
S 818	sound transducer	Schallwandler m	transducteur m acoustique	электроакустический преобразователь
S 819	sound transparency	Schalldurchlässigkeit f	transmittance f acoustique; perméabilité f au son	звукопроницаемость
S 820	source image	Lichtquellenabbild n	image f de la source lumineuse	изображение источника света
S 821	space	Zwischenraum m, Abstand m, Raum m (zwischen Elektroden)	écartement m (des pointes d'électrodes), ouverture f, distance f (d'électrodes)	расстояние, промежуток
S 822	space-charge distribution	elektrische Raumladungsverteilung f	distribution f de charge d'espace	распределение объемного заряда
S 823	spacer, spacer plate	Abstandplatte f, Abstandshalterung f, Distanzstück n, Unterlegplatte f, Unterlegstück n	butée f d'espacement, pièce (plaque) f d'écartement, plaque f de calage	дистанционная плита, отделитель, распорка, подкладка, подложка, распорный элемент, упор
S 824	spacer fork and spring box mould	Formteilpreßwerkzeug n mit Distanzgabel und Federelement	moule m avec fourche d'espacement et cage à ressort	пружинная пресс-форма с дистанционным элементом
	spacer plate	s. S 823		
S 825	spacer ring, spacing ring	Zwischenring m, Distanzring m	rondelle f d'écartement, bague f intermédiaire	прокладное (распорное) кольцо
S 826	spacing clamp (clip)	Abstandsschelle f	collier m d'espacement, collier d'écartement	дистанционный хомут
	spacing clip bracket	s. P 279		
	spacing ring	s. S 825		
S 827	spacing washer	Distanzscheibe f	cale f d'épaisseur	распорная шайба
S 828	spaghetti	extrudierte Rundstränge mpl	spaghettis mpl	стержни (экструзия)
	spallation	s. S 829		
S 829	spalling, spallation, chipping	Absplittern n, Absplitterung f	éclatement m, fragmentation f	откалывание
	spalling	s. a. F 288		

S 830	spalling failure	Bruch *m* durch sehr kurzzeitig einwirkende dynamische Impulse	rupture *f* par impulsions momentanées	излом в результате коротких динамических импульсов
S 831/2	spalling resistance	Spaltwiderstand *m*	résistance *f* au fendage, résistance au clivage	сопротивление расслаиванию
	spalling test	*s.* C 380		
	spalling testing	*s.* C 380		
S 833	spark discharge	Funkenentladung *f*	décharge *f* disruptive (d'étincelle, à étincelles, par étincelles), jaillissement *m*	искровой разряд
S 834	spark discharge method	Funkenentladungsverfahren *n*	méthode *f* de décharge disruptive (d'étincelle, à étincelles, par étincelles)	метод искрового разряда
S 835	spark erosion	Funkenerosionsverfahren *n* *(für die Werkzeugbearbeitung)*	érosion *f* à l'étincelle	электроискровая обработка
	spark erosion technique	*s.* E 281		
S 836	spark gap	elektrische Funkenstrecke *f*	entrode *f*, éclateur *m* [à étincelles], distance *f* (pont *m*) d'éclatement, distance explosive, spark gap *m*	искровой разрядник (промежуток)
S 837	spark-over	Funkenüberschlag *m* *(an HF-Schweißelektroden)*	éclatement *m* d'étincelles	искровое перекрытие
	spark-over voltage	*s.* F 346		
S 838	spark testing	Funkentest *m* *(Kabelummantelung)*, Funkenprüfung *f*	essai (test) *m* à l'étincelle	искровое испытание
	spar varnish	*s.* B 295		
S 839	spatially cross-linked structure	räumlich vernetzte Struktur *f*	structure *f* à réticulation spatiale	пространственная (трехмерно сшитая) структура
	spattle, spatula	*s.* T 592		
S 840/1	special engineering plastic	Spezialkonstruktionskunststoff *m*, Spezialkonstruktionsplast *m*, Konstruktionskunststoff (Konstruktionsplast) *m* für Sonderzwecke	plastique *m* spécial pour constructions	специальный пластик конструкционного назначения
	special-grade synthetic resin	*s.* F 626		
S 842	special-purpose adhesive	Spezialklebstoff *m*	colle *f* spéciale	специальный клей, клей специального назначения
S 843	special-purpose extruder	Einzweckextruder *m*, Spezialextruder *m*, Extruder *m* in Sonderbauweise	extrudeuse (boudineuse) *f* spéciale (particulière)	специальный экструдер, червячный пресс специального назначения
S 844	special-purpose screw	Einzweckschnecke *f* für Extruder *(Schnecke zur Verarbeitung eines Werkstoffs)*	vis *f* spéciale (particulière)	особый червяк *(для переработки одного материала)*
S 845	special putty	Spezialkitt *m*	lut *m* spécial, mastic *m* spécial	специальная замазка, специальная шпатлевка
S 846	special welding process	Sonderschweißverfahren *n*	processus (procédé) *m* de soudage spécial, méthode *f* de soudage spéciale, soudage *m* spécial	специальный сварочный метод
S 847	specific adhesion	stoffspezifische Haftung (Haftkraft) *f*	adhérence *f* spécifique	удельная адгезия; адгезия, зависящая от природы веществ
S 848	specific gravity	Dichtezahl *f*, relative Dichte *f*	densité *f* spécifique	относительная плотность
	specific-gravity bottle	*s.* P 1141		
S 849	specific heat [capacity]	spezifische Wärmekapazität *f*	chaleur *f* spécifique	удельная теплоемкость
	specific insulation resistance	*s.* R 309		
S 850/1	specific moulding pressure, specific pressure	spezifischer Preßdruck *m*	pression *f* de moulage spécifique	удельное давление [прессования]
S 852	specific moulding volume, specific volume of moulding	spezifisches Formteilvolumen *n*	volume *m* spécifique d'objet moulé	удельный объем изделия
	specific pressure	*s.* S 850/1		
S 853	specific surface	spezifische Oberfläche *f*	surface *f* spécifique	удельная величина поверхности
S 854	specific viscosity	spezifische Viskosität *f*	viscosité *f* spécifique	удельная вязкость
	specific volume of moulding	*s.* S 852		
	specimen	*s.* T 170		
S 855	specimen geometry	Probengeometrie *f*, Prüfkörpergeometrie *f*	géométrie *f* des éprouvettes	форма образца, геометрия образца

S 856	specimen with crack at edge	Prüfkörper m mit Randanriß	éprouvette f (spécimen m) à la fissure au bord	образец с надрезом на канте
S 857	speck	(von Feuchte der Formmasse herrührender) Oberflächenfehler m an Formteilen	défaut m de moulage (dû à l'humidité de la matière à mouler)	пятно (дефект от влажности материала)
	speck	s. a. S 941		
	specking	s. S 945		
S 858	spectral analysis	Spektralanalyse f	analyse f spectrale	спектральный анализ
S 859	spectral transmission	spektrale Durchlässigkeit f	transmission f spectrale	спектральная проницаемость
S 860	specular gloss	Spiegelglanz m	brillant (poli) m spéculaire	зеркальный блеск
S 861	specular reflection value	Spiegelreflexionskoeffizient m	facteur m de réflexion régulière	коэффициент зеркального отражения
S 862	speed of assembly	Fügegeschwindigkeit f, Montagegeschwindigkeit f, Konfektioniergeschwindigkeit f	vitesse f d'assemblage, vitesse de montage	скорость монтажа (при соединении)
S 863	speed of impact	Auftreffgeschwindigkeit f	vitesse f de choc	скорость наталкивания
	speed of propagation	s. P 1057		
S 864	speed of revolution, speed of torque (US)	Umdrehungsgeschwindigkeit f	vitesse f de rotation	скорость вращения
	speed of testing	s. T 161		
	speed of torque	s. S 864		
S 865	speed of water absorption	Wasseraufnahmegeschwindigkeit f	vitesse f d'absorption d'eau	скорость водопоглощения
S 866	speed range	Drehzahlbereich m, Geschwindigkeitsbereich m	gamme f de vitesse (régimes), régime m de vitesse	скоростной диапазон
S 867	speed-up roll	Beschleunigungswalze f	rouleau m accélérateur	ускоряющий валик
S 868	speed variator	Geschwindigkeitsregler m	régulateur (variateur) m de vitesse, dispositif m variateur de vitesse	регулятор скорости
S 869	speedwall joint	mehrfache keilförmige Zapfen-Nut-Klebverbindung f	joint m en coin par tenons et mortaises multiples	многократное клеевое соединение деталей с коническими шипами и пазами
	spew	s. E 341		
	spew groove	s. F 334		
	spew line	s. F 338		
S 870	spew relief	Füllraumspiel n (Spiel zwischen Werkzeugpatrize und Werkzeugmatrize)	jeu m (chambre de charge)	зазор (между матрицей и пуансоном)
	spew way	s. F 334		
S 871	spherical filler	kugelförmiger Füllstoff m	charge f microsphérique	шаровой наполнитель
S 872	spherical lubrication head	Kugelschmierkopf m	tête f de lubrification sphérique	шарообразная смазочная головка
S 873	spherulite	Sphärolith m	sphérolite m	сферолит, глобула
S 874	spherulitic	sphärolithisch	sphérolithique	глобулярный
S 875	spherulitic growth	sphärolithisches Wachstum n	croissance f sphérolithique	рост сферолитов, рост глобулей
S 876	spider	Drehhalter m, drehbarer Halter m, Drehkreuz n	support m rotatif (tournant)	поворотный крест
S 877	spider	kreuz- oder sternförmige Werkzeugdrückplatte f	plateau m éjecteur (d'éjection) en croix (étoile)	звездообразная плита выталкивателя
S 878	spider	Schwefel m für Kautschukklebstoffe	soufre m (colle de caoutchouc)	сера (сшивающий агент в резиновых клеях)
S 879	spider	Dornhaltersteg m	araignée f	дорнодержатель
S 880	spider fin	sternförmig angeordneter Dornhaltersteg m (Extruder)	araignée f en étoile	звездообразный дорнодержатель
S 881	spider head	Dornhalterkopf m, Steghalterkopf m (an Extruderblaswerkzeugen), Dornhaltekopf m (für Blasformen von Folien)	tête f à ailettes de centrage de la torpille, tête f à mandrin (pour le soufflage des feuilles)	наконечник дорнодержателя
S 882	spiderlike spreader sprue	Angußverteilerspinne f	canal m principal de grappe	звездообразный распределитель литника
S 883	spiderlike sprue	Angußspinne f (an Spritzgußteilen)	grappe f	звездообразная конструкция литника
S 884	spigot	spitzes (zugeschärftes) Rohrende n	tube m biseauté	острый конец трубы
	spigot	s. a. S 626		
	spigot-and-socket joint	s. 1. P 487; 2. S 730		
	spin-bonded fabric	s. S 1017		
S 885	spin cast polyamide	Schleudergießpolyamid n, Polyamid n für Schleudergießen	polyamide m de fonte centrifugée	полиамид для центробежного литья

S 886	**spin-die manifold,** spinning bar	Spinnbalken *m (für Schmelzespinnen)*	collecteur-répartiteur *m*	короб с расплавопроводом *(распределяющим расплав по прядильным местам)*
S 887	**spindle**	Spindel *f,* Welle *f,* Achse *f*	arbre *m;* essieu *m;* tige *f* filetée, vis *f*	шпиндель, винт
S 888	**spindle-chain conveyor**	Spindelkettenförderer *m (Lackieranlage)*	installation *f* de convoyage par chaînes à broches	шпиндель-цепной транспортер
S 889	**spindle cutter**	Hülsenschneider *m,* Hülsenschneideinrichtung *f*	dispositif *m* de découpage des douilles	резальное устройство для гильз
S 890	**spindle mill**	Spindelmühle *f*	broyeur *m* à aiguilles (chevilles)	стержневая мельница
S 891	**spin-draw-winding machine**	Spinnstreckspulmaschine *f*	machine *f* filature-étirage-bobinage	прядильно-вытяжная перемоточная машина
S 892	**spinnability**	Spinnfähigkeit *f,* Spinnbarkeit *f (von Fasern)*	filabilité *f,* aptitude *f* à l'extrusion	прядомость, прядильная способность
S 893	**spinneret [nozzle],** spinning nozzle, fibre spinning die, platinum bushing *(US)*	Spinndüse *f*	buse *f* de filage, filière *f* [pour filament]	фильера
	spinning	s. S 774		
	spinning bar	s. S 886		
S 894	**spinning disk**	Spinnscheibe *f*	disque *m* de filage	прядильный диск
	spinning dope	s. S 903		
S 895	**spinning extruder**	Spinnextruder *m (Extruder zur Herstellung synthetischer Fäden)*	boudineuse (extrudeuse) *f* pour fibres synthétiques	червячный пресс для изготовления нитей, экструдер для производства моноволокон
S 896	**spinning extrusion**	Spinnextrusion *f*	extrusion *f* par filage (filature)	экструзия тонких нитей
S 897	**spinning funnel**	Spinntrichter *m*	entonnoir (godet) *m* de filage, trémie *f* de filature	прядильная воронка
S 898	**spinning head**	Spinnkopf *m*	tête *f* à filer	головка с фильерой, прядильная головка
S 899	**spinning machine**	Spinnmaschine *f*	fileuse *f*	прядильная машина
S 900	**spinning mandrel**	Drehdorn *m (für Schleudergießen)*	mandrin *m* rotatif	вращающийся дорн *(для центробежного литья)*
	spinning nozzle	s. S 893		
	spinning plant	s. S 906		
S 901	**spinning pot**	Spinntopf *m*	pot *m* de filage	прядильная кружка
S 902	**spinning pump**	Spinnpumpe *f*	pompe *f* de filature	прядильный (дозирующий) насос
S 903	**spinning solution,** spinning dope *(US)*	Spinnlösung *f*	solution *f* de filage	прядильный раствор
S 904	**spinning-stretching machine**	Spinnstreckmaschine *f*	banc *m* d'étirage	машина для растягивания прядильных нитей
S 905	**spinning-stretching-texturizing machine**	Spinnstrecktexturiermaschine *f*	machine *f* à étirer et à texturer par filage	машина для прядильного текстурирования
S 906	**spin plant,** spinning plant	Spinnanlage *f (für synthetische Fasern)*	installation *f* de filage, installation *f* de filature	прядильное устройство
	spin-welding	s. F 700		
	spin-welding disk	s. F 701		
	spiral conveyor	s. S 113		
S 907	**spiral dryer,** helical dryer	Drallrohrtrockner *m*	séchoir *m* tubulaire à spirale	спиральная сушилка
S 908	**spiral flow distributor**	spiralförmiger Strömungsverteiler *m*	distributeur *m* de flux en spirale	спиральный распределитель течения
	spiral flow test	s. S 914		
S 909	**spiral guide**	Zwangsführungsspirale *f*	guide *m* spirale, spirale *f* de guidage	направляющая спираль
S 910	**spiral labelling**	Spiraletikettierung *f*	étiquetage *m* en spirale	спиральное этикетирование
S 911	**spiral mandrel die**	Wendelverteilerwerkzeug *n (Extruder)*	moule *m* distributeur en spirale	головка со спиральным распределителем
S 912	**spiral mandrel distributor**	Wendelverteiler *m (Extrusionsspritzkopf)*	répartiteur *m* hélicoïdal	спиральный распределитель
S 913	**spiral spindle,** helical spindle	Drallspindel *f*	vis *f* hélicoïdale (spirale)	завихритель
S 914	**spiral test,** helix test, spiral flow test	Spiraltest *m (zur Ermittlung der Fließfähigkeit von Formmassen)*	essai (test) *m* à la spirale	испытание текучести литьевой спиральной формой
S 915	**spiral test flow number**	mit dem Spiraltest ermittelte Fließfähigkeitszahl *f*	indice *m* de fluidité à la spirale, indice d'écoulement à la spirale	число вязкости по спиральному тесту
S 916	**spirit lacquer (varnish)**	Spirituslack *m*	vernis *m* à l'alcool	спиртовой лак
S 917	**splash**	spritzerförmiger Formteilfehler *m,* spritzerförmige Markierung *f (Fehler an Spritzlingen)*	bavure *f,* foirage *m,* toile *f (défaut)*	брызгообразный дефект на изделии
S 918	**splashing**	Verspritzen *n (Flüssigkeiten)*	projection *f (liquides)*	разбрызгивание, распрыскивание

	English	German	French	Russian
	splay	s. T 368		
S 919	splicing tape	Klebfolie f mit Gewebeträger	adhésif m en feuille (support textile)	липкая тесемка
	splined feed zone	s. G 231		
S 920	splint, cotter pin	Splint m	goupille f fendue	шплинт
	spint board	s. C 292		
S 921	split/to	spalten	fendre, cliver	отщеплять
S 922	split	Backenteilung f (Werkzeug)	coin m (moule)	разъем матрицы (пресс-форма)
S 923	split	Schiebebacke f (an Werkzeugen)	coquille f	разъемная деталь формы
	split-cavity mould	s. S 930		
S 924	split core	geteilter Kern m (Verarbeitungswerkzeug)	moule m à coins	двухчастная патрица
S 925	split-feed technique	Split-feed-Technik f (Compoundieren mit örtlich getrennter Zugabe der Mischungskomponenten)	complexage m suivant la split-feed	компаундирование с подачей компонентов по разным местам
S 926	split fibre yarn, slit fibre yarn	fibrillierter Folienfaden m, Spaltfasergarn n	fibranne f	фибрильная нить (из пленки)
	split-follower mould	s. S 930		
S 927	split knitting	Splitknitting n, Folienbandgewebe n, Gewebe n aus Folienbändern	tricotage m de fibrilles, tricotage de bandelettes	ткань из пленочных лент
	split knitting	s. a. S 934		
S 928	split knitting machine	Webmaschine f für Folienbänder	métier m à tricoter les bandelettes	ткацкий станок для пленочных полос
	split line	s. S 300		
S 929	split mandrel	Spaltdorn m, mehrteiliger Dorn m (zum Biegen von Halbzeug)	mandrin m cylindrique	сборный дорн
S 930	split mould, split-cavity mould, split-follower mould, split taper (wedge, ring) mould	Werkzeug n mit geteilten Backen, Schieberwerkzeug n, mehrteiliges Werkzeug	moule m à coins, moule m composite, moule à plusieurs parties de l'empreinte	форма со сложными щеками матрицы, пресс-форма с составными щеками в матрице, кассетная пресс-форма, сложная форма, пресс-форма с разъемной матрицей
	split of mould	s. M 525		
	split ring (taper) mould	s. S 930		
	splitting	s. S 52		
S 931	splitting-off	Abspalten n, Abspaltung f	dédoublement m	отщепление
S 932	splitting tendency	Spleißneigung f	tendance f à l'épissure	склонность к сплетанию
	split up into components/to	s. D 32		
S 933	split weaving	webbares Folienband n	bandelette f de feuille (polyoléfine) tissable	полиолефиновая лента для ткани
S 934	split weaving, split knitting	Spaltwebverfahren n für Folienbänder, Spaltwirkverfahren n	tissage m de bandelettes	ткацкий способ после раздробления пленок
	split wedge mould	s. S 930		
S 935	spoiled casting	Fehlguß m (Harzgießtechnik)	défaut m de coulée, coulage m manqué	дефектное литое изделие
S 936	sponge	Schwamm m, schwammförmiger Schaumstoff m	éponge f, matériau m spongieux	губка, пена
S 937	sponge rubber	Schwammgummi m	caoutchouc m spongieux	губчатая резина
S 938	sponge section	Schäumzone f	zone f de moussage	зона пенообразования
	sponging agent	s. B 263		
S 939	spontaneous ignition	Selbstentzündung f	ignition f spontanée, inflammation f spontanée	самовоспламенение, самовозгорание
	spool	s. B 297		
	spooler	s. W 252		
S 940	spoon agitator	Löffelrührer m	agitateur m lenticulaire	ложечная мешалка
S 941	spot, stain, speck	Fleck m (an Formteilen und Beschichtungen)	tache f	пятно (на поверхности изделий или покрытий)
S 942	spot gluing	Punktleimverfahren n, Punktverleimung f, Punktklebverfahren n, Punktkleben n	collage m par points, collage ponctuel	точечное склеивание
S 943	spot lamp	Punktstrahllampe f (Lichtstrahlschweißen)	lampe f ponctuelle	фокусированная лампа
S 944	spot press	Schnellheizpresse f	presse f au chauffage rapide	пресс, обогреваемый парами высокого давления
	spot resistance	s. S 1058		
S 945	spotting, specking, staining	Fleckenbildung f	formation f de taches	образование пятен
S 946	spot weld	Punktschweißnaht f	soudure f de (par) points	шов от точечной сварки
S 947	spot-weld bonded joint	Punktschweißklebverbindung f	assemblage m collé et soudé par points	соединение склеиванием и точечной сваркой

S 948	spot-welded joint	punktgeschweißte Verbindung *f*	joint *m* soudé par points	точечное сварное соединение
S 949	spot welder, spot welding machine	Punktschweißmaschine *f*	soudeuse *f* de points, machine *f* à souder par points	машина для точечной сварки
S 950	spot welding	Punktschweißen *n*, Punktschweißverfahren *n*	soudage *m* de (par) points	точечная сварка
S 951	spot welding gun	Punktschweißpistole *f*	pistolet *m* à souder par points	пистолет для точечной сварки
	spot welding machine	*s.* S 949		
S 952	spray	komplette Mehrfachspritzung *f*	injection *f* multiple avec grappe	многогнездное литье
S 953	sprayability	Spritzfähigkeit *f*, Sprühfähigkeit *f* (*Überzugherstellung*)	pulvérisabilité *f*	напыляемость, способность наноситься напылением
	sprayable adhesive	*s.* S 954		
S 954	spray adhesive, sprayable adhesive	Sprühklebstoff *m*, sprühfähiger (sprühbarer) Klebstoff *m*	adhésif *m* apte à la pulvérisation, colle *f* pulvérisable	клей для мелкокапельного опрыскивания, распыляемый клей
	spray-applied wrapping	*s.* C 448		
S 955	spray coating	Sprühbeschichten *n*	couchage *m* par aspersion (pulvérisation)	напыление
S 956	spray cooling	Wassersprühkühlung *f* (*für Extrudate*)	réfrigération *f* par pulvérisation d'eau	охлаждение разбрызгиванием воды
S 957	spray cooling tank	Sprühkühlbad-Behälter *m* (*für Extrudat*)	bac *m* de refroidissement par aspersion	ванна для охлаждения распылением воды
S 958	spray drum	Drehtrommel *f* mit innenliegender Sprühdüse (*zum Klebstoffauftrag*)	tambour *m* de pulvérisation (*application de colle*)	вращающийся барабан со внутренними распылителями
S 959	spray dryer	Zerstäubungstrockner *m*, Sprühtrockner *m*	séchoir *m* à pulvérisation, séchoir-atomiseur *m*	распылительная сушилка
S 960	spray drying	Sprühtrocknung *f*, Zerstäubungstrocknung *f*	séchage *m* par pulvérisation	распылительная сушка
	sprayer	*s.* A 586		
	sprayer for mould lubricant	*s.* M 531		
S 961	spray foam	Sprühschaumstoff *m*, durch Spritzen (Sprühen) hergestellter Schaumstoff *m*	mousse *f* pistolée	изготовление пенопласта пульверизацией
	spray foaming	*s.* F 557		
S 962	spray foaming gun	Schaumstoffspritzpistole *f*, Schaumstoffsprühpistole *f* (*zur Herstellung von Polyurethanschaumstoffen*)	pistolet *m* de projection (*p. ex. mousse polyuréthanne*)	распылитель (для пенополиуретана)
S 963/4	spray gun	Spritzpistole *f*, Sprühpistole *f*	pistolet *m* à enduire, pistolet *m* de projection	пульверизатор, пистолет-распылитель
S 965	spraying	Sprühen *n*	pulvérisation *f*, atomisation *f*, projection *f*	напыление
	spraying	*s. a.* S 968		
S 966	spraying lacquer	Spritzlack *m*	peinture *f* (vernis *m*) au pistolet	лак, наносимый напылением
	spraying machine	*s.* F 538		
S 967	spraying plant	Sprühanlage *f*, Spritzanlage *f*	installation *f* de pulvérisation (projection), installation d'atomisation	распылительная установка
	spray moulding	*s.* S 969		
	spray nozzle	*s.* A 587		
S 968	spray-up, spraying	Spritzen *n*, Aufspritzen *n* (*von Überzügen*)	pistolage *m*, projection *f* simultanée, projection *f*, pulvérisation *f*	нанесение покрытия пульверизацией, распыление
S 969	spray-up technique, spray moulding, fibre spraying, fiber spray gun molding (*US*)	Faser-Harz-Spritzen *n*	pistolage *m* de fibres	изготовление (переработка) стеклопластиков напылением, одновременное напыление рубленого стекловолокна и связующего, одновременное напыление смолы и стекловолокон
	spray-webbing	*s.* C 448		
S 970	spread/to	verlaufen, sich ausbreiten, auseinanderlaufen (*Farbstoffe*)	se fondre (*couleurs*)	разливаться, растекаться
S 971	spread/to	ausbreiten, verteilen	étendre, étaler	разливать, распределять
S 972	spread	Klebstoffauftragsmenge *f*	quantité *f* de colle déposée	расход клея
	spreadable life	*s.* W 291		
S 973	spread adhesive, adhesive spread on adherend, glue film, film glue	Klebschicht *f* (*aufgetragener Klebstoff*)	film *m* de colle	слой клея (*нанесенный клей*)
S 974	spread beam, wide angle luminaire	Breitstrahler *m* (*Lichtstrahlschweißen*)	luminaire *m* extensif	широкоизлучатель

	spread coater	s. C 433		
	spread coating	s. 1. K 31; 2. S 980		
S 975	spread-coating paste	Beschichtungspaste f	pâte f d'enduction	паста для нанесения покрытий
S 976	spread-coating plastisol	Beschichtungsplastisol m	plastisol m de couchage, plastisol de revêtement	пластизоль для нанесения, пластизоль для покрытия
	spreader	s. W 221		
S 977	spreader coating	Streichmaschinenlackieren n, Streichmaschinenauftrag m von Anstrichstoffen	machine f à appliquer la peinture, vernissage m à la machine à enduire	нанесение лака шпредингмашиной
S 978	spreader roll, gluing cylinder	Klebstoffauftragswalze f	rouleau m répartiteur de colle, rouleau à encoller	валок (ролик) для нанесения клея
	spreader roll	s. a. P 841		
	spreader screw	s. S 988		
S 979	spreading	Spreiten n, Ausfließen n	étalement m	растекание
S 980	spreading, spread coating	Streichbeschichten n, Beschichten n durch Streichen	enduction f	нанесение покрытия (слоя), промазка, намазывание
	spreading agent	s. W 221		
S 981	spreading calender	Streichkalander m	calandre f à enduire	промазочный (обкладочный) каландр
S 982	spreading device	Spreizvorrichtung f (an Hohlkörperblaswerkzeugen)	élargisseur m, extenseur m, déplisseur m	разжимное устройство (выдувного агрегата)
S 983	spreading machine, blade coater, knife coater (US)	Rakelstreichmaschine f, Rollenstreichmaschine f, Walzenstreichmaschine f, Walzenrakelmaschine f	machine f à enduire à rouleaux (la racle)	ракельная машина для нанесения, машина для нанесения раклей, шпредингмашина с раклей
	spreading machine	s. a. C 433		
S 984	spreading mixture	Streichmischung f, Mischung f für Beschichtungen	mélange m à enduire	наносимая смесь
S 985	spreading of powder adhesive	Aufstreuen n von pulverförmigem Klebstoff	application f de colle pulvérulente (en poudre)	напыление порошкового клея
S 986	spreading paste	Streichpaste f	pâte f à enduire	паста, наносимая намазкой
S 987	spreading rate	Auftragsergiebigkeit f (Kleb- und Anstrichstoffe)	pouvoir m couvrant (peinture et colle)	выбираемость (краски и клея)
S 988	spreading screw, spreader screw	Auftragsschnecke f, Austragsschnecke f	vis f sans fin d'application	шнек для нанесения
	spreading weight	s. C 442		
	spread of fire	s. S 989		
S 989	spread of flame, spread of fire, surface spread of flame	Brennlänge f (Untersuchung des Brandverhaltrens)	propagation f de la flamme	распространение пламени
S 990	spread spontaneously/to	Klebstoff spreiten (Oberfläche optimal benetzen)	appliquer (étaler) la colle	наносить клей
S 991	spring-absorber model	Feder-Dämpfer-Modell n	modèle m au ressort et à l'amortisseur	модель с пружиной и демпфером
S 992	spring-actuated roller presser	federbetätigte Anpreßrolle f (Schweißmaschine)	poulie f mobile de serrage par ressort	пружинный ролик нажатия
S 993	spring ejector	federkraftbetätigter Auswerfer m, mit Federkraft betätigter Ausdrückstift m	éjecteur m à ressort	выталкиватель с пружиной, пружинный выталкиватель
S 994	spring-loaded sprue gun	federkraftbetätigte Pistole f zur Entfernung von eingefrorenen Angüssen (Spritzgießwerkzeug)	pistolet m à effet de ressort pour éliminer des culots d'injection durcis	пружинный пистолет для удаления литников
S 995	spring pad	federnder Niederhalter m	serre-flan m à ressort	пружинная зажимная рама
	sprue	s. G 21		
S 996	sprue and runners, feed system (US)	Angußspinne f	grappe f de moulage	литниковая система в виде паука
S 997	sprue bush[ing], feed bush, nozzle, adapter	Angußbuchse f (von Spritzgießwerkzeugen)	buse f de pot d'alimentation, douille (buse) f de carotte, buse d'alimentation	литниковая втулка
S 998	sprue channel, sprue runner	Angußkanal m (an Spritzgieß- oder Spritzpreßwerkzeugen)	canal m de carotte	литниковый канал
S 999	sprue cone	Anguß[kegel] m (am Werkstück)	carotte f	стояк литникового канала, литник
S 1000	sprue demoulding robot	Anguß-Entnahmeroboter m, Anguß-Entnahmeautomat m, Anguß-Entnahmegerät n	robot m à extraire le culot d'injection	автомат для выемки литников
S 1001	sprue design, design of sprue	Angußgestaltung f	configuration f du culot d'injection	вид литника

S 1002	sprue ejector, sprue ejector pin, anchor pin	Angußstutzendrückstift m, Angußausdrückstift m (an Spritzpreßwerkzeugen)	extracteur m de carotte, accroche-carotte m, arrache-carotte m, éjecteur m de carotte, goujon m d'ancrage	выталкиватель литника
	sprue ejector bar	s. E 31		
	sprue ejector pin	s. S 1002		
	sprueless compression injection moulding	s. S 1003		
	sprueless injection	s. R 600		
S 1003	sprueless injection-compression moulding, sprueless compression injection moulding	angußloses Spritzprägen n	moulage m par injection-compression sans carotte	безлитниковое инжекционное прессование
	sprueless injection moulding	s. R 600		
S 1004	sprueless lateral direct injection	angußloses seitliches Direktanspritzen n	injection f directe latérale	безлитниковое литье угловой компоновки
	sprueless mould	s. R 599		
	sprueless moulding	s. R 600		
S 1005	sprueless nozzle	Spritzdüse f für angußloses Spritzgießen, angußlose Spritzdüse	buse f [d'injection] sans carotte	сопло для литья точечным литником, сопло для безлитникового литья
S 1006	sprueless pinpoint gating	angußloses Punktanspritzverfahren n, angußloses Punktanspritzen n	injection f capillaire sans carotte	безлитниковое точечное литье
S 1007	sprue lock	Angußabreißstück n (Werkzeug)	extracteur m de carotte, arrache-carotte m	отрыватель литника
S 1008	sprue lock pin, pull-back pin	Angußzieher m (an Spritzgießwerkzeugen)	accroche-carotte m, arrache-carotte m	сбрасыватель
S 1009	sprue mark, gating point	Angußstelle f, Anschnittstelle f (an Formteilen)	culot m (pièce moulée)	след от литника, место литника
S 1010	sprue-picker	Angußpicker m, Angußentferner m	coupe-carotte m	устройство для удаления литника
S 1011	sprue plate	Angußplatte f	plaque f de carotte	плита центрального литника
S 1012	sprue puller, anchor	Angußabreißer m, Angußabreißvorrichtung f	extracteur m de carotte	отсоединительная часть литника пресс-формы
S 1013	sprue removal and deflashing automaton	Angußentfernungs- und Entgratungsautomat m	appareil m automatique pour enlever la carotte et pour ébavurage	автомат для удаления литников и гратов
	sprue runner	s. S 998		
	sprue separation	s. S 304		
S 1014/ 1015	sprue separator	Angußtrenner m, Angußabtrenner m	coupe-carotte m	отделитель литника
	sprue slug	s. G 21		
	sprue splay	s. G 27		
	sprue type	s. G 28		
S 1016	sprue waste	Angußabfall m, Angußverlust m	carottes fpl, déchets mpl, masselottes fpl (injection)	потери (отходы) в форме литников
	spue	s. E 341		
S 1017	spun-bonded fabric, spin-bonded fabric	Spinnvlies n (Textilglas)	tissu m non tissé	штапельный холст
S 1018	spun fabrics	Gewebe n (Glasseidenprodukt)	tissu m [de fibres] de verre	стеклоткань
S 1019	spun filament, strand	Spinnfaden m, gereckter Einzelfaden m	fil m de base, filament m [étiré (orienté)]	пряденая нить
S 1020	spun roving, looped strand	in Schlaufen gelegter Spinnfaden m (Textilglasgewebe), Spinnroving m	stratifil m bouclé, roving m retordu	заведенные нити, петлистый ровинг
S 1021	spur gear	Stirnrad n	roue f cylindrique (droite)	цилиндрическое зубчатое колесо
S 1022	spur gear on parallel axes	Stirnradgetriebe n	engrenage m cylindrique (droit)	цилиндрическая передача
S 1023	spur tooth[ing]	Geradverzahnung f	engrenage m droit, denture f droite	прямозубое зацепление
S 1024	square butt [type of] joint	I-Stoß m (Schweißen)	joint m de soudure en I	I-образное стыковое соединение
S 1025	square butt weld, flat butt weld	zweiseitige Vollnaht f (X-Naht mit nur jeweils einer Schweißlage auf jeder Seite)	soudure f bout à bout avec cordon	бесскосное соединение встык
S 1026	square edge	Stirnfläche f (an Fügeteilen für Schweißstumpfverbindungen)	bord m droit	лобовая поверхность (для сварки встык)
S 1027	square-edge weld	Stirnflachschweißnaht f	soudure f plate sur la face	торцовый шов
S 1028	square toothed scarf joint	geschäftete Mehrfachzapfen-Nut-Klebverbindung f	joint m collé en biseau par tenon et mortaise multiples	многократное клеевое соединение деталей. имеющих шип и паз

S 1029	square-type expansion joint (piece)	Etagenbogen m (Dehnungsausgleicher für Rohrleitungen)	lyre f plate, joint m de dilatation en cintre	компенсатор трубопровода, этажный компенсатор
S 1030	squeegee film coating, film coating by squeegee	Dünnschichtrakelauftrag m (von Beschichtungen auf flexiblen Trägerbahnen)	couchage m à la lame en couche mince	нанесение тонких слоев раклей
	squeegee roll	s. S 1037		
S 1031	squeeze/to	quetschen	écraser, exprimer, extraire par pression, comprimer, broyer	мять, жать, отжимать
S 1032	squeeze	Pressen n, Drücken n	pressage m, compression f	сжатие
S 1033	squeeze bottle	Sprühflasche f, Spritzflasche f, Quetschflasche f	pissette f [plastique], pulvérisateur m plastique	промывалка, промывная колба
S 1034	squeeze nut	Gewindeinsert m	insertion f filetée, prisonnier m fileté	вставка с резьбой
S 1035	squeeze nut	Einpreßmutter f	écrou m enfoncé	запрессованная гайка
S 1036	squeeze out/to	abquetschen, (überschüssiges Harz) abstreichen	racler (excédent de résine)	отжимать, соскабливать (избыточную смолу)
S 1037	squeeze roll, wringer roll, squeegee roll	Abquetschwalze f, Quetschwalze f	rouleau m essoreur	отжимный валик
S 1038	squeeze-roll coater	Abquetschwalzen-Tränkanlage f	unité f (métier m, équipement m) d'imprégnation avec rouleaux essoreurs	пропиточная установка с отжимными валками
S 1039	squeeze rollers	Schlauchfolienabquetschwalzen fpl	rouleaux mpl presseurs (pinceurs) (feuille extrudée en gaine)	тянущие валки агрегата для производства пленки
S 1040	squeezing	Abstreichen n, Abquetschen n, Abpressen n (von flüssigem Harz)	raclage m, raclement m (résine)	отжим
	squirrel-cage impeller	s. R 558		
	stability to light	s. L 152		
S 1041	stabilization	Stabilisierung f	stabilisation f	стабилизация
S 1042	stabilize/to	[chemisch] stabilisieren	stabiliser	стабилизировать
S 1043	stabilize/to	[mechanisch] verfestigen, festigen	stabiliser	затвердевать
S 1044	stabilized plastic	stabilisatorhaltiger Kunststoff m, stabilisatorhaltiger Plast m	plastique m stabilisé	стабилизированный пластик
S 1045	stabilizer	Stabilisator m	stabilisant m, stabilisateur m	стабилизатор
S 1046	stabilizer section	Stützstoffsektion f, Stützstoffabschnitt m	section f d'âme, section des matériaux légers (sandwich)	слой с армирующими элементами
S 1047	stabilizing medium	Stützstoff m	âme f, matériaux mpl légers (sandwich)	стабилизирующее средство, армирующее вещество
S 1048	stabilizing zone	Fixierstrecke f (an Reckanlagen)	zone f de fixation (stabilisation)	зона фиксирования (закрепления)
S 1049	stack	Stapel m	pile f, tas m	штабель
S 1050	stackability	Stapelfähigkeit f	aptitude f à l'empilage	способность к штабелированию
S 1051	stackable container	stapelbarer Behälter m (Formteil)	conteneur m superposable, caisse f gerbable	штабелируемая емкость
S 1052	stack-a-box	Stapelbehälter m	bac m superposable (de stockage), conteneur m gerbable	ящик для штабелировки
S 1053	stacked injection moulds	übereinander angeordnete Spritzgießwerkzeuge npl	moules mpl à injection superposés	этажные литьевые формы
S 1054	stacker	Stapeleinrichtung f	manipulateur m à empilage	устройство для укладывания
S 1055	stacking	Stapeln n, Aufstapeln n	empilage m, gerbage m; stockage m, emmagasinage m	штабелировка, штабелирование
S 1056	stack mould	Etagenwerkzeug n	moule m à étages	многоэтажная форма
	stack moulding	s. L 101		
	stafluid	s. E 152		
S 1057	stage joint, step joint, cap joint (US)	stufenförmige Schweiß- oder Klebverbindung f	joint m à baïonnette (collé, soudé)	ступенчатое соединение
	stain	s. S 941		
	staining	s. S 945		
S 1058	stain resistance, spot resistance	Fleckenbeständigkeit f, Fleckenunempfindlichkeit f	résistance f aux taches	устойчивость (стойкость) к образованию пятен
S 1059	stair-step dicer, dicer Cumberland	Bandgranulator m, Cumberland-Granulator m	broyeur m à couteaux Cumberland	устройство для гранулирования лентовидных материалов
	stajet	s. E 154		

S 1060	staking	Einsenken *n* von Einlagen in vorgewärmte Aufnahmen von Thermoplasten (Thermomeren)	application *f* d'inserts aux logements préchauffés de thermoplastiques	вдавливание вставок
	stalk	*s.* G 21		
	stalling point	*s.* S 325		
S 1061	stamping, die stamping	Hohlprägen *n*	estampage *m*	штамповка
	stamping calender	*s.* E 175		
	stamping die	*s.* E 176		
	stamping foil	*s.* E 172		
	stamping press	*s.* P 1127		
S 1062	stamp pad ink	Stempelfarbe *f*	encre *f* à tampons	штамповочная краска, штемпельная краска
S 1063	standard, standard specification	Standard *m*, Standardvorschrift *f*, Norm *f*	norme *f*, standard *m*	стандарт, нормаль
S 1064	standard cutting dyestuff	Rißprüffarbe *f*	colorant *m* de contrôle de fissures	краска для испытания на трещины
	standardized moulding composition	*s.* C 360		
S 1065	standard line	Serienprogramm *n*	fabrication (production) *f* en série	серийное производство
	standard specification	*s.* S 1063		
	standing time	*s.* R 236		
S 1066	stannic oxide	Zinnoxid *n (Füllstoff)*	oxyde *m* stannique (d'étain)	окись (двуокись) олова
	staple fibre	*s.* D 351		
	staple-fibre [glass] yarn	*s.* G 104		
S 1067	starch[-based] adhesive, starch glue *(US)*	Klebstoff (Leim) *m* auf Stärkebasis, Stärkekleister *m*, Stärkeleim *m*, Stärkeklebstoff *m*	colle *f* d'amidon	крахмальный клей
S 1068	starter strip, leader strip	Einziehband *n*	ruban *m* de guidage, ruban-guide *m*	направляющая лента
	starting product	*s.* I 135		
S 1069	starting time, lag	Anlaufzeit *f*	retard[ement] *m*, retardation *f*	период старта
S 1070	start-up operation	Anfahrvorgang *m (beim Spritzgießen)*	application *f*, avance *f (buse, injection)*	пуск (литье под давлением)
S 1071	starvation	Fehlstelle *f (in einer Beschichtung)*	zone (surface) *f* défectueuse, endroit *m* défectueux	ошибка в покрытии
S 1072	starved joint	fehlerhafte Klebnaht *f (zu geringe Klebstoffauftragsmenge)*, ungenügend gefüllte (mit Klebstoff ausgefüllte) Klebfuge *f*	collage *m* insuffisant, joint *m* imparfait	некачественный клеевой шов, незаполненный клеем шов
S 1073	state of orientation	Orientierungszustand *m*	état *m* d'orientation	состояние ориентации
	state of surface	*s.* C 660		
	static charge	*s.* E 146		
	static elimination equipment	*s.* S 1074		
S 1074	static eliminator, static elimination equipment	Gerät *n* zur Beseitigung der elektrostatischen Aufladung, Einrichtung *f* zur Beseitigung der elektrostatischen Aufladung	dispositif *m* à éliminer les charges électrostatiques	разрядный прибор
	static eliminator	*s. a.* A 494		
S 1075	static endurance limit	Dauerstandgrenze *f*	limite *f* de résistance sous charge constante	предел долговечности (длительной прочности)
	static hold time	*s.* H 282		
S 1076	static in-line blender (mixer)	statischer Rohrdurchflußmischer *m*	mélangeur *m* statique en ligne	статичный трубчатый смеситель с протоком
S 1077	static load[ing]	statische Belastung *f*	charge *f* statique	статическая нагрузка
S 1078/ 1079	static long-term load	statische Langzeitbeanspruchung *f*	contrainte *f* statique de longue durée	долговременная статическая напряженность
	static mixer	*s.* M 442		
S 1080	static preload	statische Vorlast *f*	précontrainte *f* statique	статическая предварительная нагрузка
S 1081	static strength	statische Festigkeit *f*	résistance *f* statique	статическая прочность
S 1082	static stress	statische Beanspruchung *f*	contrainte *f* (sollicitation *f*, effort *m*) statique	статическое напряжение
S 1083	static testing machine	statische Prüfmaschine *f*	machine *f* d'essai statique	машина для статического испытания
	stationary knife	*s.* S 1087		
S 1084	stationary lip	feststehende Extruderwerkzeuglippe *f*	lèvre *f* fixe	неподвижная профилирующая губка
	stationary plate	*s.* F 276		
S 1085	stationary platen side, cavity side	Spritzgießseite *f*, Düsenseite *f (an Spritzgießmaschinen)*	côté *m* du plateau fixe *(injection)*	сторона неподвижной плиты (литьевой машины)

S 1086	stationary teeth	feststehende Knetzähne *mpl*	couteau *m* fixe *(malaxeur)*	стационарные зубы смесителя
	stator	*s.* P 268		
S 1087	stator blade, stationary knife, fixed knife, bed knife	feststehendes Schneidgranulatorenmesser *n*	couteau *m* fixe	стационарный нож гранулятора
S 1088	stator ring	feststehender Ring (Kranz) *m*, Statorring *m*	stator *m (mélangeur)*	статор
	steady creep	*s.* Q 10		
S 1089	steady flow, steady-state flow	stationäres Fließen (Strömen) *n (von Schmelze)*	écoulement *m* permanent (stationnaire), mouvement *m* continu (permanent, stationnaire)	стационарное течение
	steady-state flow	*s.* S 1089		
S 1090	steady shear melt viscosity	Gleichgewichts-Scher-Schmelzviskosität *f*	viscosité *f* à chaud et de cisaillement en équilibre	равновесная вязкость расплава при сдвиге
S 1091	steam boiler, steam generator	Dampferzeuger *m (für Schäumanlagen)*	générateur *m* de vapeur	парогенератор
S 1092	steam channel	Dampfkanal *m*	canal *m* de circulation de vapeur, voie *f* calorifère (à vapeur)	паропровод, канал для пара
S 1093	steam core	Bohrung *f* für Dampf (Heißwasser)	voie *f* calorifère; voie à eau chaude; voie à vapeur	отверстие для пара
S 1094	steam-cored mould	dampfbeheiztes Preßwerkzeug *n*	moule *m* chauffé à la vapeur	пресс-форма с паровым обогревом
	steam generator	*s.* S 1091		
S 1095	steam injection pressing	Dampfinjektionspressen *n*, Dampfinjektionspreßverfahren *n (Spanplattenherstellung)*	compression *f* avec injection de vapeur *(fabrication de panneaux de particules)*	инжекционное паровое прессование
	steam moulding of pre-expanded beads	*s.* S 1343		
S 1096	steam-moulding process	Dampfstoßverfahren *n (Polystyrenschäumen)*	moulage *m* à la vapeur	спекание паром
S 1097	steam plate, steam platen *(US)*	Dampfheizplatte *f (am Preßwerkzeug)*	plateau *m* de presse de chauffage par (à) la vapeur, plateau à vapeur	нагреваемая паром плита
S 1098	steam pressure, vapour pressure	Dampfdruck *m*	tension *f* de vapeur; pression *f* de vapeur	давление пара
S 1099	steam treatment	Bedampfen *n* von schäumbarem Polystyrengranulat, Polystyrenschaumstoff-Granulat-Bedampfen *n (zum Zwecke des Vor- oder Ausschäumens)*	traitement *m* à la vapeur *(granulés de polystyrène expansible)*	продувка паром *(для вспенивания полистирола)*
S 1100	stearate	Stearat *n*	stéarate *m*	стеарат
	stearate of zinc	*s.* Z 5		
S 1101	steeping bath	Abkochbad *n (Klebteilentfetten)*	bain *m* pour procédé de cuisson	ванна для отварки
S 1102	steepness of the screw flight	Schneckengangsteilheit *f*, Steilheit *f* des Schneckenganges	raideur *f* de pente de la spire	наклон нарезки червяка
S 1102	step block program, block program	Stufenblockprogramm *n (Programm für Dauerschwingversuche mit stufenweise vorgegebenen Belastungsamplituden und Lastspielzahlen)*	programme-bloc *m (oscillations)*	блок-программа
	step joint	*s.* S 1057		
S 1104	step-over	Stichversatz *m (bei Tuftingbelägen)*	embrèvement *m* d'une pointillage *(tapis tufting)*	уступы
S 1105	stepped cavity mould	Werkzeug *n* zum Pressen tiefer Formteile mit dünnen Wanddicken	moule *m* à compression pour pièces profondes à parois minces	ступенчатая пресс-форма для изготовления глубоких тонкостенных изделий
S 1106	stepped cylindrical horn (sonotrode)	Zylinderstufensonotrode *f (Ultraschallschweißwerkzeug mit abgesetzter zylindrischer Mantellinie)*	sonotrode *f* (électrode *f* sonore) cylindrique étagée	ступенчатый инструмент для ультразвуковой сварки
S 1107	stepped injection	Einspritzen (Spritzen) *n* mit gestufter Geschwindigkeit *(Spritzgießen)*	moulage *m* par injection avec vitesse alternante	заполнение формы с меняющейся скоростью *(литье под давлением)*
S 1108	stepped lap joint	abgestufte Überlapptverbindung *f* mit beidseitig glatter Fügeteiloberfläche *(Klebverbindung)*	assemblage *m* à recouvrement *(assemblage collé)*	градационное соединение внахлестку
S 1109	stepped section	stufenförmige Randverstärkung *f (an Formteilen)*	bord *m* renforcé à gradins	ступенчатое утолщение края

S 1110	stepped series multigating	mehrstufiger Reihenan-schnitt m (an Spritzgußtei-len)	grappe f à canaux multiples	литье под давлением по разводящим литниковым каналам
S 1111	stepwise polymerization	Stufenpolymerisation f, Po-lymerisation f in Stufen	polymérisation f étagée	ступенчатая полимеризация
S 1112	stereoblock polymer	Stereoblockpolymer[es] n	polymère m stéréosé-quence	стереоблочный полимер
S 1113	stereo grinder machine	Klischeeschleifmaschine f	rectifieuse f de clichés	клише-шлифовальный ста-нок
S 1114	stereoregular polymer	stereoreguläres Poly-mer[es] n, Polymer[es] n mit stereoregulärer Struk-tur	polymère m stéréorégulier	стереорегулярный полимер
S 1115	stereoselective polymeriza-tion	stereoselektive Polymerisa-tion f	polymérisation f stéréosé-lective	стереоселективная полиме-ризация
S 1116	stereospecific polymeriza-tion	stereospezifische Polymeri-sation f	polymérisation f stéréospé-cifique	стереоспецифическая поли-меризация
S 1117	steric hindrance (inhibition)	sterische Behinderung f	encombrement m stérique	стерическое препятствие
	stick/to	s. A 142		
	stick	s. A 206		
S 1118	sticking, gluing, bonding, cementation	Kleben n	collage m	склеивание
S 1119	stick-in thermocouple	Einstich-Thermoelement n (zur Messung von Masse-temperatur)	thermocouple m de plongée	игольчатая термопара
	stick-slip effect (mecha-nism, process)	s. S 672		
	sticky	s. T 18		
S 1120	stiffen/to	versteifen, verstärken	renforcer; raidir; nervurer	повышать (придавать) жест-кость
S 1121	stiffening	Versteifen n, Versteifung f	renforcement m; raidis-sage m	придание (повышение) жесткости, жесткое креп-ление
S 1122	stiffening varnish	Spannlack m	laque f de tension, émail-lite f	натяжной лак
	stiff flow	s. H 40		
	stiffness	s. R 393		
S 1123	stiffness behaviour	Steifigkeitsverhalten n (von Konstruktionsteilen)	comportement m de rigidité (raideur, dureté)	свойство жесткости
S 1124	stiffness in bend (flexure), bending stiffness, flex-ural rigidity	Biegesteifigkeit f	rigidité f en flexion, rigidité f à la flexion	жесткость при изгибе
S 1125	stiffness in torsion, tor-sional rigidity	Torsionssteifigkeit f, Tor-sionssteifheit f	rigidité f de (à la, en) torsion	жесткость при кручении, жесткость на кручение
S 1126	stiffness value	Stauchwert m (Verpackung)	valeur f de rigidité (embal-lage)	жесткость при нагружении
S 1127	stippling	Stippenbildung f (im Formteil oder Halbzeug)	formation f de nodules (pièce injectée, semiproduit)	образование сгустков
	stir/to	s. A 270		
S 1128	stir-in resin	dispergierbares Vinylharz n	résine f vinylique dispersa-ble (dispersible)	диспергируемая виниловая смола
	stirred autoclave	s. A 271		
S 1129	stirred-tank reactor cas-cades	Rührkesselkaskaden fpl	chaudières fpl à agitation en cascade, cascades fpl de réacteurs agités	каскадные котлы с ме-шалкой
S 1130	stirrer	Rührer m, Rührelement n	agitateur m	мешалка
S 1131	stirrer motor	Antriebsmotor m für Rüh-rer, Rührmotor m	moteur m de l'agitateur	приводной двигатель ме-шалки
	stirring	s. A 274		
S 1132	stirring rate, rate of stirring	Rührgeschwindigkeit f	vitesse f d'agitation	скорость перемешивания
S 1133	stitching adhesive	Steppereiklebstoff m	adhésif m de piquage	клей для стегания
S 1134	stitch resistance	Stichausreißfestigkeit f	solidité f à l'arrachage de points	прочность на прободение, прочность на прокол
S 1135	stitch welding, tack welding	Heftschweißen n, Näh-schweißen n mittels Hochfrequenz, Stepp[naht]schweißen n (Fixieren langer Nähte vor Durchführung des eigent-lichen Schweißens)	soudage m en piqué	стежковая сварка
S 1136	stock	Verarbeitungsgut n, zu ver-arbeitendes Material n	masse (matière) f de mise en œuvre	перерабатываемый мате-риал
	stock blender	s. B 230		
	stock roll	s. U 117		

S 1137	stock temperature	Massetemperatur f (während der Verarbeitung), Temperatur f von Schmelzen, Verarbeitungstemperatur f	température f de transformation, température f dans la masse	температура расплава, температура переработки
S 1138	stone powder	Gesteinsmehl n (Füllstoff)	farine f minérale	породная мука
S 1139	stop, stopper	Anschlag m, Anschlagstück n, Distanzstück n	butée f; pièce f d'écartement	упор
S 1140	stopcock, shut-off cock (US)	Absperrhahn m	robinet m d'arrêt	запорный кран
S 1141	stopper	Verschlußstopfen m	bouchon m	пробка, заглушка
	stopper	s. a. S 1139		
S 1142	stop pin	Anschlagstift m (an Verarbeitungsmaschinen)	goupille f d'arrêt	упорная шпилька
S 1143	stopping agent	reaktionsabbrechender Stoff m, Stoff m zum Abbruch einer Reaktion	agent m retardateur de la réaction, agent m qui entrave la réaction	обрывающее реакцию вещество
S 1144	stopping device	Anhaltevorrichtung f	arrêt[oir] m	приспособление для остановки
	stopping lac	s. S 1145		
S 1145	stopping medium, stopping lac	Kunststoffspachtelmasse f, Plastspachtelmasse f, Kunststoffkitt m, Plastkitt m	enduit m de surface, mastic m	пластмассовая замазка, пластмассовая шпатлевка
	storability	s. S 1149		
S 1146	storage	Lagern n	stockage m	хранение
	storage accumulator	s. A 50		
S 1147	storage bin, storage chest (container)	Vorratsgebinde n, Vorratsbehälter m, Vorratsbunker m (für Kunstharze oder Formmassen)	réservoir m [de stockage], accumulateur m	бак (бункер) для хранения, резервуар
S 1148	storage box	Vorratsdose f	boîte f de stockage	запасная коробка
	storage chest (container)	s. S 1147		
	storage cylinder	s. A 48		
	storage head	s. A 49		
S 1149	storage life (stability), shelf life, storing property, can stability, storability (US)	Haltbarkeitsdauer f, Lagerfähigkeit f, Lagerungsbeständigkeit f	durée f limite de stockage, durée f de vie en stock, durée (période) f de stockage, durée d'emploi	сохраняемость, предельный срок хранения
S 1150	storage tank (vessel)	Lagerbehälter m, Lagertank m	citerne f (réservoir m) de stockage	резервуар для хранения
S 1151	stored energy	innerer Energieinhalt m	énergie f accumulée (emmagasinée)	внутренняя энергия
S 1152	stored heat	gespeicherte Wärmemenge f	quantité f de chaleur accumulée (emmagasinée)	накопленная теплоэнергия
	storing property	s. S 1149		
	stove/to	s. 1. B 38; 2. C 1075		
	stoving	s. B 41		
	stoving lacquer	s. B 45		
S 1153	stoving schedules	Bedingungen fpl der Ofenhärtung (Warmhärtung, Heißhärtung)	conditions fpl de durcissement au four	условия отверждения при повышенной температуре
	stoving temperature	s. B 44		
	stoving varnish	s. B 45		
S 1154	straight-arm mixer (paddle agitator, paddle mixer), paddle mixer with single beam, single beam paddle mixer	Balkenrührer m, einfacher Balkenmischer m, einfaches Balkenrührwerk n	agitateur m à palette droite unique	однолопастная мешалка, однобалочный ворошитель
	straigth blade	s. U 95		
	straight-chain macromolecule	s. L 184		
S 1155	straight-chain molecule	geradkettiges (unverzweigtes) Molekül n	molécule f à chaîne droite, molécule non réticulée	неразветвленная (прямоцепная) молекула
S 1156	straight Couette flow	ebene Couette-Strömung f	écoulement (mouvement) m de Couette plan	плоское течение типа Куэтт
S 1157	straightening press	Richtpresse f	presse f à dresser	правильный пресс
S 1158	straight extrusion head, axial extruder head, axial (straight) head, horizontal extruder head, straight-line extrusion head	Längsspritzkopf m, Horizontalspritzkopf m, Geradeausspritzkopf m	tête f droite (extrudeuse)	прямоточная (прямая горизонтальная) головка (экструдера)
S 1159	straight fibre	ungekräuselte Faser f (Textilglasgewebe)	fibre f droite (non ondulée)	прямая нить, неизвитое волокно
S 1160	straight fitting	nicht durchmesserreduzierender Fitting m (an Rohrleitungen)	raccord m droit	фитинг постоянного диаметра
	straight head	s. S 1158		

S 1161	straight injection moulding	Duroplastkolbenspritzgießen (Duromerkolbenspritzgießen) n mit beheiztem Zylinder und Werkzeug	moulage m par injection des thermodurcissables	литье под давлением реактопластов (нагретыми цилиндром и формой)
S 1162	straight-in relationship	lineare Abhängigkeit (Beziehung) f	relation f linéaire	линейная зависимость (связь)
	straight-line extrusion head	s. S 1158		
S 1163	straight melamine	unmodifiziertes Melaminharz n	résine f de mélamine non modifiée	немодифицированная меламиновая смола
	straight-notched pin	s. C 1160		
S 1164	straight tab gating	Vorkammerspritzgießverfahren n mit in Kammerachse liegendem Punktanschnitt	moulage m par injection avec antichambre axiale (droite)	литье под давлением с форкамерой, ось, которой совпадает с осью литникового канала
	straight-through die	s. I 203		
S 1165	straight vacuum forming	Vakuumtiefziehen n, Vakuumsaugverfahren n (unter Verwendung einer Matrize)	formage m sous vide	негативное вакуумное формование
S 1166	straight-way valve	Durchgangsventil n	soupape f à passage direct	проходной клапан (вентиль)
S 1167	strain	Dehnung f, Reckung f, Deformation f, Formänderung f	déformation f	удлинение, расширение, относительная деформация
S 1168	strain aging	Stauchalterung f (einer Warmgasschweißnaht)	vieillissement m par contrainte	старение извиванием
S 1169	strain distribution	Dehnungsverteilung f	distribution f d'allongement	распределение удлинений
S 1170	strainer, strainer plate, breaker plate	Lochplatte f, Lochscheibe f (im Extruder zwischen Schneckenspitze und Düse)	plaque f de répartition, plaque perforée (extrudeuse)	фильтрующий элемент, стрейнер
S 1171	strainer head, screen head	Extrudersiebkopf m	tête f munie de tamis	фильтрующая головка
	strainer plate	s. S 1170		
	strain gauge	s. E 383		
S 1172	strainless	spannungsfrei	sans tensions	свободный от напряжений, без внутренних напряжений
S 1173	strain level	Verformungsniveau n	niveau m de déformation	степень деформирования
S 1174	strain path	Verformungsweg m	allure f de la déformation	участок деформации
	strain plate press	s. F 653		
	strain rate	s. D 75		
S 1175	strain recovery	Verformungsrückbildung f, Deformationsrückbildung f	restitution f de forme (déformation)	возврат (восстановление) деформации
S 1176	strain tensor	Dehnungstensor m	tenseur m de déformation (dilatation), tenseur d'allongement	тензор удлинения (расширения)
	strand	s. S 1019		
S 1177	strand cutter, strand granulator	Stranggranulator m	granulateur m à joncs	гранулятор для цилиндрических гранул
S 1178	strand cutting	Strangschneiden n (Roving)	cisaillage m du stratifil de verre	резка жгутов
S 1179	strand die	Fadendüse f	buse f à filer, filière f	сопло для получения нитей
S 1180	strand granulation	Stranggranulation f, Stranggranulieren n	granulation f cylindrique	резка жгутов, гранулирование жгутов
	strand granulator	s. S 1177		
S 1181	strand pelletizing die	Stranggranulierdüse f, Stranggranulierwerkzeug n	filière f pour la granulation de joncs	головка гранулятора
S 1182	strap joint	einseitige Laschenverbindung (Klebverbindung) f	assemblage m à couvre-joint unilatéral	соединение с накладкой
	strapping tape	s. P 11		
S 1183	stray field, leakage field	Streufeld n (Hochfrequenzschweißen)	champ m de dispersion (fuite)	рассеянное поле, поле рассеяния
S 1184	strayfield [dielectric] heating	Streufeld-Hochfrequenzerwärmung f im elektrischen Streufeld	chauffage m [diélectrique] au champ de dispersion	нагревание в поле рассеяния высокочастотного тока, высокочастотное нагревание в рассеянном поле
S 1185	stray reflection	Streuungsreflexion f (beim Lichtstrahlschweißen)	réflexion f de disperion	отражение рассеяния
	streak	s. S 1231		
	streaking	s. S 1232		
S 1186	streaky surface	schlierige Formteiloberfläche (Beschichtungsoberfläche) f	surface f striée	поверхность, содержащая шлиры, свилистая поверхность
S 1187	streamline continuous-flow mixer	kontinuierlich gespeister (beschickter) Mischer m	mélangeur m à l'alimentation ininterrompue (continue)	смеситель непрерывной загрузки
S 1188	streamlined production	Fließbandfertigung f	chaîne f de production	конвейерное производство
	streamline flow pattern	s. F 466		

S 1189	**streamline proportioning of components**	kontinuierliche Mischerspeisung (Mischerbeschickung) f	alimentation f ininterrompue (continue)	непрерывная загрузка смесителя
S 1190	**street fitting**	Rohrübergangsstück n mit einseitiger Muffe *(an Rohrleitungen)*	raccord m avec manchon d'un seul côte	переход трубопровода с муфтой
S 1191	**strength behaviour**	Festigkeitsverhalten n	comportement m de résistance	прочностные свойства
S 1192	**strength criterion**	Festigkeitskriterium n	critère m de la résistance (rupture)	критерий прочности
	strength of fibre-polymer interface	*s.* I 278		
S 1193	**strength-testing instrument**	Festigkeitsprüfgerät n	appareil m d'essai de la résistance	прибор для испытания на прочность
S 1194	**stress**	*(mechanische)* Spannung f	tension f, contrainte f, effort m, sollicitation f	напряжение, напряженность
S 1195	**stress build-up,** build-up of stresses	Spannungsaufbau m	accumulation f de tensions	образование напряжения
	stress coat	*s.* B 412		
S 1196	**stress coat method**	Reißlackverfahren n *(Verfahren zur Ermittlung von Spannungsverläufen durch Kunstharzreißlack)*	analyse f des contraintes par vernis craquelant	испытание напряженности трескающимся лаком, идентификация напряжений хрупким лаком
S 1197	**stress component**	Spannungskomponente f	composante f de la tension (contrainte)	составляющая напряжения, компонента напряженности
S 1198	**stress concentration,** stress peak	Spannungsspitze f	concentration (pointe) f de contrainte (tension)	концентрация напряжений, максимальное напряжение, максимум напряжения
	stress corrosion [cracking]	*s.* S 1200		
S 1199	**stress crack**	Spannungsriß m	fissure f de contrainte (tension)	трещина вследствие напряжений
S 1200	**stress crack corrosion,** stress corrosion, stress corrosion cracking	Spannungsrißkorrosion f	corrosion f fissurante (sous tension)	коррозия вследствие усталостных трещин, коррозионное растрескивание под напряжением
S 1201	**stress crack formation**	Spannungsrißbildung f	formation f de fissures sous tension	образование трещин под действием напряжений, растрескивание в результате напряжений
S 1202	**stress cracking behaviour**	Spannungsrißverhalten n	comportement m à la crique de tension	поведение при растрескивании под напряжением
	stress cracking resistance	*s.* S 1204		
S 1203	**stress crack ratio**	Spannungsrißgütefaktor m	facteur m de qualité de la fissure sous tension	добротность по усталостным трещинам
S 1204	**stress crack resistance,** stress cracking resistance	Spannungsrißwiderstand m, Spannungsrißfestigkeit f, Spannungsrißbeständigkeit f	résistance f à la fissure sous tension	стойкость к растрескиванию под напряжением
S 1205/ 1206	**stress-deformation curve**	Spannungs-Deformations-Kurve f	diagramme m tension-déformation, diagramme contrainte-déformation	кривая зависимости деформации от напряжения
	stress direction	*s.* D 333		
S 1207	**stress failure,** stress rupture	Spannungsbruch m	rupture f en charge	разрыв под напряжением
S 1208	**stressing under external pressure**	Außendruckbelastung f	contrainte f (effort m, sollicitation f) sous pression extérieure	усилие наружного сжатия
S 1209	**stress intensity**	Rißintensität f	intensité f des contraintes (tensions, efforts, sollicitations)	трещиноинтенсивность
S 1210	**stress intensity factor**	Spannungsintensitätsfaktor m *(Klebverbindungen)*	facteur m d'intensité de tension *(assemblage collé)*	фактор интенсивности напряжения
	stress peak	*s.* S 1198		
S 1211	**stress range**	Spannungsbereich m	gamme f de contraintes (tensions)	диапазон напряжений
S 1212	**stress recovery**	Spannungsrückbildung f	réversion f de la contrainte (tension)	восстановление напряжения
S 1213	**stress relaxation,** relaxation of stresses	Relaxation f, Spannungsabbau m	relaxation f des contraintes (tensions)	релаксация напряжения
	stress rupture	*s.* S 1207		
S 1214	**stress-strain behaviour**	Spannungs-Dehnungs-Verhalten n	comportement m de tension-dilatation	взаимосвязь напряжение-удлинение
S 1215	**stress-strain curve**	Spannungs-Dehnungs-Diagramm n, Zug-Dehnungs-Diagramm n, Zug-Dehnungs-Kurve f	courbe f contrainte-déformation, courbe (diagramme m) tension-dilatation	кривая напряжение-удлинение

S 1216	stress tensor	Spannungstensor *m*	tenseur *m* des contraintes (efforts, tensions)	тензор напряжений
S 1217	stretchability	Reckfähigkeit *f*	étirabilité *f*	удлиняемость, пригодность к вытягиванию
S 1218	stretch blow[ing], stretch blow moulding	Streckblasformen *n*, Streckblasformverfahren *n*	moulage (formage) *m* par soufflage avec étirage	выдавливание трубчатой заготовки, выдувное формование
S 1219	stretch-blow moulding machine	Streckblasformmaschine *f*	machine *f* de soufflage avec étirage	машина для инжекционно-выдувного формования *(полых изделий)*
S 1220	stretch die	Streckwerkzeug *n*	moule *m* pour étirage	форма для формования с проскальзыванием в зажимной раме
S 1221	stretcher bar, expander *(US)*, ajusta bow *(US)*	Breithaltewalze *f*, Folienbreithalter *m*	rouleau *m* antiplis *(feuilles)*	экспендер *(для пленок)*
	stretcher leveller	s. D 532		
S 1222/1224	stretcher-roller	Breitstreckrolle *f (für Folien)*	rouleau *m* antiplis *(feuilles)*	экспендер-ролик *(для пленок)*
	stretch forming	s. D 513		
	stretching	s. D 526		
	stretching device	s. D 532		
	stretching mill	s. S 1228		
S 1225	stretching ratio	Reckgrad *m*, Streckgrad *m*	taux *m* d'étirage	степень вытягивания
S 1226	stretching speed, stretch speed	Streckgeschwindigkeit *f*, Reckgeschwindigkeit *f*	vitesse *f* de l'allongement	скорость вытягивания
S 1227	stretching temperature, stretch temperature	Strecktemperatur *f*, Recktemperatur *f*	température *f* d'allongement, température d'étirage	температура вытягивания
S 1228	stretching unit, stretching mill	Streckwerk *n*	unité *f* d'étirage, unité d'orientation, appareil *m* d'étirage	вытяжной прибор
S 1229	stretch ratio	Streckverhältnis *n*, Verstreckverhältnis *n*	rapport *m* d'allongement	степень вытяжки
	stretch speed	s. S 1226		
S 1230	stretch spinning	Streckspinnen *n*	filage *m* et étirage *m*	формование с положительной фильерной вытяжкой
	stretch temperature	s. S 1227		
	stretch thermoforming	s. D 513		
S 1231	stria, streak	Schliere *f*	strie *f*, schliere *m*	свиль, шлир, полоса
S 1232	striation, streaking	Schlierenbildung *f*, Streifenbildung *f*	striation *f*, formation *f* de stries (schlieren)	образование полос (шлиров), полосообразование
S 1233	Strickland B winding	Strickland-B-Verfahren *n* (kombiniertes Längs- und Umfangswickelverfahren zur Herstellung von Rotationskörpern aus faserverstärkten Werkstoffen)	procédé *m* d'enroulage Strickland B, enroulage *m* Strickland B	формование по Штрикланду-Б *(формование цилиндрических оболочек с продольно-поперечным армированием)*
S 1234	striker, striking pendulum	Schlagpendel *n*, Schlagfinne *f*	balancier *m*, pendule *m*	ударный маятник (молот маятника)
	striking pendulum	s. 1. I 24; 2. S 1234		
S 1235	stringer	versteifendes Element *n* (an Dünnblechkonstruktionen)	bande *f* (élément *m*) de renforcement	элемент жесткости
	stringer bead	s. F 171		
S 1236	stringiness	Schleierbildung *f* (von Beschichtungsmassen in Luft)	formation *f* de voiles *(défaut)*	появление матового налета *(на смеси для покрытия)*
S 1237	stringiness, webbing, formation of threads, threads formation	Fadenziehen *n* (eines Klebstoffs)	filage *m* (colle), formation *f* de fils	нитеобразование *(клея)*, образование нитей
S 1238	strip, tape	Streifen *m*, Band *n*	bande *f*	лента, штрипс, полоса, брусок
S 1239	strip-back peel test	Streifenabschälversuch *m* (zur Bestimmung des Schälwiderstandes von Folien-Massivteil-Klebungen)	essai (test) *m* de pelage en bandes	испытание на отслаивание *(нанесенной пленки)*
S 1240	strip coating	Bandbeschichten *n*, Bandbeschichtung *f*	enduction *f* (revêtement *m*) de bandes	обкладывание ленты
S 1241	strip-coating line	Bandbeschichtungsanlage *f*	unité (installation) *f* de revêtement de bandes	обкладочный агрегат *(для лент)*
S 1242/1243	strip cutter	Bandschneidvorrichtung *f*	préleveur *m* de bandes	устройство для резки листовых материалов
	strip cutter	s. a. S 678		
S 1244	strip extrusion head	Bandspritzkopf *m*	tête *f* d'extrudeuse pour bandes, tête d'extrusion pour bandes	головка для производства лент

S 1245	**strip heater,** band heater	Heizband n, Bandheizkörper m	bande f chauffante (de chauffage), réchauffeur m à bande	ленточный нагреватель, нагревательный пояс
S 1246	**strippable coating,** strippable protective coating, stripping (peelable) coating, peelable protective coating, peel-off plastics coating	abziehbare Lackschicht f für zeitweise (zeitweilig) wirkenden Korrosionsschutz, Transportlackbeschichtung f, abziehbarer Überzug m für den mittelbaren (zeitweilig wirkenden) Korrosionsschutz, abziehbarer Schutzüberzug m, abziehbare Schutzschicht (Kunststoffschutzschicht, Plastschutzschicht) f	revêtement m pelable	съемное [пластмассовое] защитное покрытие, снимающееся [антикоррозионное] покрытие, временное защитное покрытие
S 1247	**strippable lacquer**	Abziehlack m, abziehbare Schutzfolie f	vernis m (peinture f) pelable; feuille f (film m) de protection pelable	удаляемый лак, снимающаяся пленка
	strippable protective coating	s. S 1246		
S 1248	**strip parison,** sheet parison	bandförmiger Vorformling m (für Blasformen)	paraison f en bande	лентовидная заготовка (для выдувания)
S 1249	**stripper**	Abstreifer m	extracteur m, éjecteur m	выталкиватель
	stripper bolt	s. E 47		
S 1250	**stripper cutter roll mill**	Ausschneidwalzwerk n	mélangeur m à cylindres avec préleveur de bandes	резальные вальцы
S 1251	**stripper frame,** stripping frame	Abstreif[er]rahmen m	cadre m d'éjection	рама-выталкиватель
S 1252	**stripper plate**	Abstreif[er]platte f	plaque f de démoulage, plaque d'éjection, plaque de dévêtissage	стрипперная (съемная, стал-кивающая) плита
S 1253	**stripper plate mould**	Abstreif-Preßwerkzeug n, Werkzeug n mit Abstreifplatte	moule m à plaque de démoulage (dévêtissage), moule à plaque d'éjection	пресс-форма со съемной плитой
	stripper roll	s. D 540		
	stripping	s. M 543		
	stripping coating	s. S 1246		
S 1254	**stripping compound,** hot-dip compound	Tauchmasse f für abziehbare Korrosionsschicht, Tauchmasse für mittelbaren Korrosionsschutz	mélange m anticorrosif de trempage, mélange anticorrosif d'immersion (revêtement pelable)	расплав для нанесения снимающихся покрытий, макательная масса для образования защитных покрытий
S 1255	**stripping fork**	Abstreifergabel f	peigne m éjecteur	съемная вилка
	stripping frame	s. S 1251		
S 1256	**stripping test (testing)**	Abziehprüfung f, Abziehversuch m (Anstrichschichten)	essai m de pelage (couche de vernis)	испытание на отслаивание
S 1257	**stripping unit,** extractor	Entformungsvorrichtung f, Entformungswerkzeug n	outil (dispositif) m de démoulage (dévêtissage)	устройство извлечения (выемки)
S 1258	**strip specimen**	Streifenprobe f, streifenförmiger Prüfkörper m	échantillon m [en forme] de bande	полосовидный образец, лентовидный образец
S 1259	**strip weld**	Stumpfstoß m mit Deckstreifen (Lasche), Laschenstoß m, Laschenverbindung f (Schweißen)	joint m abouté avec couvre-joint	шов (соединение) с накладкой, соединение встык с обкладочным наплавленным валиком
S 1260	**strip welding,** cover strip welding	Aufschweißen n von Nahtabdeckbändern	soudage m de bandes couvrejoints	нанесение защитной ленты сваркой
S 1261	**strip winder (winding machine),** derby doubler	Bandwickelmaschine f	enrouleuse f de bandes	лентонамоточная машина, машина для изготовления холстиков
S 1262	**stroke,** lifting, travel	Hub m, Kolbenhub m, Hublänge f	course f [de piston], longueur f de course	ход, подъем, высота подъема, величина хода
S 1263	**stroke limitating**	Hubbegrenzung f	limitation f de course	ограничение хода (подъема)
S 1264	**stroke retraction**	Rückhub m	course f de retour	обратный ход
	stroke volume	s. V 180		
S 1265	**strongmelt-process**	Walzenschmelzverfahren n zur Beschichtung von Flächengebilden mit Schmelzklebstoff	procédé m à rouleaux à enduire des corps plans à la colle fusible, enduction f à rouleaux des corps plan à la colle fusible	нанесение полимерного расплава валками
S 1266	**strong solvent**	starkes Lösungsmittel n	fort solvant m	сильный (сильнодействующий) растворитель
	structural adhesive	s. A 571		
S 1267	**structural analysis**	Strukturanalyse f, Strukturuntersuchung f	analyse f structurale	структурный анализ
S 1268	**structural board**	Bauplatte f	panneau m de construction	панель, строительная плита
S 1269	**structural change**	Gefügeumwandlung f (bei teilkristallinen Thermoplasten, Thermomeren)	changement m de structure (thermoplastiques partiellement cristallins)	преобразование структуры

S 1270	structural defect, structural fault	Strukturfehler *m*	défaut *m* de structure	структурный дефект
S 1271	structural disorder	strukturelle Unordnung *f* (Faseranordnung ohne Vorzugsrichtung)	désordre (désarrangement) *m* structural (de la structure), désorientation *f* des fibres	структурная неоднородность
	structural fault	s. S 1270		
S 1272	structural feature	Strukturmerkmal *n*	caractéristique *f* de structure	структурный признак, структурная особенность
	structural foam	s. I 265		
S 1273	structural foam moulding, structural foam moulding part	Strukturschaumstoff[-Form]teil *n*, Integralschaumstoff[-Form]teil *n*	pièce *f* de mousse intégrée (structurale, structurée)	изделие из структурного пенопласта, изделие из структурно-пенистого материала
S 1274	structural foam moulding, sandwich moulding	Strukturschaumstoff-Spritzgießen *n*, Thermoplastschaumstoff-Spritzgießverfahren *n*, Thermomerschaumstoff-Spritzgießverfahren *n*, TSG-Verfahren *n* (Niederdruckschäumen mit Direktbegasung mittels Spritzgießmaschinen mit Schneckenplastizierung und Transferzylinder)	moulage *m* de mousse structurale (structurée)	литье под давлением структурного термопласта, формование структурного пенопласта
S 1275	structural foam moulding machine	Strukturschaumstoff-Spritzgießmaschine *f*	machine *f* à injecter la mousse structurale (structurée)	литьевая машина для пенопластов со специальной структурой, машина для литья под давлением для структурных пенопластов
	structural foam moulding part	s. S 1273		
S 1276	structural foam wallpaper	Strukturschaumstofftapete *f*	papier *m* peint en mousse structurelle	структурно-пенистые обои
	structural material	s. M 95		
	structural member	s. S 1284		
S 1277	structural order	strukturelle Ordnung *f* (Faseranordnung mit Vorzugsrichtung)	ordre *m* structural (de structure)	структурная однородность (расположение волокон в армированном пластике)
S 1278	structural part	Konstruktionselement *n*	pièce *f* structurale, élément *m* de construction	конструктивный элемент
S 1279	structural rearrangement	strukturelle Umordnung *f*	réarrangement *m* structural (de structure)	перегруппировка структуры
S 1280	structural stiffening	konstruktive Versteifung *f* (an Formteilen)	renforcement *m* de construction, raidissage *m* de construction	придание жесткости конструкцией
S 1281	structural unit, individual structural unit	Baueinheit *f*	unité *f* structurale	узел, блок
S 1282	structural visco[si]meter	Strukturviskosimeter *n*, Strukturzähigkeitsmeßgerät *n*	viscosimètre *m* structural, fluidimètre *m* structural	измеритель структурной вязкости, измеритель эффективной вязкости
	structural viscosity	s. N 80		
S 1283	structure	Struktur *f*, Gefüge *n*, chemisch-physikalischer Aufbau *m*	structure *f*, texture *f*, constitution (configuration) *f* physico-chimique	структура, строение
S 1284	structure element, structural member, component (US)	tragendes Bauelement (Bauteil) *n*, Konstruktionsteil *n*	élément *m* structural (de construction, de structure)	конструктивная (строительная) деталь, конструктивный элемент
	structure element made from plastic	s. P 441		
S 1285	structure elucidation	Strukturaufklärung *f*	reconnaissance *f* de structure	определение структуры
S 1286	structure model	Strukturmodell *n*	modèle *m* de structure	модель структуры
S 1287	structure parameter	Strukturparameter *m*	paramètre *m* de structure	параметр структуры, структурный показатель
S 1288	structure test	Gefügeuntersuchung *f*	examen (test) *m* de la structure	исследование структуры
S 1289	strut	Strebe *f*	traverse *f*, étrésillon *m*, étai *m*	подкос
	STT	s. S 463		
S 1290	stud [bolt]	Stehbolzen *m*, Bolzen *m*, Stiftschraube *f*	boulon *m*, goujon *m* [fileté]	распорная шпилька
	study by high-resolution nuclear magnetic resonance	s. C 414		
	stuffer	s. R 34		

S 1291	stuffing box	Stopfbuchse f	presse-étoupe m, boîte f à étoupe (étanchéité), boîte de bourrage, presse-garniture f	сальник
S 1292	stuffing piston	Füllkolben m (von Kolbenvor-plastiziereinrichtungen)	piston m de stuffing (filage)	поршень предварительного пластикатора (литьевой машины)
S 1293	stuffing pressure	Stopfdruck m (beim Verarbei-ten von Feuchtpolyester)	pression f de bourrage	давление при заполнении полиэфирного пресс-материала
	stylus	s. G 190		
S 1294	stylus printing	Nadeldruckverfahren n, kontaktloses Spritzdruck-verfahren n (zum Bedruk-ken)	impression f au pistolet	игольчатая печать
	S-type calender	s. I 67		
S 1295	styrene, vinyl benzene, phenylethylene	Styren n, Styrol n, Vinylben-zen n	styrène m, vinylbenzène m	стирол, винилбензол
S 1296	styrene acrylonitrile co-polymer, SAN	Styrenacrylnitril-Mischpoly-merisat n, SAN	copolymère m styrène-acrylonitrile, SAN	сополимер стирола с акри-лонитрилом
S 1297	styrene-butadiene block copolymer, SBS	Styren-Butadien-Block-copolymer[es] n, SBS	styrène-butadiène bloc co-polymère m, SBS	блоксополимер стирола с бутадиеном
S 1298	styrene-butadiene copoly-mer, SB	Styren-Butadien-Mischpoly-merisat n, SB	copolymère m styrène-buta-diène, SB	сополимер стирола с бута-диеном, С/Б
S 1299	styrene-butadiene rubber adhesive, SBR-adhesive	Styren-Butadien-Kautschuk-Klebstoff m	adhésif m styrène-buta-diène-caoutchouc	клей на основе стирол-бута-диенового каучука
S 1300	styrene-divinyl benzene copolymer	Styren-Divinylbenzen-Co-polymer[es] n	copolymère m styrène-divinylbenzène	сополимер стирола с диви-нилбензолом
S 1301	styrene-ethylene-butylene block copolymer, SEBS	Styren-Ethylen-Butylen-Blockcopolymer[es] n	styrène-éthylène-butylène bloc copolymère m	блоксополимер стирола с бутиленом и этиленом
S 1302	styrene maleic [acid] anhydride	Styren-Maleinsäure-anhydrid n	anhydride m styrénique de l'acide maléique	ангидрид стирен-мале-иновой кислоты
S 1303	styrene-maleic anhydride copolymer, SMA	Styren-Maleinsäure-anhydrid-Mischpolymeri-sat n, SMA	copolymère m styrène-an-hydride maléique	сополимер стирола с мале-иновым ангидридом
S 1304	styrene-methylstyrene co-polymer, SMS	Styren-Methylstyren-Misch-polymerisat n, SMS	copolymère m styrène-sty-rène de méthyle, SMS	сополимер из стирола и метилстирола, С/МС
S 1305	styrene plastic	Styrenkunststoff m, Styren-plast m	plastique m styrénique	стирольный пластик
S 1306	styrene resin	Styrenharz n	résine f synthétique à base de styrène	стирольная смола
S 1307	styrenic thermoplastic elas-tomer	styrenhaltiges thermoplasti-sches Elastomer[es] n	élastomère m thermoplasti-que contenant de styrène	стиренсодержащий термо-эластопласт
S 1308	subassembly	Baugruppe f, Bauteil n	élément m constitutif (de construction)	основной узел
S 1309	subcavity gang mould	Abquetschwerkzeug n mit tiefliegendem Gesenk und gemeinsamem Füll-raum für mehrere Form-nester	moule m à couteau (échap-pement) et à empreintes multiples	отжимная пресс-форма с глубоко расположенной многогнездной матрицей и общей загрузочной ка-мерой
	subcavity mould	s. F 352		
S 1310	subcritical crack growth	unterkritische Rißausbrei-tung f	propagation f des criques subcritique (sous-critique)	докритическое распростра-нение трещин
	submarine gate	s. T 630		
S 1311	submerge/to	untertauchen	submerger	окунать, погружать
S 1312	submerged gate	versenkter Anschnitt m	entrée f noyée, attaque f de coulée noyée	литниковый канал, располо-женный в одной плите формы
S 1313	submersion	Untertauchen n	submersion f	погружение, окунание
	subsequent unit	s. F 587		
	substituent	s. S 1315		
S 1314	substitute/to, to replace	substituieren, austauschen, ersetzen	substituer, remplacer	замещать, заменять
S 1315	substitute [material], substi-tuent	Austauschstoff m, Aus-tauschwerkstoff m, Substi-tuent m, Substitutions-werkstoff m	produit m de remplacement	заместитель, заменяющий (взаимозаменяемый) ма-териал, заменитель
S 1316	substitution, replacement	Substitution f, Austausch m, Ersatz m	substitution f, remplace-ment m	замещение, подстановка, замена
S 1317	substitution method	Substitutionsverfahren n	méthode f (procédé m) de substitution	метод замещения
S 1318	substitution rate	Austauschgrad m, Substitu-tionsgrad m	taux m de substitution	степень замены (заме-щения)
S 1319	substrate, carrier (back-ground) material	Substrat n, Schichtträger m, Unterlage f, Trägermate-rial n, zu beschichtender Werkstoff m	substrat m, substratum m	подложка, субстрат, мате-риал подложки

S 1320	substructure	Unterstruktur f, Nichtgleichgewichtsstruktur f (bei teilkristallinen Thermomeren)	sous-structure f	подструктура
S 1321	sucker pin	hydraulisch- oder vakuumbetätigter Werkzeugstift (Werkzeugschieber) m	coulisse f hydraulique; coulisse actionnée (commandée) par le vide	шибер с гидравлическим или пневматическим приводом
S 1322	suction	Ansaugen n	succion f, sucement m	всасывание, засасывание
S 1323	suction and blowing nozzle	Saug- und Blasdüse f	buse f d'aspiration et de soufflage	сопло для отвода и привода воздуха, выдувное и всасывающее сопло
	suction box	s. S 1335		
S 1324/ 1325	suction chamber, depression chamber	Unterdruckkammer f	chambre f à dépression	барокамера
	suction conduit	s. S 1332		
S 1326	suction fan	Sauglüfter m	exhausteur m, ventilateur m d'aspiration	вытяжной вентилятор
S 1327	suction fan	Staubabsaugeinrichtung f, Staubventilator m	dispositif m de captage des poussières	пылесос, пылесборник
S 1328	suction filter	Ansaugfilter n, Saugfilter n	filtre m à succion	приемный фильтр
S 1329	suction gun blasting	Saugkopfstrahlen n (von Oberflächen)	grenaillage f à air comprimé avec récupération immédiate par aspiration	эжекционная пескоструйная обработка
S 1330	suction gun blasting machine	Saugkopfstrahlanlage f	installation f de grenaillage à air comprimé avec récupération immédiate par aspiration	эжекционная пескоструйная установка
S 1331	suction inlet	Ansaugöffnung f	orifice m d'aspiration	отверстие подсоса
	suction installation	s. D 647		
S 1332	suction line, suction conduit	Saugleitung f	conduite (tuyauterie) f d'aspiration	всасывающий трубопровод, всасывающая линия, отсосное приспособление
S 1333	suction pipe socket	Saugstutzen m	tubulure f d'aspiration	всасывающая трубка
S 1334	suction pump	Saugpumpe f	pompe f aspirante	всасывающий насос
S 1335	suction table, suction box	Saugtisch m (für Beschichten)	table f de succion	всавывающий ящик
	sulf ...	s. sulph ...		
S 1336	sulphonation	Sulfonierung f, Sulfurierung f	sulfonation f	сульфонирование
S 1337	sulphuric acid	Schwefelsäure f (Klebflächenvorbehandlung)	acide m sulfurique	серная кислота
S 1338	sulphuric-acid anodizing	Anodisieren n (elektrochemische Oberflächenvorbehandlung f) in Schwefelsäure (metallischer Klebfügeteile)	anodisation f [à l'acide] sulphurique	анодирование серной кислотой
	sun checking agent	s. L 160		
S 1339	sun crack (cracking)	durch Sonnenlichteinwirkung entstandener Riß m, Sonneneinwirkungsriß m	craquelure f sous l'influence de la lumière solaire, crique f par l'effet de la lumière de soleil	трещина в результате солнечного влияния, «световая» трещина
S 1340	sunken joint	eingesunkene Fuge f (ungenügend gefüllte Schweiß- oder Klebfuge)	joint m imparfait (incomplet) (collage, soudage)	углубленный шов
	sunk spot	s. S 589		
S 1341	superheated bubble-cap foaming	Dampfglockenausschäumverfahren n für vorgeschäumtes Polystyren	moussage m à la vapeur surchauffée de polystyrène préexpansé dans une cloche	окончательное вспенивание пенополистирола в автоклаве
S 1342	superheated steam autoclave foaming	Dampflagerungsverfahren n zum Ausschäumen von vorgeschäumtem Polystyren	moussage m à la vapeur de polystryrène préexpansé dans l'autoclave	вспенивание пенополистирола паром в автоклаве
S 1343	superheated steam-jet foaming, steam moulding of pre-expanded beads	Dampfstoßausschäumverfahren n, Dampfstrahlausschäumverfahren n (für vorgeschäumtes Polystyren)	moulage m à la vapeur de polystyrène préexpansé, moulage à la vapeur des perles préexpansées	спекание предварительно вспененного пенополистирола водяным паром, вспенивание предварительно вспененного полистирола паром, окончательное вспенивание полистирола в форме паром
S 1344/ 1345	superheated steam-prefoaming	Heißdampfvorschäumen n von treibmittelhaltigem Polystyrengranulat	préexpansion f à la vapeur surchauffée de granulés (perles) de polystyrène	предварительное вспенивание паром [полистирола]
	superheating	s. O 135		
S 1346	superimposed stresses	überlagerte Spannungen fpl, Spannungsüberlagerung f	contraintes (tensions) fpl superposées	сложные напряжения

S 1347	superlattice structure	Überstruktur f (teilkristalliner Thermoplaste, Thermomere)	su[pe]rstructure f	сверхструктура
S 1348	superlattice transformation	Überstrukturumwandlung f (bei teilkristallinen Thermoplasten, Thermomeren)	transformation f de superstructure	превращение надмолекулярных структурных ассоциатов
S 1349	supermolecular structure	übermolekulare Struktur f	structure f supermoléculaire	надмолекулярная структура
	supersonic horn	s. S 804		
	supersonic welder (welding machine)	s. U 44		
	superwood	s. I 46		
S 1350	supported film	Folie f mit Trägerwerkstoff	feuille f supportée, film m supporté	пленка с подложкой
S 1351	supported-film adhesive	Klebfolie f mit Trägerwerkstoff	feuille f adhésive supportée	пленочный клей с подложкой
S 1352	supported flange joint, clamping flange	Klemmflansch m	raccord m à bride de compression, raccord à bride à fourreau	зажимная втулка, фиксирующий фланец
S 1353	supported screwed joint	Klemmverschraubung f	raccord m à manchon de compression	резьбовое зажимное соединение
S 1354	supporting air	Stützluft f (für Folienblasen)	air m d'appui	сжатый воздух
S 1355	supporting base, supporting material, carrier, backing material	Trägerwerkstoff m, Trägerstoff m	support m	наполнитель, носитель
S 1356	supporting bed	Stützplatte f (für Umformen)	embase f	опорная плита
S 1357	supporting layer, backing layer	Beschichtungsträgerschicht f, Trägerschicht f von Beschichtungen	support m (revêtements)	подложка для нанесения
	supporting material	s. S 1355		
	supporting roll	s. B 21		
	support plate	s. B 12		
S 1358	support rod	Stützstab m	barre f de support	опорный стержень
	support roll	s. B 21		
S 1359	support skin	Trägerhaut f (Slush-moulding-Verfahren)	peau f de support	пленка-подложка
S 1360	surface	Oberfläche f	surface f	поверхность
	surface abrasion scratching	s. S 77		
S 1361	surface-activated polymer	oberflächenaktiviertes Polymer[es] n	polymère m activé à la surface	поверхностно-активный полимер
S 1362	surface-active agent, surfactant	oberflächenaktiver Stoff m, oberflächenaktive Substanz f, Tensid n	tensio-actif m, agent m tensio-actif, surfactif m, agent de surface	поверхностно-активное вещество, ПАВ
S 1363	surface activity	Oberflächenaktivität f	activité f de surface	поверхностная активность
S 1364	surface aftertreatment, additional surface treatment, surface finishing	Oberflächennachbehandlung f (von Klebflächen)	traitement m complémentaire (postérieur, ultérieur) superficiel, post-traitement (second traitement) m superficiel, finition f de surface	последующая обработка (соединяемых) поверхностей, окончательная поверхностная обработка
S 1365	surface area, effective surface	wirksame Oberfläche f (für die Ausbildung von Haftkräften beim Kleben)	aire f de surface	площадь поверхности, активная поверхность
	surface blemish	s. S 1372		
S 1366	surface charge	Oberflächenladung f (elektrostatisches Pulversprühen)	charge f superficielle	поверхностная зарядка
S 1367/ 1368	surface coating	Oberflächenüberzug m	revêtement m superficiel	поверхностный слой
	surface coating powder	s. C 437		
S 1369	surface coating process	Oberflächenbeschichtungsverfahren n	procédé m d'enduction de surfaces	способ нанесения покрытий
S 1370	surface condition	Fügeteiloberflächenzustand m (geometrischer und energetischer)	état m (condition f) de surface	состояние поверхности соединяемого изделия (относительно геометрии и энергии)
S 1371	surface crack[ing]	Oberflächenriß m	fente f, fendillement m	поверхностная трещина
S 1372	surface defect, surface blemish, surface irregularity	Oberflächenfehler m (an Formteilen)	défaut m de surface	поверхностный дефект, дефект на поверхности
S 1373	surface drying time	Oberflächenschicht-Verfestigungszeit f (Anstrichstoffe)	temps m de durcissement de la couche superficielle (peintures)	время сушки поверхностного слоя
S 1374	surface energy	Oberflächenenergie f (von Klebflächen)	énergie f superficielle	поверхностная энергия
S 1375	surface film	Preßhaut f (von Formteilen)	film m superficiel	смоляная корка у изделия
S 1376	surface finishing	Oberflächenveredlung f, Oberflächenveredeln n	finition f de surface	отделка поверхности, поверхностная отделка
	surface finishing	s. a. S 1364		
S 1377	surface free energy	freie Oberflächenenergie f	énergie f superficielle libre	свободная поверхностная энергия

S 1378	surface gloss	Oberflächenglanz m	brillant m superficiel	блеск поверхности
S 1379	surface hardness	Oberflächenhärte f	dureté f de surface, dureté superficielle	твердость поверхности
S 1380	surface haze	Oberflächentrübung f, wolkige Oberfläche f (an Formteilen)	trouble m superficiel	наружное помутнение, помутнение поверхности изделия
	surface irregularity	s. 1. S 1372; 2. S 1406		
	surface laser treatment	s. L 80		
S 1381	surface layer	Oberflächenschicht f (auf Klebteilen)	couche f superficielle	поверхностный слой (детали для склеивания)
	surface of separation	s. B 370		
	surface of weld	s. W 125		
S 1382	surface oxidation	Oberflächenoxydation f	oxydation f superficielle	поверхностное окисление
S 1383	surface planing machine, head straightening machine	Abrichthobelmaschine f, Abrichthobel m	dégauchisseuse f, machine f à aplanir (dresser)	фуговальный станок
S 1384	surface polishing	Oberflächenpolitur f	poli (brillant) m de surface	полирование поверхности
S 1385	surface potential	Oberflächenpotential n (von Klebfügeteilwerkstoffen)	potentiel m superficiel (surfacique)	поверхностный потенциал
	surface preparation	s. S 1405		
S 1386	surface preparation machine	Gerät n zum Reinigen und Aufrauhen von Fügeteiloberflächen	fraiseuse (laineuse) f de surfaces	прибор для механической обработки поверхности
S 1387	surface preservation	Konservierung f von Klebfügeteiloberflächen (durch lose anhaftende Schutzschichten oder Umhüllungen)	préservation f superficielle (de surface)	консервирование склеиваемой поверхности (снимающимися слоями)
	surface pressure	s. C 715		
S 1388	surface pretreatment	Oberflächenvorbehandlung f	prétraitement m de surface	предварительная обработка поверхности
S 1389	surface profile, surface trace, probe trace, pulled surface	Rauhigkeitsprofil n einer Oberfläche	profil m rugueux de surface	профиль шероховатости поверхности
S 1390	surface properties	Oberflächeneigenschaften fpl	propriétés fpl de surface	поверхностные свойства
	surface protection	s. P 1076		
S 1391	surface putty	Oberflächenkitt m, Flächenkitt m	lut m surface, mastic m surfacique	поверхностная замазка
S 1392	surfacer, filler	Ausballmasse f, Ausfüllkitt m	garniture f	обмазка
S 1393	surface resistance	Oberflächenwiderstand m	résistance f superficielle (de surface)	поверхностное [электрическое] сопротивление
S 1394	surface resistivity	spezifischer Oberflächenwiderstand m	résistivité f en surface, résistivité superficielle (transversale)	удельное поверхностное сопротивление
S 1395	surface roughening pretreatment	aufrauhende Oberflächenvorbehandlung f (Klebflächen)	prétraitement m à rendre rugueux la surface (faces à coller)	повышающая шероховатость обработка поверхности
S 1396	surface roughness	Oberflächenrauh[igk]eit f	aspérité (rugosité) f de [la] surface	шероховатость поверхности, поверхностная шероховатость
S 1397	surface sheet	Oberflächenbogen m, Deckbogen m (von dekorativen Schichtstoffen)	strate m de surface, feuille f décorative superficielle (de surface)	лицевая накладка, лицевой лист (декоративных слоистых материалов)
S 1398	surface sizing, sizing	Oberflächenversiegeln n, Ausfüllen (Versiegeln) n von Oberflächenporen	bouche-porage m	заполнение поверхностных пор
	surface skin	s. S 615		
S 1399	surface-specific adhesion	formspezifische Haftkraft (Adhäsion) f	adhérence f spécifique de la surface	адгезионная прочность, определяемая видом поверхности
	surface spread of flame	s. S 989		
S 1400	surface structure, surface texture	Oberflächenstruktur f	structure (texture) f superficielle (de surface)	структура поверхности
S 1401	surface tension	Oberflächenspannung f	tension f superficielle (de surface)	поверхностное натяжение
S 1402	surface tension meter	Oberflächenspannungsbestimmungsgerät n, Oberflächenspannungsbestimmer m, Gerät n zur Bestimmung der Oberflächenspannung	appareil m de mesure de tension superficielle	измеритель поверхностного натяжения
	surface texture	s. S 1400		
	surface trace	s. S 1389		
S 1403	surface tracer	Oberflächenprofil n (von Klebflächen)	profil m superficiel (de surface)	профиль поверхности

S 1404	surface-treated film	oberflächenvorbehandelte Folie f	feuille f (film m) à surface prétraitée	пленка с предварительно обработанной поверхностью
S 1405	surface treatment, surface preparation, prebond treatment, adherend preparation	Oberflächenbehandlung f (von Klebfügeteilen)	traitement m superficiel (de surface), préparation f superficielle (de surface) (pièces à coller)	поверхностная обработка, обработка поверхности (изделия перед склеиванием)
S 1406	surface valley, surface irregularity	Oberflächenkapillare f, Vertiefung f in der Oberfläche	capillaire m superficiel (de surface)	капилляр поверхности, поверхностный капилляр (дефект)
S 1407	surface waviness, waviness	Oberflächenwelligkeit f, wellige Beschaffenheit f der Oberfläche	ondulation f [de superficie]	волнистость поверхности
S 1408	surface welding, surfacing, hard [sur]facing, deposition welding	Auftragschweißen n	soudage m de (par) rechargement	наваривание, наплавка, сварка наплавкой
S 1409	surfacing mat, non-woven surface mat	Oberflächenvlies n, Glasfaservlies n (für Laminatherstellung), Oberflächenmatte f	mat m de surface	стеклохолст, облицовочный мат
	surfactant	s. S 1362		
S 1410	susceptible to corrosion	korrosionsempfindlich	sensible à la corrosion, susceptible de corrosion	склонный к коррозии
S 1411	suspending agent	Suspendiermittel n, Suspensionsmittel n, Suspensionsmedium n, Suspensionsstabilisator m	agent (milieu) m de suspension	суспендирующий агент
S 1412	suspension	Suspension f	suspension f	суспензия
	suspension of fluidized powder	s. S 594		
S 1413	suspension polymerizate	Suspensionspolymerisat n, Suspensionspolymer[es] n	polymère m en suspension	суспензионный полимер
S 1414	suspension polymerization	Suspensionspolymerisation f	polymérisation f en suspension	суспензионная полимеризация
S 1415	suspension polyvinyl chloride	Suspensionspolyvinylchlorid n, PVC-S	chlorure m de polyvinyle en suspension	суспензионный поливинилхлорид (ПВХ), ПВХ-С
S 1416	suspension stabilizer	Suspensionsstabilisator m	stabilisant m de suspension	стабилизатор суспензии
S 1417	swabbing	Klebflächenentfetten durch lösungsmittelgetränkte Pinsel oder Lappen	dégraissage de la surface au solvant	обезжиривание с помощью тампона, смоченного в растворителе
S 1418	swaging	Ziehpressen n, Ziehpreßverfahren n	emboutissage m	вытяжное прессование
S 1419	swaging capacity	Tiefzieheignung f	aptitude f à l'emboutissage	способность к термоформованию, пригодность к вытяжке
	swaging roll	s. B 118		
	swaging tool	s. F 329		
S 1420	swan neck	Fallrohrschwanenhals m (an Fallrohren)	col m de cygne	двойное колено (опускной трубы)
S 1421	swan-neck press	Schwanenhalspresse f	presse f à col de cygne, presse f ouverte sur un côté	пресс с коленчатым валом
	sweating	s. E 471		
S 1422	sweep extractor	Schwungauswerfer m (automatischer Auswerfer mit kombinierter Angußentfernung und Zerkleinerungsvorrichtung)	extracteur-éjecteur m	выталкиватель с устройством для отреза литника
S 1423	swell/to, to swell up	quellen, anquellen, aufquellen, [an]schwellen	gonfler	набухать, разбухать
S 1424	swelling	Quellen n, Quellung f, Aufquellen n, Anquellen n, Schwellung f	gonflement m	набухание, разбухание, припухлость
	swelling after extrusion	s. E 413		
S 1425	swelling agent	Quellmittel n	agent m gonflant (de gonflement), gonflant m	агент набухания, средство, вызывающее набухание
S 1426	swelling behaviour, pulsating behaviour	Quellverhalten n, Schwellverhalten n (von Extrudat)	comportement m de gonflement	разбухание экструдата, поведение при разбухании
S 1427	swelling determination	Quellungsmessung f	détermination (mesure) f du gonflement	измерение степени набухания
S 1428	swelling index, percent swell	Schwellzahl f (von Extrudat)	indice m de gonflement	индекс (коэффициент) разбухания
S 1429	swelling of a mould	Werkzeugaufweiten n (Urformen von Formteilen)	gonflement m d'un moule	распирание формы
S 1430	swelling power	Quellvermögen n	pouvoir m gonflant (de gonflement), gonflabilité f	способность к набуханию, набухаемость
S 1431	swelling rate	Schwellrate f	taux m de gonflement	степень разбухания

	swelling ratio	s. S 1434		
S 1432	swelling stage	Quellstadium n, Quellphase f	stade m (phase f) de gonflement	стадия набухания
S 1433	swelling tendency	Quellneigung f	tendance f au gonflement	склонность к набуханию
S 1434	swell ratio, swelling ratio	Schwellverhältnis n, Strangaufweitungsverhältnis n (Extrudat)	rapport m de gonflement	коэффициент разбухания
S 1435	swell test die head	Spritzkopf m zur Ermittlung des Schwellverhaltens (von Extrudaten)	tête f d'injection à déterminer le comportement de produits d'extrusion sous charges ondulées	головка для определения разбухания экструдата
	swell up/to	s. S 1423		
	swept volume	s. V 180		
	swinging ball bearing	s. S 246		
S 1436	swinging gate	Schwingsperre f (an Extruderwerkzeugen)	tête f à charnières	колебательное блокировочное устройство
S 1437	swing mould	Schwingwerkzeug n (für Blasformen)	moule m oscillant	передвижная форма для выдува, форма для выдува с возвратно-поступательным движением
S 1438	swing mould, indexing mould	Werkzeug n für Karussellpressen	moule m pour presse à carrousel	пресс-форма для роторного пресс-автомата
S 1439	swirl mat	Ringelmatte f, Glasseidenmatte f aus geringelten Fäden	mat m en fils ondulés (bouclés), swirl mat m	стекломат из извитых волокон
S 1440	switchover point	Umschaltpunkt m (von der Einspritz- zur Nachdruckphase beim Spritzgießen)	point m de commutation (injection, maintien en pression)	точка конца заполнения формы
S 1441	swivelling head	schwenkbarer Spritzkopf m, Schwenkkopf m	tête f à charnières	поворотная головка
S 1442	swivel winder	Schwenkwickler m, Schwenkwickelmaschine f	bobinoir m orientable (pivotant)	намоточная машина поворотного типа
S 1443	syenite	Syenit m, Natrium-Kalium-Aluminium-Silicat n	syénite f	смешанный силикат натрия, калия и алюминия
	synchronous forced flow blender	s. S 1444		
S 1444	synchronous forced flow mixer, synchronous forced flow blender	Gleichlauf-Zwangsmischer m	mélangeur m à circulation synchrone	синхронная мешалка принудительного действия
S 1445	syndiotactic polymer	syndiotaktisches Polymer[es] n, syndiotaktischer Kunststoff (Plast) m	polymère (plastique) m syndiotactique	синдиотактический полимер
S 1446	syneresis	Synärese f, Synaerese f	synérèse f	синерезис
	synergism	s. S 1447		
S 1447	synergistic action (effekt), synergism	Synergese-Effekt m, synergetische (synergistische) Wirkung f, synergistischer Effekt m	effet m synergique (de synergie)	синергетический эффект
	synthetic enamel	s. S 1456		
S 1448/ 1449	synthetic fibre, chemical fibre, man-made fibre, artificial fibre	synthetische Faser f, Kunstfaser f, Chemiefaser f	fibre f synthétique	химическое (синтетическое, искусственное) волокно
S 1450	synthetic-fibre reinforced plastic, SFP	synthesefaserverstärkter Kunststoff (Plast) m, SFK	plastique m renforcé aux fibres synthétiques	наполненный синтетическими волокнами пластик
	synthetic fibrous anisotropic material mat	s. S 331		
S 1451	synthetic flooring	synthetischer Fußbodenbelag m, Kunststoffußbodenbelag m, Plastfußbodenbelag m	revêtement m de plancher synthétique (plastique)	синтетическое покрытие для полов
	synthetic leather	s. A 554		
S 1452	synthetic plastic	synthetischer (synthetisch hergestellter) Kunststoff (Plast) m	plastique m synthétique	синтетический пластик, синтетическая пластмасса
	synthetic resin	s. A 555		
S 1453	synthetic-resin adhesive	Kunstharzklebstoff m	colle f de résine synthétique	синтетический смоляной клей
	synthetic-resin bonded-cloth (bonded-fabric) sheet	s. L 21		
	synthetic-resin bonded paper sheet	s. L 29		
S 1454	synthetic-resin cement, synthetic-resin mastic	Kunstharzkitt m	ciment m de résine synthétique, mastic m de résines	клеящая замазка, замазка из искусственной смолы
S 1455	synthetic-resin ion exchanger	Kunstharz-Ionenaustauscher m	résine f échangeuse ionique (d'ions)	ионообменная синтетическая смола

S 1456	**synthetic-resin varnish, enamel, synthetic enamel**	Kunstharzlack *m*	peinture *f* à la résine, peinture synthétique, laque *f* à base de résine synthétique	лак на основе синтетических смол
S 1457	**synthetic rubber**	Synthesegummi *m*, Kunstgummi *m*, Synthesekautschuk *m*, Kunstkautschuk *m (Fügeteilwerkstoff)*	caoutchouc *m* synthétique	синтетический каучук
S 1458	**synthetic sponge material**	Kunstschwamm *m*	éponge *f* synthétique	искусственная (синтетическая) губка
S 1459	**system of painting coats**	Anstrichsystem *n*	système *m* de couches de peinture	лакокрасочная система

T

T 1	**tab**	Vorkammer *f (bei Werkzeugen für warmes Vorkammerangießen)*	antichambre *f*	форкамера, предкамера *(литьевой формы)*
T 2	**Taber abraser (machine)**	Taber-Maschine *f*, Abriebmaschine *f*	abrasimètre *m* Taber	истирающая машина
T 3	**tab gate**	Anguß *m* mit Vorkammer, Vorkammeranguß *m (rechtwinklig abgelenkter Anguß mit verbreitertem Anschnitt)*	entrée *f* par languette	литниковая система с форкамерой
T 4	**tab gating**	Spritzgießen *n* mit warmem Vorkammeranguß	injection *f* avec antichambre	горячеканальное литье под давлением
	tablet compressing press	*s.* P 121		
	tablets press	*s.* P 121		
	tabletting	*s.* P 123		
T 5	**tabular film die**	Schlauchfolienwerkzeug *n*	filière *f* pour gaines	головка для производства рукавных пленок
T 6/7	**tack, tackiness**	Klebrigkeit *f*	collabilité *f*, état *m* collant (poisseux)	клейкость, липкость
	tack coat	*s.* A 183		
T 8	**tack-free**	nicht klebrig (klebend)	non collant (collable, poisseux)	не клейкий
T 9	**tack-free state**	Klebfreiheiterlangung *f (bei reaktionsspritzgegossenem Polyurethanschaumstoff)*	établissement *m* de l'état hors-poisse	получение пенополиуретана *(без отлипа)*
T 10	**tack-free time**	klebfreie Zeit *f (beim Reaktionsspritzgießen von Polyurethanschaumstoff)*	temps *m* hors-poisse	время без отлипа *(литье пенополиуретана)*
T 11	**tackification**	Klebrigkeitseinstellung *f*, Klebrigmachen *n (Haftklebstoffe)*	action *f* de rendre adhésif	придание клейкости
T 12	**tackifier, tackifying resin, tack-maker, tack-producing agent, tackiness agent** *(US)*	Klebrigmacher *m*, Klebrigmacherharz *n (Haftklebstoffe)*	résine *f* à rendre adhésif, agent *m* renforçant la collabilité	усилитель клейкости, агент повышения клейкости
	tackiness	*s.* T 6/7		
	tackiness agent	*s.* T 12		
T 13	**tacking nozzle, tack nozzle**	Heft[schweiß]düse *f (für Warmgasschweißgeräte)*	buse *f* d'épinglage, buse de pointage	мундштук для стежковой сварки, стежково-сварочный мундштук
T 14/5	**tacking seam**	Heftnaht *f (Schweißen)*	soudure *f* de pointage, soudure d'épinglage	стежково-сварочный шов
	tack instrument	*s.* T 16		
	tack-maker	*s.* T 12		
T 16	**tackmeter, tack instrument**	Klebrigkeitsprüfgerät *n*, Haftfähigkeitsprüfgerät *n*	instrument *m* de mesure de l'adhésivité	испытатель клейкости, измеритель липкости
	tack nozzle	*s.* T 13		
	tack-producing agent	*s.* T 12		
T 17	**tack range**	Trockenklebrigkeitsdauer *f (bei Kontaktklebstoffen)*	durée *f* de l'état collant sec	продолжительность клейкости в сухом состоянии
	tack welding	*s.* S 1135		
T 18	**tacky, sticky**	klebrig, zäh	collant, poisseux, gluant	клейкий, липкий
T 19	**tacky-dry**	trockenklebrig	collant-sec	клейкий в сухом состоянии
T 20	**tacticity**	Taktizität *f*	tacticité *f*	тактичность
T 21	**tactic polymer**	taktisches Polymer[es] *n*	polymère *m* tactique	тактический полимер

T 22	**TAF foam moulding, TAF process,** Toshiba and Asahi foam moulding	Gasgegendruck-Spritzgieß-verfahren *n (für die Herstellung thermoplastischer Schaumstoffe unter Verwendung eines Tauchkantenwerkzeuges)*	moulage *m* (injection *f*) de mousse d'après le procédé Toshiba et Asahi	литье под давлением пенотермопластов по Тошиба и Асаги
T 23	**Tagliabue open and closed cup,** TLC	Flammpunktangabe *f*	indication *f* du point d'éclair (d'inflammabilité, d'inflammation)	температура вспышки
T 24	**tail**	Gratrest *m (an Spritzgußteilen)*	résidu *m* de bavure	остаток грата
T 25	**tailings,** coarse particles	grobkörniger Füllstoff *m*	grosses *fpl (charge)*	грубозернистый (крупнозернистый) наполнитель
T 26	**tailor-made adhesive**	Klebstoff *m* nach Maß	colle *f* sur mesure	специальный клей, клей на заказ
T 27	**tailor-made material**	Werkstoff *m* nach Maß	matériau *m* sur mesure	материал с заданными свойствами
T 28	**tails**	Bindefehler *m (an Spritzgußteilen)*	défaut *m* de liaison, défaut d'injection	дефект при сплавлении расплава *(на литом изделии)*
	take-away	s. 1. T 29; 2. T 33		
	take-away roll	s. D 540		
	take-away speed	s. H 48		
T 29	**take-off, take-off conveyor (device),** pulling device, haul-off [equipment], withdrawing device, take-away *(US)*	Abziehvorrichtung *f,* Ausziehvorrichtung *f,* Abzugseinrichtung *f (Extruder)*	dispositif *m* de tirage	приемное (съемное, оттягивающее) устройство, оттяжное приспособление, съемный механизм, тяговое приемное устройство
T 30	**take-off roll**	Abzugswalze *f*	cylindre *m* de tirage	приемный валок
	take-off speed	s. H 48		
T 31	**take-off tower**	Blasturm *m,* Abzugturm *m (an Vertikal-Blasfolienanlagen)*	tour *f* de tirage	вертикальное приемное устройство, приемная эстакада *(установки для экструзии рукавных пленок)*
T 32	**take-out mechanism**	Entnahmevorrichtung *f (für Formteile aus dem Werkzeug)*	mécanisme *m* d'extraction *(produits moulés)*	съемное устройство
	take-out robot	s. R 219		
	take-out unit	s. D 131		
T 33	**take-up, take-up equipment (mechanism),** take-away *(US)*	walzenförmige Abnahmevorrichtung *f (Extruder)*	tambour *m* de tirage	намоточное устройство
T 34	**take-up roll**	Bandzugregelwalze *f (für Beschichtungsanlagen),* Pendelwalze *f*	rouleau *m* applicateur (de tension)	тянущий валок, плавающий валик
	take-up roll	s. a. D 540		
	take-up speed	s. H 48		
T 35	**take-up spool**	Aufwickelspule *f (für beschichtete Bahnen)*	enrouleur *m,* bobine *f* réceptrice	приемная (намоточная) бобина
	take-up winder	s. W 252		
T 36	**talc**	Talkum *n (Füllstoff)*	talc *m*	тальк
T 37	**talc-filled polypropylene**	talkumgefülltes Polypropylen *n*	polypropylène *m* renforcé au talc	наполненный тальком полипропилен
T 38	**tamping**	Verdämmen *n*	noyade *m*	забойка
	tan δ	s. D 232		
T 39	**tandem extrusion coating line**	Tandem-Extrusionsbeschichtungsanlage *f*	ligne *f* d'enduction-extrusion en tandem	два последовательно установленных устройства для экструзионного нанесения покрытий
T 40	**tandem line**	Tandemstrecke *f,* Doppelstrecke *f*	ligne *f* en tandem	тандем-установка, спаренная установка
T 41	**tangential mill**	Tangentialmühle *f*	moulin *m* tangentiel	тангенциальная мельница
T 42	**tangential stress**	Tangentialspannung *f,* Umfangsspannung *f*	effort *m* tangentiel, tension (contrainte) *f* circonférentielle (tangentielle)	касательное напряжение
T 43	**tangent modulus**	Tangentenelastizitätsmodul *m,* Tangentenmodul *m*	module *m* tangent	касательный модуль упругости
	tangent of the loss angle	s. D 232		
T 44	**tank lining**	Behälterauskleidung *f,* Kesselauskleidung *f,* Tankauskleidung *f*	revêtement *m* du récipient	кожух котла, футеровка цистерны
T 45	**tank melter**	Tankschmelzanlage *f*	applicateur *f* de fusion	емкость-установка для получения расплавов клеев
T 46	**tank mixer**	Tankmischer *m*	mélangeur *m* à cuve	цистерная мешалка
T 47	**tannin-based adhesive**	Tanninklebstoff *m,* Klebstoff *m* auf Tanninbasis *(für Furnierhölzer)*	adhésif *m* à base de tanin, colle *f* tannique, colle *f* sur base de tanin	таниновый клей

T 48	tape/to	verschließen mittels Kleb-bandes	fermer par ruban adhésif	заклеивать клейкой лентой
	tape	s. S 1238		
	tape fibre	s. F 138		
	tape line	s. T 49		
T 49	tape-producing plant, tape line	Bändchenanlage f (Folien-fädenherstellung)	installation f produisant des rubans	установка для изготовления (производства) пленочных лент
T 50	taper/to	konisch auslaufen	se terminer en cône	конически ограничивать
T 51	taper, tapering	Konizität f	conicité f	конусность
T 52	tapered double strap joint	zweiseitige Laschenverbin-dung f mit abgeschrägten Laschenenden (Klebverbin-dung)	assemblage m à couvre-joint bilatéral (assemblage collé)	двустороннее скошенное стыковое соединение с накладкой
	tapered roller bearing	s. C 684		
	tapered single lap joint	s. B 170		
	tapering	s. T 51		
	tapering lap joint	s. B 170		
T 53	taper pin	Kegelstift m	goupille f conique	конический штифт
T 54	tape slitting unit	Bändchenschneideinrich-tung f (Folienfädenherstel-lung)	dispositif m de coupage des rubans	резальное устройство для пленочных лент
T 55	tape stretching equipment	Bändchenreckanlage f	installation f d'étirage de cordons, équipement m d'étirage de cordons	лентотянущая установка
T 56	tape suction gun	Fadensaugpistole f (an Folienbändchenanlagen)	pistolet m d'aspiration des rubans	вытяжной пистолет
T 57	tape-supported adhesive	Klebstoff m auf bandförmi-ger Unterlage	adhésif m sur base en forme de ruban	клей на ленточной под-ложке
T 58	tape winder	Bandaufspulmaschine f (für Folienbänder)	enrouleur (enrouloir) m de rubans	рулононамоточная машина
T 59	tape winding method	Bandwickelverfahren n (zur Herstellung von Rotations-körpern aus faserverstärk-ten Werkstoffen)	enroulage m de rubans	намотка стекловолокнистых лент
T 60	taping	Taping n, Verschließen n von Verpackungen mit-tels heißsiegelbaren Bän-dern	fermeture f d'emballages à l'aide des rubans thermo-soudables	метод тэйпинг, заклеивание плавкими лентами
	tapping clamp	s. T 61		
T 61	tapping clip, tapping clamp	Anbohrschelle f (für Rohre)	collier m de centrage	хомут для засверливания
T 62	tar	Teer m	goudron m	деготь, смола
T 63	tar-base epoxy [resin]	Teerepoxidharz n, Teer-epoxid n	époxyde m (résine f époxy) au goudron	дегтесодержащая эпок-сидная смола, смесь эпоксидной смолы и дегтя
T 64	tasteless	geschmackfrei	insipide, sans saveur	безвкусный
T 65	tasteless and inodorous, neither tastes nor smells	geschmacks- und geruchs-neutral	insipide et inodore	без запаха и вкуса
	TDI	s. T 400		
	T-die	s. S 685		
T 66	tear	Anstrichstoff-Läufer m (Na-senbildung des Anstrich-stoffs)	coulure f (peinture)	потек краски на верти-кальной поверхности (из-за неровностей краски)
T 67	tear drops	Tropfenbildung f (an Spritz-gußteilen)	défaut m ayant l'apparence d'une goutte	каплеобразование (на ли-том изделии)
	tearing test	s. T 71		
T 68	tear off/to	abreißen	se rompre	отрывать
T 69	tear off/to	aufreißen	se fendre, se crevasser	разрывать
T 70	tear propagation resistance	Weiterreißfestigkeit f, Wei-terreißwiderstand m	résistance f à l'allongement d'une déchirure	сопротивление разраста-нию трещин (прорезов), сопротивление распро-странению раздира
T 71	tear propagation test, tear[ing] test	Weiterreißversuch m, Wei-terreißprüfung f	essai m de déchirement amorcé, essai de déchi-rure amorcée	испытание на разрыв по надрыву, испытание на разрастание трещин (про-резов)
T 72	tear resistance (strength), resistance to tearing, ulti-mate tensile strength, tensile ultimative strength	Reißfestigkeit f, Zerreiß-festigkeit f, Einreißfestig-keit f	résistance f à la déchirure, résistance à la rupture, ré-sistance à la traction	разрывная прочность, проч-ность на разрыв, проч-ность при разрыве, пре-дел прочности при растяжении
	tear test	s. T 71		
	TEC	s. T 377		
T 73	technical application, tech-nical purpose	technische Verwendung (Anwendung) f	application f (ultilisation f, emploi m) technique	техническое применение
	technical-grade plastic	s. C 700		

T 74	technical moulding	technisches Urformteil n, Urformteil n für technische Zwecke	pièce f moulée technique	прессованное литое изделие (технического назначения)
T 75	technical plastic	technischer Kunststoff (Plast) m, Kunststoff (Plast) m für technische Zwecke	plastique m technique	пластик технического назначения
	technical purpose	s. T 73		
	technical resin	s. I 94		
	tee	s. A 425		
T 76	tee-joint, T-joint	T-Schweißstoß m	soudure f (joint m) en T	тавровое (сварное) соединение
	tee-joint forming slot weld	s. T 78		
T 77	tee-joint with double fillet weld	T-Stoß m (T-Verbindung f) mit Doppelkehlnaht, T-Stoß mit zweiseitiger Kehlnaht (Schweißen)	joint m en T avec cordon bilatéral	Т-образное соединение с двойным угловым швом, Т-образное сварное соединение
T 78	tee-joint with square butt weld, tee-joint forming slot weld	Dreistoß m, Verbindung f von drei Fügeteilen in einem Knoten, von drei Fügeteilen gebildeter Dreistoß (Schweißen)	joint m de trois pièces en T	шов, соединяющий три детали, стык трех деталей (при сварке)
	tee-piece	s. A 425		
T 79	teeth	Oberflächenunregelmäßigkeiten fpl (der Bruchfläche verstärkter Werkstoffe)	irrégularité f de surface	неравномерности поверхности (излома армированного пластика)
T 80	tefalisation, Teflon coating	Teflonisierung f, Tefalisierung f, Überzugsherstellung f mittels Fluorcarbonen	déposition f du polytétrafluoréthylène en dispersion	нанесение покрытия фторопластом-4
T 81	Teflon moulding	Preßsintern (Preßsinterverfahren) n von Polytetrafluorethylen	moulage m du Téflon	прессование и спекание изделий из фторопласта-4
	Tego film	s. P 190		
	teledynamic injection moulding	s. V 109		
T 82	telegraphing	Abbildung von inneren Fehlstellen an der Oberfläche von Schichtstoffen oder Urformteilen	représentation des défauts intérieurs à la surface de stratifiés ou de pièces moulées	следы внутренних дефектов на поверхности слоистых пластиков или пресс-изделий
T 83	telescopic flow	laminares Fließen n (Schmelze)	écoulement m laminaire	ламинарное течение
T 84	telomer	Telomer[es] n, niedermolekulares Polymer[es] n mit definierten Endgruppen	télomère m	теломер
T 85	temperature at extruder die	Massetemperatur f in der Extruderdüse, Massetemperatur im Extruderwerkzeug	température f de masse dans la filière d'extrudeuse	температура расплава в головке
T 86	temperature cabinet	Temperierkammer f	chambre f thermostatique	темперировочная камера
T 87	temperature class	Wärmebeständigkeitsklasse f	classe f de la résistance à la chaleur	класс по термостойкости
T 88	temperature coefficient of viscosity	Temperaturkoeffizient m der Viskosität	coefficient m de température de la viscosité	температурный коэффициент вязкости
T 89	temperature control	Temperaturregelung f	contrôle m de température	терморегулирование, регулирование температуры
T 90	temperature control device	Temperaturregelgerät n	thermorégulateur m, dispositif m de réglage de température	регулятор температуры
T 91	temperature controller, temperature-regulating device	Temperaturregler m	controleur (régulateur) m de température	регулятор температуры
	temperature control system	s. T 103		
T 92	temperature control unit, thermostat, tempering unit	Temperiergerät n (für Werkzeuge), Thermostat m	régulateur m de température, thermorégulateur m, thermostat m	термостат для автоматического поддержания заданной температуры (формы)
T 93	temperature control vessel	Temperiergefäß n	récipient m au thermostat	темперировочный котел
T 94	temperature dependence	Temperaturabhängigkeit f	dépendance f de la température	зависимость от температуры
T 95	temperature during heating time	Anwärmtemperatur f (beim Heizelementschweißen)	température f de réchauffage	температура подогрева
T 96	temperature gradient	Temperaturgradient m	gradient m de température	градиент температуры

T 97	**temperature of deformation under flexural load,** deflection temperature, high heat distortion temperature, heat distortion point (temperature), heat deflection temperature	Formbeständigkeit f in der Wärme, Wärmeformbeständigkeit f	stabilité f dimensionnelle à chaud, stabilité f de forme thermique	теплостойкость, устойчивость к термической деформации, температура остаточной деформации
T 98	**temperature of vulcanizing,** vulcanizing temperature	Vulkanisationstemperatur f	température f de vulcanisation	температура вулканизации
T 99	**temperature-operated controller,** over-temperature protector (switch)	Temperaturwächter m	relais m thermique, thermorelais m	термореле
T 100	**temperature profile**	Temperaturprofil n	profil m de température	температурный профиль
T 101	**temperature range,** range of temperatures	Temperaturbereich m	plage f (intervalle m, gamme f, domaine m) de température	диапазон температур
T 102	**temperature recorder,** recording thermometer	Temperaturschreiber m	thermomètre m enregistreur, thermo[mé tro]graphe m	термограф, самопищущий термометр
	temperature-regulating device	s. T 91		
T 103	**temperature regulating system,** temperature control system	Temperiersystem n	système m thermorégulateur	система регулирования температуры
	temperature regulation of the mould	s. T 414		
	temperature-resistant plastic	s. H 128		
T 104	**temperature rise**	Temperaturanstieg m, Temperaturerhöhung f	élévation (augmentation, ascension) f de température	возрастание (подъем, повышение) температуры
T 105	**temperature sensor**	Temperaturfühler m, Thermomeßfühler m (für Temperaturmessungen in der Schmelze von Verarbeitungsmaschinen)	élément m thermosensible (sensible à la température)	датчик температуры
T 106	**temperature sequence**	Temperaturverlauf m	marche (variation) f de la température	ход температуры
T 107	**temperature time,** curing time under temperature	Abbindezeit (Härtezeit) f während Temperatureinwirkung (bei Klebstoffen)	temps m de durcissement à chaud	продолжительность выдержки при повышенной температуре (при склеивании)
T 108	**temperature-time limit**	Temperatureinwirkungszeitgrenze f	limite f de l'action thermique	временной предел влияния температуры
T 109	**temperature uniformity**	Temperaturhomogenität f, Temperaturgleichmäßigkeit f	homogénéité (uniformité) f de température	однородность по температуре, температурная гомогенность
T 110	**tempering,** annealing, casing hardening	Tempern n (für Formteile oder Halbzeuge), Spannungsfreimachen n	trempe f, recuit m, étuvage m après cuisson	термообработка
T 111	**tempering channel**	Temperierkanal m	canal m thermostatique	темперировочный канал
T 112	**tempering unit** **template,** templet	s. T 92 Schablone f, Lehre f	gabarit m; calibre m; patron m	шаблон, копир
T 113	**temple**	Zeugspanner m	cadre m de tension	натяжное устройство
T 114	**temple roller,** toothed roller	Stachelwalze f	cylindre m [alimentaire] à pointes	дробилка с шипами
	templet	s. T 112		
T 115	**tenacious,** tough	zäh	tenace, résilient	вязкий
	tenacity	s. T 470		
T 116	**tendency to cracking**	Rißanfälligkeit f	tendance f au fendillement	склонность к образованию трещин
T 117	**tensile adhesion test**	Klebzugfestigkeitsprüfung f	essai m sur l'adhérence sous traction, essai d'adhésion	испытание склеенного соединения растяжением
	tensile bar	s. T 140		
T 118	**tensile bending strength**	Biegezugfestigkeit f	résistance f à la flexion sous tension	прочность при растяжении и изгибе
T 119	**tensile-compressive torsional testing**	Zug-Druck-Torsionsprüfung f	essai m de traction et compression par torsion	испытание на растяжение-сжатие при кручении
T 120	**tensile creep**	Kriechen n unter Zugbeanspruchung	fluage m sous tension	крип при растяжении
T 121	**tensile dumb-bell**	Schulterprüfstab m für Zugversuche	éprouvette f à épaules (essai de traction)	лопатка для испытания растяжением
T 122	**tensile modulus,** modulus of elasticity in tension. Young's modulus in traction	Zugmodul m, Zugelastizitätsmodul m	module m d'élasticité longitudinale (à la traction, en traction), module de Young en traction	модуль упругости при растяжении
	tensile shear test	s. T 136		

T 123	tensile strength	Zugfestigkeit *f*	résistance *f* à la fissuration par tension, résistance à la traction	прочность (предел прочности) при растяжении
T 124	tensile-strength test, tension (tensile) test	Zugversuch *m*, Zugprüfung *f*, Zerreißprüfung *f*, Zugfestigkeitsprüfung *f*	essai *m* Tensile Heat Distortion, essai THD, essai de traction	испытание на растяжение (разрыв)
	tensile-strength tester	*s.* T 139		
T 125	tensile stress	Zugspannung *f*	contrainte *f* de traction (tension), tension *f* positive de traction	напряжение растяжения (при растяжении)
T 126	tensile stress intensity factor	Zugspannungsintensitätsfaktor *m (Klebverbindung)*	facteur *m* d'intensité de l'effort de traction	фактор интенсивности напряжения растяжения
	tensile test	*s.* T 124		
	tensile tester (testing machine)	*s.* T 139		
T 127/8	tensile testing of ring specimen	Ringzugversuch *m*	essai *m* de traction à l'anneau	испытание на растяжение кольцевых образцов
	tensile ultimate strength	*s.* T 72		
	tensile yield	*s.* Y 9		
T 129	tensile yield point at elevated temperature	Warmstreckgrenze *f*	limite *f* élastique à chaud	процент удлинения при повышенной температуре
	tensile yield strength	*s.* Y 9		
T 130	tensiometer	Zugfestigkeitsprüfer *m*	tensiomètre *m*	тензометр
T 131	tension	Spannung *f*	tension *f*, tension positive	напряжение
T 132	tensioning slide for crinkle-free welded seams	Spannschieber *m* für faltenfreie Schweißnähte	coulisse *f* de tension assurant un cordon de soudure sans plis	зажимное устройство для получения сварных швов без складов
T 133	tension roll	Spannwalze *f*	rouleau *m* tendeur (de tension)	натяжной валик
T 134	tension roller	Spannrolle *f* (an Aufwickeleinrichtungen für Folien)	cylindre *m* de tension	тянущий валик
T 135	tension shear strength, shear mode tensile strength	Zugscherfestigkeit *f*	résistance *f* au cisaillement sous tension, résistance à la traction de cisaillement	прочность при сдвиге [растяжением]
T 136	tension shear test, tensile shear test	Zugscherversuch *m*, Zugscherprüfung *f*	essai *m* de cisaillement sous tension	испытание на неравномерный отрыв, испытание на сопротивление при растяжении, испытание на сдвиг растяжением
T 137	tension spring	Zugfeder *f*	ressort *m* de traction	пружина растяжения
T 138	tension-tension sinusoidal load	sinusförmige Zugbelastung *f*	contrainte *f* de tension sinusoïdale, effort *m* de traction sinusoïdal	синусоидальная растягивающая нагрузка
	tension test	*s.* T 124		
T 139	tension testing machine, tensile testing machine, tensile[-strength] tester	Zugfestigkeitsprüfmaschine *f*, Zerreißmaschine *f*, Zugfestigkeitsprüfgerät *n*, Zugprüfmaschine *f*	machine *f* à traction, machine d'essai à la rupture	разрывная машина, машина для испытания на разрыв
T 140	tension test specimen, tensile bar	Zugprüfstab *m*	barreau *m* d'essai de traction (rupture), éprouvette *f* de traction	образец для испытания на разрывную прочность
T 141	tentative	versuchsweise, probeweise	à titre d'essai	опытный, экспериментальный
T 142	tentative experiment (test)	orientierender Versuch *m*, Tastversuch *m*	essai *m* préliminaire	ориентировочный эксперимент
T 143	tenter	Spannrahmen *m (Folien)*	rame *f*	ширильная рама
T 144	tenter dryer	Spannrahmentrockner *m*, Rahmentrockner *m*	séchoir *m* à rame	шпан-рама, ширильно-сушильная рама, сушильно-ширильная машина
T 145	terephthalate plasticizer	Terephthalatweichmacher *m (für Polyvinylchlorid)*	plastifiant *m* de téréphtalate *(CPV)*	пластификатор на основе эфира терефталовой кислоты
T 146	terminal board	Klemmbrett *n*	plaque *f* à bornes	клеммный щиток
T 147	terminal box	Kabelendverschluß *m*	boîte *f* de prise [terminale]	концевая кабельная муфта, кабельный оконцеватель
T 148	terminal group	Endgruppe *f*, endständige Gruppe *f*	groupement *m* terminal	концевая группа
T 149	terminal pressure	Enddruck *m*	pression *f* finale	конечное давление
T 150	terminal socket	Klemmsockel *m*	socle *m* de bornes	клеммный цоколь
T 151	ternary mixed polyamide	ternäres Copolyamid *n* (Mischpolyamid aus drei polyamidbildenden Ausgangsverbindungen)	terpolyamide *m*, polyamide *m* ternaire	тройной сополимерный полиамид
T 152	terpolymer	Terpolymer[es] *n*	terpolymère *m*, copolymère *m* ternaire	терполимер

T 153	tertiary creep	Tertiärkriechen n, tertiäres Kriechen n, beschleunigtes viskoses Kriechen n	fluage m tertiaire	третья стадия ползучести, третичный крип
	terminal switch	s. L 179		
	test condition	s. E 367		
	test cup	s. F 596		
	tester for the determination of molecular weight	s. A 499		
T 154	test extruder	Versuchsextruder m	extrudeuse (boudineuse) f d'essai	опытный экструдер
T 155	test fence	Prüfgestell n (für Freilagerung)	bâti m d'exposition	станция для испытаний (на атмосферостойкость)
T 156	test for spectral characteristic and colour	Prüfung f der spektralen Eigenschaften und Farbe	examen m des propriétés spectrales et de la couleur	контроль спектральных свойств и краски
T 157	test head	Meßkopf m	tête f de mesure	измерительная головка
T 158	testing equipment for rheology	rheologisches Prüfgerät n, rheologische Prüfeinrichtung f	appareil m d'essai rhéologique	испытатель реологических свойств
T 159	testing in conditioned atmosphere	Klimaprüfung f	essai m en atmosphère conditionnée	проверка в кондиционированном воздухе
	testing of adhesives	s. A 210		
T 160	testing of plastics	Prüfung f von Kunststoffen (Plasten)	essai m de plastiques	испытание пластиков (пластмасс)
T 161	testing speed, speed of testing	Prüfgeschwindigkeit f	vitesse f d'examen, vitesse d'essai	скорость испытания
T 162	testing technique	Prüfmethode f	méthode f d'essai	метод испытания
T 163	test mould	Versuchswerkzeug n	moule m d'essai	опытная форма
	test piece	s. T 170		
	test point	s. M 123		
	test portion	s. W 94		
T 164	test procedure	Prüfablauf m, Prüfdurchführung f, Versuchsdurchführung f	méthode f d'essai, action f de faire un essai	проведение испытания
T 165	test rig	Versuchseinrichtung f, Versuchsausrüstung f	équipement (dispositif) m d'essai	опытная установка, опытное оборудование
T 166	test-rod milling machine	Probestab-Fräsmaschine f	fraiseuse m pour éprouvettes	фрезерный станок для изготовления образцов
T 167	test room	Prüfraum m	salle f d'essais	лаборатория испытаний, испытательная камера
T 168	test sample, sample	Prüfmuster n, Probe f, Muster n	éprouvette f, échantillon m	[испытуемый] образец, проба
T 169	test sieving machine	Prüfsiebmaschine f	tamiseuse f à essais	просеивающий измеритель
T 170	test specimen, specimen, test piece	Prüfkörper m, Probekörper m, Probestab m, Prüfstab m	éprouvette f, barreau m d'essai, spécimen m	испытуемый образец, образец для испытаний
T 171	test surface	Prüfoberfläche f	surface f d'essai	испытываемая поверхность
	test value	s. E 369		
T 172	tetrabromodiane	Tetrabromdian n	tétrabromodiane m	тетрабромдиан
T 173	tetrachloroethylene	Tetrachlorethen n (Lösungsmittel)	tétrachloréthylène m (solvant)	тетрахлорэтилен
T 174	tetrahydrofuran	Tetrahydrofuran n	tétrahydrofuran[ne] m, THF	тетрагидрофуран, ТГФ
T 175	tetrahydrofuran-type adhesive	spaltfüllender Polyvinylchloridklebstoff m, THF-Klebstoff m	colle f THF (de tétrahydrofuran[ne])	клей на основе тетрагидрофурана, ТГФ-клей
T 176	tetraphenylethane	Tetraphenylethan n (Verarbeitungshilfsstoff)	tétraphényléthane m	тетрафенилэтан
T 177	textile glass	Textilglas n (Verstärkungsmaterial)	verre m textile	текстильное стекловолокно, текстильный стеклянный материал
T 178	textile glass fabric, weave	Textilglasgewebe n, Glasgewebe n (Verstärkungsmaterial)	tissu m de verre	стеклоткань, стеклянная ткань
T 179	textile glass fibre	Textilglasfaser f, Glasfaser f (Verstärkungsmaterial)	fibre f de verre textile	стекловолокно (для ткани), текстильное стеклянное волокно
T 180	textile glass mat	Textilglasmatte f, Glasmatte f (Verstärkungsmaterial)	feutre (mat) m [de fibres] de verre textile	стекломат, стекловолокнистый мат
T 181	textile-like product	textilähnliches Produkt n	produit m ressemblant aux textiles	текстилоподобный продукт
T 182	textile-reinforced plastic	textilverstärkter Kunststoff (Plast) m	plastique m renforcé aux textiles	текстилонаполненный пластик
	textile size	s. S 599		
T 183	textural measurement	Beschaffenheitsuntersuchung f	examen m textural (de texture, de structure, de constitution)	испытание состояния (характера материала)

T 184	**texture**	Gewebestruktur f	structure f de tissu	текстура
	textured fabric	s. L 21		
T 185	**textured finish**	Narbeneffektlack m	vernis m à effet de grainage	узорчатое покрытие
T 186	**textured sheeting**	endlose genarbte (geprägte) Folie f, genarbte (geprägte) Folienbahn f	feuille f continue grainée	гофрированная лента
T 187	**texture effect**	Struktureffekt m	effet m de structure	структурный эффект
T 188	**texture marking**	Sichtbarmachen n von Gefügen oder Strukturen	marquage m (visualisation f) de textures (structures)	визуализация структуры
T 189	**texturized mat**	nachgehärtete Matte f	mat m post-durci	текстурированный стекломат
T 190	**TFM foam moulding, TFM process, Allied [Chemical Corporation] foam moulding**	Gasgegendruck-Spritzgießverfahren n (für die Herstellung thermoplastischer Schaumstoffe unter Verwendung eines Werkzeuges mit Spezial-Heiz-Kühlsystem und Gasabdichtung)	moussage m de produits en fusion	литье под давлением пенотермопластов под газопротиводавлением со специальной формой
	TG	s. T 251		
	TGA	s. T 250		
T 191	**theory of adhesion**	Adhäsionstheorie f, Theorie f der Haftung	théorie f de l'adhésion	теория адгезии
	thermal aging	s. H 63		
T 192	**thermal-aging date**	Wärmealterungskennwert m	valeur f caractéristique pour le vieillissement thermique	показатель термического старения
T 193	**thermal analysis**, thermoanalysis	thermische Analyse f, Thermoanalyse f	analyse f thermique	термический анализ, термоанализ
	thermal balance	s. H 64		
T 194	**thermal-bonding adhesive**	Warmklebstoff m, in der Wärme sich verfestigender Klebstoff m, warmhärtender (warmabbindender) Klebstoff	adhésif m thermodurcissable, colle f thermodurcissable, colle à chaud	клей теплового отверждения
T 195	**thermal coefficient of linear expansion**	thermischer Längenausdehnungskoeffizient m, Wärmedehnzahl f	coefficient m de dilatation linéaire (linéique, longitudinale)	коэффициент линейного теплового расширения, коэффициент термического линейного расширения
	thermal conduction	s. H 70		
T 196	**thermal conductivity**, heat conductivity	Wärmeleitfähigkeit f, Wärmeleitvermögen n	conductibilité f thermique, conductivité f thermique (calorifique), diffusivité f thermique	теплопроводность, теплопроводность
T 197	**thermal convection**, heat convection	Wärmekonvektion f, Wärmeübertragung f durch Konvektion, Wärmeströmung f	convection f thermique (de chaleur), transport m de chaleur	термическая (тепловая) конвекция, теплоконвекция
T 198	**thermal decomposition**, thermal degradation	thermische Zersetzung f, thermischer Abbau m, Strukturabbau m durch Wärme	décomposition (dégradation) f thermique	термическая деструкция, термическое разложение, термодеструкция
T 199	**thermal deformation**	Verformung f in der Wärme	déformation f thermique	термоформование
	thermal degradation	s. T 198		
T 200	**thermal diffusivity**	Temperaturleitfähigkeit f, Temperaturleitzahl f	diffusivité f thermique	температуропроводность, термическая диффузия
	thermal dilatation	s. T 203		
T 201	**thermal dissipation**, heat dissipation	Wärmedissipation f	dissipation f de chaleur	теплодиссипация
T 202	**thermal endurance behaviour**	Wärmealterungsverhalten n	comportement m au vieillissement thermique	термическое старение
	thermal endurance properties	s. T 222		
T 203	**thermal expansion**, thermal extension (dilatation), expansion by heat	Wärme[aus]dehnung f, thermische Ausdehnung f	expansion (dilatation) f thermique	тепловое (термическое) расширение
	thermal expansion coefficient	s. C 453		
	thermal extension	s. T 203		
	thermal impulse sealer	s. T 204		
	thermal impulse sealing	s. T 205		
T 204	**thermal impulse welder,** impulse welder, [thermal] impulse sealer, electronic sealer	Wärmeimpulsschweißgerät n	machine f de soudage par impulsions	сварочный термоимпульсный аппарат
T 205	**thermal impulse welding,** [thermal] impulse sealing, [heat] impulse welding	Wärmeimpulsschweißen n, WI-Schweißen n	soudage m par impulsion, soudage m par impulsion de chaleur	термоимпульсная сварка

T 206	thermal insulating board, thermal insulation board	Wärmeisolierplatte f, Wärmeschutzplatte f (an Verarbeitungsmaschinen)	plaque f thermoisolante	теплоизоляционная плита
T 207	thermal insulating material	Wärmeisolationswerkstoff m, Wärmeschutzstoff m	matériau m calorifuge, calorifuge m	теплоизоляционный материал, теплоизолятор
T 208	thermal insulating property	thermische Isoliereigenschaft f	propriété (caractéristique) f de calorifugeage, propriété (caractéristique) d'isolement thermique	свойство теплоизоляции
T 209	thermal insulation, heat insulation	Wärmedämmung f, Wärmeisolierung f, Wärmeisolation f	isolement m thermique, calorifugeage m	теплоизоляция
	thermal insulation board	s. T 206		
	thermal laminating	s. F 292		
T 210	thermally cross-linked polysulphone	thermisch vernetztes Polysulfon n	polysulfone f réticulée thermiquement	термосшитый полисульфон
T 211	thermally insulating mould coating	wärmeisolierende Werkzeugbeschichtung f (Spritzgießwerkzeug)	revêtement m de moule calorifuge (thermoisolant)	теплоизоляционное покрытие на литьевой форме
	thermally stable polymer	s. T 294		
T 212/3	thermal molecular motion	durch Wärme angeregte Molekularbewegung f	mouvement m moléculaire thermique	термическое броуновское движение
T 214	thermal motion	Wärmeschwingung f, Wärmebewegung f (des Molekülverbandes)	mouvement m (agitation f) thermique	тепловое движение (колебание)
T 215	thermal oxidation	thermische Oxydation f	oxydation f thermique	термоокисление
T 216	thermal property	thermische Werkstoffeigenschaft f, Verhalten n in der Wärme, Wärmeverhalten n	comportement m calorifique (thermique)	термомеханическое свойство
T 217	thermal resilience	Thermorückfederung f, Deformationsrückstellung f unter Wärmeeinwirkung	thermorésilience f, résilience f thermique	термическое упругое восстановление
	thermal resistance	s. T 222		
	thermal sealing	s. H 130		
T 218	thermal shock resistance	Wärmeschockbeständigkeit f, Hitzeschockbeständigkeit f	résistance f au choc thermique	устойчивость к термическому шоку
T 219	thermal shock test	Wärmeschockprüfung f, Eigenschaftsprüfung f durch Wärmeschock	essai m de choc thermique	испытание на термический удар
T 220	thermal shrinkage	thermische Schwindung f	contraction f thermique	термическая усадка
T 221	thermal shrinkage stress	Wärmeschwindspannung f	tension f due au retrait thermique	теплоусадочное напряжение
T 222	thermal stability, heat (thermal) resistance, thermal endurance properties, heat stability, resistance to heat	Dauerwärmebeständigkeit f, Wärmebeständigkeit f, thermische Beständigkeit f, Hitzebeständigkeit f	stabilité (résistance) f thermique, résistance (stabilité) à la chaleur	термостабильность, термостойкость, термическая устойчивость
T 223	thermal stabilization	Thermostabilisierung f (gereckter Folien oder Bändchen)	stabilisation f thermique	термическое фиксирование
T 224	thermal state of stress	Wärmespannungszustand m	état m de tension thermique	состояние тепловых напряжений
T 225	thermal state quantity	thermische Zustandsgröße f	quantité f (paramètre m) d'état thermique	термический параметр состояния
T 226	thermal stress	Wärmespannung f	contrainte f [d'origine] thermique	термическое напряжение
T 227	thermal stress cracking	Wärmespannungsriß m	fissure f due aux tensions thermiques	трещина под влиянием теплового напряжения
T 228	thermal testing	Prüfung f der thermischen Eigenschaften	essai m thermique	испытание термических свойств
	thermoanalysis	s. T 193		
T 229	thermoanalytical study	thermoanalytische Untersuchung f	étude f thermoanalytique	испытание термическим анализом
T 230	thermobalance	Thermowaage f	thermobalance f	термические весы
	thermoband process	s. T 232		
T 231	thermoband tape	elektrisches Widerstandsheizband n (Thermobandschweißen)	bande f chauffée (soudage)	проволока для сварки нагретым инструментом
T 232	thermoband welding, heated band welding, welding with resistance tapes, thermoband process	Heizdrahtschweißen n, Thermobandschweißen n, Schweißen n mit elektrischen Widerstandsbändern	soudage m à la moulette par bande chauffée	ленточная контактно-тепловая сварка (сварка нагретой проволочкой, находящейся внутри ленты)

T 233	thermochemical hardening	thermochemische Härtung f, thermochemisches Härten n (Reaktionsharze)	durcissage m thermochimique, durcissement m thermochimique	термохимическое отверждение
T 234	thermochrome rod	Thermochromstift m, Temperaturindikatorstift m	crayon m de couleur thermique	термоиндикационный (термочувствительный) карандаш
T 235	thermocolour	Temperaturmeßkreide f, Temperaturmeßpulver n	craie (poudre) f indicatrice de température	термочувствительная краска
T 236	thermocolour	Thermochromfarbe f (Temperaturindikator)	couleur f thermochromique	термохромическая краска
T 237	thermocouple, thermoelectric couple, thermoelectric cell	Thermoelement n, Thermopaar n	thermocouple m	термоэлемент, термопара
T 238	thermocouple needle	sondenförmiges Thermoelement n	sonde f thermo-électrique (à thermocouple)	зондовидная термопара, игольчатый термоэлемент
T 239	thermocouple tip, tip of thermocouple	Thermoelementlötstelle f	brasure f du thermocouple	спай термопары
T 240	thermodilatometry	Wärmeausdehnungsmessung f, Wärmedehnungsmessung f	dilatométrie f	измерение коэффициента теплового расширения
T 241	thermoelasticity	Thermoelastizität f, Wärmeelastizität f	thermoélasticité f	термоэластичность
	thermoelastic state	s. H 188		
	thermoelectric cell (couple)	s. T 237		
T 242	thermoelectric effect, Seebeck effect	thermoelektrischer Effekt m, Seebeck-Effekt m	effet m Seebeck (thermoélectrique)	термоэлектрический эффект, эффект Зеебека
T 243	thermoformed part	in der Wärme umgeformtes Teil n, Umformteil n	pièce f formée [à chaud]	формованное изделие из листового термопласта
T 244	thermoform filling and sealing machine	Umform-Füll- und Verschließmaschine f	machine f à thermoformer et à remplir et à fermer	установка для формования упаковки из листовых термопластов, их наполнения и укупорки
T 245	thermoforming, hot forming	Warmformen n, Warmformung f, Thermoformung f	thermoformage m, formage (moulage) m à chaud	термоформование
T 246	thermoforming ability	Warmformeignung f, Umformeignung f	aptitude f au thermoformage (formage à chaud)	способность к термоформованию
	thermoforming film	s. S 401		
T 247	thermoforming machine, thermoform machine	Thermoformmaschine f, Warmformmaschine f	machine f de thermoformage	машина для формования изделий из листовых термопластов
T 248	thermoforming mould	Thermoformwerkzeug n, Warmformwerkzeug n	moule m de thermoformage	формующий инструмент (термоформование)
T 249	thermoforming packing machine, thermoform packing machine	Warmformverpackungsmaschine f, Thermoformverpackungsmaschine f, Umformverpackungsmaschine f	machine f d'emballage à thermoformage	термоформующая накаточная машина
	thermoforming sheet	s. S 401		
	thermoform machine	s. T 247		
	thermoform packing machine	s. T 249		
T 250	thermogravimetric analysis, TGA	thermogravimetrische Analyse f, TGA	analyse f thermogravimétrique	термогравиметрический анализ, ТГА
T 251	thermogravimetry, TG	Thermogravimetrie f (Masseänderungsmessung bei gleichmäßiger Temperaturerhöhung), TG	thermogravimétrie f	термогравиметрия, ТГ
	thermogrip applicator	s. C 832		
T 252	thermoindicator	Thermofühler m, Thermostift m	indicateur (palpeur) m de température	термодатчик
T 253	thermolabel paper	selbstklebendes Thermoreagenzpapier (Papierthermometer) n	papier m collant (adhésif) indicateur de température	термочувствительная клейкая бумага
T 254	thermomechanical analysis, TMA	thermomechanische Analyse f, TMA	analyse f thermomécanique	термомеханический анализ
T 255	thermomechanical fatigue	thermomechanisches Ermüdungsrißwachstum n	grossissement m thermomécanique de crique de fatigue, fatigue f thermomécanique	термомеханическое развитие усталостных трещин, термомеханическое развитие усталостных крейсов
T 256	thermomechanical pretreatment	thermomechanische Vorbehandlung f	prétraitement m thermomécanique	предварительная термомеханическая обработка
T 257	thermooxidation	Thermooxydation f	thermooxydation f	термоокисление
T 258	thermooxidative degradation	thermooxydativer Abbau m	dégradation (décomposition) f thermooxydative	термоокислительное разложение
T 259	thermooxidative resistance	Beständigkeit f gegen thermooxydativen Abbau	résistance f [à la dégradation (décomposition)] thermooxydative	устойчивость к термоокислительному разложению

T 260	**thermooxidative stability**	thermooxydative Stabilität *f*	stabilité *f* thermooxydative	стабильность при термоокислении, стойкость к термоокислительному разложению
T 261	**thermopaper**	Temperaturmeßpapier *n*, Papierthermometer *n*	thermopapier *m*, papier *m* indicateur de température	термочувствительная (термоиндикационная) бумага
T 262	**thermophysical property**	thermophysikalische Eigenschaft *f*	propriété *f* thermophysique	термомеханическое свойство
T 263	**thermopin**	kupferner Werkzeugstift *m* [mit Gas-Flüssigkeitsinnenkühlung]	broche *f* en cuivre *(moule)*	медный штифт с охлаждением
T 264	**thermoplastic, thermoplastic synthetic material**	thermoplastischer Kunststoff *m*, Thermoplast *m*, Thermomer[es] *n*	matière *f* thermoplastique, thermoplaste *m*	термопласт
T 265	**thermoplastic** **thermoplastic adhesive**	thermoplastisch *s.* H 354	thermoplastique	термопластичный
T 266	**thermoplastication** **thermoplastic BMC**	thermische Plastizierung *f* *s.* T 267	plastification *f* à chaud	термопластикация
T 267	**thermoplastic bulk moulding compound, thermoplastic BMC**	thermoplastische Premix-Masse *f*	prémix *m* thermoplastique	термопластичный премикс
T 268	**thermoplastic copolyester-ether elastomer, COP**	thermoplastisches Copolyester-Ether-Elastomer[es] *n*, CPOE	élastomère *m* copolyester-éther thermoplastique	сополиэфир-эфир-термоэластопласт
T 269	**thermoplastic elastomer, TPE**	thermoplastisches Elastomer[es] *n*, TPE	élastomère *m* thermoplastique	термопластичный эластомер, термоэластопласт
T 270	**thermoplastic foam moulding**	Thermoplastschaumstoffgießen *n*, Thermoplastschaumstoffgießverfahren *n*	moulage *m* de mousse thermoplastique	литье пенотермопласта
T 271	**thermoplasticity**	Thermoplastizität *f*, Wärmeplastizität *f*	thermoplasticité *f*	термопластичность
T 272	**thermoplastic lining**	thermoplastische Auskleidung *f*, Auskleidung *f* aus thermoplastischem Werkstoff	revêtement *m* thermoplastique	футеровка термопластом
T 273	**thermoplastic polyolefinic elastomer, TPO**	thermoplastisches Polyolefin-Elastomer[es] *n*, TPO	élastomère *m* thermoplastique polyoléfinique	полиолефиновый термоэластопласт
T 274	**thermoplastic polyurethane, TPU** **thermoplastic reinforced with short glass fibre**	thermoplastisches Polyurethan *n*, TPUR *s.* S 449	polyuréthanne *m* thermoplastique, TPU	полиуретан-термоэластопласт
T 275	**thermoplastic rubber**	thermoplastischer Kautschuk *m (für Klebstoffe)*	caoutchouc *m* thermoplastique	термопластичный каучук
T 276	**thermoplastic rubber-based hot melt [adhesive]**	thermoplastischer Kautschuk-Schmelzklebstoff *m*	colle *f* à fusion thermoplastique sur base de caoutchouc	клей-расплав на основе термоэластопласта
T 277	**thermoplastics blend, blend of thermoplastics**	Thermoplastgemisch *n*, Thermoplastmischung *f*, Thermomergemisch *n*, Thermomermischung *f*	mélange *m* de thermoplastiques	смесь термопластов
T 278	**thermoplastic semifinished material**	thermoplastisches Halbzeug *n*	demi-produit *m* thermoplastique	заготовка из термопласта
T 279	**thermoplastics injection, TP-injection**	Thermoplastspritzgießen *n*, Thermoplastspritzgießverfahren *n*, Thermomerspritzgießen *n*, Thermomerspritzgießverfahren *n*	injection *f* de thermoplastiques	литье под давлением термопластов
T 280	**thermoplastics processing** **thermoplastic synthetic material**	Thermoplastverarbeitung *f*, Thermomerverarbeitung *f* *s.* T 264	mise *f* en œuvre de thermoplastes	переработка термопластов
T 281	**thermoplastic urethane elastomer** **thermoplastic with long-fibre reinforcement** **thermoplastic with short-fibre forcement**	thermoplastisches Urethanelastomer[es] *n* *s.* L 270 *s.* S 445	élastomère *m* de polyuréthanne thermoplastique	термопластичный эластичный полиуретан
T 282	**thermoprinter**	Thermodrucker *m*	thermoimprimante *f*, imprimante *f* thermique	термопечатающее устройство
T 283	**thermoregulator** **thermoset [plastic]**	Thermoregulator *m* *s.* T 290	thermorégulateur *m*	терморегулятор
T 284	**thermosets processing**	Duroplastverarbeitung *f*, Duromerverarbeitung *f*	mise *f* en œuvre des matières thermodurcissables	переработка реактопластов
T 285	**thermosetting**	hitzehärtbar, wärmehärtbar	thermodurcissable	термореактивный, термоотверждающий, термоотверждаемый

T 286	thermosetting adhesive	hitzehärtbarer (wärmehärt-barer) Klebstoff *m*	adhésif *m* thermodurcis-sable	термореактивный клей, клей горячего отверж-дения
T 287	thermosetting injection moulder (moulding machine)	Duroplastspritzgieß-maschine *f*, Duromer-spritzgießmaschine *f*	machine *f* à injection des thermodurcissables	машина для литья под дав-лением реактопластов
	thermosetting material	*s.* T 290		
T 288/9	thermosetting moulding compound (material)	warmhärtbare (hitzehärt-bare) Formmasse *f*, duro-plastische Formmasse *f*, duromere Formmasse *f*, Duroplastformmasse *f*, Duromerformmasse *f*	matière *f* à mouler thermo-durcissable	термоотверждаемая масса, термореактивный пресс-материал, термореак-тивная пресс-масса
T 290	thermosetting plastic, ther-mosetting material, du-romer, thermoset [plas-tic], cross-linked plastic	Duroplast *m*, duroplasti-scher Werkstoff *m*, Duro-mer[es] *n*, hitzehärtbarer (wärmehärtbarer) Kunst-stoff (Plast) *m*, vernetzter Kunststoff (Plast) *m*	plastique *m* thermodurcissa-ble, thermodurcissable *m*, monoplaste *m*, rigidi-mère *m*, thermodurci *m*, thermorigide *m*, duro-plaste *m*	реактопласт, дуропласт, термореактивная пласт-масса
	thermosetting plastics in-jection	*s.* T 596		
T 291	thermosetting resin	duroplastisches Harz *n*, du-romeres Harz *n*, hitzehärt-bares (wärmehärtbares) Harz *n*	résine *f* thermodurcissable	смола горячего отверж-дения, термореактивная смола
T 292	thermostability, dimen-sional stability under heat, plastic yield with temperature	Wärmeformbeständigkeit *f*	stabilité *f* dimensionnelle à chaud, thermostabilité *f*, stabilité thermique	стабильность формы при повышенных температу-рах, деформационная теплостойкость, устойчи-вость к термической де-формации, устойчивость формы при повышенной температуре
T 293	thermostable	thermostabil	thermostable, résistant à la chaleur	теплостойкий
T 294	thermostable polymer, thermally stable polymer	thermostabiles (wärmebe-ständiges) Polymer[es] *n*, thermisch stabiles Poly-mer[es] *n*	polymère *m* thermostable	теплостойкий (термоста-бильный) полимер
	thermostat	*s.* T 92		
T 295	thermotropic polyester	thermotroper Polyester *m*	polyester *m* thermotropique	термотропный сложный по-лиэфир
T 296	thermowelding	thermisches Schweißen *n*	soudage *m* thermique	теплосварка
	thicken/to	*s.* B 300		
T 297	thickener, thickening (puf-fing) agent	Verdickungsmittel *n*, Ein-dickmittel *n*, Dickmittel *n*	agent *m* épaississant, épais-sissant *m*	сгуститель, загустка, загу-ститель, сгущающий агент
T 298	thickening	Eindickung *f*	épaississement *m*	сгущение, уваривание, концентрация
	thickening agent	*s.* T 297		
T 299	thickness change	Wanddickenänderung *f* (an Formteilen)	changement *m* (variation *f*) d'épaisseur	разнотолщинность
	thickness controller	*s.* T 300		
	thickness control of parison	*s.* P 62		
T 300	thickness gauge, thickness indicator (controller)	Dickenmesser *m*, Dicken-meßeinrichtung *f*	jauge *f* d'épaisseur	толщиномер
T 301	thickness gauge with iso-topes	Dickenmesser *m* mit Isoto-pen, mit Isotopen arbei-tendes Dickenmeßgerät *n*	jauge *f* d'épaisseur par iso-topes	устройство для замера тол-щины изотопами, изо-топный толщиномер
T 302	thickness gauging, thick-ness measurement	Dickenmessung *f* (an Form-teilen oder Halbzeugen)	jaugeage *m* d'épaisseur	измерение толщины
	thickness indicator	*s.* T 300		
	thickness measurement	*s.* T 302		
	thickness of glue layer (line)	*s.* A 211		
	thickness of the adhesive film	*s.* A 176		
T 303	thick sheet	Grobfolie *f* (auf Format ge-schnitten)	feuille *f* épaisse calibrée (coupée à la dimension)	толстый лист
T 304/5	thick sheeting	Endlosgrobfolie *f*, Grob-folienbahn *f*	feuille *f* épaisse continue	толстая лента
	thin cut section	*s.* M 296		
	thin gauge sheet	*s.* F 191		
T 306	thin-layer chromatography	Dünnschichtchromatogra-phie *f*	chromatographie *f* en couche mince	тонкослойная хромато-графия, ТСХ
T 307	thin-layer difference method	Dünnschichtdifferenzenver-fahren *n* (Verschleißmeß-technik mti Radionukliden)	procédé *m* différentiel par couches minces	метод по разностям тонких слоев

T 308	thin-layer evaporator, film-type evaporator	Dünnschichtverdampfer *m*	évaporateur *m* à couches minces	тонкопленочный выпарной аппарат
	thinner	*s.* A 239		
T 309	thinner (thinning) ratio	Verdünnungsmittelmenge *f*	quantité *f* de diluant	необходимое количество разбавителя
T 310/1	thin polished section, thin section, microsection	Dünnschliff *m (Plastographie)*	lame *f* mince polie, lamelle *f* translucide, lame *f* mince	тонкий шлиф, прозрачный шлиф
	thin section	*s. a.* M 296		
T 312	thin sheeting	Endlosfeinfolie *f*, Feinfolienbahn *f*	feuille *f* mince continue	тонкая лента
T 313	thin spot	Dünnstelle *f*	endroit *m* mince	тонкостенное место
T 314	thin-walled	dünnwandig	à paroi mince	тонкостенный
T 315	thin-walled article, thin-walled part	dünnwandiges Teil *n*	article *m* (pièce *f*) à paroi mince	тонкостенное изделие
T 316	thin-walled moulding, thin-wall moulding	dünnwandiges Formteil *n*	pièce *f* moulée à paroi mince	тонкостенное пресс-изделие
	thin-walled part	*s.* T 315		
	thin-wall moulding	*s.* T 316		
T 317	thiocol liquid polymer	flüssiges Polysulfid-Polymer[es] *n*	thiocol *m*, polymère *m* de polysulfure liquide	жидкий полисульфидный полимер
T 318	thioplast	Thioplast *m*, Polysulfidplast *m*	thioplaste *m*, plastique *m* de polysulfure	тиопласт, полисульфидный пластик
T 319	thiourea	Thioharnstoff *m*	thio-urée *f*	тиомочевина
T 320	thixotropic agent, thixotroping agent	Thixotropier[ungs]mittel *n*	agent *m* thixotropique (de thixotropie)	средство для тиксотропного поведения
T 321	thixotropic behaviour	thixotropes Verhalten *n*	comportement *m* thixotropique	тиксотропное поведение
	thixotroping agent	*s.* T 320		
T 322	thixotropy	Thixotropie *f (Klebstoffeigenschaft oder Lackeigenschaft, im Bewegungszustand niedrigviskos und im Ruhezustand hochviskos zu sein)*	thixotropie *f*	тиксотропия
T 323	thixotropy index	Thixotropie-Index *m*, Thixotropie-Kennzahl *f*	indice *m* de thixotropie	индекс тиксотропии
T 324	Thomaselti's volatile indicator test, TVI-test	Verflüchtigungsprüfung *f* (Verflüchtigungstest *m*) nach Thomaselti, Thomaselti-Test *m (zur Bestimmung von Granulatfeuchte)*	essai *m* de volatilisation, test *m* de Thomaselti *(humidité de granulat)*	испытание улетучивания по Томазельти
T 325	thread	[gesponnener] Faden *m*	fil *m* filé	[пряденая] нить
	thread	*s. a.* S 165		
T 326	thread axis	Gewindeachse *f*	axe *m* du filet	ось резьбы
T 327	thread count, numer of threads	Fadenzahl *f*	nombre *m* de fils	число нитей
	thread-cutting screw	*s.* S 274		
	thread depht	*s.* D 154		
T 328	threaded bushing	Gewindeeinsatz *m (für Urformteile)*	broche *f* filetée, douille *f* tarandée	резьбовая вставка
	threaded sleeve	*s.* S 159		
T 329	thread-forming insert, thread plug *(US)*	Einpreßgewindestift *m (zur Innen- und Außengewindeurformung im Formteil)*	broche (insertion) *f* filetée, prisonnier *m* fileté *(formant écrou ou vis)*	резьбовая выглушка
T 330	thread-forming metal screw	gewindeformende Metallschraube *f*	vis *f* métallique taraudant	резьборежущий винт
	thread-forming screw	*s.* S 274		
T 331	thread guidance	Fadenführung *f (an Wickelmaschinen)*	guide-fil *m*	нитеведение, нитеразложение
T 332	threadlike molecule	Fadenmolekül *n*	molécule *f* linéaire	нитеобразная молекула
T 333	thread pin	Gewindestift *m (Fügeelement)*	broche *f* filetée	штифт с резьбой
	thread plug	*s.* T 329		
T 334/5	thread-profile angle	Gewindeflankenwinkel *m*	angle *m* de forme (profil) du filet	боковой угол резьбы
	threads formation	*s.* S 1237		
	three-bowl calender	*s.* T 339		
T 336	three-channel nozzles	Dreikanaldüsen *fpl*	buses *fpl* à trois canaux	трехручьевые сопла
T 337	three-dimensional movement	räumliche Bewegung *f*	mouvement *m* tridimensionnel	пространственное движение
T 338	three-plate injection mould	Spritzgießwerkzeug *n* mit Zwischenplatte	moule *m* à trois plateaux	литьевая форма с тремя плитами, литьевая форма с промежуточной плитой
	three-ply lamination	*s.* E 457		
T 339	three-roll calender, three-bowl calender	Dreiwalzenkalander *m*	calandre *m* à trois cylindres	трехвалковый (трехвальцовый) каландр

T 340	**three-roll stack**	Dreiwalzenglättkalander *m*	calandre *f* de polissage à trois cylindres	трехвалковый лощильный каландр
T 341	**threshold limit value, TLV**	Schwellengrenzwert *m (für toxische Stoffeigenschaften)*	valeur *f* liminale	предельная концентрация ядовитых свойств
T 342	**threshold stress intensity factor**	Anfangs-Spannungs-intensitätsfaktor *m*	facteur *m* initial de l'intensité de tension	начальный фактор интенсивности напряжения
T 343	**throat**	Auslaufstutzen *m*, Auslauftrichter *m*	ajutage *m* (tubulure *f*) d'écoulement (d'évacuation, de sortie)	разгрузочная воронка, проход
T 344	**throttle quotient**	Drosselquotient *m (Extruder)*	coefficient *m* d'étranglement	дроссельное частное
T 345	**throttle valve**	Drosselventil *n*, Drosselklappe *f*	soupape *f* d'étranglement, papillon *m* de réglage	дроссель, дроссельный клапан
T 346	**throttle zone**	Drosselzone *f (Doppelschneckenextruder)*	zone *f* d'étranglement	зона дросселирования
	through bore	s. T 349		
	through curing	s. T 348		
	through dielectric heating	s. T 538		
T 347	**through drying**	Durchströmtrocknung *f*	séchage *m* par passage	просушивание
T 348	**through hardening, through curing**	Durchhärtung *f*	durcissement *m* à cœur	[полное] отверждение
T 349	**through hole,** through bore	Durchgangsbohrung *f*	ouverture *f* de passage	сквозное отверстие, проход, отверстие на проход
T 350	**through impregnation**	Durchtränkung *f (von Laminatgeweben oder Laminatmatten)*	imprégnation *f* totale	пропитка ткани *(для изготовления ламинатов)*
T 351	**throughput**	Massedurchsatz *m*, Masseausstoß *m*	rendement *m*	пропускаемость, выработка
	throughput capacity	s. O 121		
T 352	**throughput characteristic** *(screw extruder)*	Durchsatzcharakteristik *f*	caractéristique *f* du débit	характеристика производительности
T 353	**through-type insert**	beidseitig aus Urformteilen herausragendes Einlegeteil *n*	insertion *f* traversant la pièce moulée	проходящая закладная деталь
T 354	**throwing**	Klebstofftropfenabspritzen *n*, Abspritzen *n* von Klebstofftropfen *(beim Walzenauftrag)*	projection *f* de gouttes de colle	опрыскивание клея от валков
T 355	**throwing roll**	Schleuderwalze *f (Walze zum Abschleudern von körnigem Gut)*	cylindre *m* centrifuge	центробежный валок
T 356	**thrust ball bearing**	Längskugellager *n*	butée *f* à billes	шарикоподшипник
T 357	**thrust bearing**	Drucklager *n*, Axial[druck]lager *n*, Rückdrucklager *n (Extruder)*	palier *m* de butée, butée *f*	упорный (осевой) подшипник
T 358	**thrust load**	Längsdruck *m*	poussée *f* axiale	осевое усилие
T 359	**thrust roller,** roller presser *(US)*	Druckrolle *f*	rouleau *m* presseur	нажимный валок
T 360	**thumber**	*mit Daumen zu betätigende Hemmvorrichtung*	dispositif *m* d'arrêt actionné (commandé) par la pouce	спусковой механизм
T 361	**tie/to**	verbinden, anbinden, zusammenbinden	lier	соединять, связывать, скреплять
T 362	**tie**	Verbindung *f*, Band *n*	liaison *f*, lien *m*	соединение, лента
	tie bar	s. T 549		
T 363	**tie bars distance**	Holmenweite *f (Spritzgießmaschine)*	distance *f* entre plateaux	расстояние между траверсами
T 364	**tie bolt**	Ankerbolzen *m*	boulon *m* d'ancrage, boulon de fixation	анкерный болт
T 365	**tie-lon** *(US)*	verschließbarer Polyamidbeutel *m (für Dampfsterilisation)*	sachet *m* en polyamide scellable *(servant à la stérilisation à vapeur)*	закрываемый полиамидный мешок *(для паровой стерилизации)*
T 366	**tie molecules**	beim Strecken entstehende ungeordnete Molekülbrücken *fpl (Verbindung zwischen geordneten Bereichen)*	ponts *mpl* moléculaires désordonnés dus à l'étirage	беспорядочные молекулярные мостики
	tightener	s. S 190		
T 367	**tightness**	Dichtheit *f*	étanchéité *f*	непроницаемость, герметичность
T 368	**tilted,** skew, splay	geneigt, schräg, schief[laufend], winklig	incliné; oblique; biais; anguleux	наклонный, угловой
	tilted cylinder dryer with eccentric axis	s. T 623		

T 369	tilted [cylinder] mixer	Schrägtrommelmischer *m*	mélangeur *m* à tonneau (fût) désaxé (basculant)	наклонный барабанный смеситель; барабанный смеситель с цапфами, расположенными по диагонали цилиндра, угловой барабанный смеситель
T 370	tilting	Kippen *n*	basculement *m*	опрокидывание
T 371	tilting chute	Kipprinne *f*, Kipprutsche *f*	goulotte *f* basculante (culbutante)	опрокидывающийся желоб
T 372	tilting head press	Schwenkkopfpresse *f*	presse *f* inclinable (pivotante)	пресс с вращающейся головкой, пресс с поворотным верхним столом, пресс с откидной головкой
T 373	tilting mixer	Kippmischer *m*	mélangeur *m* basculant	опрокидывающийся (откидной) смеситель
T 374	tilting table method	Werkstoffbenetzungsfähigkeitsprüfung *f* mittels geneigter Ebene	méthode *f* de la table culbutante *(essai de mouillabilité)*	испытание смачивания наклонной плоскостью
T 375	timberflex wallpaper	Echtholztapete *f* mit Kunststoffeuchteschutz (Plastfeuchteschutz)	papier *m* peint en bois avec protection plastique contre l'humidité	деревянные обои с влагостойким слоем
T 376	time-dependent deformation	zeitabhängige Deformation (Verformung) *f*	déformation *f* dépendant du temps	временная деформация
T 377	time-energy compensation, TEC	Zeit-Energie-Abstimmung *f*, Zeit-Energie-Anpassung *f* (an US-Schweißmaschinen)	accord *m* temps-énergie *(soudeuse à ultrasons)*	регулирование времени и энергии *(ультразвуковая сварка)*
	time for complete injection stroke	*s.* R 47		
T 378	time of follow-up pressure	Nachdruckzeit *f (Spritzgießen)*	temps *m* de maintien [en pression]	продолжительность выдержки под давлением
T 379	time of gate freeze-off	Zeit *f* bis zum Angußeinfrieren (Erreichen des Siegelpunktes)	temps *m* de refroidissement de la carotte	период до затвердевания литника
	time of vulcanizing	*s.* V 193		
	time under pressure	*s.* P 984		
T 380	tint/to	[ab]tönen	nuancer	оттенять
T 381	tinting, shading	Abtönen *n*	nuançage *m*	придание оттенка
T 382	tinting colour (material)	Abtönfarbe *f*	colorant *m* nuanceur (de nuançage)	оттеняющая краска, смягчающая тон краска
T 383	tinting power	Abtönvermögen *n*	pouvoir *m* nuançant	красящая способность
T 384	tinting strength	Farbkraft *f*	pouvoir *m* colorant	накрашиваемость, красящая способность
T 385	tinting value	Farbzahl *f*, Aufhellungswert *m*	indice *m* de coloration	индекс (указатель) цвета
	tip of thermocouple	*s.* T 239		
	tissue	*s.* F 1		
T 386	tissuethene	sehr dünne Polyethylenfolie *f (für aroma- und fettdichte Verpackungen)*	feuille *f* très mince de polyéthylène *(emballages étanches aux arômes et graisses)*	тонкая упаковочная пленка из полиэтилена
T 387	titanate coupling agent	Titanathaftvermittler *m*, Haftvermittler *m* auf Titanatbasis	agent *m* de pontage sur base de titanate, agent *m* adhésif sur base de titanate	титанатное усиливающее адгезию средство
T 388	titanium dioxide, titanium (IV) oxide, titanium white	Titanweiß *n*, Titandioxid *n*, Titan(IV)-oxid *n (Füllstoff)*	dioxyde (blanc) *m* de titane, anhydride *m* titanique (charge)	двуокись титана, ангидрид титановой кислоты, титановые белила
	T-joint	*s.* T 76		
	TLC	*s.* T 23		
	TLV	*s.* T 341		
	TMA	*s.* T 254		
T 389	toe dog	Niederhalter *m (Umformen)*	serre-tôle *m*, serre-flans *m*	прижимное устройство
T 390	toggle clamp	Kniehebelverriegelung *f*	verrouillage *m* à genouillère	коленчатое блокирование, коленчатая замычка
	toggle closing system	*s.* T 393		
T 391	toggle lever	Kniehebel *m*, Gelenkhebel *m*	genouillère *f*, levier *m* coudé	коленчатый рычаг
	toggle-lever locking unit	*s.* T 393		
T 392	toggle lever press, toggle (mechanical) press	Kniehebelpresse *f*, Knebelpresse *f*	presse *f* à genouillère	коленчато-рычажный пресс, коленчатый пресс, пресс с колено-рычажным механизмом

T 393	toggle locking system, toggle-lever locking unit, toggle-type lock, toggle closing system	Kniehebelverschluß m, Gelenkhebelverschluß m, hebelförmiger Verschluß m, Kniehebelverschließeinheit f (an Spritzgießmaschinen)	fermeture f à genouillère	коленно-рычажное запирание, коленно-рычажный механизм [запирания форм]
T 394	toggle lock machine	mechanisch schließende Maschine f	machine f à fermeture mécanique	машина с механической системой смыкания форм
	toggle press	s. T 392		
T 395	toggle system	Kniehebelanordnung f, Gelenkhebelanordnung f	disposition f de la genouillère	расположение коленчатого рычага
	toggle-type lock	s. T 393		
T 396	tolerance, permissible deviation	Toleranz f, zulässige Abweichung f, Abmaß n	tolérance f	допуск
T 397	tolerance part	Präzisionsurformteil n	pièce f moulée de précision	точное изделие, изделие высокой точности
T 398	toluène	Toluen n	toluène m	толуол
T 399	toluic acid	Toluylsäure f, Methylbenzencarbonsäure f	acide m toluique	толуиловая кислота, метилбензен-карбоновая кислота
T 400	toluylene diisocyanate, TDI	Toluylendiisocyanat n, TDI	di-isocyanate m de toluylène, TDI, toluylène di-isocyanate m	толуилендиизоцианат
T 401	toner	organischer Pigmentfarbstoff m hoher Farbkraft	toner m	органический пигментный краситель, тонер
T 402	tongue	Nutenstein m	pierre f à encoche	шпонка
T 403	tongue and groove joint	Nut- und Federverbindung f, Nut- und Zapfenverbindung f (Kleben)	joint m par tenon et mortaise	соединение паз-гребень
	tool breakage	s. M 451		
	tool change	s. T 404		
T 404	tool changing, tool change, mould change	Werkzeugwechsel m	changement m de moule, échange m de moule	замена (смена) инструмента (формы)
T 405	tool contour	Werkzeugkontur f	contour m du moule	контур формы
T 406	tool division	Werkzeugteilung f	division f du moule	разъем формы
T 407	tool element	Werkzeugbauelement n	élément m de moule	деталь формы
	tool for bottle box	s. B 348		
T 408	tool holder	Werkzeughalter m, Stahlhalter m	porte-moule m; porte-outil m	держатель инструмента
T 409	tooling	Bearbeitungswerkzeug n	outil[lage] m	инструмент для [механической] обработки
T 410	tooling	Verarbeitungswerkzeug n	moule m	пресс-форма, литьевая форма
T 411	tooling resin	Werkzeugharz n	résine f pour la fabrication de moules et de maquettes	смола для изготовления форм
	tool made from plastic	s. P 450		
T 412	tool making, mould making	Werkzeugherstellung f	fabrication f des outils, fabrication de moules	изготовление форм[ы] (пресс-форм)
T 413	tool steel	Werkzeugstahl m	acier m à outil	инструментальная сталь
	tool temperature	s. M 556		
T 414	tool temperature regulation (control), regulation of the tool temperature, temperature regulation of the mould	Werkzeugtemperierung f, Werkzeugtemperaturregelung f	réglage m de température du moule, thermorégulation f (régulation f thermique) du moule	терморегулировка формы, регулирование температуры формы, термостатирование пресс-формы, автоматическое поддержание заданной температуры пресс-формы
T 415	tool tolerance	Werkzeugtoleranz f, Werkzeugabmaß n	tolérance f [dimensionnelle] du moule	допуск размеров формы
	tool wear	s. M 561		
T 416	tool with jaw actuation	Werkzeug n mit Backenbetätigung	moule m à empreintes mobiles	форма с разъемной матрицей
T 417	toothed blade, serrated blade	gezahnte Rührschaufel f, gezahnte Rührflügel m	pale f dentée	лопасть (ротор) с зубчатыми гребнями
T 418	toothed blade impeller, serrated blade impeller	Zahnflügelkreiselrührwerk n, Zahnschaufelkreiselrührwerk n	agitateur m rapide à pales dentées	смеситель с роторами с зубчатыми гребнями
T 419	toothed-disk mill	Zahnscheibenmühle f	broyeur m à disques dentés	мельница с зубчатыми дисками
	toothed roller	s. T 114		
	tooth fillet	s. R 515		
T 420	top backing plate	obere Stanzplatte f	plaque f supérieure de découpage-poinçonnage	верхняя штамповочная плита
T 421	top blowing	Blasen n von oben	gonflage (soufflage) m par le haut	раздувание заготовки верхним дорном
T 422	top casting	Gießen n von oben, fallendes Gießen n	coulée f en chute	литье сверху

	top clamp plate	*s.* F 709		
T 423	**topcoat[ing]**, finishing coat (paint), top layer	Abschlußschicht *f*, Schluß-lackierung *f*, Schluß-strich *m*, oberster An-strich *m*, Beschichtungs-schlußstrich *m*, Beschich-tungsdeckschicht *f*, An-strichdeckschicht *f*, Deck-anstrich *m*	couche *f* de finition	верхнее (защитное) по-крытие, верхний лак, по-кровный слой [покрытия], верхний кроющий слой
T 424	**topcoat paste**	Deckbeschichtungspaste *f*	pâte *f* pour couche cou-vrante (superficielle)	паста для верхнего по-крытия
T 425	**top cutter**	Obermesser *n* von Quer-schneidern	couteau *m* supérieur *(cisaille)*	верхний нож поперечной резки
T 426	**top discharge**	Obenentleerung *f*, Ent-leerung *f* von oben	évacuation *f* par en haut, ex-haustion *f* par le dessus	разгрузка вверх
T 427	**top ejection**	Ausdrücken *n* von oben	éjection *f* par le haut	верхнее выталкивание
	top electrode	*s.* U 123		
T 428	**top entering agitator**	von oben eingebautes Rühr-werk *n*	agitateur *m* vertical du type pendulaire	верхний ворошитель
T 429	**top feed**	Obenfüllung *f*, Füllen *n* von oben, Materialaufgabe *f* von oben *(bei Kalandern oder Beschichtungsmaschi-nen)*	alimentation *f* par le haut, remplissage *m* par en haut	верхняя загрузка (подача), питание сверху
T 430	**top force**, upper part of a mould	Werkzeugoberteil *n*	matrice *f* supérieure	верхняя часть пресс-формы
	top force	*s. a.* T 436		
T 431	**top force mould**	Oberdruckspitzpreßwerk-zeug *n*	moule *m* à transfert *(presse descendante)*	пресс-форма для литьевого прессования *(пресс с верхним плунжером)*
	top force press	*s.* D 500		
T 432	**top knife**	Obermesser *n (Folienschnei-den)*	couteau *m* supérieur	верхний нож
	top lamination	*s.* C 914		
T 433	**top layer**	Wabendeckschicht *f*, Deck-schicht *f (von Stützstoff-elementen, von Sandwich-elementen)*	strate *f* superficielle (de sur-face) *(stratifié)*	покрывной слой *(сэндвиче-вого элемента)*
T 434	**top layer**	Decklage *f (von mehrschichti-gen Schweißnähten)*	couche *f* superficielle *(sou-dage)*	покрывной сварной шов
	top layer	*s. a.* T 423		
T 435	**top-loading precision balance**	oberschalige Präzisions-waage *f*	balance *f* de précision à pla-teaux supérieurs	прецизионные весы с верх-ними чашками
T 436	**top ram**, top force	Pressenoberstempel *m*	piston *m* supérieur	верхний поршень
	top ram press	*s.* D 500		
T 437	**top roll**	Oberwalze *f*	cylindre (rouleau) *m* supé-rieur	верхний валок
	top side lock	*s.* F 376		
T 438	**torpedo**	Torpedo *m*, Schmelz-verdrängungseinsatz *m*, Schmierkopf *m (Extruder, Spritzgießmaschinen)*	torpille *f*, torpédo *f*	торпеда, распределитель-ное устройство
T 439	**torpedo head**	Torpedospitze *f*	tête *f* à torpille	острие торпеды
T 440	**torpedo head**	Torpedowerkzeug *n*, Pino-len-Blasformwerkzeug *n*, Pinolenkopf *m*	tête *f* de soufflage à torpille	головка с торпедой
T 441	**torpedo preplasticator**	Torpedo-Vorplastizier-aggregat *n*	préplastificateur *m* à torpille	предпластикатор с тор-педой
T 442	**torpedo transfer plasticiz-ing**	Torpedo-Transferplastizie-rung *f*, Torpedo-Vorplasti-zierung *f*	préplastification *f* à torpille	пластикация пластикатором с торпедой
T 443	**torque**, twisting (torsional) moment	Drehmoment *n*	couple *m*; couple de torsion; moment *m* de torsion	крутящий (вращающий) мо-мент, момент вращения
T 444	**torquemeter**	Drehmomentmesser *m*	torsiomètre *m*	измеритель крутящего мо-мента
T 445	**torque motor**	Motor *m* für Schnecken-antrieb	moteur *m* de la commande par vis sans fin	двигатель для червячного привода
	torque on screw	*s.* S 167		
T 446	**torque wrench**	Drehmomentenschlüssel *m*	clé *f* dynamométrique	гаечный ключ с регули-руемым крутящим мо-ментом
T 447	**torsion**, twist[ing], distor-tion	Torsion *f*, Verdrehung *f*, Drillung *f*	torsion *f*	кручение, скручивание
T 448	**torsional braid analyzer**	Torsionsschwingungsanaly-sator *m (für Proben aus kunstharzgetränkten Glas-seidensträngen)*	analyseur *m* de vibrations de torsion, analyseur d'oscillations de torsion	маятник для измерения кру-тильных колебаний *(образцов в виде стекло-жгута, пропитанного смолой)*

T 449	**torsional modulus,** modulus of elasticity in torsion	Torsionselastizitätsmodul *m*	module *m* d'élasticité en torsion	модуль упругости при кручении
	torsional moment	*s.* T 443		
T 450	**torsional pendulum**	Torsionspendel *n*	pendule *m* à torsion	крутильный (торсионный) маятник
T 451/2	**torsional pendulum analysis**	Torsionspendelanalyse *f*, Torsionspendeluntersuchung *f*	analyse *f* au pendule à torsion	испытание крутильным маятником
	torsional rigidity	*s.* S 1125		
T 453	**torsional tester**	Torsionsmaschine *f*, Torsionsvorrichtung *f*	machine *f* à torsion, machine d'essai aux torsions, torsiomètre *m*	торсиометр, машина для испытания на кручение
T 454	**torsional vibration analysis**	Torsionsschwingungsanalyse *f*	analyse *f* à la vibration de torsion	анализ крутильными колебаниями
T 455	**torsional vibration measurement,** measurement with torsion pendulum	Torsionsschwingungsmessung *f*	mesurage *m* d'oscillations de torsion, mesure *f* des vibrations de torsion	испытание свободными крутильными колебаниями, измерение крутильных колебаний
T 456	**torsion balance**	Torsionswaage *f*	balance *f* de torsion	крутильные весы
T 457	**torsion pendulum test**	Torsionsschwingversuch *m* (zur Bestimmung des Schubmoduls und der mechanischen Dämpfung)	essai *m* de pendule à torsion	испытание на скручивание
T 458	**torsion test**	Verdrehversuch *m* (an geklebten Rundprüfkörpern)	essai *m* de (à la) torsion	испытание на кручение (прочность при кручении) (круглых склеенных образцов)
T 459	**torsion viscometer (viscosimeter)**	Torsionsviskosimeter *n*, Torsionszähigkeitsmeßgerät *n*	viscosimètre *m* de torsion, fluidimètre *m* de torsion	вискозиметр, работающий по методу кручения
T 460	**torus**	Kreisringfläche *f*, Rotationsfläche *f*, zylindrischer Ring *m*	tore *m*	цилиндрическое кольцо, поверхность вращения
	Toshiba and Asahi foam moulding	*s.* T 22		
	total contraction	*s.* T 465		
T 461	**total fracture load**	Gesamtbruchlast *f*	charge *f* de rupture totale	общая разрушающая нагрузка
T 462	**total luminous reflectance**	Gesamtreflexionsvermögen *n* (einer Oberfläche)	réflectance *f* lumineuse totale	общая отражательная способность
T 463	**total [power] output**	Gesamtleistung *f*	puissance *f* totale	общая (полная) мощность
T 464	**total pressure loss**	Gesamtdruckverlust *m*	perte *f* de charge (pression) totale	полная потеря давления
T 465	**total shrinkage,** total contraction	Gesamtschwindung *f* (Formteil)	retrait *m* total	общая усадка
	total surface	*s.* R 98		
T 466	**total weight**	Gesamtmasse *f*	masse *f* totale, poids *m* total	суммарный вес
	tough	*s.* T 115		
T 467/8	**toughen/to**	zäh machen	rendre tenace	делать вязким
	toughened polystyrene	*s.* I 31		
T 469	**toughening agent**	Stoff *m* zur Erhöhung der Zähigkeit, Zähigkeit erhöhender Stoff *m*	agent *m* d'épaississage	повышающее вязкость вещество
T 470	**toughness,** tenacity	Zähigkeit *f*	ténacité *f*	вязкость
T 471	**toughness test (testing)**	Zähigkeitsprüfung *f*	essai *m* de viscosité, essai de ténacité	измерение вязкости
T 472	**tough resilient plastic**	zähelastischer Kunststoff (Plast) *m*	plastique *m* résilient (tenace et élastique)	вязкоупругий пластик
T 473	**toxic plastics waste**	toxisch wirkender Kunststoffabfall (Plastabfall) *m*	déchets *mpl* plastiques toxiques	токсичные пластмассовые отходы
	TPE	*s.* T 269		
	T-peel resistance (strength)	*s.* A 421		
	T-peel test	*s.* A 422		
	T-piece	*s.* A 425		
	TP-injection	*s.* T 279		
	TPO	*s.* T 273		
	TP-polyester	*s.* S 36		
	TPU	*s.* T 274		
T 474	**trace**	Spur *f*, sehr kleine Menge *f* (bei der Zugabe von Hilfsstoffen)	trace *f*, quantité *f* minimale	микроколичество, ничтожное количество
T 475	**tracer**	fluoreszierende Substanz *f*	substance *f* fluorescente, corps *m* fluorescent	флуоресцирующее вещество
	tracer	*s. a.* S 291		
T 476	**tracer control,** feeler control	Fühlersteuerung *f* (Verarbeitungsmaschinen)	commande *f* à palpeur	управление датчиком

T 477	tracer-controlled	fühlergesteurt, abtast-gesteuert	commandé à palpeur	управляемый измери-тельным щупом
T 478	tracer head	Fühlkopf *m*	tête *f* palpeur	чувствительная головка
T 479	tracking resistance, track resistance, resistance to tracking (surface leakage)	Kriechstromfestigkeit *f*	résistance *f* au chemine-ment	стойкость к токам утечки
T 480	track of ball bearing	Laufrille *f*	gorge *f* de roulement	ходовая канавка
	track resistance	*s.* T 479		
T 481	traction	Zugkraft *f*, Zug *m*	traction *f*	растяжение, тяговое усилие, тяга
T 482	tractive speed	Ausziehgeschwindigkeit *f*	vitesse *f* de traction	скорость вытягивания
T 483	trailing blade	Schlepprakel *f*	racle *f* traînante	замыкающий нож
T 484	trailing-blade coater	Schlepprakelstreichma-schine *f*, Schlepprakel-Walzenauftragsma-schine *f*	enduiseuse *f* (métier *m* à en-duire) à racle traînante	промазочная машина с замыкающим ножом
T 485	trailing-blade coating	Schlepprakelverfahren *n*	enduction *f* à racle traînante	промазка замыкающим ножом
	tramp	*s.* F 597		
	tramp filter	*s.* P 74		
	tramp material	*s.* F 597		
	tramp material filter	*s.* P 74		
T 486/7	transducer conditioner	Meßwertverstärker *m*	amplificateur *m* de valeurs de mesure	измерительный усилитель
	transfer area	*s.* C 720		
T 488	transfer chamber, transfer well, transfer pot	Füllraum *m*, Füllzylinder *m*, Spritztopf *m* (an Spritzpreß-werkzeugen)	chambre *f* (pot *m*, cylin-dre *m*) de transfert, cham-bre de compression	загрузочная камера, тигель для литьевого прессо-вания, камера пресс-формы
T 489	transfer chamber retainer plate, loading [chamber retainer] plate, pot re-tainer (US)	Füllzylinderplatte *f*, Füll-platte *f* (von Spritzpreß-werkzeugen)	plaque *f* porte-pot, pla-teau *m* portant la chambre de transfert	загрузочная плита (пресс-формы), плита с камерой (формы для литьевого прессования)
T 490	transfer cull, [transfer] slug, cull	Angußstutzen *m*, Abfallstut-zen *m* (an Spritzpreßteilen)	culot *m* (transfert)	кегель литника
T 491	transfer cylinder, transfer plunger cylinder	Spritzpreßzylinder *m*	cylindre (pot) *m* de transfert	гидравлический цилиндр трансферного пресса
T 492	transfer hot-printing	Thermotransferdruck *m*	compression *f* thermotrans-fert	термотрансфер-печатание
	transfer link	*s.* L 189		
T 493	transfer mould, transfer tool, plunger mould	Spritzpreßwerkzeug *n*	moule *m* à (de) transfert	форма для литьевого (транс-ферного) прессования
T 494	transfer moulding, plunger (flow) moulding	Spritzpressen *n*, Spritzpreß-verfahren *n*	moulage *m* par transfert, transfert *m*, transfert-compression *m*	литьевое (тансферное) прессование, пресс-литье
T 495	transfer moulding press, plunger moulding press, transfer (injection) press	Spritzpresse *f*, Transfer-presse *f*, Presse *f* für Spritzpressen	presse *f* de transfert, presse de moulage par transfert, presse à (d') injection	пресс для литьевого прес-сования, трансферный пресс
T 496	transfer plate, loading plate	Füllplatte *f* (Spritzgießwerk-zeug)	plaque *f* de remplissage	трансферная плита, загру-зочная плита
T 497	transfer plunger, [pot] plunger	Spritzpreßkolben *m*	piston *m* de transfert	поршень (трансферного пресса)
	transfer plunger cylinder	*s.* T 491		
T 498	transfer plunger retainer plate	Spritzpreßkolbenplatte *f*	contre-plaque (plaque-guide) *f* du piston de transfert	плита с прошнем (формы для литьевого прессо-вания)
	transfer pot	*s.* T 488		
	transfer press	*s.* T 495		
T 499	transfer pressure	Spritzpreßdruck *m*	pression *f* de transfert	давление при литьевом прессовании
T 500	transfer pressure tempera-ture	Formpreßtemperatur *f*	température *f* de moulage par compression	температура трансферного прессования
T 501	transfer roll	Übertragungswalze *f* (für flüssige Schichten)	cylindre (rouleau) *m* de transfert (couches liquides)	ролик для переноса (жидких материалов), переводный валик
	transfer slug	*s.* T 490		
T 502	transfer temperature	Spritzpreßtemperatur *f*	température *f* de moulage par transfert	температура литьевого прессования
	transfer tool	*s.* T 493		
	transfer well	*s.* T 488		
T 503	transfer wheel	Schmelzauftragsrad *n* (in Schmelzklebstoffauftragsge-räten)	roue *f* de transfert (colle fusi-ble)	намоточный ролик (для клея-расплава)
T 504	transformation	Umwandlung *f*, Umsetzung *f*	transformation *f*	превращение, трансфор-мация
T 505	transformation heat, heat of transformation (transi-tion), latent heat	Umwandlungswärme *f*	chaleur *f* de transformation (conversion)	теплота [фазового] превра-щения

	transformation piece	s. B 339		
	transformation rate	s. C 238		
	transformation zone	s. C 620		
T 506	transient creep	Übergangskriechen n	premier fluage m, fluage transitoire	переходная ползучесть, переходный крип
	transient section (zone)	s. P 397		
T 507	transition region	Umwandlungsbereich m	zone f de transition	диапазон превращения (перехода)
T 508	transition shrinkage	Schrumpfung f infolge Phasenübergangs	retrait m de changement de phase	усадка вследствие фазового перехода
T 509	transition state	Übergangszustand m	état m transitoire (de transition)	переходное состояние
T 510	transition temperature, glass-transition temperature, second-order transition point (temperature)	Einfriertemperatur f, Einfrierpunkt m, Übergangstemperatur f	température f (point m) de transition [vitreuse], température de transition du second ordre	температура стеклования (перехода второго порядка)
T 511	transition zone	Übergangsbereich m	zone f de transition	интервал (область) перехода
T 512	transit time	Durchgangszeit f	temps m de passage	время прохода (прохождения)
T 513	translucency	Durchscheinbarkeit f	translucidité f	полупрозрачность, просвечиваемость
T 514	translucent	durchscheinend	translucide	просвечивающий, полупрозрачный
T 515	translucent plastic, transparent plastic	transparenter Kunststoff (Plast) m	plastique m transparent	прозрачный пластик
T 516	transmissibility for radiation, radiolucency	Strahlendurchlässigkeit f	transmission f de radiation	проницаемость для излучения
T 517	transmission belt	Transmissionsriemen m, Treibriemen m	courroie f de transmission	приводной ремень
T 518	transmission electron microscopy	Transmissionselektronenmikroskopie f	microscopie f électronique à transmission	просвечивающая электронная микроскопия
T 519	transmission factor	Durchlässigkeitsfaktor m	facteur m de transmission	коэффициент проницаемости
T 520	transmission gear	Schaltgetriebe n	boîte f de vitesses [à engrenages]	коробка скоростей (передач)
T 521	transmission ratio	Übersetzungsverhältnis n	rapport m de transmission, rapport d'engrenage	передаточное число (отношение)
T 522	transmission spectrum	Durchstrahlungsspektrum n	spectre m de transmission	спектр светопропускания
T 523	transmission ultrasonic welding	Ultraschall-Fernfeldschweißen n, indirektes Ultraschallschweißen n	soudage m indirect par ultrasons	косвенная ультразвуковая сварка, дистанционная ультразвуковая сварка
T 524	transmittance	Durchlässigkeit f (für Strahlen, Schall oder Wärme)	transmittance f, transmission f	проницаемость
T 525	transmitter	Schallkopf m (Ultraschallprüfung)	tête f de son	передатчик (излучатель) звуковых колебаний
	transmission rate	s. C 238		
T 526	transmitter valve, power tube (US)	Senderröhre f (HF-Generator für Schweißanlagen und Trockenanlagen)	tube m émetteur, lampe f d'émission	генераторная лампа
	transmuted wood	s. I 46		
	transojet technique	s. T 596		
T 527	transparency	Transparenz f, Durchsichtigkeit f	transparence f	прозрачность
T 528	transparency meter	Transparenzmeßgerät n, Transparenzmesser m	appareil m de mesure transparence	измеритель прозрачности
T 529	transparent	durchsichtig, transparent	transparent	прозрачный
T 530	transparent container	Klarsichtdose f	boîte f transparente	прозрачная банка
T 531	transparent film	transparente (durchsichtige) Folie f	feuille f transparente	прозрачная пленка
	transparent plastic	s. T 515		
T 532	transpiration cooling, evaporative (evaporation) cooling	Verdunstungskühlung f	refroidissement m par transpiration	испарительное охлаждение, охлаждение испарением
T 533	transspherulitic	transsphärolithisch	transphérolithique	трансглобулярно
T 534	transverse	quer, querlaufend	transversal	поперечный
T 535	transverse contraction, lateral deformation	Querkontraktion f	contraction f transversale, déformation f latérale	поперечная деформация, поперечное сокращение
	transverse contraction ratio	s. P 524		
T 536	transverse cutting	Quertrennen n	coupe f transversale	поперечное деление
T 537	transverse cutting saw	Quertrennsäge f	scie f pour la coupe transversale	дисковая пила для разрезания поперек
T 538	transverse dielectric heating, through dielectric heating	Hochfrequenzerwärmung f mit parallel zur Klebfläche angeordneten Elektroden	chauffage m diélectrique transversal	высокочастотное нагревание электродами, расположенными параллельно клеевому шву
T 539	transverse shrinkage	Querschwindung f	retrait m transversal	поперечная усадка

	English	German	French	Russian
T 540	transverse strain sensor, diametral extensometer *(US)*	Querdehnungsaufnehmer *m*	capteur *m* de dilatation transversale	тензодатчик для поперечного удлинения
	transverse strength	*s.* B 151		
	transverse stress	*s.* B 152		
T 541	trap	Wasserverschluß *m*, Gasverschluß *m*, Geruchsverschluß *m*	siphon *m*	сифон
T 542	trapped sheet forming	Hohlkörperblasformen *n* in geschlossenen Werkzeugen	formage *m* de feuilles en moule fermé	формование полых изделий в закрытой выдувной форме
T 543	trash bag	Müllsack *m*, Abfallsack *m*	sac *m* pour ordures	мусорный мешок, мешок для отходов
	trash mark	*s.* G 25		
	travel	*s.* S 1162		
T 544	travelling grate	Wanderrost *m* *(in Härteöfen)*	grille *f* mécanique, grille mobile	передвижная решетка
T 545	travelling grate oven	Wanderrostofen *m* *(Wirbelsintern)*	four *m* à grille mécanique *(trempage dans la poudre fluidisée)*	печь с передвижной решеткой
T 546	travelling mixer	fahrbarer Mischer *m*	agitateur *m* mobile (roulant, coulissant)	передвижной смеситель
T 547	travelling paddle	fahrbares Rührwerk *n*	agitateur *m* mobile (roulant, coulissant)	передвижная мешалка
T 548	Traver process	Traver-Verfahren *n* *(elektrisches Oberflächenvorbehandlungsverfahren)*, Korona-Vorbehandlungsverfahren *n*	prétraitement *m* superficiel par effet couronne (corona)	обработка поверхности коронным разрядом
T 549	traverse, tie bar	Holm *m*, Pressenholm *m*	traverse *f*, longeron *m*, colonne *f*	траверса, поперечная балка
T 550	traversing carriage machine with thread guidance	Wickelmaschine *f* mit hin- und hergehender Fadenführung	machine *f* à guide-fil va-et-vient, machine à chariot transversal	намоточный станок с возвратно-поступательным движением раскладчика
T 551	traversing gun, dispersing gun	beweglicher Spritzkopf *m* *(für Harzansätze)*	tête *f* de mélange à va-et-vient, tête de pistolage alternative	передвижной распылитель
	traversing mixing head	*s.* R 107		
T 552/3	tray	Trockenblech *n*, Trocknungsblech *n*	claie *f* mobile, plateau *m* amovible	полка (металлический лист) для сушки
	tray	*s. a.* L 247		
	tray dryer	*s.* D 596		
T 554	tray drying cabinet	Hordentrockenschrank *m*	armoire *f* de séchage à claies	сушильный шкаф с хордовой насадкой
T 555	tray of a column	Kolonnenboden *m*	plateau *m* de colonne	тарелка колонны
T 556	treacle stage	Gelzustand *m* *(eines Reaktionsharzes)*	état *m* gélifié	гелеобразное состояние
T 557	treadle	Pedalbrett *n*, Trittbrett *n* *(zur Maschinenbedienung)*	marchepied *m* *(machine)*	педаль
T 558	treater roll, treating (immersed, guide) roll	Tränkwalze *f* *(Imprägnieranlagen)*	rouleau *m* immergé (trempeur)	пропитывающий валик
	treating	*s.* I 52		
	treating bath	*s.* I 48		
	treating roll	*s.* T 558		
T 559	trial	Versuch *m*, Probe *f*, praktische Erprobung *f*	essai *m*, expérience *f*	опыт, эксперимент, опробование, [практическое] испытание
T 560	triallyl cyanurate polyester	Triallylcyanuratpolyester *m*	polyester *m* de cyanurate triallylique	полиэфир триаллилцианурата
T 561	trial quantity	Versuchsmenge *f*	pincée (prise) *f* d'essai	количество для опыта
T 562	triangular calender, A-type calender	Dreiwalzenkalander *m* in A-Form	calandre *f* en A	каландр с треугольным расположением валков
T 563	triangular welding spline	Dreikantschweißstab *m*, Schweißstab *m* mit dreieckigem Querschnitt	coin *m* de soudage triangulaire	присадочный пруток с треугольным сечением, трехгранный присадочный пруток
T 564	tribological behaviour	tribotechnisches Verhalten *n*	comportement *m* tribotechnique	трибологические свойства
T 565	tribologic property	tribologische Eigenschaft *f*	propriété *f* tribologique	трибологическое свойство
T 566	tribometer	Tribometer *n*	tribomètre *m*	трибомер
T 567	trichloroethylene	Trichlorethen *n*, Trichlorethylen *n* *(Entfettungsmittel für Klebfügeteile)*	trichloréthylène *m* *(dégraissant)*	трихлорэтилен *(для обезжиривания)*
T 568	tri-coating [method]	Tauchlackierverfahren *n* *(mit schnelltrocknenden Lacken)*	peinture *f* (vernissage *m*) au trempé	лакирование окунанием
T 569	tricresyl phosphate	Tricresylphosphat *n* *(PVC-Weichmacher)*	tricrésylphosphate *m*	трикрезилфосфат
	Tridyne process	*s.* T 691		

T 570	triethylene tetramine	Triethylentetramin n (Epoxidharzhärter)	triéthylènetétramine f	триэтилентетрамин
T 571	trifluoromonochloroeth-ylene	Trifluormonochlorethen n, Trifluormonochlorethylen n	trifluoromonochloréthylène m	политрифторхлорэтилен, фторопласт-3, фторлон-3
T 572	trifunctional branch point	trifunktioneller Verzwei-gungspunkt m (Molekül-ketten)	point m de ramification tri-fonctionnel	трифункциональная точка разветвления
T 573	trim/to	besäumen, beschneiden	couper à la mesure, rogner	раскраивать, подрезать
T 574	trimmerization	Randbeschnitt m (von Poly-urethanschaumstoffblök-ken)	rognage m de bords	обрезка края (блоков из пе-нополиуретана)
T 575	trimming trimming	Beschneiden n, Besäumen n s. a. D 57	rognage m	обрезание, зачистка
T 576	trimming cutter	Beschneidemaschine f, Be-säummaschine f	machine f à rogner, ro-gneuse f	машина для обрезки
T 577	trimming press	Abgratpresse f (für Entgraten von Duroplastformteilen)	presse f à ébarber	пресс для снятия грата
T 578	trimmings	Schneidabfall m	rognures fpl	отходы от резания, отходы при резке
T 579	trioctyl phosphate	Trioctylphosphat n (PVC-Weichmacher)	trioctylphosphate m	триоктилфосфат
T 580	trioxane-1,3-dioxolane copolymer	Trioxan-1,3-Dioxolan-Copo-lymer[es] n	copolymère m trioxane-1,3-dioxolane	сополимер из триоксана и 1,3-диоксолана
T 581	triphenylmethane dye	Triphenylmethanfarbstoff m	colorant m au triphénylmé-thane	трифенилметановый краси-тель
T 582	triphenylphosphate	Triphenylphosphat n (PVC-Weichmacher)	triphénylphosphate m	трифенилфосфат
T 583	triple roll[er] mill	Dreiwalzwerk n	broyeur m à trois cylindres	трехвалковая машина
T 584	triturate/to	zerreiben	triturer, microniser	растирать, измельчать в порошок
T 585	trituration mill	Reibmühle f, Pulvermühle f	moulin m pulvérisateur (tri-turateur)	терочная мельница
T 586	tropicalized plastic	tropenfester Kunststoff (Plast) m	plastique m résistant au cli-mat tropical	тропикостойкий пластик
T 587	tropical paint	Tropenanstrichstoff m, Tro-penfarbstoff m, Tropen-farbe f	matière f colorante pour cli-mat tropical	тропикостойкая краска
T 588	trouble-free passage	störungsfreier Durchlauf m (Produktionsprozeß)	passage m sans trouble, passe f sans empêche-ment	бесперебойный проход, проход без помех
T 589	trough dryer	Muldentrockner m	séchoir m à cuve, séchoir-pétrin m	лотковая сушилка
T 590	trough mixer, trough-type mixer	Trogmischer m	mélangeur m à cuve	мешалка корытного типа с лопастями
T 591	trough steam dryer	Muldendampftrockner m	séchoir-pétrin m à la va-peur, séchoir m à cuve à la vapeur	лотковая паровая сушилка
	trough-type mixer trowel/to	s. T 590 s. F 407		
T 592	trowel, spattle, spatula	Spatel m, Spachtel m (zum Klebstoffauftrag)	racle[tte] f, spatule f	шпатель
	trowelling compound	s. F 165		
T 593	truck dryer	Hordentrockner m	séchoir m à claies	сушитель с решетками
T 594	true stress	wirkliche Spannung f	contrainte f réelle	истинное напряжение
T 595	truly conical screw, cylin-drical screw with conical core	Schnecke f mit konischem Kern und gleichbleiben-dem Außendurchmesser	vis f cylindrique avec noyau tronconique, vis [de forme] cône-cylindre	червяк с коническим сер-дечником и постоянным диаметром
	trunnion	s. P 311		
T 596	TS-injection, thermosetting plastics injection, jet moulding, transojet tech-nique	Duroplastspritzgießen n, Duroplastspritzgießver-fahren n, Duroplastkol-benspritzgießverfahren n, Duromerspritzgieß[ver-fahr]en n, Duromerkol-benspritzgießverfahren n (mit beheizter Spritzdüse)	injection f de thermodurcis-sables, moulage m par in-jection de plastiques ther-modurcissables, moulage à injection de thermodur-cissables, moulage par jet de [résines] thermodur-cissables	литье под давлением реак-топластов, струйное прессование реактопла-стов
T 597	T-slot groove	Spann-Nut f (in Aufspannplat-ten von Formteilpressen oder Spritzgießmaschinen), Aufspannplattennut f	rainure f en T	паз для крепления
T 598	tube, tubing	Schlauch m, [biegsames] Rohr n, Rohrmaterial n	tube (tuyau) m flexible	шланг, рукав, [гибкая] трубка
T 599	tube cut off	Rohrablängen n	tronçonnage m de tubes	отрезка труб
T 600	tube cutter	Rohrschneidmaschine f	machine f à couper les tubes	трубоотрезной станок
	tube die	s. E 453		
T 601	tube extrusion	Schlauchspritzverfahren n, Schlauchspritzen n	extrusion f de tubes, extru-sion de tuyau[terie]	экструзия шлангов

T 602	tube-flange lap joint	Rohrflanschüberlapp[t]stoß m	joint m de recouvrement de la culotte (bride de tuyau)	соединение внахлестку фланцев труб
T 603	tube mill	Rohrmühle f	broyeur m à tunnel	трубчатая мельница
T 604/5	tube winding machine	Rohrwickelmaschine f	machine f à enrouler des tubes	машина для формования труб намоткой
	tubing	s. T 598		
T 606	tubing head, extrusion head for tubing, tubular film extrusion head	Schlauchspritzkopf m	tête f d'extrudeuse (extrusion) pour tubes flexibles, tête de boudineuse pour tubes flexibles	экструзионная головка для получения шлангов
T 607	tubular	röhrenförmig	tubulaire	трубчатый
	tubular die	s. R 404		
T 608	tubular dryer	Rohrtrockner m	séchoir m tubulaire	трубчатая сушилка
T 609	tubular film	Schlauchfolie f	film m [de forme] tubulaire	пленка в форме рукава, шлангообразная пленка
T 610	tubular film cooling	Schlauchfolienkühlung f (beim Extrusionsblasen)	refroidissement m du film tubulaire	охлаждение рукавной пленки
	tubular film extrusion head	s. T 606		
T 611	tubular film method	Schlauchfolienverfahren n	méthode f du film tubulaire	метод производства рукавной пленки
T 612	tubular foam extrusion	Schaumstoff-Folienblasverfahren n, Schaumstoff-Folienblasen n	extrusion-soufflage f de feuilles de mousse	получение пенистых пленок экструзионным выдуванием
	tubular insulating principle	s. H 384		
T 613	tubular nozzle heater	röhrenförmiger Düsenheizer m, röhrenförmiger Düsenbeheizer m	réchauffeur m tubulaire de filière	трубчатый нагреватель сопла
T 614	tubular parison, perfect parison, parison tube, parison	schlauchförmiger Vorformling m (für Blasformen), schlauchförmiger Blasvorformling m	paraison f [tubulaire]	рукавная (шланговидная) заготовка, заготовка для формования раздуванием
T 615	tubular plunger accumulator head	Ringkolbenspeicherkopf m (für Blasformmaschinen)	tête f accumulatrice à piston annulaire	кольцевидный копильник
	tubular rivet	s. H 296		
T 616	tuck tape	Abdeckband n	bande f (ruban m) de cache	подкладочная лента
T 617	tufcote process	Schaumstoffbandherstellung f	fabrication f d'une bande de mousse	изготовление пенистой ленты
T 618	tumble deflashing	Taumelentgraten n (Formpreßteile)	ébavurage m en nutation	удаление грата движением типа «пьяной бочки»
T 619	tumble polishing, drum polishing, barrel polishing (tumbling), tumbling	Trommelpolieren n, Trommeln n (von Preßformteilen)	polissage m au tonneau	полировка (полирование) в барабане, снятие грата в галтовочном барабане
T 620	tumbler screen, tumbler sieve	Taumelsieb n	tamis m chancelant	сито [с движением] типа «пьяной бочки»
T 621	tumbler screening machine	Taumelsiebgerät n	tamiseuse f chancelante	качающаяся просеивающая машина, вибросито
	tumbler sieve	s. T 620		
	tumbling	s. T 619		
T 622	tumbling action	Taumelbewegung f	mouvement m chancelant (oscillant)	движение типа «пьяной бочки»
	tumbling barrel	s. P 540		
	tumbling blender	s. D 576		
T 623	tumbling dryer, tilted cylinder dryer with eccentric axis	Taumeltrockner m	séchoir m chancelant (turbulent), séchoir à axe de rotation diagonal (excentrique)	сушилка для крошки полимера типа «пьяной бочки»
T 624	tumbling machine	Taumelwickelmaschine f (zum Wickeln von Laminaten)	enrouleuse f oscillante	намоточный станок с вращающейся в двух плоскостях оправкой
	tumbling mixer	s. D 576		
T 625	tung oil	Tungöl n	huile f d'abrasin, huile de tang	тунговое масло
T 626	tungsten carbide (filler)	Wolframcarbid n	carbure m de tungstène	карбид вольфрама
T 627	tungsten filament	Heizdraht (Glühdraht) m für Heizdrahtschweißen	fil m en tungstène (soudage), filament m au (de, en) tungstène	нагревательная проволочка (для сварки)
T 628	tuning unit	Abstimmungseinheit f, Abstimmeinheit f (Hochfrequenzschweißmaschine)	unité f d'accord, bloc d'accord (soudeuse à haute fréquence)	узел установки
T 629	tunnel dryer	Kanaltrockner m, Tunneltrockner m	étuve f à tunnel, tunnel m de séchage, séchoir-tunnel m	туннельная сушилка
T 630	tunnel gate, submarine gate	Tunnelanschnitt m (bei Formteilen), Tunnelanguß m	entrée f en tunnel, entrée sous-marine	впускной литник, находящийся в одной полуформе, трапециевидный литник в одной полуформе

T 631/2	turbidimeter	Trübungsmeßgerät n, Trübungsmesser m	turbidimètre m	нефелометр, прибор для измерения степени помутнения
	turbidimetry	s. H 50		
	turbidity	s. H 49		
	turbidity measurement	s. H 50		
T 633	turbine impeller (mixer), radial flow impeller, centrifugal impeller (mixer), turbomixer	Turbinenmischer m, Turbomischer m, Schaufelradmischer m, Turborührwerk n, schnellaufendes Schaufelrührwerk n	turbo-mélangeur m, mélangeur m à turbine, turbine f à flux radial	турбинный смеситель, смеситель с быстровращающимися роторами, турбосмеситель, лопастный смеситель, турбомешалка
T 634	turboblower	Turbogebläse n	turbosoufflante f	турбовоздуходувка
T 635	turbodryer	Turbotrockner m	turbosécheur m, séchoir-turbine m	турбосушилка
	turbomixer	s. T 633		
T 636	turbulence	Turbulenz f	turbulence f	турбулентность, завихрение
T 637	turbulent flow	turbulente Strömung f	écoulement m turbulent	турбулентное течение
T 638	turbulent fluidized bed	turbulente Wirbelschicht f (Wirbelsinterbad)	lit m fluidisé turbulent, couche f fluidisée turbulente	турбулентный кипящий слой
T 639	turn/to	umkehren, umschlagen (von Farbtönen)	virer, changer	превращать, изменять
T 640	turning	Drehspan m	coupeau m de tournage	стружка от точения
T 641	turning	Drehbearbeitung f, Drehen n (von Halbzeugen)	détourage m, tournage m	точение
	turning bar	s. A 414		
T 642	turning bench	schnellaufende Drehmaschine f (zur Halbzeugbearbeitung), Drechselmaschine f	machine f à détourer à grande vitesse	токарный станок
T 643	turning blade	Wendeschaufel f	pale f déflectrice	поворачивающаяся лопасть
T 644	turning distributor	rotierender Verteiler m	distributeur m rotatif	вращающийся распределитель
T 645	turning unit	elektrische Abstimmungseinheit f (an Verarbeitungsmaschinen)	dispositif m d'accord électrique	блок настройки
	turntable	s. R 358		
T 646	turntable injection machine	Drehtischspritzgießmaschine f	machine f à moules rotatifs (injection)	ротационная литьевая машина
T 647	turntable support	Drehtischunterbau m, Drehtischuntergestell n	support m de la table tournante	основание поворотного стола
	turn yellow/to	s. Y 5		
T 648	turpentine	Terpentin n	térébenthine f	терпентин, живица, скипидар
	TVI-test	s. T 324		
T 649	twill	Köperbindung f (Verstärkungsgewebe)	armure f croisée, armure sergée	саржевое переплетение
T 650	twin-belt take-off unit	Doppelbandabzug m	installation f d'extraction à deux bandes transporteuses	двухленточное приемное устройство
T 651	twin-cycle hot air oven	Zweikreis-Heißluftofen m	étuve f à air chaud double flux	камера с обогревом горячим воздухом с двойной циркуляцией
T 652	twin-cylinder mixer, twin-shell blender (US)	Zwillingstrommelmischer m	mélangeur m à tonneau en jumelé (V), mélangeur à tonneaux jumelés	сдвоенный барабанный смеситель
T 653	twin drum dryer	Zweiwalzentrockner m (mit nach außen rotierenden Walzen)	séchoir m à deux cylindres (tournant vers l'extérieur)	двухвалковая сушилка (с вращением в разные стороны наружу)
	twine	s. B 195		
	twin-feed proportioning spray gun	s. T 674		
	twin-fillet weld	s. D 458		
T 654	twin head	Zweifach-Spritzkopf m (Extrusionsblasformen)	tête f d'injection double	двухщелевая головка
	twin-headed spray gun	s. T 674		
T 655	twin-mixer head	Zweikomponentenmischkopf m	tête f mélangeuse pour deux composantes	смесительная головка для двухкомпонентных материалов
T 656	twin reel-up unit	Zwillingsaufwickeleinrichtung f	enrouleur m (dispositif m d'enroulement) jumelé	сдвоенное намоточное устройство
	twin-roll beater	s. D 634		
	twin screw	s. D 473		
T 657	twin-screw compounder	Zweischneckenmischextruder m	mélangeuse-extrudeuse f à deux vis, boudineuse-mélangeuse f à deux vis	двухчервячный экструдер-смеситель

T 658	**twin-screw continuous kneader and compounder,** Erdmenger kneader and compounder	Scheibenkneter *m*, Zweiwellenkneter *m*, Erdmenger-Kneter *m*	malaxeur *m* Erdmenger, mélangeur-masticateur *m* continu à vis jumelées	пластикатор типа «Ердменгер», дисковый пластикатор
T 659	**twin-screw extruder (extrusion machine),** double-screw extruder, twin-worm extruder *(US)*	Zweischneckenextruder *m*, Zweischneckenstrangpresse *f*, Doppelschneckenextruder *m*, Doppelschneckenpresse *f*, Bitruder *m*	extrudeuse (boudineuse) *f* à deux vis, extrudeuse (boudineuse, machine *f*) à double vis	двухчервячный пресс (экструдер), двухшнековый экструдер
T 660	**twin-screw feeder**	Doppelschneckendosiereinrichtung *f*	double vis *f* de dosage	двухшнековый дозатор
T 661	**twin-screw mixer**	Zweischneckenmischer *m*, Zweiwellenmischer *m*	mélangeur *m* à deux vis	двухчервячный смеситель-пластикатор
	twin-shell blender	*s.* T 652		
T 662	**twin-shell forming**	Folienblasformen *n* (*in Zweischalenwerkzeugen*)	formage *m* de feuilles en doubles coquilles	выдувное формование в двухчастной форме
	twin taper screw extruder	*s.* C 688		
T 663	**twin vacuum shaping machine**	Zwillingsvakuumformmaschine *f*	machine *f* de formage sous vide jumelée	двухместная вакуум-формующая машина
	twin worm	*s.* D 473		
	twin-worm extruder	*s.* T 659		
	twin-worm mixer	*s.* D 478		
T 664	**twist,** twisting	Drehung *f*, Zwirnung *f* (*von Glasseidenzwirnen*)	retordage *m*	скручивание (*стеклонитей*)
	twist	*s. a.* T 447		
T 665	**twisted filament**	gezwirnter Faden *m* (*Verstärkungsmaterial*)	fil *m* retordu	крученая нить
T 666	**twisted [filament] yarn,** folded (cabled) yarn, plied yarn	Glasseidenzwirn *m* (*Verstärkungsmaterial*)	fil *m* retors, fil câblé (retordu)	крученая стеклянная пряжа, крученая стеклонить (стеклопряжа), крученая нить
T 667	**twisting**	Verwindung *f* (*Makromoleküle*)	convolution *f* (*macromolécules*)	извилистость
	twisting	*s. a.* 1. T 447; 2. T 664		
	twisting moment	*s.* T 443		
T 668	**twist welding**	Rührschweißen *n*, Warmgasschweißen (HG-Schweißen) *n* mit Hin- und Herbewegen des Schweißstabes	soudage *m* en agitant la baguette d'apport	сварка при вращении сварочного прутка
T 669	**two-colour injection moulding**	Zweifarbenspritzgießen *n*	moulage *m* [par injection] bicolore	литье под давлением двухцветных изделий
T 670	**two-component adhesive,** mixed adhesive, separate application adhesive, two-part adhesive	Zweikomponentenklebstoff *m*	colle *f* à deux composants, colle de mélange	двухкомпонентный (комбинированный) клей
T 671	**two-component foam moulding**	Hochdruckschaumstoffspritzgießverfahren *n* (*mit zwei Plaziereinheiten und mit kontinuierlichem Materialübergang*)	moulage *m* par injection de mousse à haute pression	непрерывное литье под давлением пенопластов двумя пластицирующими устройствами
	two-component injection moulding	*s.* S 29		
T 672	**two-component lacquer,** two-pack composition, reaction lacquer	Zweikomponentenlack *m*, Reaktionslack *m*	vernis *m* à deux composants, vernis durcissant, laque *f* de réaction	двухкомпонентный лак, реактивный лак
T 673	**two-component putty**	Zweikomponentenkitt *m*	lut *m* à deux composantes	двухкомпонентная замазка
T 674	**two-component spray gun,** dual [nozzle] spray gun, twin-headed spray gun, twin-feed proportioning spray gun	Zweikomponentenspritzpistole *f* (*für Reaktionsharze*)	pistolet *m* à deux embouts (buses), pistolet à double alimentation (tête)	пистолет-распылитель для двухкомпонентных смол
T 675	**two-drum winder**	Doppelwalzenwickelmaschine *f*	bobineuse *f* à deux cylindres porteurs	двойная валковая накаточная машина
	two-floor kiln	*s.* D 460		
T 676	**two-hand safety release**	Zweihandsicherheitsschaltung *f* (*an Verarbeitungsmaschinen*)	embrayage *m* de sécurité à deux mains	безопасное управление двумя руками
	two-layer film	*s.* B 184		
T 677	**two-layer flat film**	Zweischichtflachfolie *f*	feuille *f* plate à deux couches	двухслойная плоская пленка
T 678	**two-layer tubular film**	Zweischichtschlauchfolie *f*	film *m* (feuille *f*) tubulaire à deux couches	двухслойная рукавная пленка
T 679	**two-level mould**	Zweistockwerkzeug *n*, zweistöckiges Werkzeug *n*	moule *m* à deux étages	двухэтажная форма
	two-pack composition	*s.* T 672		

T 680	**two-pack spray equipment**	Zweikomponentenspritzanlage *f*	unité *f* (equipement *m*) de pistolage de deux composants	распылительная установка для двух компонентов
	two-part adhesive	*s.* T 670		
T 681	**two-part paste**	Zweikomponentenpaste *f*	pâte *f* de deux composants	двухкомпонентная паста
T 682	**two-phase adhesive applicator,** bi-level adhesive applicator, bi-level adhesive dispenser *(US)*	Zweiphasen-Klebstoffauftragsgerät *n*	dispositif *m* d'application pour adhésifs diphasiques	прибор для нанесения двухфазного клея
T 683	**two-polymer adhesive**	aus zwei polymeren Grundstoffen aufgebauter Klebstoff *m*	colle *f* à base de deux polymères	клей на основе двух полимеров
T 684	**two-roll coater with fountain feed and smoothing rolls**	Verreibwalzenstreichmaschine *f*, Verreibwalzenbeschichter *m*	enduiseuse *f* (métier *m* à enduire) à deux rouleaux avec encrier et rouleaux lisseurs	намазочная машина с измельчающими валками
T 685	**two-roll mill**	Zweiwalzenwalzwerk *n*	mélangeur (malaxeur, moulin) *m* à deux cylindres	двухвалковые вальцы
T 686	**two-roll treater**	Zweiwalzenimprägniermaschine *f*, Zweiwalzenimprägnierwerk *n*	imprégnatrice *f* (machine *f* à imprégner) par pression-imprégnation avec égalisation par rouleaux	двухвалковая пропиточная машина
T 687	**two-sheet head**	Blaskopf *m* für zwei Vorformlinge *(zur Herstellung von zweifarbigen Blasformartikeln)*	tête *f* à deux feuilles coextrudées	головка для заготовок двухцветных полых изделий
T 688	**two-shot foaming technique**	Zweistufenschaumstoffherstellung *f (Polyurethan)*	procédé *m* à deux phases *(mousse polyuréthanne)*	двухступенчатый способ пенообразования *(полиуретана)*
	two-shot moulding	*s.* D 476		
T 689	**two-stage co-rotating twin screw extruder**	Zweistufen-Doppelschnekkenextruder *m*	extrudeuse *f* (extrudeur *m*) à double vis et à deux étages	двухступенчатый двухшнековый экструдер
T 690	**two-stage extruder**	Zweistufenextruder *m*	extrudeuse (boudineuse) *f* à deux étages	двухступенчатый экструдер
T 691	**two-stage transfer moulding,** Tridyne process	Zweistufenspritzpressen *n*, Zweistufenspritzpreßverfahren *n*	moulage *m* par transfert en deux étapes	двухступенчатое трансферное прессование
T 692	**two-tone**	Farbschattenbildung *f (Preßfehler)*	trace *f* d'écoulement *(défaut de moulage)*	разнотонность *(дефект прессования)*
T 693	**tychoback**	Schaumstoffrücken *m* auf Geweben	couche *f* de mousse sur tissu	слой пены на ткани
	type of gate (sprue)	*s.* G 28		
T 694	**type of structure**	Strukturtyp *m*	type *m* de structure	тип структуры
T 695	**type of weld (welded, welding) seam**	Schweißnahtart *f*	genre *m* de cordon de soudure	вид сварного шва
T 696	**typification**	Typisierung *f*, Spezifikation *f (von Formmassen)*	spécification *f*	типизация

U

U 1	**UCC foam moulding, UCC process,** Union Carbide Corporation foam moulding	Niederdruckschaumstoffspritzgießen *n (mittels Mehrfachdüsensystemen und Direktbegasung)*	moulage *m* par injection de mousse à basse pression *(procédé UCC)*	литье под низким давлением пенопластов *(по методу фирмы Юнйен карбид корпорейшн)*
	UF	*s.* U 133		
	UHMW-HDPE	*s.* U 6		
	UHMWPE	*s.* U 7		
	ultimate elongation	*s.* E 162		
U 2	**ultimate load**	Höchstlast *f*	charge *f* maximale	максимальная нагрузка
	ultimate tensile strength	*s.* T 72		
U 3	**ultra-extended pinpoint gate**	extrem erweiterter Punktanschnitt *m*	entrée *f* capillaire extrêmement élargie, carotte *f* capillaire extrêmement élargie	расширенный точечный литник
U 4	**ultrafine particle**	ultrafeines Teilchen *n*, ultrafeine Partikel *f*	particule *f* mince, particule très fine	ультрамелкая частица
	ultrahigh density polyethylene	*s.* U 5		
U 5	**ultrahigh molecular polyethylene,** ultrahigh density polyethylene	ultrahochmolekulares Polyethylen *n*	polyéthylène *m* de très haut poids moléculaire	высокомолекулярный полиэтилен, полиэтилен высокой молекулярной массы

U 6	ultrahigh molecular weight high-density polyethylene, UHMW-HDPE	Polyethylen *n* hoher Dichte und sehr großer Molekularmasse, HDPE-UHMW	polythène *m* de haute densité et de poids moléculaire très élevé, polyéthylène *m* de haute densité et de poids moléculaire très élevé	полиэтилен высокой плотности и большой молекулярной массы
U 7	ultrahigh molecular weight polyethylene, UHMWPE	Polyethylen *n* höchster Molekularmasse, UHMWPE	polythène *m* de poids moléculaire très élevé, polyéthylène *m* de poids moléculaire très élevé	полиэтилен максимальной молекулярной массы
U 8	ultramicrotomy	Ultramikrotomie *f (zur Herstellung von Dünnschnitten)*	ultramicrotomie *f*	ультрамикротомия
U 9	ultrasonic acting time	Schalleinwirkungszeit *f*, effektive Ultraschallschweißzeit *f*	durée *f* de soudage par ultrasons	время воздействия ультразвука, продолжительность влияния ультразвука
U 10	ultrasonic adhesive strength	Ultraschallhaftfestigkeit *f*	adhérence *f* (force *f* d'adhérence) ultrasonore	ультразвуковая адгезионная прочность
	ultrasonically welded joint	*s.* U 27		
U 11	ultrasonic amplitude	Ultraschallamplitude *f (Ultraschallschweißen)*	amplitude *f* ultrasonique *(soudage par ultrasons)*	амплитуда ультразвука
U 12	ultrasonic attenuation	Ultraschalldämpfung *f*	amortissement *m* (atténuation *f*) ultrasonore	глушение ультразвука
U 13	ultrasonic bonding	Klebstoffverfestigung *f* mittels Ultraschalls	durcissement *m* ultrasonore de la colle	ультразвуковое отверждение [клея], отверждение [клея] ультразвуком
U 14	ultrasonic cleaner, ultrasonic cleaning unit	Ultraschallreinigungsgerät *n*	appareil *m* de nettoyage par ultrasons	ультразвуковая очистная установка
U 15	ultrasonic cleaning	Ultraschallreinigen *n*, Ultraschallreinigung *f*	nettoyage *m* par ultrasons	ультразвуковая чистка
U 16	ultrasonic cleaning equipment	Ultraschallreinigungsanlage *f*	installation *f* de nettoyage par ultrasons, unité *f* de nettoyage par ultrasons	ультразвуковая очистная установка
	ultrasonic cleaning unit	*s.* U 14		
U 17	ultrasonic converter, sonic converter	elektrostriktiver (magnetostriktiver) Wandler *m (von Ultraschallschweißmaschinen)*	transducteur *m* électrostrictif (magnétostrictif, d'ultrasons)	ультразвуковой преобразователь, электрострикционный (магнитострикционный) преобразователь
U 18	ultrasonic cutting gun	Ultraschalltrennpistole *f*	pistolet *m* de coupage aux ultrasons	пистолет для ультразвуковой резки
U 19	ultrasonic energy	Ultraschallenergie *f*	énergie *f* ultrasonore	энергия ультразвука
U 20	ultrasonic finishing	Ultraschalloberflächenbearbeitung *f (Formteile)*	usinage *m* surfacique par les ultrasons	ультразвуковая обработка поверхности
U 21	ultrasonic flaw detector	Ultraschallprüfgerät *n (Klebverbindungen)*	défectoscope *m* ultrasonique	ультразвуковой дефектоскоп
U 22	ultrasonic foil welder	Ultraschallfolienschweißgerät *n*	dispositif *m* à souder par ultrasons les feuilles, soudeuse *f* à ultrasons pour feuilles	прибор для ультразвуковой сварки пленок
U 23	ultrasonic-formed mould cavity	ultraschallgeformter Werkzeughohlraum *m*, durch Bearbeiten mit Ultraschall hergestellter Werkzeughohlraum	empreinte *f* par usinage aux ultrasons	полость формы, обработанная ультразвуком
	ultrasonic horn	*s.* S 804		
U 24	ultrasonic impression	Einbetten *n* mittels Ultraschalls *(von Metallteilen in Kunststoffformteile)*	introduction *f* par ultrasons *(de pièces métalliques dans les pièces moulées plastiques)*	введение ультразвуком *(металлической арматуры в пластмассовые изделия)*
U 25	ultrasonic impulse-echo equipment	Ultraschall-Impuls-Echo-Gerät *n*	équipement (appareil) *m* à écho d'impulsion ultrasonore	эхо-измеритель импульсов ультразвука
U 26	ultrasonic inspection method, ultrasonic material testing	Werkstoffprüfung *f* mittels Ultraschalls	exploration *f* ultrasonique, essai *m* ultrasonique (ultrasonore)	испытание материалов ультразвуком, дефектоскопия ультразвуком
U 27	ultrasonic joint, ultrasonically welded joint	ultraschallgeschweißte Verbindung *f*	jonction *f* par soudure ultrasonique, jonction soudée par ultrasons	сваренное ультразвуком соединение
U 28	ultrasonic mash welding	Ultraschall-Quetschnahtschweißen *n*	soudage *m* à l'écrasement par ultrasons	ультразвуковая сварка с раздавливанием материала
	ultrasonic material testing	*s.* U 26		
U 29	ultrasonic pulse through transmission testing	Ultraschallprüfung *f* mittels Durchschallung, Schallsichtverfahren *n*	essai (examen, contrôle) *m* ultrasonique (ultrasonore) par transmission	дефектоскопия сквозным прозвучиванием [ультразвуком]
U 30	ultrasonic riveting	Ultraschallnieten *n*	rivetage *m* ultrasonique	клепка ультразвуком, ультразвуковая клепка
	ultrasonic sealing	*s.* U 42		

U 31	ultrasonic sewing	Ultraschallschweißen n (von synthetischem Gewebe), Ultraschallnähen n	couture f ultrasonique	ультразвуковая сварка (текстильных материалов), ультразвуковое шитье
U 32	ultrasonic sewing machine	Ultraschallschweißmaschine f (für synthetische Gewebe)	machine f à coudre par ultrasons	ультразвуковая швейная машина, машина для ультразвуковой сварки (текстильных материалов)
U 33	ultrasonic spectroscopy	Ultraschallspektroskopie f	spectroscopie f aux ultrasons, spectroscopie ultrasonique	ультразвуковая спектроскопия
U 34	ultrasonic stud welding	Ultraschallzapfenschweißen n	soudage m ultrasonique de goujons, soudage de goujons par ultrasons	заваривание цапф в отверстие ультразвуком
	ultrasonic test	s. U 35		
U 35	ultrasonic testing, ultrasonic test	Ultraschallprüfung f	examen m (vérification f) ultrasonique (par ultrasons)	ультразвуковое испытание, испытание ультразвуком, ультразвуковая дефектоскопия
U 36	ultrasonic testing system	Ultraschallprüfgerät n	système m de contrôle par ultrasons	ультразвуковой дефектоскоп
U 37	ultrasonic thickness gauge (testing apparatus, testing instrument)	Ultraschalldickenmeßgerät n (Wanddickenmessung, Schichtdickenmessung)	dispositif m de mesure des épaisseurs par ultrasons	ультразвуковой толщиномер
U 38	ultrasonic transducer	Ultraschalltransformator m, mechanischer Konverter m (Ultraschallschweißmaschinen)	transducteur m d'ultrasons, transducteur électroacoustique	ультразвуковой вибратор
U 39	ultrasonic vapour degreasing	Ultraschalldampfbadentfetten n, Ultraschalldampfbadentfettung f	dégraissage m à vapeur par ultrasons	ультразвуковое обезжиривание в парах растворителя
U 40	ultrasonic wall thickness measurement	Ultraschall-Wanddickenmessung f	mesure f des parois par ultrasons	ультразвуковое измерение толщины стенок
U 41	ultrasonic welder	Ultraschallschweißgerät n	soudeuse f à ultrasons, dispositif m de soudage par ultrasons	аппарат для сварки ультразвуком
U 42	ultrasonic welding, ultrasonic sealing	Ultraschallschweißen n, US-Schweißen n	soudage m par ultrasons	сварка ультразвуком, ультразвуковая сварка, сварка с применением ультразвука
U 43	ultrasonic welding gun	Ultraschallschweißpistole f	pistolet m de soudage par ultrasons	пистолет для ультразвуковой сварки
U 44	ultrasonic welding machine, supersonic welder (welding machine)	Ultraschallschweißmaschine f	machine f (appareil m) de soudage par ultrasons	ультразвуковая сварочная машина, машина для ультразвуковой сварки
U 45	ultrasound	Ultraschall m	ultrason m	ультразвук
U 46	ultraviolet absorbent, UV-absorbent	UV-Strahlenabsorbens n, UV-Strahlen absorbierender Stoff m	absorbant m des rayons ultraviolets, agent m absorbant le rayonnement ultraviolet	УФ-абсорбент
U 47	ultraviolet absorber	Ultraviolettabsorber m	absorbeur m de rayons ultraviolets, anti-ultraviolet m	абсорбер для ультрафиолетовых лучей, УФ-абсорбер
U 48	ultraviolet-cured optical adhesive, UV-cured optical adhesive	mit Ultraviolettstrahlen gehärteter Optikklebstoff m, UV-gehärteter Optikklebstoff m	ciment m d'optique durci par rayons ultraviolets, adhésif m optique durcissant par rayonnement ultraviolet	УФ-отвержденный оптический клей
U 49	ultraviolet curing, ultraviolet light curing	Ultravioletthärtung f, UV-Härtung f (Härtung von Reaktionsharzen mit ultravioletten Strahlen)	durcissement m ultraviolet (UV, par rayons ultraviolets)	отверждение УФ-облучением, УФ-отверждение
U 50	ultraviolet degradation, UV-degradation	Abbau m durch UV-Strahlen	dégradation f par rayons ultraviolets, décomposition f par rayons ultraviolets	УФ-деструкция
U 51	ultraviolet durability tester, UV-durability tester	Prüfgerät n für UV-Beständigkeit, UV-Beständigkeitsprüfgerät n	appareil m de contrôle de la résistance aux rayons ultraviolets	испытатель УФ-устойчивости
	ultraviolet light curing	s. U 49		
	ultraviolet light stabilizer	s. U 57		
U 52	ultraviolet radiation	Ultraviolettstrahlung f	rayonnement m ultraviolet	ультрафиолетовое излучение
U 53	ultraviolet radiation curing plant (system)	Ultravioletthärtungsanlage f, UV-Härtungsanlage f	système m de durcissement par rayonnement ultraviolet	установка для отверждения УФ-излучением

U 54	ultraviolet radiation resistance, UV-radiation resistance, resistance to ultraviolet radiation, resistance to UV-radiation	Ultraviolettstrahlungsbeständigkeit f, Beständigkeit f gegen Ultraviolettstrahlen, Beständigkeit gegen UV-Strahlen, UV-Beständigkeit f	résistance f aux rayons ultraviolets	УФ-устойчивость, УФ-стойкость
U 55	ultraviolet rays	Ultraviolettstrahlen *mpl*	rayons *mpl* ultraviolets	УФ-лучи, ультрафиолетовые лучи
U 56	ultraviolet screener	Ultraviolettstrahlungsfilter *n*	filtre *m* de rayons ultraviolets	УФ-фильтр
U 57	ultraviolet stabilizer, UV-stabilizer, light stabilizer, ultraviolet light stabilizer	Ultraviolettstabilisator *m*, UV-Stabilisator *m*	stabilisant lumière, stabilisant *m* UV, agent *m* de protection contre la lumière	поглотитель УФ-света, УФ-стабилизатор; агент, предотвращающий световое старение
	unbranched macromolecule	*s.* L 184		
	unbranched polyethylene	*s.* L 185		
U 58	unbreakable, break-resistant, non-breakable	unzerbrechlich	résistant à la rupture	небьющийся
U 59	uncoil/to, to unwind, to unreel	abrollen *(von Folien)*	dérouler, débobiner, dévider	размотать
U 60	undercoat	Grundierschicht f	couche f de fond	грунт, промежуточный слой системы покрытия
U 61	undercooling	Unterkühlung f	surrefroidissement *m*	переохлаждение
U 62	undercure	nichtgehärtete Stelle f *(in Preßteilen)*	endroit *m* sous-cuit, zone f sous-cuite	недопрессованное место *(в пресс-изделии)*
U 63	undercure	unvollständige Härtung f, Unterhärtung f *(duroplastischer Formteile)*	sous-cuisson f	недостаточное отверждение, недодержание *(при прессовании)*
U 64	undercut, counterdraft, back taper, back draft, undercut shape	Hinterschneidung f am Formteil, Formteilhinterschnitt *m*	contre-dépouille f	выступ (подрезка) изделия, поднутрение
U 65	undercut angle	Hinterschneidungswinkel *m* *(Formteile)*	angle *m* de contre-dépouille	угол поднутрения
	undercut shape	*s.* U 64		
U 66	underfeeding	Unterdosieren *n*, Unterdosierung f *(von Formmasse in Preßwerkzeuge)*	sous-alimentation f	недостаточное питание, недостаточная (сниженная) доза
	underpressure	*s.* N 27		
U 67	undersize	Siebdurchfall *m*, Unterkorn *n* *(des Siebgutes)*	passant *m* du crible, produit *m* sous tamis	нижний (подрешетный) продукт
U 68	undertone	dünne Farbschicht f *(auf hellem Untergrund)*	couche f (film *m*) de peinture mince *(sur subjectile clair)*	тонкий слой краски *(на светлой подложке)*
U 69	underwater adhesive	Unterwasserklebstoff *m*, Klebstoff *m* für feuchten Untergrund	colle f sous-marine	клей для подводных частей
U 70	underwater cut-off device	Unterwasser-Heißabschlagvorrichtung f *(Granulieren)*	dispositif *m* de granulation à chaud sous l'eau	подводное устройство для среза
U 71	underwater granulating plant	Unterwasser-Stranggranulator *m*	granulateur *m* à joncs sous eau	агрегат для подводного гранулирования
U 72	underwater granulation	Unterwassergranulation f, Unterwassergranulieren *n*	granulation f sous l'eau	подводное гранулирование
U 73	underwater pelletizer	Unterwassergranulator *m*	granulateur *m* sous l'eau	подводный гранулятор
U 74	undrawn yarn	unverstrecktes Garn *n (Monofile)*	fil *m* non étiré	нерастянутая нить
U 75	undulated border	gewelltes Randprofil *n*	bord *m* ondulé	волнистый профиль края
U 76	undulation	Ondulation f, Wellung f *(Gewebefäden)*	ondulation f	гофрирование
	unfading	*s.* C 533		
U 77	uniaxial stress	einachsige Beanspruchung f	contrainte (tension, sollicitation) f uniaxiale, effort *m* uniaxial	одноосная напряженность
U 78	uniaxial stress, simple stress	einachsiger Spannungszustand *m*	champ (état) *m* de contrainte uniaxial	одноосное напряженное состояние
	unicoiler	*s.* D 29		
U 79	unidirectional reinforcement	unidirektionale Verstärkung f, Verstärkung f in einer Richtung	renforcement *m* unidirectionnel	одноосное армирование
U 80	unidirectional weave	unidirektionales (kettstarkes) Gewebe *n*	tissu *m* unidirectionnel	однонаправленная ткань, ткань с более прочными основными нитями
U 81	uniform plastics scrap (waste), sorted plastics waste	sortenreiner Kunststoffabfall *m*, sortenreiner Plastabfall *m*	déchet *m* plastique d'un même type de matière, déchets *mpl* plastiques assortis	сортированные отходы пластиков, сортированные полимерные отходы
U 82	uniform pressure	gleichbleibender (konstanter) Druck *m*	pression f constante (uniforme)	постоянное давление
U 83	uninflammable finish[ing]	flammfeste Ausrüstung f *(Formmassen)*	finissage *m* ininflammable	огнезащитный финиш

U 84	Union Carbide accumulator process	Schmelzeverschäumen n nach dem Union-Carbide-Prinzip	moussage m de produits en fusion d'après le principe d'Union Carbide	вспенивание расплава по методу «Юнйен карбид»
	Union Carbide Corporation foam moulding	s. U 1		
	unit assembly principle	s. U 87		
U 85	unit cell	Elementarzelle f	cellule f élémentaire, maille f [élémentaire]	элементарная ячейка
	unit composed system	s. U 87		
U 86	unit-construction mould	Preßwerkzeug n mit einteiliger Matrize	moule m monobloc	пресс-форма с неразъемной матрицей
U 87	unit construction system, unit system of construction, unit composed system, unit assembly principle, modular principle (system, concept)	Maschinenbaukastensystem n, Baukastenprinzip n	principe m de construction par blocs	агрегатная система, агрегатирование, принцип агрегатирования
U 88	unit die	Düseneinheit f mit austauschbaren Einsätzen, Stammdüsenwerkzeug n (Extruder)	filière f normalisée (extrudeuse)	унифицированная головка (экструдер)
	United Shoe Machinery foam moulding	s. U 140		
U 89	unitized injection moulding	Spritzgießen n mit Vorformlingen	moulage m par injection avec préformes	литье под давлением заготовками
U 90	unit mould	Stammwerkzeug n mit austauschbaren Einsätzen, Einsatzwerkzeug n	moule m normalisé	унифицированная форма со взаимозаменяемыми вставками
	unit system of construction	s. U 87		
	universal adhesive	s. A 369		
U 91	universal rolling mill	Mehrzweckwalzwerk n	laminoir m universel	универсальные вальцы
U 92	universal testing machine	Universalprüfmaschine f	machine f d'essai universelle	универсальная испытательная машина
U 93	unknotted molecule chain	unverknäuelte Molekülkette f	chaîne f moléculaire non convolutée	разомкнутая молекулярная цепь
U 94	unlocking	Entriegelung f (von Spritzgießwerkzeugen nach Beendigung der Nachdruckphase)	déverrouillage m	деблокирование
U 95	unpitched blade, straight blade	geradestehende Rührschaufel f, gerade Mischschaufel f, gerader Rührflügel m	pale f droite	прямая лопасть
U 96	unplasticized	unplastifiziert, weichmacherfrei	non plastifié	непластифицированный, не содержащий пластификатора
	unplasticized polyvinyl chloride	s. U 130		
	unplasticized PVC	s. U 130		
	unreel/to	s. U 59		
U 97	unreinforced plastic	unverstärkter Kunststoff (Plast) m	plastique m non renforcé, matière f plastique non renforcée	ненаполненный (неармированный) пластик
U 98	unreinforced thermoplastic	unverstärkter Thermoplast m, unverstärktes Thermomer n	thermoplaste (thermoplastique) m non renforcé	неармированный (ненаполненный) термопласт
	unroll	s. U 117		
U 99	unsaturated	ungesättigt	insaturé, non saturé	ненасыщенный, непредельный
	unsaturated glass-fibre reinforced polyester	s. G 89		
U 100	unsaturated group	ungesättigte Gruppe f	groupe[ment] m insaturé	ненасыщенная группа
U 101	unsaturated polyester, UP	ungesättigter Polyester m, UP	polyester m insaturé, UP	ненасыщенный полиэфир, УП
U 102	unsaturated polyester-based sheet moulding compound, UP-based sheet moulding compound	UP-Harzmatte f für Heißpressen, mit ungesättigtem Polyester vorimprägnierte Harzmatte f	mat m pré-imprégné de polyester insaturé	пресс-материал из ненасыщенной полиэфирной смолы и стеклохолста
U 103	unsaturated polyester-based wet dough moulding compounds, UP moulding compounds	ungesättigte Naßpolyester-Formmassen fpl	polyesters mpl insaturés humides sous forme pâteuse	мокрая ненасыщенная полиэфирная композиция
U 104	unsaturated polyester resin, UP-resin	ungesättigtes Polyesterharz n, UP-Harz n	résine f polyester insaturée	ненасыщенная полиэфирная смола
U 105	unsaturated state	Ungesättigtheit f, Ungesättigtsein n	insaturation f	ненасыщенность
U 106	unscrewing drive	Ausschraubgetriebe n (an Spritzgießwerkzeugen)	engrenage m à dévisser	вывинчиваемая передача

U 107	unscrewing split-cavity-mould	Ausdrehbackenwerkzeug n	moule m à coins intérieurs et empreintes	форма с разъемной вывинчиваемой матрицей
U 108	unsupported artificial leather, unsupported imitation leather, unsupported leatherette, unsupported leathercloth	trägerloses Kunstleder n	cuir m artificiel sans support, simili-cuir m sans support, cuir m synthétique sans support	искусственная кожа без подложки
	unsupported film	s. U 110		
U 109	unsupported film adhesive	trägerlose Klebfolie f	feuille f adhésive non supportée	пленочный клей без подложки
	unsupported imitation leather	s. U 108		
	unsupported leathercloth (leatherette)	s. U 108		
U 110	unsupported sheet, unsupported film	trägerlose Folie f, trägerloser Film m	feuille f (film m) simple (sans support)	пленка без подложки
U 111	untrimmed	unbeschnitten	non coupé (rogné)	необрезанный
U 112	untwisting machine	Abwickelmaschine f	machine f à dévider	разматывающая машина
U 113	unwanted admixture	unerwünschte Beimischung f	constituant m non désiré, addition f indésirable	нежелательная примесь
U 114	unwanted mark	unerwünschte Markierung f (an Formteilen)	marque f	дефект (на изделии)
U 115	unweldable	nicht schweißbar	insoudable	несвариваемый
U 116	unwind/to	abwickeln, loswickeln, abhaspeln	dérouler	разматывать, сматывать, отматывать
	unwind/to	s. a. U 59		
U 117	unwinder, unroll, stock roll	Abwickeleinrichtung f, Abwickler m	dérouleur m	размоточное устройство, устройство размотки, размоточный валик
U 118	unwinding	Abwickeln n, Loswickeln n	déroulement m	разматывание, отматывание, сматывание
U 119	unwind shaft	Spannachse f (Folienabwickeln)	arbre m de serrage (déroulement des feuilles)	натяжной валок
U 120	unwind station	Abrollstuhl m, Abrolleinrichtung f (Verpackungsfolien)	dispositif m dérouleur (feuille d'emballage)	размоточное устройство
	UP	s. U 101		
	UP-based sheet moulding compound	s. U 102		
U 121	uperization	Uperisation f (Keimfreimachung durch Kurzzeithocherhitzung)	upérisation f	уперизация
	UP moulding compounds	s. U 103		
	U-polyvinyl chloride	s. U 130		
U 122	upper cross head, upper traverse, upper yoke	oberes Pressenquerhaupt n, oberes Pressenjoch n (von Oberkolbenpressen für Spritzpressen)	traverse f supérieure, chapeau m	верхняя перекладина (пресса)
U 123	upper electrode, top electrode	obere Elektrode f, Oberelektrode f (Hochfrequenzschweißen)	électrode f supérieure (soudage par hautes fréquences)	верхний электрод
U 124	upper knock-out pin	oberer Ausdrückstift m, oberer Auswerferstift m	broche f d'éjecteur supérieure	верхний выталкиватель
	upper part of a mould	s. T 430		
U 125	upper platen	oberer Pressentisch m (von Formteilpressen)	plateau m [de presse] supérieur	верхняя плита, верхний стол (пресса)
U 126	upper ram	Oberkolben m, Oberstempel m (an Oberkolbenpressen)	piston m supérieur	верхний поршень (плунжер)
U 127	upper-ram transfer moulding	Oberkolbenspritzpreßverfahren n	transfert m descendant	литьевое прессование универсальным прессом
	upper traverse	s. U 122		
	upper yoke	s. U 122		
	UP-resin	s. U 104		
U 128	UPS conditions	UPS-Bedingungen fpl, Polymerisation f unterhalb des Sättigungsdampfdruckes	conditions fpl UPS	полимеризация ниже упругости насыщения паров
	upstroke press	s. B 363		
U 129	up-travel stop	Pressenhubbegrenzung f (an Formteilpressen oder Schweißpressen)	butée f de course de la presse	ограничение хода (пресса)
U 130	U-PVC, U-polyvinyl chloride, unplasticized PVC, rigid polyvinyl chloride, unplasticized polyvinyl chloride	Polyvinylchlorid-hart n, PVC-U, weichmacherfreies Polyvinylchlorid n	chlorure m de polyvinyle rigide (non plastifié), CPV (PVC) rigide	жесткий поливинилхлорид (ПВХ), непластифицированный ПВХ (поливинилхлорид), винилпласт

U 131	uralkyd	mit Polyurethan modifiziertes Alkydharz n	alkyde m modifié au polyuréthanne	алкидная смола, модифицированная полиуретаном
U 132	urea	Harnstoff m	urée f	мочевина
U 133	urea-formaldehyde [condensation] resin, UF, urea resin	Harnstoff-Formaldehydharz n, UF, Harnstoffharz n	résine f urée-formaldéhyde, résine d'urée, UF	мочевиноформальдегидная смола, карбамидная смола
U 134	urea-laminated sheet	Harnstoffharzschichtstoff m	stratifié m à base d'urée	лист слоистого пластика на основе карбамидной смолы
U 135	urea moulding compound (material)	Harnstoffharzformmasse f	matière f à mouler à base d'urée	карбамидная пресс-масса (формовочная масса)
	urea resin	s. U 133		
U 136	urethan[e]	Urethan n	uréthanne m	уретан
U 137	urethan[e] acrylate resin	Urethan-Acrylat-Harz n	résine f uréthanne-acrylate	уретан-акриловая смола
U 138	urethane elastomer	Urethanelastomer[es] n	élastomère m d'uréthanne	уретановый эластомер (каучук)
U 139	urethane oil, oil-modified polyurethane	ölmodifiziertes Polyurethan n, Öl-Polyol-Polyisocyanat-Modifikation f, Urethanöl n	huile f uréthanne	полиуретан, модифицированный маслом
	useful life	s. W 291		
U 140	USM foam moulding, USM process, United Shoe Machinery foam moulding	Gasgegendruck-Spritzgießverfahren n (für die Herstellung thermoplastischer Schaumstoffe unter Verwendung erhöhter Einspritzgeschwindigkeit und Tauchkantenwerkzeug)	moulage m de mousse d'après le procédé USM	литье под давлением пенотермопластов под газопротиводавлением с повышенной скоростью впрыска
U 141	utility mat	Schneidabfallmatte f, Matte f aus Schneidabfällen	mat m en déchets de fibres coupées	мат из отходов
	UV-absorbent	s. U 46		
	UV-cured optical adhesive	s. U 48		
	UV-degradation	s. U 50		
	UV-durability tester	s. U 51		
	UV-radiation resistance	s. U 54		
	UV-stabilizer	s. U 57		

V

V 1	vacublast method	Vakublast-Strahlen n metallischer Klebfügeteile, Strahlen n metallischer Klebfügeteile mit Vakuumabsaugung des Strahlmittels	sablage m de pièces métalliques à coller avec élimination du sable sous vide	струйная обработка методом «вакубласт», струйная обработка с вакуумным отсасыванием песка
V 2	vacuum agitator	Vakuumrührwerk n, Vakuummischer m	agitateur m à vide	вакуум-смесительная машина, вакуум-смеситель
V 3	vacuum bag method (moulding, technique), deflatable bag technique	Vakuumsackverfahren n, Vakuumgummisackverfahren n	moulage m au sac sous vide	формование эластичной диафрагмой под вакуумом, вакуумное формование мешком
V 4	vacuum break	Vakuumunterbrechung f, Vakuumabschaltung f	suppression f du vide	уменьшение вакуума
V 5	vacuum calibrating process	Vakuumkalibrierverfahren n (extrudierte Halbzeuge)	calibrage m sous vide, procédé m de calibrage sous vide	вакуумное калибрирование, вакуумная калибровка
V 6	vacuum calibration	Vakuumkalibrierung f	calibrage m à vide	вакуумное калибрирование
V 7	vacuum calibration unit	Vakuumkalibriereinrichtung f	installation f de calibrage sous vide	агрегат для вакуумной калибровки, калибрующее устройство с зоной вакуумирования
V 8	vacuum calibrator	Vakuumkalibrator m	calibreur m sous vide	вакуум-калибратор
V 9	vacuum casting	Vakuumgießen n, Gießen n im Vakuum	coulage m sous vide	вакуумное литье
	vacuum coating by evaporation	s. V 25		
V 10	vacuum connection	Vakuumanschluß m	connexion f (raccord m) de vide	вакуумное соединение
V 11	vacuum connection pipe	Vakuumanschlußstutzen m	ajutage m (tubulure f) de vide	вакуумная трубка
	vacuum deposition	s. V 25		
V 12	vacuum drawing	Vakuumziehformen n, Vakuumziehformung f	formage m sous vide, thermoformage m sous vide	вакуумное формование вытяжкой

V 13	vacuum dryer	Vakuumtrockner *m*	séchoir *m* à vide	вакуум-сушилка, вакуумная сушилка
V 14	vacuum-drying cupboard	Vakuumtrockenschrank *m*	armoire *f* de séchage à vide	вакуумный сушильный шкаф
	vacuum duct	*s.* V 23		
V 15	vacuum evaporator	Vakuumverdampfer *m*	évaporateur *m* à vide, appareil *m* évaporatoire (d'évaporation) à vide	вакуум-выпарной (вакуумный выпарной) аппарат
V 16	vacuum feed hopper	Vakuumspeisetrichter *m*	trémie *f* d'alimentation sous vide, trémie de chargement sous vide	вакуумный бункер
	vacuum feeding device	*s.* V 24		
V 17	vacuum forming	Vakuumformen *n*, Vakuumformverfahren *n*, Streckformen *n*	formage (moulage) *m* sous vide, technique *f* du «vacuum forming», formage par dépression	вакуумное формование
	vacuum forming in free-space	*s.* F 671		
V 18	vacuum gauge	Vakuummeßgerät *n*, Vakuummeter *n*	jauge *f* au (de) vide, indicateur (mesureur) *m* de vide, dépressiomètre *m*, déprimomètre *m*, vacuomètre *m*	измеритель вакуума, вакуумметр
V 19	vacuum hopper loader	Vakuumtrichterbeschicker *m*, Vakuumtrichterfülleinrichtung *f*	dispositif *m* de remplissage sous vide	загрузочная вакуумная воронка
V 20	vacuum impregnating plant	Vakuumimprägnieranlage *f*	installation *f* d'imprégnation sous vide	установка для вакуумного пропитания
V 21	vacuum injection moulding, injection process with vacuum, Marco process	Vakuuminjektionsverfahren *n*, Marco-Verfahren *n*	méthode *f* (procédé *m*) Marco, moulage *m* par injection sous vide	вакуумное инжекционное прессование
V 22	vacuum laminating	Folienaufkaschieren *n*, Folienaufziehen *n* (*im Vakuum auf Gegenstände*)	doublage *m* sous vide	вакуумное дублирование
V 23	vacuum line, vacuum duct	Vakuumleitung *f*	tuyauterie *f* de vide, tubulure *f* à vide	вакуум-провод, вакуумный провод
V 24	vacuum loader, vacuum feeding device	mit Vakuum arbeitende Beschickungsvorrichtung *f*, Vakuumbeschickungsvorrichtung *f*	dispositif *m* de chargement par le vide	вакуумное загрузочное устройство
V 25	vacuum metallizing, vacuum deposition (coating by evaporation)	Vakuumbedampfung *f*, Vakuummetallbeschichtung *f*, Vakuummetallisierung *f*, Vakuumaufdampfung *f*	métallisation *f* sous (dans le) vide	металлизация испарением в вакууме
V 26	vacuum mixer kneader	Vakuummischkneter *m*	pétrin-mélangeur *m* sous vide	вакуумный меситель-смеситель
V 27	vacuum-moulded prefabricated unit	vakuumgeformtes Fertigteil *n*	pièce *f* préfabriquée sous vide	пневмоформованное изделие
V 28	vacuum multipurpose mixer-dryer	Vakuum-Mehrzweck-Mischer-Trockner *m*	mélangeur-sécheur *m* polyvalent	вакуумная сушилка с перемешивающим устройством
V 29a	vacuum orifice	Unterdrucköffnung *f* (*beim Vakuumformen, im Werkzeug*)	orifice *m* de dépression	штуцер вакуумной линии
V 29b	vacuum outer sizing unit	Vakuumaußenkalibriereinrichtung *f* (*für Rohre oder Schläuche*)	dispositif *m* de calibrage extérieur à vide (*tube*)	устройство для вакуумной калибровки по наружному диаметру
V 30	vacuum package	Vakuumverpackung *f*	emballage *m* à vide	вакуум-упаковка
V 31	vacuum pre-expansion	Vorschäumen *n* im Vakuum (*von Polystyren*)	préexpansion *f* sous vide (*polystyrène*)	предварительное вспенивание под влиянием вакуума (*полистирола*)
V 32	vacuum propeller mixer	Vakuumpropellerrührwerk *n*, Vakuumpropellermischer *m*	agitateur *m* à hélice à vide	вакуум-смеситель с пропеллерной мешалкой
V 33	vacuum pump	Vakuumpumpe *f*	pompe *f* à vide	вакуумный насос
V 34	vacuum resin casting plant	Vakuumgießanlage *f*	installation *f* de résines à couler sous vide	аппарат для литья изделий из смол с применением вакуума, вакуумная литьевая установка
V 35	vacuum rotary dryer	Vakuumtrommeltrockner *m*	séchoir *m* rotatif à vide	барабанная вакуум-сушилка
V 36	vacuum shaped casting	Vakuumgußformteil *n*, Vakuumgußteil *n*	objet *m* moulé sous vide	отлитое под вакуумом изделие
V 37	vacuum snap-back [thermo-]forming, snap-back forming, snap-back thermoforming	Vakuum-snapback-Verfahren *n*, Aufschrumpfen *n* unter Vakuum	drapage *m* sur poinçon par relâchement du vide, thermoformage *m* en relief profond, thermoformage *m* en relief profond sous vide	вакуум-формование с обжатием и охлаждением на пуансоне, термоформование пуансоном с последующим вакуум-формованием

V 38	vacuum tank sizing unit	Vakuumtankkalibrierung f (für Rohrextrudat)	dispositif m de calibrage dans la chambre à vide	вакуумная калибрующая· (калибровочная) насадка
V 39	vacuum-tight	vakuummdicht	étanche à vide	вакуум-плотный
V 40	vacuum-type contact calibrator	Vakuum-Kontaktkalibrierdüse f (für Schaumstoffextrudat)	buse f de calibrage à contact sous vide	вакуумное калибрующее (калибровочное) отверстие
V 41	vacuum vaporizing	Vakuumbedampfen n, Vakuumbedampfung f	métallisation f au vide	вакуумное нанесение металлов
V 42	valence electron concentration, electron atom ratio, outer electron density	Valenzelektronendichte f, Außenelektronendichte f	concentration f des électrons de valence, densité f des électrons extérieurs	концентрация (плотность) валентных электронов
V 43	valve-gated mould	Spritzgießwerkzeug n mit Verschlußdüse	moule m à obturateur	литьевая форма с самооткрывающимся клапаном
V 44	valve gating	ventilgesteuerter Angußkanal m	entrée f à obturateur	литниковый канал с клапанным механизмом
V 45	valve-gating mould	Heißkanal-Spritzgießwerkzeug n (mit in einem Kupfer-Beryllium-Preßgußblock eingearbeiteten Nadelventil-Angußsystem)	moule m à obturateur	литьевая форма с впускным клапаном игольчатого типа
V 46	valve gear	Ventilsteuerung f	distribution f par valve	клапанное распределение
V 47	valve housing	Ventilgehäuse n	cage f de soupape	корпус клапана, клапанная коробка
V 48	valve lever	Ventilhebel m	culbuteur m	рычаг клапана
V 49	valve seat	Ventilsitz m, Ventilklappe f	siège m de soupape	седло клапана
	van der Waals attractive forces	s. V 51		
V 50	van der Waals equation [of state]	van-der-Waalssche Zustandsgleichung (Gleichung) f	équation f de Van der Waals	уравнение Ван-дер-Ваальса
V 51	van der Waals forces [of attraction], van der Waals attractive forces	van-der-Waalssche Kräfte fpl, Van-der-Waals-Kräfte fpl	forces fpl de Van der Waals	силы Ван-дер-Ваальса, Ван-дер-Ваальсовы силы
V 52	vapometer	Dampfdruckmesser m	manomètre m	паровой манометр
	vaporization	s. E 329		
	vaporizer	s. V 53		
V 53	vaporizing apparatus, evaporator, vaporizer	Verdampfungsapparat m	évaporateur m, vaporiseur m	выпарка, выпарной аппарат, испаритель
V 54	vapour degreasing [method]	Dampfbadentfetten n, Dampfentfetten n (von Klebfügeteilen)	dégraissage m à vapeur	обезжиривание в парах растворителя, обезжиривание парами растворителя (склеиваемых изделий)
	vapour deposition	s. H 258		
V 55	vapour deposition rate	Aufdampfrate f (Metallisieren)	acompte m de déposition	степень металлизации
	vapour metallizing	s. H 258		
V 56	vapour-phase infrared spectrophotometry	Dampfphasen-Infrarot-Spektrophotometrie f	spectrophotométrie f infrarouge en phase vapeur	ИК-спектроскопия в паровой фазе
V 57	vapour-phase inhibitor, VPI	Dampfphaseninhibitor m, in der Dampfphase wirkendes Korrosionsschutzmittel n	inhibiteur m en phase vapeur	ингибитор в паровой фазе, парофазное антикоррозионное средство
	vapour plating	s. H 258		
	vapour pressure	s. S 1098		
V 58	variable distance along helical channel	ungleichmäßige Schneckensteigung f, veränderliche Schneckensteigung	pas m variable (vis)	неравномерный шаг нарезки червяка
V 59	variable helical winding	Schraubenwicklung f mit veränderlichem Wickelwinkel (bei Wickellaminaten)	enroulement m hélicoïdal variable	спиральная намотка с переменным углом
V 60	variable pitch	veränderliche Gangsteigung f (von Schnecken)	pas m variable (vis)	переменный угол нарезки (червяка)
V 61	variable-viscosity adhesive	Klebstoff m mit variabler Viskosität	adhésif m (colle f) à viscosité variable	клей с изменяемой вязкостью
V 62	variation in size	Maßabweichung f	écart m dimensionnel, instabilité f dimensionnelle	отклонение от заданного размера
V 63	variation of shape	Gestaltabweichung f	variation f de forme	формоотклонение, формоизменение
V 64	variations in consecutive componnel batches	Chargenschwankungen fpl	variations fpl de charges	разницы по партиям
V 65	varnish drying cupboard	Lacktrockenschrank m	armoire f de séchage pour laques	лакосушильный шкаф
V 66	varnished fabric, impregnated fabric	mit Harz getränkte Gewebebahn f, beharzte Gewebebahn (für Schichtstoffherstellung)	tissu m imprégné (verni), toile f vernie	пропитанная смолой ткань, лакированная ткань

V 67	varnished paper, impregnated paper	mit Harz getränkte Papierbahn f, beharzte Papierbahn (für Schichtstoffherstellung)	papier m imprégné (verni)	пропитанный бумажный рулон, пропитанная смолой бумага, лакированная бумага
	varnished sheet	s. I 44		
	varnished web	s. I 45		
V 68	varnishing machine	Beharzungsmaschine f	machine f à imprégner et à enduire	пропиточная машина
	varnishing resin	s. 1. I 51; 2. L 46		
V 69	varnish remover	Lackabbeizmittel n	décapant m pour vernis	состав для удаления лака
	varnish resin	s. I 51		
	V-belt	s. V 70		
	VCVA	s. V 130		
V 70	vee belt, V-belt (US)	Keilriemen m	courroie f trapézoïdale	клиновой ремень
V 71	vegetable adhesive (glue)	pflanzlicher Klebstoff m, Klebstoff auf pflanzlicher Basis	colle f végétale	растительный клей
V 72	vegetable gum	Pflanzengummi n, Gummi n	gomme f, gomme-résine f, résine-gomme f, gomme végétale	растительная резина, живица
V 73	vehicle	Bindemittel n (in Lösung oder Dispersion)	liant m, véhicule m	связующее (в растворе или в дисперсии)
	veil	s. O 144		
V 74	velocity gradient, gradient of velocity	Geschwindigkeitsgradient m, Geschwindigkeitsgefälle n	gradient m de vitesse	градиент (перепад) скорости
	velocity of crystallization	s. C 1055		
	velocity of propagation	s. P 1057		
V 75	velocity profile	Geschwindigkeitsprofil n (von Schmelzen)	profil m de vitesse	профиль распределения скоростей
V 76	veneer/to	furnieren	contreplaquer	фанеровать
V 77	veneer	Furnier n	placage m	фанера, шпон
	veneer glue	s. P 506		
V 78	veneering press	Furnierpresse f	presse f à plaquer	фанеровочный пресс
V 79	veneer tape, edging profile	Umleimer m	baguette f de lisière, bordure f de plateau	поверхностная лента, краевой (обкладочный) профиль
V 80	veneer taping machine	Streifenkaschiermaschine f, Bandkaschiermaschine f, Streifenfurniermaschine f, Bandfurniermaschine f	machine f à plaquer à bande	машина для производства фанеры ленточного типа
	vent/to	s. D 21		
V 81	vent, vent hole	Entlüftung f, Luftloch n	évent m, trou m d'évent	канал для выпуска воздуха, воздушный канал, вентиляционное отверстие
V 82	vent (of a mould)	Entlüftungsbohrung f Entlüftungskanal m (an Werkzeugen oder Formen)	évent m, trou m d'évent	канал для отвода паров (из формы)
V 83	vent, outlet, drawback	Abzug m (für Gase und Dämpfe an Maschinen)	évent m, dispositif m de réception	вытяжка, отвод
V 84	vented barrel	Entlüftungszylinder m (an Spritzgießmaschinen)	cylindre m de désaération	цилиндр для удаления летучих веществ (литьевой машины)
V 85	vented injection moulding	Entgasungsspritzgießen n, Spritzgießen n mit Schmelzetrocknung	moulage m par injection avec dégazage	литье под давлением с дегазацией
V 86	vented plasticizing unit	Entgasungsplastiziereinheit f	dispositif m de plastification avec dégazage	пластицирующее устройство с вакуум-отсосом, пластицирующее устройство с зоной декомпрессии
V 87	vented-screw injection moulding	Spritzgießen n mit Entlüftungsschnecke	moulage m par injection à vis de désaération	литье под давлением двухстадийным червяком, литье под давлением червяком для вакуум-отсоса
	vent hole	s. V 81		
	venting	s. 1. D 22; 2. D 78		
	venting of mould	s. M 557		
	venting zone	s. V 88		
	vent section	s. V 88		
V 88	vent zone, vent section, venting zone	Entlüftungszone f (an Extrudern)	zone f de dégazage (désaération)	зона дегазации (отсоса газов) (экструдера)
	vertamix	s. S 142		
V 89	vertical agitator	Vertikalrührwerk n	agitateur m vertical	вертикально действующий ворошитель, вертикальный ворошитель
	vertical dryer	s. D 606		

V 90	vertical evaporator, long tube vertical evaporator	Vertikalrohrverdampfer m	évaporateur m vertical	вертикальный трубчатый выпарной аппарат
V 91	vertical extruder	Vertikalextruder m	extrudeuse (boudineuse) f verticale	вертикальный экструдер
V 92	vertical extrusion head	Vertikalspritzkopf m	tête f d'extrudeuse (extrusion) verticale	вертикальная головка
V 93	vertical flash mould	stehenden Formteilgrad ergebendes Preßwerkzeug n	moule m à bavure verticale	пресс-форма с вертикальным гратом, пресс-форма с вертикальной линией заусенца
V 94	vertical injection-moulding machine	Vertikalspritzgießmaschine f, Senkrechtspritzgießmaschine f	presse f d'injection verticale	вертикальная литьевая машина
V 95	vertical multipass dryer	vertikaler Mehrfachbahnentrockner m, Mehrfachbahnentrockner mit vertikaler Bahnenführung	tunnel m de séchage à plis suspendus, tunnel de séchage à déroulement vertical des feuilles	вертикальная пропиточно-сушильная машина, сушильная печь с вертикальными конвейерными лентами
V 96	vertical-to-grain bond	Holzklebung f senkrecht zur Faserrichtung, Hirnholzklebung f	collage m sur champ	склеивание перпендикулярно к направлению текстуры древесины
	Vert-o-Mix	s. E 246		
V 97	very low density polyethylene, VLDPE	Polyethylen n sehr niedriger Dichte, VLDPE	polyéthène m de très basse densité, polyéthylène m de très basse pression	полиэтилен очень низкой плотности
V 98	vet/to	intensiv prüfen, eingehend prüfen	examiner à fond	тщательно проверять (контролировать)
V 99	vibrating ball mill	Kugelschwingmühle f	broyeur m oscillant à boules, broyeur oscillant à boulets	шаровая вибрационная мельница
	vibrating chute	s. V 101		
V 100	vibrating damping properties	Schwingungsdämpfungsvermögen n	capacité f d'amortissement d'oscillations	способность затухания колебаний
V 101	vibrating feed chute, vibrating chute	Schwingrutsche f, schwingende Schüttrinnenzuführung f	couloir m oscillant (à secousses)	вибротранспортер, виброконвейер
V 102	vibrating mill	Schwingmühle f	moulin m à vibration, vibromoulin m	вибрационная мельница
V 103	vibrating screen, oscillating screen	Schwingsieb n, Vibrationssieb n, Vibrationssortierer m	tamis m vibrant, crible m oscillant (vibrant)	вибрационный грохот, качающееся сито
V 104	vibrating screw feeder	Vibrationsschneckendosiereinrichtung f	vis f de dosage vibrantes	дозатор с вибрирующим шнеком
V 105	vibrating stress	schwingende Beanspruchung f	contrainte f vibratoire	переменное напряжение, напряжение вибрации
V 106	vibrating table, jolt table	Rütteltisch m	table f vibrante	сеточный стол с тряской
V 107	vibrational device	Vibrationsvorsatz m (für Extruder)	dispositif m vibrant (extrudeuse)	экструзионная головка с вибрационным воздействием, виброинструмент для экструзионной головки
V 108	vibration damping	Schwingungsdämpfung f	amortissement m d'oscillations	амортизация колебаний
V 109	vibration injection moulding, teledynamic injection moulding	Vibrationsspritzgießen n, Vibrationsspritzgießverfahren n, Teledynamikspritzgießen n, Teledynamikspritzgießverfahren n, Plastizierung f mit oszillierendem Stempel	moulage m par injection télédynamique	литье под давлением при воздействии вибраций, литье под давлением под влиянием вибраций, вибрационное литье под давлением телединамической машины, литье под давлением пульсирующим пуансоном
V 110	vibration-proof	erschütterungsfest	antivibratoire	вибростойкий
V 111	vibration slide grinding	Vibrationsgleitschleifen n	rectification f vibratoire	шлифование под влиянием вибраций
V 112	vibration technique	Rütteltechnik f (für Laminatherstellung)	technique f de vibration	техника вибрации (изготовление слоистых пластиков)
V 113	vibration test equipment	Vibrationsprüfgerät n	appareil m d'essai aux vibrations	измеритель вибраций, вибротестер
V 114	vibration welder	Vibrationsschweißgerät n	soudeuse f à vibration, dispositif m de soudage par vibration	прибор для виброконтактной (вибродуговой) сварки
V 115	vibration welding	Vibrationsschweißen n	soudage m par vibration	сварка вибротрением
V 116	vibration welding machine	Vibrationsschweißmaschine f	machine f à souder par vibration	машина для сварки вибротрением
V 117	vibratory agitator, vibratory stirrer	Vibrationsrührwerk n, Vibrationsrührer m	agitateur m à vibration	вибромешалка

V 118	vibratory feeder	Füllvorrichtung f mit Vibrator, vibrierende Füllvorrichtung f	alimentateur m oscillant	виброзагрузочное устройство
	vibratory stirrer	s. V 117		
V 119	vibrometer method	Vibrometerverfahren n, Schwingverfahren n zur Bestimmung des dynamischen Elastizitätsmoduls	méthode f du vibromètre	виброметрический метод *(для определения динамического модуля)*
V 120	vibrorheometer	Vibrorheometer n, Gerät n zur Bestimmung der viskoelastischen Eigenschaften duroplastischer (duromerer) Werkstoffe während der Härtung	vibro-rhéomètre m	вибровискозиметр
V 121	Vicat softening point (temperature)	Vicat-Erweichungstemperatur f	point m [de ramollissement] Vicat	теплостойкость (устойчивость формы) по Вика
V 122	Vickers hardness	Vickers-Härte f	dureté f Vickers (à la pénétration)	твердость по Виккерсу
V 123	Vickers hardness testing machine	Vickers-Härteprüfgerät n	machine f d'essai de dureté Vickers	твердомер по Виккерсу
V 124	vinyl acetate	Vinylacetat n	acétate m vinylique, acétate de vinyle	винилацетат
V 125	vinyl acetate-butyl acrylate copolymer	Vinylacetat-Butylacrylat-Mischpolymerisat n	copolymère m acétate vinylique-acrylate butylique	сополимер винилацетата с бутилакрилатом
V 126	vinyl alcohol	Vinylalkohol m	alcool m vinylique, alcool de vinyle	виниловый спирт
	vinyl benzene	s. S 1295		
V 127	vinyl benzoate	Vinylbenzoat n	benzoate m vinylique, benzoate de vinyle	винилбензоат
V 128	vinyl butyral	Vinylbutyral n	vinylbutyral m	винилбутираль
V 129	vinyl chloride	Vinylchlorid n	chlorure m vinylique, chlorure de vinyle	винилхлорид, хлористый винил
V 130	vinyl chloride-vinyl acetate copolymer, VCVA	Vinylchlorid-Vinylacetat-Copolymer[es] n, Vinylchlorid-Vinylacetat-Mischpolymerisat n, VCVA	copolymère m chlorure de vinyle-acétate de vinyle	сополимер из винилхлорида и винилацетата
V 131	vinyl chloride-vinyl propionate copolymer	Vinylchlorid-Vinylpropionat-Mischpolymerisat n	copolymère m chlorure vinylique-propionate vinylique	сополимер винилхлорида с винилпропионатом
V 132	vinyl compound	Vinylverbindung f	composé m vinylique	винильное соединение
V 133	vinyl ester adhesive	Vinylesterklebstoff m, Klebstoff m auf Vinylesterbasis	adhésif m sur base d'ester vinylique	клей на основе сложного винилового эфира, винилэфирный клей
V 134	vinyl ester resin	Phenylacrylatharz n, PHA-Harz n, Vinylesterharz n, VE-Harz n	résine f d'ester vinylique	винилэфирная смола
V 135	vinyl group	Vinylgruppe f	groupe m vinyle	виниловая группа
V 136	vinylidene fluoride	Vinylidenfluorid n	fluorure m de vinylidène	фтористый винилиден, винилиденфторид
V 137	vinyl resin	Vinylharz n	résine f vinylique	виниловая смола
V 138	virgin material	thermoplastisches Neumaterial n, thermoplastisches Frischmaterial n, erstmalig zu verarbeitender thermoplastischer Werkstoff m, frische Formmasse f	matière f neuve (vierge)	первичный материал, термопласт для первичной переработки
V 139	viscoelastic	viskoelastisch	viscoélastique, fluido-élastique	вязкоупругий
V 140	viscoelastic behaviour	viskoelastisches Verhalten n	comportement m viscoélastique	вязкоупругое поведение
	viscoelastic body	s. V 144		
V 141	viscoelastic deformation	viskoelastische Verformung (Deformation) f	déformation f viscoélastique	вязкоупругая деформация
	viscoelastic flow	s. N 79		
V 142	viscoelasticity	Viskoelastizität f	viscoélasticité f, fluidoélasticité f	вязкоупругость
V 143	viscoelasticity meter	Gerät n zur Messung der Viskoelastizität	fluido-élasticimètre m	испытатель вязкоэластичных свойств
V 144	viscoelastic model (unit), viscoelastic body	Modell n zur Simulierung des viskoelastischen Stoffverhaltens, viskoelastisches Verhaltensmodell n	modèle m viscoélastique	модель, сочетающая упругие и вязкие свойства, модель для вязкоупругого поведения, модель вязкоупругой деформации
V 145	visco-fluid state	viskosflüssiger Zustand m	état m liquide-visqueux	вязкожидкое состояние
V 146	viscograph	Viskograph m, registrierendes Viskosimeter n	viscosimètre m à enregistrement	вискозиметр с регистрирующим устройством

	viscometer	s. V 149		
V 147	viscose rayon	Viskoseseide f, Viskose-reyon m (n)	rayonne f viscose	вискозное волокно, вискозная нить
V 148	viscose staple fibre	Viskosefaser f, Zellwolle f	fibranne f, fibranne (fibre f) viscose	вискозное штапельное волокно, вискозная целлюлоза
V 149	viscosimeter, viscometer	Viskosimeter n, Viskositäts-meßgerät n	viscosimètre m, fluidimètre m	вискозиметр
V 150	viscosimetry of creep	Kriechviskosimetrie f	viscosimétrie f de fluage	вискозиметрия крипа
V 151	viscosity	Viskosität f	viscosité f	вязкость
V 152	viscosity behaviour	Viskositätsverhalten n	comportement m de la viscosité	вязкостные свойства
V 153	viscosity control	Steuerung f der Viskosität, Viskositätssteuerung f	contrôle m de viscosité, surveillance f de la viscosité	регулирование вязкости
	viscosity control agent	s. V 155		
	viscosity cup	s. F 444		
V 154	viscosity drop, drop in viscosity	Viskositätserniedrigung f, Viskositätsabfall m	diminution f de la viscosité	понижение (снижение) вязкости
V 155	viscosity modifier, viscosity control agent, viscosity regulator	Zähigkeitsregler m, viskositätsregelnder Stoff m, Viskositätsregler m	agent m modificateur (régulateur) de viscosité, agent m de régulation de viscosité	регулятор вязкости
V 156	viscosity number	Viskositätszahl f	indice (nombre) m de viscosité	коэффициент (число) вязкости
	viscosity path	s. F 446		
	viscosity ratio	s. 1. R 196; 2. S 773		
	viscosity regulator	s. V 155		
V 157	viscosity-shear-stress curve	Viskositäts-Scherspannungs-Diagramm n	courbe f (diagramme m) viscosité-tension de cisaillement	кривая вязкость – напряжение сдвига
V 158	viscous	viskos, zähflüssig	visqueux	вязкий, вязкотекучий
V 159	viscous component	plastischer Deformationsanteil (Verformungsanteil) m	composante f plastique de la déformation	необратимая деформация, вязкая часть деформации
V 160	viscous deformation	viskose Verformung f, viskose Deformation f	déformation f visqueuse	вязкая деформация
V 161	viscous liquid	viskose Flüssigkeit f	liquide m visqueux	вязкая жидкость
V 162	viscous solution	viskose (zähflüssige) Lösung f	solution f visqueuse	вязкий (вязкотекучий) раствор
V 163	visible light curable adhesive	mit Tageslicht härtbarer Klebstoff m	adhésif m durcissable par la lumière naturelle	отверждаемый дневным (естественным) светом клей
V 164	vitreous	glasartig	vitreux	стекловидный, стеклообразный
V 165	vitreous state, glassy state	Glaszustand m	état m vitreux	стеклообразное состояние
V 166	vitrolite	weißes organisches Glas n	verre m organique blanc	белое органическое стекло
V 167	V-joint	V-förmige Verbindung f (Schweißen)	joint m en V	V-образное соединение
	VLDPE	s. V 97		
V 168	void, bubble	Vakuole f, Lunker m, Hohlraum m (Fehler)	vide m, bulle f	пузырь, усадочная раковина, каверна, пустота
V 168	void-free	vakuolenfrei, lunkerfrei	compact, sans vide (bulles)	не содержащий усадочных раковин, без пузырей
V 170	void-free extrudate	blasenfreies Extrudat n	extrudat m compact	экструдат без пузырей
V 171	void volume	Porenvolumen n	volume m des vides	объем пор
	Voigt element	s. K 4		
V 172	volatile constituent (contents, matter), volatile substance	flüchtiger Bestandteil m	constituant (composant) m volatil	летучая составная часть, летучий компонент
V 173	volatile solvent	flüchtiges Lösungsmittel n	solvant m volatil	летучий растворитель
	volatile substance	s. V 172		
V 174	volatilization	Verflüchtigung f, Verflüchtigen n	volatilisation f	улетучивание
V 175	volatilization analysis	Verdampfungsanalyse f	essai m par volatilisation	анализ выпариванием
V 176	voltage stabilizer	Spannungsstabilisator m	stabilisateur m de tension	стабилизатор напряжения
	volume batching (dosing)	s. V 177		
V 177	volume feeding (metering), volume batching (dosing), volume proportioning	Volumendosierung f	dosage m en volume	объемное дозирование
V 178	volume moulded per shot	Schußvolumen n	volume m injecté	объем впрыскиваемого материала за цикл
V 179	volume of a batch	Losgröße f, Seriengröße f	volume m du lot	объем партии
V 180	volume of stroke, stroke (swept) volume	Hubvolumen n	cylindrée f	рабочий объем, литраж
V 181	volume percentage of closed cells	Anteil m geschlossener Schaumstoffzellen	pourcentage m de cellulose fermées	содержание закрытых ячеек
	volume proportioning	s. V 177		
V 182	volume resistance	Durchgangswiderstand m	résistivité f volumique (en volume)	объемное (электрическое) сопротивление

V 183	volumetric capacity	Fassungsvermögen n, Rauminhalt m	capacité f volumique (volumétrique)	емкость
V 184	volumetric delivery	Auftragsvolumen n	volume m appliqué	объем нанесения
V 185	volumetric dosing	volumenmäßiges Dosieren n, Volumendosieren n, Volumendosierung f	dosage m en volume	дозирование по объему
	volumetric drag flow along channel	s. D 502		
	volumetric extrusion rate	s. O 121		
V 186	volumetric feed chute, volumetric feed hopper	Beschickungstrichter m mit Volumendosierung, Einfülltrichter m mit Volumendosierung, Fülltrichter mit Volumendosierung	trémie f de chargement avec dosage volumétrique	загрузочная воронка с дозирующим по объему приспособлением
V 187	volumetric feeder	volumetrische Dosiereinrichtung f	doseur m volumétrique	объемный дозатор
	volumetric feed hopper	s. V 186		
	volumetric leakage flow across flights	s. L 117		
V 188	volumetric metering	volumetrisches Dosieren n, Volumendosierung f	dosage m volumétrique	дозировка по объему, объемная дозировка
	volume plastic	s. C 559		
	volume resistivity	s. R 309		
	volumetric rate of discharge	s. O 121		
V 189	volumetric thermal analysis, volumetric thermoanalysis	thermovolumetrische (thermotitrimetrische) Analyse f	analyse f thermique volumétrique, titration f thermique	термический объемный анализ
V 190	vortex	Wirbel m	vortex m, tourbillon m	вихрь, водоворот
	VPI	s. V 57		
	vulcanite	s. H 42		
V 191	vulcanization, vulcanizing	Vulkanisation f, Vulkanisieren n (von Klebstoffen auf Kautschukbasis)	vulcanisation f	вулканизация
V 192	vulcanized fibre, leatheroid	Vulkanfiber f	fibre f vulcanisée	[вулканизованная] фибра
	vulcanizing	s. V 191		
	vulcanizing temperature	s. T 98		
V 193	vulcanizing time, time of vulcanizing	Vulkanisationszeit f	temps m (durée f) de vulcanisation	время (продолжительность) вулканизации
	V-weld	s. S 587		

W

W 1	wall-covering adhesive	Tapetenklebstoff m, Tapetenleim m	colle f pour papiers peints	обойный клей
W 2	wall deposits	Wandbeläge mpl (auf Metallwänden bei der Suspensionspolymerisation von Vinylchlorid)	dépôts mpl aux parois	настенный налет
	wall hook	s. P 290		
W 3	wall slip in extrusion	Extrusionswandgleiten n, Wandgleiten n bei der Extrusion	glissement m sur les parois lors de l'extrusion	скольжение по стене (экструзия)
W 4	wall slippage	Wandgleiten n (Schmelze in Verarbeitungsmaschinen)	tendance f à glisser sur les parois	скольжение по стенке
W 5	wall thickness	Wanddicke f	épaisseur f de paroi	толщина стены
W 6	wall thickness gauge	Wanddickenmeßgerät n	appareil m à mesurer l'épaisseur de paroi	толщиномер
W 7	wall thickness ratio	Wanddickenverhältnis n (Formteil)	rapport m des épaisseurs de parois	степень разнотолщинности
W 8/9	walnut shell flour	Walnußschalenmehl n (zum Entgraten von Preßformteilen)	farine f de coquilles de noix	мука из скорлупы грецкого ореха
	warming mill	s. P 872		
	warm-setting adhesive	s. T 194		
W 10	warm spreading	warmes Auftragen n (Klebstoff)	application f à chaud (p. ex. colle)	нанесение [клея] при повышенной температуре
W 11	warp, warp thread	Kette f, Kettfaden m, Webkette f (Textilglasgewebe)	fil m de chaîne, chaîne f (tissu de verre)	основная нить (пряжа)
W 12	warpage, warping	Verwerfen n, Verziehen n, Verzug m	gauchissement m, torsion f	коробление, искривление, искажение, перекашивание, перекос
	warp thread	s. W 11		
W 13	washable	waschbar	lavable	моющийся

	wash coating	s. B 3		
W 14	wash primer	Haftgrundmittel n, Washprimer m, Reaktionsprimer m, Reaktionsgrundierung f	wash primer m, primaire m à réaction, primaire m réactif	реактивная грунтовка
W 15	**waste**, waste product, scrap	Abfall m, Abfallprodukt n	chute f, déchet m	отбросы, отходы
	waste extractor	s. D 646		
W 16	waste landfill sealing sheet	Deponiedichtungsbahn f, Abfalldeponiedichtungsbahn f	feuille f imperméable employé dans les décharges	пленка для уплотнения свалки (места отложения отходов)
W 17	**waste plastic**, scrap plastic	Regeneratkunststoff m, Regeneratplast m, Kunststoff (Plast) m aus Regenerat	plastique m de rebut	регенерированный пластик, регенерированная пластмасса
	waste product	s. W 15		
W 18	wastewater	Abwasser n	eau f usée, eaux fpl usées, eaux d'égout	отработанная вода, сточные воды
W 19	water absorption	Wasseraufnahme f	absorption f d'eau, hydratation f	водопоглощение
W 20	**water-based adhesive**, water-borne adhesive	wäßriger Klebstoff m	adhésif m aqueux, colle f aqueuse	водный клей
W 21	**water-based emulsion adhesive**	wäßriger Emulsionsklebstoff m	émulsion f adhésive aqueuse	водная клеящая эмульсия
W 22	water-bath flat-film method	Wasserbad-Flachfolien-Verfahren n	fabrication f de feuilles plates avec bain d'eau	производство плоской пленки с охлаждением водой
	water boil test	s. B 305		
	water-borne adhesive	s. W 20		
W 23	water-borne epoxy resin	wäßriges Epoxidharz n, in Wasser dispergiertes Epoxidharz n	résine f époxy dispersée dans l'eau	вододиспергированная эпоксидная смола
W 24	**water channel**, water way (line)	Wasserkanal m, Kühlwasserkanal m (im Werkzeug)	conduite f d'eau, voie f d'eau	канал охлаждения, водяной канал (формы)
W 25	water chilling equipment	mit Wasser arbeitende Kühleinrichtung f (für Extrudate)	dispositif m de refroidissement à l'eau (produits d'extrusion)	охлаждающее водой устройство
W 26	water colour	Aquarellfarbe f	couleur f à l'eau, couleur à l'aquarelle	акварельная краска
W 27	**water column**, W. Co	Wassersäule f, W S	colonne f d'eau	водяной столб
W 28	water consumption	Wasserverbrauch m	consommation f en eau	расход воды, водопотребление
W 29	water cooler circulator	Wasserumlaufkühler m	refroidissement m par circulation d'eau	система охлаждения с циркулирующей водой
W 30/1	**water cooling and heating circuit**	Temperaturkreislauf m (Spritzgießwerkzeug)	circuit m de refroidissement	циркуляция воды термостатирования
W 32	water-dilutable paint	wasserverdünnbarer Anstrichstoff m, wasserverdünnbare Farbe f	couleur f diluable à l'eau	водорастворимая краска
	water-dispersed adhesive (glue)	s. D 385		
W 33	**water-driven hydro-pneumatic plant**	Druckwasseranlage f	installation f hydropneumatique	установка с напорными водами
W 34	water glass	Wasserglas n (Klebstoff)	verre m soluble, verre de Fuchs	жидкое стекло, растворимое стекло
W 35	water-glass mastic	Wasserglaskitt m	mastic m en silicate de potasse	шпатлевка из жидкого стекла, замазка из растворимого стекла
W 36	water hardness	Wasserhärte f	dureté f de l'eau	жесткость воды
W 37	water jacket	Kühlmantel m, Wassermantel m	enveloppe f d'eau	водяная рубашка
W 38	water-jet cutting	Wasserstrahlschneiden n, Schneiden n mittels Wasserstrahls	découpage m par jet d'eau	водоструйная резка
W 39	**water-jet cutting box**, jet cutting box	Arbeitszelle f für Wasserstrahlschneiden	espace m de travail pour le découpage par jet d'eau	камера для водоструйной резки
W 40	water-jet cutting plant	Wasserstrahlschneidanlage f	installation f de découpage par jet d'eau	водоструйная резальная машина
W 41	water-jet cutting robot	Wasserstrahlschneidroboter m, Schneidroboter m mit Wasserstrahl, Wasserstrahlschneidautomat m	robot m à découper par jet d'eau	водоструйный резальный автомат
	water line	s. W 24		
W 42	water permeability	Wasserdurchlässigkeit f	perméabilité f à l'eau	водопроницаемость

W 43	**waterproofing agent**	Wasserundurchlässigkeit erhöhender Stoff m, Stoff m zur Vergrößerung der Wasserundurchlässigkeit	agent m améliorant l'étanchéité à l'eau	вещество, повышающее водонепроницаемость
W 44	**waterproof sheeting**	endlose Dichtungsbahn f	feuille f imperméable	уплотнительная лента
W 45	**water repellent**	wasserabweisender Stoff m	agent m hydrofuge, agent hydrophobe	водоотталкивающее вещество
W 46	**water-repellent agent**	Hydrophobiermittel n, wasserabweisendes Mittel n	agent m hydrophobe	гидрофобизатор, водоотталкивающее средство
W 47	**water resistance,** resistance to water	Feuchtebeständigkeit f, Wasserbeständigkeit f, Wasserfestigkeit f (von Klebverbindungen)	résistance f à l'eau	водостойкость, водоупорность
W 48	**water-resistant adhesive**	wasserbeständiger (wasserfester) Klebstoff m	adhésif m résistant à l'eau	водостойкий клей
W 49	**water-resistant anti-static coating**	wasserbeständige antistatische Beschichtung f	couchage m antistatique résistant à l'eau	водоустойчивое антистатичное покрытие
W 50	**water retention tester**	Prüfgerät n zur Bestimmung des Wasserrückhaltevermögens von Streichpasten	appareil m d'essai de rétention d'eau	измеритель водоудерживающей способности
W 51	**water return flow**	Wasserrücklauf m (an Spritzgießwerkzeugen)	reflux (retour) m de l'eau	возврат воды
W 52	**water-sensitive polymer**	wasserempfindliches Polymer[es] n	polymère m sensible à l'eau	водочувствительный полимер
W 53	**water separator**	Wasserabscheider m	purgeur m, séparateur m d'eau	водоотделитель
W 54	**water soak test**	Wassertauchverfahren m	essai (test) m d'immersion dans l'eau	испытание погружением в воду
W 55	**water-soluble**	wasserlöslich	soluble dans l'eau, hydrosoluble	водорастворимый
W 56	**water-soluble polymer**	wasserlösliches Polymer[es] n	polymère m soluble dans l'eau	водорастворимый полимер
W 57	**water-soluble printing ink**	wasserverdünnbare Druckfarbe f	encre f d'imprimerie diluable par l'eau	водорастворимая печатная краска
W 58	**water-soluble resin**	wasserlösliches Harz n	résine f soluble dans l'eau	водорастворимая смола
W 59	**water spray**	Wasserberieselungsanlage f (zur Kühlung von Extrudat)	installation f de ruissellement d'eau (refroidissement de l'extrudat)	камера орошения (экструзионных профилей)
W 60	**water spray cooler**	Wassersprühkühler m	réfrigérant m à pulvérisation d'eau	водоструйное охлаждающее устройство
W 61	**water-thinnable alkyd resin**	wasserverdünnbares Alkydharz n	résine f alkyde diluable par l'eau	водоразбавляемая алкидная смола
W 62	**water-tight**	wasserdicht	étanche à l'eau	водонепроницаемый, непромокаемый
W 63	**water-type blistering**	Blasenbildung f durch Wassereinwirkung (Anstrichstoffe)	cloquage m par l'eau, cloquage sans l'influence d'eau	образование пузырей под влиянием воды
W 64	**water vapour permeability,** water vapour transmission, moisture vapour transmission (US)	Wasserdampfdurchlässigkeit f	perméabilité f à la vapeur d'eau	проницаемость для паров воды, паропроницаемость
W 65	**water vapour permeability tester**	Wasserdampfdurchlässigkeitsprüfer m	appareil m d'essai de la perméabilité à la vapeur d'eau	испытатель проницаемости для паров воды
W 66	**water vapour tightness**	Wasserdampfundurchlässigkeit f	étanchéité f à la vapeur d'eau	непроницаемость для водных паров
	water vapour transmission	s. W 64		
W 67	**water vapour transmission rate,** WVTR	Wasserdampfdurchlässigkeitsgrad m	degré m de perméabilité à la vapeur d'eau	коэффициент проницаемости для паров воды
	water way	s. W 24		
W 68	**wattle-based adhesive**	Akazienharz-Klebstoff m	colle f à base de résine acacia	клей на основе акациевой смолы
	waviness	s. S 1407		
W 69	**wax**	Wachs n (Trennmittel)	cire f	воск
	WAXD	s. W 244		
	WAXS	s. W 245		
	W. Co	s. W 27		
W 70	**weak boundary layer**	Grenzschicht f zwischen Klebstoff und Fügeteil	interface f (entre la colle et la pièce à coller)	поверхность раздела клея и соединяемого материала
W 71	**weakness**	Schwachstelle f, Fehlstelle f (an Formteilen)	défaut m, vice m de matière	дефектное место
W 72	**weak solvent**	schwaches Lösungsmittel n	solvent m faible	слабодействующий растворитель, слабый растворитель
W 73	**wearing behaviour**	Verschleißverhalten n	comportement m à l'usure	поведение при износе
W 74	**wear rate**	Verschleißrate f	taux m d'usure	степень износа

W 75	**wear resistance**	Verschleißfestigkeit f, Abriebfestigkeit f	résistance f à l'usure	прочность на истирание, сопротивление истиранию, износостойкость
W 76	**wear testing machine**	Verschleißprüfmaschine f	machine f pour essais d'usure	машина для испытания прочности на истирание
	weatherability	s. O 108		
	weather behaviour	s. O 107		
W 77	**weathering**	Bewitterung f	exposition f aux agents atmosphériques, exposition f aux intempéries	атмосферное воздействие
W 78	**weathering agent**	Witterungsbeständigkeit erhöhender Stoff m	agent m améliorant la stabilité aux intempéries	улучшающее атмосферостойкость вещество, повышающее погодостойкость вещество
	weathering aging	s. A 580		
	weathering behaviour	s. O 107		
W 79	**weathering cabinet**	Bewitterungsschrank m	cabine m à vieillissement	шкаф для испытания на погодостойкость
W 80	**weathering cycle**	Bewitterungszyklus m	cycle m d'exposition aux intempéries	цикл атмосферного воздействия
	weathering resistance	s. O 108		
W 81	**weathering test**, atmospheric exposure test	Bewitterungsversuch m, Bewitterungsprüfung f	essai (test) m d'exposition aux intempéries (agents atmosphériques)	испытание на атмосферостойкость, испытание на погодостойкость, испытание на атмосферную коррозию
W 82	**weatherometer**	Gerät n für künstliche Bewitterung, Bewitterungseinrichtung f, Bewitterungsapparat m	weatheromètre m, appareil m d'exposition aux intempéries (agents atmosphériques)	везерометр, прибор для испытания на погодостойкость (атмосферостойкость)
	weather resistance	s. O 108		
	weave	s. T 178		
W 83	**weave of the fabric**	Gewebebindung f (Verstärkungsmaterialien)	armure f (tissu)	переплетение ткани
	web	s. C 749		
	webbing	s. S 1237		
	web dryer	s. M 615		
W 84	**web guidance**	Bahnlauf m (Folienherstellung)	guidage m de la feuille	ход рулона
W 85	**weblike**, web-shaped	bahn[en]förmig	de bande, en forme de bande	полотнообразный, лентовидный, лентообразный
	weblike material	s. W 86		
	weblike substrate	s. W 87		
	web-shaped	s. W 85		
W 86	**web-shaped material**, weblike material, web-type material	bahnenförmiges Material n	matière f en forme de bande	лентовидный (листовидный, ткацкий) материал
W 87	**web-shaped substrate**, web-type substrate, weblike substrate	bahnenförmiges Substrat n, bahnenförmiger Trägerwerkstoff m	substrat m en forme de bande	ленточная подложка, лентовидный субстрат
W 88	**web speed**	Bahnengeschwindigkeit f (beim Beschichten)	vitesse f des bandes (feuilles)	скорость ленты
W 89	**web stiffening**	Stegversteifung f	raidissement m par entretoises	ребро жесткости
	web-type material	s. W 86		
	web-type substrate	s. W 87		
W 90	**wedge test**	Keilprüfung f, Keiltest m (Klebverbindungen)	test m de coin, essai m de coinçage	испытание на отслаивание клинообразным инструментом
W 91	**wedge-type scarfed joint**	keilförmige Zapfen-Nut-Klebverbindung f	joint m par tenon et mortaise en coin	клеевое соединение конического шипа и паза
W 92	**weft thread**, filling thread	Schuß m, Schußfaden m (Textilglasgewebe)	duite f, fil m de trame	уточная нить, уток
W 93	**weigh belt feeder and measuring belt feeder**	Dosier- und Meßbandwaage f	bascule f doseuse et de mesure à courroie	ленточные дозирующие весы
W 94	**weighed portion**, test portion	Einwaage f	pesée f	навеска
W 95	**weighing computer**	Wiegecomputer m	dispositif f de pesage assisté par ordinateur	электронные весы
W 96	**weighing machine**	Wägemaschine f	peseuse f	взвешивающая машина, дозировочные весы
W 97	**weigh screw feeder**	Schneckendosierwaage f	balance f à vis de dosage	взвешивающий шнековый дозатор
W 98	**weight average chain length**	[masse]mittlere Kettenlänge f	longueur f de chaîne moyenne	среднемассовая длина цепи
W 99	**weight average molecular weight**, average molecular weight	[masse]mittlere Molekularmasse f, [masse]mittlere Molmasse f	masse f moléculaire moyenne en poids	средний молекулярный вес, средняя молекулярная масса

	weight batching	s. W 101		
W 100	weight change	Masseveränderung f	changement m de masse (poids)	изменение веса
	weight dosing	s. W 101		
	weight feeder	s. 1. D 435; 2. D 437		
W 101	weight feeding, weight metering, weight dosing, weight proportioning, weight batching	Massedosierung f	dosage m pondéral	весовое дозирование
	weight feeding device	s. D 435		
W 102	weight feeding equipment	Massezuteileinrichtung f, Massezuteilvorrichtung f	doseur m pondéral	весовое дозировочное устройство
	weight high density poly-ethylene	s. U 6		
	weight metering	s. W 101		
W 103	weight per unit length	Längemasse f, Metermasse f	masse f (poids m) linéique (par unité de longueur)	вес (масса) на единицу длины
	weight proportioning	s. W 101		
W 104	weight saving	Masseeinsparung f	économie f de masse (poids)	экономия в весе
W 105	weight variation	Massestreuung f	variation f de masse (poids)	разброс по весу
W 106	Weissenberg rheogonio-meter, WRG	Weißenberg-Rheogonio-meter n, Kegel-Platte-Ro-tationsrheometer n	rhéogoniomètre m de Weis-senberg	ротационный эластовиско-зиметр «конус-плос-кость»
W 107	weld/to	schweißen	souder	сваривать
W 108	weld	Schweißstelle f	soudure f	место сварки
W 109	weld, weld seam, welded (welding) seam	Schweißnaht f	soudure f	сварной шов
W 110	weldability, sealability	Schweißeignung f, Schweiß-barkeit f	soudabilité f	свариваемость
W 111	weldable material	schweißbarer Werkstoff m	matériau m soudable	свариваемый материал
W 112	weldable plastic	schweißbarer Kunststoff (Plast) m	plastique m soudable	свариваемая пластмасса
W 113	weldable primer	Punktschweißlack m, elek-trisch leitender Lack m	peinture f soudable	электропроводный лак для точечной сварки
W 114	weld area	s. W 130		
	weld bead	Schweißwulst m	cordon m de soudure	валик сварного шва
W 115	weldbonded joint	Schweiß-Klebverbindung f	jonction f par collage-sou-dage	соединение сваркой и склеиванием
W 116	weldbonding	[kombiniertes] Schweiß-Kleben n	soudure f au solvant, sou-dure f à la colle	сварочно-клеевое соедине-ние
W 117	weld cracking, incomplete fusion	Schweißrissigkeit f, Rissig-keit f in der Grenzzone Naht/Grundwerkstoff	criquage m de soudure	растрескивание вблизи сварного шва
W 118	weld cutting, welding cutting operation	Trenn-Schweißen n, Trenn-Schweißvorgang m	phase f de séparation-sou-dage, séparation-sou-dage m	сварка с разрезанием мате-риала
W 119	welded along longitudinal seam	längsnahtgeschweißt	à soudre longitudinale	соединенно сварным про-дольным швом
W 120	welded compensator	Linsenausgleicher m (Dehnungsausgleicher für Rohrleitungen)	corps m de dilatation (tube)	сваренный компенсатор
	welded construction	s. W 136		
W 121	welded expansion joint (piece)	geschweißtes Dehnungs-ausgleichselement n (für Rohrleitungen)	compensateur m de dilata-tion soudé	сваренный трубный компен-сатор
W 122	weld edge preparation	Schweißfugenvorberei-tung f	préparation f de rainure de soudage	предварительная обработка сварного шва
	welded joint	s. W 153		
W 123	welded joint in plastics	Kunststoffschweißverbin-dung f, Plastschweißver-bindung f	joint m soudé plastique	сварное соединение пласти-ков
	welded junction	s. W 153		
	welded seam	s. W 109		
	welded seam area	s. W 191		
	welded seam design	s. W 192		
W 124	welded sleeve	Schweißfitting m, Schweiß-muffe f (für Heizdraht-schweißen)	manchon m soudé	сварная муфта
	welder	s. W 155		
W 125	weld face, weld surface, [sur]face of weld	Schweißnahtoberfläche f	surface f de soudure, sur-face de cordon de sou-dure	поверхность сварного шва
W 126	weld hem	Schweißsaum m	bord m du joint de soudage	сварная кайма
W 127	welding	Schweißen n	soudage m	сварка
	welding additive	s. W 156		
W 128	welding and separating electrode	kombinierte Schweiß- und Trennelektrode f (für Hochfrequenzschweißen)	électrode f à souder et à dé-couper (soudage à haute fréquence)	сварочный и отрезной элек-трод (высокочастотной сварки)

W 129	**welding apparatus**	Schweißgerät *n*	appareil *m* à souder, sou-deuse *f*	сварочный прибор
W 130	**welding area,** sealing (weld) area	Schweißfläche *f*	aire *f* de soudage (soudure)	площадь сварки
W 131	**welding arm with pressure bar**	Schweißbügel *m* mit An-preßleiste	étrier *m* de soudage avec lardon de pression	сварочная подвижная губка с прижимным бруском
W 132	**welding base material,** welding parent material	Schweißgrundwerkstoff *m*, Schweißfügeteilwerk-stoff *m*, zu schweißender Werkstoff *m*	matériau *m* à souder	сварочный материал, материал для сварки
W 133	**welding bead**	Schweißperle *f*, Schweiß-raupe *f*	perle *f* de soudure	сварочный пруток
W 134	**welding-bonding process**	kombiniertes Schweiß-Kleb-verfahren *n*	procédé *m* combiné de col-lage-soudage	комбинированная система сварки и склеивания
W 135	**welding condition,** welding parameter	Schweißbedingung *f*, Schweißparameter *m*	paramètre *m* de soudure	параметр (условие) сварки
W 136	**welding construction,** welded construction	Schweißkonstruktion *f*	construction *f* soudée (par soudage)	сварная конструкция
W 137	**welding-cooling time**	Schweißzeit-Kühlzeit *f*	temps *m* de soudage/temps de refroidissement	продолжительность сварки-охлаждения
	welding cutting operation	*s.* W 118		
W 138	**welding defect**	Schweißfehlstelle *f*, Schweißfehler *m*	défaut *m* de soudure	ошибка сварки
W 139	**welding die,** welding tool	Schweißwerkzeug *n*	outil *m* de soudage	сварочный инструмент
W 140	**welding direction**	Schweißrichtung *f*	direction *f* de soudage	направление сварки
W 141	**welding distortion,** distor-tion by welding	Schweißverzug *m*	distorsion *f* de soudage	коробление при сварке
W 142	**welding drum**	Schweißtrommel *f* (an konti-nuierlich arbeitenden Wärmekontaktschweiß-maschinen)	tambour *m* de soudage	сварочный барабан
W 143	**welding edge [of the die]**	Elektrodenschweißkante *f*	chanfrein *m* de soudure	сварочная кромка элек-трода
W 144	**welding electrode**	Schweißelektrode *f*	électrode *f* à souder	сварочный электрод
W 145	**welding equipment,** jig welder, welding plant	Schweißanlage *f*, Schweiß-einrichtung *f*, Schweiß-vorrichtung *f*	appareil (poste) *m* de sou-dage, dispositif (groupe) *m* de soudage	сварочная установка
W 146	**welding flash**	unerwünschter Schweiß-grat *m*	bavure *f* de soudure indési-rable	нежелательный след свар-ного шва
W 147	**welding flash,** welding upset	Schweißnahtwulst *m*	bourrelet *m* (surépaisseur *f*) de soudure	выступ сварного шва
W 148	**welding fumes**	Schweißdämpfe *mpl*	fumée *f* de soudage, va-peurs *mpl* de soudage	газообразные отходы при сварке
W 149	**welding gas**	Schweißgas *n* (Warmgas-schweißen)	gaz *m* de soudage (soudage au gaz chaud)	сварочный газ
W 150	**welding groove**	Schweißfuge *f*, Schweiß-nahtöffnung *f*	rainure *f* de soudage	разделка под сварку
	welding gun	*s.* W 177		
W 151	**welding head** *(US)*	Schweißkopf *m*, Schweiß-haupt *n*	tête *f* de soudage	сопло сварочного аппарата
W 152	**welding head tip**	Schweißgerätdüse *f (Warm-gasschweißgerät)*	pointe *f* de soudage	сопло сварочного аппарата
	welding horn	*s.* S 804		
W 153	**welding joint,** welded junc-tion (joint)	Schweißverbindung *f*	joint *m* soudé (de soudure)	сварное соединение
W 154	**welding joint strength**	Schweißverbindungsfestig-keit *f*, Schweißnahtfestig-keit *f*	résistance *f* du joint soudé	прочность сварного шва (соединения)
	welding layer	*s.* W 169		
W 155	**welding machine,** welder	Schweißmaschine *f*	soudeuse *f*, machine *f* à sou-der	сварочная машина
W 156	**welding material,** filler ma-terial, welding additive	Schweißzusatzwerkstoff *m*	matière *f* d'appoint (d'ap-port), matériau *m* d'apport	присадочный материал
W 157	**welding method,** welding process	Schweißverfahren *n*	méthode (pratique) *f* de sou-dage, procédé *m* de sou-dage	метод (способ) сварки
W 158	**welding nozzle**	Schweißdüse *f (an Heißgas-schweißgeräten)*	bec *m* (pointe *f*) de sou-dage, embouchure *f* de soudeuse	наконечник *(аппарата для сварки нагретым газом)*
	welding of plastics	*s.* P 446		
W 159	**welding output**	Schweißausgangsleistung *f*	rendement *m* de soudage	рабочая мощность при сварке
	welding parameter	*s.* W 135		
	welding parent material	*s.* W 132		
W 160/1	**welding part**	Schweißfügeteil *n*	pièce *f* soudée; partie *f* à souder	свариваемая деталь
	welding plant	*s.* W 145		

W 162	**welding press,** sealing press	Schweißpresse *f*	presse *f* à souder	сварочный пресс
W 163	**welding pressure,** jointing pressure	Schweißdruck *m*, Füge-druck *m*	pression (charge) *f* de sou-dage	давление сварки
W 164	**welding primer**	stromleitende schweißbare Grundierung *f*	vernis *m* de soudage, fond *m* de soudure	токопроводящий грунт *(для свариваемых деталей)*
	welding process	*s.* W 157		
W 165	**welding rate,** welding speed	Schweißgeschwindigkeit *f*	vitesse *f* de soudage	скорость сварки
W 166	**welding region**	Schweißbereich *m*	aire *f* de soudage (soudure)	зона сварки
W 167	**welding robot**	Schweißroboter *m*, Schweißautomat *m*	robot *m* de soudage	сварочный робот, робот-сварщик
	welding rod	*s.* F 171		
W 168	**welding roller**	Schweißrolle *f (zur Druckauf-bringung)*	rouleau *m* de soudage	сварочный ролик
W 169	**welding run,** welding layer	Schweißlage *f*	assise *f* de soudage	сварочный шов
	welding seam	*s.* W 109		
	welding seam area	*s.* W 191		
	welding seam design	*s.* W 192		
	welding shackle	*s.* E 217		
W 170	**welding shoe**	schuhförmiges Druckauf-bringungselement *n (an Schnellschweißdüsen von Warmgasschweißgeräten oder bei Extrusionsschweiß-einrichtungen)*	semelle *f* de soudage	прикатывающий элемент наконечника аппарата для скоростной сварки нагретым газом
W 171	**welding specimen**	Schweißprüfstück *n*, Schweißprobekörper *m*	échantillon *m* de soudage	образец для сварки
	welding speed	*s.* W 165		
W 172	**welding table**	Schweißtisch *m*, Schweiß-maschinentisch *m*	table *f* (banc *m*) de soudage	сварочный стол
W 173	**welding technique**	Schweißtechnik *f*	technique *f* de soudage	техника сварки
W 174	**welding temperature**	Schweißtemperatur *f*	température *f* de soudage	температура сварки
W 175	**welding time**	tatsächliche Schweißzeit f, Schweißfügezeit *f (tat-sächliche Schweißzeit plus Rückkühlzeit)*	temps *m* (durée *f*) de sou-dage	время (продолжительность) сварки
W 176	**welding timer**	Schweißzeitsteuergerät *n*, Schweißzeiteinstellgerät *n*	appareil *m* de commande de temps de soudage	устройство управления вре-менем сварки
	welding tool	*s.* W 139		
W 177	**welding torch,** welding gun	Handwarmgasschweiß-gerät *n*, Schweißbren-ner *m*, Schweißpistole *f*	chalumeau *m* à gaz, pisto-let *m* à souder, chalu-meau *m* [à souder]	сварочный аппарат (писто-лет), сварочная горелка
	welding upset	*s.* W 147		
W 178	**welding width**	Schweißbreite *f*	largeur *f* de soudre	ширина сварного шва
	welding wire	*s.* F 171		
	welding with resistance tapes	*s.* T 232		
W 179	**weld joint**	Schweißstoß *m*	point *m* soudé	сварной стык
W 180	**weld joint factor,** quality ratio	Wertigkeitsverhältnis *n* (Gütefaktor *m*) einer Schweißverbindung	indice *m* de la soudure	относительная прочность при сварке
W 181	**weld line,** melt joint, melt seam, knit line	Bindenaht f, Zusammen-schweißnaht *f (an Spritzgußteilen)*, Fließnaht *f*	ligne *f* de coulée (soudure) *(injection)*	линия стыка
W 182	**weld line strength**	Bindenahtfestigkeit *f (Form-teile)*	résistance *f* des joints sur pièces moulées	прочность линии стыка, прочность «холодного пая»
W 183	**weld mark**	Bindenaht f, Kaltschweiß-stelle *f (an Urformteilen)*	manque *m* de liaison, col-lage *m*, fusion *f* incom-plète	«холодный пай» в литом из-делии
W 184	**weldment**	Schweißteil *n*	construction *f* soudée	сварное изделие
W 185	**weldment damage**	Schweißgutbeschädigung *f*, Schweißteilbeschädi-gung *f*	détérioration *f* de la pièce soudée	дефект сваренного материа-ла, дефект сварного со-единения
W 186	**weld performance**	Schweißverhalten *n*	comportement *m* de sou-dage	поведение при сварке
W 187	**weld quality,** quality of weld	Schweißnahtgüte *f*	qualité *f* de la soudure	качество сваривания
W 188	**weld reinforcement**	Schweißnahtüberhöhung *f*	renforcement *m* de la sou-dure	превышение сварного шва
W 189	**weld riveting**	Niet-Umformen *n (mittels Ultraschalls)*	rivetage *m* ultrasonore (par ultrason)	пластическое формообра-зование ультразвуком
W 190	**weld root**	Schweißnahtwurzel *f*	fond *m* de soudure	корень шва
	weld seam	*s.* W 109		
W 191	**weld seam area,** welded seam area, welding seam area	Schweißnahtbereich *m*	aire *f* de la soudure	зона сварного шва

W 192	**weld seam design,** welded seam design, welding seam design	Schweißnahtgestaltung *f*	forme *f* du cordon de soudure	оформление сварных швов
	weld shape	*s.* S 350		
W 193	**weld stress**	Schweißeigenspannung *f*	effort *m* dans la soudure	внутреннее напряжение от сварки
W 194	**weld-stroke profile**	Fügewegverlauf *m (Vibrationsschweißen)*	allure *f* de l'assemblage	форма движения деталей *(сварка вибротрением)*
W 195	**weld structure**	Schweißnahtaufbau *m*	structure *f* de la soudure	структура сварного шва
	weld surface	*s.* W 125		
W 196	**weld throat**	Schweißnahthöhe *f*	épaisseur *f* de la soudure, épaisseur *f* du cordon de soudure	высота сварного шва
W 197	**weld zone**	Schweißzone *f*	zone *f* de la soudure, zone *f* à souder	зона сварки
W 198	**welt[ing],** rand, beading	Keder *m*, Kederstreifen *m*, Zierstreifen *m (zum Einschweißen)*	trépointe *f*, renforcement *m* de bord, passepoil *m*	стелька, обшивка, рант, прикладная лента
W 199	**Werner-Pfleiderer mixer**	Werner-Pfleiderer-Kneter *m*, Werner-Pfleiderer-Innenmischer *m*	malaxeur *m* du type Werner-Pfleiderer	смеситель фирмы «Вернер и Пфлейдерер»
	wet/to	*s.* D 4		
W 200	**wet adhesive tape**	Naßklebband *n*, Naßklebstreifen *m*	ruban *m* adhésif humide, bande *f* adhésive humide	клейкая в мокром состоянии лента
W 201	**wet aging**	Naßalterung *f*, Alterung *f* unter Wassereinfluß	vieillissement *m* humide	старение под влиянием воды
W 202	**wet bag method**	Flüssigkeits-Sackpreßverfahren *n*, Flüssigkeitssackpressen *n*	moulage *m* au sac en milieu humide	прессование диафрагмой, наполненной жидкостью *(изготовление заготовок из фторопласта)*
W 203	**wet bonding strength,** wet strength	Naßfestigkeit *f (Klebverbindungen)*	résistance *f* au mouillé, résistance *f* à humidité	адгезионная прочность при повышенной влажности, влагостойкость
W 204	**wet elongation**	Naßdehnung *f*	allongement *m* à l'état humide	удлинение во влажном состоянии
W 205	**wet feed,** wet stock	zu trocknendes Naßgut *n*	matière *f* humide *(séchage)*	мокрый материал
W 206	**wet film thickness**	Anstrichnaßfilmdicke *f*	épaisseur *f* du film humide	толщина влажной пленки окраски
W 207	**wet-glue labelling machine**	Naßleim-Etikettiermaschine *f*	étiqueteuse *f* à colle humide	этикетировочная машина, работающая мокрым клеем
W 208	**wet lamination**	Naßkaschieren *n*	doublage *m* humide	каширование в мокром состоянии
W 209	**wet lay-up**	Handauflegeverfahren *n (zur Herstellung von Laminaten)*	moulage *m* à la main *(stratifiés)*	контактное формование, ручная выкладка
	wet lay-up moulding	*s.* M 103		
W 210	**wet microgrinding**	Mikronaßmahlen *n*	microbroyage *m* humide	тонкое измельчение во влажном состоянии, мокрый микроразмол
W 211	**wet moulding**	Naßpressen *n (von Laminaten)*	moulage *m* en phase humide	мокрое прессование ламинатов (слоистых материалов)
W 212	**wet-out spraying**	Naßspritzen *n*, Spritzen *n* von flüssigen Stoffen	pulvérisation *f*, atomisation *f*	распыление, разбрызгивание
W 213	**wet peel test**	Naßschälversuch *m (Klebverbindungen)*	test *m* de décroûtage à l'eau	мокрое отслаивание
W 214	**wet spinning**	Naßspinnen *n*, Naßspinnverfahren *n*	filage *m* humide	мокрое прядение (формование волокон)
	wet stock	*s.* W 205		
	wet strength	*s.* W 203		
	wet surface	*s.* W 219		
W 215	**wettability**	Benetzbarkeit *f*	mouillabilité *f*	смачиваемость
W 216	**wettability test**	Benetzungsprüfung *f*	essai (test) *m* de mouillabilité	испытание на смачиваемость
W 217	**wettable polar surface**	benetzungsfähige polare Oberfläche *f (von Klebfügeteilen)*	surface *f* polaire mouillable	смачиваемая полярная поверхность
W 218	**wet-tack adhesive**	Naßklebstoff *m*	colle *f* à voie humide	мокрый клей
W 219	**wetted surface,** wet surface	benetzte Oberfläche *f*	surface *f* mouillée	смоченная поверхность
	wetter	*s.* W 221		
W 220	**wetting**	Benetzung *f*, Benetzen *n*	mouillage *m*	смачивание
W 221	**wetting agent,** wetter, spreading agent, spreader	Netzmittel *n*, Benetzungsmittel *n*	mouillant *m*, agent *m* mouillant	смачивающее средство, смачиватель, смачивающий агент
	wetting angle	*s.* C 703		

W 222	wetting force measurement	Benetzungskraftmessung f (Klebstoff)	mesure f de la force de mouillage	измерение силы смачиваемости, измерение смачивающей способности
W 223	wetting power	Benetzungsfähigkeit f, Benetzungsvermögen n	pouvoir m mouillant	смачивающая способность
W 224	wetting property	Benetzungseigenschaft f	mouillabilité f	смачивающее свойство
W 225	wet waxing, cold water waxing	Einarbeiten n von Wachs (in Oberflächen)	enduction f de cire	вощение
W 226	wet winding	Naßwickelverfahren n (für Laminatherstellung)	enroulage m humide	способ мокрой намотки (для получения слоистых пластиков)
	wheel abrator	s. D 56		
W 227	wheel applicator	Radauftragsgerät n (Schmelzklebstoff)	applicateur m à roue	валковая машина для нанесения
W 228	wheel blasting	Schleuderstrahlen n (Oberflächen)	grenaillage f par turbines	центробежная пескоструйная обработка
W 229	wheel blasting machine	Schleuderstrahlanlage f	installation f de grenaillage par turbines	установка для центробежной пескоструйной обработки
	wheel mill	s. P 46		
	wheel roll	s. P 541		
W 230	whirl point	Wirbelpunkt m (Wirbelsintern)	point m de fluidisation	точка появления псевдоожиженного слоя
	whirl sinter bath	s. S 594		
	whirl sintering (sinter process)	s. F 485		
W 231	whisker, crystal whisker	Whisker m, Fadenkristall m, Haarkristall m, fadenförmiger Einkristall m	whisker m, fil m monocristallin, monocristal m filiforme, fibre f monocristalline	нитевидный кристалл
W 232	white lead, ceruse	Bleiweiß n (Pigment)	blanc m de plomb, céruse f	свинцовые белила
W 233	whiteness	Weiße f	blancheur f	белизна
	whiteness degree	s. D 112		
	whiteness degree measuring equipment (instrument)	s. W 234		
W 234	whiteness meter, whiteness degree measuring instrument (equipment)	Weißgradmeßgerät n, Weißgradmesser m	appareil m de mesure du degré de blanc, albédomètre m	измеритель степени белизны
W 235	whitening	Weißtrübung f (Belag auf der Innenwand von PVC-Blasformkörpern)	turbidité f blanche, trouble m blanc	намеливание
	whitening fracture behaviour	s. W 236		
W 236	whitening stress behaviour, whitening fracture behaviour	Weißbruchverhalten n	comportement m à la rupture à blanc	белый излом
W 237	white point temperature	Weißpunkttemperatur f	température f du point-blanc	температура беления
W 238	white spirit, mineral spirit	White Spirit m (Testbenzin)	white spirit m, essence f minérale (factice)	уайт-спирит, лаковый бензин
W 239	white-spirit resistance, resistance to white spirit	Testbenzinbeständigkeit f, Beständigkeit f gegen Testbenzin	résistance f au white spirit	сопротивление действию уайт-спирита
W 240	whiting	gemahlene Kreide f	craie f broyée	измельченный мел
W 241	Whitworth [screw] thread	Whitworth-Gewinde n	filetage m Whitworth	резьба Витворта
	whizzer	s. C 198		
W 242	whole-part impregnation technique	Ganztränk-Imprägnierverfahren n	imprégnation f par immersion complète	метод полной пропитки
	wide angle luminaire	s. S 974		
W 243	wide-angle radiator-type multiple heater	Breitstrahler-Mehrfachheizgerät n (zum Erwärmen von Umformteilen)	appareil m de chauffage multiple de type radiateur grand angle (grand angulaire, à large angle)	многопостовой нагревательный прибор с широкоизлучателями
W 244	wide-angle X-ray diffraction, WAXD	Röntgenweitwinkelbeugung f (Strukturuntersuchung)	diffraction f à grand angle de rayons X	преломление рентгеновских лучей под широкими углами
W 245	wide-angle X-ray scattering, WAXS	Röntgenweitwinkelstreuung f (Strukturuntersuchung)	dispersion f à grand angle de rayons X	рассеяние рентгеновских лучей под большими углами
	width of flight (screw) land	s. L 59		
W 246	winder	Aufwickelmaschine f, Wickelmaschine f	machine f d'enroulement, enrouleuse f, enrouleur m	приемная (намоточная) машина, намоточный станок
W 247	winder block	Aufwickelblock m	poste m d'enroulage	намоточный блок
	winding	s. F 155		
W 248	winding angle, helix angle	Wickelwinkel m (bei der Herstellung von Rotationskörpern)	angle m d'enroulement	угол перекрестной намотки

W 249	winding device, wind[ing]-up equipment, wind-up device	Aufwickelvorrichtung f, Wickelvorrichtung f	dispositif (ensemble) m d'enroulement	намоточное устройство
W 250	winding drum	Aufwickeltrommel f	bobine f enrouleuse, rouleau m enrouleur	барабан намоточного устройства, накаточный барабан
W 251	winding equipment	Abzugsvorrichtung f (für Extrudat)	dispositif (équipement) m de réception (extrudat)	тянущее устройство
W 252	winding machine, take-up winder, spooler	Spulmaschine f	bobineuse f, bobinoir m	перемоточный станок
W 253	winding mandrel, winding spindle	Wickeldorn m (zur Herstellung von Rotationskörpern)	mandrin m d'enroulement	намотанный сердечник, намотанная оправка
	winding-off device	s. H 47		
	winding-off speed	s. H 48		
W 254	winding pattern	Wickellagenanordnung f (bei der Herstellung von Wickelteilen)	système m d'enroulage	ориентация наполнителя при намотке, расположение стеклонитей
W 255	winding shaft	Wickelwelle f	arbre m d'enroulement	намоточный вал
W 256	winding speed	Wickelgeschwindigkeit f (bei der Herstellung von Wickellaminaten)	vitesse f d'enroulement	скорость намотки
	winding spindle	s. W 253		
W 257	winding system	Wickelsystem n (Folien)	système m d'enroulement	намоточная система, узел намотки
	winding-up equipment	s. W 249		
W 258	winding-up reel	Wickelspule f, Rolle f zum Aufwickeln	bobine f d'enroulement	наматывающая катушка
W 259	winding-up speed ratio	Wickelgeschwindigkeitsverhältnis n	rapport m des vitesses d'enroulement	отношение скоростей при намотке
W 260	winding-up tension	Wickelspannung f	tension f d'enroulement	напряжение при намотке
W 261	wind loading	Windlast f, Windbelastung f	poussée (pression) f du vent	ветровая нагрузка
W 262	window gluing machine	Fenstereinklebmaschine f (für Kartonagen)	machine f à coller de fenêtres (cartonages)	машина для придавания окошек склеиванием
W 263	window ledge capping	Fensterblende f	faux cadre m, faux cadres mpl (fenêtre)	бленда окна
	wind separator	s. A 327		
	wind-up device (equipment)	s. W 249		
W 264	wind-up ratio	Wickelverhältnis n (Wickelbehälter)	rapport m d'enroulage	коэффициент крутки
W 265	wind-up roll	Aufwickelwalze f	bobinoir m	валик приемного устройства, наматывающий валик
W 266	wing-beater mill	Flügelschlagmühle f	broyeur m à croisillon	лопастная ударная мельница
W 267	wiper blade	Abstreifer m (in Mischern)	racle[tte] f	направляющая лопатка (смесителя)
W 268	wiping solvent	Abwischlösungsmittel n (zum Entfetten von Klebflächen oder Substraten)	solvant m d'essuyage, solvant de nettoyage	растворитель для обезжиривания
W 269	wire-coating compound, wire covering	Kabelmantelformmasse f	matière f d'enrobage	материал для покрытий кабеля
W 270	wire-coating die	Drahtummantelungswerkzeug n	tête f d'enrobage	кабельная головка
	wire covering	s. W 269		
W 271	wire mesh	Drahtgewebe n	toile f métallique, tamis m	ситовая ткань
W 272	wire press	Siebpresse f	presse f à toile	ситовый пресс
W 273	wire sheathing	Drahtummantelung f	revêtement (gainage) m de fils	наложение пластмассовой изоляции на проволоку
W 274	wire stripper (stripping machine)	Abisoliermaschine f (für Kabelummantelungen)	machine f à dépouiller l'isolation	машина для снимания изоляции
W 275	wire-wound coating rod, Mayer bar	Spiralrakel f, Mayer-Rakel f	racle f Mayer (spirale)	спиральная ракля, ракля по Майеру
W 276	wire-wound doctor	Drahtrakel f, drahtumwikkelte Rakel f (sich gegen die Bahnenlaufrichtung drehend)	racle f Mayer (spirale)	обвернутая проволочкой ракля
W 277	wire-wound doctor kiss coater, Mayer bar coater	Walzenbeschichter m mit von unten wirkender Spiralrakel, Mayer-Walzenbeschichter m	enduiseuse f (métier m à enduire) par léchage avec racle Mayer (spirale)	вальцовая машина для нанесения покрытий со спиральной раклей
W 278	withdrawal	Ausziehen n (von Schrauben)	dévissage m	вывинчивание
	withdrawing device	s. T 29		
	withdrawing from the mould	s. M 543		
W 279	Wöhler-stress-cycle diagram, S-N curve	Wöhler-Kurve f, Wöhler-Linie f	courbe f de fatigue (Wöhler), diagramme m de Wöhler	кривая Велера

W 280	wollastonite	Wollastonit m, Calcium-metasilicat n (Füllstoff)	wollastonite f	метасиликат кальция
	wood adhesive	s. W 288		
	wood-base laminate	s. L 37		
W 281	wood bonding, bonding of wood	Holzkleben n	collage m de bois	клеевое соединение древесины
W 282	wood constructional glue	Holzbauleim m	colle f pour la construction en bois	монтажный клей для дерева
W 283	wooden form (pattern)	Laminierform f aus Holz	moule m en bois	деревянная форма для изготовления ламинатов (слоистых пластиков)
W 284	wooden pattern shop	Modellschreinerei f, Modellbauwerkstatt f (für Herstellung von Gießmodellen für Kunstharze)	menuiserie f de modèles, atelier m de menuiserie de modèles	модельный цех
W 285	wood flour	Holzmehl n	farine f de bois	древесная мука
W 286	wood gluing, gluing of wood	Holzleimung f	collage m de bois	склеивание древесины (дерева)
W 287	wood-to-metal bonding, bonding of wood to metal	Holz-Metall-Kleben n	collage m de bois et de métaux	склеивание древесины с металлом
W 288	wood-to-wood adhesive (glue (US)), wood adhesive	Klebstoff m für Holz	colle f à bois	клей для дерева (древесины)
	wood wool	s. E 339		
W 289	workability	Verarbeitungsverhalten f	possibilité f de traitement, faculté f de mise en œuvre	обрабатываемость
W 290	workability of coatings	Verarbeitungseigenschaft f von Anstrichstoffen	applicabilité f de peintures	технологичность материалов при нанесении
	worked material	s. R 176		
	working allowance	s. M 8		
W 291	working life, spreadable life, pot life, useful life	Gebrauchsdauer f, Verwendbarkeitsdauer f Topfzeit f, Potlife n	vie f en pot, durée f d'emploi, pot-life m	жизнеспособность
W 292	working platen area	Arbeitsplattengröße f	surface f du plaque de travail	площадь рабочей плиты
W 293	working pressure	Betriebsdruck m, Arbeitsdruck m	pression f de régime	рабочее давление
W 294	working width	Arbeitsbreite f (Maschine)	largeur f utile (machine)	ширина захвата
	worm	s. S 105		
	worm conveyor	s. S 113		
W 295	worm die	Schneckengangdüse f	buse f de vis	шнековидное сопло
W 296	worm gear[ing]	Schneckengetriebe n	engrenage (mécanisme) m à vis sans fin	червячная передача
W 297	worm gear stud, worm shaft	Schneckenwelle f	arbre m de vis sans fin	вал червяка
	worm piston	s. S 151		
	worm shaft	s. W 297		
	wound article wind[ing]	s. W 298/9		
W 298/9	wound product, wound article wind[ing]	Wickelkörper m, gewickeltes Teil n	enroulement m	паковка, изделие, полученное намоткой
	woven cloth (filaments)	s. G 69		
	woven-glass filament fabric	s. G 69		
	woven-glass roving fabric	s. R 573		
W 300	woven-glass staple-fibre fabric	Glasstapelfasergewebe n (Verstärkungsmaterial)	tissu m [de] verranne	ткань из штапельного стекловолокна
W 301	woven packaging material	gewebtes Verpackungsmaterial n (Folienfäden)	matériel m d'emballage tissé	упаковочная ткань
	woven rovings	s. R 573		
W 302	woven staple fibres	Stapelfasergewebe n	tissu m [de] verranne	ткань из штапельных волокон
W 303	wrap/to	umwickeln, einwickeln	enrouler	закатывать
W 304	wrapping	Umwickeln n	enroulement m	закатка
W 305	wrapping machine	Umwickelmaschine f, Einwickelmaschine f, Wickelmaschine f	enrouleuse f, machine f à enrouler	закаточная машина
W 306	wrapping machine for plastic foils	Kunststofffolieneinwickelmaschine f, Plastfolieneinwickelmaschine f	machine f à envelopper pour pellicules en plastiques	упаковочная машина для полимерных пленок
W 307	wrapping machine for shrinking foils	Schrumpffolieneinwickelmaschine f	machine f à envelopper pour pellicules rétractiles	машина для закатывания насадочных пленок
	WRG	s. W 106		
	wringer roll	s. S 1037		
W 308	wrinkle	Falte f	pli m, ride f	морщина, складка
W 309	wrinkle varnish, ripple lacquer, shrivel (rivel, crinkle) varnish	Kräusellack m	vernis m martelé (craquelé, ridé)	лак «муар», морщинистый лак
	wrinkling	s. C 978		
	WVTR	s. W 67		

X

X 1	**xenon arc [based] lamp**	Xenonlichtbogenlampe f (Lichtechtheitsprüfung)	lampe f à xénon, lampe à l'arc xénon	ксеноновая дуговая лампа
X 2	**xenon discharge tube apparatus**	Xenonstrahler m (Lichtechtheitsprüfung)	projecteur m à xénon	ксеноновая лампа
X 3	**xenon flashlight**	Xenonblitzlampe f (für Farbmeßsysteme)	lampe-flash f à xénon	ксеноновая импульсная лампа
X 4	**xenon impulse flash lamp**	Xenonimpulslampe f (Xenotest)	lampe f à impulsion au xénon	ксенон-импульсная лампа
X 5	**xenotest**	Xenotest m, Lichtechtheitsprüfung f	xénotest m	ксено-тест, испытание светостойкости
X 6	**xeno tester**	Xenotestgerät n	xénomètre m	прибор для ксенотеста, испытатель на светостойкость
X 7	**X-ray analysis**	Röntgenanalyse f	analyse f aux (par) rayons X	рентгеноструктурный анализ
X 8	**X-ray crystallographic analysis**	Röntgenkristallstrukturanalyse f	analyse f radiocristallographique (par radiocristallographie), étude f radiocristallographique (de structure aux rayons X)	рентгеноструктурный анализ кристаллов
X 9	**X-ray crystallography**	Röntgenkristallographie f	radiocristallographie f, cristallographie f aux rayons X	рентгеновская кристаллография
X 10	**X-ray diagram, X-ray [diffraction] pattern**	Röntgendiagramm n	diagramme m X, cristallogramme m, diagramme [de diffraction] à rayons X	рентгеновская диаграмма, рентгеновский график (снимок), рентгенограмма
X 11	**X-ray diffraction,** diffraction of X-rays	Röntgenstrahlenbeugung f	diffraction f aux (des) rayons X	дифракция рентгеновских лучей
	X-ray diffraction pattern	s. X 10		
X 12	**X-ray investigation**	röntgenographische Untersuchung f	analyse f aux rayons X	рентгеновский метод, рентгеновское исследование
	X-ray low-angle scattering	s. X 16		
X 13	**X-ray microanalysis**	Röntgenmikroanalyse f	micro-analyse f à rayons X	рентгеновский микроанализ
X 14	**X-ray microscopy**	Röntgenmikroskopie f	microscopie f aux rayons X	рентгеновская микроскопия
	X-ray pattern	s. X 10		
X 15	**X-ray photoelectron spectroscopic study**	röntgenphotoelektronenspektroskopische Untersuchung f	étude f par spectroscopie de photoélectrons induits par rayons X, E.S.C.A., ESCA	рентгеноэлектронно-спектральное исследование
X 16	**X-ray small-angle scattering,** X-ray low-angle scattering, small-angle X-ray scattering, SAXS, low-angle X-ray scattering, LAXS	Röntgenkleinwinkelstreuung f	diffusion f des rayons X aux petits angles, diffraction f sous petits angles des rayons X, dispersion f de rayons X aux petits angles	малоугловое рассеяние рентгеновской радиации, рассеяние рентгеновских лучей под малыми углами, малоугловое рассеяние рентгеновских лучей
X 17	**xylene**	Xylen n, Xylol n	xylène m	ксилол, диметилбензол
X 18	**xylenol resin**	Xylenolharz n	résine f xylénique	ксиленольная смола

Y

	Yankee dryer	s. C 1153		
Y 1	**yarn**	Garn n (Verstärkungsmaterial)	fil m	пряжа, нить
Y 2	**yarn oiling unit**	Sprühpräparationsanlage f (Folienfäden)	installation f d'huilage des fils	установка для нанесения пропитывающих веществ
Y 3	**yarn tension**	Fadenspannung f	tension f de fil	натяжение нити
Y 4	**Y-branch**	45°-Rohrabzweigung f, Hosenrohr n	bifurcation f	развилка, трубчатый разрядник
Y 5	**yellow/to,** to turn yellow	vergilben	jaunir	желтеть
Y 6	**yellowing**	Vergilbung f, Vergilben n (Anstriche)	jaunissement m	пожелтение
Y 7	**yellowing factor**	Vergilbungsfaktor m, Vergilbungszahl f	facteur m de jaunissement	коэффициент пожелтения
Y 8	**yellowing (yellow) resistance**	Vergilbungsbeständigkeit f	résistance f au jaunissement	устойчивость к пожелтению
	yielding	s. F 453		
Y 9	**yield point,** yield strength, tensile yield, tensile yield strength	Streckgrenze f	yield point m, point de fluage, point d'écoulement	предел пластического течения
Y 10	**yield pressure**	Fließdruck m	pression f de fluage	давление течения
	yield properties	s. F 469		

	yield strength	s. Y 9		
Y 11	yield stress, flow stress	Fließspannung f (belasteter Teile)	contrainte f d'écoulement, tension f à limite d'élasticité	напряжение пластического течения
Y 12	yield surface	Fließspannungsfläche f	surface f de fluage	поверхность течения
Y 13	yield value	[untere] Fließgrenze f	limite f élastique [inférieure]	[нижний] предел текучести
Y 14	yield value	Fließwert m, Ausgiebigkeitsfaktor m	indice m de fluage	величина текучести
	Young's modulus	s. M 387		
	Young's modulus in traction	s. T 122		
	Young's modulus of elasticity	s. M 387		

Z

Z 1	Z-blade mixer, Z-shaped blade mixer	Mischer m mit Z-Schaufel	mélangeur m à pale en Z	смеситель с Z-образными лопатками
Z 2	zero shear viscosity	Nullviskosität f	viscosité f de cisaillement nulle (zéro)	нулевая вязкость
Z 3	zinc-dust primer	mit Zinkstaub gefülltes Grundiermittel n, mit Zinkstaub gefüllter Grundlack m	couche f de fond chargé de poudre de zinc	наполненный цинком грунтовочный лак
Z 4	zinc oxide	Zinkoxid n (Füllstoff)	oxyde m de zinc	окись цинка
Z 5	zinc stearate, stearate of zinc	Zinkstearat n (Hilfsstoff)	stéarate m de zinc	стеарат цинка
Z 6	zinc white	Zinkweiß n (Farbpigment)	blanc m de zinc	цинковые белила
Z 7	zirconate coupling agent	Zirconathaftvermittler m, Haftvermittler m auf Zirconatbasis	agent m d'adhésivité au zirconate	цирконатное усиливающее адгезию средство
Z 8	zirconium silicate	Zirconiumsilicat n (Füllstoff)	silicate m de zirconium	силикат циркония
Z 9	zone melting apparatus	Zonenschmelzapparat m	appareil m de fusion par zones	зональный плавильный аппарат
	zone of conversion	s. P 397		
	zone of deformation	s. D 77		
	Z-shaped blade mixer	s. Z 1		
	Z-shaped kneader	s. S 505		
Z 10	Z-type calender	Z-Kalander m, Vierwalzenkalander m in Z-Form	calandre f en Z	каландр с Z-образным расположением валков, Z-каландр

Deutsches Register

A

AAS A 104
ABA-Polystyren-Polyisopren-Copolymer[es] A 1
ABA-Polystyren-Polyisopren-Mischpolymerisat A 1
Abbau D 34
Abbau durch Lichteinwirkung P 223
Abbau durch Mikroorganismen M 270
Abbau durch Umwelteinflüsse E 239
Abbau durch UV-Strahlen U 50
abbauen D 32
Abbauprodukt D 36
abbaustabiler Kunststoff (Plast) D 83
Abbautemperatur D 37
abbauverhindernder Stoff A 467
Abbeizmittel P 32
Abbindegeschwindigkeit S 326
abbinden S 320
Abbinden S 323
Abbindereaktion I 142
Abbindetemperatur S 328
Abbindezeit während Temperatureinwirkung T 107
Abblasventil B 287
Abblätterbeständigkeit F 289
abblättern F 287
Abblättern F 288
Abbrand polymerer Werkstoffe C 556
Abbrennen B 479
Abbügeletikett H 407
Abdeckband T 616
Abdecken M 61
Abdeckfolie C 911, S 192
Abdecklage B 14
Abdeckscheibe C 908
Abdichtbelag S 188
Abdichtelement S 190
abdichten C 134
Abdichten C 135
Abdichtfläche S 193
Abdichtfuge S 193
Abdichtkitt L 360
Abdichtleiste S 194
Abdichtmittel S 183
Abdichtring S 196
Abdichtscheibe S 200
Abdichtschicht S 188
Abdichttechnik S 198
Abdichtungsbahn S 201
Abdruck I 55
Abdruckbeschichten P 940
Abdunsten F 340
Abdunststrecke F 343
Abdunsttemperatur F 341
Abdunst[ungs]zeit F 342
Abdunstzone F 343
Abfahren der Spritzeinheit vom Werkzeug N 138
Abfall W 15
Abfallabscheider D 646
Abfallbutzen L 307
Abfalldeponiedichtungsbahn W 16
Abfallmühle S 72
Abfallprodukt W 15
Abfallsack T 543
Abfallstutzen T 490
Abfallzerkleinerer S 72

Abfallzerkleinerung S 73
abfasen C 232
Abfasmaschine C 233
Abfluß E 25
Abformeinsatz in Werkzeugen M 525
Abformgenauigkeit G 62
Abformmodell M 73
Abfüllmaschine F 187
Abfüllmaschine für Klebstoffe F 188
Abfüll- und Verschließmaschine F 178
Abfüllvorrichtung D 368
abgelängtes Rohr P 296
abgeschälte Feinfolie S 631
abgeschirmtes Kabel W 274
abgeschrägte Kante B 169
abgesetzter Feststoff S 225
abgestufte Überlapptverbindung mit beidseitig glatter Fügeteiloberfläche S 1108
abgetrennter Formteilanguß C 1107
Abgleiten von Polymerketten bei Beanspruchung S 385
Abgleitverhinderer A 492
Abgratbank F 349
abgraten D 55
Abgraten D 57
Abgratmaschine D 56
Abgratpresse T 577
Abguß C 99
Abhaspelmaschine R 149
abhaspeln U 116
Abisoliermaschine W 274
Abkantbacke F 583
abkanten C 232
Abkanten F 574
Abkantklappe F 583
Abkantmaschine T 581
Abkantschiene F 582
Abkantschweißen F 585
Abkantwinkel F 575
Abkochbad S 1101
Abkühlen C 807
Abkühlspannungen C 819
Abkühlstrecke C 818
Abkühlungsgeschwindigkeit C 816
Abkühlungsperiode D 28
Abkühlungsverfahren C 812
Abkühlungsverlauf C 804
Abkühlungszeit D 28
Abkühlvorrichtung C 809
Ablagern D 149
Ablagerung D 633
Ablängen C 1130
Ablängsäge C 1106
Ablängsäge für Extrudat E 412
Ablaßventil D 349
ablativer Kunststoff A 2
Ablaufen C 1098
Ablaufhaspel D 29
Ablaufrohr D 510
Ablaufstutzen D 345
Ableitblech D 61
Ablösen des Klebfilms vom Fügeteil D 24
Ablösung P 109
Abmaß T 396
Abmaßbereich F 147
Abmessen M 243
Abnahmeprüfung A 46
Abnutzungsprüfmaschine A 14
Abpressen S 1040

Abpreßwalze D 426
Abprodukt S 215
Abquetschbeschichten P 940
Abquetschbutzen bei Blasformteilen P 411
abquetschen S 1036
Abquetschen S 1040
Abquetschfläche C 1104
Abquetschform F 339
Abquetschkante C 1104
Abquetschnut F 334
Abquetschrand C 1104
Abquetschring F 351
Abquetschvorrichtung L 103
Abquetschwalze S 1037
Abquetschwalzen-Tränkanlage S 1038
Abquetschwerkzeug F 339
Abquetschwerkzeug mit Raum zur Aufnahme überfließender Formmasse F 345
Abquetschwerkzeug mit tiefliegendem Gesenk und gemeinsamem Füllraum für mehrere Formnester S 1309
Abquetschwerkzeug mit tiefliegender Matrize F 352
abrasive Endbearbeitung A 19
abreißen T 68
Abreißmethode B 397
Abrichthobel[maschine] S 1383
Abrieb A 5
Abriebbild A 8
Abriebdauerversuch A 589
abriebfeste Oberfläche A 11
Abriebfestigkeit A 9, S 179, W 75
Abriebkennzahl A 7
Abriebmaschine T 2
Abriebprüfgerät A 14
Abriebprüfmaschine A 14
Abriebprüfung A 13
Abriebwiderstand A 9
Abrolleinrichtung U 120
abrollen U 59
Abrollen P 103
Abroller H 47
Abrollstuhl U 120
Abrollvorrichtung H 47
Abrundung von Übergängen F 175
ABS A 105, A 106
Absauganlage D 647
Absaugstutzen C 690
abschälbare Dichtungsfolie P 115
abschälen S 630
Abschälprüfung P 110
Abschälversuch P 110
Abscheider S 306
Abscheidung P 475, S 299
Abscheren S 369
Abscherung S 369
Abschirmschicht B 86
Abschirmung S 90, S 429
Abschirmungsstoff M 62
Abschleifen F 252
Abschlußdüse S 492
Abschlußschicht T 423
Abschmelzkunstharz A 3
Abschmelzschweißen mit Flamme F 317
Abschmelzschweißen mit Glühdraht H 416
Abschmelzschweißen mittels Glühdrahtes R 106

Abschmelztiefe P 1020
Abschmelzweg P 1020
abschrägen C 232
Abschrägmaschine C 233
Abschrägung B 171
Abschrägungswinkel B 167
Absetzen S 226
Absetzgeschwindigkeit S 227
Absetzverhinderungsmittel A 490
absoluter Schälwiderstand A 24
absolute Viskosität D 682
Absonderung S 237
Absorbens A 25, A 29
absorbierender Stoff A 29
Absorptiometer A 30
Absorption A 26
Absorptionsdruckfarbe P 978
Absorptionsfähigkeit A 28
Absorptionsmeßgerät A 30
Absorptionsmittel A 25
Absorptionsverhalten A 27
Abspalten S 931
Abspalten von Wasserstoffatomen S 302
Abspaltung S 931
Absperrhahn S 1140
Absperrschieber S 493
Absplittern S 829
Absplitterung S 829
Abspritzen von Klebstofftropfen T 354
Abspritzen von Spritzgießwerkzeugen R 603
Abspulmaschine R 148
Abstand S 821
Abstand der Walzenoberflächen N 41
Abstandplatte S 823
Abstandshalterung S 823
Abstandsschelle S 826
Abstimm[ungs]einheit T 628
Abstoßungsenergie R 232
Abstoßungspotential R 233
abstreichen S 1036
Abstreichen S 1040
Abstreifer S 1249, W 267
Abstreifergabel S 1255
Abstreiferplatte S 1252
Abstreiferrahmen S 1251
Abstreifmesser D 421
Abstreifplatte S 1252
Abstreif-Preßwerkzeug S 1253
Abstreifrahmen S 1251
Abstreifwalze D 426
ABT A 605
abtastgesteuert T 477
Abteilen M 243
abtönen T 380
Abtönen T 381
Abtönfarbe T 382
Abtönfarbstoff S 333
Abtönungswerkstoff S 333
Abtönvermögen T 383
Abtropfbrett D 512
Abwasser W 18
Abwasserrohr S 329
Abweichung D 63
Abweichung von vorgeschriebenen Verarbeitungsparametern P 1024
Abwickeleinrichtung U 117
Abwickelmaschine U 112
abwickeln U 116
Abwickeln U 118
Abwickelvorrichtung H 47
Abwickler U 117

Einschnitt N 104
einschnittige Überlapptverbindung B 170
einschnittig überlappte Klebverbindung S 567
einschnittig überlappte Scherverbindung S 577
einschnittig überlappte Verbindung S 566
Einschnüren N 16
Einschnürung N 16
Einschnürverhalten N 17
Einschränkung L 173
einschraubbare Schneckenspitze S 125/6
Einschraubtubus S 137
Einschubeinheit P 492
einseitig aus Urformteilen herausragendes Einlegeteil P 1079
einseitige Beschichtung O 34
einseitige Laschenverbindung S 1182
einseitig lackiert D 43
Einseitklebstoff S 578
einsenken R 102
Einsenken H 269
Einsenken von Einlagen in vorgewärmte Aufnahmen von Thermomeren S 1060
Einsenken von Einlagen in vorgewärmte Aufnahmen von Thermoplasten S 1060
Einsenkpresse H 271
Einsenkung R 103
Einspannbacke C 352
Einspannrahmen C 350
Einspannvorrichtung J 22
Einspeisungswalze F 78
Einspeisungszone F 86
Einspinnen C 448
Einspritzaggregat I 193, P 390
Einspritzdruck I 183
Einspritzeinheit I 193
einspritzen I 144
Einspritzen I 146
Einspritzen in geschlossene Werkzeuge I 212
Einspritzen mit gestufter Geschwindigkeit S 1107
Einspritzen von Metallteilen I 226
Einspritzen von Vernetzungsmitteln in die flüssige Formmasse I 158
Einspritzfolge I 187
Einspritzgeschwindigkeit I 185
Einspritzhub I 190
Einspritzkanal R 596
Einspritzkanalabmessungen R 601
Einspritzkolben I 182
Einspritzkraft I 155
Einspritzphase I 181
Einspritzteil I 221
Einspritz- und Vakuumverfahren I 147
Einspritzverfahren A 323
Einspritzvorgang I 175
Einspritzzeit I 191
Einständerpresse S 555
Einstation-Spritzgießen S 582
Einstäuben D 648
Einstechahle H 639
einstellbare Lippe C 765
einstellbares Führungslineal A 223

einstellbare Zurückhaltung für den Massestrom A 225
Einstellparameter P 58
Einstellspindel S 327
Einstich P 1128
Einstich-Thermoelement S 1119
Einströmen I 105
Einstufenformgebungsverfahren O 36
Einstufenformung O 35
Einstufenherstellung O 33
Einstufenurformen O 36
Einstufenverfahren O 33
eintauchen D 300
Eintauchen I 12
eintauchende Flügelpumpe/in Öl O 11
eintauchende Leitwalze I 11
eintauchendes Brechungszahlmeßgerät D 321
Eintauchthermostat I 15
einteiliges Spritzgießwerkzeug S 569
einteiliges Warmform-Kegelwerkzeug S 550
einteiliges Warmform-Würfelwerkzeug S 551
Eintragsmischer C 142
Eintrittsverlust E 230
Einwaage W 94
Einwalzenextruder S 572
Einwalzenrakelstreichmaschine mit Streichpastenüberdruckbehälter F 381
Einwegpackmittel D 395
Einwegpackung O 38
Einwegverpackung D 395
einweichen S 724
Einwellenmischer S 576
Einwellenmischextruder S 574
einwertig M 440
Einwickelmaschine W 305
einwickeln W 303
Einzelaggregat S 545
Einzelantrieb I 83
Einzelfaser M 433
Einzelfertigung S 570
Einzelplatte C 186
Einzelwicklung I 84
Einziehband S 1068
Einziehen von Kunststoffrohr in defekte Metallrohre R 212
Einziehen von Kunststoffrohr in schadhafte Metallrohre R 212
Einziehen von Plastrohr in defekte Metallrohre R 212
Einziehen von Plastrohr in schadhafte Metallrohre R 212
Einziehkraft D 505
Einzugsgeschwindigkeit D 534
Einzugsverhalten F 75
Einzugsvorgang F 70
Einzugswalze F 73
Einzugszone F 86
Einzweckextruder S 843
Einzweckschnecke für Extruder S 844
Eisenoxid F 94
Eisenoxidrot I 362
eiweißhaltiger Leim A 335
Eiweißleim A 335
Ejektordüse E 21
Elast E 64

Elastifikator E 52
elastifizierender Stoff E 52
Elastifizierungsmittel E 52
Elastikator E 52
elastisch R 248
elastische Anisotropie E 51
elastische Deformation E 54
elastische Dehnung E 55
elastische Eigenschaft E 61
elastische Erholung E 62
elastische Gießform F 387
elastische Nachwirkung E 50
elastische Pufferschichteinlage S 435
elastischer Deformationsanteil E 53
elastische Rückbildung E 62
elastische Rückstellung E 62
elastischer Verformungsanteil E 53
elastischer Walzenbelag R 454
elastisches Potential E 60
elastisches Rückfedern E 63
elastisches Rückspringen E 63
elastische Verformung E 54
Elastizität E 56
Elastizitätsgrenze E 58
Elastizitätsmesser E 57
Elastizitätsmodul M 387
Elastizitätsmodul/aus dem Biegeversuch ermittelter F 402
Elastizitätsprüfer E 57
Elastizitätsprüfgerät E 57
Elastizitätsvermögen E 60
Elastizitätszahl E 59
elastomer E 65
Elastomer E 64
Elastomeres E 64
elastomeres Silicon S 522
Elastomer-Metall-Verbindung E 67
elastomermodifizierter Polyimidklebstoff E 68
elastoplastische Deformation P 458
Elektret E 69
elektrisch beheiztes Warmgasschweißgerät E 76
elektrische Abstimmungseinheit T 645
elektrische Eigenschaften E 80
elektrische Feldstärke E 86
elektrische Funkenstrecke S 836
elektrische Ladung E 84
elektrische Leitfähigkeit E 70
elektrische Mantelheizung E 83
elektrisch entladen D 170
elektrische Oberflächenvorbehandlung E 130
elektrischer Arbeitskreis L 232
elektrische Raumladungsverteilung S 822
elektrischer Durchschlag B 389
elektrischer Hauteffekt S 618
elektrischer Heizkreis L 232
elektrischer Heizmantel E 77
elektrische Speiseleitung F 60
elektrisches Verhaltensmodell E 79
elektrisches Widerstandsheizband T 231

elektrische Ummantelungsheizung E 83
elektrisch leitender Epoxidharzklebstoff S 540
elektrisch leitender Haftklebstoff E 74
elektrisch leitender Klebstoff E 72
elektrisch leitender Kontaktklebstoff E 74
elektrisch leitender Kunststoff E 73
elektrisch leitender Lack W 113
elektrisch leitender Plast E 73
elektrisch leitendes Epoxidharz S 539
elektrisch leitendes Harz C 667
elektrisch leitendes Kunstharz C 666
elektrisch leitfähiger Klebstoff E 72
elektrisch leitfähiger Kunststoff E 73
elektrisch leitfähiger Plast E 73
elektrisch isolierendes Dichtungsband E 78
elektrisch verlustarm L 324
elektrochemische Korrosion E 87
elektrochemische Oberflächenvorbehandlung E 89
elektrochemische Oberflächenvorbehandlung in Schwefelsäure S 1338
elektrochemisches Bearbeiten E 88
Elektrodenabmessung E 101
Elektrodenabschirmung E 100
Elektrodenabstand E 274
Elektrodenanordnung E 103
Elektrodenhalteplatte E 102
Elektrodenhalter E 102
Elektrodenklemme E 104
elektrodenlose Glimmentladung E 96
elektrodenloses Entladen E 95
Elektrodenplatte D 242
Elektrodenpotential E 99
Elektrodenschweißkante W 143
Elektrodenüberschlag E 94
Elektrodenverlust E 93
Elektrodenverlustleistung E 93
Elektrodenwechsel E 92
elektroerosive Metallbearbeitung E 107
elektroerosiv hergestelltes Werkzeug E 106
Elektroflotation E 105
elektrohydraulisches Ventil S 319
elektroinitiierte kationische Polymerisation E 108
Elektrokinetik E 110
elektrokinetische Beweglichkeit E 140
elektrokinetische Pulverbeschichtung E 109
elektrokinetisches Beschichten E 90
elektrokinetisches Pulverbeschichten E 109
Elektrolyt E 111
elektrolytisch aufgebrachte Schicht E 97

Plastschmelze P 403
Plastschmelze auftragende
  Beschichtungsmaschine
  D 211
Plastschnappverbindung
  P 424
Plastschnitzelformmasse
  C 312
Plastschnitzelmasse C 312
Plastschüttgüter B 464
Plastschutzschicht P 357
Plastschweißanlage P 447
Plastschweißen P 446
Plastschweißer P 445
Plastschweißtechnik P 448
Plastschweißverbindung
  W 123
Plastsekundärrohrstoff S 216
Plastsinterbelag S 591
Plastspachtelmasse S 1145
Plasttechnik P 440
Plastteil P 410
Plastteil-Gestaltungsgrund-
  regel M 29
Plasttrennen M 9
Plasttrennverfahren M 9
Plastüberzug P 365
Plastumformen F 620
plastummanteltes Kabel P 429
Plasturformen M 499
Plastverarbeiter F 4
Plastverarbeitung P 435
Plastverarbeitungsanlage
  M 516
Plastverarbeitungshilfsstoff-
  belag P 474
Plastverarbeitungsmaschine
  P 436
Plastverarbeitungswerkzeug
  P 437
Plastveraschungsprüfung
  P 421
Plastverbundfolie P 362
Plastverbundlagerschale
  C 589
Plastverbundstoff mit gerich-
  teten Fasern A 342
Plastveredeln R 156
Plastveredlungsverfahren
  R 156
Plastverpackung P 409
Plastwellrohr P 418
Plastzahnrad P 373
Plasterspanen P 425/6
Plasterspanung P 425/6
Plastzusatzstoff P 350
Plate-out P 475
Platte P 465
Platte/aus Folien gepreßte
  P 918
Plattenabzug S 406
Plattenabzugmaschine
  S 406
Plattenanlage S 410
Plattenbiegen M 41
Plattendüse R 465
Platteneinhänge- und -füh-
  rungsvorrichtung P 471
Plattenelektrode P 467
Plattenextruder S 409
Plattenextrusionsanlage S 400
Plattenformat P 473
plattenförmige Elektrode
  A 509
Plattenformung S 403
Plattengröße P 473
Plattenhalter P 43
Plattenkalander P 466

Plattenöffnung D 18
Plattenpresse P 472
Plattenwärmeaustauscher
  P 468
Plattenwerkzeug P 335, R 465
plattieren P 464
Plattieren P 476
Platzwechselvorgang E 343
Plexiglas P 480
Plissieren P 478
PMAN P 676
PMC P 603
PMI P 566
PMMA P 675
PMMI P 677
PMP P 678
PMS P 679
pneumatische Druckförder-
  anlage P 516
pneumatische Förderanlage
  P 510
pneumatische Förderung
  P 508
pneumatische Presse P 515
pneumatischer Förderer
  P 514
pneumatische Rohstoffversor-
  gung P 519
pneumatischer Trockner
  P 512
pneumatische Saugförder-
  anlage P 520
pneumatisches Beschickungs-
  gerät P 514
pneumatische Schleuse A 315
pneumatisches Fördersystem
  P 511
pneumatische Spannachse
  E 357
pneumatische Vorstreckung
  P 517
pneumatische Wickelbremse
  P 518
pneumatisch expandierende
  Wickelwelle A 243
PO P 681
Poissonsche Konstante P 524
polare Gruppe P 526
polarer Kunststoff P 532
polarer Kunststoffwerkstoff
  P 532
polarer Plast P 532
polarer Plastwerkstoff P 532
polares Molekül P 531
Polarisationsmikroskop P 530
polarisationsoptische Mes-
  sung P 215
Polarisierbarkeit P 528
Polarisieren P 529
Polarität P 527
Polierblech P 540a
Polieren B 451
Polieren mit Lösungsmitteln
  S 795
Polieren zwischen Preßplatten
  P 930
Poliergerät P 544
Polierkalander P 539
Poliermaschine B 452
Polierpaste P 545
Polierring mit kräuselgefalte-
  ten Lagen C 1092
Polierscheibe P 546
Poliertonerde A 383
Poliertrommel P 540
Poliervorrichtung P 538
Polierwalze P 541
Polster C 1100

Polsterfolie C 936
Polsterwirkung C 1101
Polwickelverfahren P 535
Polwicklung P 534
Polwicklung von Behälterbö-
  den mit unterschiedlichem
  Wickelwinkel D 620
Polwölbung P 525
Polyacetal P 689
Polyacrylamid P 547
Polyacrylat P 548
Polyacrylat auf Basis von Car-
  bazolen C 61
Polyacrylether P 549
Polyacrylkunststoff P 551
Polyacrylnitril P 552
Polyacrylnitrilfaser A 95
Polyacrylplast P 551
Polyacrylsäure P 550
Polyacrylsäureester P 548
Polyacrylsulfon P 553
Polyaddition P 554
Polyaddukt P 555
Polyalkylacrylat P 556/7
Polyalkylenterephthalat P 558
Polyalkylvinylether P 559
Polyamid P 560
Polyamidfaser P 562
Polyamid für Schleudergießen
  S 885
Polyamidimid P 563
polyamidischer Härter P 561
Polyamidsulfonamid P 564
Polyamin P 565
Polyaminobismaleinimid P 566
Polyanilin P 567
Polyarylacetylen P 568
Polyarylester P 569
Poly-bd-Gießharz P 571
Polybenzimidazol P 572
Polybenzothiazol P 573
Polybismaleinimid P 574
Polyblend P 575
Polybutadien P 576
Polybuten P 577
Polybutenterephthalat P 578
Polybutylen P 577
Polybutylenterephthalat P 578
Polycaprolactam P 579
Polycarbodiimid P 580
Polycarbonat P 581
Polychloropren P 582
Polychloroprengummi P 584
Polychloroprenkautschuk
  P 584
Polychloroprenklebstoff
  P 583
Polychlortrifluorethylen P 585
Polydiallylphthalat P 589
Polydimethylsilan P 590
Polydimethylsiloxan P 590
Polydispersität P 591
Polyepoxid-Polyamin-System
  P 593
Polyester P 594
Polyesteramid P 595
Polyestercarbonat P 596
Polyesterelastomer P 597
Polyesterelastomeres P 597
Polyesterfaser P 598
Polyesterfolie P 600
Polyestergewebe-Isolierband
  P 602
Polyesterharz P 606
Polyesterharzmatte P 605
Polyesterharzpreßmasse
  P 603
Polyesterkunststoff P 604

Polyestermischpolymerisat
  C 826
Polyesterplast P 604
Polyesterurethan P 607
polyesterverstärkter Kunst-
  stoff P 599
polyesterverstärkter Plast
  P 599
Polyether P 608
Polyetheralkohol P 609
Polyetheramidimid P 610
Polyetherblockamid P 611
Polyetheretherketon P 612
Polyetherimid P 613
Polyetherketon P 614
Polyethersulfon P 615
Polyetherurethan-Elastomer
  P 616
Polyetherurethan-Elastomeres
  P 616
Polyethylacrylat P 617
Polyethylen P 618
Polyethylenbehälter P 715
Polyethylenfolie P 620
Polyethylenfügeteil P 619
Polyethylenglykol P 622
Polyethylenglykolacrylat
  P 623
Polyethylen-hart R 397
Polyethylen höchster Moleku-
  larmasse U 7
Polyethylen hoher Dichte
  H 186
Polyethylen hoher Dichte und
  großer Molekularmasse
  H 216
Polyethylen hoher Dichte und
  sehr großer Molekular-
  masse U 6
Polyethylen hoher Molekular-
  masse H 217
Polyethylenimin P 624
Polyethylen mittlerer Dichte
  M 143
Polyethylen niederer Dichte
  L 313
Polyethylen niedriger Dichte
  L 313
Polyethylenoxid P 625
Polyethylenschaumstoff P 621
Polyethylen sehr niedriger
  Dichte V 97
Polyethylenterephthalat P 626
Polyformaldehyd P 689
polyfunktionell P 627
Polyhydantoin P 628
Polyhydrazid P 629
Polyimid P 632
Polyimidazopyrolon P 631
Polyisobutylen P 633
Polyisocyanat P 634
Polyisocyanurat P 635
Polyisocyanuratkunststoff
  P 636
Polyisocyanuratplast P 636
Polyisocyanuratschaumstoff
  P 637
Polyisopren P 639
Polykondensat P 587
Polykondensation P 588
Polykondensationsprodukt
  P 587
Polylinertorpedo F 233
Polymer P 640/1
Polymer/aus einer Monomer-
  art aufgebautes H 309
Polymer/aus gleichen Mono-
  meren aufgebautes H 309

verarbeitungsfertige Masse
C 588
verarbeitungsfertige
Mischung C 588
Verarbeitungsgut S 1136
Verarbeitungshilfsmittel
P 1026
Verarbeitungshilfsstoff A 139
Verarbeitungshilfsstoff/den
Reibungswiderstand erniedrigender D 507
Verarbeitungshilfsstoff für
Anstrichstoffe P 20
Verarbeitungsmaschine
P 1030
Verarbeitungsschwindung
M 549
Verarbeitungstemperatur
S 1137
Verarbeitungsverfahren
P 1031
Verarbeitungsverhalten
W 289
Verarbeitungswerkzeug T 410
verbinden T 361
verbinden/mittels Keil K 12
Verbinden B 319
Verbinden mittels Ionenstrahlen I 355
Verbindung C 585, T 362
Verbindung für Konstruktionen H 187
Verbindung mit gewindeprägender Schraube S 272
Verbindungsfläche C 704
Verbindungsform J 38
Verbindungsfuge A 122, J 32
Verbindungsgeometrie J 38
Verbindungsmuffe C 691
Verbindungsschweißen J 27
Verbindungszone J 31
Verbindung von drei Fügeteilen in einem Knoten T 78
Verbindung von Rohren mittels Muffe S 730
Verblassen C 532
Verblassen von Farbe C 532
verbleibender Folienrest
R 222
Verbleichen der Farbe B 225
Verbrauch R 234
verbrennen S 56
Verbrennungsgas B 478
Verbrennungsgeschwindigkeit B 480
Verbrennungsmarkierung
B 477
Verbrennungsrückstand
C 557
Verbundbautafel S 32
Verbundbautafel in Stützstoffbauweise S 32
Verbundbauteil C 583
Verbundbauweise S 28
Verbundfolie L 24, M 610
Verbundhaftung I 298
Verbundlager C 580
Verbundmaterial M 89
Verbundplatte S 32
Verbundrohr C 597
Verbundschaumstoff C 581
Verbundschichtmaschine L 43
Verbundspritzgießtechnik
S 29
Verbundstoff C 578
Verbundteil S 32
Verbundwachsfolie B 88
Verbundwerkstoff C 578

Verbundwerkstoff-Metallklebverbindung B 311
verchromt C 322
Verdämmen T 38
verdampfen E 325
Verdampfung E 329
Verdampfungsanalyse
V 175
Verdampfungsanlage E 328
Verdampfungsapparat V 53
Verdampfungsgeschwindigkeitsanalyse E 331/2
verdichten C 601
Verdichten C 562, C 693
verdichtete Randzone I 264
verdichtete Schaumstoffaußenhaut S 615
Verdichtung C 693
Verdichtungsfaktor C 607
Verdichtungsgrad B 459
Verdichtungsverhältnis
C 616
Verdichtungszone C 620
Verdickungsmittel T 297
Verdickungsmittel auf Emulsionsbasis E 199
verdrehter Rührflügel P 307
Verdrehung T 447
Verdrehungswinkel der Zylinderflächennuten A 419
Verdrehversuch T 458
Verdrehversuch an stumpfgeklebten dünnwandigen Zylindern N 4
Verdübelung D 496
verdünnt D 280
Verdünnung D 281
Verdünnungsmittel A 239
Verdünnungsmittelmenge
T 309
verdunsten E 325
Verdunsten F 340
Verdunstung F 340
Verdunstungsbefeuchtung
E 330
Verdunstungskühlung T 532
Verdunstungsmesser E 333
Verdunstungsmeßgerät E 333
Verdunstungstemperatur
F 341
Verdunstungszeit F 342
Verdüsungsmaschine F 538,
N 118
Verdüsungsverfahren N 137
veredeln R 152
Veredeln F 254
Veredlung F 254, R 154
Veredlung bahnenförmiger
Materialien F 255
Vereisen F 711
Vereisung F 711
Veresterung E 286
Verfärbung D 350
verfeinern R 152
Verfeinerung R 154
verfestigbarer Klebstoff/zwischen 31 °C und 89 °C I 305
verfestigen S 320, S 1043
Verfestigen S 323
verfestigender Klebstoff/sich
R 508
verfestigte Anstrichstoffschicht D 551
verfestigte Beschichtung
D 583
verfestigte Klebschicht A 180
verfestigter Klebwulst F 330
verfestigter Überzug D 583

Verfestigungstemperatur
S 328
verfettete Folie S 632
Verfilzung F 88
Verflüchtigen V 174
Verflüchtigung V 174
Verflüchtigungsprüfung T 324
Verflüssigungsleistung P 391
Verformbarkeit D 70, M 446
verformen S 341
Verformung P 367
Verformung bei Wärmeeinwirkung D 411
Verformung in der Wärme
T 199
Verformungsbereich D 77
Verformungsbeständigkeit
R 290
Verformungsbruch D 624
Verformungsenergie D 72
Verformungsgeschwindigkeit
D 75
Verformungsgrenze D 73
Verformungsmeßverstärker
D 394
Verformungsniveau S 1173
Verformungsrest P 367
Verformungsrückbildung
S 1175
Verformungsverhalten D 71
Verformungsvermögen D 70
Verformungsversuch D 628
Verformungsweg S 1174
Verformungswegmeßverstärker D 394
Verformungswiderstand
R 290
Vergießen E 166
Vergießen von Umhüllungsenden E 208
Vergießharz C 119
Vergießmasse C 110, I 244,
S 189
vergilben Y 5
Vergilben Y 6
Vergilbung Y 6
vergilbungsbeständig N 100
Vergilbungsbeständigkeit Y 8
Vergilbungsfaktor Y 7
Vergilbungszahl Y 7
Vergrößerungsbereich einer
aufzeichnenden Registrierung C 255
Verhalten in der Wärme T 216
Verhaltenstendenz B 128
Verhaltensweise B 128
Verhältnis der Viskosität Lösung-Lösungsmittel S 773
verkeilen K 12
Verkettungseinrichtung L 189
Verkleidung C 344
verkleinern D 295
Verknäueln E 227
Verknäueln von Molekülketten I 273
Verkohlen C 254
verkohlte Nahtzone C 253
Verkohlung C 254
Verkratzung S 178
Verkrusten F 628
verlängerte Punktanschnittdüse E 382
Verlängerung E 160
verlaufen S 970
verlorener Anguß L 308
verlorener Kopf L 307
Verlust des Adhäsionsvermögens A 152

Verlustwinkel L 302
vermindern D 295
vermischen B 228
vermittelnd I 301/2
Vermittler I 300
vernetzbarer Weichmacher
C 1003
Vernetzen C 1007
Vernetzer C 1004
vernetzte Mischung C 1006
vernetzter Kunststoff T 290
vernetzter Plast T 290
vernetztes Gemisch C 1006
vernetztes Polyethylen I 294
Vernetzung C 1007
Vernetzung durch Dampf
C 1009
Vernetzungsdichte C 1005
Vernetzungsgrad D 90
Vernetzungsindikator C 1010
Vernetzungsmittel C 1004
Vernetzungspunkt N 33
Vernetzungsreagens C 1008
Vernetzungsstelle C 1002
Vernetzungsstruktur C 1011
Vernetzungssystem C 1012
Vernieten R 429
Verpackung P 1
Verpackung aus innenliegender Folienschicht und
außenliegendem Hartplastcontainer B 28
Verpackung aus innenliegender Folienschicht und
außenliegendem Kunststoffcontainer B 28
Verpackungsband P 11
Verpackungsdruck P 2
Verpackungsfolie P 4
Verpackungshohlkörper P 5
Verpackungsklebstoff P 3
Verpackungsmaschine P 6
Verpackungsmaterial P 7
Verpackungswesen P 8
Verpressen von Schnitzelformmasse M 1
Verpressen von Schnitzelpreßmasse M 1
Verreibwalzenbeschichter
T 684
Verreibwalzenstreichmaschine T 684
Verriegeln L 255
Verriegelung L 255
Verriegelungssteuerung L 256
verringern D 295
Verrippung R 379
verrohren P 272
Versagen F 26
verschiebbarer Druckklotz
S 655
Verschiebestempel S 656
Verschiebungsfaktor S 433
Verschiebungsmeßwertaufnehmer D 392
Verschlaufen E 227
Verschleiß A 5
Verschleißfestigkeit W 75
Verschleißfestigkeitskennzahl
A 10
Verschleißprüfmaschine
W 76
Verschleißprüfung A 13
Verschleißrate W 74
verschleißreduzierender Zuschlagstoff A 496
Verschleißverhalten W 73
Verschleißzahl A 7

Französisches Register

adhésif résistant aux acides A 78
adhésif résistant aux hautes températures H 252
adhésif résistant aux intempéries E 388
adhésif réticulable monocomposant S 558
adhésif sans aldéhyde formique F 602
adhésif sans caséine pour étiquettes N 59
adhésif séchant à froid C 502
adhésif silicone S 519
adhésif styrène-butadiène-caoutchouc S 1299
adhésif sur base de caoutchouc naturel N 12
adhésif sur base de caoutchouc nitrile et de résine époxy N 46
adhésif sur base d'ester vinylique V 133
adhésif sur base en forme de ruban T 57
adhésif thermodurcissable T 194, T 286
adhésif transparent O 71
adhésiomètre A 149
adhésion A 150
adhésion de contact A 158
adhésion entre la couche de fond et la couche de revêtement I 272
adhésion entre les couches I 298
adhésion interfaciale I 277
adhésivité A 187, A 192
adhésivité résiduelle R 244
adiabatique A 214
adipamide A 218
adipate A 219
adipate de diisooctyle D 270
adipate d'hexaméthylène-diamine A 221
adipate diisooctylique D 270
adipate d'isooctyldécyle I 379
adipate isooctyldécylique I 379
adjuvant A 139, A 228
adjuvant plastique P 350
admission à la buse D 219
admission d'air A 309
admixtion A 229
adoucir B 482
adoucissement S 738
adsorbabilité A 238
adsorbance A 238
adsorbant A 231
adsorbat A 230
adsorption de gaz G 4
adsorptivité A 238
AEG E 337
aérage A 241
aération A 241
aérosil A 244
affaiblisseur B 449
affaissement C 512
affichage par bande lumineuse pour la phase de soudage L 126
affinage R 154
affinité électronique E 118
affluence I 105
affluent I 106
afflux I 105
agent A 258

agent abrasif O 15
agent absorbant A 25
agent absorbant le rayonnement ultraviolet U 46
agent adhésif au silane S 508
agent adhésif sur base d'amino-silane A 398
agent adhésif sur base de titanate T 387
agent améliorant la stabilité aux intempéries W 78
agent à nettoyer le tamis sous pression S 103
agent améliorant l'étanchéité à l'eau W 43
agent antiadhérent A 455, M 544
agent anti-adhésif A 455, E 19
agent anti-agglomérant A 457
agent anti-blocant A 455
agent anti-blocking A 455
agent antiblocking A 455
agent anti-burée A 472
agent anticoagulant A 459
agent anti-collant A 455
agent anti-coulures A 487
agent antifloculant D 69
agent antiglissant A 492
agent antimicrobien B 201
agent antimousse A 470
agent anti-peau A 491
agent antiplastifiant A 482
agent antirouille R 609
agent anti-salissant A 493
agent anti-sédimentation A 490
agent antistatique A 494
agent antivieillissement A 452
agent auxiliaire A 632
agent auxiliaire pour peintures P 20
agent auxiliaire rhéologique de fabrication R 363
agent bactéricide A 453, B 22
agent caloporteur H 144
agent caustique E 293
agent chimique de décapage P 242
agent complexant C 574
agent controlant l'aptitude à l'écoulement R 373
agent d'accrochage C 904
agent d'accrochage des fibres de verre F 109
agent d'adhésivité au zirconate Z 7
agent d'amorçage I 143
agent d'anti-exsudation A 480
agent d'apprêt D 549
agent d'azurage optique B 407
agent de blanchiment optique B 407
agent de couplage C 904
agent de cuisson H 34
agent de décomposition des hydroperoxydes H 464
agent de dégazage A 325, A 456
agent de démoulage M 544, P 81
agent de démoulage adhérent au moule M 559
agent de désaération A 456
agent de désencollage B 306
agent de dilution pour vernis L 11
agent de dispersion D 381

agent de dispersion pour colorant D 660
agent de durcissement H 34
agent de durcissement amidique A 391
agent de durcissement aminique A 393
agent de durcissement bloqué B 244
agent de fluidité R 363, R 373
agent de gonflage B 263, C 144
agent de gonflement S 1425
agent de grenaillage S 465
agent de matage F 371
agent de matité F 371
agent de modification M 383
agent de nettoyage C 370
agent de nucléation N 156
agent d'épaississage T 469
agent de peinture exempt de solvants S 788
agent de pontage C 904
agent de pontage sur base de titanate T 387
agent de protection contre l'action de l'ozone O 165
agent de protection contre la lumière U 57
agent de réaction R 75
agent de refroidissement C 793
agent de régulation de viscosité V 155
agent de renforcement R 187
agent de réticulation C 1008
agent déshydratant D 117
agent de sorption A 231
agent dessicateur D 593
agent de stabilité à la lumière L 160
agent de surface S 1362
agent de suspension S 1411
agent d'étanchéité S 183
agent de thixotropie T 320
agent de transfert de la chaleur H 67
agent de transport de la chaleur H 67
agent d'expansion B 263
agent d'extraction E 407
agent d'imprégnation I 47
agent dispersant D 381, D 386
agent dispersant pour colorant D 660
agent dispersif pour colorant D 660
agent d'oxydation O 156
agent d'unisson L 134
agent durcissant aminique A 393
agent durcisseur peroxydique P 170
agent empêchant la dégradation A 467
agent empêchant la formation des rides A 485
agent émulsifiant E 190
agent émulsionnant E 190
agent épaississant T 297
agent flexibilisateur E 52
agent gélifiant S 758
agent glissant S 665
agent gonflant S 1425
agent hydrofuge W 45
agent hydrophobe W 45, W 46

agent masquant M 62
agent modifiant multiple M 596
agent modificateur de viscosité V 155
agent mouillant W 221
agent moussant B 263
agent nucléant N 156
agent plastifiant P 383
agent plastifiant externe E 400
agent plastifiant interne I 330
agent porogène B 263, C 144
agent qui entrave la réaction S 1143
agent réducteur R 144
agent réducteur de résistance de frottement D 507
agent réduisant l'usure A 496
agent réflectant la lumière R 160
agent réfrigérant C 793, R 167
agent régulateur de viscosité V 155
agent renforçant la collabilité T 12
agent retardant les flammes F 300
agent retardateur de la réaction S 1143
agent réticulant C 1004
agent sensibilisant S 290
agent séquestrant M 62
agent siccatif D 593
agent solidifiant S 758
agent soufflant B 263
agent stabilisant les couleurs C 544
agent supprimant le dégagement de fumée S 713
agent tensio-actif S 1362
agent thixotropique T 320
agent véhiculeur C 84
agglomérat A 260
agglomération A 261, S 229
agglomération de résine R 272
agglutinant A 262, B 320, P 21
agglutination A 263
agglutination par adhérence A 158
agglutination par diffusion A 264
agitateur A 275, S 1130
agitateur à ancre A 411
agitateur à barbotage A 284
agitateur à barres B 68
agitateur à cadre G 22
agitateur à chicanes M 618
agitateur à contre-courant C 889, D 466
agitateur à corbeille C 9
agitateur à crochet P 117
agitateur à deux râteaux à contre-courant D 466
agitateur à dispersion D 390
agitateur à disques perforés P 141
agitateur à dissolution D 404
agitateur à grille G 22
agitateur à hélice P 1059
agitateur à hélice à vide V 32
agitateur à lame en forme de sigma S 505
agitateur à mouvement alternatifs R 105
agitateur à pale F 366
agitateur à pales F 366

appareil d'essai de rétention d'eau W 50
appareil d'essai d'imprimabilité P 1010
appareil d'essai du hot melt H 368
appareil d'essai pour force d'adhérence A 155
appareil d'essai rhéologique T 158
appareil d'essai servant au dépistage non destructif de mauvais collages F 568
appareil d'étirage S 1228
appareil d'étirage au mandrin M 37
appareil d'étirage sur le mandrin M 37
appareil d'évaporation à grimpage R 422
appareil d'évaporation à vide V 15
appareil de vaporisation E 327
appareil de vieillissement accéléré A 40
appareil d'exposition aux agents atmosphériques W 82
appareil d'exposition aux intempéries W 82
appareil d'extraction E 408
appareil dynstat D 686
appareil électronique principal de commande M 71
appareil évaporatoire à vide V 15
appareil Izod I 394
appareil mesureur de la température de déformation S 740
appareil «pick-and-place» P 239
appareil pour coulée des films F 198
appareil pour coulée des pellicules F 198
appareil pour essais de corrosion C 875
appareil pour la granulométrie G 160
appareil pour peinture au pistolet P 37
appareil pour vieillissement artificiel L 153
appareil pulvérisateur à lut P 1139
appareils auxiliaires A 634
appareil soudeur mobile M 367
appareil terminal imprimant P 1013
applicabilité de peintures W 290
applicateur à roue W 227
applicateur avec zone de chauffe progressive G 209
applicateur avec zone de chauffe unique S 581
applicateur de fusion T 45
application S 1070
application à chaud W 10
application à froid C 508
application à la brosse D 424
application à la racle D 424
application à l'extérieur O 111
application de colle A 506
application de colle en poudre S 985

application de colle pulvérulente S 985
application de colle sur une seule face S 580
application de l'adhésif A 506
application de la force A 507
application de plastique P 420
application de pression par des tuyaux gonflables F 259
application des adhésifs thermofusibles H 355
application d'inserts aux logements préchauffés de thermoplastiques S 1060
application d'une couche par mouvements linéaires d'un robot R 133
application séparée S 293
application technique T 73
appliquer A 512
appliquer à la spatule F 407
appliquer la colle S 990
appliquer par calandrage C 16
appoint de soudage magnétoactif M 24
apprêt D 549, F 249, F 254, S 599, S 600
apprêtage D 548
apprêt au silicone exempt de solvants S 791
apprêt aux résines synthétiques R 260/1
apprêt de bandes de tissu F 255
apprêt de pontage C 905
apprêter D 547
apprêt plastique C 905
apprêt plastique fritté S 591
appui de la pièce moulée S 704
appui en dessous B 349
appui inférieur B 349
aptitude à donner des émulsions E 188
aptitude à la charge électrostatique E 147
aptitude à la déformation D 70
aptitude à l'emboutissage S 1419
aptitude à l'empilage S 1050
aptitude à l'extrusion S 892
aptitude au formage à chaud T 246
aptitude au thermoformage T 246
araignée S 879
araignée en étoile S 880
arbre S 887
arbre à cames C 46
arbre de commande D 563
arbre de commande de la vis S 157
arbre de commande principal M 26
arbre de couteau C 1115
arbre de malaxage K 25
arbre d'enroulement W 255
arbre d'enroulement à expansion pneumatique A 243
arbre d'entraînement principal M 26
arbre de renvoi C 900
arbre de serrage U 119
arbre de serrage à bride F 325
arbre de serrage à corps rotatif et pivots fixes S 337
arbre de serrage à friction F 699

arbre de vis sans fin W 297
arbre entraîneur D 563
arbre entraîneur principal M 26
arbre guide-lame K 29
arbre inverseur R 355
arbre moteur D 563
arbre moteur de la machine à découper à roulettes S 679
arbre moteur de la vis S 157
arbre moteur principal M 26
arbre primaire principal M 26
arête E 8, F 235
arête de coupe C 1113
arête de séparation S 296
argile colloïdale B 156
armature A 536
armer R 179
armoire de conditionnement d'air C 657
armoire de séchage D 596
armoire de séchage à claies T 554
armoire de séchage à haute fréquence H 191
armoire de séchage à microondes M 299
armoire de séchage à vide V 14
armoire de séchage pour laques V 65
armure W 83
armure croisée T 649
armure Leno L 130
armure panama B 102
armure sergée T 649
armure taffetas P 315
armure taffetas à chaîne et trame identiques P 316
armure toile P 315
armure toile à chaîne et trame identiques P 316
arrachage de la carotte C 845
arrache-carotte C 1068, S 1002, S 1007, S 1008
arrache-culot C 1068
arrachement de feuilles P 244
arrachement de films P 244
arrangement des cylindres A 547
arrangement des fibres A 546
arrangement des rouleaux A 547
arrangement moléculaire M 407
arrangement séquentiel S 309
arrêt S 1144
arrêt de la vitesse du piston B 388
arrêtoir S 1144
arrondi F 175, H 153
arrondi de pied de la dent R 515
article à paroi mince T 315
article en vrac B 460
article fabriqué en grande série B 458
article moulé M 478
articles à jeter D 396
article thermodurcissable moulé M 484
article thermoplastique moulé M 483
articulation H 262
articulation à rotule B 55
ASA A 92
ascension de température T 104

aspect fibreux du revêtement C 435
aspérité de [la] surface S 1396
aspersoir F 631
assemblage B 319
assemblage à couvre-joint bilatéral T 52
assemblage à couvre-joint double D 482
assemblage à couvre-joint unilatéral S 1182
assemblage à enclenchement en matière plastique P 424
assemblage arbre-moyen S 336
assemblage à recouvrement S 1108
assemblage à résistance élevée H 187
assemblage au cisaillement de recouvrement L 62/3
assemblage collé double par tenon et mortaise conique en biseau S 314
assemblage collé double par tenon et mortaise conique en sifflet S 314
assemblage collé et soudé par points S 947
assemblage collé plastiquemétal P 404
assemblage de plastiques J 29
assemblage de tôles collé S 415
assemblage double par tension et mortaise R 49
assemblage élastomère-métal E 67
assemblage fonctionnel F 725
assemblage par adhérence F 595
assemblage par faisceau ionique I 355
assemblage par goujons B 308
assemblage par rainure et languette F 244
assemblage par serrage C 347
assemblage par soudage J 27
assemblage par soudure en bout B 492
assemblage rivé R 427
assemblages démontables S 292
assemblages indémontables I 220
assemblage très résistant H 187
asservissement F 55
assiette de granulation P 45
assise de soudage W 169
assouplissement S 737
atactique A 577
ATD D 256
atelier de menuiserie de modèles W 284
atelier de meulage A 6
atelier de moulage M 515
atelier de régénération R 113
atelier sans poussière C 373
atmosphère corrosive C 877
atomisation S 965, W 212
atomisation sans air A 314
atomisation sans air comprimé A 314
atomiseur A 586
atoxique N 96

élasticité retardée E 50
élasticité volumique
  B 463
élastifiant E 52
élastomère E 64, E 65
élastomère copolyester-éther
  thermoplastique T 268
élastomère de polyuréthanne
  thermoplastique T 281
élastomère d'uréthanne
  U 138
élastomère éthylène-propène
  E 313
élastomère éthylène-propylène E 313
élastomère linéaire et seg-
  menté de polyuréthanne
  L 186
élastomère polyester P 597
élastomère polyéther polyuréthanne P 616
élastomère polyuréthanne
  P 731
élastomère polyuréthanne de
  coulage P 730
élastomère silicone
  S 522
élastomère silicone fluoré
  F 502
élastomère thermoplastique
  T 269
élastomère thermoplastique
  contenant de styrène
  S 1307
élastomère thermoplastique
  polyoléfinique T 273
élastomérique E 65
élastomètre E 57
électrète E 69
électrocinétique E 110
électrode à arêtes de séparation S 297
électrode à grille M 604
électrode annulaire A 442
électrode à plaque A 509
électrode à poinçon B 71
électrode à souder W 144
électrode à souder et à découper W 128
électrode auxiliaire A 633
électrode de fond B 353
électrode de positionnement
  B 450
électrode en forme C 757
électrode en plaque P 467
électrode inférieure L 318
électrode plane P 467
électrodéposition E 97
électrode simple S 542
électrode sonore cylindrique
  étagée S 1106
électrode sonore exponen-
  tielle E 371
électrode ultrasonique S 804
électro-érosion E 281
électro-flottation E 105
électrolyte E 111
électrométallisation E 115
électronique de commande
  C 763
électrophorèse E 138
électropolissage E 145
élément à cames C 44
élément chauffant H 99
élément chauffant profilé
  P 1041
élément constitutif S 1308
élément de centrage A 127

élément de chauffage H 99
élément de chauffage cannelé
  S 313
élément de chauffage profilé
  P 1041
élément de construction
  S 1278, S 1284, S 1308
élément de construction composite renforcé par des fibres F 101
élément de construction gonflable I 103
élément de construction
  sandwich à noyau collé en
  nid d'abeille B 313
élément de démoulage D 130
élément de gainage S 389
élément de mélange M 350
élément de mélange et de cisaillement M 360
élément de mixage et de cisaillement M 360
élément de moule
  T 407
élément de pression B 296
élément de renforcement
  S 1235
élément de structure S 1284
élément d'étanchéité S 190
élément de toit R 506
élément léger L 165
élément portant de construction en plastique P 441
élément portant en plastique
  P 441
élément rotatif de friction
  R 537
élément rotatif de frottement
  R 537
élément sensible à la température T 105
élément sensible à l'humidité
  H 424
élément structural S 1284
élément thermosensible
  T 105
élévateur de couches P 503
élévateur pneumatique R 417
élévation E 159
élévation de température
  T 104
élévation faible P 14
élimination au chalumeau
  B 479
élimination d'atomes d'hydro-
  gène S 302
éliminer les charges électro-
  statiques D 170
élongation E 160
élongation de fluage C 963
élongation élastique E 55
émail E 200, L 9
émaillite S 1122
emballage P 1
emballage à bulles B 241
emballage à emploi multiple
  R 339
emballage à jeter O 38
emballage à l'abri de la poussière D 653
emballage à vide V 30
emballage cloqué B 241
emballage cocon C 448
emballage de charges
  lourdes H 152
emballage de plastique P 409
emballage doublé formant
  peau S 620

emballage du type corps
  creux P 5
emballage en blister B 241
emballage en feuille plastique
  intérieure et boîte plastique
  rigide extérieure B 28
emballage épousant la forme
  de l'objet S 620
emballage et conditionne-
  ment P 8
emballage multiple M 46
emballage non retour O 38
emballage non retournable
  D 395
emballage par rétraction
  S 489
emballage perdu D 395
emballage sous feuille rétrac-
  table S 489
emballage sous film rétracta-
  ble S 489
emballages semi-rigides
  S 285
embase S 1356
emboîtement S 727
embosse A 498
embosse à autofixation N 31
embosse active A 120
embosse passive P 86
embouchure O 91
embouchure des lèvres de filière D 244
embouchure de soudeuse
  W 158
embouti Erichsen E 280
emboutissage S 1418
emboutissage avec couronne
  de forme P 486
emboutissage avec lubrifiant
  G 204
emboutissage avec poinçon
  et lunette P 486
emboutissage avec serreflan
  coulissant S 673
emboutissage Erichsen E 280
embout vissé S 125/6
embrayage C 412
embrayage à baguette croisée
  C 1017
embrayage à clabots C 364
embrayage à crabots C 364
embrayage à disque F 692
embrayage à disques rigide
  F 277
embrayage à griffes C 364
embrayage à lamelles M 623
embrayage de sécurité à
  deux mains T 676
embrayage multidisque
  M 623
embrèvement d'une pointil-
  lage S 1104
émerger E 182
émetteur acoustique angulaire
  réglable A 222
émission de gaz brûlé F 482
émission d'électrons E 125
émission d'exo-électrons
  E 347
émission électronique E 125
émission exo-électronique
  E 347
émission thermionique E 125
emmagasinage S 1055
emmanchement S 485, S 490
emmancher/s' S 487
émoulage F 252
émouleur G 214

empêchement de la dilatation
  thermique H 261
empêchement de l'expansion
  thermique H 261
empilage S 1055
empilement compact C 398
emplâtre A 191, M 142
emplir R 229
emploi à l'extérieur O 111
emploi économique des matériaux E 7
emploi permanent P 159
emploi technique T 73
empois P 88
emporte-pièce C 1118
emporte-pièce avec éjecteur
  E 27
emporte-pièce manuel à mail-
  let P 1123
empotage E 166
empreinte I 55, M 453, M 498
empreinte de moule M 453
empreinte de moule formante
  S 353
empreinte de préformage
  P 863
empreinte mobile M 527
empreinte par usinage aux
  ultrasons U 23
empreinte rapportée M 525
émulsifiant E 190
émulsification E 189
émulsifier E 191
émulsion E 192
émulsion adhésive E 193
émulsion adhésive aqueuse
  W 21
émulsion antimousse A 471
émulsion de colle E 193
émulsionnabilité E 188
émulsionnant E 190
émulsionnement E 189
émulsionner E 191
encapsulage E 166
encastrement E 166
encastrement auto-orientable
  S 248
encastrement dans la tôle
  F 580
encastrement s'orientant de
  soi-même S 248
enchevêtrement I 340
enclipsage C 388
encollage G 140, S 605
encollage inférieur L 319
encollage supérieur O 133
encolleuse A 204, B 324,
  S 603
encolleuse à trame de soie
  P 89
encolleuse de feuilles
  S 412
encombrement stérique
  S 1117
encrage I 195
encrassage F 628
encrassement B 202, F 628
encrassement biologique
  B 202
encrassement de la filière
  N 126
encrassement de revêtements
  D 340
encre à tampons S 1062
encre brillante G 118
encre d'absorption P 978
encre de l'impression flexo-
  graphique F 394

essai de détachement brusque d'une bande adhésive R 346
essai de ductilité D 628
essai de dureté à la bille B 53
essai de dureté au pendule P 129
essai de fatigue F 48/9
essai de fatigue à faible cycle L 312
essai de fatigue à la flexion C 732
essai de fatigue dynamique D 668
essai d'effort ondulé P 1103
essai d'effort pulsatoire P 1103
essai d'effort répété P 1103
essai de fléchissement sous charge selon Martens M 60
essai de flexion B 154
essai de flexion alternée A 376
essai de flexion au choc R 247
essai de flexion dynamique Charpy C 251
essai de flexion dynamique Izod I 393
essai de flexion par choc F 401
essai de fluage C 966
essai de l'écoulement libre de matières plastiques F 437
essai de longue durée E 213, L 294
essai de mandrinage M 39
essai de matériau M 97
essai de matériaux M 97
essai de matériaux sans contact N 62
essai d'emboutissage C 1072
essai d'emboutissage d'Erichsen E 280
essai de microdureté M 283
essai de mouillabilité W 216
essai d'endurance à l'abrasion A 589
essai de pelage P 110, S 1256
essai de pelage angulaire A 422
essai de pelage avec tambour ascendant C 383
essai de pelage en bandes S 1239
essai de pelage en flexion B 146
essai de pendule à torsion T 457
essai de pénétration P 1131
essai de plastiques T 160
essai de pliage à froid C 479
essai de pliage et de flexion F 576
essai de pression à chaud H 369
essai de pression interne I 331
essai de protection aux conditions climatiques C 658
essai des polymères assisté par ordinateur C 635
essai de quadrillage C 991
essai de rayure S 81
essai de réception A 46
essai de résilience à la bille F 28

essai de résilience à l'aide d'instruments I 238
essai de résistance à la déchirure par aiguilles N 25
essai de résistance à la flamme jaillissante F 295
essai de résistance à la flexion à froid C 479
essai de résistance à l'incandescence G 129
essai de résistance au choc à la bille F 33
essai de résistance au choc au mouton F 33
essai de résistance dynamique D 676
essai de résistance sous charge constante C 965
essai d'Erichsen E 280
essai de rupture F 27
essai de simulation de service S 316
essai de sollicitation ondulée P 1103
essai de sollicitation répétée P 1103
essai des propriétés électriques E 81
essai de stabilité D 640
essai destructif D 171
essai d'étanchéité L 121
essai d'étanchéité sous pression P 1056
essai de ténacité T 471
essai de tension annulaire C 1139
essai d'étirage de fibres F 121
essai de torsion T 458
essai de torsion par choc avec enregistrement R 119
essai de traction T 124
essai de traction à l'anneau T 127
essai de traction alternée P 1102
essai de traction aux éprouvettes collées en croix C 1001
essai de traction aux joints bout à bout B 493
essai de traction de courte durée S 462
essai de traction et compression par torsion T 119
essai de traction perpendiculaire à la stratification F 375
essai de vérification C 259
essai de vieillissement A 269
essai de vieillissement accéléré (rapide) A 33
essai de vieillissement accéléré (rapide) à la lumière A 36
essai de vieillissement accéléré (rapide) à l'atmosphère A 39
essai de viscosité T 471
essai de volatilisation T 324
essai d'exposition à l'extérieur E 391
essai d'exposition aux agents atmosphériques W 81
essai d'exposition aux intempéries W 81
essai d'exposition extérieure E 391
essai d'humidité H 425
essai d'immersion D 322

essai d'immersion dans l'eau W 54
essai d'inalterabilité D 640
essai d'incandescence H 110
essai d'incinération de plastique P 421
essai d'inflammabilité B 481, F 320
essai d'oscillation continue L 287
essai d'une seule propriété S 571
essai dynamique D 679
essai dynstat D 685
essai en atmosphère conditionnée T 159
essai Izod I 393
essai Martens M 60
essai microbiologique M 271
essai non destructif N 64
essai optique O 74
essai par volatilisation V 175
essai préliminaire P 877, T 142
essai préliminaire des colles P 908
essai programmé des matériaux P 1049
essai qualitatif G 147
essai rapide A 43
essai sur anneaux R 410
essai sur l'adhérence sous traction T 117
essai témoin C 773
essai Tensile Heat Distortion T 124
essai THD T 124
essai thermique T 228
essai thermique de résistance au fluage sous pression C 956
essai ultrasonique U 26
essai ultrasonique par transmission U 29
essai ultrasonore U 26
essai ultrasonore par transmission U 29
essence P 176
essence factice W 238
essence minérale W 238
essieu S 887
estampage P 950, P 1121, S 1061
estampage à chaud H 396
estampage de feuilles à chaud H 346
ester E 284
ester acrylique A 94
ester adipique A 219
ester de cellulose C 166
ester de colophane E 285
estérification E 286
ester méthacrylique M 255
ester phtalique P 234
ester polyacrylique P 548
ester polyarylique P 569
ester polyvinylique P 757
établi à ébarber F 336
établissement de la pression P 939
établissement de l'état horspoisse T 9
étagère de trempage D 320
étai D 508, S 1289
étalement S 979
étaler S 971
étaler la colle S 990
étalon de comparaison de la brillance G 124

étalon de comparaison photographique P 220
étalonneur d'amplitudes A 407
étampage de feuilles à chaud H 346
étanche à l'air A 333
étanche à l'eau W 62
étanche à l'humidité H 422
étanche aux gaz G 18
étanche aux poussières D 652
étanche à vide V 39
étanchéifier P 1055
étanchéisation C 135
étanchéité T 367
étanchéité à la vapeur d'eau W 66
étanchement C 135
étancher C 134
étape de cuisson C 1090
étape de durcissement C 1090
étapes de commande présélectables P 910
état A A 575
état amorphe A 402
état B B 435
état C C 1062
état caoutchoutique H 188
état cassant C 1029
état collant T 6/7
état collant à chaud H 400
état collant sec A 265
état cristallin C 1049
état de charge limite C 982
état de contrainte composé C 551, C 577
état de contraintes résiduelles R 241
état de contrainte uniaxial U 78
état de déformation plane P 318
état de fusion M 195
état de livraison A 565
état de remplissage du moule F 467
état de surface C 660, F 250, S 1370
état de surface de la feuille F 564
état de tension plane B 183
état de tension thermique T 224
état de transition T 509
état d'orientation S 1073
état fragile C 1029
état friable C 1029
état gélifié T 556
état initial I 137
état limitant L 174
état liquide-visqueux V 145
état plan de déformation P 318
état poisseux T 6/7
état thermo-élastique H 188
état transitoire T 509
état vitreux V 165
étendre S 971
étendue de contrainte E 386
ETFE E 315, E 316
éthane E 298
éthène E 304
éthène-acétate de vinyle E 318
éthène-tétrafluoréthène E 315
éthène-tétrafluoroéthène E 315

machine à souder les sachets B 35
machine à souder par points S 949
machine à souder par points multiple M 631
machine à souder par vibration V 116
machine à souder polyvalente M 627
machine à stratifier L 43
machine à tête de mélange unique S 564
machine à tête unique S 564
machine à thermoformer et à remplir et à fermer T 244
machine à torsion T 453
machine à traction T 139
machine à trancher des feuilles F 565
machine à transformer les plastiques P 436
machine à tremper D 316
machine automatique de maniement H 21
machine automatique de montage A 570
machine automatique de peinture par projection A 625
machine automatique de reliage à la colle A 604
machine automatique d'essai de fil C 755
machine automatique d'injection à commande hydraulique H 447
machine automatique en aval D 499
machine à vernir C 434
machine à vis S 140
machine à vis multiples M 640
machine de base B 99
machine de câblage R 519
machine de coil-coating C 469
machine de couchage sur-bande C 469
machine de coulée C 114
machine de découpe à fils chauds H 411
machine de dosage D 436
machine de fabrication pour matières plastiques P 436
machine de flexion F 396
machine de formage F 616
machine de formage sous vide jumelée T 663
machine de l'empaquetage P 6
machine de lissage P 543
machine d'emballage P 6
machine d'emballage à thermoformage T 249
machine de moulage par centrifugation C 196
machine de moulage par soufflage B 278
machine de moussage basse pression L 328
machine d'enduction C 433
machine d'enduction à couteau R 452
machine d'enduction à filière S 686
machine d'enduction à pinceau B 427
machine d'enduction par trempage D 302

machine d'enroulement W 246
machine de perforation P 773
machine de réception des plaques S 406
machine de réception des profilés P 1045
machine de remplissage F 187
machine de retraitement R 114
machine de rotomoulage R 556
machine de sérigraphie S 98/9
machine de soudage à haute fréquence L 109
machine de soudage automatique en ligne continue S 208
machine de soudage continu à haute fréquence C 754
machine de soudage par friction F 702
machine de soudage par frottement F 702
machine de soudage par impulsions T 204
machine de soudage par ultrasons U 44
machine de soufflage avec étirage S 1219
machine d'essai à la flexion B 155
machine d'essai à la rupture T 139
machine d'essai aux torsions T 453
machine d'essai aux vibrations par résonance R 312
machine d'essai de dureté à la pénétration au choc B 262
machine d'essai de dureté Vickers V 123
machine d'essai de résistance à la flexion alternée F 400
machine d'essai dynamique D 680
machine d'essai hydraulique automatisée C 393
machine d'essai résistance à la rayure S 82
machine d'essai servo-hydraulique S 318
machine d'essai statique S 1083
machine d'essai universelle U 92
machine d'estampage à chaud H 398
machine d'estampage à chaud pour feuilles H 349
machine d'étirage à rouleaux R 466
machine d'étirage-texturage D 545
machine de thermoformage T 247
machine de traitement P 888
machine de tranchage F 565
machine de transformation P 1030
machine de transformation des plastiques P 436
machine de trempage D 316
machine d'extrusion-injection S 136

machine d'injection à fermeture hydraulique H 435
machine d'injection à piston P 497
machine d'occasion de transformation des plastiques S 221
machine filature-étirage-bobinage S 891
machine modifiée M 379
machine pour coller les sacs S 2
machine pour ébavurage et polissage D 58
machine pour essais d'usure W 76
machine pour la fabrication de noyaux de fonderie C 839
machine pour les essais de matières plastiques M 7
machine revêtement C 433
machine RIM R 82/3
machine rotative à injecter la mousse structurale R 534
mâchoire J 3
mâchoire de noyau C 841
mâchoire de serrage C 352
mâchoire extérieure E 392
mâchoire intérieure I 292
macromolécule M 14
macromolécule à chaîne droite L 184
macromolécule linéaire L 184
macromolécule non ramifiée L 184
macroréseau monoclinique M 432
macrostructure M 15
magnésie M 17
maille L 199, M 203, U 85
maille élémentaire U 85
maillon L 199
maintien en pression H 277
malaxer K 18
malaxeur K 20
malaxeur à cames C 45
malaxeur à charges B 106
malaxeur à chute libre F 656
malaxeur à cylindres de préchauffage P 872
malaxeur à deux bras D 442
malaxeur à deux cylindres T 685
malaxeur à deux fonds de cuve D 442
malaxeur à doubles fonds de cuve B 106, D 442
malaxeur à écoulement libre F 656
malaxeur à fonctionnement continu C 744
malaxeur à pales en Z S 505
malaxeur à pales sigma S 505
malaxeur à palettes P 1059
malaxeur à rouleaux de préchauffage P 872
malaxeur à vis S 138
malaxeur Beken B 130
malaxeur Beken avec pales engrenantes B 130
malaxeur Buss K 41
malaxeur du type Werner-Pfleiderer W 199
malaxeur Erdmenger T 658
malaxeur-évaporateur à quatre vis F 637
malaxeur mécanique C 593

malaxeur pour pâtes P 93
manchette de chauffage-refroidissement H 97
manchon S 340
manchon avec bague d'étanchéité en caoutchouc R 589
manchon calibré P 286
manchon coulissant C 571
manchon de chauffage-refroidissement H 97
manchon de dilatation C 571
manchon de raccordement A 132, C 691
manchon de réduction R 141
manchon de tuyau S 626
manchon de vis S 159
manchon double B 307, S 626
manchon élargi S 727
manchon fileté S 159
manchon fretté S 491
manchon mandriné S 727
manchon par mandrinage I 229
manchon porte-foret D 555
manchon réducteur C 34
manchon soudé W 124
mandrin M 36
mandrinage M 41, S 488
mandrinage de tubes M 41
mandrin cylindrique E 358, S 929
mandrin d'enroulement W 253
mandrin de soufflage B 268
mandrin d'extrusion E 459
mandrin expansible E 358
mandrin fendu E 358
mandrin plongeant D 317
mandrin rotatif S 900
manipulateur H 19
manipulateur à empilage S 1054
manodétendeur P 969
manomètre P 951, V 52
manomètre enregistreur P 968
manométrographe P 968
manque de liaison W 183
manteau J 1
manteau de moule C 256, M 468
manutention C 783
manutentionner C 782
maquette en plâtre P 347
marbrure M 443
marchandise en vrac B 460
marchandise fabriquée en grande série B 458
marche à vide I 7
marche continue C 745
marche de la température T 106
marche de pression P 966
marchepied T 557
marche sans défaut/de R 211
marche sans panne/de R 211
marche silencieuse O 62
marche sûre/de R 211
margeur F 61
marquage H 342/3
marquage au laser L 82
marquage de feuilles à chaud H 348
marquage de structures T 188
marquage de textures T 188
marque U 114
marque de carotte G 25
marques de coulée M 165

moule sur glissière S 636
mouleur F 4
mouleuse et remplisseuse de blisters et de pièces embouties F 612
moulin G 219
moulin à barres R 443
moulin à colloides C 514
moulin à couleurs C 535, P 35
moulin à cylindre H 286
moulin à deux cylindres T 685
moulin à vibration V 102
moulin centrifuge à disque I 25
moulin centrifuge à plusieurs disques O 299
moulin-mélangeur C 257
moulin pour carottes F 64
moulin pulvérisateur T 585
moulin tangentiel T 41
moulin triturateur T 585
mouliplasticien F 4
mouliplastie M 515
mouliste M 532
moussabilité F 542
moussage F 532, F 534
moussage à la vapeur de polystyrène préexpansé dans l'autoclave S 1342
moussage à la vapeur sur-chauffée de polystyrène préexpansé dans une cloche S 1341
moussage à partir des granulés de polystyrène expansibles F 536
moussage à partir des perles de polystyrène expansibles F 536
moussage avec prépolyméri-sation P 900
moussage de feuilles plasti-ques dans le moule I 213
moussage de la colle à fusion par gaz comprimé F 548
moussage de plaques en continu C 747
moussage de produits en fusion F 547, P 204, T 190
moussage de produits en fusion d'après le principe d'Union Carbide U 84
moussage en une étape O 33
moussage en une phase O 33
moussage in situ F 550
moussage «in situ» F 537
moussage mécanique M 131
moussage par battage F 713, M 131
moussage par réaction R 78, R 79
moussage par rotation R 544
moussage par rotation sans pression P 956/7
mousse F 513, F 528
mousse à alvéoles ouvertes O 51
mousse à alvéoles ouvertes et à peau étanche O 52
mousse à cellules fermées C 392
mousse à couches B 456
mousse à peau intégrée I 265
mousse composite C 581
mousse de chlorure de poly-vinyle P 754
mousse de polyisocyanurate P 637
mousse de polystyrène P 705

mousse de polystyrolène P 705
mousse polyῦréthanne armée au mat de fibres de verre G 87
mousse d'époxyde E 253
mousse élastique F 385
mousse flexible F 385
mousse formée par battage F 712
mousse intégrée I 265
mousse isocyanate I 375
mousse phénolique P 189
mousse pistolée S 961
mousse plastique F 528
mousse plastique armée R 181
mousse plastique renforcée R 181
mousse plastique souple en bloc à l'aide du polyuré-thanne P 729
mousse polyéthylène P 621
mousse polyuréthanne P 732
mousse polyuréthanne rigide R 398
mousser E 349
mousse rigide R 391
mousse rigide de polyuré-thanne R 398
mousse rigide de polyuré-thanne-polyisocyanurate P 638
mousse sandwich F 544
mousse semi-rigide S 284
mousse souple F 385
mousse stratifiée F 544
mousse structurale I 265
mousse structurale de CPV rigide R 399
mousse structurale de PVC rigide R 399
mousse structurée I 265
mousse structurée armée R 185
mousse structurée renforcée R 185
mouton-pendule I 24
mouton-pendule de König K 42
mouton-pendule de Persoz P 174
mouvement brownien B 425
mouvement chancelant T 622
mouvement circulaire de Couette C 335
mouvement continu S 1089
mouvement cyclique C 340
mouvement de Brown B 425
mouvement de Couette plan S 1156
mouvement de diffusion des macromolécules D 262
mouvement de poudre fluidisée F 491
mouvement de rotation R 527
mouvement des particules de poudre F 491
mouvement d'ouverture O 56
mouvement macro-brownien M 10
mouvement micro-brownien M 272
mouvement moléculaire M 415
mouvement moléculaire thermique T 212/3
mouvement oscillant T 622

mouvement oscillant de la vis O 99
mouvement permanent S 1089
mouvement rotationnel R 527
mouvement stationnaire S 1089
mouvement thermique T 214
mouvement tridimensionnel T 337
moyen absorbant A 29
moyen de désencollage B 306
moyen de protection contre la rouille A 486
mucilage L 91
muni d'une pièce inter-médiaire G 23
mur de palplanches C 405
muscovite M 650

N

nappe de fibres F 110
NBR N 45
neck-in N 16
néphélémétrie H 50
néphélométrie H 50
nervure D 508, F 235, R 376, R 379
nervure de vis sans fin S 131
nervurer S 1120
netteté N 15
nettoyage C 368
nettoyage par ultrasons U 15
neutrographie N 36
neutrongraphie N 36
nez N 115
nez de buse N 131
nickelage chimique C 274
nid d'abeilles H 311
nid d'abeilles brut H 273
nitrate de cellulose C 173
nitrile acrylique A 103
nitrile polyméthacrylique P 676
nitrure de silicone S 524
niveau de base G 236
niveau de déformation S 1173
niveau de la pression de maintien L 136
niveau de liquide L 214
niveau de remplissage F 186
niveau pression P 958
NMR N 147
nœud B 206
noir B 213, B 216
noirceur B 216
noircissement B 215
noir d'acétylène A 68
noir de carbone C 65
noir de lampe L 54
nombre de coups N 160
nombre de cycles de tension N 158
nombre de fils T 327
nombre de Poisson P 524
nombre de Reynolds R 361
nombre des filets parallèles de la vis N 159
nombre de tours de la vis S 160
nombre de viscosité V 156
nomenclature des matières plastiques P 433
non cassant N 56
non collable T 8
non collant T 8

non-conducteur D 222
non coupé U 111
non fragile N 56
non-homogénéité de la matière fondue M 183
non jaunissant N 100
non-pénétration des colles dans les microporosités des charges D 591
non plastifié U 96
non poisseux T 8
non poreux N 82
non rogné U 111
non staturé U 99
non toxique N 96
non-uniformité I 130
non-woven fabric F 116, N 98
noppe B 476
norme S 1063
norme d'usine C 563
novolaque N 113
novolaque époxydée E 248, E 270
noyade T 38
noyau C 836
noyau cellulaire C 149
noyau de tête H 52
noyau de vis S 115
noyau époxyde E 271
noyau mousse F 520
noyer D 300
nuageage C 409
nuançage T 381
nuance S 332
nuance pastel P 40
nuance pleine R 386
nuancer T 380
nucléation C 143, N 155

O

objet coulé R 560
objet creux H 288
objet de précision P 824
objet de précision moulée par injection I 164
objet injecté I 162
objet moulé M 478
objet moulé compliqué C 575
objet moulé par injection I 162
objet moulé par postformage P 786
objet moulé renforcé par fibre de verre G 77
objet moulé résistant à la flexion F 397
objet moulé sous vide V 36
objet thermodurcissable moulé M 484
objet thermoplastique moulé M 483
oblique B 166, T 368
obliquité B 165
obturateur G 26
obturateur à aiguille N 26
obturateur antipoussière auto-compensateur S 254
obturateur de buse N 145
ODA I 379
odeur/sans O 3
œil de poisson F 265
œillets des trous de fixation F 282
oligoesteracrylate O 25
oligomère O 26

partie à souder W 160
partie de mélange de la vis
S 110
partie de moulage du moule
M 514
partiellement cristallin P 67
partie mobile du moule
M 568
pas L 112
pas de vis P 308
pas nuisible à la santé N 96
passage entre plateaux D 16
passage sans trouble T 588
passant du crible U 67
passe de base R 516
passe de fond R 516
passepoil W 198
passe sans empêchement
T 588
pastillage P 123
pastille de colle A 190
pastiller P 120
pastilleuse P 121, P 862
pastilleuse à poinçon P 1125
pastilleuse à révolver R 528/9
pastilleuse excentrique E 3
pastilleuse rotative R 528/9
pas variable V 58, V 60
pâte P 87
pâte à enduire S 986
pâte adhésive A 189
pâte à polir P 545
pâte chimique C 159
pâte collante A 189
pâte de charge P 91
pâte de colorant C 538
pâte de deux composants
T 681
pâte de fibres F 129
pâte de matière colorante
D 663
pâte d'enduction S 975
pâte de peroxyde de
benzoyle B 161
pâte de peroxyde de cyclo-
hexanone C 1144
pâte de polissage à base
d'alumine A 383
pâte de polissage à base de
poudre de diamants D 189
pâte de pulpe F 129
pâte d'étanchéité pour joints
S 205
pâte de transmission thermique H 71
pâte d'impression P 1016
pâte durcissante H 37
pâte peroxydique P 172
pâte fine A 47
pâte isolante I 244
pâte pour couche couvrante
T 424
pâte pour couche super-
ficielle T 424
patin de buse N 141
patron T 112
patron porte-sachet B 36
patte-d'araignée L 349
pattes de corbeau C 1024
pause de fermeture d'un
moule D 657
PB P 577
PBTP P 578
PC P 581
PCTFE P 585
PDAP P 589
PE P 618
PEA P 609

peau de coulée S 616
peau de support S 1359
peau d'orange O 75
peau enroulée B 189
peau intégrée I 264
PE autorenforcé S 269
PEbd L 313
PEbp H 186
PEC C 298, P 596
PE de haute densité H 186
PE haute densité H 186
PEhd H 186
PEI P 613
peigne éjecteur S 1255
peinturage P 26
peinture L 8, P 18
peinture à catalyse C 124
peinture à la colle D 409
peinture à la filière F 431,
F 442
peinture à l'huile O 15
peinture à la résine S 1456
peinture antiacide A 81
peinture anticorrosive A 464
peinture anticorrosion A 463
peinture antifouling A 475
peinture antirouille R 610
peinture antisalissure A 473
peinture à séchage rapide
Q 22
peinture au pistolet S 966
peinture au silicone S 533
peinture au trempé T 568
peinture au trempé électrostatique E 149
peinture conductrice C 661
peinture contenant des
agents d'inhibition I 129
peinture couvrante B 301
peinture couvrante avec
brillant G 116
peinture d'arrêt P 1004
peinture de fond P 1004
peinture d'extérieur E 393
peinture d'intérieur I 86
peinture durcissant par
cuisson B 45
peinture-émail E 203
peinture-émulsion E 195
peinture en couleurs P 23
peinture en détrempe D 409
peinture ignifuge F 262
peinture intérieure I 87
peinture isolante I 247
peinture-laque L 9
peinture luminescente L 355
peinture mate D 629
peinture pelable P 114,
S 1247
peinture pigmentée L 9
peinture pour façades F 15
peinture prête à l'emploi R 96
peinture résistante à la
graisse G 205
peinture séchant à chaud
H 133
peinture séchant à l'air A 300
peinture séchant au four B 42
peinture soudable W 113
peinture sous-marine M 57
peinture stable aux produits
chimiques P 34
peinture synthétique S 1456
peinture uniforme D 662
pelage P 109
PE-lbd L 183
peler S 630
pellicule F 191

pellicule d'acétate A 57
pellicule de fibre vulcanisée
F 268
pellicule de peinture P 24
pellicule protectrice C 431
pelote C 466
pelotonnement de la chaîne
moléculaire M 412
pelotonnement moléculaire
M 412
pendule S 1234
pendule à torsion T 450
pendule à torsion à paliers à
air A 282
pendre un voile B 293
pénétration P 133
pénétration de la colle P 135
pénétration inégale de
l'enduction M 444
pénétrer S 724
pénétromètre P 136
pente du culot d'injection
G 27
percer D 553
perceuse D 557
perçoir D 554
perfluoréthylène-propylène
P 138
perforateur P 144
perforation P 143, P 1128
perforer D 553
perforeuse P 142
performance de gélatinisation
G 44
performance de gélification
G 44
performance de matériaux
M 96
période additionnelle de
durcissement A 248
période de conversion C 778
période de durcissement
naturel après cuisson
A 257, J 35
période de maturation M 105
période de refroidissement
D 28
période de relaxation R 203
période de stockage S 1149
période de vieillissement
P 147
période du réseau L 96
période propre de vibration
R 311
perle B 113
perle de soudure W 133
perles de polystyrène
préexpansées P 845
perles expansibles E 350
perles prégazéifiées P 866
permanence P 154
permanence de brillant E 201
permanence du collage B 328
perméabilité P 160
perméabilité à l'air A 320
perméabilité à la vapeur
d'eau W 64
perméabilité à l'eau W 42
perméabilité à l'huile O 16
perméabilité à l'humidité
M 403
perméabilité à lumière L 162
perméabilité aux gaz G 11
perméabilité aux liquides
P 161
perméabilité au son S 819
perméamètre P 162
perméation P 163

permittivité D 225
peroxyde P 169
peroxyde de benzoyle B 160
perte d'adhésion A 152
perte d'agent plastifiant P 388
perte de brillance G 119
perte de chaleur H 121
perte de charge P 945, P 959
perte de charge totale T 464
perte de flexibilité F 380
perte de l'adhésivité D 25
perte de masse L 305
perte d'entrée E 230
perte de plastifiant P 388
perte de poids L 305
perte de pression P 945,
P 959
perte de pression totale
T 464
perte de séchage L 306
perte diélectrique D 230
perte par fuites L 120
perturbation I 290
perturbation d'écoulement
F 448
PES P 615
pesée W 94
peseuse W 96
peseuse de dosage sur
courroie B 138
petite calandre à plusieurs
alimentations au premier
espacement entre cylindres
C 31
petite éprouvette S 709
petite pièce moulée S 706
petite presse S 707
petit spécimen S 709
PETP P 626
pétrin-mélangeur sous vide
V 26
pétrole lampant K 6
peu compatible S 660
peu glissant L 336
PF P 183
phase aqueuse A 520
phase de fusion M 195
phase de gonflement S 1432
phase de maintien en pression H 279, P 955
phase de pressage P 925
phase de remplissage I 181
phase de séparation-soudage
W 118
phase dispersée D 378
phénate P 181
phénomène de relaxation
R 200
phénomène de transport de
la matière M 102
phénoplaste P 183, P 198
phénoxyde P 200
phénylglycidyléther P 203
phosphatation P 205
phosphate de diphényl-
crésyle P 304
photocalorimétrie P 207
photo-élasticité P 214
photogravure P 219
photo-initiateur P 222
photolyse à impulsion
lasérique L 81
photomultiplicateur P 224
photopolymérisation P 227
photopyrolyse L 147
photosensibilisateur P 231
photosensible P 229
photostabilisant L 160

préétirage pneumatique P 517
préexpansé P 852
préexpanseur P 853
préexpansion P 854
préexpansion à la vapeur sur-
  chauffée de granulés de
  polystyrène S 1344/5
préexpansion à la vapeur sur-
  chauffée de perles de polystyrène S 1344/5
préexpansion sous vide V 31
préfabrication P 848
préformage P 860
préformage sur écran de préforme P 479
préforme P 857, P 858
préforme annulaire A 445
préformer P 856
préforme sphérique B 58
préforme stratifiée L 32
préfrittage P 913
préimprégné P 827, P 901
préimprégné de polyester
  P 605
préimprégné de résine phénolique P 195
prélèvement S 19
prélever S 18
préleveur de bandes
  S 1242/3
prémélange P 880, P 883
prémélange en pâte D 493
première empreinte du moule
  I 134
premier fluage T 506
prémix P 880, P 881
prémix en pâte D 493
prémix thermoplastique T 267
prémoussage P 851
prémoussage à l'air chaud
  H 334
prémoussage à l'eau chaude
  H 408
prendre/se S 320
préparation M 52
préparation de demiproduit
  plastique P 887
préparation de matières plastiques P 434
préparation de plastiques
  P 364
préparation d'éprouvettes
  P 890
préparation de rainure de
  soudage W 122
préparation des charges
  F 170
préparation des garnitures
  F 170
préparation des pâtes P 95
préparation des pièces à coller P 878
préparation de surface S 1405
préparation du demiproduit
  P 887
préparation superficielle
  S 1405
préparer P 892
préplastificateur P 894
préplastificateur à piston R 48
préplastificateur à torpille
  T 441
préplastificateur à vis S 149
préplastification P 893
préplastification à torpille
  T 442
préplastification à vis S 168
préplastification par vis S 168

préplastification par vis sans
  fin S 148
prépolymère P 898
prépolymère polyuréthanne
  P 736
préproduit de condensation
  P 830
préréfrigération P 831
préretrait P 912
préséchage P 844
préséchage à haute fré-
  quence H 197
présécher P 842
préséchoir P 843
présélecteur P 911
présélection des matériaux
  aux caractéristiques uni-
  formes assisté par ordinateur C 629
préservation de surface
  S 1387
préservation superficielle
  S 1387
pressage P 922, S 1032
pressage à chaud H 373
presse P 914
presse à banc plat F 353
presse à bande B 137
presse à barillet D 181
presse à basse pression L 332
presse à blocs B 252
presse à chapeaux H 44
presse à chaud à plusieurs
  étages M 616
presse à cintrer B 147
presse à col de cygne S 1421
presse à coller S 603
presse à coller à chaud H 372
presse à coller avec adapta-
  tion de contour à la pièce à
  coller M 80
presse à colonnes C 549
presse à commande indivi-
  duelle S 256
presse à commande pneuma-
  tique A 306
presse à compression M 518
presse à course ascendante
  B 363
presse à course descendante
  D 500
presse actionnée par air com-
  primée A 306
presse à cylindre R 472
presse à double piston D 461
presse à dresser S 1157
presse à ébarber T 577
presse à entretoises élasti-
  ques P 932
presse à estamper D 212
presse à excentrique E 4
presse à faible course S 456
presse à forcer H 271
presse à genouillère T 392
presse à grande vitesse
  H 242
presse à haute pression
  H 233
presse à injection T 495
presse à longue course L 282
presse à main H 24
presse à mandrin A 525
presse à mouler à plateau
  flottant F 420
presse à mouler à plateau in-
  termédiaire F 420
presse à mouler à plateau
  mobile F 420

presse à piston R 40
presse à plaquer V 78
presse à plateau flottant F 420
presse à plateau intermé-
  diaire F 420
presse à plateau mobile F 420
presse à plateaux P 472
presse à plateaux chauffants
  H 370
presse à plateaux multiples
  D 19, P 472
presse à plier B 147
presse à poinçonner P 1127
presse à préformer P 862
presse à rouleaux R 472
presse ascendante B 363
presse à souder W 162
presse à stratifiés C 493, L 45
presse à toile W 272
presse au chauffage rapide
  S 944
presse à une colonne S 555
presse à un étage S 562
presse-autoclave A 596
presse automatique A 622
presse automatique d'injection A 612
presse à vis à main H 10
presse boudineuse S 127
presse continue C 746
presse d'angle A 423
presse décimale hydraulique
  H 438
presse de compression M 518
presse de compression as-
  cendante B 363
presse de compression pour
  poudre à mouler P 851
presse de coupage avec ali-
  mentateur à tambour R 477
presse de découpage C 1126,
  D 212
presse de disques microsil-
  lons R 122
presse de glaçage S 716
presse de laboratoire S 707
presse de lissage S 716
presse d'emboutissage D 46
presse de moulage par compression M 518
presse de moulage par transfert T 495
presse de pastillage à poinçon P 1126
presse descendante D 500
presse de soudage à chaud
  H 131
presse de soudage thermique
  H 131
presse d'estampage H 271
presse de transfert T 495
presse de transfert automatique A 626
presse d'injection T 495
presse d'injection à grand volume L 68
presse d'injection à table
  ronde R 533
presse d'injection auto-opti-
  misante S 245
presse d'injection commandé
  à microprocesseur P 1046
presse d'injection de finis-
  sage R 326
presse d'injection de précision P 821
presse d'injection de re-
  touche R 326

presse d'injection en forme L
  L 139
presse d'injection horizontale
  H 329
presse d'injection pilotée par
  microprocesseur M 289
presse d'injection verticale
  V 94
presse discontinue I 314
presse en ligne M 634
presse-étoupe S 1291
presse excentrique à genouil-
  lères E 5
presse-garniture S 1291
presse hydraulique H 442
presse hydromécanique
  H 463
presse inclinable T 372
presse manuelle à genouil-
  lière H 26/7
presse monobloc S 256
presse ouverte sur un côté
  C 1064, S 1421
presse pivotante T 372
presse pneumatique P 515
presse pour comprimé à plusieurs couches P 921
presse pour pièces moulées
  S 347
presse-révolver R 522
presse semi-automatique
  S 277
pression à l'intérieur du
  moule M 456
pression constante F 588,
  U 82
pression d'air B 273
pression d'alimentation P 933
pression de bord R 402
pression de bourrage S 1293
pression d'échauffement
  H 115
pression d'éclatement B 485
pression de contact C 715
pression de durcissement à
  contact C 706
pression de fermeture M 530
pression de fluage Y 10
pression de fluide
  F 495
pression de formage F 622
pression de fusion F 740
pression de meulage G 220
pression de moulage M 541
pression de moulage spécifique S 850/1
pression de moussage F 540
pression de piston R 41
pression de plastification
  P 354
pression de pointe P 105
pression de post-injection
  pulsatoire P 280
pression de régime W 293
pression de retenue B 16
pression de rouleaux R 500
pression de serrage P 928
pression de sortie E 345
pression de soudage W 163
pression de soufflage B 273,
  B 288
pression d'estampage E 180
pression de transfert T 499
pression de transport P 933
pression de vapeur S 1098
pression de verrouillage
  C 354
pression d'injection I 183

résine échangeuse d'ions amphotère A 406

résine échangeuse ionique S 1455

résine en feuille pour enduction S 395

résine en pâtes P 97

résine époxy à durcissement aminique A 392

résine époxy au goudron T 63

résine époxy chargés d'argent S 539

résine époxyde E 263

résine époxyde à base du diphénylolpropane E 265

résine époxyde à couler E 250

résine époxyde bromée B 420

résine époxyde chargés de poudres minérales E 266

résine époxyde modifié au caoutchouc R 586

résine époxyde-novolaque E 270

résine époxy dispersée dans l'eau W 23

résine époxy électroconductrice S 539

résine époxy modifié au caoutchouc R 586

resine époxy phénolique P 188

résine époxy renforcée par fibre de verre G 76

résine époxy thermodurcissable H 76

résine éthénique E 300

résine fluorée F 505

résine furannique F 732

résine furfurolique F 733

résine-gomme V 72

résine incomplètement durcie C 475

résine industrielle I 94

résine ininflammable F 263

résine maléique M 34/5

résine mélamine M 147

résine mélamine-phénol-formaldéhyde M 149

résine méthacrylique M 256

résine modifiée M 382

résine modifiée à l'huile O 13

résine modifiée au caoutchouc R 274

résine naturelle N 10

résine non floculant N 68

résine novolaque crésolique C 970

résine novolaque époxydée E 248

résine oléoréactive O 18

résine cléo-soluble O 20

résine peu contractible L 335

résine phénol-aniline P 186

résine phénol-formaldéhyde P 183

résine phénol-furfuralique P 184

résine phénolique P 193

résine phénoxy P 200

résine polyamide P 560

résine polyester P 606

résine polyester insaturée U 104

résine polymérique P 654

résine polyterpène P 717

résine pour adhésif A 162

résine pour disques abrasifs G 223

résine pour le fabrication de moules et de maquettes T 411

résine pour meules G 223

résine pour moulage à basse pression C 716

résine pour moulage basse pression C 716

résine pour moulage en coquille S 425

résine pour stratifiés L 46

résine pour vernis C 438, P 33

résine pré-accélérée A 38

résine précatalysée C 127

résiner R 251

résine résistant à la flamme F 263

résine retardant la combustion F 263

résine silicone S 530

résine soluble dans l'eau W 58

résine souple S 744

résine sous-cuite C 475

résines phtaliques-polyestériques modifiées par uréthannes H 428

résine synthétique A 555

résine synthétique à base de styrène S 1306

résine synthétique conductrice C 666

résine synthétique consommable A 3

résine synthétique durcissant à la pression atmosphérique N 101

résine synthétique spéciale F 626

résine technique I 94

résine thermodurcissable T 291

résine urée-formaldéhyde U 133

résine uréthanne-acrylate U 137

résine vinylique V 137

résine vinylique dispersable S 1128

résine vinylique dispersible S 1128

résine xylénique X 18

résinification R 264

résinographie R 268

résistance R 310

résistance absolue en pelage A 24

résistance à humidité W 203

résistance à l'abrasion A 9

résistance à la chaleur T 222

résistance à la chaleur et à l'humidité R 295

résistance à la compression C 622

résistance à la corrosion C 873

résistance à la coupe C 1111

résistance à la craquelure C 932

résistance à l'action du climat tropical R 304

résistance à la déchirure T 72

résistance à la déchirure par aiguilles N 24

résistance à la décomposition thermooxydative T 259

résistance à la déformation R 290

résistance à la dégradation thermooxydative T 259

résistance à la fatigue F 47

résistance à la fatigue en flexion alternée B 153

résistance à la fissuration C 932

résistance à la fissuration par tension T 123

résistance à la fissure sous tension S 1204

résistance à la flexion B 151, D 66

résistance à la flexion à froid C 478

résistance à la flexion alternée A 375, F 399, R 344

résistance à la flexion permanente D 66

résistance à la flexion répétée B 153

résistance à la flexion sous tension T 118

résistance à la fragilité R 287

résistance à la fragilité de fusion M 196

résistance à la friction F 689

résistance à la friction sèche R 291

résistance à l'allongement d'une déchirure T 870

résistance à la lumière L 152

résistance à la moisissure F 728

résistance à la perforation P 1129, P 1130

résistance à la pourriture R 559

résistance à la putréfaction R 559

résistance à la radiation R 21

résistance à la rayure S 77

résistance à l'arc A 526

résistance à la rupture C 934, F 648, R 608, T 72

résistance à la rupture sous l'influence de chocs dynamiques momentanés R 300

résistance à la rupture transversale B 151

résistance à la surcuisson O 127

résistance à la traction T 72, T 123

résistance à la traction de cisaillement T 135

résistance à l'eau W 47

résistance à l'eau chaude H 409

résistance à l'eau ressuée H 423

résistance à l'ébullition B 304

résistance à l'écaillage F 289

résistance à l'éclatement B 486

résistance à l'écoulement F 471

résistance à l'empilement C 261

résistance à l'environnement E 241

résistance à l'érosion E 282

résistance à l'essence P 177

résistance à l'essence de pétrole P 177

résistance à l'état sec D 616

résistance à l'extraction S 451

résistance à l'huile O 19

résistance à l'huile minérale M 330

résistance à l'hydrolyse H 462

résistance à l'impact sur l'entaille N 108

résistance à l'incandescence R 294

résistance à l'irradiation R 21

résistance à l'ozone O 164

résistance à l'usure S 179, W 75

résistance améliorée aux endroits de pliage C 949

résistance à oxydation O 155

résistance après cycle de conditionnement hygrométrique R 285

résistance à sec D 616

résistance au brouillard salin S 17

résistance au cheminement T 479

résistance au choc I 33

résistance au choc à basse température B 141

résistance au choc à la bille F 32

résistance au choc au mouton F 32

résistance au choc avec entaille N 108

résistance au choc sur l'entaille N 108

résistance au choc thermique T 218

résistance au cisaillement S 378

résistance au cisaillement à l'interface I 285

résistance au cisaillement de chevauchement L 64

résistance au cisaillement d'un assemblage à recouvrement L 64

résistance au cisaillement sous pression P 979

résistance au cisaillement sous tension T 135

résistance au clivage I 297, S 831/2

résistance au cloquage B 447

résistance au délaminage I 297

résistance au farinage R 288

résistance au fendage S 831/2

résistance au feu F 302, R 292/3

résistance au flambage B 448

résistance au fluage C 962

résistance au fluage de longue durée C 962

résistance au froid C 495

résistance au froissement C 950

résistance au frottement A 9

résistance au gel F 673

résistance au gel et au dégel F 674

résistance au gonflement R 302

stabilisant lumière U 57
stabilisant thermique H 140
stabilisant UV U 57
stabilisateur S 1045
stabilisateur de tension V 176
stabilisation S 1041
stabilisation à long terme L 288
stabilisation contre l'influence de lumière P 232
stabilisation thermique T 223
stabiliser S 1042, S 1043
stabilité E 211, P 154
stabilité à la chaleur T 222
stabilité à la lumière L 152
stabilité à long terme L 286
stabilité au cisaillement S 377
stabilité de couture S 207
stabilité de forme D 167
stabilité de forme thermique T 97
stabilité de la couleur C 543
stabilité des arêtes E 12
stabilité dimensionnelle D 286, D 287, S 351
stabilité dimensionnelle à chaud T 97, T 292
stabilité du collage B 328
stabilité rhéodynamique R 362
stabilité thermique T 222, T 292
stabilité thermooxydative T 260
stable E 214
stable à la chaleur H 141
stable à la lumière L 157
stable au froid C 496
stable au point de vue de la dimension D 285
stable au vieillissement R 307
stable dimensionnellement D 285
stade de gonflement S 1432
standard S 1063
standard de couleur C 545
standard de référence photographique P 220
station de découpage C 1108
station d'évaporation E 328
stator S 1088
stéarate S 1100
stéarate de calcium C 15
stéarate de zinc Z 5
stockage S 1055, S 1146
stockage de longue durée P 157
stockage de matières plastiques P 439
straingauge E 383
strate L 98
strate décorative P 100
strate de renforcement imprégnée I 45
strate de renforcement imprégnée et découpée I 44
strate de renforcement vernie I 45
strate de surface S 1397, T 433
strate extérieure F 22
strate pigmentée P 252
strate superficielle T 433
stratificateur de mousse à double bande transporteuse C 743
stratification I 295, L 51
stratification continue C 742

stratification croisée C 999
stratification par coulage P 31
stratification par coulée P 31
stratification par imprégnation sous pression d'injection A 323
stratifié L 30
stratifié à base de fibres agglomérées H 31
stratifié à base de fibres imprégnées H 31
stratifié à base de papier L 29
stratifié à base de tissu L 21
stratifié à base d'urée U 134
stratifié à couches croisées A 374, C 1000
stratifié à plis croisés A 374
stratifié à plusieurs couches M 605
stratifié à plusieurs strates M 605
stratifié à structures en nid d'abeilles H 314, H 315
stratifié bois F 286
stratifié croisé C 1000
stratifié de fibres de verre G 72
stratifié de postformage P 785
stratifié en planche L 34
stratifié insensible aux cigarettes allumées C 328
stratifié moulé L 27
stratifié moulé à la main H 15
stratifié moulé par centrifugation C 199
stratifié moulé sans pression C 709
stratifié-papier L 29
stratifié phénolique P 191
stratifié plastique L 30
stratifié post-formable P 784
stratifié postformé P 785
stratifié pressé préalablement P 907
stratifié renforcé à la fibre de verre G 72
stratifié-tissu L 21
stratifié-verre R 262
stratifil F 130, R 571
stratifil avec torsion compensatoire N 112
stratifil bouclé S 1020
stratifil coupé C 313, C 1112
stratifil multifilament M 595
stratifil préimprégné L 236
stratifil silané S 511
stratifil torsion zéro N 112
striage P 415
striation C 1023, S 1232
striation alvéolaire C 155
striction N 16
strie S 1231
strie laiteuse R 99
stries S 397
stries froides P 264, S 397
strie trouble R 99
structure S 1283
structure à arête de poisson H 173
structure à chaîne pliée C 215
structure alvéolaire C 156
structure amorphe A 403
structure à réticulation spatiale S 839
structure cellulaire C 156
structure cristalline C 1060

structure de grain G 162
structure de la cassure G 163
structure de la soudure W 195
structure de modèle M 373
structure dendritique D 136
structure dense C 397
structure de particulaire P 80
structure de particule P 80
structure de surface S 1400
structure de tissu T 184
structure en chaîne S 225
structure en couche L 102
structure en nid d'abeilles H 316
structure en réseau L 97
structure en sandwich C 583
structure fibreuse F 132
structure fine F 243
structure gonflable à doubles parois A 307
structure granulaire G 162, G 167
structure intermoléculaire I 318
structure microcristalline M 291
structure moléculaire M 417
structure non orientée R 52
structure plastique dense D 137
structure réticulaire C 1011, L 97
structure sphérolithique de fine granulométrie F 239
structure superficielle S 1400
structure supermoléculaire S 1349
structure tête-à-queue H 58
structure tête-à-tête H 56
stylet G 190
styrène S 1295
styrène-butadiène bloc copolymère S 1297
styrène-butadiène carboxylé C 79
styrène-éthylène-butylène bloc copolymère S 1301
styrène résiduel R 243
submerger S 1311
submersion S 1313
substance adhésive durcie C 1076
substance adsorbée A 230
substance cristalline C 1047
substance étrangère F 598
substance fluorescente F 475
substance thermosensible H 132
substituer S 1314
substitution S 1316
substrat S 1319
substrat en forme de bande W 87
substrat métallique M 226
substratum S 1319
succion S 1322
sucement S 1322
suintage de constituants volatils F 559
suintement E 471
sulfate de baryum B 73
sulfate de baryum naturel B 90
sulfonation S 1336
sulfure de cadmium C 8
sulfure de polyphénylène P 695

sulfure de polypropylène P 702
superposition de couches L 107
superstructure S 1347
supplément de cote C 758
support B 374, C 86, S 1355, S 1357
support de grille G 211
support de la pièce moulée S 704
support de la table tournante T 647
support de tubes P 300
support du bac à couche C 427
support du cylindre B 78
support du tube P 288
support pivotant R 356
support pour le changement de moule automatique A 619
support rotatif S 876
support synthétique M 50
support tournant S 876
supposition du modèle M 369
suppression de vide V 4
surchauffe O 135
surchloration P 783
surcuisson O 126
surdosage O 128
surépaisseur M 8
surépaisseur de soudure W 147
surétirage O 148
surface S 1360
surface à coller B 333
surface activée A 114
surface adhésive A 184, B 333
surface antidérapante N 89
surface à vernir P 29
surface capillaire C 53
surface d'appui C 1104, P 964/5
surface de cisaillement S 381
surface de compression F 350
surface de contact B 370, C 720, F 350, I 275
surface de cordon de soudure W 125
surface défectueuse S 1071
surface de fluage Y 12
surface de glissement S 641
surface de l'assemblage collé A 147
surface de moulage projetée P 1052
surface de moule façonnant le contour S 354
surface de projection P 1051
surface de recouvrement O 136
surface de rupture F 647
surface de soudure W 125
surface d'essai T 171
surface dessinée P 99
surface du plaque de travail W 292
surface externe E 403
surface grainée G 158
surface graisseuse L 345
surface intérieur du moule S 354
surface mat D 631
surface mouillée W 219
surface obtenue par formage libre F 663
surface peinte P 38

téréphtalate de polyalkylène P 558

téréphtalate de polybutadiène renforcé aux fibres de verre G 81

téréphtalate de polybutylène P 578

téréphtalate de polytétraméthylène P 719

terminaison de chaîne C 226

terminer en cône/se T 50

ternir/se B 293

ternissement B 294

terpolyamide T 151

terpolymère T 152

terpolymère éthène-propène-diène E 312

terpolymère éthylène-propylène E 314

terpolymère éthylène-propylène-diène E 312

terre colorante M 324

test accéléré des matériaux Q 24

test à la spirale S 914

test à l'étincelle S 838

test à l'ongle F 245

test automatique par laser A 613

test climatique C 382

test d'abrasion A 13

test d'abrasion de service A 12

test de brossabilité d'une peinture B 432

test de cisaillement sous pression C 980

test de cisaillement sur stratifiés S 548

test de coin W 90

test de collabilité Q 1

test de criquage P 833

test de décroûtage à l'eau W 213

test de détachement brusque d'une bande adhésive R 346

test d'effort ondulé P 1103

test d'effort pulsatoire P 1103

test d'effort répété P 1103

test de fluage C 966

test de la structure S 1288

test de mouillabilité W 216

test de pelage en bandes S 1239

test de pelage en flexion B 146

test de protection aux conditions climatiques C 658

test de résistance à la flamme jaillissante F 295

test de résistance sous charge constante C 965

test de simulation de service S 316

test de sollicitation ondulée P 1103

test de sollicitation répétée P 1103

test destructif D 171

test d'étanchéité S 199

test d'étanchéité sous pression P 1056

test de Thomaselli T 324

test de traction alternée P 1102

test d'exposition aux agents atmosphériques W 81

test d'exposition aux intempéries W 81

test d'immersion dans l'eau W 54

test d'incinération de plastique P 421

test d'une seule propriété S 571

test non destructif N 64

test préliminaire des colles P 908

tête à ailettes de centrage de la torpille S 881

tête à buses H 89

tête accumulatrice A 49

tête accumulatrice à piston annulaire T 615

tête à charnières S 1436, S 1141

tête à deux feuilles coextrudées T 687

tête à filer S 898

tête à granuler G 178

tête à mandrin S 881

tête à six pans creux I 324

tête à torpille T 439

tête chauffante H 89

tête d'alimentation D 122

tête d'alimentation centrale C 189

tête d'alimentation latérale S 498

tête d'angle A 417

tête d'application D 372

tête de boudineuse E 429

tête de boudineuse avec tamis E 456

tête de boudineuse pour tubes H 54

tête de boudineuse pour tubes flexibles T 606

tête de buse N 127

tête de chargement F 68

tête de graissage plate F 362

tête de granulation G 178

tête de lubrification sphérique S 872

tête de mélange M 351

tête de mélange autonettoyante S 250

tête de mélange à va-et-vient R 107, T 551

tête de mélange par injection à contre-courant C 892

tête de mesure T 157

tête d'enduction C 432

tête d'enduction sous fusion H 363

tête d'enrobage W 270

tête de paraison P 61

tête de pistolage alternative R 107, T 551

tête de pistolage intermittent I 312

tête d'équerre A 417, C 994

tête de remplissage F 68

tête de renvoi D 420

tête de son S 525

tête de soudage W 151

tête de soufflage B 261

tête de soufflage à torpille T 440

tête de soufflage de film F 193

tête de soufflage perdue L 307

tête de soufflage pour feuilles extrudées en gaine B 284

tête d'extrudeuse E 429

tête d'extrudeuse à double cône pour tubes D 453

tête d'extrudeuse avec tamis E 456

tête d'extrudeuse pour bandes S 1244

tête d'extrudeuse pour enrobage de câbles C 2

tête d'extrudeuse pour gainage de câbles C 910

tête d'extrudeuse pour profilés P 1043

tête d'extrudeuse pour revêtement de câbles C 910

tête d'extrudeuse pour tubes P 283

tête d'extrudeuse pour tubes flexibles T 606

tête d'extrudeuse verticale V 92

tête d'extrusion pour bandes S 1244

tête d'extrusion pour tubes P 283

tête d'extrusion pour tubes flexibles T 606

tête d'extrusion verticale V 92

tête d'injection à déterminer le comportement de produits d'extrusion sous charges ondulées S 1435

tête d'injection double T 654

tête droite S 1158

tête du pot N 116

tête malaxeuse de courants parallèles P 55

tête mélangeuse pour deux composantes T 655

tête munie de tamis S 1171

tête palpeur T 478

tête perdue L 307

tête porte-poinçon P 61

tétrabromodiane T 172

tétrachloréthylène T 173

tétrafluorure de carbone C 75

tétrahydrofurane T 174

tétrahydrofuranne T 174

tétraphényléthane T 176

textiles avec doublage mousse F 517

textiles enduits de plastique P 361

textiles plastés P 361

texture S 1283

texture cristalline C 1061

texture de feuille R 489

texture de surface S 1400

texture superficielle S 1400

TGD D 158

THF T 174

théorie continuelle C 756

théorie d'écoulement de second ordre S 222

théorie d'écoulement du second ordre S 222

théorie de l'adhésion T 191

théorie de la diffusion du collage D 265

théorie du modèle M 374

théorie électrostatique du collage E 157

thermobalance T 230

thermocouple T 237

thermocouple de plongée S 1119

thermodurci T 290

thermodurci renforcé aux fibres de verre courtes S 447

thermodurcissable T 285

thermodurcissable T 290

thermodurcissable renforcé aux fibres de verre courtes S 447

thermoélasticité T 241

thermoformable H 350

thermoformage T 245

thermoformage avec pré-étirage pneumatique P 489

thermoformage en relief profond V 37

thermoformage en relief profond sous vide V 37

thermoformage négatif N 28/9

thermoformage par emboutissage D 513

thermoformage par glissement S 673

thermoformage sous pression P 983

thermoformage sous vide V 12

thermoformage sous vide assisté par poinçon P 489

thermoformage sous vide au drapé D 515

thermoformage sous vide avec assistance pneumatique A 281

thermoformage sous vide sur coussin d'air A 328

thermoformage sur moule positif P 780

thermoformeuse B 238

thermographe T 102

thermogravimétrie T 251

thermogravimétrie en dérivation D 158

thermogravimétrie isotherme I 390

thermoimprimante T 282

thermomètre à résistance R 284

thermomètre enregistreur T 102

thermométrographe T 102

thermooxydation T 257

thermopapier T 261

thermophore H 67

thermoplastage H 119

thermoplaste T 264

thermoplaste biocyclique B 198

thermoplaste non renforcé U 98

thermoplaste partiellement cristallin renforcé aux fibres de verre courte S 448

thermoplaste partiellement réticulé P 66

thermoplaste renforcé R 186

thermoplaste renforcé aux fibres de verre G 88

thermoplaste renforcé aux fibres de verre courtes S 449

thermoplaste renforcé aux mats de fibres de verre G 95

thermoplasticité T 271

thermoplastique T 265

thermoplastique amorphe A 404

vitesse de rotation S 864
vitesse des bandes W 88
vitesse de séchage D 603
vitesse de sédimentation S 227
vitesse de serrage de la buse
  N 123
vitesse des feuilles W 88
vitesse de solidification S 756
vitesse de soudage W 165
vitesse d'essai T 161
vitesse de tirage H 48
vitesse d'étirage D 536
vitesse de tirage des feuilles
  F 225
vitesse de traction T 482
vitesse de transformation
  C 238
vitesse de vulcanisation R 65
vitesse d'examen T 161
vitesse d'extrusion E 466
vitesse d'injection I 185
vitesse d'introduction D 534
vitesse d'orientation D 536
vitesse d'ouverture O 55
vitesse moyenne de
  contrainte M 117
vitesse périphérique P 152
vitesse périphérique de la vis
  sans fin P 151
vitesse réactionnelle R 62
vitesse surmultipliée de la
  machine R 56
vitre méthacrylate de polymé-
  thyle P 481
vitre polyméthylméthacrylate
  P 481
vitre protectrice en plexiglas
  P 481
vitreux V 164
vitre verre acrylique P 481
voie à eau chaude S 1093
voie à vapeur S 1092, S 1093

voie calorifère S 1092, S 1093
voie calorifique H 106
voie d'eau W 24
voie de fusion P 1020
voile C 1094, F 378, N 98
voile de carde F 110
voile dichroïque B 217
voile enduit C 422
voiler/se B 293
voile revêtement O 144
volant en plastique moulé
  B 40
volatilisation V 174
volet de décharge S 649
volet de vidange D 344, S 649
volume B 457
volume apparent A 504
volume appliqué V 184
volume de chargement du
  moule M 493
volume de soufflage C 727
volume des vides V 171
volume du lot V 179
volume injectable M 112
volume injecté V 178
volume spécifique d'objet
  moulé S 852
volumineux B 469
vortex V 190
voyant de contrôle I 234
vulcanisation V 191
vulcanisation à froid C 510
vulcanisation à la température
  d'atelier C 510
vulcanite H 42

W

wash primer W 14
weatheromètre W 82

whisker W 231
white spirit W 238
wollastonite W 280

X

xénomètre X 6
xénotest X 5
xylène X 17

Y

yeux de poisson F 265
yield point Y 9

Z

zingage au feu H 339
zone à souder W 197
zone d'accumulation D 1
zone d'activation A 118
zone d'alimentation F 86,
  I 202
zone d'alimentation à effet
  convoyant C 786
zone d'alimentation rainurée
  G 231
zone d'assemblage J 31
zone de chauffage H 117
zone de compression C 620
zone de déformation D 77
zone de dégazage D 80, V 88
zone de désaération V 88
zone défectueuse S 1071
zone de fixation S 1048
zone de fluidité F 476

zone de formation de la gaine
  B 440
zone de fusion des cristallites
  C 1051
zone de jonction J 31
zone de la fente à vis S 132
zone de la soudure W 197
zone de la vis S 176
zone de la vitesse de cisaillement S 372
zone de malaxage K 27
zone de moulage M 523
zone de moussage S 938
zone d'entrée I 202
zone de plastification M 252
zone de pompage M 252
zone de ramollissement S 741
zone de refroidissement sur
  l'extrudeuse E 448
zone de solides de l'extrudeuse S 766
zone de soufflage B 274
zone de stabilisation S 1048
zone d'étirage D 537
zone d'étranglement T 346
zone de transition T 507,
  T 511
zone de transition d'un cordon de soudure R 153
zone de transition d'une ligne
  de soudure R 153
zone d'évaporation F 343
zone d'évent D 80
zone de vis S 176
zone d'expulsion M 252
zone d'homogénéisation
  M 252
zone pétrisseuse K 27
zone plastification P 397
zone sous-cuite U 62

Russisches Register

А

абляционный пластик A 2
абразив A 15
абразивная бумага A 21
абразивная шкурка A 17
абразивный валик E 184
абразивный инструмент
  A 22
абразивный материал A 15
АБС A 105
абсолютная вязкость D 682
абсолютное сопротивление
  отслаиванию A 24
абсорбент A 25, A 29
абсорбер для радикалов R 25
абсорбер для ультрафиоле-
  товых лучей U 47
абсорбционная емкость A 28
абсорбционная печатная
  краска P 978
абсорбционная способность
  A 28
абсорбционное поведение
  A 27
абсорбция A 26
АБС-сополимер A 106
аварийное свойство A 476
аварийный выключатель E 183
аварийный клапан S 12
АВГ E 337
автогенное управление A 600
автоклав A 590/1
автоклав для отверждения
  клея B 321
автоклавное отверждение
  A 593
автоклавный метод A 594
автоклавный метод изготовления слоистых материалов
  A 597
автоклав предварительного
  вспенивания P 847
автоклав-пресс A 596
автоклав с быстродействую-
  щим затвором A 598
автоклав с мешалкой A 271
автомат для выемки изделий
  M 479
автомат для выемки литников
  S 1000
автомат для изготовления и
  наливания блистерупаковки
  F 612
автомат для изготовления пе-
  нистых изделий S 347
автомат для копирования кон-
  тур O 119
автомат для лакирования рас-
  пылением A 625
автомат для литья под давлением A 612
автомат для наливания и укупорки тюбиков из
  пластмассы F 179
автомат для наполнения и
  укупорки F 178
автомат для наполнения и
  укупорки тюбиков из
  пластмассы F 179
автомат для определения ин-
  декса расплава M 170
автомат для термоформо-
  вания и укупорки упаковок
  B 238
автомат для удаления литников и гратов S 1013
автомат для укупорки C 58

автоматизированная переработка пластмасс в изделия
  с применением ЭВМ C 632
автоматическая гидравличе-
  ская машина для литья под
  давлением H 447
автоматическая замена вали-
  ков A 623
автоматическая замена
  формы A 617
автоматическая наладка машины A 615
автоматическая переработка
  армированных пластиков
  A 602
автоматическая подача A 608
автоматическая подстройка
  частоты A 610
автоматическая сварка A 628
автоматическая сервогидрав-
  лическая испытательная машина C 393
автоматическая смазка A 614
автоматическая трансмиссия
  P 310
автоматический выключатель
  A 606
автоматический дозатор A 627
автоматический дозирующий
  прибор A 627
автоматический крутильный
  маятник O 102
автоматический пресс A 622
автоматический трансферный
  пресс A 626
автоматическое выталкивание
  A 607
автоматическое загружение
  A 608
автоматическое загрузочное
  устройство S 261
автоматическое измерение
  толщины лазером A 613
автоматическое измерение
  толщины пленок лазером
  A 613
автоматическое испытание
  кипячением A 605
автоматическое литье под
  давлением A 611
автоматическое нанесение
  пульверизацией A 603
автоматическое отборочное
  устройство S 258
автоматическое питание
  A 608
автоматическое поддержание
  заданной температуры
  пресс-формы T 414
автоматическое рабочее
  время машины S 240
автоматическое съемное
  устройство R 219
автоматическое управление
  F 723
автоматическое устройство
  выемки R 436
автоматическое фиксирова-
  ние формы A 621
автоокисление A 631
автополимеризация S 266
автофореза A 629
агглютинант A 262
агглютинация A 263
агент A 258
агент для предотвращения
  миграции компонентов
  A 469

агент для предотвращения
  образования наплыва
  A 487
агент для предотвращения
  образования узора типа
  «мороз» A 466
агент набухания S 1425
агент обрыва цепи C 212
агент повышения клейкости
  T 12
агент, предотвращающий све-
  товое старение U 57
агент скольжения S 665
агломерат A 260
агломерация A 261
агрегат для вакуумной кали-
  бровки V 7
агрегат для горячего грануло-
  рования F 19
агрегат для крашения C 537
агрегат для подводного гра-
  нулирования U 71
агрегат для получения пло-
  ских пленок F 358
агрегат для поперечной резки
  S 678
агрегат для продольной резки
  S 678
агрегат для прослаивания
  расплавом M 174
агрегатирование U 87
агрегатированная система
  охлаждения M 384
агрегат каландров C 26
агрегатная конструкция S 236
агрегатная система U 87
агрегат предварительного
  вспенивания P 853
агрегат с каландром C 21
агрегат с раклей для на-
  несения покрытий D 422
агрегаты экструзионной
  линии E 354
агрегация водяных паров
  C 411
агрегация молекул в расплаве
  C 410
адаптивное управление про-
  цессом A 133
адгезив на стекловолокнах
  F 109
адгезиометр A 149
адгезионная прочность
  A 207
адгезионная прочность на
  разделе фаз I 278
адгезионная прочность, опре-
  деляемая видом поверхности S 1399
адгезионная прочность при
  повышенной влажности
  W 203
адгезионная способность
  A 187
адгезионное соединение, по-
  лученное литьем под давлением I 161
адгезионный слой A 183,
  A 184
адгезия A 150
адгезия в пограничном слое
  I 277
адгезия, зависящая от при-
  роды веществ S 847
адгезия между однородными
  материалами A 601
адгезия между различными
  материалами H 178

адгезия между слоями I 298
адгезия между слоями по-
  крытия I 272
адгезия между смолой и сте-
  клом G 99
адгерометр A 149
аддитив для лакокрасочного
  материала P 20
аддитивная полимеризация
  P 554
адиабатическая экструзия
  A 216
адиабатический A 214
адиабатический процесс
  A 217
адиабатическое изменение
  A 215
адиабатическое изменение
  состояния A 215
адиабатный A 214
адипинамид A 218
адипиновая кислота A 220
адсорбат A 230
адсорбент A 231
адсорбированное вещество
  A 230
адсорбирующая смола A 232
адсорбционная емкость
  A 238
адсорбционная способность
  A 238
адсорбционная установка
  A 237
адсорбционная хромато-
  графия A 234
адсорбционный слой A 236
адсорбция газов G 4
азеотропная прививочная со-
  полимеризация A 650
азеотропная смесь A 649
азоизобутиронитрил A 652
азоинициатор A 651
азотированная гильза A 533
азотонаполненный реометр
  N 49
акароид A 31
акароидная смола A 31
акварельная краска W 26
аккумулятор давления H 433,
  P 934
аккумулятор для ленты перед
  ламинатором E 235
аккумулятор для ленты после
  ламинатора E 344
акридиновый краситель A 87
акрилат A 94
акриловая кислота A 90
акриловая смола A 100
акриловый клей A 93
акриловый клей конструк-
  ционного назначения A 102
акриловый контактный клей
  A 99
акриловый пластик A 98
акрилонитрил A 103
акрилонитрил-акрил-стиро-
  ловый сополимер A 104
акрилонитрилбутадиенстирол
  A 105
акрилонитрилметилметакри-
  лат A 108
акрилонитрильный каучук
  A 110
акрилсульфонамидная смола
  A 112
активатор A 119
активированная анионная полимеризация A 113

активированная поверхность A 114
активируемый теплотой клей H 127
активная опора A 120
активная поверхность S 1365
активный наполнитель A 121
акустическая изоляция S 815
акустическое испытание A 85
акцептор кислот A 70
акцептор электронов E 117
алифатический амин A 346
алифатический полиимид A 350
алифатический полиамин A 348
алифатический полиэфир A 349
алифатический углеводород A 347
алкалиметр A 353
алкидная смола A 361
алкидная смола, модифицированная полиуретаном U 131
алкидный пластик P 604
алкицианоакрилатный клей A 362
алкильная перекись A 363
алкин A 364
аллилглицидный полиэфир A 372
аллилглицидный эфир A 371
аллилглицидэфирный полимер A 372
алмазная шлифовальная паста D 189
альбуминовый клей A 335
альгинатное волокно A 340
альдегид A 337/8
альдегидная смола A 339
алюминиевая крупка A 384
алюминиесиликатный натрий S 734
амид натрия S 733
амидный отвердитель A 391
амидоотвержденная эпоксидная смола A 390
аминный отвердитель A 393
аминоотвердитель A 393
аминоотвержденная эпоксидная смола A 392
аминопласт A 394
аминопласт на основе меламина M 147
аминопластная пресс-масса A 395
аминопластный прессовочный материал A 395
аминосилан A 397
аминосилановое усиливающее адгезию вещество A 398
аминосмола A 96
амортизатор B 449
амортизация S 436
амортизация колебаний V 108
амортизирующий эффект C 1101
аморфная область A 400
аморфная структура A 403
аморфное состояние A 402
аморфность A 399
аморфный полупроводник A 401
аморфный термопласт A 404
амплитуда D 64
амплитуда рассеяния S 50

амплитуда ультразвука U 11
амфотерная ионообменная смола A 406
анализатор A 410
анализатор клеев A 159
анализатор микрофотоснимков I 10
анализ ближнего порядка S 308
анализ взвешиванием фракций F 639
анализ выделяемого газа E 337
анализ выпариванием V 175
анализ крутильных колебаниями T 454
анализ по звуковому просвечиванию S 813
анализ по скорости испарения E 331
анализ хода заполнения формы с использованием ЭВМ C 626
аналитические весы C 263
анаэробная замазка для фланцев A 409
анаэробный клей A 408
ангидрид A 427
ангидрид гексагидрофталевой кислоты H 181/2
ангидрид карбоновой кислоты C 80
ангидрид кислоты A 71
ангидридоотвердитель A 428
ангидрид стирен-малеиновой кислоты S 1302
ангидрид титановой кислоты T 388
ангидрид фталевой кислоты P 236
анизотропия A 436
анизотропия по плотности D 140
анизотропия слоистых пластиков A 437
анизотропия усадки S 476
анизотропный A 435
анилиновая смола A 430
анилиновый краситель C 418
анилиноформальдегидная смола A 429, A 430
анионит A 433
анионная полимеризация A 434
анионообменная смола A 433
анкерный болт T 364
анодирование A 449
анодирование серной кислотой S 1338
анодная обработка A 449
анодное нанесение покрытий A 448
аномалия вязкости N 80
антиадгезив D 507
антиадгезионное свойство A 489
антиадгезионный слой E 19
антибактериальная обработка A 454
антибактериальное средство B 196
антибактерийная добавка A 453
антивспениватель A 470
антидеградант A 467
антикоагулятор A 459
антикоррозионная бумага C 872

антикоррозионная грунтовка A 465, C 866
антикоррозионная краска A 464, R 610
антикоррозионная окраска A 463
антикоррозионное покрытие A 463, C 874
антикоррозионное свойство C 868
антикоррозионное средство A 462, A 486
антикоррозионный C 869
антикоррозионный грунтовочный лак A 465
антиозонат O 165
антиокислитель A 481
антиокислительная присадка A 481
антиосаждающий агент A 490
антипластификатор A 482
антирад A 484
антистатик A 494
антистатическая отделка A 495
антистатический финиш A 495
антистатическое вещество A 494
антистатическое средство A 494
антифриз A 477
антифрикционное поведение S 647
антифрикционное свойство S 663
антифрикционные свойства S 671
антифрикционный термопласт L 346
аппарат для измерения степени щелочности A 353
аппарат для литья изделий из смол с применением вакуума V 34
аппарат для наложения липкой пленки F 211
аппарат для определения экструдируемости E 441
аппарат для сварки нагретым воздухом H 335
аппарат для сварки нагретым газом G 7
аппарат для сварки ультразвуком U 41
аппрет D 549, S 600
аппрет для улучшения адгезионных свойств C 905
аппретирование D 548
аппретировать D 547
аппретирующий валок D 550
аппретура D 549
арматура I 221
армирование A 536
армирование асбест A 564
армирование длинными волокнами L 271
армирование металлическими волокнами M 219
армирование металлом M 238
армирование ориентированными короткими волокнами O 89
армированный волокнами из арамида термопласт A 524
армированный длинными волокнами термопласт L 270

армированный короткими стекловолокнами пластик S 449
армированный коротковолокнистыми стекловолокнами термопласт S 449
армированный пенопласт R 181
армированный пластик R 183
армированный стекломатом термопласт G 95
армированный структурнопенистый материал R 185
армированный термопласт R 186
армированный шланг A 534
армировать R 179
армирующая ткань R 193
армирующее вещество S 1047
армирующее воздействие R 188
армирующее волокно R 190
армирующие эффекты наполнителей R 189
армирующий материал R 187, R 192
армирующий наполнитель R 191
армирующий слой F 185
ароматическая боковая цепь A 545
ароматические гетероциклические полимеры A 543
ароматический амин A 537
ароматический лестничный полимер A 539
ароматический полиамид A 540
ароматический полиамин A 541
ароматический полиуретан A 544
ароматический простой полиэфир A 542
ароматический углеводород A 538
арретир L 257
арретированная лопасть F 278
архитрав C 998
асбест A 557
асбестовое волокно A 560
асбестовое уплотнение A 562
асбестовый картон A 558
асбестовый наполнитель A 564
асбестонаполненный термопласт A 563
асбомасса A 559
асботермопласт A 563
асимметричное напряжение R 227
атактический A 577
атактический полимер A 578
атласное переплетение S 35
атлас цветов C 540
атмосферное воздействие E 390, N 14, W 77
атмосферостойкость O 108
атомный вес A 585
афишная краска L 219
ацеталевая смола A 55
ацеталевый сополимер A 52
ацетальдегид A 53
ацетальный пластик A 54
ацетатная пленка A 57
ацетатная филаментная нить R 73

дренаж D 511
дренажная труба D 510
дренировать D 509
дробилка C 1032, G 176
дробилка для литников F 64
дробилка для отходов S 72
дробилка с шипами T 114
дробилка типа «пьяной
  бочки» G 253
дробильная машина D 354
дробильно-размольная обработка отходов S 73
дробильные вальцы C 1033/4
дробильный валок C 921
дробить C 1030
дробление первого приема
  A 548
дросселирующий элемент
  R 322/4
дроссель T 345
дроссельная заслонка D 6
дроссельное частное T 344
дроссельный клапан B 491,
  D 6, T 345
ДСК D 255
ДТА D 256
ДТГ D 158
дубильная пленка S 631
дублирование C 425, D 488
дублирование блестящими
  пленками G 126
дублирование каландром
  C 19, R 492
дублирование каландром
  с раклей K 34
дублирование клеем A 166
дублирование пластмасс ме-
  таллами M 241
дублирование растворителем
  S 789
дублирование экструзией
  E 457
дублированная пленка B 184
дублированная пленка с вну-
  тренними пузырями B 184
дублированная слоем пласта
  бумага P 360
дублированная ткань P 361
дублированный листовой материал L 24
дублировать B 1, C 16
дублировочное устройство
  D 470
дублирующая машина L 43
дублирующий каландр D 489
дуговая лампа C 63
дуговая сварка A 530
дугостойкий G 131
дугостойкость A 526
дуромер D 641
дуропласт T 290
дутьевое формование B 280
дутьевой способ B 223
дыропробивка P 1122
дыропробивное устройство
  P 144
дыропробивной инструмент
  P 1123
дыропробивной пресс P 1127
дыропробивной станок P 773
дырочка P 305
дырочное сопло H 284
дюкер E 26

Е

елкообразный рисунок P 264
емкость V 183
емкость для гранулята G 170
емкость для клея A 172
емкость для краски S 523
емкость для обливания C 339
емкость для перемешивания
  B 233
емкость дозирования D 439
емкость дозировки M 251
емкость из полиэтилена P 715
емкость конденсатора C 47
емкость с дозирующим
  устройством C 724
емкость-установка для получения расплавов клеев T 45
емкость-установка для получения расплавов клеев
  с одним диапазоном плавления S 581
емкость-установка для получения расплавов клеев
  с предварительным и
  основным диапазонами
  плавления G 209
естественная конвекция N 7
естественное старение N 5
естественный краситель N 8
естественный цвет S 253

Ж

жаростойкий H 141
жаростойкий клей H 252
жаростойкость F 302, R 294
жать S 1031
желатинизация G 43
желатинирование G 43
желатинирование под давлением P 952
желатинирующее средство
  G 42
желатиновый клей A 432
желирование G 43
желоб C 325
желобок G 226
желоб орошения C 802
желтеть Y 5
жесткая пена R 391
жесткая пластмасса R 394
жесткая пластмассовая плита
  R 395
жесткая пластмассовая упа-
  ковка с внутренней
  пленкой B 28
жесткая пленка R 392
жесткая стеклоткань H 215
жесткий R 390
жесткий лист R 392
жесткий ПВХ U 130
жесткий пенопласт R 391
жесткий поливинилхлорид
  U 130
жесткий полиуретановый пенопласт R 398
жесткий полиэтилен H 186,
  R 397
жесткий при изгибе валок
  R 498/9
жесткий ячеистый материал
  R 391
жесткий ячеистый материал
  на основе полиуретанизо-
  цианурата P 638
жесткое крепление S 1121

жесткое при изгибе пресс-из-
  делие F 397
жесткость R 393
жесткость воды W 36
жесткость масла O 21
жесткость на кручение S 1125
жесткость при изгибе S 1124
жесткость при кручении
  S 1125
жесткость при нагружении
  S 1126
жечь S 56
живица T 648, V 72
живой полимер L 226/7
животный клей A 432
жидкая краска L 206
жидкая смесь на основе ПВХ
  P 456
жидкая смола S 744
жидкий азот L 216
жидкий кремнекаучук L 217
жидкий полисульфидный по-
  лимер T 317
жидкое металлическое мыло
  L 215
жидкое стекло W 34
жидкокристаллический полимер L 209
жидкокристаллический полиэфир L 208
жидкокристаллический тер-
  мопласт L 210
жидкостная хроматография
  высокого давления L 227
жидкостный демпфер D 15
жидкостный хроматограф
  L 204
жидкостный хроматографиче-
  ский анализ L 205
жидкость-теплоноситель H 66
жидко-хроматографический
  анализ L 205
жизнеспособность G 45,
  W 291
жирная алкидная смола L 280

З

забойка T 38
заболевание кожи, вызванное
  действием эпоксидных
  смол E 251
заваривание цапф в отвер-
  стие ультразвуком U 34
заведенные нити S 1020
завесная сушилка L 295
завивать C 977
зависимость от давления
  P 943
зависимость от температуры
  T 94
завихрение T 636
завихритель S 913
заводская нормаль C 563
заводской стандарт C 563
загиб D 62
заглушение звука S 815
заглушка H 271
заготовительное произ-
  водство P 848
заготовка P 857, P 858, S 281
заготовка для формования
  раздуванием T 614
заготовка для холодного тис-
  нения H 270
заготовка из пенопласта
  B 222

заготовка из термопласта
  T 278
заготовлять P 892
заготовочная форма P 863
загружать C 247/8
загрузка L 238, M 529
загрузка машины M 2
загрузка экструдера E 427
загрузочная вакуумная во-
  ронка V 19
загрузочная воронка H 319
загрузочная воронка для гранулята G 175
загрузочная воронка с дозирующим по объему при-
  способлением V 186
загрузочная головка F 68
загрузочная зона I 202
загрузочная камера L 239,
  S 294, T 489, T 496
загрузочная плита L 244,
  F 169, T 489, T 496
загрузочная полость L 239
загрузочное окно C 249
загрузочное отверстие C 249,
  F 184, L 254
загрузочное пространство
  L 239
загрузочное устройство F 62
загрузочный автомат L 243
загрузочный бункер F 72,
  H 319
загрузочный валок F 73, F 78
загрузочный вес L 230
загрузочный зазор между
  валками R 495
загрузочный лоток C 250,
  L 247
загрузочный поршень L 241
загрязнение C 726, F 628,
  S 721
загрязнение гранулята G 171
загрязнение покрытий D 340
загрязненность C 726
загрязняющееся углубление
  D 341
загуститель T 297
загустка T 297
заданная температура C 863
заданный параметр P 58
заданный размер P 839
задатчик R 151
задвижка M 366, S 638, S 642
задвижка для сыпучего материала S 643
заделка E 166
заделка расширением E 360
заделывание концов оболочек
  E 208
задержка замыкания пресс-
  формы D 657
задержка замыкания формы
  I 60
задир S 76
задирание S 238
задний валок B 15
заедание D 506, S 238
зажим C 348
зажим для пленок S 393
зажим для электродов E 104
зажимная втулка A 132,
  S 1352
зажимная плита M 461
зажимная плита распредели-
  теля M 48
зажимная плита формы
  M 461
зажимная рама C 350

невредная для позвоночных животных дневная доза N 52

негативная часть F 90

негативная часть формы F 90

негативное вакуумное формование S 1165

негативное термоформование N 28/9

негативное формование с прижимной рамой S 673

негибкая плита формы R 396

неглубокий чан F 367

негомогенность I 130

негорючий I 69

недеформируемый D 285

недодержание U 63

недолитое изделие S 450

недопрессованное изделие S 450

недопрессованное место U 62

недопрессованный реактопласт C 475

недопрессовка S 450, S 486

недостаточная доза U 66

недостаточная поверхностная обработка I 58

недостаточная центрировка формы M 534

недостаточное заполнение формы S 453

недостаточное наполнение формы расплавом H 40

недостаточное отверждение U 63

недостаточное питание U 66

недостаточно отвержденный реактопласт C 475

нежелательная примесь U 113

нежелательный след сварного шва W 146

не желтеющий N 100

нежесткий пластик N 86

незакрепленный пуансон L 300

незаполненный клеем шов S 1072

неизвитое волокно S 1159

неизотермический процесс N 71

неизотермическое деформационное течение N 70

нейтронная радиография N 36

нейтронография N 36

некарбонатная жесткость воды N 58

некачественный клеевой шов S 1072

не клейкий T 8

нелетучая составная часть N 97

нелинейно вязкоэластическое соотношение напряжение-растяжение N 73

нелинейное поведение полимеров под напряжением N 72

немагнитное покрытие N 75

немигрирующий пластификатор N 76/7

немодифицированная меламиновая смола S 1163

ненаполненный пластик U 97

ненаполненный термопласт U 98

ненасыщенная группа U 100

ненасыщенная полиэфирная смола U 104

ненасыщенность U 105

ненасыщенный U 99

ненасыщенный полиэфир U 101

неньютоновский характер N 78

неньютоновское поведение N 78

необработанное литьевое изделие R 560

необработанный лист R 487

не образующий бугорки N 57

необратимая деформация P 367, V 159

необрезанный U 111

необрезанный блок из пенополиуретана B 470

необходимое количество разбавителя T 309

неоднородность I 130

неоднородность расплава M 183

неоднородность усадки S 476

неоднородный кипящий слой I 131

неоднородный псевдоожиженный слой S 694

неокрашивающий антиокислитель N 90

неопреновый каучук P 584

неорганический наполнитель M 325

неорганический наполнитель для снижения влагопоглощения M 328

неорганический наполнитель для улучшения диэлектрических свойств M 329

неорганический наполнитель для улучшения свойств M 326

неорганический наполнитель для улучшения теплостойкости M 327

неорганический пигмент I 217

неорганический полимер G 64

неорганическое твердое смазочное средство L 100

неотравляющий N 96

непенистое изделие N 60

неплавкий I 124

неплавкость I 123

непластифицированный U 96

непластифицированный гранулят C 309

непластифицированный ПВХ U 130

непластифицированный поливинилхлорид U 130

неподвижная плита F 279, N 133

неподвижная плита пресса R 316

неподвижная плита формы F 276

неподвижная профилирующая губка S 1084

неподвижная фланцевая муфта F 277

неподвижная часть литьевой формы C 913

неполярный пластик N 81

непористый N 82

непосредственная обработка газом D 329

непосредственное наслоение D 326

непосредственное регранулирование отходов O 39

непредельный U 99

непрерывная вискозиметрия O 40

непрерывная загрузка смесителя S 1189

непрерывная лента C 749

непрерывная месильная машина C 741

непрерывная пленка C 749

непрерывная работа C 745

непрерывная роликовая сварка C 748

непрерывная сварка S 206

непрерывная сварка роликом C 748

непрерывная эксплуатация C 745

непрерывно дозирующая, смешивающая и отливающая установка H 465

непрерывное изготовление блочного пеноматериала C 747

непрерывное изготовление слоистых материалов C 742

непрерывное литье C 733

непрерывное литье под давлением пенопластов двумя пластицирующими устройствами T 671

непрерывное применение P 159

непрерывное стекловолокно G 92

непрерывное элементарное волокно C 736

непрерывный лист C 749

неприводной валок I 5

не прожигаемая огнем сигареты многослойная плита C 328

непрозрачная краска B 301, O 46

непрозрачность O 47

непрозрачный O 44

непрозрачный краситель L 12

непрозрачный покрывной слой O 45

непромокаемый W 62

непроницаемость T 367

непроницаемость для водных паров W 66

неравномерное выдавливание расплава M 165

неравномерное пропитывание M 444

неравномерное течение F 478

неравномерности на поверхности R 415

неравномерности поверхности T 79

неравномерный ход машины I 290

неравномерный шаг нарезки червяка V 58

неразбиваемость S 357

неразветвленная макромолекула L 184

неразветвленная молекула S 1155

неразделимые соединения I 220

неразрушающее испытание материалов N 64

неразрушающий контроль качества N 65

неразъемное соединение P 156

нерастянутая нить U 74

несвариваемый U 115

несветящееся пламя N 74

несминаемая отделка C 948

несминаемость C 950

несовместимость I 70

несовместимый I 71

не содержащий масла сжатый воздух O 10

не содержащий пластификатора V 96

не содержащий растворителей S 783

не содержащий усадочных раковин V 169

нестабильность течения F 455

нестандартизованная пластмасса N 111

нестационарное распределение температур N 92

нестационарное течение N 91

нетактический полимер A 578

неткан[ев]ые материалы N 98

нетканый материал F 110

нетканый слоистый материал S 177

нетоксичный N 96

неточность по размеру I 57

неупругое удлинение при длительной нагрузке C 963

неустойчивость течения F 455

нефелометр T 631/2

не флокулирующая смола N 68

нефтестойкость O 19

нефтехимический продукт P 175

нехрупкий N 56

нечешуйчатый C 294

неядовитый N 96

нивелирующий валок L 135

нижнее выталкивание B 352

нижний валок B 365

нижний ворошитель B 354

нижний выталкиватель L 320

нижний нож B 359

нижний плунжер B 361/2

нижний поршень L 322

нижний предел текучести Y 13

нижний продукт U 67

нижний слой B 2

нижний узел клеильного пресса L 319

нижний электрод B 353, L 318

нижняя крепежная плита M 461

нижняя плита B 360

нижняя плита пресса L 321

нижняя рама пресса S 391

нижняя траверса L 317

низкая текучесть H 40

низким углом диэлектрических потерь/с L 324

низковязкий L 148

низкокипящий растворитель F 42

низкомолекулярный L 325

низкотемпературная ударная вязкость L 338

низкотемпературное ламинирование C 488

Wörterbücher – praktisch und zuverlässig

Wörterbuch
Chemie und chemische Technik

Erarbeitet von einer Autorengemeinschaft unter Leitung
von Helmut Gross (Technische Universität Dresden)

Deutsch–Englisch

Mit etwa 62000 Wortstellen

4., stark bearbeitete und erweiterte Auflage 1992, 760 Seiten, 148,– DM
ISBN 3-86117-035-3 (vorher: ISBN 3-341-01050-5)/Gross, Wb. Chemie D–E

Englisch–Deutsch

Mit etwa 60000 Wortstellen

4., stark bearbeitete Auflage 1989, 752 Seiten, 148,– DM
ISBN 3-86117-007-8 (vorher: ISBN 3-341-00631-1)/Gross, Wb. Chemie E–D

Inhalt:
– Organische Chemie
– Anorganische Chemie
– Physikalische Chemie
– Labortechnik
– Analytische Chemie
– Technische Chemie
– Chemische Verfahrenstechnik

Beide Bände wurden grundlegend aktualisiert und auf die IUPAC-Schreibweise umgestellt.

*Fragen Sie Ihren Fachbuchhändler, oder wenden Sie sich direkt an den
Verlag Alexandre Hatier Berlin–Paris
Detmolder Str. 4, 1000 Berlin 31*

Wörterbücher – praktisch und zuverlässig

Carbochemie · Petrolchemie

Englisch
Deutsch
Französisch
Russisch

Herausgegeben von Dr. Walter Leipnitz

Mit etwa 8000 Wortstellen

1. Auflage 1992, 340 Seiten, 138,– DM
ISBN 3-86117-039-6 (vorher 3-341-00958-2)

Das Wörterbuch enthält in jeder der genannten Sprachen etwa 8000 Wortstellen unter anderem aus folgenden Gebieten:

- Trennprozesse
- Umwandlungsprozesse
  z. B. Reformierung, Raffination, Krackung
- Produkte
  z. B. Kraftstoffe, Heizöle, Schmieröle, Aromaten
- Lagerung und Transport

Fragen Sie Ihren Fachbuchhändler, oder wenden Sie sich direkt an den Verlag Alexandre Hatier Berlin–Paris Detmolder Str. 4, 1000 Berlin 31